建筑·室内·园林·景观·规划

SketchUp 2024 实战精通 208 例

麓山文化　编著

机械工业出版社
CHINA MACHINE PRESS

SketchUp是直接面向设计过程的三维软件，一直享有“草图大师”的美誉。本书精选208个案例，由浅入深、循序渐进地介绍了SketchUp 2024的基本用法及其在建筑、室内、园林、景观和规划领域的应用技巧。使读者迅速积累实战经验，提高技术水平，从新手成长为设计高手。

本书配套资源丰富，除提供全书所有案例的效果文件和素材文件外，还提供了高清语音视频教学，详尽演示了各类高难度案例的制作方法和过程，确保初学者能够看得懂、学得会、做得出。

本书全部采用案例教学的编写形式、内容丰富、技术实用、讲解清晰、案例精彩，兼具技术手册和应用技巧参考手册的特点。不仅可以作为SketchUp初、中级读者的学习用书，也可以作为相关专业以及培训班的学习和上机实训教材。

图书在版编目（CIP）数据

建筑·室内·园林·景观·规划：SketchUp 2024实战精通208例/麓山文化编著. --北京：机械工业出版社，2024. 11. --ISBN 978-7-111-76698-8

Ⅰ. TU201.4

中国国家版本馆CIP数据核字第2024YY6802号

机械工业出版社（北京市百万庄大街22号　邮政编码100037）

策划编辑：黄丽梅　　　　责任编辑：黄丽梅

责任校对：张爱妮　李小宝　　责任印制：任维东

北京中兴印刷有限公司印刷

2024年11月第1版第1次印刷

184mm×260mm · 26.25印张 · 711千字

标准书号：ISBN 978-7-111-76698-8

定价：99.00元

电话服务　　　　　　　　　网络服务

客服电话：010-88361066　机　工　官　网：www.cmpbook.com

010-88379833　机　工　官　博：weibo.com/cmp1952

010-68326294　金　　书　　网：www.golden-book.com

封底无防伪标均为盗版　　机工教育服务网：www.cmpedu.com

前　言

SketchUp 是一个直接面向设计过程的三维软件，类似于现实中的铅笔绘画，更多地关注于设计本身，无须在软件自身的操控上耗费精力。

本书内容

本书结合软件功能与行业应用，通过 208 个实战案例，从易至难，由浅入深地讲解了 SketchUp 软件的操作方法及其在建筑、室内、园林、景观和规划设计领域的应用技巧。本书共 4 篇 14 章，各章节的主要内容如下：

第 1 章为“SketchUp 界面与基本操作”，介绍了 SketchUp 2024 软件的基本界面、视图控制、对象选择、显示风格切换与绘图环境设置等基本知识。

第 2 章为“SketchUp 基本工具”，讲解了 SketchUp 常用的绘图和建模工具的用法。

第 3 章为“SketchUp 高级功能”，讲解了 SketchUp 中群组功能、模型交错、实体工具及地形工具等高级建模功能，以及 SketchUp 文件导入和导出的方法。

第 4 章为“室内常用模型建模”，通过一些简单的室内模型创建练习，使读者掌握基本建模工具的使用，以及简单家具模型的创建方法。

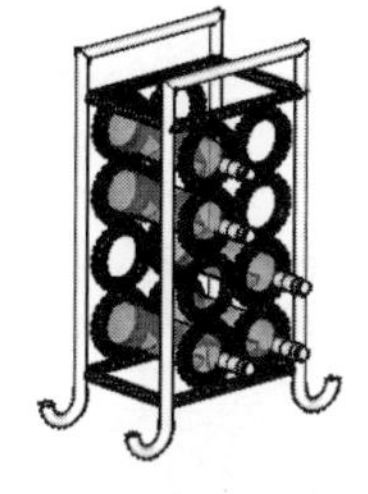
铁艺酒架

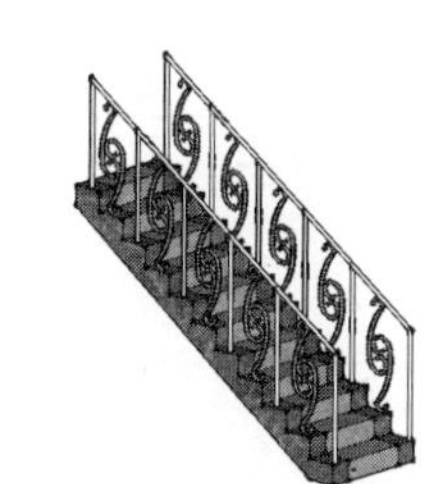
铁艺楼梯栏杆

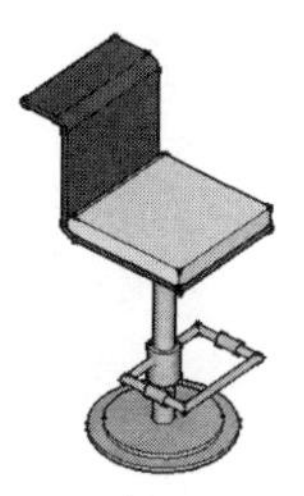
经典吧椅

办公桌椅

第 5 章为“室内高级模型建模”，通过一些复杂的室内模型创建练习，使读者全面掌握室内家具模型的创建方法与技巧。

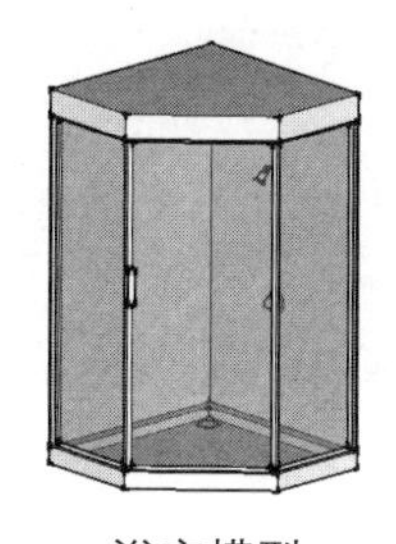
浴室模型

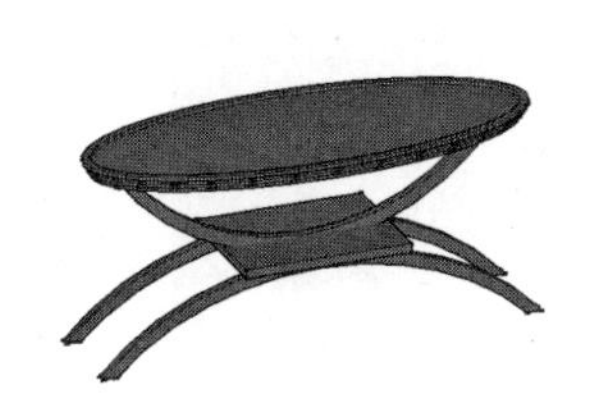
简欧圆台

立式钢琴

中式边柜

第 6 章为“室外基础模型建模”，通过一些造型简单而又典型的室外模型创建练习，使读者掌握室外模型的特点及创建思路。

花坛模型　　木质圆椅模型　　草坪灯模型　　小区信箱模型

第 7 章为“室外高级模型建模”，讲解了石桥、喷水池、圆形休息廊架以及中式牌坊等造型精巧、结构复杂的室外模型的建立方法。

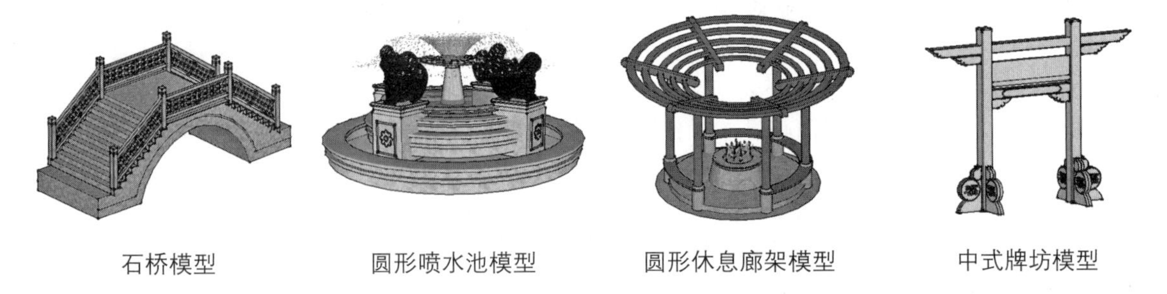

石桥模型　　圆形喷水池模型　　圆形休息廊架模型　　中式牌坊模型

第 8 章为“SketchUp 插件建模”，讲解了包括 Suapp、超级推拉、超级倒角等建模插件，为读者制作高难度的模型细节提供了快速的解决方法。

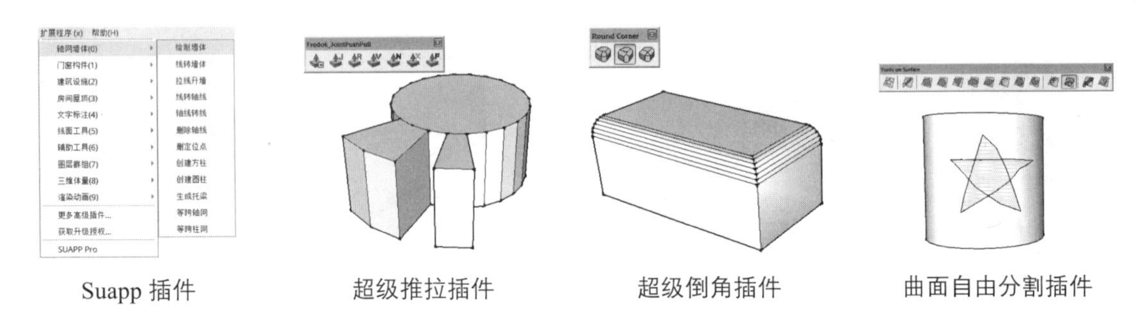

Suapp 插件　　超级推拉插件　　超级倒角插件　　曲面自由分割插件

第 9 章为“SketchUp / V-Ray 灯光与阴影”，介绍了 SketchUp 灯光与 V-Ray 灯光的使用方法与技巧。

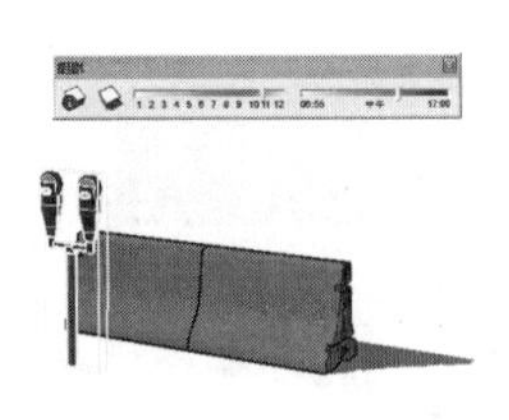

SketchUp 光影

V-Ray 片光效果

泛光灯效果

IES 灯光效果

第 10 章为“SketchUp / V-Ray 材质解析”，介绍了 SketchUp 与 V-Ray 材质的特点，以及常用 V-Ray 材质的制作。

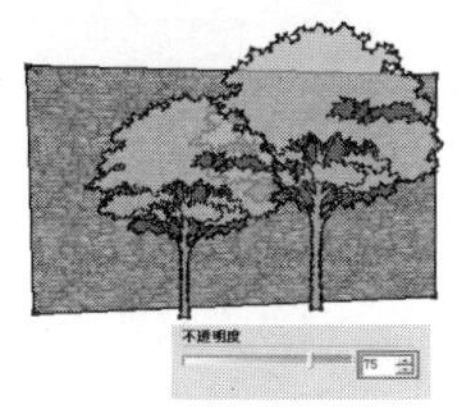
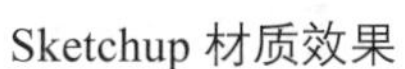
Sketchup 材质效果

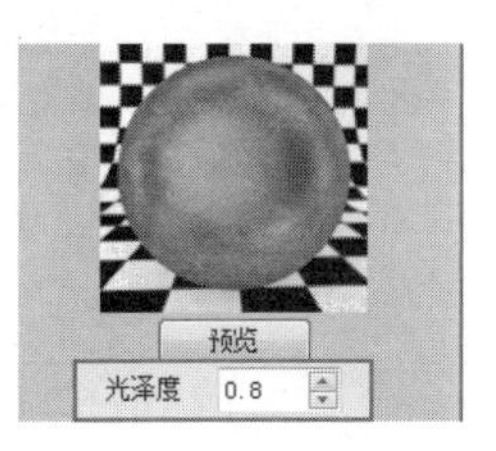

V-Ray 材质效果

V-Ray 金属效果

V-Ray 布纹效果

第 11 章为“室内设计”，讲解了户型设计、室内空间方案细化、渲染以及漫游的制作方法与技巧。

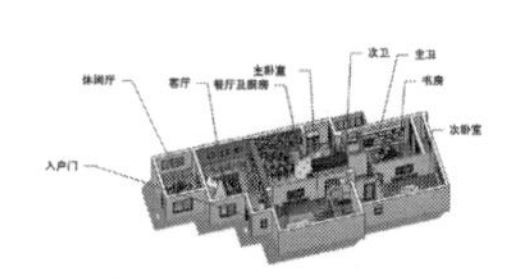
户型图效果

空间细化效果

V-Ray 渲染效果

室内漫游效果

第 12 章为“景观园林设计”，通过屋顶花园以及校园中心广场两个大型案例，讲解了景观园林方案的制作方法与技巧。

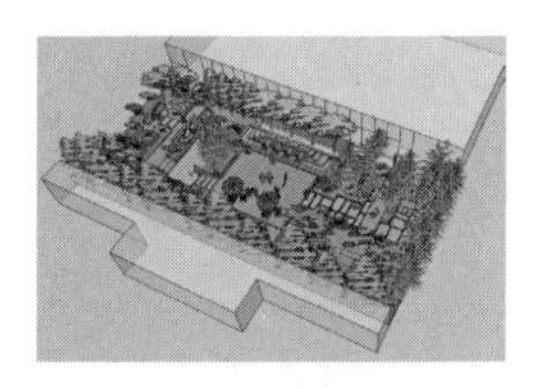
屋顶花园效果

校园中心广场鸟瞰

节点效果 1

节点效果 2

第 13 章为“规划设计”，本章精选了一个小区的规划项目案例，详细介绍了规划方案制作的方法与技巧。

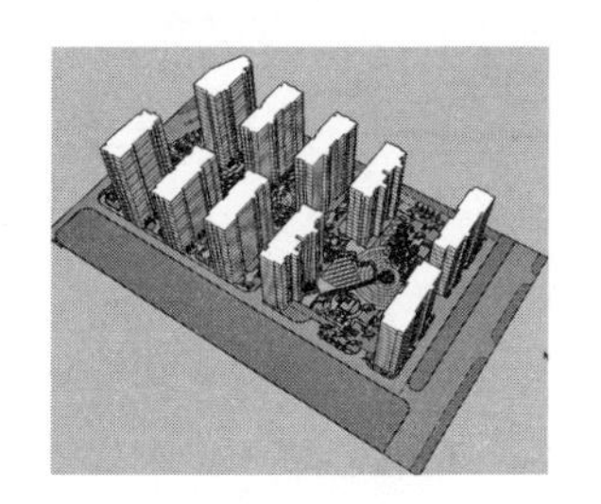
小区规划鸟瞰效果

节点效果 1

节点效果 2

第 14 章为“建筑设计”，讲解了现代别墅、中式庭院、欧式别墅以及高层建筑的制作方法与技巧。

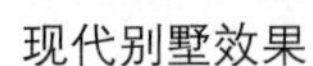

现代别墅效果

中式庭院效果

欧式别墅效果

高层住宅效果

本书资源

本书物超所值，随书附赠素材、视频、模型等配套资源，扫描“资源下载”二维码即可获得下载方式。

读者可以先像看电影一样轻松愉悦地通过教学视频学习本书内容，然后对照本书加以实践和练习，以提高学习效率。

资源下载

本书编者

本书由麓山文化编著，由于编者水平有限，书中错误、疏漏之处在所难免。在感谢您选择本书的同时，也希望您能够把对本书的意见和建议告诉我们。

读者服务邮箱：lushanbook@qq.com

读者 QQ 群：375559705

编　者

目 录

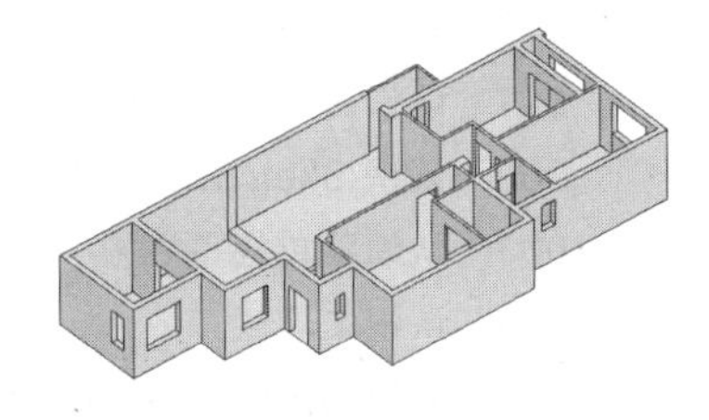

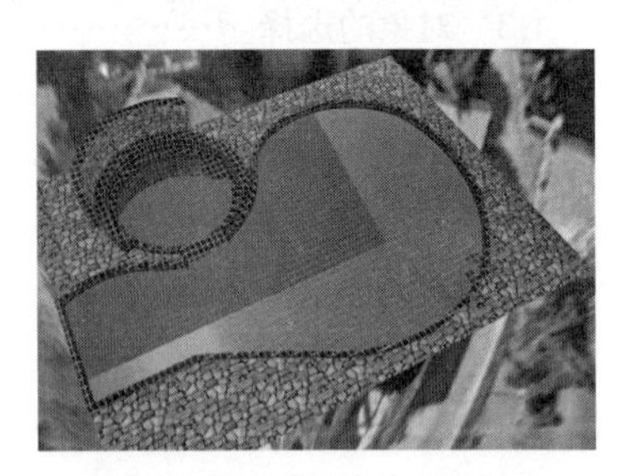

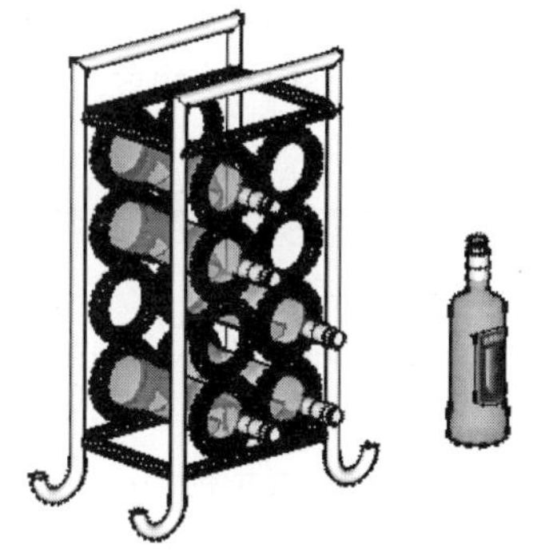

第 2 篇 建 模 篇

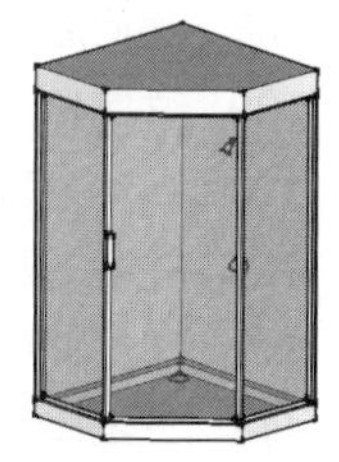

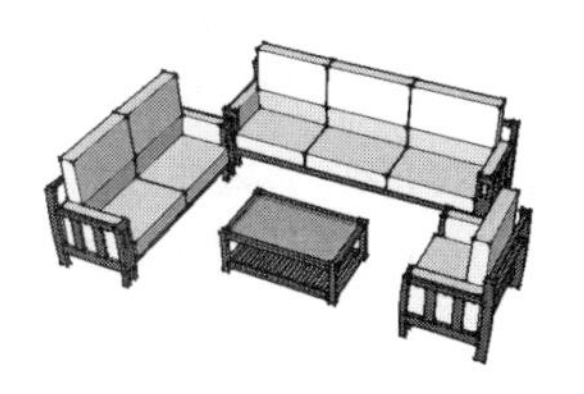

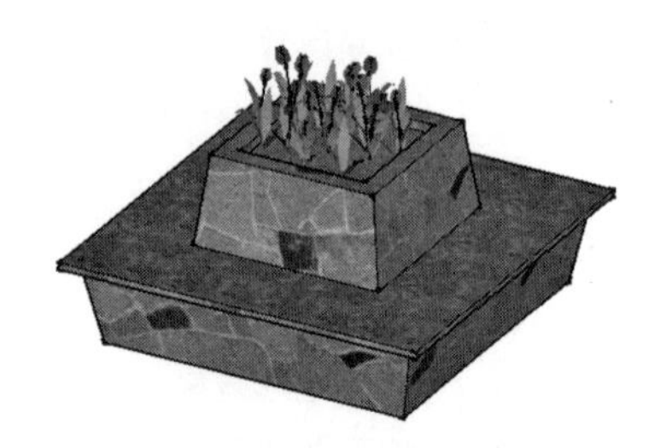

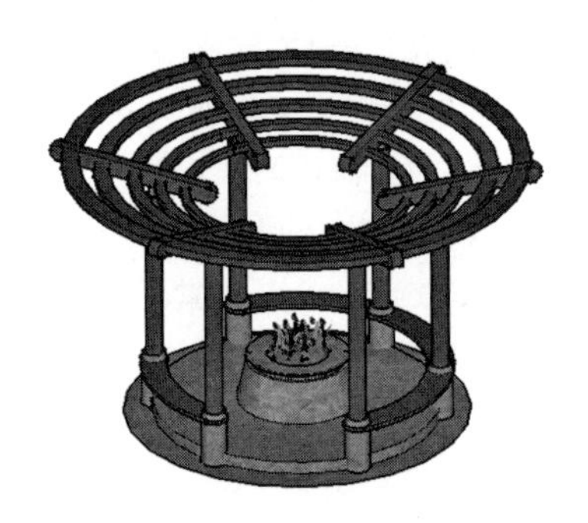

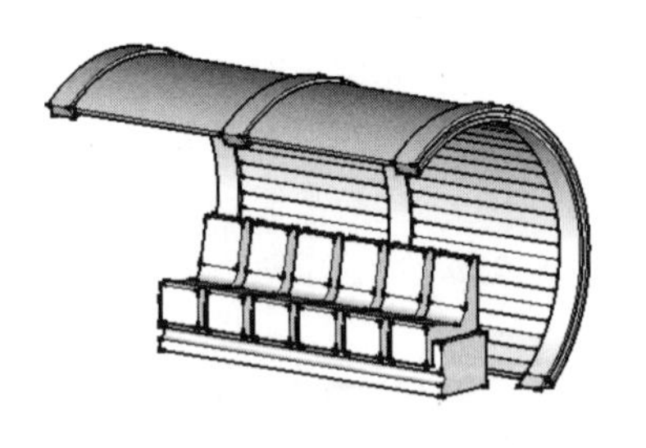
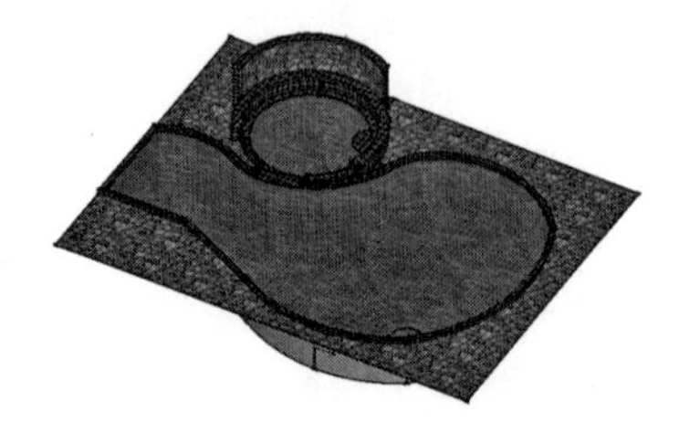

第 3 篇 灯光和材质篇

第 4 篇 综合案例篇

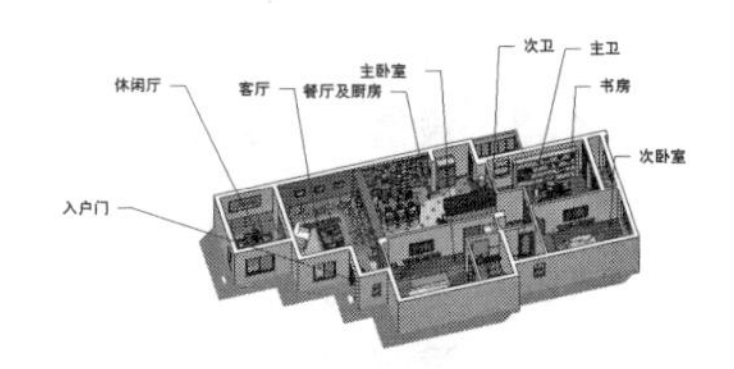

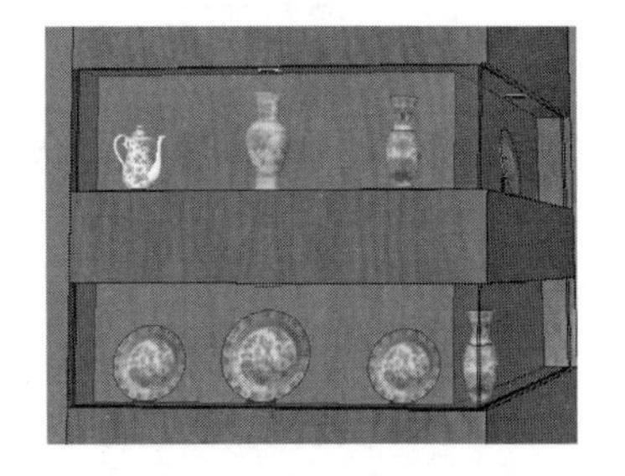

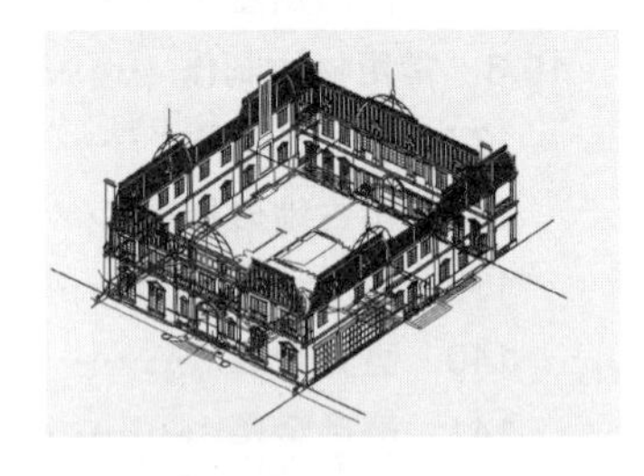

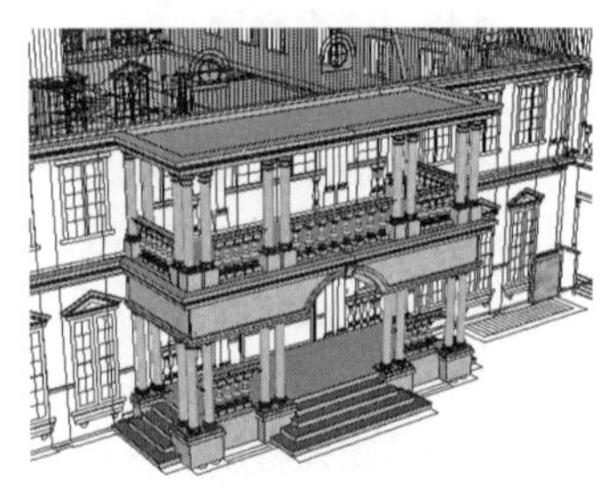

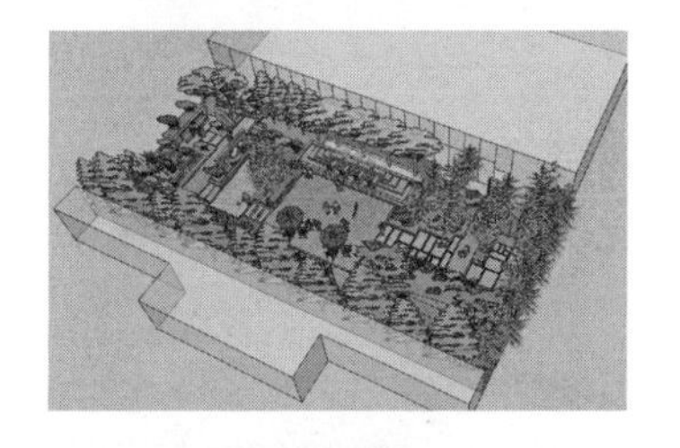

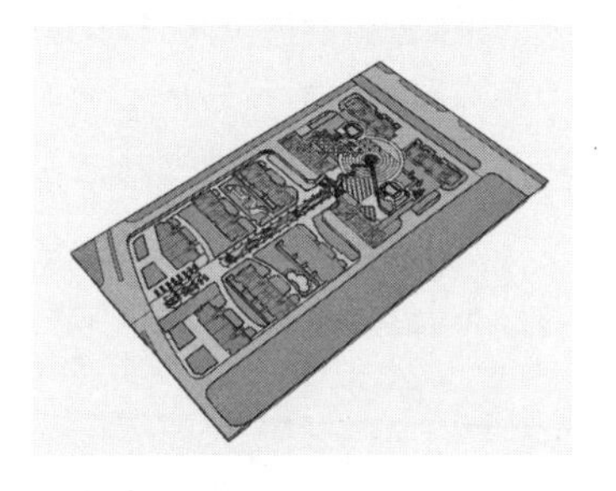

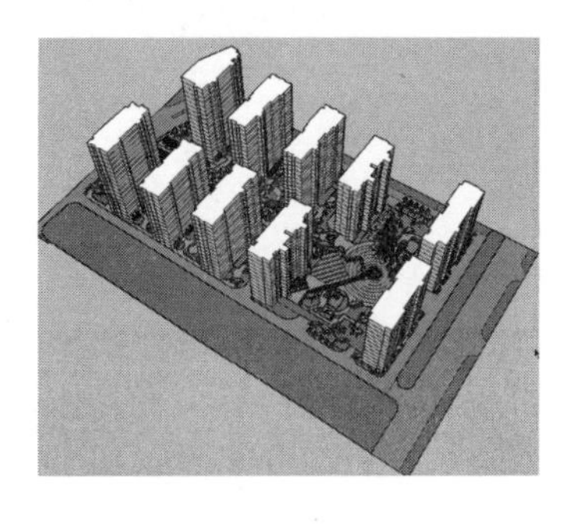

第1篇 基础篇

第1章 SketchUp 界面与基本操作

为了让读者快速熟悉该软件，本章首先介绍 SketchUp 的界面构成、视图操作、对象选择、自定义快捷键等基本操作。

SketchUp 最初由 @Last Software 公司开发，是一款直接面向设计方案创作过程的设计工具，其使用简便并直接面向设计过程，能随着构思的深入不断增加设计细节，因此被形象地比喻为计算机设计中的“铅笔”，目前已经广泛用于室内、建筑、园林景观以及城市规划等设计领域，如图 1-1 ~ 图 1-11 所示。

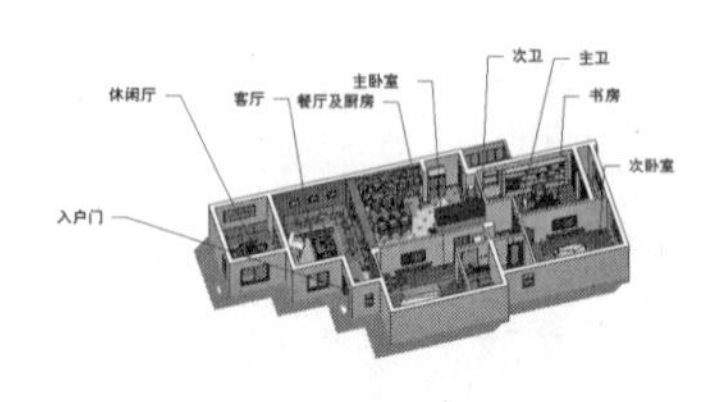

图 1-1　户型设计

图 1-2　客厅细化方案

图 1-3　客厅 V-ray 渲染效果

图 1-4　SketchUp 现代别墅

图 1-5　SketchUp 中式庭院

图 1-6　SketchUp 欧式别墅

图 1-7　SketchUp 高层建筑

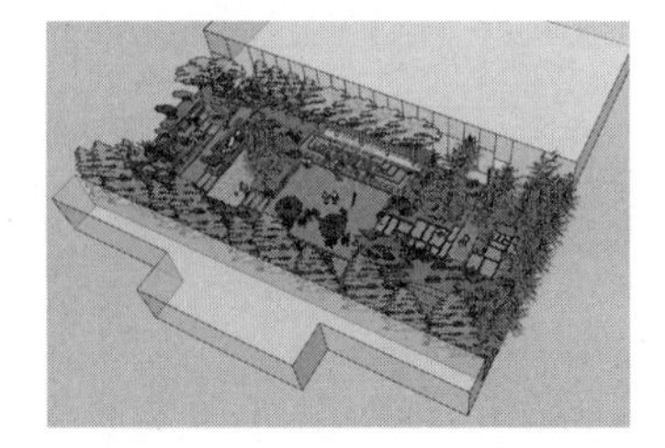
图 1-8　SketchUp 屋顶花园

图 1-9　SketchUp 广场整体

图 1-10　SketchUp 广场节点

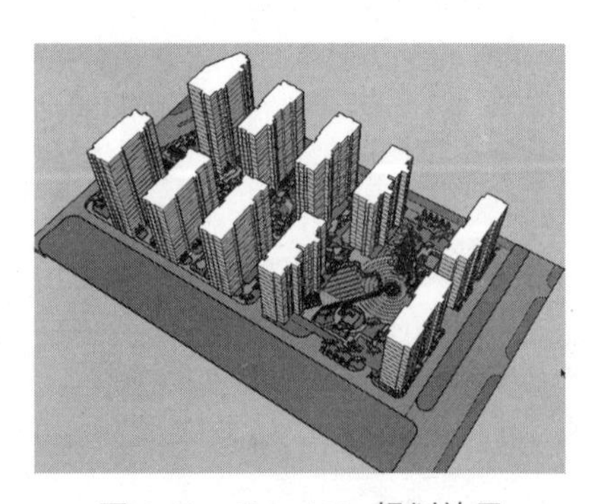
图 1-11　SketchUp 规划效果

1.1　界面操作

001　认识 SketchUp 用户欢迎界面

文件路径：配套资源 \ 第 01 章 \001	视频文件：视频 \ 第 01 章 \001.MP4

SketchUp 用户欢迎界面包括基础操作学习、许可状态查询以及绘图模板的选择，是用户了解 SketchUp 最基本的平台。

步骤 01 双击桌面上的图标，启动 SketchUpPro 2024。

步骤 02 等待数秒钟，就可以看到 SketchUpPro 2024 的用户欢迎界面，如图 1-12 所示。

步骤 03 SketchUpPro 2024 用户欢迎界面主要有【主页】、【学习】和【许可】三部分内容，其功能主要如下：

- 主页：在主页中，显示【新建模型】、【最近文件】两部分内容。在【新建模型】下单击模板，即可新建一个场景文件。在【最近文件】中显示最近浏览、编辑过的场景文件，单击即可再次打开。
- 学习：单击【学习】按钮，在展开的面板中显示 SketchUp 论坛、SketchUp Campus、SketchUp 视频三部分内容，单击内容窗口，进入相关页面，进一步了解 SketchUp 的详细知识。
- 学习到 SketchUp 基本工具的操作方法，如直线的绘制、【推拉】工具的使用以及【旋转】操作。
- 许可：单击【许可】按钮，可从展开的面板中读取到用户名、授权序列号等正版软件使用信息。
- 模板：单击【更多模板】按钮，可以根据绘图任务的需要选择 SketchUp 模板，如图 1-13 所示。模板间最主要的区别是单位的设置，此外显示的样式与颜色上也会有区别。

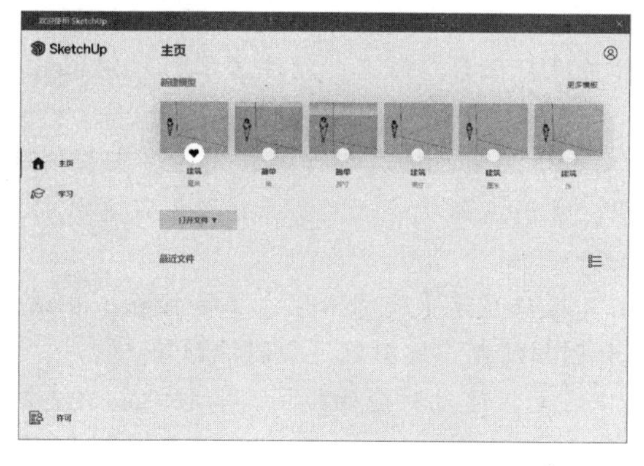

图 1-12　SketchUp 用户欢迎界面

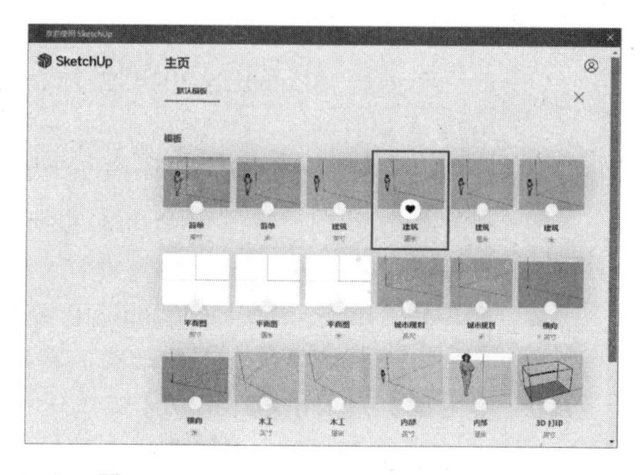

图 1-13　SketchUp 模板选择展开选项

002 认识 SketchUp 工作界面

文件路径：配套资源 \ 第 01 章 \002	视频文件：视频 \ 第 01 章 \002.MP4

工作界面就是用户与程序进行交流的接口。任何软件都有其特有的操作界面，只有了解各个界面元素及其之间的关系才能进一步深入学习。

步骤 01 在用户欢迎界面中双击选定的模板，等待数秒后即可看到 SketchUp 默认工作界面，如图 1-14 所示。

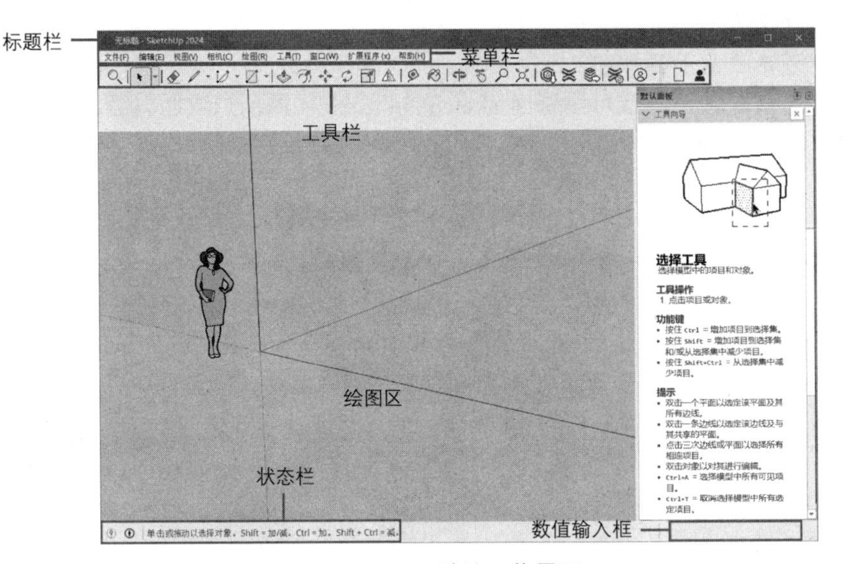

图 1-14 SketchUp 默认工作界面

步骤 02 观察图 1-14 可以发现，SketchUp 工作界面可以分为六个部分：标题栏、菜单栏、工具栏、绘图区、状态栏、数值输入框。

步骤 03 首先简单了解工作界面中主要部分的功能，然后再通过单独的实例对其中一些功能进行深入学习。

- 标题栏：标题栏显示了当前打开文件的名称与软件版本类型，如默认情况下标题栏显示“无标题 -SketchUp 2024”，即当前文件未进行保存与命名，软件版本则为 SketchUp 2024 专业版。
- 菜单栏：标题栏下面的是一行菜单栏，它与标准的 Windows 菜单栏使用方法基本相同。菜单栏为用户提供了一个用于文件的管理、常用工具功能调用、系统设置及寻找帮助的接口。
- 工具栏：默认设置下 SketchUpPro 2024 工具栏仅显示【使用入门】工具按钮，在该工具栏内仅提供了最基本的一些工具按钮，如图形绘制、编辑以及视图控制等。
- 绘图区：SketchUpPro 2024 仍然保持单视口显示，通过对应的视图工具按钮或快捷键，可以进行平、立、剖以及透视效果的切换。
- 状态栏：状态栏位于屏幕的左下角，主要用于对用户当前的操作进行文字描述以及功能提示。

- 数值输入框：数值输入框位于屏幕的右下角，在模型创建时输入数值与字母，可以精确控制模型长度、半径、数量等。

003 认识菜单栏

文件路径：配套资源 \ 第 01 章 \003	视频文件：视频 \ 第 01 章 \003.MP4

菜单栏是软件所有功能的集合，本例将主要介绍 SketchUp 2024 菜单栏的组成以及其主要功能。

步骤 01 SketchUp 2024 菜单栏由【文件】、【编辑】、【视图】、【相机】、【绘图】、【工具】、【窗口】、【扩展程序】（需要安装插件以后才能显示）以及【帮助】9 个主菜单构成，如图 1-15 所示。

步骤 02 单击这些主菜单可以打开相应的“子菜单”以及“次级主菜单”，如图 1-16 所示。

无标题 - SketchUp 2024
文件(F)　编辑(E)　视图(V)　相机(C)　绘图(R)　工具(T)　窗口(W)　扩展程序(x)　帮助(H)

图 1-15　SketchUp 主菜单

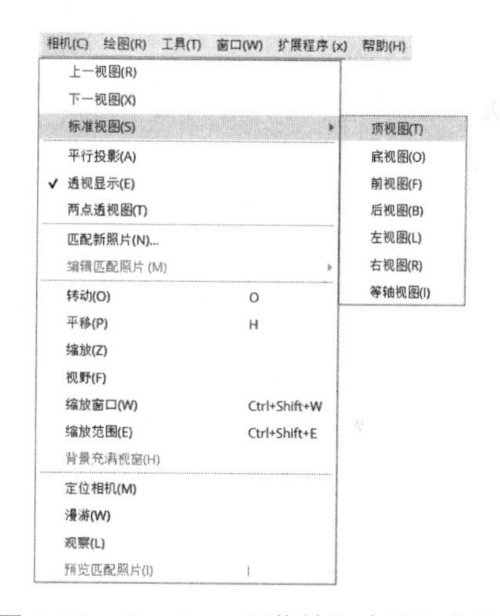

图 1-16　SketchUp 子菜单和次级主菜单

步骤 03 菜单栏各菜单项的功能如下：

- 文件：主要用于文件的打开、保存以及 SketchUp 文件的导入与导出，实现与其他文件的共同协作。
- 编辑：主要用于模型（辅助线）的剪切、复制、删除、隐藏、显示以及冻结等操作。此外，对于 SketchUp 中的组件也能进行编辑。
- 视图：主要用于调整工具栏、截面剖切、辅助线的显示与隐藏，对模型边线、表面的显示及场景动画，也具有控制功能。
- 相机：主要用于切换视图的显示（包括视图角度、透视、大小以及平移等操作），此外还能进行照片匹配以及镜头配置等操作。
- 绘图：集合了直线、圆弧、手绘线、矩形、圆、多边形等二维图形创建工具以及沙箱地形创建工具。
- 工具：集合了模型控制工具（移动、旋转、缩放、擦除）、模型二维转三维工具（推/拉、路径跟随）以及尺寸标注、卷尺等辅助工具，此外还具备沙箱地形修改工具。

- 窗口：通过窗口菜单可以查看场景整体（如单位）与单个模型的信息（如面数、图层），并能对场景的材质、组件以及样式效果进行调整，此外还能通过 Ruby 控制台进行脚本的编写。
- 帮助：通过帮助菜单可以打开 SketchUp 的欢迎界面以及帮助中心，初步学习 SketchUp 的使用，并能查看了解当前的版本授权等信息。

004 认识工具栏

文件路径：配套资源 \ 第 01 章 \004	视频文件：视频 \ 第 01 章 \004.MP4

默认设置下 SketchUp 工具栏仅显示【使用入门】工具按钮，本例将介绍如何显示出其他工具按钮，以及调整工具按钮位置的方法。

步骤 01 打开 SketchUp 后，工具栏默认仅横向显示【使用入门】工具按钮，提供的功能十分有限，如图 1-17 所示。用户可以根据绘图需要，显示较为常用的工具按钮，如图 1-18 所示。

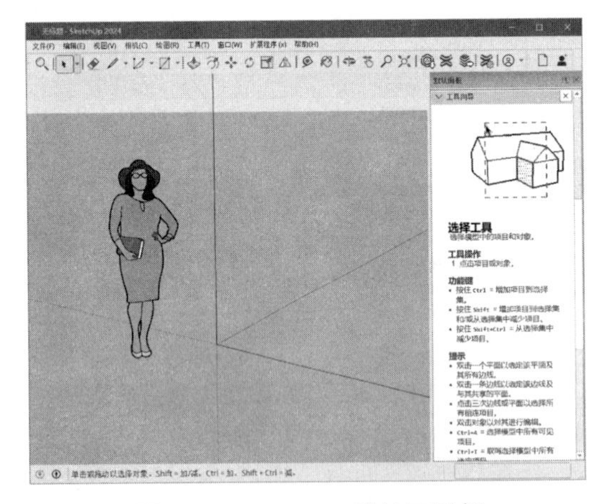

图 1-17　SketchUp 默认工具栏

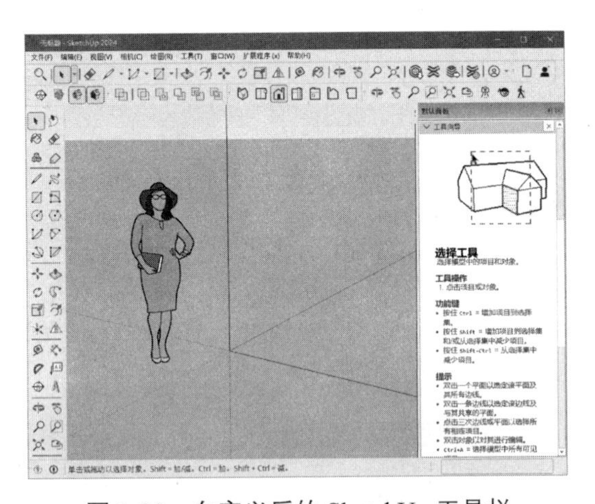

图 1-18　自定义后的 SketchUp 工具栏

步骤 02 执行【视图】/【工具栏】菜单命令，通过工具栏选项板上的相应工具名称的勾选或取消，即可自定义 SketchUp 工具按钮的显示，如图 1-19 与图 1-20 所示。

图 1-19 【工具栏】选项板

图 1-20　自定义显示的工具按钮

步骤 03 鼠标左键按住工具栏顶端边沿进行拖动，如图 1-21 所示，可将工具栏移动至窗口任意位置，如图 1-22 所示。

图 1-21　视图工具栏原位置

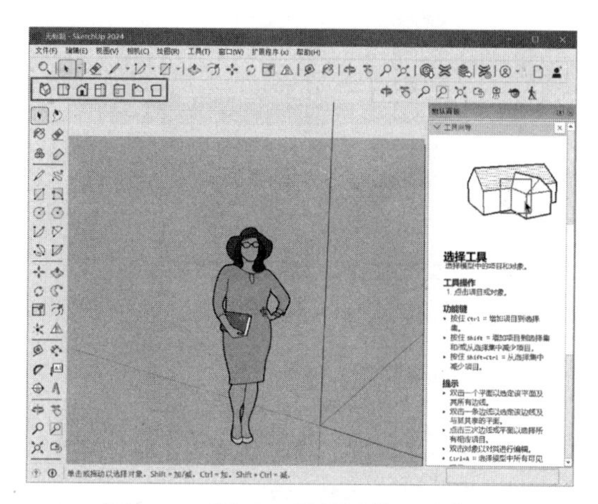

图 1-22　视图工具栏调整后的位置

005 认识绘图区

文件路径：配套资源 \ 第 01 章 \005	视频文件：视频 \ 第 01 章 \005.MP4

默认设置下，绘图区显示浅色的天空与深色的背景效果，本例学习调整绘图区显示效果的方法。

步骤 01 打开 SketchUp 后，默认设置下绘图区将显示天空与背景的颜色效果，如图 1-23 所示。用户也可以自定义背景颜色，以方便模型的创建与观察，如图 1-24 所示。

图 1-23　默认窗口显示效果

图 1-24　调整后的背景效果

步骤 02 执行【窗口】/【默认面板】/【样式】菜单命令，弹出【样式】面板，进入【编辑】选项卡，如图 1-25 与图 1-26 所示。

步骤 03 取消【天空】复选框的勾选，如图 1-27 所示。单击【背景】色块，在打开的【选择颜色】对话框中，即可自由选择绘图区背景颜色，如图 1-28 所示。

图 1-25　执行【窗口】/【默认面板】菜单命令

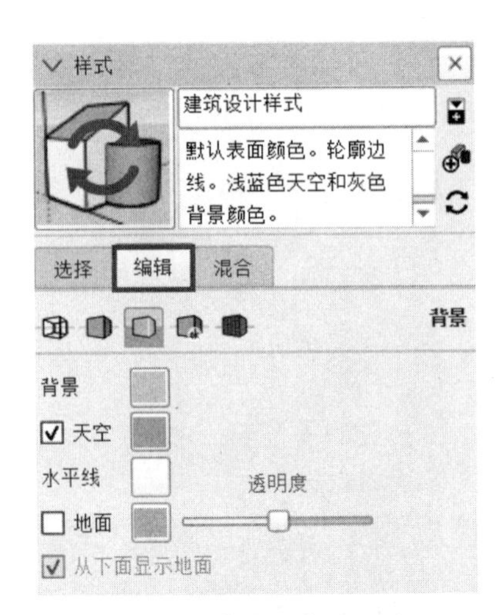

图 1-26　【编辑】选项卡

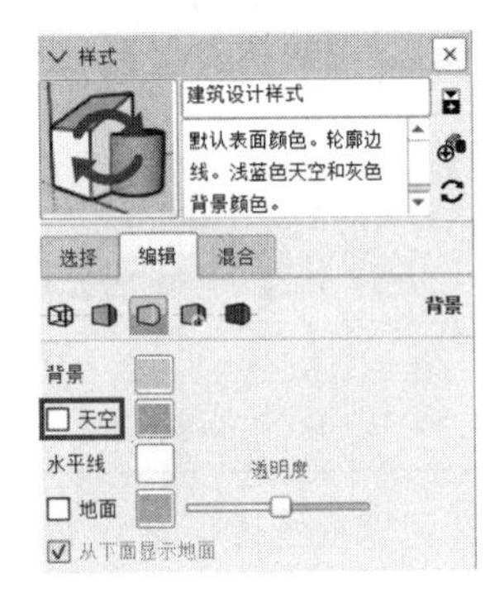

图 1-27　关闭【天空】显示

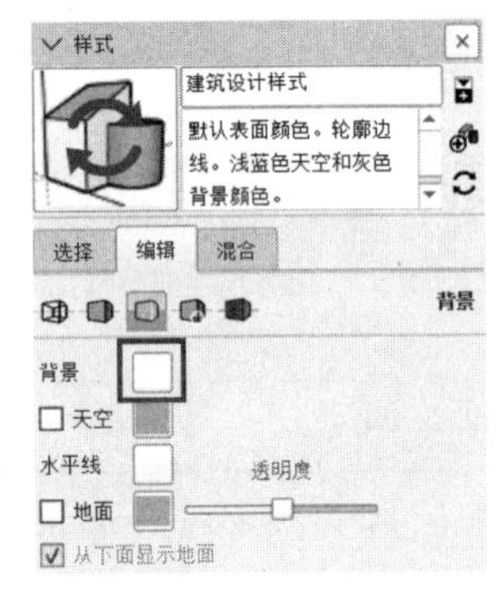

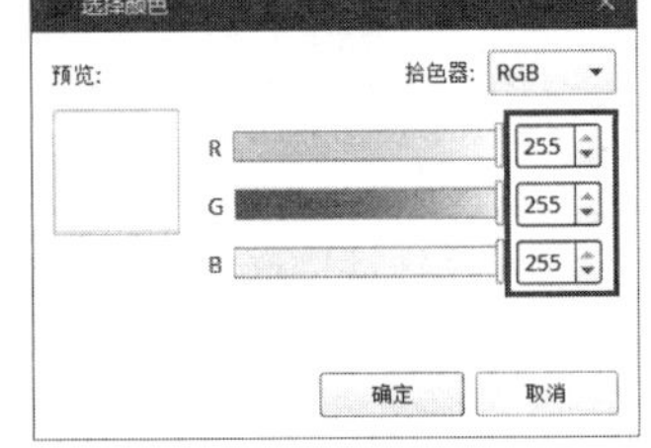

图 1-28　调整背景颜色

1.2　视图的操作

006　切换视图

文件路径：配套资源 \ 第 01 章 \006	视频文件：视频 \ 第 01 章 \006.MP4

在三维软件中，经常需要切换到不同的视角，以观察模型不同面的造型与材质效果，对于以单视口显示的 SketchUp，掌握视图切换的方法则显得尤为重要。本例即介绍视图切换方法与注意事项。

步骤 01 启动 SketchUp 后，打开配套资源“第 01 章 |006 切换视图 .skp”模型，如图 1-29 所示。

步骤 02 执行【相机】/【标准视图】菜单命令，显示视图工具栏，选择相应的工具按钮，均可进行对应视图的快速切换，如图 1-30 ~ 图 1-40 所示。

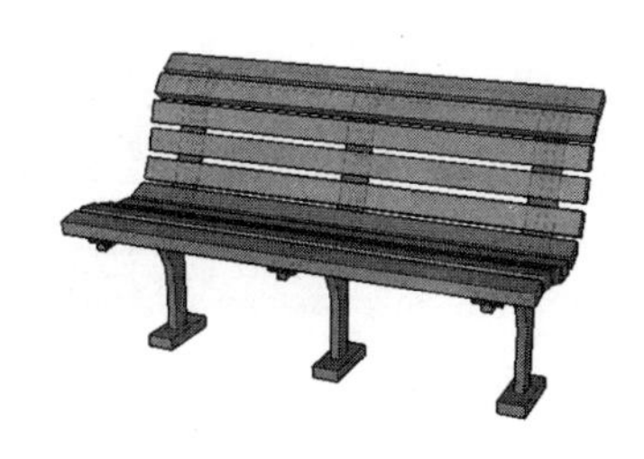

图 1-29　打开长椅模型

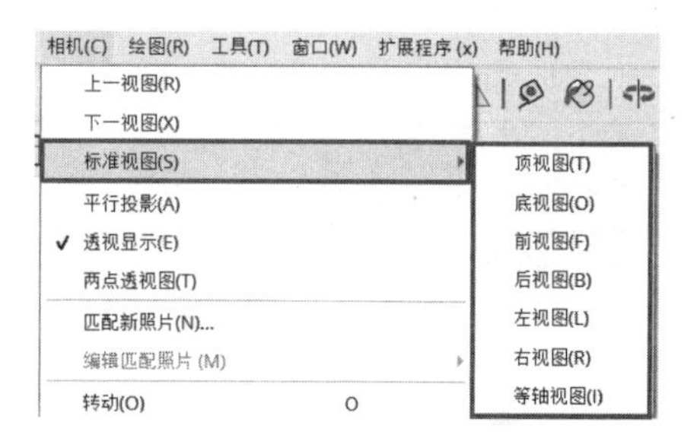

图 1-30　通过菜单或工具按钮进行视图切换

图 1-31　等轴视图

图 1-32　俯视图

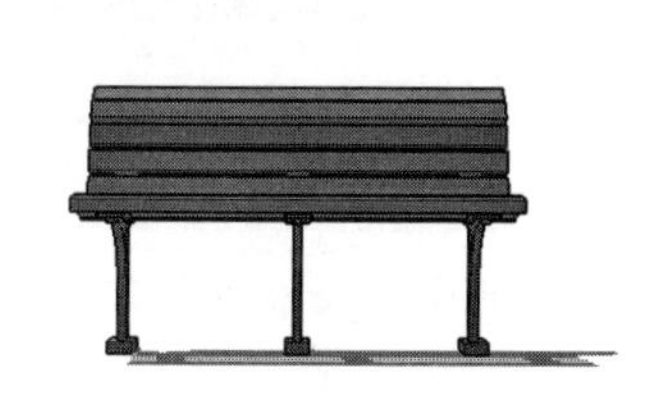

图 1-33　前视图

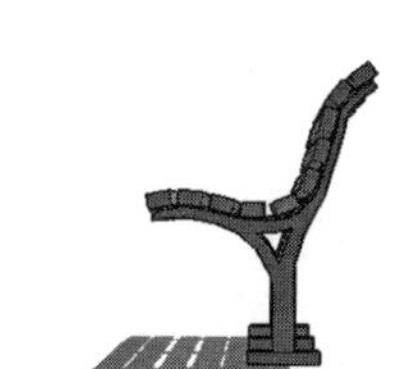

图 1-34　右视图

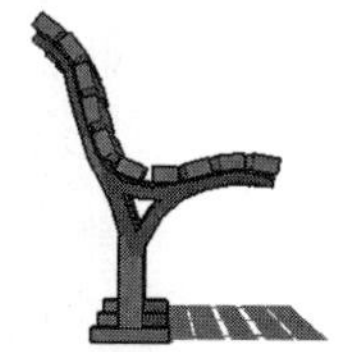

图 1-35　左视图

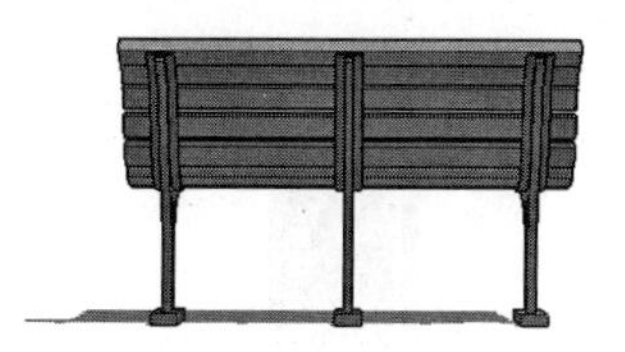

图 1-36　后视图

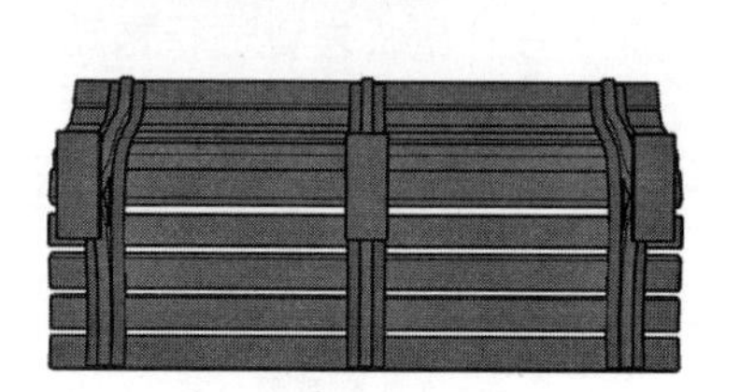

图 1-37　底视图

提 示

在进行视图的切换时，如果要观察到绝对的平行显示效果，必须先切换到“平行投影”显示，否则将产生透视偏差，如图 1-40 所示。

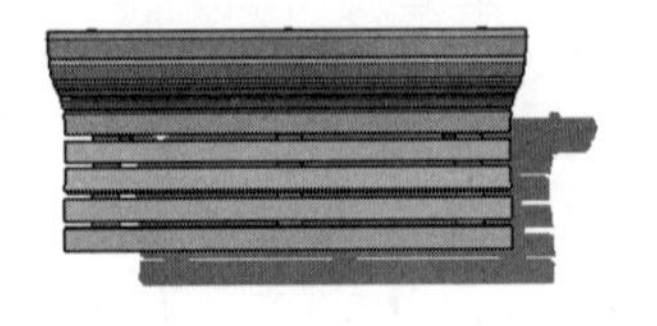

图 1-38　透视显示下的俯视图

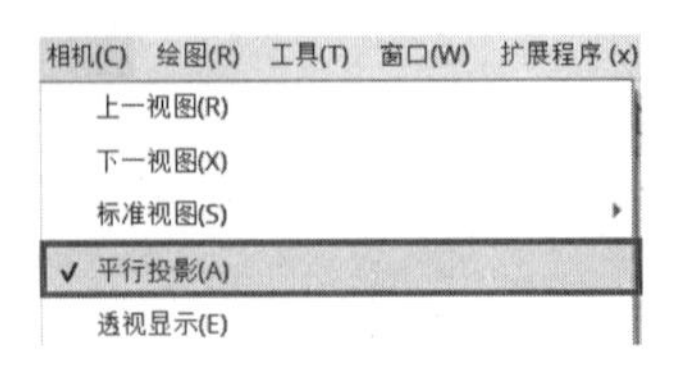

图 1-39　调整为平行投影

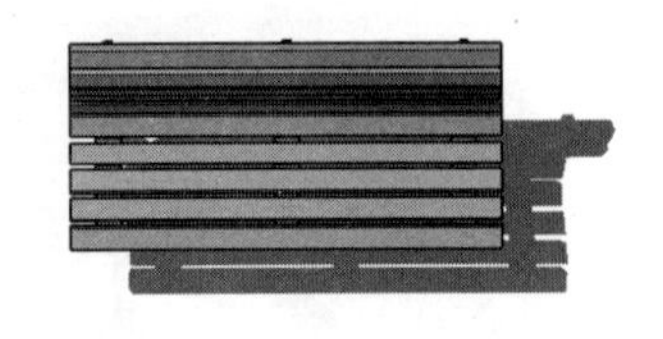

图 1-40　平行投影下的俯视图

007 旋转视图

文件路径：配套资源 \ 第 01 章 \007	视频文件：视频 \ 第 01 章 \007.MP4

通过视图的旋转，可以快速观察到模型各个方位的细节。本例讲述视图旋转的方法与技巧。

步骤 01 启动 SketchUp 后，打开配套资源“第 01 章 |007 旋转视图 .skp”模型，如图 1-41 所示。

步骤 02 执行【相机】/【转动】命令，或单击【相机】工具栏【环绕观察】，均可启动视图旋转，如图 1-42 所示。

图 1-41　模型打开效果

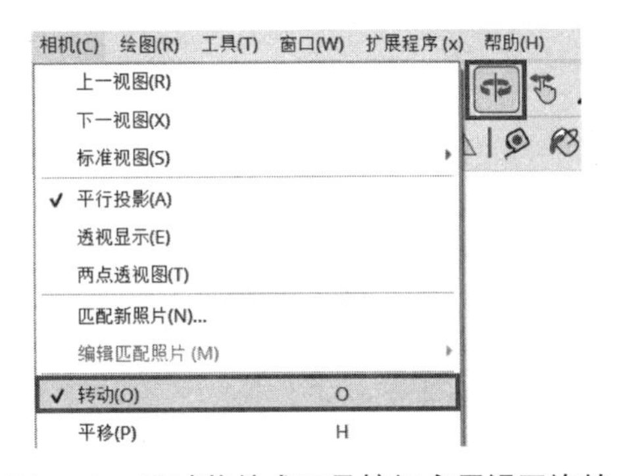

图 1-42　通过菜单或工具按钮启用视图旋转

步骤 03 按住鼠标左键进行拖动，即可进行视图的旋转，如图 1-43 与图 1-44 所示。

图 1-43　旋转至侧面

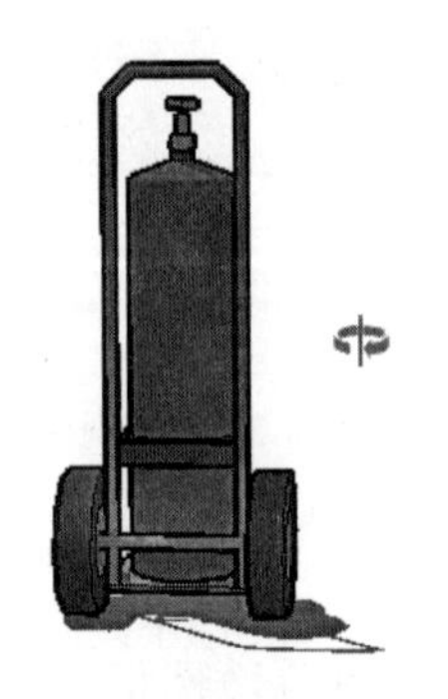

图 1-44　旋转至背面

技巧

按住鼠标滚轮可快速进行视图的旋转。

008 平移视图

文件路径：配套资源 \ 第 01 章 \008	视频文件：视频 \ 第 01 章 \008.MP4

在实际工作中，如果模型显示大于屏幕范围，为了观察到模型不同区域的效果，需要进行视图平移。本例即讲解进行视图平衡的操作方法与技巧。

步骤 01 启动 SketchUp，打开配套资源“第 01 章|008 平移视图 .skp”模型，如图 1-45 所示，其为一个弧形廊架模型。

步骤 02 执行【相机】/【平移】命令，或单击【相机】工具栏【平移】按钮，均可启动视图平移，如图 1-46 所示。

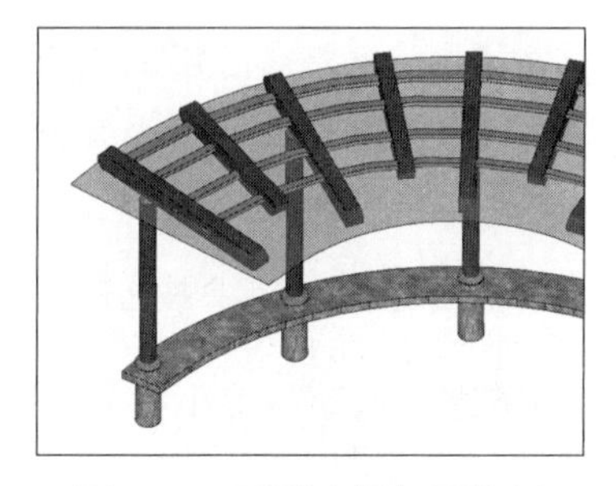

图 1-45　弧形廊架打开效果

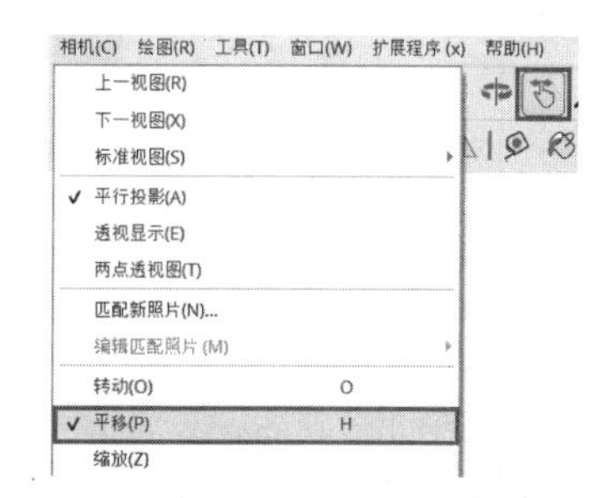

图 1-46　通过菜单或工具按钮启用视图平移

步骤 03 按住鼠标左键向各个方向拖动，即可进行对应方向的视图平移，如图 1-47 与图 1-48 所示。

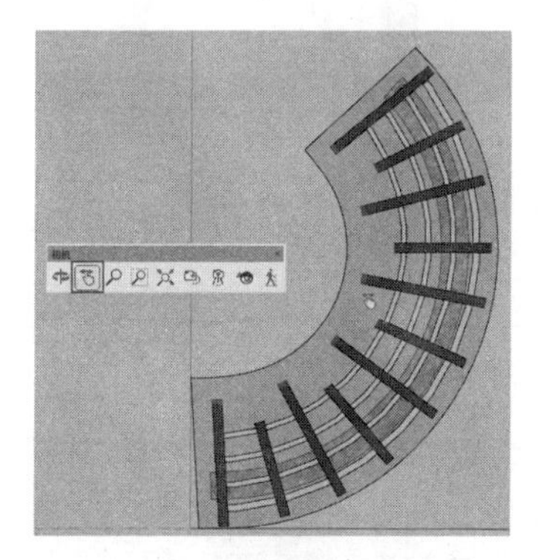

图 1-47　左右平移视图

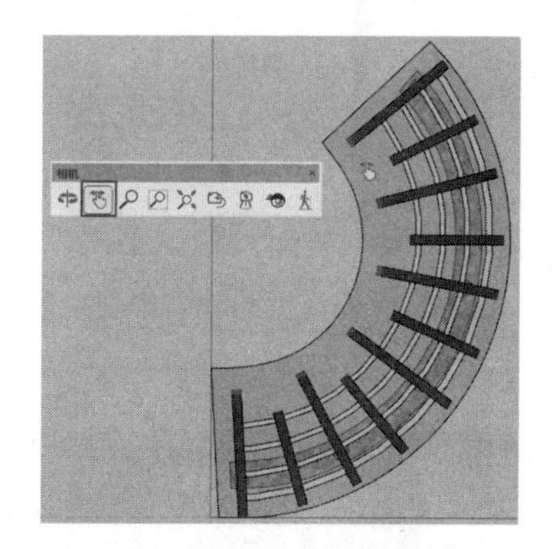

图 1-48　上下平移视图

技巧

按住 Shift 键的同时，按住鼠标滚轮进行拖动，可快速进行视图的平移。

009 缩放视图

文件路径：配套资源 \ 第 01 章 \009	视频文件：视频 \ 第 01 章 \009.MP4

在实际的操作中，为了观察到模型的整体或是细节效果，需要对视图进行缩放操作，本例即讲述视图缩放操作的方法与技巧。

步骤 01 启动 SketchUp，打开配套资源“第 01 章|009 缩放视图.skp”模型，如图 1-49 所示，其为一个路灯模型。

步骤 02 执行【相机】/【缩放】命令，或单击相机工具栏【缩放】按钮，即可启动视图缩放，如图 1-50 所示。

图 1-49　打开路灯模型

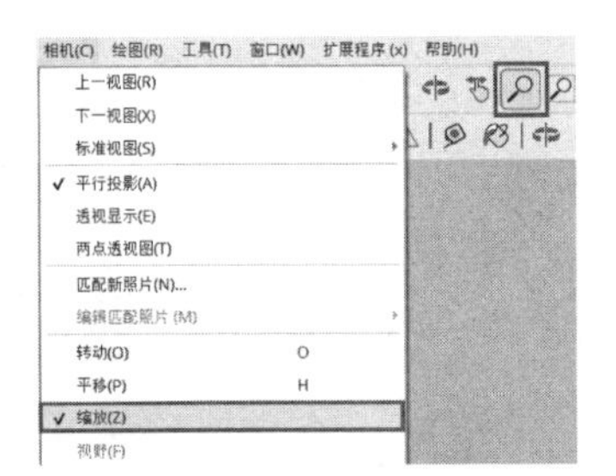

图 1-50　通过菜单或工具按钮进行缩放

步骤 03 启动缩放后，按住鼠标左键进行拖拉即可，向下进行拖动将缩小视图，以观察到模型全貌，向上进行推动则放大视图，以观察模型细节，如图 1-51 与图 1-52 所示。

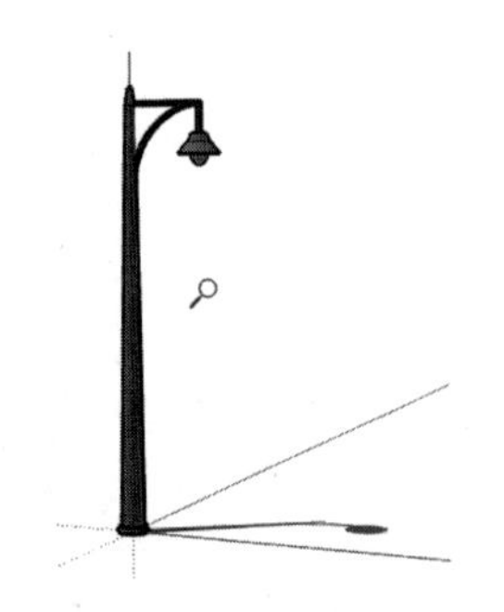

图 1-51　缩小视图观察模型全貌

图 1-52　放大视图观察模型细节

010 缩放窗口视图

文件路径：配套资源 \ 第 01 章 \010	视频文件：视频 \ 第 01 章 \010.MP4

缩放窗口可以快速划定目标观察区域，对于模型细节的放大观察十分有效，本例即讲解缩放窗口的操作与技巧。

步骤 01 启动 SketchUp，打开配套资源“第 01 章|010 缩放窗口 .skp”模型，如图 1-53 所示。

步骤 02 执行【相机】/【缩放窗口】命令，或单击相机工具栏中【缩放窗口】按钮，即可启动缩放窗口，如图 1-54 所示。

图 1-53　模型打开效果

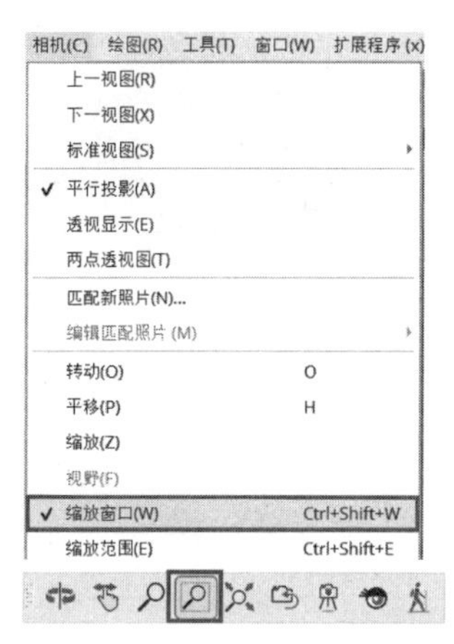

图 1-54　通过菜单或工具按钮进行缩放窗口

步骤 03 启动缩放窗口后，按住鼠标左键划定缩放范围，即可将该区域放大到满窗口显示，如图 1-55 与图 1-56 所示。

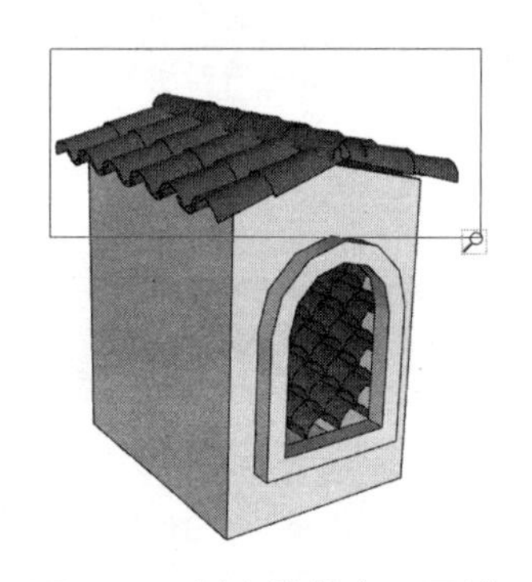

图 1-55　划定缩放窗口区域

图 1-56　缩放窗口完成效果

011 缩放范围

文件路径：配套资源 \ 第 01 章 \011	视频文件：视频 \ 第 01 章 \011.MP4

在实际工作中，如果遇到要充分利用显示屏的大小，对模型进行最大化的显示，以便进行观察，可以使用缩放范围工具。

步骤 01 启动 SketchUp，打开配套资源“第 01 章|011 充满视图 .skp”模型，如图 1-57 所示，其为一个喷泉模型。

步骤 02 此时使用视图缩放或缩放窗口工具，都无法使模型完全充满显示空间，边角会留下空白区域，如图 1-58 所示。

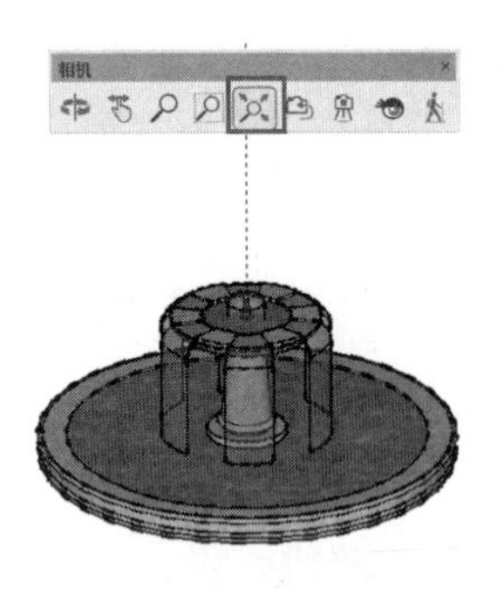

图 1-57 模型打开效果

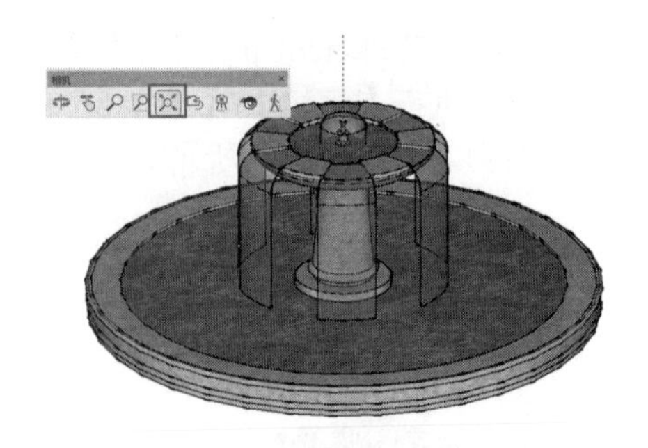

图 1-58 常规缩放完成的效果

步骤 03 执行【相机】/【缩放范围】命令，或单击相机工具栏中【缩放范围】按钮，即可瞬时完成模型的最大化显示，如图 1-59 与图 1-60 所示。

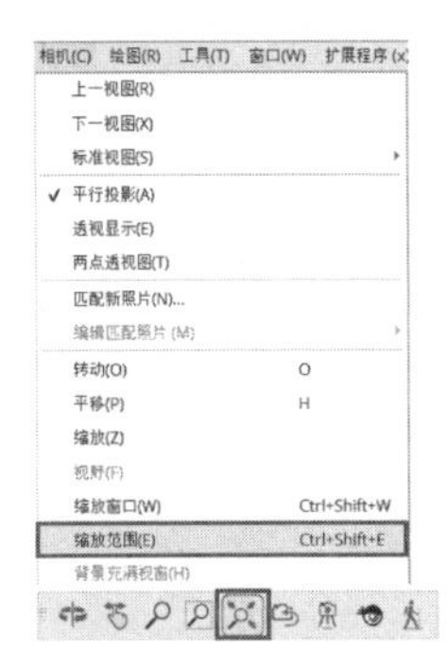

图 1-59 通过菜单或工具按钮进行缩放范围缩放

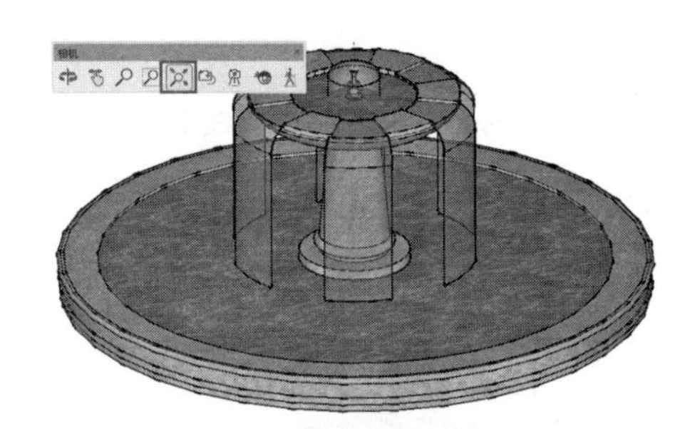

图 1-60 缩放范围缩放完成效果

012 上一个视图

文件路径：配套资源 \ 第 01 章 \012	视频文件：视频 \ 第 01 章 \012.MP4

在操作中如果进行了视图旋转、平移以及缩放等误操作时，通过【上一个】命令可进行快速调整。

步骤 01 启动 SketchUp，打开配套资源“第 01 章 |012 上一个视图 .skp”模型，如图 1-61 所示，其为一套办公桌椅模型。

步骤 02 通过视图的旋转、平移等操作，调整视角方向至模型背面，如图 1-62 所示。

图 1-61 模型打开效果

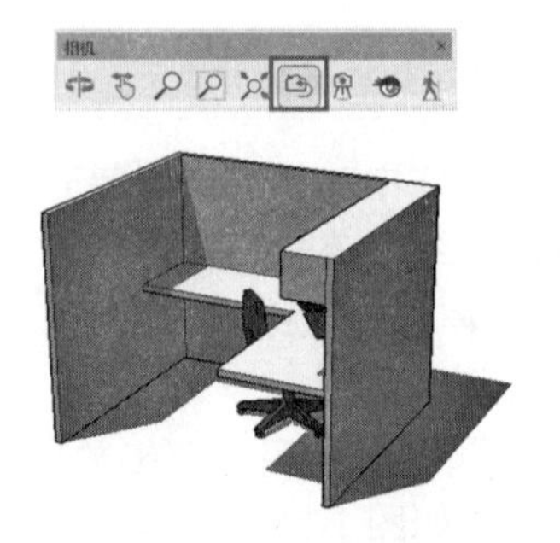

图 1-62 视图调整效果

步骤 03 如果此时要快速回到调整之前的视图，可以执行【相机】/【上一个】命令，或单击相机工具栏中【上一个】按钮进行撤销，如图 1-63 与图 1-64 所示。

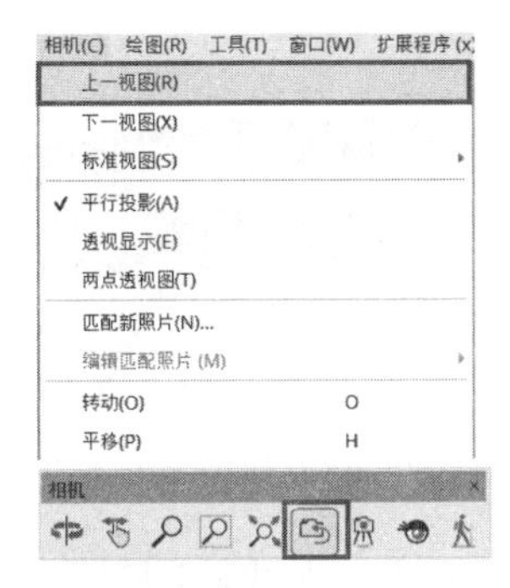

图 1-63　通过菜单或工具按钮返回上一视图

图 1-64　上一个视图返回效果

提示

在返回上一视图后，如果要回到返回前的视图，则需要执行【下一个】菜单命令。

1.3　对象的选择

013　单击选择

文件路径：配套资源 \ 第 01 章 \013	视频文件：视频 \ 第 01 章 \013.MP4

了解 SketchUp 界面的构成与视图的控制后，接下来学习模型对象的选择方法，首先了解对象一般选择的方法，即通过单击进行选择。

步骤 01 启动 SketchUp，打开配套资源“第 01 章|013 一般选择 .skp”模型，如图 1-65 所示，其为一个圆桌模型。

步骤 02 单击【主要】工具【选择】按钮，或直接按键盘上的空格键将其激活，此时在视图内将出现一个“箭头”图标，在目标对象上单击，即可选择对象，如图 1-66 与图 1-67 所示。

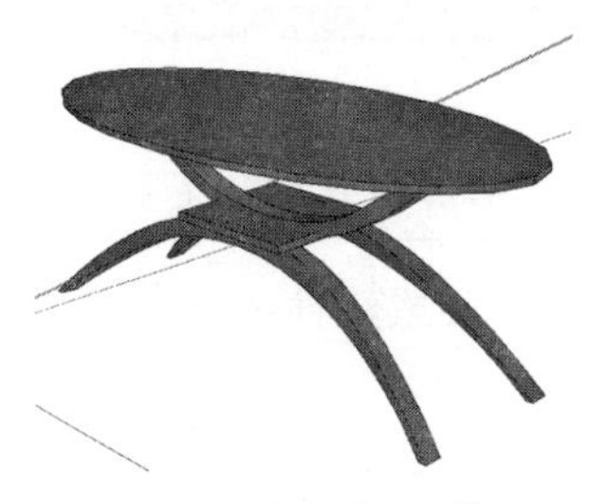

图 1-65　模型打开效果

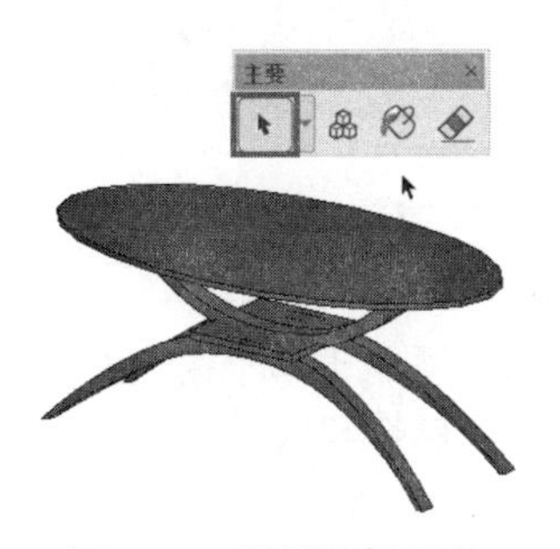

图 1-66　激活选择工具

步骤03 如果要继续选择模型，可以按住 Ctrl 键，待光标变成↖+状时，在加选对象上单击即可，如图 1-68 所示。

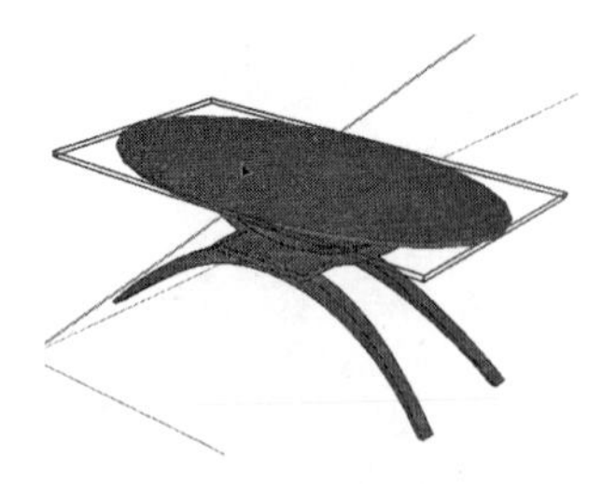
图 1-67　选择桌面

图 1-68　加选弧形支架

步骤04 如果要取消已选模型，可以按住 Ctrl+Shift 键，待光标变成↖－状时，在减选对象上单击即可，如图 1-69 所示。

步骤05 此外，按住 Shift 键，待光标变成↖±状时，SketchUp 将自动加选或是减选，即此时如果在已选对象上单击将进行减选，在未选对象上单击，则自动切换成加选，如图 1-70 ~ 图 1-72 所示。

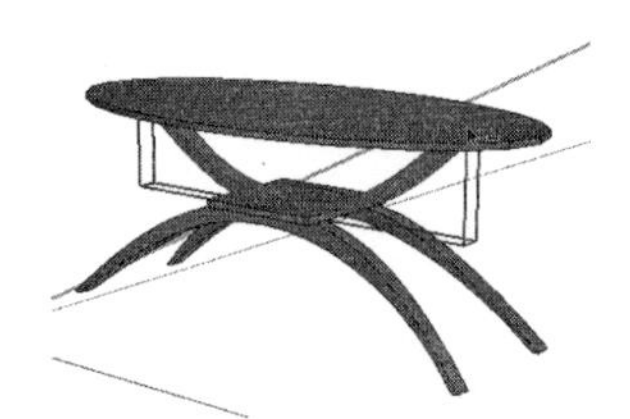
图 1-69　减选桌面

图 1-70　切换至自动选择

图 1-71　对已选模型自动进行减选

图 1-72　对未选模型自动进行加选

014 框选与叉选

文件路径：配套资源 \ 第 01 章 \014	视频文件：视频 \ 第 01 章 \014.MP4

单击选择适用于单个模型面或组件的选择，在进行多个模型面或组件的选择时，框选与叉选更为有效，本例介绍这两种选择方式的操作与技巧。

步骤01 启动 SketchUp，打开配套资源“第 01 章 |014 框选与叉选 .skp”模型，如图 1-73 所示，其为一个钢架模型。

步骤02 启用选择工具，按住鼠标左键，从屏幕任意位置从左至右划出实线选择范围框，如图 1-74 所示。此时只有完整被该范围框包围的模型才被选择，如图 1-75 所示。

图 1-73　模型打开效果

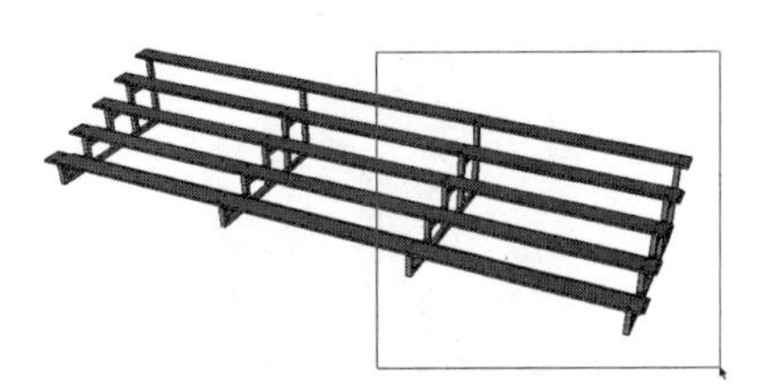

图 1-74　行框选

步骤03 启用选择工具，按住鼠标左键，从屏幕任意位置从右至左划出虚线选择范围框，如图 1-76 所示。所有与该范围框有接触的模型均被选择，如图 1-77 所示。

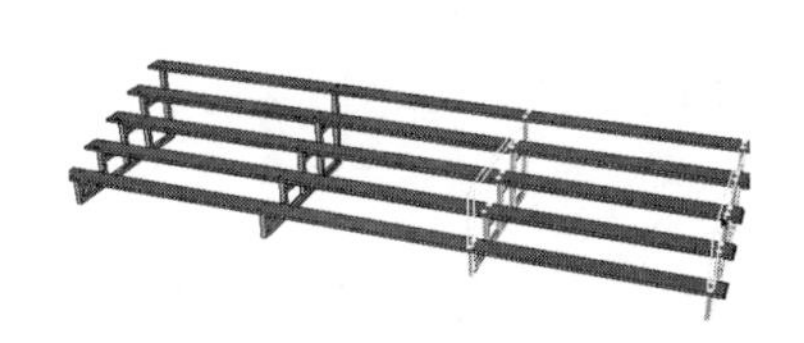

图 1-75　框选结果

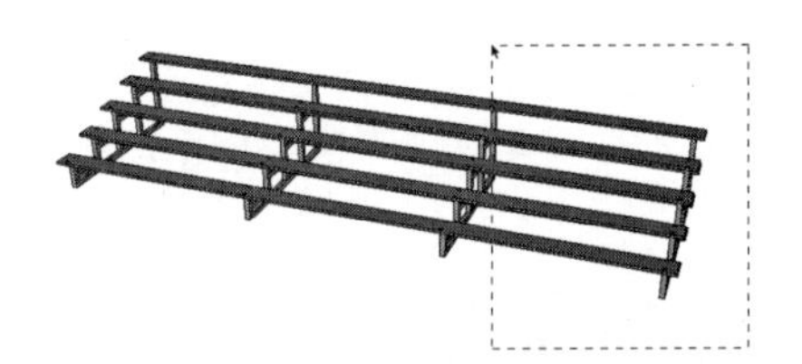

图 1-76　叉选

提示

在进行框选或叉选时，通过键盘控制加选、减选等功能同样有效，如图 1-78 所示。

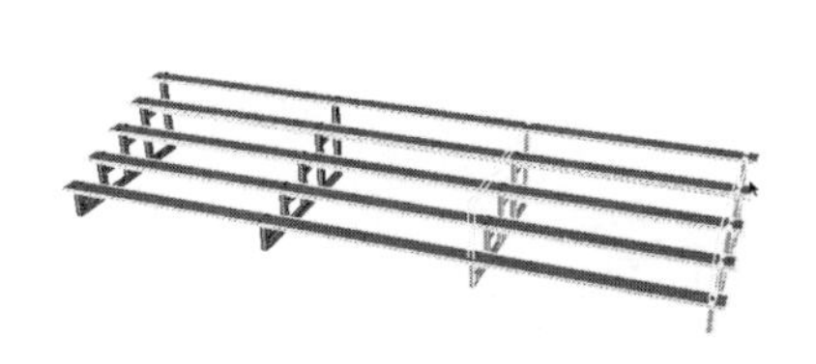

图 1-77　叉选结果

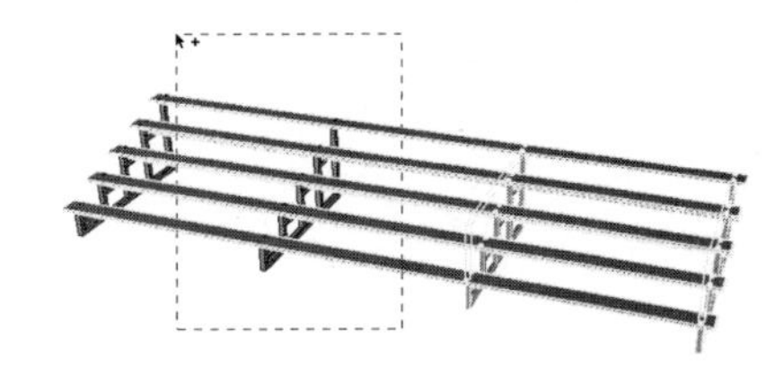

图 1-78　以叉选方式加选

015 扩展选择

文件路径：配套资源 \ 第 01 章 \015	视频文件：视频 \ 第 01 章 \015.MP4

除了单击选择、框选与叉选外，在选择时通过连续单击的次数，还可以进行扩展选择，本例介绍扩展选择的方法。

步骤01 启动 SketchUp，打开配套资源“第 01 章 |015 扩展选择 .skp”模型，如图 1-79 所示，其为书本模型。

步骤 02 启用选择工具后，在目标选择对象上单击，仅选择光标所接触的模型面，如图 1-80 所示。

图 1-79　模型打开效果

图 1-80　单击一次选择单独模型面

步骤 03 在目标对象上双击，将选择光标接触模型面以及周边相关边线，如图 1-81 所示。

步骤 04 在目标对象上三击，将选择光标接触模型面所在组件内所有模型面，如图 1-82 所示，如果其他与其接触的模型均未成组，则所接触的模型均将被选择，如图 1-83 所示。

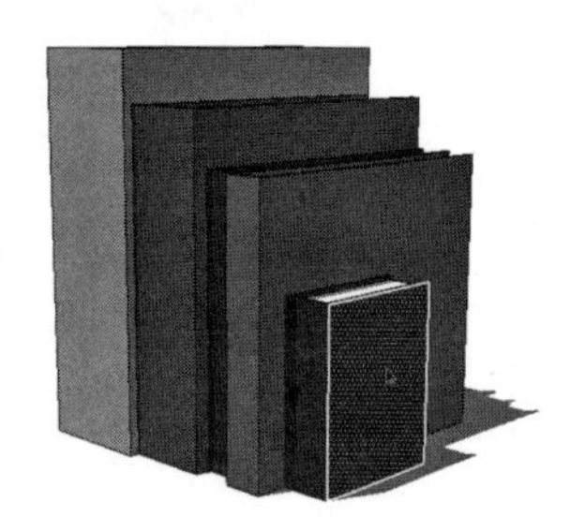

图 1-81　双击选择模型面与相关边线

图 1-82　三击选择组件内所有模型面

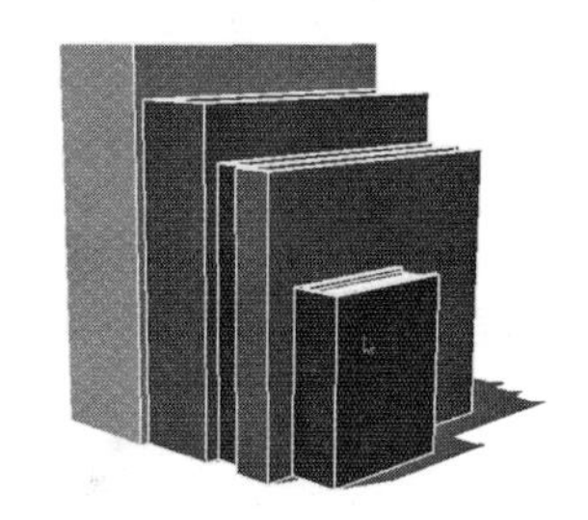

图 1-83　非组件三击选择所有连接面

1.4　切换显示样式

016 切换模型显示样式

文件路径：配套资源 \ 第 01 章 \016	视频文件：视频 \ 第 01 章 \016.MP4

SketchUp 设定了多种模型显示样式，用户可以根据观察或是建模需要进行切换，本例即介绍模型显示样式切换的方法。

步骤 01 启动 SketchUp，打开配套资源“第 01 章 |016 切换显示样式 .skp”模型，如图 1-84 所示，该场景为一个客厅透视模型，当前显示下模型纹理、色彩效果均可见。

步骤 02 执行【视图】/【表面类型】命令，在子菜单中选择选项，即可切换模型的显示效果，如图 1-85 所示。各显示样式效果如图 1-86 ~ 图 1-93 所示。

图 1-84　模型打开效果

图 1-85　通过菜单或工具按钮切换显示样式

提示

X 射线模式为透明显示效果，其可以叠加在其他显示样式上，如图 1-86 与图 1-87 所示。

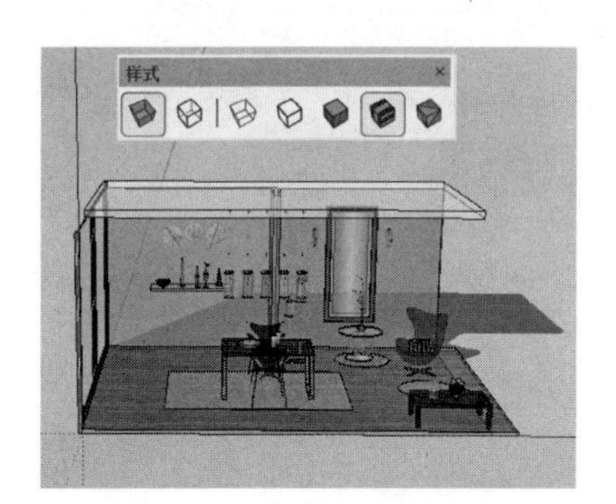

图 1-86　X 光透视模式样式 1

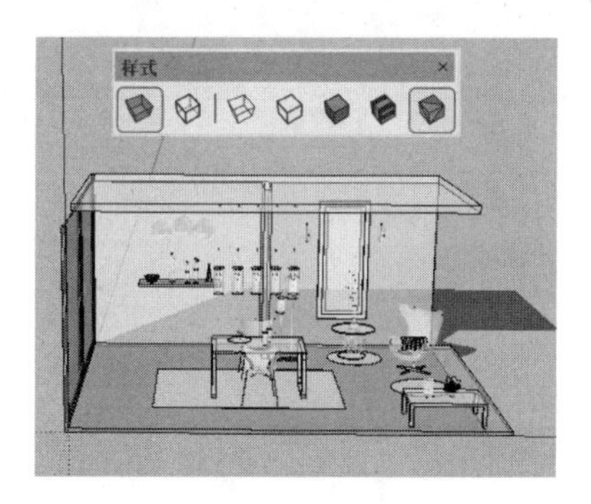

图 1-87　X 光透视模式样式 2

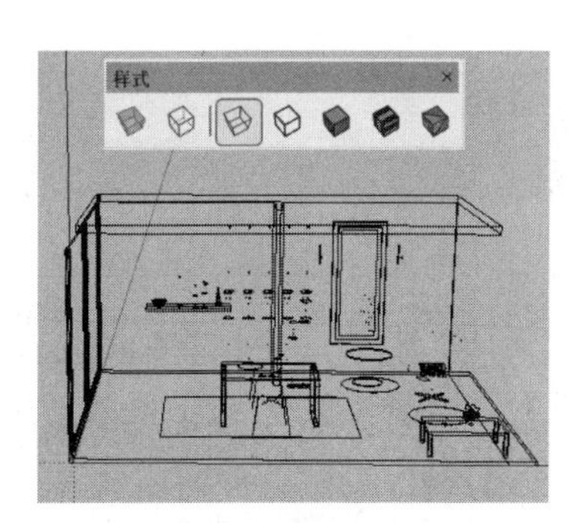

图 1-88　线框显示样式

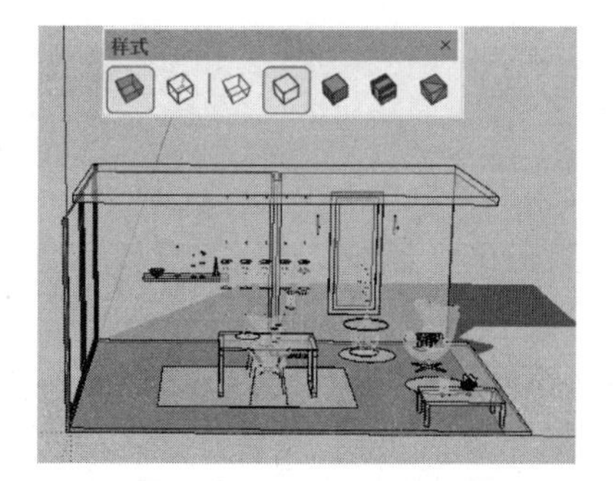

图 1-89　消隐显示样式

提示

【材质贴图】样式用于观察模型的最终效果，但需要占用的系统资源也最多。为了便于操作，在进行光影效果的调整时，可以切换至阴影或单色显示模式。

图 1-90　阴影显示样式

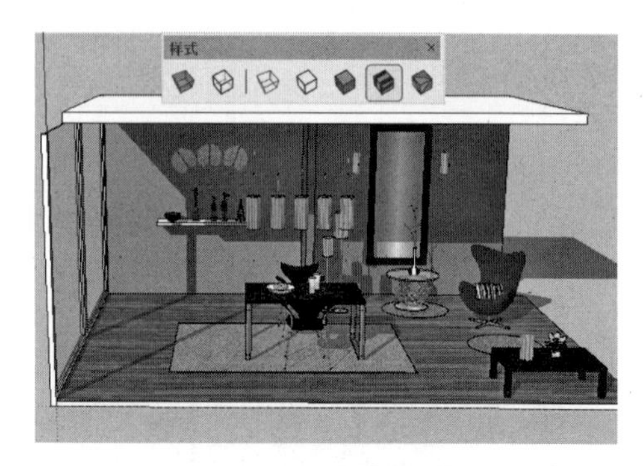

图 1-91　材质贴图样式

图 1-92　单色显示样式

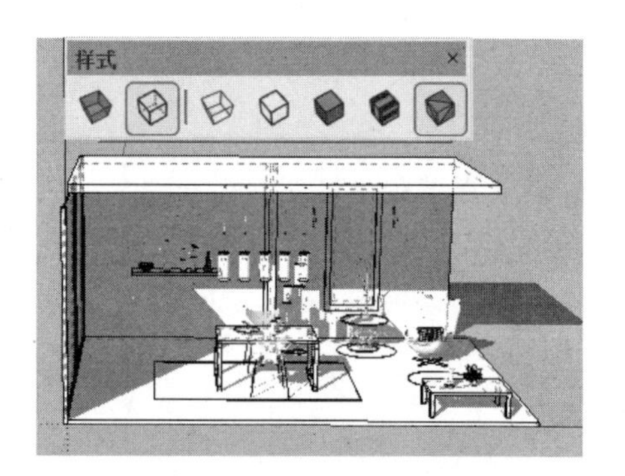

图 1-93　显示后边线效果

→ 提示

后边线模式与 X 光透视模式类似，可以与其他显示模式进行重叠显示，以虚线的形式体现模型背面的线条，如图 1-90 ~ 图 1-92 所示。

017 调整边线显示类型

文件路径：配套资源 \ 第 01 章 \017	视频文件：视频 \ 第 01 章 \017.MP4

SketchUp 中文俗称“草图大师”，能得到这样的一个称谓，其原因是 SketchUp 通过设置边线显示参数，可以显示出类似于手绘草图样式效果，本例将具体介绍调整的方法。

步骤 01 启动 SketchUp，打开配套资源“第 01 章 |017 调整边线显示类型 .skp”模型，如图 1-94 所示。该模型为一个显示贴图的小区住宅，本例将参考如图 1-95 所示的建筑手绘草图效果，设置类似的显示效果。首先了解 SketchUp 中基本的边线样式。

步骤 02 执行【视图】/【边线类型】命令，在下拉列表菜单中可以看到轮廓线、深粗线、扩展程序这三种 SketchUp 最基本的边线样式，如图 1-96 所示。其效果分别如图 1-97 ~ 图 1-99 所示。

图 1-94　模型打开效果

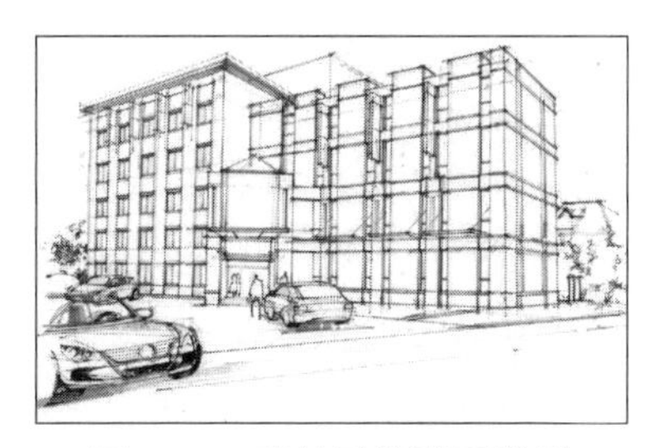

图 1-95　建筑手绘草图效果

图 1-96　执行【视图】/【边线类型】命令

- 【轮廓线】：默认为勾选，如图 1-97 所示。如果取消勾选，场景中模型的边线将淡化或消失。
- 【深粗线】：该方式以比较粗的深色线条显示边线，如图 1-98 所示。由于该种效果影响模型细节的观察，因此通常不予勾选。
- 【扩展程序】：在手绘草图的过程中，两条相交的直线通常会稍微延伸出头，在 SketchUp 中勾选【扩展程序】，即可实现该种效果，如图 1-99 所示。

图 1-97　轮廓线效果

图 1-98　深度暗示效果

图 1-99　延长线效果

步骤 03【边线类型】仅能简单地设置各种边线效果，对边线的宽度、长度等特征无法进行控制，接下来学习相关的控制操作方法。执行【窗口】/【默认面板】/【样式】命令，弹出【样式】设置面板，在【编辑】选项卡中单击【边线设置】按钮，即可进行更加丰富的边界线类型与效果的设置，如图 1-100 与图 1-101 所示。

步骤 04【端点】和【短横】复选框勾选效果，分别如图 1-102 与图 1-103 所示。

图 1-100　执行【窗口】/【样式】命令

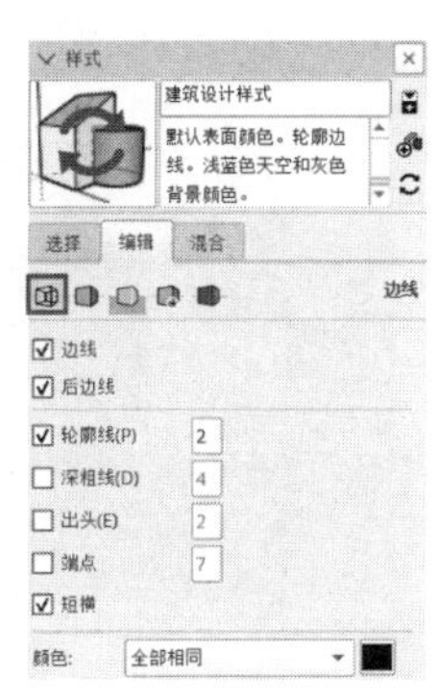

图 1-101　进入【编辑】选项卡

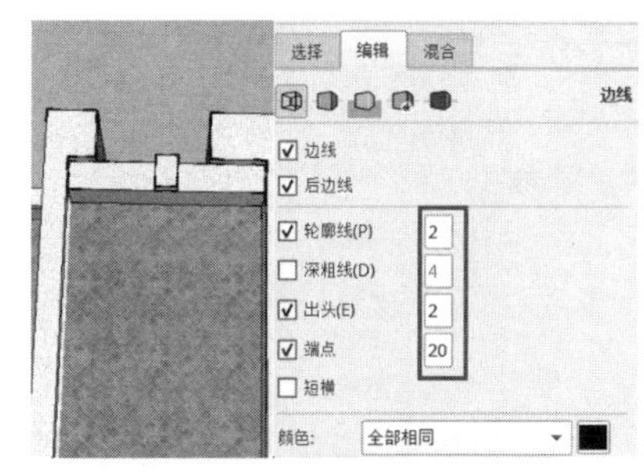

图 1-102　端点线设置效果

- 【端点】：边线与边线的交接处将以较粗的线条显示，通过其后的参数可以设置线条的宽度。
- 【短横】：笔直的边界线以稍许弯曲凌乱的线条进行显示，用于模拟手绘中真实的线段细节。

步骤 05 了解了 SketchUp 边线的类型与对应效果后，参考建筑手绘草图的线条特点，设置【样式】面板中相关参数，如图 1-104 所示，即可制作出类似手绘草图的效果，如图 1-105 所示。

图 1-103 抖动效果

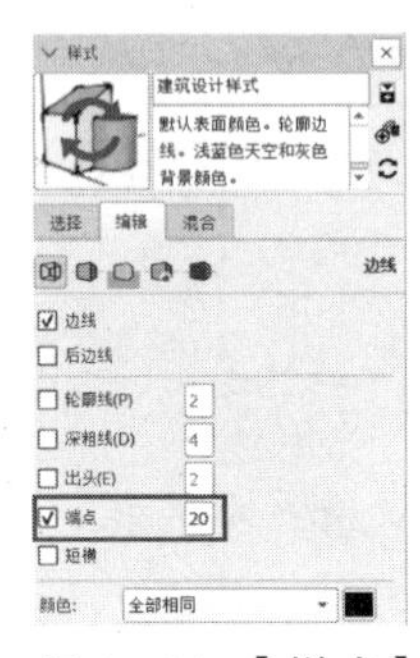

图 1-104 【样式】面板参数

图 1-105 草图显示效果

018 调整边线显示颜色

文件路径：配套资源 \ 第 01 章 \018	视频文件：视频 \ 第 01 章 \018.MP4

在 SketchUp 中，除了调整边线的类型外，还可以对边线的颜色进行控制，本例讲解具体的控制方法。

步骤 01 进入【样式】面板【编辑】选项卡，通过【颜色】下拉列表框，可选择【全部相同】、【按材质】以及【按轴线】三种方式调整边线颜色，如图 1-106 所示。

步骤 02 默认选择【全部相同】类型，此时可以通过其后方的颜色设置整体的边线颜色，如图 1-107 与图 1-108 所示。

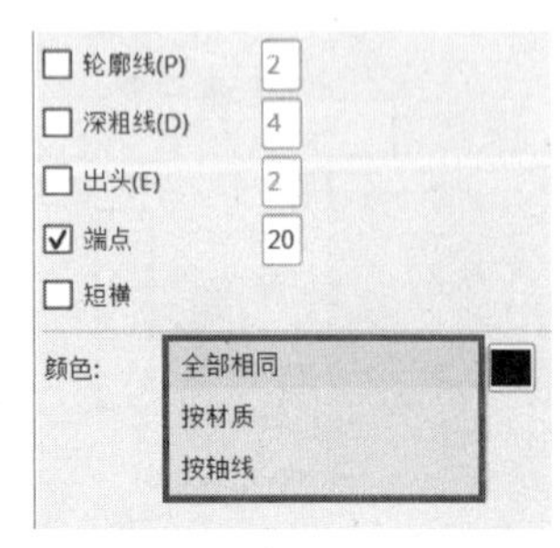

图 1-106 【颜色】下拉列表

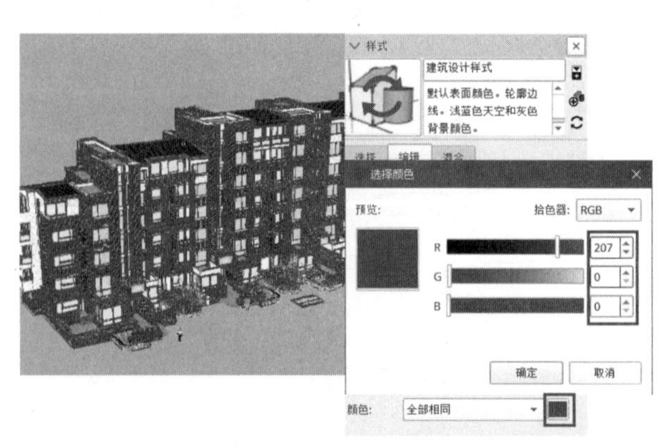

图 1-107 设置边线整体颜色

步骤03【按材质】以及【按轴线】两种、三种颜色控制方式的效果如图 1-109 与图 1-110 所示。

- 【按材质】：系统将自动调整模型边线为自身材质颜色一致的颜色，如图 1-109 所示。
- 【按轴线】：系统将分别将 X、Y、Z 三个轴向上的边线以红、绿、蓝三种颜色显示，如图 1-110 所示。

图 1-108 边线整体颜色调整效果

图 1-109 按材质显示边线颜色

提示

除了以上类似铅笔黑白素描的效果外，通过【样式】设置面板中【选择】选项卡，还可以设置诸如【手绘边线】、【颜色集】等其他效果，如图 1-111 ~ 图 1-113 所示。

图 1-110 按轴线显示边线颜色

图 1-111 下拉列表

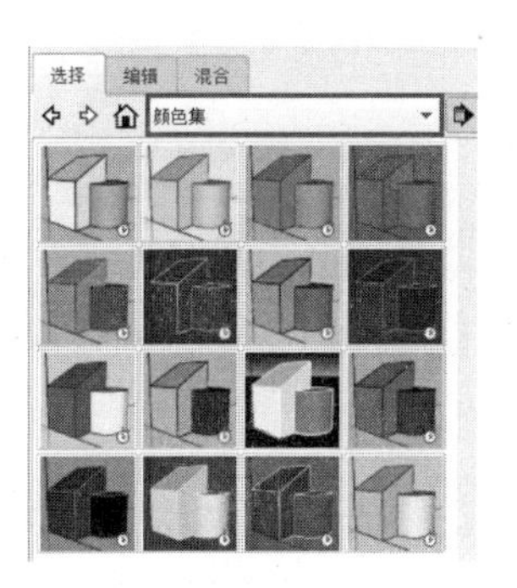

图 1-112 【颜色集】列表

图 1-113 【颜色集】模型效果

1.5 设置绘图环境

019 设置场景单位

文件路径：无	视频文件：视频\第 01 章\019.MP4

了解对象的选择与显示效果的调整后，接下来学习 SketchUp 绘图前系统的准备与个性化设置的方法，首先了解场景单位的设置方法。

步骤 01 执行【窗口】/【模型信息】命令，如图 1-114 所示，打开【模型信息】设置面板，选择其中的【单位】选项，可以发现默认单位为英寸（英制）。

步骤 02 设置【单位】为【十进制】，在其后的下拉列表中选择【毫米】，最后选择【显示精确度】为【0mm】，如图 1-115 所示。对于系统的【尺寸标注】、【文字】等特征，由于不同的设计单位有不同的表示方法，所以这里不详细讲述。

图 1-114 执行【窗口】/【模型信息】命令

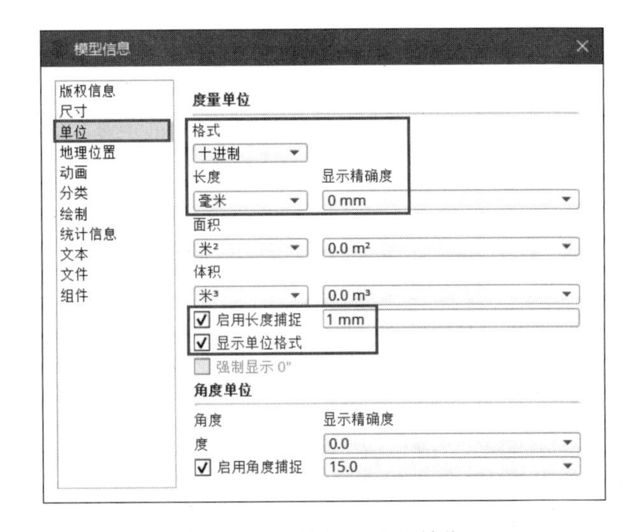

图 1-115 按规范设置单位

提示

SketchUp 默认设置下以英寸（英制）为绘图单位，而我国的设计规范均以毫米（米制）为单位，精度通常保持 0mm。

技巧

在开启 SketchUp 时，会弹出如图 1-116 所示的启动面板，单击【更多模板】按钮，即可以直接选择米制的建筑绘图模板，如图 1-117 所示。

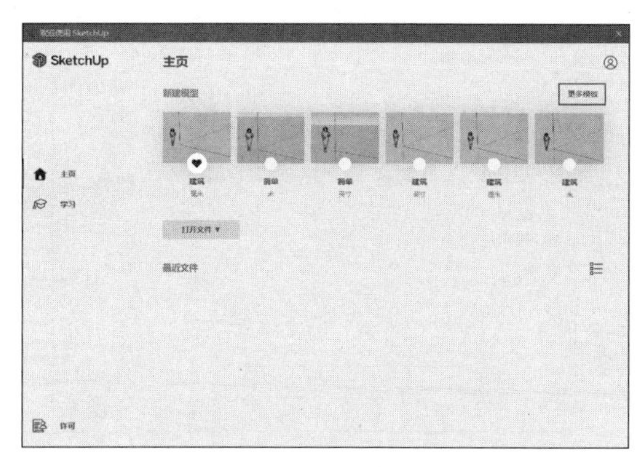

图 1-116　SketchUp 启动面板

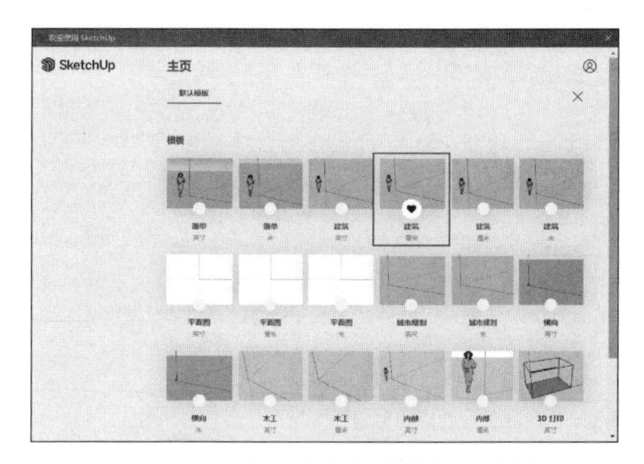

图 1-117　选择毫米制建筑绘图模板

020 设置文件自动备份

文件路径：无	视频文件：视频 \ 第 01 章 \020.MP4

为了防止因为断电等突发情况造成文件的丢失，SketchUp 提供文件自动备份与保存的功能，本例介绍其具体操作方法。

步骤 01 执行【窗口】/【系统设置】菜单命令，在弹出的【系统设置】面板中选择【常规】选项，如图 1-118 所示。

步骤 02 在【常规】选项卡右侧的【正在保存】参数组中，即可设置保存备份以及间隔时间，如图 1-119 所示。

图 1-118　【常规】选项卡设置

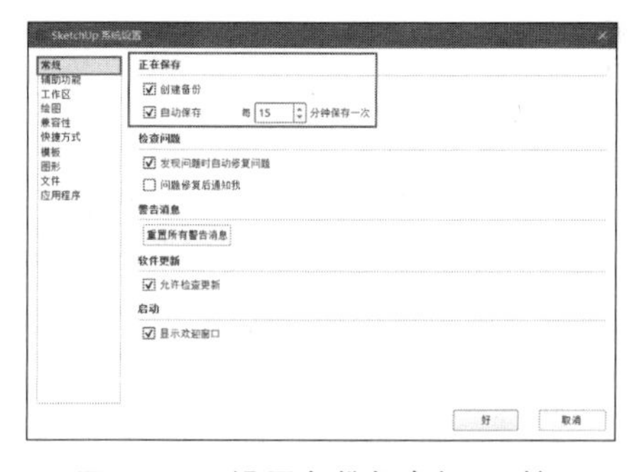

图 1-119　设置备份保存间隔时间

提示

创建备份与自动保存是两个概念，如果只勾选【自动保存】复选框，则数据将直接保存在打开的文件上。只有同时再勾选【创建备份】，才能将数据另存在一个新的文件上，这样即使打开的文件出现损坏，还可以再使用备份文件。

步骤 03 选择【文件】选项卡，如图 1-120 所示，单击【模型】参数后的【设置路径】按钮，即可在弹出的【选择文件夹】面板内设置自动备份的文件路径，如图 1-121 所示。

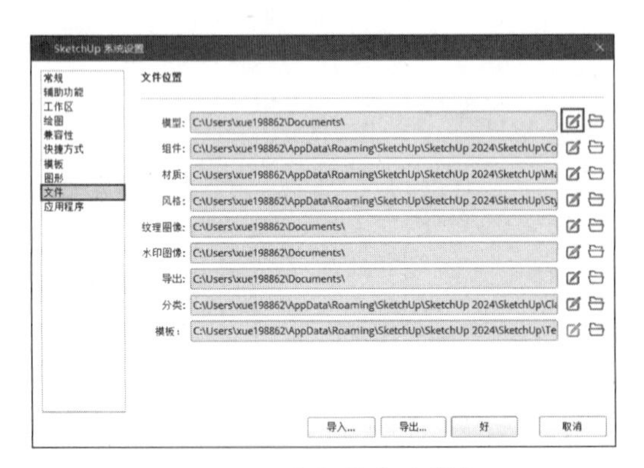

图 1-120 【文件】选项卡

图 1-121 设置模型备份文件夹

021 自定义快捷键

文件路径：无	视频文件：视频 \ 第 01 章 \021.MP4

在 SketchUp 中，根据个人习惯设定快捷键可以有效提高工作效率，本例介绍如何自定义快捷键。

步骤 01 在默认设置下，通过菜单找到对应的命令，在其后方即会显示对应的默认快捷键，如图 1-122 所示。

步骤 02 执行【窗口】/【系统设置】菜单命令，打开【系统设置】面板，选择【快捷方式】选项卡，在【功能】列表中选择对应的命令，即可在右侧的【添加快捷方式】文本框内自定义快捷键，如图 1-123 所示。

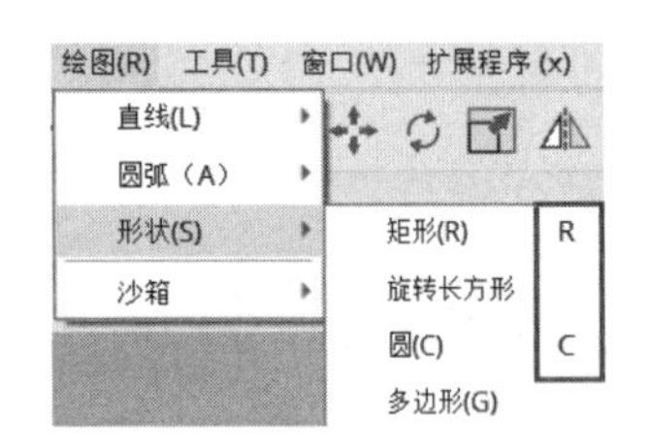

图 1-122 默认快捷键

图 1-123 自定义快捷键

步骤 03 输入快捷键后，单击【添加】按钮+即可，如果该快捷键已被其他命令占用，将弹出如图 1-124 所示的提示面板，此时单击【是】按钮将其替代，然后单击【系统设置】面板中的【好】按钮，设置的快捷键即可生效。

步骤 04 如果要删除已经设置好的快捷键，只需要选择对应的命令，然后在【快捷方式】列表框中选择快捷键，单击【删除】按钮-即可，如图 1-125 所示。

图 1-124　重新定义快捷键

图 1-125　删除快捷键

→ 技巧

单击【系统设置】面板中的【导出】按钮，打开如图 1-126 所示的【输出预置】面板，在其中设置好文件名并单击【导出】按钮，即可将自定义好的快捷键以 dat 文件进行保存。当重装系统或在他人计算机上应用 SketchUp 时，单击【导入】按钮，在弹出的【输入预置】面板中选择快捷键文件，单击【导入】按钮，即可快速加载之前自定义的所有快捷键，如图 1-127 所示。

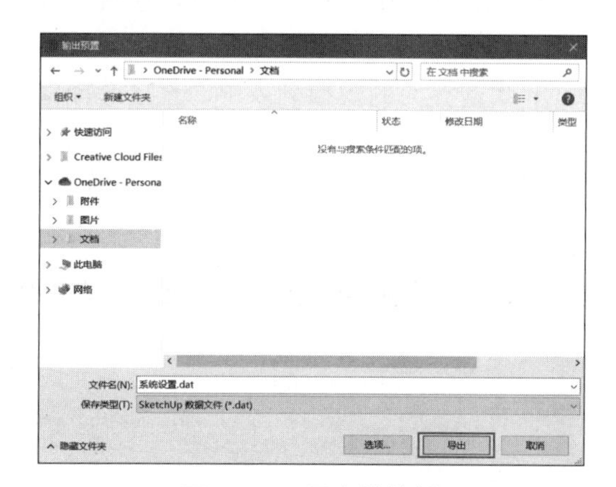

图 1-126　导出快捷键

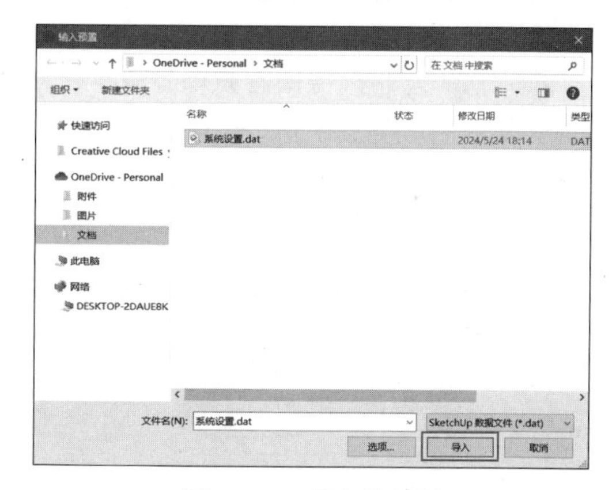

图 1-127　导入快捷键

022 保存设定模板

文件路径：无	视频文件：无

在 SketchUp 中设置好场景单位、文件保存路径等参数后，为了避免重复设置，可以将当前的设定保存为模板，本例介绍保存设定模板的方法。

步骤 01 模板的保存方法十分简单，在设置好场景单位等参数后，执行【文件】/【另存为模板】菜单命令，如图 1-128 所示。

步骤 02 在弹出的【另存为模板】面板中，输入模板名称，单击【保存】按钮即可，如图 1-129 所示。

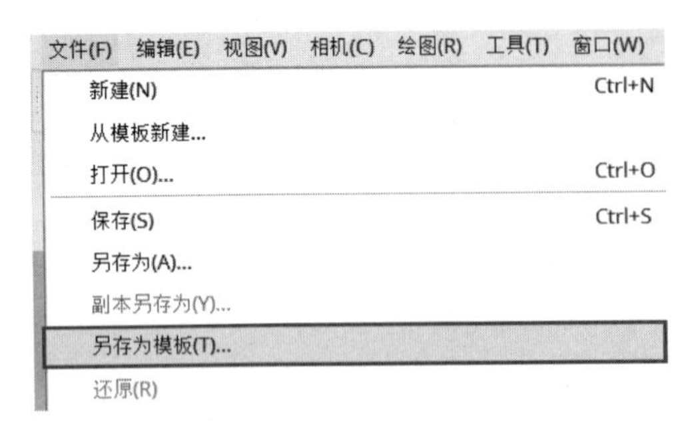

图 1-128　执行命令

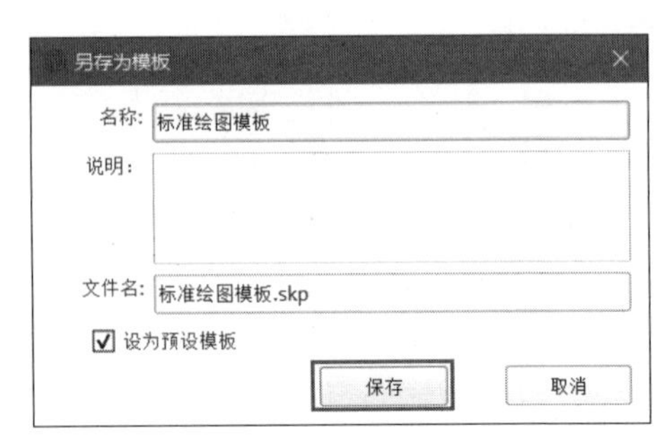

图 1-129 【另存为模板】面板

023 调用保存模板

文件路径：无	视频文件：无

将场景成功保存为模板后，在下次使用 SketchUp 时，即可直接调用，本例讲解模板的调用方法。

步骤 01 模板的调用有两种，第一种是在 SketchUp 欢迎界面的模板列表中，直接选择保存好的模板文件进行应用，如图 1-130 所示。

步骤 02 如果在开启 SketchUp 时忘记调用模板，则可以使用第二种方法。在【系统设置】面板中选择【模板】选项卡，选择之前保存的模板文件即可，如图 1-131 所示。

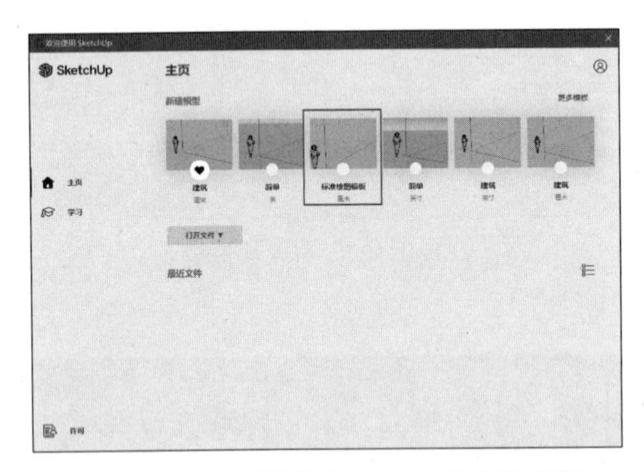

图 1-130　在欢迎界面中直接应用保存模板

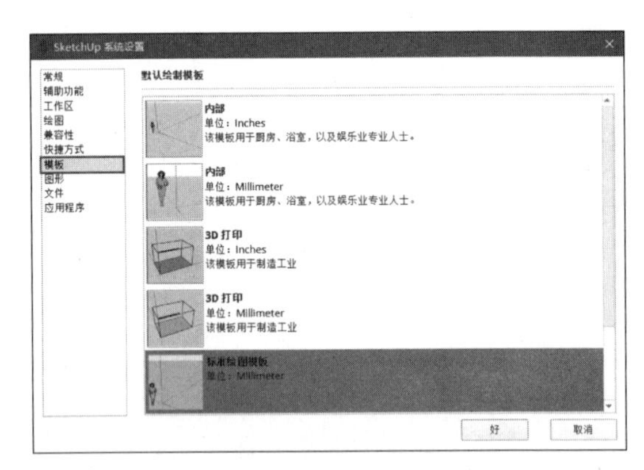

图 1-131　通过系统设置面板调用保存模板

第2章

SketchUp 基本工具

在了解了 SketchUp 界面的构成、视图与对象的控制，以及基本绘图环境的设置后，本章将学习 SketchUp 常用的【绘图】、【编辑】、【主要】、【建筑施工】以及【相机】5 大工具栏中各个工具的使用，如图 2-1 ~ 图 2-5 所示。

图 2-1 【绘图】工具栏

图 2-2 【编辑】工具栏

图 2-3 【主要】工具栏

图 2-4 【建筑施工】工具栏

图 2-5 【相机】工具栏

2.1 绘图工具栏

024 矩形工具

文件路径：无	视频文件：视频 \ 第 02 章 \024.MP4

【矩形】工具通过两个对角点的定位生成规则的矩形，绘制完成将自动生成封闭的矩形平面。【旋转长方形】工具主要通过指定矩形的任意两条边和角度，即可绘制任意方向的矩形，本例介绍其基本使用方法与技巧。

1. 通过鼠标创建矩形

步骤 01 打开 SketchUp，执行【绘图】/【形状】/【矩形】命令，或单击【绘图】工具栏【矩形】按钮，均可启用该绘制工具，如图 2-6 所示。

步骤 02 移动光标至绘图区域，当光标变成时，在绘图区内单击，确定矩形第一个角点，然后再拖动光标确定第二个角点，即可创建出一个矩形，如图 2-7 所示。

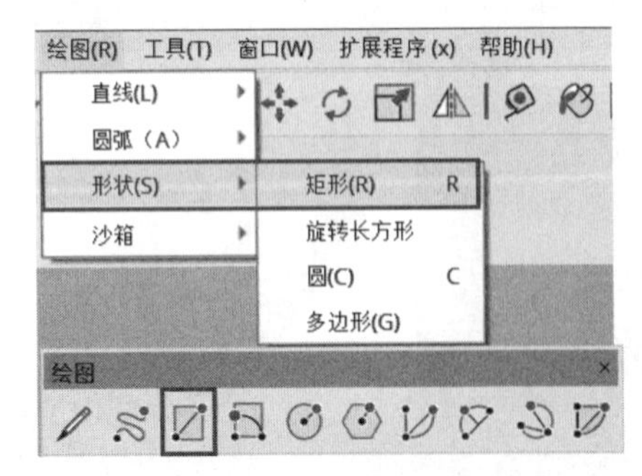

图 2-6 通过菜单或工具栏启用矩形创建工具

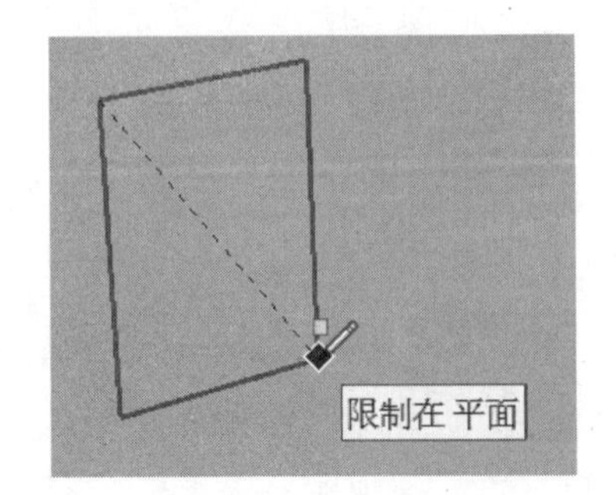

图 2-7 直接通过光标拖动绘制矩形

→提示

当绘制的【矩形】长宽比满足 0.618 的黄金分割比率时，矩形内部显示一条虚线，如图 2-8 所示，此时单击即可创建满足黄金分割比的矩形，如图 2-9 所示。

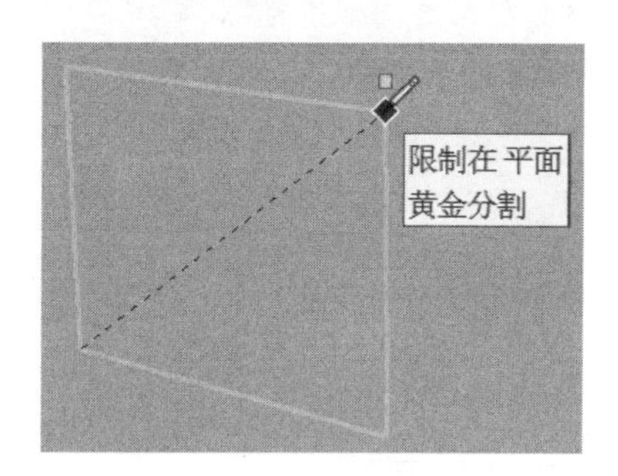

图 2-8　矩形内部虚线

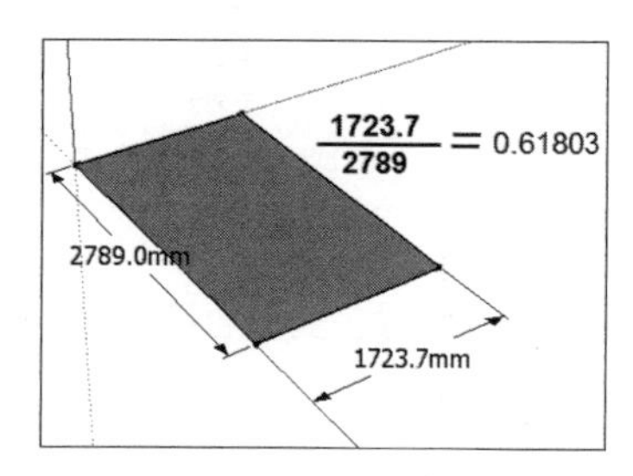

图 2-9　满足黄金分割比的矩形

2. 通过输入参数创建精确大小的矩形

步骤 01 启用【矩形】工具，待光标变成时，在绘图区单击，确定矩形的第一个角点，然后在绘图区右下角尺寸标注框内输入矩形长、宽数值，注意中间使用逗号进行分隔，如图 2-10 所示。

步骤 02 输入长、宽数值后，按下 Enter 键确认，即可生成准确大小的矩形，如图 2-11 所示。

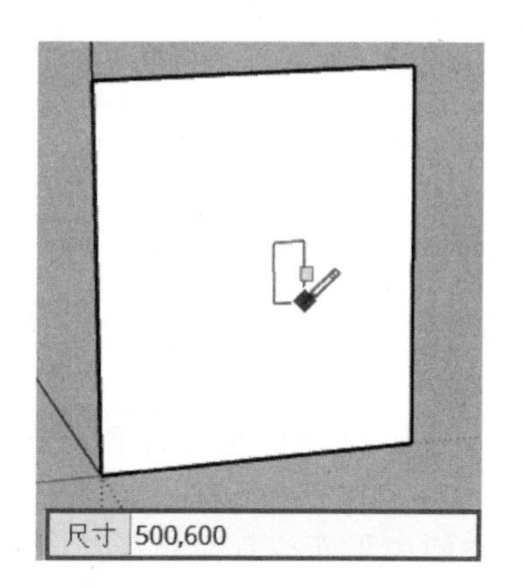

图 2-10　输入长、宽数值

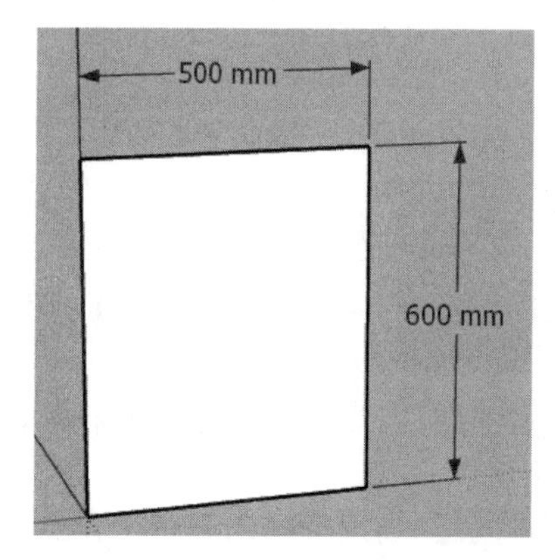

图 2-11　矩形绘制完成

3. 绘制任意方向上的矩形

SketchUp 2024 的旋转长方形工具能在任意角度绘制离轴矩形（并不一定要在地面上），这样方便了绘制图形，可以节省大量的绘图时间。

步骤 01 打开 SketchUp，执行【绘图】/【形状】/【旋转长方形】命令，或单击【绘图】工具栏【旋转长方形】创建按钮，均可启用该绘制工具，如图 2-12 所示。

步骤 02 调用【旋转长方形】绘图命令，待光标变成时，在绘图区单击，确定矩形的第一个角点，然后拖拽光标至第二个角点，确定矩形的长度，然后将光标往任意方向移动，如图 2-13 所示。

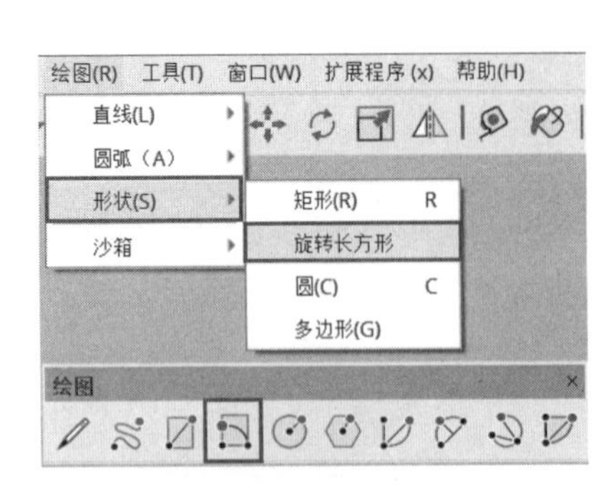

图 2-12 通过菜单或工具栏启用【旋转长方形】创建工具

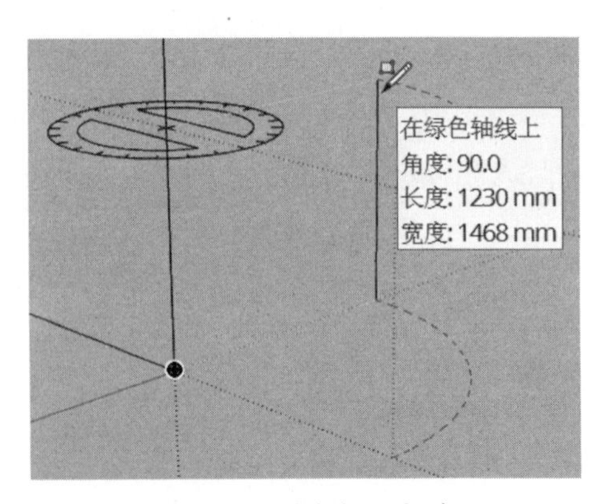

图 2-13 绘制矩形长度

步骤 03 找到目标点后单击，完成矩形的绘制，如图 2-14 所示。

步骤 04 重复命令操作绘制任意方向矩形，如图 2-15 所示。

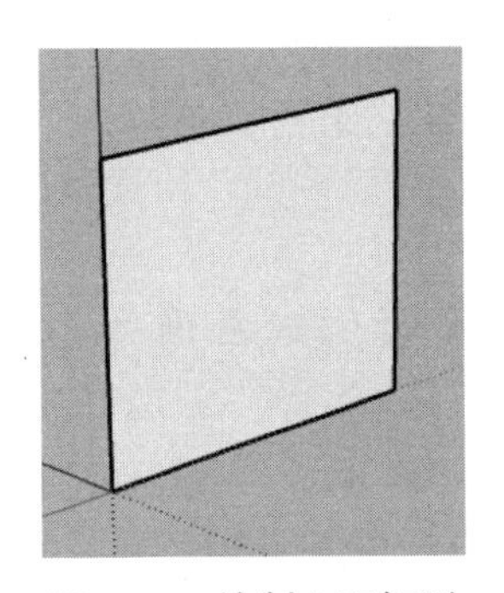

图 2-14 绘制立面矩形

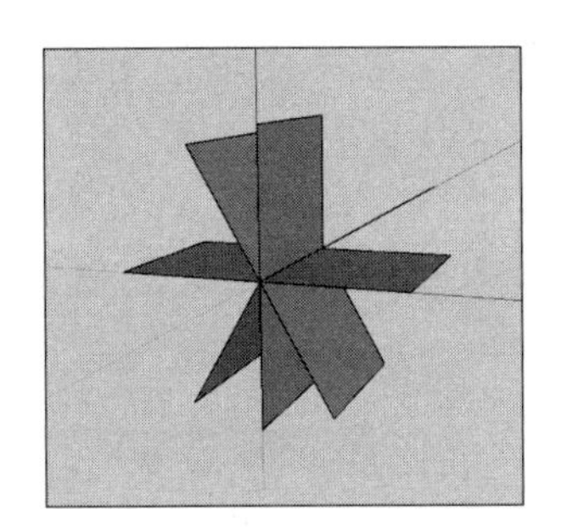

图 2-15 绘制任意矩形

4. 绘制空间内的矩形

步骤 01 启用【旋转长方形】绘图命令，待光标变成时，移动光标确定矩形第一个角点在平面上的投影点。

步骤 02 将光标往 Z 轴上方移动，按住 Shift 键锁定轴向，确定空间内的第一个角点，如图 2-16 所示。

步骤 03 确定空间内第一个角点后，即可自由绘制空间内平面或立面矩形，如图 2-17 与图 2-18 所示。

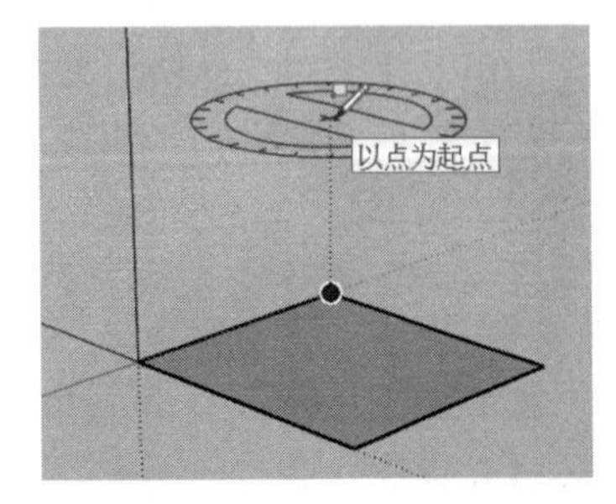

图 2-16 找到空间内的矩形角点

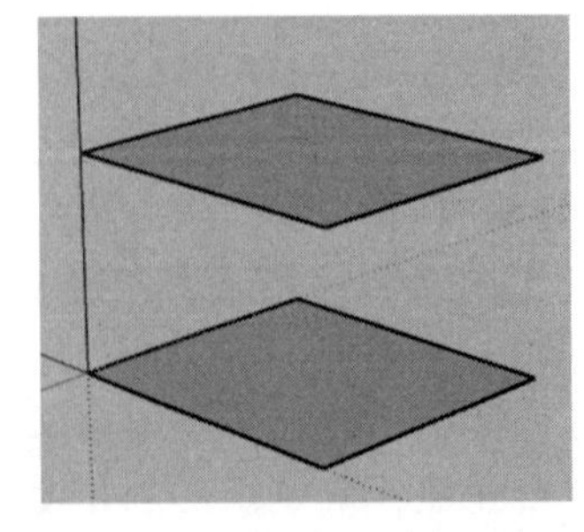

图 2-17 绘制空间内平面矩形

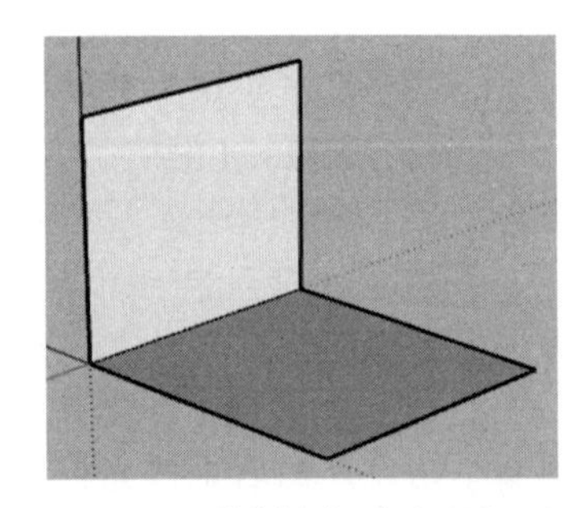

图 2-18 绘制空间内立面矩形

提示

按住 Shift 键不但可以进行轴向的锁定，如果当光标放置于某个“面”上，并出现“在表面上”的提示后再按住 Shift 键，还可以将要画的点或其他图形锁定在该表面内进行创建。

提示

在绘制空间内的矩形时，一定要通过蓝色轴线进行第一个角点位置的确定，否则只能绘制在同一平面内的矩形，如图 2-19 与图 2-20 所示。此外，可在已有的“面”上直接绘制矩形，以进行面的分割，如图 2-21 所示。

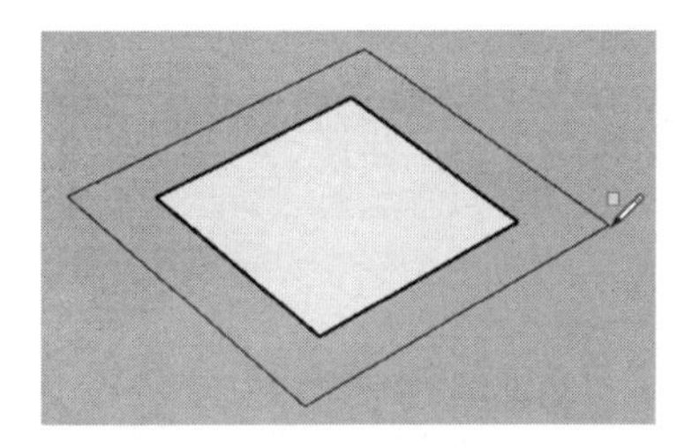

图 2-19　未出现蓝色轴线

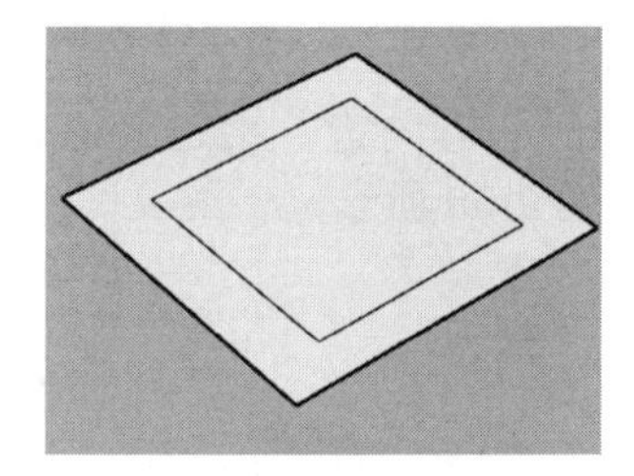

图 2-20　绘制完成效果

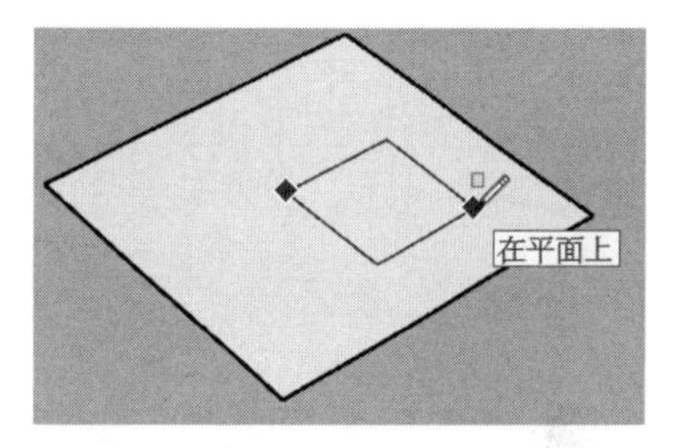

图 2-21　用矩形分割表面

5. 围绕中心绘制矩形

步骤 01 启用【矩形】工具，待光标变成✎时，按下 Ctrl 键，指定中心为绘制起点，此时光标显示样式如图 2-22 所示。

步骤 02 按住左键不放，向右下角拖动光标，指定矩形的第二个角点，如图 2-23 所示。

步骤 03 在移动光标的过程中，假如在矩形内部显示虚线对角线，同时在光标的右下角显示“正方形”提示文字，结果是可以绘制正方形，如图 2-24 所示。

图 2-22　光标显示样式

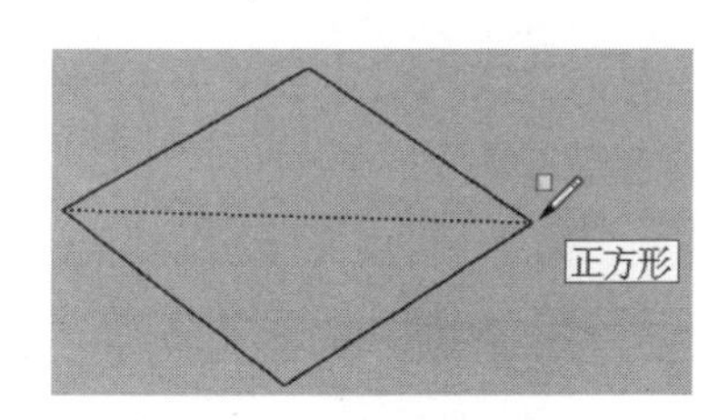

图 2-23　指定对角点

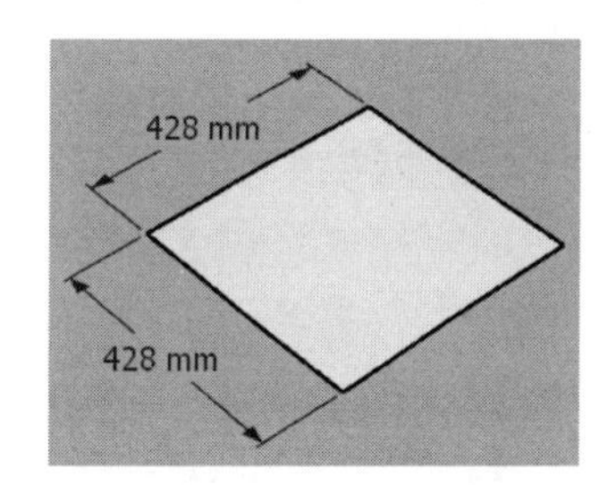

图 2-24　绘制正方形

6. 锁定表面法线绘制矩形

步骤 01 启用【矩形】工具，待光标变成✎时，按下键盘上的向上“↑”方向键，锁定蓝色轴线。单击并移动鼠标，指定起点与对角点绘制矩形，如图 2-25 所示。

步骤 02 在合适的位置单击，绘制矩形如图 2-26 所示。

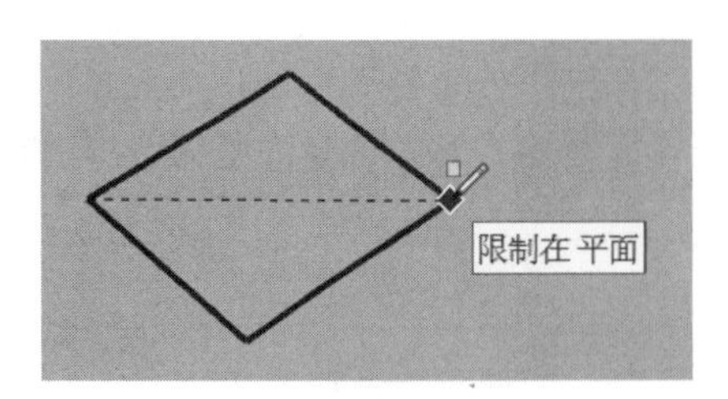

图 2-25　锁定蓝色轴线

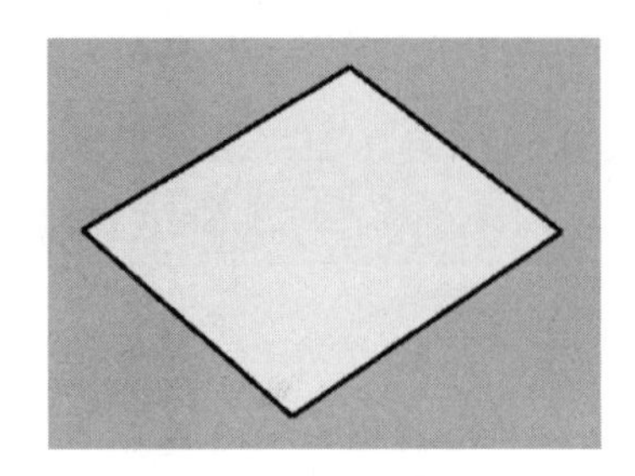
图 2-26　绘制矩形

步骤 03 按下键盘上的向左"←"方向键，锁定绿色轴线。指定起点与对角点绘制矩形，如图 2-27 所示。

步骤 04 绘制矩形的结果如图 2-28 所示。

步骤 05 按下键盘上的向右"→"方向键，锁定红色轴线。指定起点与对角点绘制矩形，如图 2-29 所示，绘制矩形的结果如图 2-30 所示。

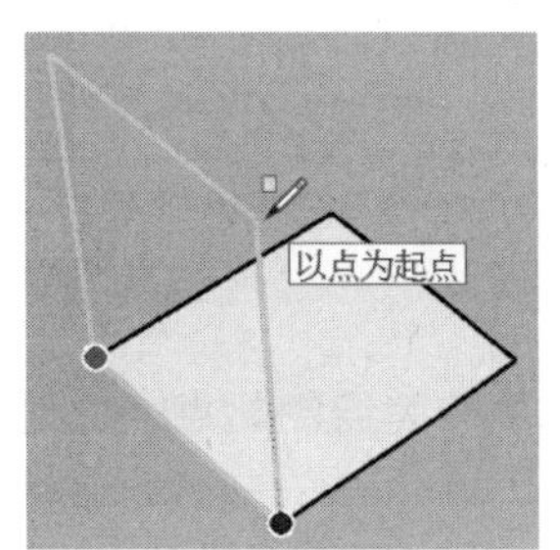

图 2-27　锁定绿色轴线

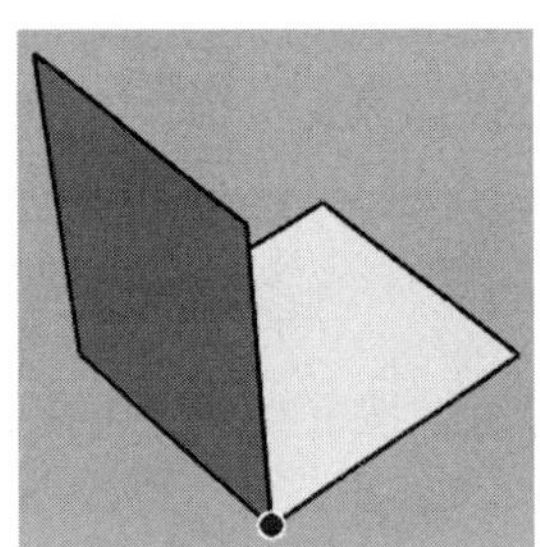
图 2-28　绘制矩形

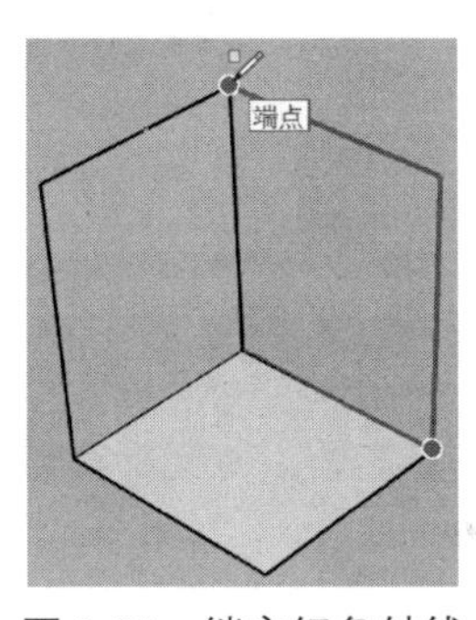

图 2-29　锁定红色轴线

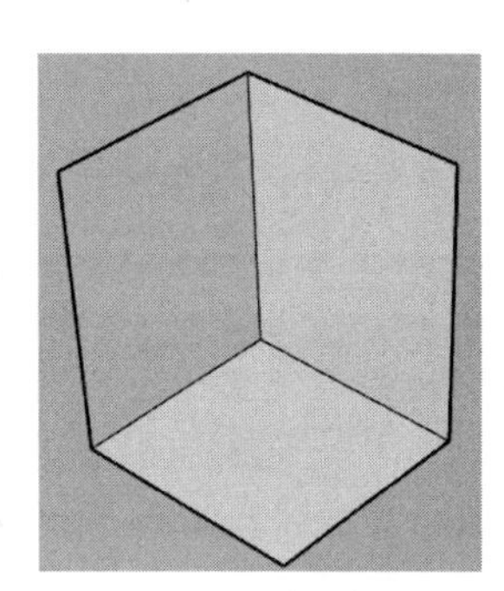
图 2-30　绘制矩形

步骤 06 按下键盘上的向下"↓"方向键，在步骤 05 中绘制的矩形边界线高亮显示，如图 2-31 所示。

步骤 07 指定端点与对角点绘制矩形，如图 2-32 所示。

步骤 08 绘制平行矩形的结果如图 2-33 所示。

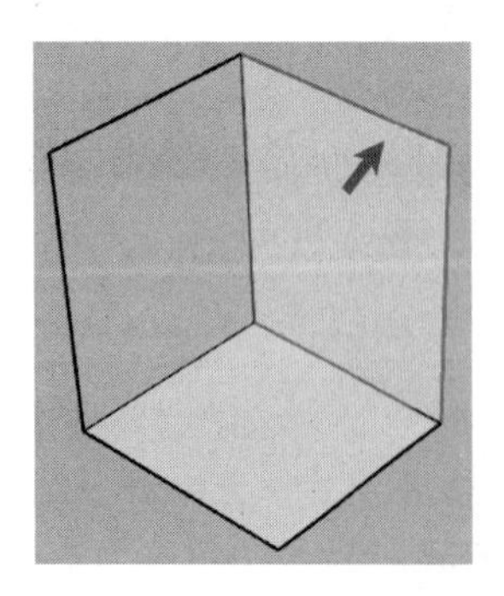
图 2-31　高亮显示边界线

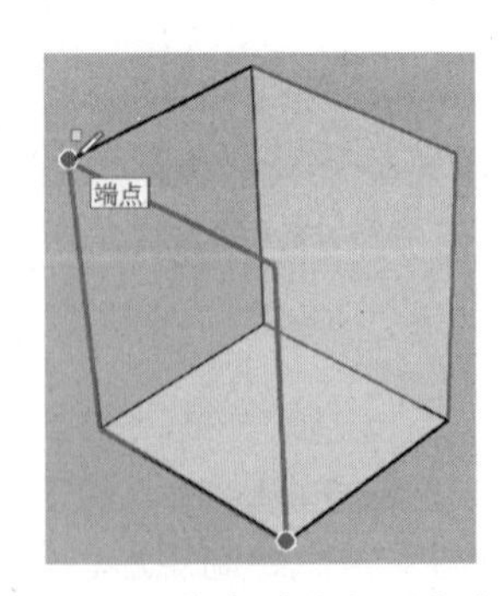

图 2-32　指定端点与对角点

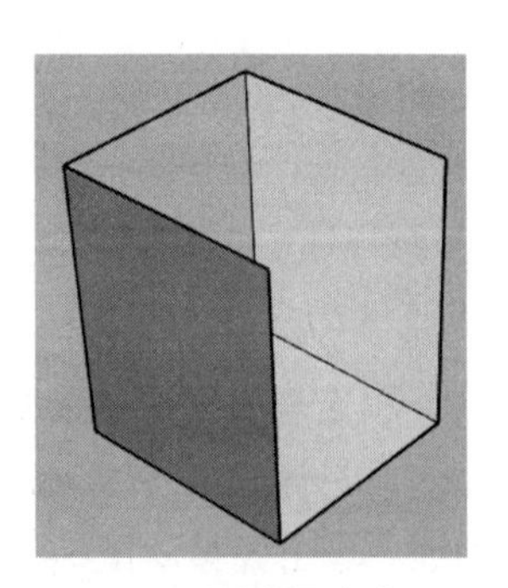
图 2-33　绘制平行矩形

025 直线工具

文件路径：无	视频文件：视频 \ 第 02 章 \025.MP4

在 SketchUp 中，“线”是最小的模型构成元素，因此【直线】工具的功能十分强大，除了可以使用光标直接进行绘制，还能通过输入尺寸、坐标点进行精确绘制。

1. 通过光标绘制直线

步骤 01 打开 SketchUp，执行【绘图】/【直线】/【直线】命令，或单击【绘图】工具栏【直线】按钮，均可启用线条绘制命令，如图 2-34 所示。

步骤 02 启用【直线】工具后，光标即变成状，此时在绘图区单击即可确定线段的起点，如图 2-35 所示。

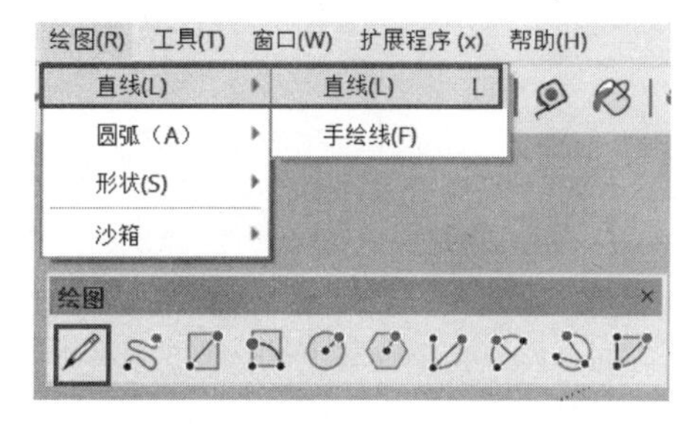

图 2-34　通过菜单或工具栏启用直线工具

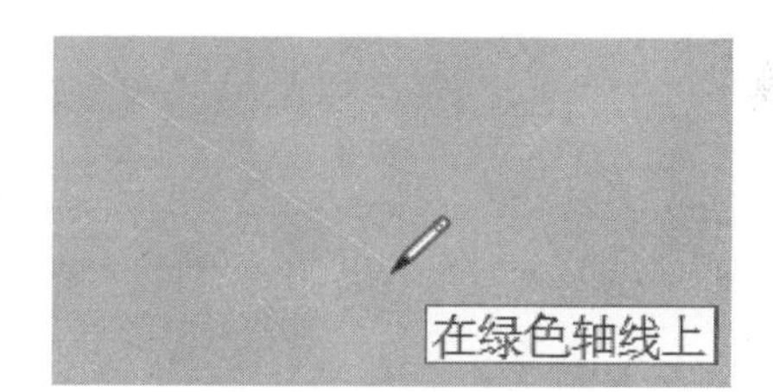

图 2-35　确定直线起点

步骤 03 沿着线段目标方向拖动光标，同时观察屏幕右下角【数值输入框】内的输入数值，确定线段长度后再次单击，即完成目标线段的绘制，如图 2-36 与图 2-37 所示。

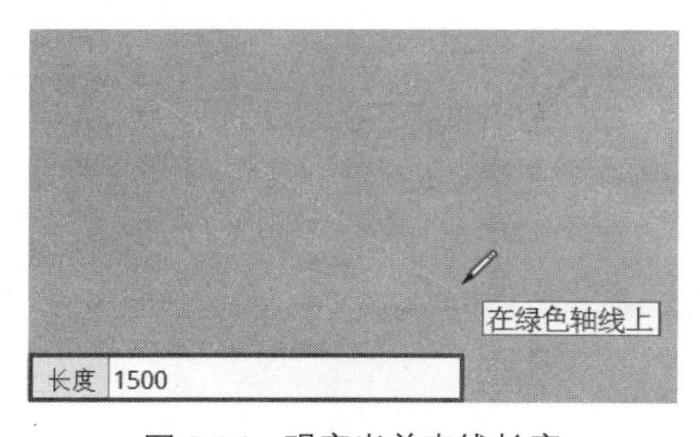

图 2-36　观察当前直线长度

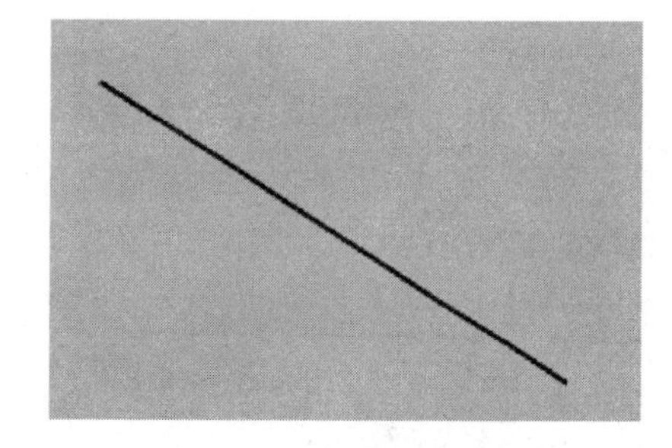

图 2-37　完成直线绘制

技巧

在线段的绘制过程中，如果尚未确定线段终点，按 Esc 键即可取消该次操作。如果连续绘制线段，则上一条线段的终点即为下一条线段的起点，因此可以绘制出任意的多边形平面，如图 2-38 ~ 图 2-40 所示。

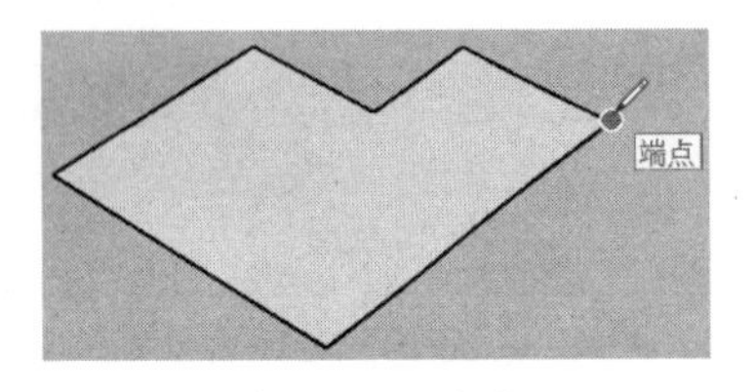

图 2-38　绘制多边形 1

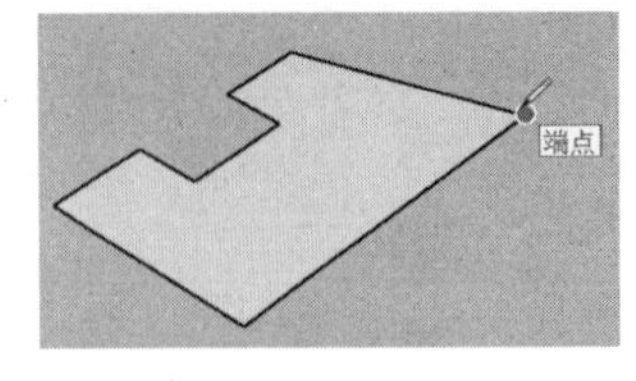

图 2-39　绘制多边形 2

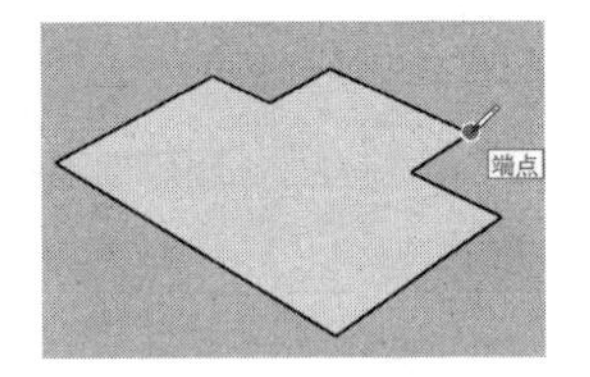

图 2-40　绘制多边形 3

2. 通过输入绘制直线

步骤 01 如果需要绘制精确长度的线段，可以通过键盘输入的方式进行绘制。启用【直线】工具，待光标变成✎时，在绘图区单击，确定线段的起点，如图 2-41 所示。

步骤 02 拖动光标至线段目标方向，在【数值输入框】输入线段长度，按下 Enter 键确定，即可生成精确长度的线段，如图 2-42 与图 2-43 所示。

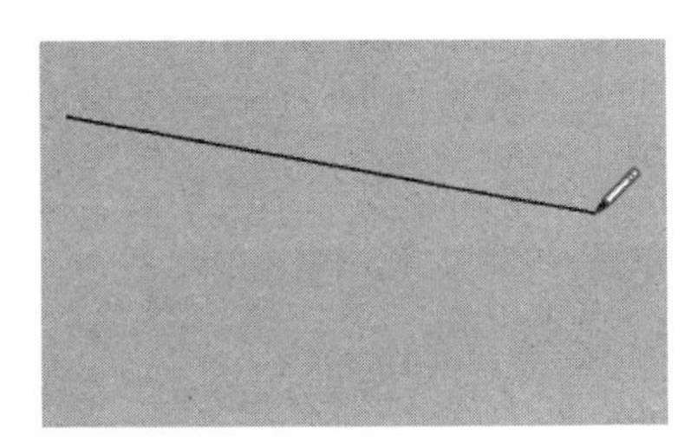

图 2-41　确定线段的起点

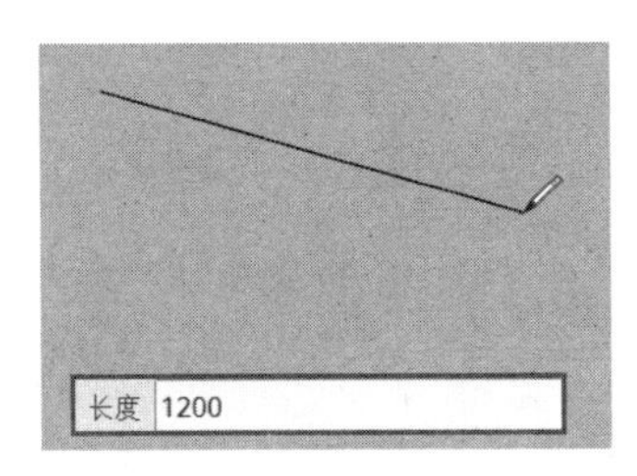

图 2-42　输入线段长度

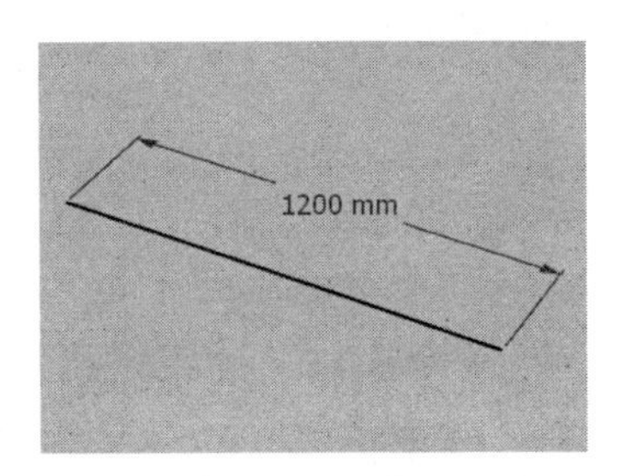

图 2-43　精确长度的线段

技巧

在【数值输入框】直接输入线段长度，并按 Enter 键确定后，如果只需要绘制该条线段，则按 Esc 键结束绘制。

3. 绘制空间内的直线

步骤 01 通常直接绘制的线段都处于 XY 平面内，这里学习绘制垂直或平行 XY 平面的线段的方法。启用【直线】绘图命令，待光标变成✎状，在绘图区单击，确定线段的起点，然后在起点位置向上移动光标以出现“在蓝色轴线上”的提示，如图 2-44 所示。

步骤 02 找到线段终点单击确定，或直接输入线段长度按下 Enter 键，即可创建垂直 XY 平面的线段，如图 2-45 所示。

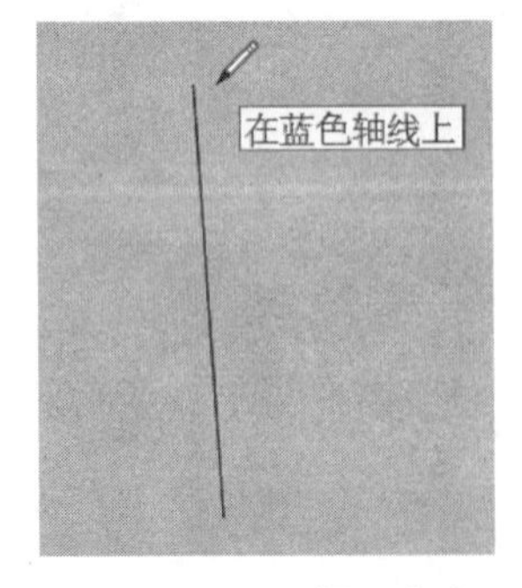

图 2-44　显示提示文字

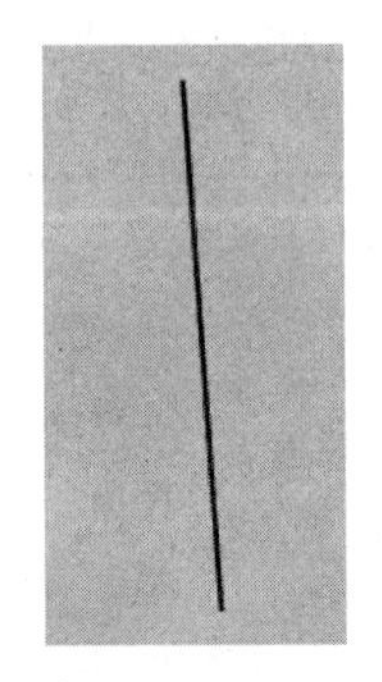

图 2-45　绘制线段

步骤 03 继续指定线段的起点，沿 Y 轴方向移动光标，在光标的右下角显示“在绿色轴线上”的提示文字，如图 2-46 所示。

步骤 04 在合适的方向单击，绘制与 Y 轴平行的线段，如图 2-47 所示。

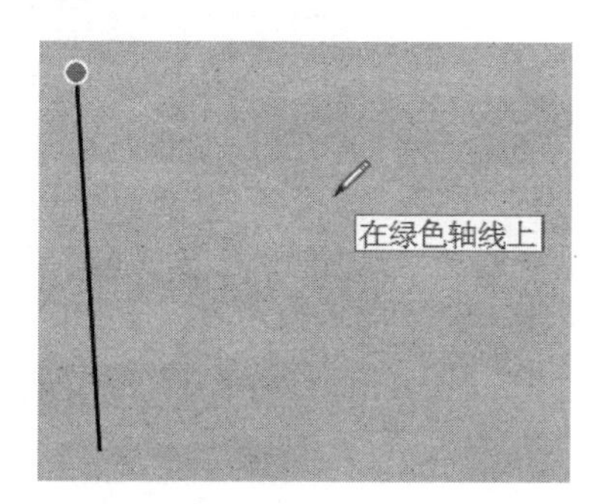

图 2-46　在 Y 轴方向上移动光标

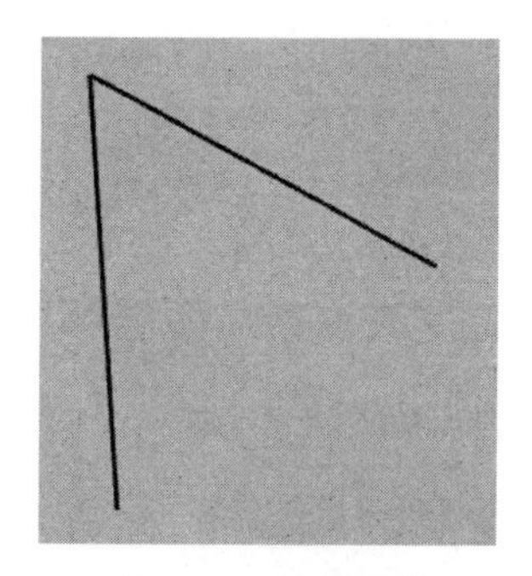
图 2-47　绘制线段

步骤 05 指定线段的起点，在 X 轴方向上移动光标，显示“在红色轴线上”提示文字，如图 2-48 所示。

步骤 06 单击并指定终点，绘制与 X 轴平行的线段，如图 2-49 所示。

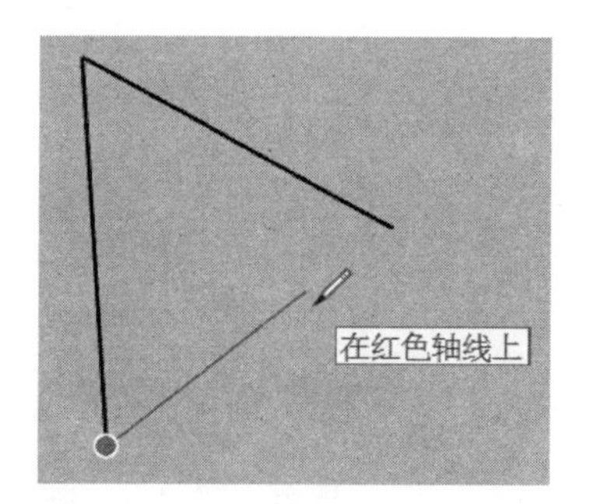

图 2-48　在 X 轴方向上移动光标

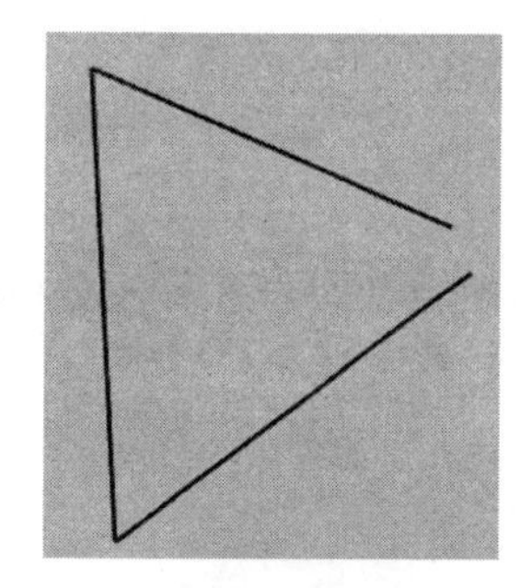
图 2-49　绘制线段

技巧

在进行任意图形的绘制时，如果出现“在蓝色轴线上”提示信息，则当前对象与 Z 轴平行，如果出现“在红色轴线上”提示信息，则当前对象与 X 轴平行，如果出现在“在绿色轴线上”提示信息，则当前对象与 Y 轴平行。

4. 直线的捕捉与追踪功能

步骤 01 在 SketchUp 中，可以自动捕捉到线条的端点与中点，如图 2-50 与图 2-51 所示。

提示

相交线段在交点处将一分为二，因此线段中点的位置与数量会如图 2-51 所示发生改变，同时也可以按如图 2-52 与图 2-53 所示进行分段删除。此外，如果删除其中一条相交线段，另外一条线段将恢复原状，如图 2-54 所示。

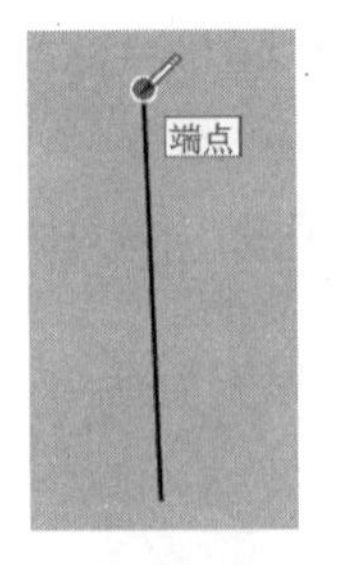

图 2-50　捕捉线条端点

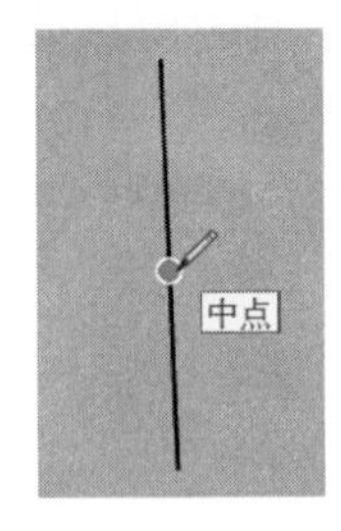

图 2-51　捕捉线条中点

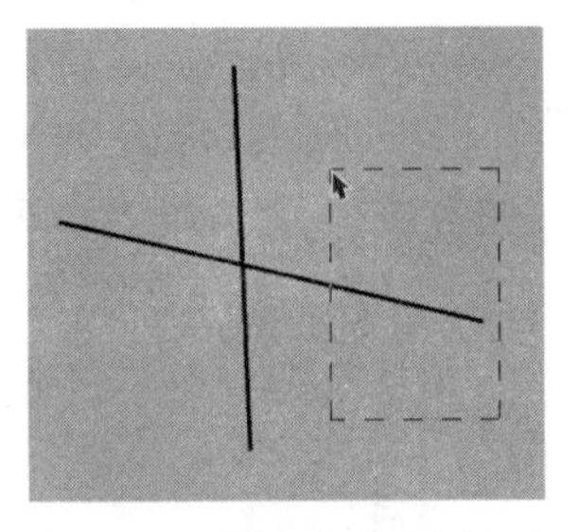

图 2-52　选择删除右侧线段

步骤 02 绘制一条线条后，在垂直或水平方向移动光标，即可进行线条端点与中点的追踪，轻松绘制出长度为一半且与之平行的另一条线段，如图 2-55 ~ 图 2-57 所示。

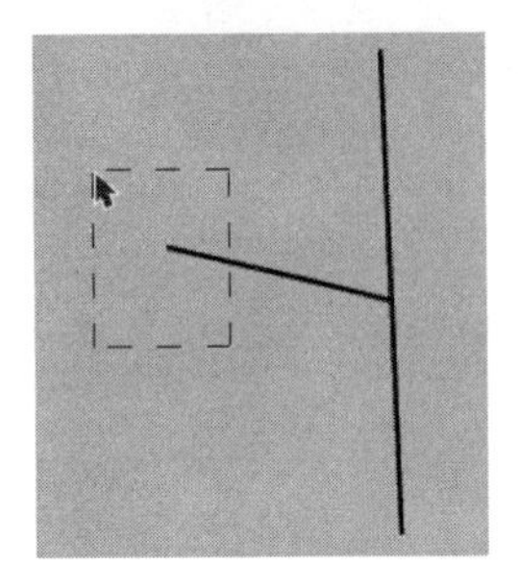

图 2-53　选择删除左侧线段

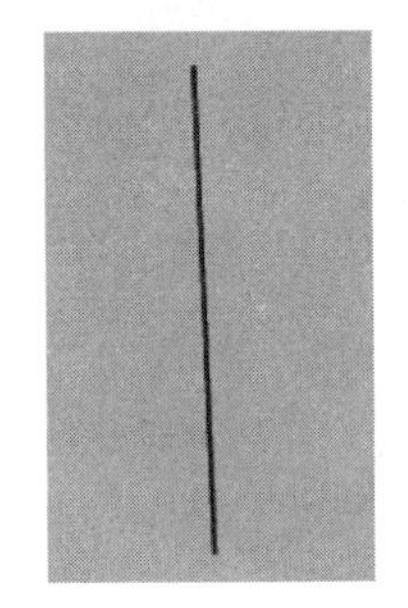

图 2-54　恢复单条线段

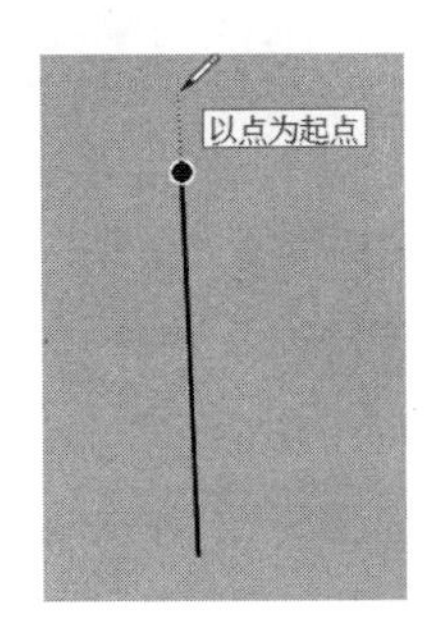

图 2-55　追踪起点

5. 拆分线段

步骤 01 SketchUp 可以对线段进行快捷的拆分操作。创建一条线段，选择后单击鼠标右键，选择【拆分】快捷菜单命令，如图 2-58 所示。

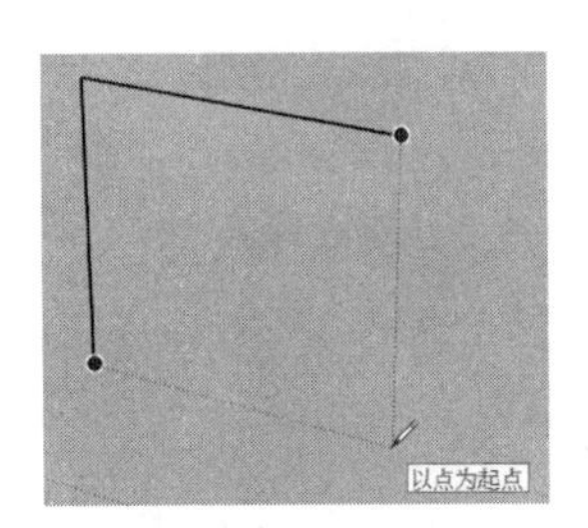

图 2-56　追踪中点

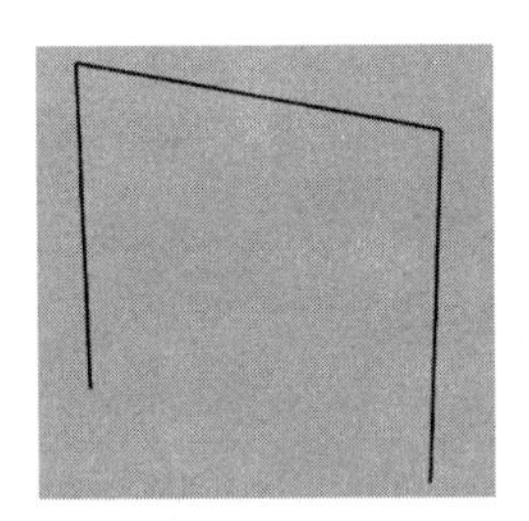

图 2-57　绘制完成

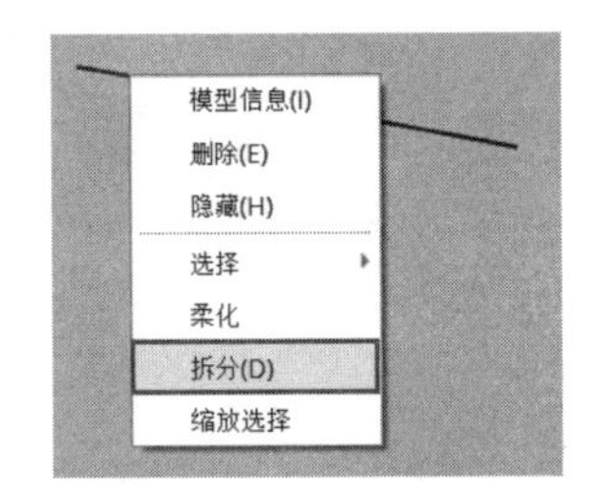

图 2-58　执行【拆分】命令

步骤 02 默认将线段拆分为两段，如图 2-59 所示。向上或向下轻轻推动鼠标，即可逐步增加或减少拆分段数，如图 2-60 所示。

6. 使用直线分割模型面

步骤 01 启用【直线】绘图命令，待光标变成✏时，将其置于"面"的边界线上，当出现"在边线上"的提示时，单击创建线段起点，如图 2-61 所示。

步骤 02 将光标置于模型另一侧边线，同样在出现"在边线上"的提示时，单击创建线段端点，如图 2-62 所示。

步骤 03 此时在模型面上单击选择，可发现其已经被分割成左右两个"面"，如图 2-63 所示。

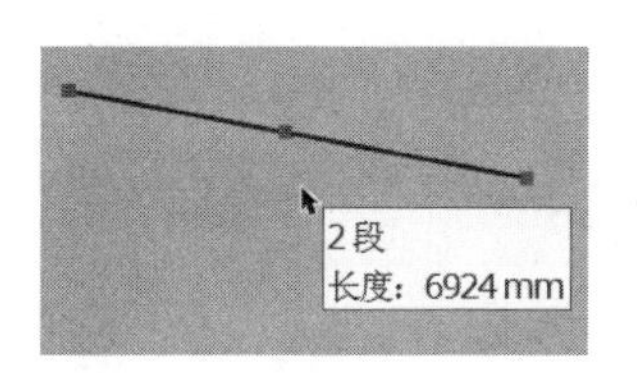

图 2-59　拆分为两段

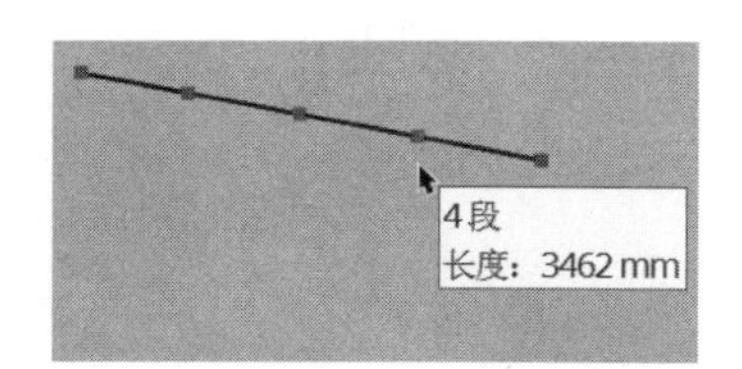

图 2-60　拆分为四段

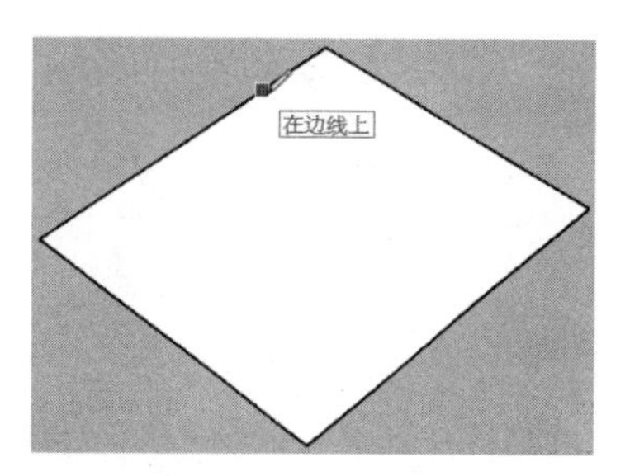

图 2-61　创建起点

技巧

在 SketchUp 中，用于分割模型面的线段为细实线，普通线段为粗实线，如图 2-64 所示。

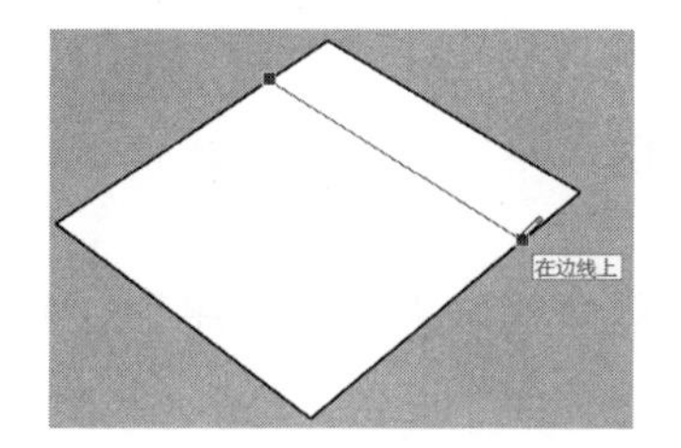

图 2-62　创建端点

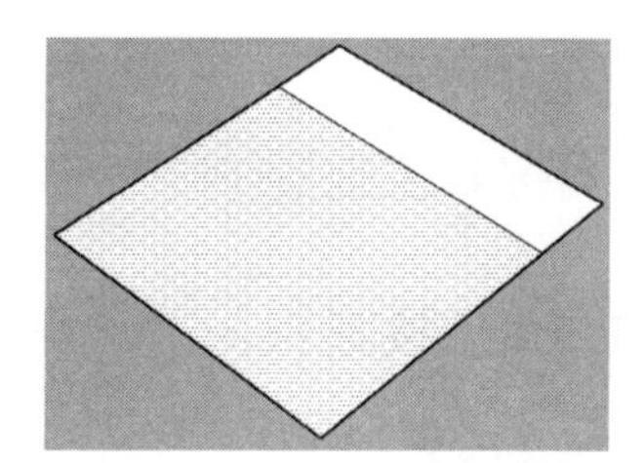

图 2-63　分割模型面完成

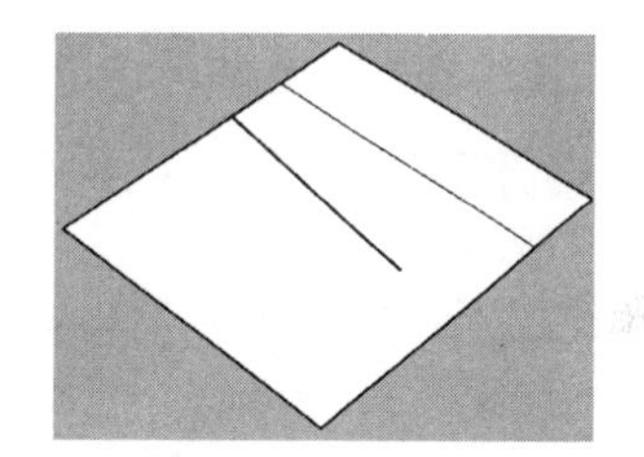

图 2-64　分割线与普通线段的显示区别

026 圆工具

文件路径：无	视频文件：视频 \ 第 02 章 \026.MP4

圆作为基本图形，广泛地应用于各种设计中，本例学习 SketchUp 圆的创建方法。

1. 通过鼠标新建圆

步骤 01 打开 SketchUp，执行【绘图】/【形状】/【圆】命令，或单击【绘图】工具栏【圆】按钮，均可启用圆工具，如图 2-65 所示。

步骤 02 移动光标至绘图区，待光标变成后，单击确定圆心位置，如图 2-66 所示。

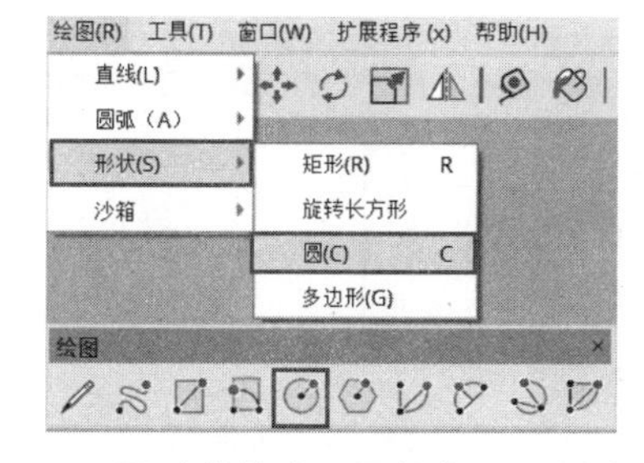

图 2-65　通过菜单或工具栏启用圆创建工具

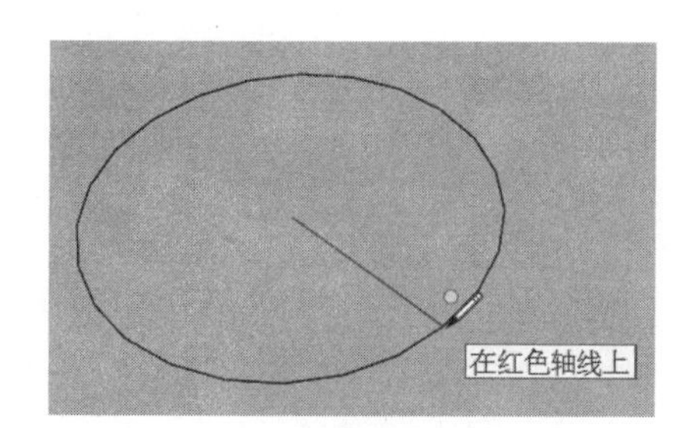

图 2-66　单击确定圆心位置

步骤03 拖动光标拉出圆的半径后再次单击，即可创建出圆平面，如图 2-67 与图 2-68 所示。

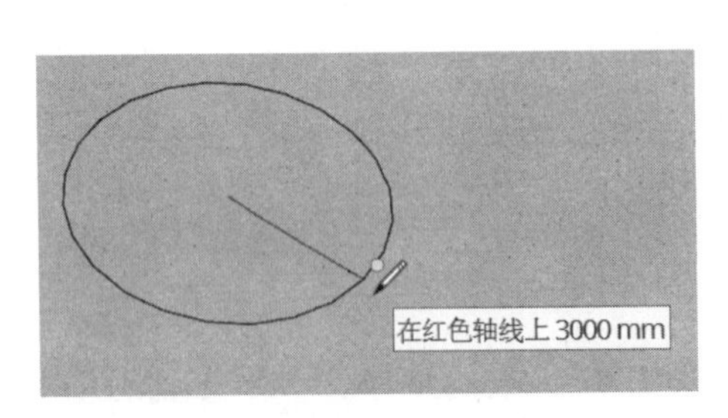

图 2-67 拖出半径大小

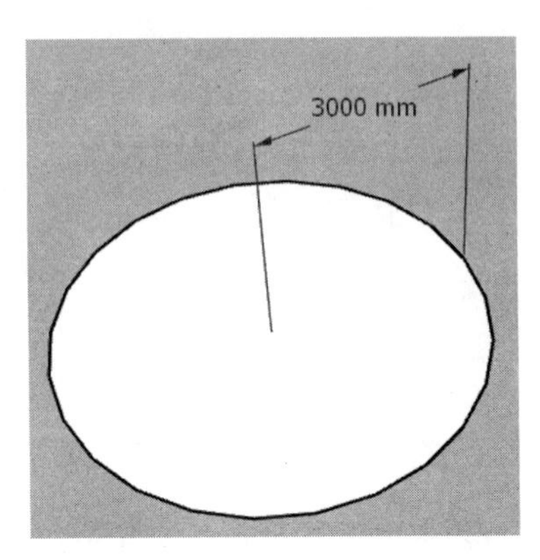

图 2-68 圆平面绘制完成

2. 通过输入新建圆

步骤01 启用【圆】绘图命令，待光标变成时，在绘图区单击，确定圆心位置，如图 2-69 所示。

步骤02 直接输入【半径】数值，然后按下 Enter 键，即可创建精确大小的圆平面，如图 2-70 与图 2-71 所示。

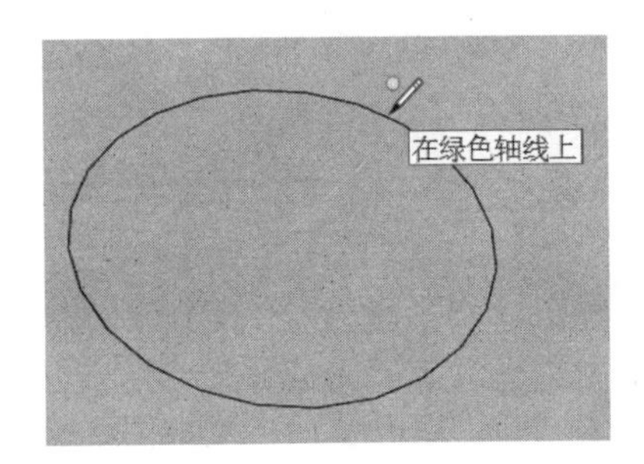

图 2-69 确定圆心

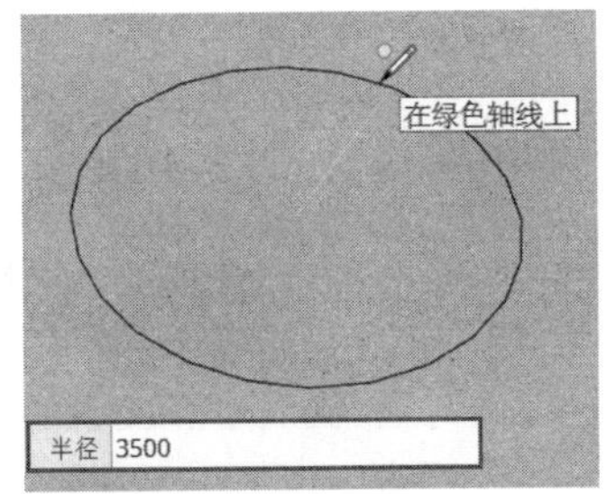

图 2-70 输入半径值

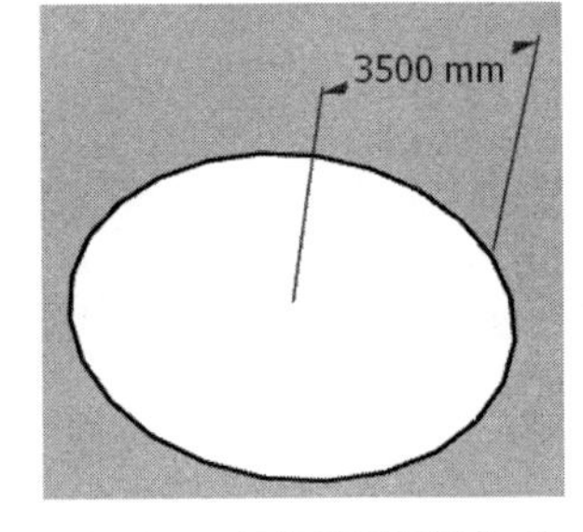

图 2-71 圆平面绘制完成

技巧

在三维软件中，圆除了【半径】这个几何特征，还有【边数】特征，【边数】越大，【圆】越平滑，所占用的内存也越大，SketchUp 也是如此。在 SketchUp 中如果要设置【边数】，可以在确定好【圆心】后输入“数量 S”即可控制，如图 2-72～图 2-74 所示。

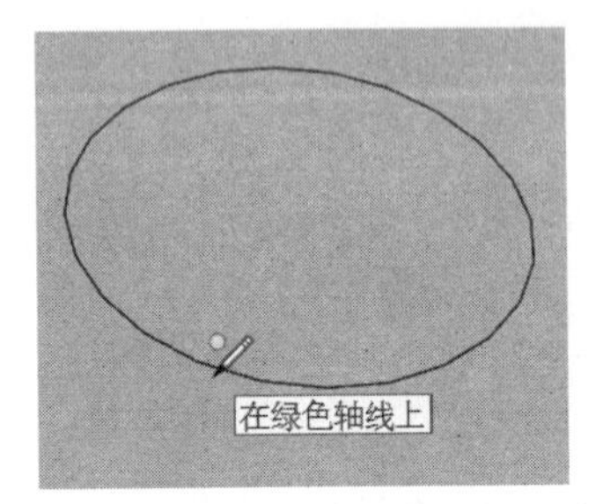

图 2-72 确定圆心

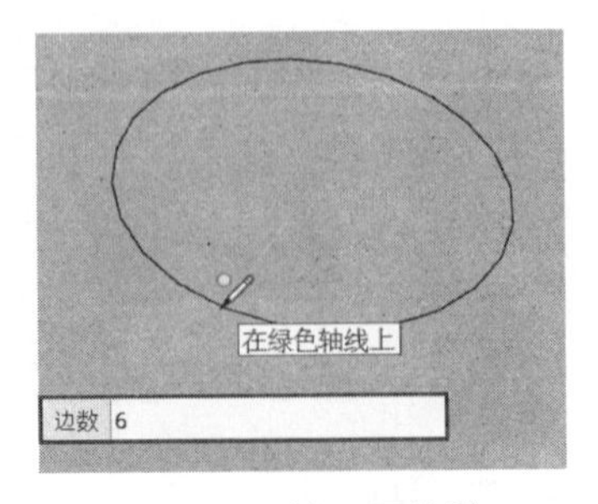

图 2-73 输入圆边数

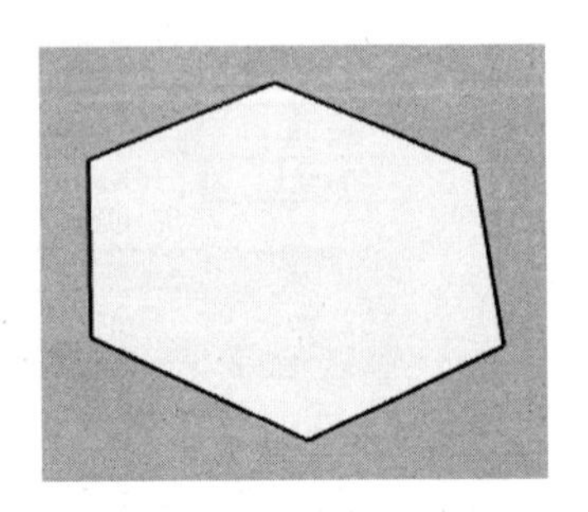

图 2-74 平面绘制完成

027 圆弧工具

文件路径：无	视频文件：视频 \ 第 02 章 \027.MP4

圆弧是圆的一部分，复杂的弧形通常都是通过多段圆弧连接而成，因此在使用与控制上更具技巧性，本例将介绍相关的方法与技巧。

1. 通过鼠标新建圆弧

步骤 01 打开 SketchUp，执行【绘图】/【圆弧】/【两点圆弧】命令，或单击【绘图】工具栏【两点圆弧】按钮，均可启用该绘制命令，如图 2-75 所示。

步骤 02 启用【圆弧】绘图命令，待光标变成时在绘图区单击，确定圆弧起点，如图 2-76 所示。

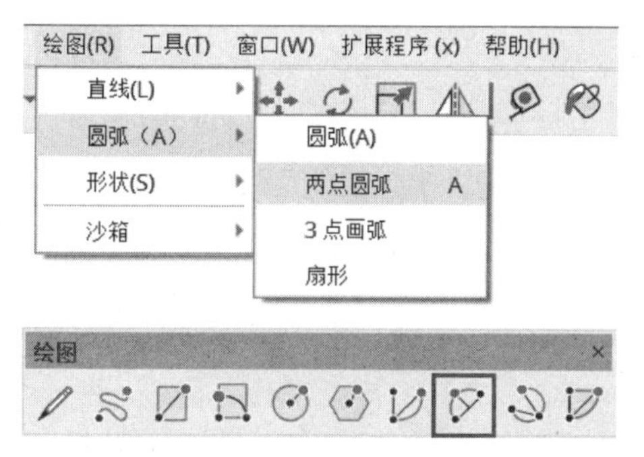

图 2-75 启动【两点圆弧】命令

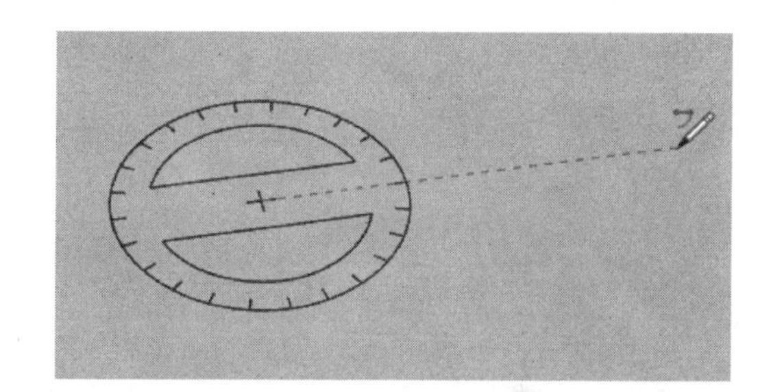

图 2-76 确定圆弧起点

步骤 03 移动光标一段距离，单击确定圆弧的弦长，再向外侧移动光标形成圆弧，如图 2-77 所示。

步骤 04 观察【数值输入框】中显示的数值，移动光标到合适位置后再次单击，确定圆弧效果，如图 2-78 所示。

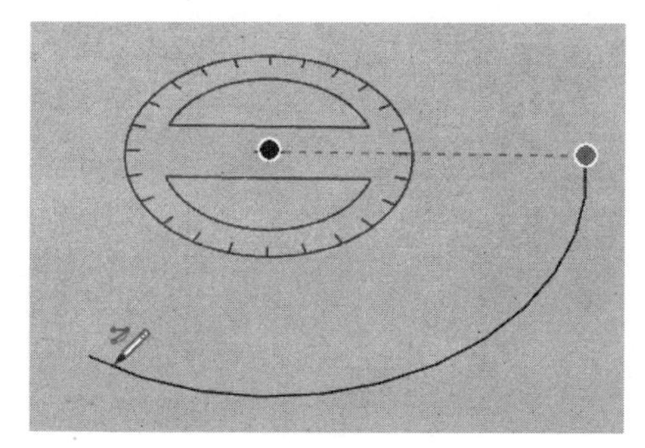

图 2-77 确定圆弧弦长

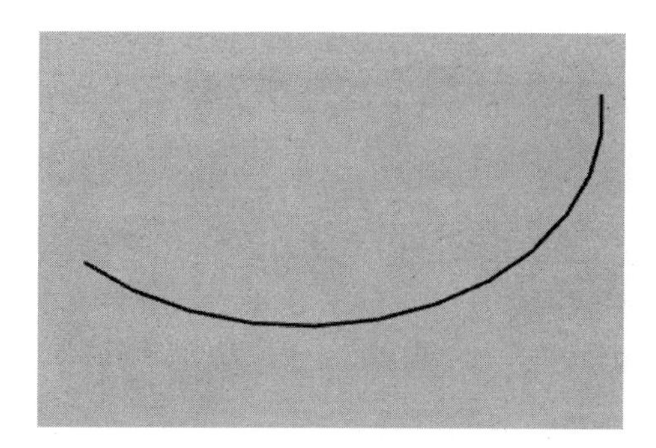

图 2-78 圆弧绘制完成

技巧

如果要绘制半圆弧，则需要在拉出弧长后，往左或右移动光标，待出现“半圆”提示时单击确定，如图 2-79 ~ 图 2-81 所示。

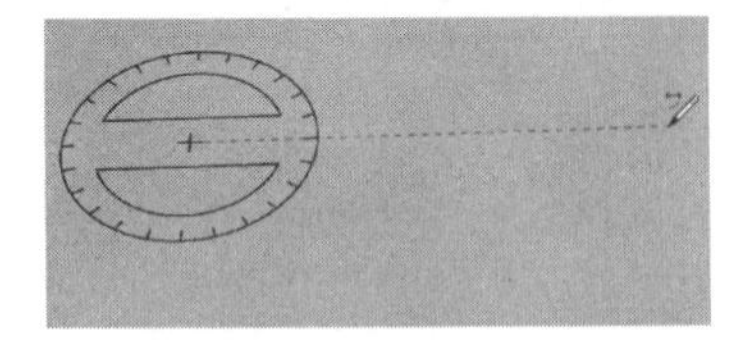
图 2-79　确定圆弧起点

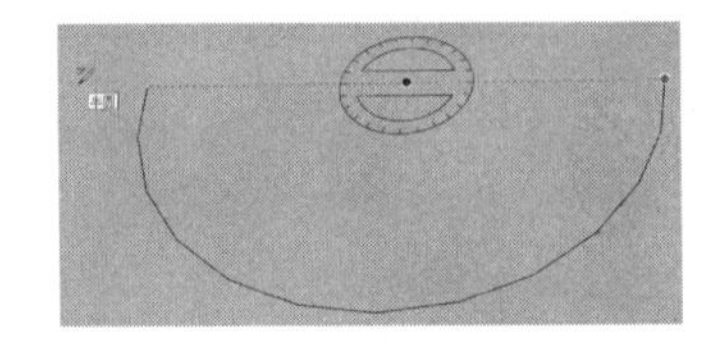
图 2-80　确定绘制半圆

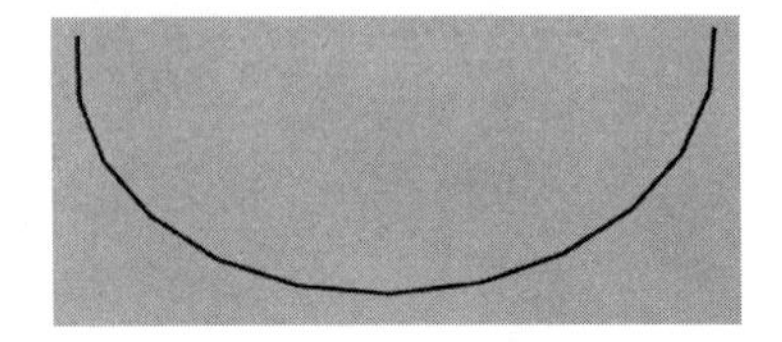
图 2-81　半圆绘制完成

2. 通过输入新建圆弧

步骤 01 启用【圆弧】绘图命令，待光标变成形状时，在绘图区单击，确定圆弧起点，如图 2-82 所示。

步骤 02 在【边数】框内输入边数，如图 2-83 所示。接着在【长度】框内输入长度，按下 Enter 键确认弦长，如图 2-84 所示。

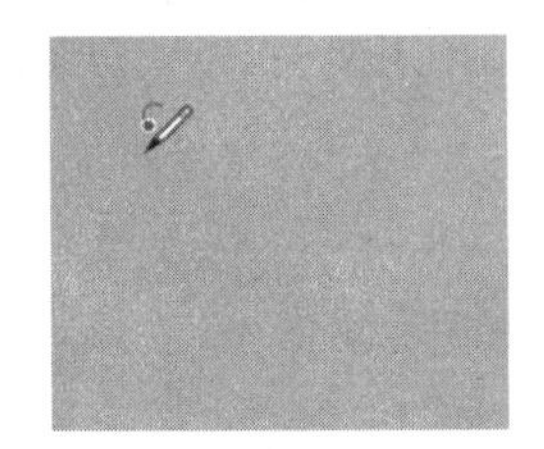
图 2-82　确定圆弧起点

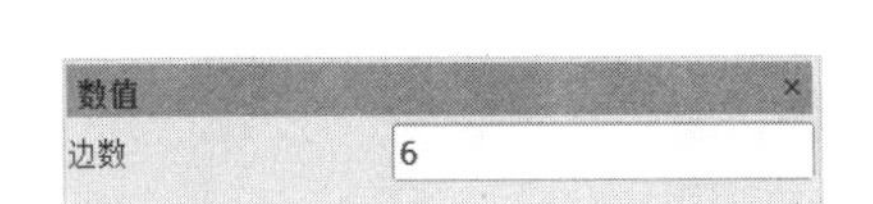

图 2-83　输入边数

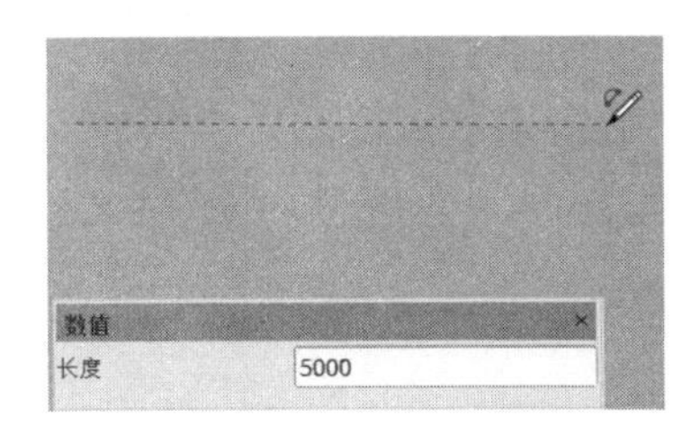

图 2-84　输入长度

步骤 03 确定圆弧段数后，通过移动光标确定凸出方向，最后在【数值输入框】内输入弧高数值，并按下 Enter 键，创建出精确大小的圆弧，如图 2-85 与图 2-86 所示。

技巧

除了通过【弧高】数值决定圆弧的弧度，如果以“数字 R”格式进行输入，还可以半径数值绘制弧度，如图 2-87 所示。

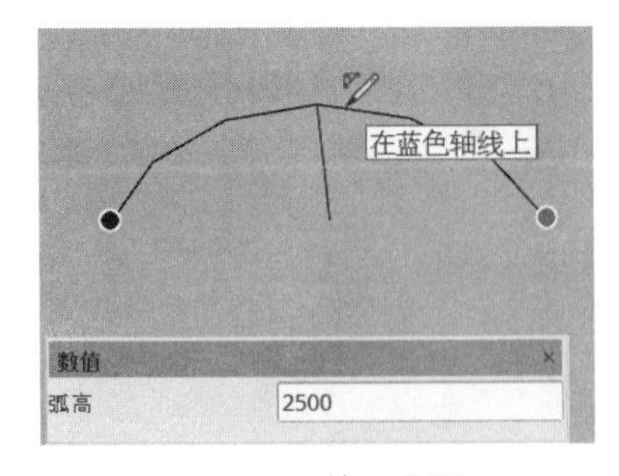

图 2-85　输入凸距

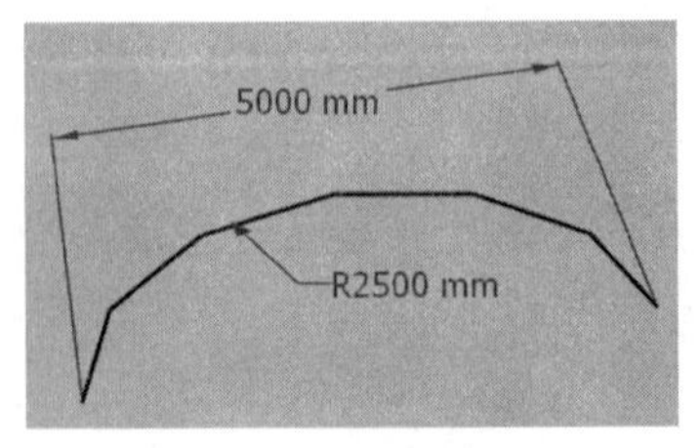

图 2-86　绘制完成

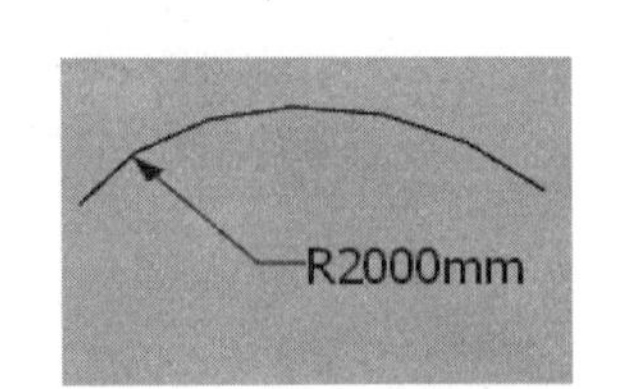

图 2-87　利用半径确定弧度

3. 绘制相切圆弧

步骤 01 为了绘制与已有图形相切的圆弧，首先可以在其边侧创建一条辅助线，然后以辅助线的端点创建圆弧起点，如图 2-88 所示。

步骤 02 拉出圆弧后移动光标至已有线段上，待出现“顶点切线”提示时，如图 2-89 所示，单击确定生成圆弧，结果如图 2-90 所示。

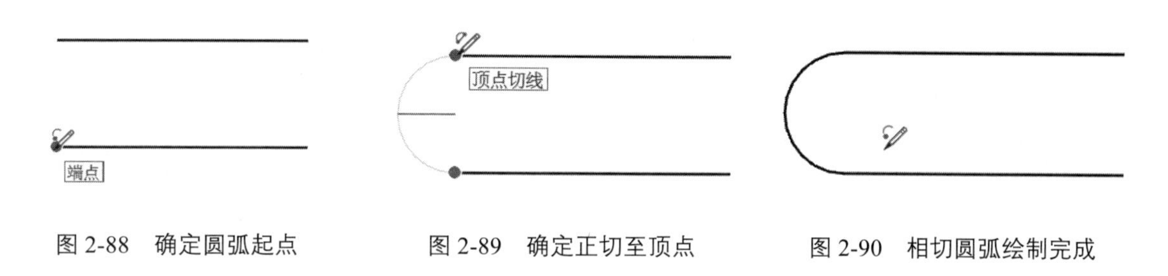

图 2-88　确定圆弧起点　　图 2-89　确定正切至顶点　　图 2-90　相切圆弧绘制完成

4. 其余三种圆弧工具

默认的 2 点弧形工具允许用户选取两个终点，然后选取第三个来定义“凸出部分”。【圆弧】工具则通过先选取弧形的中心点，然后在边缘选取两个点，根据其角度定义用户的弧形，如图 2-91 与图 2-92 所示。【扇形】工具以同样的方式运行，但生成的是一个楔形面，如图 2-93 与图 2-94 所示。【3 点画弧】工具则通过先选取弧形的中心点，然后在边缘选取两个点，根据其角度定义用户的弧形，如图 2-95 与图 2-96 所示。

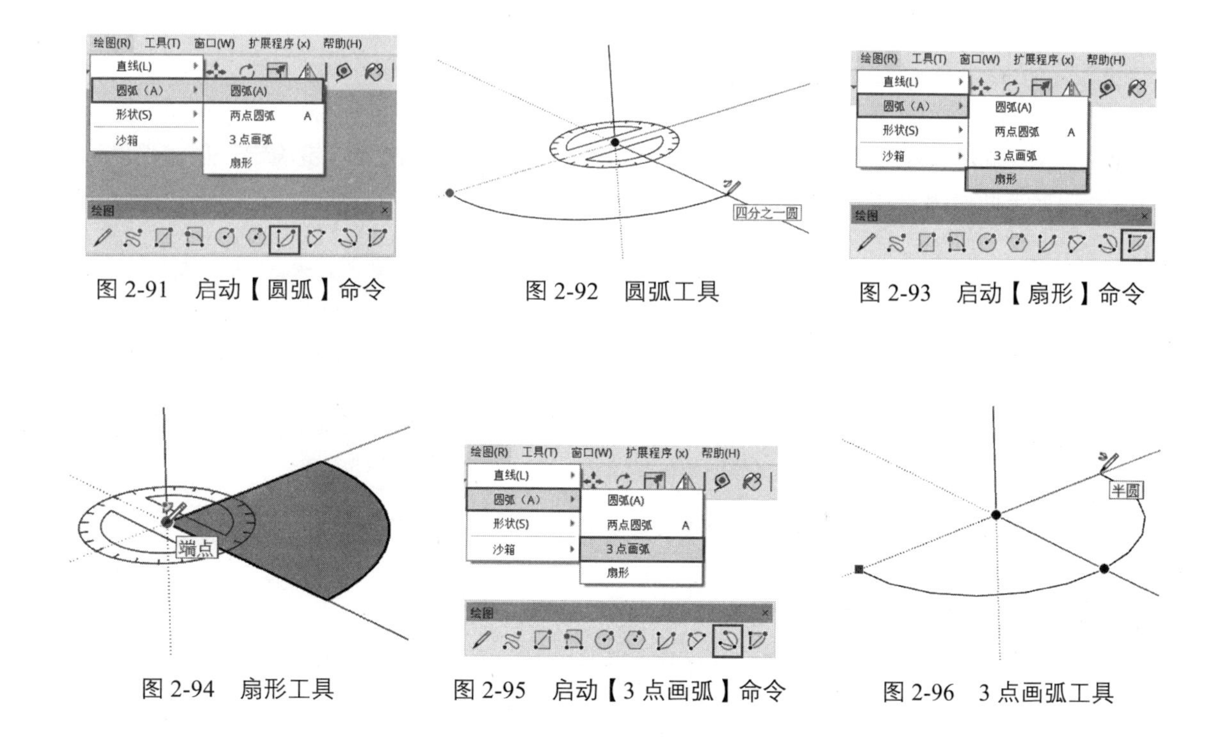

图 2-91　启动【圆弧】命令　　图 2-92　圆弧工具　　图 2-93　启动【扇形】命令

图 2-94　扇形工具　　图 2-95　启动【3 点画弧】命令　　图 2-96　3 点画弧工具

028 多边形工具

文件路径：无	视频文件：视频\第 02 章\028.MP4

使用【多边形】工具可以绘制边数在 3 ~ 100 间的任意正多边形，本例将讲解其创建方法与边数控制技巧。

步骤 01 打开 SketchUp，执行【绘图】/【形状】/【多边形】菜单命令，或单击【绘图】工具栏【多边形】按钮，均可启用该绘制命令，如图 2-97 所示。

步骤 02 启用【多边形】绘图命令后，待光标变成后，在绘图区单击，确定多边形中心位置，如图 2-98 所示。

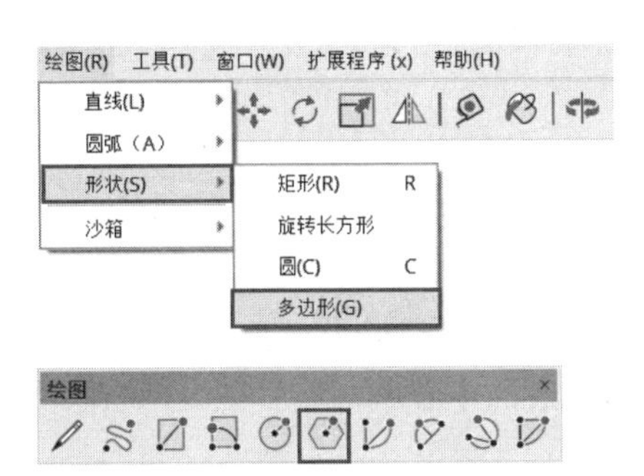

图 2-97 启用【多边形】创建工具

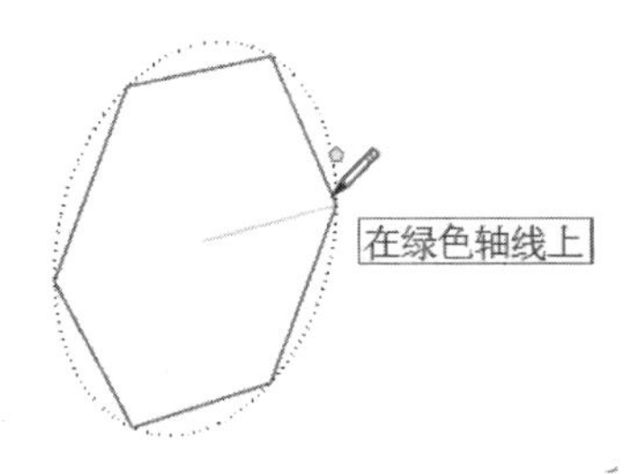

图 2-98 确定多边形中心点

步骤 03 移动光标确定【多边形】的切向，再以“数字 S”的格式输入多边形边数，并按 Enter 键确定，如图 2-99 所示。

步骤 04 输入【多边形】外接圆半径值，如图 2-100 所示。按 Enter 键确定，创建精确尺寸的正 16 边形平面如图 2-101 所示。

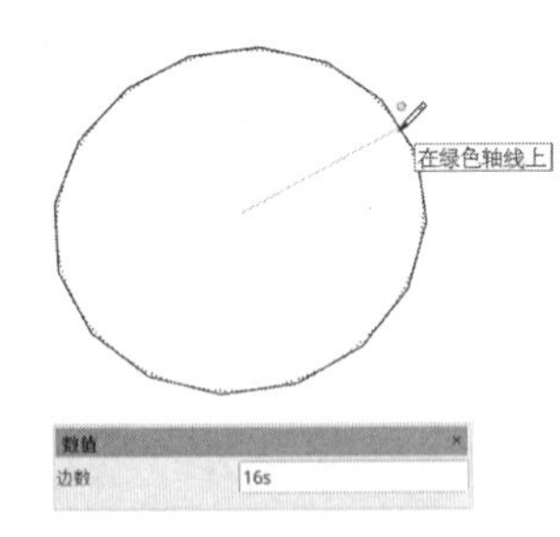

图 2-99 输入多边形边数

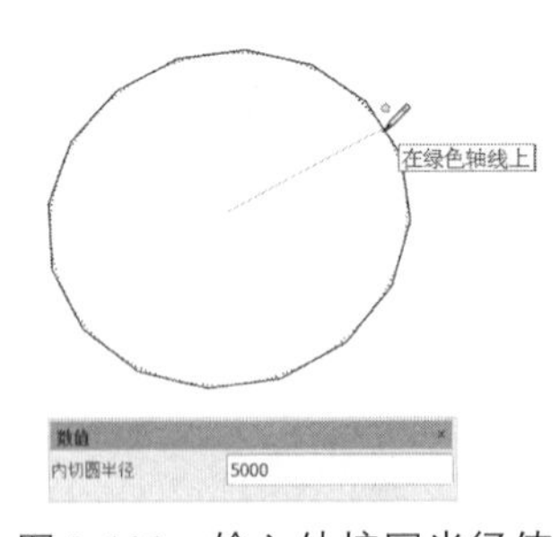

图 2-100 输入外接圆半径值

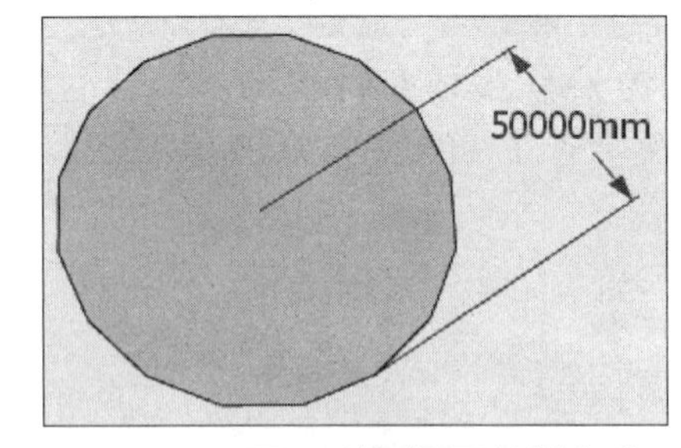

图 2-101 正 16 边形平面绘制完成

提示

【正多边形】与【圆】之间可以进行相互转换，如图 2-102 ~ 图 2-104 所示，当【正多边形】边数增大时，整个图形将显得圆滑了，效果就接近于圆。同样当【圆】的边数设置得较小时，其形状也会变成对应边数的【正多边形】。

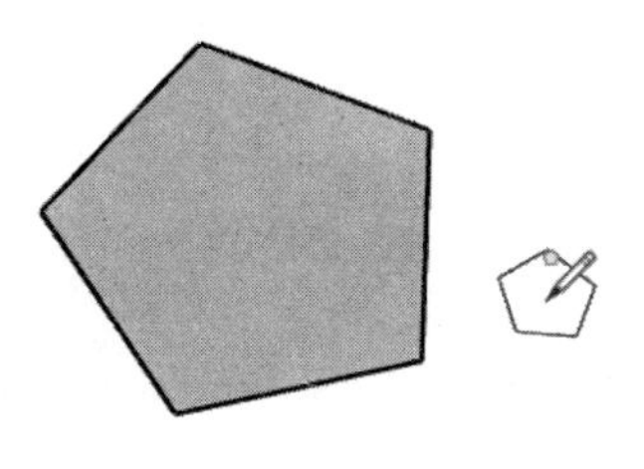

图 2-102　正 5 边形

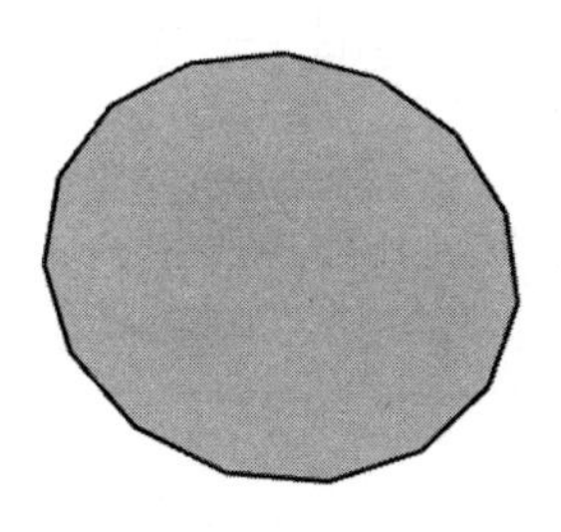

图 2-103　正 15 边形

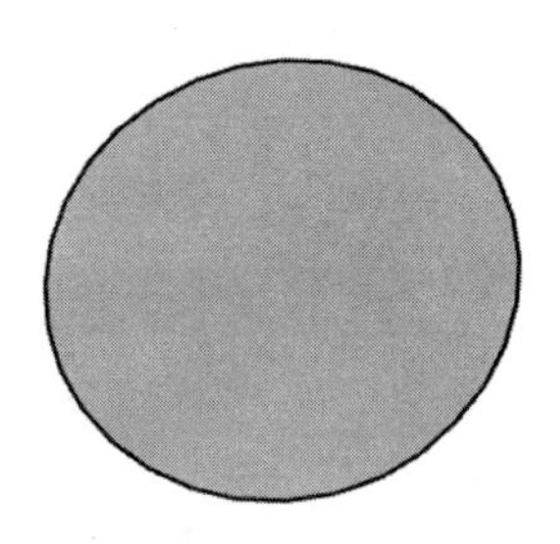

图 2-104　以 32 段绘制的圆

029 手绘线工具

文件路径：无	视频文件：视频 \ 第 02 章 \029.MP4

【手绘线】工具用于绘制一些无规则的线段组成的平面，在实际项目中绘制湖河边沿、乱石等效果，本例讲述其常规使用方法。

步骤 01 打开 SketchUp，执行【绘图】/【直线】/【手绘线】菜单命令，或单击【绘图】工具栏【手绘线】按钮均可启用该绘制命令，如图 2-105 所示。

步骤 02 待光标变成时后，在绘图区单击，确定绘制起点，此时应保持鼠标左键为按下状态，如图 2-106 所示。

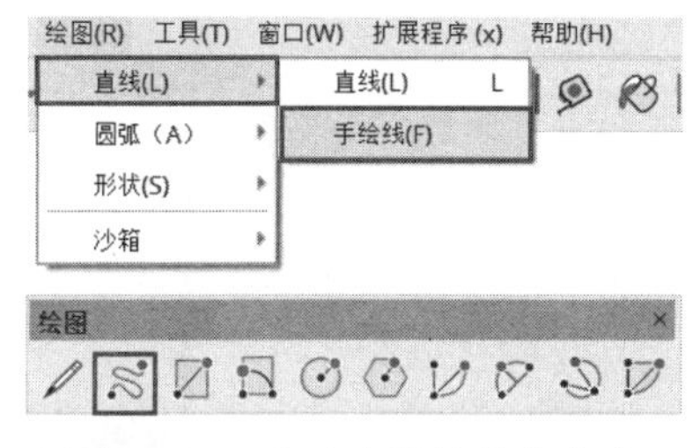

图 2-105　启动【手绘线】命令

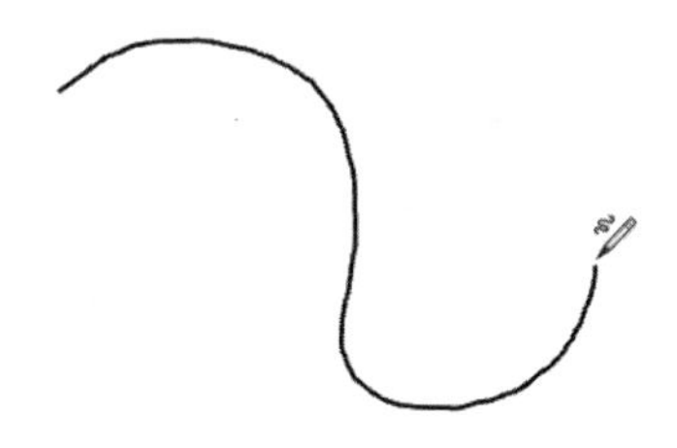

图 2-106　确定手绘线起点

步骤 03 继续按住鼠标左键进行拖动，绘制出整体造型，并最终回到起点封闭线段，如图 2-107 所示。

步骤 04 确定封闭后松开鼠标，即自动生成由手绘线构成的封闭平面，如图 2-108 所示。

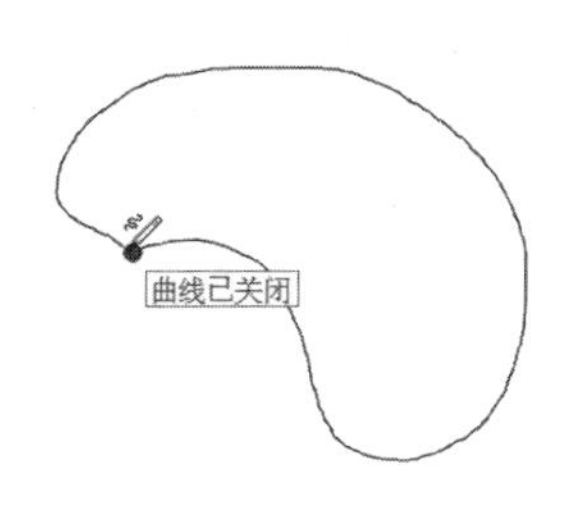

图 2-107　确定手绘线终点

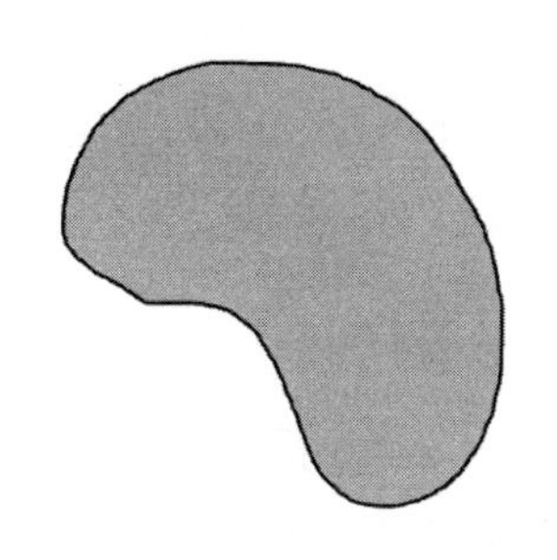

图 2-108　手绘线绘制完成效果

2.2　编辑工具栏

030　移动工具

文件路径：配套资源 \ 第 02 章 \030	视频文件：视频 \ 第 02 章 \030.MP4

【移动】工具不但可以进行对象的移动，同时还兼具复制功能，本例即学习该工具的使用方法与技巧。

1. 移动对象

步骤 01 打开 SketchUp，执行【工具】/【移动】命令，或单击【编辑】工具栏按钮均可启用该编辑命令，如图 2-109 所示。

步骤 02 打开配套资源“第 02 章 |030 移动工具 .skp”模型文件，如图 2-110 所示。选择模型并启动【移动】工具，选择路灯底部作为移动参考点，如图 2-111 所示。

步骤 03 拖动光标即可在任意方向移动选择对象，将路灯置于移动目标点并再次单击，即完成对象的移动。

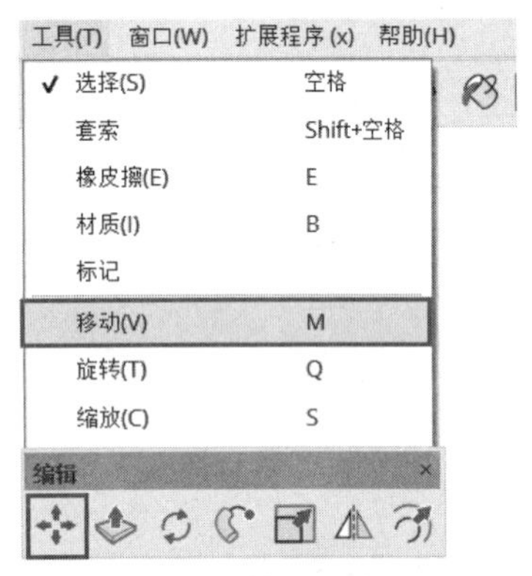

图 2-109　启用【移动】编辑工具

图 2-110　打开模型

图 2-111　启用移动并确定移动参考点

技巧

如果要精确控制移动的距离，可以在确定移动方向后直接输入准确的数值，然后按 Enter 键确定即可。

2. 移动复制对象

步骤 01 选择目标对象，启用【移动】工具，如图 2-112 所示。

步骤 02 按下 Ctrl 键，待光标将变成后，在移动对象上确定移动起始点，此时拖动光标即可以进行移动复制，如图 2-113 与图 2-114 所示。

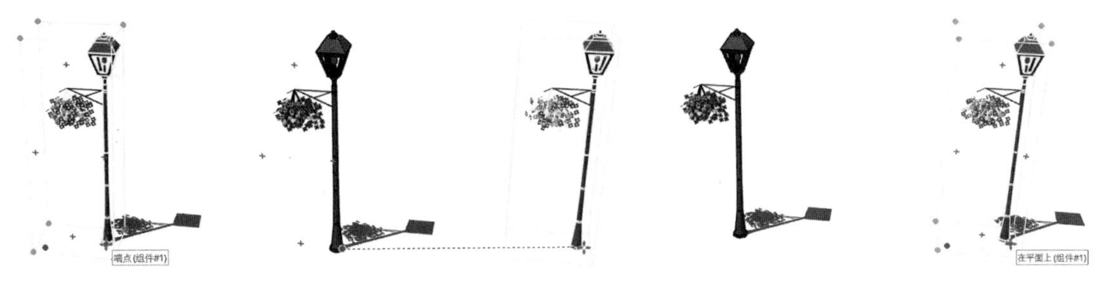

图 2-112　选择移动起始点　　图 2-113　移动复制　　图 2-114　移动复制完成

步骤03 如果要进行精确距离的移动复制，可以在确定移动方向后输入指定的数值，然后按 Enter 键确定，如图 2-115 ~ 图 2-117 所示。

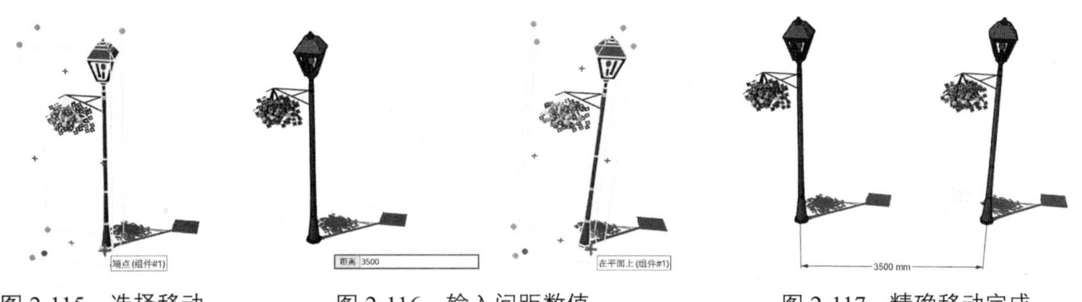

图 2-115　选择移动起始点　　图 2-116　输入间距数值　　图 2-117　精确移动完成

技巧

如果要以精确距离移动复制多个物体，则首先应输入精确的距离数值，并按 Enter 键确定，然后再以“个数 X”的形式输入复制数目，并再次按下 Enter 键确定即可，如图 2-118 ~ 图 2-120 所示。

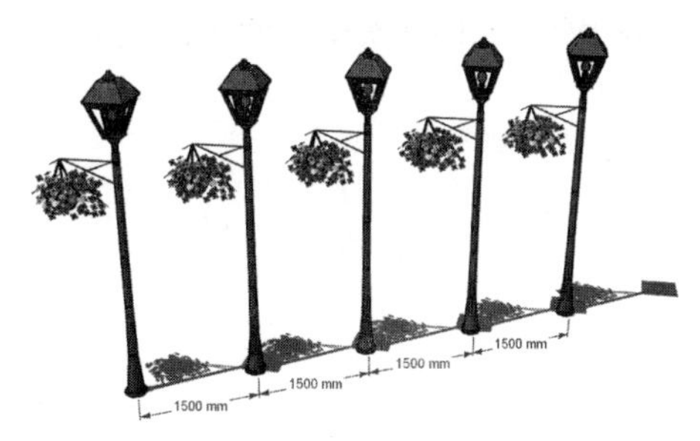

图 2-118　输入移动距离　　图 2-119　输入复制数量　　图 2-120　等距复制多个对象

技巧

此外，还可以先确定复制间距总距离，再以“数字 /”的格式输入复制数目，完成平均间距多个对象的复制，如图 2-121 ~ 图 2-123 所示。

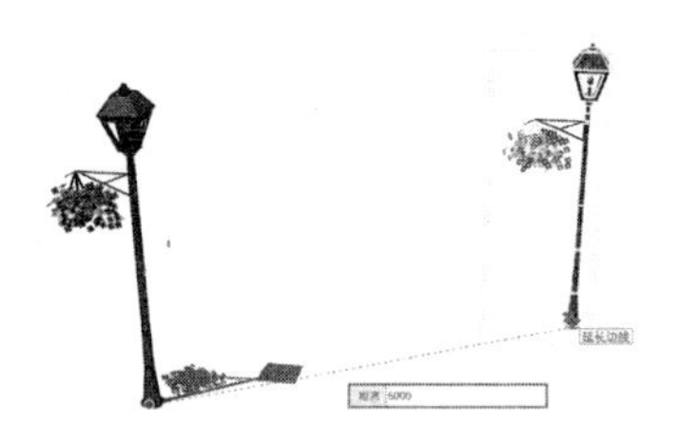
图 2-121　输入移动总距离

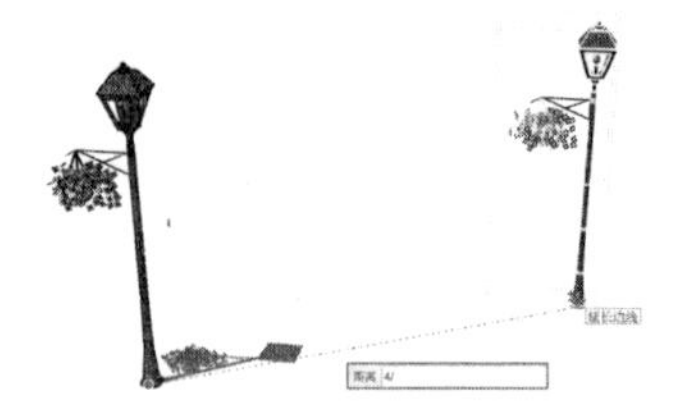
图 2-122　输入复制数量

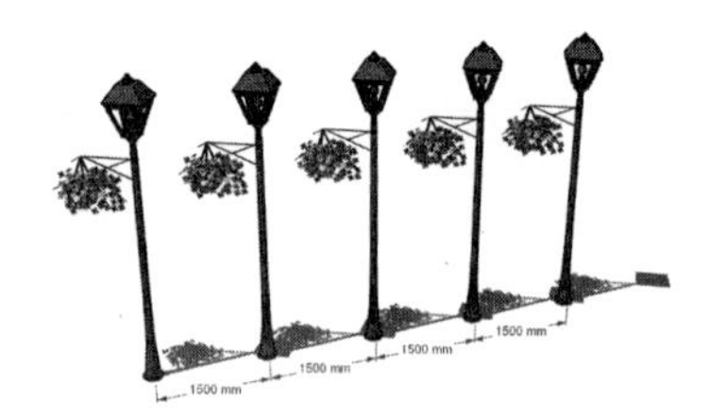
图 2-123　等距复制多个对象

提示

对于三维模型中的“面”，使用【移动】工具进行移动复制同样有效，如图 2-124 ~ 图 2-126 所示。

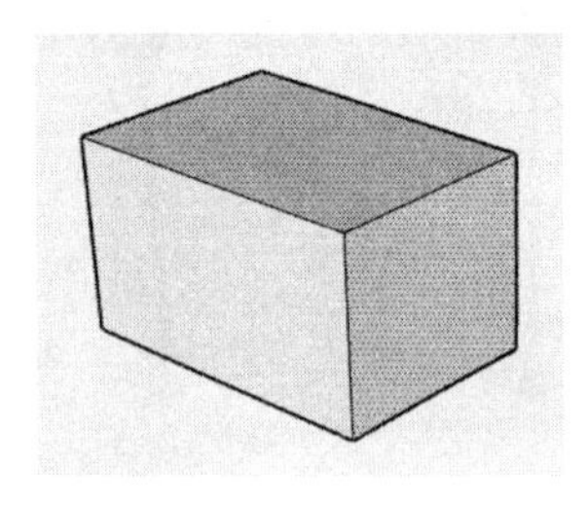
图 2-124　选择模型面

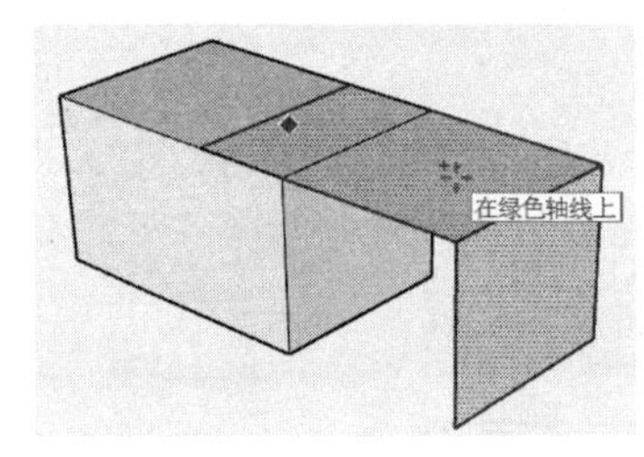

图 2-125　进行移动复制

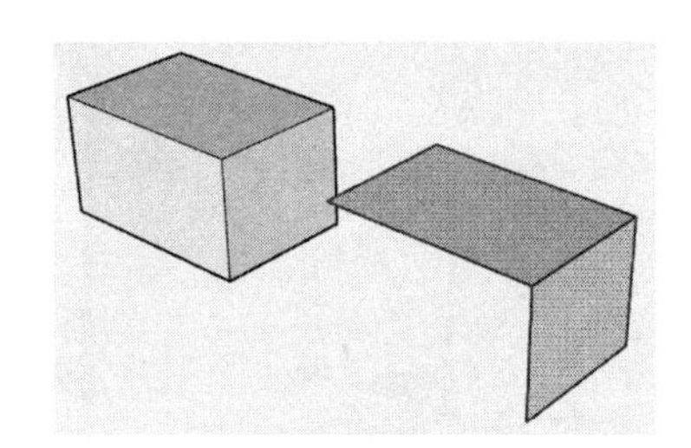
图 2-126　移动复制完成

3. 移动旋转对象

执行【窗口】/【系统设置】命令，在打开的对话框中切换至【绘图】选项卡，在【杂项】列表下选择【显示移动工具旋转把手】选项，如图 2-127 所示。单击【好】按钮关闭对话框。

选择对象，启用【移动】工具，在对象上显示四个旋转把手（以红色“+”表示）。将光标放置在任意把手之上，显示旋转盘，如图 2-128 所示。移动光标，以旋转盘为中心旋转对象。可以直接输入角度来确定旋转角度。

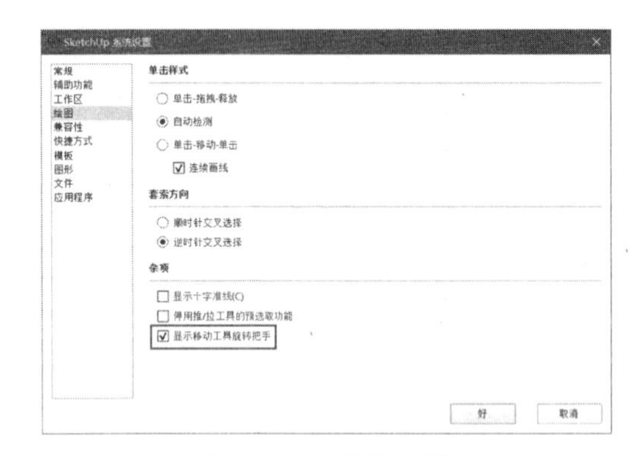

图 2-127　选择选项

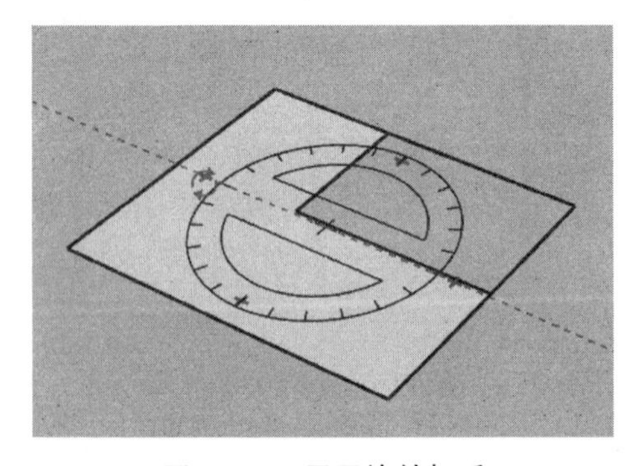
图 2-128　显示旋转把手

取消选择【显示移动工具旋转把手】选项，如图 2-129 所示；启用【移动】工具后，旋转把手被隐藏，只能移动对象，无法执行旋转操作，如图 2-130 所示。

图 2-129　取消选择选项

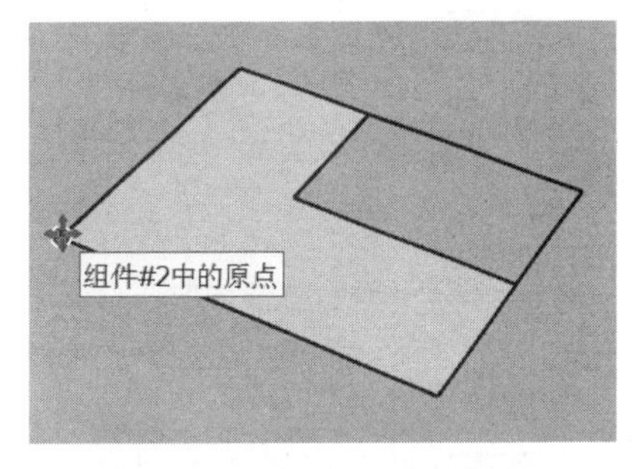

图 2-130　旋转把手被隐藏

031 旋转工具

文件路径：配套资源 \ 第 02 章 \031	视频文件：视频 \ 第 02 章 \031.MP4

在 SketchUp 中，【旋转】工具用于旋转对象，同时也可以完成旋转复制，本例介绍旋转工具的使用与旋转复制的技巧。

1. 旋转对象

步骤 01 打开 SketchUp，执行【工具】/【旋转】命令，或单击【编辑】工具栏按钮，均可启用该编辑命令，如图 2-131 所示。

步骤 02 打开配套资源“第 02 章 |031 旋转工具 .skp”模型，如图 2-132 所示，其为一个指北针模型，接下来对其进行旋转操作。

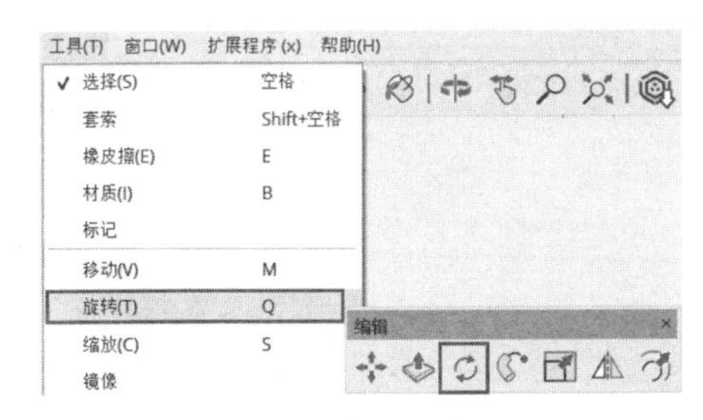

图 2-131　启用【旋转】编辑工具

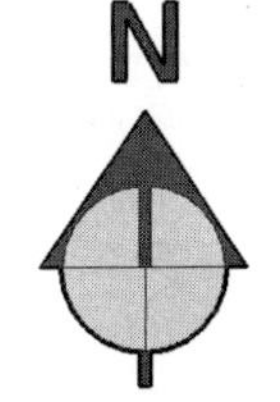

图 2-132　打开模型

步骤 03 选择模型，启用【旋转】工具，待光标变成时拖动光标确定旋转平面，然后在模型表面确定旋转轴心点与轴心线，如图 2-133 所示。

步骤 04 拖动光标，即可进行任意角度的旋转，为了确定旋转角度，可以观察数值框数值或直接输入旋转度数，单击即可完成旋转，如图 2-134 与图 2-135 所示。

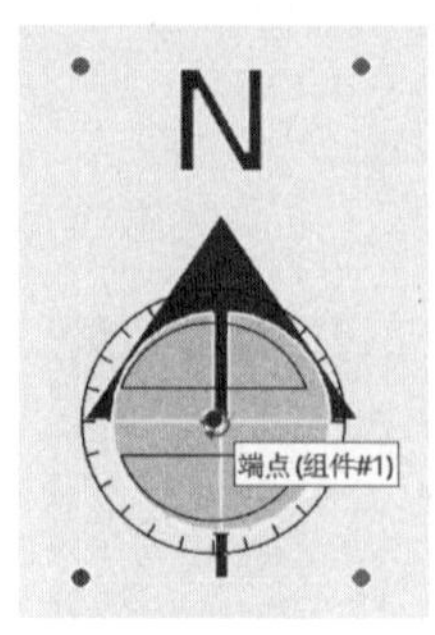

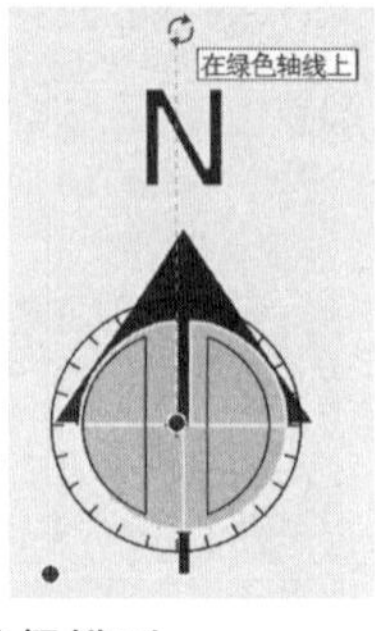

图 2-133 选择模型

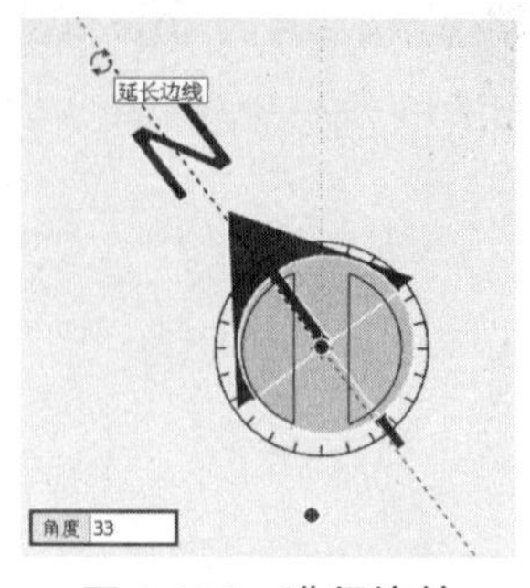

图 2-134 进行旋转

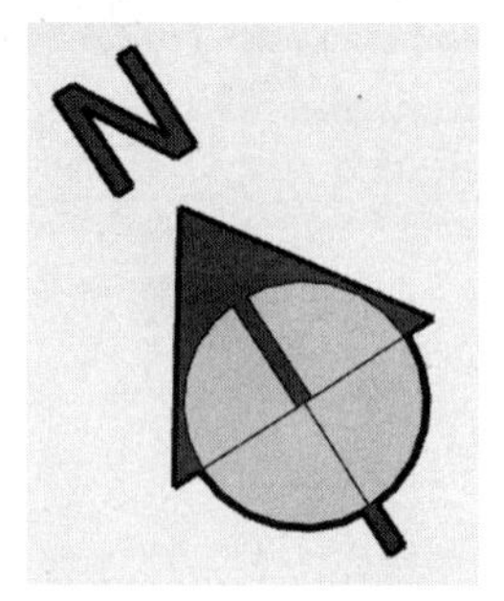

图 2-135 旋转完成

2. 旋转部分模型

步骤 01 除了对整个模型对象进行旋转外，还可以对表面已经分割好的模型进行部分旋转。选择模型对象要旋转的部分表面，然后确定好旋转平面，并将轴心点与轴心线确定在分割线端点，如图 2-136 所示。

步骤 02 拖动光标确定旋转方向，然后直接输入旋转角度，按下 Enter 键，确定完成一次旋转，如图 2-137 所示。

步骤 03 选择最上方的“面”，重新确定轴心点与轴心线，再次输入旋转角度并按下 Enter 键，完成旋转如图 2-138 所示。

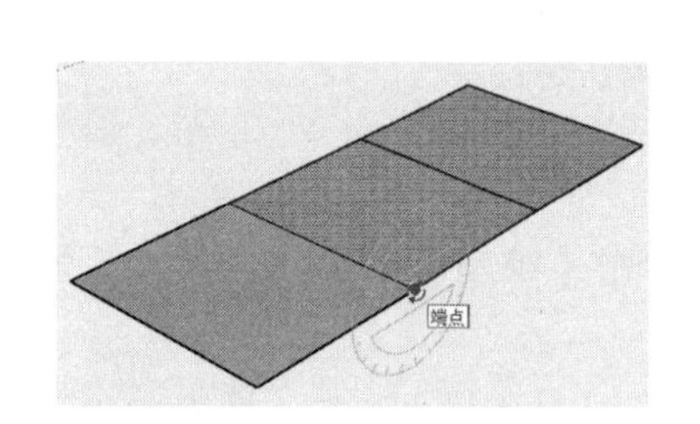

图 2-136 选择旋转面

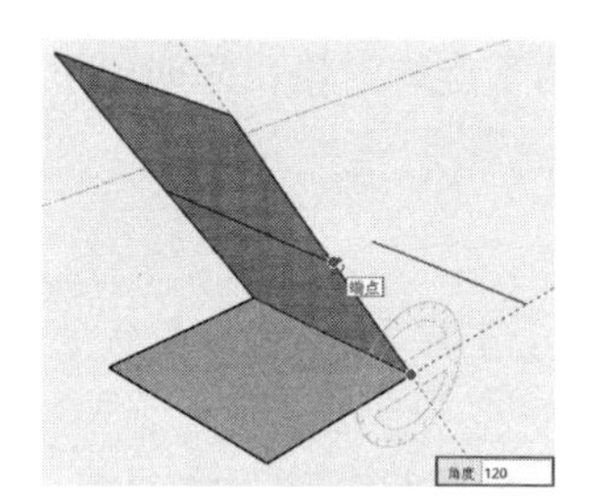

图 2-137 输入旋转角度

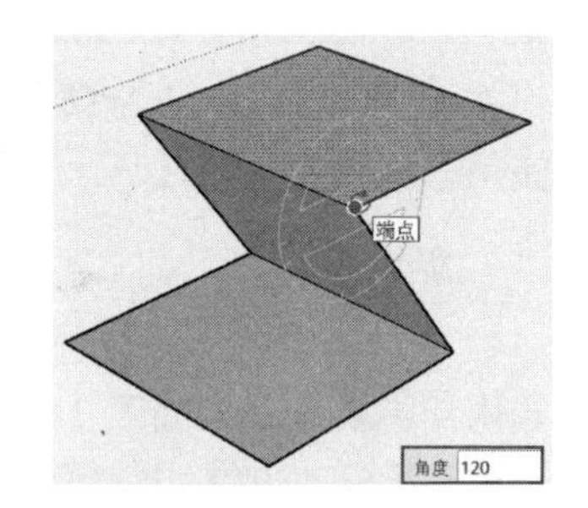

图 2-138 旋转完成

⟶技巧

如果对 SketchUp 模型某个面进行旋转，则模型相关的面将发生自动扭曲，如图 2-139 ~ 图 2-141 所示。

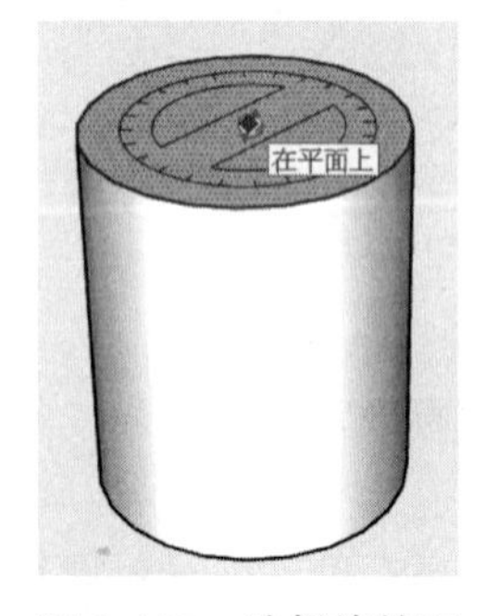

图 2-139 选择旋转面

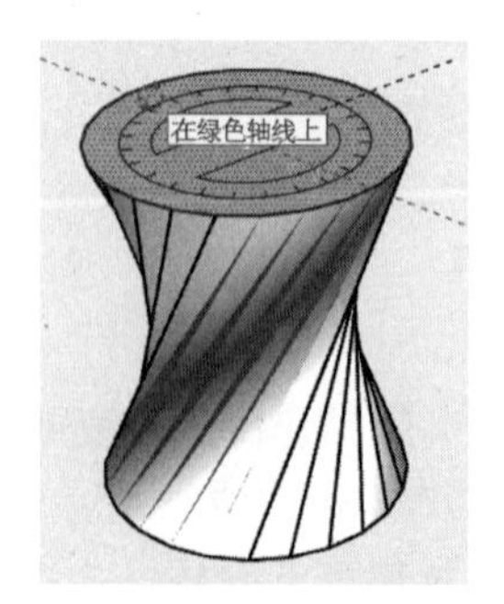

图 2-140 相关模型面进行自动扭曲

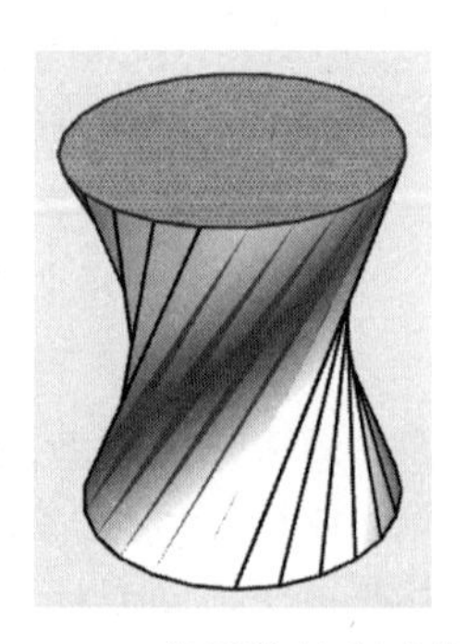

图 2-141 模型旋转完成效果

3. 旋转复制对象

步骤 01 选择目标对象并启用【旋转】工具，确定旋转平面、轴心点与轴心线。按下 Ctrl 键，待光标变成 后输入旋转角度数值，如图 2-142 所示。

步骤 02 按下 Enter 键确定旋转数值，再以“数量 X”的格式输入要复制的对象数目，再次按下 Enter 键确认，即可完成复制，如图 2-143 与图 2-144 所示。

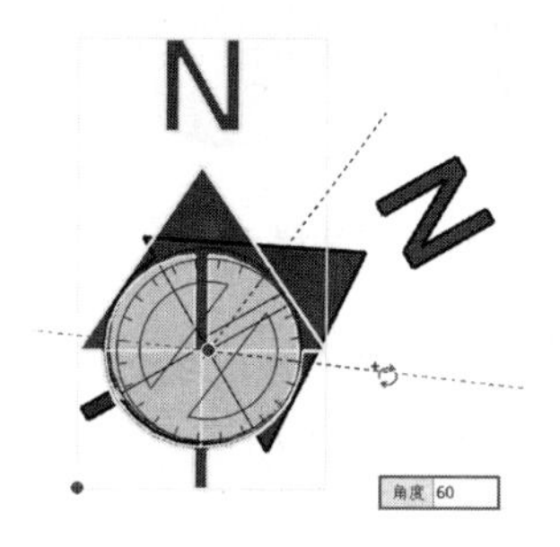

图 2-142　输入旋转角度

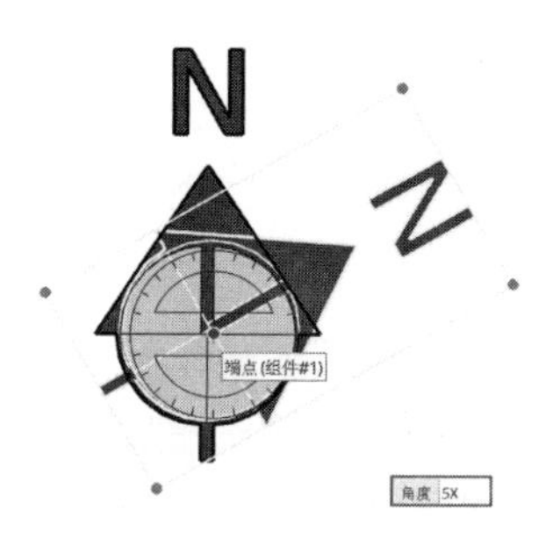

图 2-143　输入复制数量

图 2-144　旋转复制完成

→技巧

除了上述复制方法外，还可以首先复制出多个复制对象之间首尾的模型，然后以“/ 数量”的形式输入要复制的对象数目，并按下 Enter 键确认，此时就会以平均角度进行旋转复制，如图 2-145 ~ 图 2-147 所示。

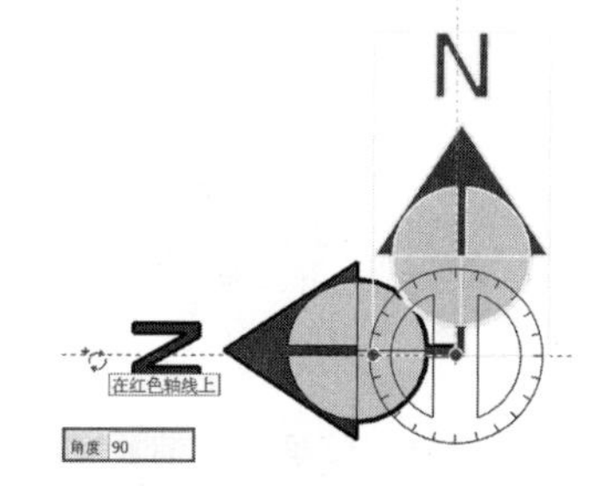

图 2-145　输入旋转角度

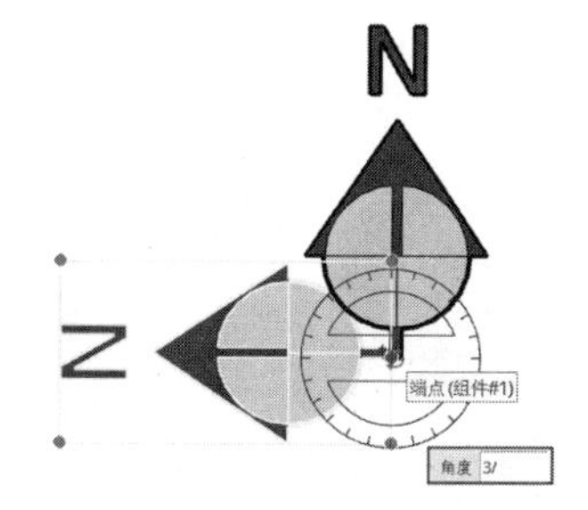

图 2-146　输入旋转数量

图 2-147　旋转复制完成

032 缩放工具

文件路径：配套资源 \ 第 02 章 \032	视频文件：视频 \ 第 02 章 \032.MP4

【缩放】工具用于对象的缩小或放大，既可以进行 X、Y、Z 三个轴向等比的拉伸，也可以进行任意轴向的非等比拉伸。

1. 等比缩放

步骤 01 打开 SketchUp，执行【工具】/【缩放】菜单命令，或单击【编辑】工具栏 按钮，均可启用该编辑命令，如图 2-148 所示。

步骤 02 打开配套资源“第 02 章 |032 缩放工具 .skp”模型，选择右侧的地球模型，启用【缩放】工具，模型周围即出现用于拉伸的栅格，如图 2-149 所示。

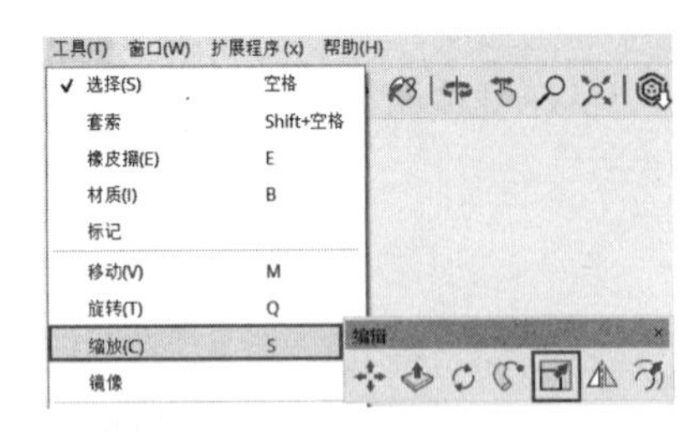

图 2-148 启用【缩放】编辑工具

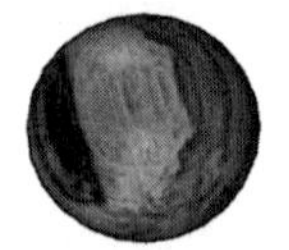

图 2-149 打开模型

步骤 03 待光标变成 时，选择任意一个位于顶点的栅格点，即出现“等比缩放”提示，此时按住鼠标左键并进行拖动即可进行模型的等比缩放，如图 2-150 与图 2-151 所示。

步骤 04 确定缩放大小后，再次单击确定，缩放完成效果如图 2-152 所示。

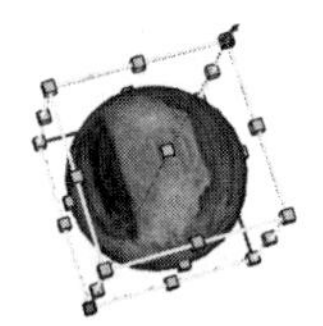

图 2-150 选择缩放栅格顶点

图 2-151 等比缩放

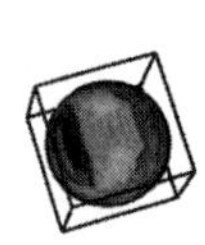

图 2-152 等比中心缩放

步骤 05 除了直接通过光标进行缩放外，在确定好拉伸栅格点后，输入拉伸比例并按下 Enter 键，即可完成精确比例缩放，如图 2-153 ~ 图 2-155 所示。

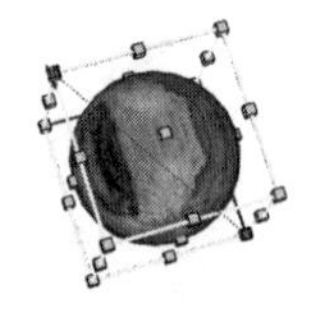

图 2-153 选择缩放栅格顶点

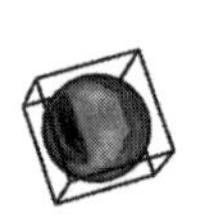

图 2-154 输入缩放比例

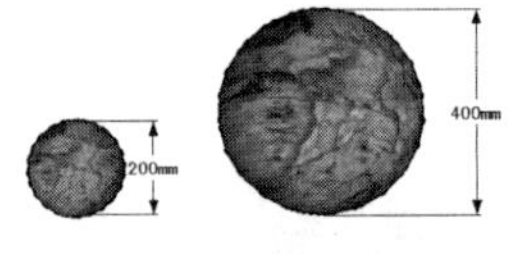

图 2-155 精确等比缩放完成

技巧

在进行精确比例的等比缩放时，数量小于 1 则为缩小，大于 1 则为放大。如果输入负值，则对象不但会进行比例的调整，其位置也会发生镜像改变，如图 2-156 ~ 图 2-158 所示。因此如果输入 -1，则选择对象可以产生【镜像】的效果。

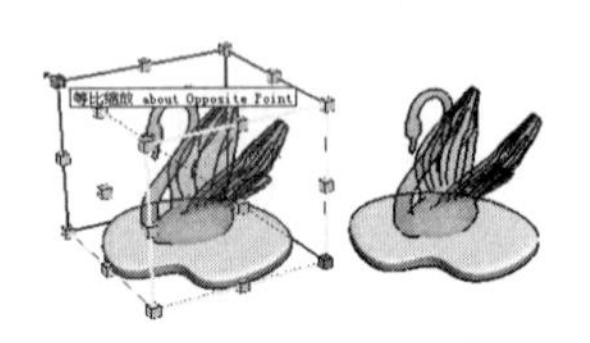

图 2-156 选择缩放栅格顶点

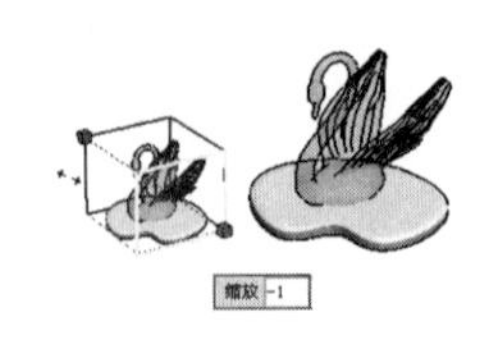

图 2-157 输入负值缩放比例

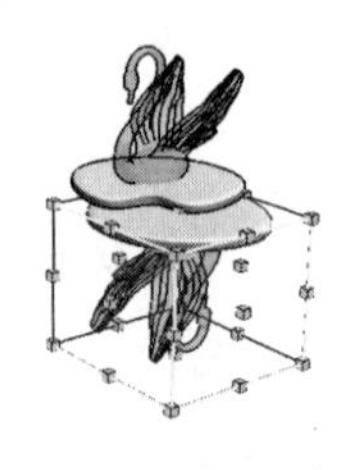

图 2-158 完成效果

技巧

【等比缩放】均匀的改变对象三个轴向的尺寸大小，其整体造型并不会发生改变，通过【非等比缩放】则可以在改变对象尺寸的同时改变其造型。

2. 非等比缩放

步骤 01 选择用于缩放的地球仪模型，启用【缩放】工具，选择位于栅格线中间的栅格点，即可出现“沿红、绿轴缩放比例”或类似提示，如图 2-159 所示。

步骤 02 确定栅格点后，单击确定，拖动光标即可进行缩放，再次单击即可完成缩放，如图 2-160 与图 2-161 所示。

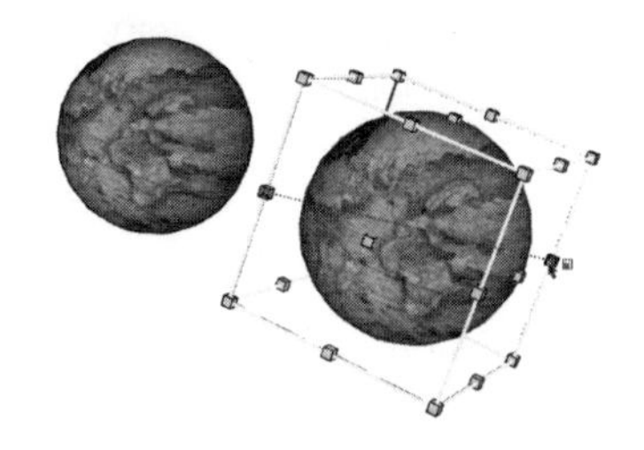

图 2-159　选择缩放栅格线中点

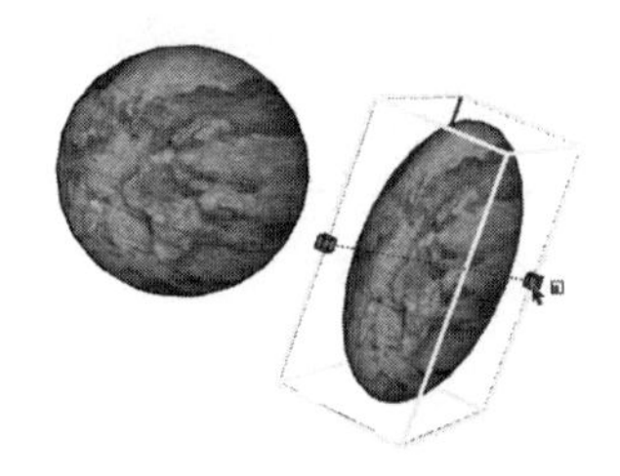

图 2-160　进行非等比缩放

图 2-161　非等比缩放完成

技巧

除了“绿、蓝轴缩放比例”的提示外，选择其他栅格点还可出现“沿红、蓝轴缩放比例”或“沿红、绿轴缩放比例”的提示，出现这些提示时，都可以进行【非等比缩放】，如图 2-162 ~ 图 2-164 所示。

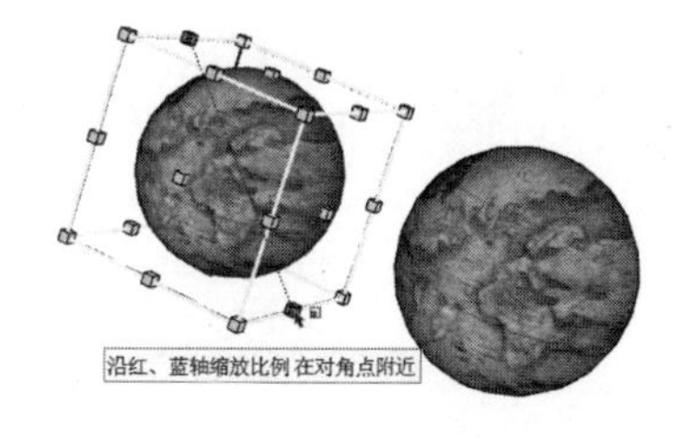

图 2-162　红、蓝轴非等比缩放

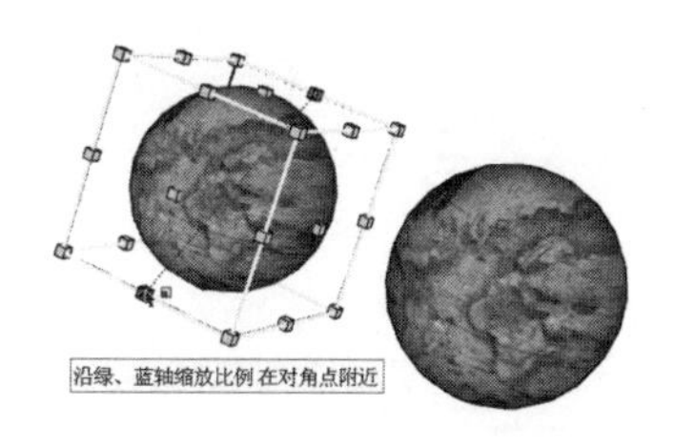

图 2-163　绿、蓝轴非等比缩放

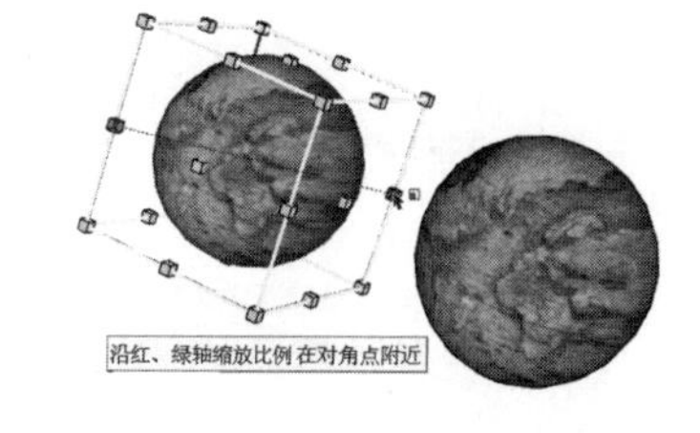

图 2-164　红、绿轴非等比缩放

技巧

选择某个位于面中心的栅格点，还可进行 X、Y、Z 任意单个轴向上的【非等比缩放】，如图 2-161 所示即为 Y 轴上的【非等比缩放】。

033 偏移工具

文件路径：无	视频文件：视频 \ 第 02 章 \033.MP4

【偏移】工具可以将面以及线对象在进行移动的同时产生复制效果，本例介绍该工具使用方法与技巧。

1. 面的偏移复制

步骤 01 打开 SketchUp，执行【工具】/【偏移】命令，或单击【编辑】工具栏按钮，均可启用该编辑命令，如图 2-165 所示。

步骤 02 在绘图区结合【直线】与【圆弧】工具绘制一个平面，如图 2-166 所示，然后启用【偏移】工具。

步骤 03 待光标变成形状时，在要进行偏移的“平面”上单击，以确定偏移的参考点，向内拖动光标即可进行偏移复制，如图 2-167 所示。

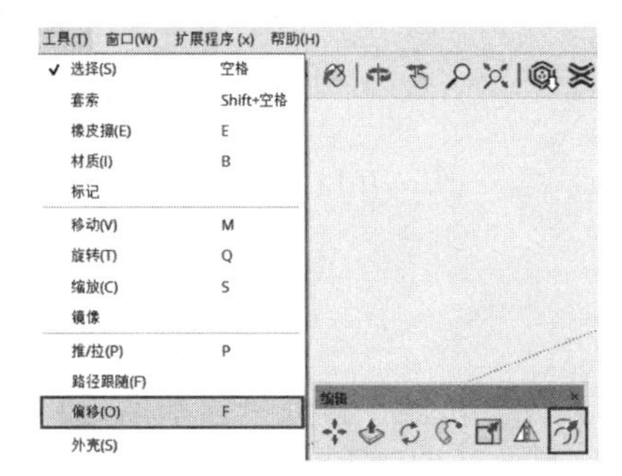

图 2-165 启用【偏移】复制工具

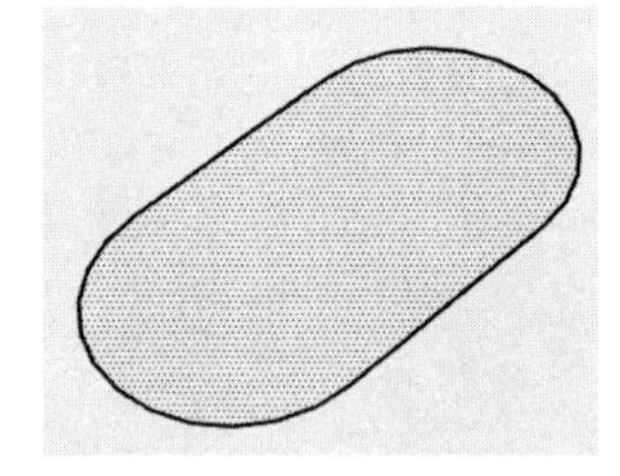
图 2-166 绘制平面

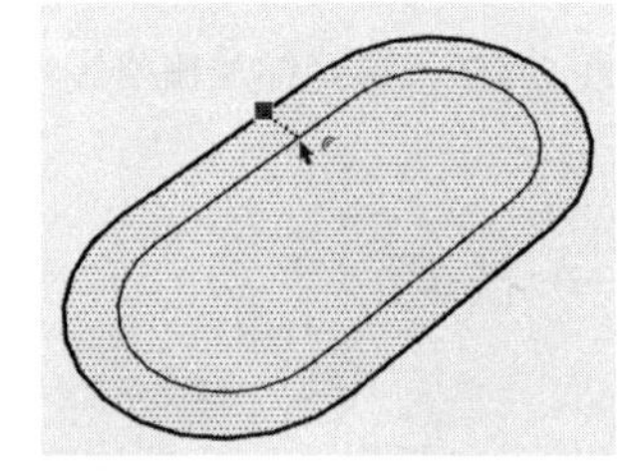
图 2-167 进行偏移复制

步骤 04 确定偏移大小后再次单击，即可同时完成偏移与复制。

→ 提示

【偏移】工具不仅可以向内进行收缩复制，还可以向外进行放大复制。在“平面”上单击确定偏移参考点后，向外推动光标即可，如图 2-168 ~ 图 2-170 所示。

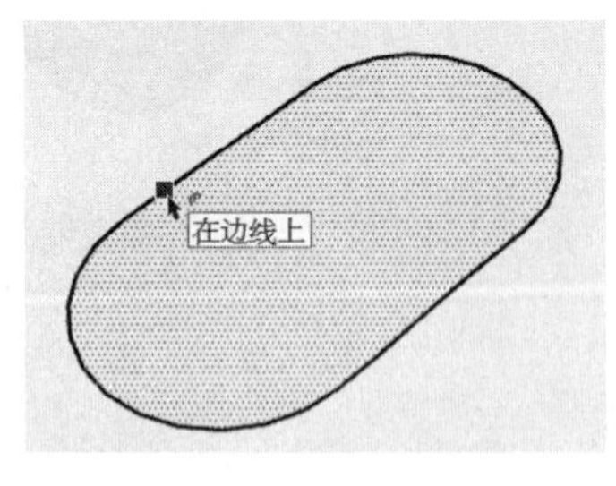

图 2-168 确定偏移参考点

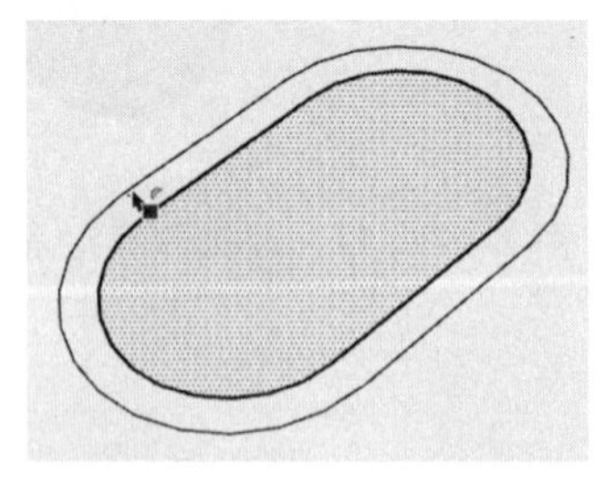
图 2-169 向外偏移复制

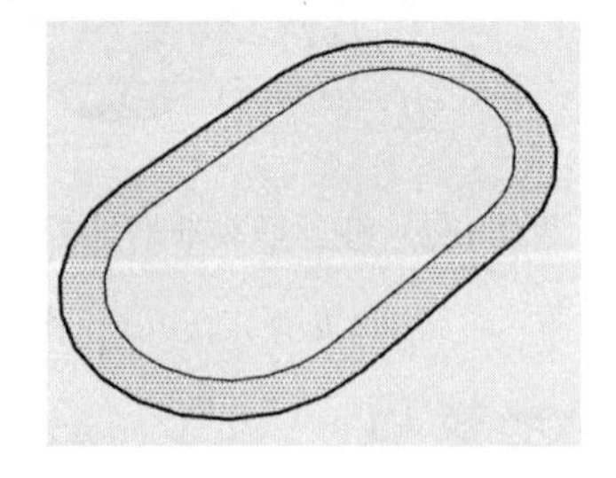
图 2-170 向外偏移复制完成效果

步骤 05 如果要偏移复制指定的距离，可以在“平面”上单击确定偏移参考点并确定偏移方向，然后直接输入偏移数值并按下 Enter 键确认，如图 2-171 ~ 图 2-173 所示。

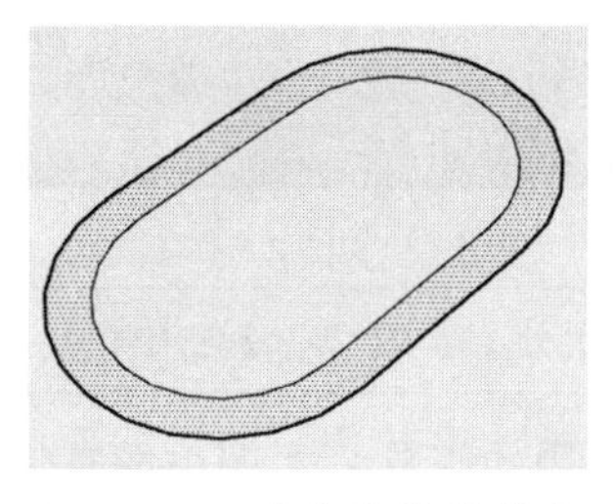

图 2-171　确定偏移参考点

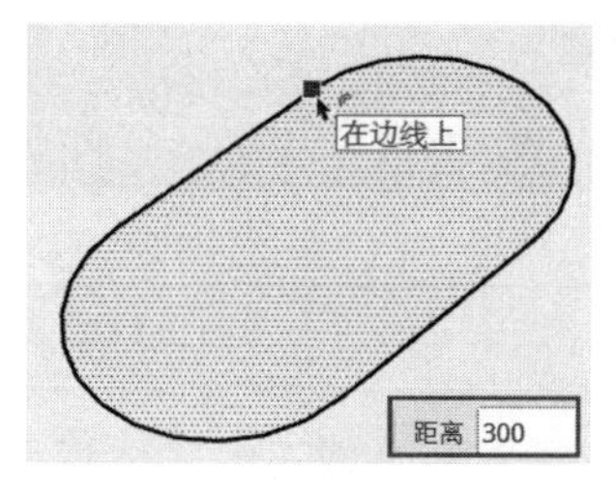

图 2-172　输入偏移距离

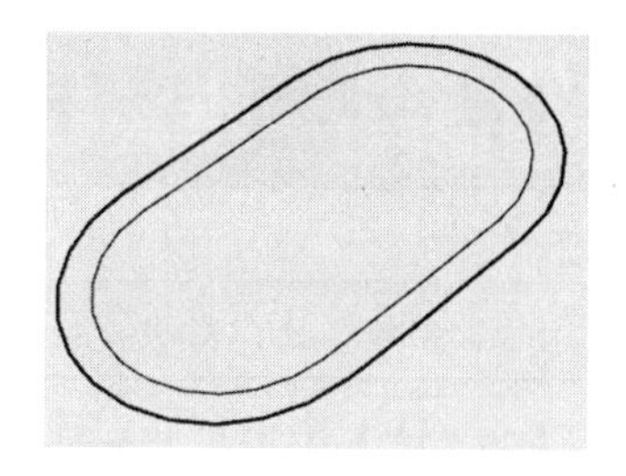

图 2-173　精确偏移完成效果

提示

【偏移】工具对任意造型的“面”均可进行偏移与复制，如图 2-174 ~ 图 2-176 所示。但对于“线”的复制则有所要求，接下来进行了解。

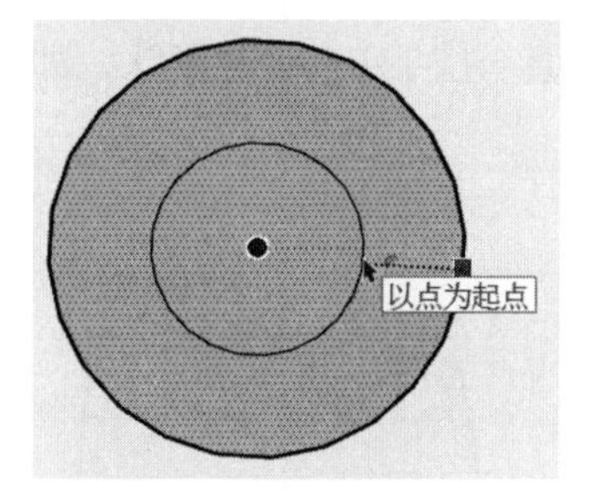

图 2-174　圆的偏移复制

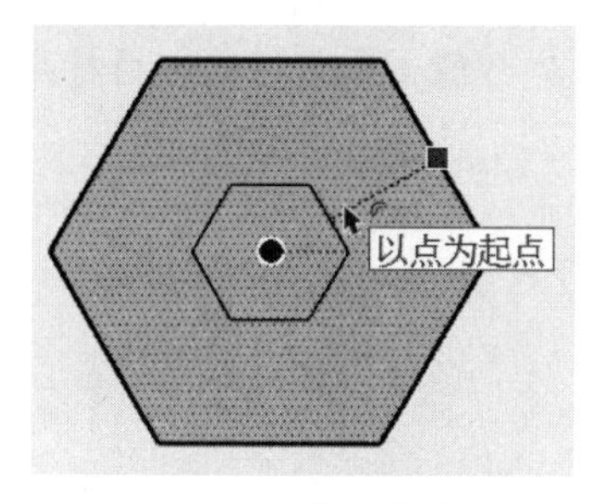

图 2-175　正多边形的偏移复制

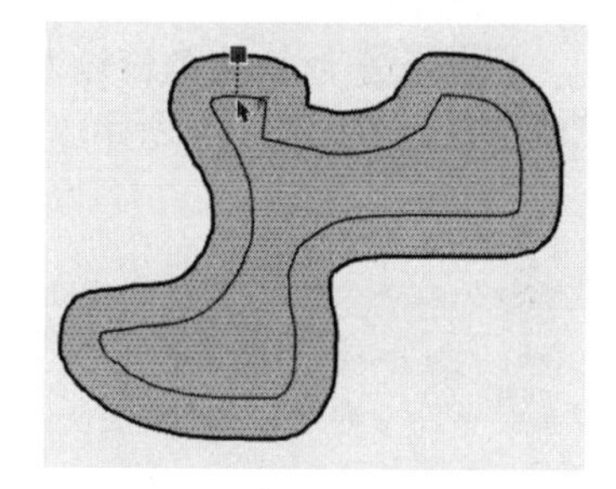

图 2-176　曲线平面的偏移复制

2. 线形的偏移复制

步骤 01 在 SketchUp 中，【偏移】工具无法对单独的线段以及交叉的线段进行偏移与复制，如图 2-177 与图 2-178 所示。

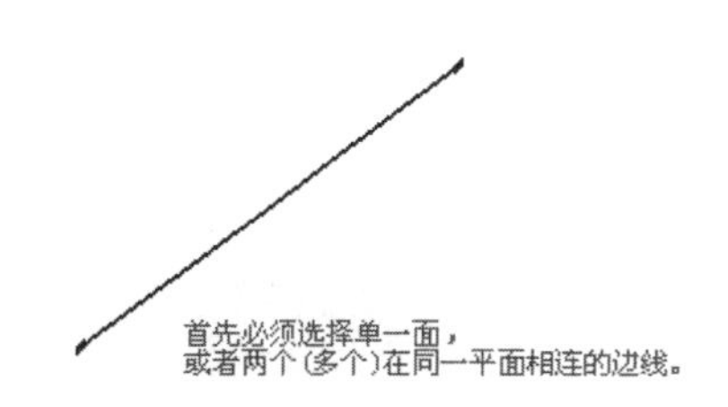

图 2-177　无法偏移复制单独线段

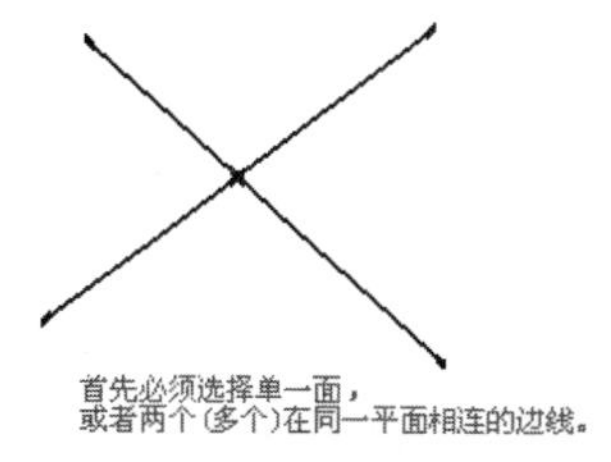

图 2-178　无法偏移复制交叉线段

步骤 02 而对于多条线段组成的转折线、弧线，以及线段与弧形组成的线形，均可以进行偏移与复制，如图 2-179 ~ 图 2-181 所示。其操作方法与“面”的操作类似，这里就不再赘述。

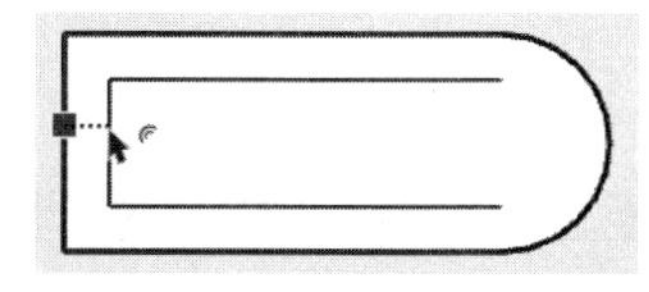

图 2-179　偏移复制转折线

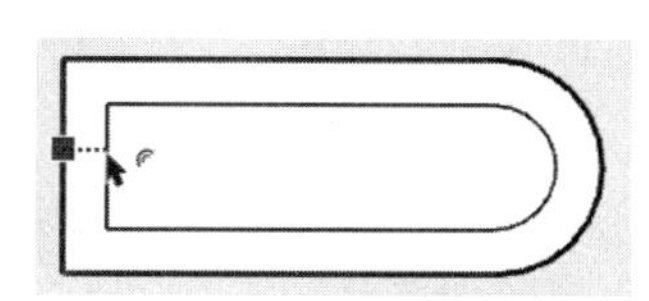

图 2-180　偏移复制弧线

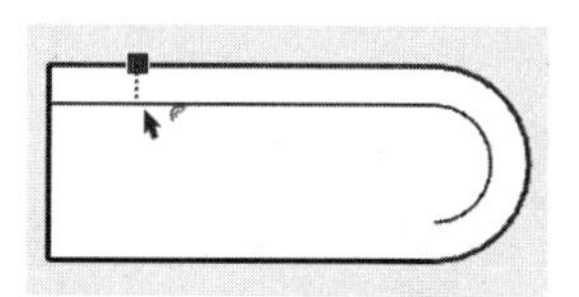

图 2-181　偏移复制混合线形

034 推 / 拉工具

文件路径：无	视频文件：视频 \ 第 02 章 \034.MP4

【推 / 拉】工具是 SketchUp 将二维平面生成三维实体模型最为常用的工具，本例讲解其使用方法与技巧。

1. 推拉单面

步骤 01 打开 SketchUp，执行【工具】/【推 / 拉】命令，或单击【编辑】工具栏按钮，均可启用该编辑命令，如图 2-182 所示。

步骤 02 在场景中创建一个正五边形，启用【推 / 拉】工具，移动光标至顶面，当光标变成形状时，即可上下进行推拉，如图 2-183 所示。

步骤 03 观察【数值输入框】内数值，或直接输入目标高度数值，按下 Enter 键确认，即可完成推拉，如图 2-184 所示。

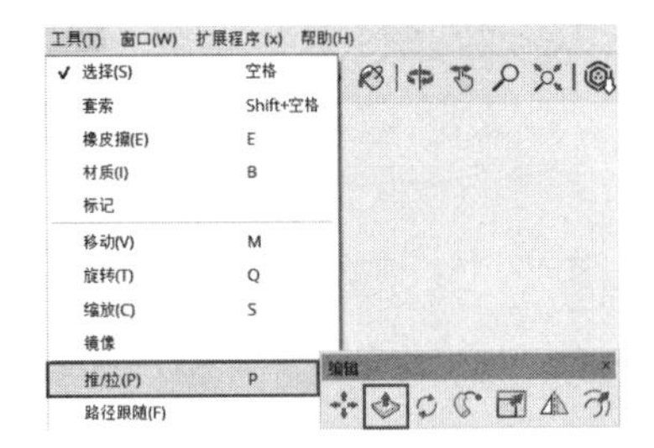

图 2-182　启用【推 / 拉】工具

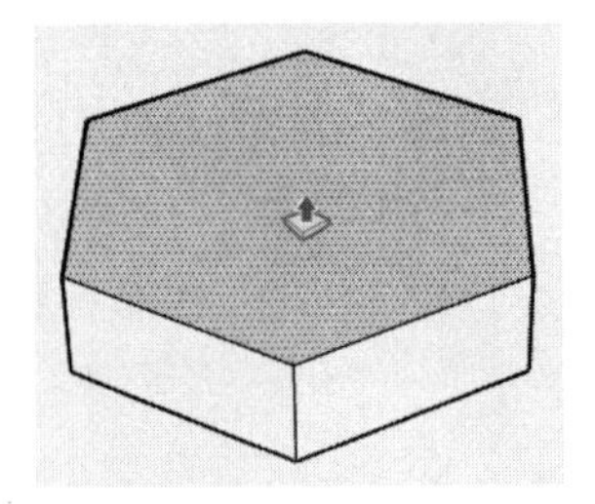
图 2-183　向上拉伸平面

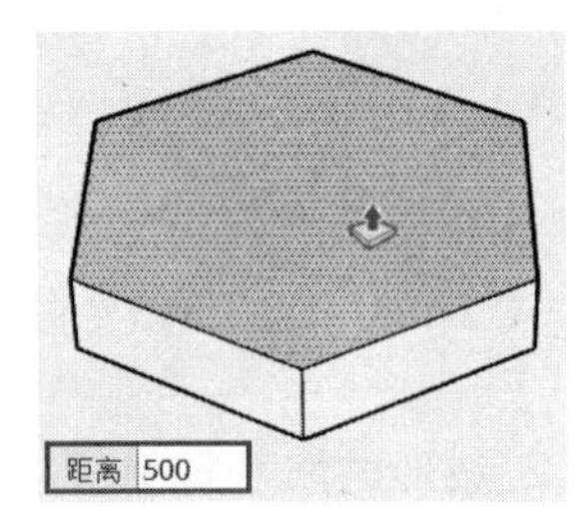

图 2-184　完成效果

步骤 04 在拉伸完成后，再次启用【推 / 拉】工具可以直接进行拉伸，如图 2-185 与图 2-186 所示，如果此时按住 Ctrl 键进行推拉，则会以复制的形式进行拉伸，如图 2-187 所示。

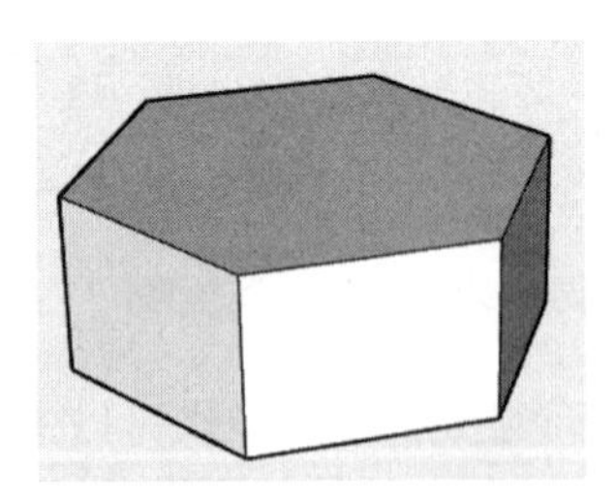
图 2-185　已拉伸的模型

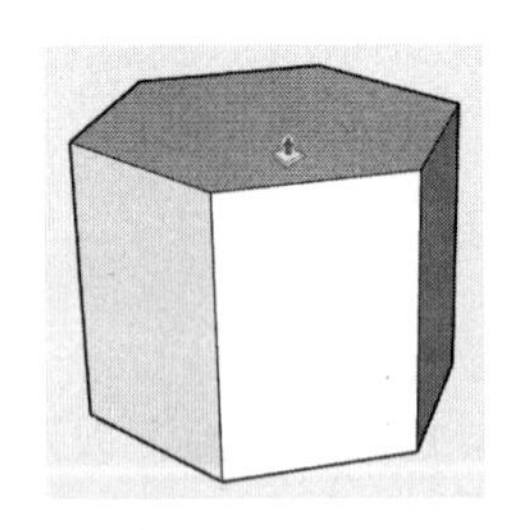
图 2-186　继续拉伸效果

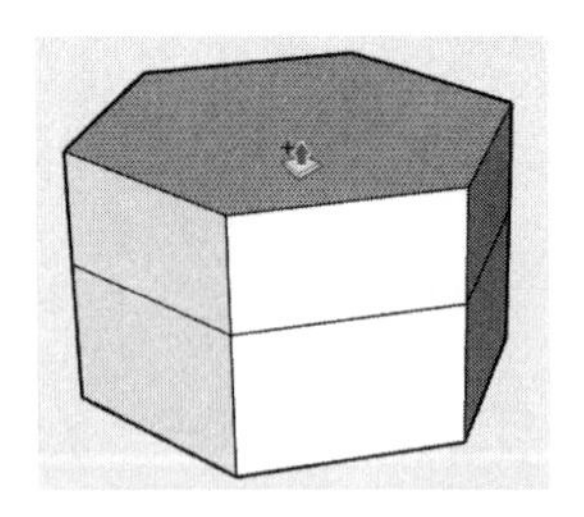
图 2-187　拉伸复制效果

技巧

对于异形的平面，如果直接使用【推 / 拉】工具，将拉伸出垂直的效果，如图 2-188 与图 2-189 所示。此时按下 Alt 键后进行推拉，则可以避免这种现象，如图 2-190 所示。

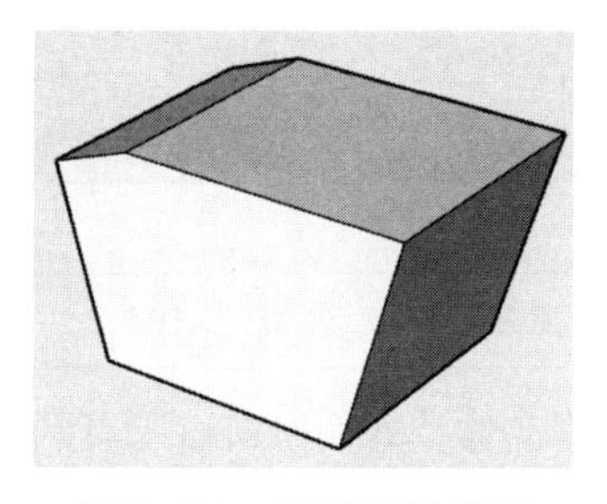
图 2-188　异形三维模型

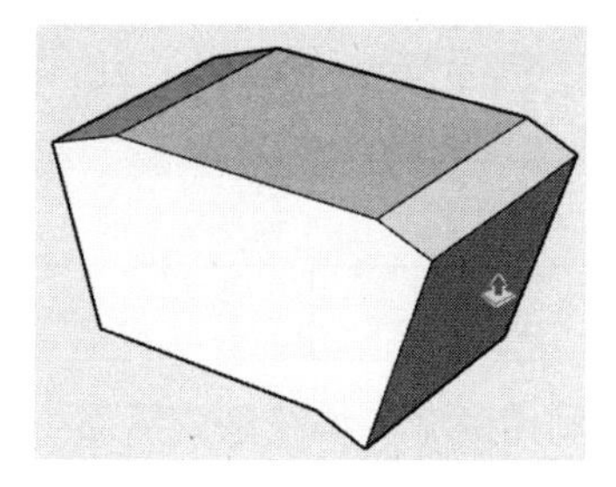
图 2-189　直接推拉效果

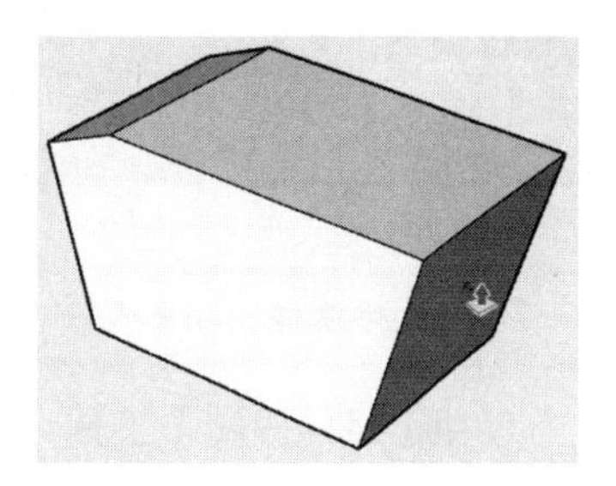
图 2-190　按住 Alt 键推拉效果

提示

【推 / 拉】工具不仅可以将平面转换成三维实体，还可以对三维实体已经分割好的“面”进行拉伸或挤压，以形成凸出或凹陷的造型。

2. 推拉分割实体面

步骤 01 启用【推 / 拉】工具，待光标变成 时，将其置于将要拉伸的模型表面，如图 2-191 所示。

步骤 02 此时向下或向上推动光标，将分别形成凹陷或突出的效果，如图 2-192 与图 2-193 所示。

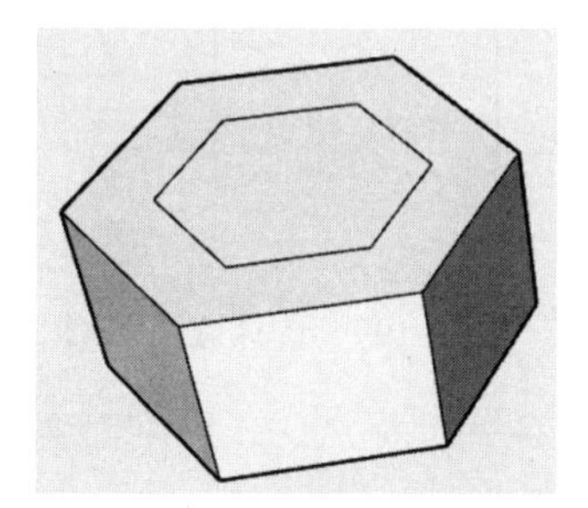
图 2-191　选择分割模型面

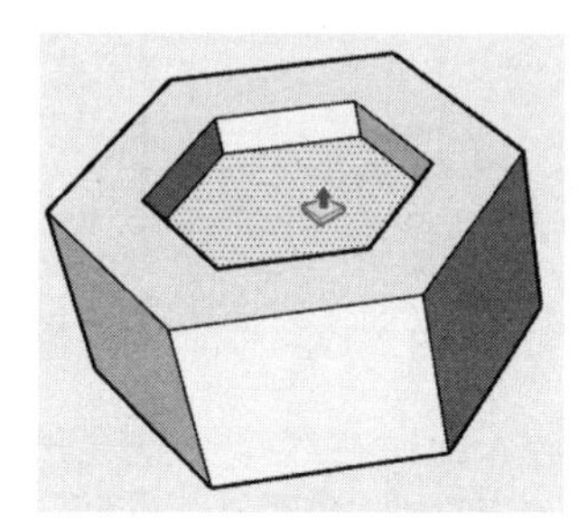
图 2-192　向下推动光标

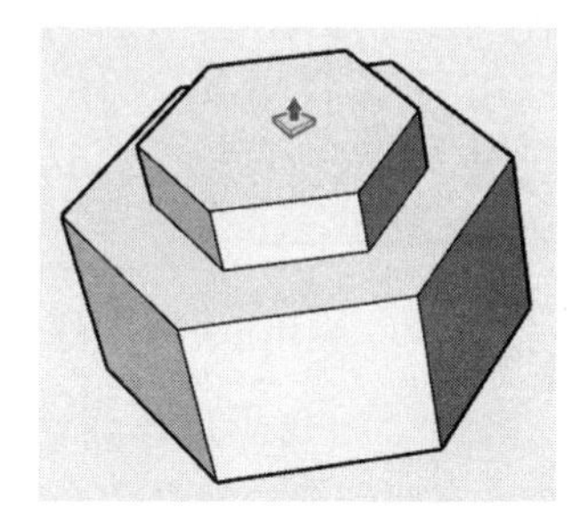
图 2-193　向上推动光标

技巧

如果有多个面的推拉深度相同，则在完成其中某一个面的推拉之后，在其他面上使用【推 / 拉】工具直接双击，即可快速完成相同的推拉效果，如图 2-194 ~ 图 2-196 所示。

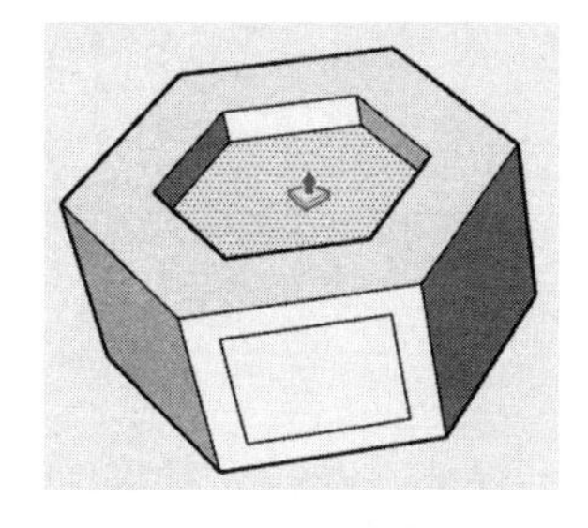
图 2-194　向下挤压面

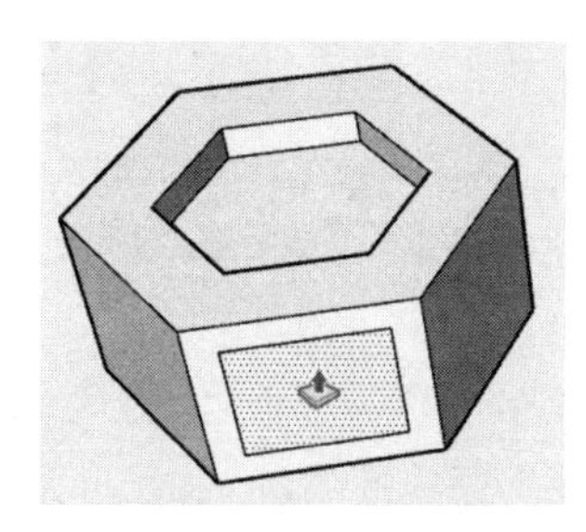
图 2-195　挤压完成

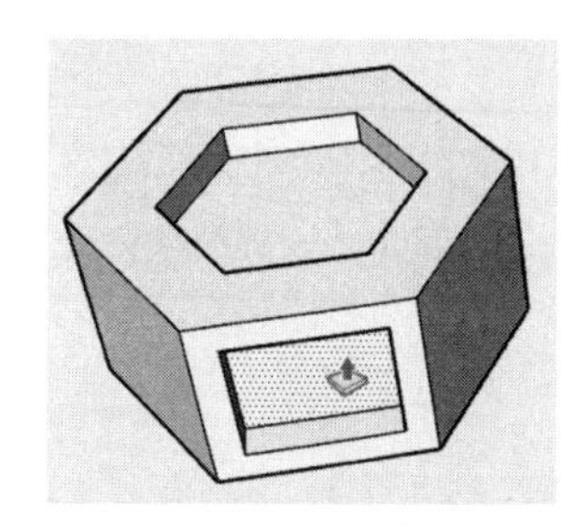
图 2-196　双击快速完成相同挤压

035 路径跟随工具

文件路径：配套资源 \ 第 02 章 \035	视频文件：视频 \ 第 02 章 \035.MP4

使用【路径跟随】工具，可以利用两个二维线型或平面生成三维实体，本例讲解该工具的操作方法与技巧。

1. 面与线的应用

步骤 01 单击【编辑】工具栏按钮，或执行【工具】/【路径跟随】菜单命令，均可启用该命令，如图 2-197 所示。

步骤 02 打开配套资源“第 02 章 |035 路径跟随一 .skp”文件，如图 2-198 所示，场景中有一个平面图形与二维线型。

步骤 03 启用【路径跟随】工具，待光标变成后，单击选择其中的二维平面，如图 2-199 所示。

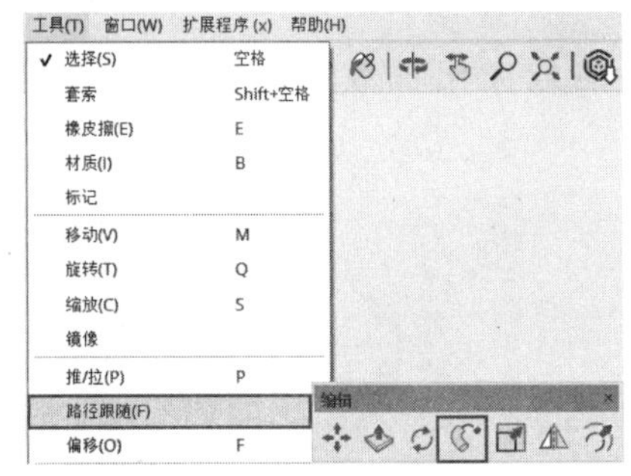

图 2-197　启用【路径跟随】工具

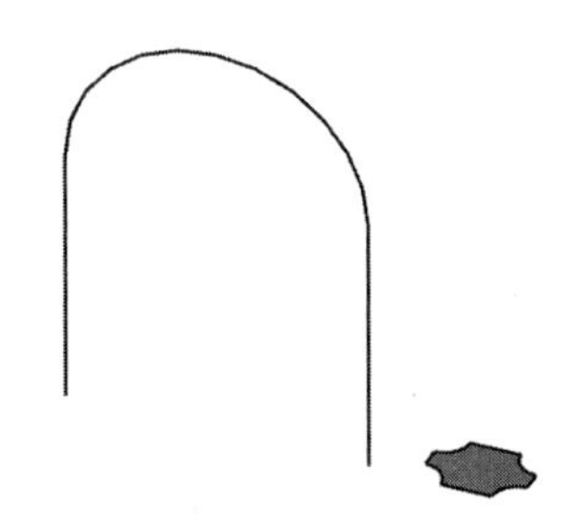

图 2-198　文件打开效果

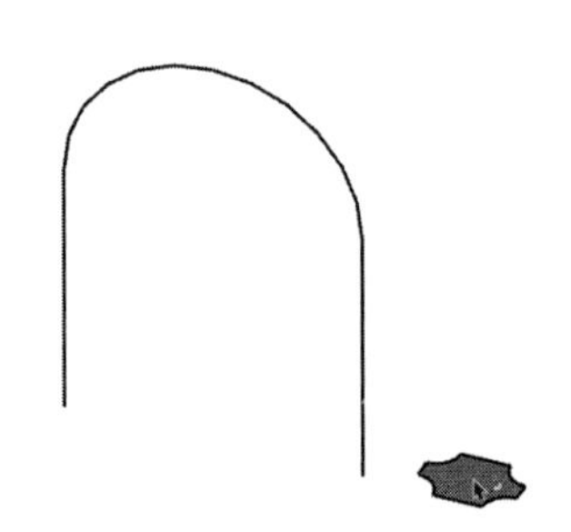

图 2-199　选择截面图形

步骤 04 将光标移动至线型附近，此时在线型上就会出一个红色的捕捉点，二维平面会根据该点至线型下方端点的走势生成三维实体，如图 2-200 所示。

步骤 05 沿着线型推动光标直至完成效果，如图 2-201 与图 2-202 所示。

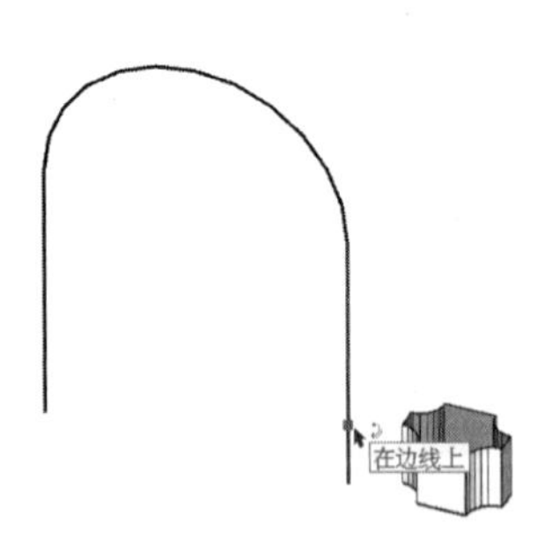

图 2-200　捕捉线条路径

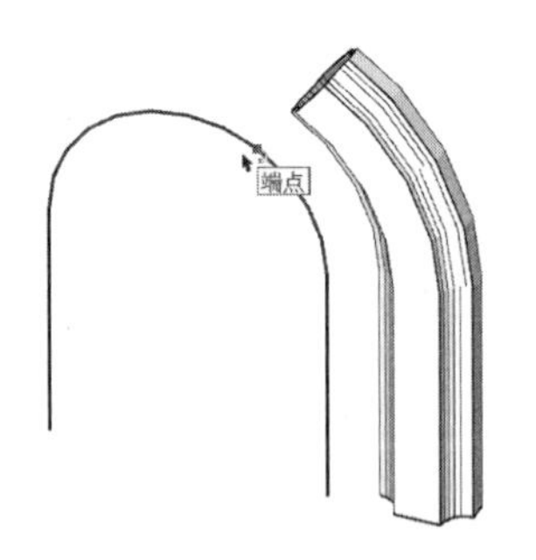

图 2-201　捕捉弧线路径

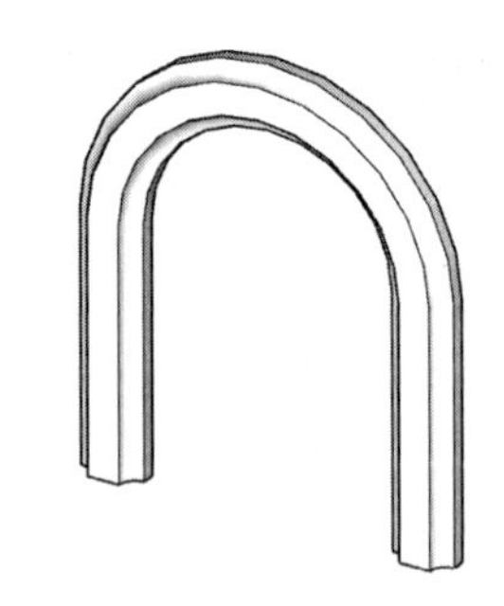

图 2-202　跟随完成效果

→ 技巧

利用【跟随路径】工具，通过“面”与“面”的应用可以绘制出室内屋檐与天花角线等常用构件。

2. 面与面的应用

步骤01 绘制线脚截面与屋檐平面二维图形，启用【路径跟随】工具，并单击选择截面，如图 2-203 所示。

步骤02 待光标变成时，将其移动至天花板平面图形，跟随其捕捉一周，然后单击确定捕捉完成，如图 2-204 与图 2-205 所示。

图 2-203　选择角线截面

图 2-204　捕捉平面路径

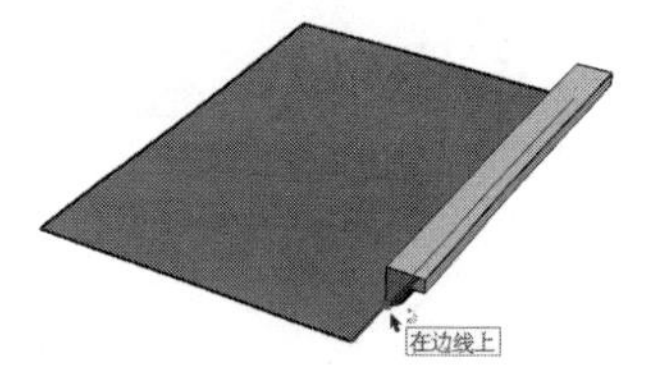

图 2-205　完成效果

技巧

在 SketchUp 中，并不能直接创建球体、棱锥、圆锥等几何形体，通常在“面”与“面”上应用【路径跟随】工具进行创建，其中球体的创建步骤如图 2-206 ~ 图 2-208 所示。

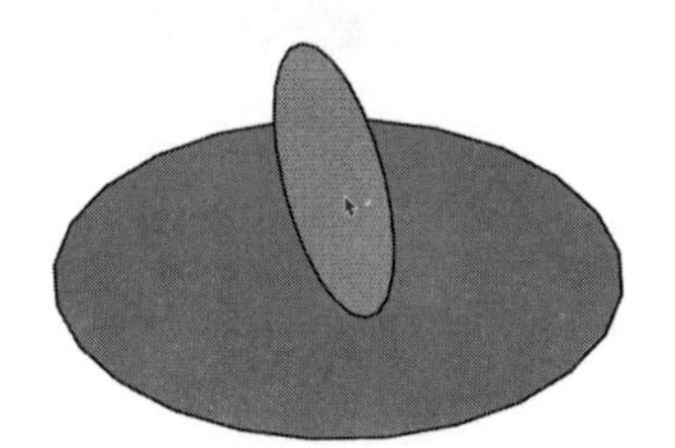

图 2-206　选择圆平面

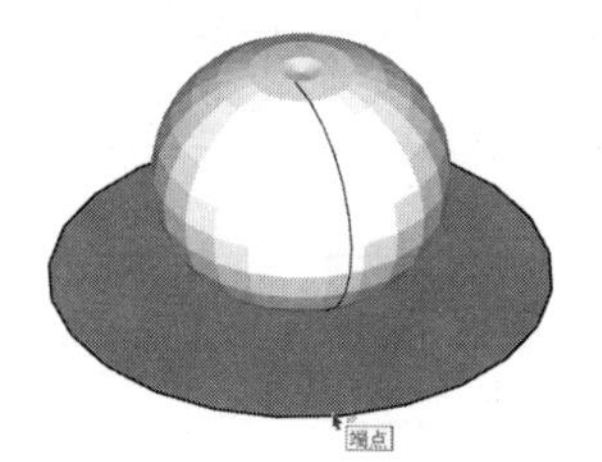

图 2-207　捕捉底部圆

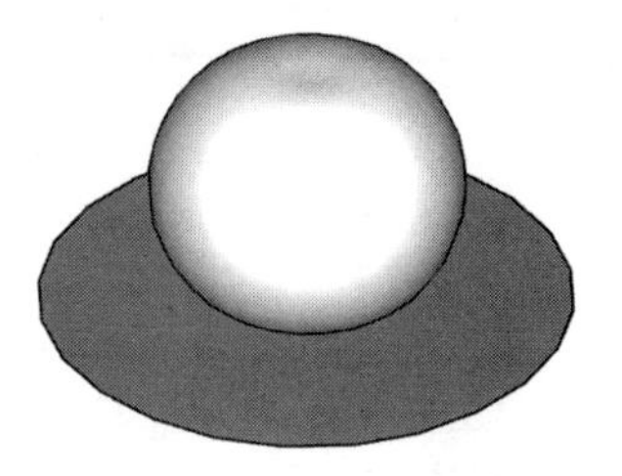

图 2-208　完成效果

3. 实体上的应用

步骤01 在 SketchUp 中利用【路径跟随】工具，还可以在实体模型上直接制作出边角细节。

步骤02 首先在实体表面上直接绘制好边角轮廓，然后启用【跟路径随】工具并单击选择，如图 2-209 所示。

步骤03 待光标变成时，单击选择边角轮廓，再将其光标置于实体轮廓线上，此时就可以参考出现的虚线确定跟随效果，如图 2-210 所示。

步骤04 确定好跟随效果后单击，完成实体边角效果，如图 2-211 所示。

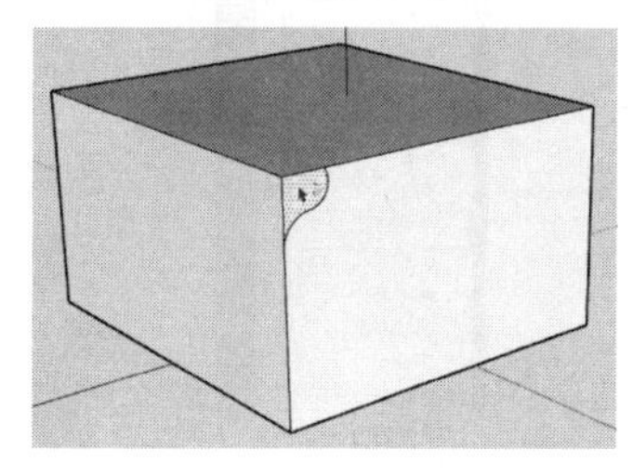

图 2-209　选择面

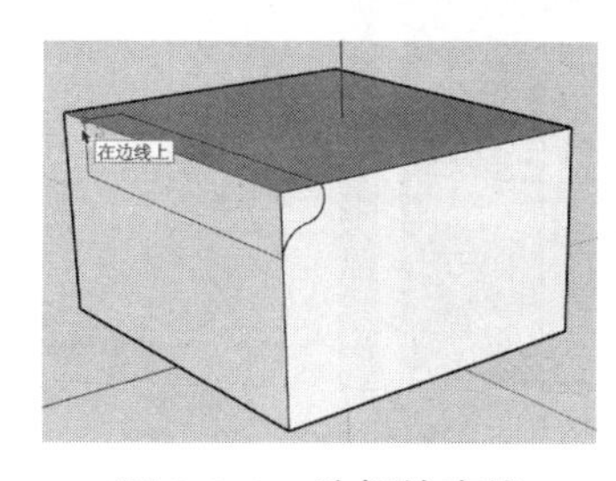

图 2-210　选择轮廓线

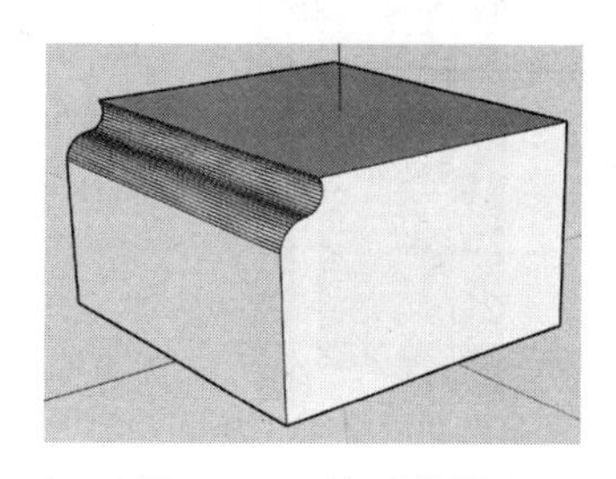

图 2-211　完成效果

→ 技巧

利用【路径跟随】工具直接在实体模型上创建边角效果时，如果捕捉完整的一周，将制作出如图 2-212 所示的效果。如果任意捕捉实体轮廓线进行制作，如图 2-213 所示，将得到如图 2-214 所示的效果。

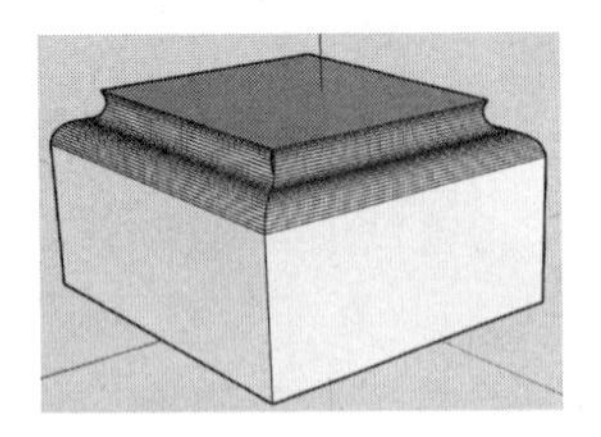

图 2-212　捕捉一周的效果

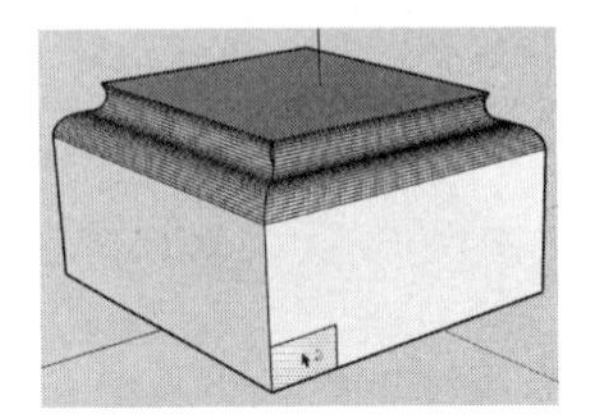

图 2-213　捕捉效果

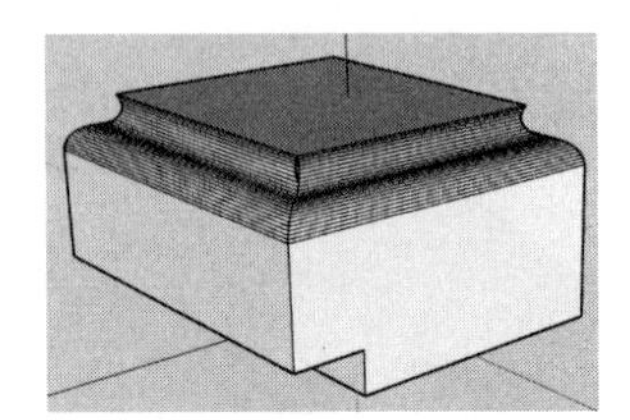

图 2-214　完成效果

2.3　主要工具栏

036 创建组件

文件路径：配套资源 \ 第 02 章 \036	视频文件：视频 \ 第 02 章 \036.MP4

类似于 3ds max 中使用【组】管理场景中的模型，SketchUp 使用【组件】对场景模型进行管理，本例将学习创建与分解组件的操作方法。

1. 创建与分解组件

步骤 01 启动 SketchUp，打开配套资源“第 02 章 |036 创建与分解组件 .skp”模型，如图 2-215 所示，该场景为一个由门框、门页以及拉手组成的套门模型。

步骤 02 由于当前的模型并未形成【组件】，因此在常规选择时只能选择部分模型，不便于模型整体的移动与拉伸，如图 2-216 所示。

步骤 03 按 Ctrl+A 组合键，选择所有模型，单击【常用】工具栏创建组件工具按钮，或单击鼠标右键，选择【创建组件】命令，如图 2-217 所示。

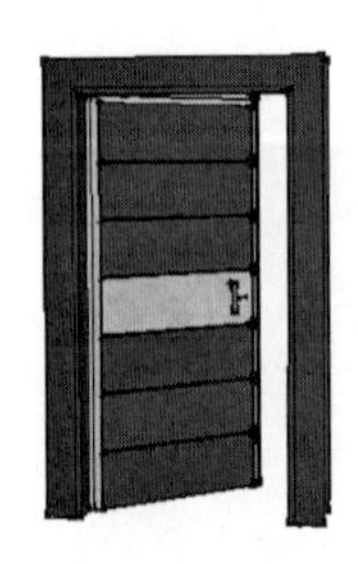

图 2-215　门模型

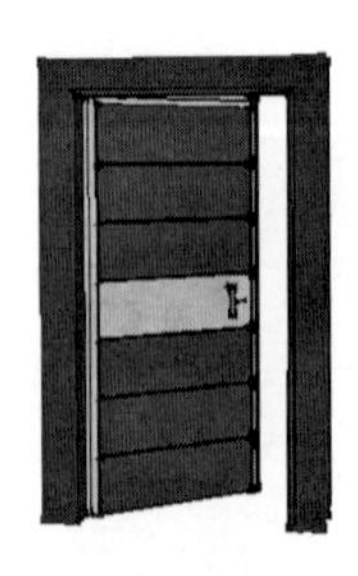

图 2-216　未形成组件时的选择效果

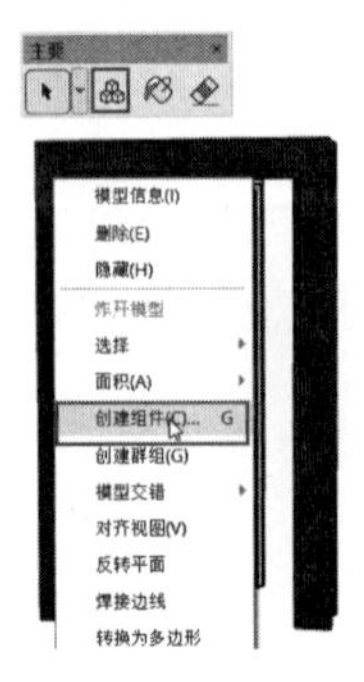

图 2-217　选择【创建组件】命令

步骤 04 在弹出【创建组件】面板中设置【名称】等参数，单击【创建】按钮，即可将其创建为整体的组件，如图 2-218 与 图 2-219 所示，套门模型将成为一个整体。

步骤 05 单击选择，即可选择到组件整体，可以对其进行整体缩放与移动，如图 2-220 所示。

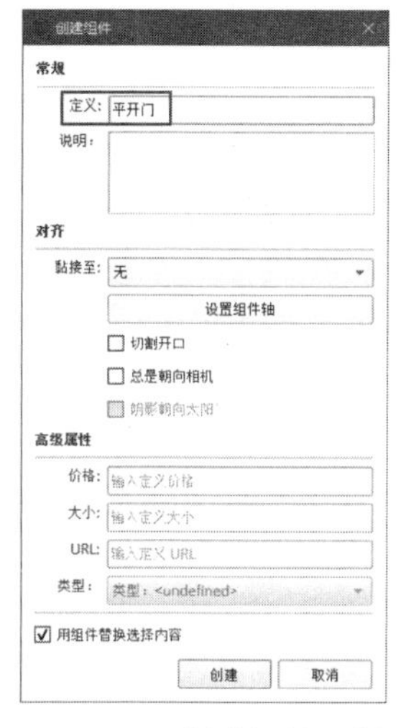

图 2-218　创建组件面板

图 2-219　创建门组件

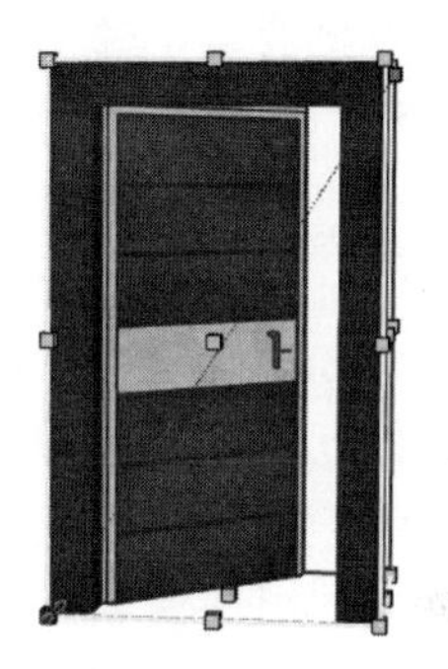

图 2-220　整体拉伸

步骤 06 如果要单独选择或编辑组件中的某个部分，可以将【组件】解散。在模型表面单击鼠标右键，在弹出菜单选择【炸开模型】命令即可。

技巧

在创建单面植物模型时，选择【创建组件】面板【总是朝向相机】复选框，随着相机的移动，制作好的植物组件也会保持转动，始终以正面面向相机，从而避免出现不真实的单面效果，如图 2-221 ~ 图 2-223 所示。

图 2-221　原始效果

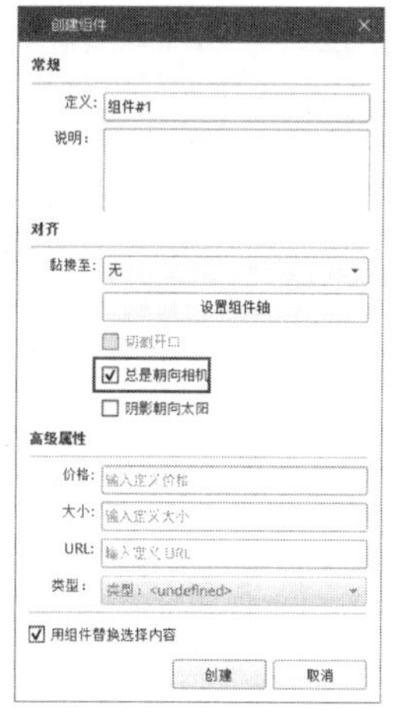

图 2-222　选择参数

图 2-223　自动调整效果

2. 组件的使用技巧

步骤 01 组件创建完成后，如果场景需要多个相同的模型，可以直接将组件进行复制，如图 2-224 所示。

步骤 02 如果在方案推敲的过程中需要统一修改组件，可以选择任意一个组件模型，单击鼠标右键选择【编辑组件】命令，如图 2-225 与图 2-226 所示，其他组件模型会自动进行更新。

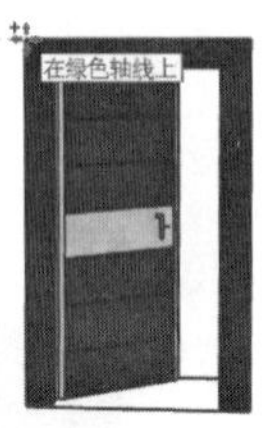

图 2-224 复制组件

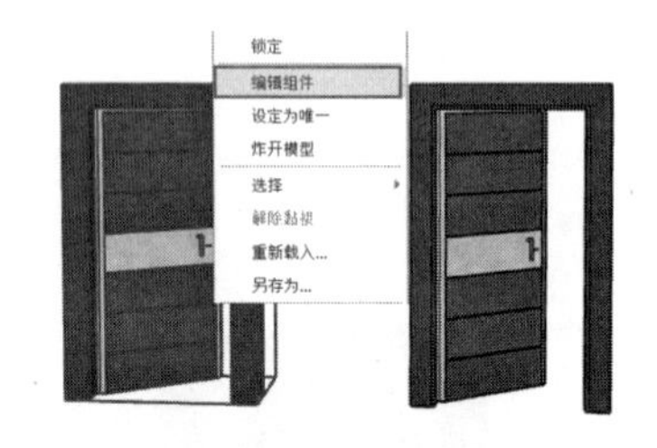

图 2-225 选择【编辑组件】命令

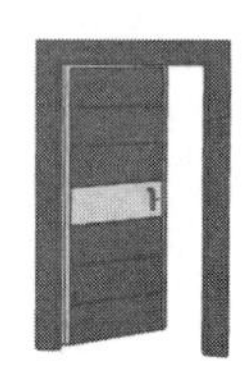

图 2-226 编辑组件

步骤 03 如果要单独对某个组件进行造型调整，可以直接为其添加【缩放】命令，同时另一个组件也会相应的改变，相连关系如图 2-227 所示。

步骤 04 如果要保留单独的几个组件模型不变，对其他组件则需要进行统一修改。可以选择将保留的组件模型进行【设定为唯一】，如图 2-228 所示。然后使用【编辑组件】命令，对其他模型进行缩放调整即可，如图 2-229 所示。

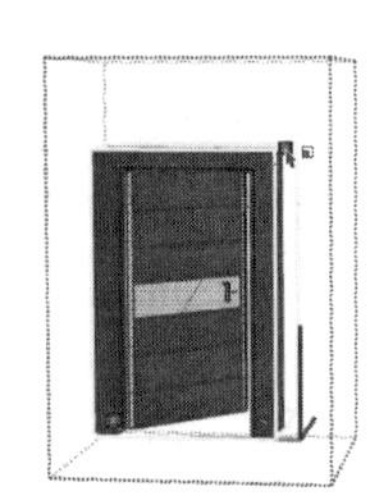

图 2-227 复制组件相连关系

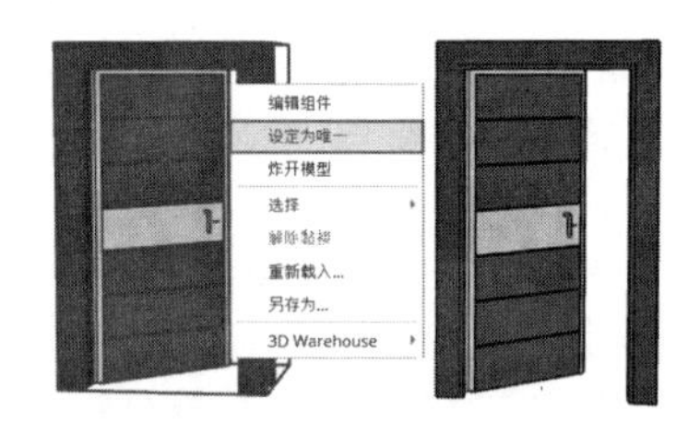

图 2-228 将保留模型进行【设定为唯一】

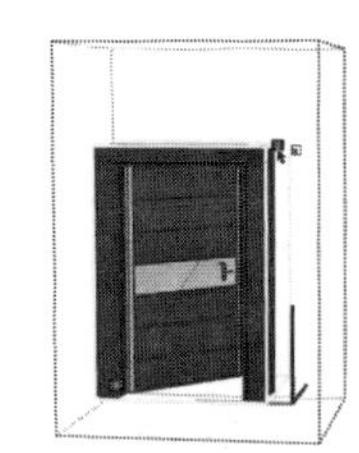
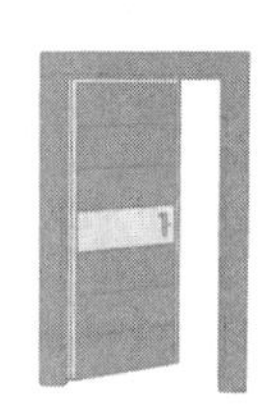

图 2-229 操作结果

037 组件的高级应用

文件路径：配套资源 \ 第 02 章 \037	视频文件：无

常用的一些模型将其制作为【组件】后，可以选择将其导出为单独的模型，这样在其他的场景中就可以通过导入快速应用，本例介绍组件导出、导入以及组件库等与组件相关的高级应用。

1. 导出与导入组件

步骤 01 选择制作好的套门【组件】，在其表面单击鼠标右键，弹出快捷菜单，选择【另存为】命令，如图 2-230 所示。

步骤 02 在弹出的【另存为】面板中，设置好【文件名】，然后单击【保存】命令即可保存，如图 2-231 所示。

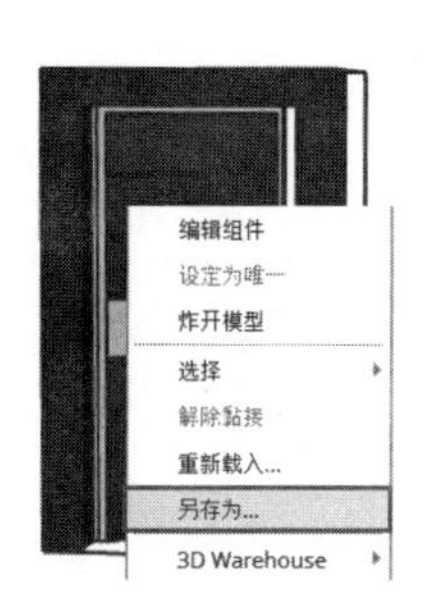

图 2-230　选择【另存为】命令

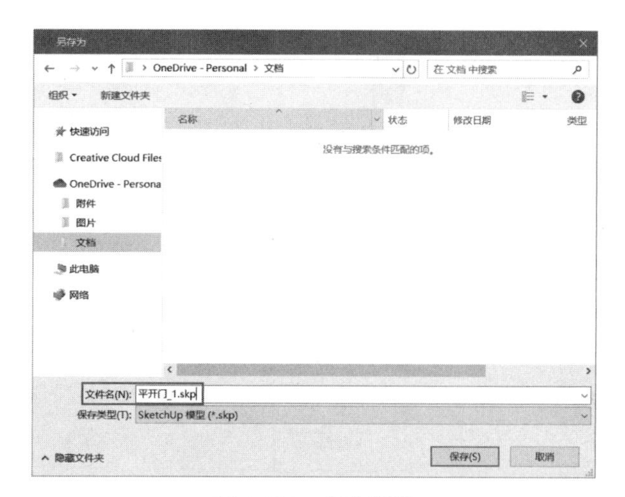

图 2-231　保存组件

步骤 03【组件】保存完成后，执行【窗口】/【组件】菜单命令，在弹出的【组件】面板中单击，选择保存的【组件】，即可直接插入场景，如图 2-232 ~ 图 2-234 所示。

→ 技巧

只有将【组件】保存在 SketchUp 安装路径中名为“Components”的文件夹内，才可以通过【组件】面板进行直接调用。

图 2-232　选择【组件】菜单命令　图 2-233　直接选择保存的组件

图 2-234　插入组件

→ 技巧

个人或者团队制作的【组件】通常都比较有限，Google 公司在收购 SketchUp 后，结合其强大的搜索功能，可以使 SketchUp 用户直接在网上搜索【组件】，同时也可以将自己制作好的组件上传到互联网供其他用户使用，这样全世界的 SketchUp 用户就构成了一个十分庞大的网络【组件库】。

2. 组件库与共享

步骤 01 单击【组件】面板下拉按钮，在弹出的菜单中选择对应的组件类型名称，如图 2-235 所示。

步骤 02 系统显示正在下载组件，如图 2-236 所示。

图 2-235　组件下拉按钮菜单

图 2-236　下载组件

步骤 03 在搜索结果中选择合适的类型，如图 2-237 所示。

步骤 04 跳转至下一个界面，显示该类型中所包含的汽车组件，如图 2-238 所示。

步骤 05 单击选中即可将其直接插入场景，如图 2-239 所示。

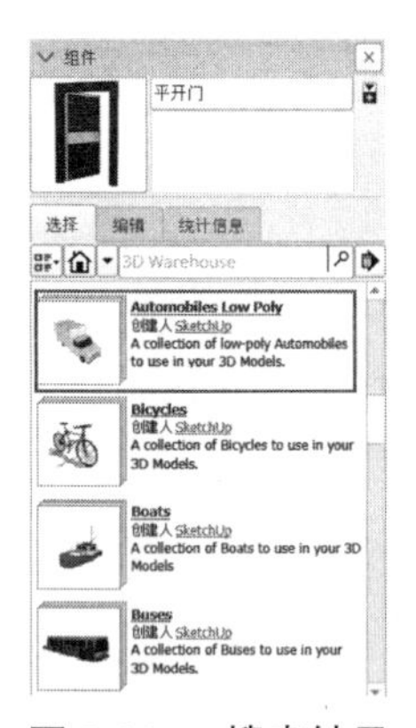

图 2-237　搜索结果

图 2-238　选择组件

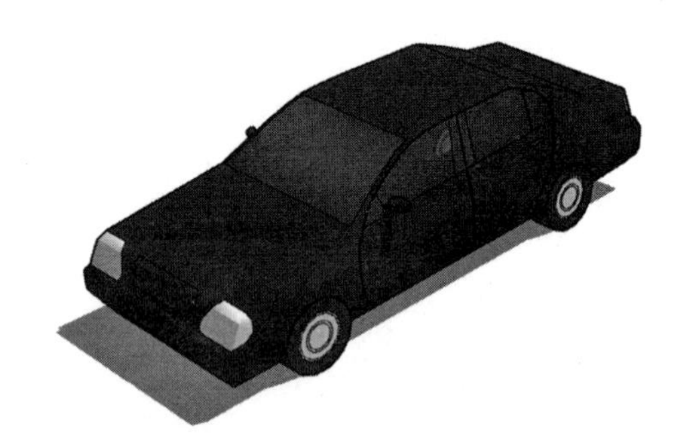

图 2-239　插入下载组件

步骤 06 如果要上传制作好的【组件】，则首先将其选择，然后添加【共享组件】命令，如图 2-240 所示。

步骤 07 进入【3D Warehouse】上传面板，如图 2-241 所示，单击【Publish Model】按钮即可进行上传。上传成功后，其他用户即可通过互联网进行搜索与下载，如图 2-242 所示。

图 2-240　选择【共享组件】命令

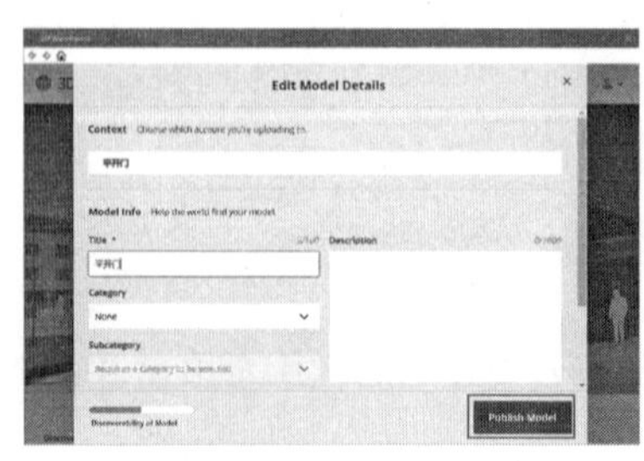

图 2-241　上传面板

图 2-242　下载完成

技巧

使用 Google 3D 模型库进行【组件】上传前，需注册 Google 用户并同意上传协议。

038 材质工具

文件路径：配套资源 \ 第 02 章 \038	视频文件：视频 \ 第 02 章 \038.MP4

在写实效果表现上，SketchUp 并不具备优势，但其与材质相关的工具却设置得十分全面，在制作风格效果时十分有效，本例讲解材质赋予的流程。

步骤 01 打开配套资源“第 02 章 |038 材质工具 .skp”，该场景为一个没有任何材质效果的模型，如图 2-243 所示。

步骤 02 为两侧的石柱赋予石头材质，单击【材质】工具按钮，或执行【工具】/【材质】菜单命令，如图 2-244 所示，均可打开【材质】面板，如图 2-245 所示。

图 2-243 材质原始模型

图 2-244 启用【材质】工具

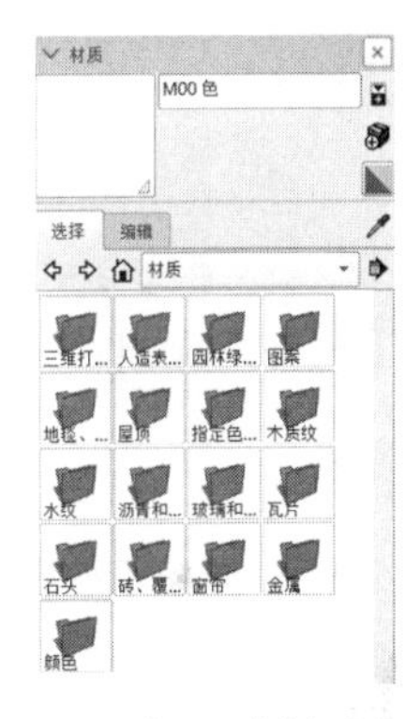

图 2-245 打开【材质】面板

步骤 03 通过材质下拉列表或直接单击对应名称文件夹，可以快速选择材质种类，如图 2-246 ~ 图 2-248 所示。

步骤 04 进入名为“玻璃和镜子”的文件夹，选择其中的“半透明安全玻璃”材质，光标变成后，将光标置于车窗玻璃处单击赋予材质，如图 2-249 所示。

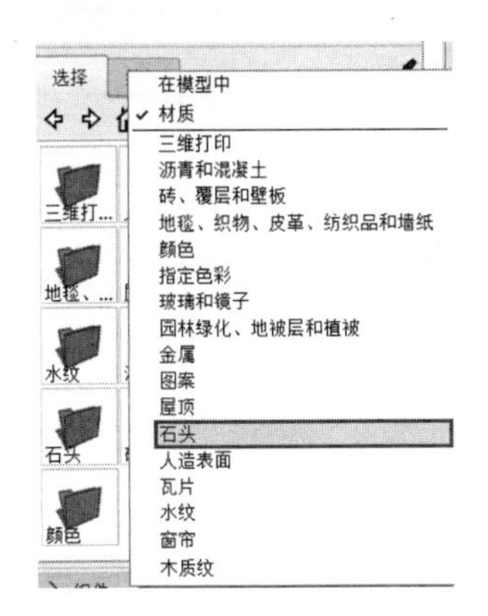

图 2-246 使用材料下拉列表

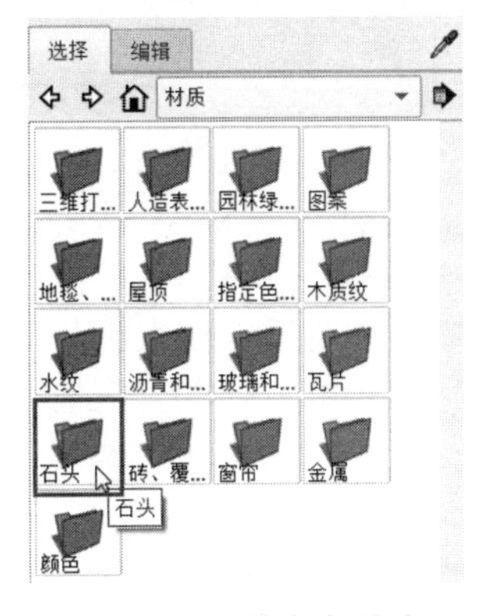

图 2-247 单击文件夹

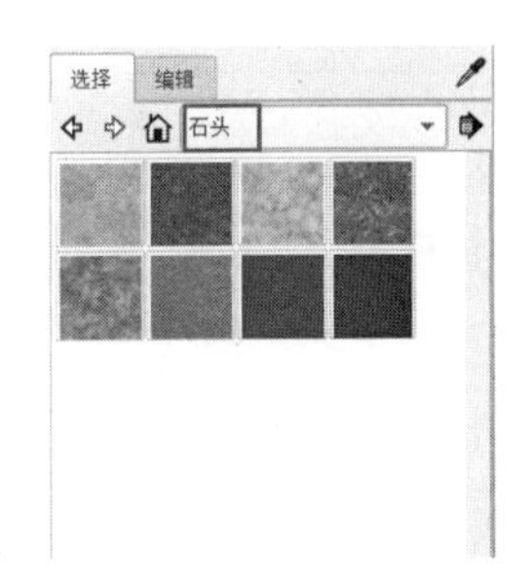

图 2-248 选择材质目标对象

步骤 05 进入名为“颜色”的文件夹，为车身赋予“红色”材质，使用同样的方法赋予同样的材质，如图 2-250 与图 2-251 所示。

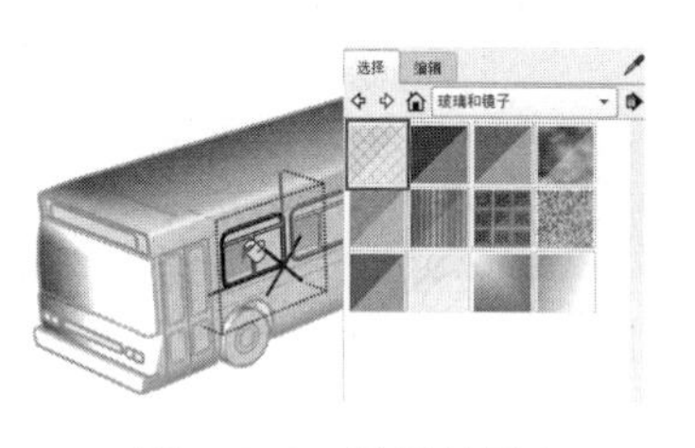

图 2-249　赋予材质

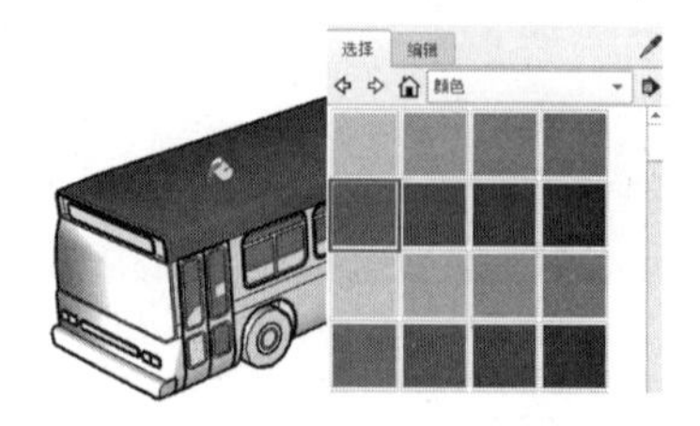

图 2-250　将光标置于模型表面

图 2-251　单击赋予材质

技巧

如果场景中的模型已有了材质，可以单击【模型中】按钮进行查看，如图 2-252 与图 2-253 所示。此外还可以单击【样本颜料】按钮，直接在模型表面吸取其所具有的材质，如图 2-254 所示。

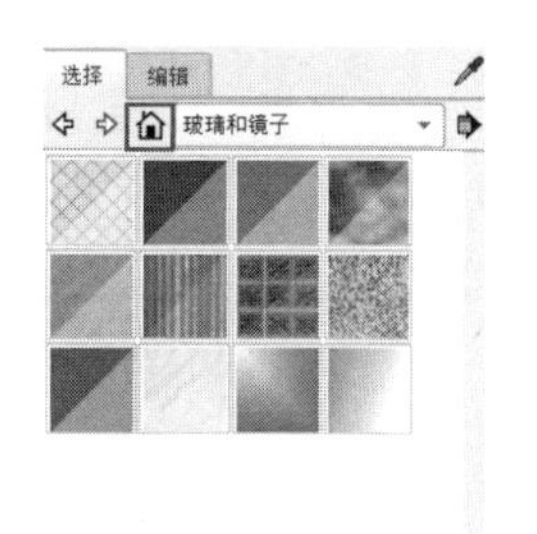

图 2-252　单击模型中按钮

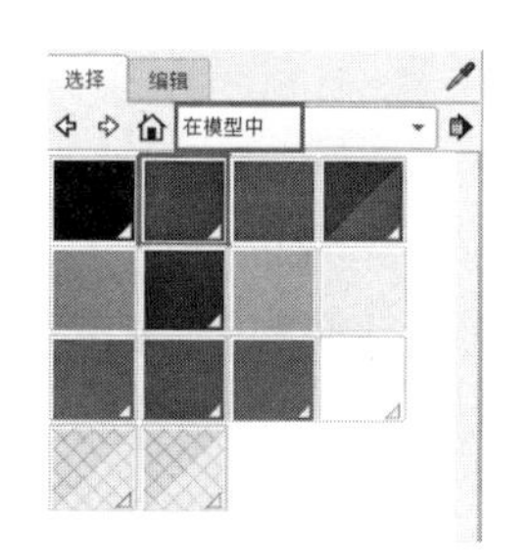

图 2-253　显示场景已有材质

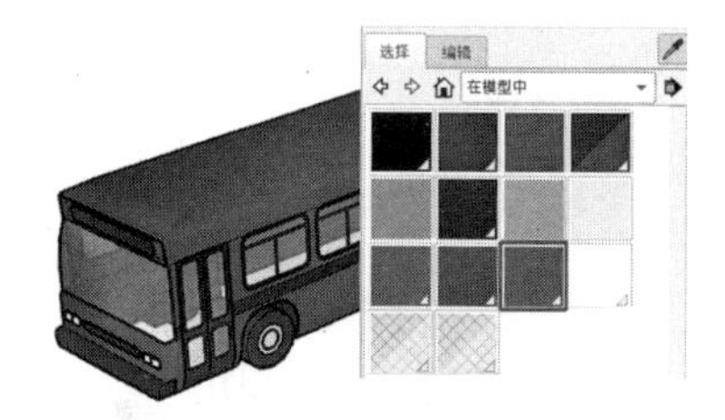

图 2-254　吸取模型已有材质

提示

SketchUp 的【材料】面板虽然提供了许多材质，但其并不一定能满足各类设计的需要，此时可以通过选择已有材质，再进入【编辑】选项卡进行修改，也可以直接单击【创建材质】按钮制作新的材质。材质制作的方法与技巧请大家参考本书材质制作的相关章节。

039 纹理图像调整

文件路径：配套资源 \ 第 02 章 \039	视频文件：视频 \ 第 02 章 \039.MP4

材质除了色泽、纹理效果外，如何控制好纹理大小与位置，表现出合适、合理的拼贴效果，也是一个重要的细节，本例介绍材质纹理拼贴效果控制的方法。

1. 纹理图像位置

步骤 01 打开配套资源“第 02 章 |039 纹理图像位置 .skp”模型，其为一个空白的书本模型，如图 2-255 所示。

步骤 02 单击【材料】面板右上角的【创建材质】按钮，然后为其添加资源中附带的书本封皮纹理，如图 2-256 所示。

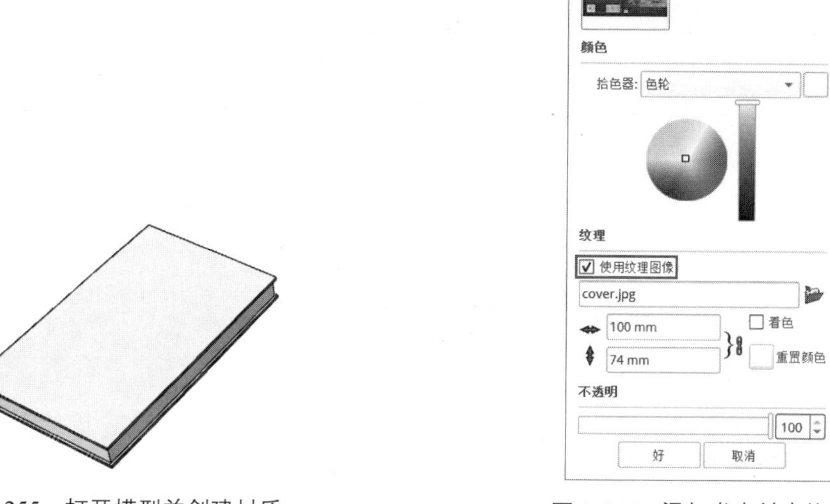

图 2-255　打开模型并创建材质　　　　图 2-256　添加书本封皮纹理

步骤 03 将制作好的材质赋予封面，如图 2-257 所示。单击鼠标右键，执行【纹理】/【位置】命令，如图 2-258 所示，显示出纹理控制四色别针，如图 2-259 所示。默认状态下光标为默认抓手图标，此时按住鼠标即可平移纹理位置，接下来详细了解各色别针的功能。

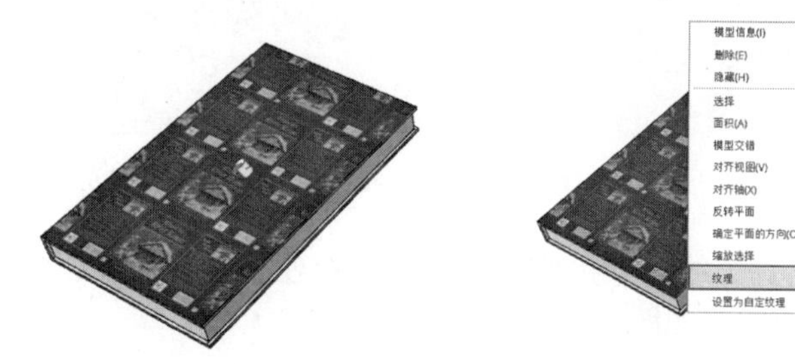

图 2-257　赋予材质

图 2-258　选择【纹理】/【位置】命令

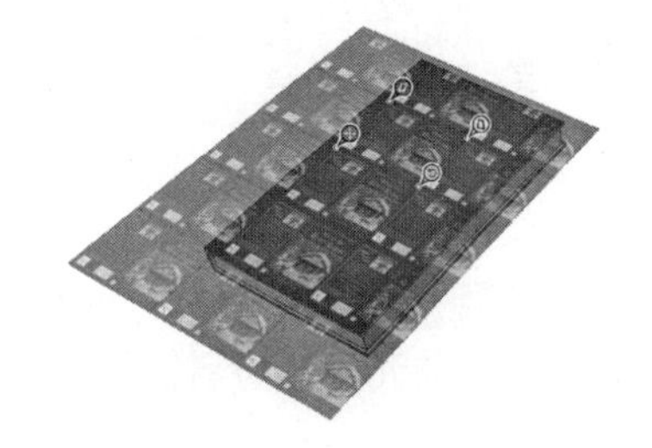

图 2-259　显示四色别针

步骤 04 进入编辑模式，选择别针并单击，抬起别针后将其移动至合适位置，单击放置别针，操作过程分别如图 2-260 ~ 图 2-262 所示。

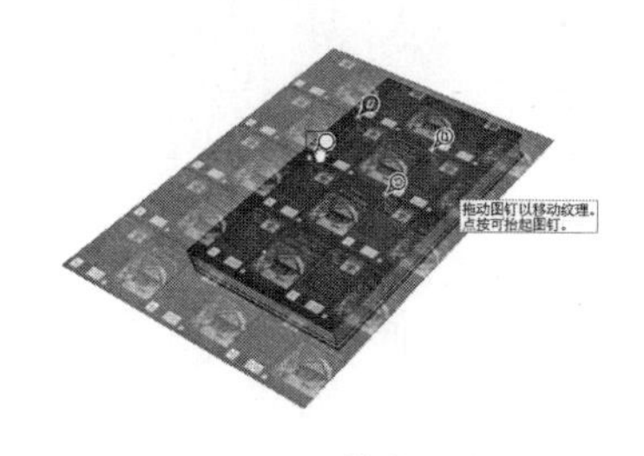

图 2-260　抬起别针

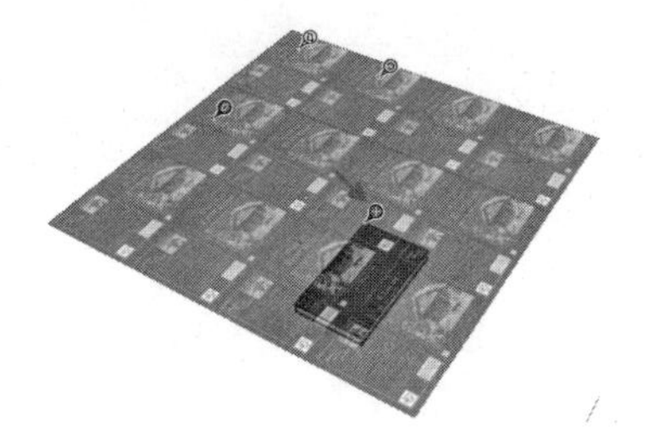

图 2-261　放置别针

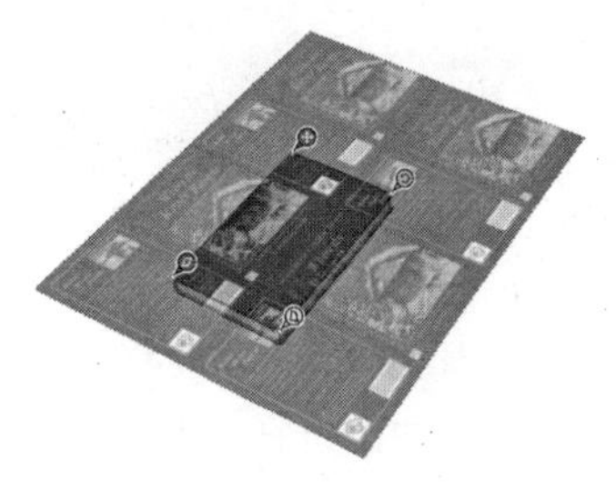

图 2-262　操作结果

步骤05 移动别针。四色别针中红色别针为纹理【移动】工具，执行【位置】命令后默认即启用该功能，此时可以拖动光标进行任意方向的移动，如图 2-263 ~ 图 2-265 所示。

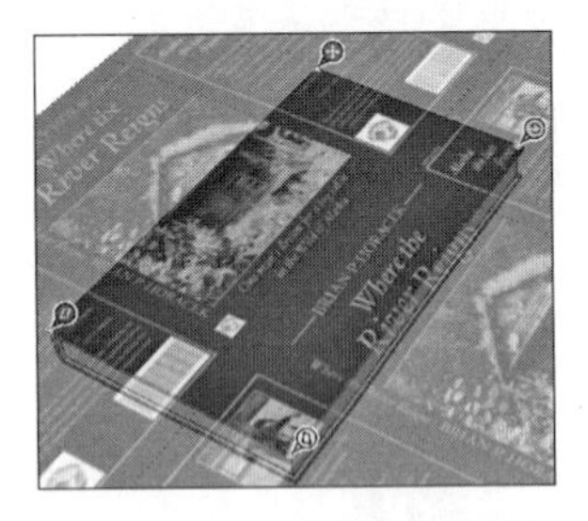

图 2-263　原始纹理位置

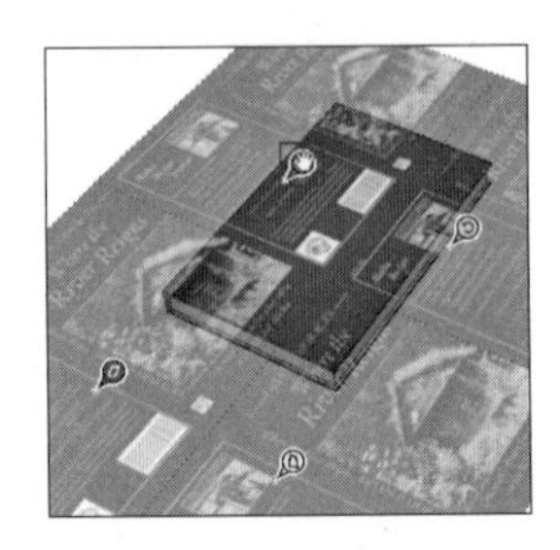

图 2-264　向下平移纹理

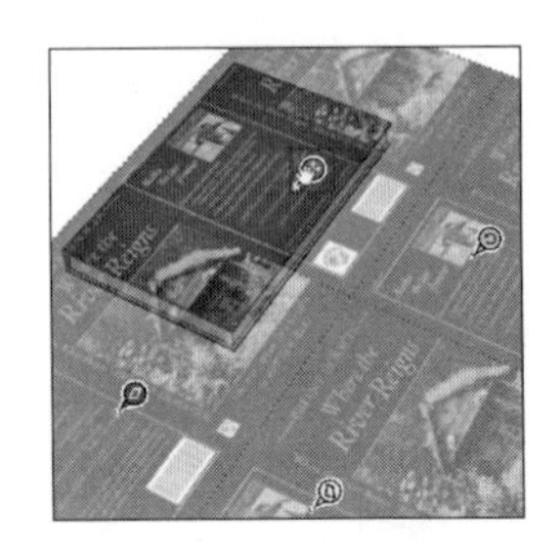

图 2-265　向右平移纹理

技巧

透明平面内显示了纹理整个的分布效果，因此配合纹理【移动】工具可以十分方便地将目标纹理区域移动至模型表面。

步骤06 拉伸/旋转别针。四色别针中绿色别针为纹理【等比拉伸/旋转】工具，鼠标左键按住该按钮上下拖动，可以等比拉伸纹理大小，左右拖动则改变纹理平铺角度，如图 2-266 ~ 图 2-268 所示。

图 2-266　选择拉伸剪切别针

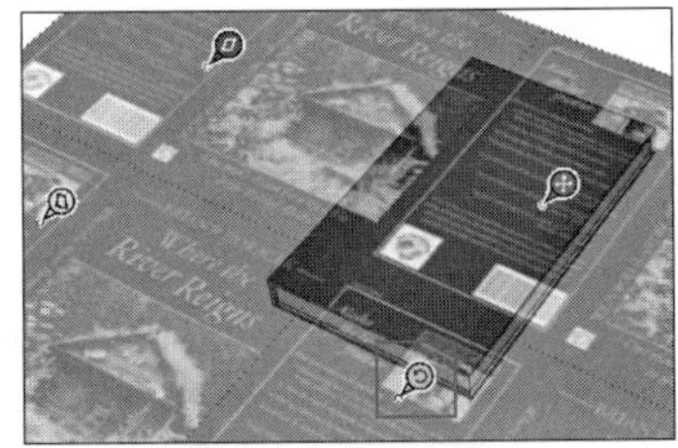

图 2-267　向下推动光标

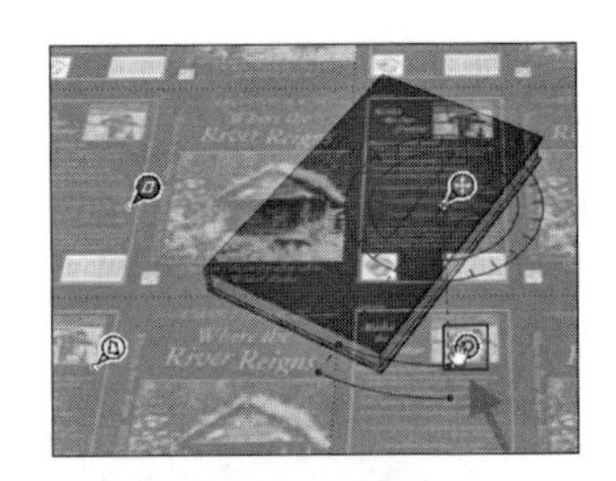

图 2-268　向右移动光标

步骤07 扭曲别针。四色别针中黄色别针为纹理【扭曲】工具，鼠标左键按住该按钮向任意方向拖动光标，将对纹理进行对应方向的扭曲，如图 2-269 ~ 图 2-271 所示。

图 2-269　选择扭曲别针

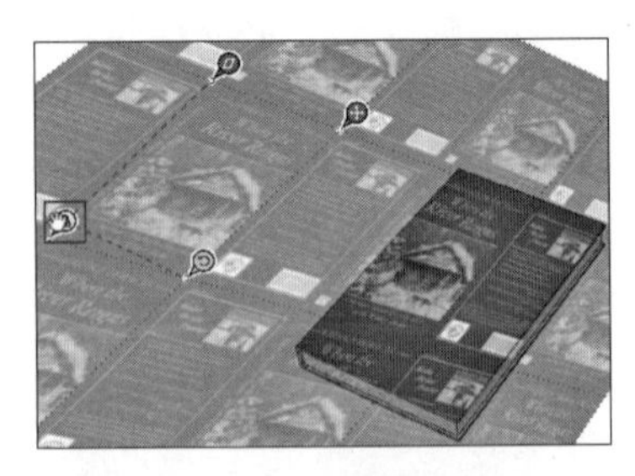

图 2-270　向右上角推动光标

图 2-271　向右下角推动光标

步骤08 非等比拉伸扭曲别针。四色别针中蓝色别针为纹理【非等比拉伸/扭曲】工具，鼠标左键按住该按钮在水平左右移动，将对纹理进行等比拉伸，上下移动则将对纹理进行平行四边扭曲，如图 2-272 ~ 图 2-274 所示。

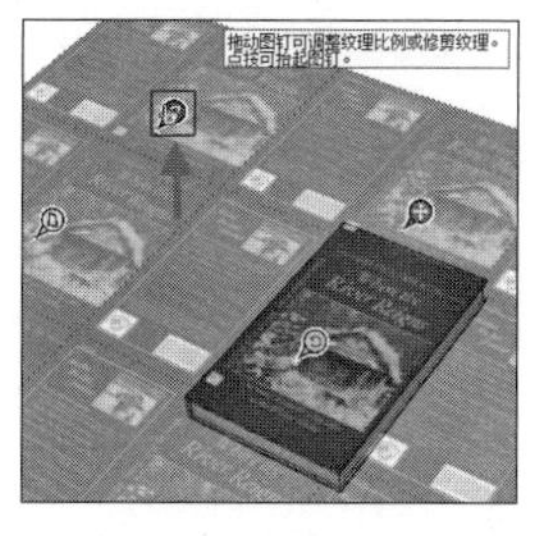

图 2-272　选择拉伸 / 旋转别针

图 2-273　非等比拉伸纹理

图 2-274　上下扭曲纹理

步骤 09 掌握四色别针的使用方法与功能后，可以发现本例中的封面纹理首先需要经过等比放大与旋转，然后经过非等比拉伸调整好长度，最后通过移动确定好位置，即可得到理想的纹理显示效果，如图 2-275 ~ 图 2-277 所示。

图 2-275　调整纹理宽度

图 2-276　调整纹理长度

图 2-277　移动纹理位置

⟶ 技巧

如果已经通过【完成】菜单结束调整，此时如果要进行效果的返回，可以选择【纹理】菜单下的【重设位置】命令。

2. 处理转角纹理

步骤 01 在工作中经常会遇到在多个转折面需要赋予相关材质的情况，如书本封面与书脊纹理，如果直接赋予材质，效果通常会不理想，如图 2-278 所示。

步骤 02 为了得到理想的转角衔接效果，可以先单击启用【样本颜料】按钮，然后按住 Alt 键在已经制作好材质的封面上吸取材质，如图 2-279 所示。

步骤 03 吸取材质后松开 Alt 键，待光标变成形状后，在书脊处单击，赋予材质，即可形成理想的转角纹理衔接效果，如图 2-280 所示。

图 2-278　直接赋予材质效果

图 2-279　按住 Alt 键吸取材质

图 2-280　吸取后赋予的效果

3. 镜像与旋转

步骤01 通过【纹理】/【位置】命令调整完成再次单击鼠标右键，将弹出如图 2-281 所示的快捷菜单。

步骤02 如果确定调整完成，可以选择【完成】菜单结束调整，如果要返回初始效果，则单击【重设】按钮返回。

步骤03 通过【镜像】子菜单，可以快速对当前调整的效果进行【左 / 右】与【上 / 下】的镜像，如图 2-282 与图 2-283 所示。

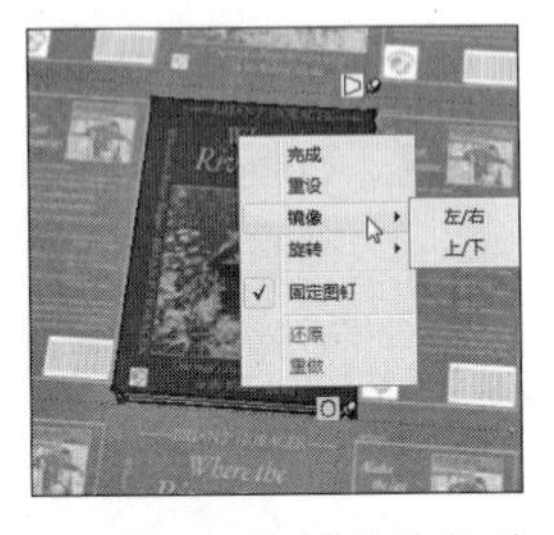

图 2-281　右键快捷菜单

图 2-282　左 / 右镜像纹理效果

图 2-283　上 / 下镜像纹理效果

步骤04 通过【旋转】子菜单，则可以快速对当前调整的效果进行【90】、【180】、【270】三种角度的旋转，如图 2-284 ~ 图 2-286 所示。

图 2-284　旋转 90° 后的纹理效果

图 2-285　旋转 180° 后的纹理效果

图 2-286　旋转 270° 后的纹理效果

4. 曲面投影纹理

【纹理】菜单下的【投影】命令用于在曲面上制作贴合的纹理图像效果，具体使用方法如下：

步骤01 打开配套资源“第 02 章 |040 纹理图像投影 .skp”模型，如图 2-287 所示。此时如果直接在其表面赋予纹理图像，将得到凌乱的拼贴效果，如图 2-288 所示。

步骤02 为了在曲面上得到贴合的纹理图像效果，首先在其正前方创建一个宽度相等的长方形平面，如图 2-289 所示。

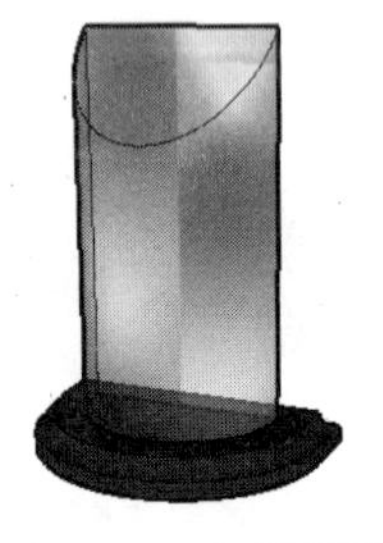
图 2-287　打开模型

图 2-288　直接赋予纹理图像的效果

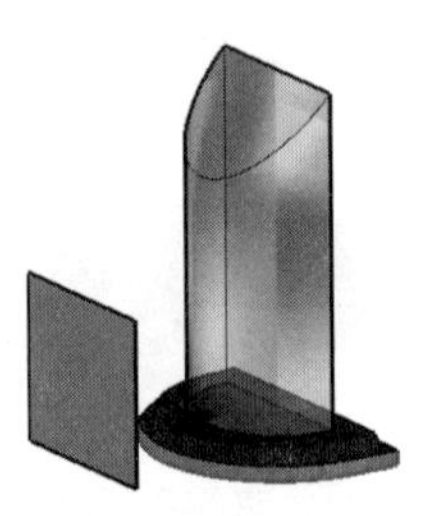
图 2-289　创建平面

步骤 03 执行【视图】/【表面类型】/【X 光透视模式】菜单命令，使场景模型产生透明效果，以便于观察纹理图像，如图 2-290 所示。然后将材质纹理图像赋予平面模型，并调整好拼贴效果，如图 2-291 所示。

步骤 04 选择平面模型并单击鼠标右键，单击【纹理】菜单【投影】命令，如图 2-292 所示。

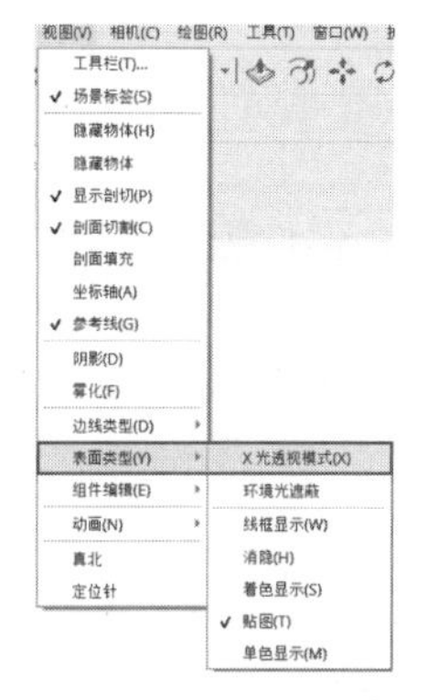

图 2-290　进入 X 光透视模式

图 2-291　赋予纹理图像至平面

图 2-292　选择【投影】命令

步骤 05 单击【材料】面板【样本颜料】按钮，按住 Alt 键，吸取赋予在平面模型上的材质，如图 2-293 所示。

步骤 06 松开 Alt 键，当光标变成时，将材质赋予曲面，此时在曲面上出现贴合的纹理图像效果，如图 2-294 所示。

步骤 07 此时纹理图像如果出现方向错误，可以选择平面并单击鼠标右键，选择快捷菜单【位置】命令，使用前一节介绍过的【镜像】命令进行镜像，如图 2-295 与图 2-296 所示。

图 2-293　按住 Alt 键吸取材质

图 2-294　投影至曲面

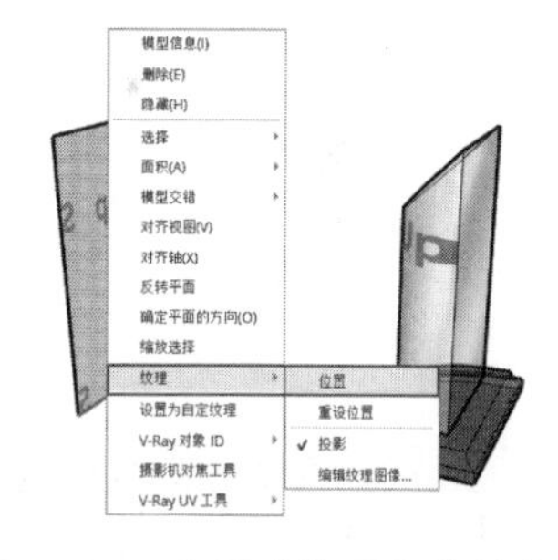

图 2-295　选择【位置】菜单命令

步骤 08 执行纹理图像【投影】操作，即可得到正确的纹理图像效果，如图 2-297 与图 2-298 所示。

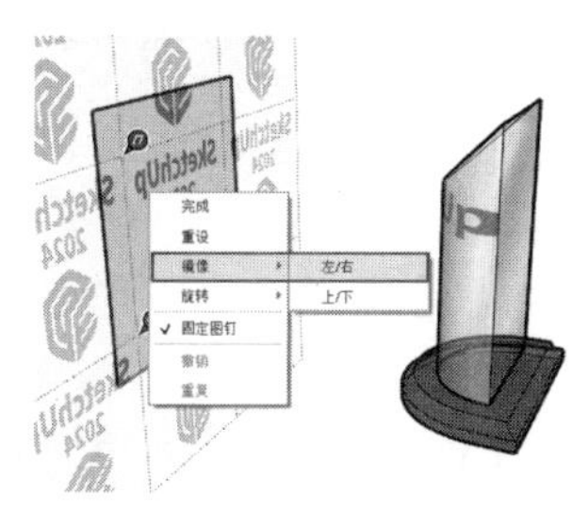

图 2-296　镜像纹理图像位置

图 2-297　投影纹理图像

图 2-298　投影完成效果

040 擦除工具

文件路径：配套资源 \ 第 02 章 \040	视频文件：视频 \ 第 02 章 \040.MP4

擦除工具比较简单，用于擦除场景中各种类型的线形，在实际工作中通常先选择擦除对象，然后按下 Delete 键进行擦除。

步骤 01 任意创建一个矩形，单击 SketchUp【主要】工具栏【擦除】工具按钮，单击擦除线段，如图 2-299 所示。

步骤 02 待光标变成时，将其置于目标线段上方，单击即可直接将其擦除，如图 2-300 所示。

→技巧

擦除工具不能直接擦除“面”，如图 2-301 所示。

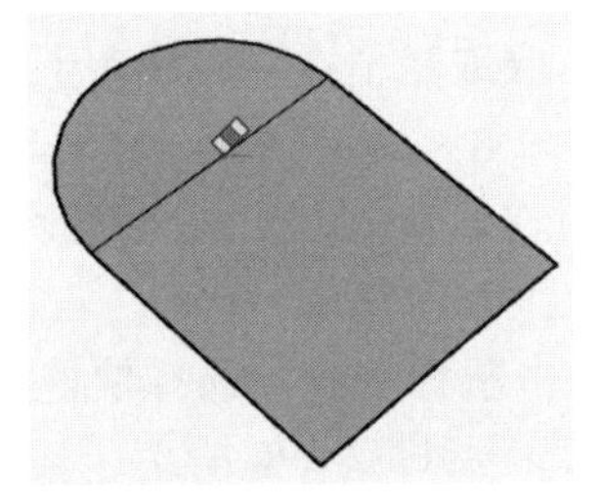

图 2-299 单击擦除线段

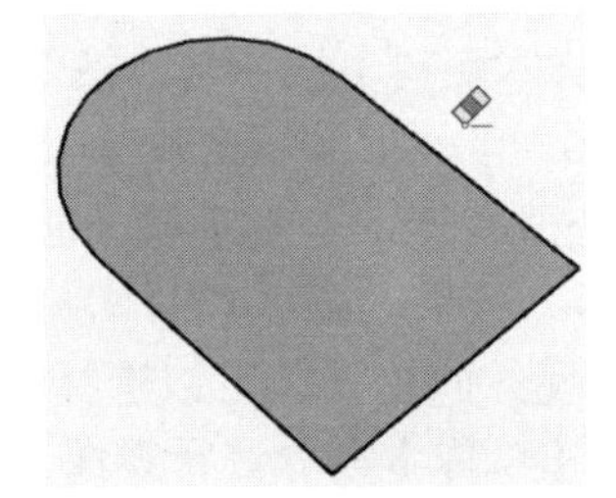

图 2-300 擦除线段完成

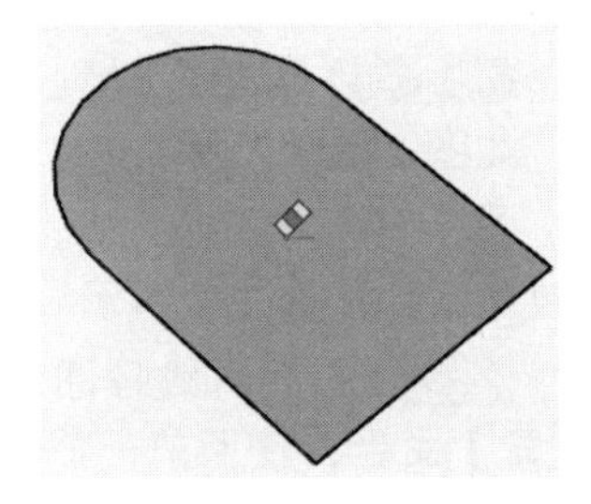

图 2-301 不能直接擦除面

2.4 建筑施工工具栏

041 卷尺工具

文件路径：配套资源 \ 第 02 章 \041	视频文件：视频 \ 第 02 章 \041.MP4

【卷尺】工具不仅用于距离的精确测量，也可以用于制作精准的辅助线。本例介绍其操作方法与使用技巧。

1. 测量距离工具使用方法

步骤 01 单击【建筑施工】工具栏按钮，或执行【工具】/【卷尺】菜单命令，均可启用该命令，如图 2-302 所示。

步骤 02 打开配套资源“第 02 章 |041 卷尺工具 .skp”模型，启用【卷尺】工具，待光标变成时，在转角处单击确定测量起点，如图 2-303 所示。

步骤 03 拖动光标至对侧转角，并再次单击确定，即可看到测量得到的长度数值，如图 2-304 所示。

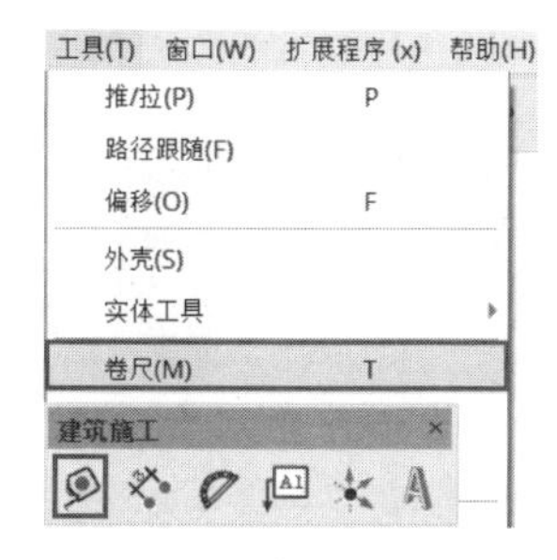

图 2-302　启用测量工具

图 2-303　打开模型选定测量起点

图 2-304　测量完成效果

⟶ 技巧

进入【模型信息】面板选择【单位】选项卡，调整其【精确度】参数，可以得到更为精确的测量结果，如图 2-305 与图 2-306 所示。

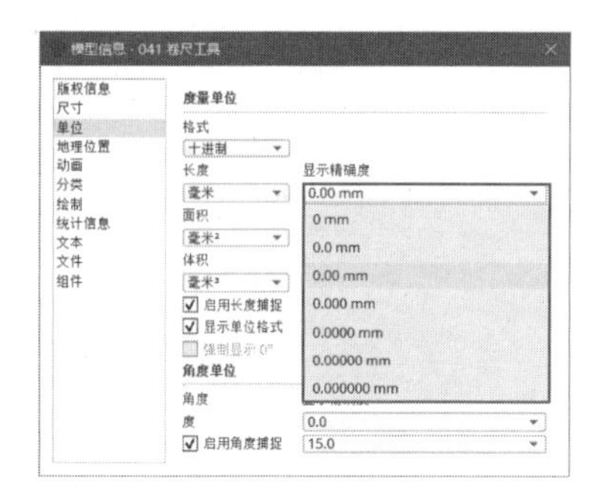

图 2-305　调整精确度

图 2-306　精确测量数值

2. 测量距离的辅助线功能

步骤 01 启用【卷尺】工具，单击确定【延长】辅助线起点，然后拖动光标确定延长方向，如图 2-307 所示。

步骤 02 输入延长数值并按 Enter 键确定，即可生成【延长】辅助线，如图 2-308 与图 2-309 所示。接下来学习【偏移】辅助线的创建方法。

步骤 03 启用【卷尺】工具，选定偏移参考位置后单击【偏移】辅助线起点，然后拖动光标确定【偏移】辅助线方向，如图 2-310 所示。

图 2-307　确定延长端点

图 2-308　输入延长数值

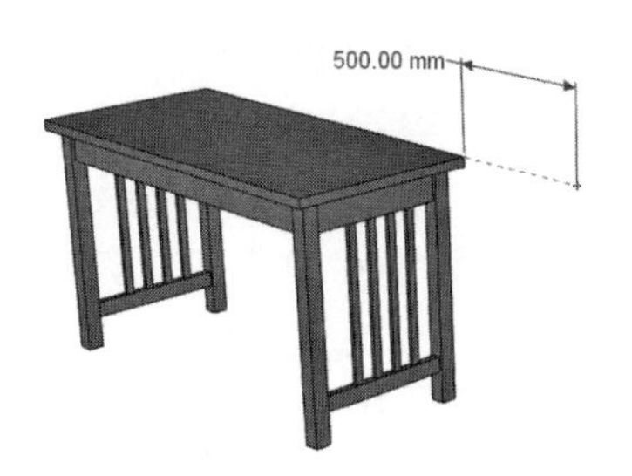

图 2-309　创建延长辅助线

步骤 04 输入偏移数值并按Enter键确定，即可生成【偏移】辅助线，如图2-311和图2-312所示。

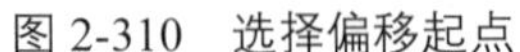

图 2-310　选择偏移起点

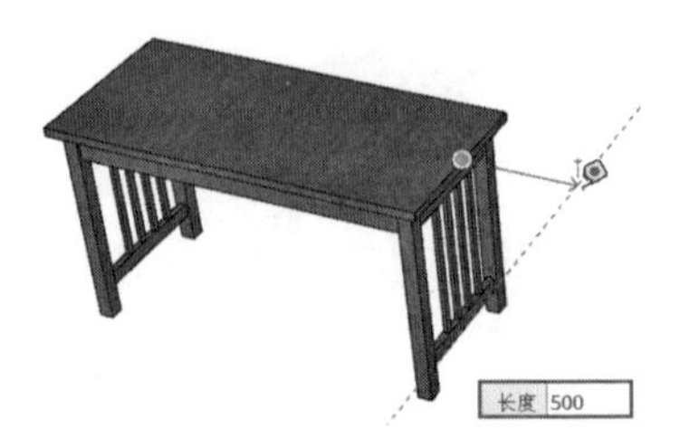

图 2-311　输入偏移数值

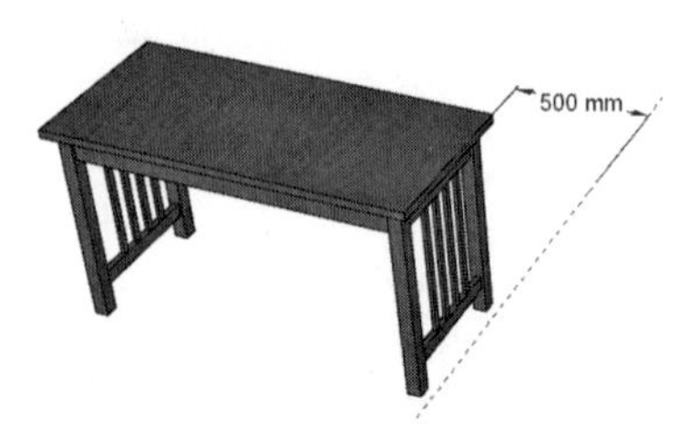

图 2-312　创建偏移辅助线

3. 辅助线的删除、隐藏与显示

辅助线可以使用如图 2-313 所示的【删除参考线】命令进行删除，也可以使用如图 2-314 和图 2-315 所示的【隐藏】与【撤销隐藏】命令进行隐藏与显示。

图 2-313　【删除参考线】命令

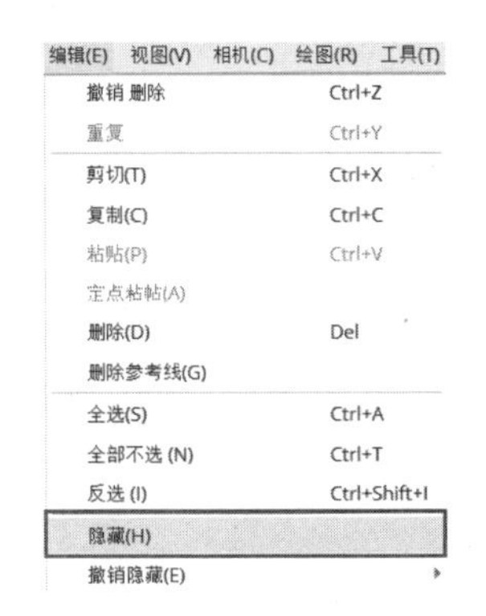

图 2-314　【隐藏】命令

图 2-315　【撤消隐藏】命令

042 量角器工具

文件路径：配套资源 \ 第 02 章 \042	视频文件：视频 \ 第 02 章 \042.MP4

【量角器】工具同样兼具角度测量与制作角度辅助线的功能，本例讲解其操作方法与使用技巧。

1. 测量角度

步骤 01 单击【建筑施工】工具栏按钮，或执行【工具】/【量角器】菜单命令，均可启用该命令，如图 2-316 所示。

步骤 02 打开配套资源“第 02 章 |042 角度测量 .skp”模型，启用【量角器】工具，待光标变成时，选定测量角点并拖动光标确定第一条角度边线，如图 2-317 所示。

步骤 03 确定第一条边线后，再捕捉到另一条边线单击确定，即可在【数值输入框】内观察至测量角度，如图 2-318 所示。

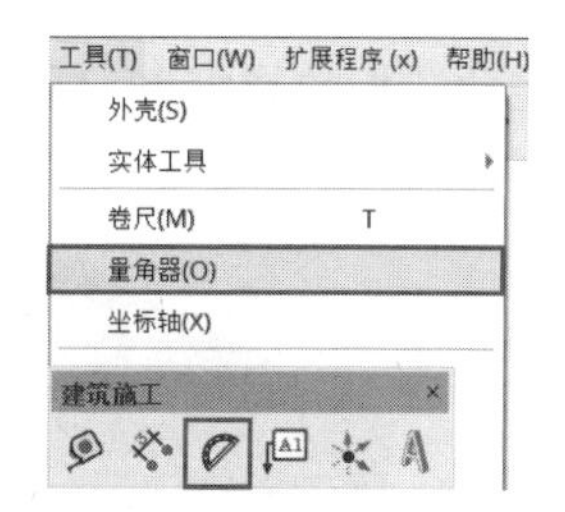

图 2-316　启用【量角器】工具

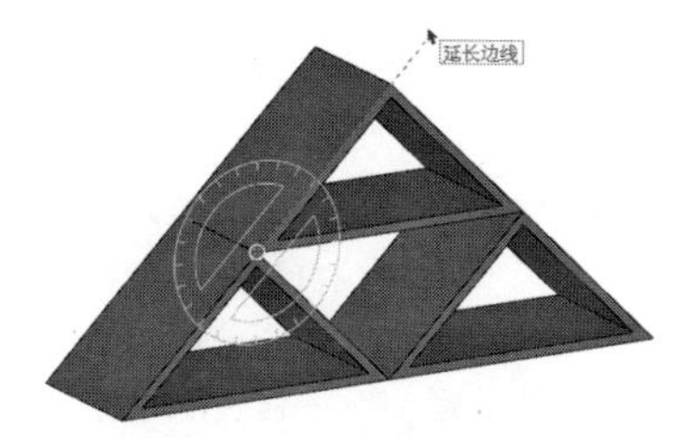

图 2-317　确定测量角点与第一条边线

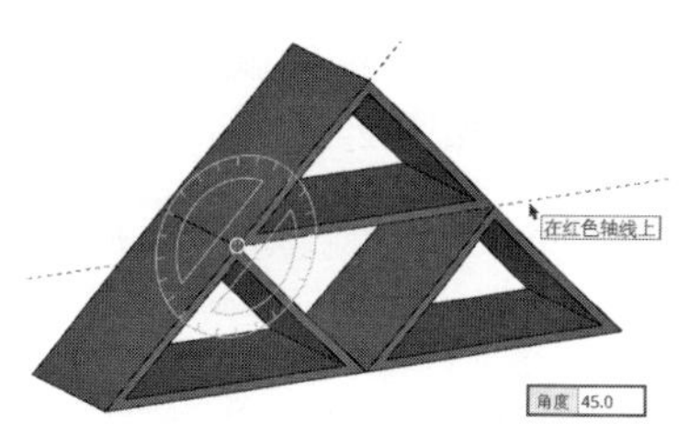

图 2-318　测量角度完成

⟶ 技巧

通过相应精度的调整，测量出的角度值也可以显示出非常精确的数值，具体调整方法可以参考上一实例。

2. 辅助线功能

步骤 01 启用【量角器】工具，在目标位置单击确定顶点位置，然后拖动光标创建角度起始线，如图 2-319 与图 2-320 所示。

步骤 02 在【数值输入框】中输入角度数值并按 Enter 键确定，即将以起始线为参考，创建相对角度的辅助线，如图 2-321 所示。

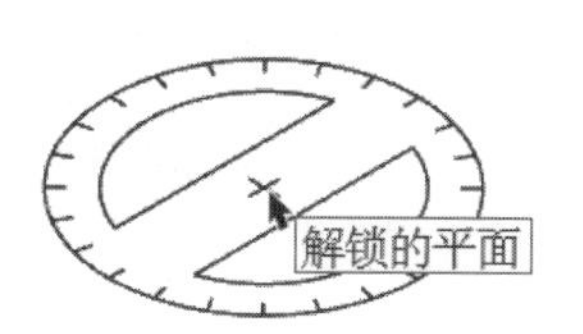

图 2-319　确定测量位置

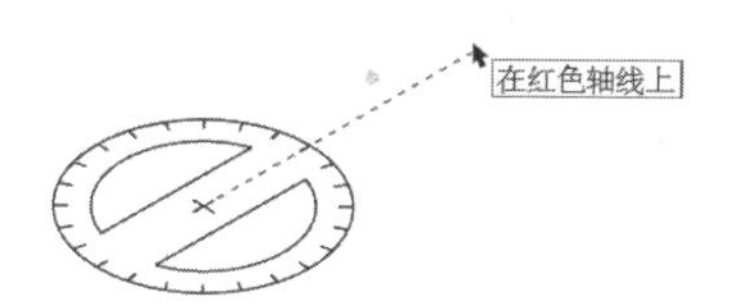

图 2-320　确定起始线

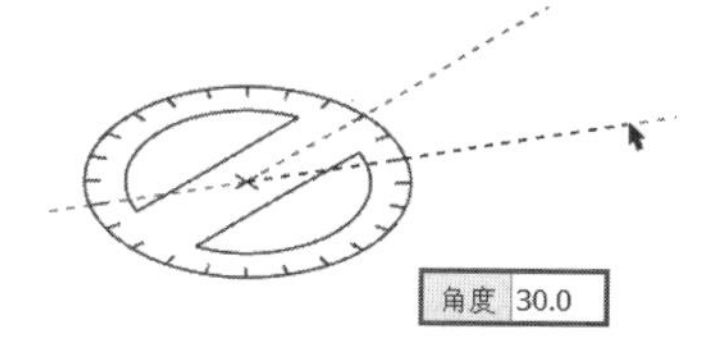

图 2-321　绘制角度辅助线

043 尺寸标注工具

文件路径：配套资源 \ 第 02 章 \043	视频文件：视频 \ 第 02 章 \043.MP4

SketchUp 具有十分强大的【标注】功能，利用其完全可以满足施工图标注所要求的精度，这也是 SketchUp 相对于其他三维软件所具有的一个明显优势，本例将详细介绍长度、半径以及直径三种标注的方法与技巧。

1. 长度标注

步骤 01 单击【建筑施工】工具栏按钮，或执行【工具】/【尺寸】菜单命令均可启用该命令，如图 2-322 所示。

步骤 02 启用【尺寸】工具，在标注起点处单击鼠标进行确定，如图 2-323 所示。

步骤 03 拖动鼠标至标注端点再次单击确定，然后往任意方向拖动鼠标放置标注，即可完成标注，如图 2-324 所示。

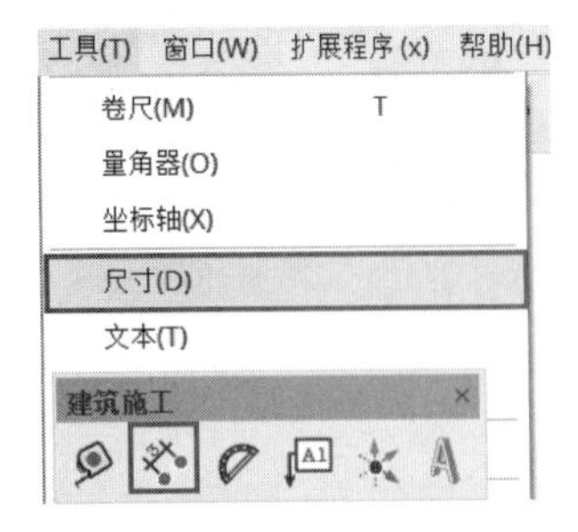

图 2-322 启动【尺寸】标注命令

图 2-323 确定标注端点

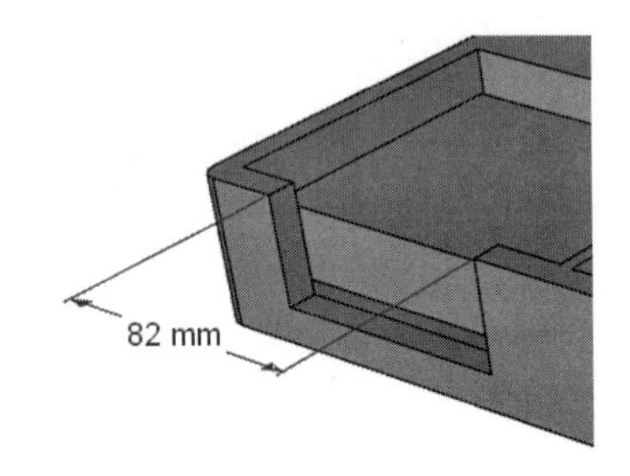

图 2-324 标注完成

→ 技巧

可以在多个位置放置标注，实现三维标注的效果，如图 2-325 ~ 图 2-327 所示。此外调整【模型信息】面板中的精确度可以标注出十分精确的数值。

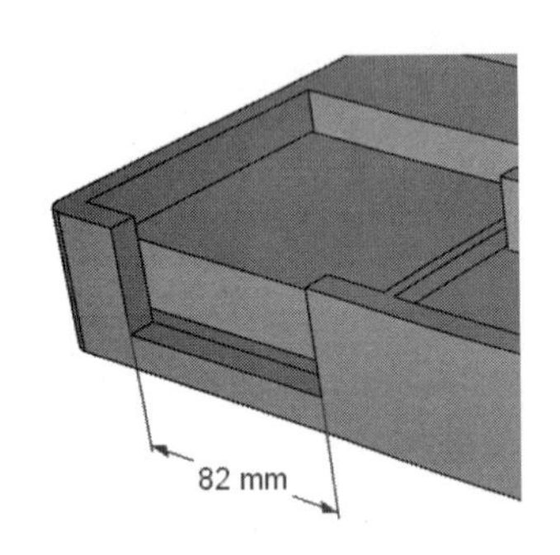

图 2-325 向下放置标注

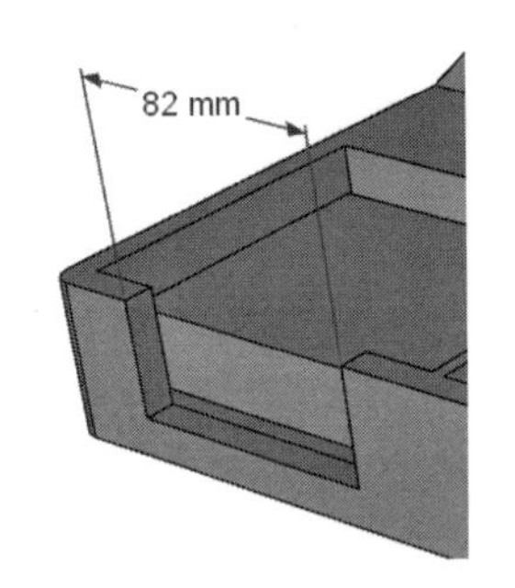

图 2-326 向上移动标注

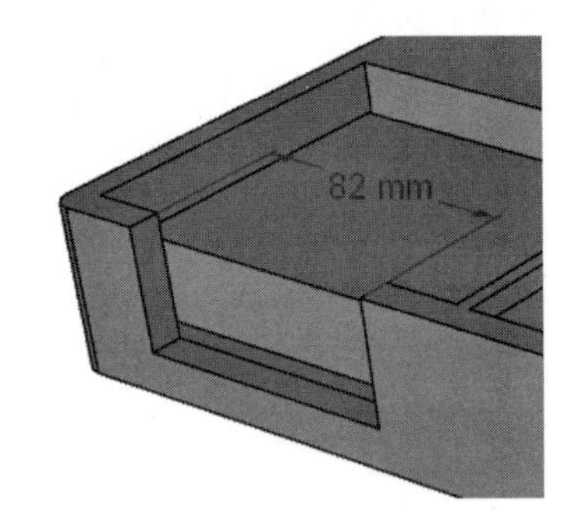

图 2-327 向后放置标注

2. 半径标注

步骤 01 启用【尺寸】工具，在目标弧线上单击确定标注对象，如图 2-328 所示。

步骤 02 往任意方向拖动光标放置标注，确定放置位置后单击，即可完成半径标注，如图 2-329 所示。

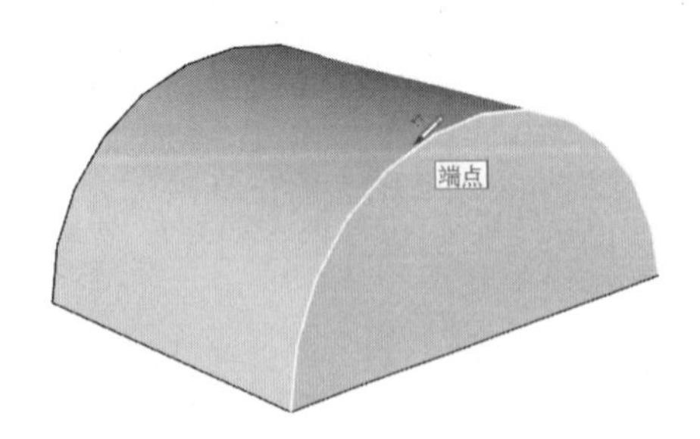

图 2-328 选择弧形边线

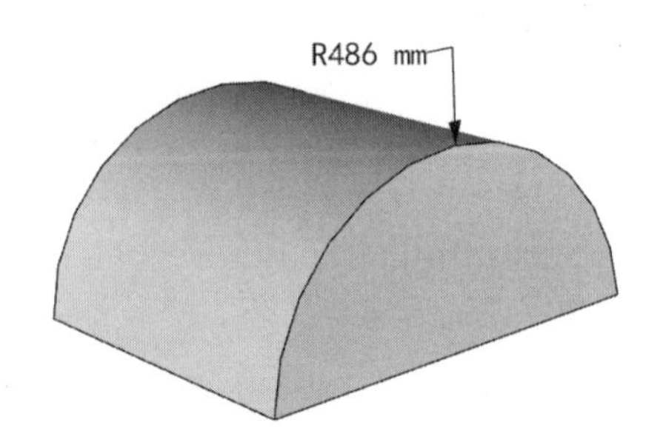

图 2-329 半径标注完成

3. 直径标注

步骤01 启用【尺寸】工具，在目标圆边线上单击确定标注对象，如图 2-330 所示。

步骤02 往任意方向拖动光标放置标注，确定放置位置后单击，即可完成直径标注，如图 2-331 所示。

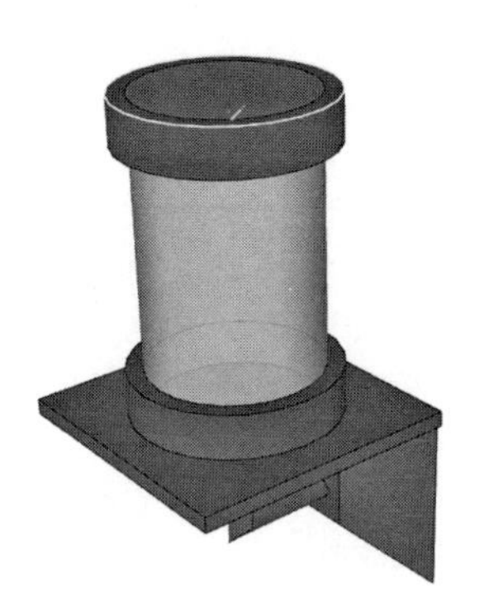

图 2-330　选择圆边线

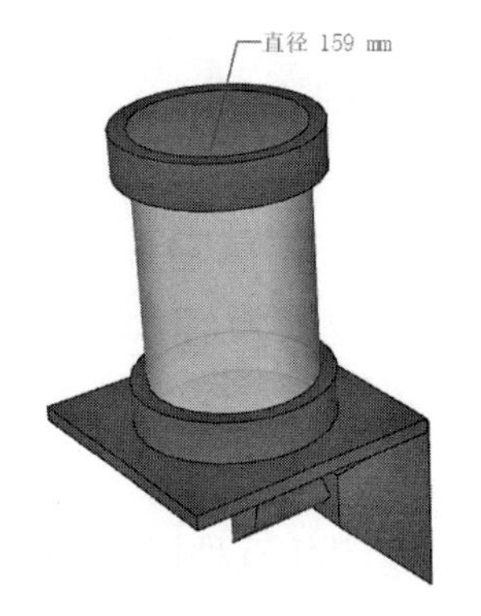

图 2-331　直径标注完成效果

044 设置与修改标注样式

文件路径：配套资源 \ 第 02 章 \044	视频文件：视频 \ 第 02 章 \044.MP4

【标注】均由【箭头】、【标注线】以及【标注文字】构成，本例讲解如何设置和修改标注样式的方法。

1. 设置标注样式

步骤01 执行【窗口】/【模型信息】菜单命令，如图 2-332 所示。在弹出的【模型信息】面板中选择【尺寸】选项卡，如图 2-333 所示，通过该选项卡即可设置与调整【标注】样式。

图 2-332　选择【模型信息】菜单

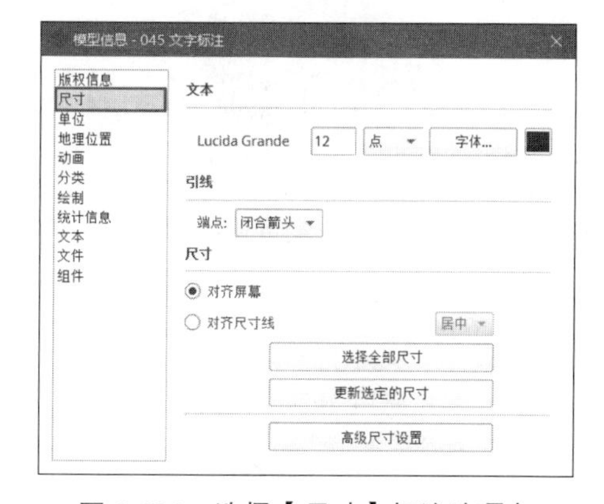

图 2-333　选择【尺寸】标注选项卡

步骤02 单击【文字】参数组内的色块与【字体】按钮，分别可设置字体的颜色与样式等效果，如图 2-334 ~ 图 2-336 所示。

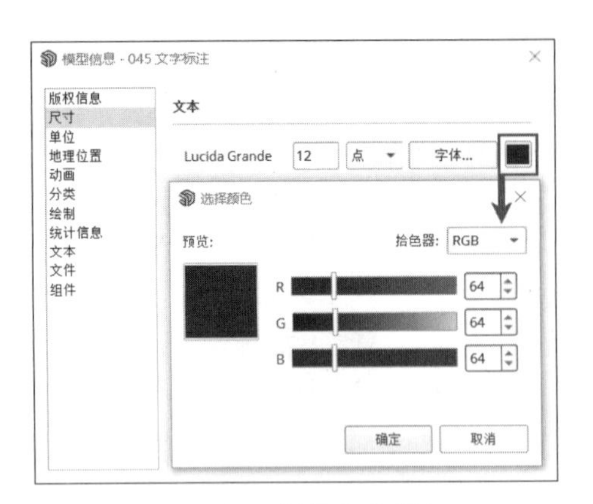

图 2-334　调整文字颜色

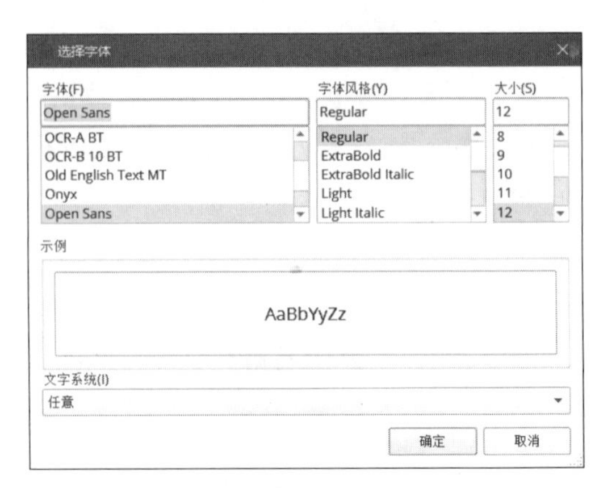

图 2-335　字体设置面板

步骤 03 打开【引线】参数组【端点】下拉列表，可以选择【无】、【斜线】、【点】、【闭合箭头】、【开放箭头】五种标注端点效果，如图 2-337 ~ 图 2-341 所示。

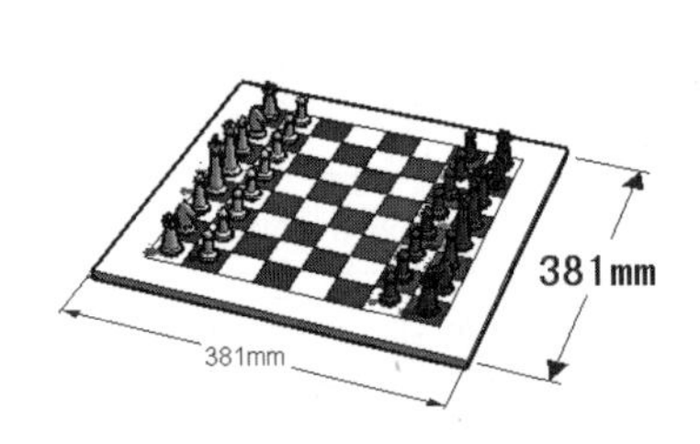

图 2-336　不同字体的标注效果

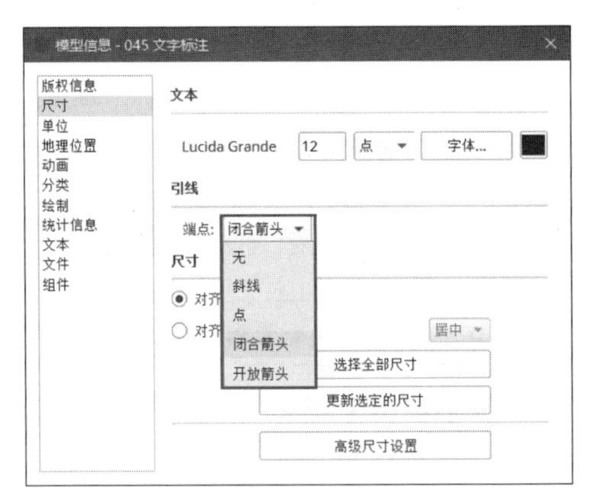

图 2-337　端点下拉列表

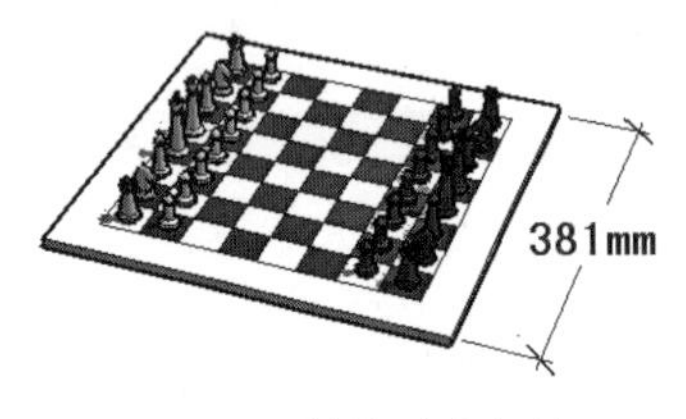

图 2-338　斜线端点标注

图 2-339　点端点标注

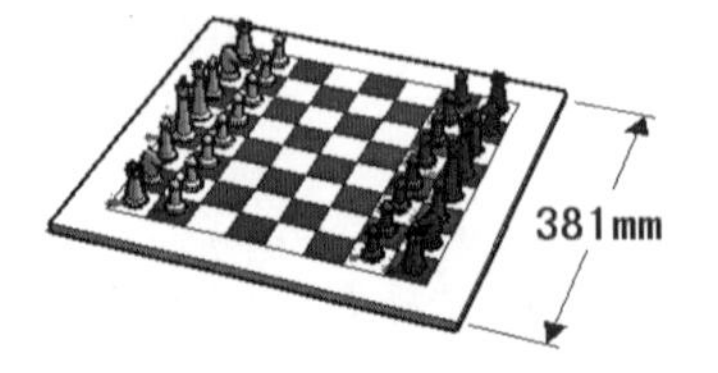

图 2-340　闭合箭头

图 2-341　开放箭头

步骤04 在【尺寸】参数组内，可以调整【标注文字】与【尺寸线】的位置关系。默认设置为如图 2-342 所示【对齐屏幕】选项，选择该选项时无论如何转动模型，【标注文字】始终呈横向的平行显示，如图 2-343 所示。

图 2-342　选择【对齐屏幕】

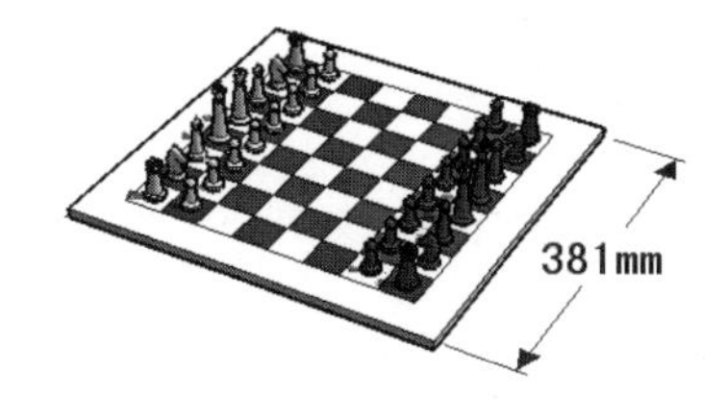

图 2-343　对齐屏幕标注效果

步骤05 选择【对齐尺寸线】单选按钮，则可以打开如图 2-344 所示的下拉列表，切换【上方】、【居中】、【外部】三种方式，效果分别如图 2-345 ~ 图 2-347 所示。

图 2-344　三种尺寸线对齐方式

图 2-345　上方对齐效果

2. 修改标注样式

步骤01 单击【尺寸】选项卡【选择全部尺寸】或【更新选定的尺寸】按钮，可以进行场景全局或单独的标注样式修改，如图 2-348 所示。

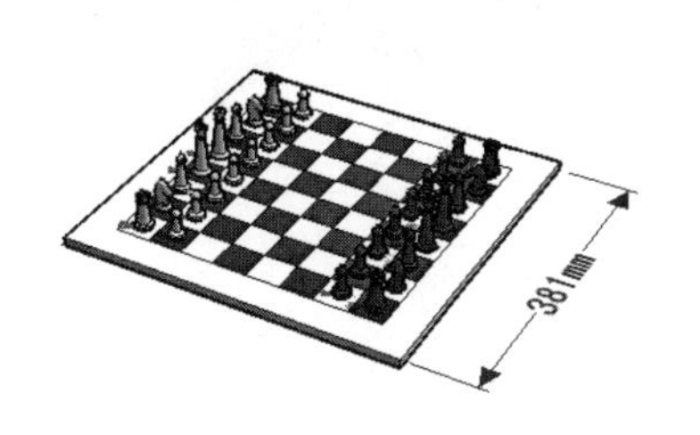

图 2-346　居中对齐效果

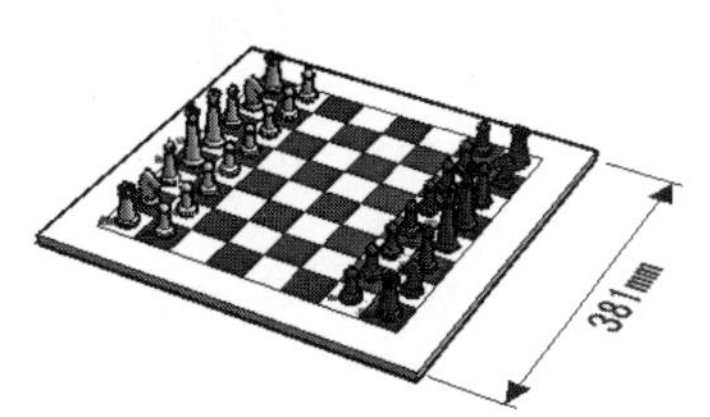

图 2-347　外部对齐效果

图 2-348　选择与更新按钮

步骤 02 对于单个或少数【标注】的修改，可以通过右键快捷菜单完成，如图 2-349 ~ 图 2-351 所示。

图 2-349 选择【编辑文字】

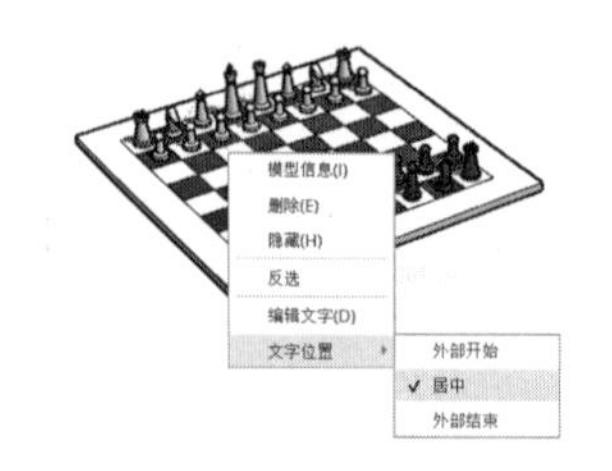

图 2-350 【文字位置】快捷调整菜单

图 2-351 双击修改文字内容

045 文字标注工具

文件路径：配套资源 \ 第 02 章 \045	视频文件：视频 \ 第 02 章 \045.MP4

使用【文本】工具，可以对图形面积、线段长度、定点坐标进行文字标注，本例讲解相关的操作方法与技巧。

1. 系统标注

步骤 01 打开 SketchUp，执行【工具】/【文本】菜单命令，或单击【建筑施工】工具栏按钮，如图 2-352 所示，均可启用【文本】，从而对图形面积、线段长度、定点坐标进行文字标注。

步骤 02 打开配套资源“第 02 章 |045 文字标注 .skp”模型，启用【文本】功能，待光标变成后，将光标移动至目标平面对象表面，单击确定【文本】端点位置，如图 2-353 所示。

步骤 03 拖动光标到任意位置，放置【文本】，再次单击确定，如图 2-354 所示。

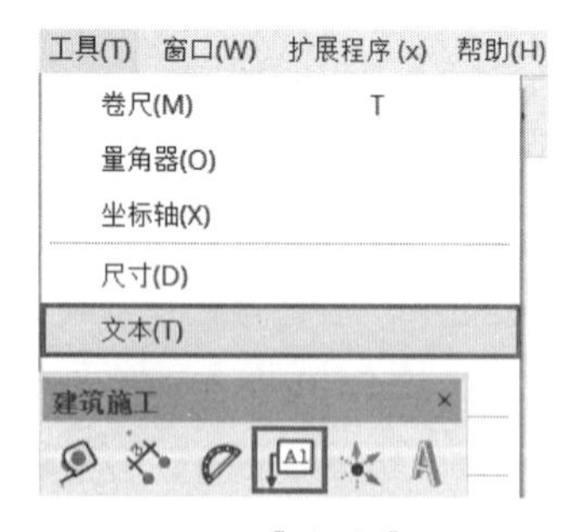

图 2-352 【文本】工具

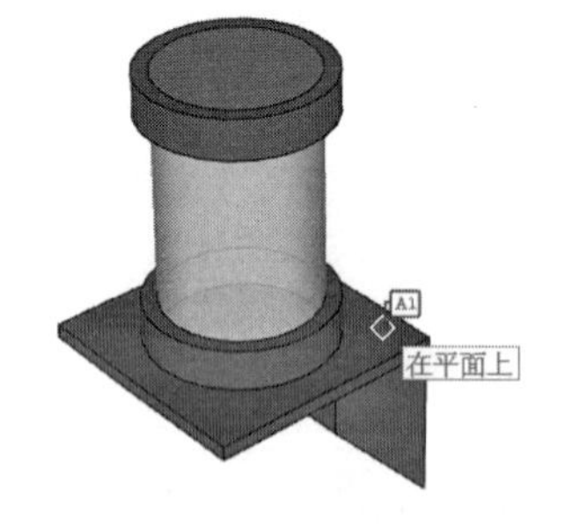

图 2-353 指定端点

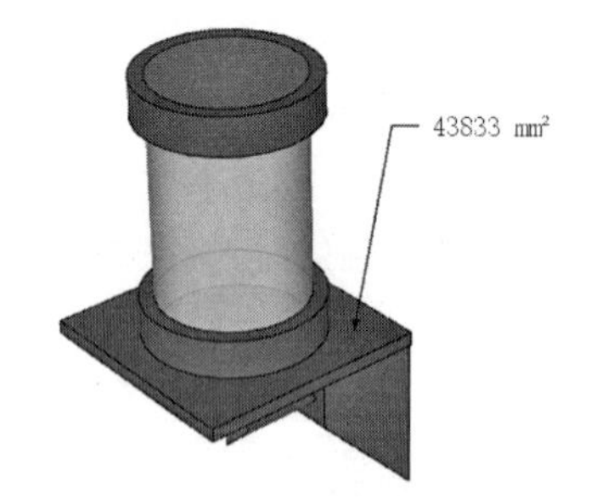

图 2-354 单击拉出标注效果

步骤 04 线性和点文字标注效果如图 2-355 与图 2-356 所示。

技巧

启用【文本】工具后，直接双击可以快速完成标注。

2. 用户标注

步骤 01 用户可以非常自由地修改文字标注的内容，特别适用于对材料类型、特殊做法以及细部构造进行详细的文字说明。启用【文本】工具后，首先将光标移动至目标平面对象表面，如图 2-357 所示。

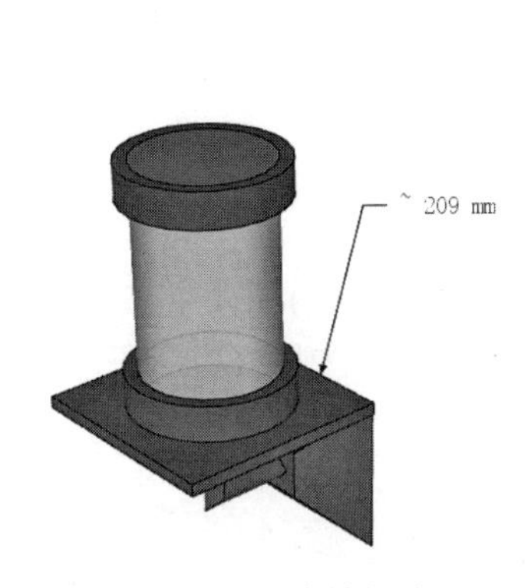

图 2-355　线性标注

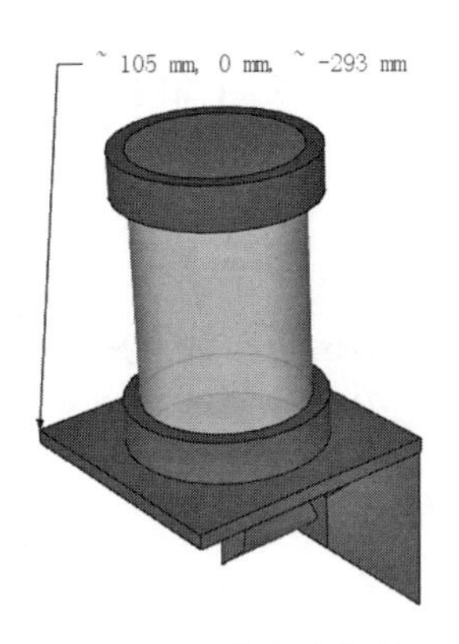

图 2-356　点文字标注

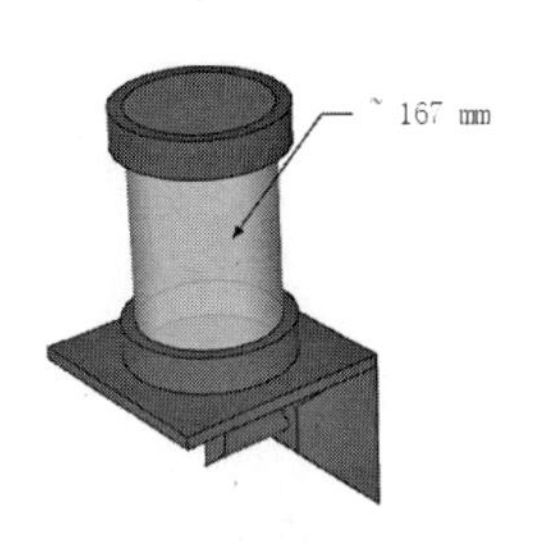

图 2-357　选择标注平面

步骤 02 单击确定【文本】端点位置，然后拖动光标在任意位置放置【文本】，此时用户即可自行编辑标注内容，如图 2-358 与图 2-359 所示。

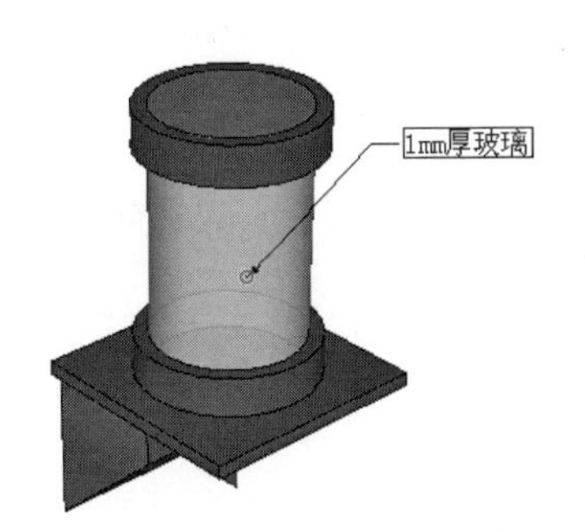

图 2-358　进行材质文字标注

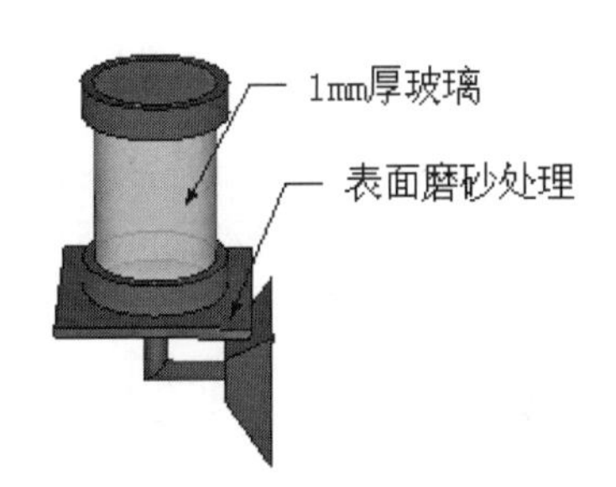

图 2-359　进行工艺文字标注

步骤 03 标注内容编写完成后，再次单击即可完成自定义标注。

技巧

在标注完成后，还可以双击【文本】修改文字内容，此外在文字标注上单击鼠标右键，通过快捷菜单还能修改标注的样式，如图 2-360 与图 2-361 所示。

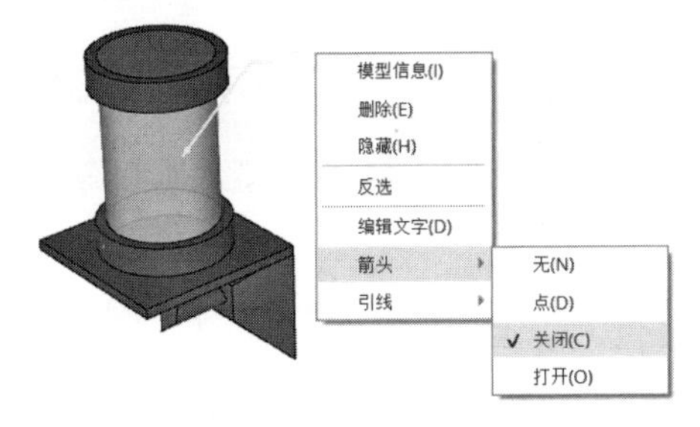

图 2-360　通过右键快捷菜单修改箭头样式

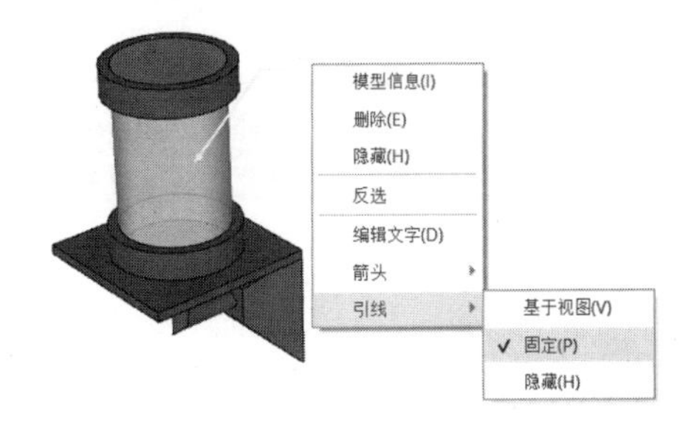

图 2-361　通过右键快捷菜单修改标注引线样式

046 轴工具

文件路径：配套资源 \ 第 02 章 \046	视频文件：视频 \ 第 02 章 \046.MP4

SketchUp 和其他三维软件一样，也是通过【轴】进行位置的参照，本例介绍自定义坐标轴以方便绘图的方法。

步骤 01 打开 SketchUp，执行【工具】/【坐标轴】菜单命令，或单击【建筑施工】工具栏按钮，即可启用轴自定义功能，如图 2-362 所示。

步骤 02 打开配套资源“第 02 章 |046 坐标轴定义 .skp”文件，启用【坐标轴】工具，待光标变成后，移动光标将其放置于目标位置，单击确定新的坐标原点位置，如图 2-363 所示。

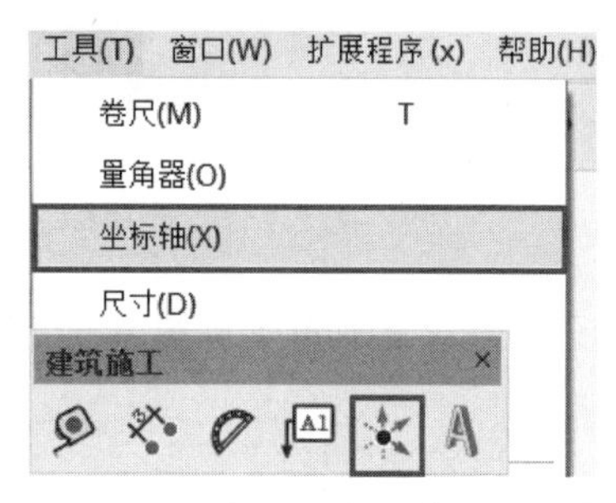

图 2-362 启用自定义【坐标轴】

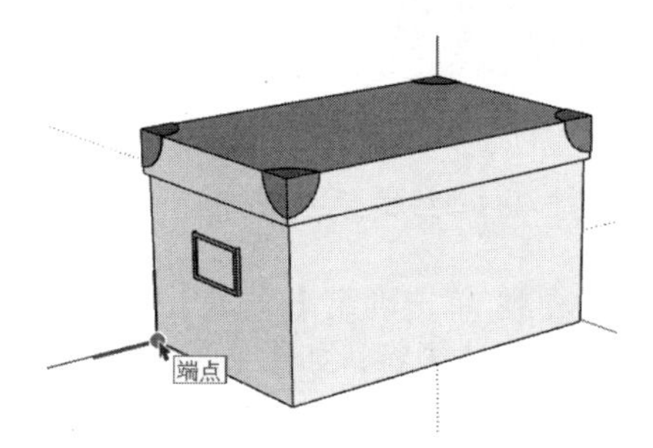

图 2-363 定义新的坐标原点

步骤 03 确定目标位置后，可以左右拖动光标，自定义【坐标】X、Y 的轴向，调整到目标方向后单击确定即可，如图 2-364 所示。

步骤 04 确定 X、Y 轴向后，上下拖动光标可以自定义【坐标】Z 轴方向，如图 2-365 所示。调整完成后再次单击，即可完成【轴】的自定义，如图 2-366 所示。

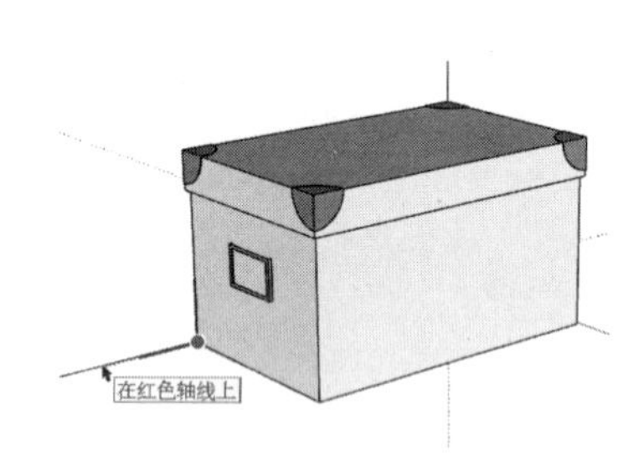

图 2-364 确定 X、Y 轴轴向

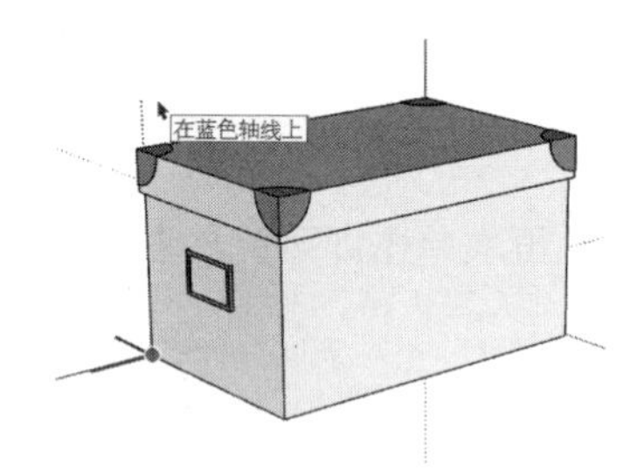

图 2-365 确定 Z 轴轴向

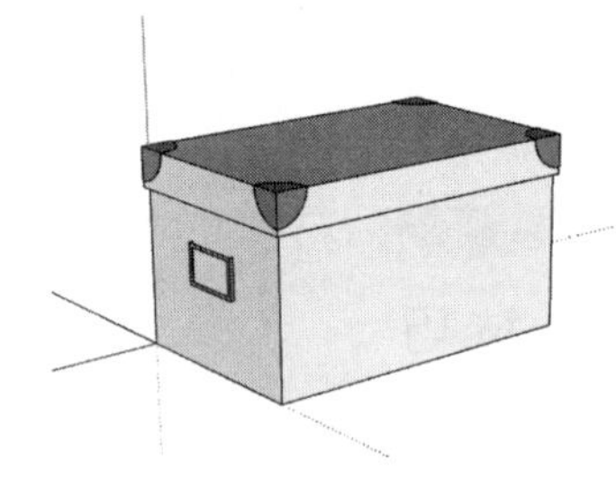

图 2-366 新的坐标轴

047 三维文字工具

文件路径：无	视频文件：视频 \ 第 02 章 \047.MP4

SketchUp 通过【三维文字】工具可以快速创建三维或平面的文字效果。

步骤 01 单击【建筑施工】工具栏按钮，或执行【工具】/【3D 文本】菜单命令，即可启用该功能，如图 2-367 所示。

步骤 02 系统将弹出【放置三维文本】设置面板，在文字输入框内输入自定义文字内容，如图 2-368 所示。

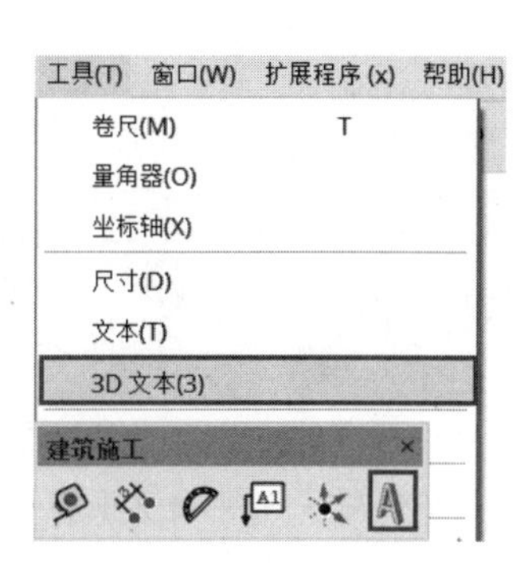

图 2-367　启用【3D 文本】命令

图 2-368　调整参数

步骤 03 保持默认参数不变，单击【放置】按钮，再在绘图区任意位置单击，即可创建得到具有厚度的文字，如图 2-369 所示。

步骤 04 如果在【放置三维文本】设置面板不勾选【填充】选项，所创建的文字将成为线形，如图 2-370 所示。

步骤 05 如果在【放置三维文本】设置面板仅勾选【填充】复选框，则创建的文字为平面，如图 2-371 所示。

图 2-369　三维文字效果

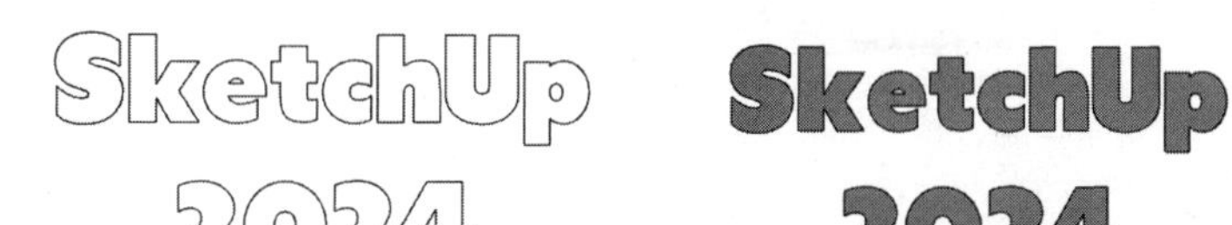

图 2-370　线形文字　　图 2-371　平面文字

2.5　相机工具栏

048 定位相机工具

文件路径：配套资源 \ 第 02 章 \048	视频文件：视频 \ 第 02 章 \048.MP4

SketchUp 相机工具可以快速设定场景的观察角度，并能通过镜头值调整透视效果，本例介绍其操作方法与技巧。

步骤 01 打开 SketchUp，执行【相机】/【定位相机】命令，或单击【相机】工具栏按钮，均可启用该命令，如图 2-372 所示。

步骤02 打开配套资源“第 02 章|048 定位相机 .skp”模型，启用【定位相机】命令，待光标变成 形状时，将光标移动至目标放置点，通过【数值输入框】可进行视高的设置，如图 2-373 所示。

图 2-372 启用镜头位置工具

图 2-373 输入镜头视高

步骤03 设置好视高后按下 Enter 键，再拖动光标设置视角观察方向，松开鼠标即可完成视角与高度的设置，如图 2-374 与图 2-375 所示。

图 2-374 设置观察方向

图 2-375 完成效果

技巧

完成镜头角度设置后，光标将变成 状，即自动启用【绕轴旋转】工具，下个实例即学习正面观察工具的使用方法。

049 绕轴旋转工具

文件路径：配套资源 \ 第 02 章 \049	视频文件：视频 \ 第 02 章 \049.MP4

【绕轴旋转】工具用于调整镜头观察方向，区别于旋转视图，该旋转将以观察点以轴心进行旋转，本例介绍其具体使用方法。

步骤01 打开 SketchUp，执行【相机】/【观察】命令，或单击【相机】工具栏 按钮，均可启用该命令，如图 2-376 所示。

步骤 02 打开配套资源“第 02 章 |049 绕轴旋转 .skp”文件，开启【绕轴旋转】工具，待光标变成形状时，在场景任意位置按住鼠标左键设定旋转轴点，如图 2-377 所示。

步骤 03 按住左键向任意方向拖动，光标视角将产生对应的变化，如图 2-378 所示。

图 2-376　启用【绕轴旋转】工具

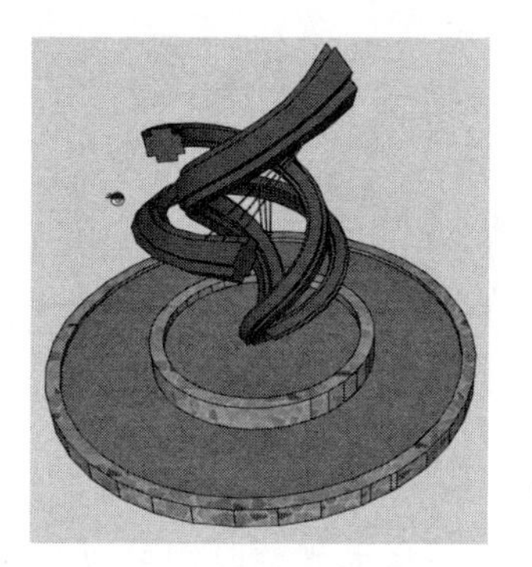

图 2-377　设定旋转轴点

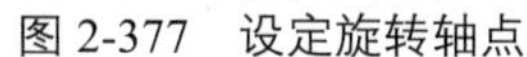

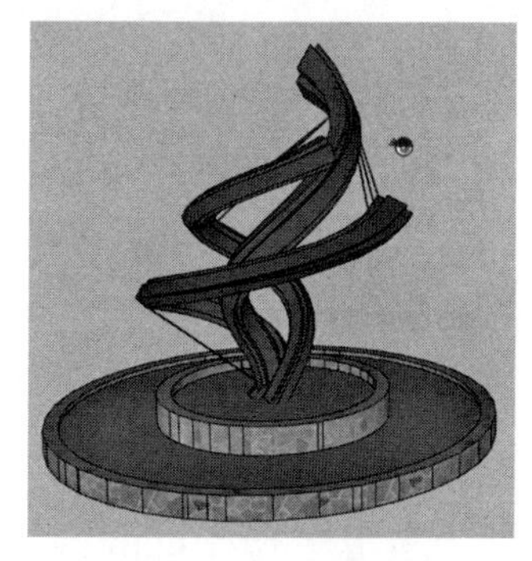

图 2-378　进行绕轴旋转

050 行走工具

文件路径：配套资源 \ 第 02 章 \050	视频文件：视频 \ 第 02 章 \050.MP4

通过 SketchUp【行走】工具，可以模拟出模型跟随观察者移动，从而在镜头视图内产生连续变化的行走动画效果，本例讲解该工具的操作方法。

步骤 01 单击【相机】工具栏按钮，或执行【相机】/【行走】菜单，即可启用该命令，如图 2-379 所示。待光标变成状后，通过鼠标和 Ctrl、Shift 键配合，即可完成前进与转向、上移、加速等行走动作。

步骤 02 打开配套资源“第 02 章 |050 行走工具 .skp”场景，如图 2-380 所示。启用【行走】工具，在视图内按住鼠标左键设定行走起始点，如图 2-381 所示。

图 2-379　启用【行走】工具

图 2-380　打开【行走】工具场景

步骤 03 设定行走起始点后，按住鼠标左键向任意方向推动摄影机，即可产生前进、倒退以及左右转向的效果，如图 2-382 与图 2-383 所示。

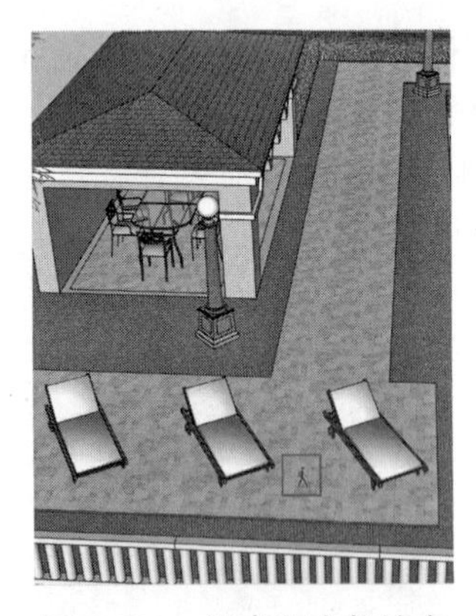
图 2-381　设定行走起始点

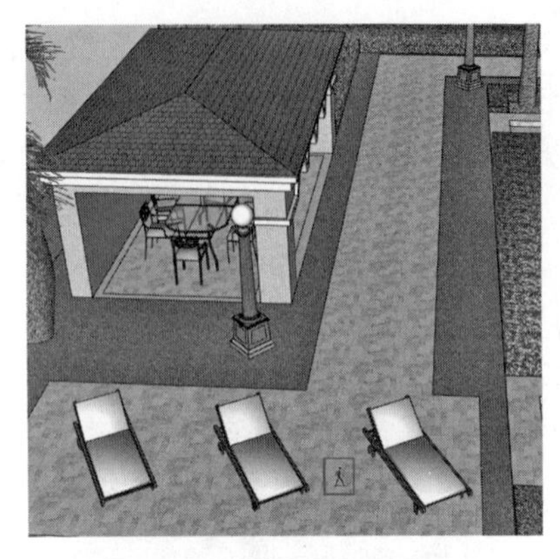
图 2-382　按住左键向前行走

图 2-383　按住左键向后行走

步骤 04 按住 Shift 键的同时上下移动光标，则可以升高或降低摄影机视点，如图 2-384 ~ 图 2-386 所示。

步骤 05 如果按住 Ctrl 键的同时推动鼠标左键，则会产生加速前进的效果。

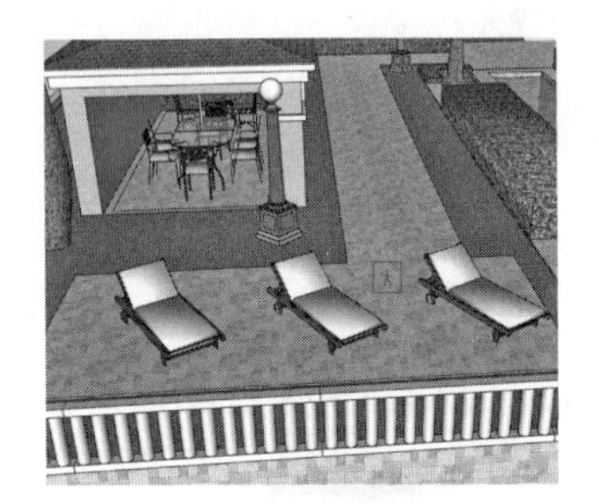
图 2-384　行走起始高度

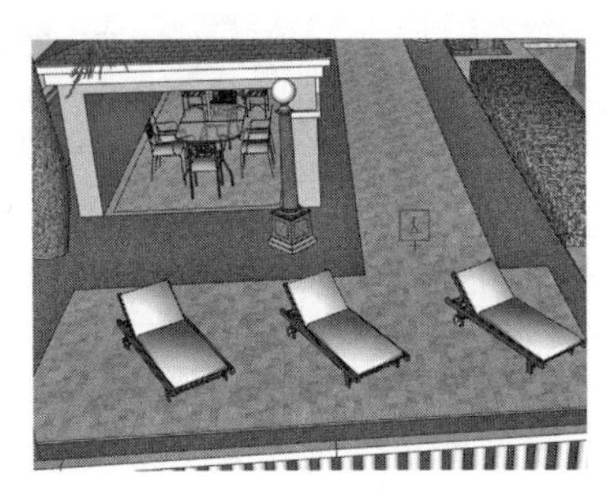
图 2-385　向上调整行走高度

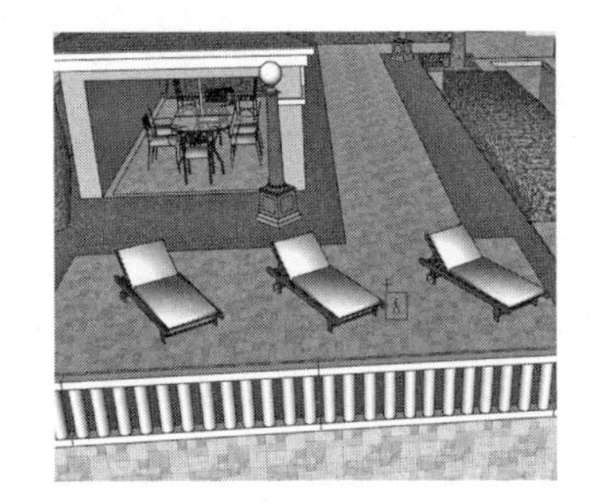
图 2-386　向下调整行走高度

第3章 SketchUp 高级功能

本章学习 SketchUp【组】、【实体工具】、【沙箱】、【标记】、【截面】以及文件导出、导入等高级功能，如图 3-1~ 图 3-5 所示，以全面掌握模型的创建、场景的管理，以及 SketchUp 与其他软件交互的方法与技巧。

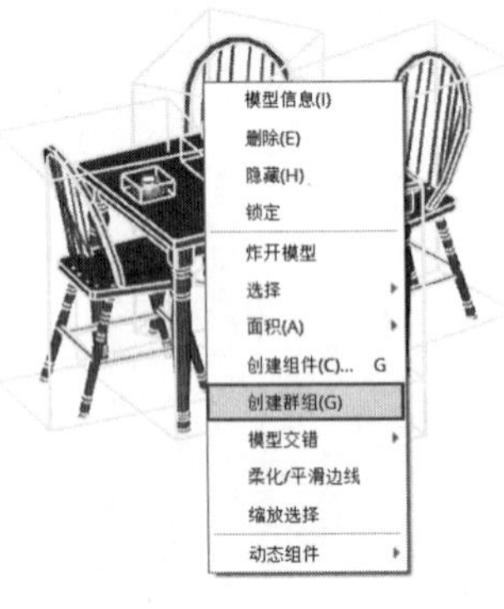

图 3-1 【组】功能

图 3-2 【实体工具】工具栏

图 3-3 【沙箱】工具栏

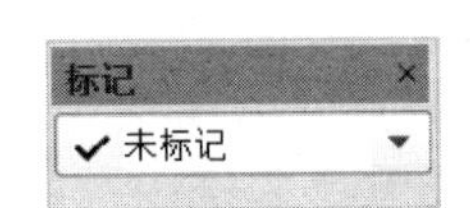

图 3-4 【标记】工具栏

图 3-5 【截面】工具栏

3.1 组与实体工具

051 组功能

文件路径：配套资源 \ 第 03 章 \051	视频文件：视频 \ 第 03 章 \051.MP4

相比于【组件】，SketchUp【组】工具对于场景中相关模型的管理更为简便，因此在实际工作中应该根据场景的需要，灵活使用这两种管理方式，本例介绍【组】的操作方法与使用技巧。

1. 创建与分解组

步骤 01 打开配套资源“第 03 章 |051 群组工具 .skp”场景，其为一个由餐桌椅与餐具组成的简单场景，如图 3-6 所示。

步骤 02 由于此时未创建【组】，选择时只能选择到部分模型面，进行移动等操作时容易产生模型变形，如图 3-7 与图 3-8 所示。

步骤 03 为了避免类似的误操作，首先选择其中的单个餐椅模型，单击鼠标右键，选择【创建群组】命令，如图 3-9 所示。

步骤 04 将单个的餐椅创建为【组】后，即可对其进行整体移动与旋转，轻松调整模型位置和方向，如图 3-10 与图 3-11 所示。

图 3-6　打开场景模型

图 3-7　选择模型面

图 3-8　模型移动错位

图 3-9　选择【创建群组】

图 3-10　整体移动组模型

图 3-11　整体旋转组模型

⟶提示

区别于【组件】,【组】模型复制后，选择其中的一个进行编辑操作，不会影响其他组模型，如图 3-12~ 图 3-14 所示。

图 3-12　复制椅子

图 3-13　缩放椅子组

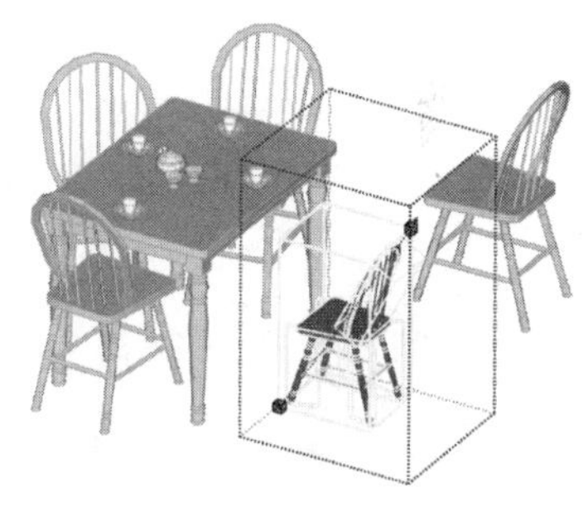
图 3-14　缩放完成效果

步骤 05 选择【组】模型，单击鼠标右键，选择【炸开模型】命令解散组，如图 3-15 与图 3-16 所示，即可单独编辑组中的各个组件。

2. 嵌套组

步骤 01 根据模型特点，将餐椅、餐桌以及餐具各自创建为【组】，如图 3-17~ 图 3-19 所示。

步骤 02 全选当前创建的【组】，单击鼠标右键，再次选择【创建群组】命令，如图 3-20 所示，即创建一个嵌套组，如图 3-21 所示。

步骤 03 创建嵌套【组】后，如果需要调整某个单独的模型，可以执行【编辑组】命令，或直接双击进入组内进行调整，如图 3-22 所示。

图 3-15　选择分解组命令

图 3-16　分解模型效果

图 3-17　创建餐椅组

图 3-18　创建餐桌组

图 3-19　创建餐具组

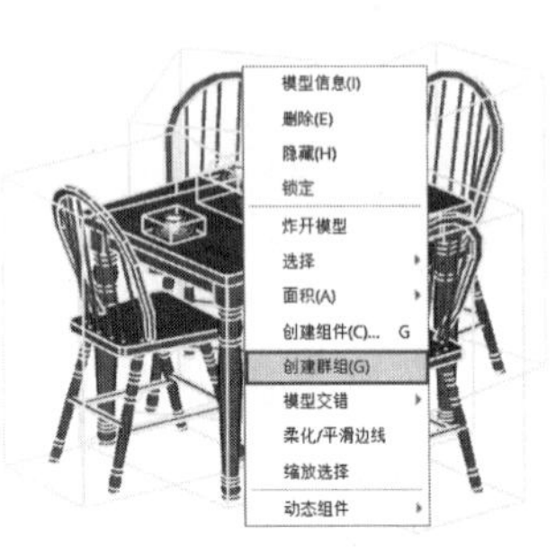

图 3-20　创建嵌套组

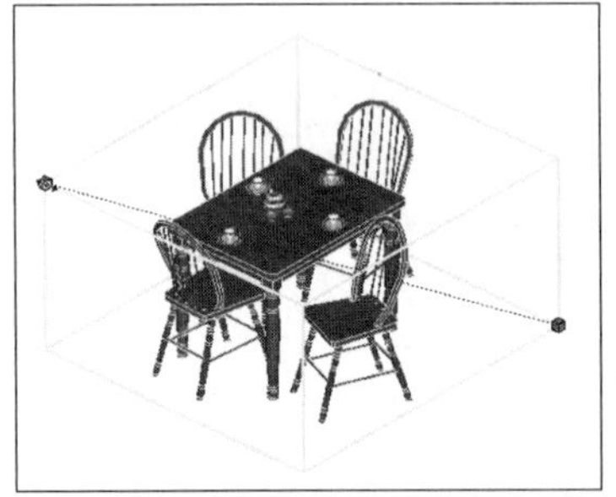

图 3-21　嵌套组效果

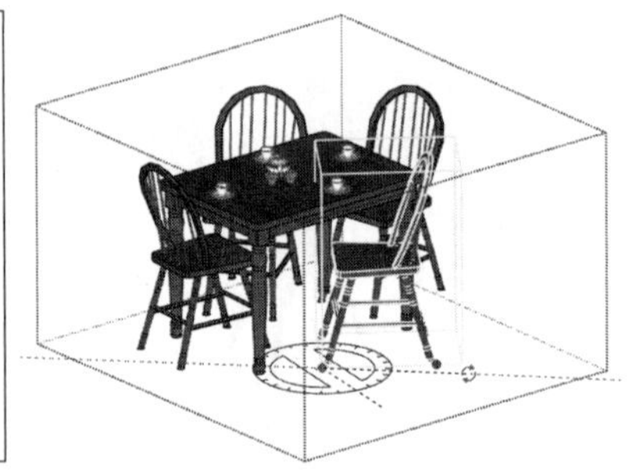

图 3-22　进入组内调整模型

提示

嵌套【组】执行【炸开模型】命令，只能还原到下一层的【组】效果，因此有时需要多次执行【炸开模型】命令才能还原到最底层，如图 3-23 ~ 图 3-25 所示。

3. 编辑组

步骤 01 将模型创建为【组】后，可以通过【编辑组】命令暂时打开，从而单独编辑【组】内的模型，或增加 / 删减组成员。

图 3-23　分解嵌套组

图 3-24　嵌套组分解效果

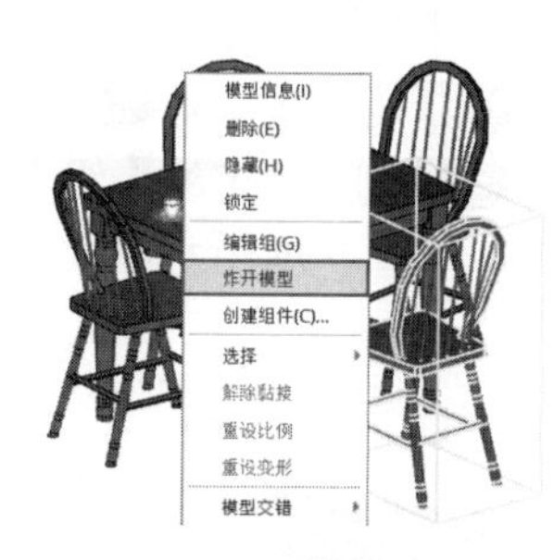

图 3-25　继续分解

步骤02 选择上一节组成的【组】模型，单击鼠标右键，执行【编辑组】命令，或直接双击进入组，如图 3-26 所示。

步骤03 选择其中一把餐椅模型，按下 Ctrl+X 键进行剪切，然后在外侧单击，退出当前组，如图 3-27 所示。

步骤04 按下 Ctrl+V 键，粘贴剪切模型至组外，即可将餐椅模型移出组，如图 3-28 所示。

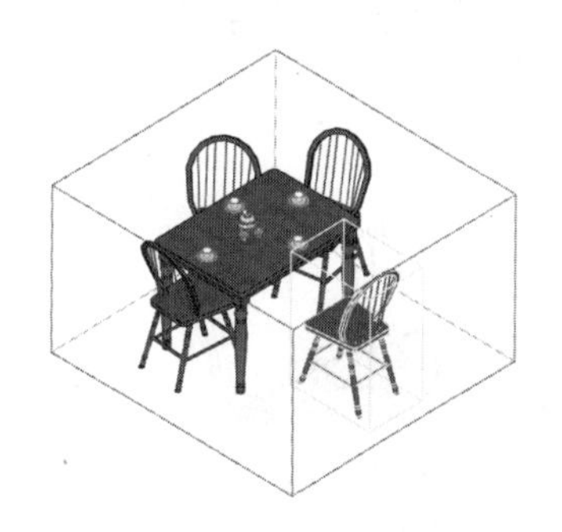

图 3-26　进入嵌套组

图 3-27　剪切模型

图 3-28　移出组

技巧

在【组】上双击，可以快速执行【编辑组】命令。

步骤05 如果要为【组】添加新成员，只需要执行相反的操作即可，如图 3-29~ 图 3-31 所示。

图 3-29　剪切模型

图 3-30　进入组

图 3-31　粘贴至组内

4. 锁定组

创建好的【组】可以进行【锁定】，以避免误操作对其进行改动。

步骤01 选择需要锁定的【组】，单击鼠标右键，执行【锁定】菜单命令，如图 3-32 所示。

步骤02 锁定的【组】以红色框进行显示，如图 3-33 所示。此时不能对其进行选择及其他操作，如图 3-34 所示。

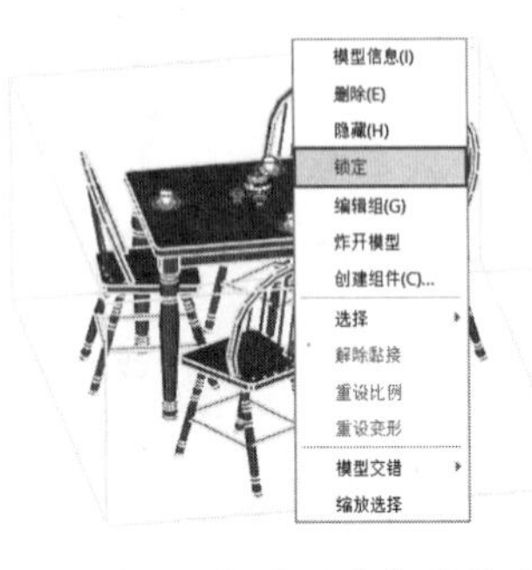

图 3-32　选择【锁定】菜单命令

图 3-33　冻结组红色边线效果

图 3-34　冻结组禁用拉伸等操作

步骤03 如果要解锁【组】，可以在其上方单击鼠标右键，选择【解锁】菜单命令，如图 3-35 所示。解锁后的模型将恢复可编辑性，如图 3-36 所示。

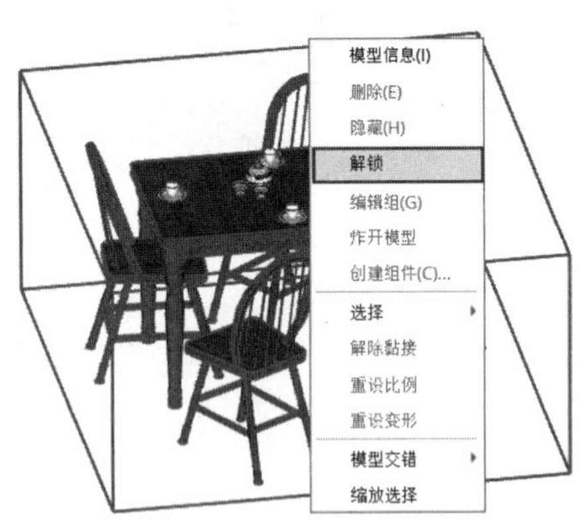

图 3-35　选择【解锁】菜单命令

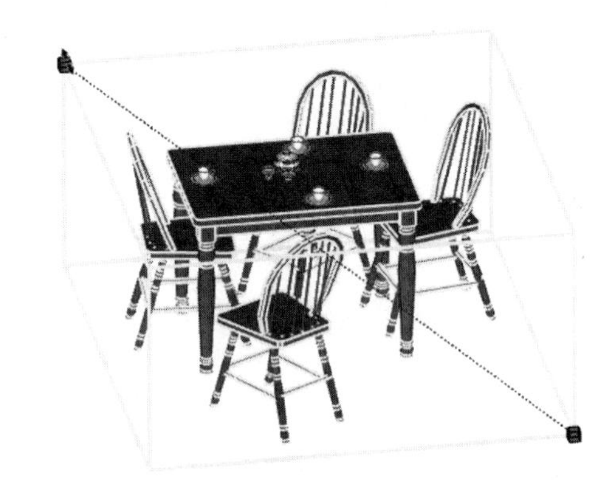

图 3-36　解锁后的模型可编辑

052 模型交错工具

文件路径：无	视频文件：视频 \ 第 03 章 \052.MP4

使用【模型交错】工具，可以使模型交接部分产生分割边线，从而制作出一些特殊的造型效果，本例介绍其具体的使用方法与技巧。

步骤01 打开配套资源“第 03 章 |052 模型交错 .skp”文件，如图 3-37 所示。

步骤02 选择球体模型，单击鼠标右键，执行【创建群组】命令，然后将其移动至与长方体形成交接，如图 3-38 所示。

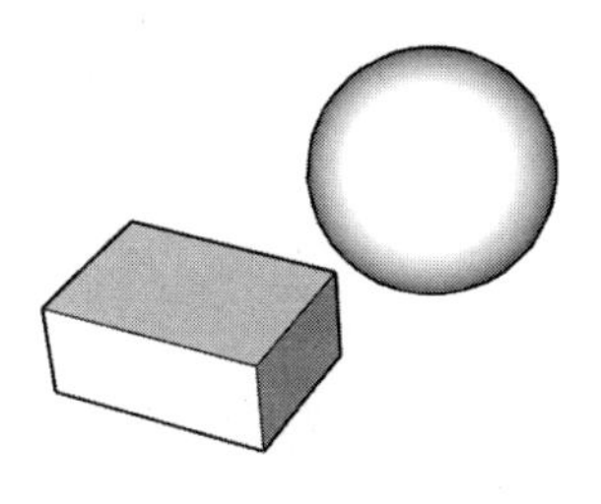

图 3-37 打开场景模型

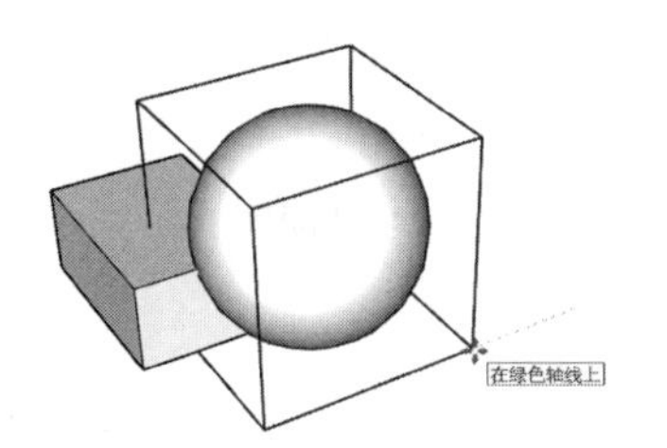

图 3-38 移动球体

步骤 03 三击选择长方体，单击鼠标右键，执行【模型交错】/【模型交错】菜单命令，完成长方体模型表面的交错，如图 3-39 所示。

步骤 04 移开球体，会发现长方体生成交错边线，如图 3-40 所示，将其删除，即可制作异形几何体，如图 3-41 所示。

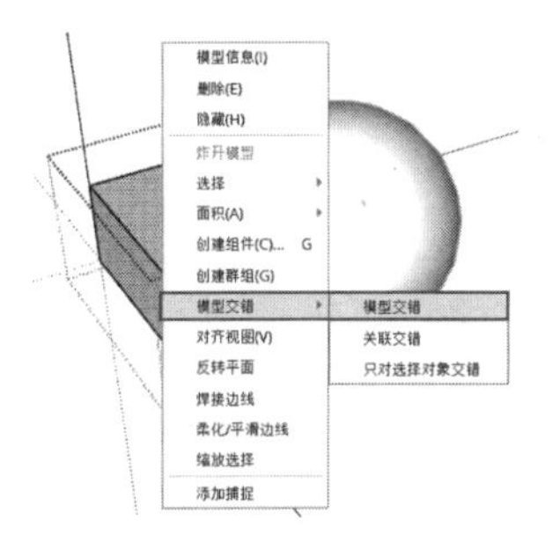

图 3-39 创建模型交错

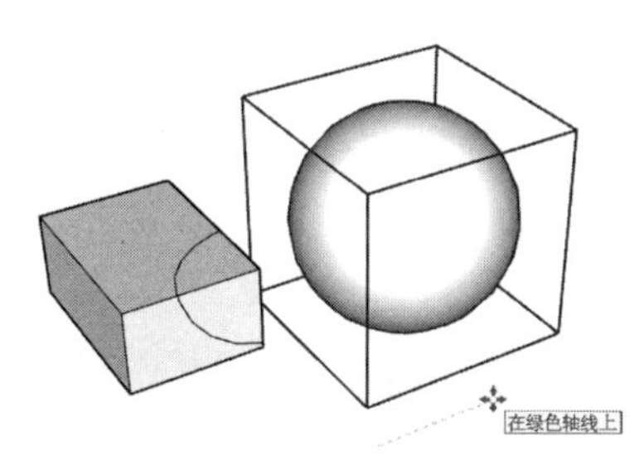

图 3-40 移开球体

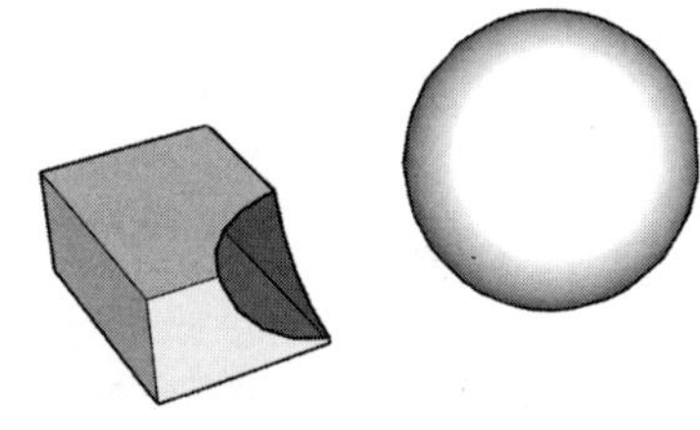

图 3-41 删除交错边线结果

053 实体外壳工具

文件路径：无	视频文件：视频 \ 第 03 章 \053.MP4

SketchUp 2024【实体工具】可以对几何体进行多方面的快速编辑，本例学习其中的【实体外壳】工具的使用方法与技巧。

步骤 01 打开 SketchUp，创建两个几何体，如图 3-42 所示。此时如果直接启用实体工具对几何体进行修改，将出现“不是实体”的提示，如图 3-43 所示。

步骤 02 分别选择两个几何体，创建为组，如图 3-44 所示。再次启用【实体外壳】工具，编辑时出现“实体组”的提示，如图 3-45 所示。

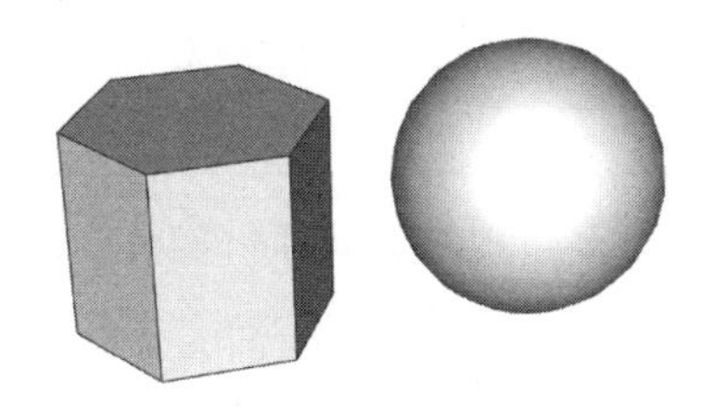

图 3-42 建立几何体模型

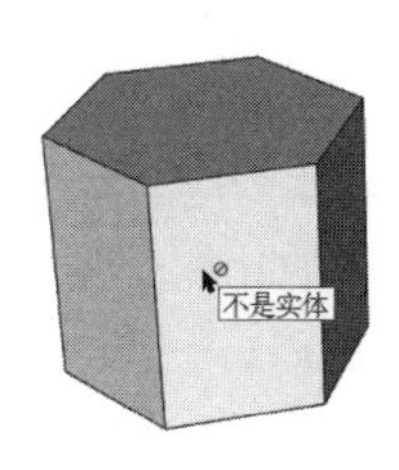

图 3-43 无法进行实体编辑

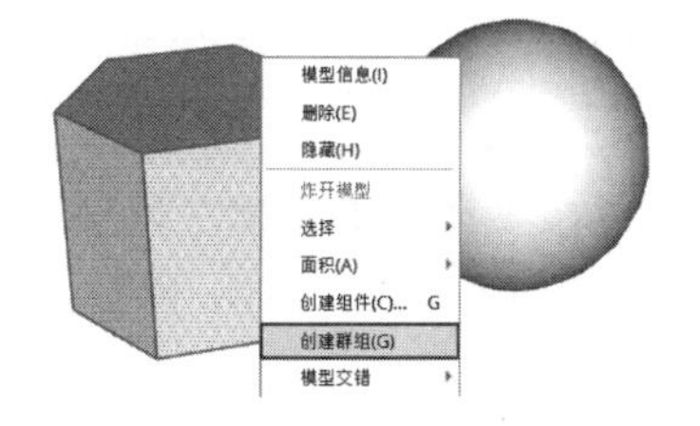

图 3-44 将几何体创建为组

步骤 03 将光标置于五棱柱上模型表面，将出现①的提示，表明当前合并的“实体”数量，单击确定。

步骤 04 单击球体模型，即可完成实体外壳操作，此时两者将合为一个组，如图 3-46 与图 3-47 所示。

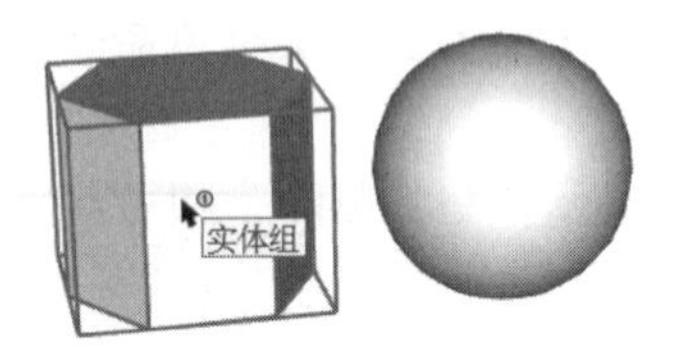

图 3-45　实体组提示

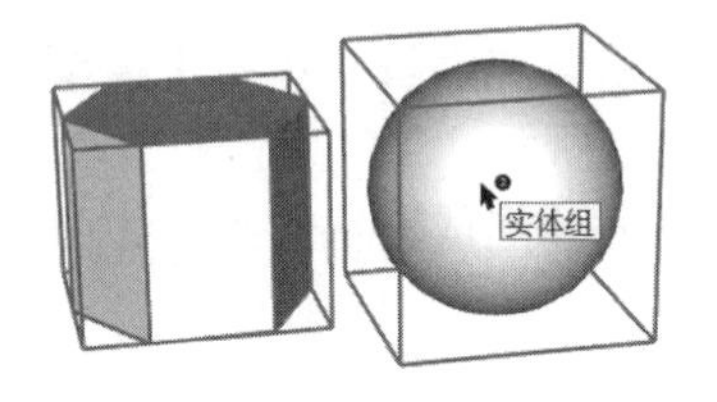

图 3-46　继续选择球体

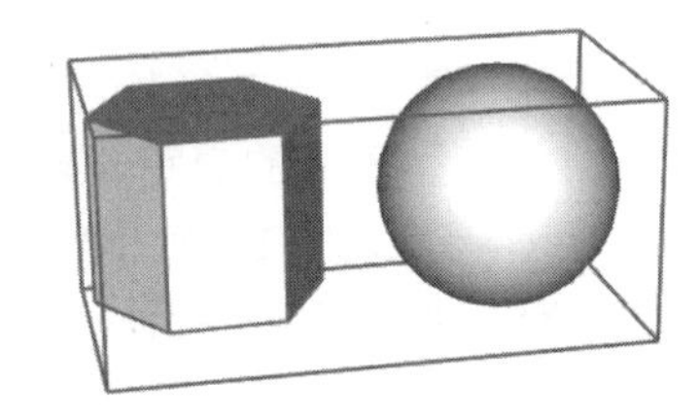

图 3-47　实体外壳操作完成效果

步骤 05 双击【实体外壳】工具创建的组，可以进入组，单独对各模型进行编辑，如图 3-48 所示。

技巧

当场景中有多个实体需要进行【实体外壳】操作时，可以全选目标模型，然后单击【实体外壳】工具按钮一步完成，如图 3-49 与图 3-50 所示。

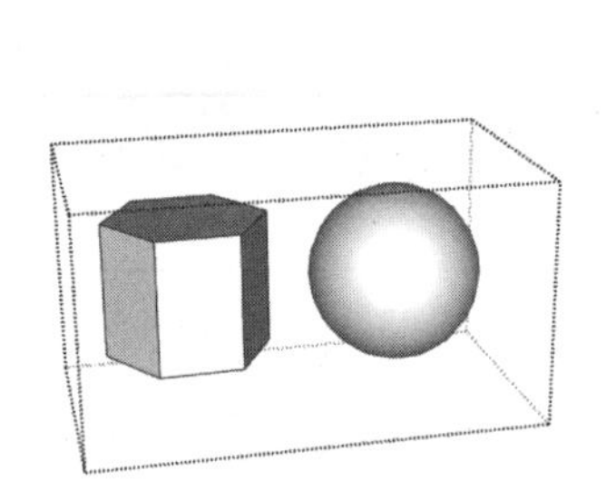

图 3-48　双击进入单独编辑

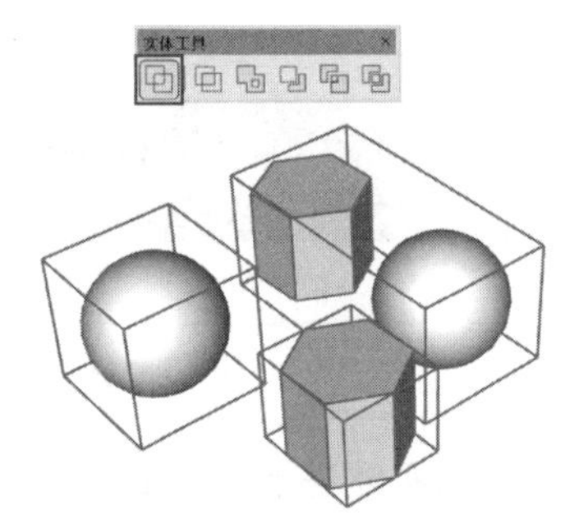

图 3-49　选择多个实体

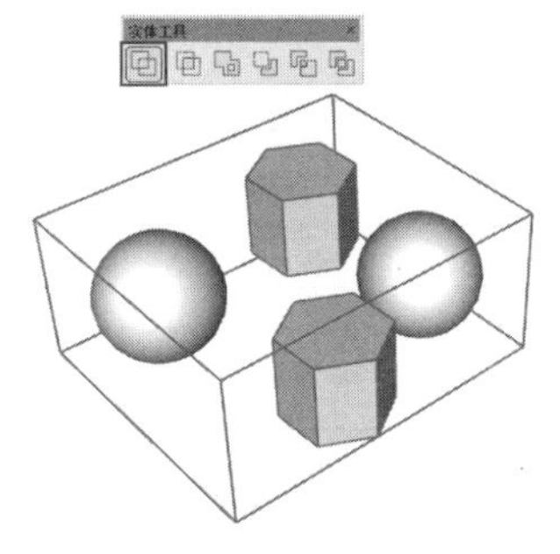

图 3-50　一次性进行实体外壳操作

054 交集运算

文件路径：配套资源 \ 第 03 章 \054	视频文件：视频 \ 第 03 章 \054.MP4

【交集】是大多数三维图形软件都具有的功能，其中【交集】运算可以快速获取“实体”间相交的部分模型，本例介绍其使用方法与技巧。

步骤 01 打开配套资源“第 03 章 |054 交集运算 .skp”文件，分别将几何体创建为组，如图 3-51 所示。

步骤02 选择球体，将其移动至与棱柱相交，如图 3-52 所示。启用【交集】运算工具，选择棱柱如图 3-53 所示。

步骤03 在球体上单击，如图 3-54 所示，即可获得两个“实体”相交部分的模型，同时之前的“实体”模型将被删除，如图 3-55 所示。

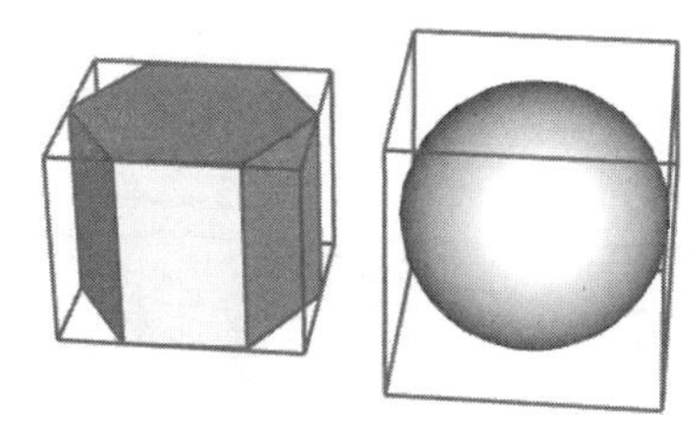

图 3-51　打开模型创建为组

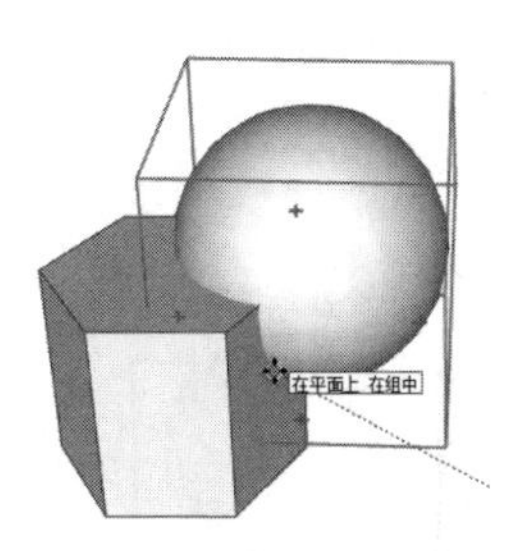

图 3-52　移动球体至相交

图 3-53　启用【交集】运算工具并选择棱柱

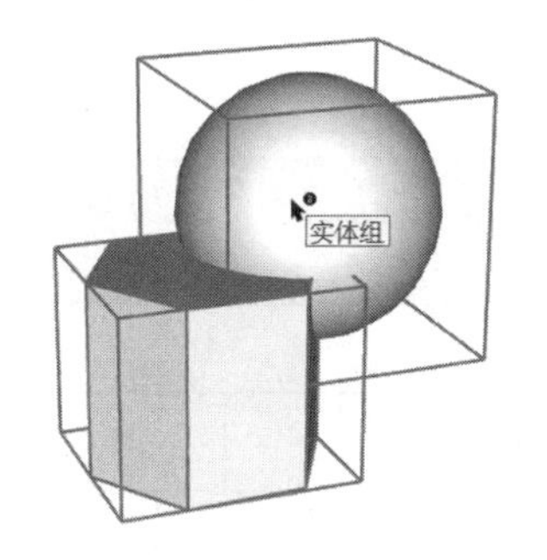

图 3-54　选择球体

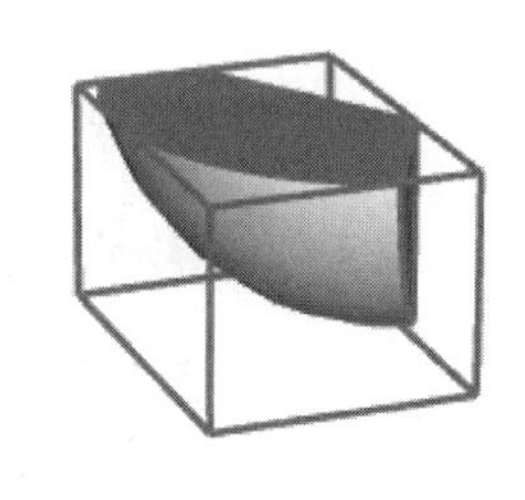

图 3-55　相交运算完成效果

步骤04【交集】运算并不局限于两个相交“实体”，多个相交的实体也可以获得相交部分模型，如图 3-56 ~ 图 3-58 所示。

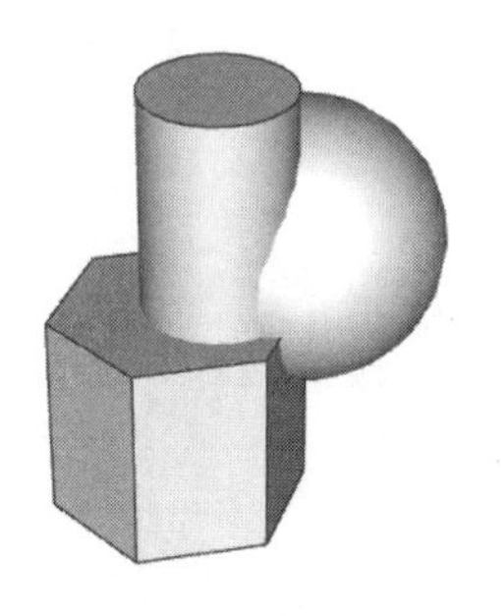

图 3-56　多个几何体相交

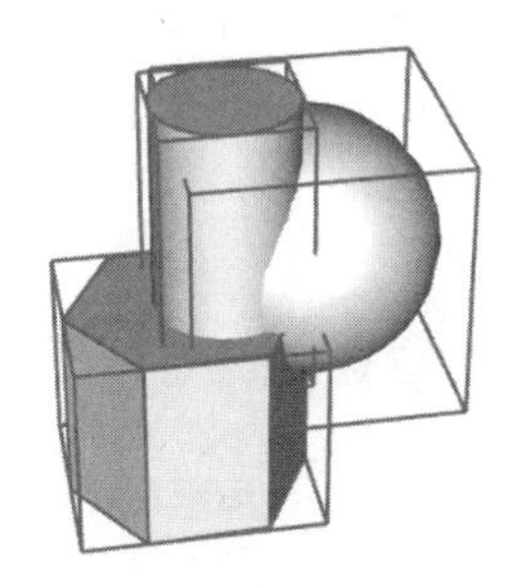

图 3-57　全选目标几何体

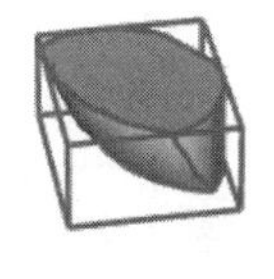

图 3-58　相交运算结果

055 并集运算

文件路径：配套资源 \ 第 03 章 \055	视频文件：视频 \ 第 03 章 \055.MP4

布尔运算中的【并集】运算工具可以将多个单独实体合并成一个整体，本例介绍其操作方法。

步骤01 打开配套资源“第 03 章|055 并集运算 .skp”文件，分别将几何体创建为组，如图 3-59 所示。

步骤02 选择需要合并的几何体，单击【实体工具】工具栏中的【并集】工具按钮，如图 3-60 所示。

步骤03 并集运算结果如图 3-61 所示。

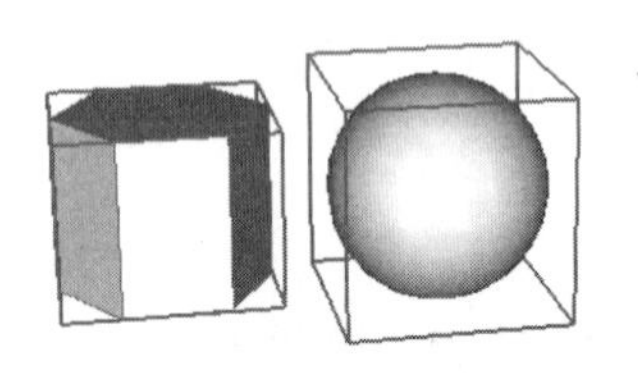
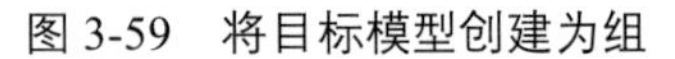
图 3-59　将目标模型创建为组

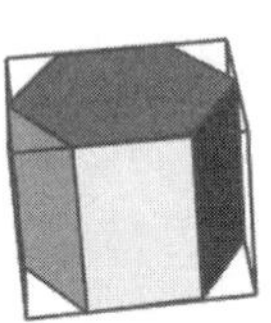

图 3-60　选择实体进行并集运算

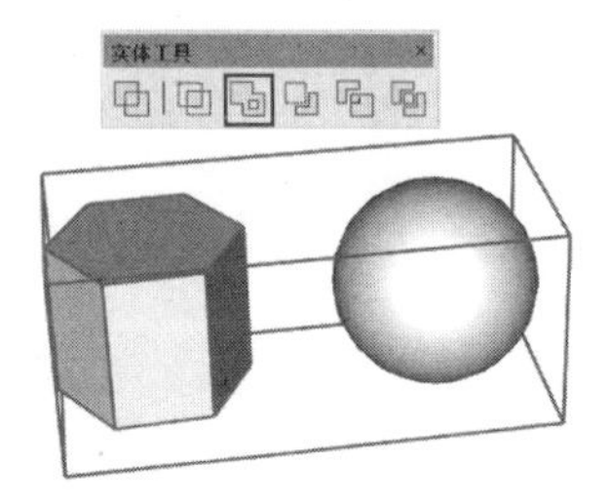

图 3-61　并集运算结果

056 差集运算

文件路径：配套资源 \ 第 03 章 \056	视频文件：视频 \ 第 03 章 \056.MP4

【差集】运算用于将某个“实体”与其他“实体”相交的部分进行切除，本例介绍其具体的操作方法与技巧。

步骤01 打开配套资源“第 03 章|056 差集运算 .skp”文件，将几何体分别创建为组，如图 3-62 所示。

步骤02 将球体移动至棱柱中，如图 3-63 所示。单击【差集】运算按钮，选择外部棱柱模型，如图 3-64 所示。

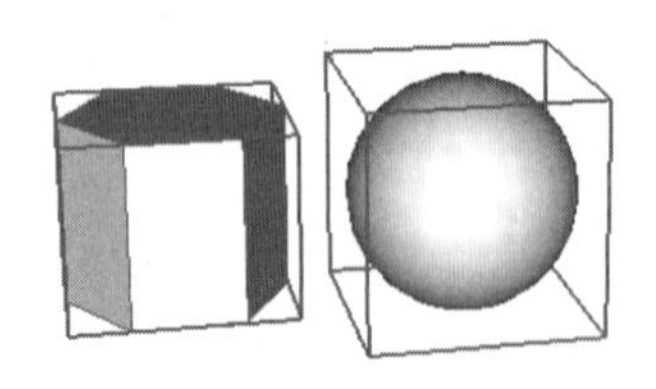
图 3-62　创建组

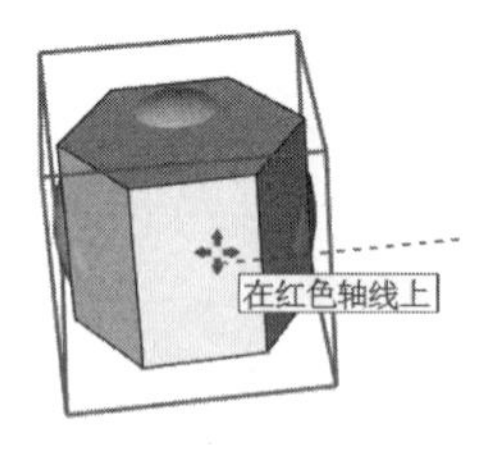

图 3-63　移动球体

图 3-64　启用【差集】运算并选择棱柱

步骤03 继续单击棱柱中心的球体模型，如图 3-65 所示，完成【差集】运算，此时场景将保留后选择的“实体”，而删除两者相交部位，及先选择的实体，如图 3-66 所示。

⟶提示

同一场景在进行【差集】运算时，“实体”的选择顺序不同，将得到不同的运算结果，如图 3-67 与图 3-68 所示。

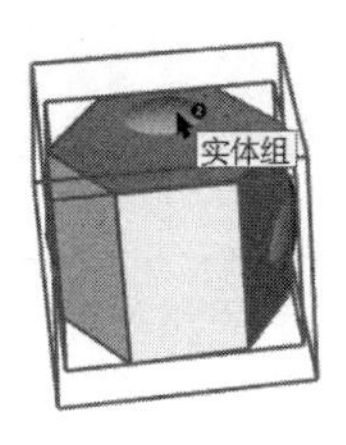

图 3-65　选择球体

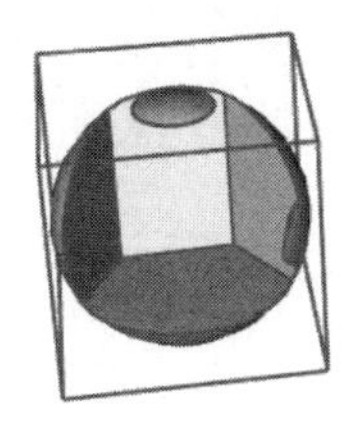

图 3-66　减去运算完成效果

图 3-67　进行【差集】运算并选择球体

图 3-68　单击棱柱完成【差集】运算

057 修剪工具

文件路径：配套资源 \ 第 03 章 \057	视频文件：视频 \ 第 03 章 \057.MP4

【修剪】工具的功能类似于布尔运算中的【差集】工具，但在进行“实体”相交部分切除时，【修剪】工具不会删除用于切除的实体，本例学习【修剪】工具的使用方法与技巧。

步骤 01 打开配套资源“第 03 章 |057 修剪工具 .skp”文件，分别将几何体创建为组，如图 3-69 所示。

步骤 02 选择球体，将其移动至棱柱中，如图 3-70 所示。单击【修剪】运算工具，并选择外部棱柱模型，如图 3-71 所示。

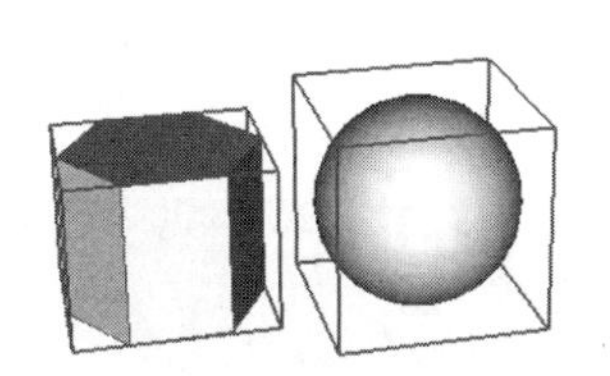

图 3-69　创建组

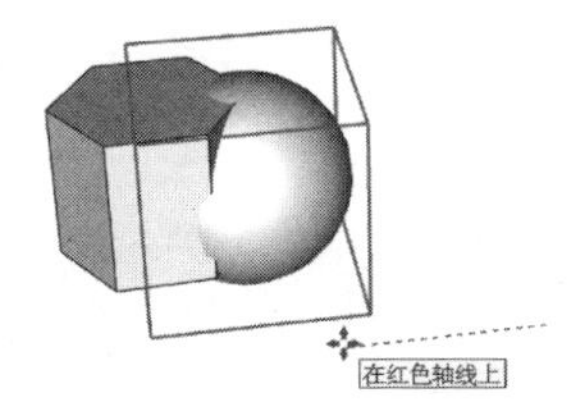

图 3-70　移动棱柱

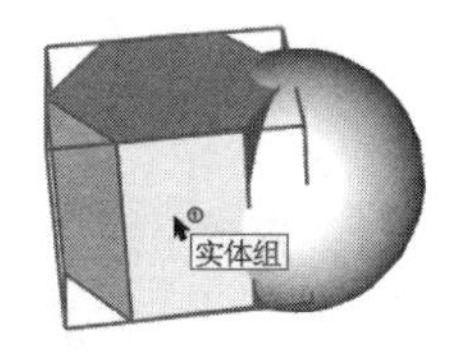

图 3-71　选择棱柱

步骤 03 继续单击，选择球体，如图 3-72 所示，即完成【修剪】操作。系统在后选择的实体上删除两者交接的部分，如图 3-73 所示。

——>提示

与【差集】运算类似，在使用【修剪】工具时，“实体”单击次序的不同，将产生不同的运算结果，如图 3-74 所示。

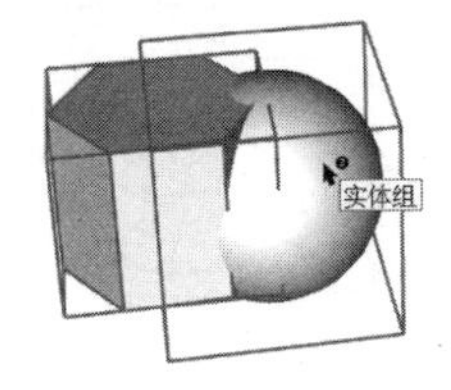

图 3-72　选择球体

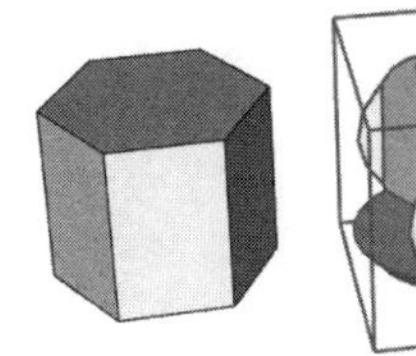

图 3-73　修剪完成移开效果

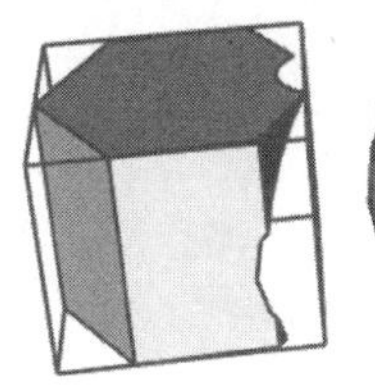

图 3-74　反向修剪效果

058 分割工具

文件路径：配套资源 \ 第 03 章 \058	视频文件：视频 \ 第 03 章 \058.MP4

【分割】工具类似于布尔运算中的【交集】工具，但该工具在获得“实体”间相交部分的同时，仅删除“实体”间接触的部分，本例学习该工具的使用方法与技巧。

步骤 01 打开配套资源“第 03 章 |058 分割工具 .skp”文件，分别将几何体创建为组。单击【分割】工具按钮，并选择球体，如图 3-75 所示。

步骤 02 继续单击选择棱柱，如图 3-76 所示，即可完成分割操作，移开模型后，即可发现之前两个实体均被切除了相交区域，而相交区域形成了第三个实体，如图 3-77 所示。

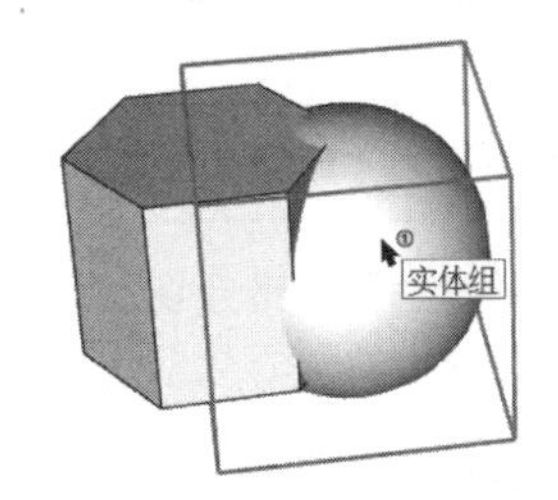

图 3-75 使用【分割】工具

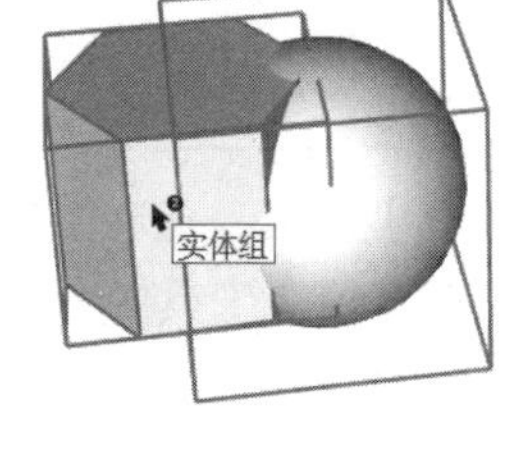

图 3-76 实体分割完成

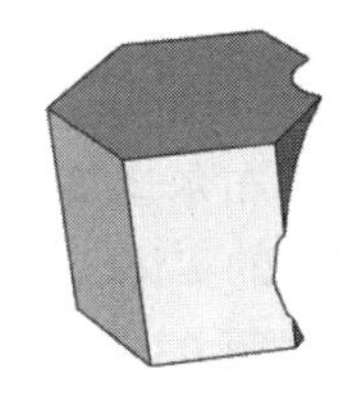

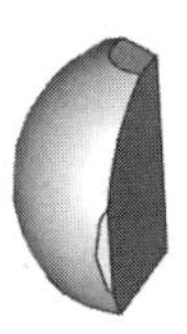

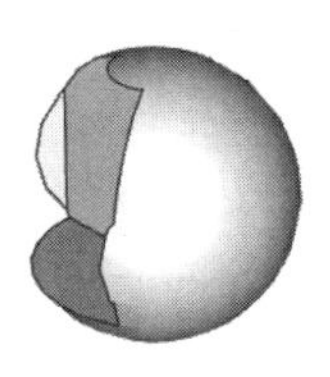

图 3-77 实体分割效果

3.2 沙箱工具

059 根据等高线创建模型

文件路径：无	视频文件：视频 \ 第 03 章 \059.MP4

利用【根据等高线创建】建模工具，可以将多条地形线转变为三维地形实体，本例讲解地形创建工具的使用方法与技巧。

步骤 01 使用【手绘线】工具绘制一个曲线平面，如图 3-78 所示。然后进行移动复制，如图 3-79 所示，删除片面，仅保留边线作为等高线，如图 3-80 所示。

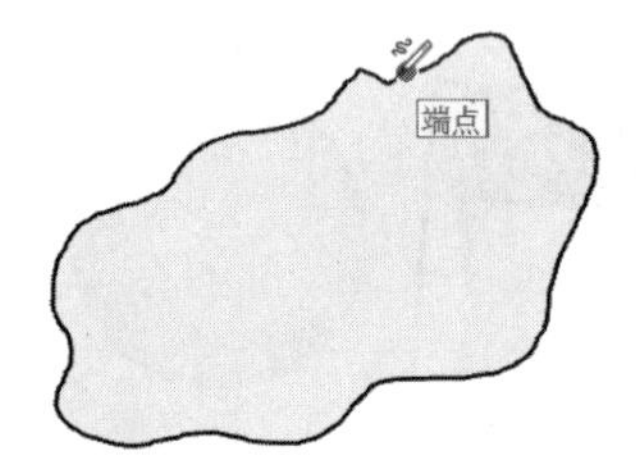

图 3-78 绘制曲线平面

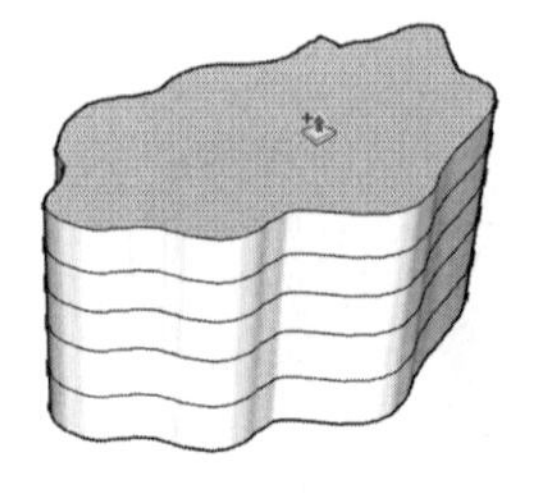

图 3-79 移动复制平面

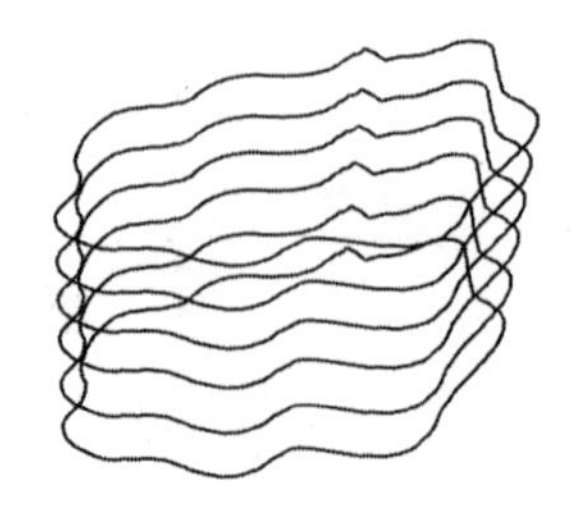

图 3-80 删除片面

步骤02 启用【缩放】工具，逐个选择边线，分别进行缩放，形成等高线效果，如图 3-81 所示。

步骤03 选择缩放好的等高线如图 3-82 所示，单击【沙箱】工具栏【根据等高线创建】工具按钮，即可形成地形效果，如图 3-83 所示。

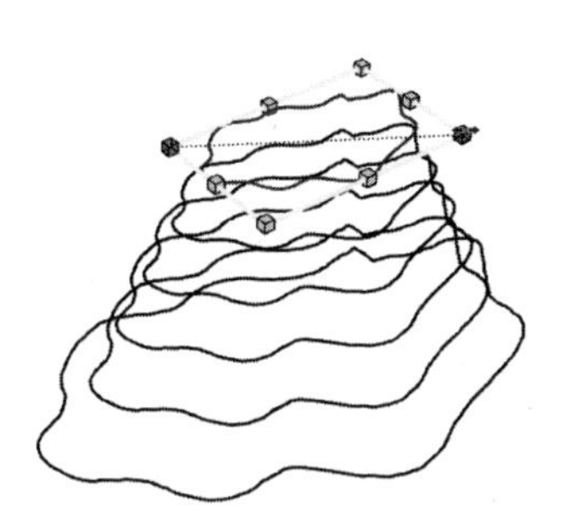

图 3-81 缩放等高线

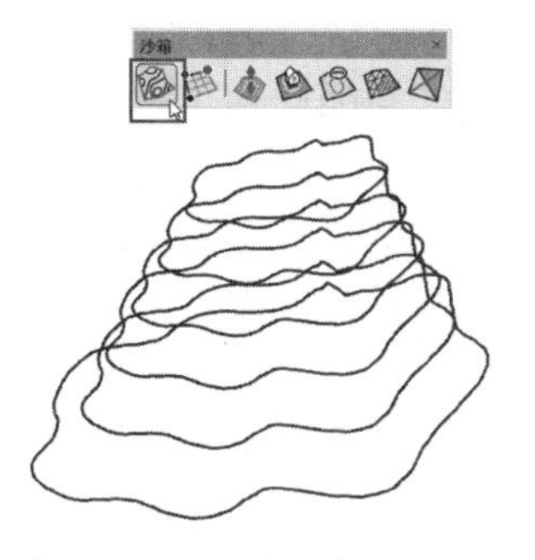

图 3-82 选择边线单击【根据等高线创建】按钮

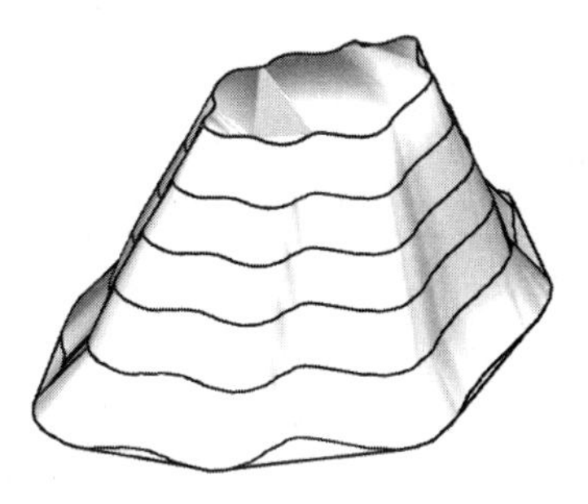

图 3-83 形成地形效果

060 网格地形建模

文件路径：无	视频文件：视频 \ 第 03 章 \060.MP4

使用【根据网格创建】工具，可以创建细分网格地形，并能进行细节的刻画，以制作出真实的地形效果，本例讲解网格地形平面的创建方法与技巧。

步骤01 显示出【沙箱】工具栏，单击【根据网格创建】按钮，当光标变成状后，在右下角【栅格间距】框内输入单个网格的长度，按 Enter 键确定，拖出地形网格长度，如图 3-84 所示。

步骤02 确定网格长度后，再横向拖动光标，绘制出网络宽度，如图 3-85 所示，按 Enter 键确定，即可完成绘制，如图 3-86 所示。

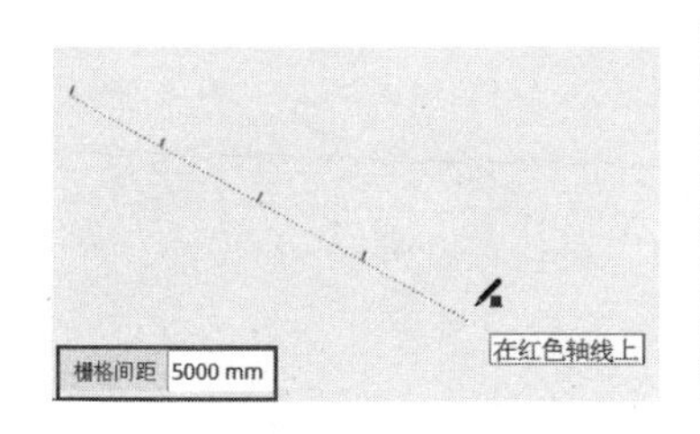

图 3-84 启用工具

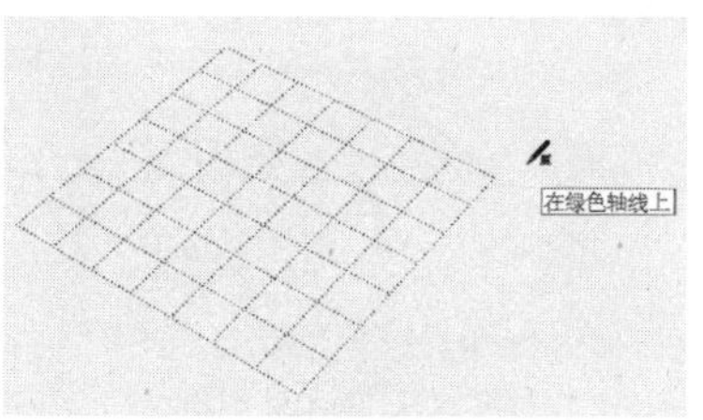

图 3-85 绘制网格宽度

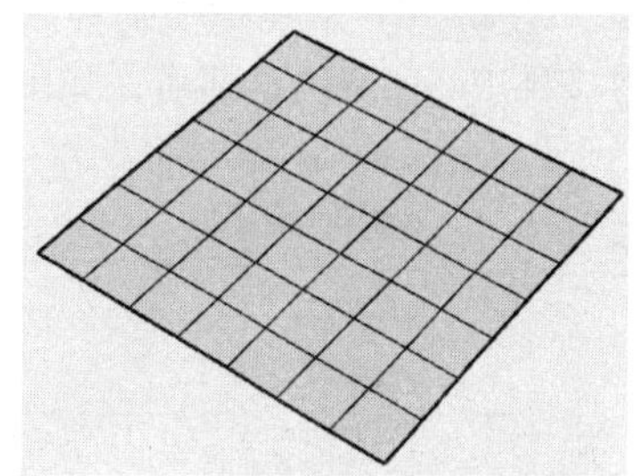

图 3-86 网格地形平面绘制完成

提示

网格地形绘制完成后，还需使用【沙箱】工具栏其他工具进行调整，才能产生地形效果。

061 地形曲面起伏

文件路径：无	视频文件：视频 \ 第 03 章 \061.MP4

使用【曲面起伏】工具，可以在平面的网格上形成地形起伏细节，本例介绍其使用方法与技巧。

步骤 01 创建完成的【网格】，默认为【组】状态，无法使用【沙箱】工具栏工具进行调整，如图 3-87 所示。因此首先选择网格，将其分解为“三角面”，如图 3-88 和图 3-89 所示。

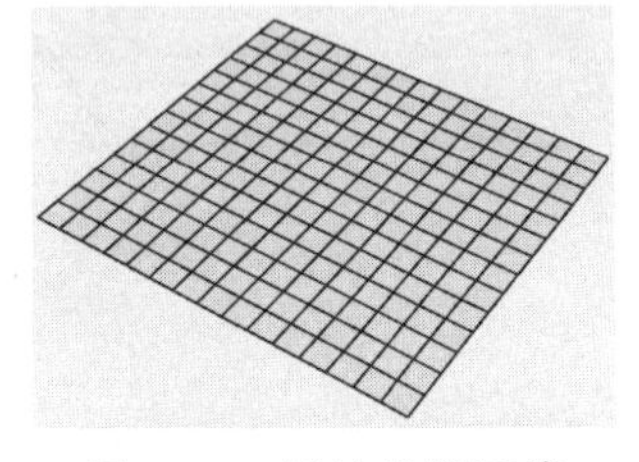
图 3-87　无法编辑网格

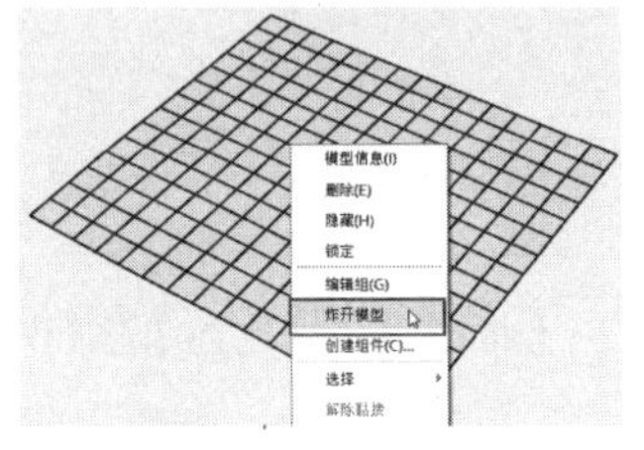
图 3-88　分解组

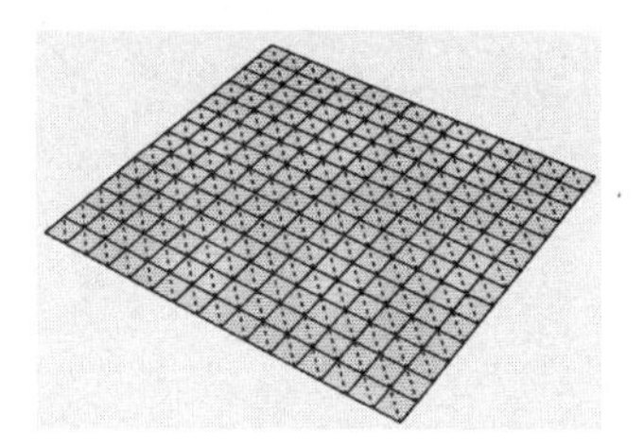
图 3-89　分解形成三角面

步骤 02 再次启用【曲面起伏】工具，即可发现其光标已经变成状，并能自动捕捉网格上的交点，如图 3-90 所示。此时通过【数值输入框】可以控制其影响范围，如图 3-91 所示。

步骤 03 单击选择网格点后，上下推拉光标，即可产生地形的起伏效果，如图 3-92 与图 3-93 所示。

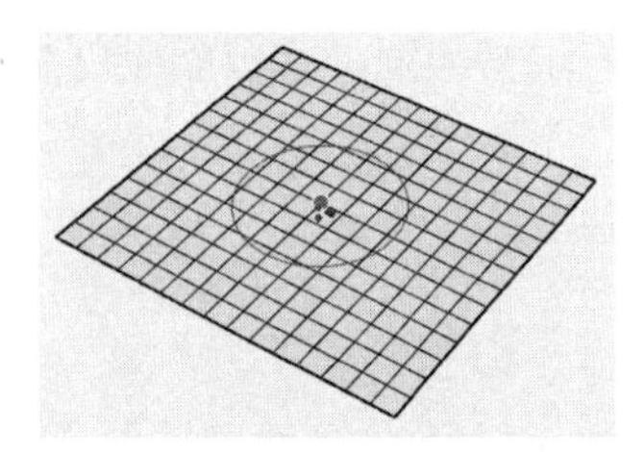
图 3-90　启用【曲面起伏】工具

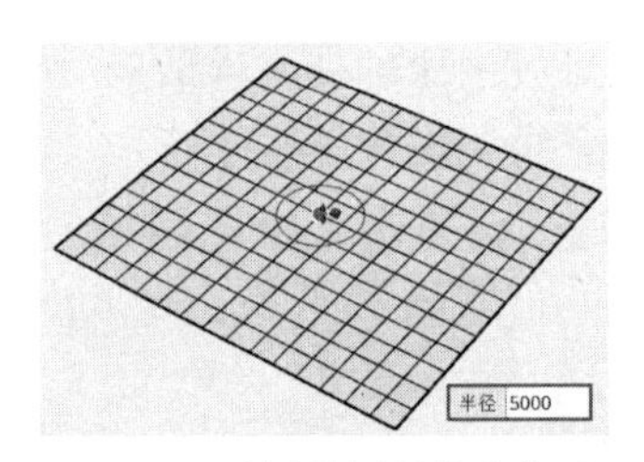

图 3-91　控制拉伸影响范围

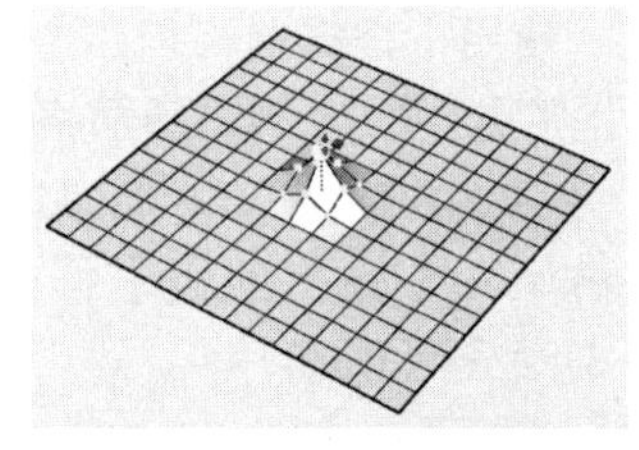
图 3-92　向上拉伸

步骤 04 如果要精确控制地形的高度，可以在拉起网格后在【数值输入框】内输入数值，再按下 Enter 键确认即可，如图 3-94 与图 3-95 所示。

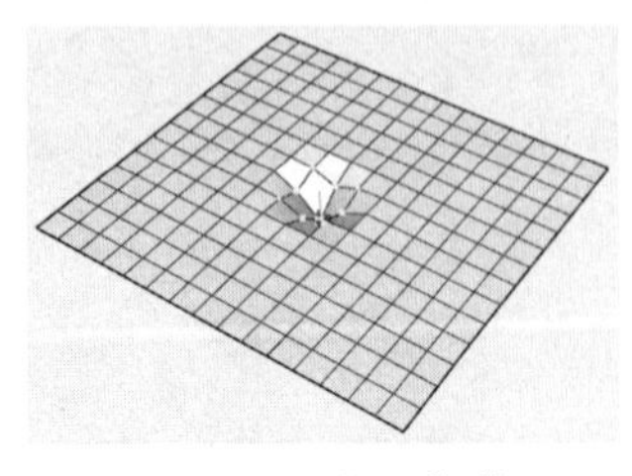
图 3-93　向下起伏

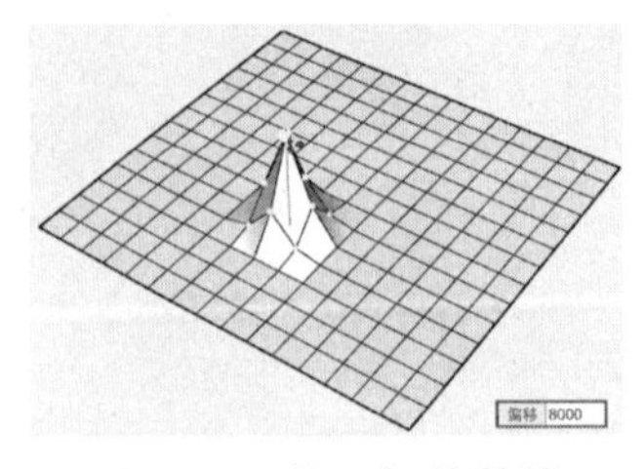
图 3-94　输入起伏数值

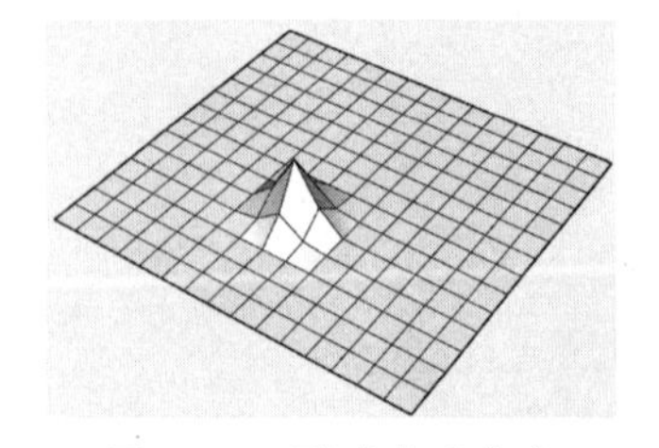
图 3-95　形成准确高度

技巧

在进行起伏时，可以选择网格上的点、线或面进行起伏，并产生不同的效果，如图 3-96 ~ 图 3-98 所示。

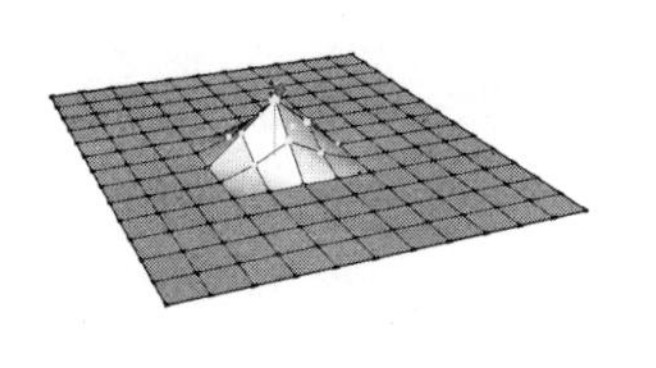
图 3-96　点起伏效果

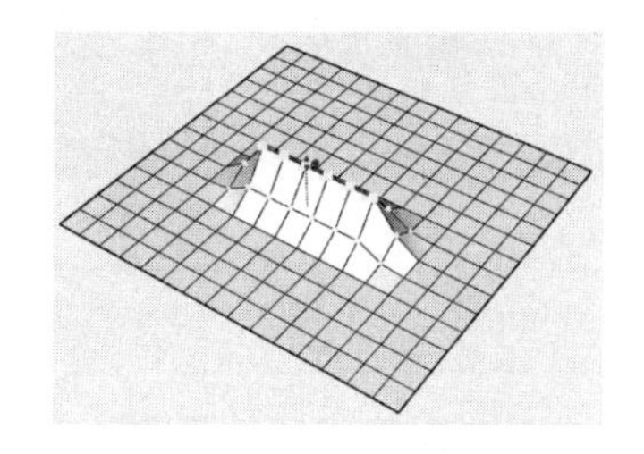
图 3-97　线起伏效果

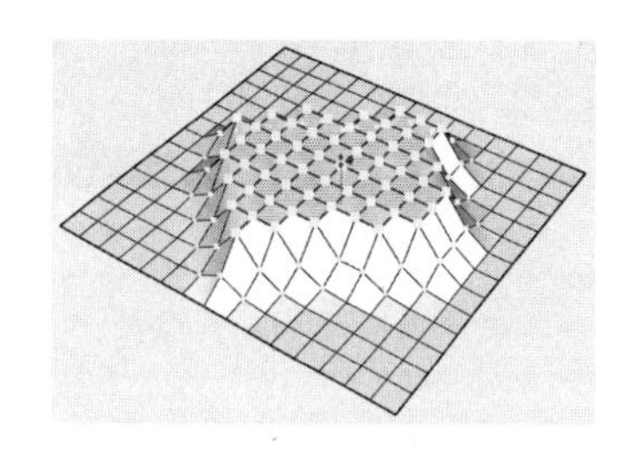
图 3-98　面起伏效果

062 曲面平整工具

文件路径：配套资源 \ 第 03 章 \062	视频文件：视频 \ 第 03 章 \062.MP4

使用【曲面平整】工具，可以快速在起伏的地形上制作出放置建筑物的平面，本例讲解其使用方法与技巧。

步骤 01 打开配套资源“第 03 章 |062 曲面平整 .skp”文件，如图 3-99 所示。选择房屋模型，启用【曲面平整】工具，如图 3-100 所示。

步骤 02 启用【曲面平整】工具后，选择的“房屋”模型下方会出现一个矩形，该矩形范围即为平整工具的影响范围，如图 3-101 所示。

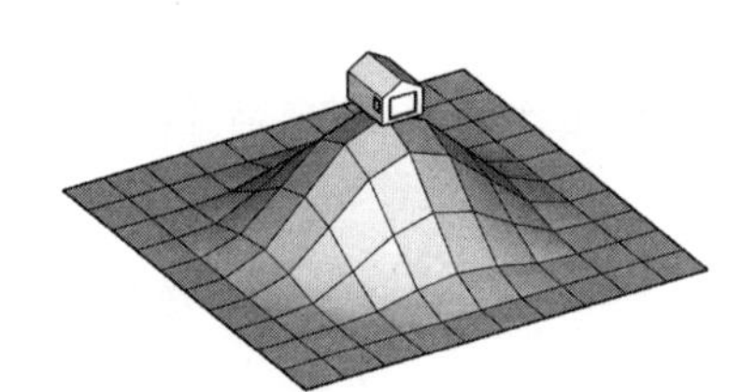
图 3-99　打开场景模型

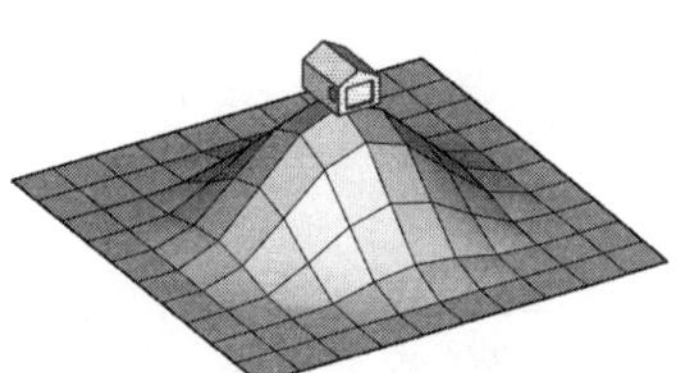
图 3-100　选择房屋并启用【曲面平整】工具

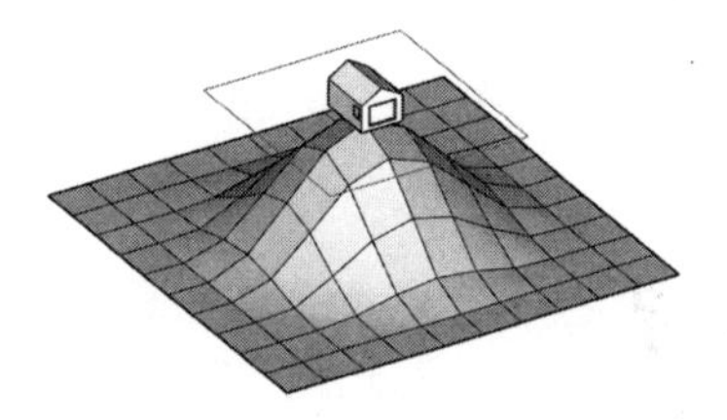
图 3-101　出现影响范围矩形

步骤 03 移动光标至网格地形上方时，光标将变成状，而网格地形也将显示细分面效果，如图 3-102 所示。

步骤 04 在网格地形上单击，网格地形即会出现十分平整的地形平面，如图 3-103 所示。

步骤 05 选择地形上方的“房屋”，将其移动至生成的平面上，如图 3-104 所示。

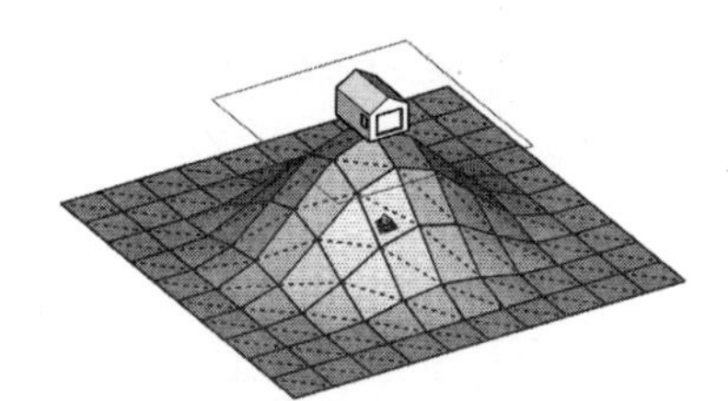
图 3-102　网格地形细分面

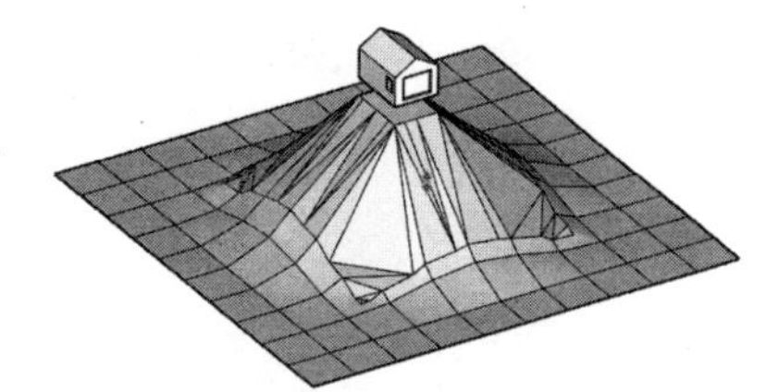
图 3-103　生成平面

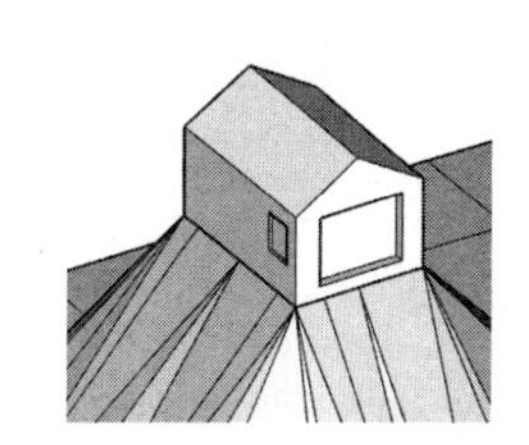
图 3-104　移动房屋至平面

063 曲面投射工具

文件路径：配套资源 \ 第 03 章 \063	视频文件：视频 \ 第 03 章 \063.MP4

使用【曲面投射】工具，可以快速在连绵起伏的地形上制作公路效果，本例讲解其使用方法与技巧。

步骤 01 打开配套资源“第 03 章 |063 创建道路 .skp”模型，如图 3-105 所示。接下来利用【曲面投射】工具，在地形表面制作出一条公路的效果。

步骤 02 启动【手绘线】工具，绘制出公路的平面模型，如图 3-106 所示。然后将其移动至地形目标位置正上方，如图 3-107 所示。

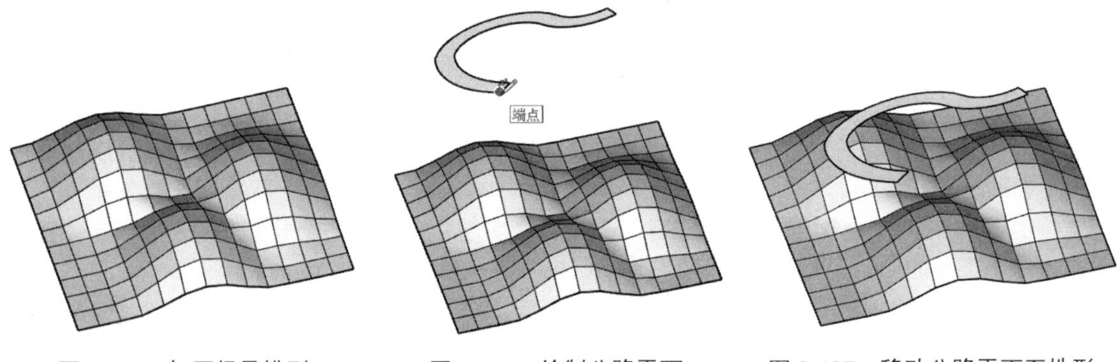

图 3-105　打开场景模型　图 3-106　绘制公路平面　图 3-107　移动公路平面至地形目标位置正上方

步骤 03 选择公路平面，启用【曲面投射】工具，如图 3-108 所示，在地形上单击，确认投影，如图 3-109 所示，即在地形上生成公路的轮廓边线，如图 3-110 所示。

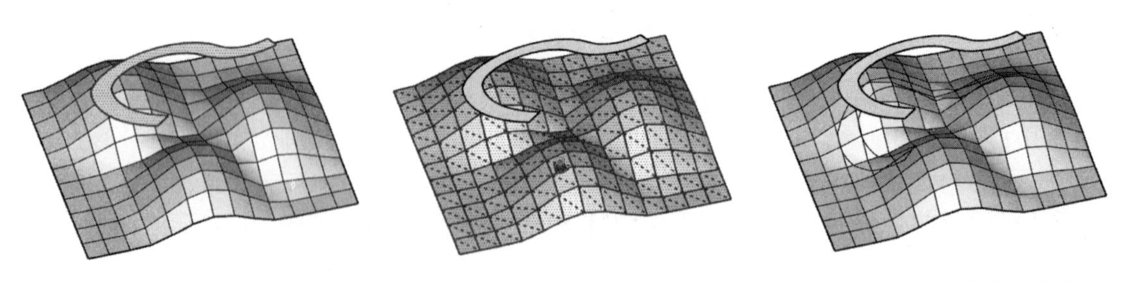

图 3-108　选择公路并启用【曲面投射】工具　图 3-109　确认投影　图 3-110　生成公路的轮廓边线

⟶ 技巧

如果要在投影完成后，使网格地形上仅出现公路的轮廓边线效果，可以在投影前先对网格地形进行边线柔化处理，如图 3-111 ~ 图 3-113 所示。

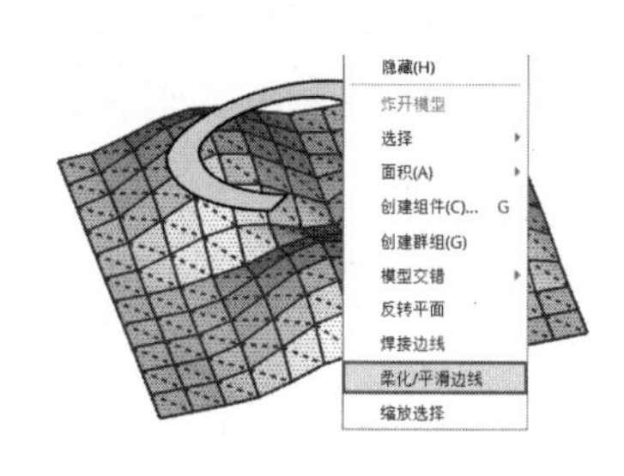

图 3-111　选择网格地形进行柔化

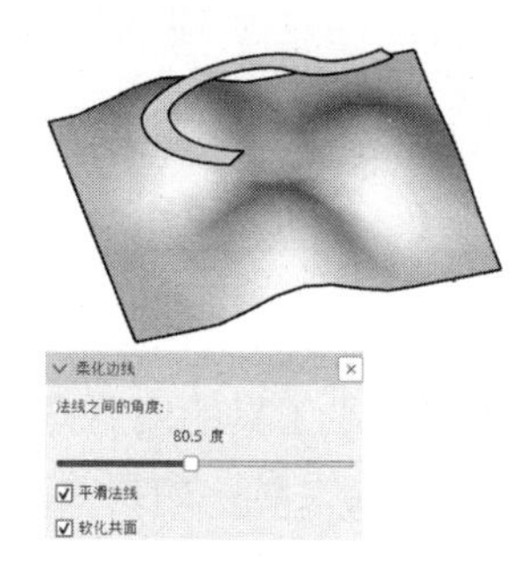

图 3-112　柔化参数设置

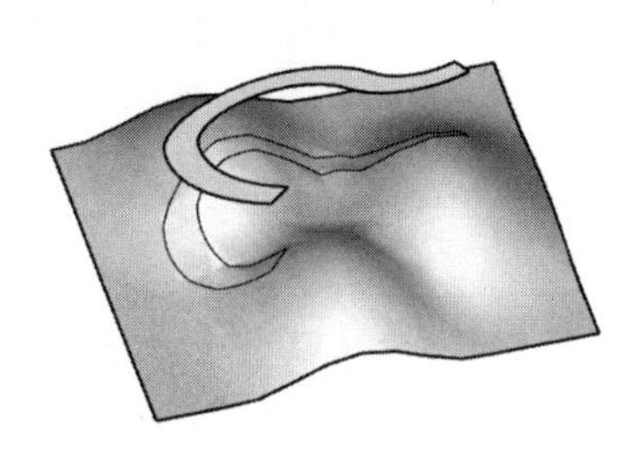

图 3-113　投影完成效果

064 添加细部工具

文件路径：无	视频文件：视频 \ 第 03 章 \064.MP4

使用【网格】制作地形效果时，过少的细分面将使地形效果显得生硬，过多的细分面则会增大系统显示与计算负担。使用【添加细部】工具，可以在需要表现细节的地方增大细分面，而其他区域将保持较少的细分面。

步骤 01 启动 SketchUp，以 500mm 的网格宽度创建一个网格地形平面，如图 3-114 所示。

步骤 02 使用【曲面起伏】工具选择交点进行拉伸，可以发现此时的起伏边缘比较生硬，如图 3-115 所示。

步骤 03 为了避免这种现象，首先选择制作起伏效果的区域，如图 3-116 所示，然后单击【添加细部】工具，对选择面进行细分，如图 3-117 所示。

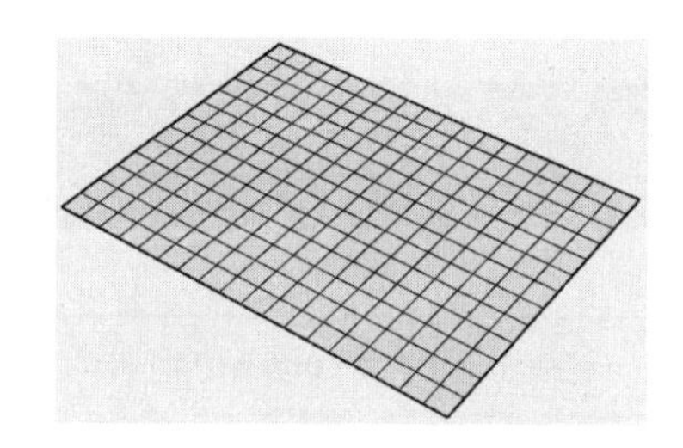

图 3-114　绘制网格地形平面

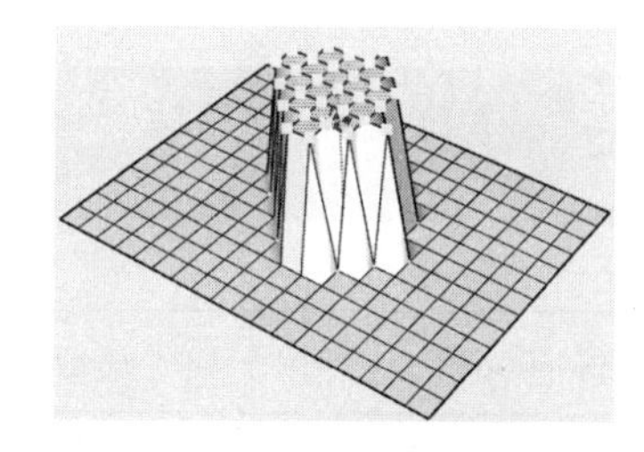

图 3-115　直接拉伸地形效果

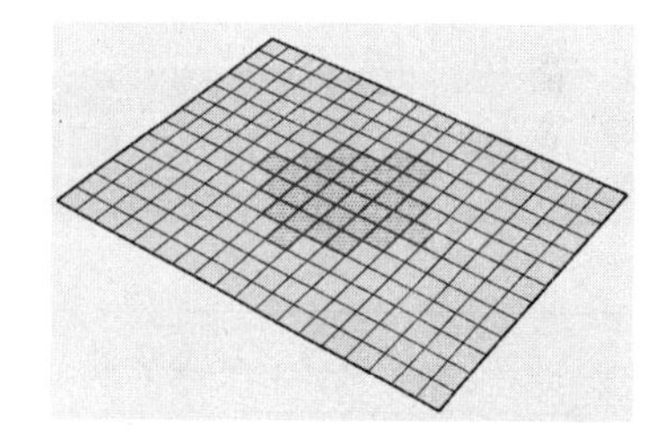

图 3-116　选择细分区域

步骤 04 细分完成后，再使用【曲面起伏】工具进行拉伸，如图 3-118 所示，即可得到平滑的拉伸边缘，如图 3-119 所示。

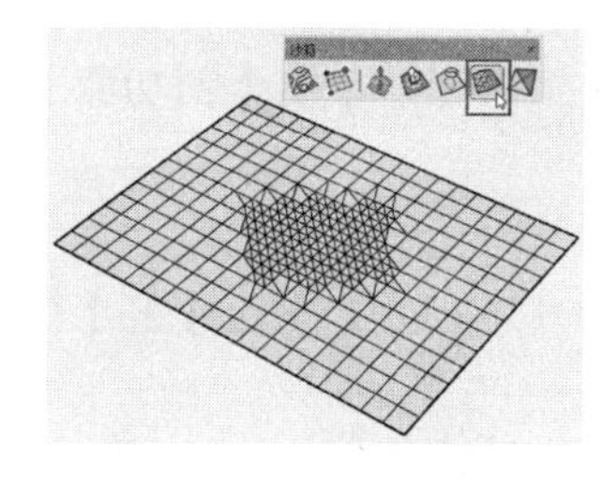

图 3-117　细分网格

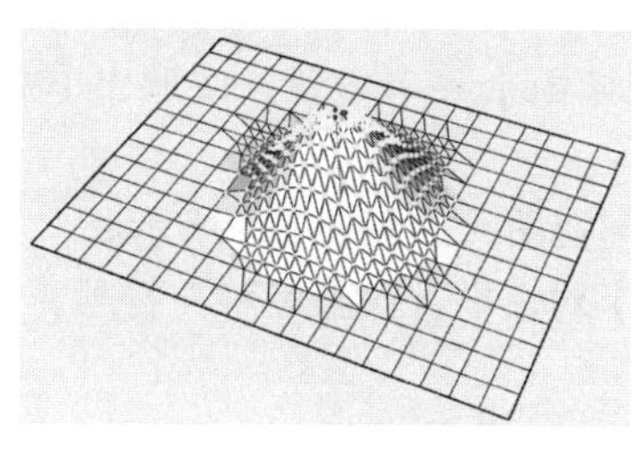

图 3-118　对网格面进行拉伸

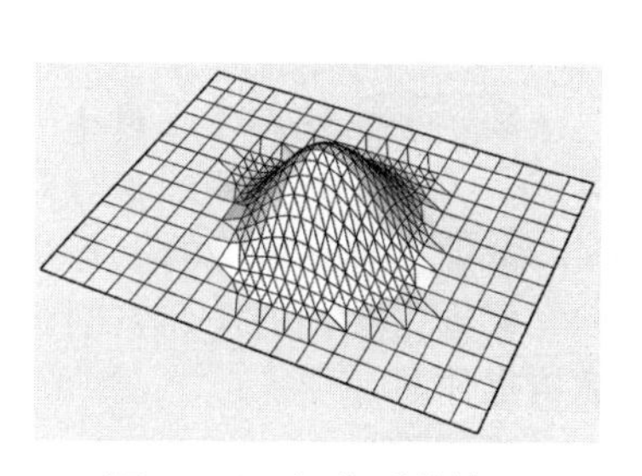

图 3-119　细分后的效果

065 对调角线工具

文件路径：无	视频文件：视频 \ 第 03 章 \065.MP4

本例介绍【沙盒】工具栏中【对调角线】工具的使用方法。

步骤 01 利用【网格】制作起伏地形效果时，如果效果不够平滑，可以隐藏网格地形的对角边线，如图 3-120 所示。

步骤 02 启用【对调角线】工具，单击网格对角线改变对角边线方向，如图 3-121 所示，如果边线方向与起伏一致，则可以使地形变得平缓一些，如图 3-122 所示。

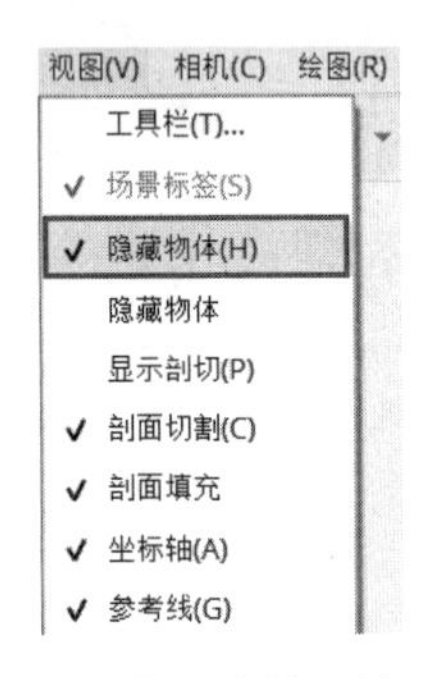

图 3-120　隐藏网格地形的对角边线

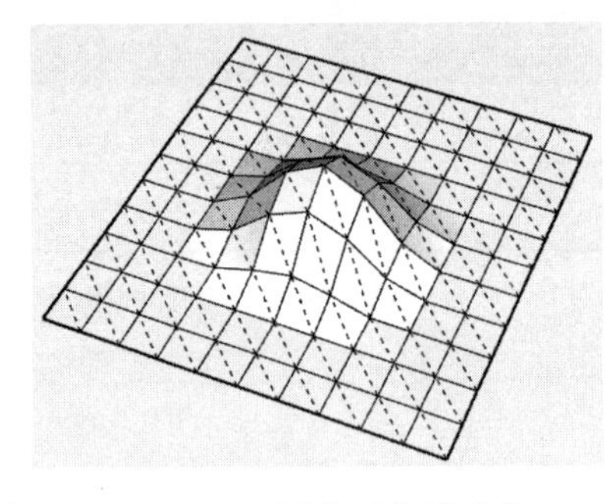

图 3-121　原有对角线走向

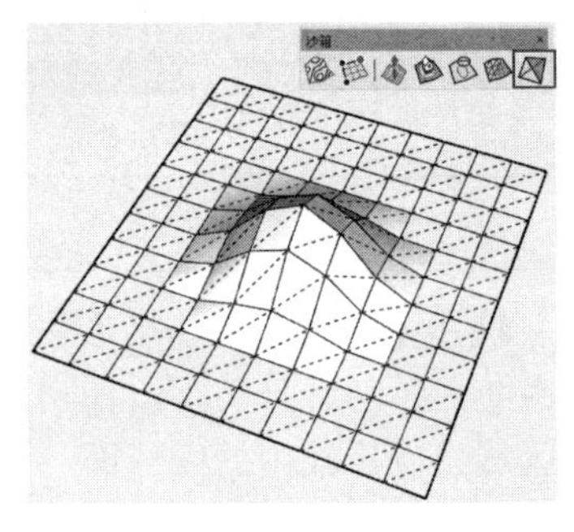

图 3-122　修改后的对角线走向

3.3　截面与标记工具

066 截面工具

文件路径：配套资源 \ 第 03 章 \066	视频文件：视频 \ 第 03 章 \066.MP4

利用【剖切面】工具，可以快速获得当前场景模型的平面布局与立面剖切效果。

1. 创建剖切面

步骤 01 打开配套资源“第 03 章 |066 截面工具 .skp”文件，该场景为一幢木制别墅模型，如图 3-123 所示。

步骤 02 执行【工具】/【剖切面】菜单命令，或调出【截面】工具栏，单击【剖切面】工具，启用工具，如图 3-124 所示。

步骤 03 在模型的上方放置剖切面，如图 3-125 所示。

步骤 04 打开【命名剖切面】对话框，设置名称与符号，如图 3-126 所示，单击【好】按钮完成操作。

步骤 05 创建截面后，通过移动工具，可以制作出多种剖切效果，如图 3-127~ 图 3-129 所示。

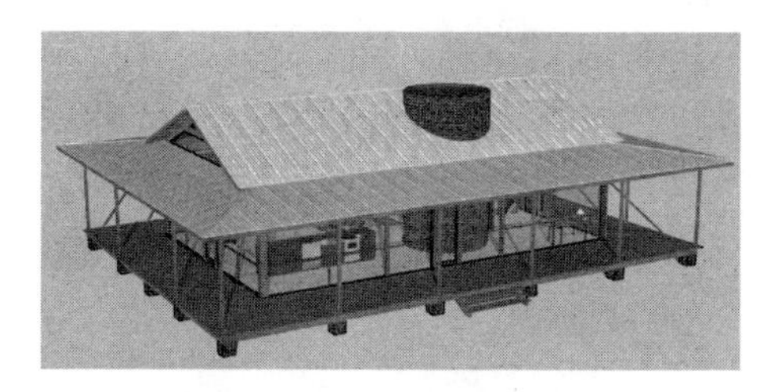

图 3-123　打开场景模型

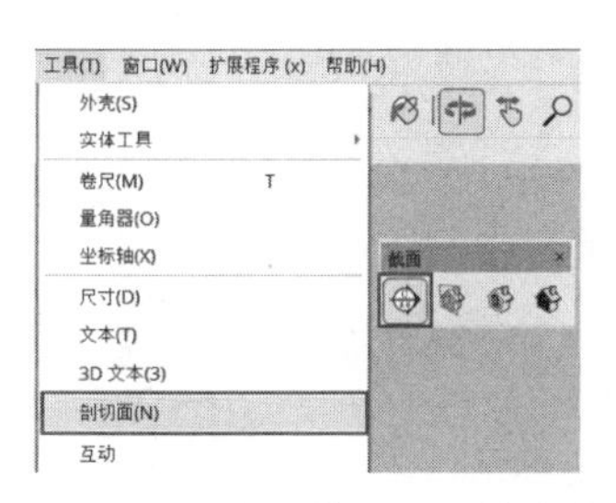

图 3-124　执行【剖切面】命令

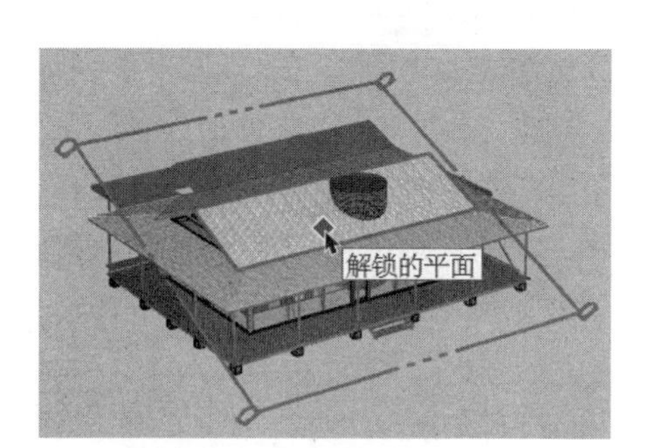

图 3-125　设置名称与符号

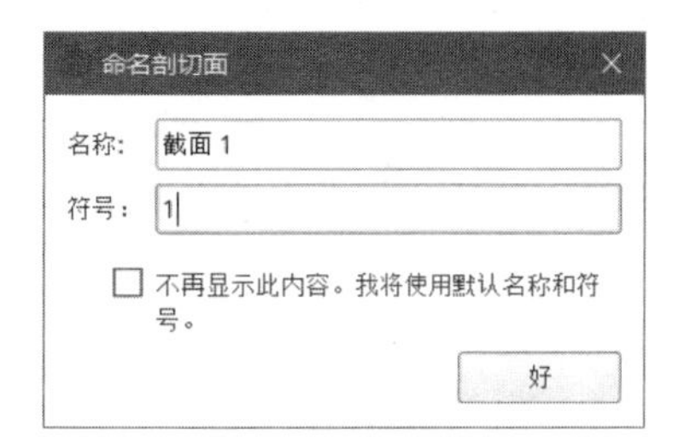

图 3-126 【命名剖切面】对话框

图 3-127　剖切效果

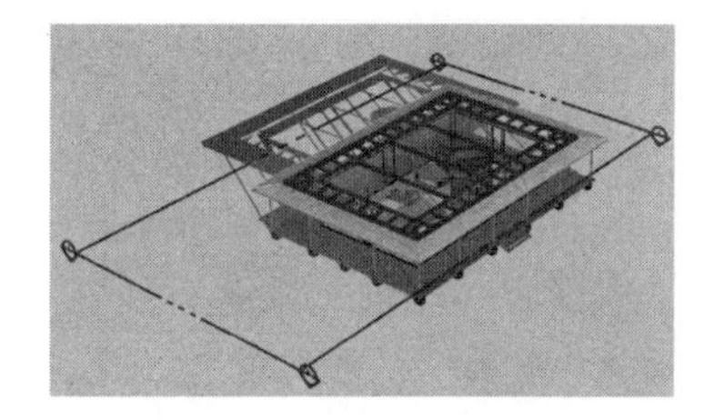

图 3-128　垂直剖切效果一

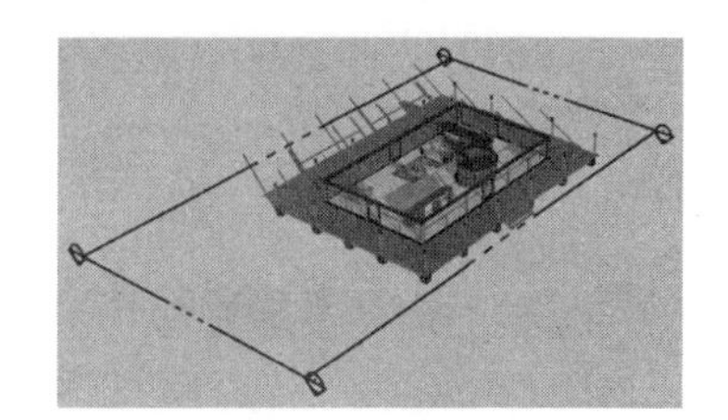

图 3-129　垂直剖切效果二

2. 剖切面的隐藏、显示与翻转

步骤 01 调整好剖切面剖切位置后，单击【截面】工具栏【显示剖切面】按钮，可以打开剖切面，如图 3-130 所示。

步骤 02 单击【显示剖切面切割】按钮，显示剖切面的切割效果，如图 3-131 所示。

步骤 03 单击【显示剖切面填充】按钮，显示剖面填充的效果，如图 3-132 所示。

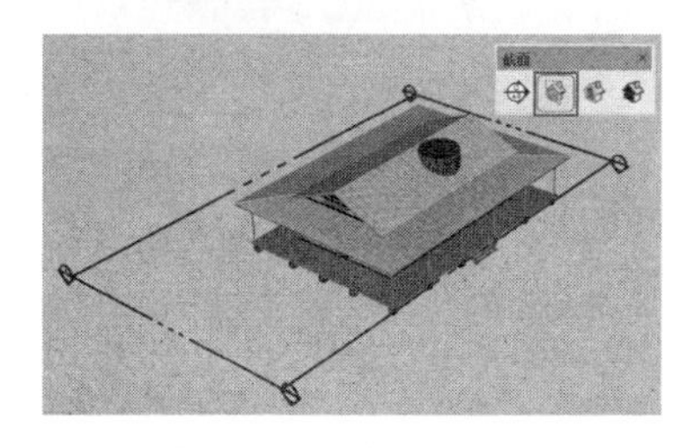

图 3-130　打开剖切面

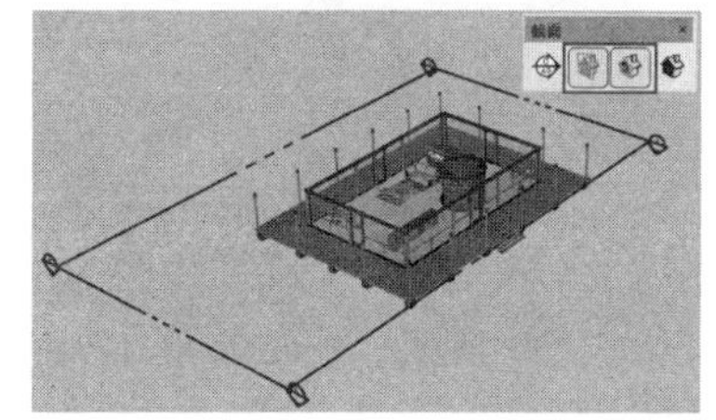

图 3-131　显示切割效果

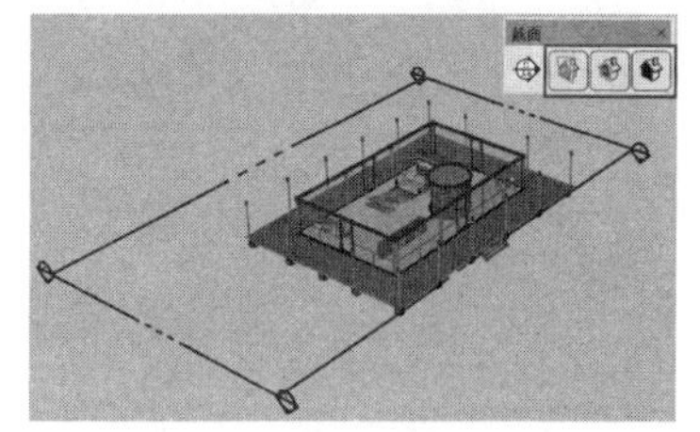

图 3-132　显示剖切面填充效果

步骤 04 在截面上单击鼠标右键，并选择快捷菜单【隐藏】命令，可以隐藏剖切面，如图 3-133 所示。

步骤 05 执行【编辑】/【撤销隐藏】菜单命令，如图 3-134 所示，可以显示隐藏的剖切面。

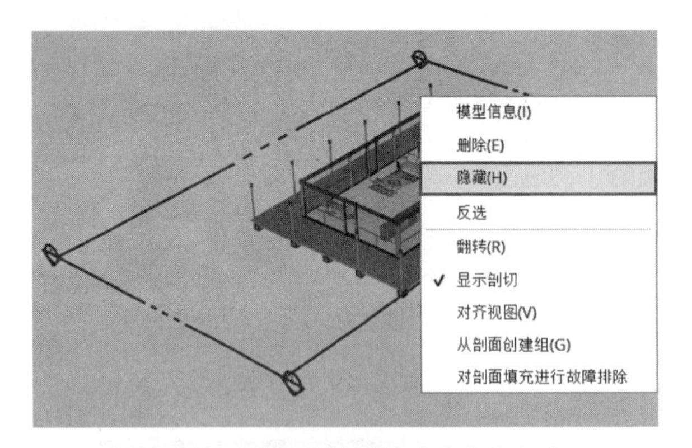

图 3-133　选择快捷菜单【隐藏】命令

编辑(E) 视图(V) 相机(C) 绘图(R) 工具(T)
撤销 隐藏 Ctrl+Z
重复 Ctrl+Y
剪切(T) Ctrl+X
复制(C) Ctrl+C
粘贴(P) Ctrl+V
定点粘贴(A)
删除(D) Del
删除参考线(G)
全选(S) Ctrl+A
全部不选 (N) Ctrl+T
反选 (I) Ctrl+Shift+I
隐藏(H)
撤销隐藏(E)
锁定(L)
取消锁定(K)
选定项(S)
最后(L)
全部(A)

图 3-134　【撤销隐藏】子菜单

步骤 06 翻转截面。在【剖切面】上单击鼠标右键，选择快捷菜单中的【翻转】命令，将产生反向剖切的效果，如图 3-135~ 图 3-137 所示。

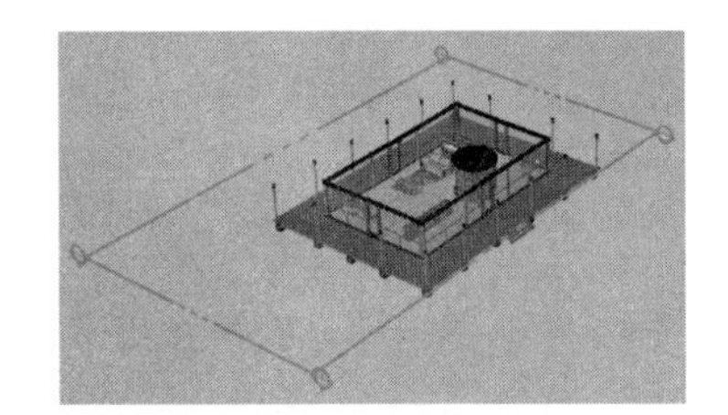

图 3-135　当前剖切效果

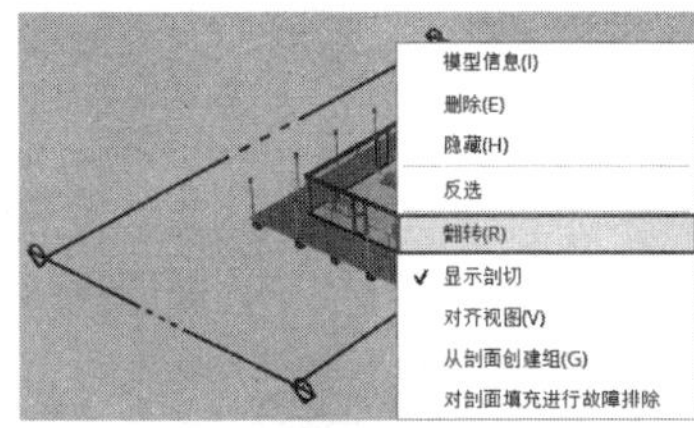

图 3-136　选择【翻转】命令

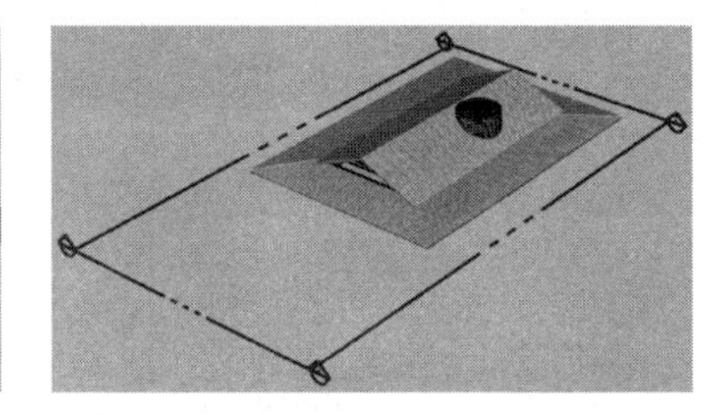

图 3-137　翻转截面后的效果

3. 剖切面的激活与冻结

步骤 01 当场景中有多个剖切面存在时，如图 3-138 所示，只能有一个剖面处于被激活的状态。

步骤 02 选择水平剖切面，单击鼠标右键，选择快捷菜单中的【显示剖切】命令，如图 3-139 所示。

步骤 03 激活水平剖切面的效果如图 3-140 所示，同时垂直剖切面被冻结。

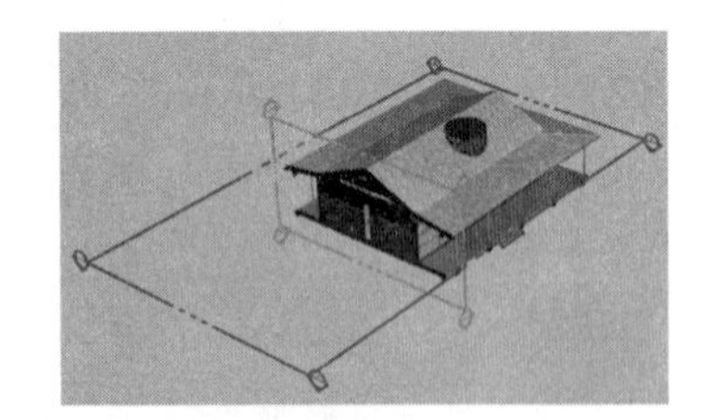

图 3-138　当前剖切效果

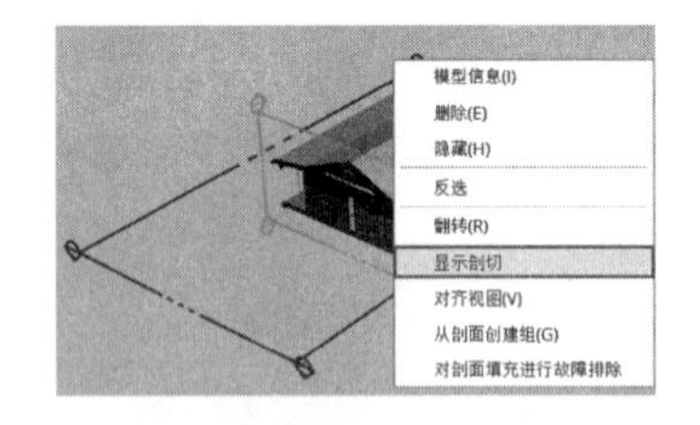

图 3-139　选择【显示剖切】命令

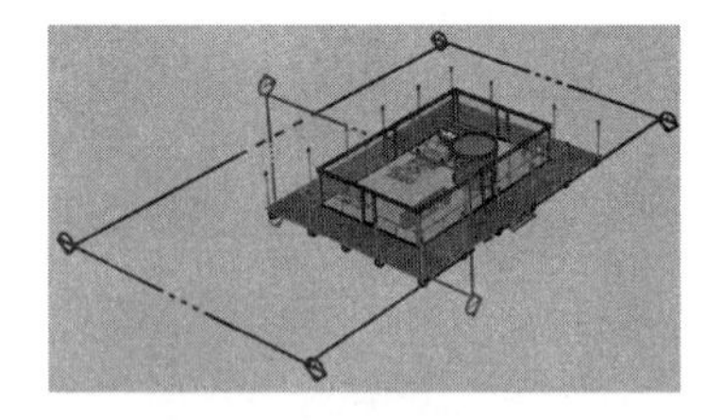

图 3-140　激活水平剖切面效果

4. 对齐到视口

步骤 01 在剖切面上单击鼠标右键，选择快捷菜单中的【对齐视图】命令，如图 3-141 所示，可以将视图自动对齐到剖切面的投影视图。

步骤 02 默认设置下 SketchUp 为【透视图】显示，如图 3-142 所示，如果要产生绝对的正投影视图效果，可以执行【相机】/【平行投影】菜单命令，如图 3-143 所示。

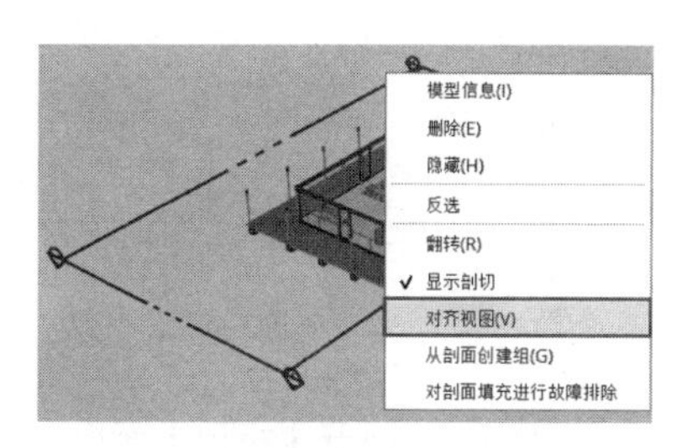

图 3-141　选择【对齐视图】命令

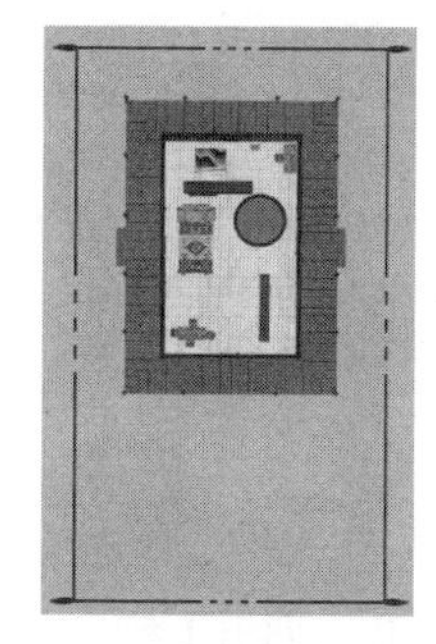

图 3-142　默认透视显示效果

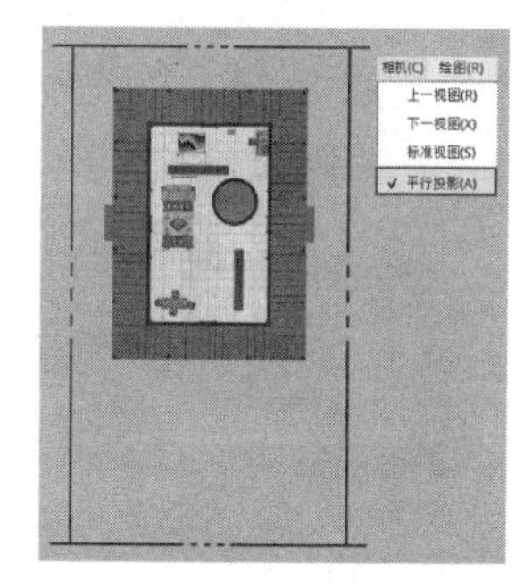

图 3-143　平行投影显示效果

5. 从剖面创建组

步骤 01 在剖切面上单击鼠标右键，选择快捷菜单中的【从剖面创建组】命令，如图 3-144 所示。

步骤 02 激活【移动】工具，选择剖切面的边线向右移动，如图 3-145 所示。

步骤 03 冻结剖面，显示剖切线的效果如图 3-146 所示。

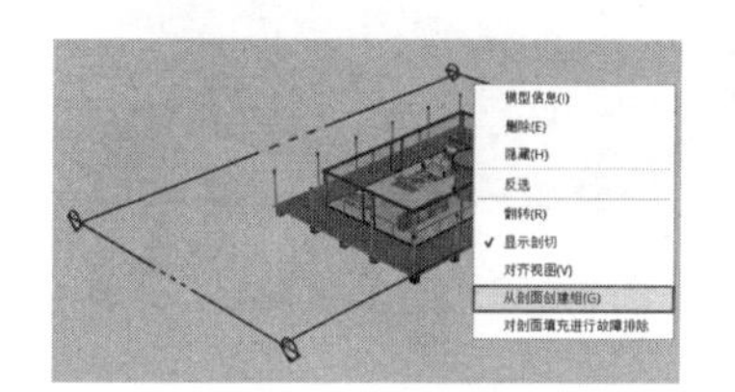

图 3-144　选择命令

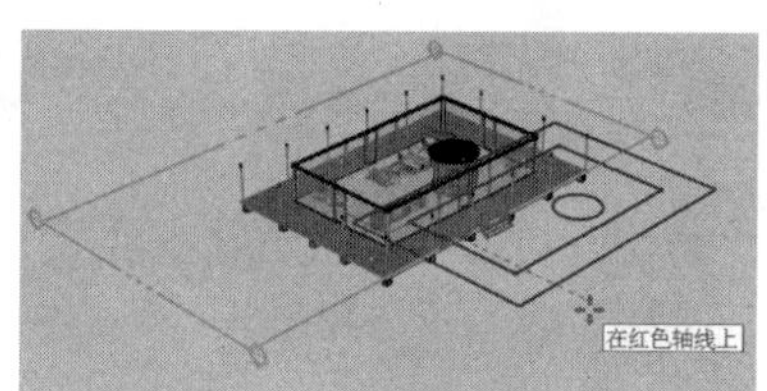

图 3-145　移动剖切线

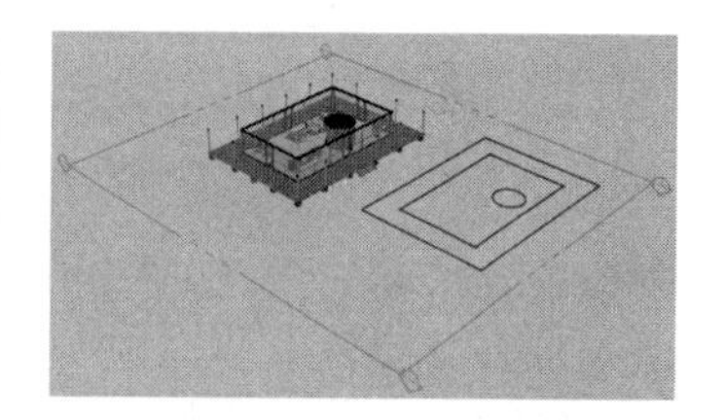

图 3-146　移动结果

067 标记工具

文件路径：配套资源 \ 第 03 章 \067	视频文件：视频 \ 第 03 章 \067.MP4

SketchUp 提供了【标记】工具，可以对场景模型进行有效的归类和管理，以快速对模型进行【隐藏】、【显示】等操作，提高模型管理效率。

1. 标记的显示与隐藏

步骤 01 打开配套资源“第 03 章 |067 标记工具 .skp”模型，该场景由建筑、树木、灌木以及人物组成，如图 3-147 所示。

步骤 02 执行【窗口】/【默认面板】/【标记】命令，如图 3-148 所示，调出【标记】面板。

步骤 03 打开【标记】管理面板，可以发现当前场景已经建立了对应的【树】、【灌木】、【建筑】、【地形】以及【人物】标记，如图 3-149 所示。

步骤 04 为了快速观察各个标记内的模型对象，在【标记】面板中单击颜色色块，在弹出的面板中设置标记的颜色，如图 3-150 所示。

步骤 05 单击【标记】面板中的【颜色随标记】按钮，如图 3-151 所示，此时同一标记内的对象均显示该【标记】设置的颜色，十分容易分辨，如图 3-152 所示。

图 3-147　打开场景模型

图 3-148　调出【标记】工具栏

图 3-149　打开【标记】面板

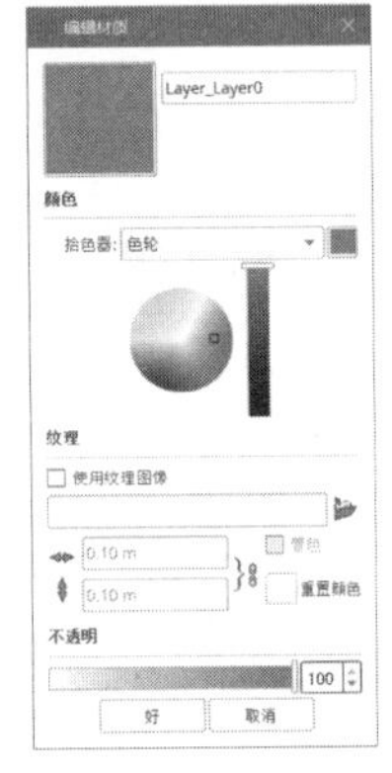

图 3-150　设置标记颜色

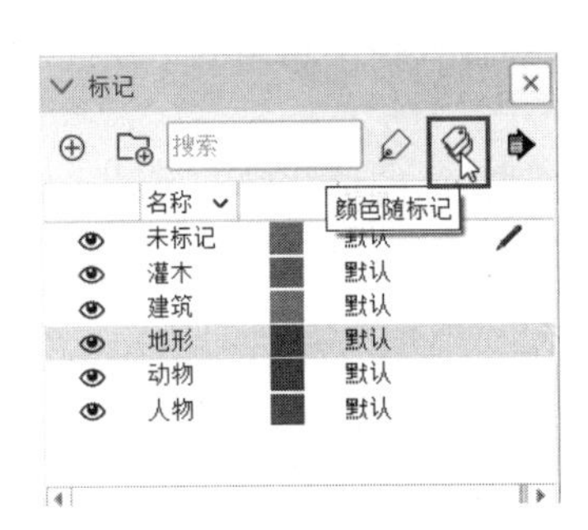

图 3-151　单击按钮

图 3-152　颜色随标记

步骤06 如果要关闭某个标记，使该标记不在视图中显示，只需单击该标记前的【眼睛】图标即可，再次单击，则重新显示该标记，如图 3-153 所示。

步骤07 如果要同时设置多个【标记】的显示或隐藏，可以按住 Ctrl 键进行多选，然后单击标记前的【眼睛】图标即可，如图 3-154 所示。

步骤08 如果要选择场景所有标记，可以单击【标记】面板右侧的【详细信息】按钮，然后选择【全部】命令进行全选，如图 3-155 所示。

图 3-153　隐藏建筑标记

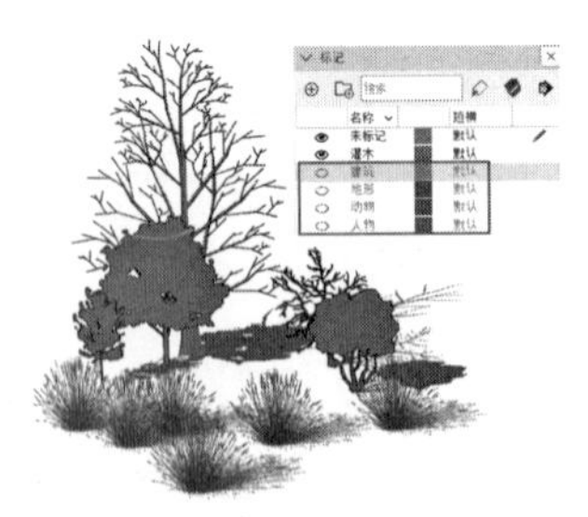

图 3-154　隐藏多个标记

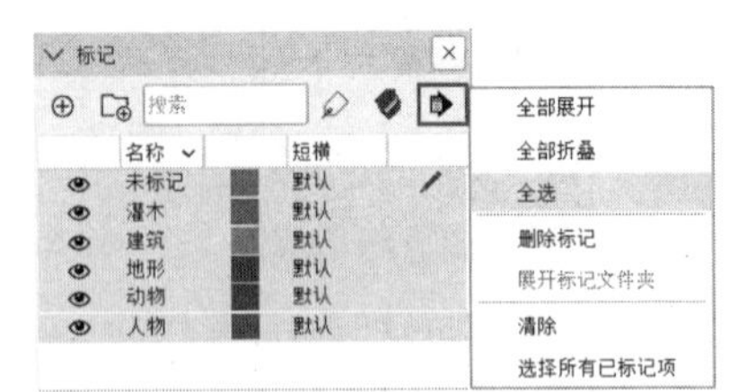

图 3-155　选择所有标记

2. 添加与删除标记

步骤01 单击【标记】面板左上角【添加标记】按钮⊕，即可新建标记，并能同时为新建标记命名，如图 3-156 所示。

步骤02 新建并命名标记后，通过【组件】面板在对应标记插入组件，如图 3-157 与图 3-158 所示。

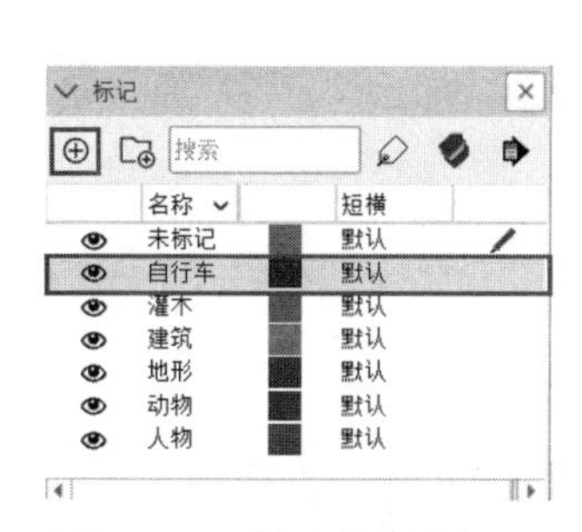

图 3-156　新建并命名标记

图 3-157　通过组件添加自行车

图 3-158　添加完成效果

步骤 03 如果要删除某标记，首先在【标记】面板选择标记，然后单击【标记】面板左上角【详细信息】按钮，在弹出的列表中选择【删除标记】选项，如图 3-159 所示。

步骤 04 弹出【删除包含图元的标记】提示面板，并默认选择【分配另一个标记】选项，删除该标记内的物体将自动转移至【未标记】内，如图 3-160 所示。

步骤 05 隐藏【未标记】，位于其中的灌木也同样被隐藏，结果如图 3-161 所示。

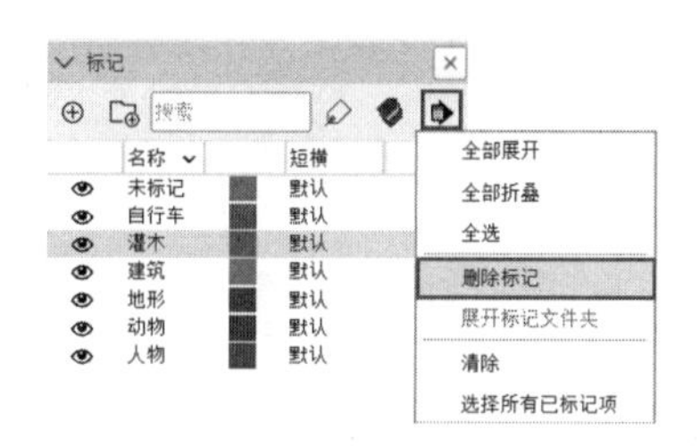

图 3-159　选择【删除标记】选项

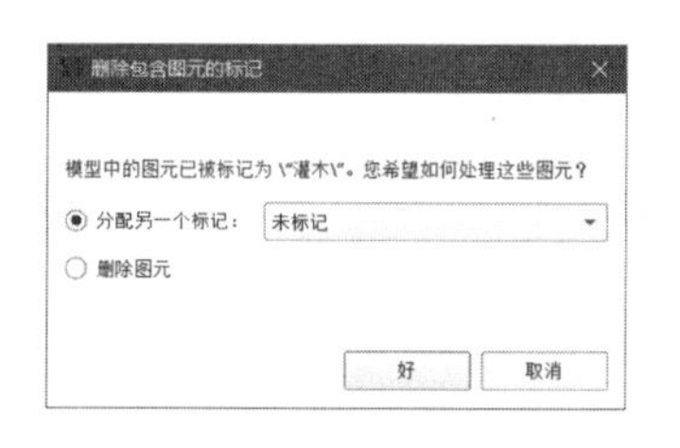

图 3-160　选择【分配另一个标记】选项

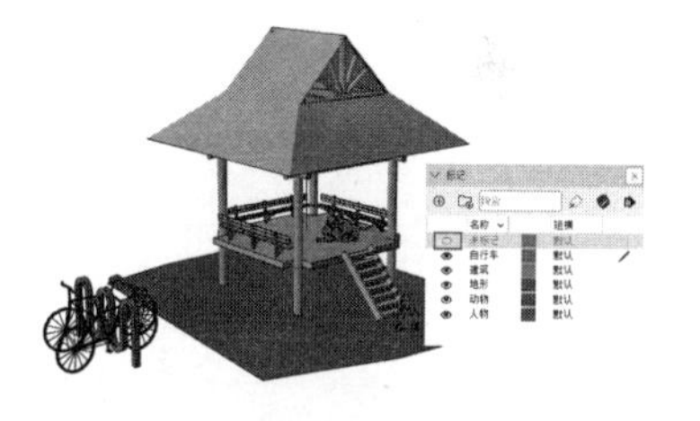

图 3-161　隐藏标记的效果

步骤 06 如果隐藏当前标记，会弹出提示面板，提醒【无法隐藏当前标记】，如图 3-162 所示。如果场景内包含空白标记，可以单击【标记】面板右侧的【详细信息】按钮，在列表中选择【清除】选项，即可自动删除所有空白标记，如图 3-163 与图 3-164 所示。

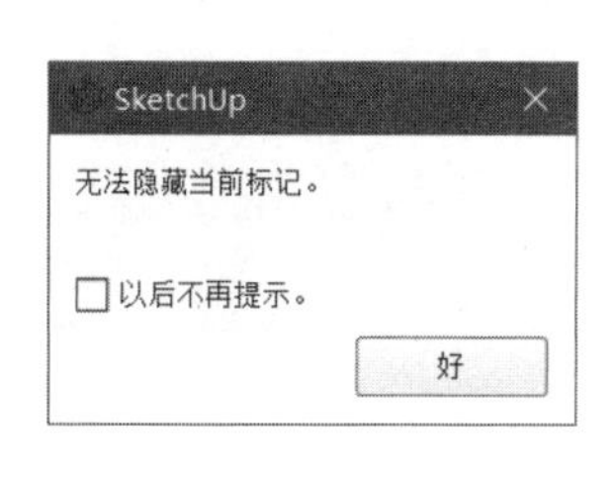

图 3-162　提示面板

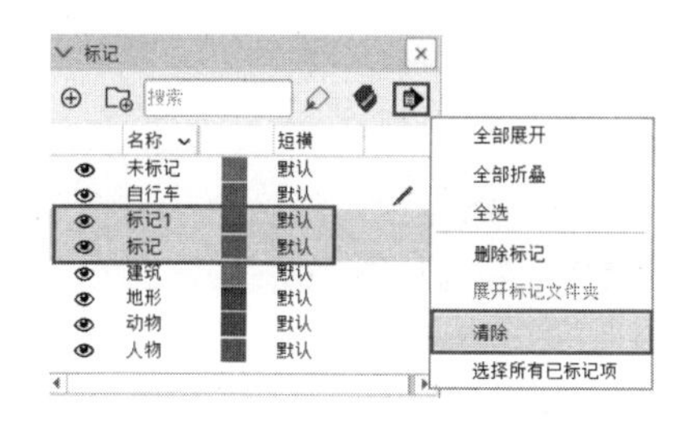

图 3-163　选择【清除】选项

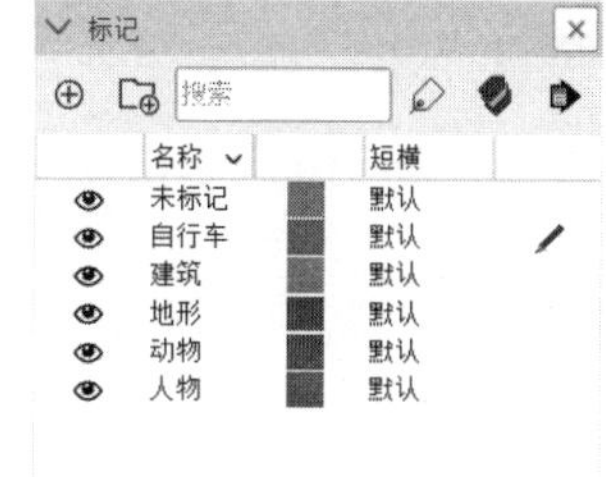

图 3-164　清理空白标记结果

3. 改变对象所处标记

步骤 01 选择要改变标记的对象，单击鼠标右键，选择其中的【模型信息】命令，如图 3-165 所示。

步骤 02 打开【图元信息】面板，单击展开【标记】下拉列表，选择目标标记，如【未标记】即可，如图 3-166 所示。

步骤 03 关闭【未标记】，即可发现建筑模型被隐藏，如图 3-167 所示。

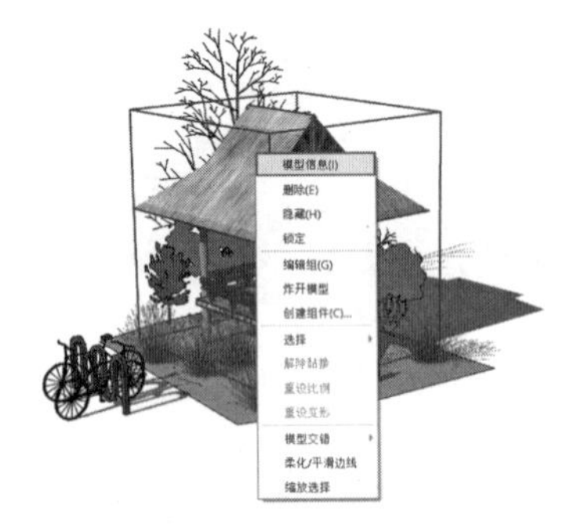

图 3-165 选择【模型信息】命令

图 3-166 选择【未标记】

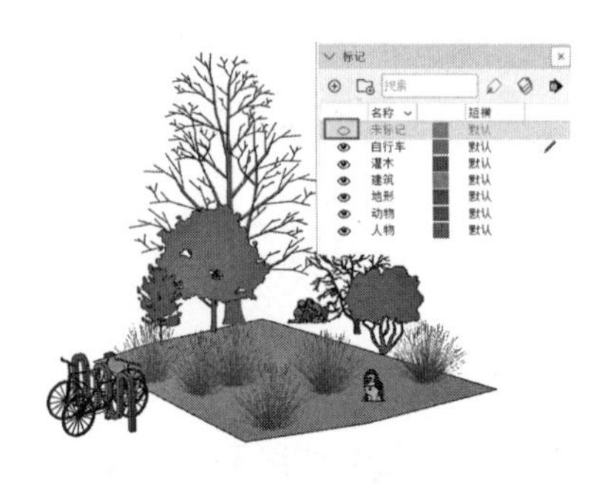

图 3-167 建筑标记隐藏效果

→ 技巧

选择对应模型后，通过【标记】工具栏同样可以切换标记，如图 3-168 与图 3-169 所示。

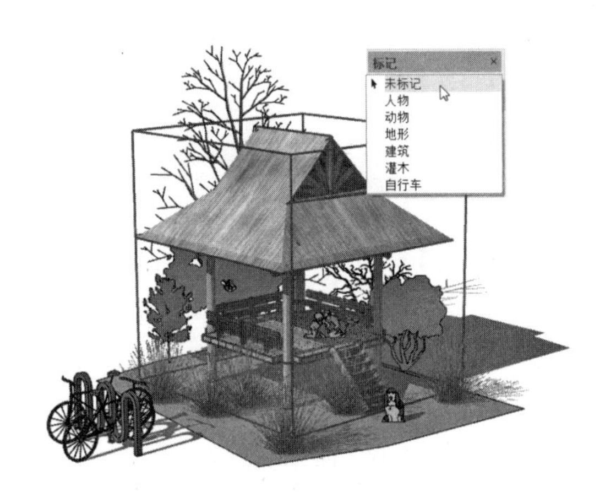

图 3-168 通过【标记】工具栏设置

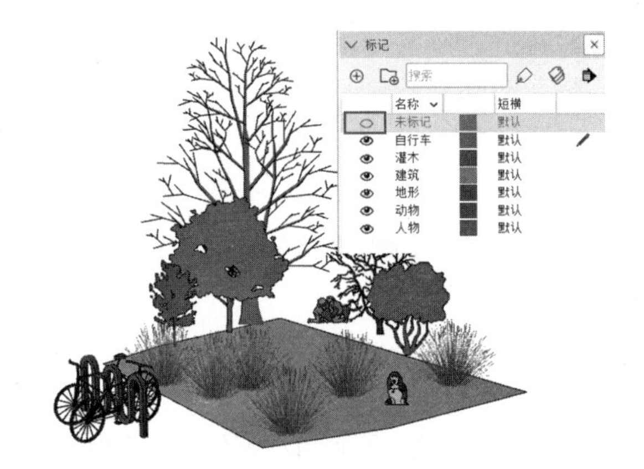

图 3-169 关闭【未标记】的效果

068 雾化工具

文件路径：配套资源 \ 第 03 章 \068	视频文件：视频 \ 第 03 章 \068.MP4

为场景添加【雾化】特效，可以增强环境氛围，本例介绍其操作方法与使用技巧。

步骤 01 打开配套资源“第 03 章 |068 雾化 .skp”文件，当前场景的光影、造型以及材质效果都十分清晰，如图 3-170 所示。

步骤 02 为其制作雾化特效。执行【窗口】/【默认面板】/【雾化】菜单命令，如图 3-171 所示，打开【雾化】面板并调整参数，如图 3-172 所示。

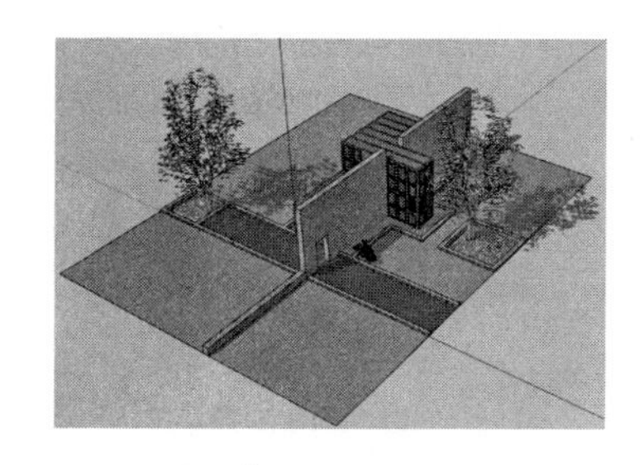

图 3-170　打开场景模型

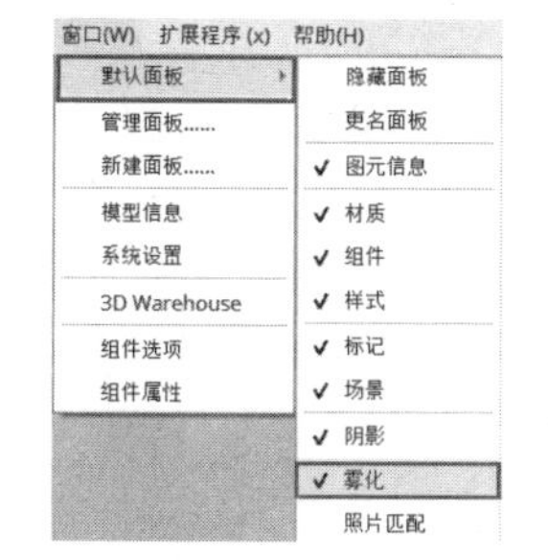

图 3-171　执行【窗口】/【雾化】菜单命令

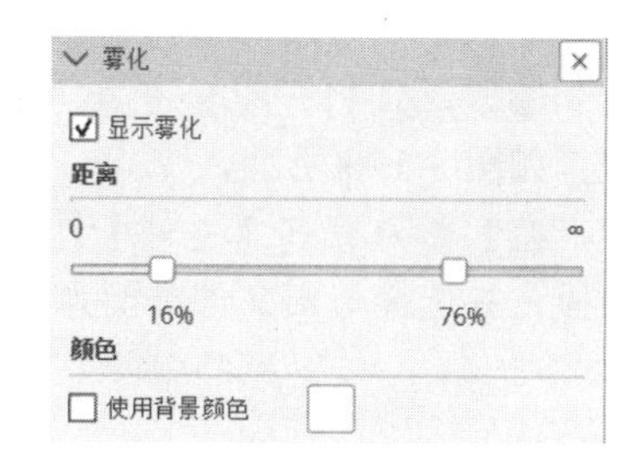

图 3-172　调整【雾化】面板参数

步骤 03 调整好的雾化效果如图 3-173 所示，取消【雾化】面板【使用背景颜色】复选框的勾选，然后单击其后的色块，即可自定义雾气颜色，如图 3-174 与图 3-175 所示。

图 3-173　雾化调整效果

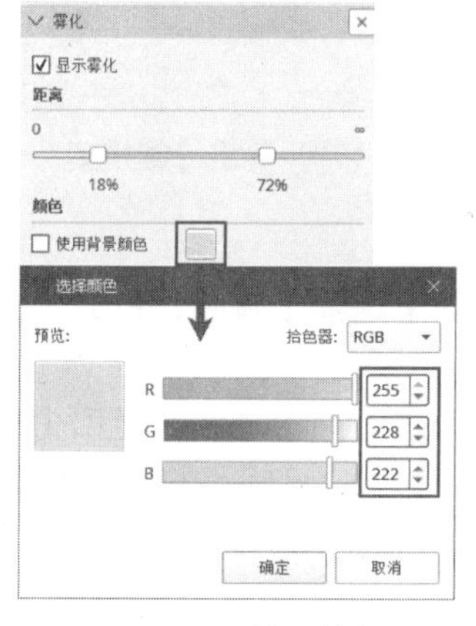

图 3-174　调整雾效颜色

图 3-175　色彩调整效果

技巧

【雾化】面板左侧滑块用于调整摄影机近端的雾气浓度，右侧滑块用于调整摄影机远端的雾气浓度。

3.4　文件导出与导入

069　SketchUp 常用文件导出

文件路径：配套资源 \ 第 03 章 \069	视频文件：视频 \ 第 03 章 \069.MP4

通过 SketchUp 文件导出功能，可以将文件导出为 3ds max、AutoCAD 等常用设计软件可以识别的格式，本例介绍导出 3DS\DWG\JPG 文件的方法与技巧。

1. 导出 3DS 文件

步骤 01 打开配套资源“第 03 章 |069 导出 3DS 文件 .skp”模型文件，其为一个圆形廊架模型，如图 3-176 所示。

步骤 02 执行【文件】/【导出】/【三维模型】菜单命令，如图 3-177 所示，打开【输出模型】面板，并选择导出文件类型为 3DS 文件，如图 3-178 所示。

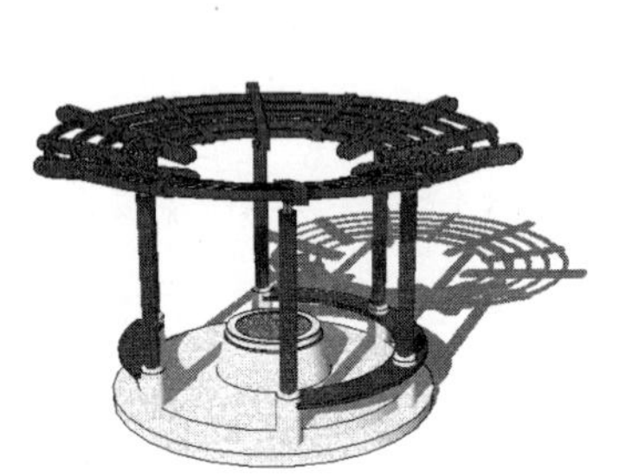

图 3-176　打开场景模型

图 3-177　导出三维模型

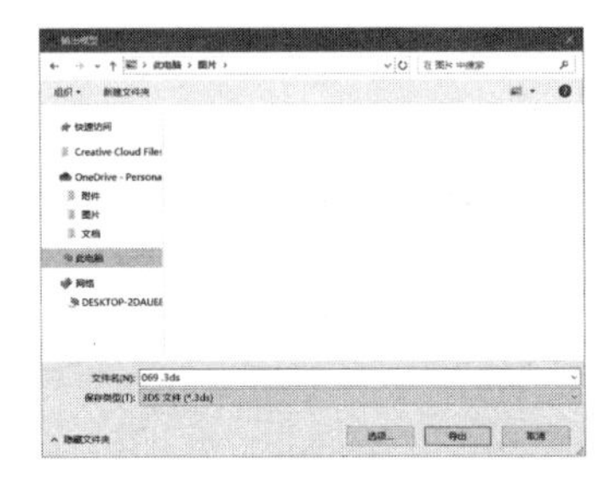

图 3-178　选择导出文件类型为 3DS 文件

步骤 03 单击【输出模型】面板【选项】按钮，打开【3DS 导出选项】面板，设置相应导出参数，如图 3-179 所示。

步骤 04 设置好导出选项后，单击【好】按钮，返回【输出模型】面板，单击【导出】按钮，即可进行导出，如图 3-180 所示。

步骤 05 成功导出 3DS 文件后，SketchUp 将弹出【3DS 导出结果】面板，罗列导出的详细信息，如图 3-181 所示。

图 3-179　设置 3DS 文件导出选项

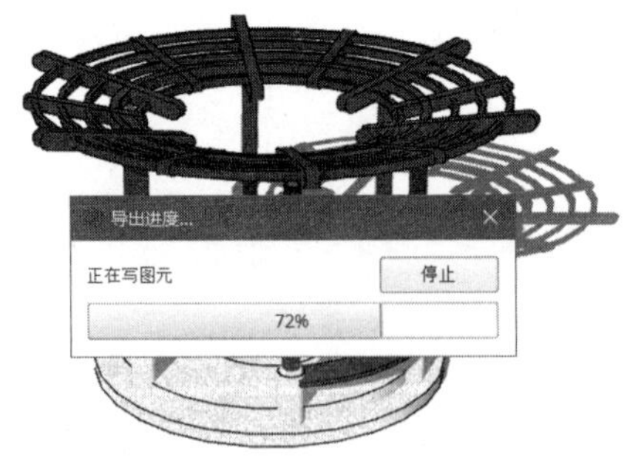

图 3-180　导出进度显示

图 3-181　【3DS 导出结果】面板

步骤 06 启动 3ds max，在导出路径中找到导出 3DS 文件并进行查看，如图 3-182 所示。

步骤 07 导出的 3DS 文件包括完整的模型与【摄影机】，按 C 键进入摄影机视图，调整好构图比例进行默认渲染，渲染效果如图 3-183 所示，可以看到模型非常完整。

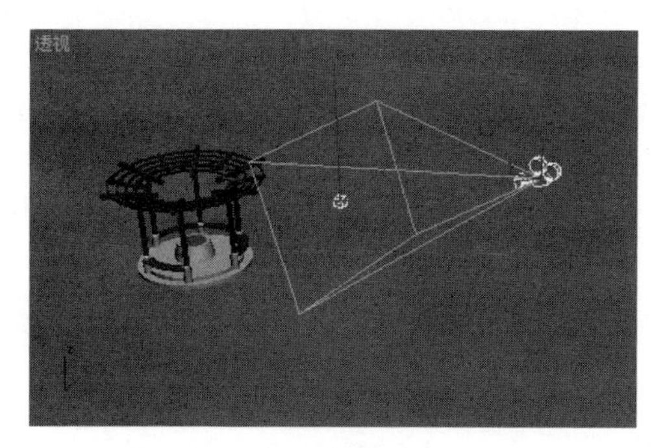

图 3-182　打开导出的 3DS 文件

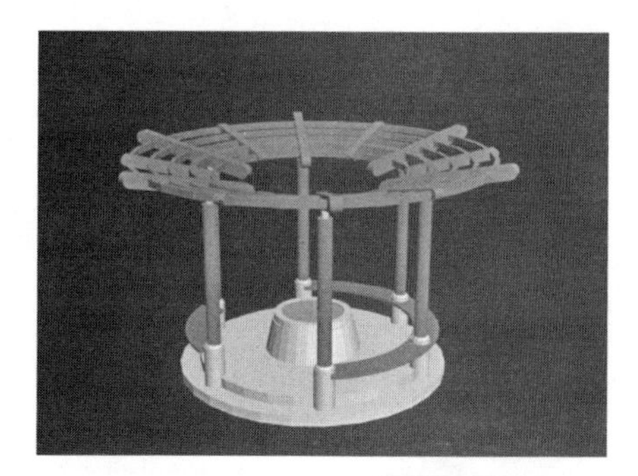

图 3-183　3DS 文件默认渲染效果

2. 导出 JPG 图像文件

步骤 01 打开配套资源“第 03 章 |069 JPG 导出 .skp”文件，其为一个略带卡通效果的别墅场景，如图 3-184 所示。

步骤 02 执行【文件】/【导出】/【二维图形】菜单命令，如图 3-185 所示。打开【输出二维图形】面板，选择文件类型，如图 3-186 所示。

图 3-184　打开场景

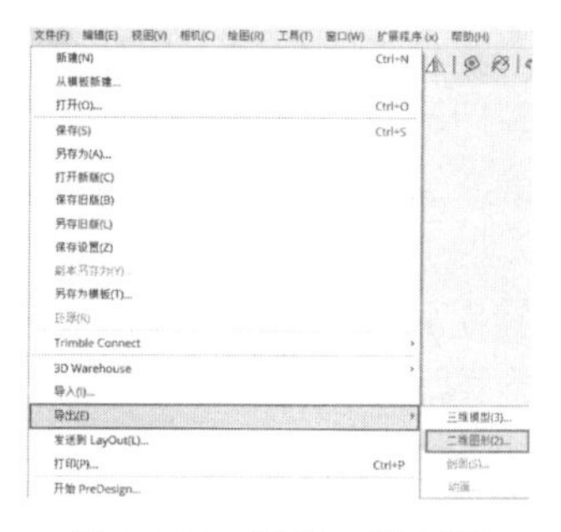

图 3-185　导出二维图形

步骤 03 单击【选项】按钮，弹出【输出选项】面板，如图 3-187 所示，查看或设置好图像大小，然后返回【输出二维图形】面板，单击【导出】按钮即可。

步骤 04 文件成功导出后，启用图像查看软件打开导出文件，即可以 JPG 格式快速查看场景效果，如图 3-188 所示。

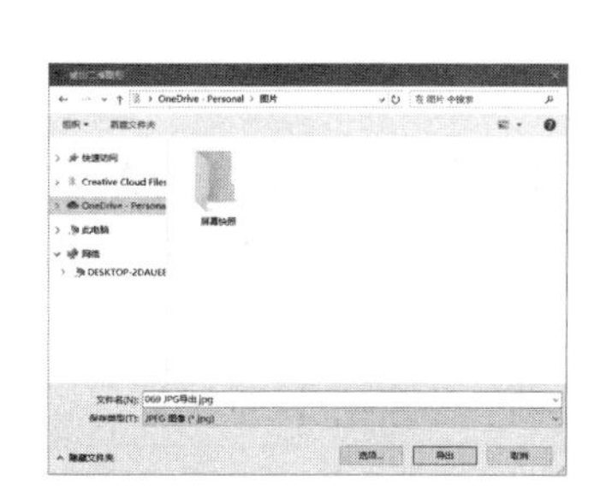

图 3-186　选择文件类型

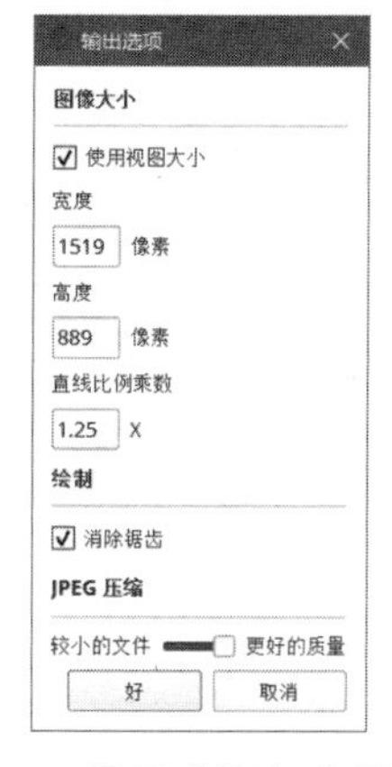

图 3-187　设置【输出选项】面板

图 3-188　JPG 导出结果

3. 导出 AuotCAD 文件

步骤 01 打开配套资源“第 03 章|069 DWG 导出 .skp”模型文件，该场景为一个应用了【截面】工具的场景，如图 3-189 所示，在视图中已经能看到房间内部布局。

步骤 02 执行【文件】/【导出】/【剖面】菜单命令，如图 3-190 所示。打开【输出二维剖面】面板，选择文件类型，如图 3-191 所示。

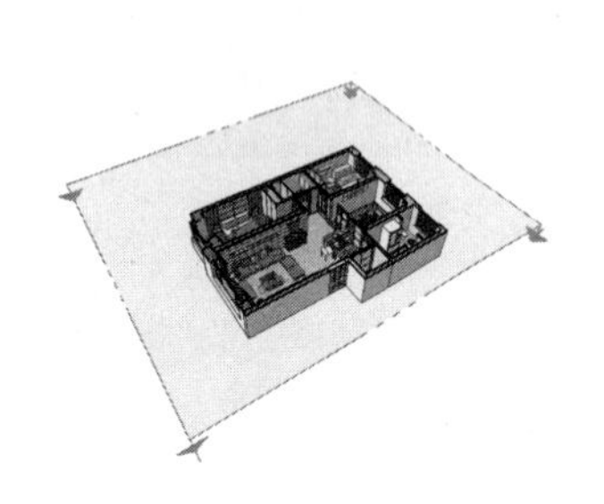

图 3-189　打开模型

图 3-190　执行【文件】/【导出】/【剖面】菜单命令

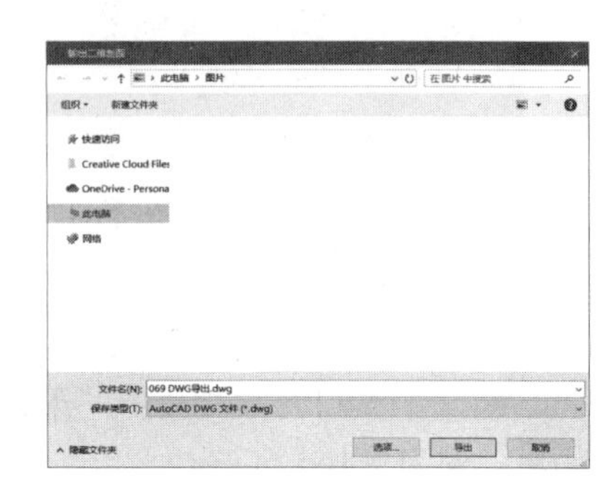

图 3-191　设置导出类型

步骤 03 单击【选项】按钮，弹出【DWG/DXF 输出选项】面板，根据软件版本设置相关参数，如图 3-192 所示。

步骤 04 单击【确定】按钮，返回到【输出二维剖面】面板，单击【导出】按钮，即可导出 DWG 文件，成功导出后将弹出提示信息框，如图 3-193 所示。

步骤 05 打开 AutoCAD，在导出路径中找到导出的 DWG 文件，即可进行打开与编辑，如图 3-194 所示。

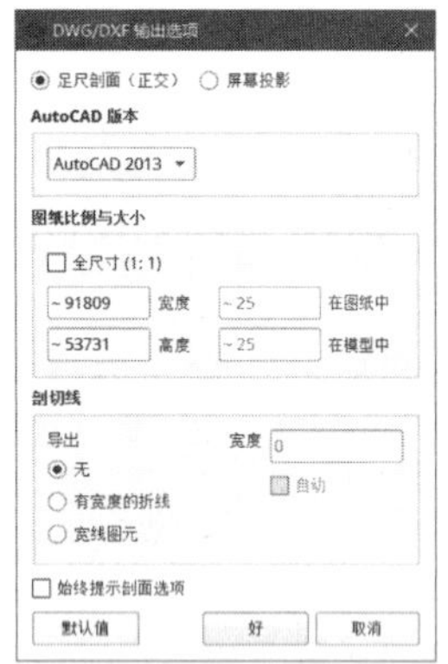

图 3-192　设置 AutoCAD 版本

图 3-193　提示信息框

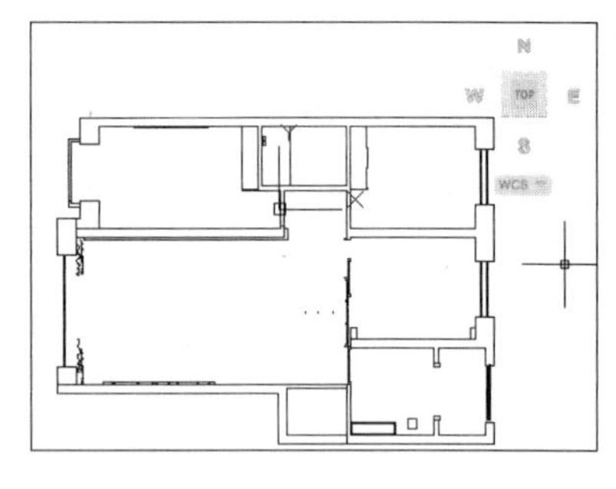

图 3-194　找到导出的 DWG 文件

070 SketchUp 常用文件导入

文件路径：配套资源 \ 第 03 章 \070	视频文件：视频 \ 第 03 章 \070.MP4

SketchUp 同时具备十分强大的【导入】功能，可以导入常用的 DWG、3DS 以及图片文档，本例介绍以上三种格式文件的导入方法与技巧。

1. 导入 AutoCAD 文件

步骤 01 执行【文件】/【导入】菜单命令，如图 3-195 所示，弹出【导入】面板，选择文件类型如图 3-196 所示。

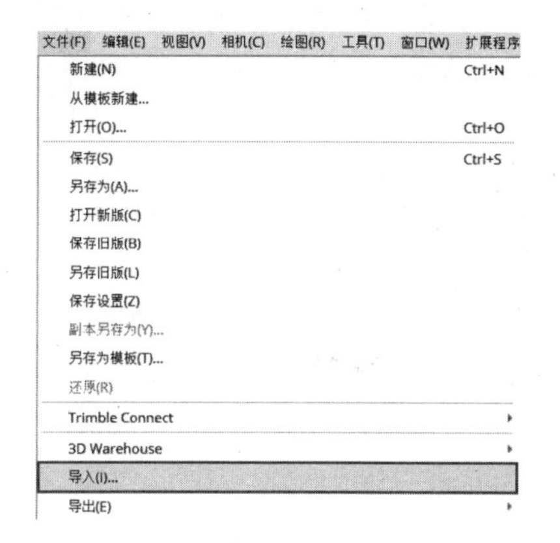

图 3-195　执行【文件】/【导入】命令

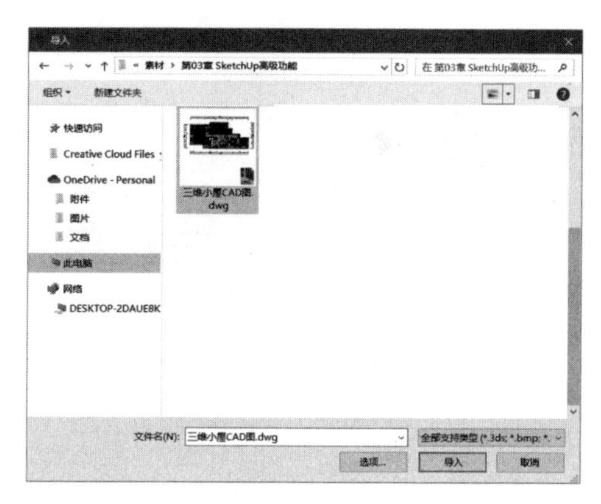

图 3-196　选择 AutoCAD 文件类型

步骤 02 单击【导入】面板【选项】按钮，弹出【导入 AutoCAD DWG/DXF 选项】面板，设置好导入单位并单击【好】按钮，如图 3-197 所示。

步骤 03 进入对应文件夹，如图 3-198 所示，双击目标文件进行导入，导入完成会弹出【导入结果】面板，如图 3-199 与图 3-200 所示。

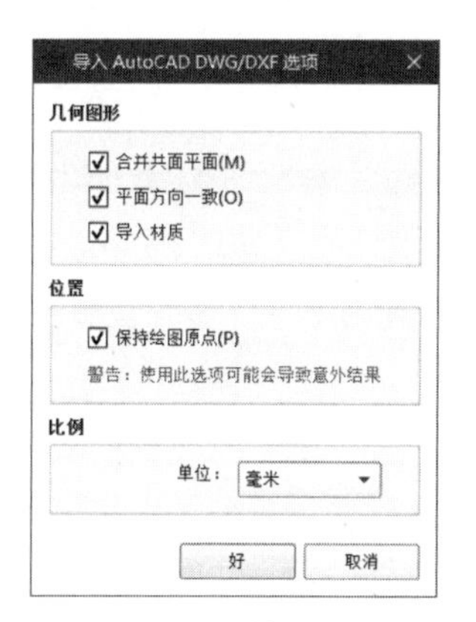

图 3-197　调整导入单位

图 3-198　双击目标导入文件

图 3-199　导入进度显示

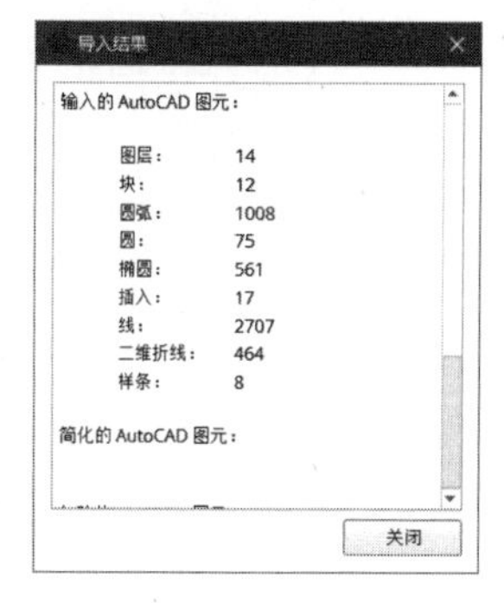

图 3-200　【导入结果】面板

步骤 04 单击【导入结果】面板【关闭】按钮，移动光标放置导入的文件，如图 3-201 所示。对比观察文件在 AutoCAD 中的效果，可以发现两者并没有区别，如图 3-202 所示。

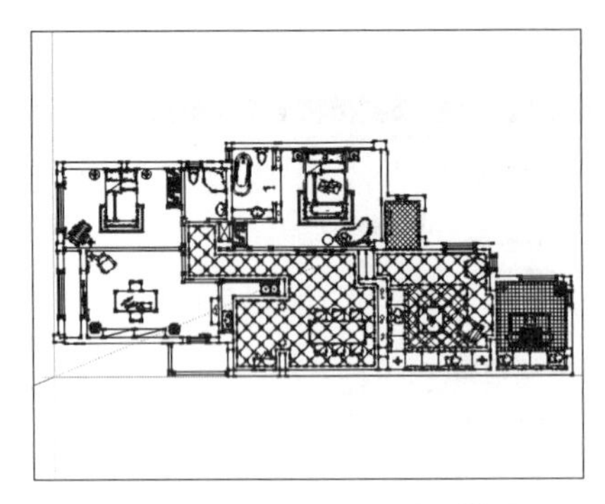
图 3-201　SketchUp 导入效果

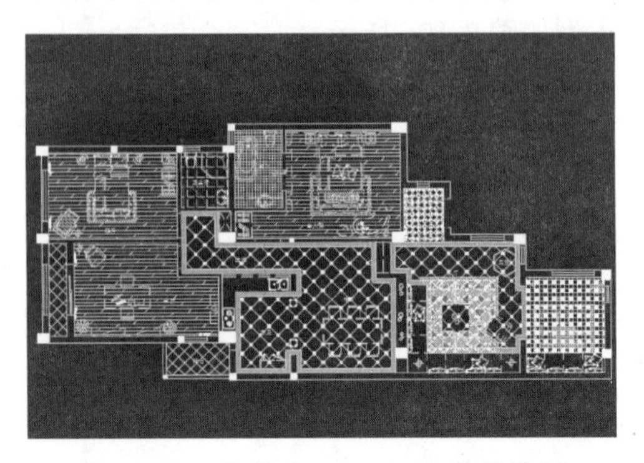
图 3-202　文件在 AutoCAD 中的效果

⟶ 提示

如果导入之前，SketchUp 场景中已经有了其他的实体，所有导入的几何体会合并为一个组。

2. 导入 3DS 文件

步骤 01 执行【文件】/【导入】菜单命令，如图 3-203 所示。弹出【导入】面板，选择文件类型为【3DS 文件】，如图 3-204 所示。

图 3-203　执行【文件】/【导入】命令

图 3-204　选择 3DS 文件类型

步骤 02 单击【导入】面板【选项】按钮，打开【3DS 导入选项】面板，根据需要设置相关的参数，如图 3-205 所示。

步骤 03 单击【好】按钮返回【导入】面板，如图 3-206 所示，进入文件夹双击目标文件，即可进行导入，如图 3-207 所示，导入效果如图 3-208 所示。

⟶ 技巧

在 SketchUp 中导入 3DS 文件，最容易出现的问题是模型移位，如图 3-209 所示。要解决该问题，最好的方法是在 3ds max 中将模型转换为【可编辑多边形】，然后利用【附加】命令，将所要导入的模型附加成一个整体，如图 3-210 与图 3-211 所示。

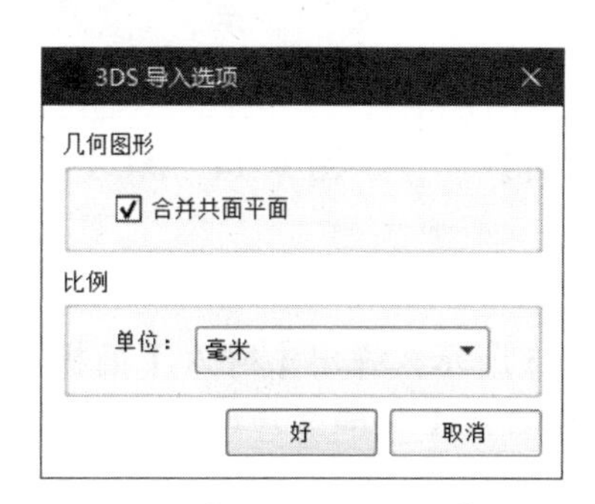

图 3-205　【3DS 导入选项】面板

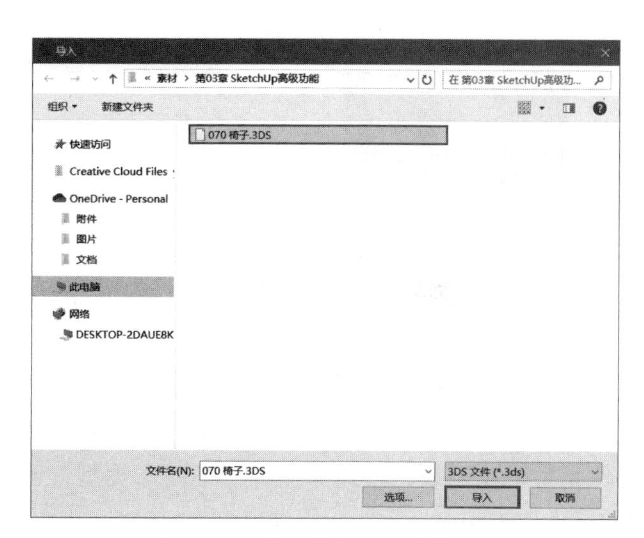

图 3-206　双击目标文件进行导入

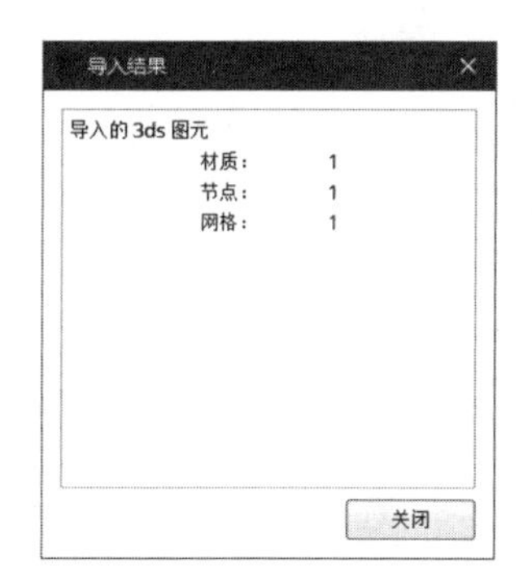

图 3-207　【导入结果】面板

图 3-208　3DS 文件导入效果

图 3-209　模型移位

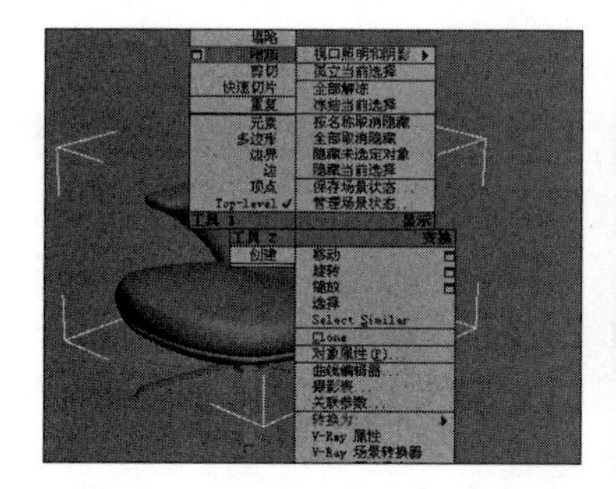

图 3-210　在 3ds max 中进行附加

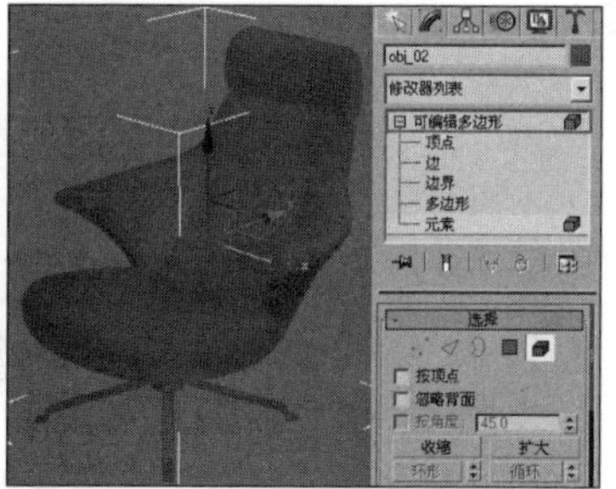

图 3-211　附加为整体

⟶ 技巧

另外一个比较常见的问题就是在模型表面出现三角面的现象，如图 3-212 所示。对于结构本来较为简单的模型，勾选【3DS 导入选项】面板中的【合并共面平面】复选框，如图 3-213 所示，即可有效解决三角面问题，如图 3-214 所示。

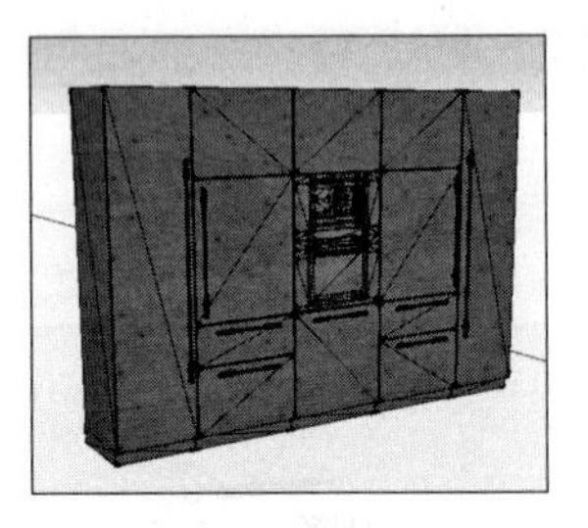

图 3-212　模型三角面

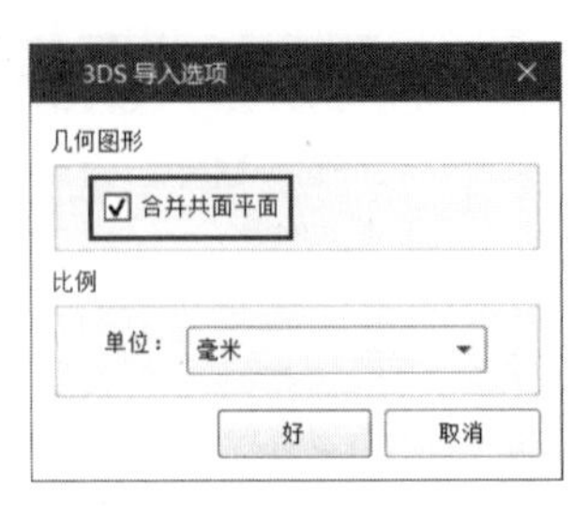

图 3-213　勾选【合并共面平面】

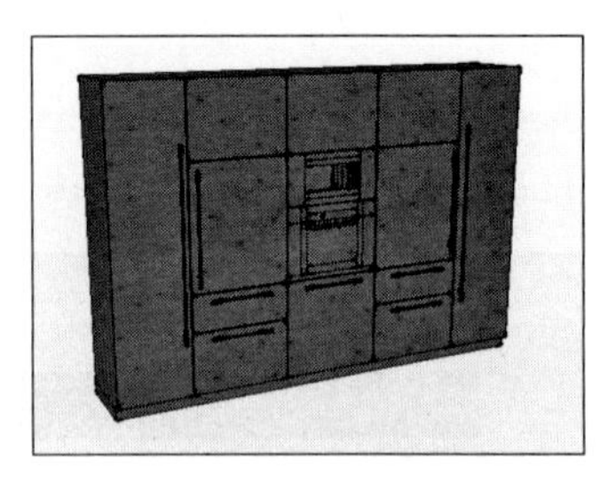

图 3-214　调整效果

3. 导入二维图形

步骤 01 执行【文件】/【导入】菜单命令，如图 3-215 所示，弹出【导入】面板，展开文件类型下拉列表，可选择多种二维图形类型，通常直接选择【全部支持的图像类型】，如图 3-216 所示。

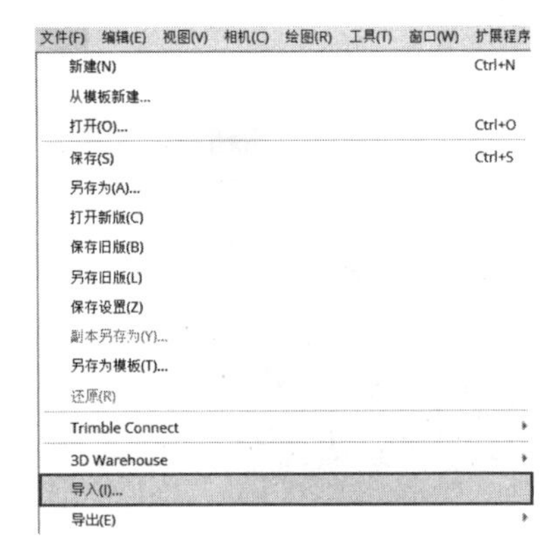

图 3-215　执行【文件】/【导入】命令

图 3-216　选择导入二维图形类型

步骤 02 在【导入】面板，选择【图像】导入单选按钮，如图 3-217 所示。

步骤 03 双击目标导入图片，如图 3-218 所示，然后拖动光标将其放置于原点附近，如图 3-219 所示。

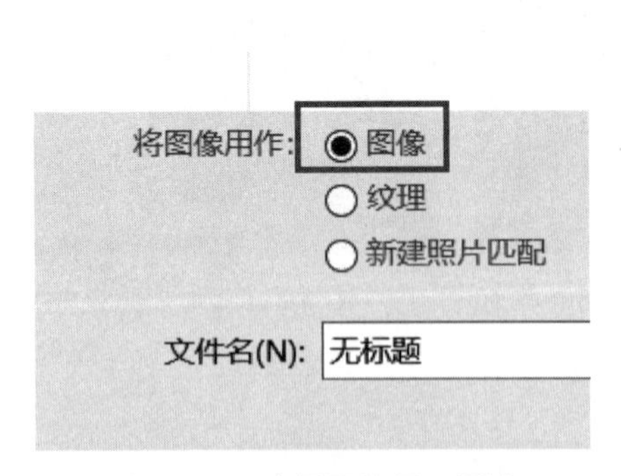

图 3-217　选择图片导入用途

图 3-218　双击打开目标文件

步骤 04 二维图形文件放置好后，启用 SketchUp 中的绘图工具，即可利用该图片进行参考，绘制图形如图 3-220 所示。

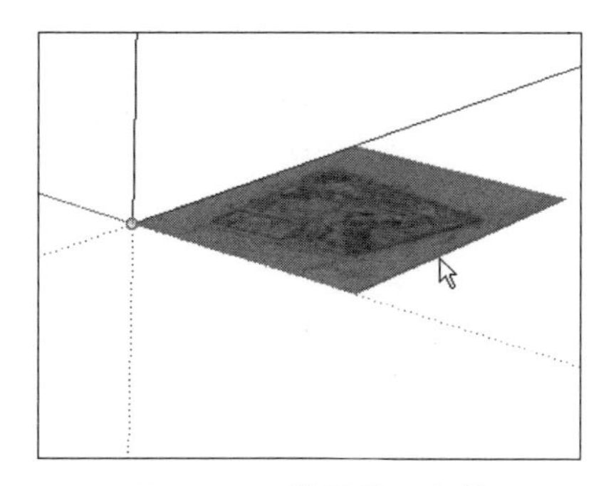

图 3-219　放置导入文件

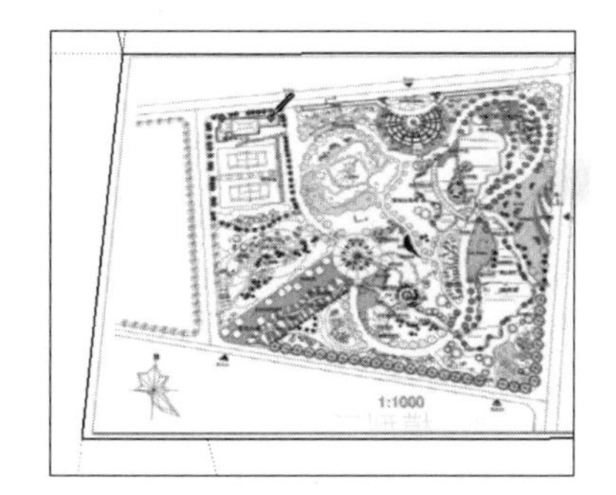

图 3-220　绘制图形

提示

选择“纹理”与“新建照片匹配”两个选项导入的图片效果如图 3-221 与图 3-222 所示，分别用于制作材质贴图与照片建模参照。

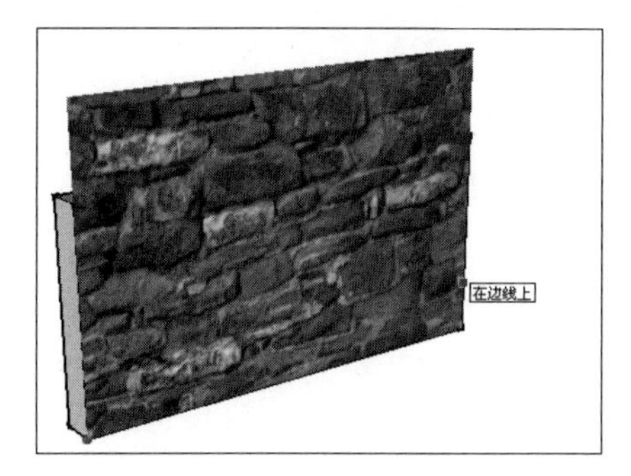

图 3-221　作为“纹理”导入图片效果

图 3-222　作为“新建照片匹配”导入效果

第2篇 建模篇

第4章 室内常用模型建模

本章将学习室内常用模型的建模方法，从而掌握基本工具的使用方法，并初步熟悉 SketchUp 建模的流程和技巧。

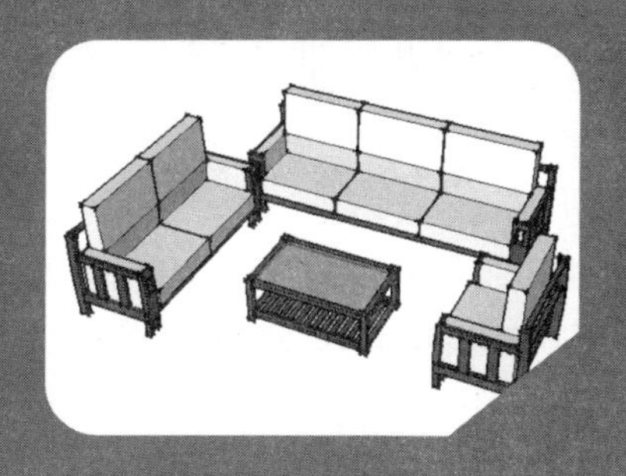

071 铁艺酒架

文件路径：配套资源 \ 第 04 章 \071	视频文件：视频 \ 第 04 章 \071.MP4

本例将学习铁艺酒架模型的制作，主要使用【直线】、【圆弧】、【圆】、【矩形】、【路径跟随】等工具。

步骤 01 打开 SketchUp，执行【窗口】/【模型信息】命令，进入【单位】选项卡，设置长度单位为“mm”，如图 4-1 所示。

步骤 02 结合使用【直线】与【圆弧】工具，创建铁艺酒架线形轮廓，如图 4-2 所示。在其端点位置，创建一个直径为 20mm 的圆形，如图 4-3 所示。

图 4-1　设置长度单位

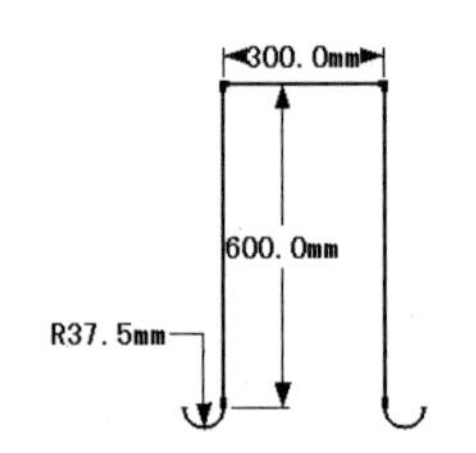

图 4-2　创建线形轮廓

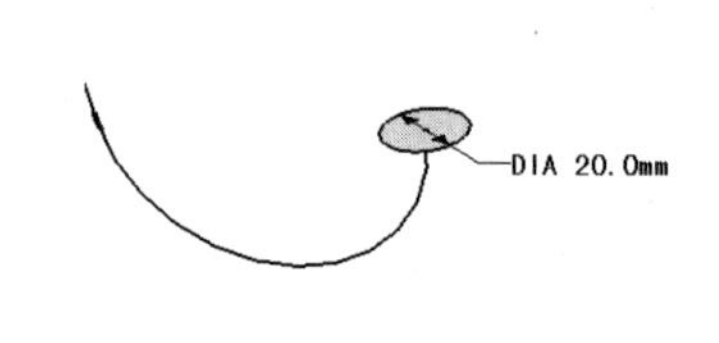

图 4-3　创建圆形

步骤 03 启用【路径跟随】工具，选择圆形为截面，以轮廓线形为路径进行路径跟随，制作出三维线形效果，如图 4-4 所示。然后将其创建为组，如图 4-5 所示。

步骤 04 选择创建好的轮廓三维线形，将其以 200mm 的距离进行移动复制，如图 4-6 所示。

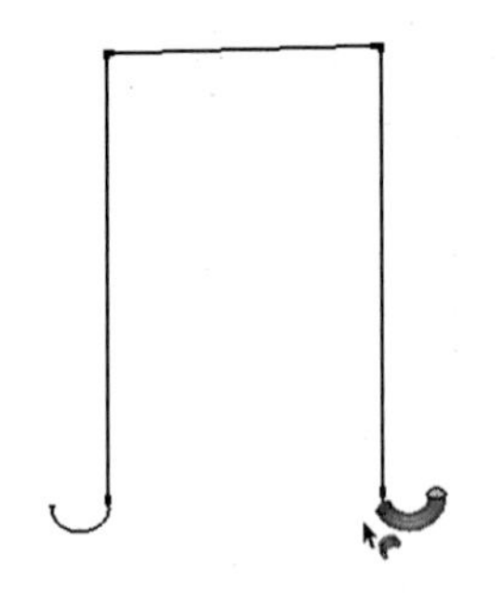

图 4-4　启用【路径跟随】

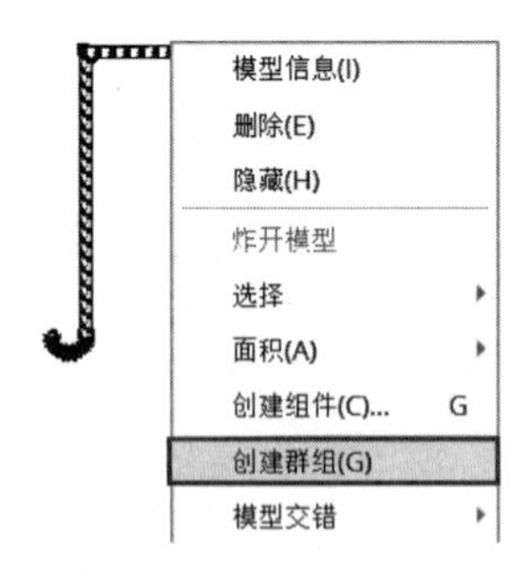

图 4-5　创建组

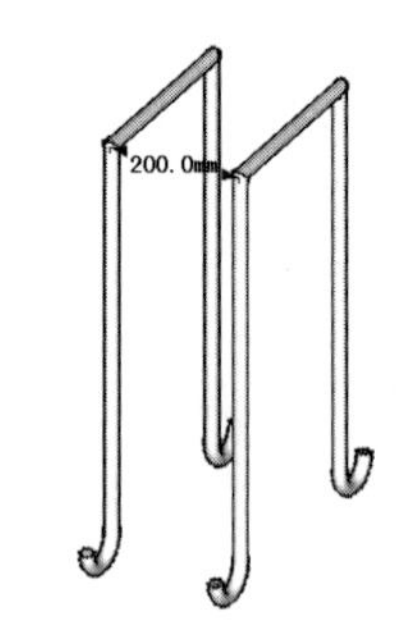

图 4-6　移动复制

步骤 05 启用【矩形】工具，根据框架长、宽，对应创建一个矩形，如图 4-7 所示。利用之前创建的【圆】为截面，通过【路径跟随】创建三维线形，如图 4-8 所示，最后进行移动复制与对位，如图 4-9 所示。

步骤 06 启用【圆】工具，绘制一个直径为 100mm 的圆形，如图 4-10 所示。利用之前创建的【圆】为截面，通过【路径跟随】创建三维线形，如图 4-11 所示，然后进行移动复制与对位，如图 4-12 所示。

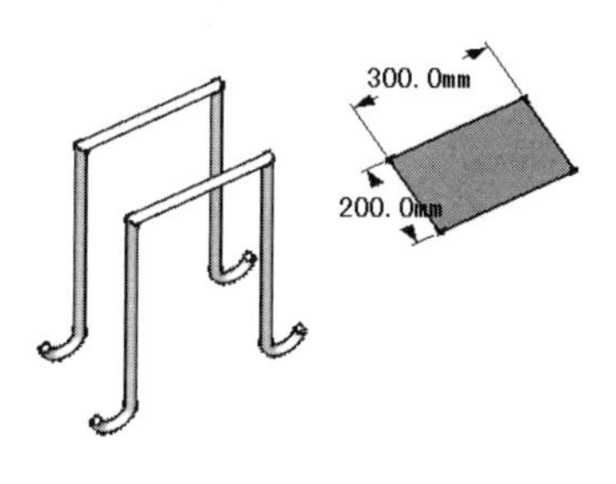

图 4-7　创建矩形

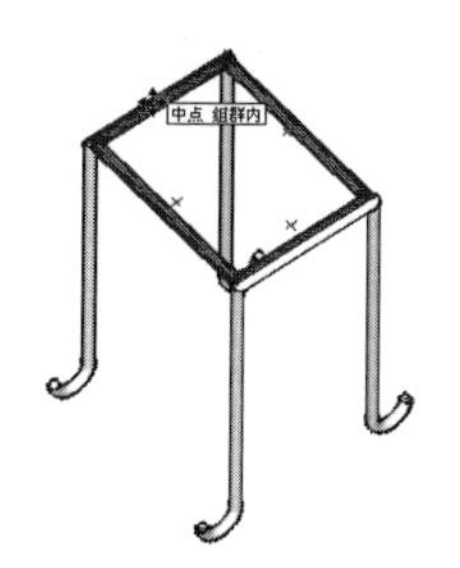

图 4-8　创建三维线形

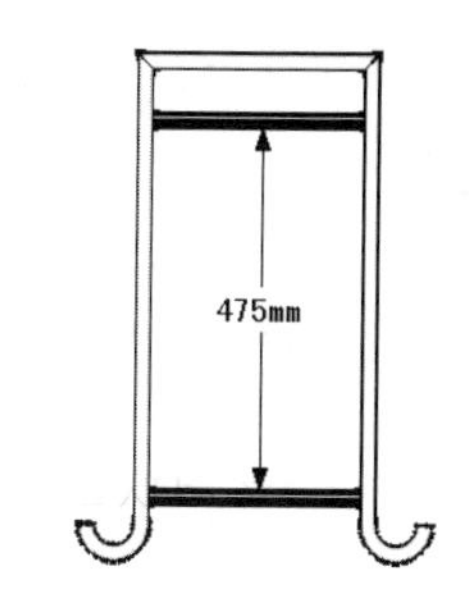

图 4-9　复制并对位框架

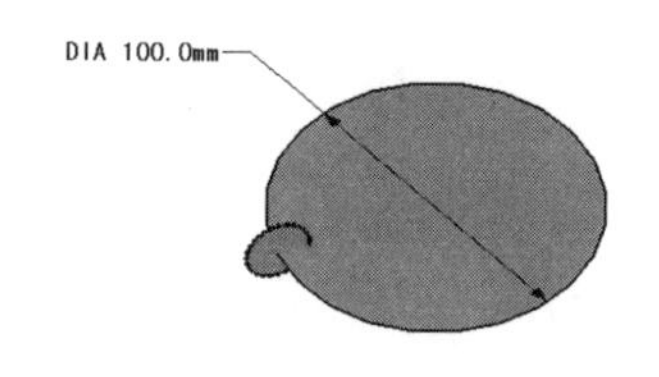

图 4-10　绘制圆形

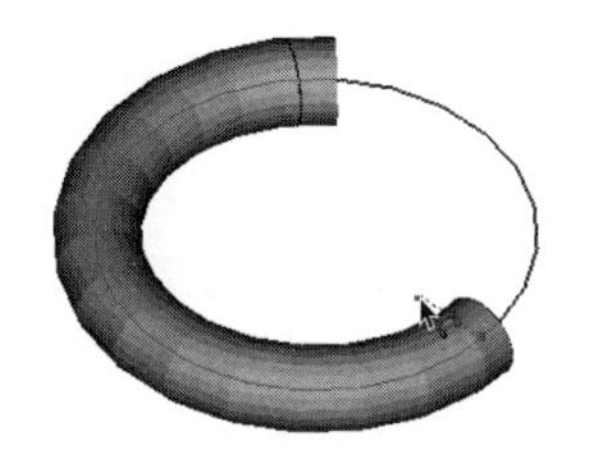

图 4-11　创建圆环三维线形

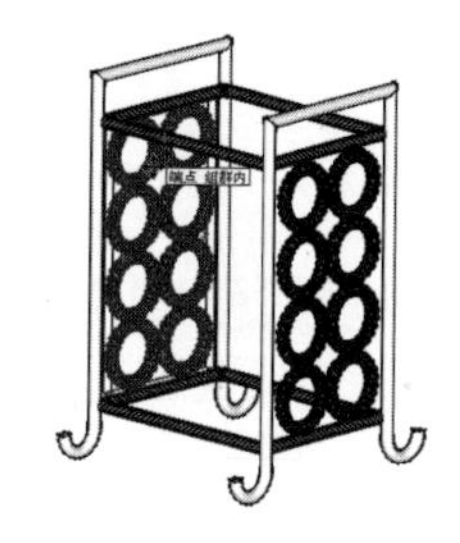

图 4-12　复制并对位圆环

步骤 07 进入【组件】面板，如图 4-13 所示，调入酒瓶模型，通过复制与位置调整，完成最终模型效果，如图 4-14 所示。

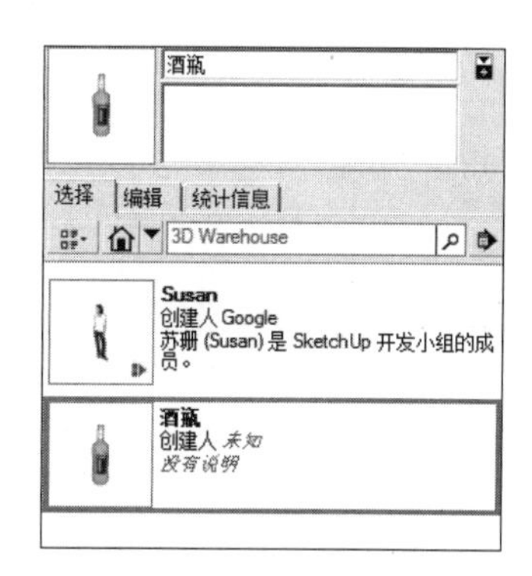

图 4-13　调入酒瓶模型

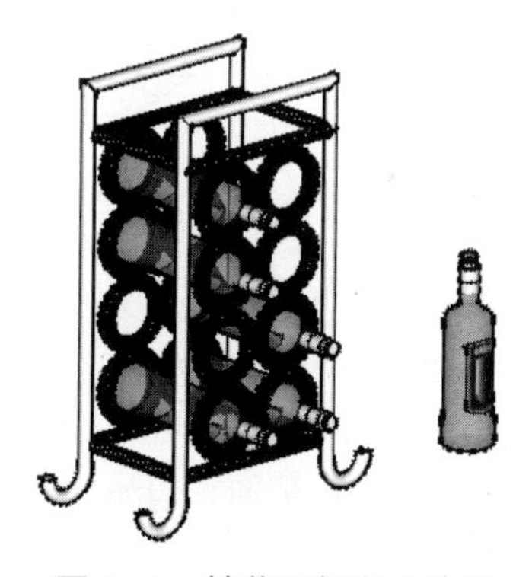

图 4-14　铁艺酒架完成效果

072 铁艺楼梯栏杆

文件路径：配套资源 \ 第 04 章 \072	视频文件：视频 \ 第 04 章 \072.MP4

本例将学习铁艺楼梯栏杆的制作，主要使用【直线】、【圆弧】、【路径跟随】工具，以及推拉复制与旋转复制的操作。

步骤 01 打开 SketchUp，执行【窗口】/【模型信息】命令，在【单位】选项卡内设置场景单位为“mm”。

步骤02 启用【直线】工具，在左视图中绘制出一个踏步轮廓，如图 4-15 所示，将其进行多重复制，如图 4-16 所示。

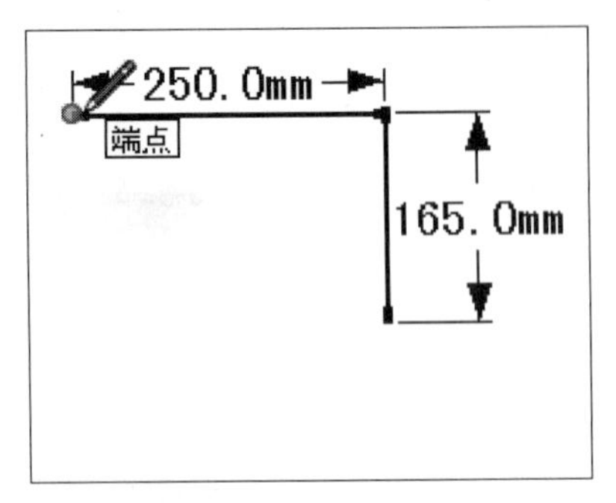

图 4-15 绘制踏步轮廓

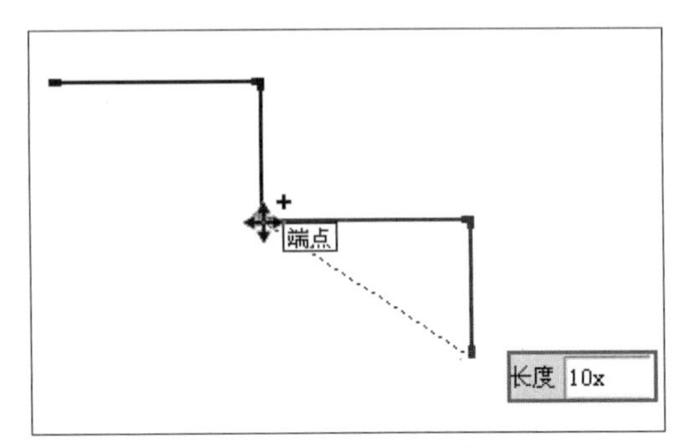

图 4-16 多重复制

步骤03 启用【直线】工具，创建封闭的踏步轮廓，如图 4-17 所示。启用【推 / 拉】工具，并按下 Ctrl 键进行多次推拉复制，完成踏步模型效果，如图 4-18 与图 4-19 所示。

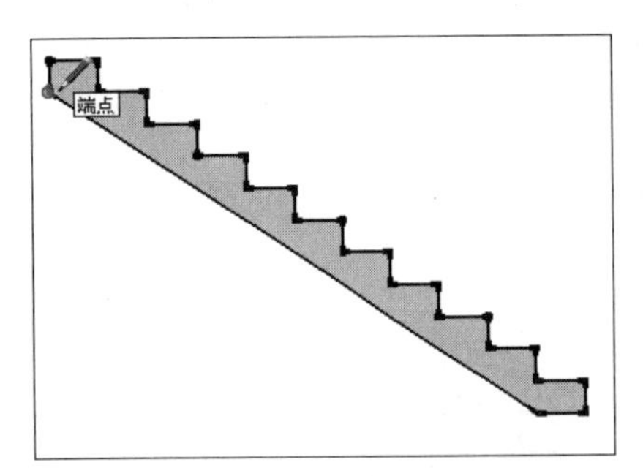

图 4-17 启用【直线】工具

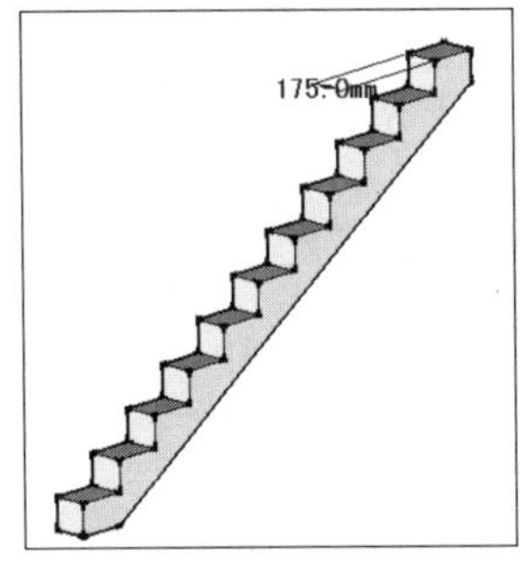

图 4-18 推拉出最左侧厚度

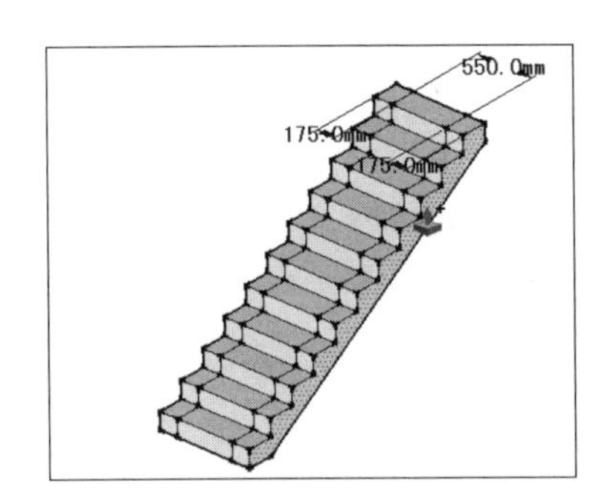

图 4-19 多次推拉复制完成踏步

步骤04 打开【材质】面板，如图 4-20 所示，分别为踏步两侧与中间部分赋予灰色与黄色石材。接下来制作两侧铁艺栏杆。

步骤05 参考踏步模型，启用【直线】工具绘制栏杆线形，如图 4-21 所示，然后绘制一个直径为 30mm 的圆形截面，如图 4-22 所示。

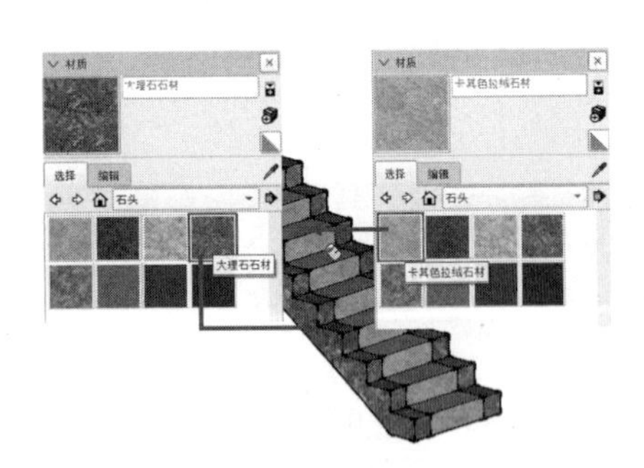

图 4-20 赋予踏步材质

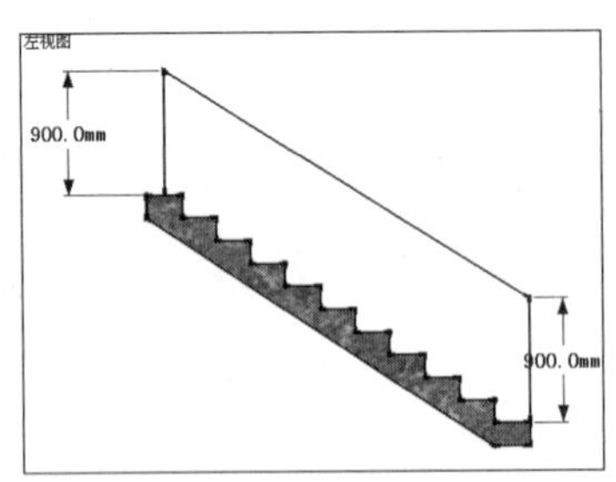

图 4-21 绘制栏杆线形

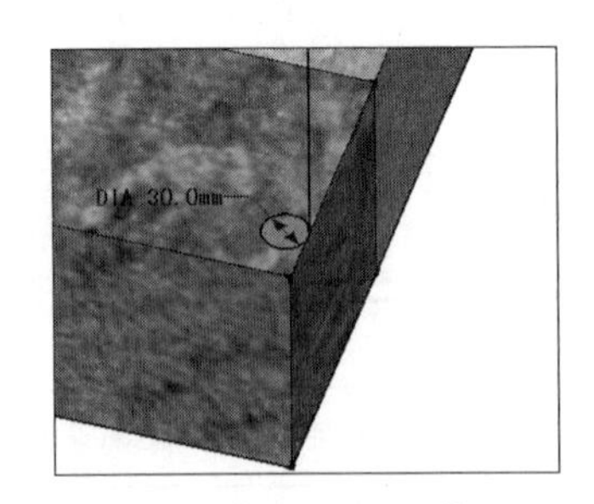

图 4-22 绘制圆形截面

步骤06 启用【路径跟随】工具，选择圆形截面，完成栏杆三维线形的制作，如图 4-23 所示。选择立柱模型进行多重复制，如图 4-24 所示，复制结果如图 4-25 所示。

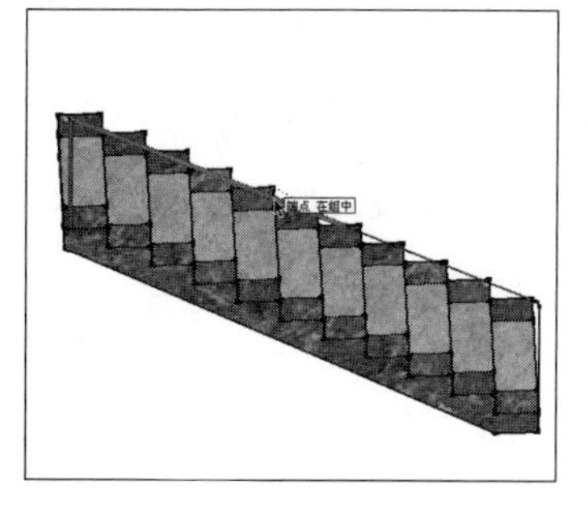

图 4-23　通过【路径跟随】完成栏杆模型

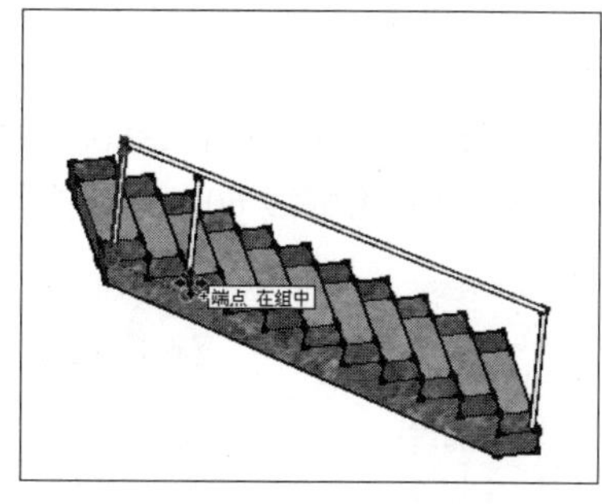

图 4-24　复制栏杆立柱

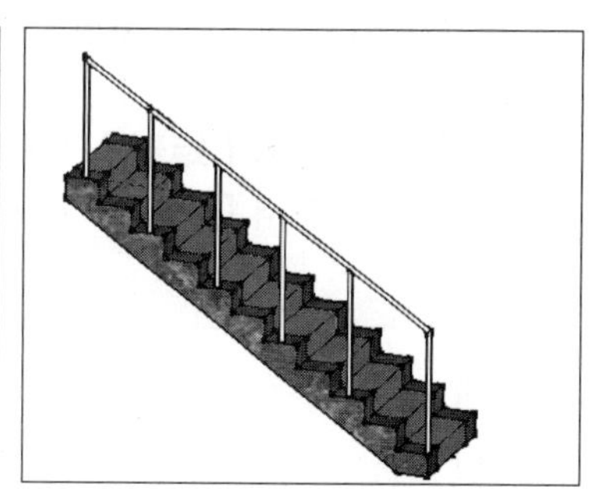

图 4-25　栏杆立柱完成效果

步骤 07 结合使用【圆】、【圆弧】工具，绘制出两侧铁艺造型线形与圆形截面，如图 4-26 与图 4-27 所示，然后通过【路径跟随】工具制作出三维线形，如图 4-28 所示。

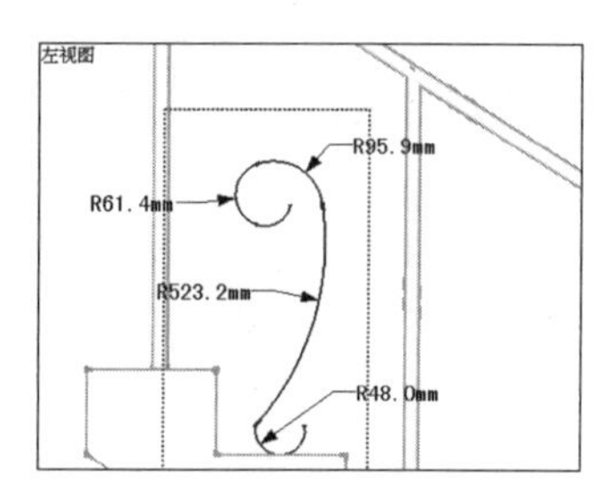

图 4-26　绘制铁艺造型线形

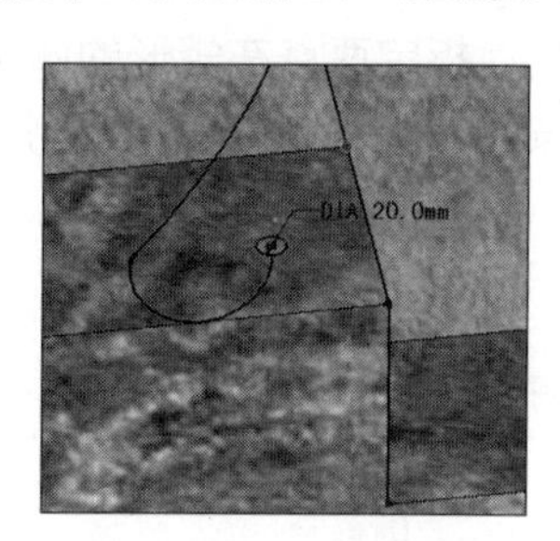

图 4-27　绘制圆形截面

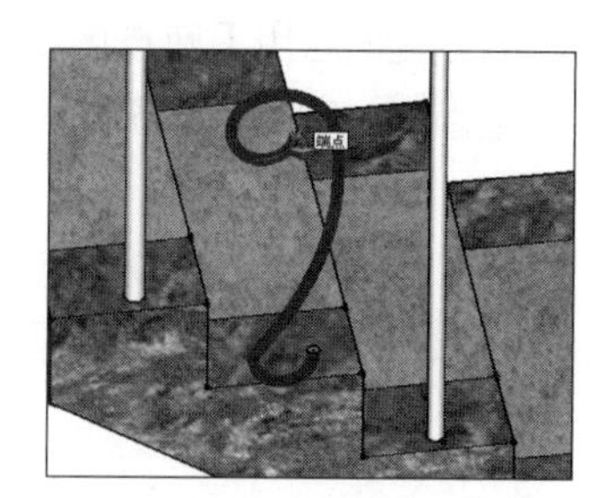

图 4-28　通过【路径跟随】制作三维线形

步骤 08 选择制作好的铁艺三维线形，通过旋转复制与多重移动复制，完成整体效果的制作，如图 4-29~ 图 4-31 所示。

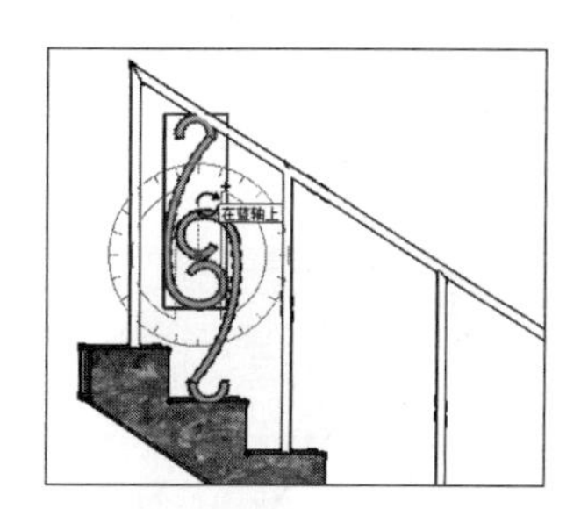

图 4-29　旋转复制铁艺线形

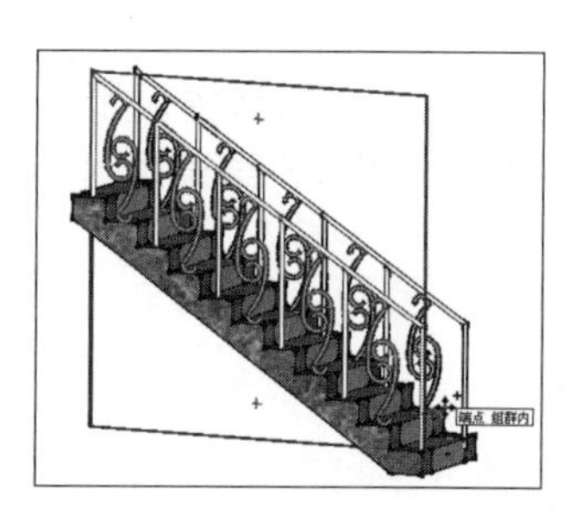

图 4-30　整体复制铁艺扶手

图 4-31　铁艺楼梯完成效果

073 洗菜盆

文件路径：配套资源 \ 第 04 章 \073	视频文件：视频 \ 第 04 章 \073.MP4

本例将学习洗菜盆模型的制作，主要使用【套索】、【圆】、【矩形】、【圆弧】以及【偏移】、【推 / 拉】、【颜料桶】等工具。

步骤 01 打开 SketchUp，执行【窗口】/【模型信息】命令，在【单位】选项卡内设置场景单位为“mm”。

步骤 02 启用【矩形】工具，绘制尺寸为 380mm×860mm 的矩形，如图 4-32 所示。

步骤 03 利用【卷尺】工具，距离矩形轮廓线 60mm 的位置绘制参考线，如图 4-33 所示。

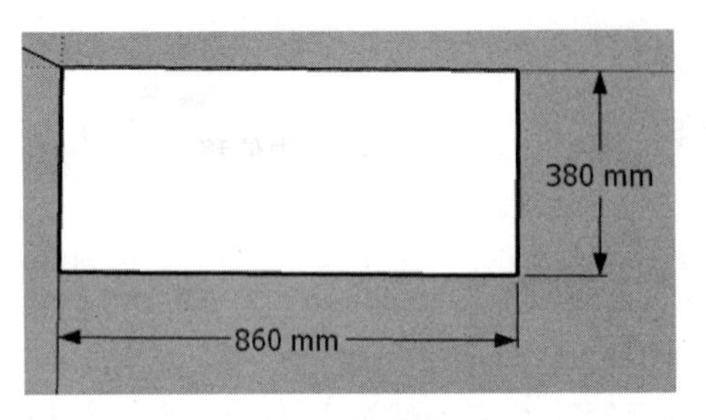

图 4-32　绘制矩形

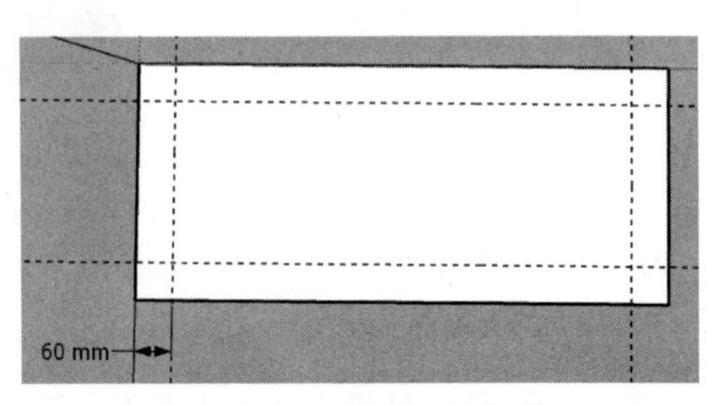

图 4-33　绘制参考线

步骤 04 启用【两点圆弧】工具，指定两点在矩形的四个角点绘制圆弧，如图 4-34 所示。

步骤 05 启用【套索】工具，按住左键不放，在需要删除的区域绘制选区，如图 4-35 所示。

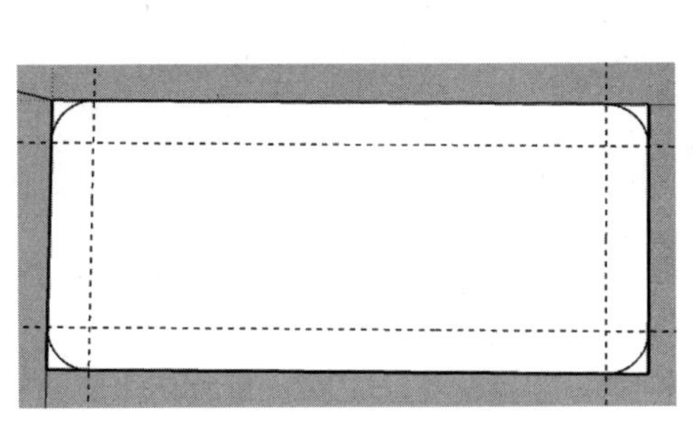
图 4-34　绘制圆弧

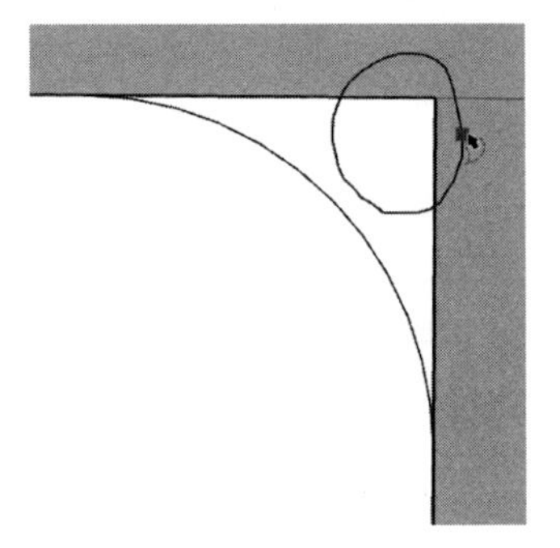
图 4-35　绘制选区

步骤 06 松开左键，与选区相交的边、面被选中，如图 4-36 所示。

步骤 07 按 Delete 键，将选中的区域删除，结果如图 4-37 所示。

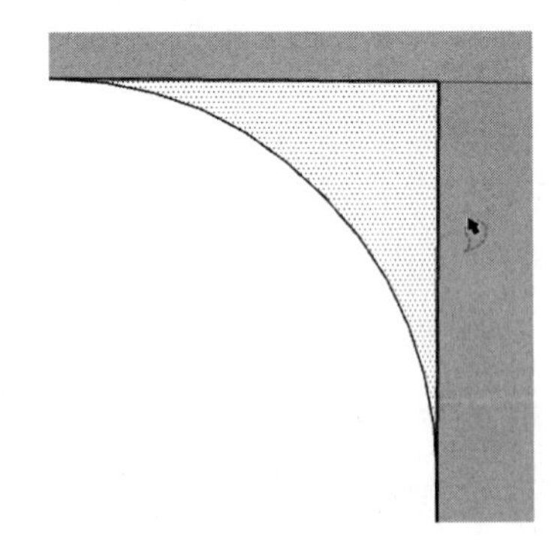
图 4-36　选择区域

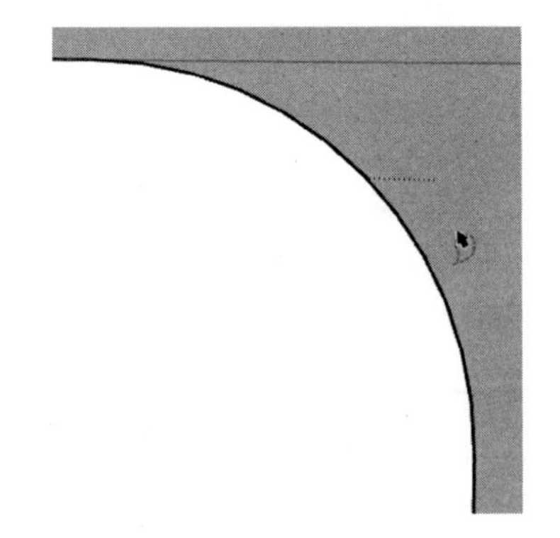
图 4-37　删除结果

步骤 08 重复上述操作，继续删除图形，结果如图 4-38 所示。

步骤 09 启用【偏移】工具，选择面，向内偏移 30mm，如图 4-39 所示。

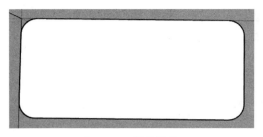

图 4-38　操作结果

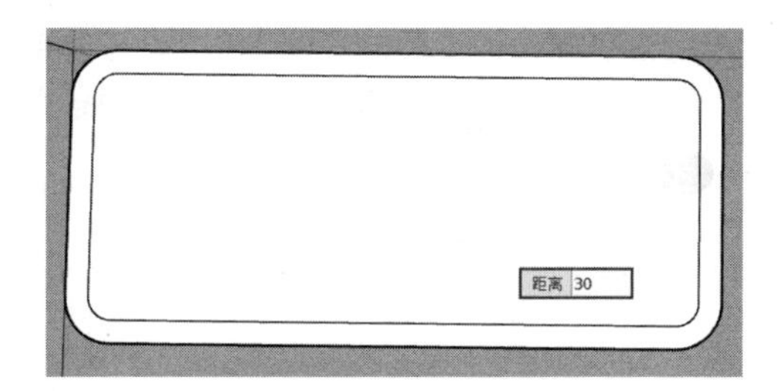

图 4-39　向内偏移

步骤⑩ 启用【直线】工具，拾取水平边线的中点绘制线段。选择线段，启用【移动】工具，按下 Ctrl 键，向左、右两侧进行移动复制，距离为 15mm，如图 4-40 所示。

步骤⑪ 删除中间的线段，如图 4-41 所示。

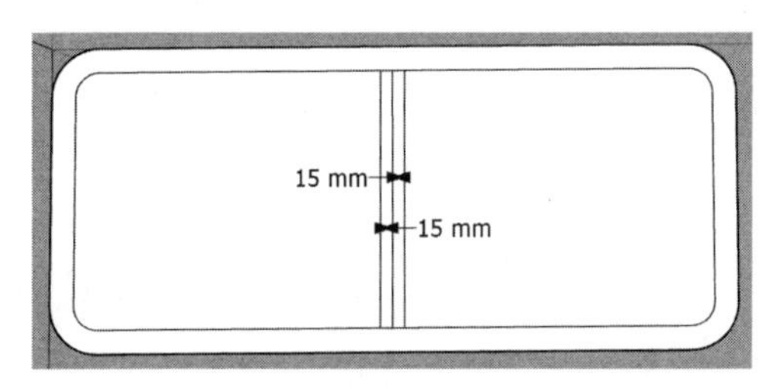

图 4-40　绘制并复制线段

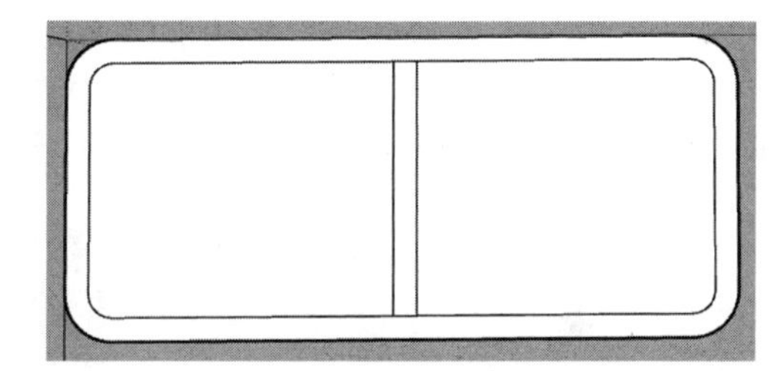

图 4-41　删除线段

步骤⑫ 选择【移动】工具，按下 Ctrl 键，选择圆弧进行移动复制，结果如图 4-42 所示。

步骤⑬ 启用【删除】工具，删除线段，结果如图 4-43 所示。

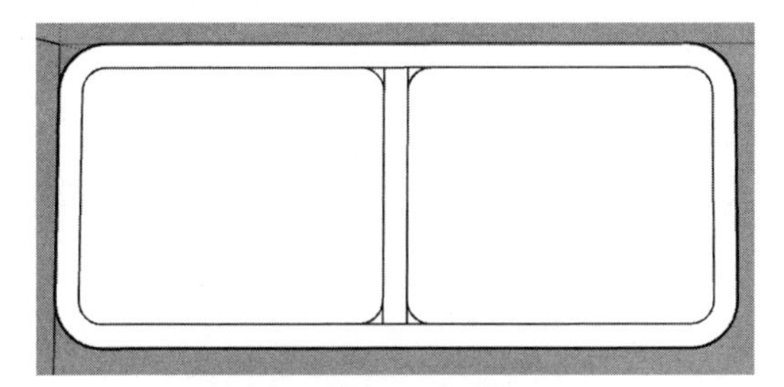

图 4-42　复制圆弧

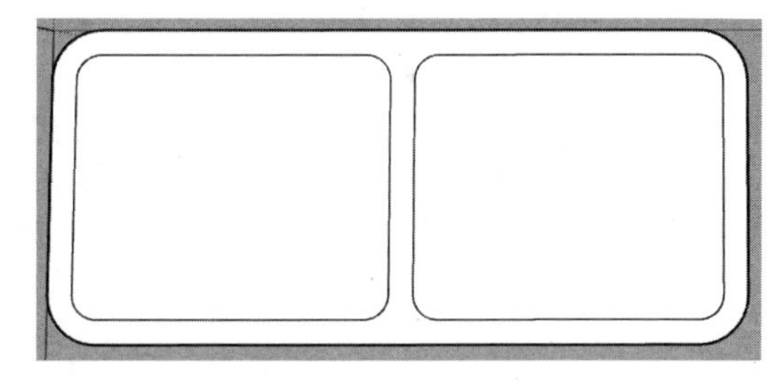

图 4-43　删除线段

步骤⑭ 启用【推 / 拉】工具，选择面向上推拉 10mm 的距离，如图 4-44 所示。

步骤⑮ 继续选择 面向下推拉 190mm 的距离，如图 4-45 所示。

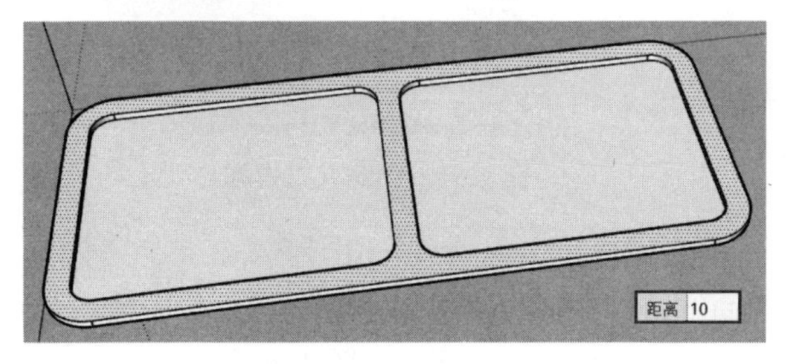

图 4-44　向上推拉

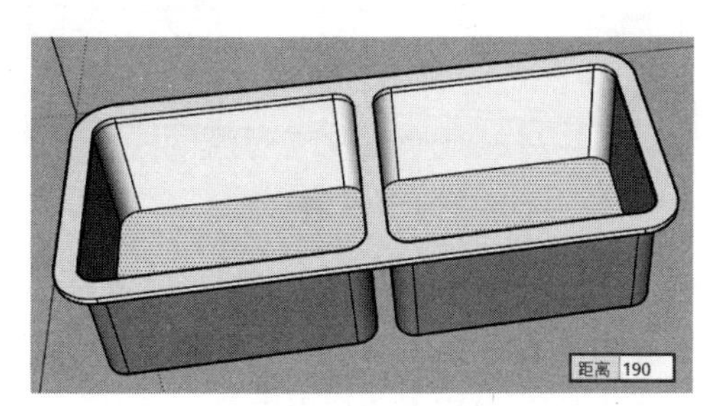

图 4-45　向下推拉

步骤⑯ 选择【删除】工具，按住 Shift 键，光标滑过要删除的线段，如图 4-46 所示。

步骤⑰ 执行上述操作后，只删除线段而保留面，如图 4-47 所示。

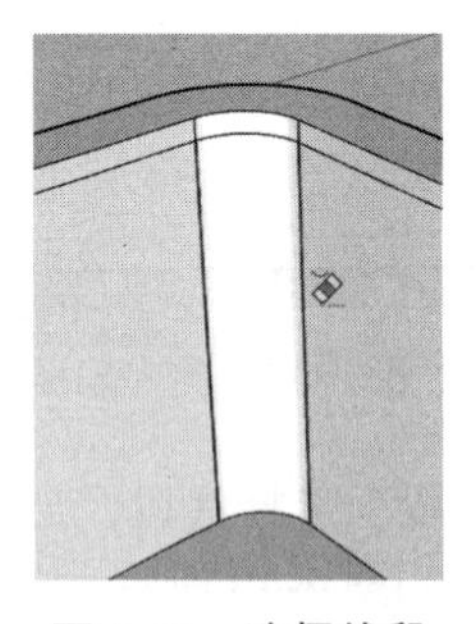

图 4-46　选择线段

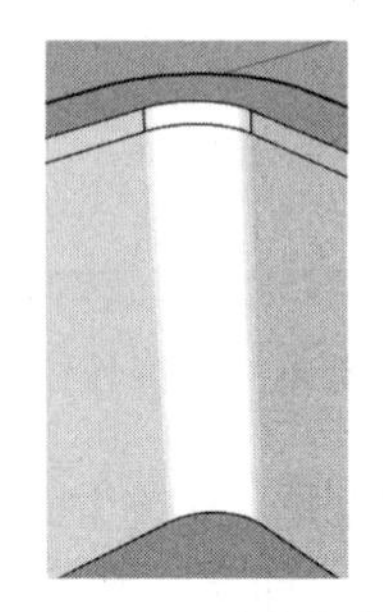

图 4-47　删除线段

步骤⑱ 重复上述操作，继续删除线段，结果如图 4-48 所示。

步骤⑲ 启用【直线】工具，拾取中点绘制水平线段。选择【圆】工具，以线段的中点为圆心，绘制半径为 40mm 的圆，如图 4-49 所示。

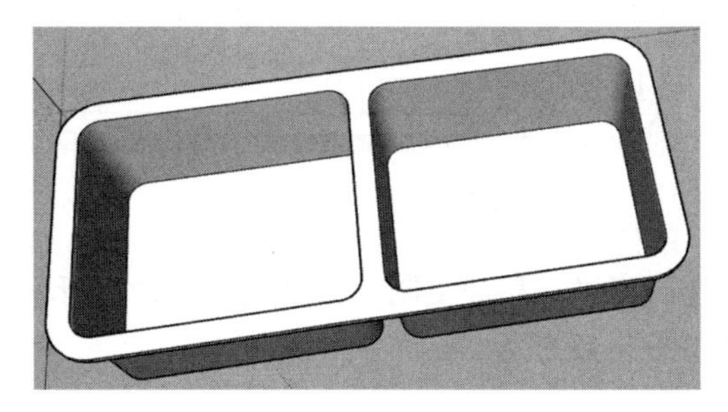

图 4-48　删除结果

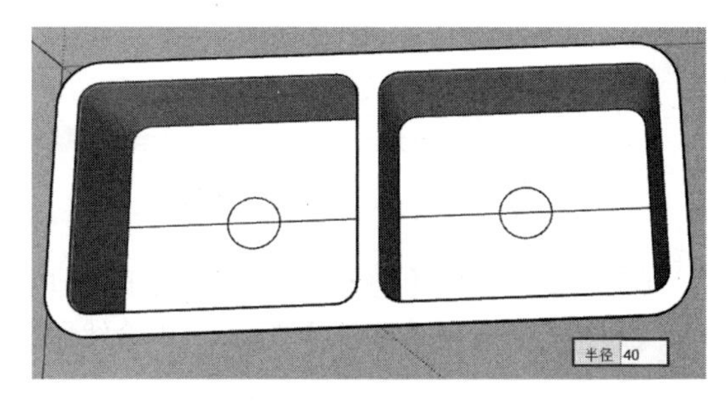

图 4-49　绘制结果

步骤⑳ 选择圆形面，按下 Delete 键将其删除，如图 4-50 所示。

步骤㉑ 启用【圆】工具，绘制半径为 40mm 的圆形。选择【推 / 拉】工具，拾取圆形面向上推拉 40mm，如图 4-51 所示。

图 4-50　删除面

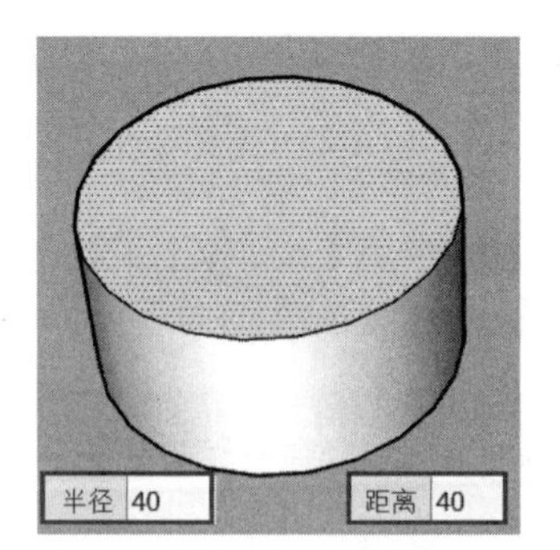

图 4-51　绘制并推拉圆形

步骤㉒ 启用【偏移】工具，选择圆形面向外偏移 10mm，如图 4-52 所示。

步骤㉓ 选择【推 / 拉】工具，选择圆形面向下推拉 7mm，如图 4-53 所示。

步骤㉔ 启用【偏移】工具，拾取圆形面向内偏移 30mm 的距离，如图 4-54 所示。

步骤㉕ 启用【直线】工具，拾取起点与终点，绘制线段如图 4-55 所示。

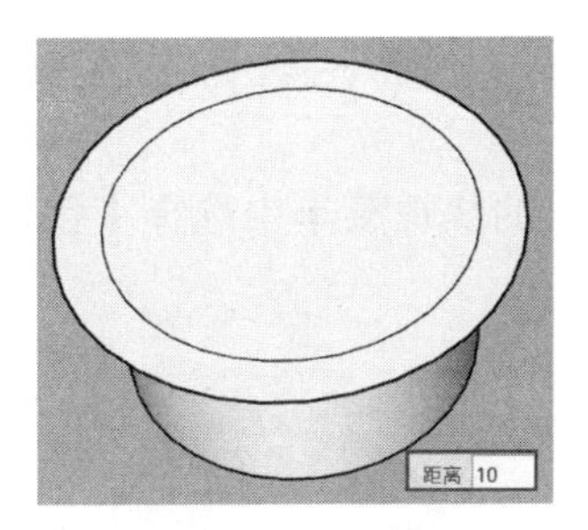

图 4-52　向外偏移

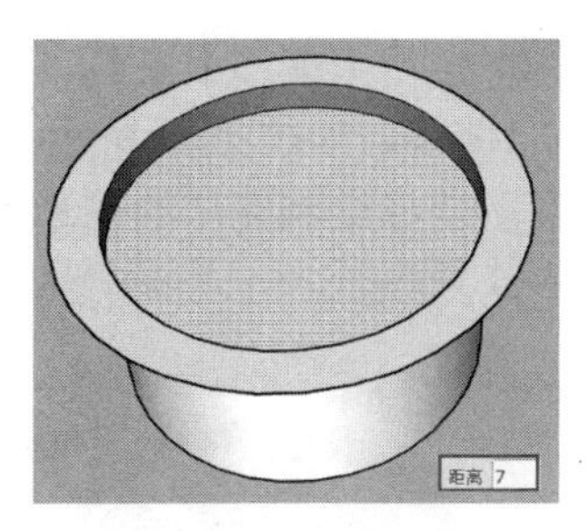

图 4-53　向下推拉

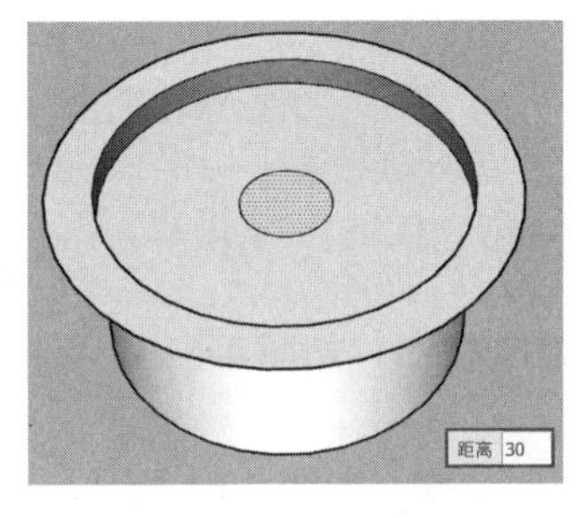

图 4-54　向内偏移

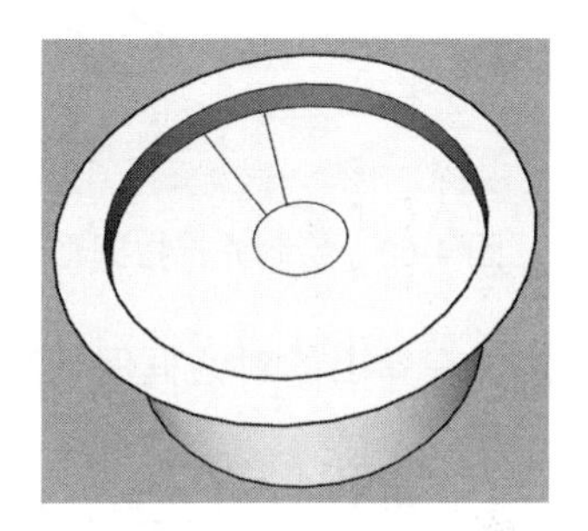

图 4-55　绘制线段

步骤㉖ 启用【两点圆弧】工具，在线段之间绘制圆弧，如图 4-56 所示。

步骤㉗ 利用【删除】工具，删除线段，如图 4-57 所示。

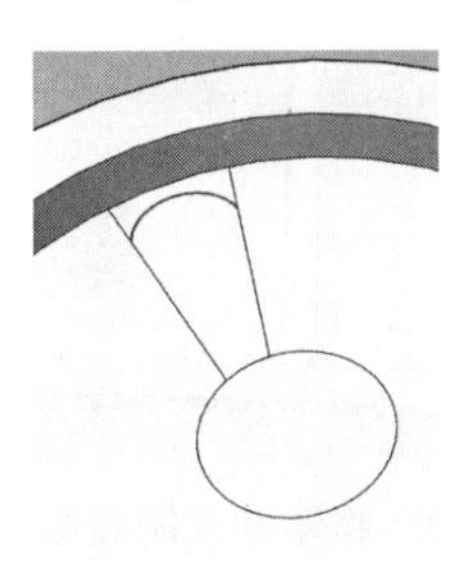

图 4-56　绘制圆弧

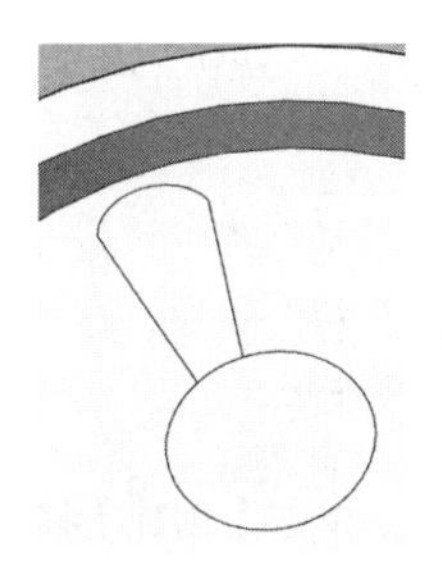

图 4-57　删除线段

步骤㉘ 启用【旋转】工具，选择在上一步骤中绘制的图形，按下 Ctrl 键，拾取圆心，指定旋转复制的角度为 35.4° ，复制的数量为 9X，复制图形的结果如图 4-58 所示。

步骤㉙ 选择面，按 Delete 键删除，结果如图 4-59 所示。

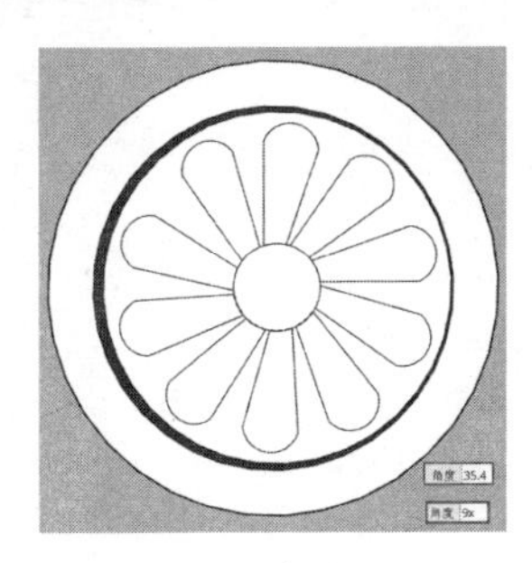

图 4-58　复制图形

图 4-59　删除面

步骤㉚ 启用【偏移】工具，选择圆形面向内偏移 5mm。启用【推 / 拉】工具，选择圆形面向上推拉 10mm，如图 4-60 所示。

步骤㉛ 选择绘制完毕的图形，鼠标右键单击，在弹出的快捷菜单中选择【创建组件】选项，如图 4-61 所示。

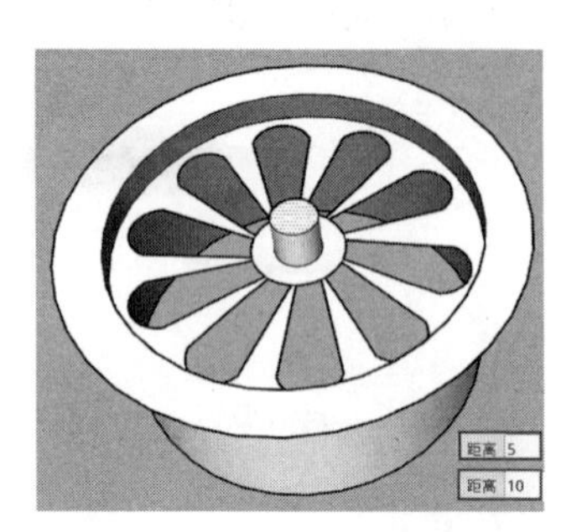

图 4-60　绘制并推拉圆形

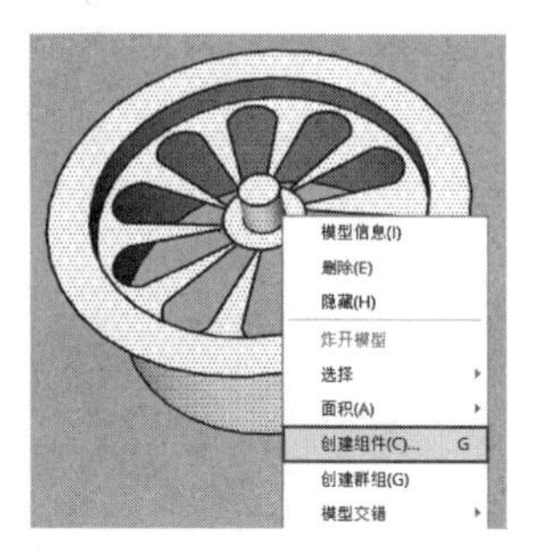

图 4-61　选择选项

步骤㉜ 在弹出的对话框保持默认值即可，单击【创建】按钮，如图 4-62 所示，将图形创建成组件。

步骤㉝ 启用【移动】工具，将移动并复制图形至合适的位置，如图 4-63 所示。

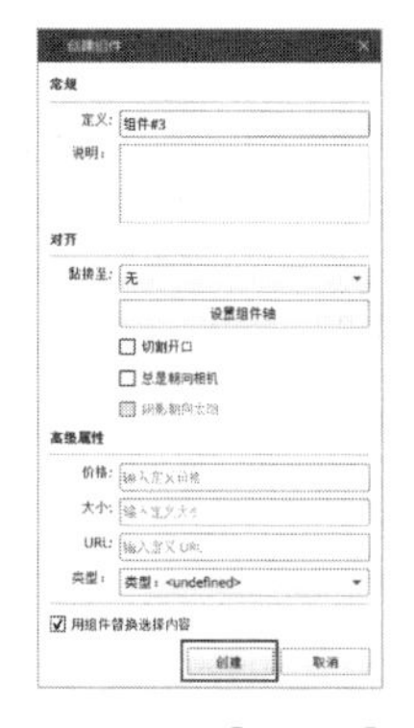

图 4-62　单击【创建】按钮

图 4-63　移动并复制图形

步骤㉞ 在【材质】面板中选择【金属】类型材质，选择【带阳极铝的金属】材质，如图 4-64 所示。

步骤㉟ 为图形赋予材质，结果如图 4-65 所示。

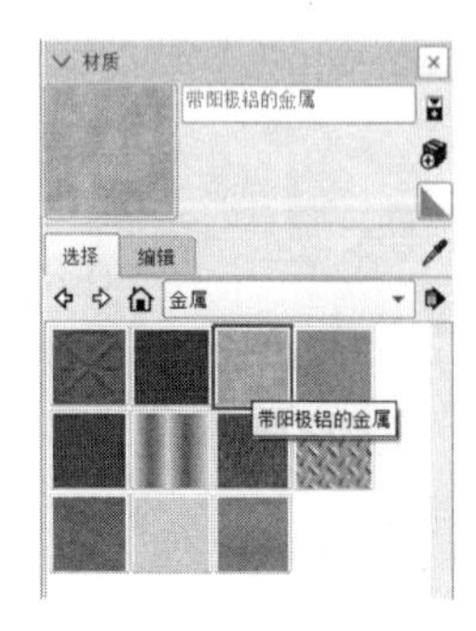

图 4-64　选择材质

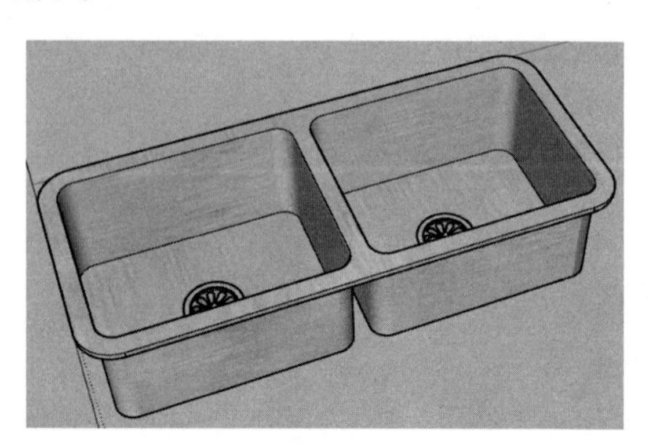

图 4-65　赋予材质

074 简约落地灯

文件路径：配套资源 \ 第 04 章 \074	视频文件：视频 \ 第 04 章 \074.MP4

本例将学习简约落地灯模型的制作，主要使用【直线】、【多边形】、【圆】、【圆弧】、【路径跟随】及【旋转】等工具。

步骤 01 启动 SketchUp，执行【窗口】/【模型信息】命令，在【单位】选项卡内设置场景单位为“mm”。

步骤 02 启用【直线】工具，绘制如图 4-66 所示的支架与辅助线形。启用【多边形】工具，绘制一个半径为 15mm 的正三角形，如图 4-67 所示。

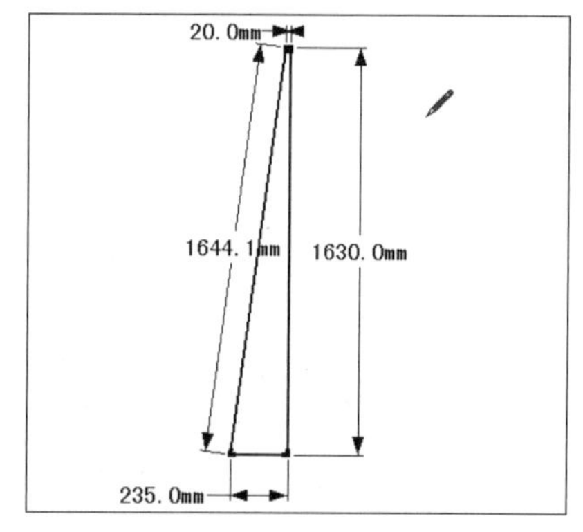

图 4-66　绘制支架与辅助线形

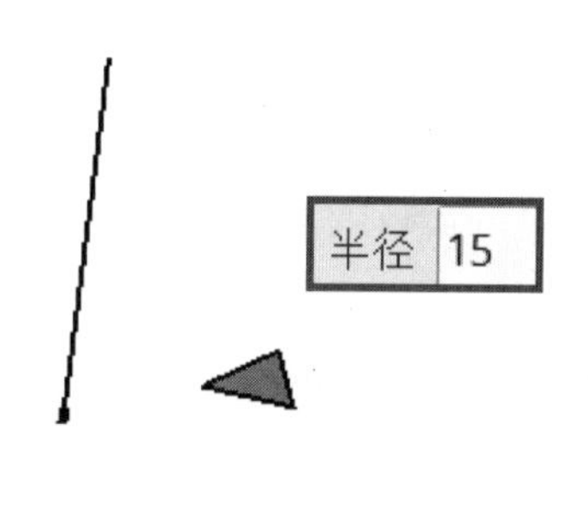

图 4-67　创建正三角形

步骤 03 启用【路径跟随】工具，选择三角形为截面，以斜线为路径，制作出支架三维模型，然后通过多重旋转复制，制作出三角支架模型，如图 4-68~ 图 4-70 所示。

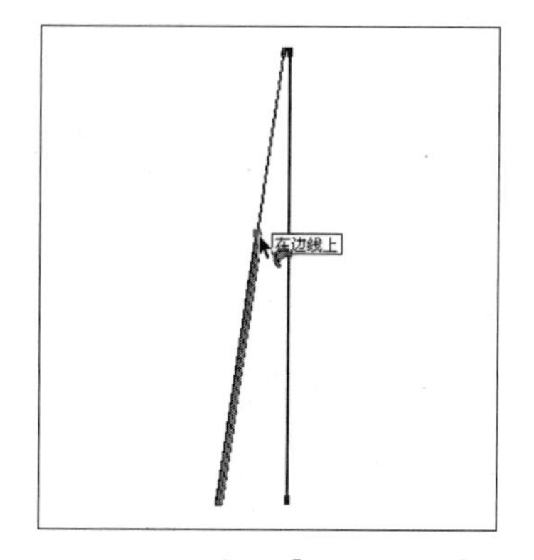

图 4-68　启用【路径跟随】

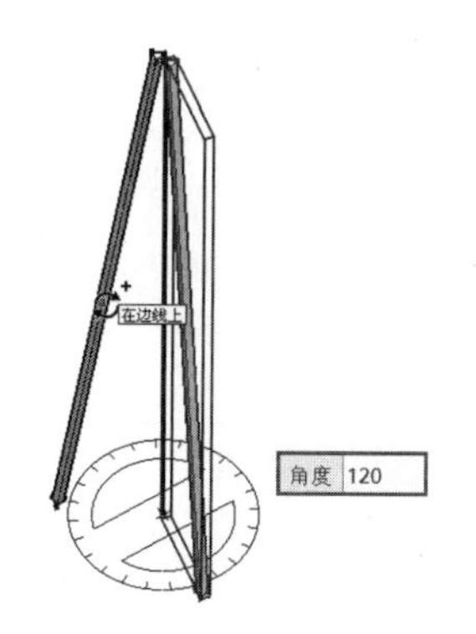

图 4-69　旋转复制

图 4-70　多重旋转复制

步骤 04 启用【直线】工具，捕捉三角支架端点绘制一个三角形并推拉出高度，通过移动复制与拉伸，得到多层三角搁板造型，如图 4-71~ 图 4-73 所示。

步骤 05 结合使用【直线】、【圆】、【圆弧】以及【路径跟随】等工具，制作灯罩造型，完成模型的最终效果，如图 4-74~ 图 4-76 所示。

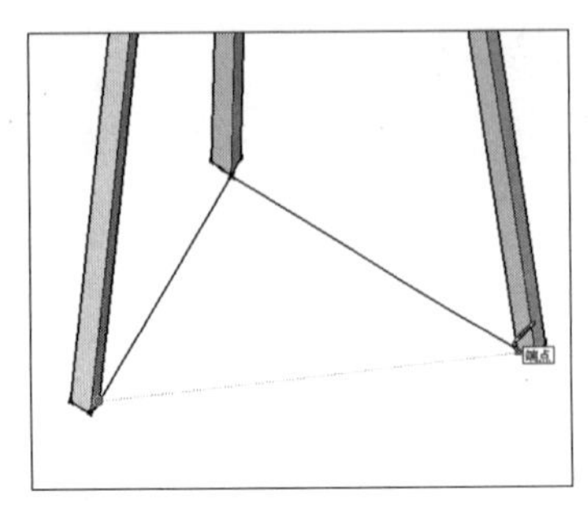
图 4-71　绘制三角形

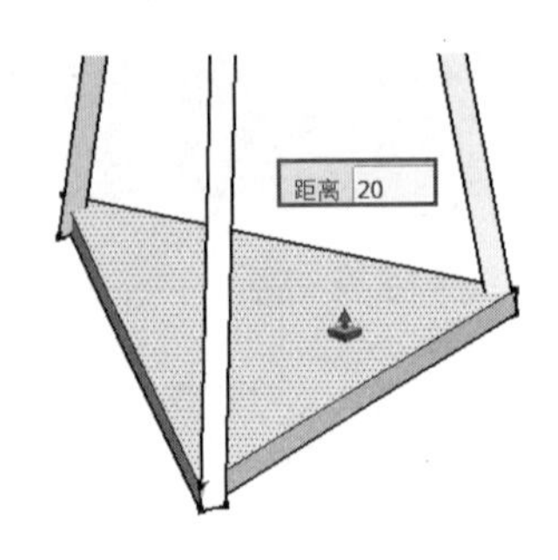

图 4-72　推拉三角形

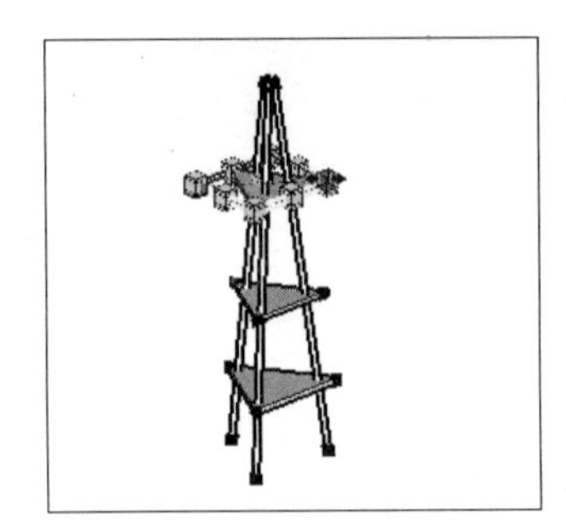
图 4-73　移动复制并拉伸

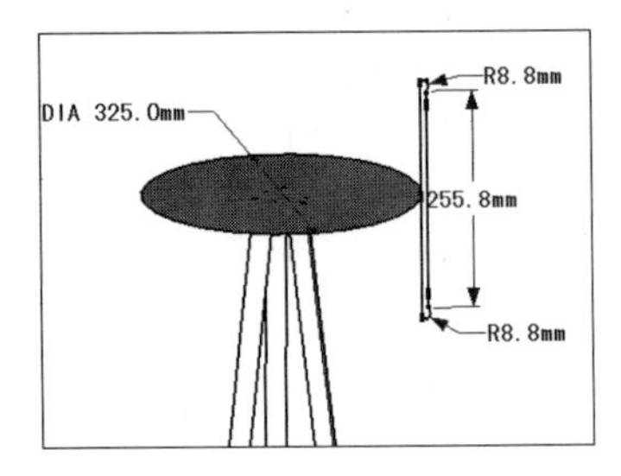

图 4-74　绘制灯罩截面与路径

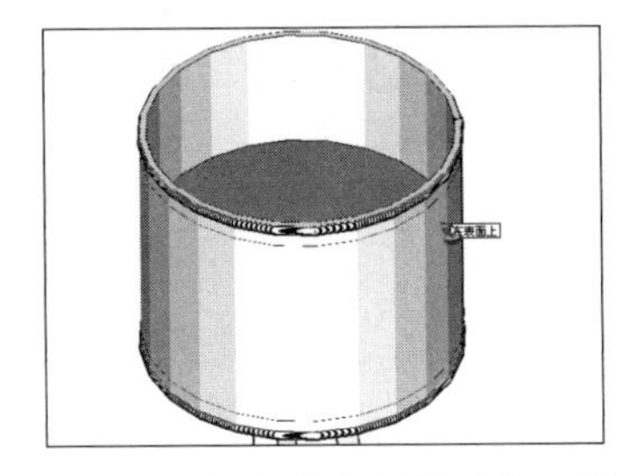
图 4-75　启用【路径跟随】工具

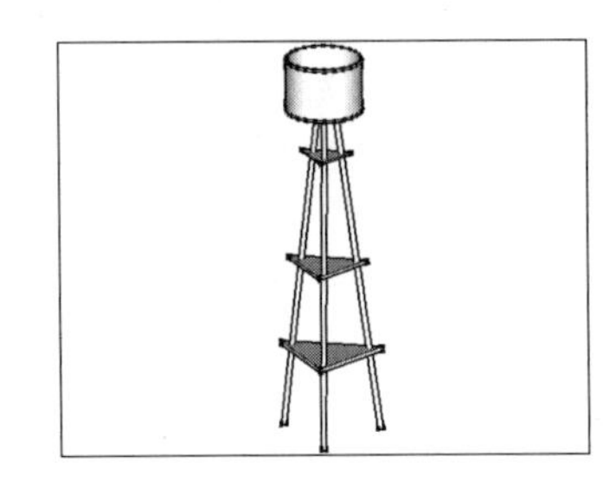
图 4-76　落地灯最终效果

075 现代吊灯

文件路径：配套资源 \ 第 04 章 \075	视频文件：视频 \ 第 04 章 \075.MP4

本例将学习现代吊灯的制作，主要使用【矩形】、【偏移】与【推 / 拉】等工具。在模型的创建过程中注意使用双击直接进行重复操作。

步骤 01 打开 SketchUp，执行【窗口】/【模型信息】命令，在【单位】选项卡内设置场景单位为“mm”。

步骤 02 启用【矩形】工具，绘制一个边长为 500mm 的正方形，如图 4-77 所示。启用【推 / 拉】工具，制作 40mm 的厚度，如图 4-78 所示。

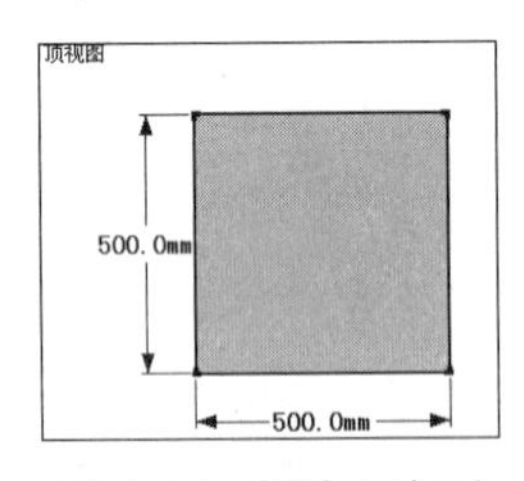

图 4-77　创建正方形

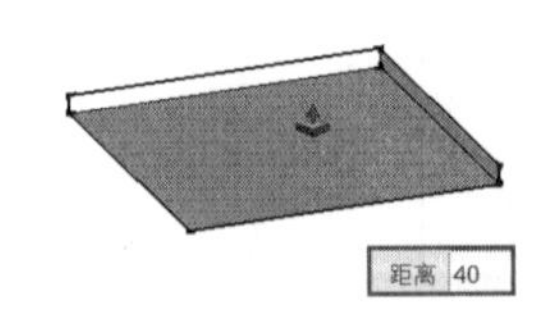

图 4-78　向下推拉 40mm 厚度

步骤 03 选择模型底面，启用【偏移】工具向内偏移 70mm，如图 4-79 所示。启用【推 / 拉】工具，向下推拉 20mm 的厚度，如图 4-80 所示。

步骤 04 选择边线，单击鼠标右键，选择【拆分】菜单命令，如图 4-81 所示，将其拆分为 5 段，如图 4-82 所示。

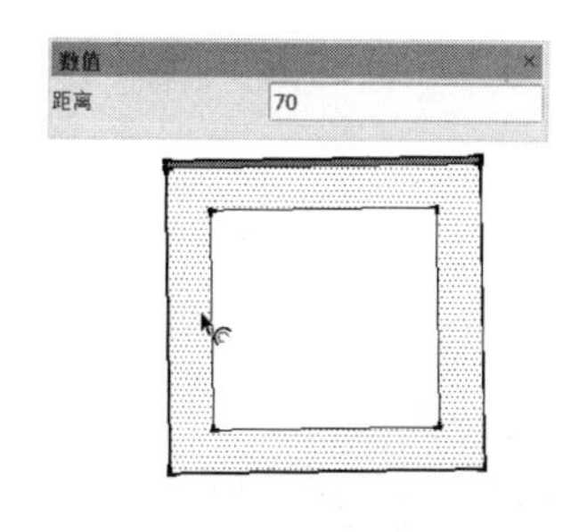

图 4-79　向内偏移复制

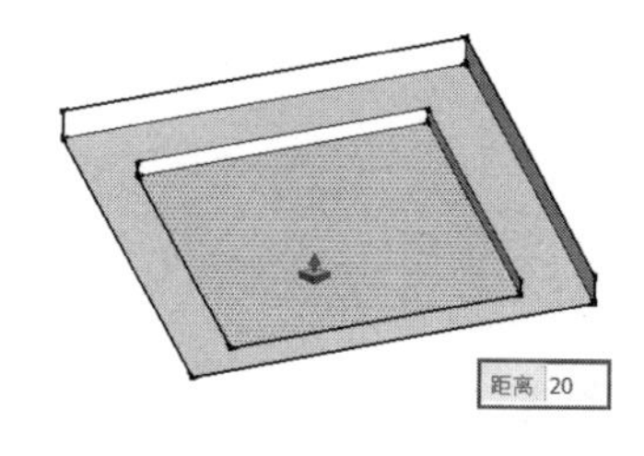

图 4-80　向下推拉 20mm 厚度

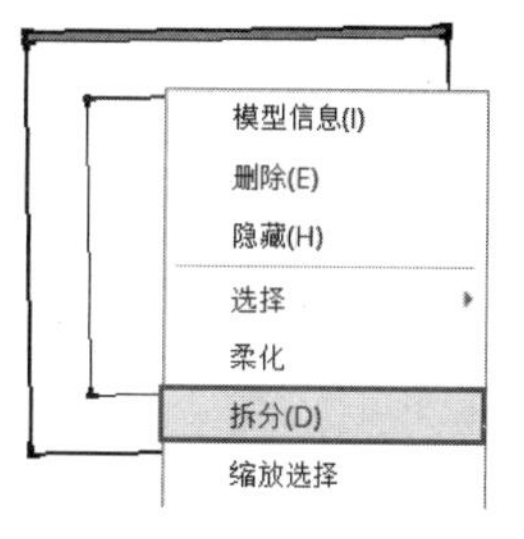

图 4-81　启用【拆分】命令

步骤 05 启用【直线】工具，连接拆分点细分底面，如图 4-83 所示。启用【偏移】工具，选择分割面向内进行偏移，偏移距离为 2.5mm，如图 4-84 所示。

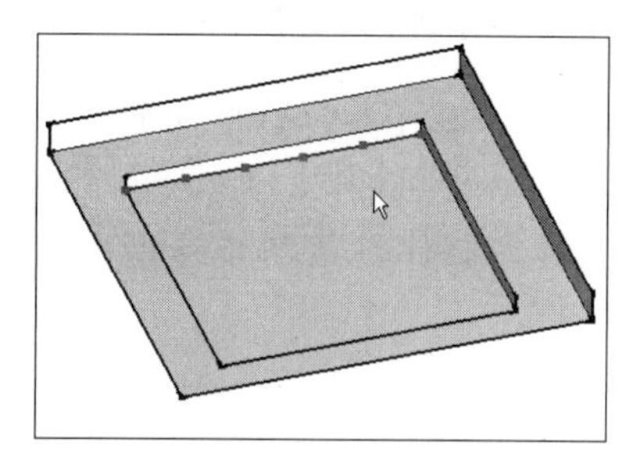
图 4-82　拆分边线

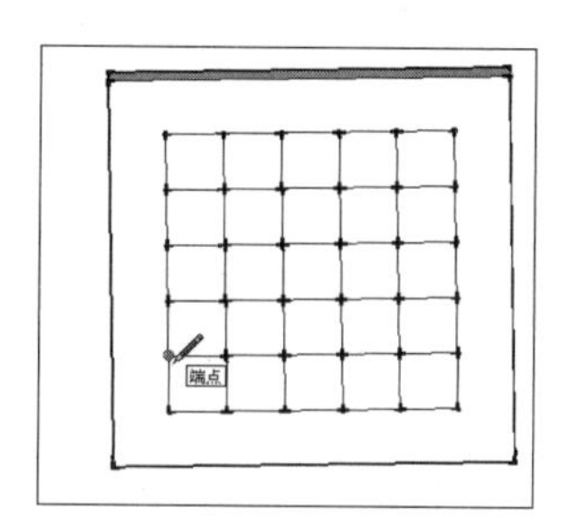

图 4-83　细分割底部模型面

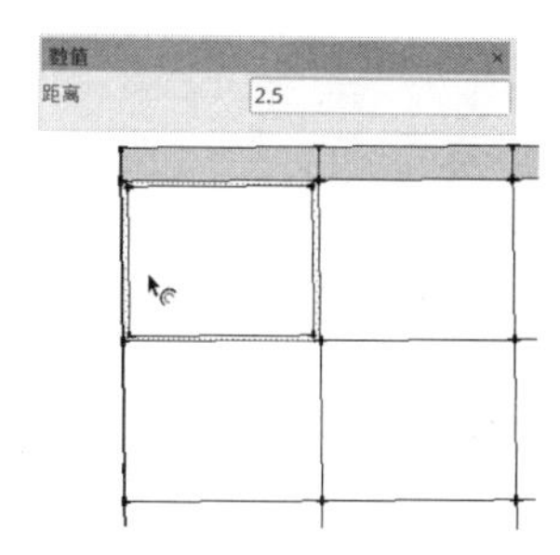

图 4-84　偏移复制

步骤 06 选择细分模型面，启用【推 / 拉】工具，向下拉出 60mm 的厚度，如图 4-85 所示。

步骤 07 重复【偏移】操作，如图 4-86 所示，然后启用【推 / 拉】工具向上制作 58mm 的深度，制作出灯罩模型。

步骤 08 重复上述操作，完成如图 4-87 所示的现代吊灯造型的制作。

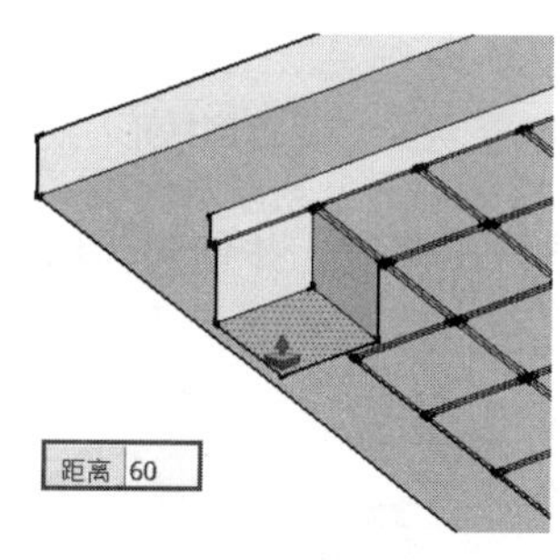

图 4-85　向下推拉 60mm

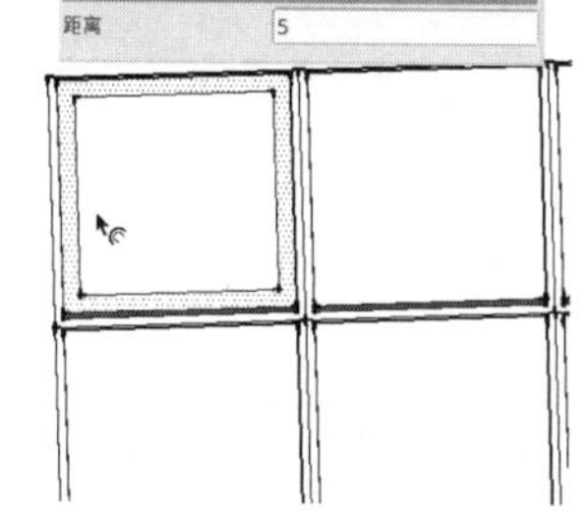
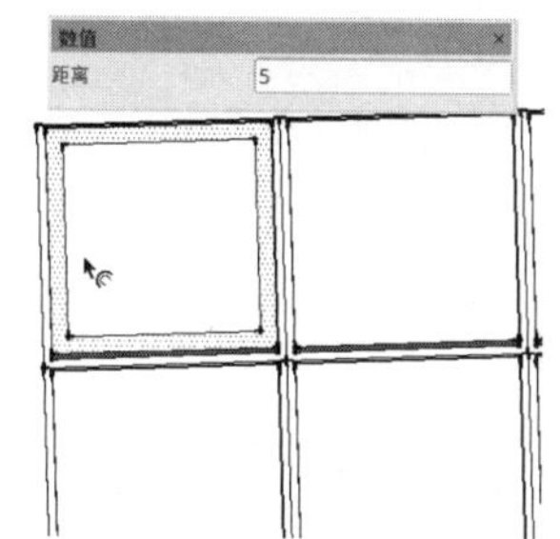

图 4-86　向内以 5mm 进行偏移复制

图 4-87　向上推拉 58mm 完成造型

076 简欧台灯

文件路径：配套资源 \ 第 04 章 \076	视频文件：视频 \ 第 04 章 \076.MP4

本例学习简欧台灯模型的制作，主要使用【直线】、【圆】、【圆弧】以及【路径跟随】与【模型交错】工具与命令。

步骤01 结合使用【直线】、【圆】(扑捉垂直直线端点绘制半径为 90mm 的圆)以及【路径跟随】等工具，制作台灯底座三维模型，如图 4-88 与图 4-89 所示。

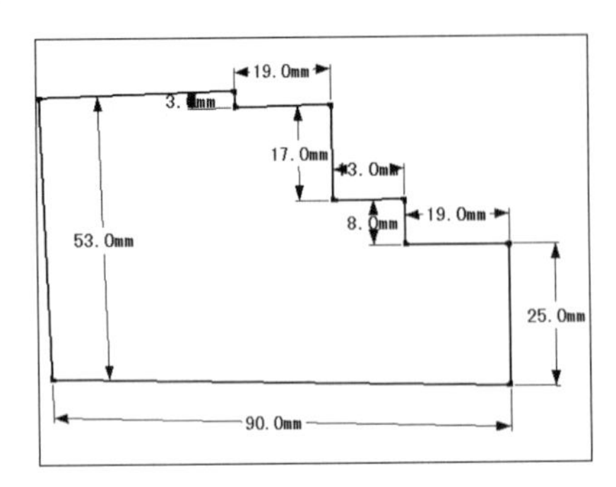

图 4-88 绘制底座轮廓线形

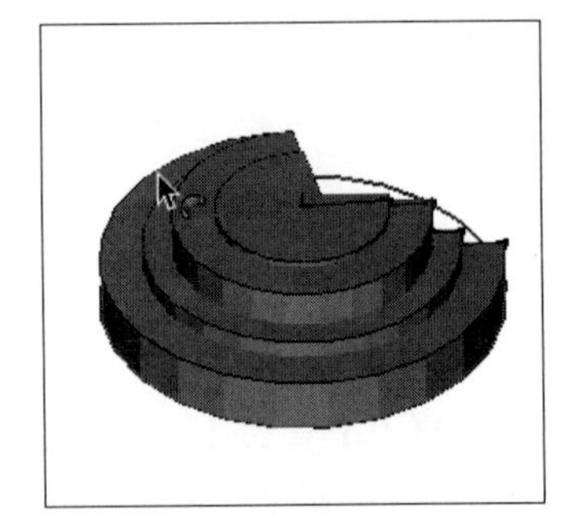

图 4-89 启用【路径跟随】工具

步骤02 结合使用【直线】、【圆弧】以及【路径跟随】等工具，制作台灯灯身模型，如图 4-90 与图 4-91 所示。

步骤03 结合使用【直线】、【圆】以及【路径跟随】等工具，制作灯罩初步造型，如图 4-92 与图 4-93 所示。接下来通过【模型交错】制作装饰细节。

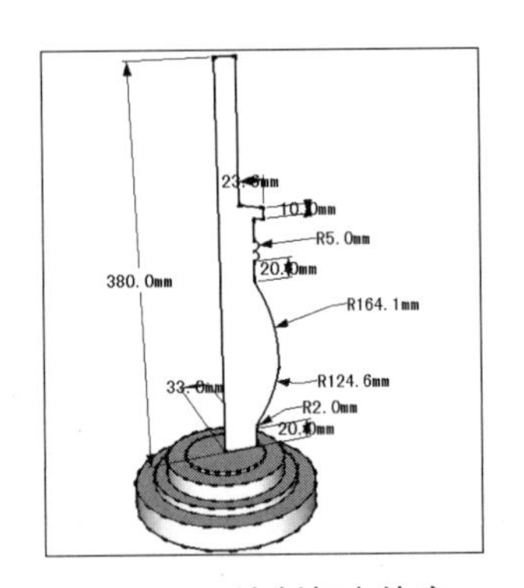

图 4-90 绘制灯身轮廓

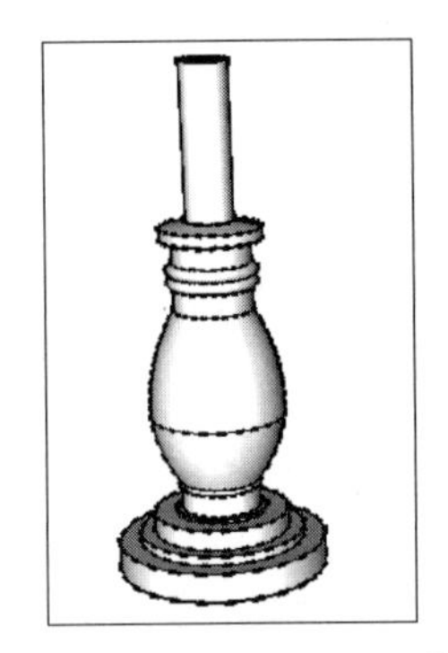

图 4-91 制作灯身三维造型

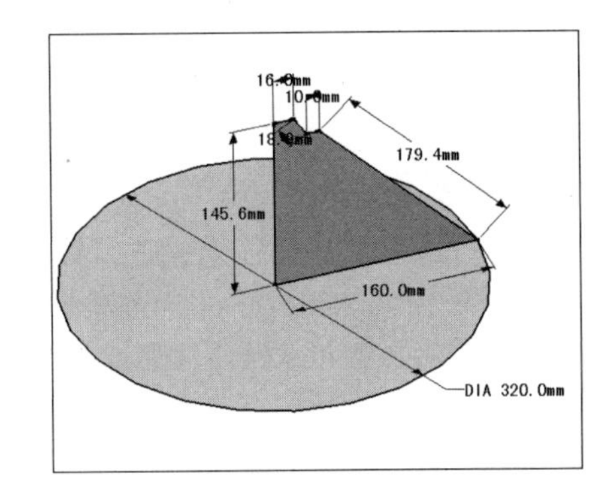

图 4-92 绘制灯罩轮廓线形

步骤04 使用【直线】与【圆弧】工具绘制图形截面，然后推拉出厚度，并创建为组，如图 4-94 与图 4-95 所示。

图 4-93 制作灯罩三维造型

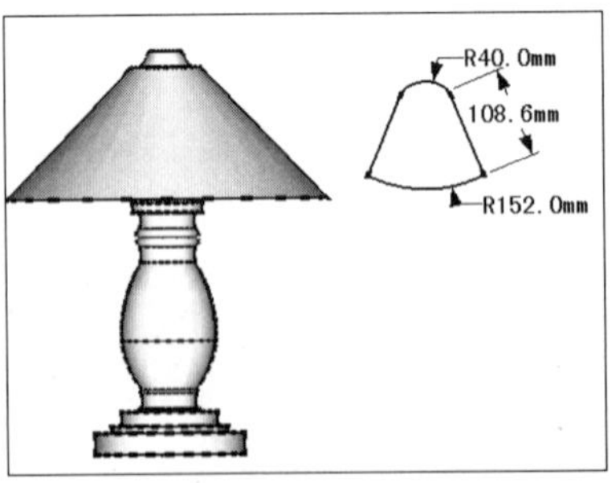

图 4-94 绘制图形截面

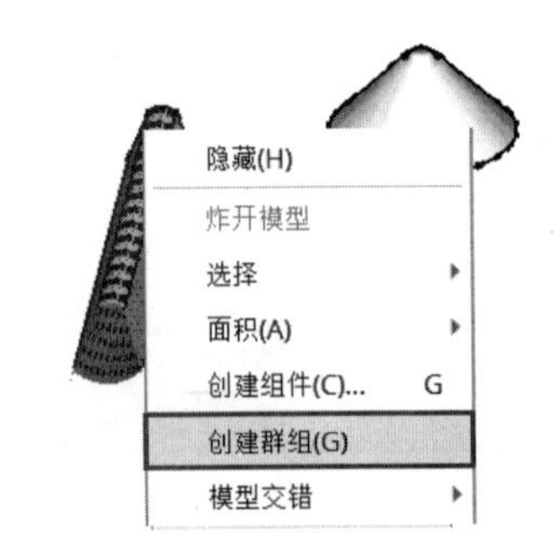

图 4-95 推拉厚度并创建【组】

步骤05 移动拉伸模型至灯罩中心，并以 90° 进行【旋转】，然后选择灯罩进行【模型交错】，交错完成后删除多余模型，如图 4-96~ 图 4-98 所示。

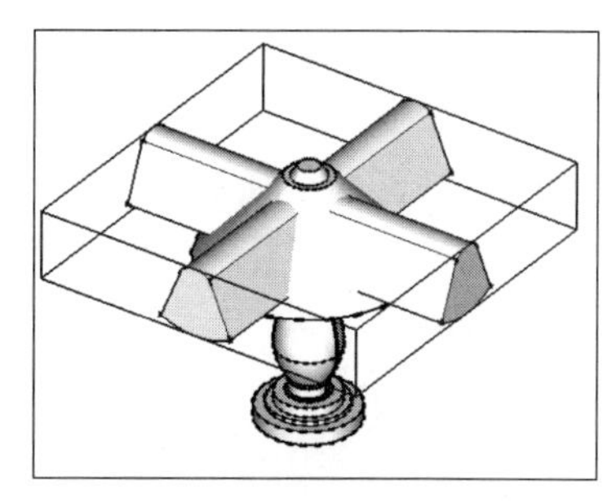
图 4-96　对位并旋转复制

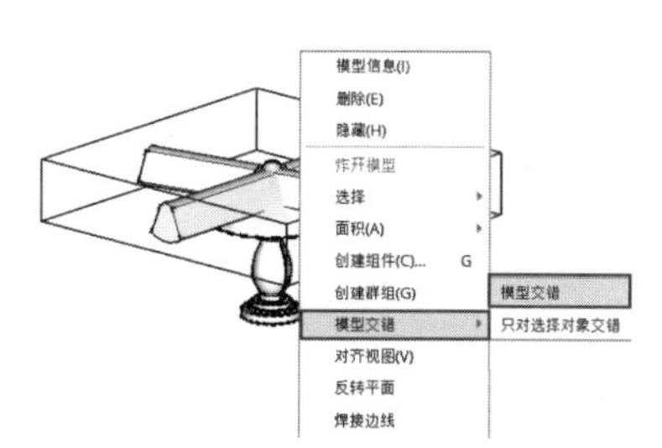

图 4-97　进行【模型交错】

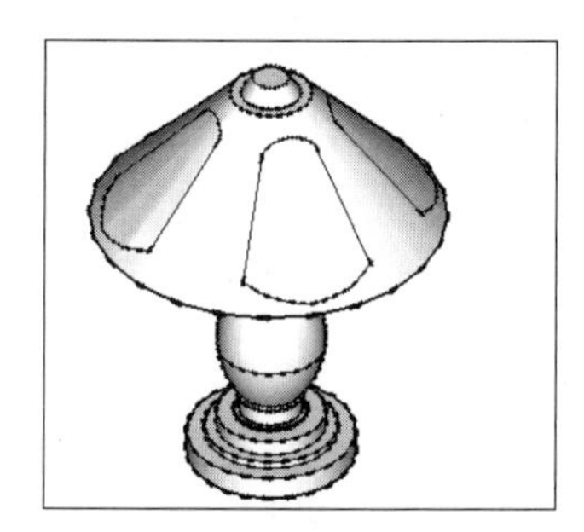
图 4-98　删除多余模型

步骤 06 打开【材料】面板，为台灯分别赋予黄铜与透光装饰布纹材质，完成最终效果，如图 4-99~ 图 4-101 所示。

图 4-99　赋予黄铜材质

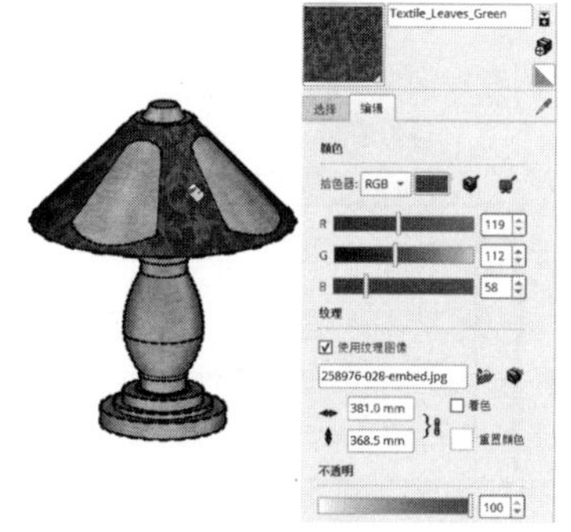
图 4-100　赋予布纹材质

图 4-101　模型最终效果

077 木制酒架

文件路径：配套资源 \ 第 04 章 \077	视频文件：视频 \ 第 04 章 \077.MP4

本例学习木制酒架模型的制作，主要使用【矩形】、【圆】、【推 / 拉】以及【减去】与【翻转方向】工具，注意学习模型逐步细化的技巧。

步骤 01 启用【矩形】工具，绘制一个矩形，然后进行分割并使用【推 / 拉】工具制作模型初步轮廓，如图 4-102~ 图 4-105 所示。

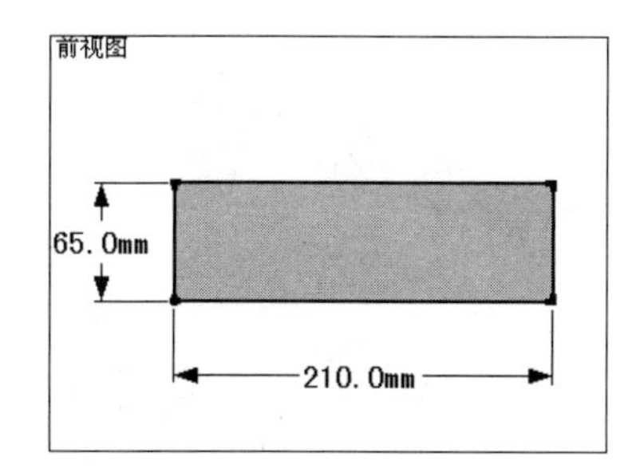

图 4-102　绘制矩形

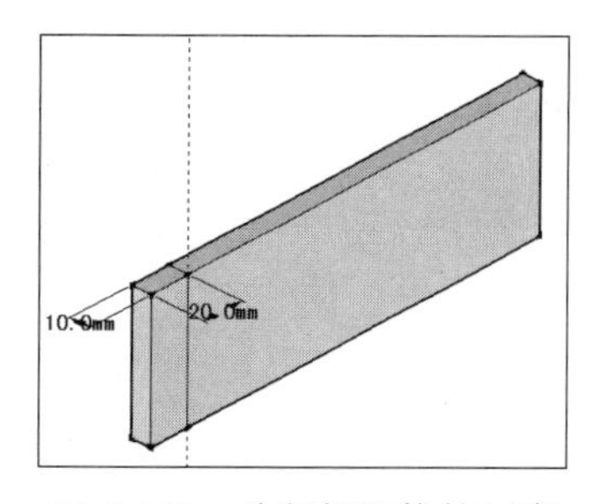

图 4-103　分割矩形推拉厚度

步骤 02 结合使用【圆】与【推 / 拉】工具，制作出两个圆柱体，将其进行对位，通过【减去】工具，制作出半圆缺口细节，如图 4-106~ 图 4-108 所示。

步骤 03 结合使用【卷尺】、【直线】及【推 / 拉】工具，制作出各个面的凹槽等细节，如图 4-109 ~ 图 4-112 所示。

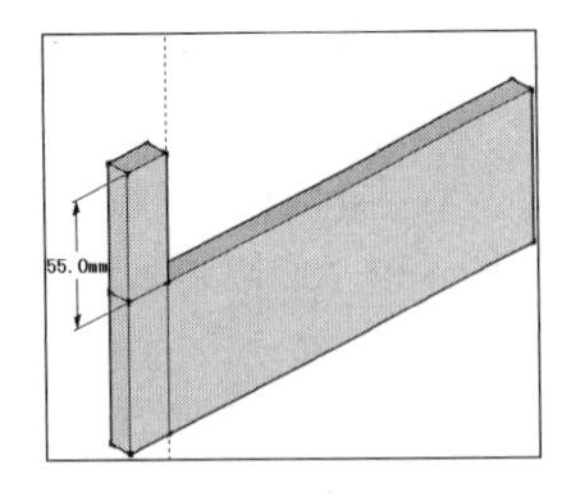

图 4-104 向上推拉 55mm 高度

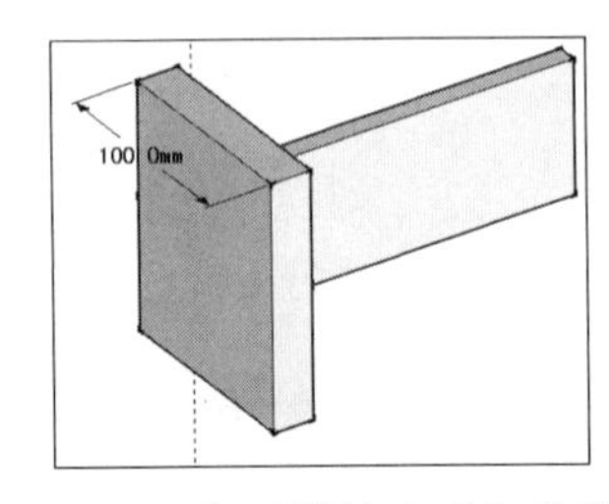

图 4-105 向后推拉完成初步轮廓

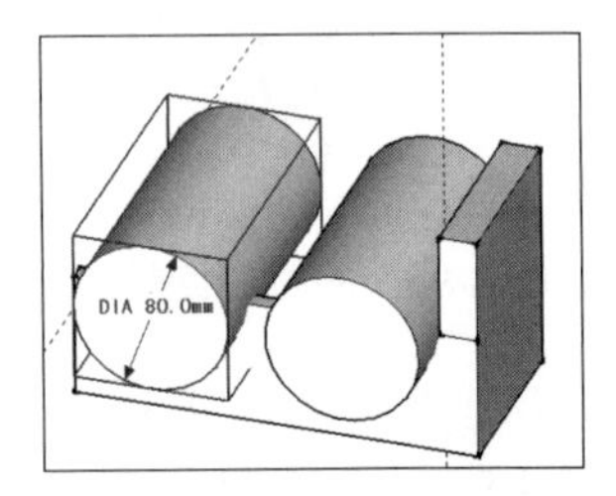

图 4-106 绘制圆柱体

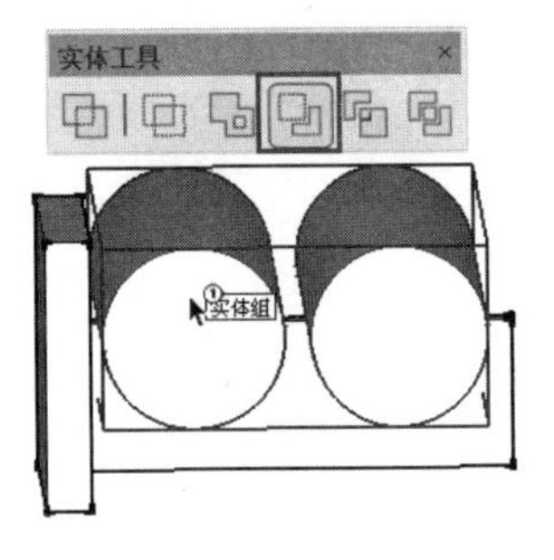

图 4-107 进行差集运算

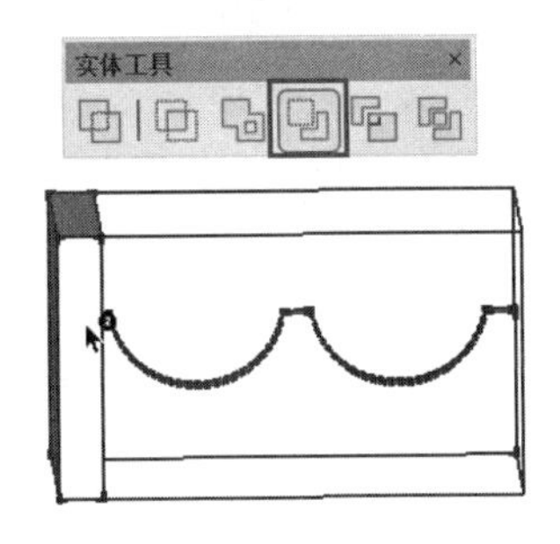

图 4-108 差集运算效果

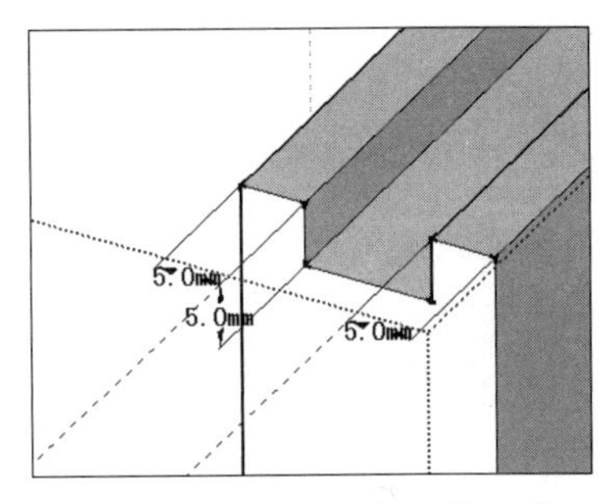

图 4-109 制作顶部凹槽细节

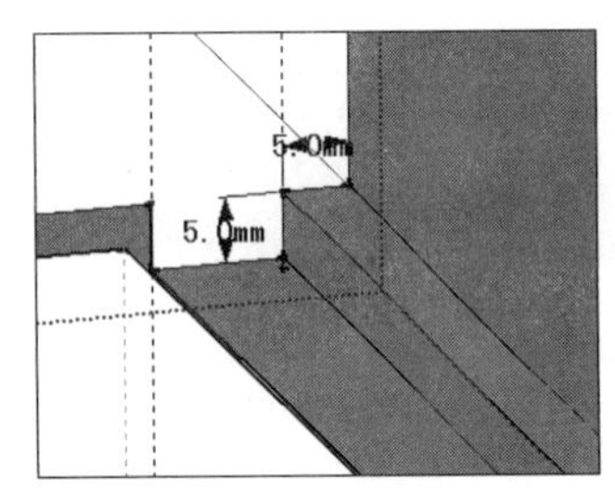

图 4-110 制作底部细节

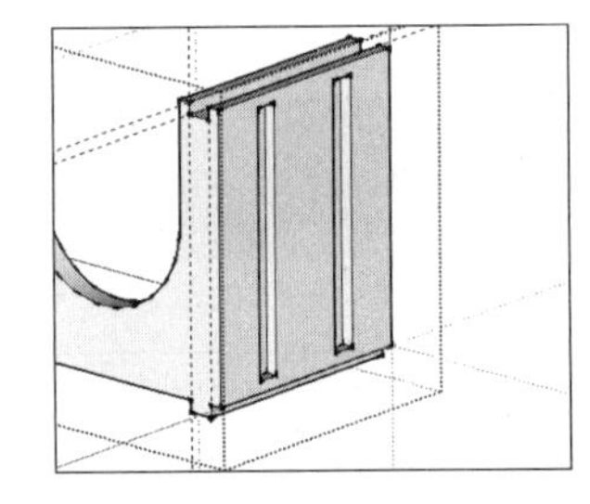

图 4-111 制作侧面细节

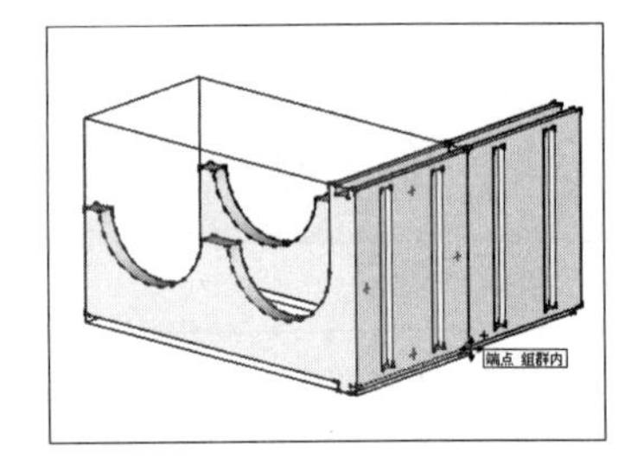

图 4-112 移动复制

步骤 04 通过执行移动复制、旋转等操作，快速制作出酒架的整体效果，如图 4-113 所示。最后打开【材料】面板，为其赋予“原色樱桃木”材质，完成最终效果，如图 4-114 所示。

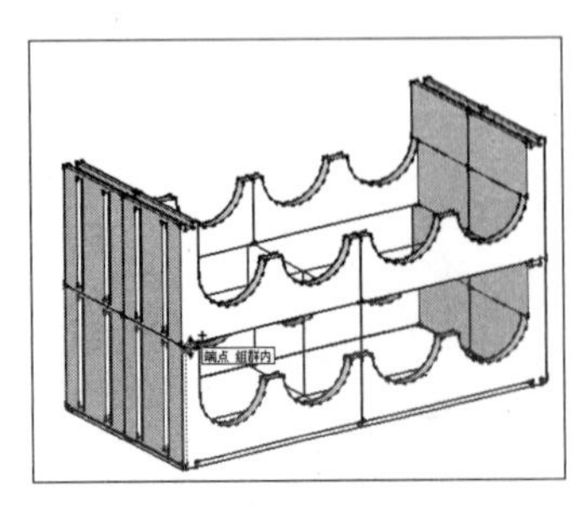

图 4-113 复制图形

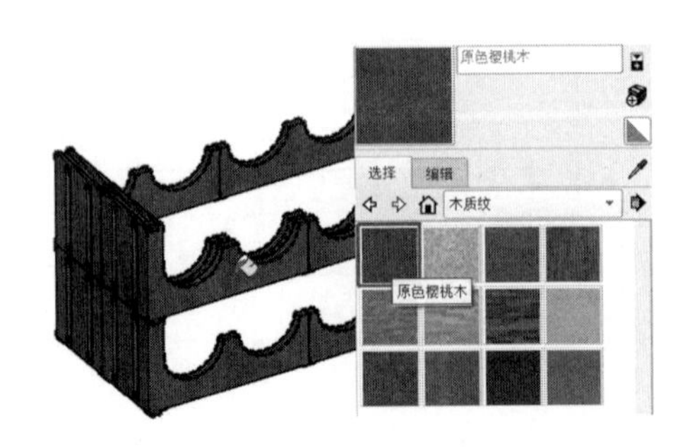

图 4-114 酒架最终效果

078 简约沙发

文件路径：配套资源 \ 第 04 章 \078	视频文件：视频 \ 第 04 章 \078.MP4

本例将学习简约沙发模型的制作，主要将使用【矩形】、【直线】、【旋转】、【推 / 拉】以及【缩放】工具。在模型创建的过程中，注意拉伸工具的灵活应用。

步骤 01 启用【矩形】工具，绘制一个竖立的矩形，如图 4-115 所示。启用【推 / 拉】工具，制作 100mm 的厚度，如图 4-116 所示。

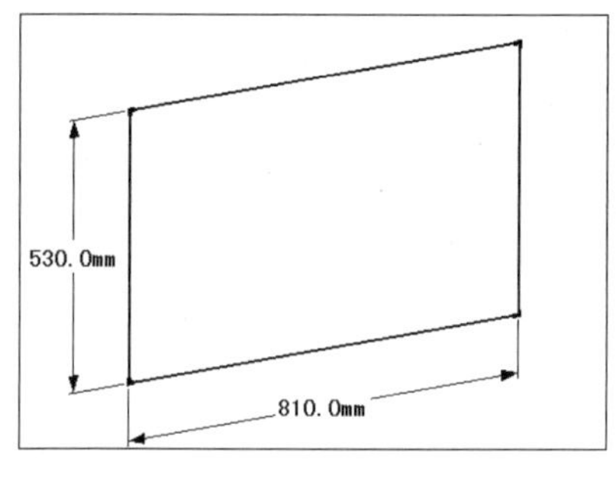

图 4-115　绘制竖立矩形

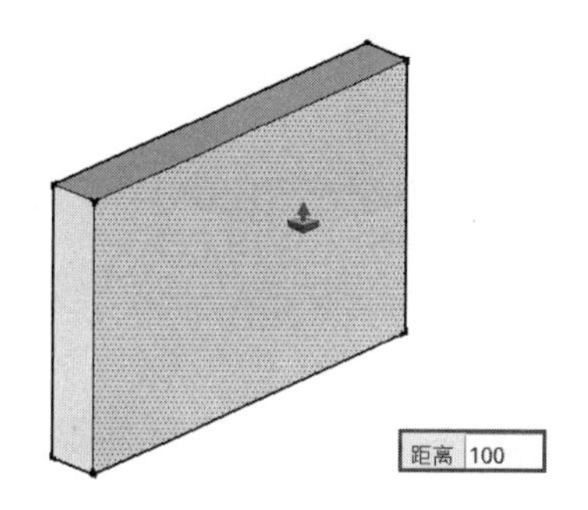

图 4-116　推拉出厚度

步骤 02 选择制作好的模型，以 610mm 的距离进行复制，如图 4-117 所示。移动复制完成后，进行旋转复制，并调整好沙发底板位置，如图 4-118 与图 4-119 所示。

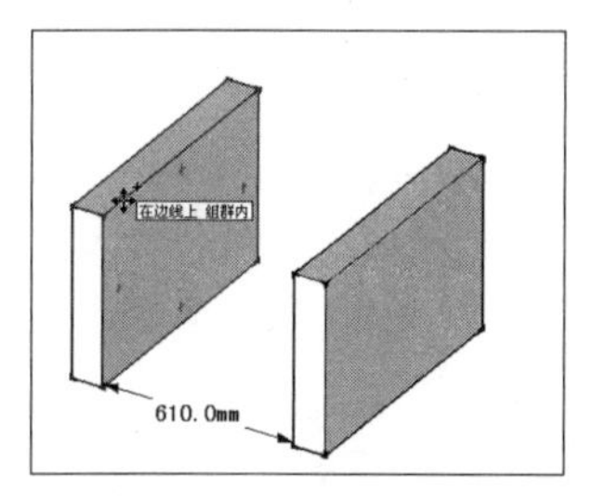

图 4-117　移动复制

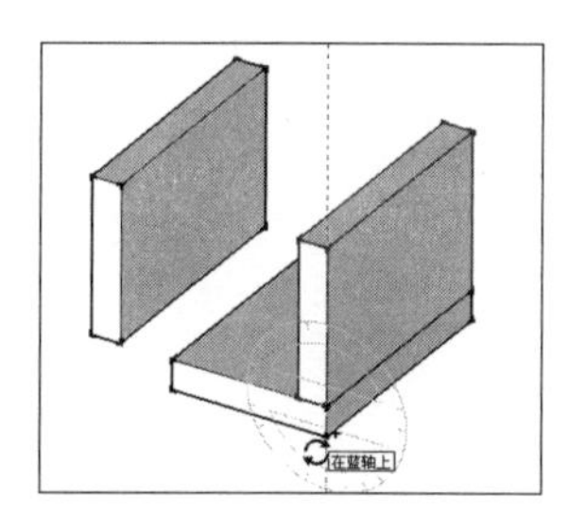

图 4-118　旋转复制

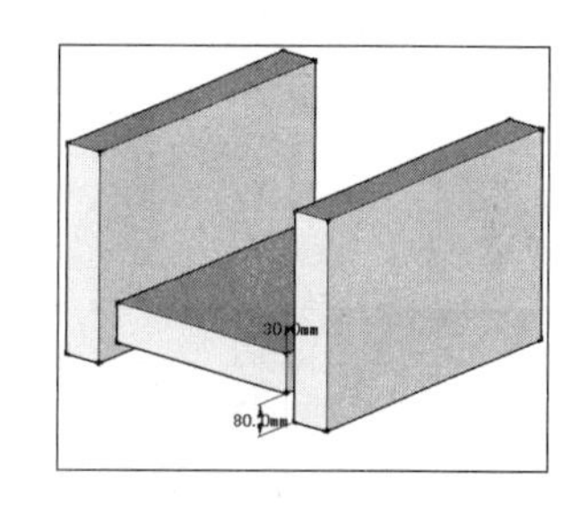

图 4-119　模型对位

步骤 03 选择沙发底板，启用【缩放】工具调整好造型，如图 4-120 与图 4-121 所示，然后再次向上复制出沙发垫，并进行造型调整，如图 4-122 与图 4-123 所示。

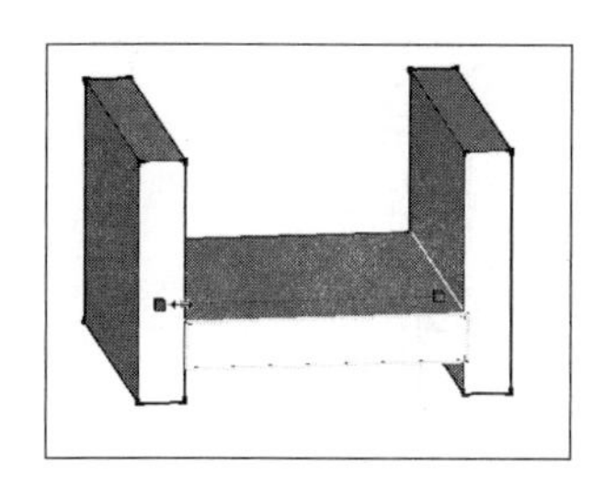

图 4-120　通过单轴缩放调整宽度

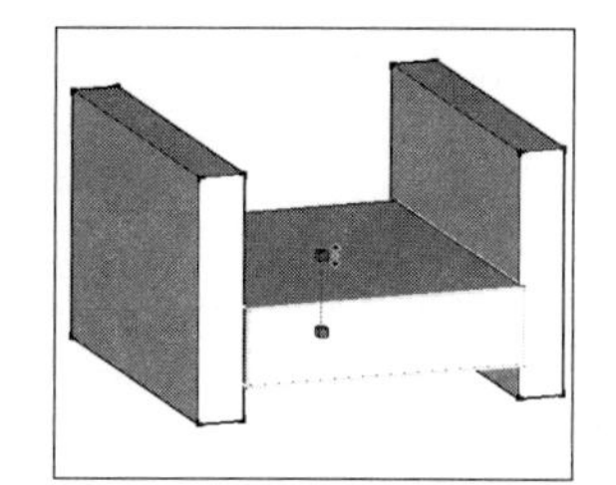

图 4-121　通过单轴缩放调整厚度

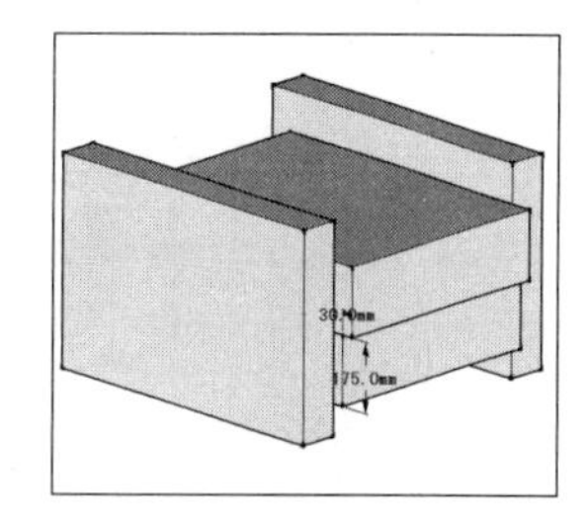

图 4-122　通过类似方法制作沙发垫

步骤 04 沙发垫造型调整完成后，结合使用【直线】以及【推 / 拉】工具创建沙发靠背，如图 4-124 所示，完成简约沙发模型的制作，如图 4-125 所示。

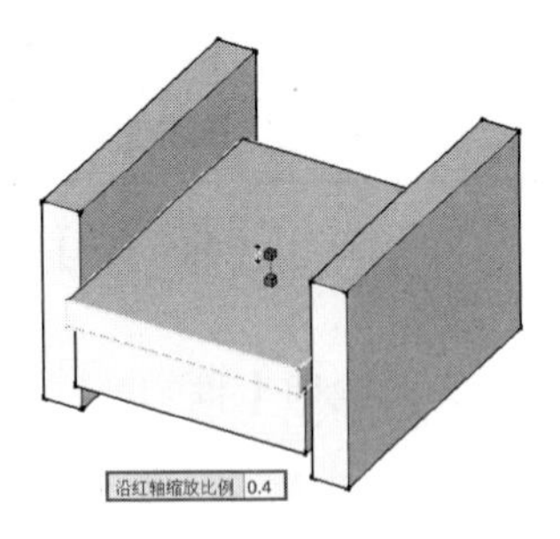

图 4-123　通过单轴拉伸调整厚度

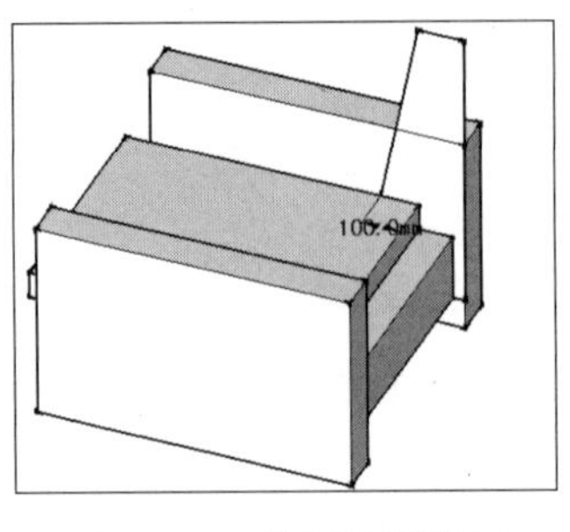

图 4-124　绘制靠背线形

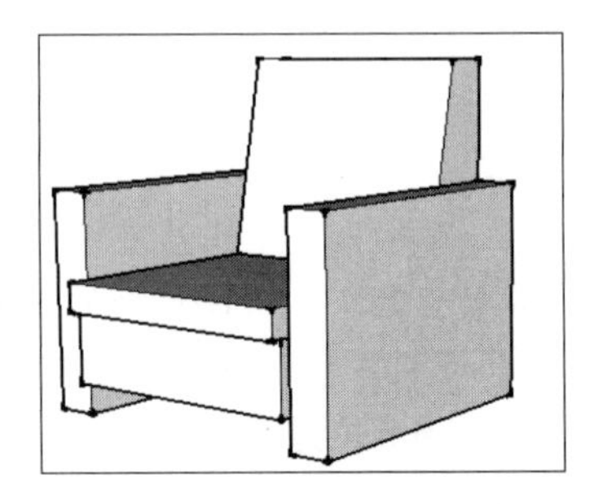

图 4-125　推拉完成最终效果

079 经典吧椅

文件路径：配套资源 \ 第 04 章 \079	视频文件：视频 \ 第 04 章 \079.MP4

本例学习经典吧椅模型的制作，主要使用【圆】、【直线】、【圆弧】、【偏移】以及【推 / 拉】等工具。

步骤 01 启用【圆】工具，绘制一个直径为 540mm 的圆形，如图 4-126 所示。

步骤 02 结合使用【偏移】与【推 / 拉】工具，制作出底座细节，如图 4-127 所示。

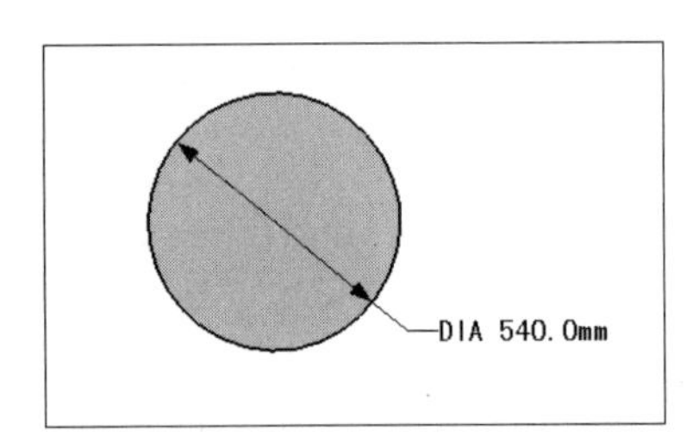

图 4-126　绘制圆形

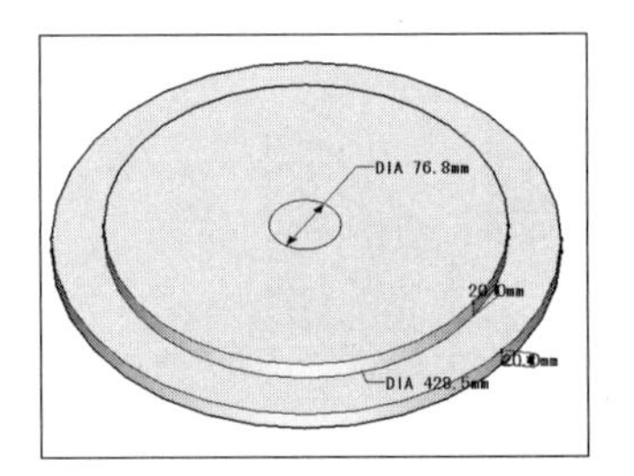

图 4-127　制作底座细节

步骤 03 结合使用【偏移】与【推 / 拉】工具，完成支架底座细节，如图 4-128 与图 4-129 所示。

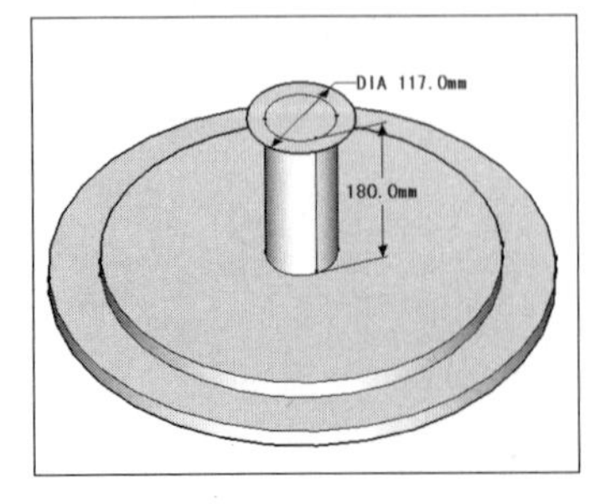

图 4-128　制作支架底座细节

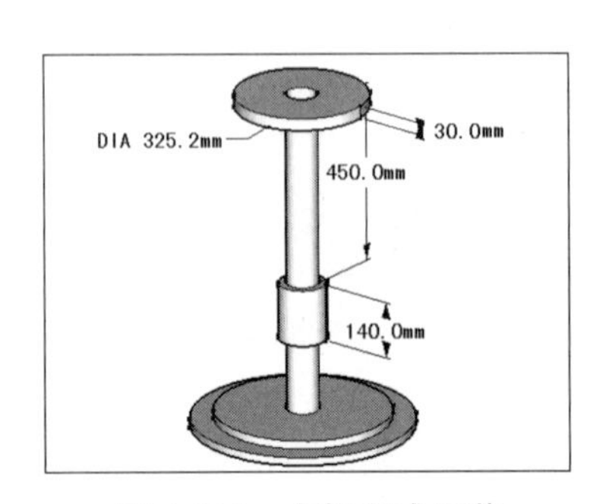

图 4-129　支架完成细节

步骤 04 结合使用【直线】与【圆弧】工具，绘制出靠背轮廓线形，结合【偏移】与【圆弧】工具进行封面，最后使用【推 / 拉】工具制作出 500mm 的宽度，如图 4-130 ~ 图 4-133 所示。

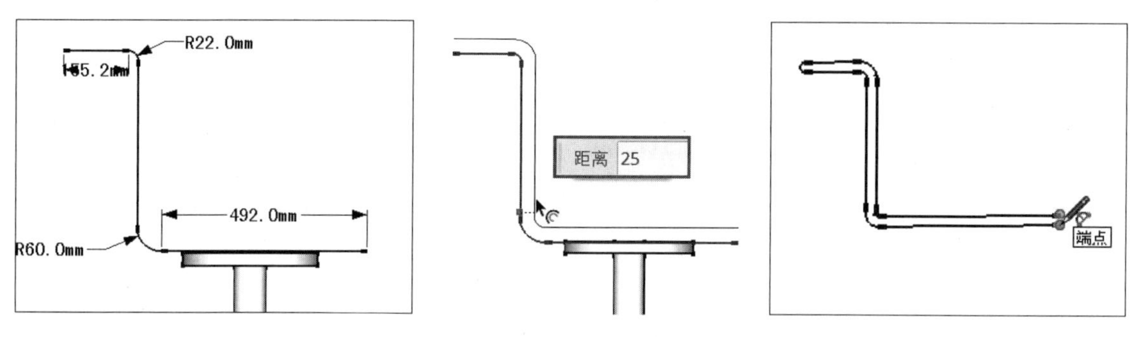

图 4-130　绘制靠背轮廓线形　　图 4-131　使用偏移复制工具　　图 4-132　使用【圆弧】进行封面

步骤 05 使用类似的方法，完成坐垫模型的制作，如图 4-134 与图 4-135 所示。

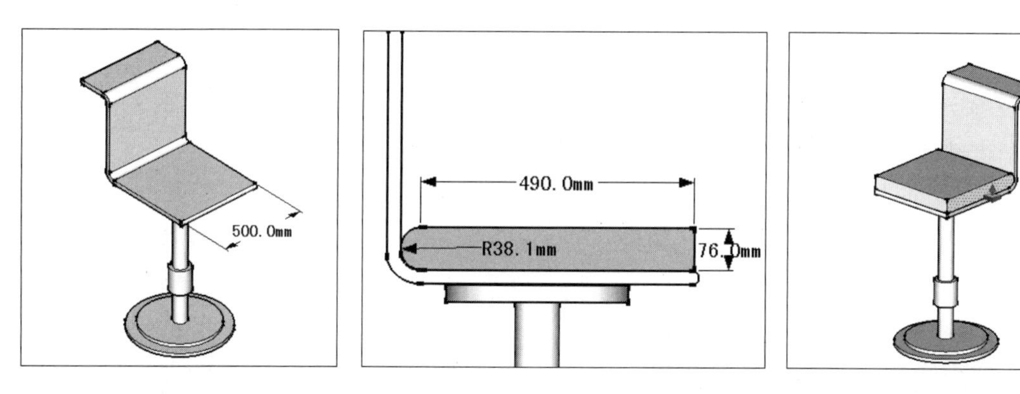

图 4-133　推拉出 500mm 宽度　　图 4-134　绘制坐垫轮廓　　图 4-135　推拉出坐垫宽度

步骤 06 绘制圆形截面与矩形路径，通过【路径跟随】工具完成踏脚线形，然后通过复制完成细节效果，如图 4-136 ~ 图 4-138 所示。

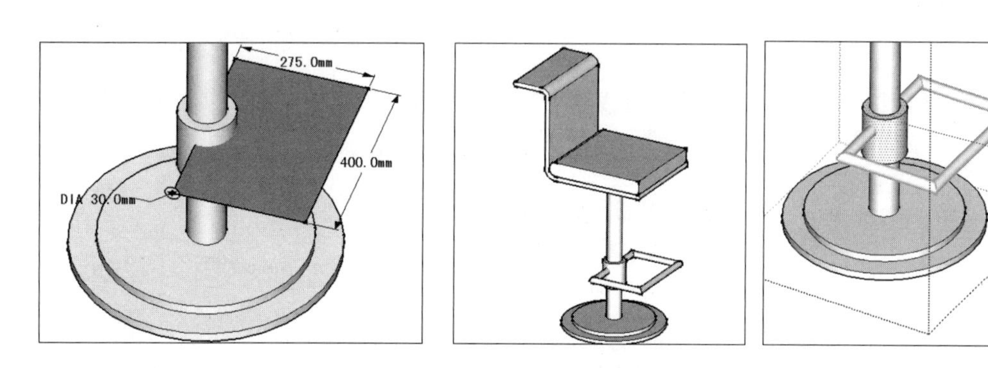

图 4-136　绘制矩形路径与圆形截面　　图 4-137　制作踏脚线形　　图 4-138　复制踏脚细节

步骤 07 打开【材料】面板，为支架与靠背分别赋予金属与木纹材质，完成最终效果如图 4-139 与图 4-140 所示。

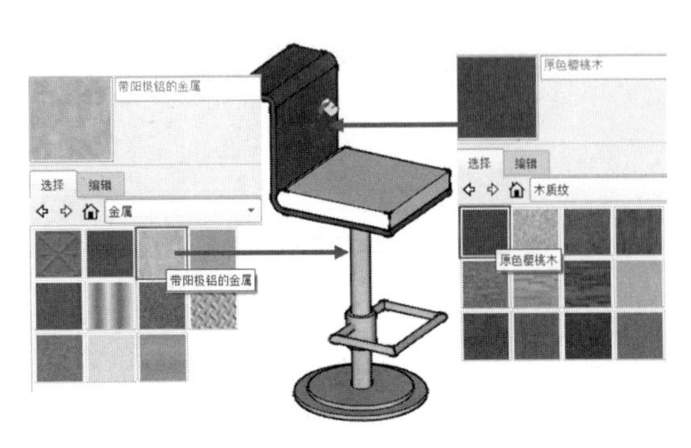

图 4-139 赋予金属与木纹材质

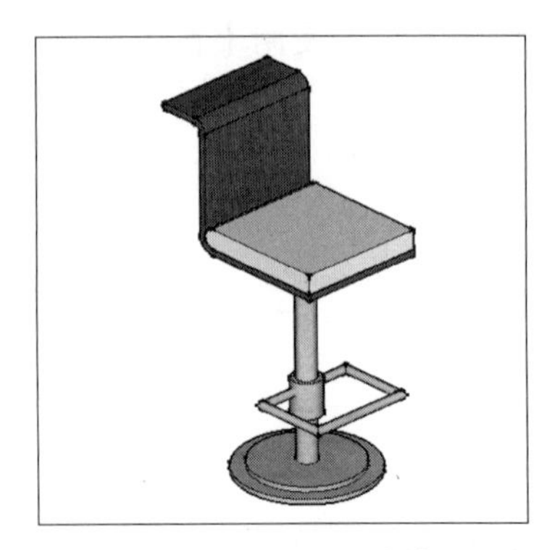

图 4-140 吧椅完成效果

080 办公桌椅

文件路径：配套资源 \ 第 04 章 \080	视频文件：视频 \ 第 04 章 \080.MP4

本例将学习曲线形办公桌椅模型的制作，主要使用【矩形】、【圆弧】以及【推 / 拉】工具，在模型的创建过程中，注意学习辅助物体与旋转工具的使用。

步骤 01 首先制作办公桌造型，如图 4-141 所示。启用【矩形】工具，绘制一个 1220mm × 3657mm 的矩形，如图 4-142 所示。

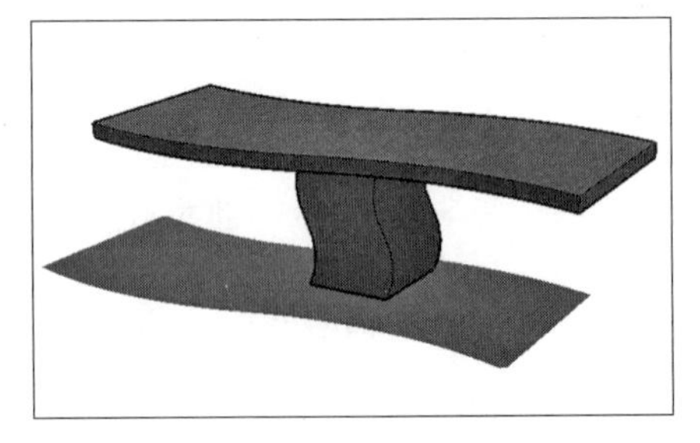

图 4-141 办公桌单体模型

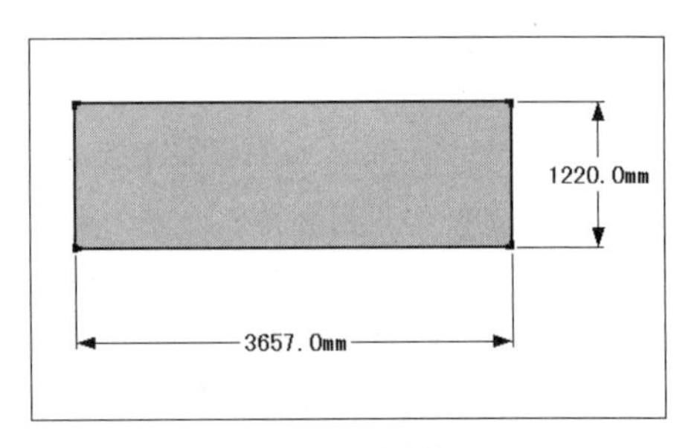

图 4-142 绘制矩形

步骤 02 启用【圆弧】工具，捕捉矩形边线端点与中点绘制一段弧线，如图 4-143 所示，通过复制弧线，制作曲线平面，如图 4-144 与图 4-145 所示。

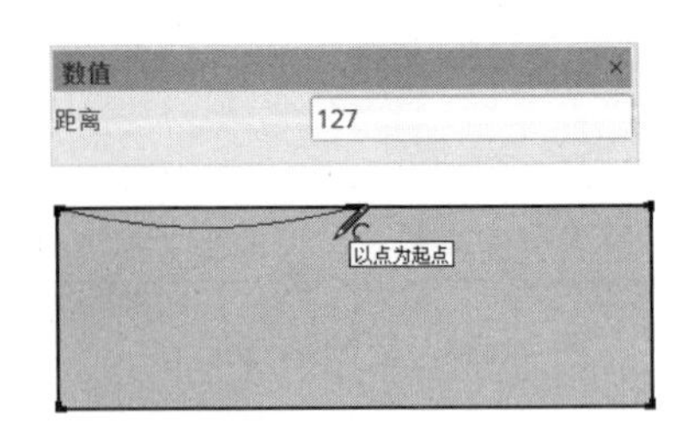

图 4-143 绘制弧线

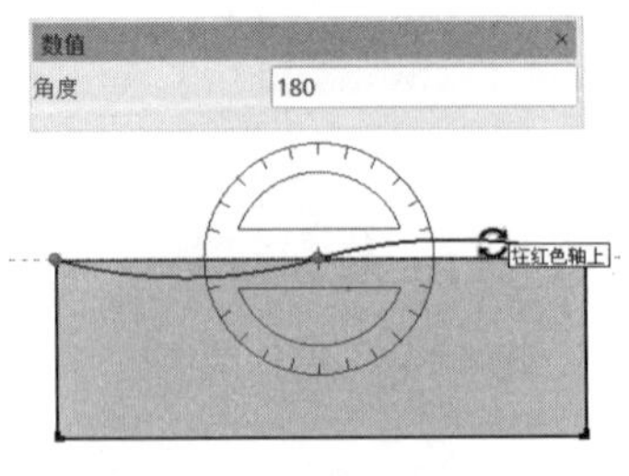

图 4-144 旋转复制弧线

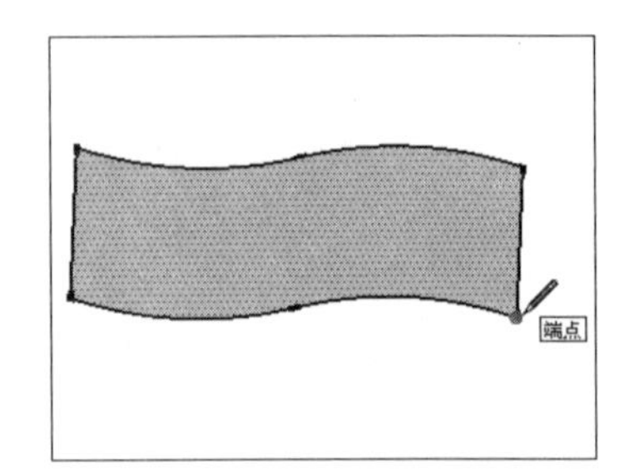

图 4-145 封闭曲线平面

步骤03 删除曲线平面多余线段，启用【推 / 拉】工具，制作 100mm 厚度，生成台面如图 4-146 所示。

步骤04 选择制作好的台面创建为组，如图 4-147 所示，然后进行 90° 旋转复制，如图 4-148 所示。

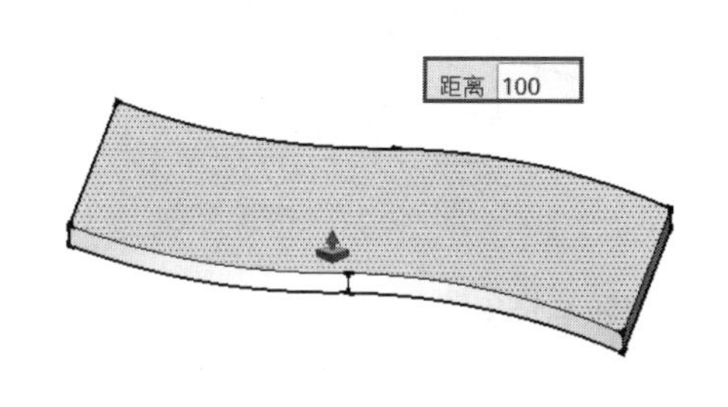

图 4-146　生成台面

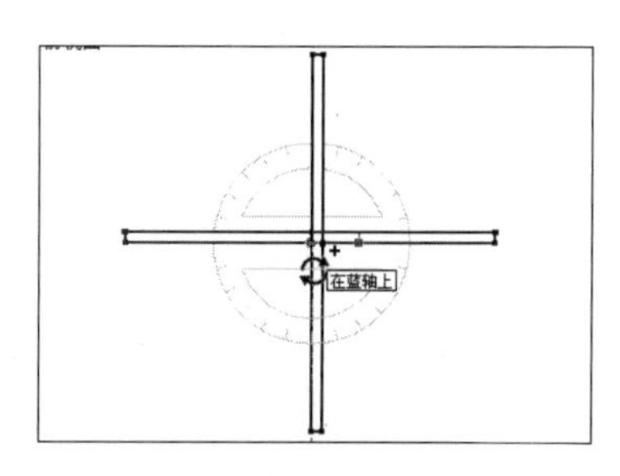

图 4-147　创建台面为组

图 4-148　旋转复制台面

步骤05 通过【缩放】工具，调整出台面支撑造型，如图 4-149 所示。

步骤06 制作办公椅单体模型，如图 4-150 所示。切换至【右视图】，结合使用【直线】与【圆弧】工具，绘制底部轮廓直线，如图 4-151 所示。

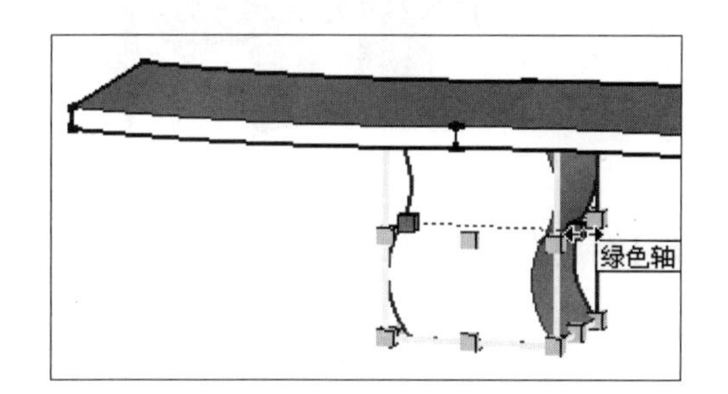

图 4-149　调整台面支撑造型

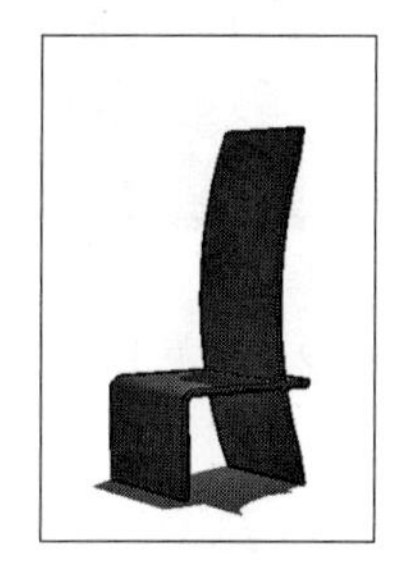

图 4-150　办公椅单体模型

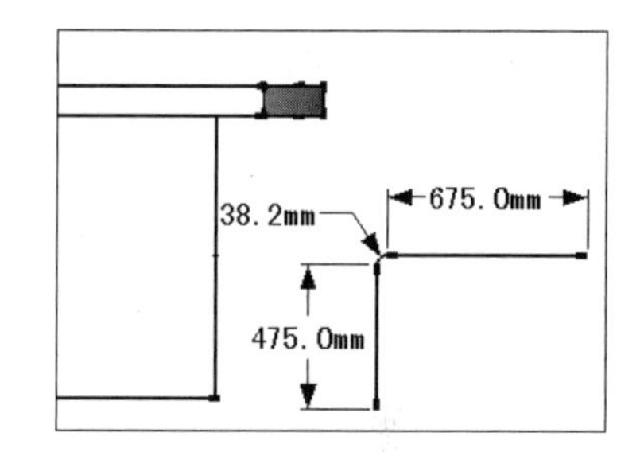

图 4-151　绘制底部轮廓直线

步骤07 选择轮廓线条，启用【偏移】工具，向内以32mm距离进行偏移，如图4-152所示。启用【推 / 拉】工具，制作 710mm 的宽度，如图 4-153 所示。

步骤08 使用类似的方法，结合使用【弧线】、【偏移】、【直线】及【推 / 拉】工具，制作办公椅靠背模型，如图 4-154~ 图 4-157 所示。

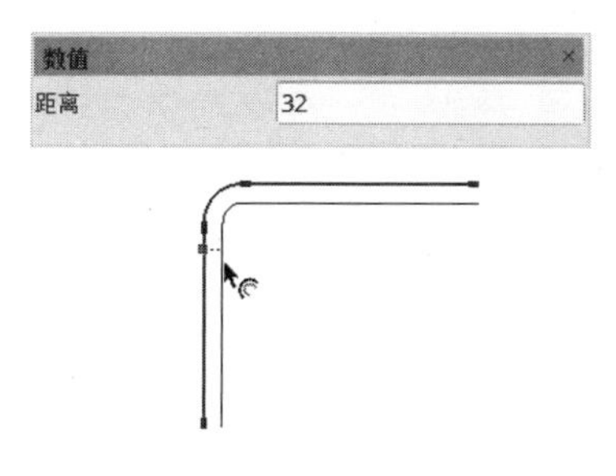

图 4-152　偏移复制

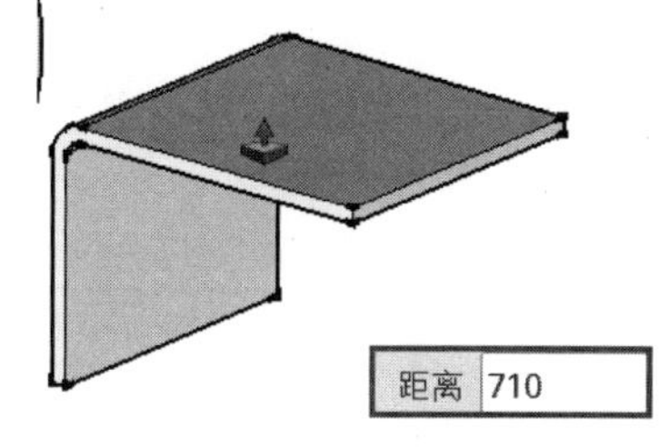

图 4-153　推拉出 710mm 的宽度

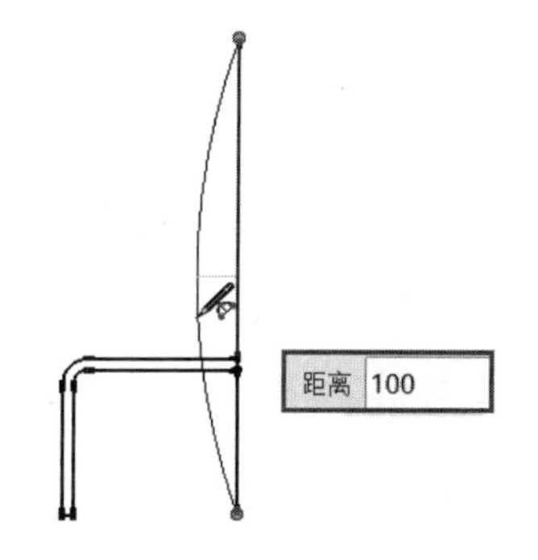

图 4-154　通过辅助线绘制靠背弧线

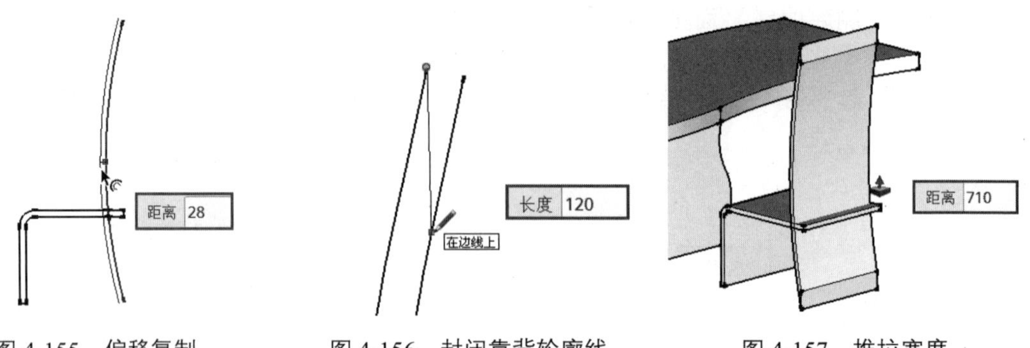

图 4-155　偏移复制　　图 4-156　封闭靠背轮廓线　　图 4-157　推拉宽度

步骤 09 将复制好的办公椅模型，沿办公桌进行排列，如图 4-158 所示。

步骤 10 打开【材料】面板，整体赋予【原色樱桃木】材质，完成整体效果，如图 4-159 与图 4-160 所示。

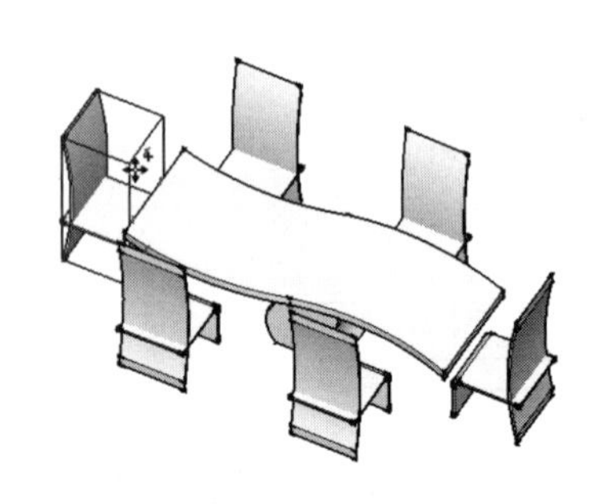

图 4-158　复制办公椅

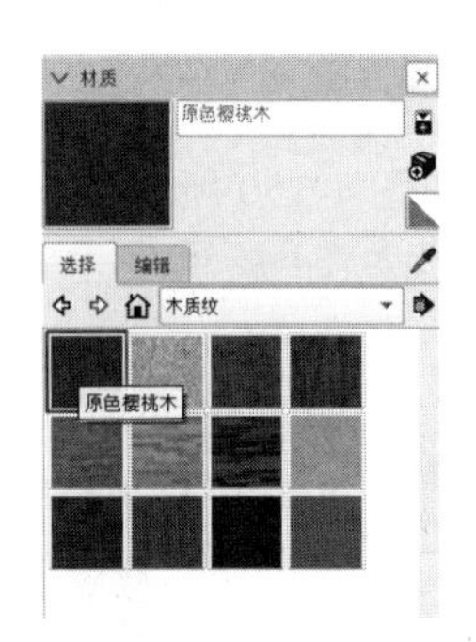

图 4-159　赋予【原色樱桃木】材质

图 4-160　办公桌椅整体效果

第5章 室内高级模型建模

在掌握了 SketchUp 基本工具的使用与常规的建模方法后，本章将通过 8 个经典的室内高级模型案例，进一步学习 SketchUp 高级建模的方法，在进一步熟练相关命令操作的同时，掌握多种高级模型创建思路。

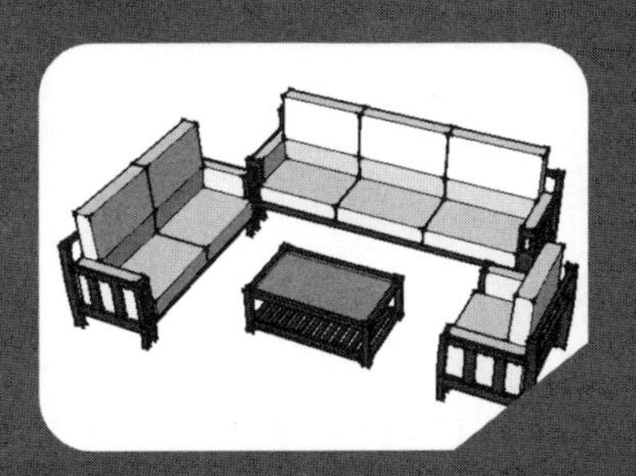

081 沐浴间

文件路径：配套资源 \ 第 05 章 \081	视频文件：视频 \ 第 05 章 \081.MP4

本例学习沐浴间模型的制作，主要使用【直线】、【圆】及【推 / 拉】等工具或命令，初步学习从整体轮廓细化出细节模型的建模方法。

步骤 01 启用【矩形】工具绘制矩形，结合【卷尺】及【直线】工具，分割出沐浴间轮廓平面，如图 5-1 与图 5-2 所示。

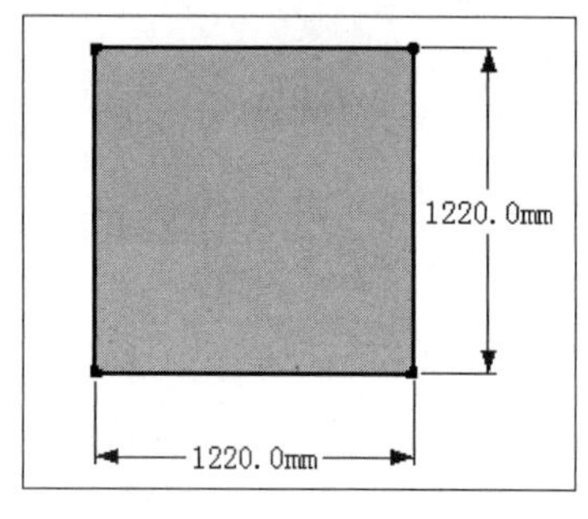

图 5-1　绘制矩形

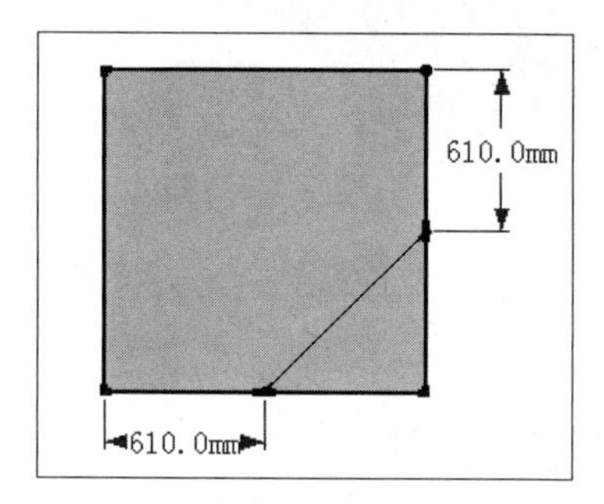

图 5-2　分割矩形

步骤 02 启用【推 / 拉】工具，推拉出底部厚度，然后按住 Ctrl 键，分两次推拉复制出沐浴间的整体轮廓，如图 5-3 ~ 图 5-5 所示。

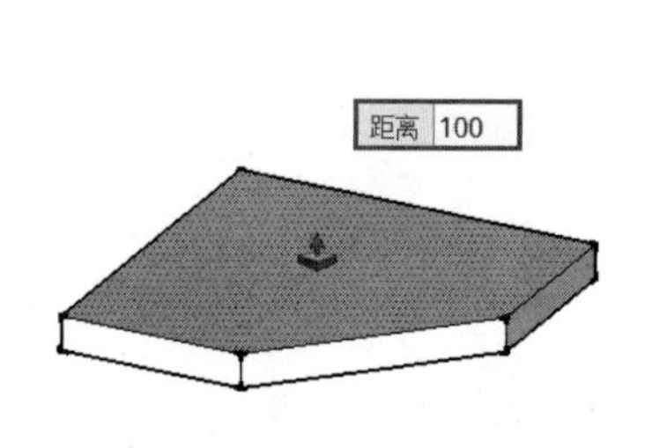

图 5-3　推拉 100mm 的厚度

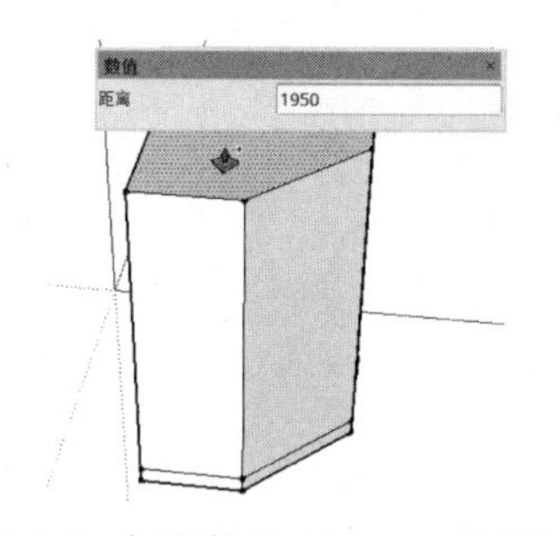

图 5-4　复制推拉 1950mm 的高度

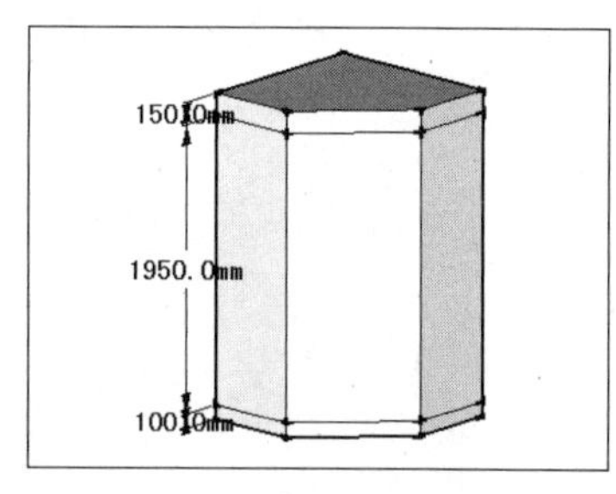

图 5-5　推拉完成效果

步骤 03 结合使用【卷尺】、【直线】以及【推 / 拉】工具，制作沐浴间玻璃门轮廓效果，如图 5-6 ~ 图 5-8 所示。

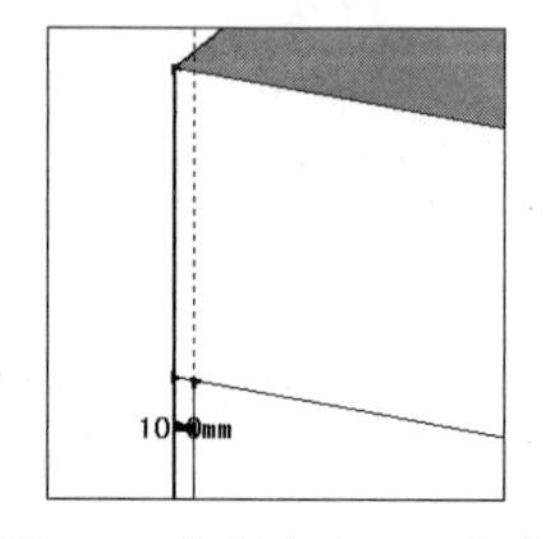

图 5-6　分割出 10mm 宽度

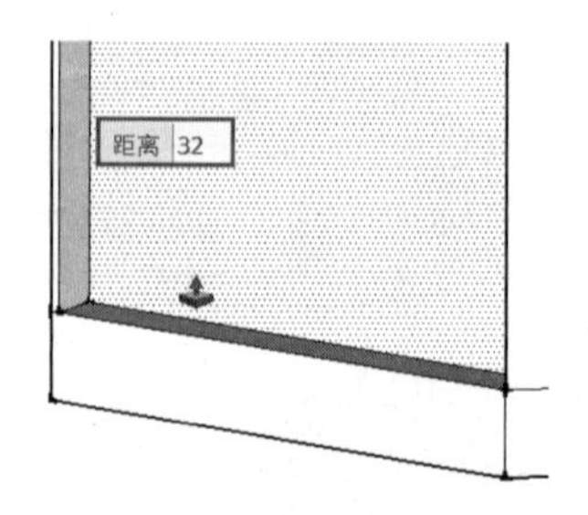

图 5-7　向内推拉 32mm

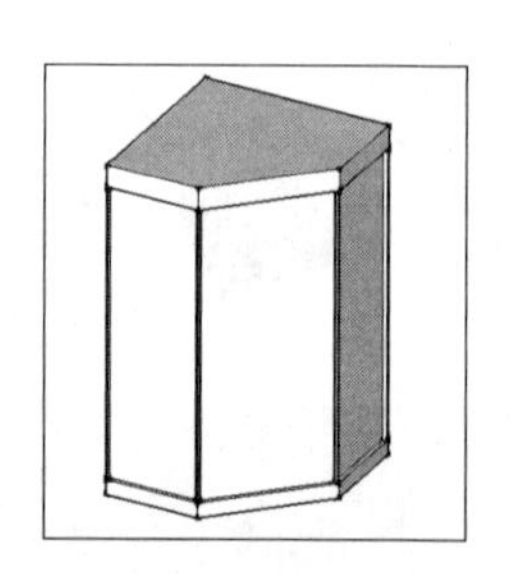

图 5-8　推拉出玻璃门框效果

步骤 04 放大模型至玻璃门框处，删除交错面，启用【直线】工具在中部进行分割，分割完成后，将玻璃门单独创建为组，如图 5-9 ~ 图 5-11 所示。

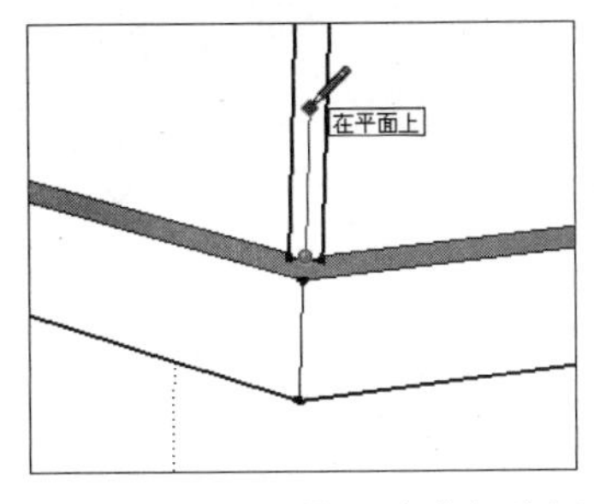

图 5-9　删除交错面并进行分割

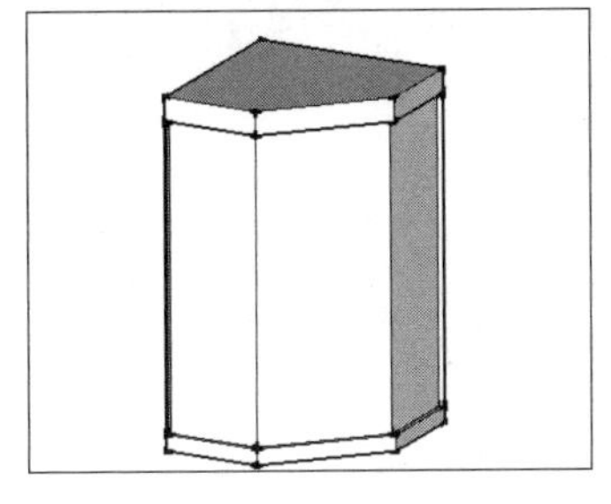

图 5-10　沐浴间模型初步效果

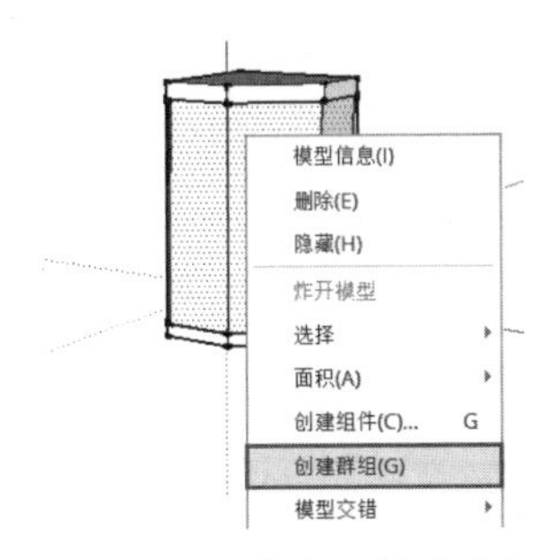

图 5-11　将玻璃门单独成组

步骤 05 结合使用【偏移】与【推 / 拉】工具，制作出玻璃门门框与玻璃细节，然后在中部门框处制作出拉手模型，如图 5-12 ~ 图 5-14 所示。

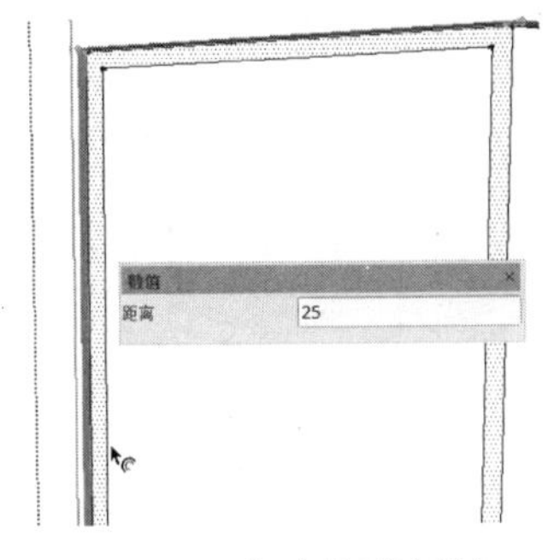

图 5-12　向内偏移复制

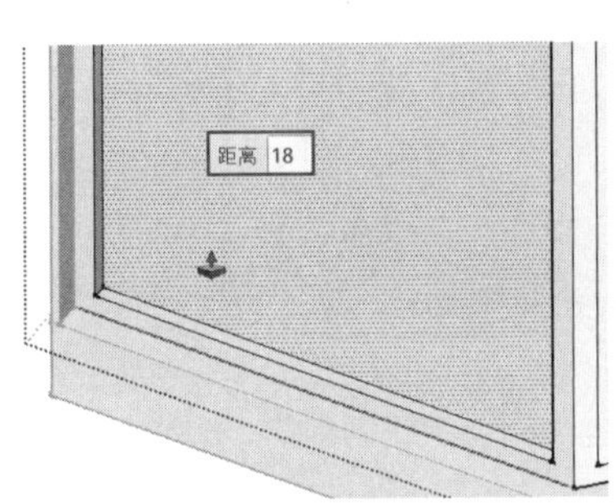

图 5-13　向内推拉

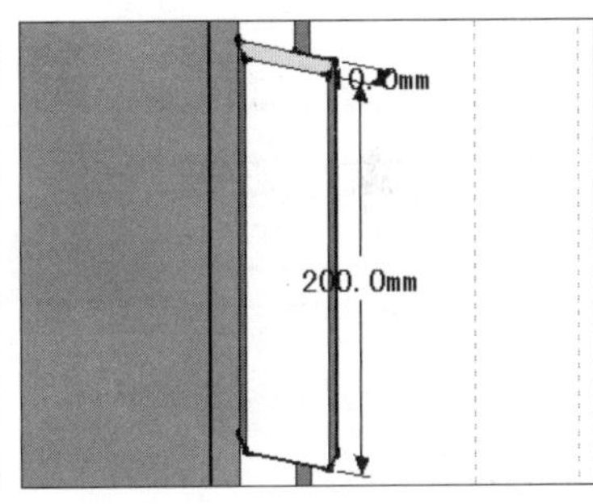

图 5-14　制作拉手模型

步骤 06 沐浴间玻璃门细化完成后，打开【材料】面板，为玻璃赋予透明材质后将其隐藏，如图 5-15 与图 5-16 所示。接下来细化沐浴间内部效果。

步骤 07 启用【偏移】工具，选择内部边线进行偏移复制，形成分割面后，启用【推 / 拉】工具制作出沐浴间下沿细节，如图 5-17 ~ 图 5-19 所示。

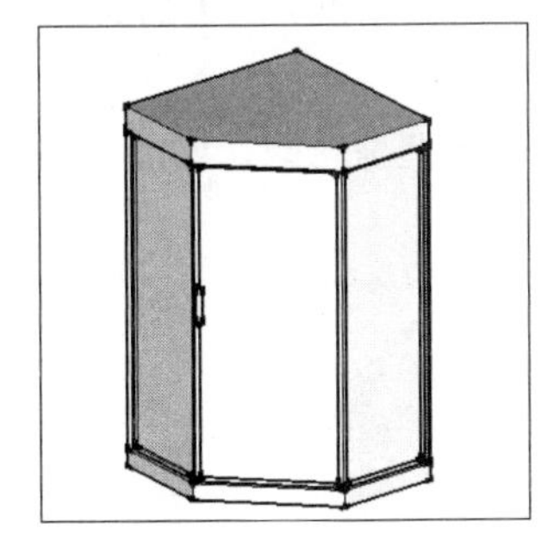

图 5-15　浴室门模型完成效果

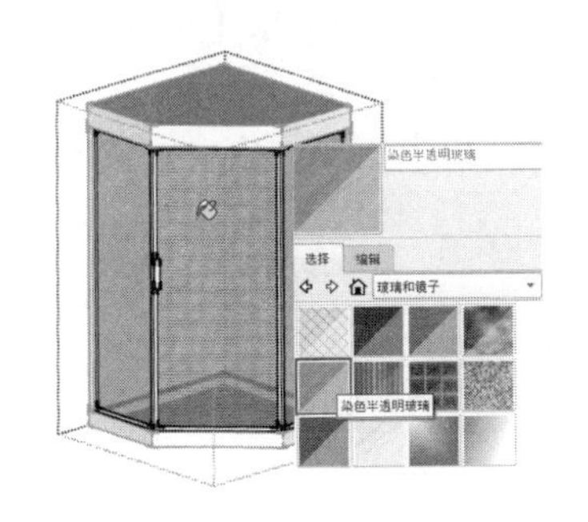

图 5-16　赋予玻璃材质

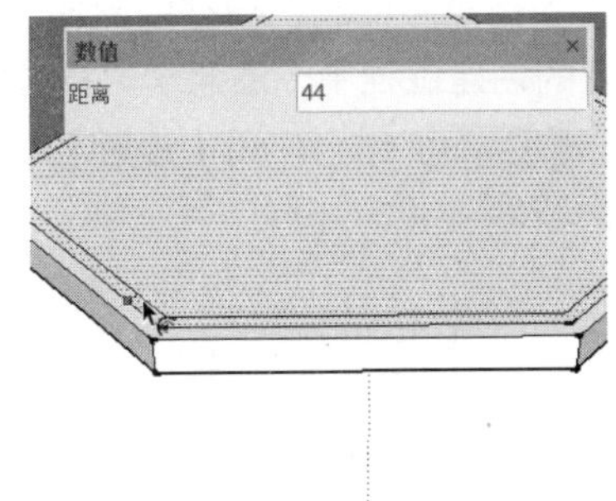

图 5-17　偏移复制

步骤 08 结合使用【圆】与【偏移】工具，在底部制作出地漏细节，如图 5-20 所示。

步骤 09 打开【组件】面板，合并“浴具”模型，放置好位置后，取消玻璃门的隐藏，完成沐浴间最终模型，如图 5-21 ~ 图 5-23 所示。

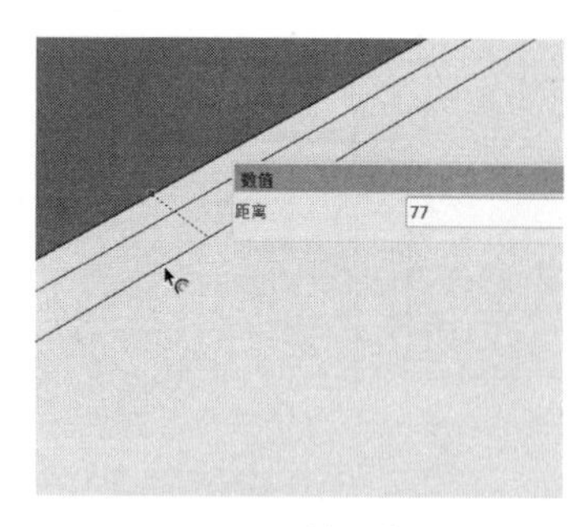

图 5-18　偏移复制

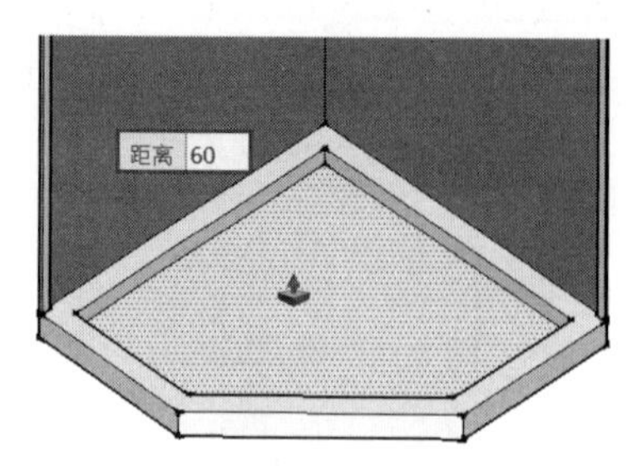

图 5-19　向下推拉 60mm

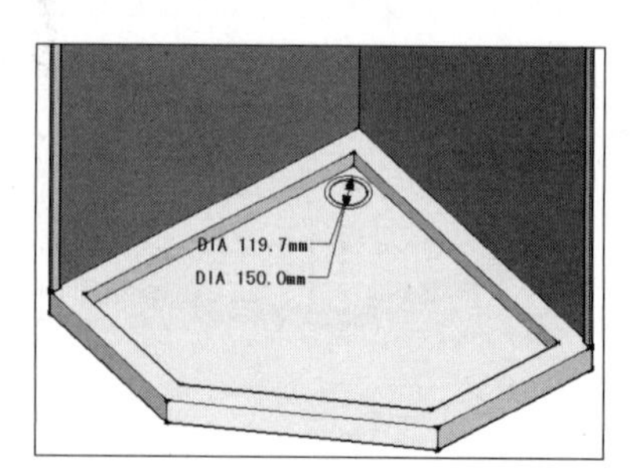

图 5-20　制作地漏细节

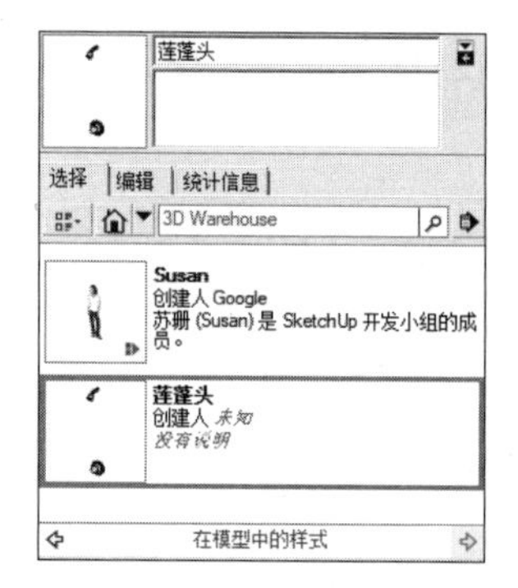

图 5-21　通过组件合并浴具

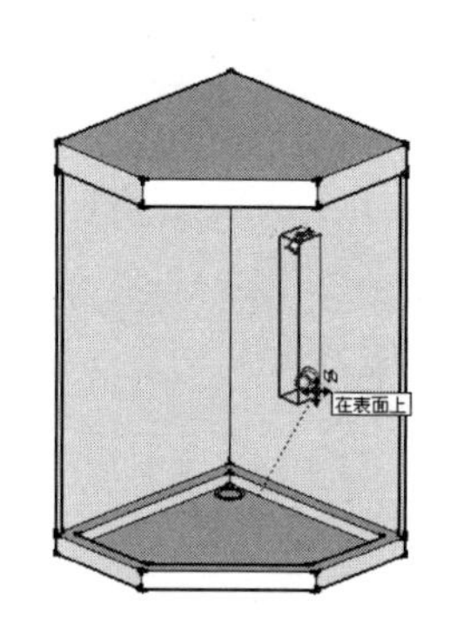

图 5-22　放置浴具

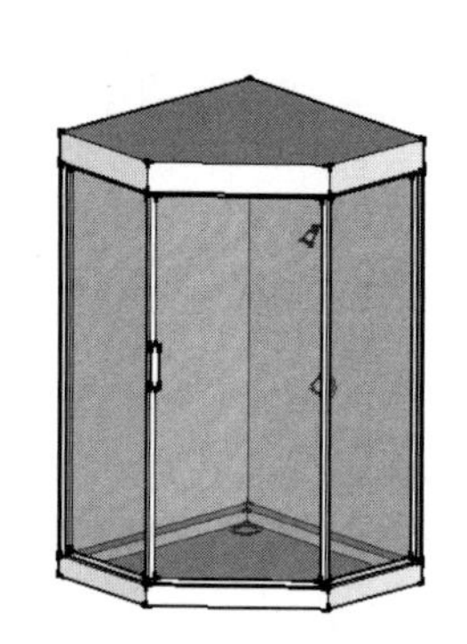

图 5-23　沐浴间最终效果

082 梳妆台

文件路径：配套资源 \ 第 05 章 \082	视频文件：无

本例学习梳妆台模型的制作，主要使用【矩形】、【圆弧】、【卷尺】以及【推 / 拉】工具。在模型的创建过程中，注意学习推拉复制的使用技巧。

步骤 01 结合使用【矩形】与【推 / 拉】工具，依次推拉出梳妆台整体造型轮廓，如图 5-24 ~ 图 5-29 所示。

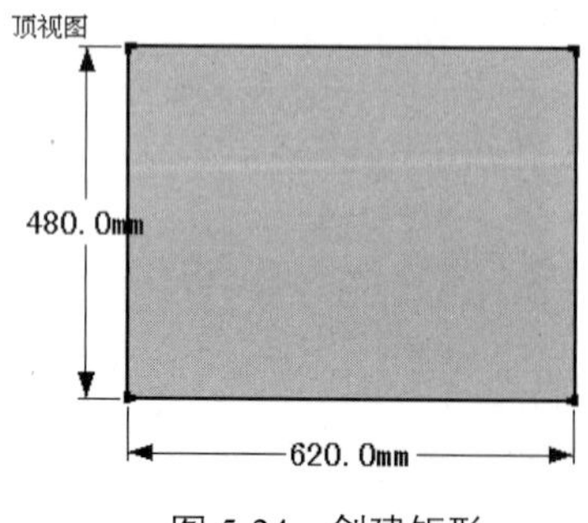

图 5-24　创建矩形

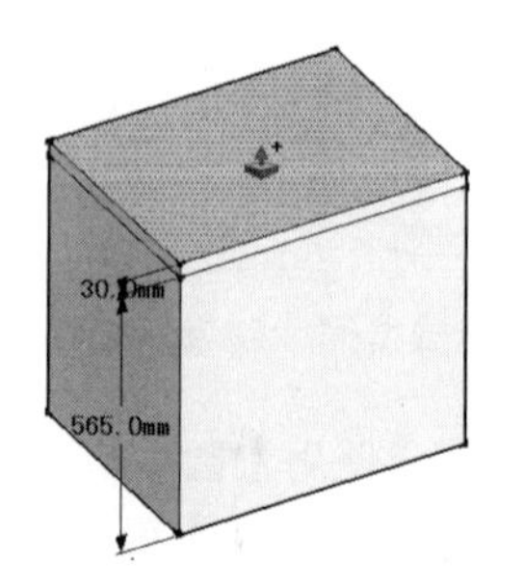

图 5-25　推拉出整体轮廓

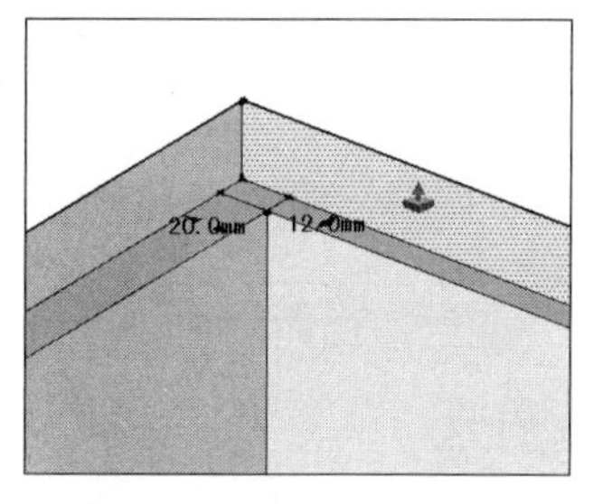

图 5-26　推拉出边缘细节

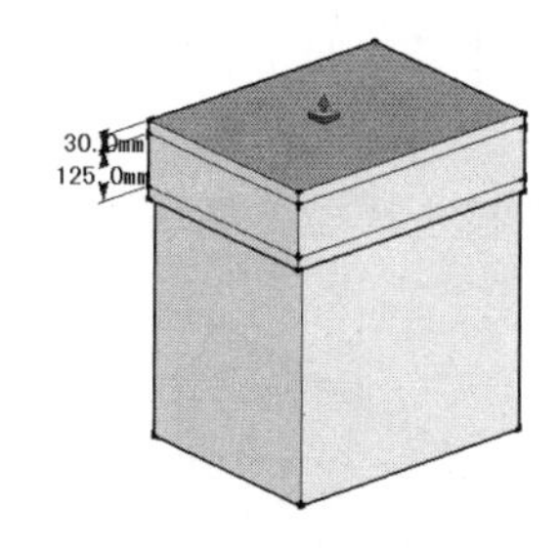

图 5-27　推拉出左侧上部轮廓

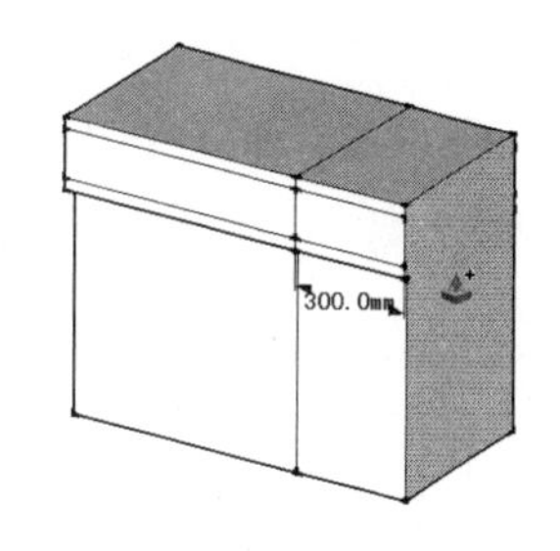

图 5-28　推拉出右侧轮廓

步骤 02 结合使用【卷尺】、【直线】以及【推 / 拉】工具，分割左下方模型面，并制作出抽屉与后部挡板细节，如图 5-30 与图 5-31 所示。

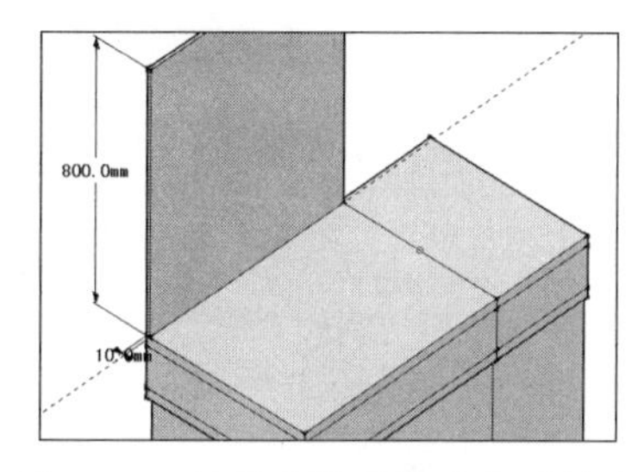

图 5-29　梳妆台整体轮廓完成效果

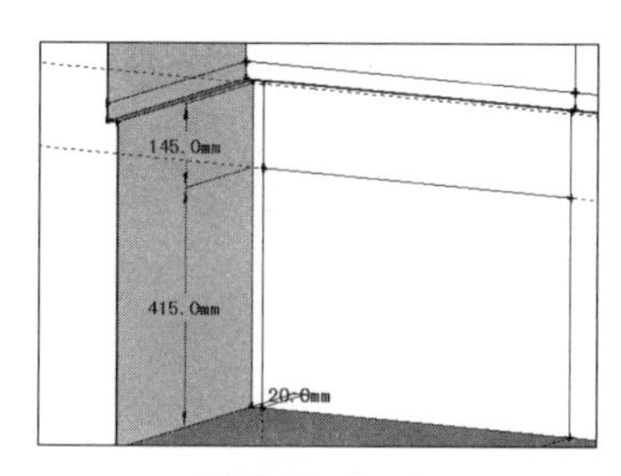

图 5-30　分割左下方模型面

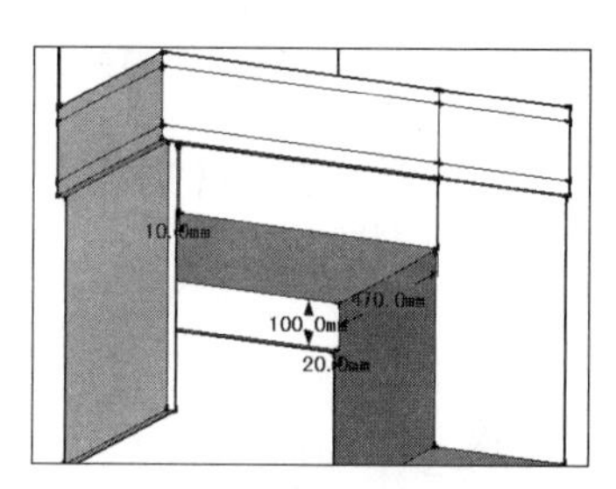

图 5-31　推拉出抽屉等细节

步骤 03 结合使用【卷尺】、【直线】以及【推 / 拉】工具，分割右侧模型面，并制作出抽屉与边沿细节，如图 5-32~ 图 5-34 所示。

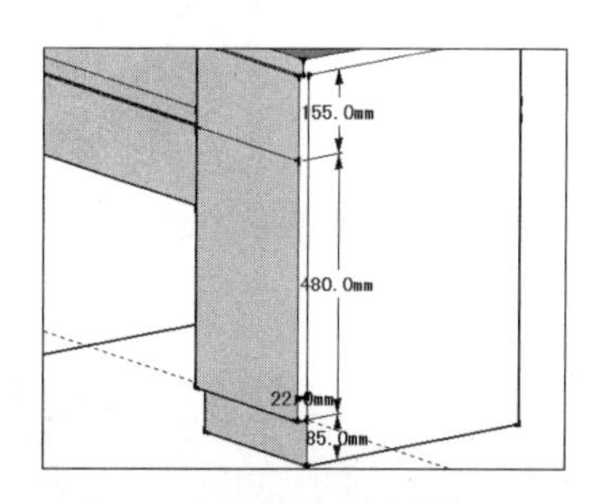

图 5-32　细分割右侧模型面

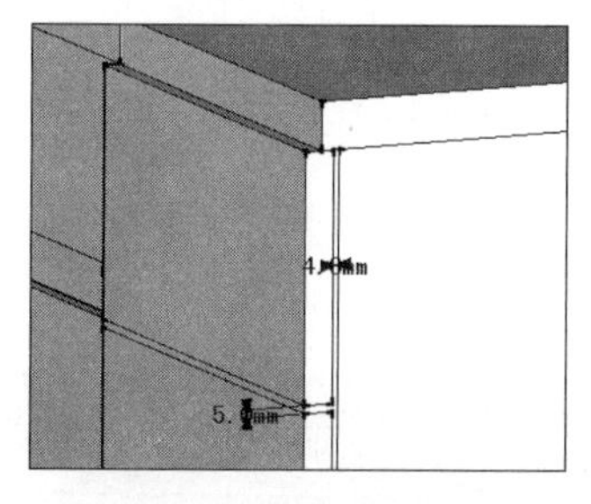

图 5-33　制作缝隙细节

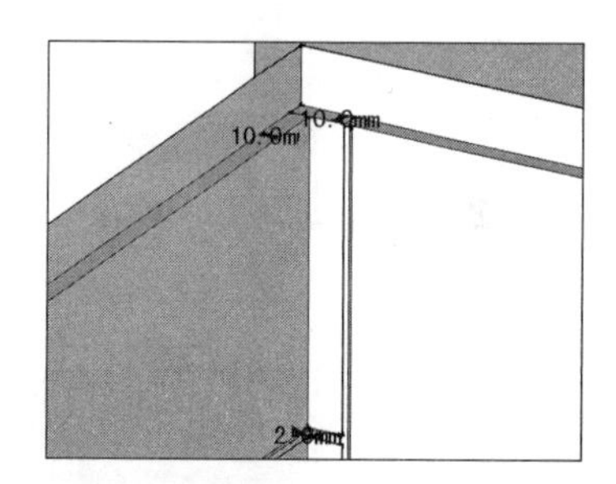

图 5-34　推拉出右侧边沿细节

步骤 04 启用【推 / 拉】工具，制作出左侧搁板深度，然后结合使用【卷尺】、【圆弧】等工具分割出搁板造型，最后使用【推 / 拉】工具推空，如图 5-35~ 图 5-37 所示。

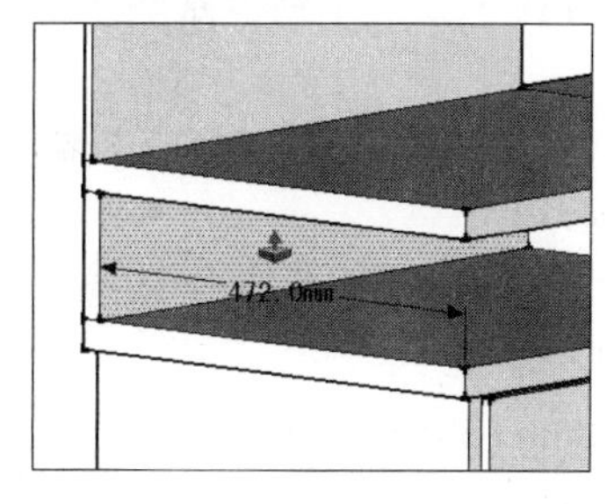

图 5-35　推拉出左侧搁板深度

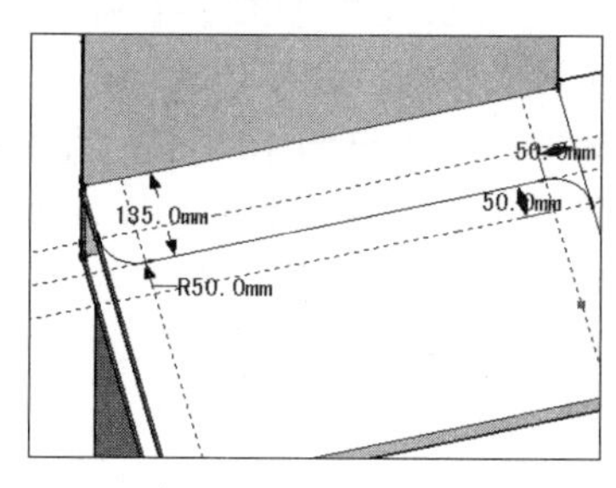

图 5-36　分割搁板造型细节

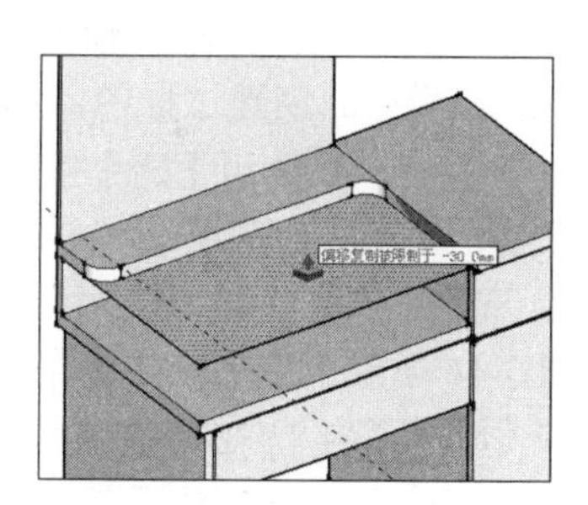
图 5-37　推空多余搁板

步骤05 结合使用【卷尺】、【圆弧】等工具分割出镜子轮廓，然后使用【推/拉】工具制作10mm 厚度，如图 5-38 与图 5-39 所示。

步骤06 打开【组件】面板，合并拉手模型，然后进行复制与位置调整，如图 5-40 所示。

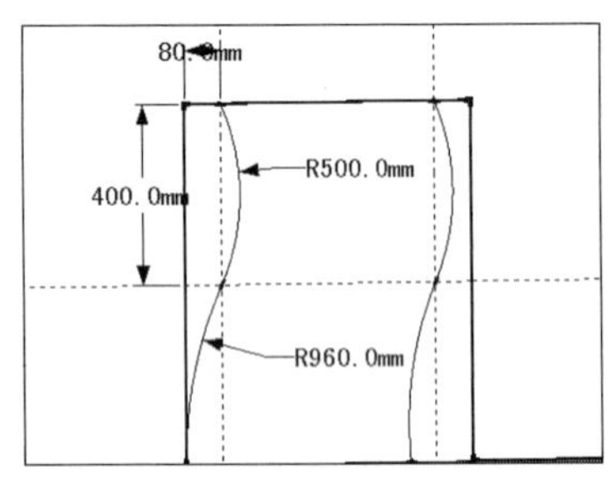

图 5-38 分割镜子轮廓细节

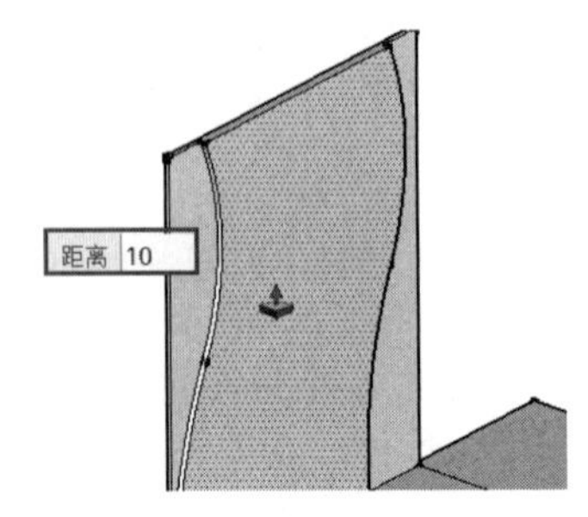

图 5-39 推拉镜子厚度

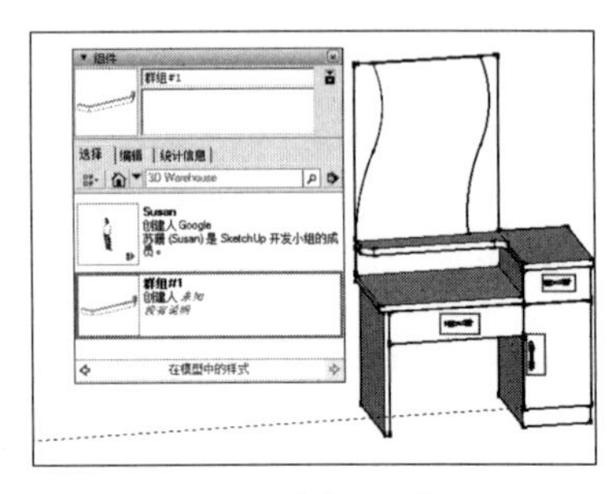

图 5-40 合并拉手模型组件

步骤07 打开【材料】面板，分别为镜子与柜面赋予对应材质，完成梳妆台最终模型效果，如图 5-41~ 图 5-43 所示。

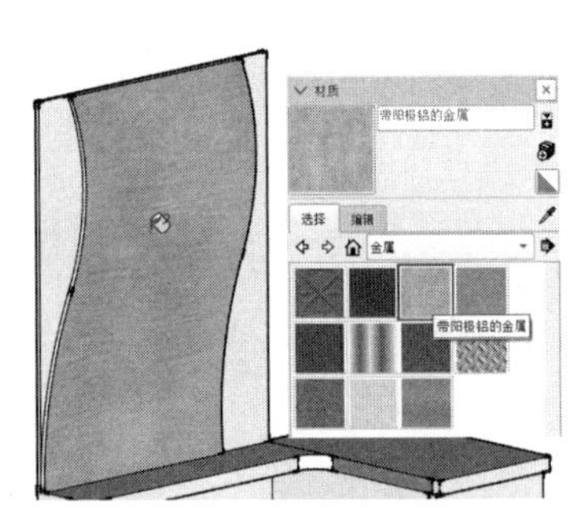

图 5-41 赋予镜子金属材质

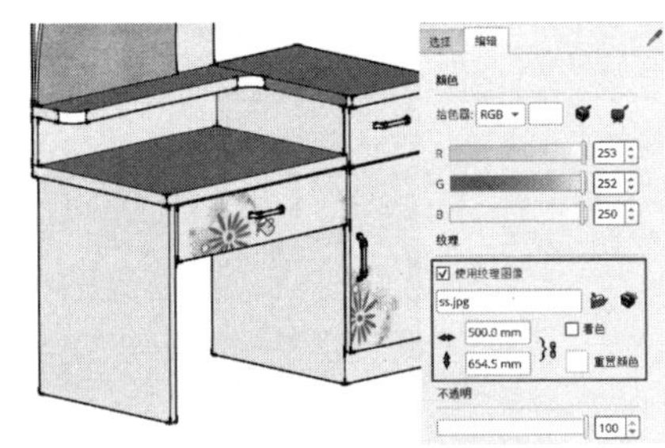

图 5-42 赋予柜面花纹装饰

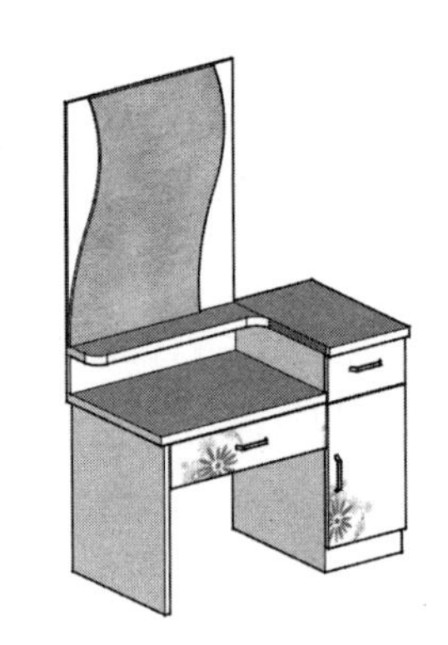

图 5-43 梳妆台最终模型效果

083 简欧圆台

文件路径：配套资源 \ 第 05 章 \083	视频文件：视频 \ 第 05 章 \083.MP4

本例学习简欧圆台模型的制作，主要使用【圆】、【圆弧】、【直线】以及【路径跟随】等工具。在模型的创建过程中，注意学习模型的组合技巧。

步骤01 启用【圆】工具，绘制一个直径为 1000mm 的圆形，如图 5-44 所示。启用【缩放】工具，在宽度方向以 0.40 的比例进行缩放，形成椭圆如图 5-45 所示。

步骤02 在前视图中，结合使用【圆弧】与【直线】工具，绘制圆台装饰线截面，如图 5-46 所示，然后使用【路径跟随】工具制作好装饰线，如图 5-47 所示。

步骤03 选择顶部椭圆形面，启用【偏移】工具向内偏移 10mm，如图 5-48 所示，再启用【推/拉】工具，制作顶部与底部细节，如图 5-49 与图 5-50 所示。

步骤04 制作支撑架，首先启用【圆弧】工具绘制支撑架弧形外轮廓，如图 5-51 所示。

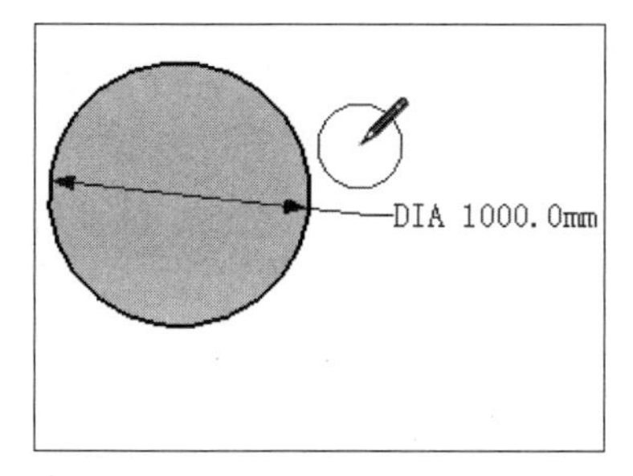

图 5-44　创建直径为 1000mm 圆形

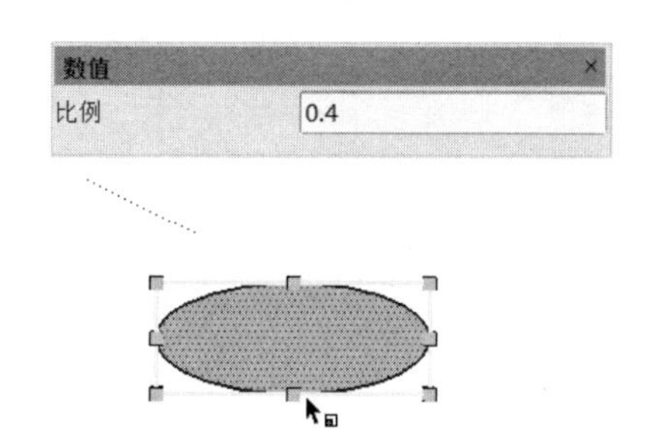

图 5-45　单轴缩放为椭圆

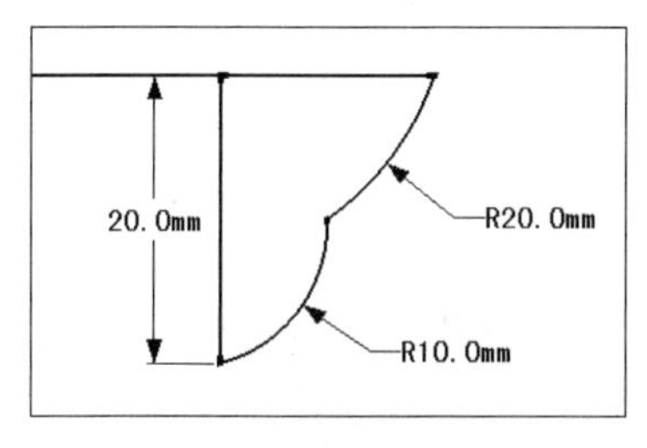

图 5-46　绘制装饰线截面

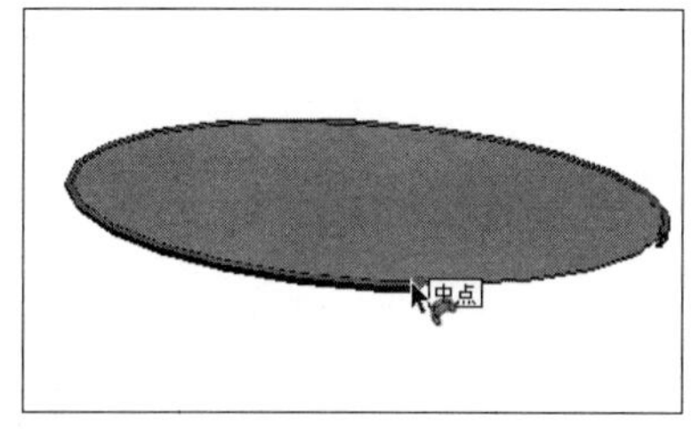

图 5-47　启用【路径跟随】工具

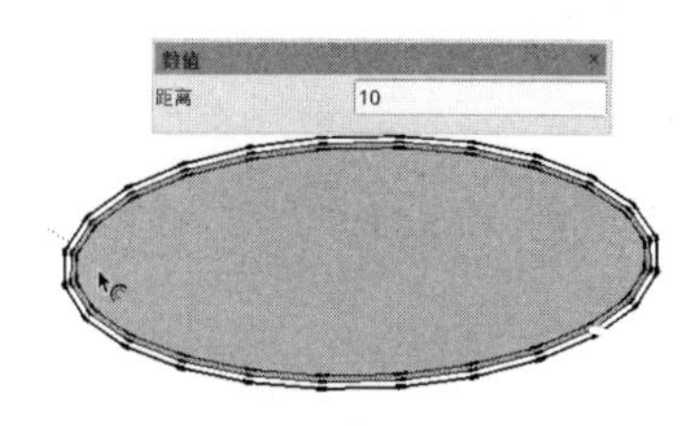

图 5-48　启用【偏移】工具

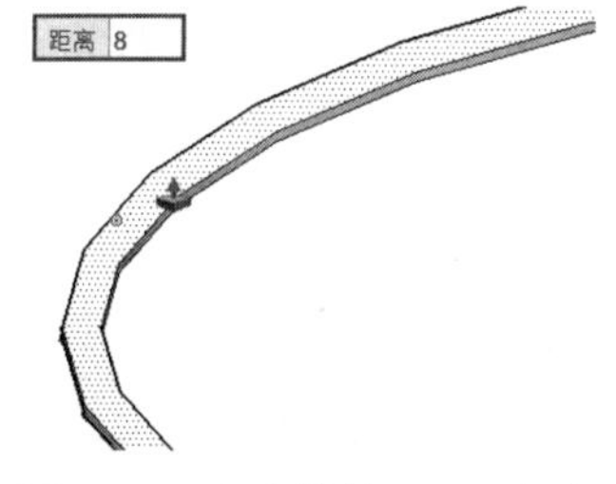

图 5-49　向上推拉 8mm 高度

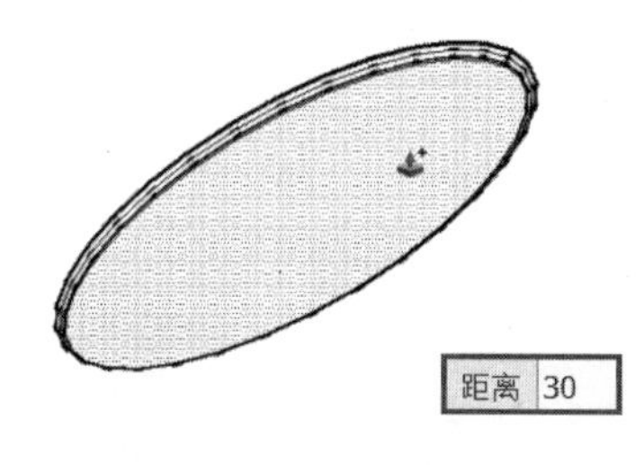

图 5-50　向内推拉 30mm

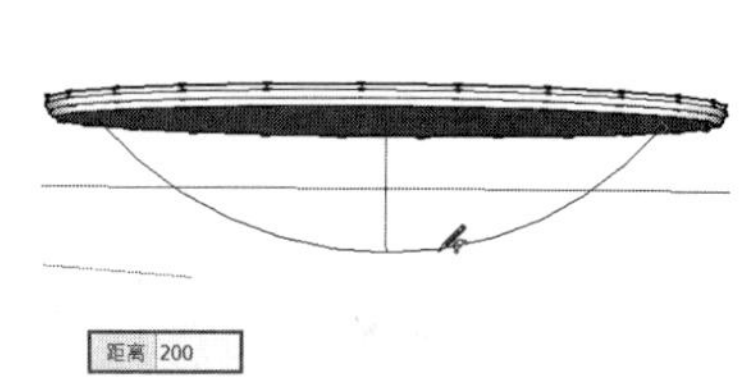

图 5-51　绘制弧形

步骤 05 启用【偏移】工具，制作 30mm 的弧形宽度，如图 5-52 所示，使用【推 / 拉】工具制作 20mm 厚度，如图 5-53 所示。

步骤 06 选择制作完成的支撑架，通过复制与缩放，制作好其他支撑架，如图 5-54 与图 5-55 所示。

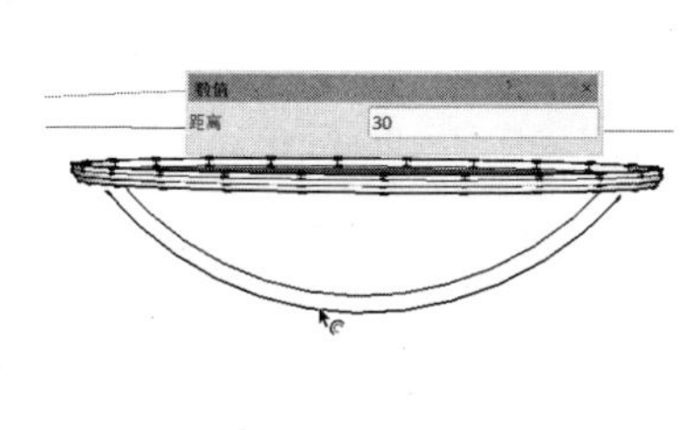

图 5-52　偏移复制

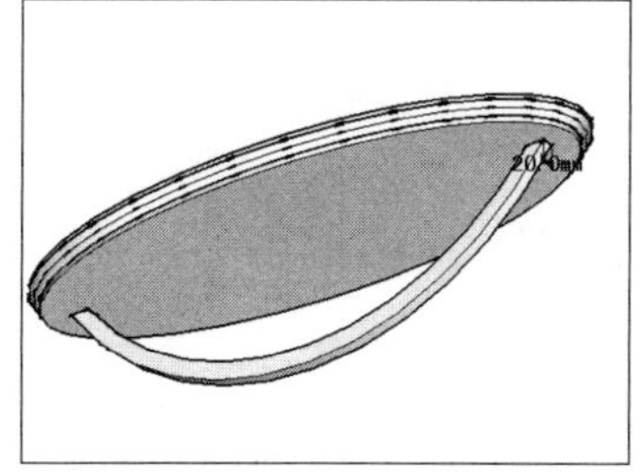

图 5-53　推拉出 20mm 厚度

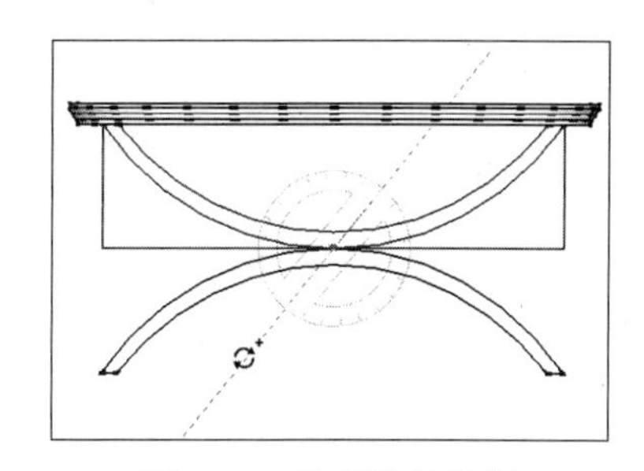

图 5-54　进行旋转复制

步骤 07 切换至【X 光透视模式】显示模式，结合使用【矩形】与【推 / 拉】工具，制作好底部搁板造型，如图 5-56 与图 5-57 所示。

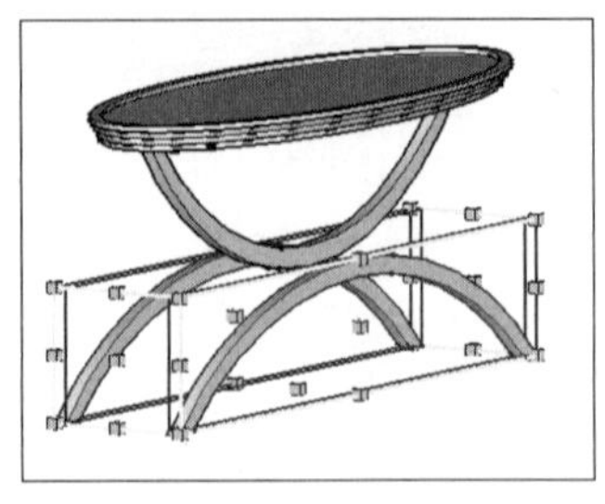

图 5-55　进行移动复制与缩放

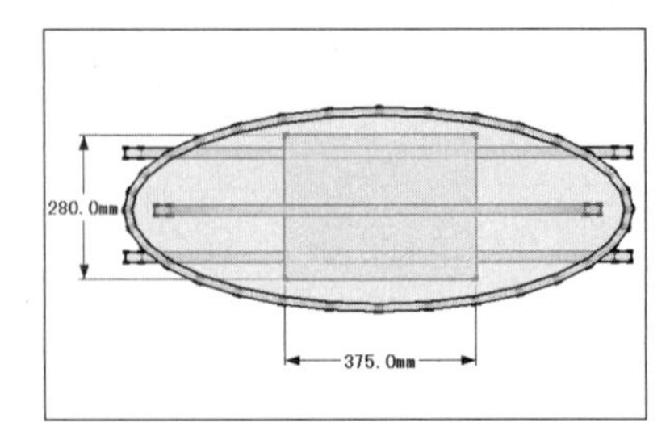

图 5-56　在透明模式下绘制矩形

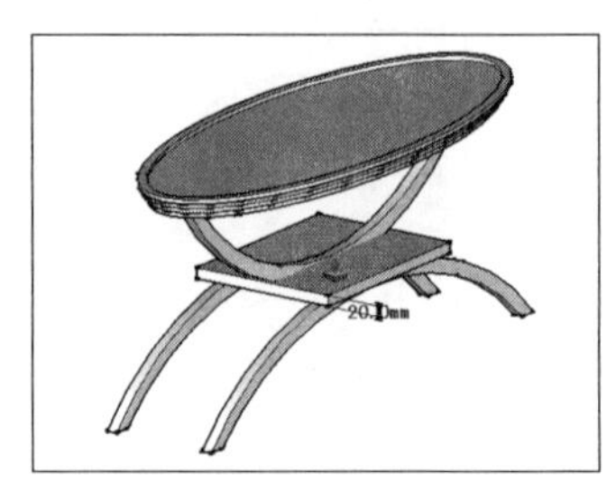

图 5-57　推拉 20mm 厚度

步骤 08 打开【材料】面板，为整体模型赋予【原色樱桃木】材质，如图 5-58 所示，完成最终效果如图 5-59 所示。

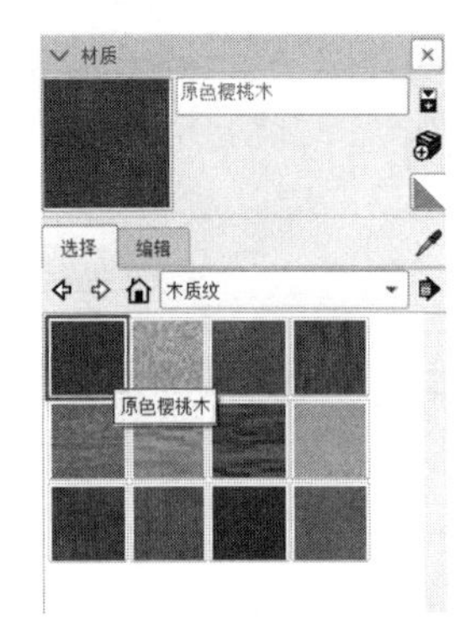

图 5-58　选择赋予【原色樱桃木】木纹材质

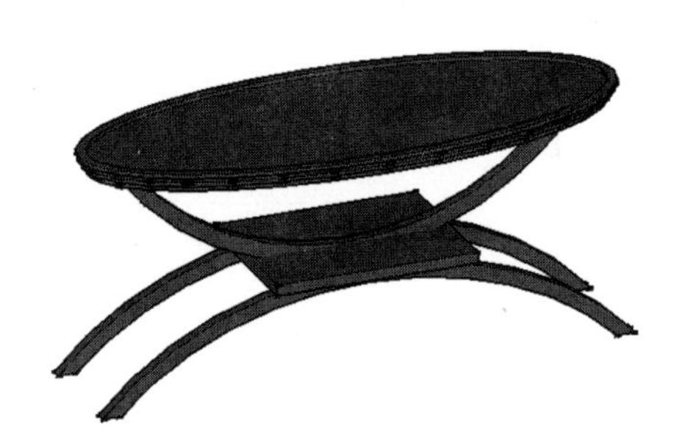

图 5-59　模型最终效果

084 欧式橱柜

文件路径：配套资源 \ 第 05 章 \084	视频文件：视频 \ 第 05 章 \084.MP4

本例学习简欧橱柜模型的制作，主要使用【圆】、【圆弧】、【直线】以及【路径跟随】等工具。在模型的制作过程中，注意双击重复操作以及移动复制的技巧。

步骤 01 结合使用【矩形】与【推 / 拉】工具，分别制作橱柜上下两部分的轮廓造型，如图 5-60~ 图 5-62 所示。

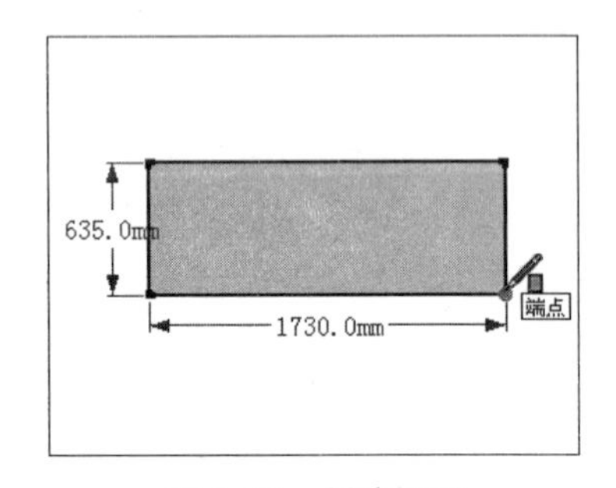

图 5-60　创建矩形

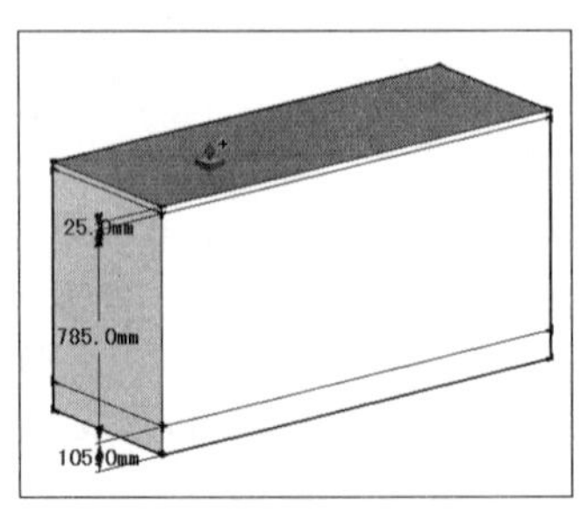

图 5-61　复制推拉下部轮廓

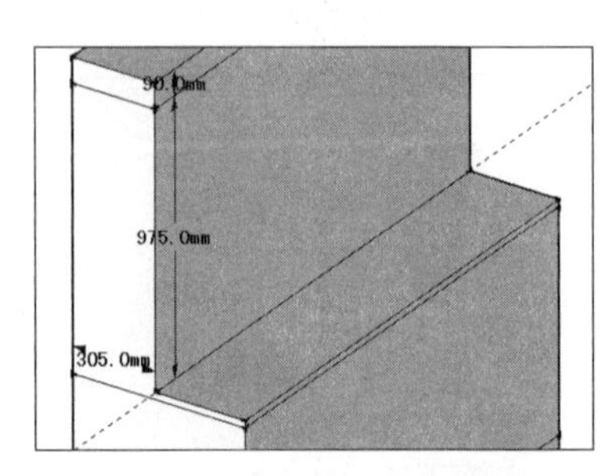

图 5-62　复制推拉上部轮廓

步骤 02 使用【推 / 拉】工具，制作出下部边沿向内收边 25mm 的细节，如图 5-63 所示。

步骤 03 结合使用【卷尺】、【直线】工具以及【拆分】命令，细分割橱柜下方正面模型面，如图 5-64 所示。

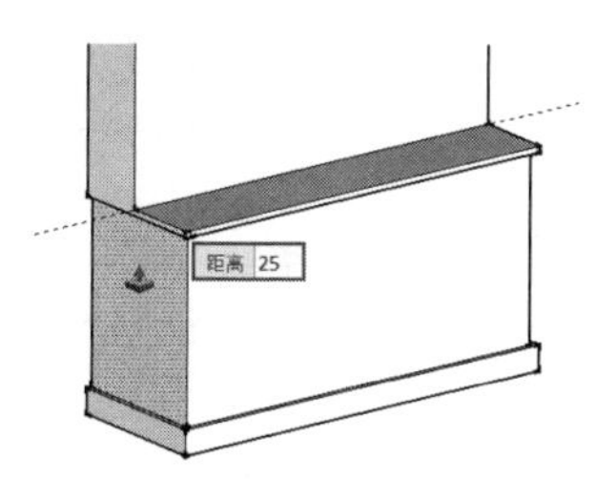

图 5-63　推拉出下部边沿细节

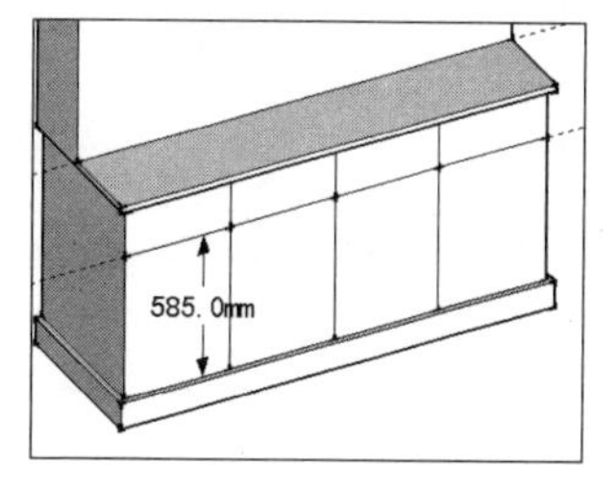

图 5-64　分割橱柜下方正面模型面

步骤 04 结合使用【偏移】、【推 / 拉】工具，制作出下方的柜门细节，如图 5-65 ~ 图 5-67 所示。

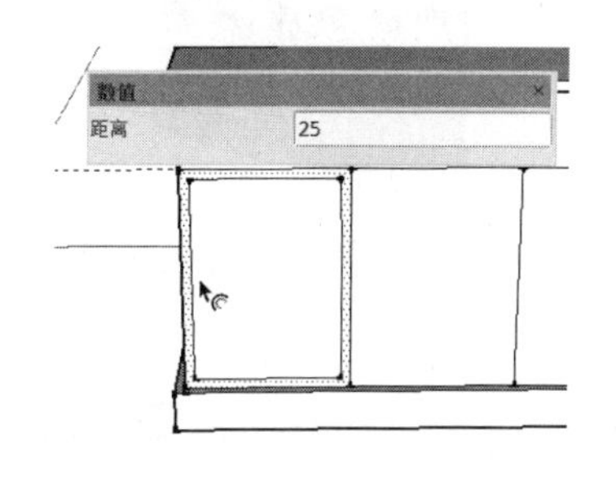

图 5-65　以 25mm 向内偏移复制

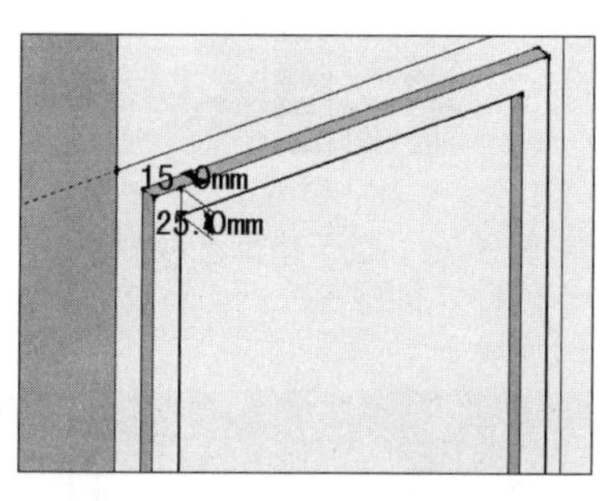

图 5-66　推拉下方柜门细节

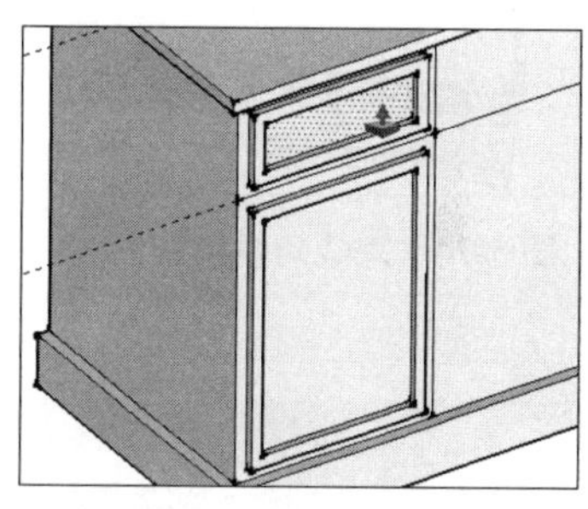
图 5-67　推拉上方柜门细节

步骤 05 选择制作的柜门细节，通过多重【移动】，完成橱柜下方细节的制作，如图 5-68 与图 5-69 所示。

步骤 06 结合使用【卷尺】、【直线】工具以及【拆分】命令，分割橱柜上方正面模型面，如图 5-70 所示。

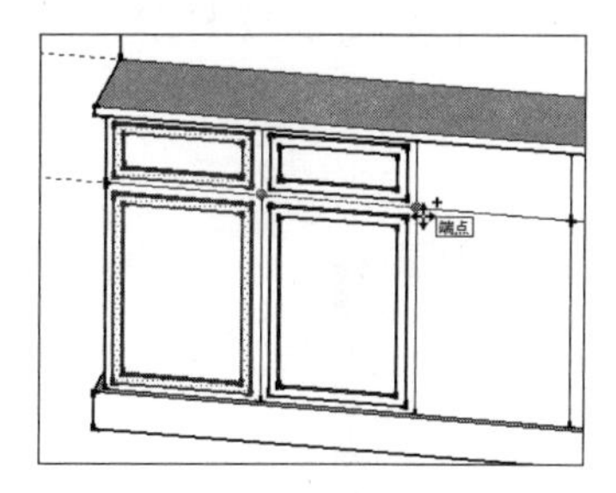

图 5-68　整体移动复制柜门

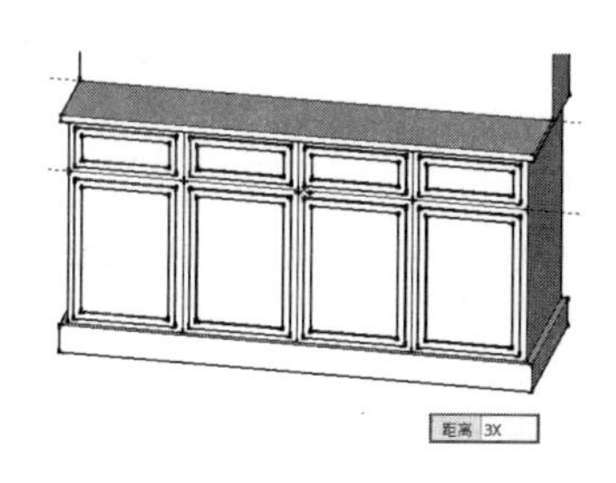

图 5-69　橱柜细节完成效果

图 5-70　分割橱柜上方正面模型面

步骤 07 结合使用【偏移】、【直线】以及【推 / 拉】，制作出橱柜上方的柜门与搁板细节，如图 5-71 与图 5-72 所示。

步骤 08 结合使用【直线】及【路径跟随】工具，制作好橱柜上方的角线细节，如图 5-73 与图 5-74 所示。

步骤 09 橱柜造型制作完成后，打开【材料】面板，选择并赋予木纹材质，如图 5-75 所示。完成最终效果如图 5-76 所示。

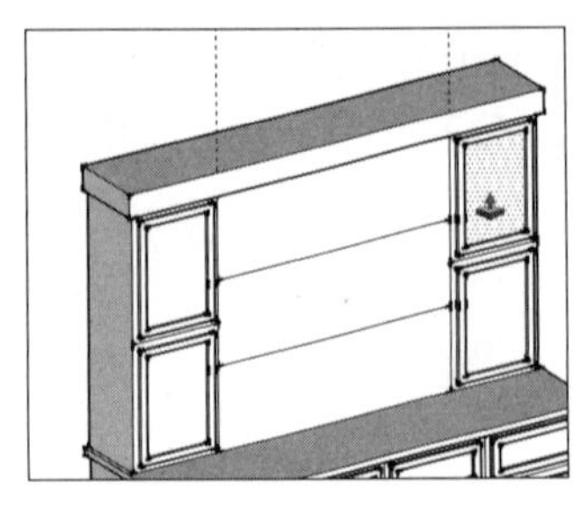
图 5-71　细化橱柜上方柜门

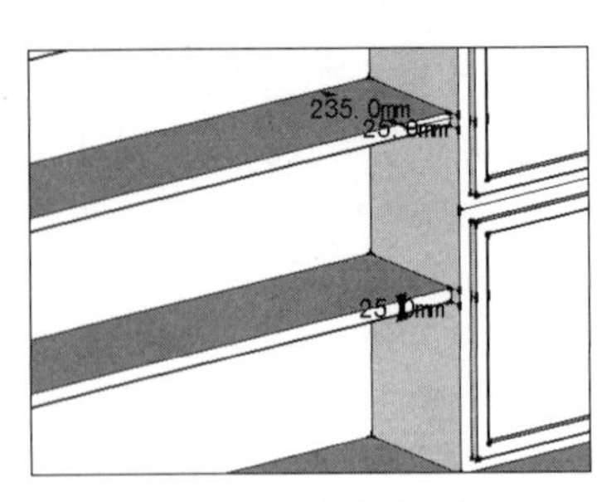

图 5-72　细化搁板造型

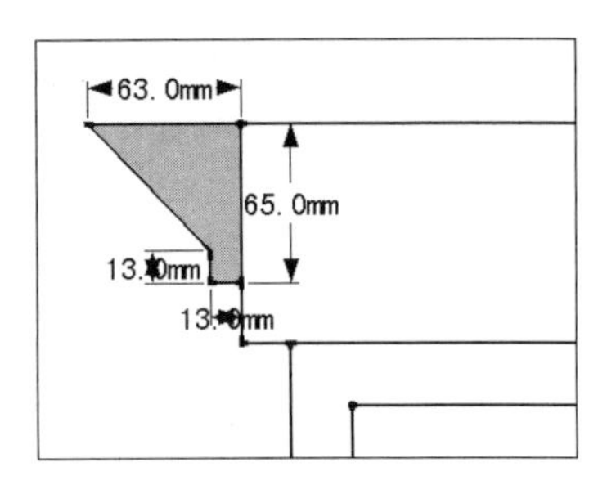

图 5-73　绘制上方角线截面

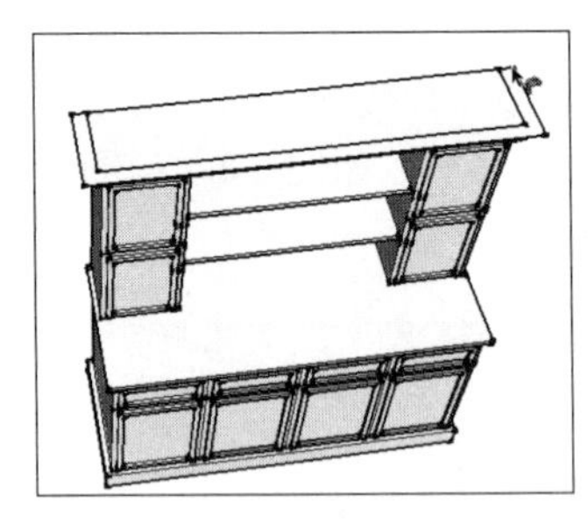
图 5-74　完成角线模型制作

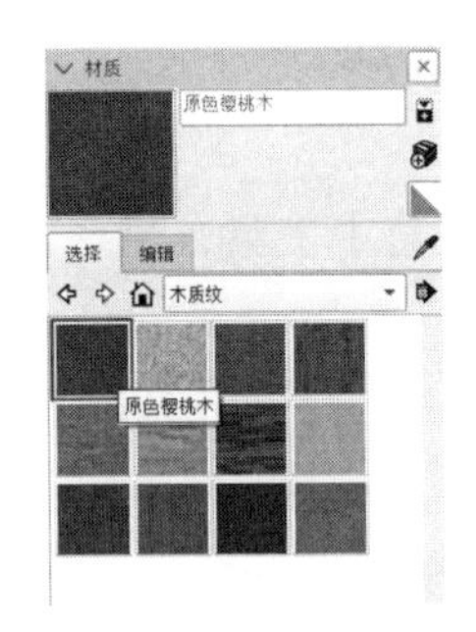

图 5-75　赋予模型木纹材质

图 5-76　橱柜模型最终效果

085 立式钢琴

文件路径：配套资源 \ 第 05 章 \085	视频文件：无

本例学习立式钢琴模型的制作，主要使用【矩形】、【圆弧】、【直线】以及【推 / 拉】等工具，在制作过程中，注意模型细化方法与使用缩放工具制作倒角效果的技巧。

步骤 01 结合使用【矩形】与【推 / 拉】工具，制作出立式钢琴轮廓，如图 5-77 与图 5-78 所示。

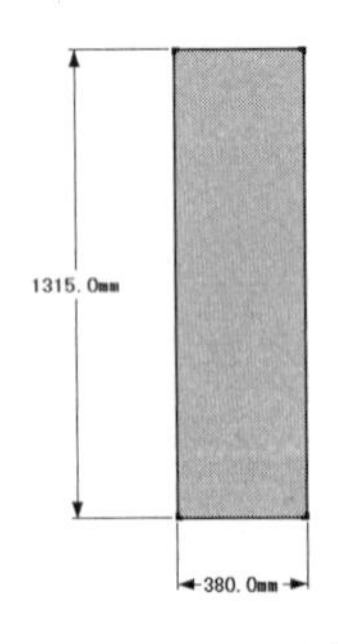

图 5-77　绘制矩形

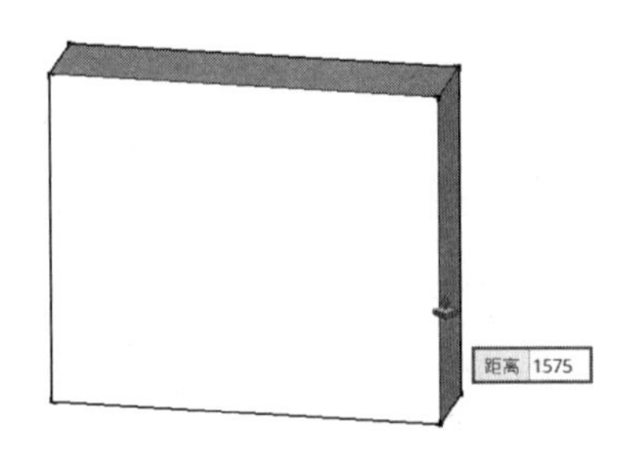

图 5-78　推拉 1575mm 的高度

步骤 02 使用【矩形】在左下角绘制分割面，使用【推 / 拉】工具向外推拉，制作脚部造型，如图 5-79 与图 5-80 所示。

步骤 03 按住 Ctrl 键将其向外以 5mm 长度进行推拉复制，然后使用【缩放】工具制作出倒角效果，如图 5-81 与图 5-82 所示。

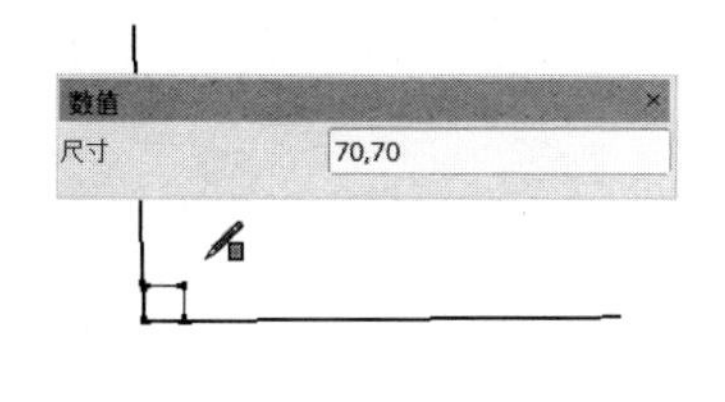

图 5-79　绘制矩形分割面

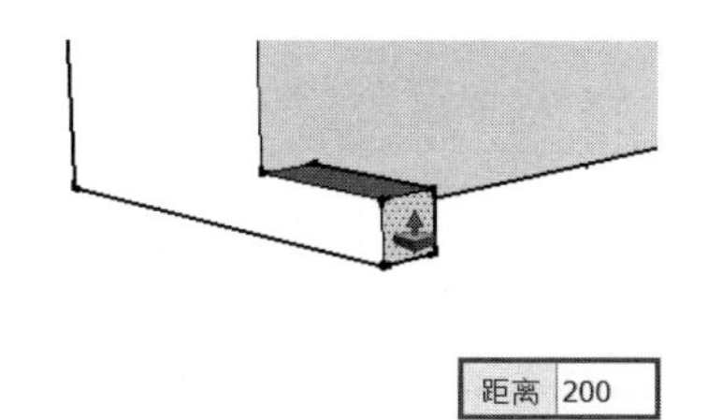

图 5-80　推拉 200mm 的长度

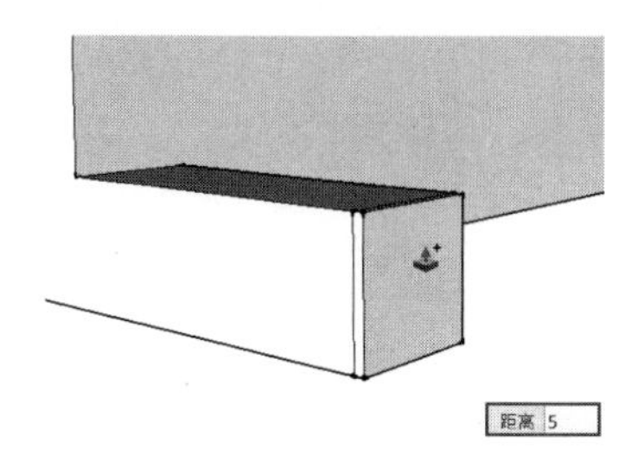

图 5-81　复制推拉 5mm 的长度

步骤 04 重复类似的操作，制作好两侧的支撑脚细节，如图 5-83 所示。接下来制作上方边沿细节。

步骤 05 结合使用【偏移】与【推 / 拉】工具，制作出上部边沿细节，如图 5-84 与图 5-85 所示。

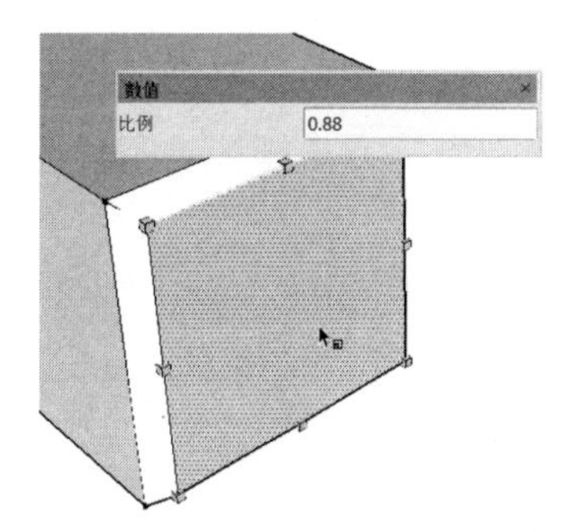

图 5-82　使用缩放工具制作倒角效果

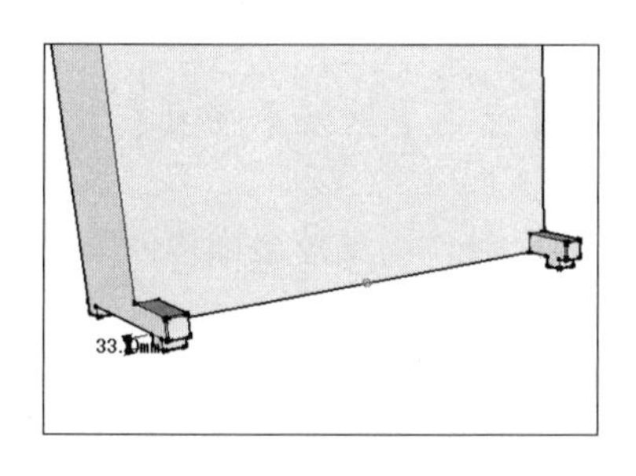
图 5-83　制作支撑脚细节

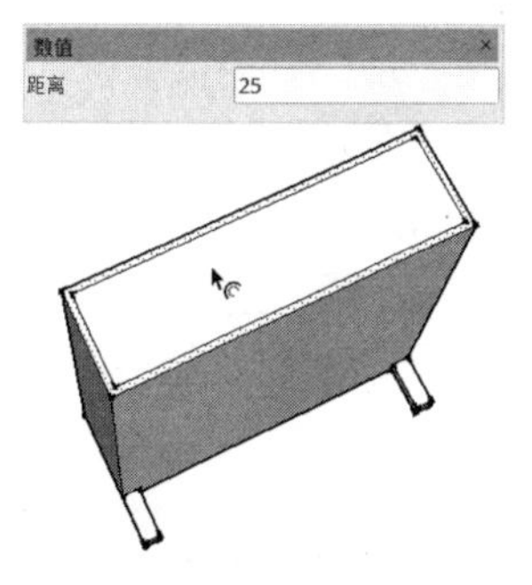

图 5-84　以 25mm 距离向外偏移复制

步骤 06 结合使用【卷尺】、【直线】以及【推 / 拉】工具，制作出中部按键搁板造型，如图 5-86 与图 5-87 所示。

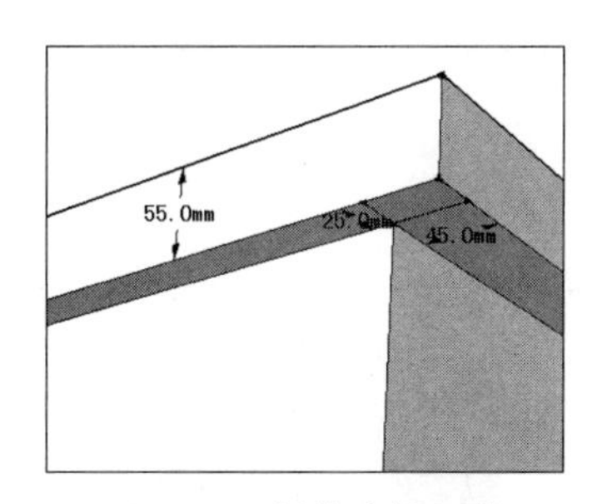

图 5-85　制作边沿细节

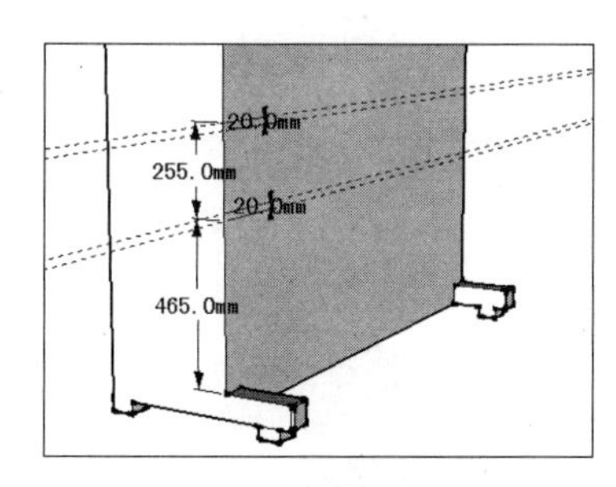

图 5-86　分割正面模型面

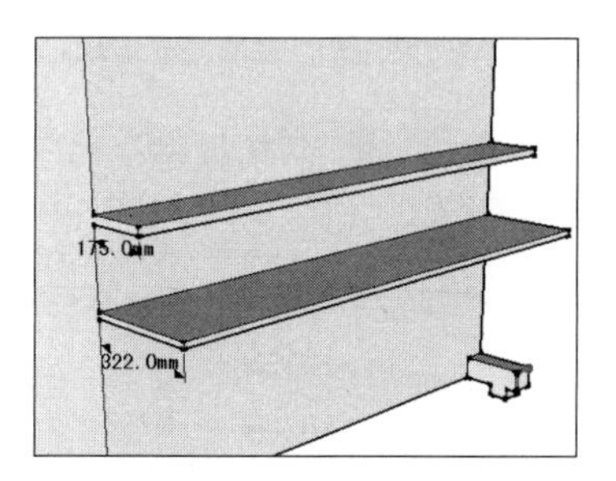

图 5-87　推拉出按键搁板

步骤 07 捕捉创建好的搁板空间，结合使用【矩形】、【卷尺】、【圆弧】以及【推 / 拉】工具制作出琴盒，如图 5-88~ 图 5-91 所示。

步骤 08 结合使用【矩形】、【直线】以及【推 / 拉】工具，制作上方装饰细节，并进行移动复制，如图 5-92~ 图 5-94 所示。

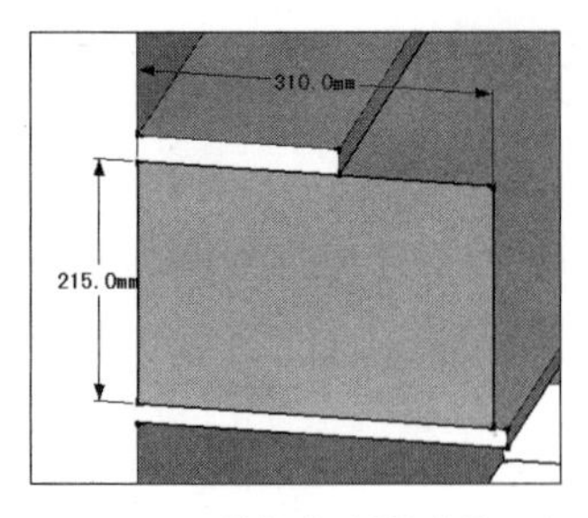

图 5-88　捕捉搁板绘制矩形

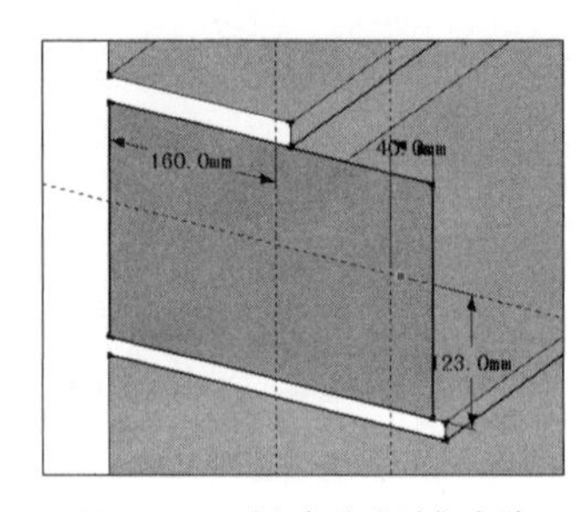

图 5-89　创建分割辅助线

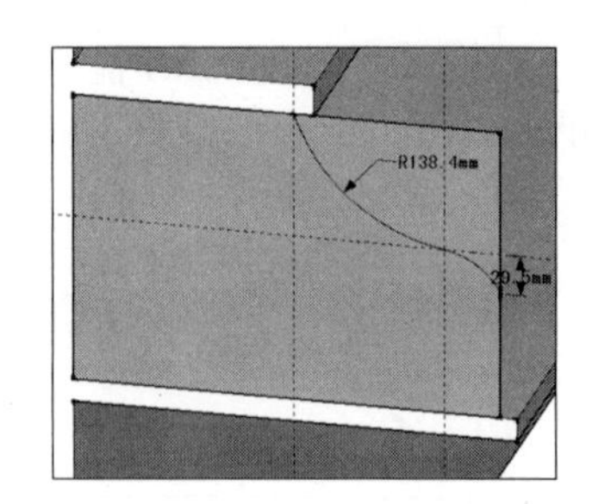

图 5-90　细分割矩形面

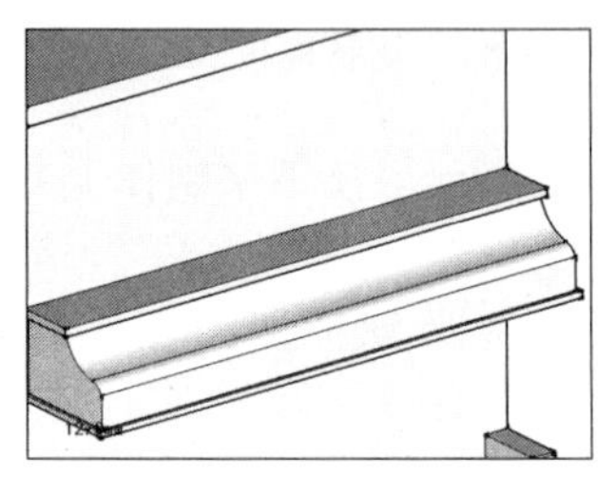

图 5-91　推拉出琴盒厚度

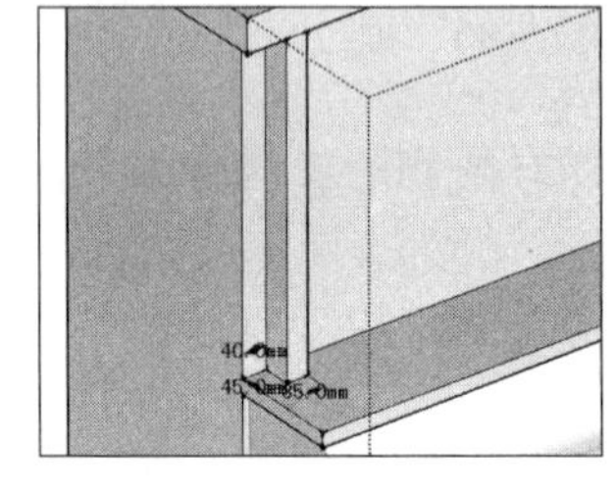

图 5-92　制作上方装饰细节轮廓

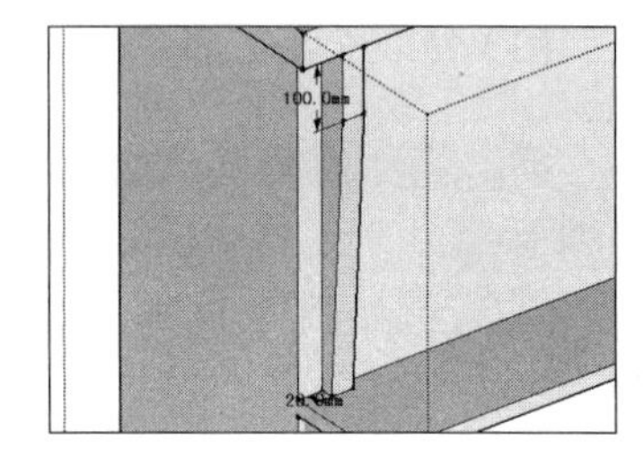

图 5-93　调整出造型细节

步骤 09 结合使用【矩形】、【直线】以及【圆弧】工具，绘制出下方支撑装饰截面，如图 5-95 所示。

步骤 10 启用【推 / 拉】工具，制作出支撑装饰构件厚度，然后移动复制出另一侧的相同模型，如图 5-96 与图 5-97 所示。

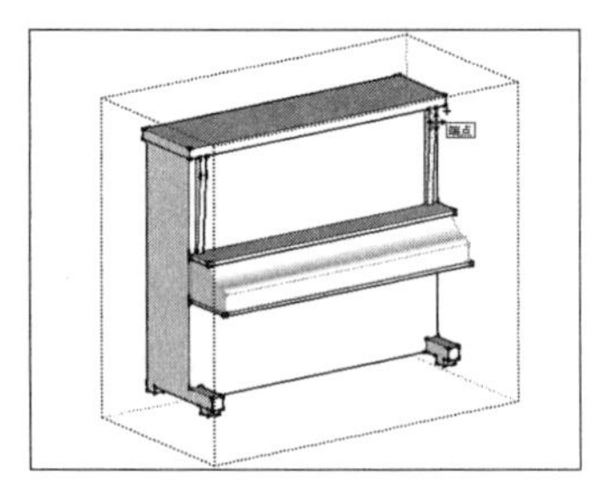

图 5-94　复制上方造型细节

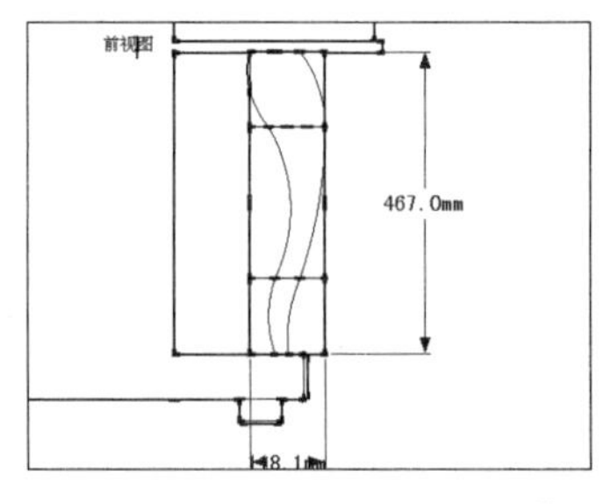

图 5-95　绘制下方支撑装饰截面

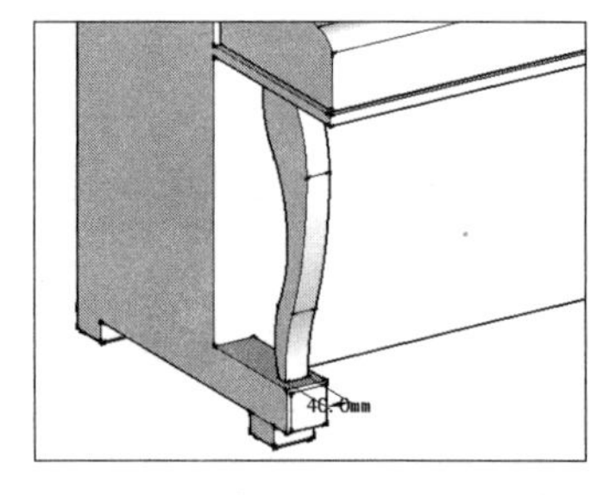

图 5-96　推拉出 46mm 厚度

步骤 11 钢琴模型制作完成后，打开【材料】面板赋予木纹材质，然后制作座凳模型完成整体效果，如图 5-98 与图 5-99 所示。

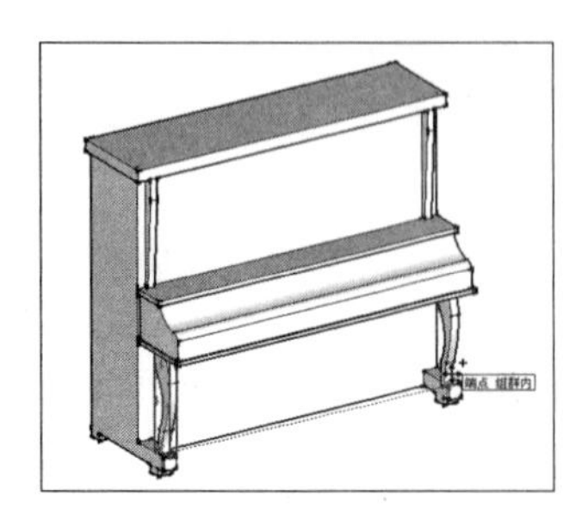

图 5-97　移动复制连接装饰

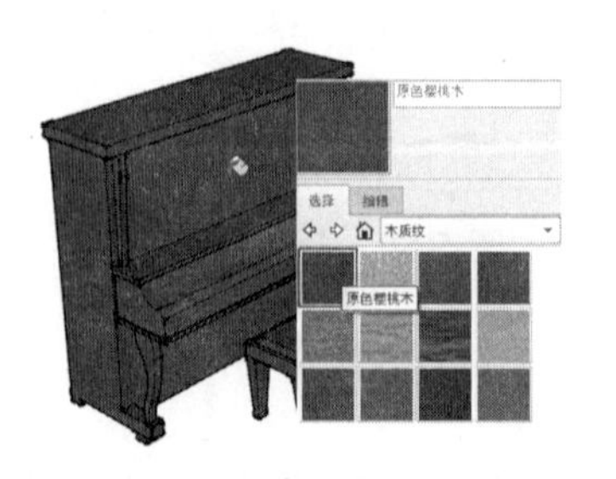

图 5-98　赋予木纹材质

图 5-99　立式钢琴最终效果

086 中式条案

文件路径：配套资源 \ 第 05 章 \086	视频文件：视频 \ 第 05 章 \086.MP4

本例制作中式条案模型，主要使用【直线】、【多边形】、【圆弧】、【推 / 拉】以及【路径跟随】等工具，在模型的制作过程中，注意学习中式装饰构件的制作技巧。

步骤 01 结合使用【矩形】、【圆弧】以及【路径跟随】工具，制作出条案台板模型，如图 5-100~ 图 5-102 所示。

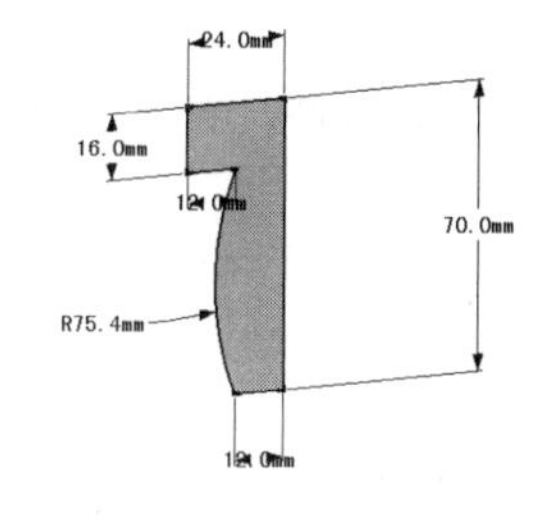

图 5-100　绘制角线截面

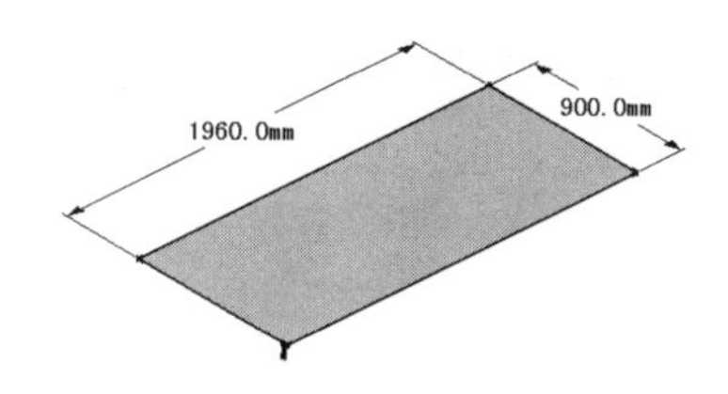

图 5-101　绘制矩形

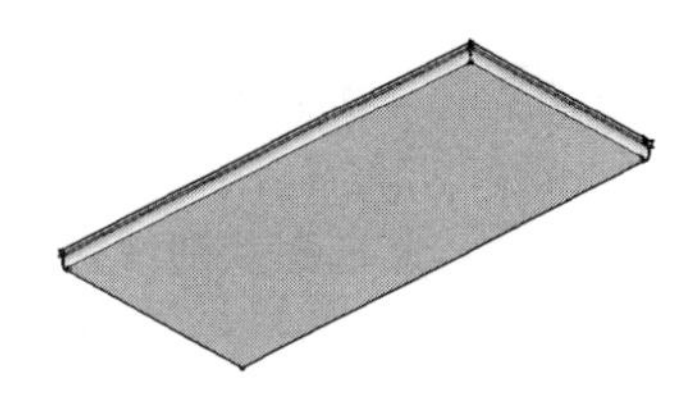

图 5-102　路径跟随

步骤 02 结合使用【卷尺】、【多边形】以及【推 / 拉】工具，制作出条案支撑脚，然后进行移动复制，如图 5-103~ 图 5-105 所示。

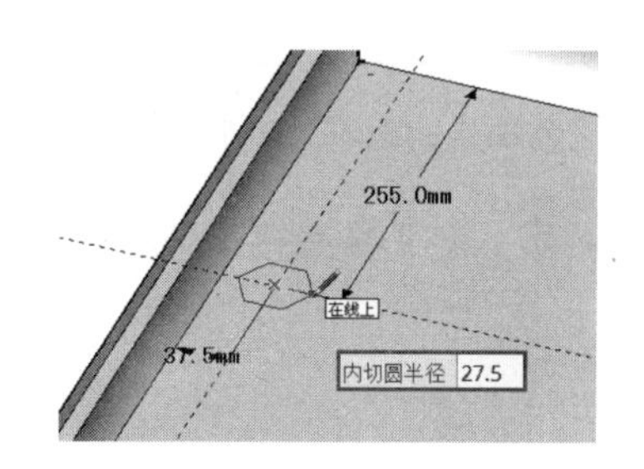

图 5-103　绘制多边形截面

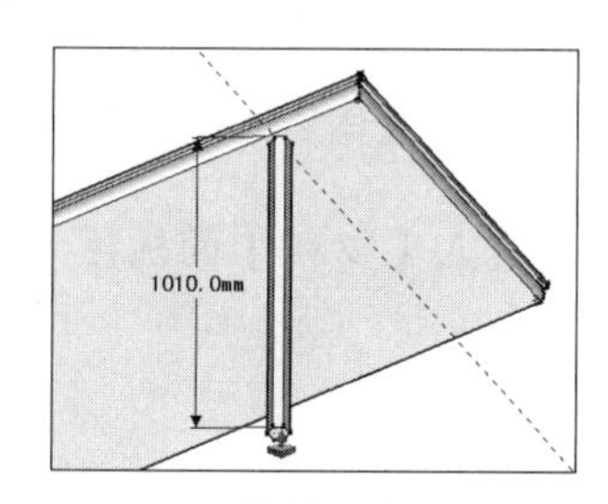

图 5-104　推拉出条案支撑脚

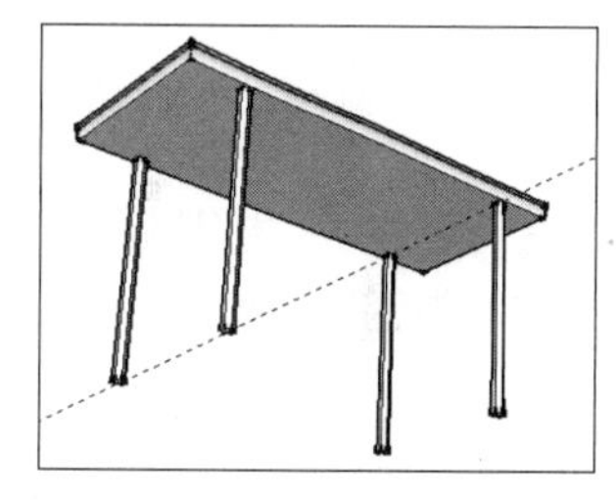

图 5-105　复制支撑脚

步骤 03 在【后视图】中参考条案台板绘制一个矩形，然后以 3×3 形式对其进行细分割，如图 5-106 与图 5-107 所示。

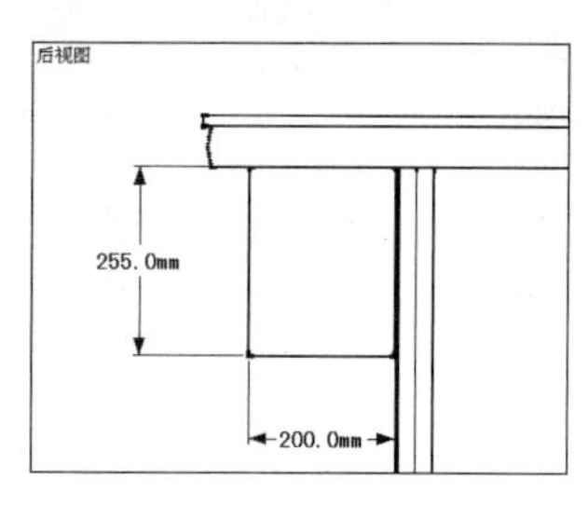

图 5-106　绘制矩形

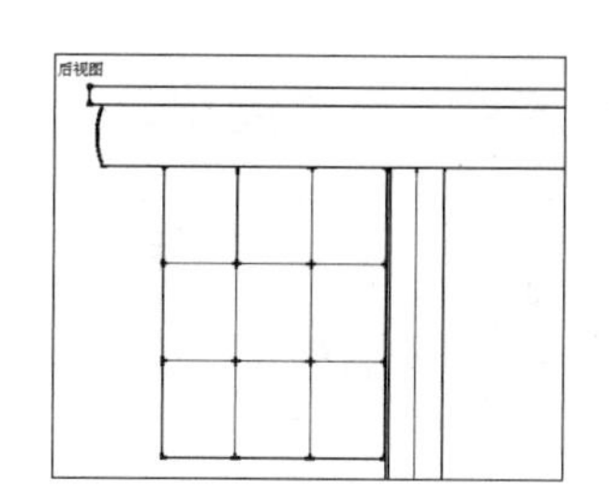

图 5-107　细分矩形面

步骤 04 结合使用【直线】与【圆弧】工具，通过捕捉分割线，绘制出装饰件截面，然后推拉出 25mm 厚度，如图 5-108 与图 5-109 所示。

步骤 05 移动复制装饰构件，并通过【镜像】调整好方向，然后通过缩放工具调整中部构件的造型，如图 5-110 所示。

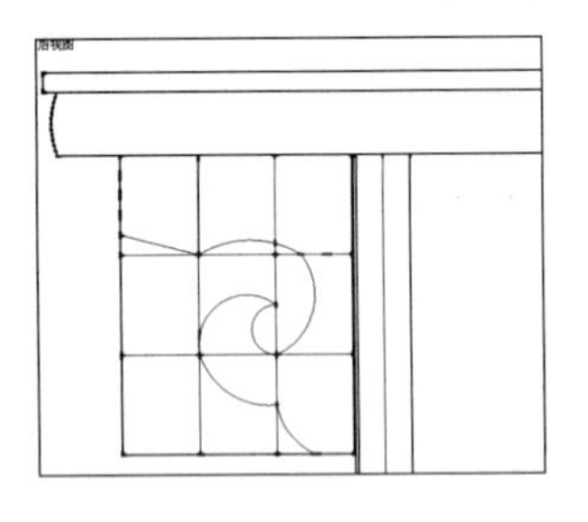
图 5-108　绘制装饰件截面

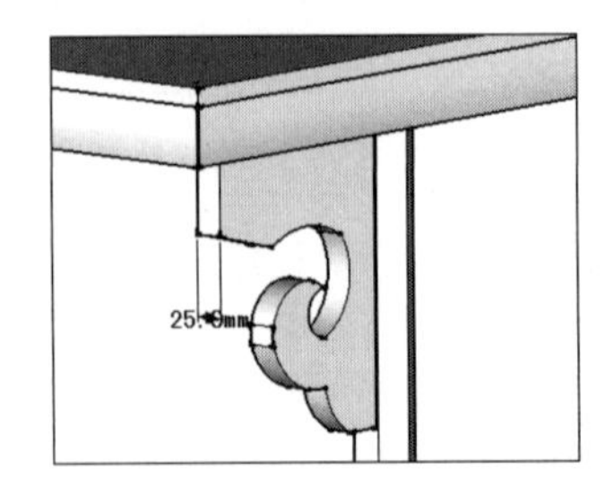
图 5-109　推拉 25mm 厚度

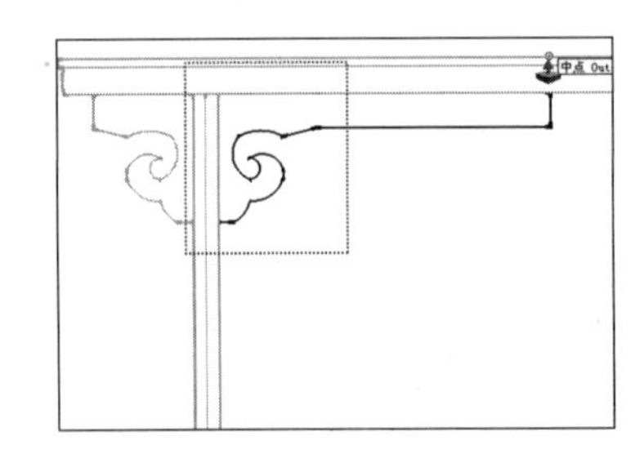
图 5-110　复制并调整装饰构件

步骤 06 删除连接构件中的多余线段，然后整体复制后方的装饰构件，如图 5-111 与图 5-112 所示。

步骤 07 捕捉装饰件绘制出侧面挡板，如图 5-113 所示。

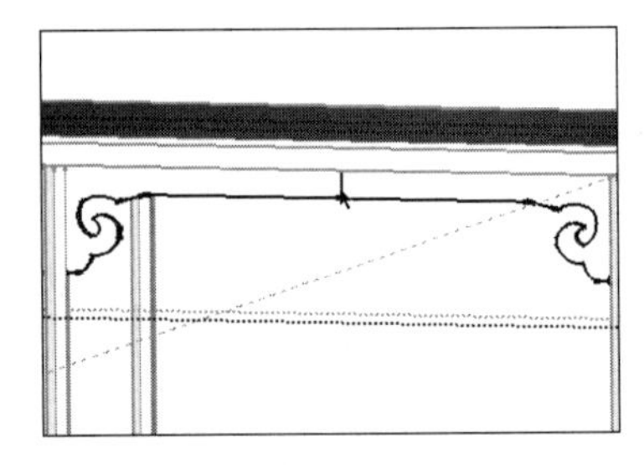
图 5-111　删除连接多余线段

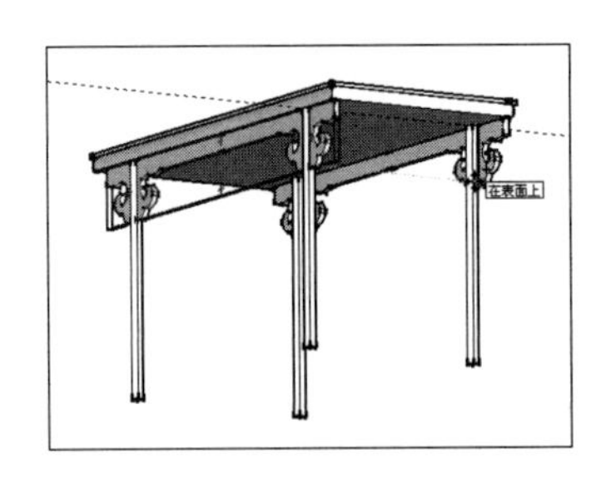

图 5-112　整体复制后方装饰构件

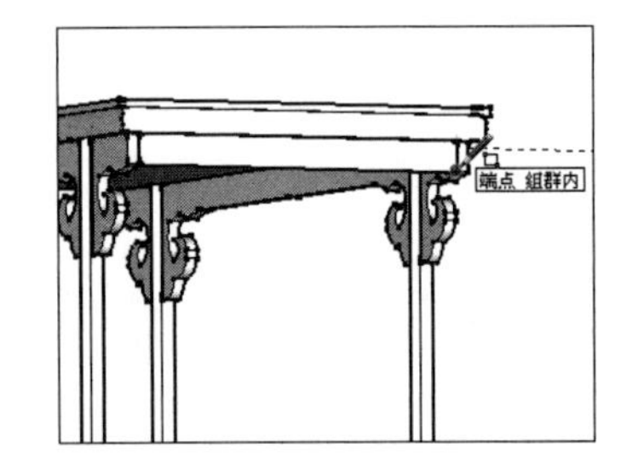

图 5-113　绘制侧面挡板

步骤 08 条案模型制作完成后，进入【材料】面板赋予木纹材质，完成最终模型效果，如图 5-114 与图 5-115 所示。

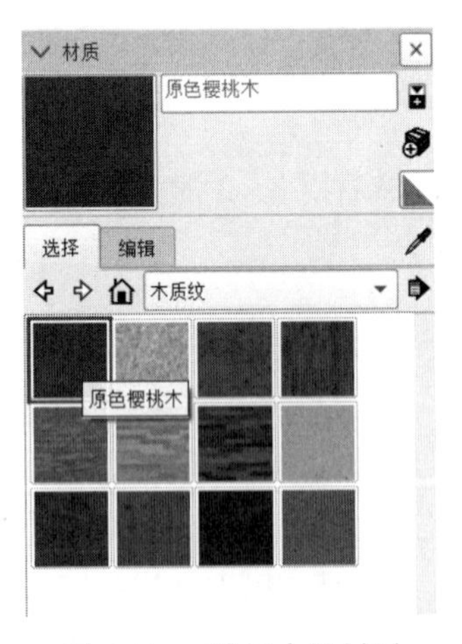

图 5-114　赋予木纹材质

图 5-115　条案最终模型效果

087 中式边框

文件路径：配套资源 \ 第 05 章 \087	视频文件：无

本例制作中式边框模型，主要使用【矩形】、【直线】、【圆弧】、【偏移】以及【推 / 拉】等工具，在模型的制作过程中，注意移动复制与中式装饰构件的制作技巧。

步骤 01 启用【矩形】工具，绘制一个 312.5mm × 450mm 的矩形，如图 5-116 所示，结合使用【推 / 拉】与【偏移】工具，制作厚度与分割面，如图 5-117 所示。

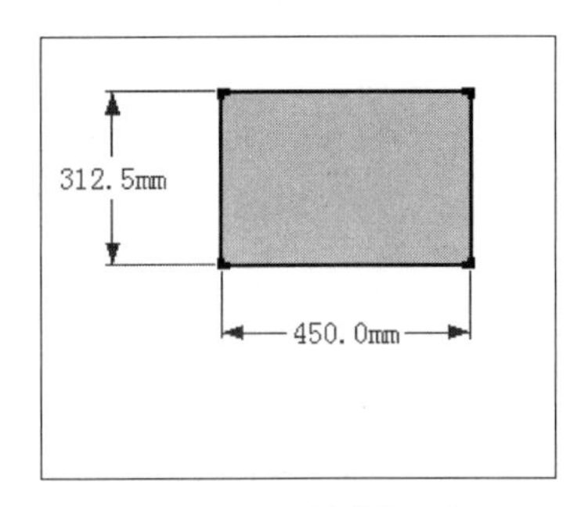

图 5-116　绘制矩形

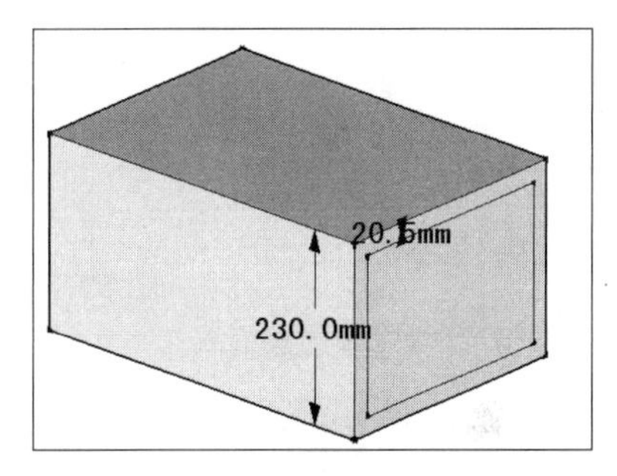

图 5-117　推拉厚度并分割细节

步骤 02 选择分割面，启用【推 / 拉】工具，制作 10mm 的深度，如图 5-118 所示，然后选择内侧边线向内移动 5mm，如图 5-119 所示。

步骤 03 选择内部模型面，启用【缩放】工具，以 0.92 的比例进行中心缩放，如图 5-120 所示。接下来制作装饰细节。

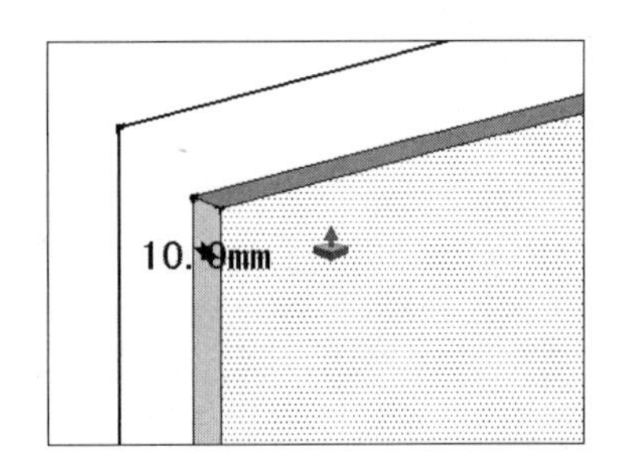

图 5-118　向内推拉 10mm 深度

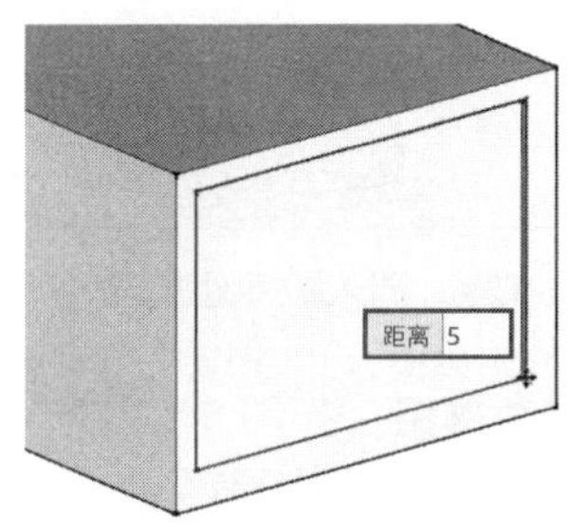

图 5-119　选择边线向内移动 5mm

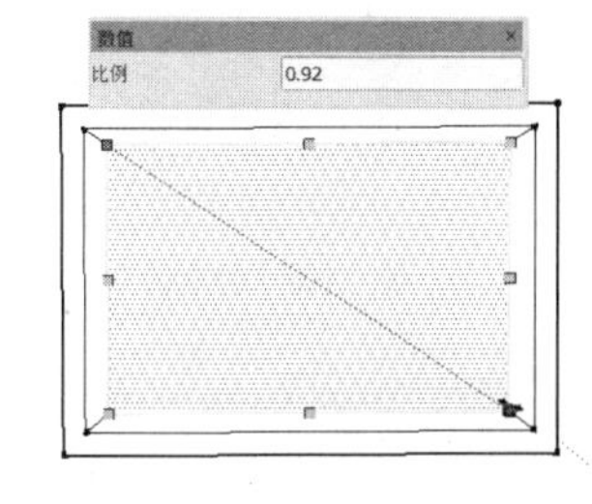

图 5-120　选择内部矩形进行中心缩放

步骤 04 启用【矩形】工具，绘制一个边长为 50mm 的矩形，如图 5-121 所示，然后选择边线进行拆分，如图 5-122 所示。

步骤 05 启用【直线】工具连接拆分点，启用【圆弧】工具绘制装饰件外侧与内侧弧线，如图 5-123 与图 5-124 所示。

步骤 06 弧形绘制完成后，删除多余分割线，然后启用【圆】工具，在左上角绘制一个半径为 2.5mm 的圆，如图 5-125 所示。

步骤 07 选择创建好的分割面，启用【推 / 拉】工具制作 5mm 厚度，如图 5-126 所示，通过旋转复制，制作好四角的装饰效果，如图 5-127 所示。

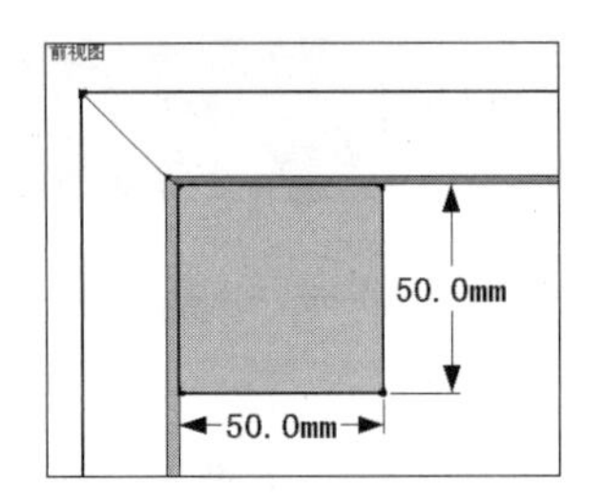

图 5-121　在转角处绘制矩形

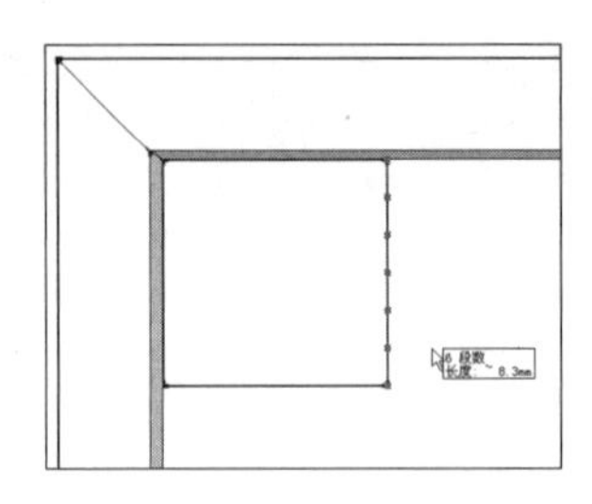

图 5-122　选择边线进行拆分

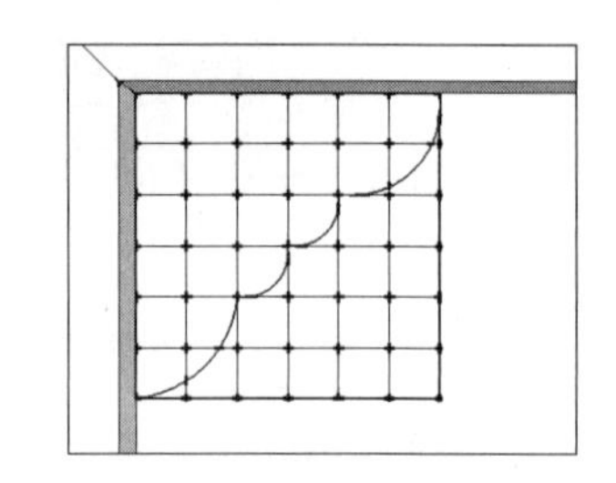

图 5-123　绘制装饰件外侧弧线

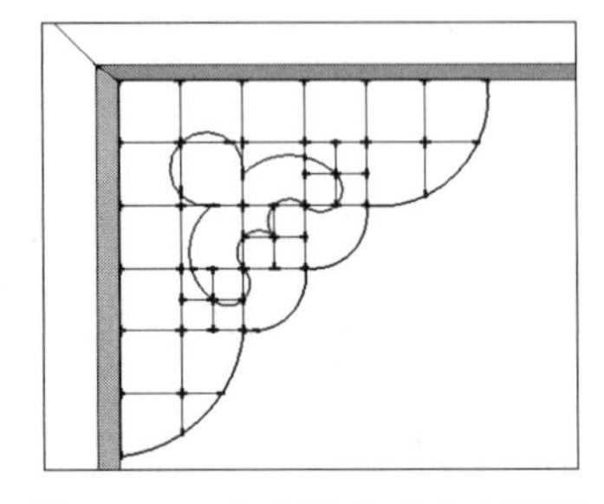

图 5-124　绘制装饰件内侧弧线

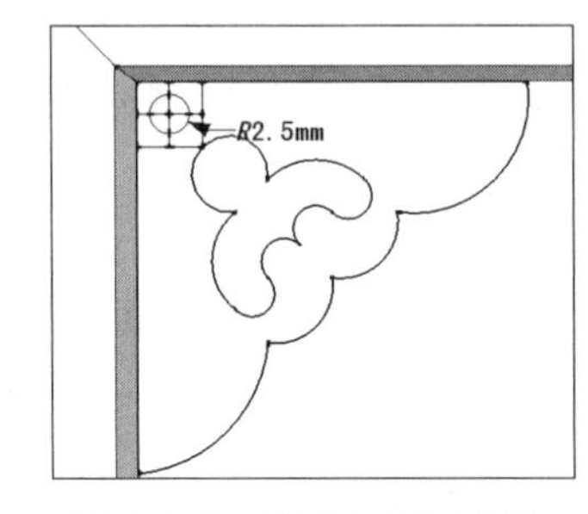

图 5-125　绘制装饰件圆孔

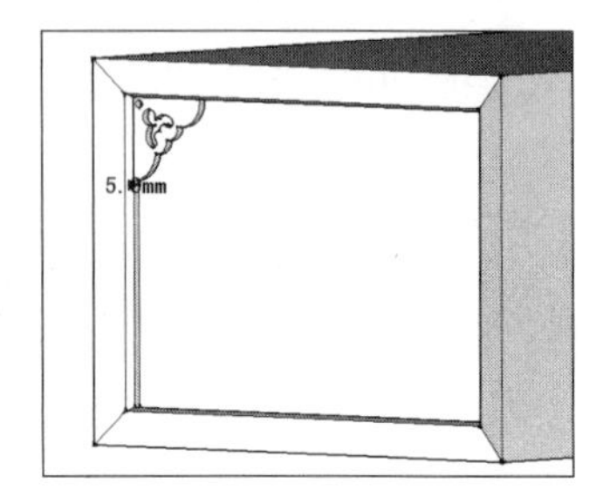

图 5-126　制作 5mm 厚度

步骤 08 打开【组件】面板，合并装饰拉手模型，如图 5-128 所示，打开【材料】面板，为其整体赋予黑色木纹材质，如图 5-129 所示。

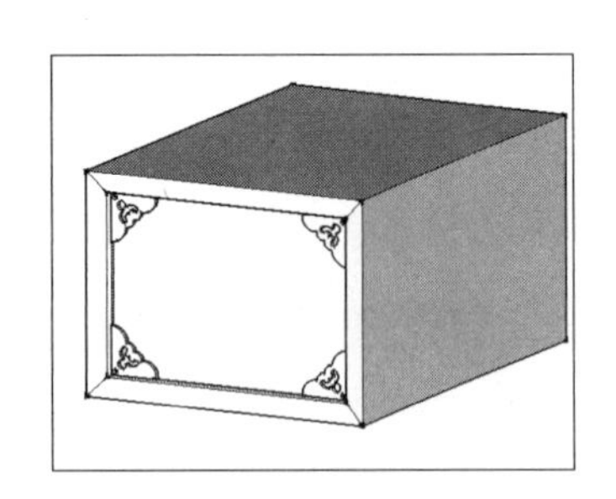

图 5-127　复制并翻转装饰构件

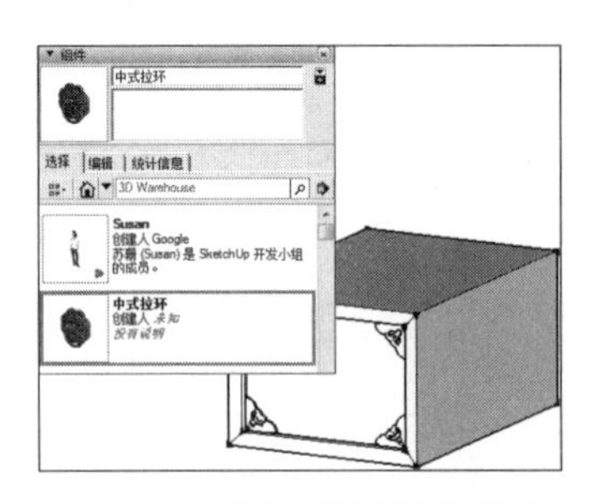

图 5-128　调入拉手组件模型

图 5-129　赋予木纹材质

步骤 09 将创建好的木箱整体创建为群组，如图 5-130 所示，然后通过移动复制，形成边柜上部整体造型，如图 5-131 所示。接下来制作支撑脚造型。

图 5-130　将抽屉创建为群组

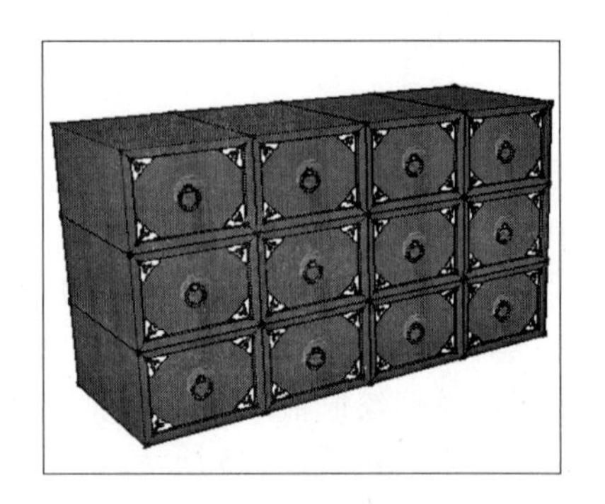

图 5-131　移动复制出边柜上部整体造型

步骤⑩ 结合使用【矩形】与【推 / 拉】工具，制作支撑脚轮廓，如图 5-132 所示。通过前面类似的方法，制作好内侧装饰构件，如图 5-133 所示。

步骤⑪ 制作支撑脚表面装饰线，首先结合使用【直线】与【圆弧】工具绘制细节直线，如图 5-134 所示。

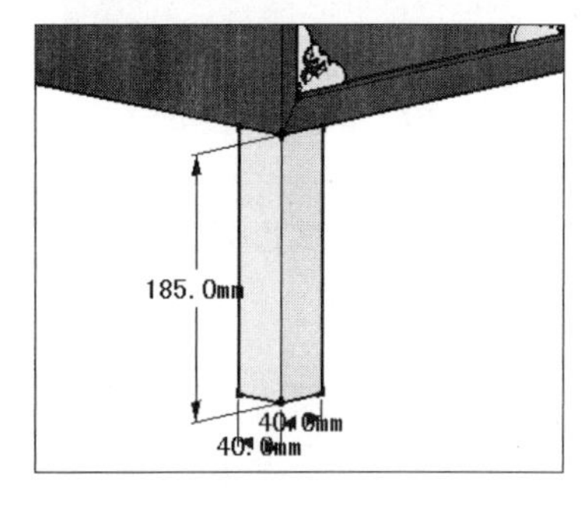

图 5-132　制作支撑脚轮廓

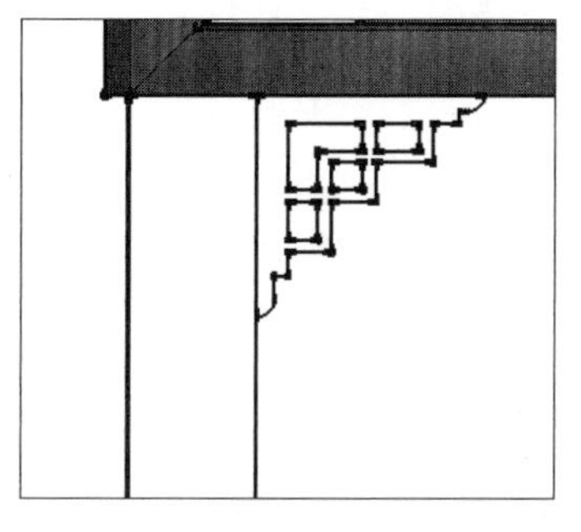

图 5-133　绘制内侧装饰构件

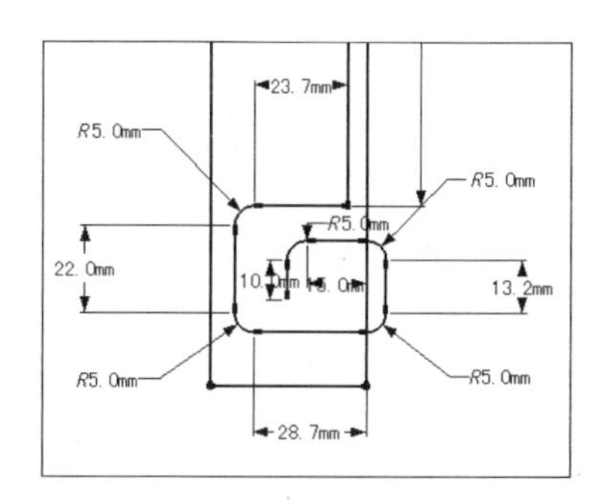

图 5-134　绘制支撑脚装饰线

步骤⑫ 通过【偏移】、【直线】以及【推 / 拉】工具，制作三维造型并进行复制，如图 5-135 ~ 图 5-137 所示。

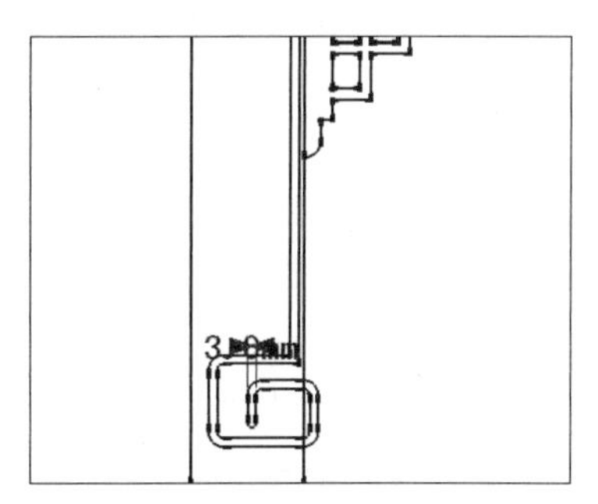

图 5-135　将装饰线截面封面

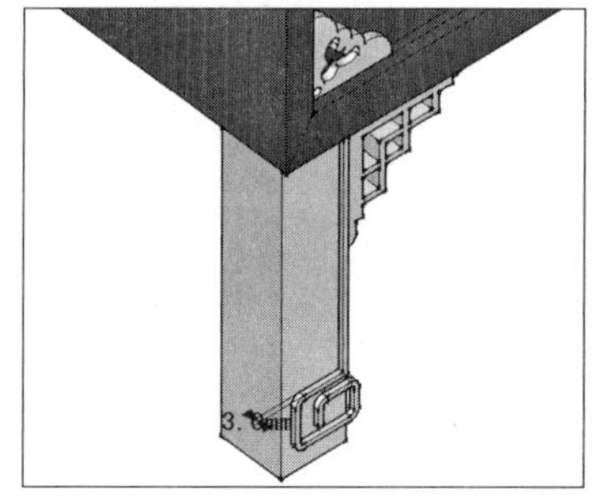

图 5-136　制作 3mm 装饰线厚度

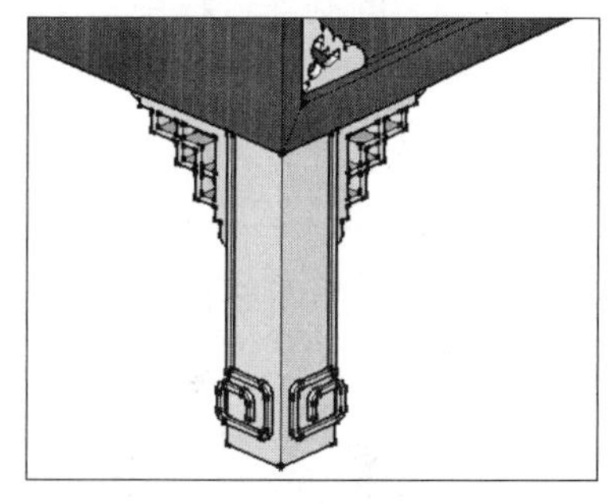

图 5-137　复制装饰件

步骤⑬ 结合使用【圆弧】以及【推 / 拉】工具，制作装饰线连接造型，如图 5-138 所示。

步骤⑭ 选择支撑脚底面，使用【推 / 拉】工具进行 5mm 的推拉复制，如图 5-139 所示，然后使用【缩放】工具制作出倒角效果，如图 5-140 所示。

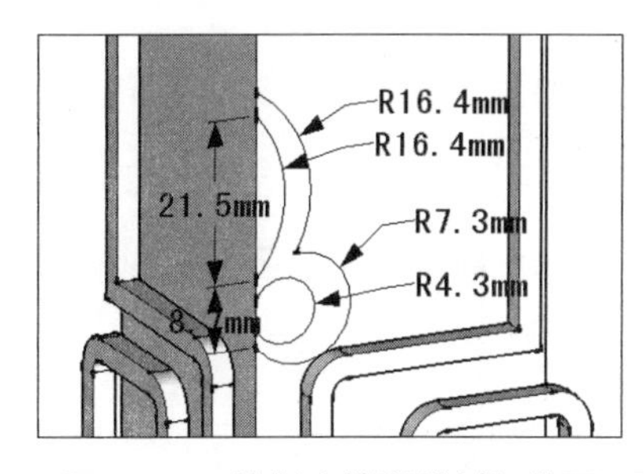

图 5-138　绘制支撑脚雕刻细分面

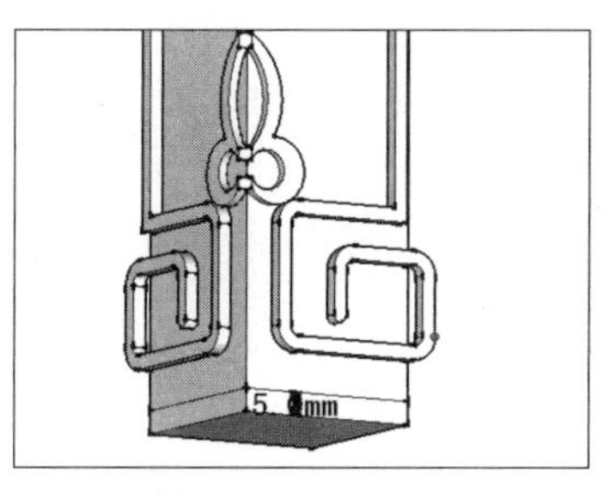

图 5-139　支撑脚雕刻细节完成效果

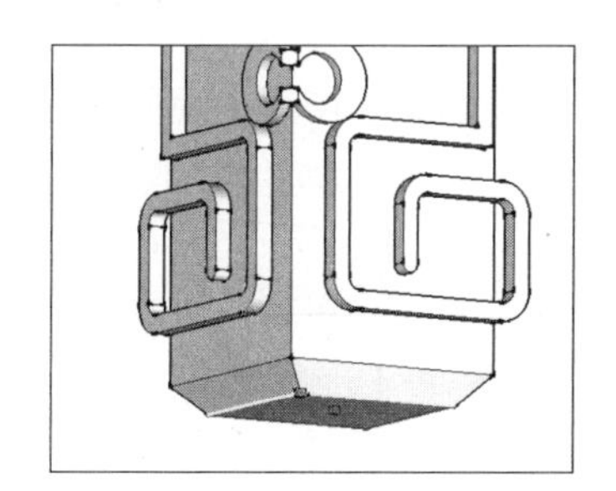

图 5-140　制作支撑脚底部倒角效果

步骤⑮ 将制作好的支撑脚创建为群组，如图 5-141 所示，然后复制出其他三个支撑脚，完成整体造型，如图 5-142 与图 5-143 所示。

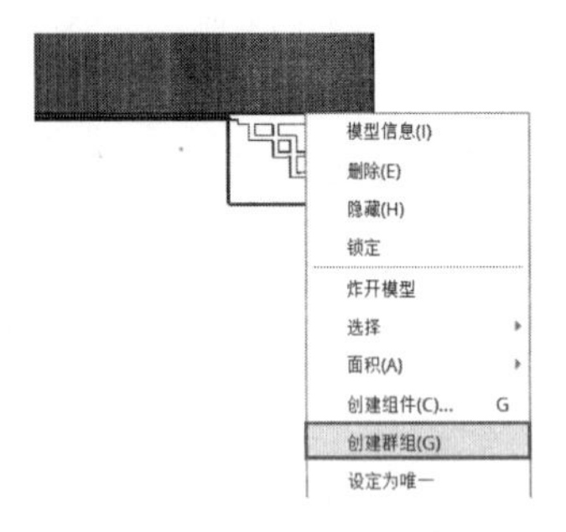

图 5-141　将支撑脚整体成组

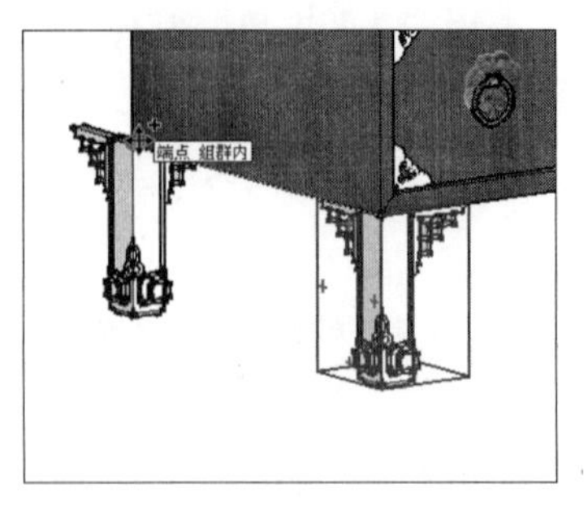

图 5-142　移动复制支撑脚

图 5-143　中式边柜完成效果

088 休闲沙发组合

文件路径：配套资源 \ 第 05 章 \088	视频文件：视频 \ 第 05 章 \088.MP4

本例制作休闲沙发组合，主要使用【矩形】、【直线】、【圆弧】、【偏移】以及【推 / 拉】等工具，在模型的制作过程中，注意学习模型细化技巧，以及通过缩放等操作快速改变模型造型的技巧。

1. 制作茶几

步骤 01 首先制作如图 5-144 所示的茶几模型。结合使用【矩形】与【推 / 拉】工具，制作出茶几轮廓，如图 5-145 与图 5-146 所示。

图 5-144　茶几模型完成效果

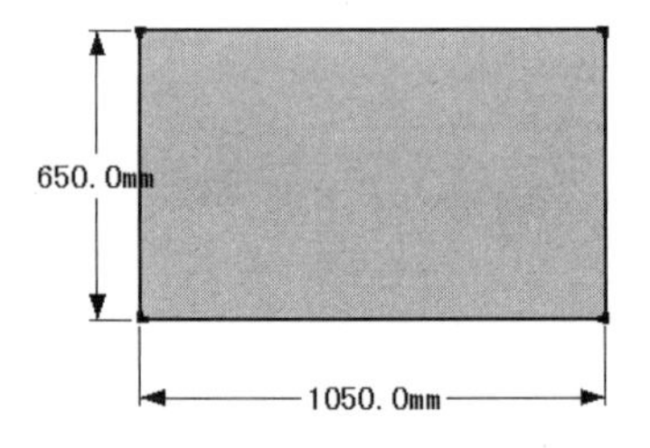

图 5-145　绘制矩形

步骤 02 使用【矩形】工具，通过捕捉顶面角点进行细分割，如图 5-147 与图 5-148 所示。

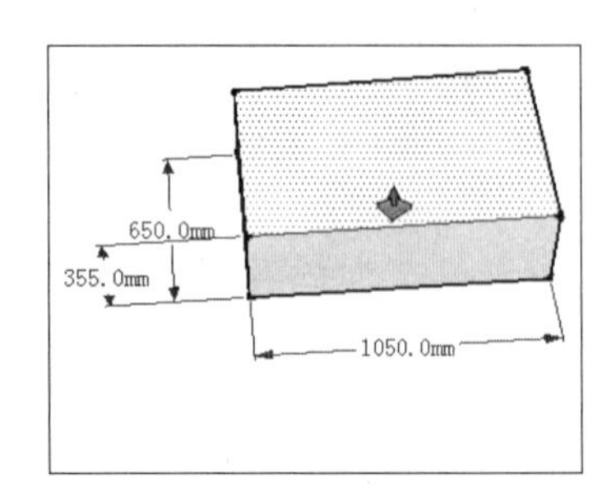

图 5-146　推拉高度

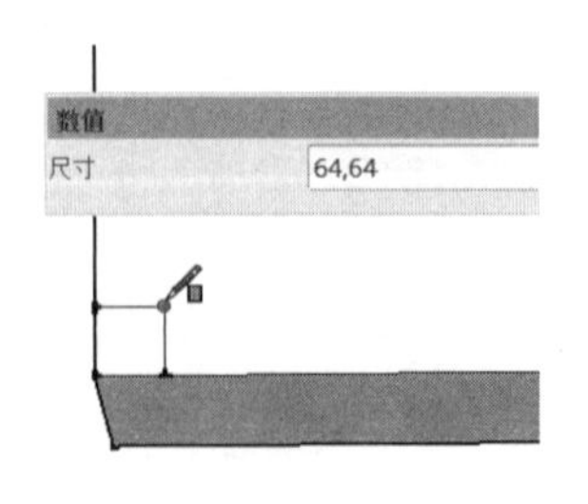

图 5-147　绘制正方形分割面

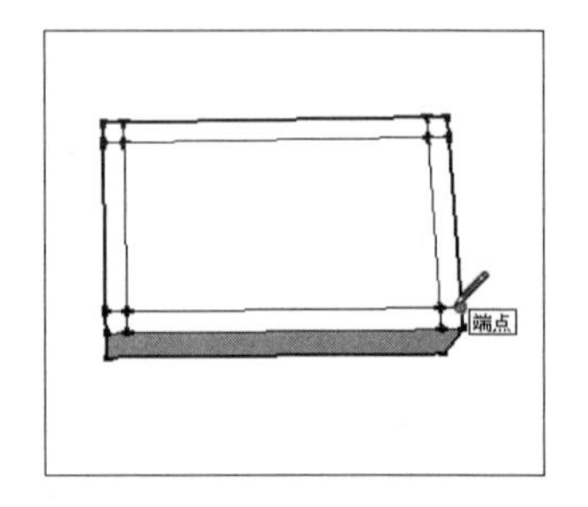

图 5-148　顶面分割完成效果

步骤 03 使用【推 / 拉】工具，逐步制作出支架与玻璃面细节效果，如图 5-149 与图 5-150 所示。

步骤 04 结合使用【卷尺】、【矩形】等工具分割好侧面，然后使用【推 / 拉】工具推空，如图 5-151 与图 5-152 所示。

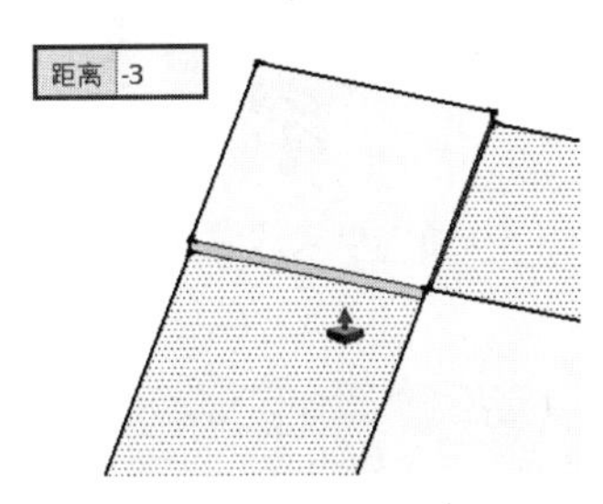

图 5-149　推拉出支架高差细节

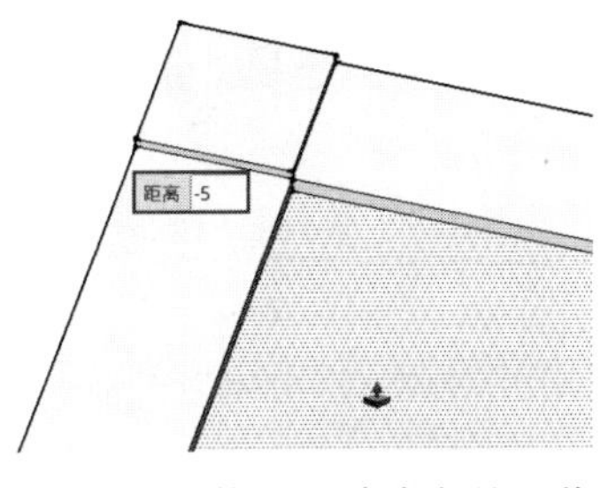

图 5-150　推拉出玻璃高差细节

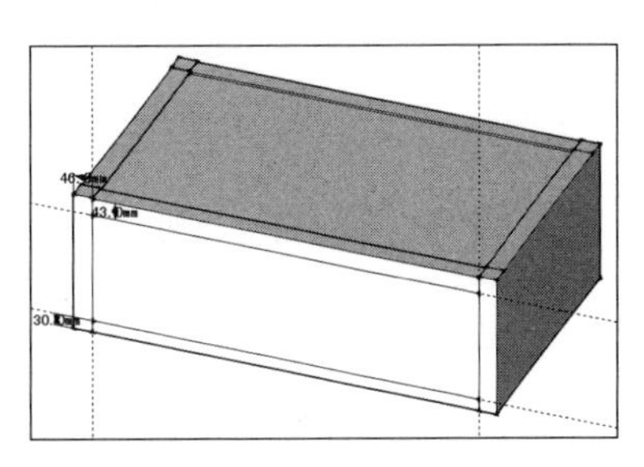

图 5-151　分割侧面

步骤 05 重复类似操作，完成茶几框架效果，如图 5-153 所示。接下来进行造型的细化。

步骤 06 捕捉内部角点创建一个矩形分割面，使用【推 / 拉】工具制作出上部木条细节，如图 5-154 与图 5-155 所示。

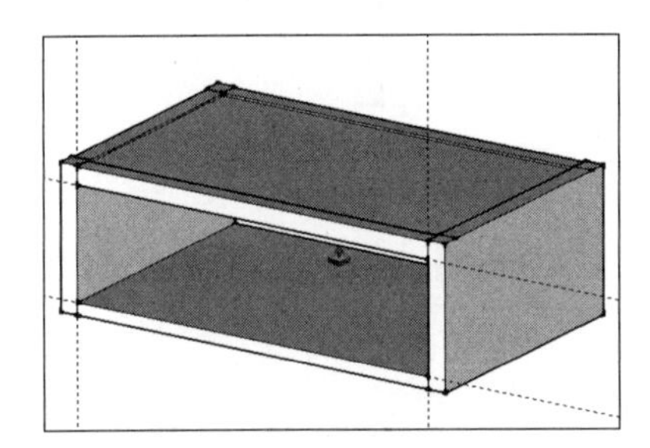

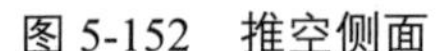

图 5-152　推空侧面

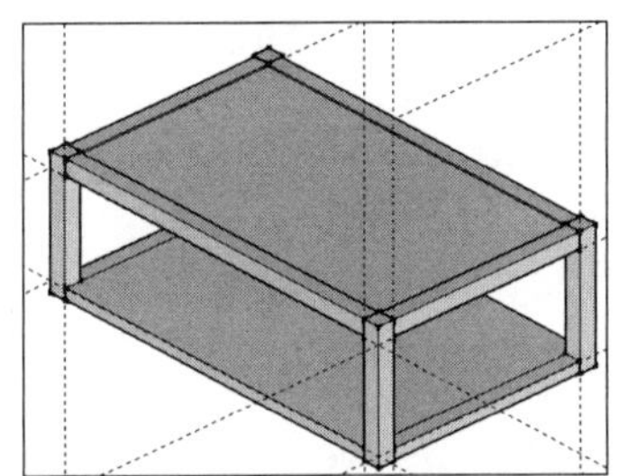

图 5-153　茶几框架完成效果

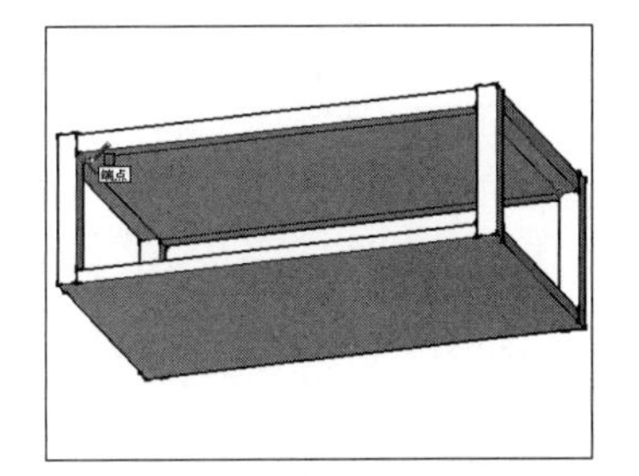

图 5-154　分割上部底面

步骤 07 选择下部边线进行 25 段拆分，分割完成后，使用【推 / 拉】工具制作出木栅格细节，如图 5-156 与图 5-157 所示。

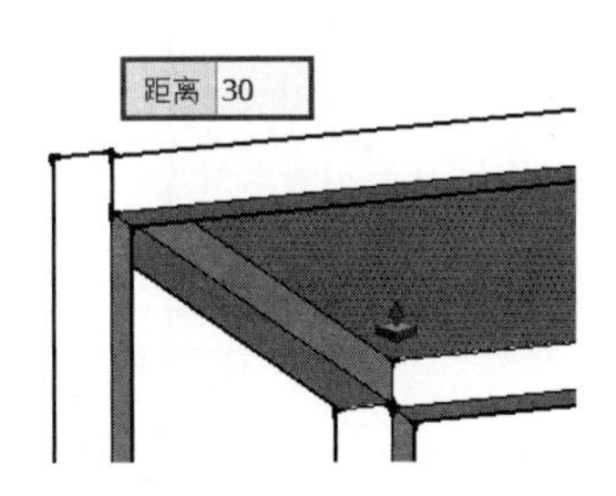

图 5-155　向内推拉 30mm

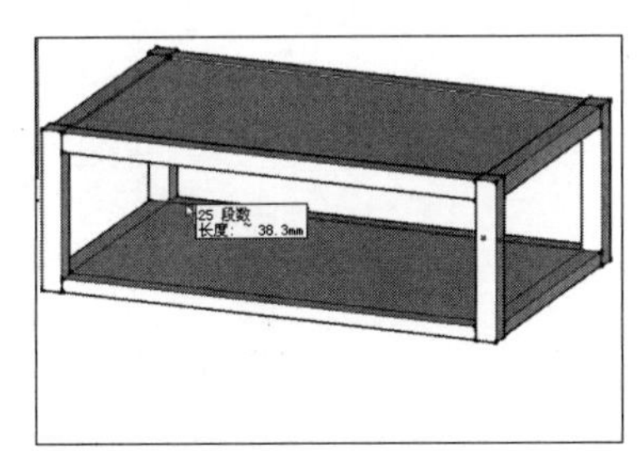

图 5-156　选择下部边线进行 25 段拆分

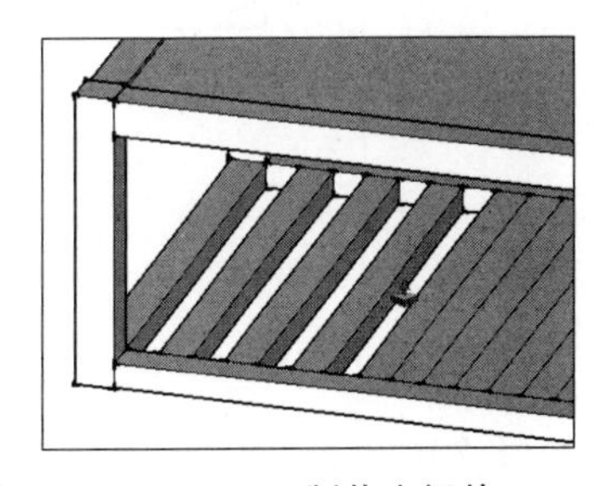

图 5-157　制作出栅格

步骤 08 结合使用【矩形】与【推 / 拉】工具，制作出支撑脚细节，完成茶几模型的制作，如图 5-158 与图 5-159 所示。接下来制作如图 5-160 所示的单人沙发。

2. 制作单人沙发

步骤 01 结合使用【矩形】与【圆弧】工具，制作出沙发前脚轮廓，如图 5-161 ~ 图 5-163 所示。

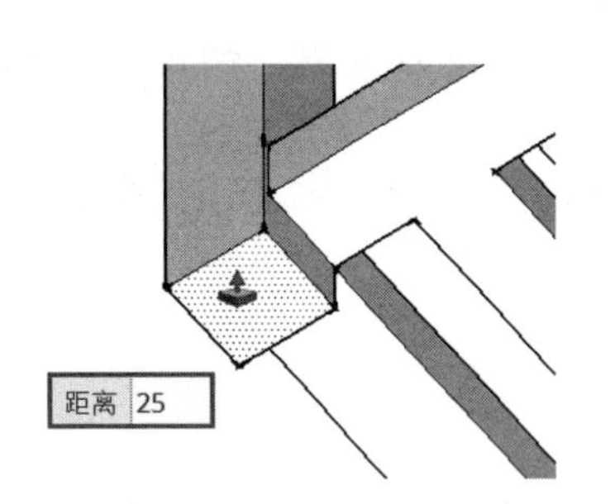

图 5-158　推拉出支撑脚

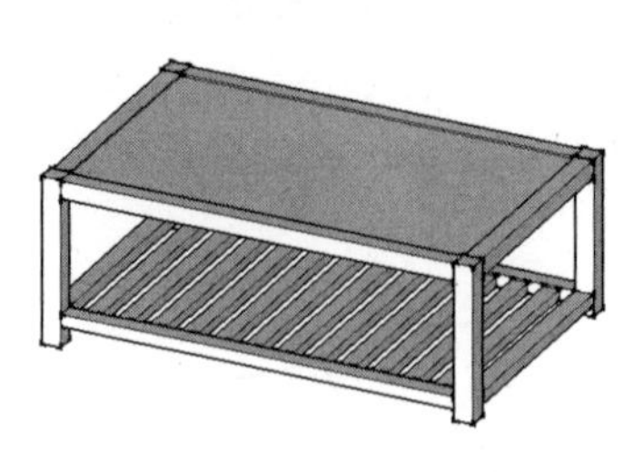

图 5-159　茶几完成效果

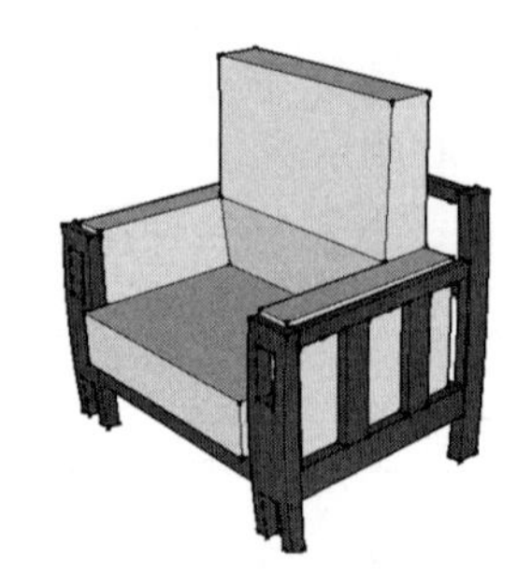

图 5-160　单人沙发完成效果

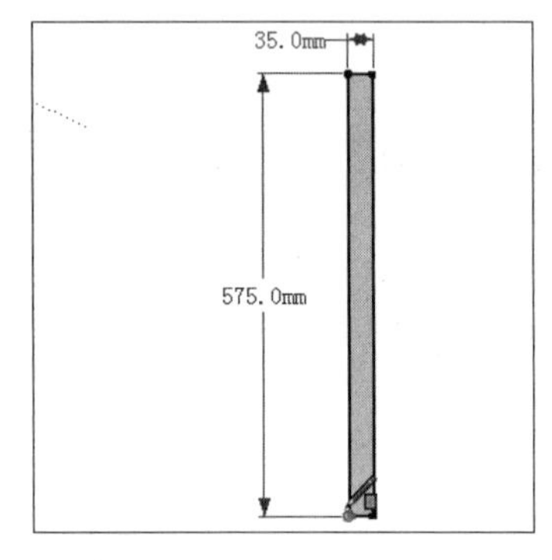

图 5-161　绘制矩形

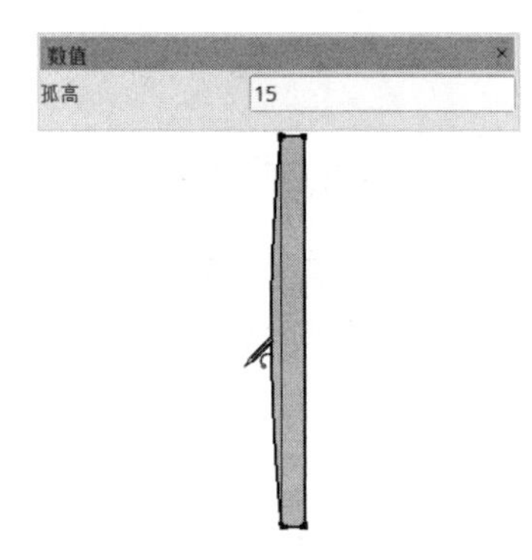

图 5-162　绘制前方弧线

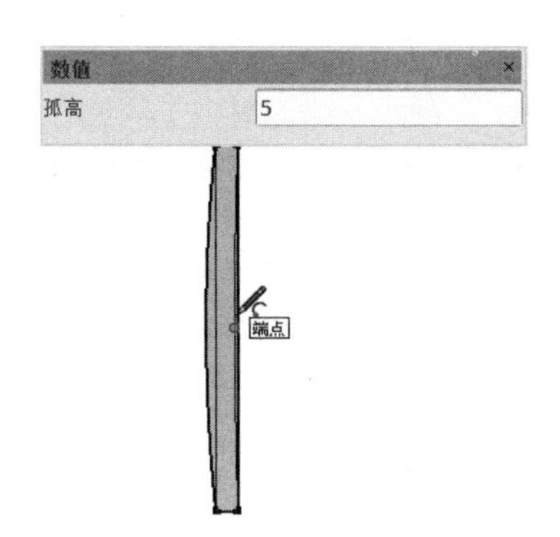

图 5-163　绘制后方弧线

步骤 02 使用【推 / 拉】工具制作出前脚厚度，创建长方体，使用【差集】运算制作出细节，如图 5-164~ 图 5-166 所示。

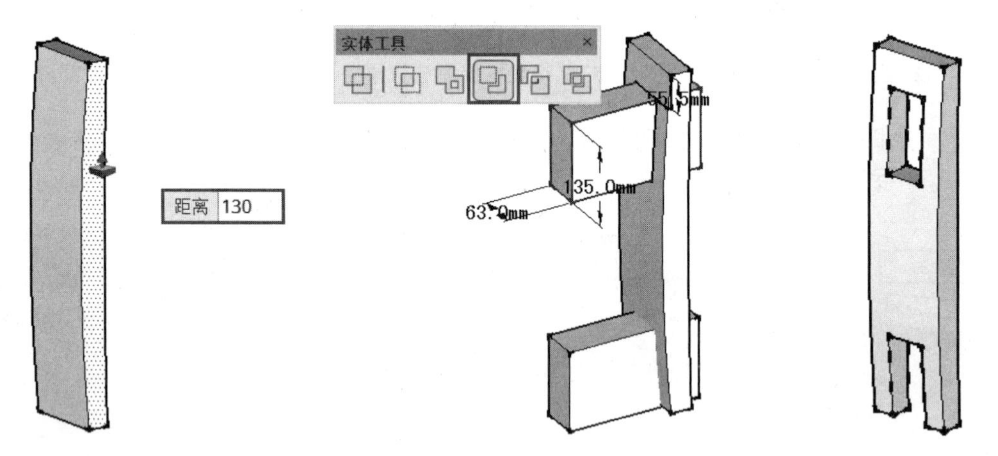

图 5-164　推拉 130mm 厚度　图 5-165　创建长方体进行【差集】运算　图 5-166　沙发前脚完成效果

步骤 03 使用类似方法，制作出沙发后脚模型，然后加选前脚模型，以 760mm 的宽度进行移动复制，如图 5-167~ 图 5-169 所示。

步骤 04 启用【矩形】工具制作出沙发底板，然后结合使用【偏移】与【推 / 拉】工具制作出细节，如图 5-170 与图 5-171 所示。

步骤 05 使用类似方法制作出沙发侧板模型，然后通过整体复制，完成沙发框架效果，如图 5-172 与图 5-173 所示。

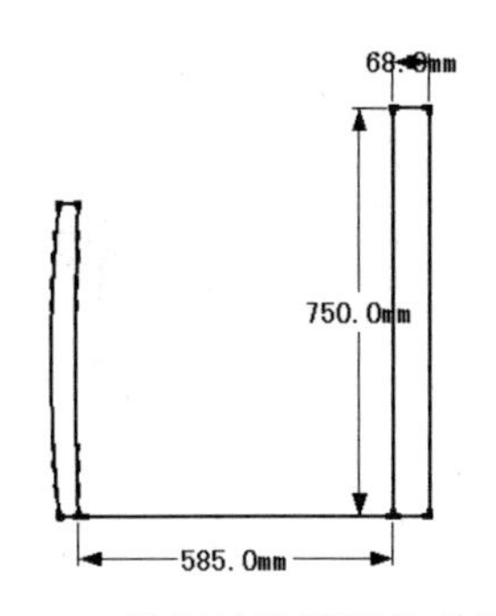

图 5-167　绘制沙发后脚参考矩形

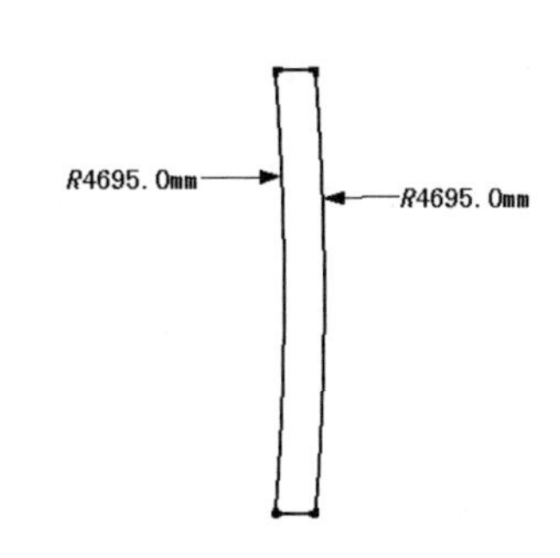

图 5-168　绘制沙发后脚截面

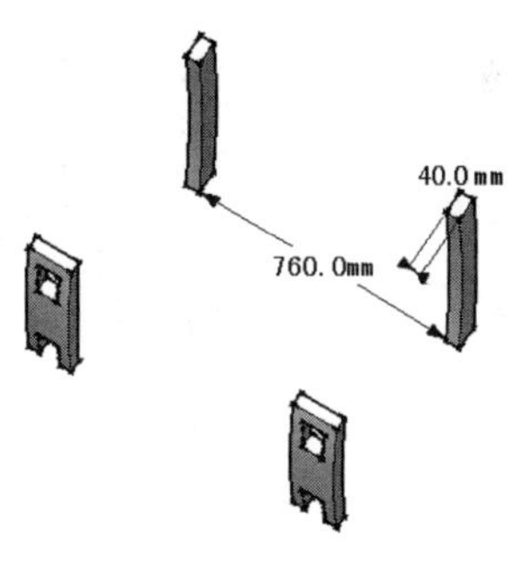

图 5-169　推拉沙发后脚并复制

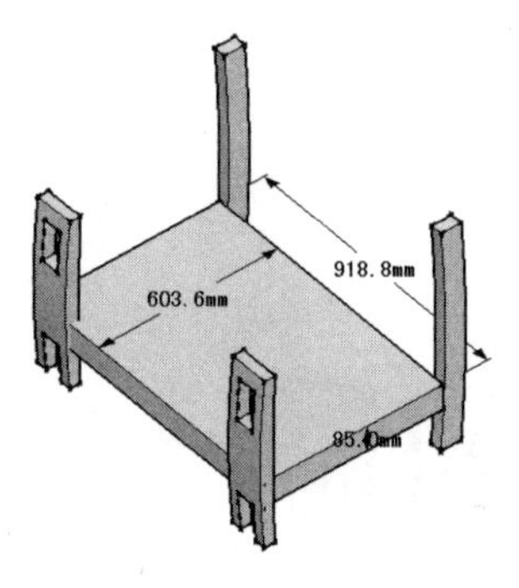

图 5-170　绘制沙发底板

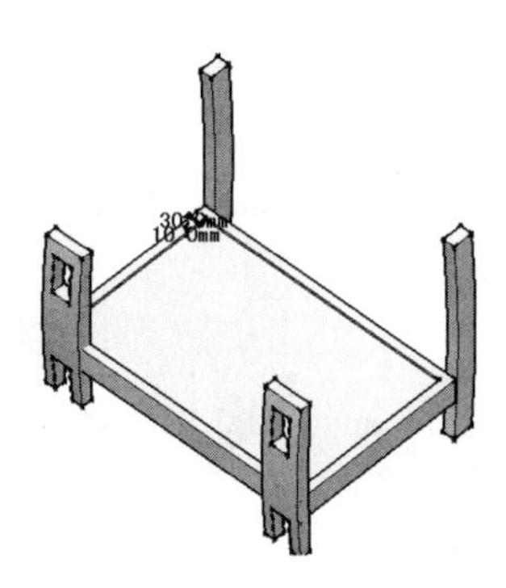

图 5-171　制作底板细节

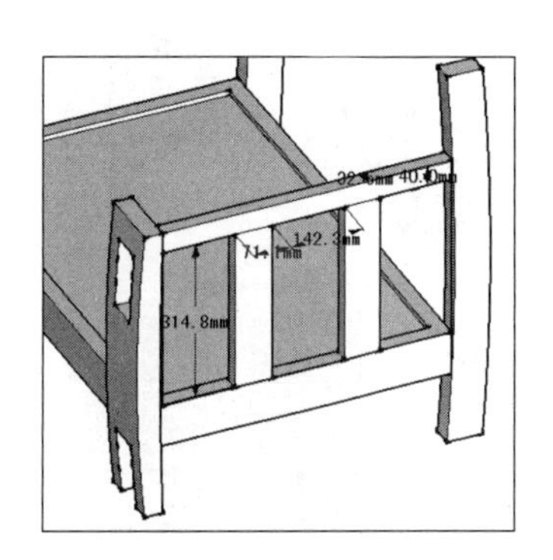

图 5-172　制作沙发侧板

步骤 06 启用【矩形】工具，参考底板制作出沙发坐垫，并进行细分割，如图 5-174~图 5-176 所示。

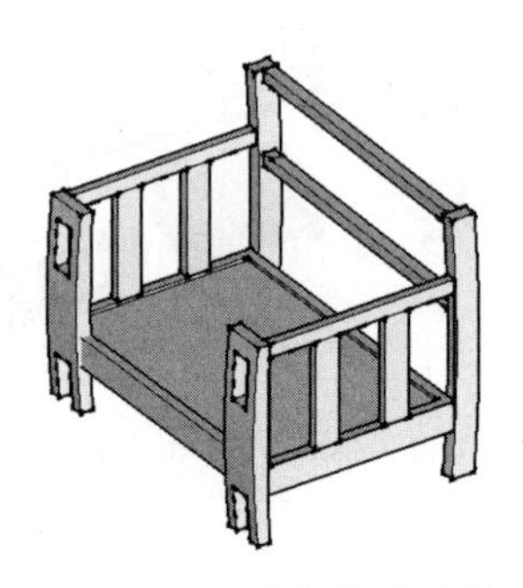

图 5-173　沙发框架完成效果

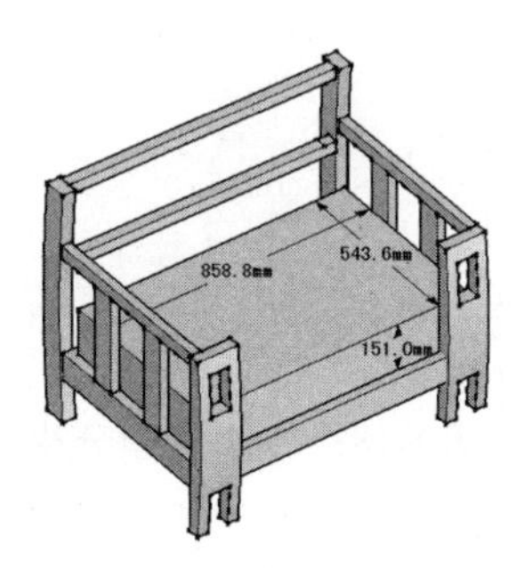

图 5-174　绘制沙发坐垫

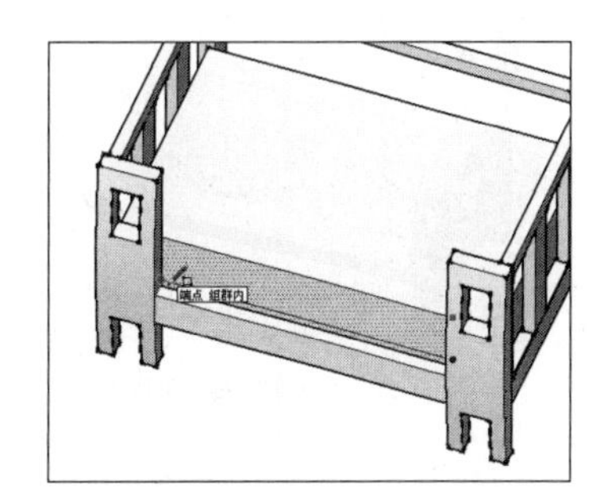

图 5-175　捕捉支架分割沙发面

步骤 07 启用【推 / 拉】工具，制作出沙发靠垫细节，然后通过分割线的移动，调整出靠背的造型效果，如图 5-177 与图 5-178 所示。

步骤 08 单人沙发制作完成后，打开【材料】面板赋予支架木纹材质，如图 5-179 所示。

步骤 09 将单人沙发复制一份，然后通过侧板、底板以及座垫的调整，制作出双人沙发模型，如图 5-180~ 图 5-183 所示。

步骤 10 通过类似方法制作出三人沙发模型，并调整摆放位置，即完成沙发模型组合创建，最终效果如图 5-184 所示。

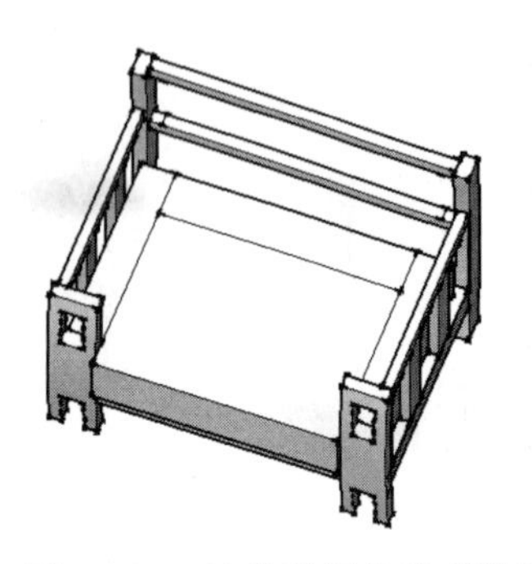

图 5-176　沙发垫细分完成效果

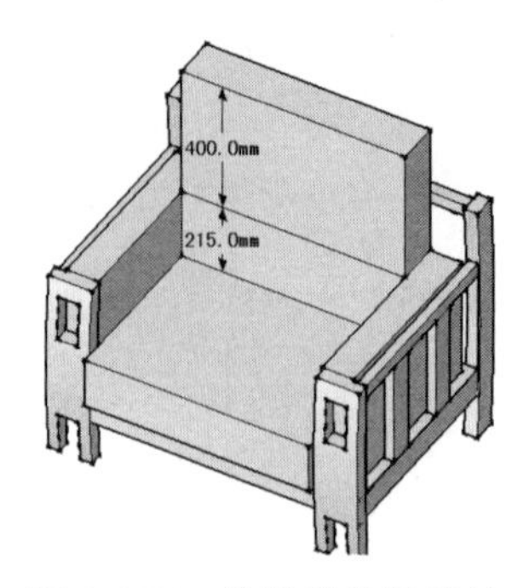

图 5-177　推拉出沙发靠垫

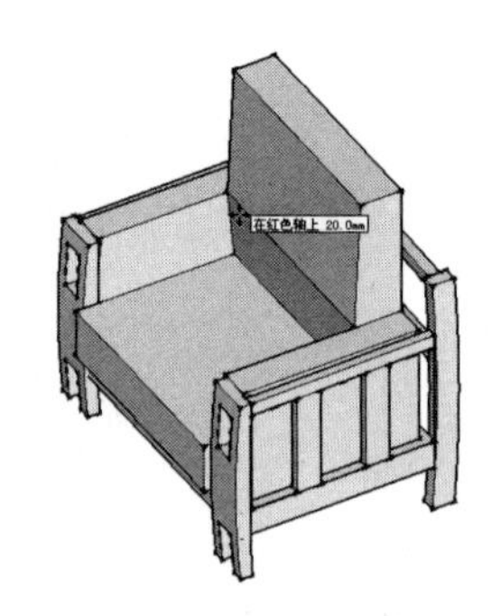

图 5-178　调整靠背造型

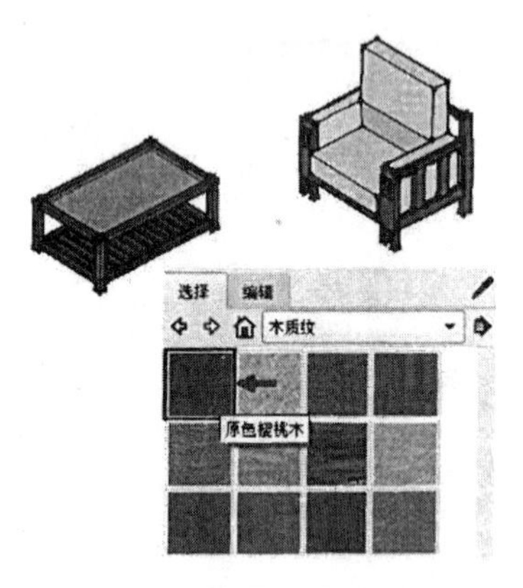

图 5-179　赋予单人沙发造型材质

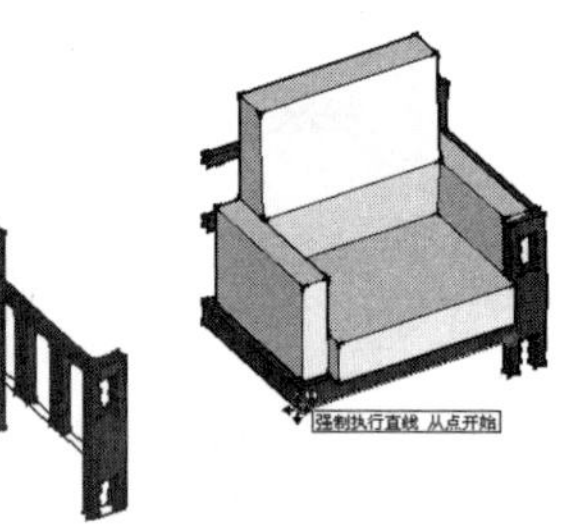

图 5-180　复制单人沙发并调整宽度

图 5-181　调整底板宽度

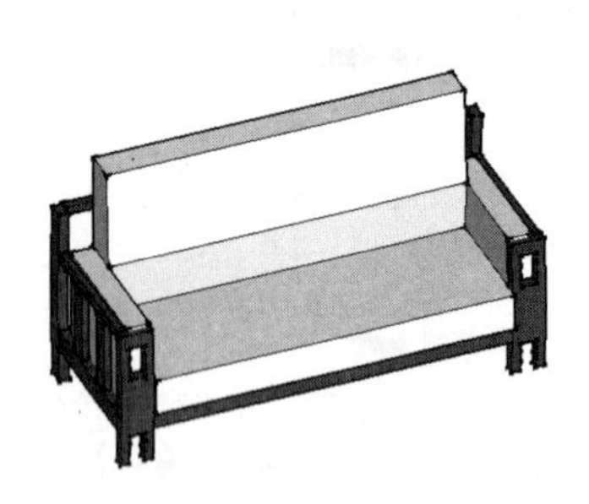

图 5-182　调整坐垫宽度

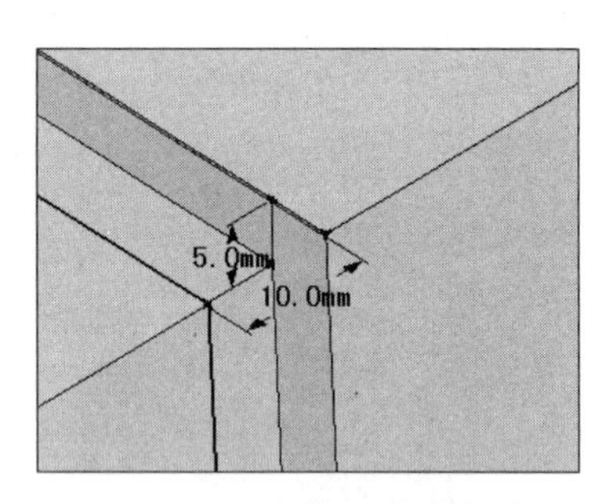

图 5-183　制作坐垫分割线

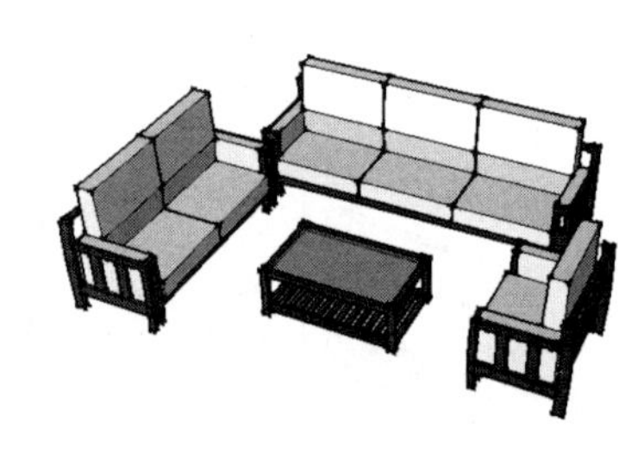

图 5-184　休闲沙发组合最终效果

第6章 室外基础模型建模

本章学习室外基础模型的创建方法，除了进一步熟悉相关的命令与操作外，读者应重点掌握室外模型的特点、建模思路与创建技巧。

089 花坛

文件路径：配套资源 \ 第 06 章 \089	视频文件：视频 \ 第 06 章 \089.MP4

本例学习花坛模型的制作，主要使用【矩形】、【推 / 拉】以及【缩放】工具，在模型的建立过程中，注意倒角效果的制作技巧。

步骤 01 启用【矩形】工具，绘制如图 6-1 所示矩形，使用【推 / 拉】工具推拉出 415mm 的高度，如图 6-2 所示。

步骤 02 选择顶部模型面，启用【缩放】工具缩放，制作出上大下小的凸台效果，如图 6-3 所示。

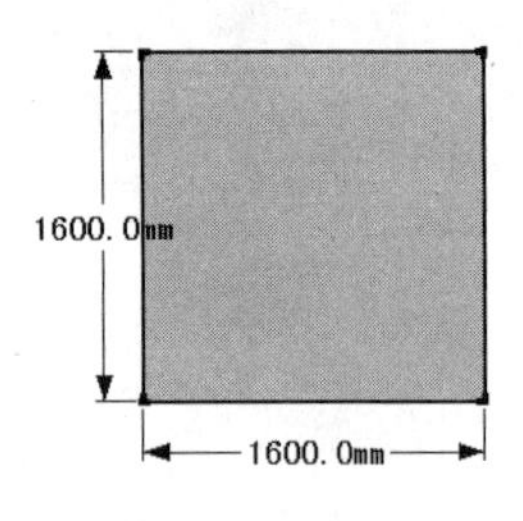

图 6-1　绘制矩形

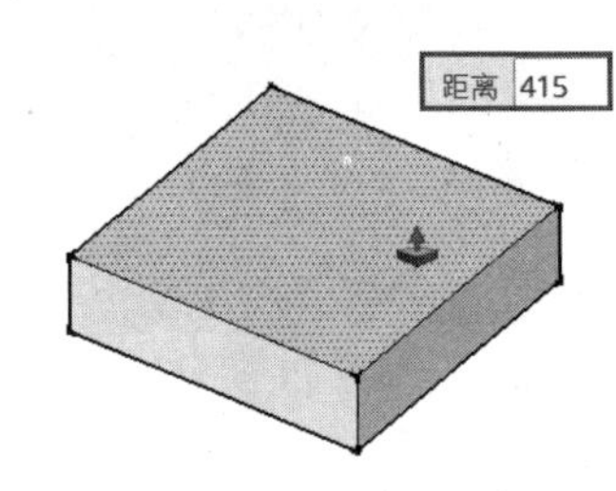

图 6-2　推拉 415mm 高度

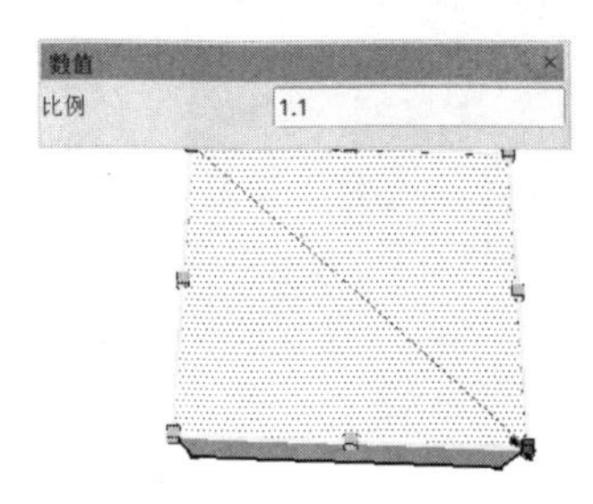

图 6-3　缩放顶面

步骤 03 结合使用【偏移】与【推 / 拉】工具，制作出休息平台，如图 6-4 与图 6-5 所示。

步骤 04 结合使用【推 / 拉】与【缩放】工具，制作出内部花坛轮廓，然后使用【偏移】与【复制】工具，制作出边缘细节，如图 6-6 与图 6-7 所示。

步骤 05 打开【材料】面板，为花坛与休息平台分别赋予不同石材，如图 6-8 与图 6-9 所示。

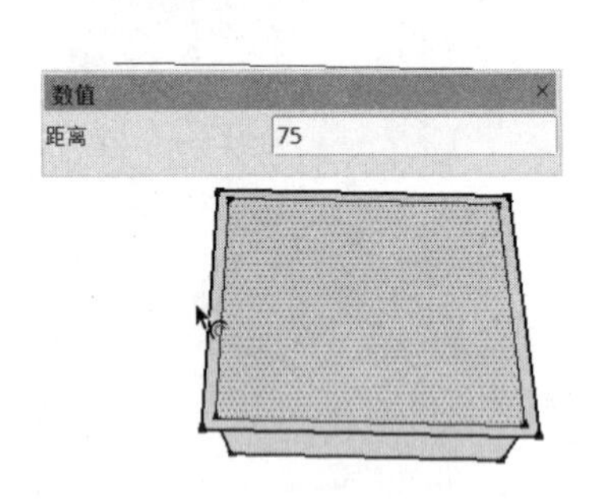

图 6-4　向外偏移复制

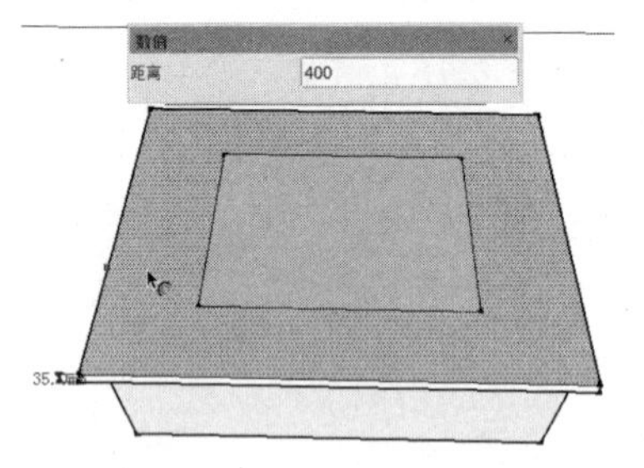

图 6-5　制作休息平台

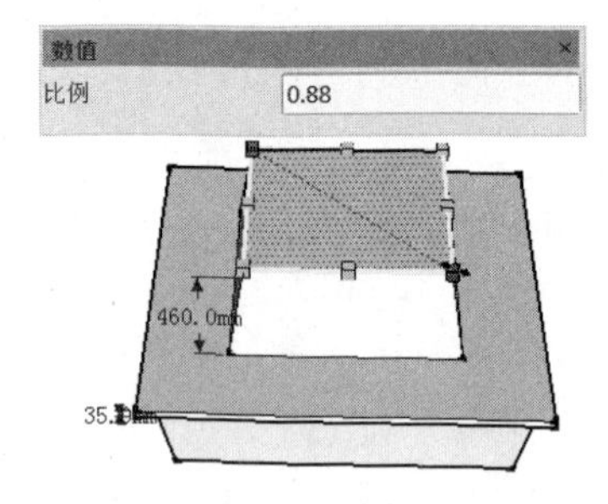

图 6-6　创建内部花坛轮廓

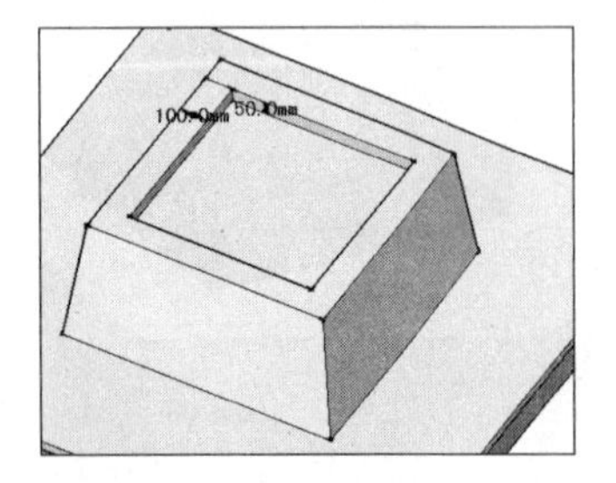

图 6-7　制作内部花坛细节

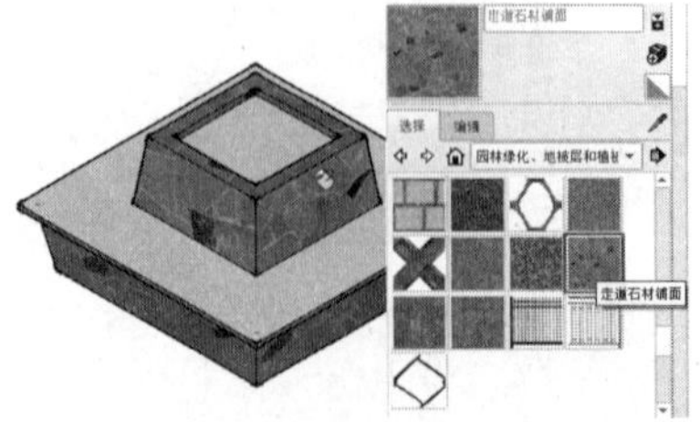

图 6-8　赋予材质

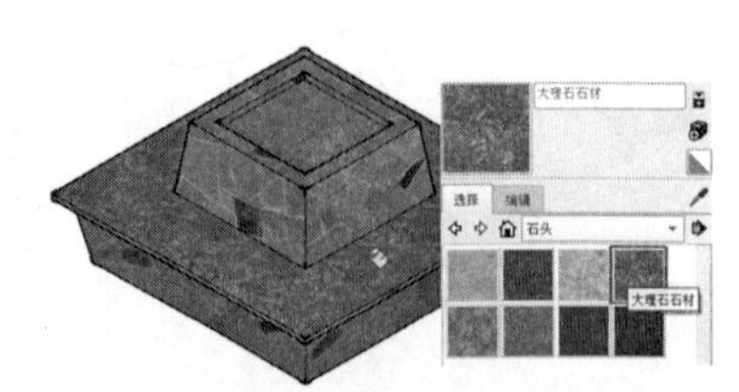

图 6-9　赋予大理石材质

步骤 06 打开【组件】面板，合并花朵模型组件，如图 6-10 所示，最终完成的花坛模型效果，如图 6-11 所示。

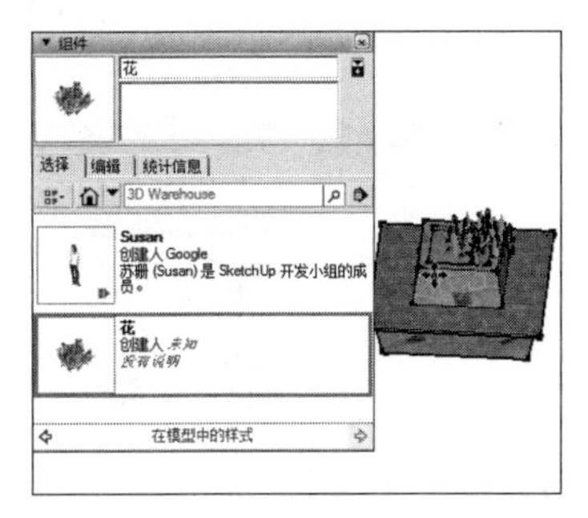

图 6-10　合并花朵模型组件

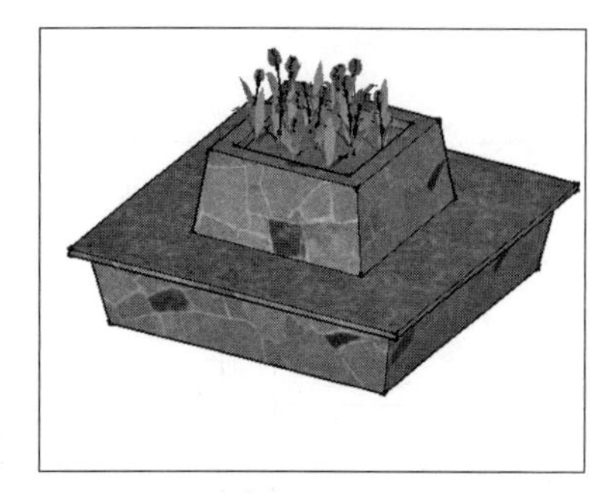

图 6-11　花坛模型最终效果

090 石头长椅

文件路径：配套资源 \ 第 06 章 \090	视频文件：视频 \ 第 06 章 \090.MP4

本例学习石头长椅模型的制作，主要使用【矩形】、【圆弧】、【偏移】及【推 / 拉】等工具。在模型的创建过程中，重点掌握移动复制与缩放工具的使用技巧。

步骤 01 结合使用【矩形】与【推 / 拉】工具，制作出底部石块轮廓造型，通过缩放工具调整出倒角效果，如图 6-12~ 图 6-14 所示。

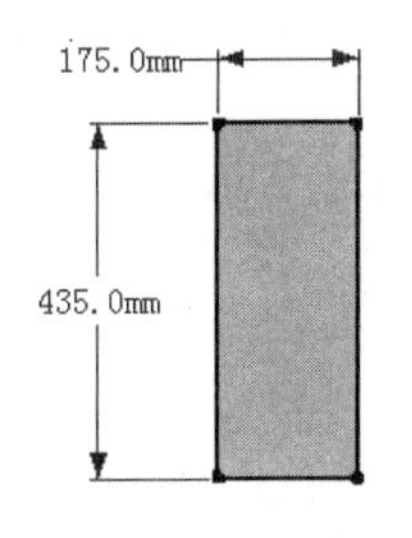

图 6-12　创建矩形

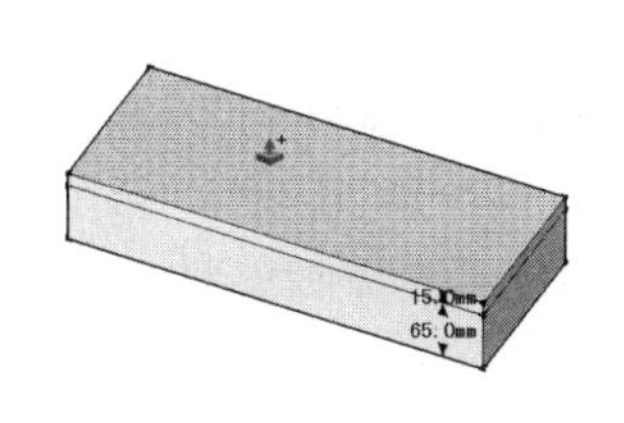

图 6-13　推拉顶面

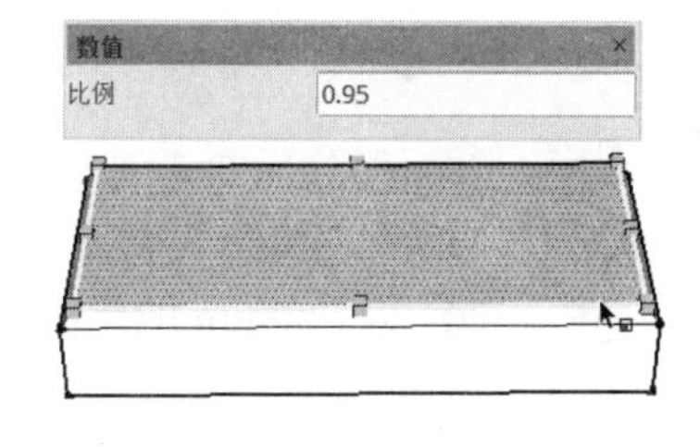

图 6-14　缩放制作倒角

步骤 02 切换至左视图，启用【矩形】工具，绘制一个如图 6-15 所示的矩形，然后对其进行分割，如图 6-16 所示。

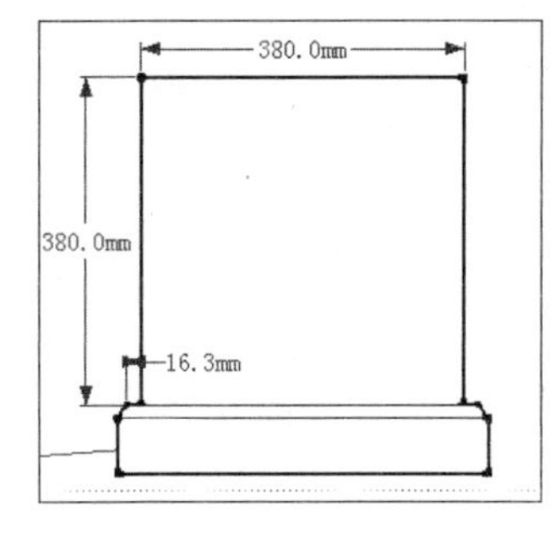

图 6-15　创建辅助矩形

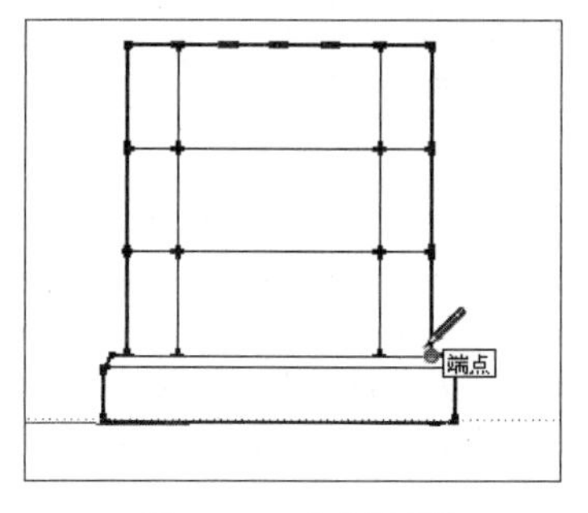

图 6-16　分割矩形

步骤 03 启用【圆弧】工具，捕捉分割形成的交点与线段，绘制曲线平面，如图 6-17 所示。

步骤 04 结合使用【推 / 拉】与【偏移】工具，推拉出厚度并进行分割，如图 6-18 与图 6-19 所示。

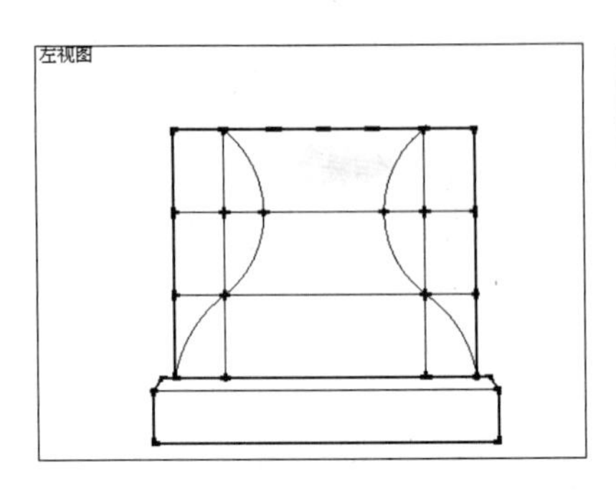

图 6-17 绘制曲线平面

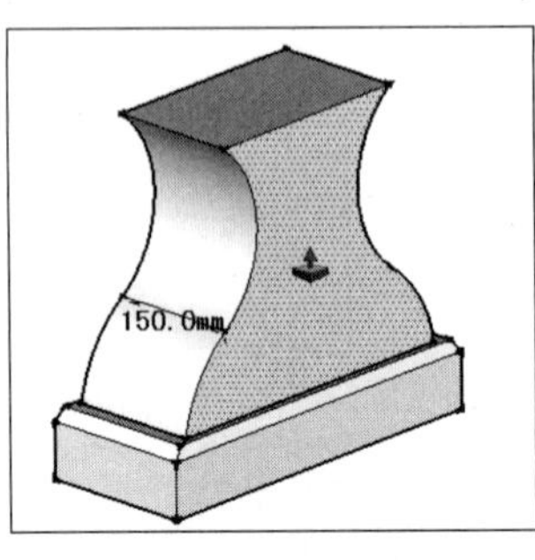

图 6-18 推拉出厚度

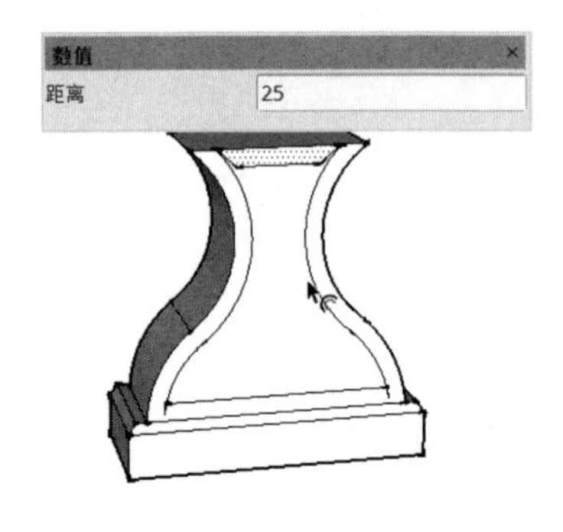

图 6-19 向内偏移复制

步骤 05 使用【推 / 拉】与【缩放】工具，制作出内部倒角细节，如图 6-20~ 图 6-22 所示。

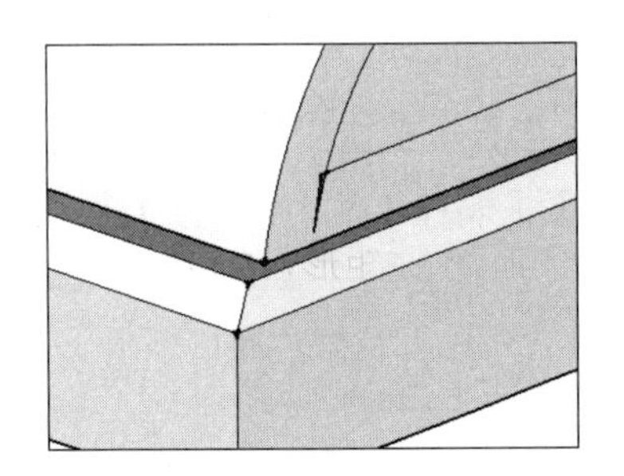
图 6-20 删除多余线段

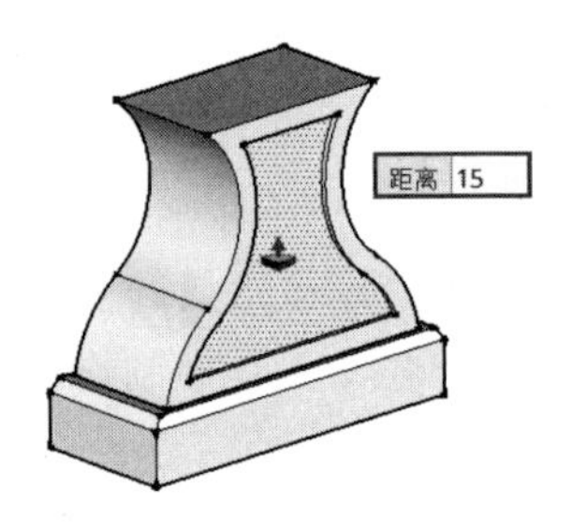

图 6-21 向内推入 15mm

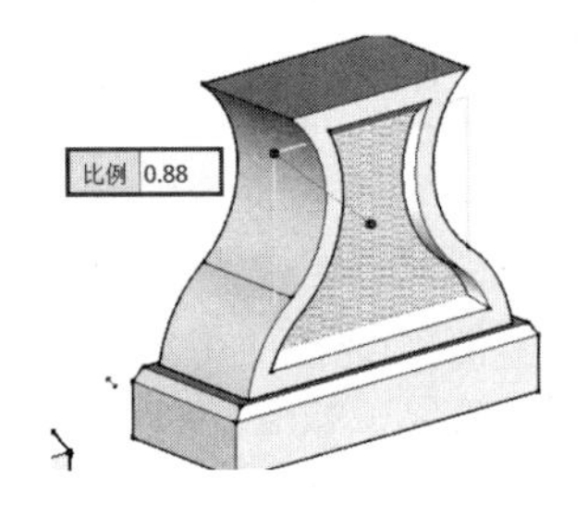

图 6-22 缩放制作倒角细节

步骤 06 删除后方未进行细化的模型面，选择制作好细节的侧面，通过复制与镜像，得到支撑脚整体细节，如图 6-23 所示。

步骤 07 以 700mm 的距离整体移动复制支撑脚模型，如图 6-24 所示。

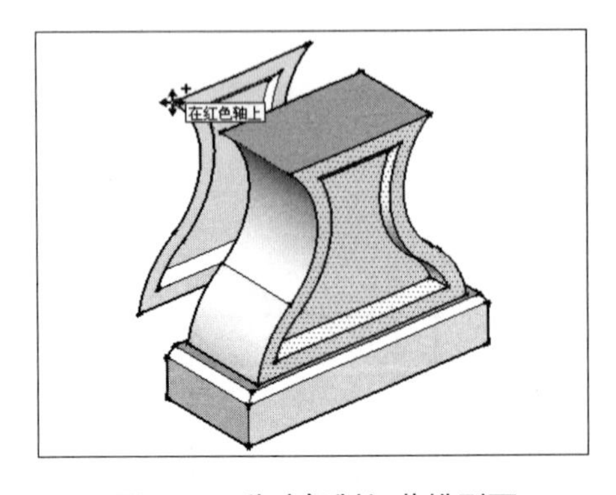

图 6-23 移动复制细节模型面

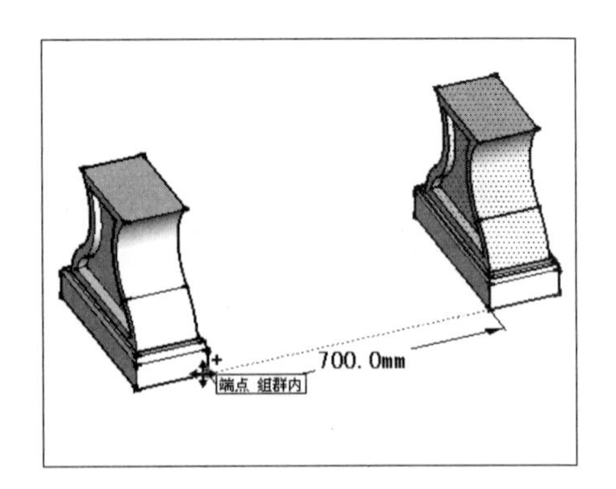

图 6-24 整体移动复制支撑脚

步骤 08 移动复制底部石块，并对齐位置，通过缩放调整大小，如图 6-25 所示，然后赋予石头材质，如图 6-26 所示，最终效果如图 6-27 所示。

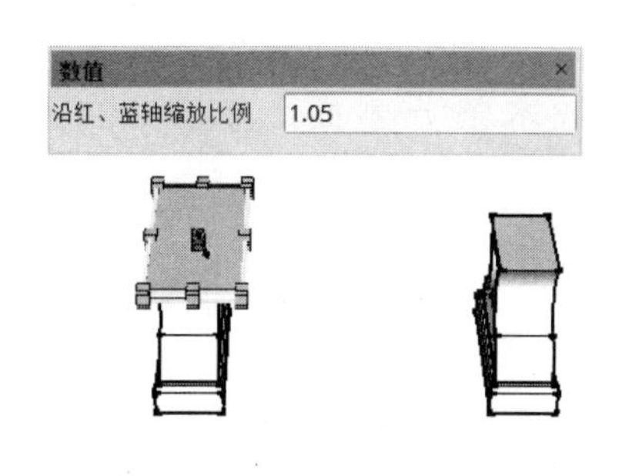

图 6-25　复制石块并进行缩放

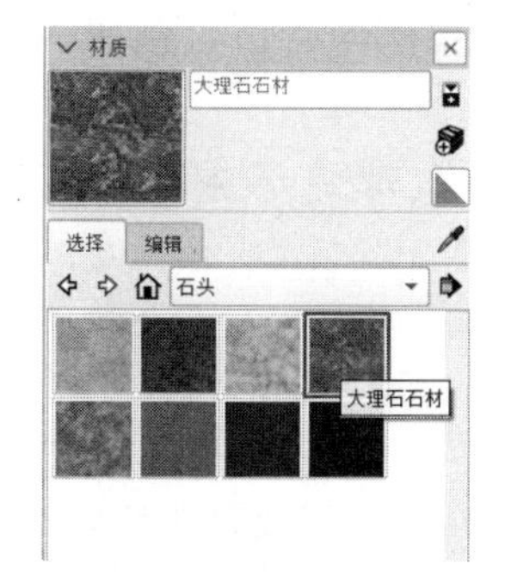

图 6-26　调整石板造型并赋予材质

图 6-27　石头长椅模型最终效果

091 木质圆椅

文件路径：配套资源 \ 第 06 章 \091	视频文件：视频 \ 第 06 章 \091.MP4

本例将学习木质圆椅的制作，主要使用【矩形】、【直线】、【圆】、【推 / 拉】以及【偏移】等工具。在模型的创建过程中，注意连续偏移复制以及缩放工具的使用技巧。

步骤 01 启用【矩形】工具，绘制一个边长为 600mm × 1060mm 的矩形，如图 6-28 所示。结合使用【卷尺】与【直线】工具进行细分割，如图 6-29 所示。

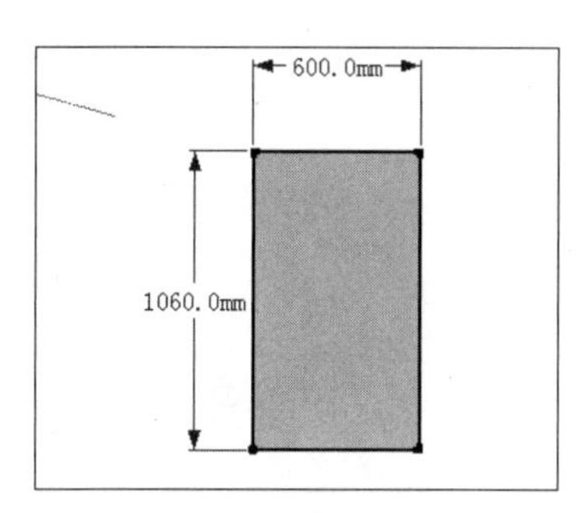

图 6-28　创建矩形

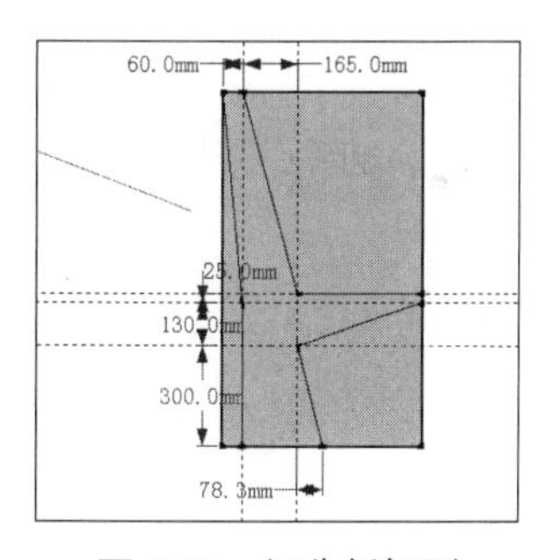

图 6-29　细分割矩形

步骤 02 启用【推 / 拉】工具制作 50mm 厚度，如图 6-30 所示。然后整体以 60° 进行多重旋转复制，如图 6-31 与图 6-32 所示。

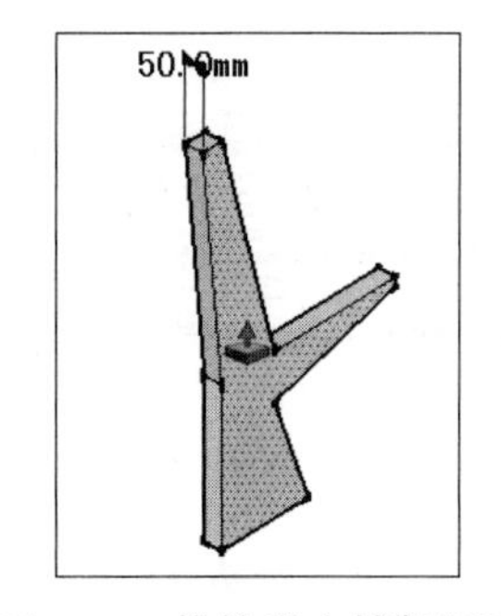

图 6-30　推拉出支撑架厚度

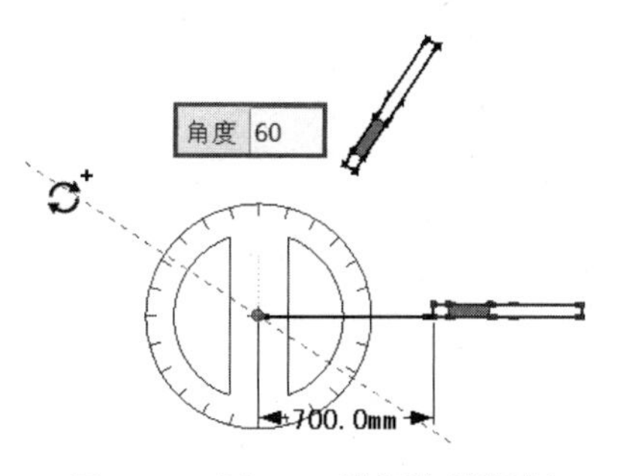

图 6-31　以 60° 进行旋转复制

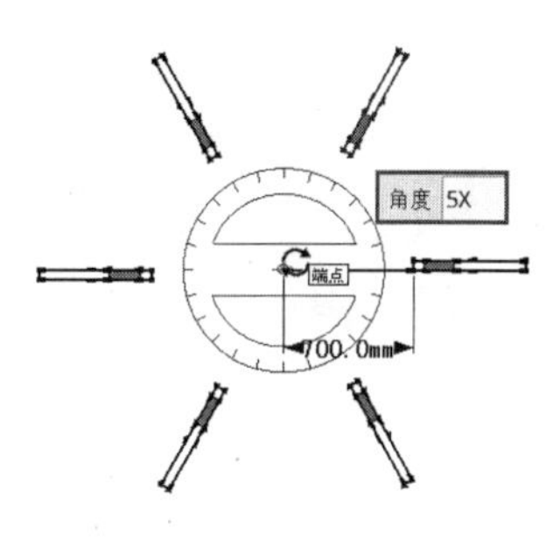

图 6-32　多重旋转复制结果

步骤 03 启用【圆】工具，在支撑脚中心位置创建一个半径为 925mm 的圆形，如图 6-33 所示。

步骤 04 启用【偏移】工具，连续多次偏移圆形，形成木条分割面，如图 6-34 ~ 图 6-36 所示。

步骤 05 启用【推 / 拉】工具，制作出 30mm 的木条厚度，如图 6-37 所示。

步骤 06 选择最内侧的圆形木条，向上移动复制，如图 6-38 所示，然后通过缩放调整造型，如图 6-39 与图 6-40 所示。

步骤 07 重复以上的移动复制与缩放，完成整体造型，如图 6-41 与图 6-42 所示。最后打开【材质】面板，选择并赋予木纹材质，如图 6-43 所示，最终效果如图 6-44 所示。

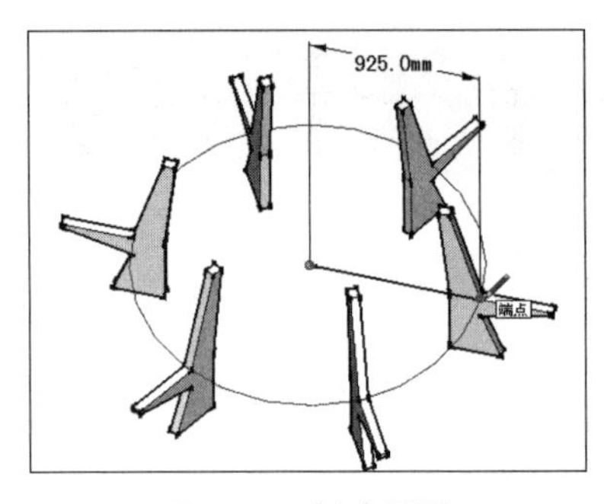

图 6-33 创建圆形

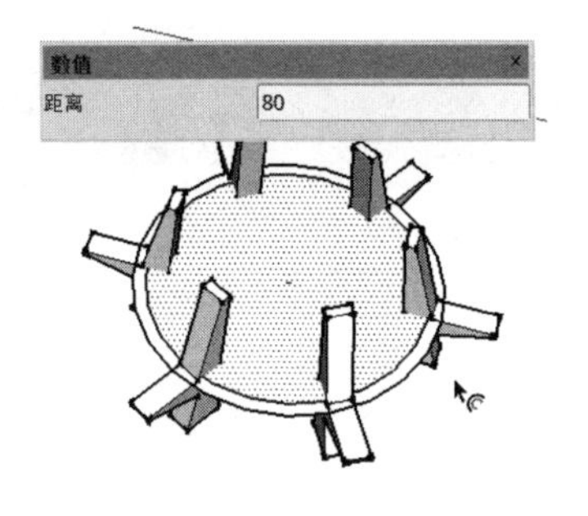

图 6-34 向外以 80mm 偏移复制

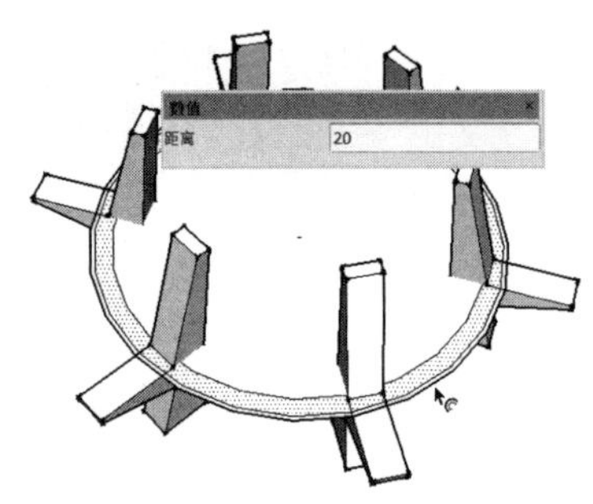

图 6-35 向外以 20mm 偏移复制

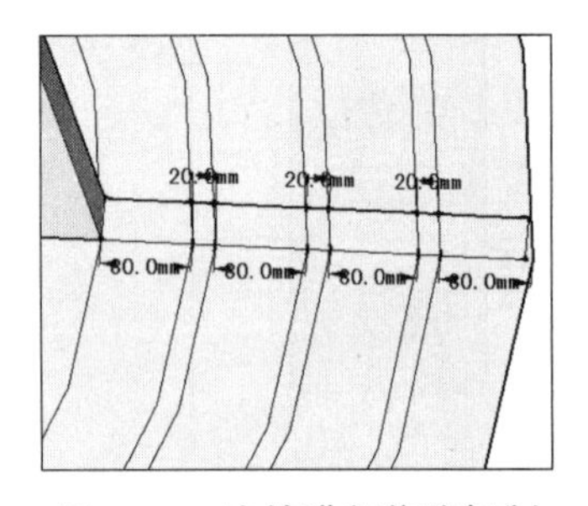

图 6-36 连续进行偏移复制

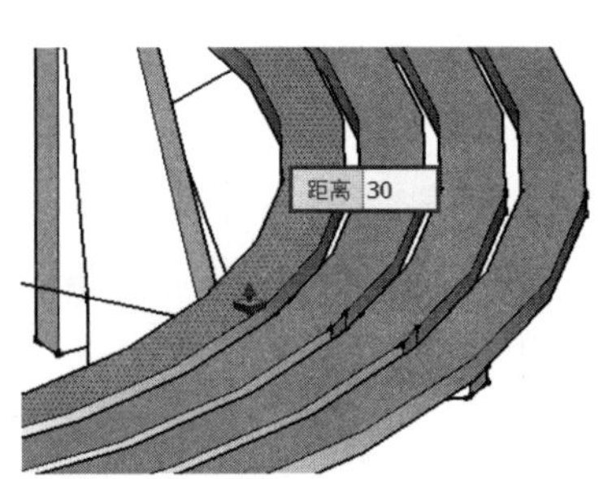

图 6-37 推拉出木条厚度

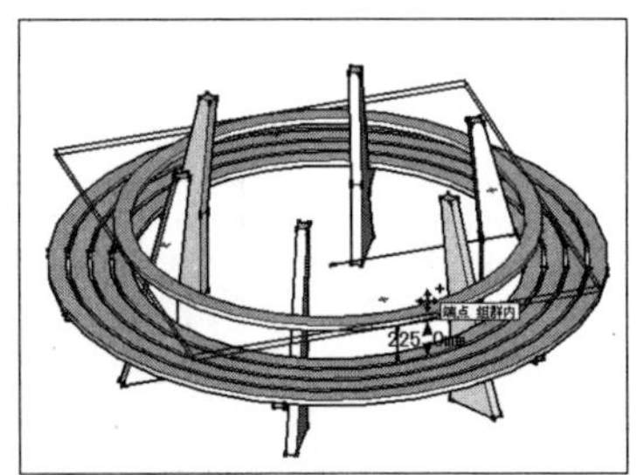

图 6-38 向上复制圆形木条

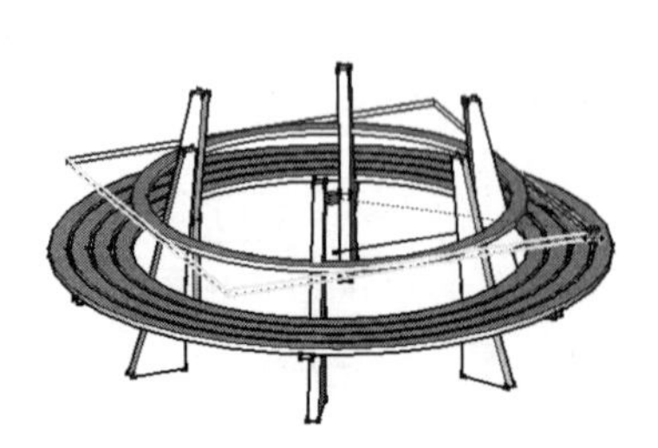

图 6-39 通过缩放调整大小

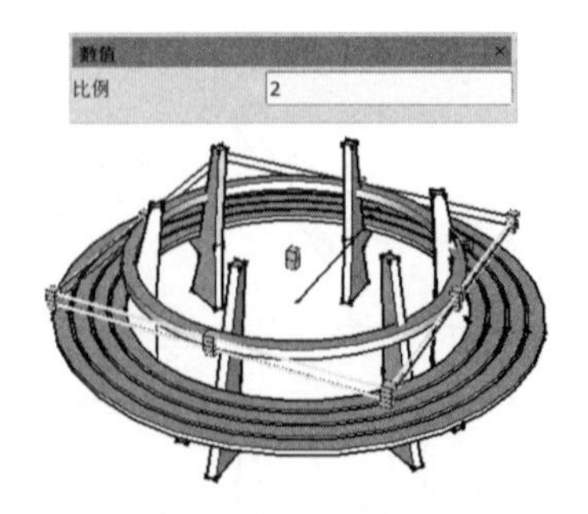

图 6-40 通过缩放调整厚度

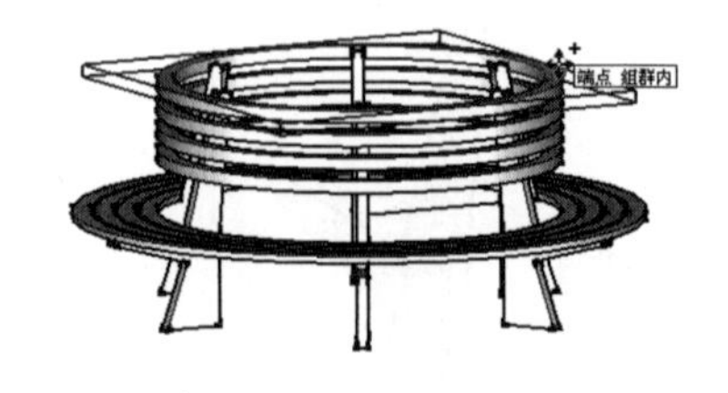

图 6-41 向上移动复制 3 份

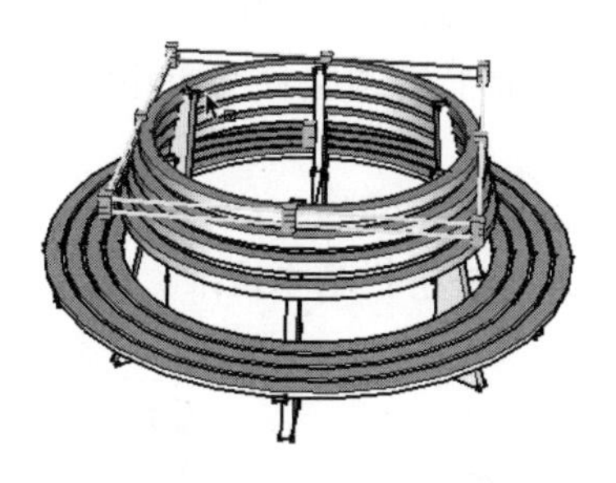

图 6-42　通过缩放工具调整造型

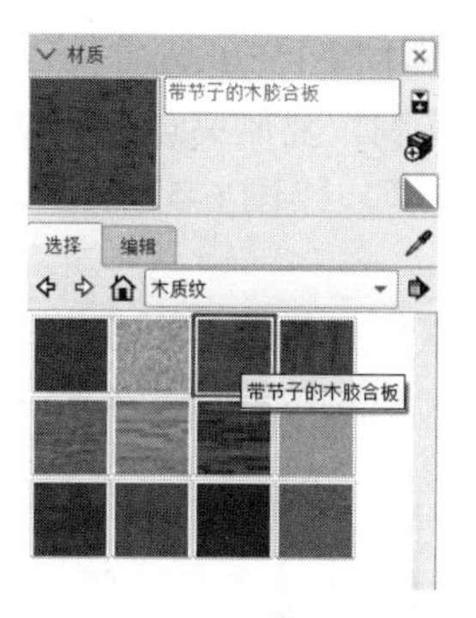

图 6-43　赋予木纹材质

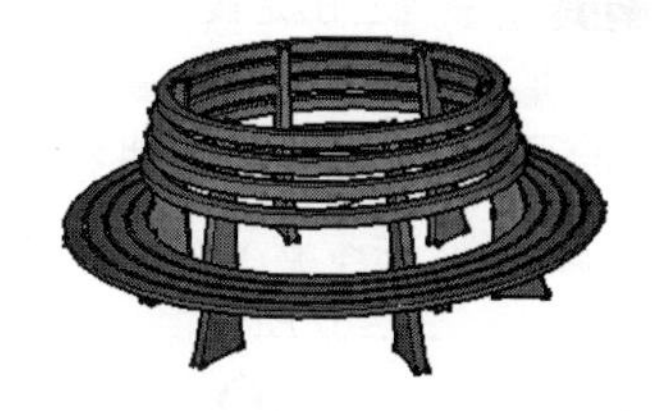

图 6-44　木质圆椅最终效果

092 中式护栏

文件路径：配套资源 \ 第 06 章 \092	视频文件：视频 \ 第 06 章 \092.MP4

本例制作中式护栏模型，主要使用【矩形】、【直线】、【圆弧】、【偏移】以及【推 / 拉】等工具。在模型的制作过程中，注意学习模型细化技巧，以及通过缩放等操作快速改变模型造型的技巧。

步骤 01 结合使用【矩形】与【直线】工具，绘制出栏杆石柱底部轮廓，如图 6-45 与图 6-46 所示。

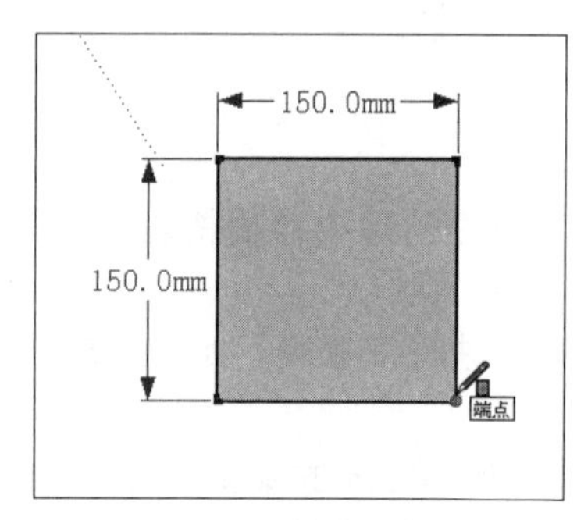

图 6-45　创建正方形

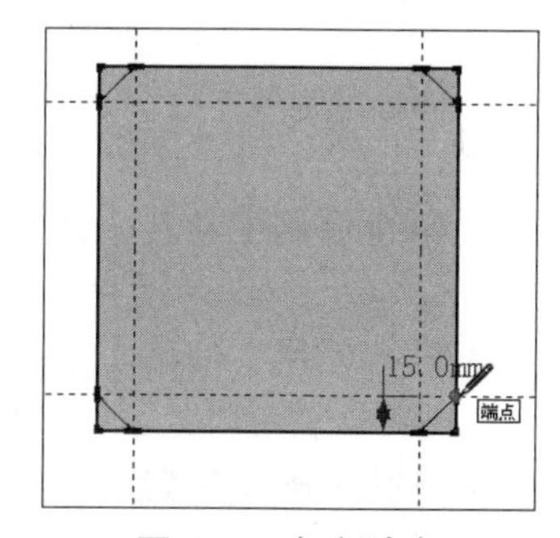

图 6-46　切割边角

步骤 02 结合使用【推 / 拉】、【偏移】以及【缩放】工具，制作出石柱柱体与柱头造型细节，如图 6-47~ 图 6-49 所示。

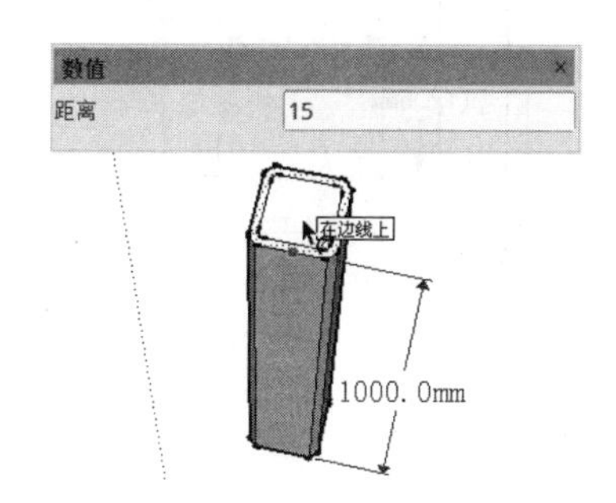

图 6-47　推拉高度并进行偏移复制

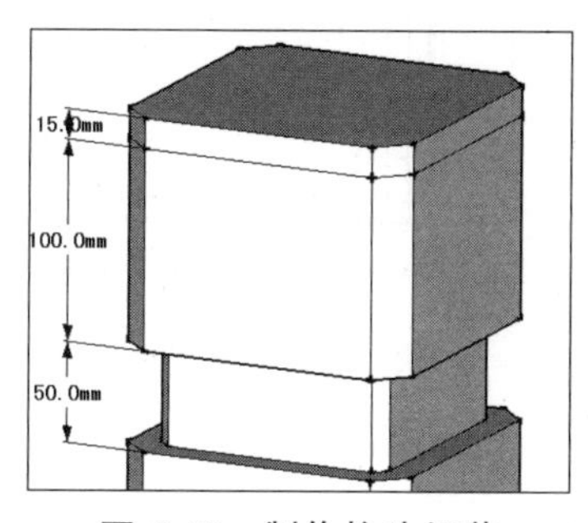

图 6-48　制作柱头细节

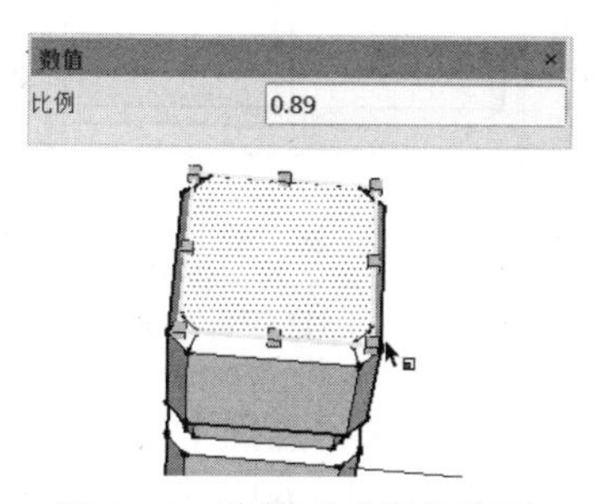

图 6-49　缩放形成倒角效果

步骤03 选择创建好的石柱模型，整体以 1500mm 的距离进行复制，如图 6-50 所示。

步骤04 选择下部柱身，单独进行复制，复制完成后剪切出原有组，如图 6-51 所示。

步骤05 使用旋转工具调整柱身角度，如图 6-52 所示，使用缩放工具调整柱身大小，如图 6-53 所示。

步骤06 在绿色轴上进行缩放，调整柱身长度如图 6-54 所示，以连接相邻的立柱。

步骤07 参考竖立石柱进行移动复制与对位，如图 6-55 所示。制作好护栏基本框架。

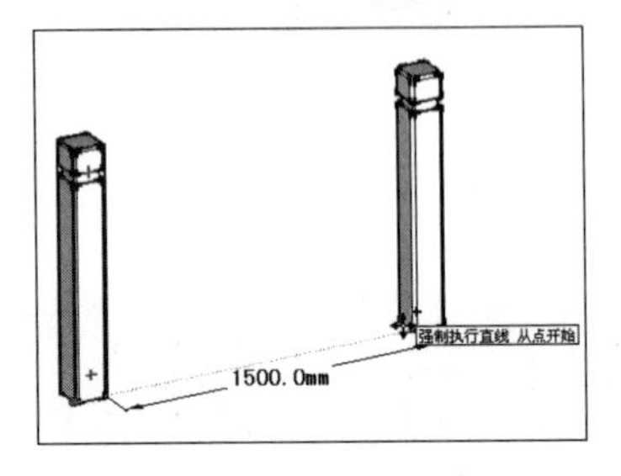

图 6-50　复制石柱

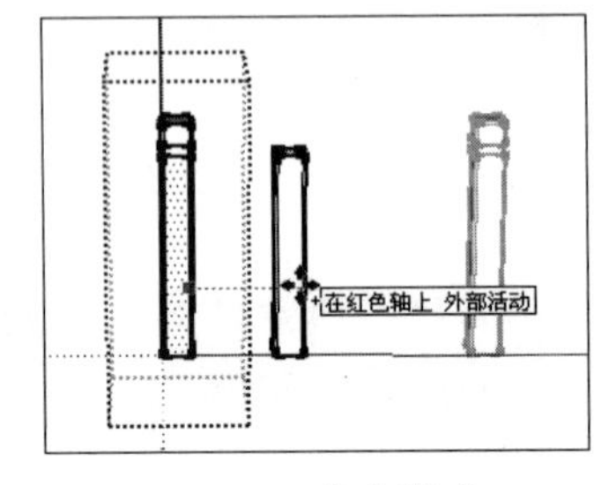

图 6-51　复制柱身

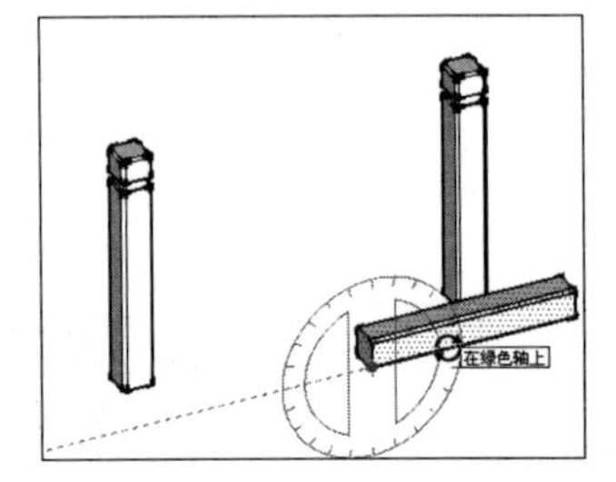

图 6-52　调整柱身角度

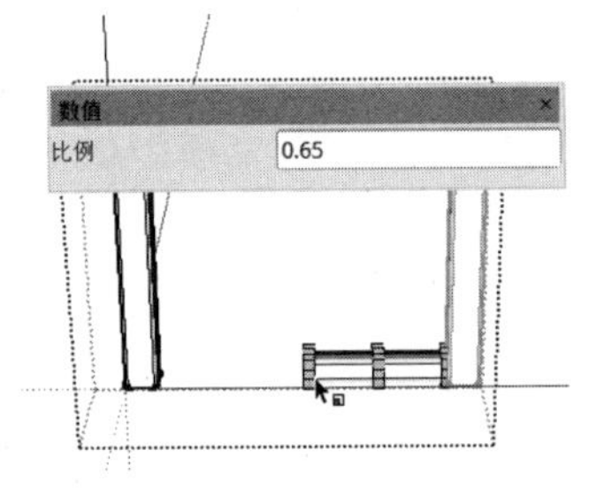

图 6-53　调整柱身大小

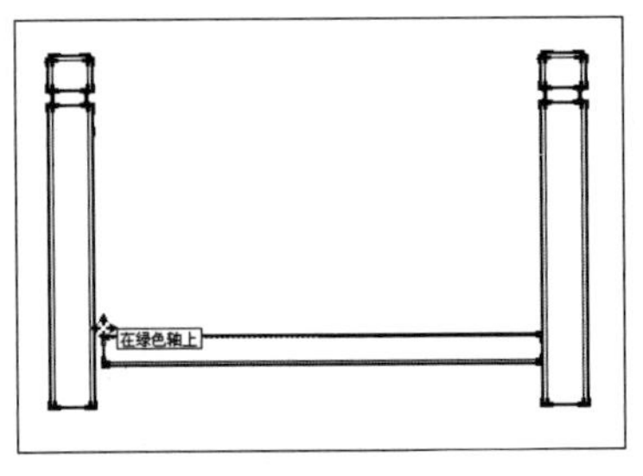

图 6-54　调整柱身长度

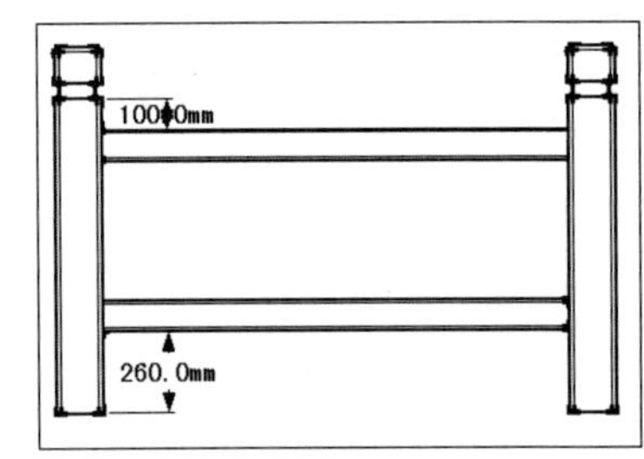

图 6-55　复制并对位柱体

步骤08 结合使用【卷尺】以及【矩形】工具，参考护栏创建中部栅格轮廓，如图 6-56 所示。

步骤09 结合使用【偏移】以及【直线】工具，对矩形进行细分割，如图 6-57 与图 6-58 所示。

步骤10 矩形细分割完成后，启用【推 / 拉】工具为其制作 60mm 的厚度，如图 6-59 所示。

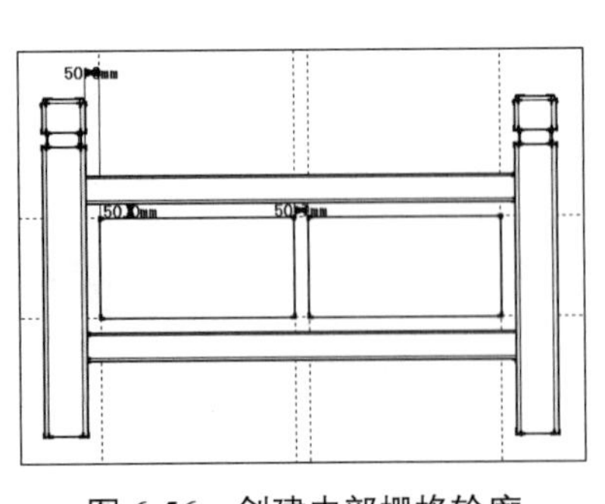
图 6-56　创建中部栅格轮廓

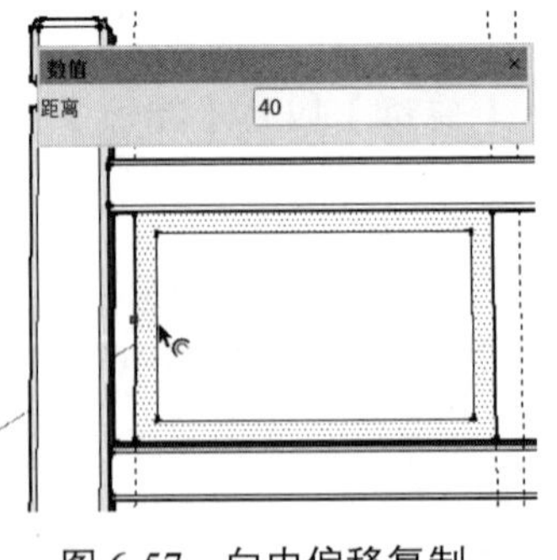

图 6-57　向内偏移复制

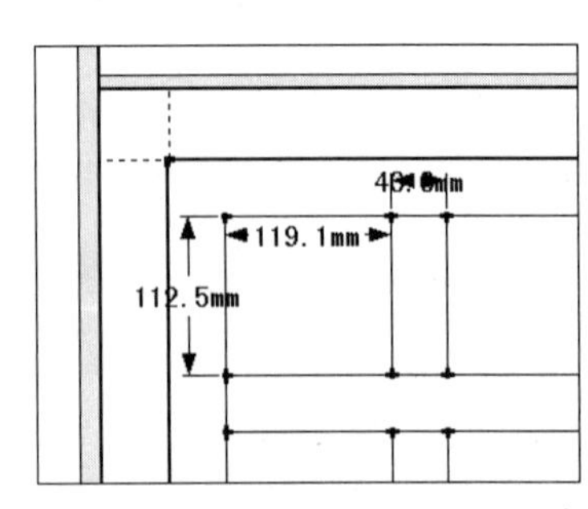

图 6-58　细分割矩形

步骤11 启用【直线】工具，在栅格中分割出一个矩形，使用【推 / 拉】工具向内推拉 20mm，如图 6-60 与图 6-61 所示。

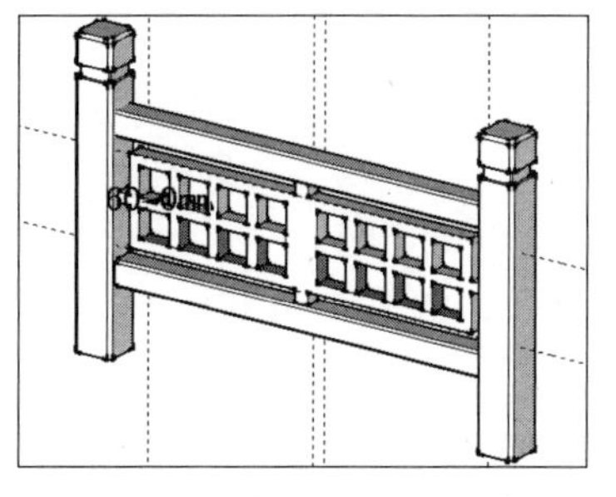

图 6-59　推拉 60mm 厚度

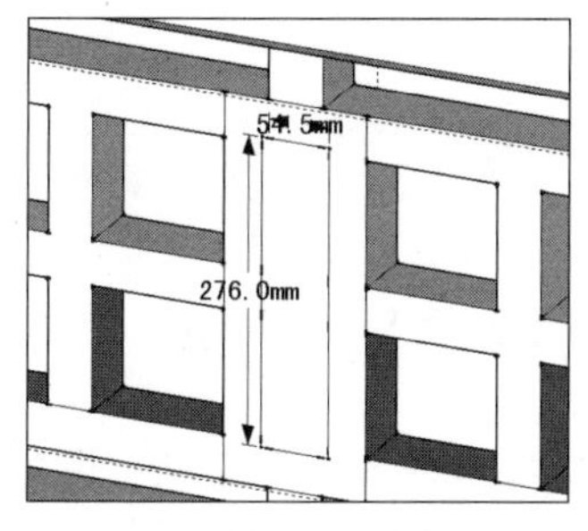

图 6-60　分割中间矩形平面

图 6-61　向内推拉 20mm

步骤⑫ 选择制作好的竖立石柱进行移动复制，如图 6-62 所示，完成护栏模型整体效果，如图 6-63 所示。

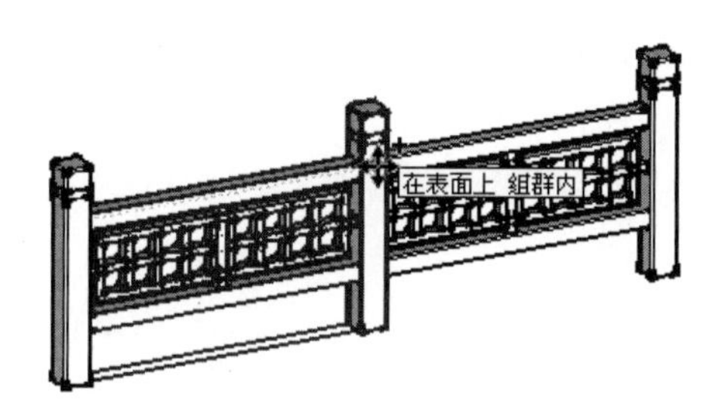

图 6-62　复制模型

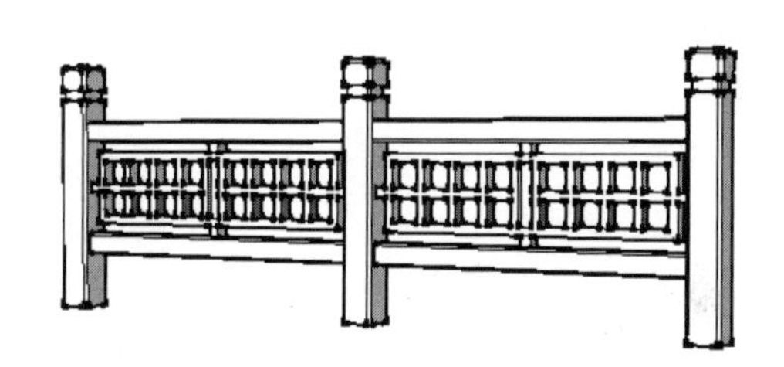
图 6-63　护栏模型完成效果

093 草坪灯

文件路径：配套资源 \ 第 06 章 \093	视频文件：视频 \ 第 06 章 \093.MP4

本例学习草坪灯模型的制作，主要使用【圆】、【推 / 拉】、【偏移】以及【路径跟随】等工具，重点掌握多重旋转复制与缩放工具的使用技巧。

步骤01 结合使用【圆】与【推 / 拉】工具，制作出灯体底部轮廓造型，如图 6-64 与图 6-65 所示。

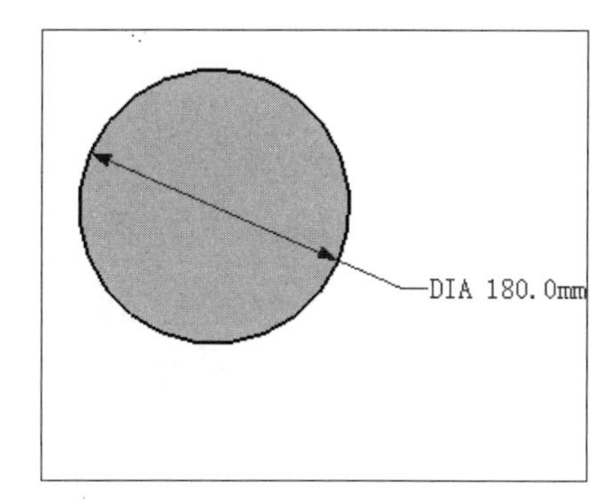

图 6-64　创建圆形

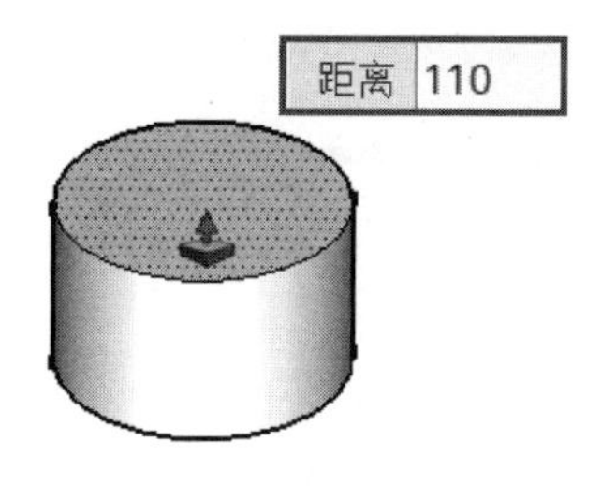

图 6-65　推拉底部厚度

⟶ 提示

在创建圆形时，输入圆形半径数值后再输入“32S”，将圆形细分为 32 段圆弧，以便于后面模型的制作。

步骤 02 结合使用【推 / 拉】与【缩放】工具，制作底部连接细节，如图 6-66 与图 6-67 所示。接下来制作中部灯柱模型。

步骤 03 启用【偏移】工具，选择当前的圆形顶面，向外以 10mm 距离进行偏移复制，然后移动偏移复制得到的圆形平面，如图 6-68 与图 6-69 所示。

步骤 04 再次复制圆形平面，选择其中一个进行分解，使用【推 / 拉】工具制作出灯柱的轮廓细节，如图 6-70 与图 6-71 所示。

步骤 05 结合使用【偏移】与【推 / 拉】工具，制作中部灯片细节，如图 6-72 与图 6-73 所示。

步骤 06 删除中部其他未细分平面，打开【材质】面板，为灯片赋予暖色灯光材质效果，如图 6-74 所示。

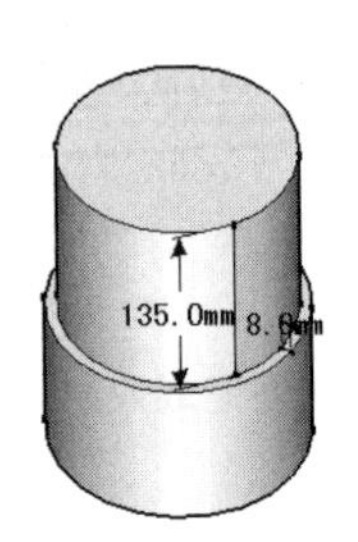

图 6-66　制作底部连接细节

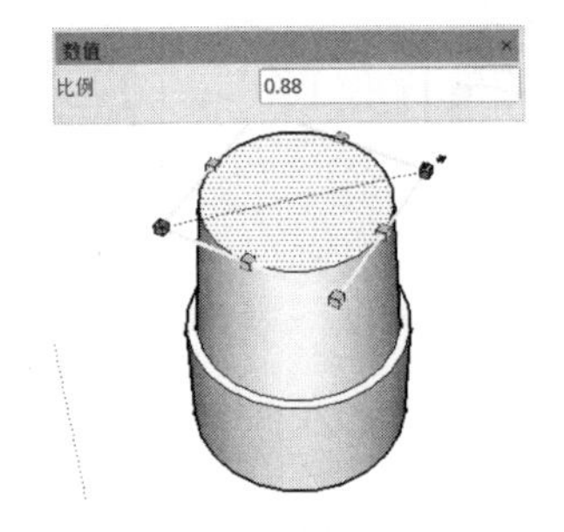

图 6-67　利用缩放制作倒角效果

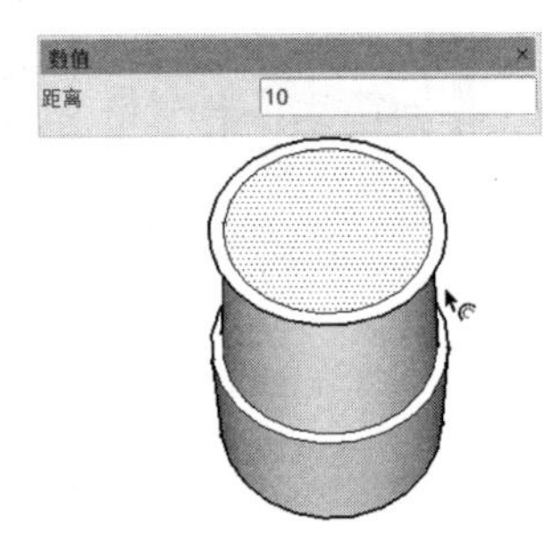

图 6-68　偏移复制

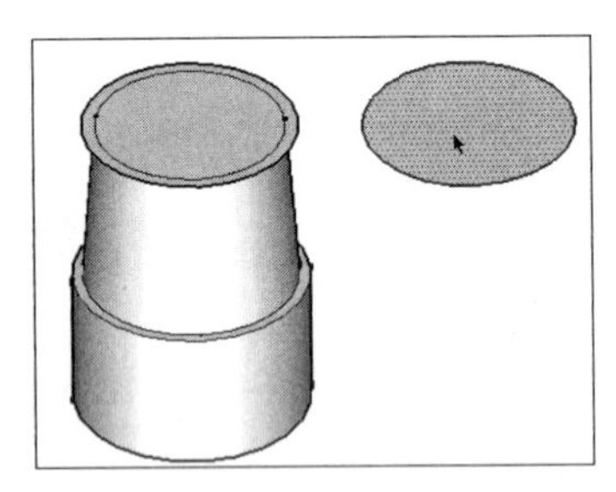

图 6-69　偏移复制得到的圆形

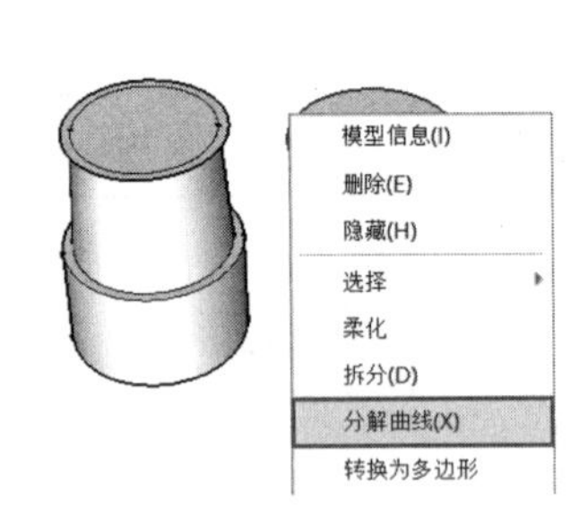

图 6-70　分解圆形平面

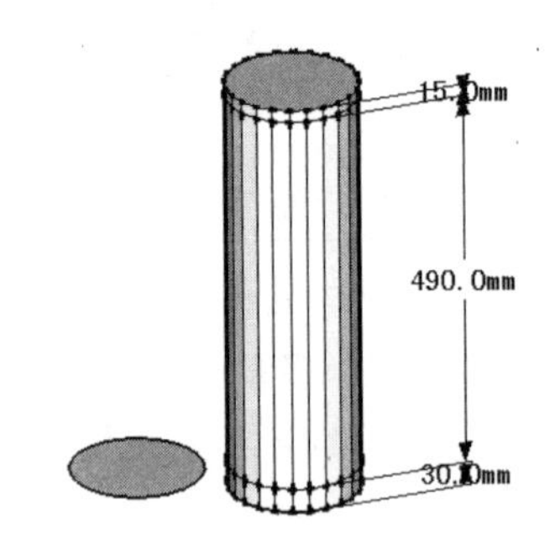

图 6-71　推拉复制出灯柱轮廓

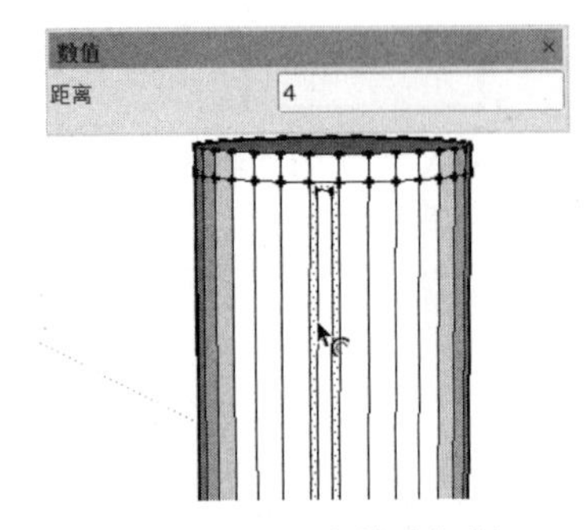

图 6-72　向内偏移复制

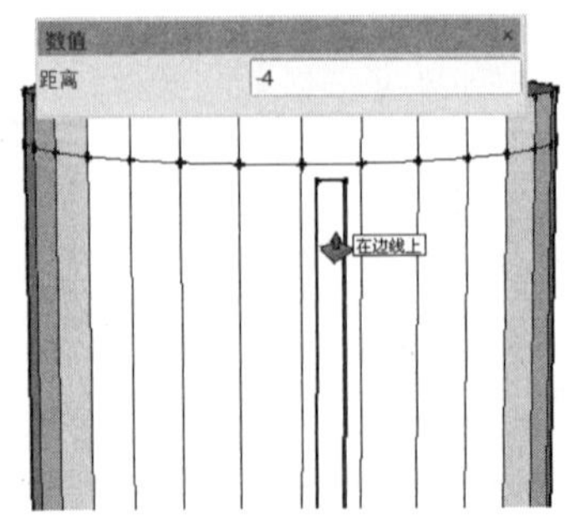

图 6-73　向内推拉

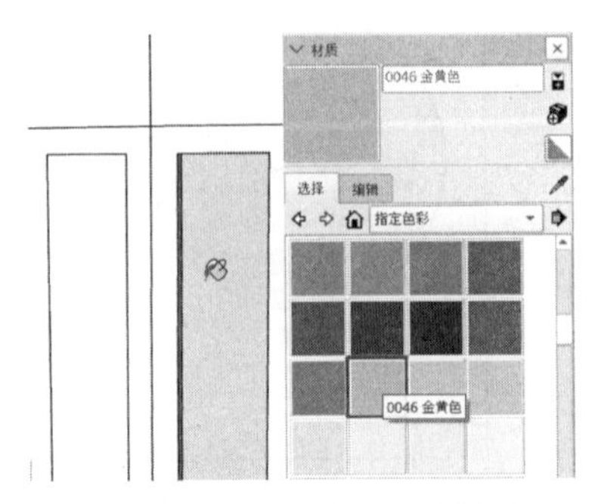

图 6-74　赋予暖色灯光材质

步骤 07 选择制作好的灯片，将其创建为组，然后通过多重旋转复制，制作出中部灯柱效果，如图 6-75~ 图 6-77 所示。

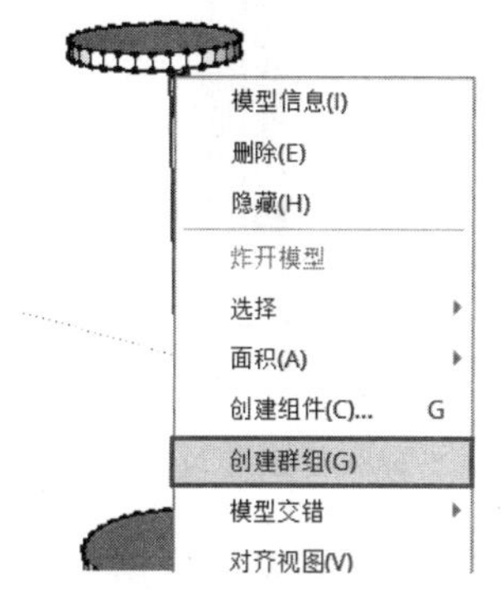

图 6-75　将发光片创建为组

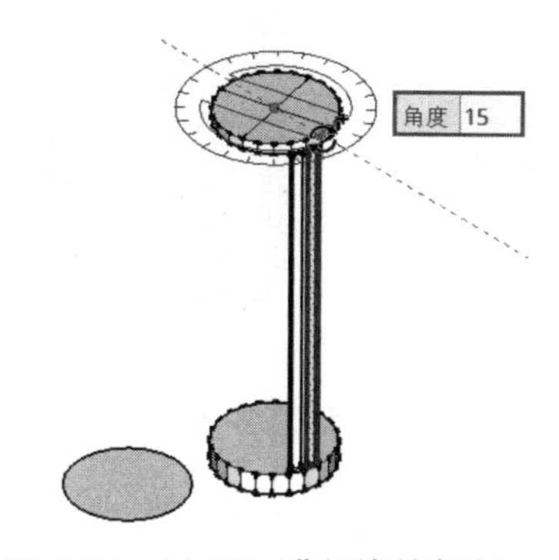

图 6-76　以 15°　进行旋转复制

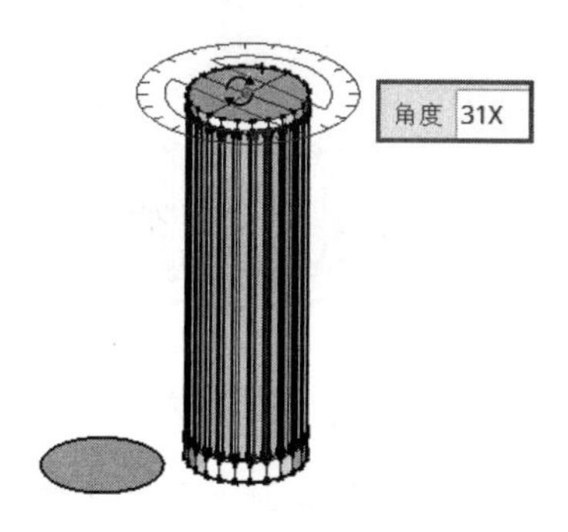

图 6-77　多重复制 31 份

步骤 08 制作灯头模型，选择另一个圆形，将其拆分为 16 等份，如图 6-78 与图 6-79 所示。

步骤 09 启用【推 / 拉】工具，通过复制推拉，制作出灯头轮廓造型，如图 6-80 所示。由于圆形拆分数目与创建时的分段数有差别，因此无法直接使用【推 / 拉】等工具制作灯片细节，如图 6-81 所示。

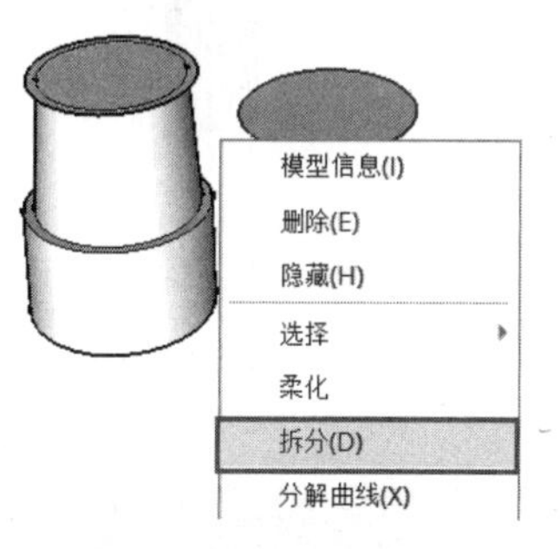

图 6-78　选择圆

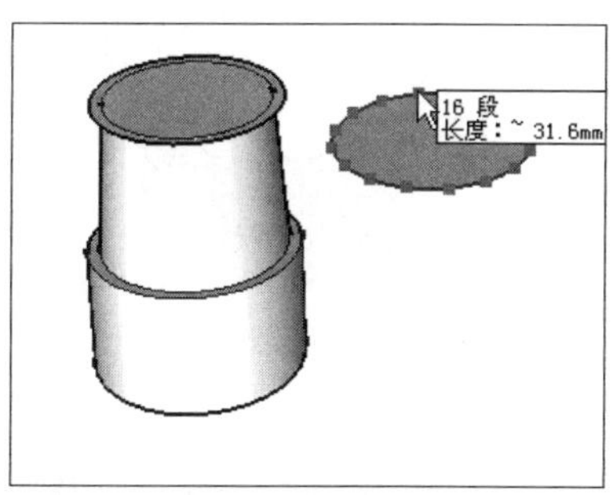

图 6-79　拆分圆

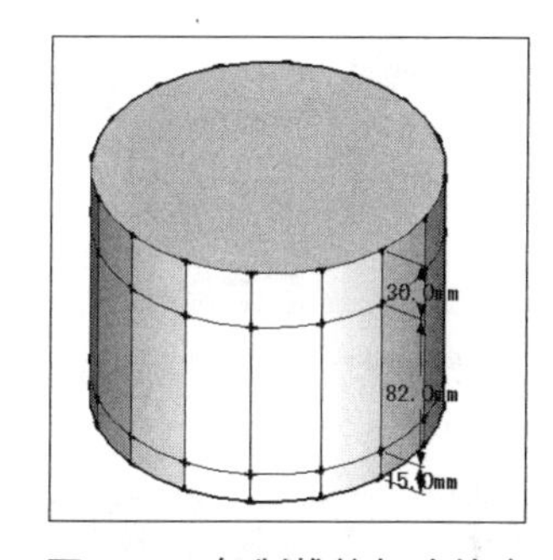

图 6-80　复制推拉灯头轮廓

步骤 10 删除其中一片圆弧平面，启用【矩形】工具捕捉端点创建一个矩形平面，然后参考之前的方法，制作出细节并赋予暖色材质，如图 6-82 与图 6-83 所示。

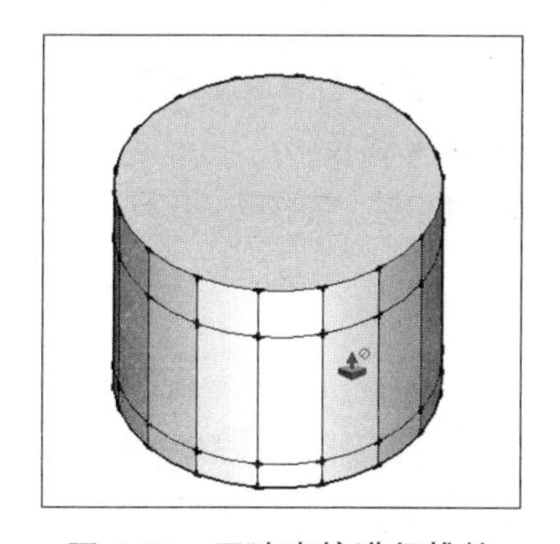

图 6-81　无法直接进行推拉

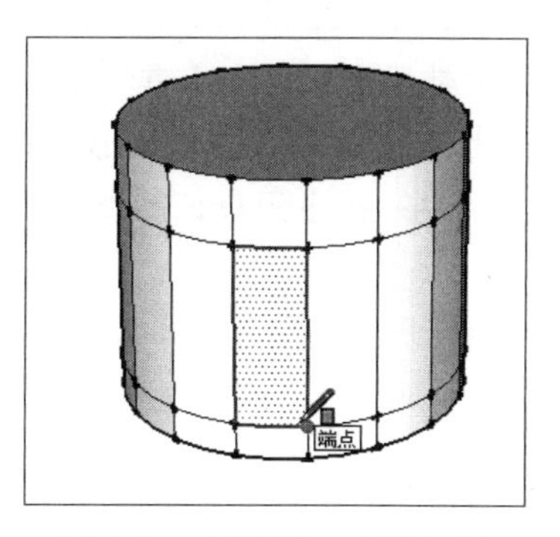

图 6-82　捕捉端点创建矩形

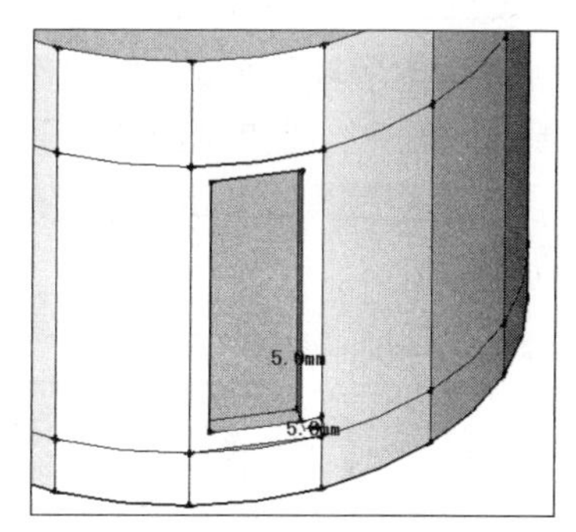

图 6-83　制作灯头发光片细节

步骤 11 选择创建好的发光片，通过多重旋转复制制作出灯头造型，然后将制作好的部件进行对位，如图 6-84~ 图 6-86 所示。

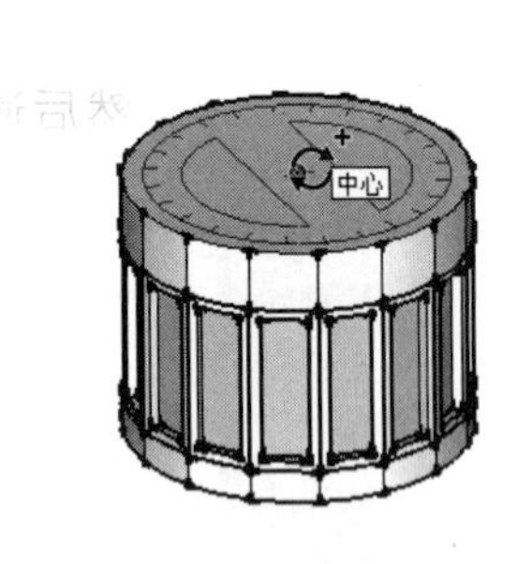

图 6-84　多重复制发光片

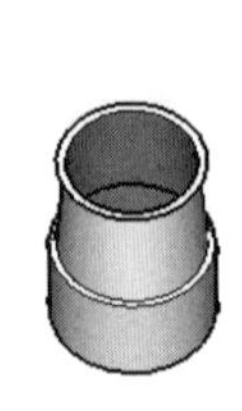
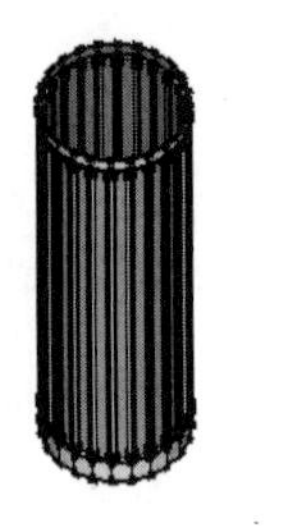

图 6-85　草坪灯各部件完成效果

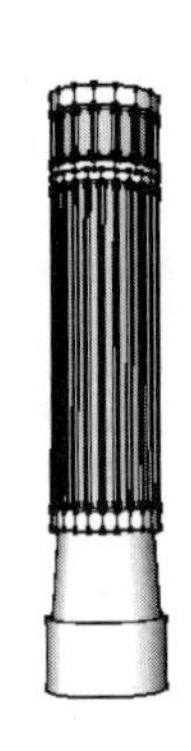

图 6-86　组合对位各部件

步骤 12 结合使用【圆】与【推 / 拉】工具制作灯罩轮廓，如图 6-87 所示，使用【缩放】工具制作尖顶，缩放距离为 0.5mm，结果如图 6-88 所示，最终效果如图 6-89 所示。

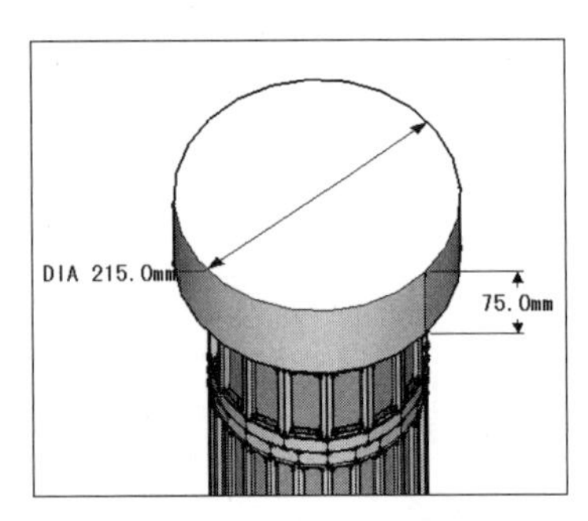

图 6-87　制作灯罩轮廓

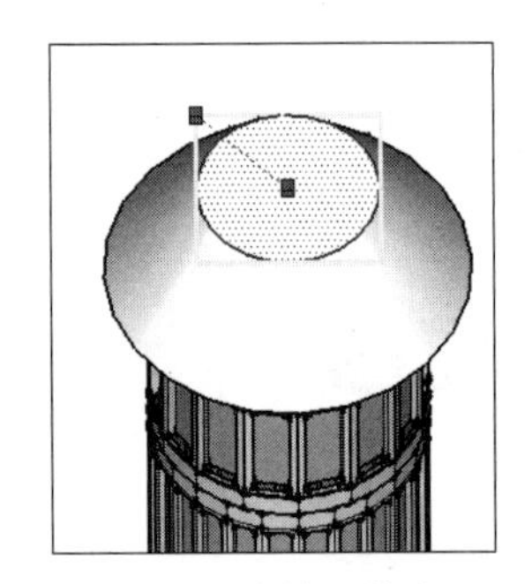

图 6-88　缩放制作尖顶

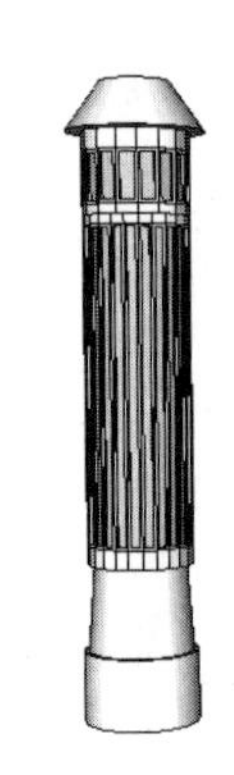

图 6-89　草坪灯最终效果

094 户外壁灯

文件路径：配套资源 \ 第 06 章 \094	视频文件：视频 \ 第 06 章 \094.MP4

本例学习户外壁灯的制作，主要使用【矩形】、【直线】、【推 / 拉】以及【缩放】等工具，在制作过程中，重点掌握倾斜平面的处理方法和使用缩放工具制作尖角效果的技巧。

步骤 01 结合使用【矩形】与【推 / 拉】工具，制作铁板及外沿细节，如图 6-90 与图 6-91 所示。

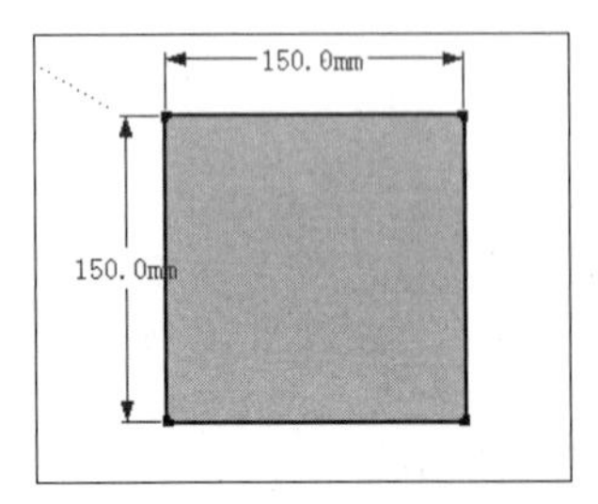

图 6-90　绘制矩形

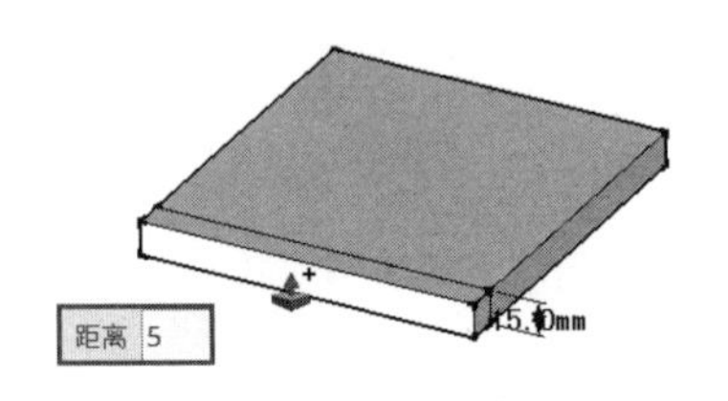

图 6-91　推拉厚度与外沿细节

步骤02 通过【缩放】工具制作铁板正面外沿倒角细节及两侧倒角效果，如图 6-92 与图 6-93 所示。

步骤03 结合使用【卷尺】与【矩形】工具，在铁板上方绘制一个矩形平面，然后通过【直线】工具创建出倾斜平面，如图 6-94 与图 6-95 所示。

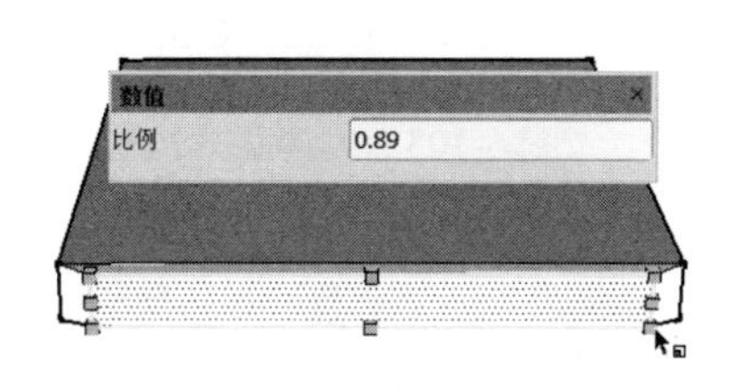

图 6-92　制作正面倒角效果

图 6-93　制作两侧倒角效果

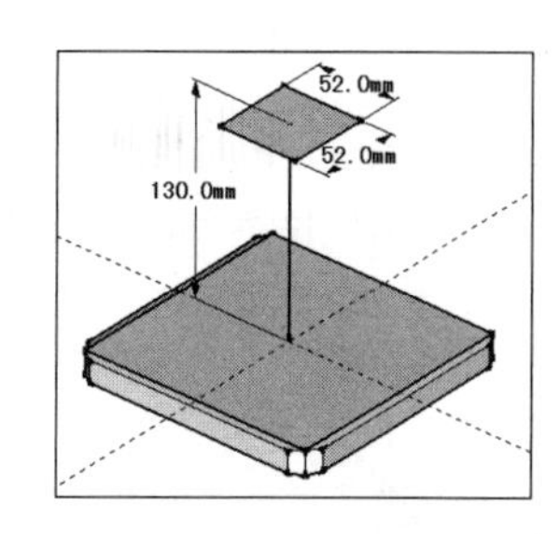

图 6-94　绘制矩形平面

步骤04 结合使用【偏移】与【推 / 拉】工具，制作一侧的灯罩细节，如图 6-96 与图 6-97 所示。

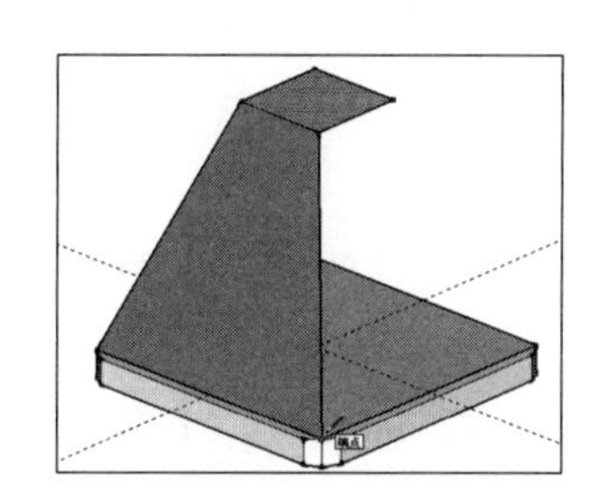
图 6-95　连接线段形成倾斜平面

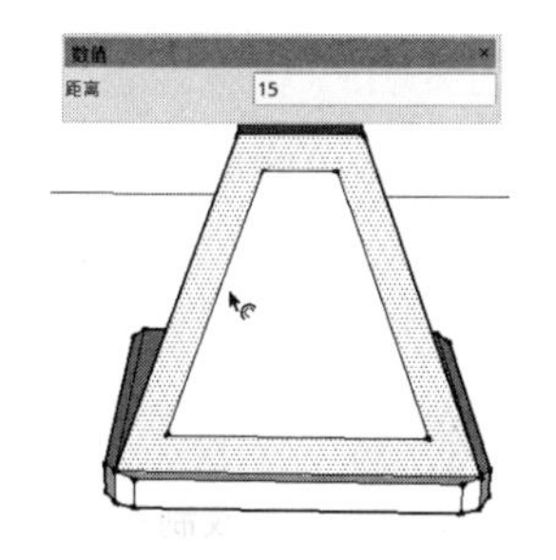

图 6-96　向内偏移复制

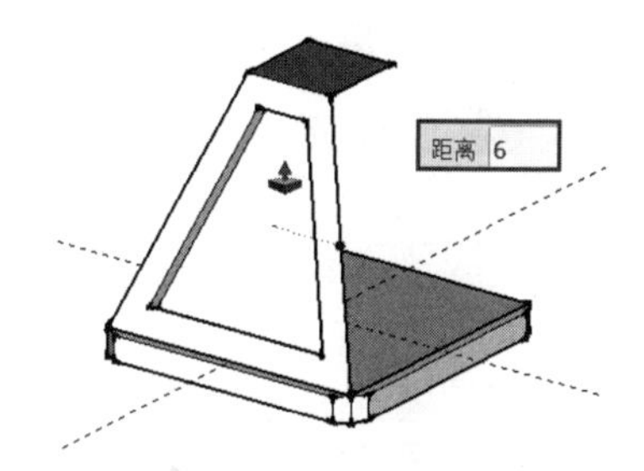

图 6-97　向内推入 6mm

步骤05 选择制作的灯罩一侧，多重旋转复制得到其他三面，然后赋予玻璃片暖色材质，如图 6-98~ 图 6-100 所示。

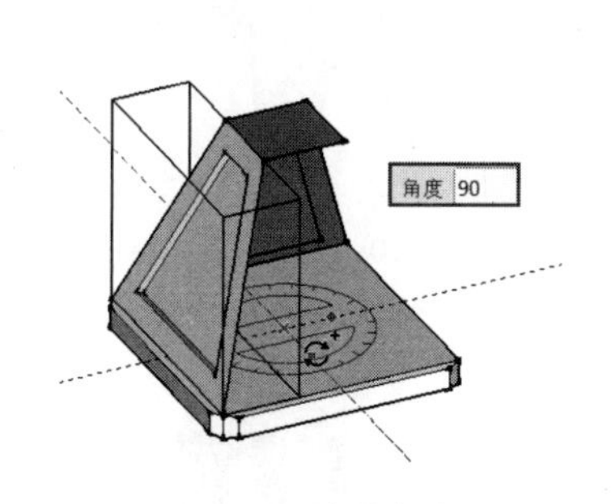

图 6-98　旋转复制

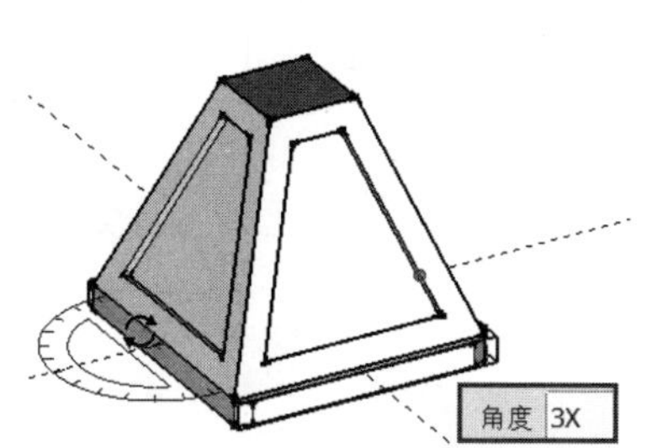

图 6-99　多重旋转复制

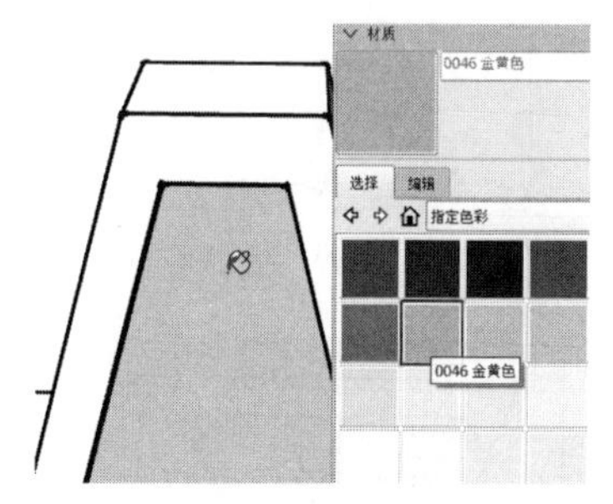

图 6-100　赋予暖色材质

步骤06 结合使用【推 / 拉】与【缩放】工具，制作出顶部尖顶细节效果，如图 6-101 与图 6-102 所示。

步骤07 结合使用【多边形】、【偏移】以及【推 / 拉】工具，制作壁灯上方的挂孔模型，然后通过【缩放】工具调整好造型，如图 6-103~ 图 6-106 所示。

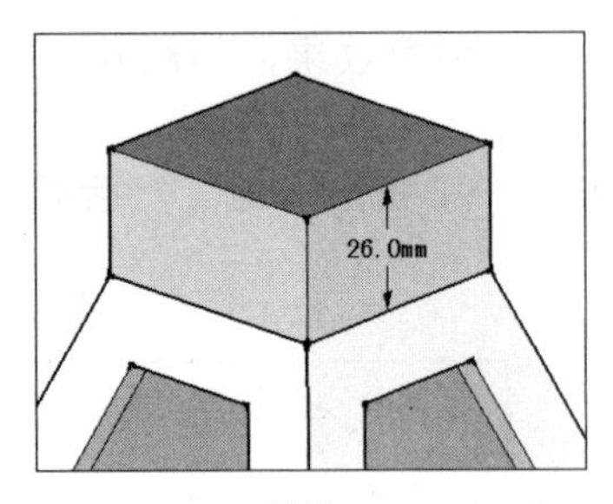

图 6-101　推拉 26mm 厚度

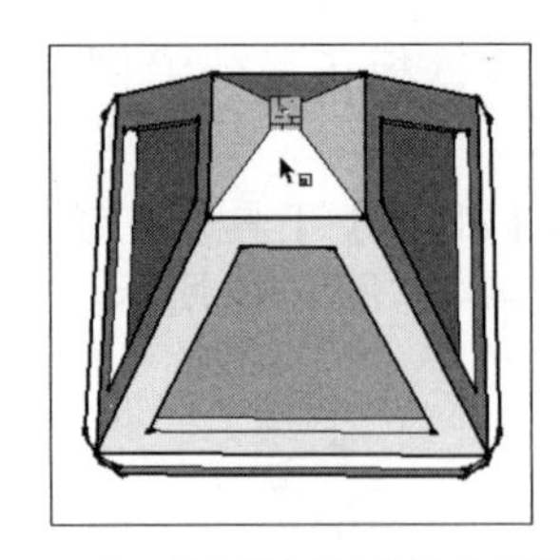
图 6-102　通过缩放形成尖顶效果

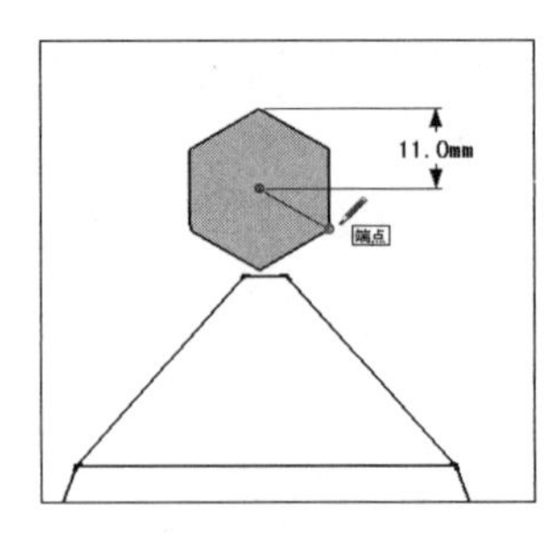

图 6-103　创建正六边形

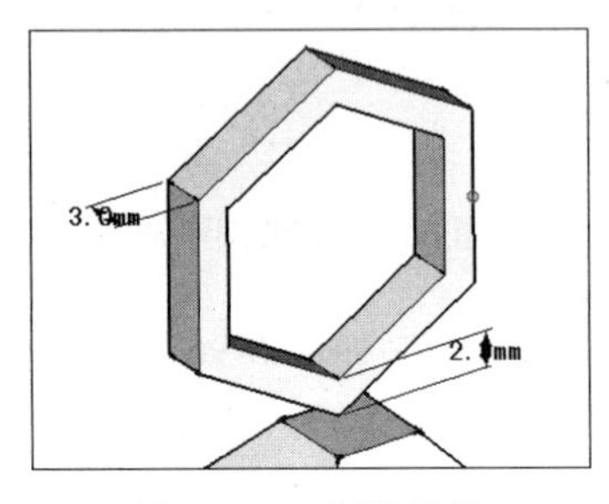
图 6-104　制作挂件

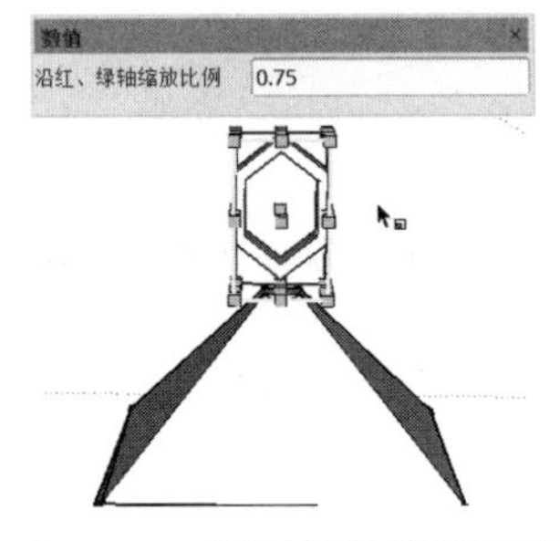

图 6-105　通过缩放调整造型

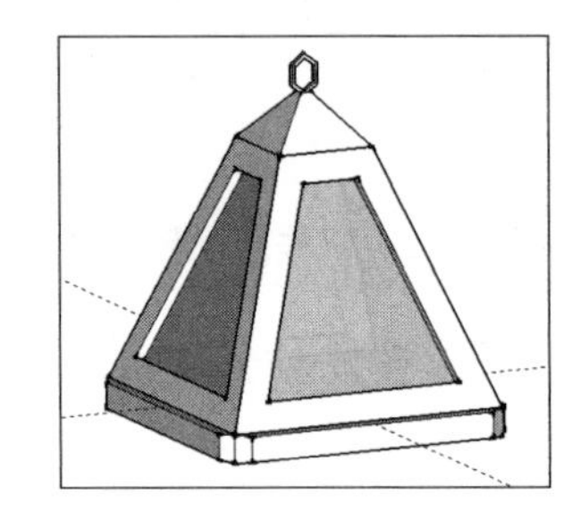
图 6-106　壁灯上部完成效果

步骤 08 选择制作好的上部灯罩模型，通过旋转复制，得到下部灯罩主体，如图 6-107 所示。

步骤 09 结合使用【推 / 拉】与【缩放】工具，制作出灯罩下方的尖顶效果，如图 6-108~图 6-110 所示。

步骤 10 结合使用【矩形】与【推 / 拉】工具，制作后方悬挂铁板，然后打开【材料】面板，赋予黑铁材质，完成整体效果，如图 6-111 与图 6-112 所示。

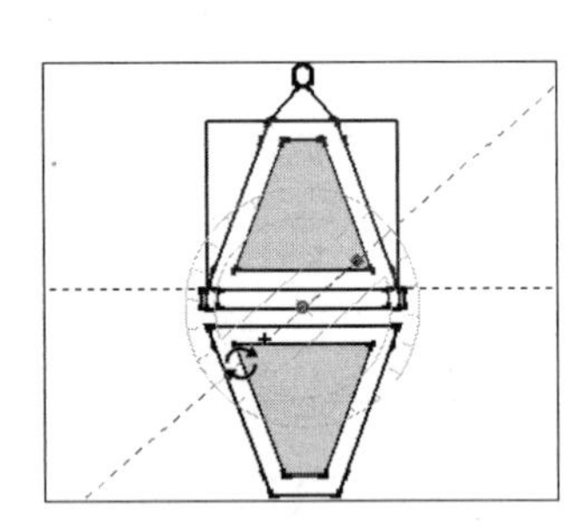
图 6-107　旋转复制

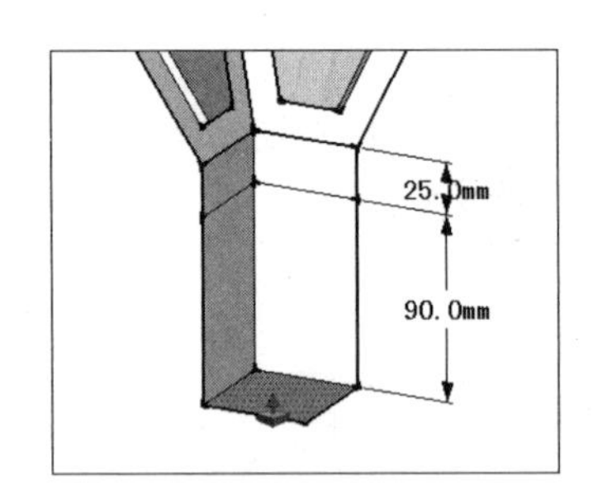

图 6-108　复制推拉底部尖顶

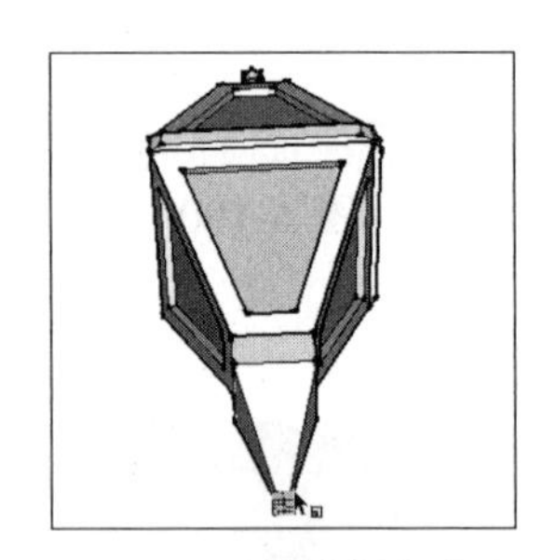
图 6-109　缩放制作尖角

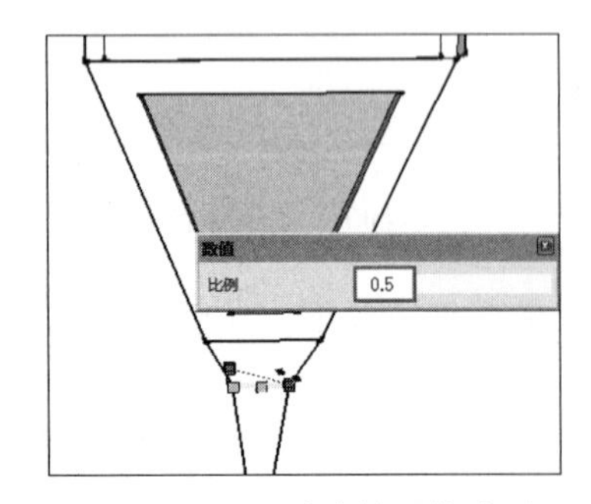

图 6-110　通过缩放调整造型

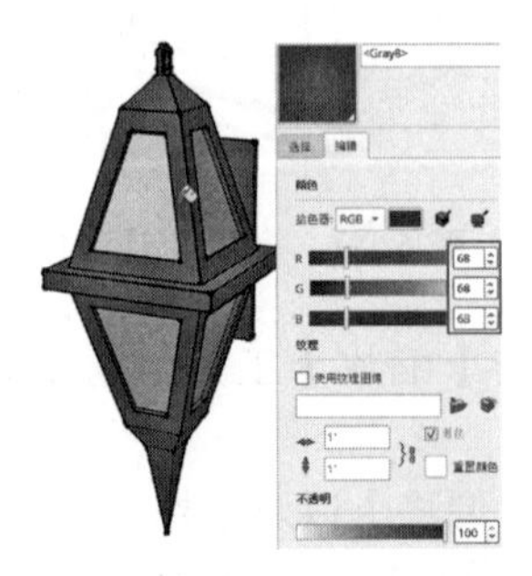
图 6-111　制作后方铁板并赋予材质

图 6-112　户外壁灯完成效果

095 垃圾桶

文件路径：配套资源 \ 第 06 章 \095	视频文件：视频 \ 第 06 章 \095.MP4

本例将制作垃圾桶模型，主要使用【圆】、【推 / 拉】、【偏移】以及【路径跟随】等工具，重点掌握多重旋转复制与模型交错的使用技巧。

步骤 01 启用【圆】工具，绘制一个直径为 520mm 的圆形，如图 6-113 所示，使用【推/拉】工具制作 50mm 厚度，如图 6-114 所示。

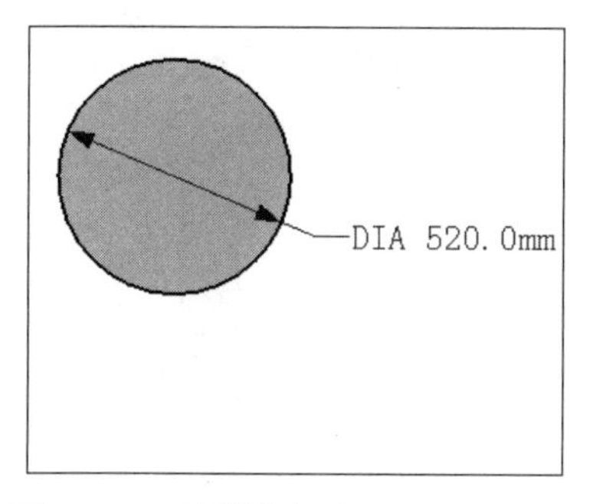

图 6-113　绘制直径为 520mm 圆形

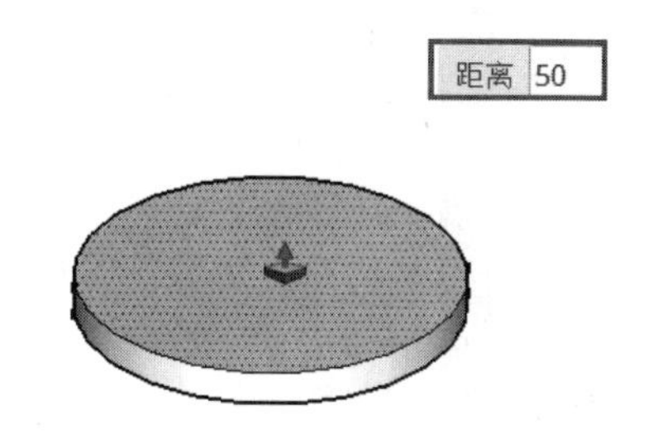

图 6-114　推拉出 50mm 底部高度

步骤 02 按住 Ctrl 键进行多次推拉复制，制作垃圾桶整体轮廓，如图 6-115 所示。

步骤 03 选择上部第二条轮廓线，单击鼠标右键，激活【分解曲线】菜单命令，如图 6-116 所示。启用【直线】工具，捕捉分解形成的端点，进行面的分割，如图 6-117 所示。

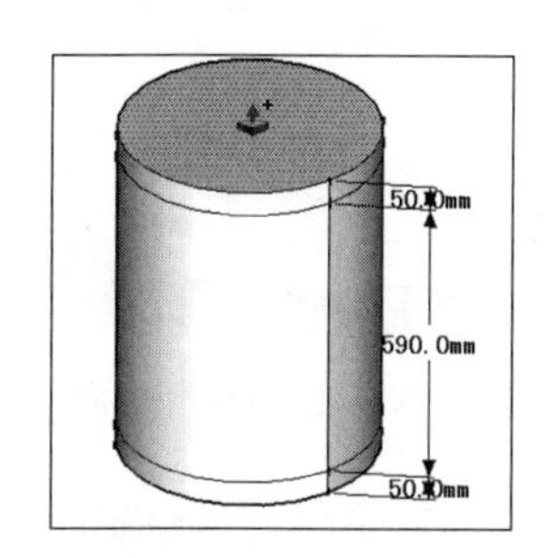

图 6-115　推拉复制出整体轮廓

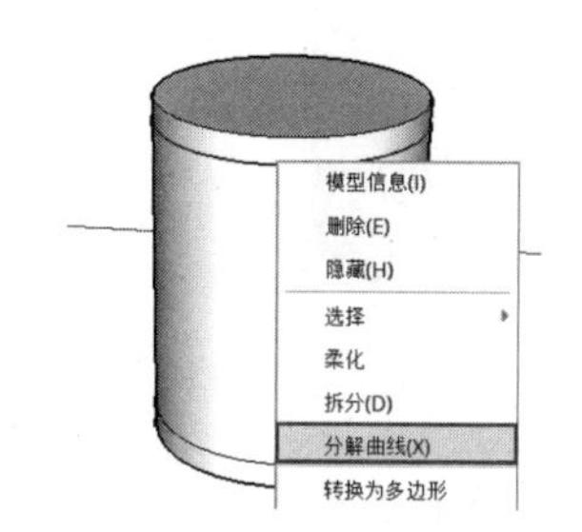

图 6-116　选择【分解曲线】

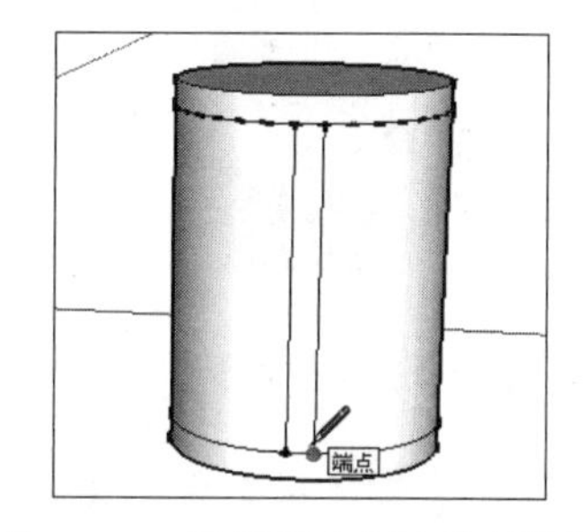

图 6-117　捕捉端点创建分割矩形

步骤 04 选择分割好的模型面，启用【偏移】工具，向内偏移 5mm，如图 6-118 所示，然后使用【推 / 拉】工具制作 10mm 厚度，如图 6-119 所示。

步骤 05 删除四周其他面，打开【材质】面板，将木纹材质赋予制作好的木条，如图 6-120 所示。结合使用【卷尺】、【圆】以及【推 / 拉】工具，制作木条圆钉细节，如图 6-121 所示。

步骤 06 选择制作好的木条与圆钉，将其创建为组，如图 6-122 所示，然后使用多重旋转复制，快速创建好其他木条，如图 6-123 与图 6-124 所示。

步骤 07 选择垃圾桶顶面，启用【偏移】工具，向内以 350mm 的距离进行偏移，如图 6-125 所示。

步骤 08 结合使用【圆弧】、【直线】以及【路径跟随】工具，制作垃圾桶顶部圆盖，如图 6-126 与图 6-127 所示。接下来制作表面细节。

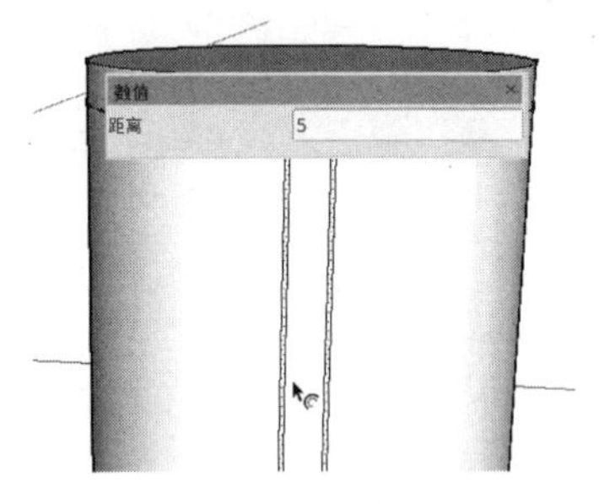

图 6-118　向内偏移 5mm

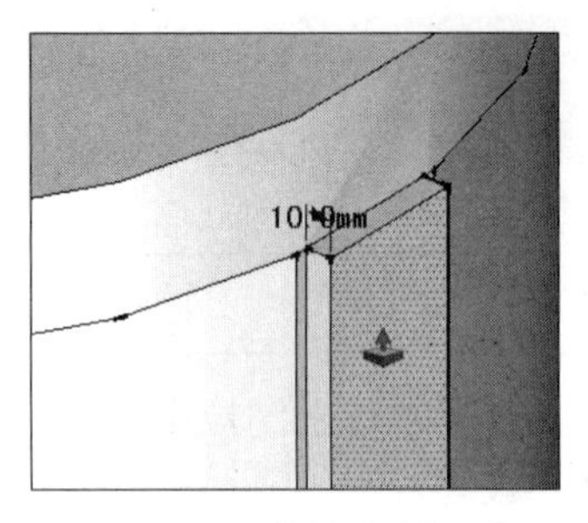

图 6-119　推拉木板厚度

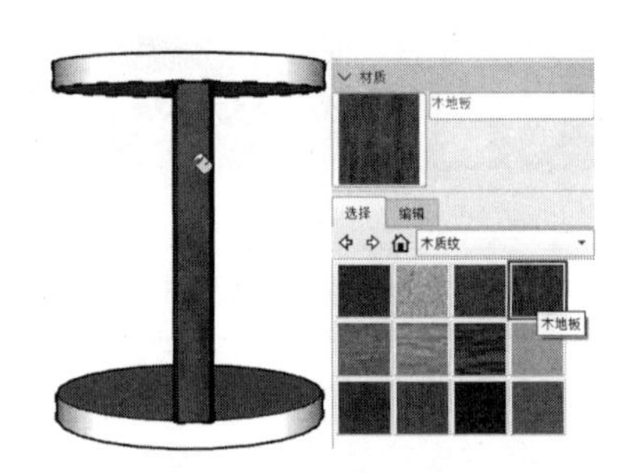

图 6-120　删除多余面并赋予木纹材质

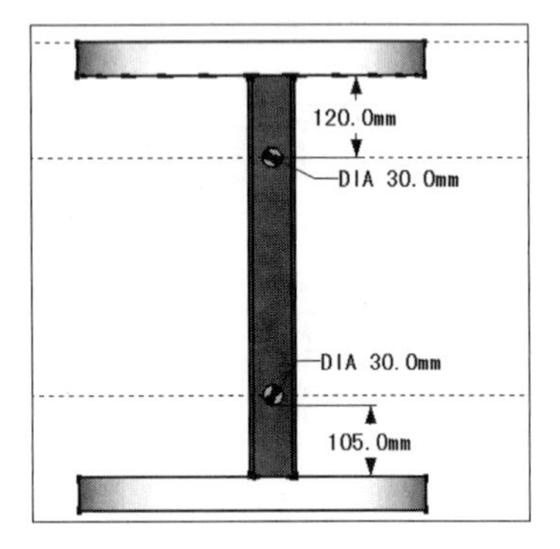

图 6-121　制作圆钉

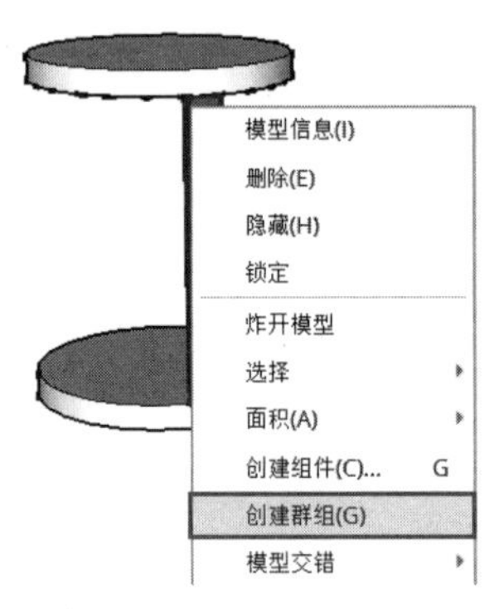

图 6-122　创建组

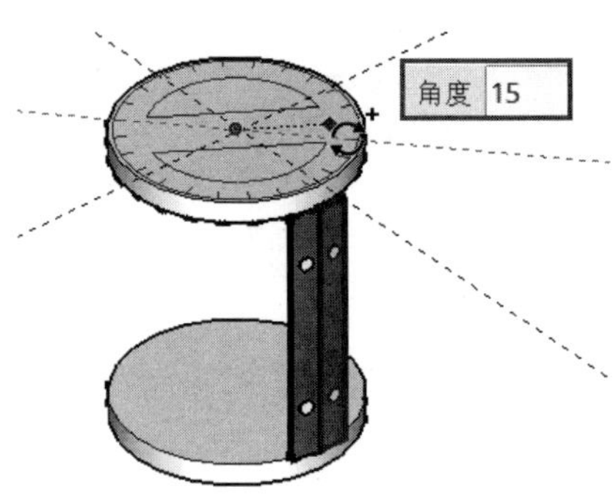

图 6-123　以 15 度旋转复制

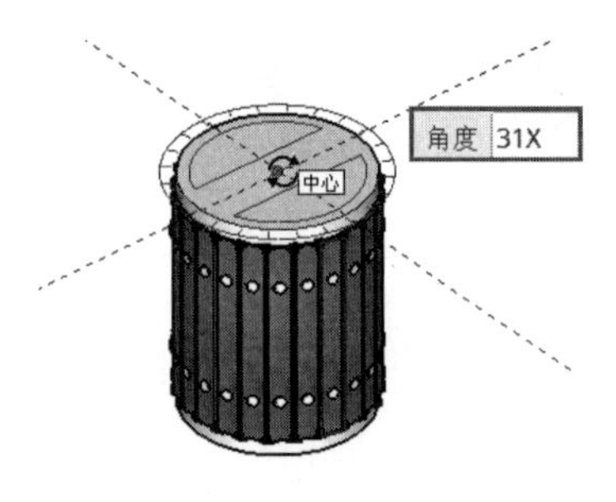

图 6-124　多重复制 31 份

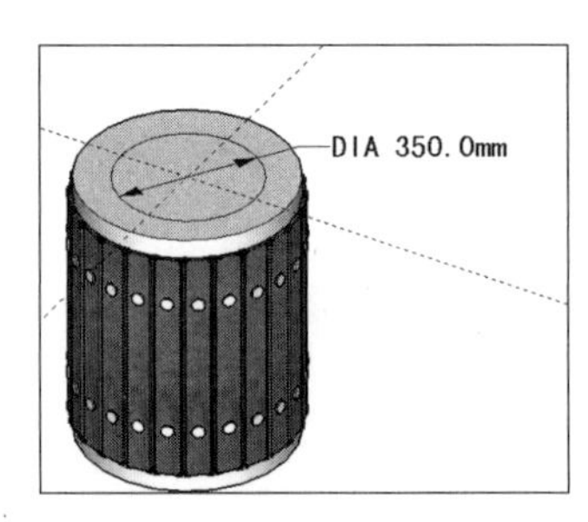

图 6-125　向内偏移

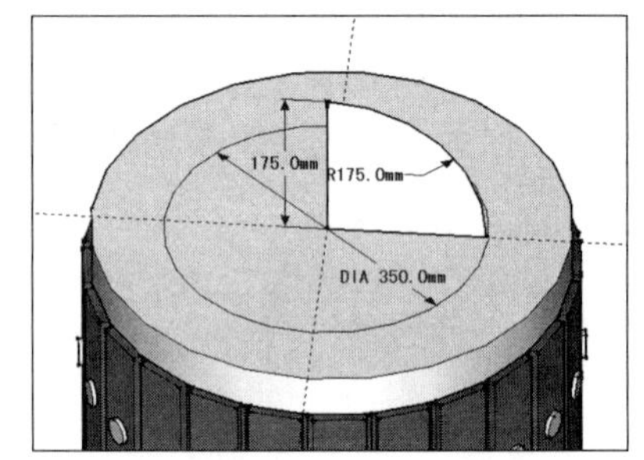

图 6-126　绘制扇形截面

步骤 09 结合使用【矩形】、【圆弧】以及【推 / 拉】工具，创建好交错用的实体截面，如图 6-128 与图 6-129 所示。

图 6-127　使用【路径跟随】制作顶部圆盖

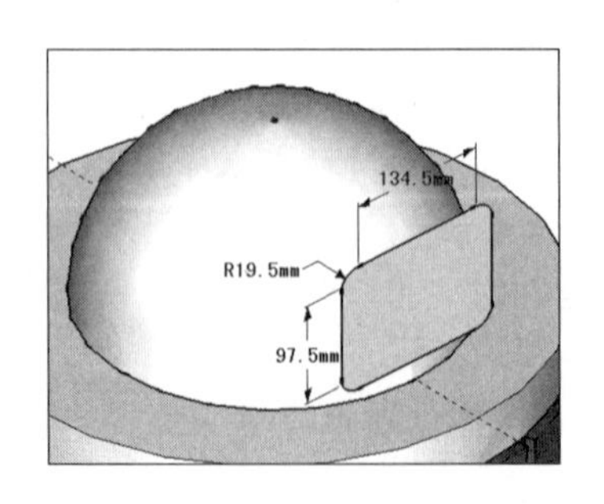

图 6-128　绘制交错用实体截面

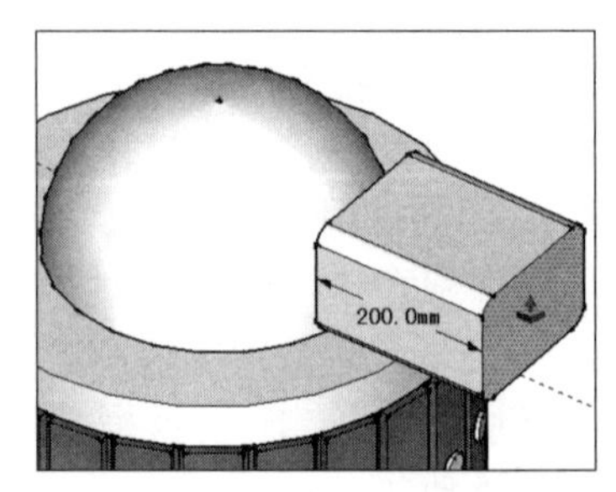

图 6-129　推拉 200mm 厚度

步骤⑩ 调整好圆盖与实体位置，执行【模型交错】，如图 6-130 所示，最后制作好圆盖表面的圆钉细节，完成最终模型，如图 6-131 与图 6-132 所示。

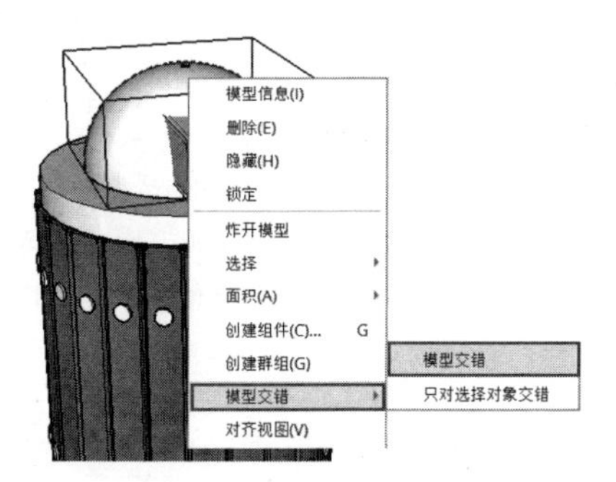

图 6-130　选择半球执行【模型交错】

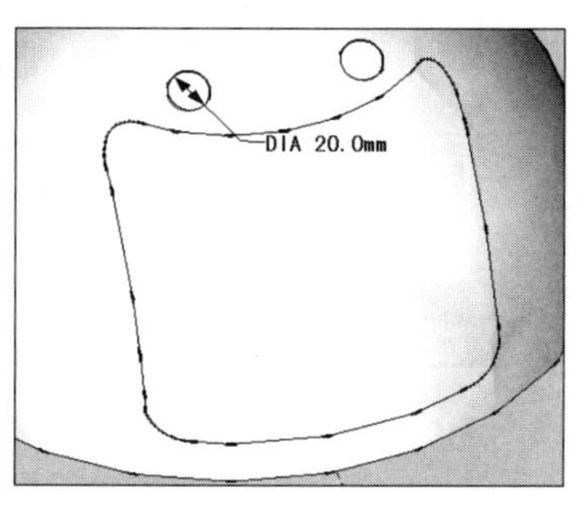

图 6-131　绘制圆钉细节

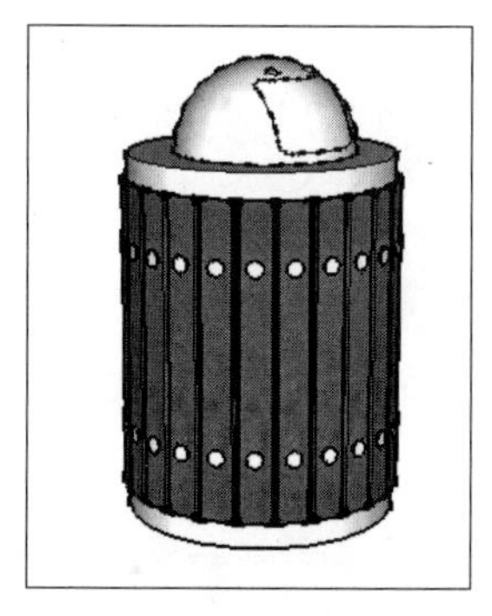

图 6-132　垃圾桶完成效果

096 小区信箱

文件路径：配套资源 \ 第 06 章 \096	视频文件：视频 \ 第 06 章 \096.MP4

本例学习小区信箱模型的制作，主要使用【矩形】、【直线】、【缩放】、【偏移】、【推 / 拉】以及【三维文字】等工具，在模型的制作过程中，重点掌握模型的复制与文字应用的技巧。

步骤01 结合使用【矩形】以及【推 / 拉】工具，制作出信箱主体轮廓模型，如图 6-133 与图 6-134 所示。

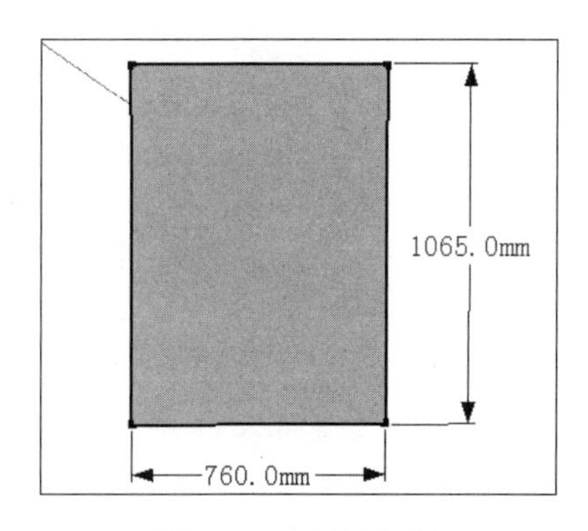

图 6-133　创建矩形

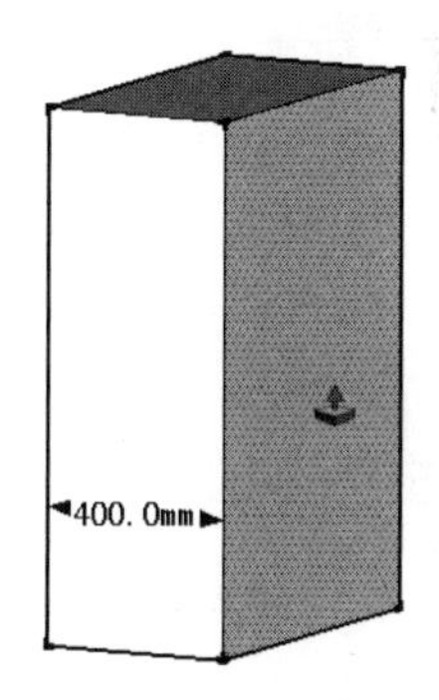

图 6-134　推拉 400mm 厚度

步骤02 结合使用【偏移】、【推 / 拉】以及【缩放】工具，制作信箱顶部细节效果，如图 6-135 与图 6-136 所示。

步骤03 结合使用【卷尺】、【矩形】以及【推 / 拉】工具，制作出信箱支撑脚，如图 6-137 所示。

步骤04 结合使用【偏移】、【推 / 拉】以及【缩放】工具，制作信箱支撑板细节，如图 6-138 ~ 图 6-140 所示。

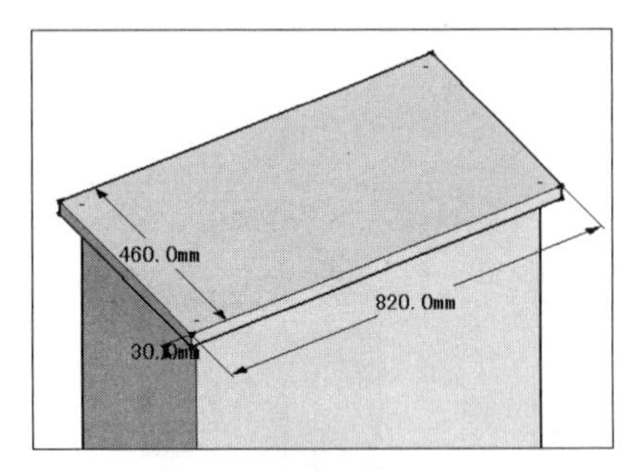

图 6-135　制作顶部边沿细节

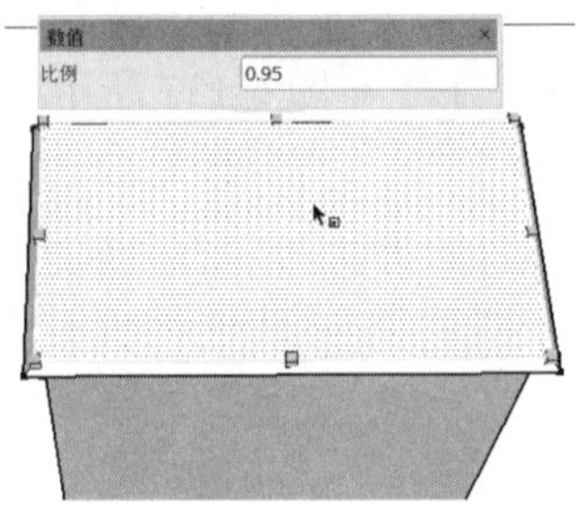

图 6-136　制作顶部倒角效果

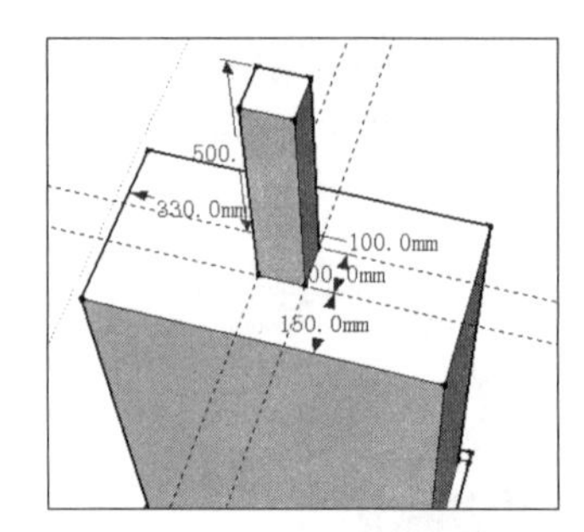

图 6-137　制作信箱支撑脚

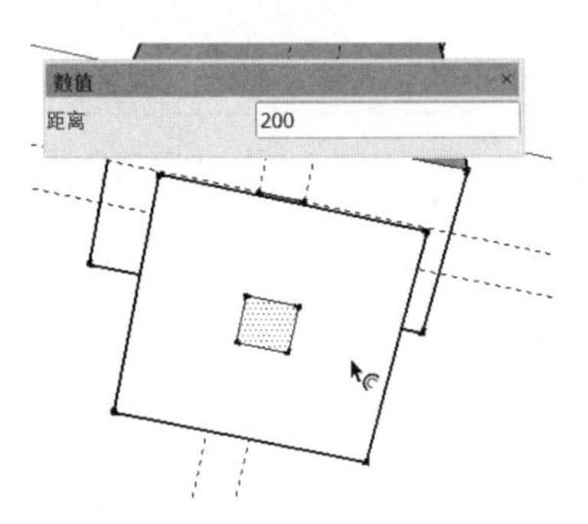

图 6-138　向外偏移复制

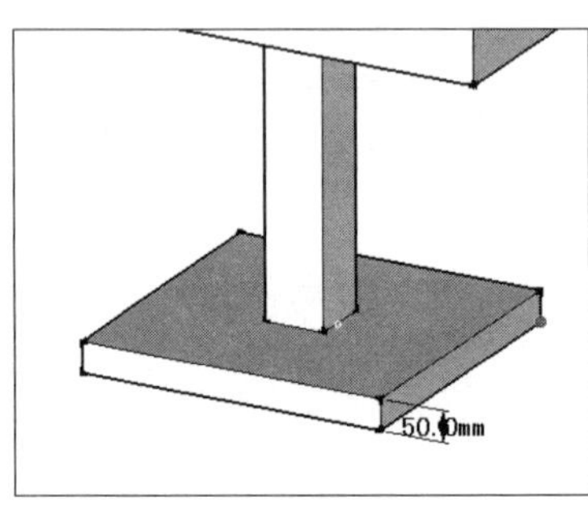
图 6-139　制作支撑板厚度

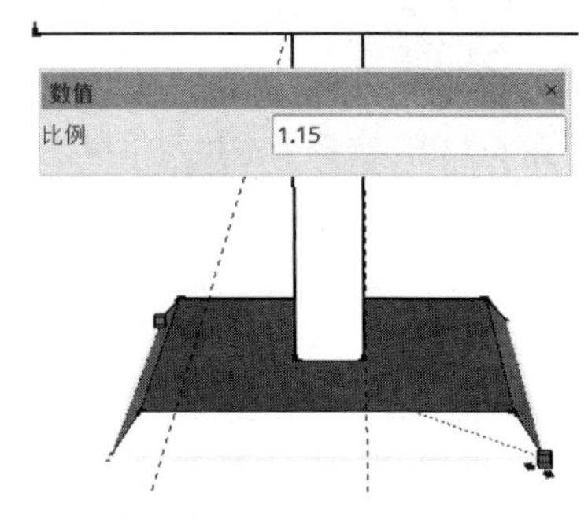

图 6-140　制作支撑板倒角

步骤05 结合使用【偏移】、【直线】以及【拆分】命令，分割出正面信箱轮廓面，如图 6-141~ 图 6-143 所示。

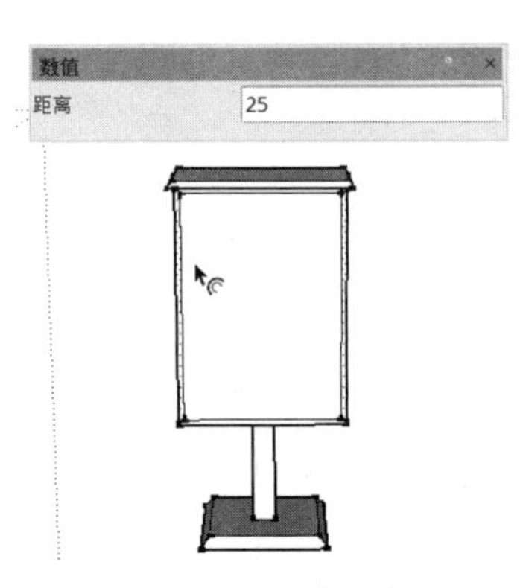

图 6-141　向内偏移复制

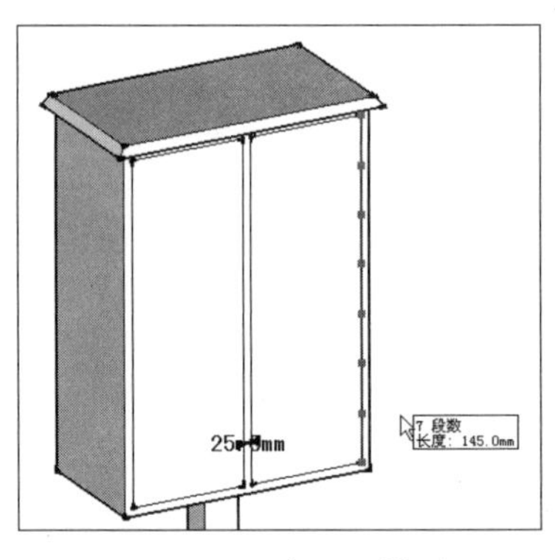

图 6-142　细分正面模型面

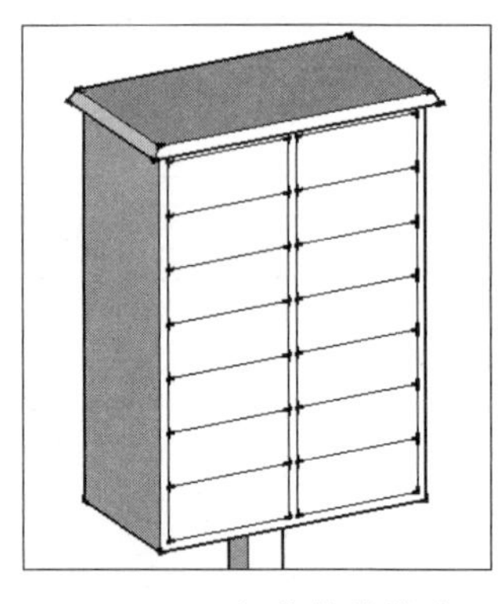
图 6-143　细分信箱轮廓

步骤06 结合使用【偏移】、【推 / 拉】以及【直线】工具，制作出信箱边沿与投递入口细节，如图 6-144 与图 6-145 所示。

步骤07 结合使用【卷尺】与【圆】工具，绘制锁头细分面，如图 6-146 所示。

步骤08 结合使用【推 / 拉】、【缩放】以及【偏移】工具，制作出锁头造型细节，如图 6-147 与图 6-148 所示。

步骤09 结合使用【卷尺】、【圆】以及【推 / 拉】工具，制作出锁孔细节，如图 6-149 与图 6-150 所示。

步骤10 启用【三维文字】工具，在弹出面板中输入信箱相关的用户文字，然后单击【放置】按钮制作文字效果，如图 6-151 与图 6-152 所示。

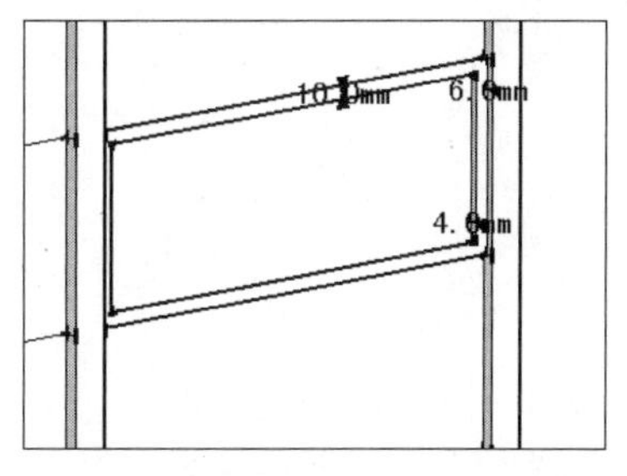

图 6-144　制作信箱边沿细节

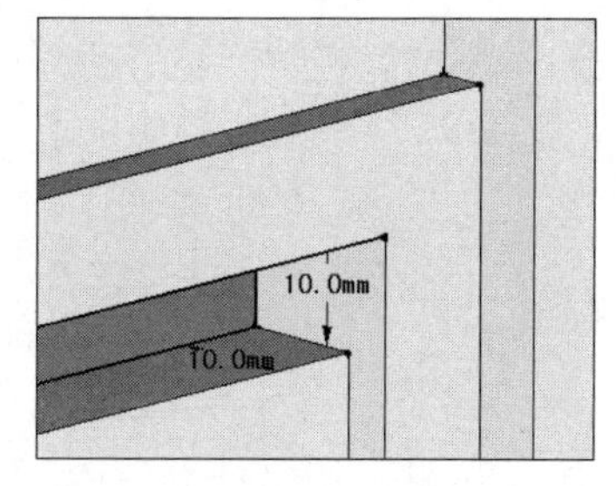

图 6-145　制作信件投递入口细节

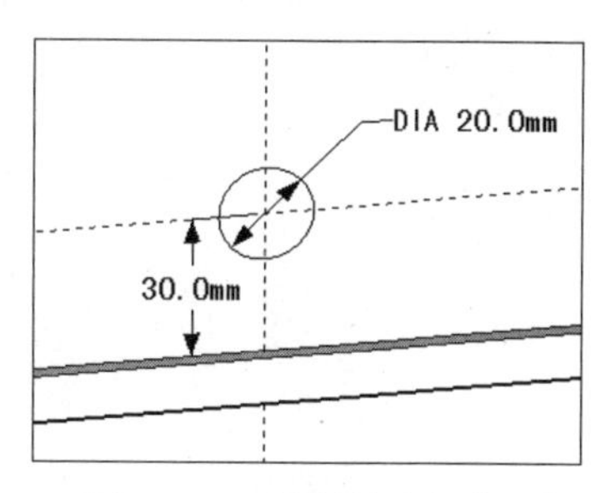

图 6-146　绘制锁头细分面

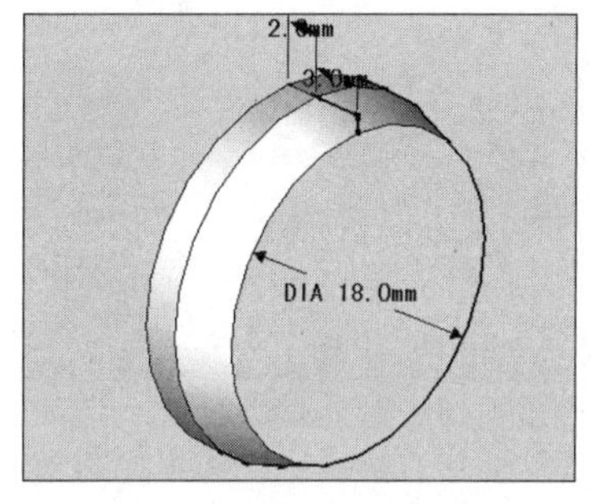

图 6-147　制作锁头轮廓

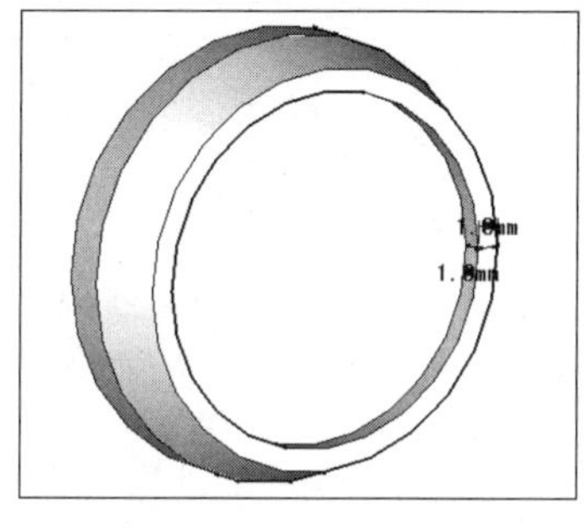

图 6-148　制作锁头边沿细节

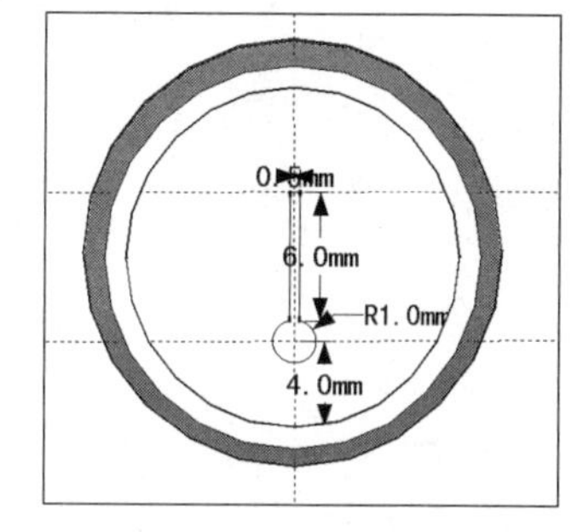

图 6-149　创建锁孔细分面

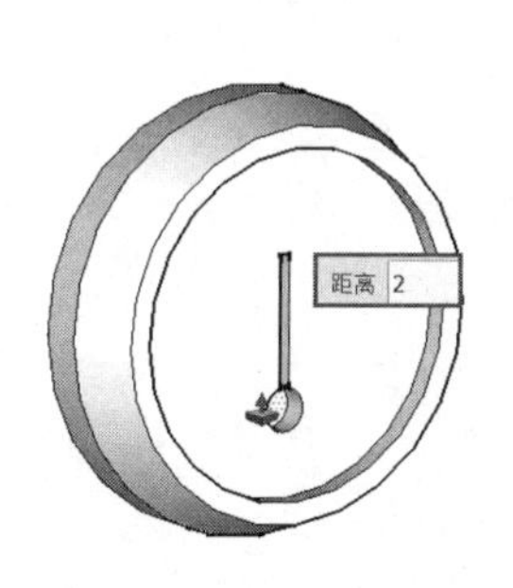

图 6-150　推拉锁孔深度

图 6-151　输入用户文字

图 6-152　旋转信箱文字

步骤⑪ 删除未进行细分的信箱模型面，然后复制细化完成的信箱模型，最后修改文字，完成模型最终效果，如图 6-153~ 图 6-155 所示。

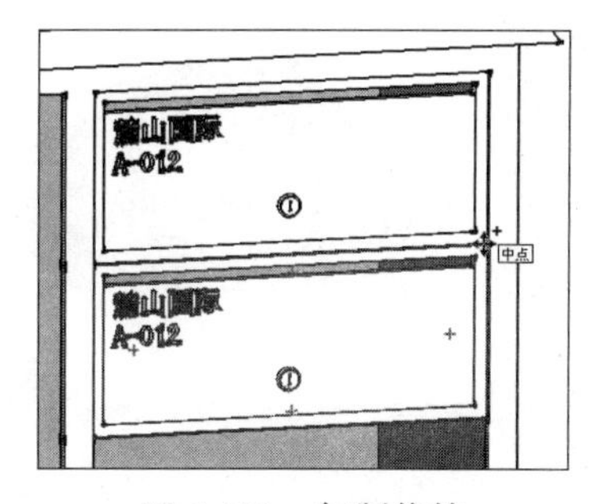

图 6-153　复制信箱

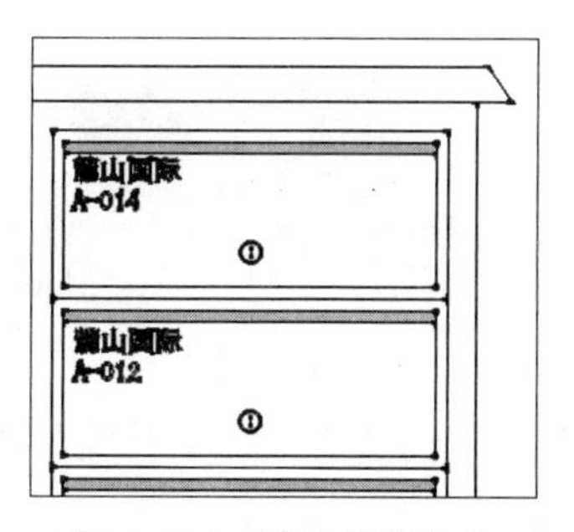

图 6-154　修改信箱文字

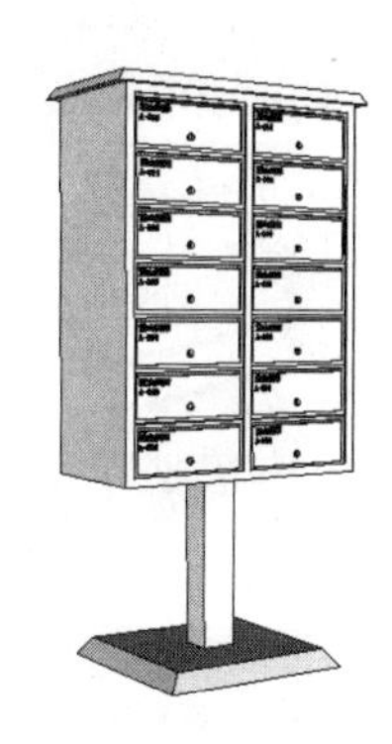

图 6-155　信箱最终完成效果

第7章 室外高级模型建模

本章通过8个经典的室外高级模型案例，进一步学习SketchUp高级建模的方法，在进一步熟练相关命令操作的同时，掌握多种室外高级模型建立思路和操作技巧。

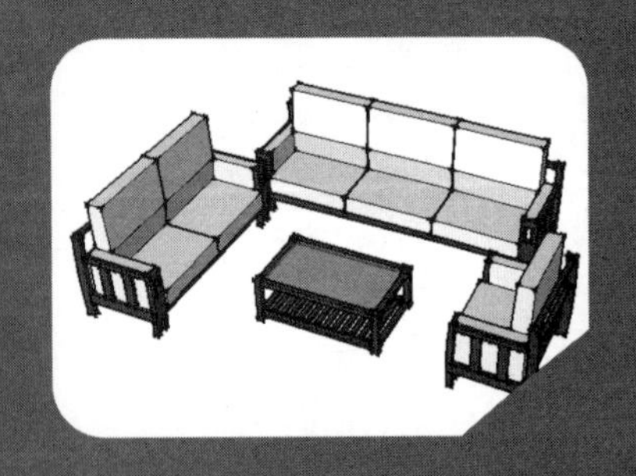

097 石桥

文件路径：配套资源 \ 第 07 章 \097	视频文件：视频 \ 第 07 章 \097.MP4

本例学习石桥模型的制作，主要使用【直线】、【圆弧】、【偏移】以及【推 / 拉】等工具，在模型的制作过程中，注意组件的调用与缩放工具使用技巧。

步骤 01 结合【卷尺】、【直线】以及【圆弧】工具，绘制出桥梁截面图形，如图 7-1 与图 7-2 所示。

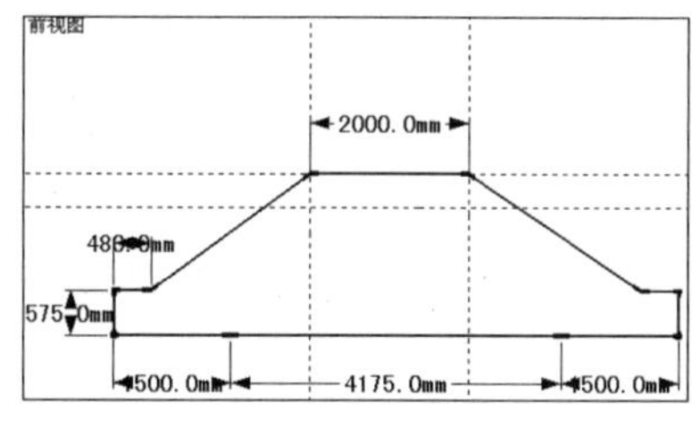

图 7-1　创建桥梁基本截面

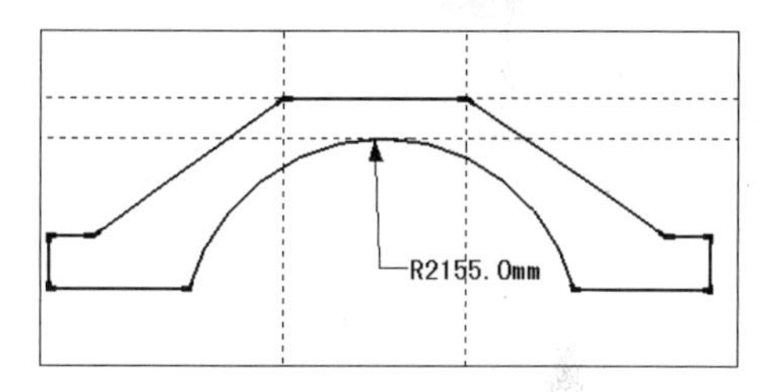

图 7-2　绘制圆拱细节

步骤 02 启用【直线】工具，绘制出踏步线条，然后选择进行多重移动复制，如图 7-3 ~ 图 7-5 所示。

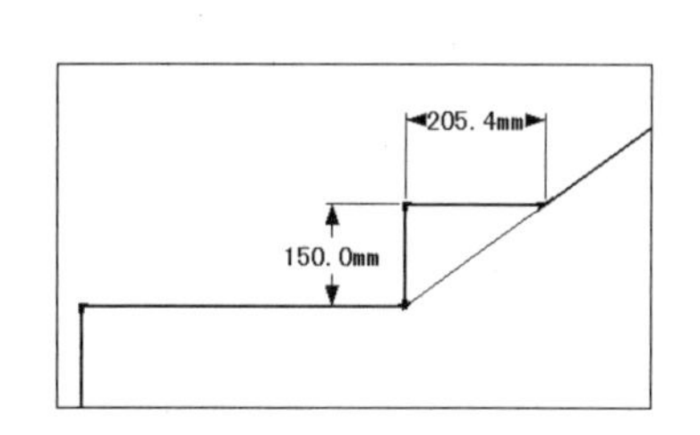

图 7-3　创建踏步线条

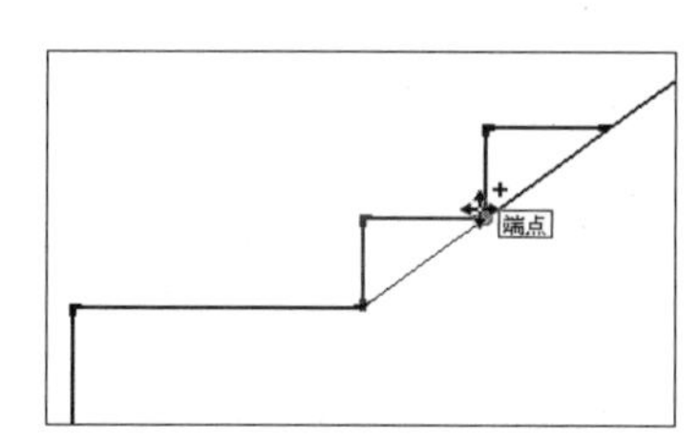

图 7-4　移动复制踏步线条

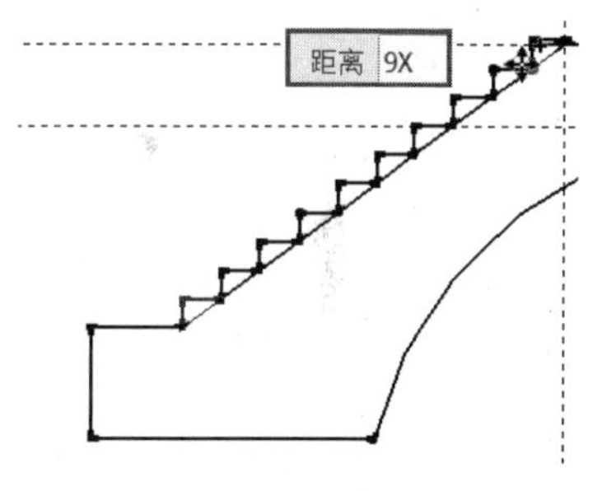

图 7-5　多重复制踏步线条

步骤 03 通过【复制】与【翻转方向】工具，制作好另一侧踏步线条，然后使用【推 / 拉】工具推拉 2420mm 的宽度，如图 7-6 与图 7-7 所示。

步骤 04 选择边沿线条，使用【偏移】及【直线】工具制作石板截面，如图 7-8 与图 7-9 所示。

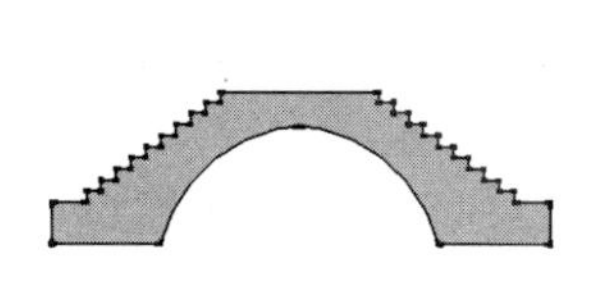
图 7-6　整体复制踏步线条

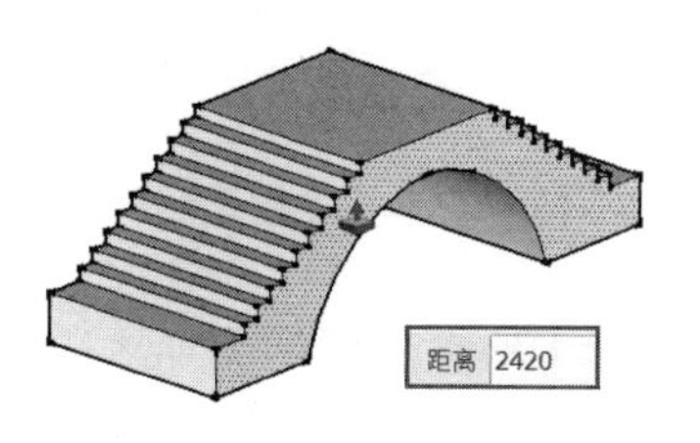

图 7-7　推拉 2420mm 的宽度

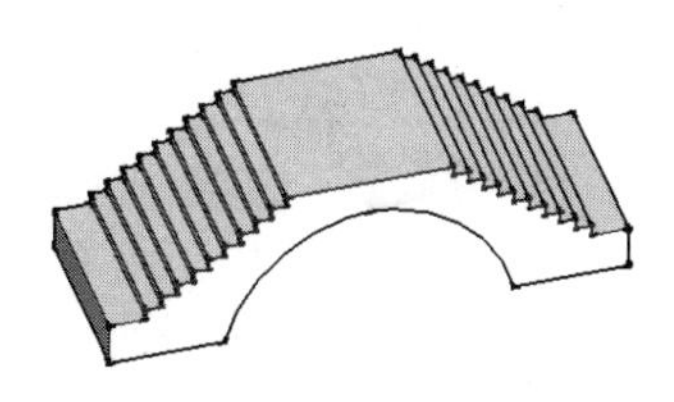
图 7-8　选择边线

步骤05 启用【推/拉】工具，选择截面进行复制推拉，制作出石板细节效果，如图 7-10 所示。

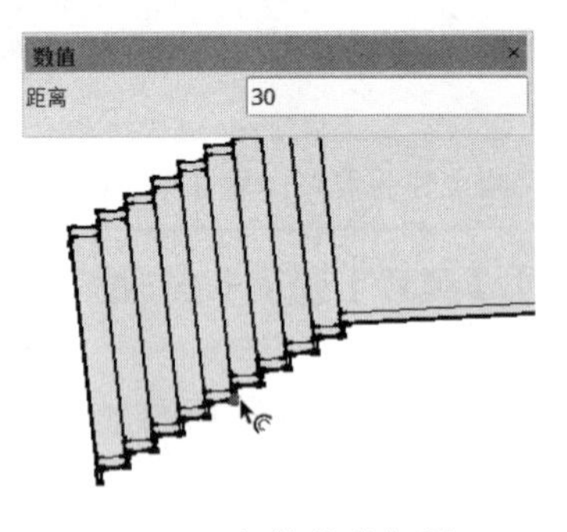

图 7-9　向外偏移复制

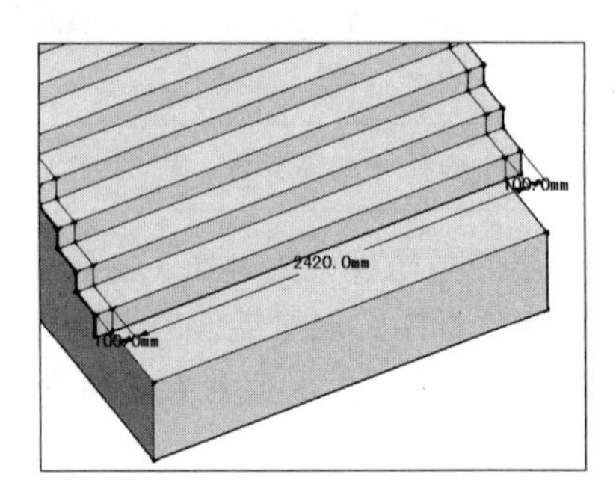

图 7-10　复制推拉出石板细节

步骤06 选择底部边线，以 275mm 的距离向外进行【偏移】，然后创建一个圆形截面，如图 7-11 与图 7-12 所示。

步骤07 启用【路径跟随】工具，制作出侧面线条细节，然后将其整体复制至对侧，如图 7-13 与图 7-14 所示。

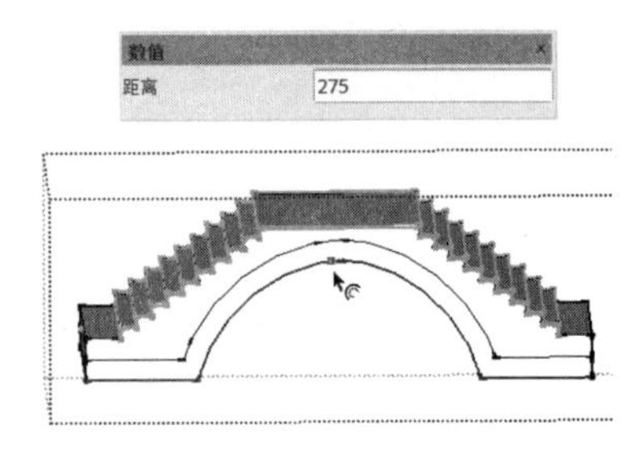

图 7-11　选择底部边线偏移复制

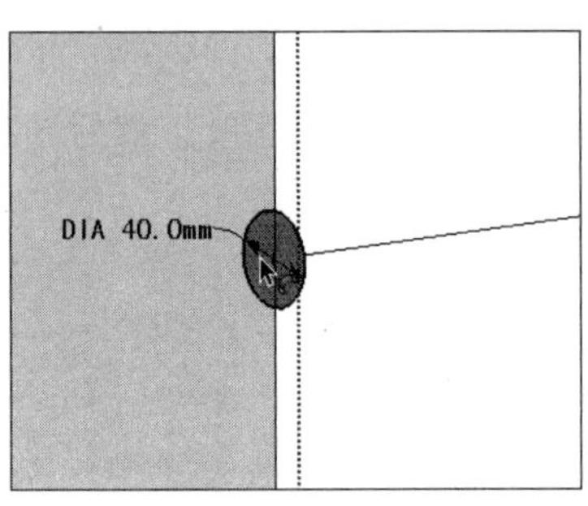

图 7-12　创建圆形截面

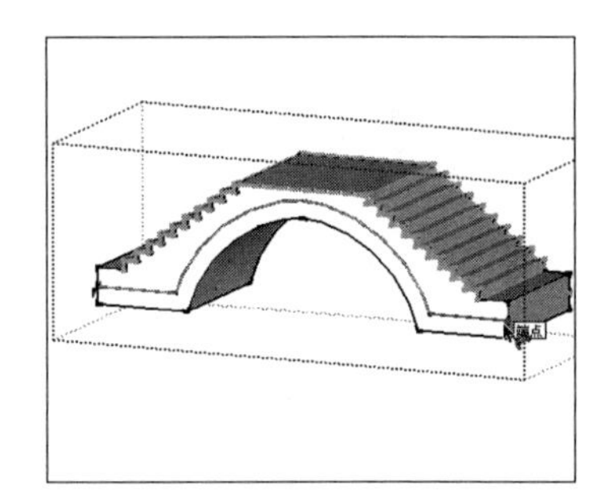

图 7-13　进行路径跟随

步骤08 打开【组件】面板，合并之前创建好的中式护栏模型，然后进行初步对位，如图 7-15 与图 7-16 所示。

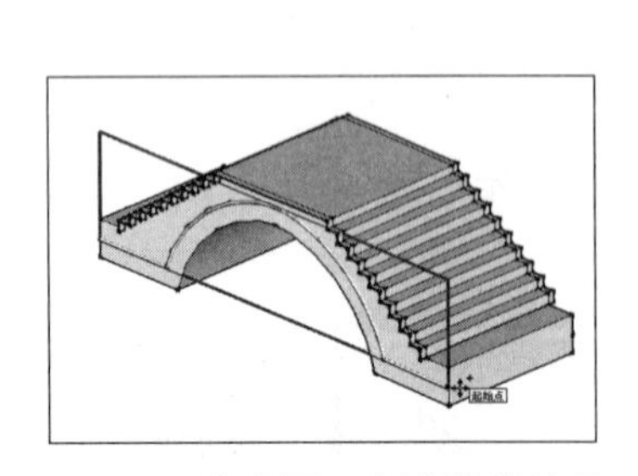

图 7-14　复制另一侧装饰线效果

图 7-15　合并护栏模型组件

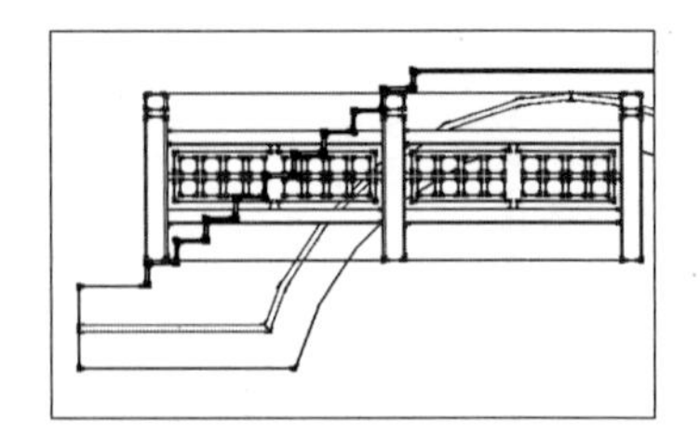

图 7-16　调整护栏位置

步骤09 结合使用【移动】、【旋转】以及【缩放】工具，调整外部栏杆效果，如图 7-17 与图 7-18 所示。

步骤10 结合使用【直线】与【推/拉】工具，调整好内部栅格效果，然后复制出右侧斜向护栏并调整好朝向，如图 7-19~ 图 7-21 所示。

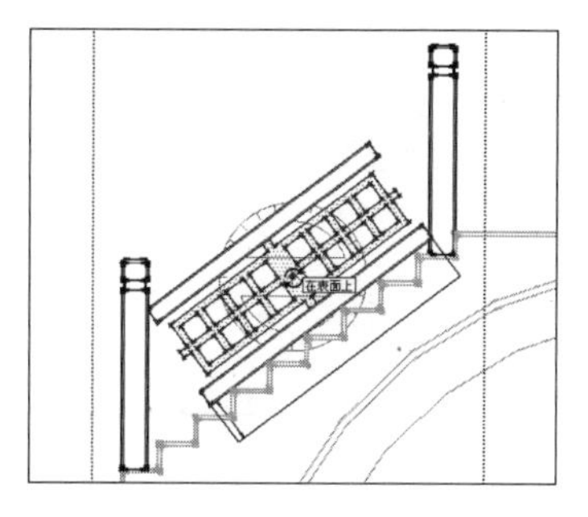

图 7-17　调整立柱与栅格

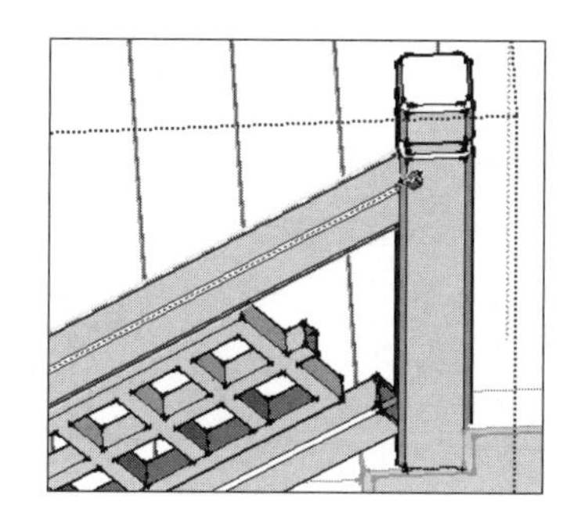

图 7-18　通过单轴缩放拉升栏杆

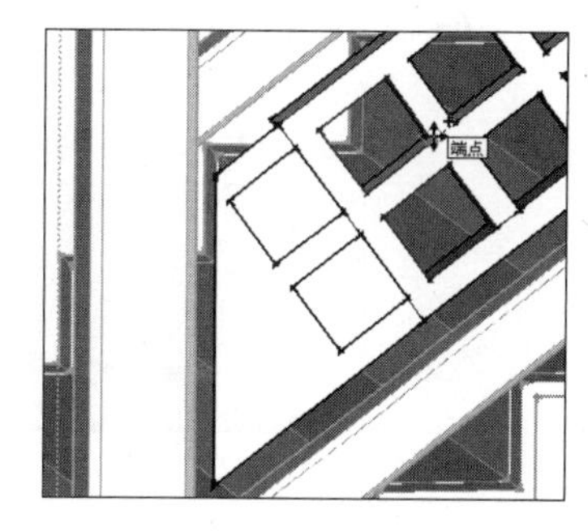

图 7-19　增加栅格细节

步骤⑪ 左右两侧斜向栏杆制作完成后，通过【缩放】工具制作中部护栏，然后整体复制出后方护栏，如图 7-22 与图 7-23 所示。

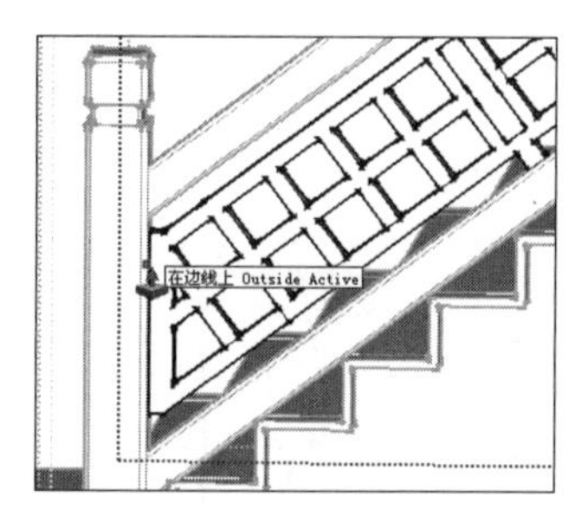

图 7-20　推拉栅格细节

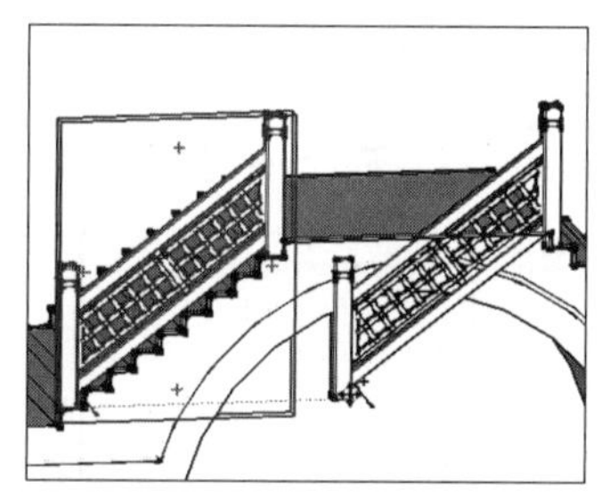

图 7-21　整体复制栏杆

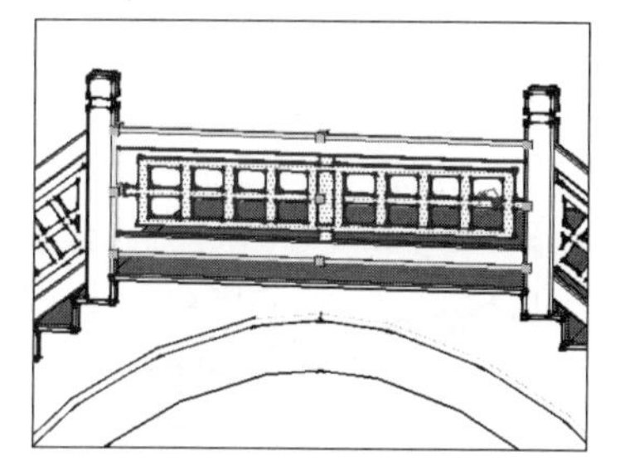

图 7-22　制作中部护栏

步骤⑫ 打开【材质】面板，赋予整体模型石头材质，完成整体效果，如图 7-24 与图 7-25 所示。

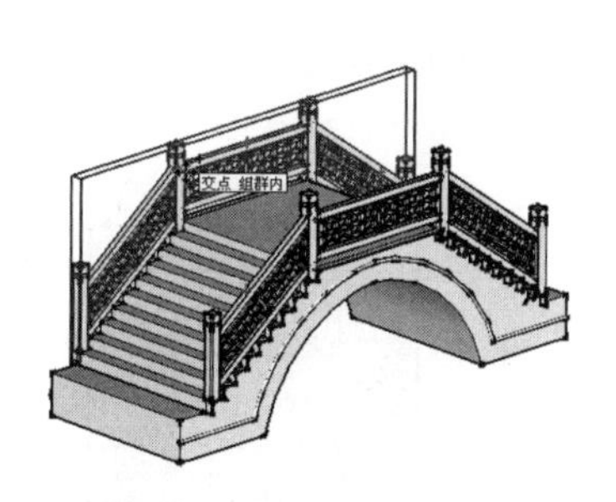

图 7-23　整体复制后方护栏

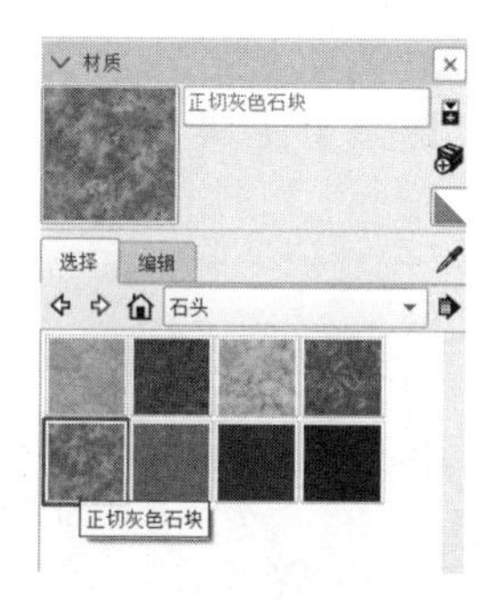

图 7-24　赋予石头材质

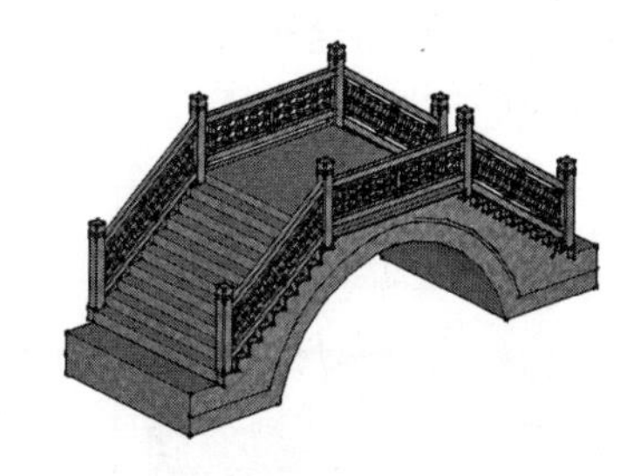

图 7-25　石桥最终模型效果

098 候车亭

文件路径：配套资源 \ 第 07 章 \098	视频文件：视频 \ 第 07 章 \098.MP4

本例学习弧形候车亭模型的制作，主要使用【矩形】、【圆弧】、【卷尺】、【偏移】以及【推 / 拉】工具。在模型的创建过程中，重点掌握辅助矩形与多重移动复制的使用技巧。

步骤01 结合使用【矩形】、【圆弧】以及【推/拉】工具，制作好底部平台模型，如图 7-26~图 7-28 所示。

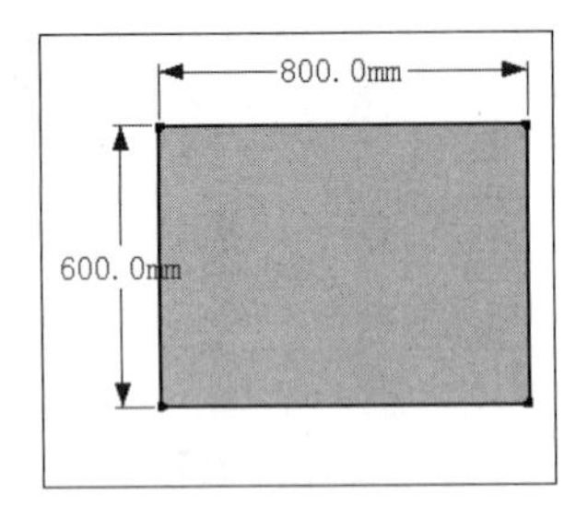

图 7-26　创建矩形

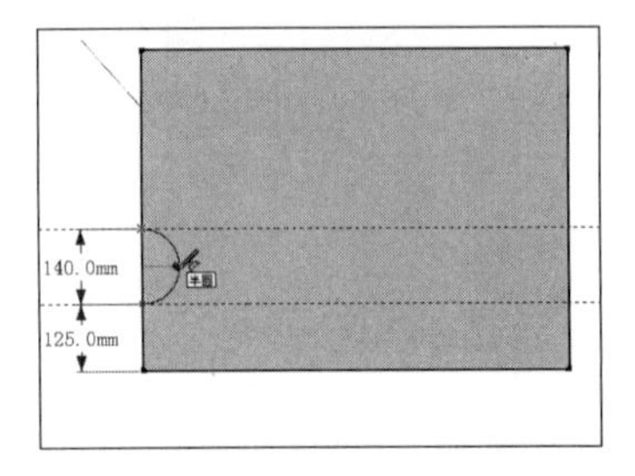

图 7-27　绘制弧形细节

步骤02 结合使用【卷尺】、【直线】以及【圆弧】工具，绘制座椅截面图形，如图 7-29 与图 7-30 所示。

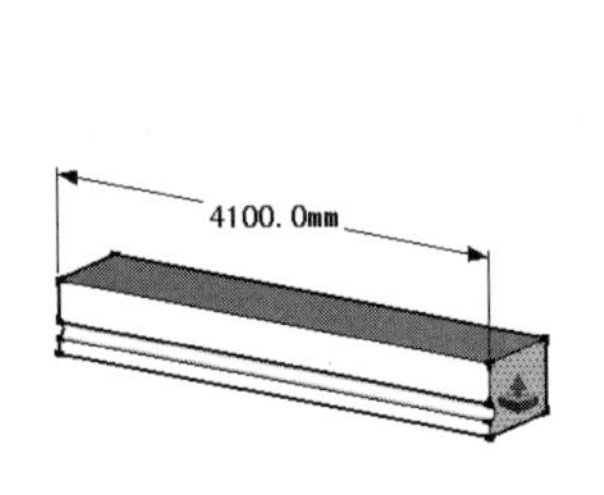

图 7-28　推拉 4100mm 长度

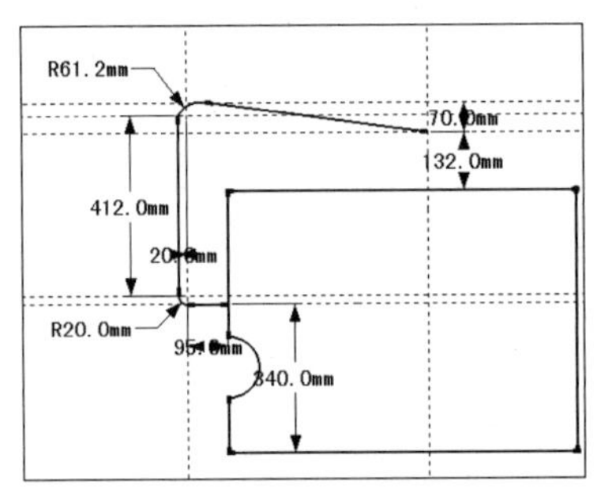

图 7-29　绘制座椅截面图形

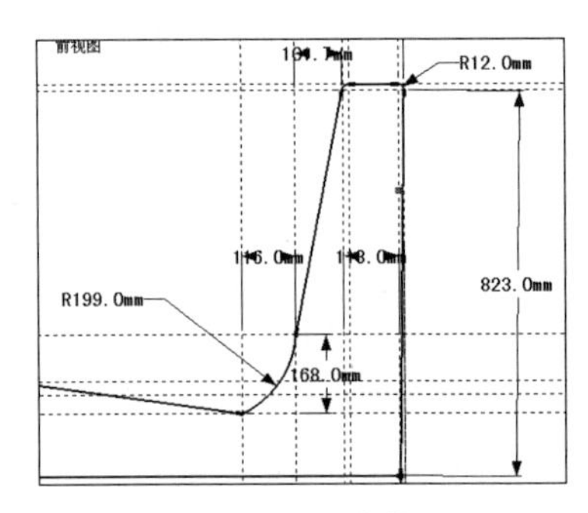

图 7-30　绘制靠背截面线形

步骤03 启用【推/拉】工具制作出座椅宽度，然后进行多重移动复制，完成整体效果，如图 7-31 与图 7-32 所示。

步骤04 结合使用【矩形】与【圆弧】工具，创建出弧形顶棚轮廓线条，如图 7-33 与图 7-34 所示。

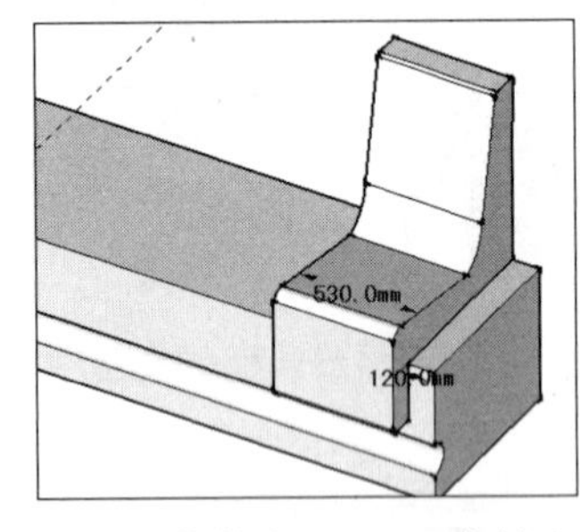

图 7-31　推拉出 530mm 座椅宽度

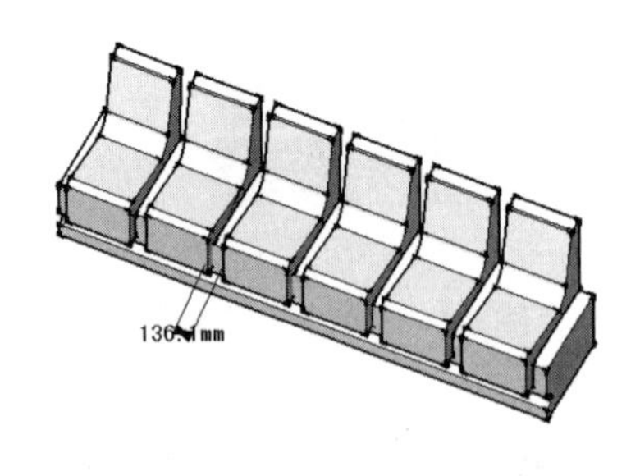

图 7-32　多重移动复制座椅模型

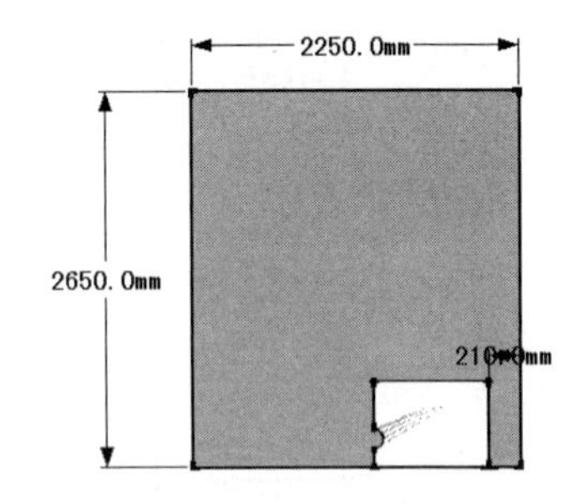

图 7-33　绘制辅助矩形

步骤05 结合使用【偏移】、【直线】以及【推/拉】工具，制作出弧形骨架模型细节，如图 7-35 ~ 图 7-37 所示。

步骤06 选择制作好的弧形骨架，以 2200mm 的距离进行多重移动复制，如图 7-38 所示。

步骤07 选择凹陷处的弧形平面进行移动复制，然后选择内侧线条进行分解，如图 7-39 与图 7-40 所示。

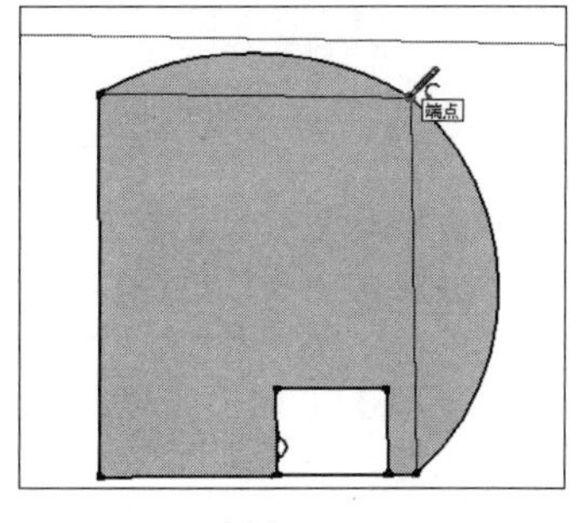

图 7-34　创建顶棚弧形线条

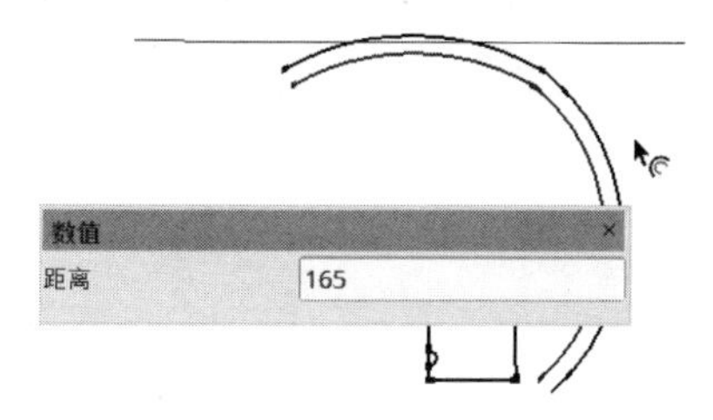

图 7-35　向外以 165mm 距离偏移复制

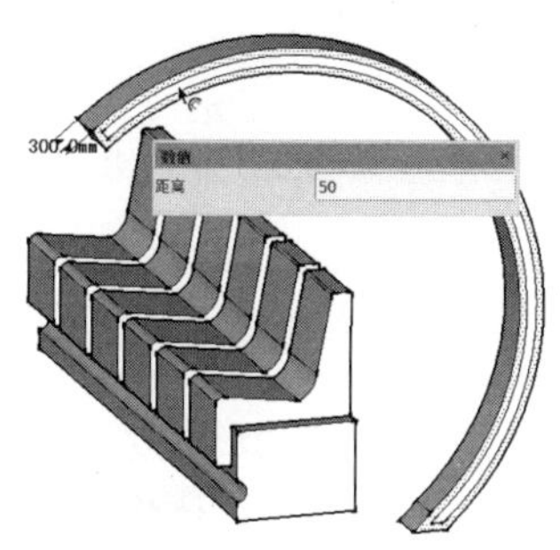

图 7-36　制作弧形骨架细节

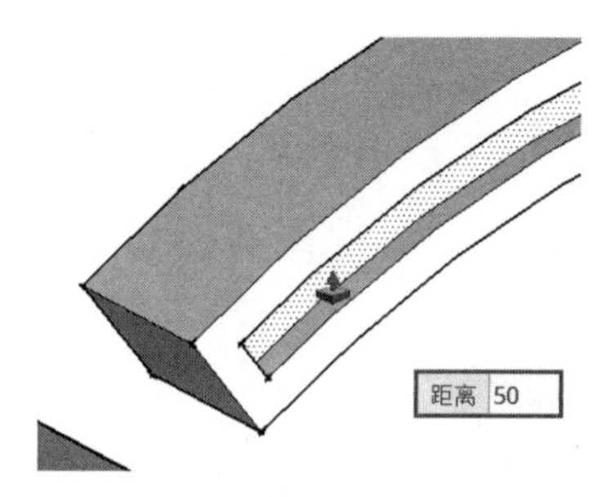

图 7-37　推拉 50mm 深度

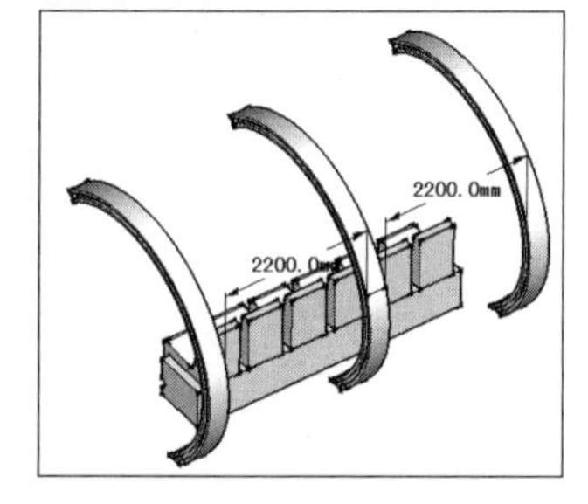

图 7-38　多重复制骨架模型

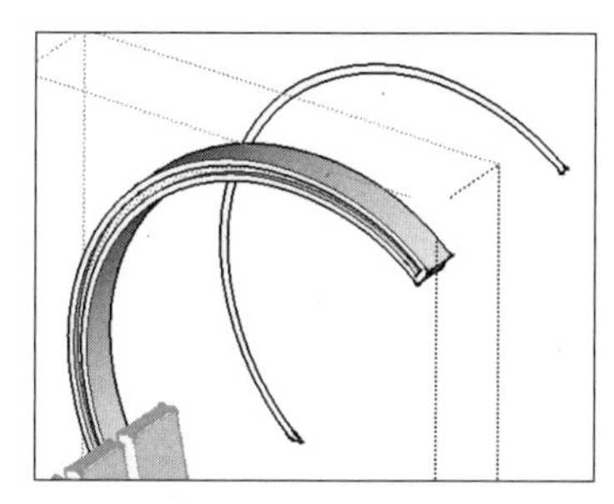

图 7-39　复制内部弧形平面

步骤 08 启用【推 / 拉】工具制作 2200mm 的挡板宽度，然后间隔推拉出 20mm 的厚度，如图 7-41 与图 7-42 所示。

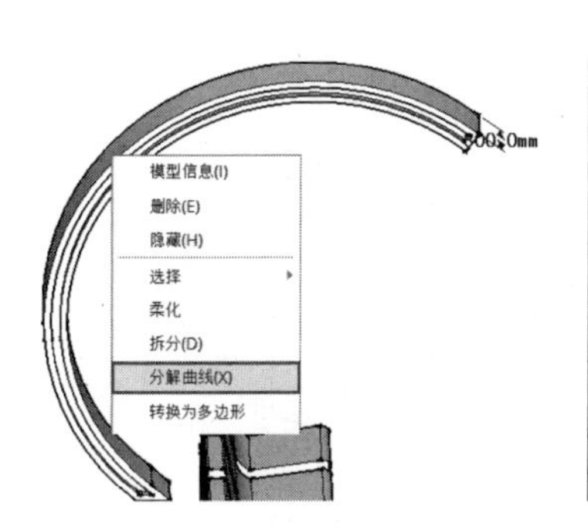

图 7-40　分解内侧弧形线

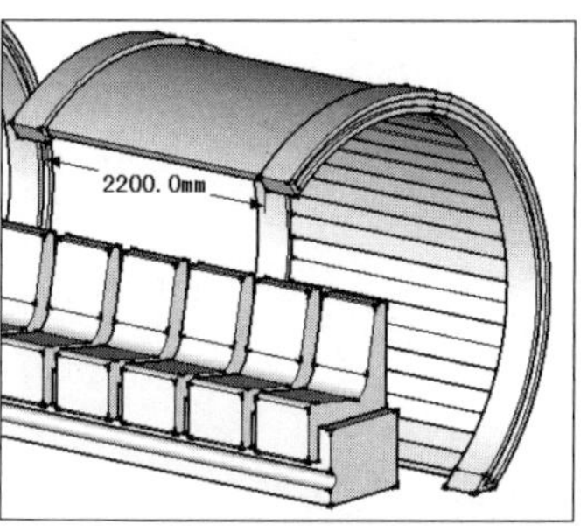

图 7-41　推拉 2200mm 宽度

图 7-42　间隔推拉出 20mm 的厚度

步骤 09 选择弧形挡板进行复制与对位，完成整体模型效果，如图 7-43 与图 7-44 所示。

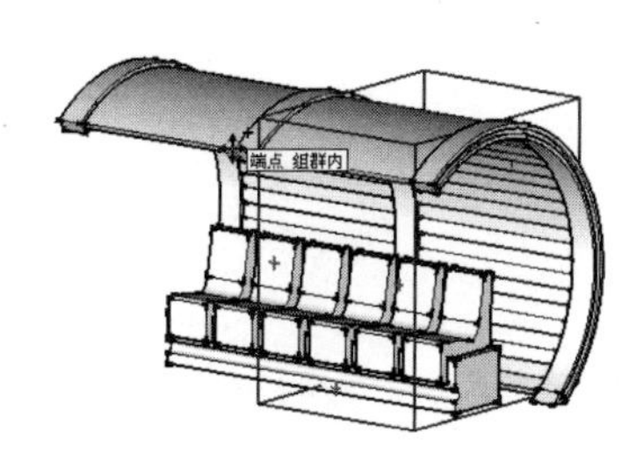

图 7-43　整体复制弧形挡板

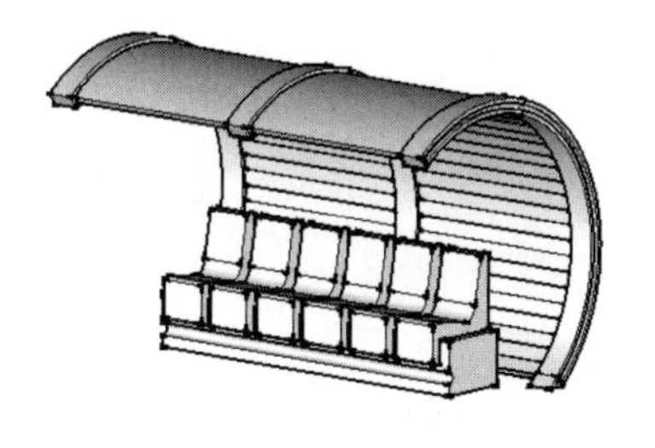

图 7-44　候车亭最终模型效果

099 圆形喷水池

文件路径：配套资源 \ 第 07 章 \099	视频文件：视频 \ 第 07 章 \099.MP4

本例制作圆形喷水池模型，主要使用【圆】、【矩形】、【圆弧】、【推 / 拉】、【偏移】以及【路径跟随】等工具，在模型的制作过程中，重点掌握缩放与路径跟随的操作技巧。

步骤 01 结合使用【圆】、【偏移】以及【推 / 拉】工具，制作出喷泉底部边沿细节，如图 7-45 与图 7-46 所示。

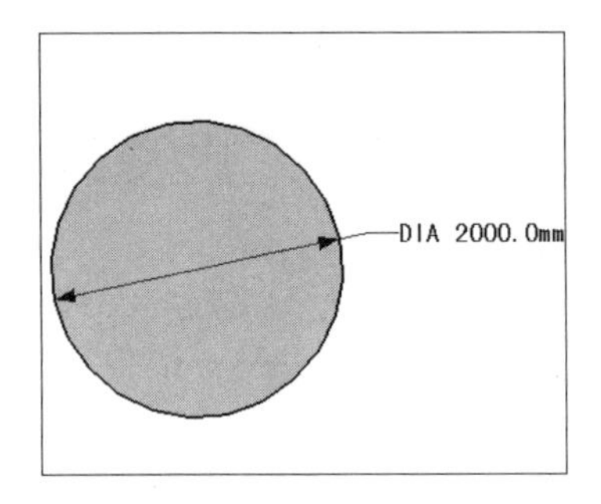

图 7-45 创建圆形

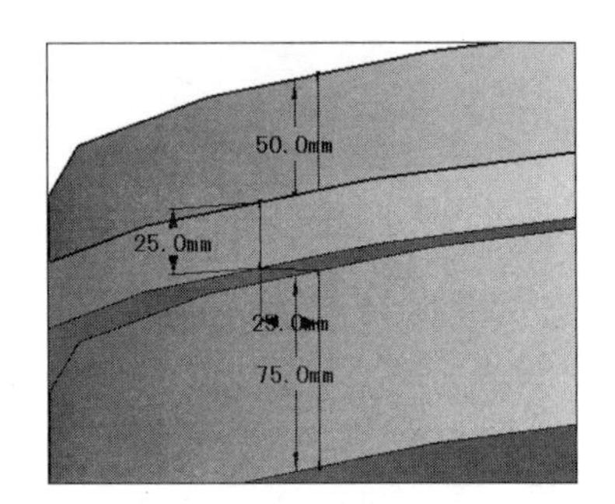

图 7-46 制作边沿细节

步骤 02 结合使用【圆】、【直线】以及【路径跟随】工具，制作上部收边细节，如图 7-47~图 7-49 所示。

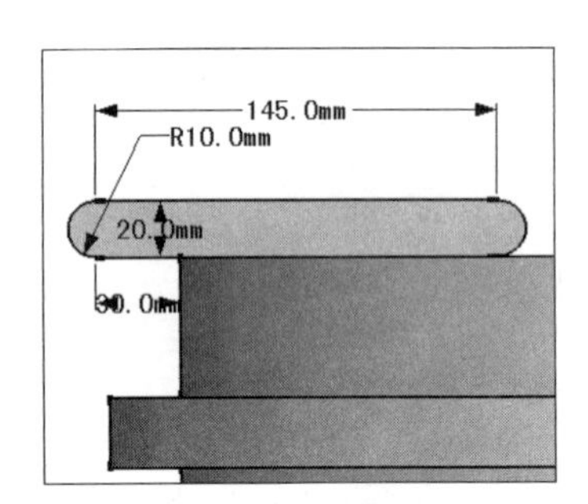

图 7-47 创建截面

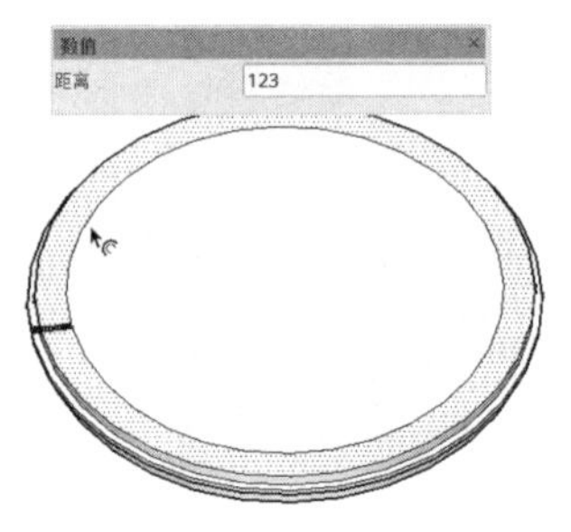

图 7-48 向内偏移复制出路径平面

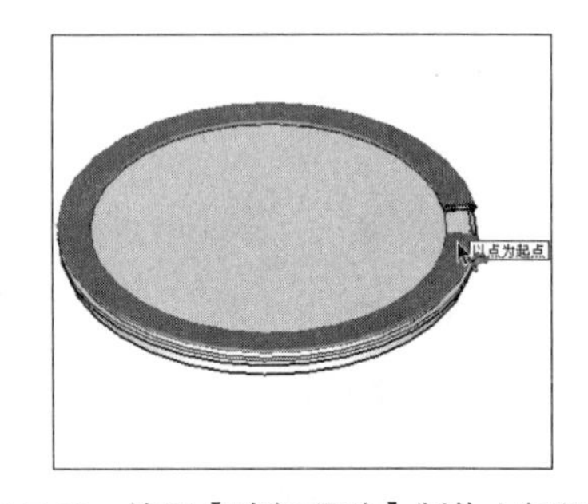

图 7-49 使用【路径跟随】制作上部细节

步骤 03 结合使用【偏移】与【推 / 拉】工具，制作出上部水面细节，删除中心多余模型面后，将其整体创建为组，如图 7-50 ~ 图 7-52 所示。

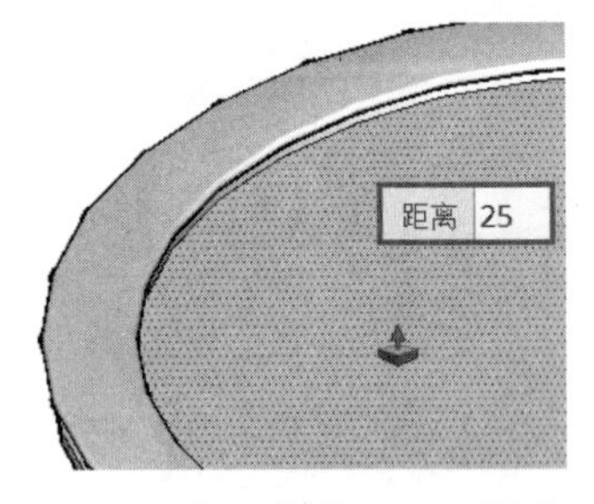

图 7-50 向下制作 25mm 深度

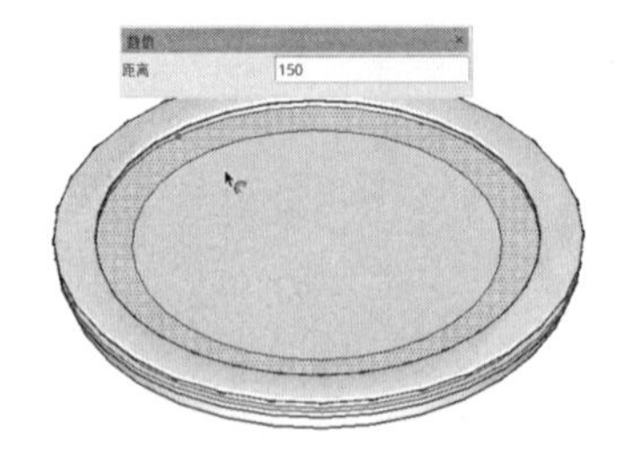

图 7-51 向内偏移复制 150mm

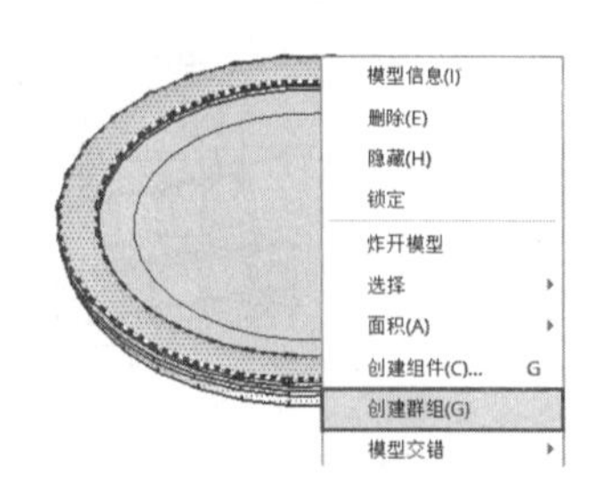

图 7-52 删除内部平面并创建组

步骤 04 选择整体模型向上偏移复制，然后使用【缩放】工具调整好半径大小与高度，如图 7-53~ 图 7-55 所示。

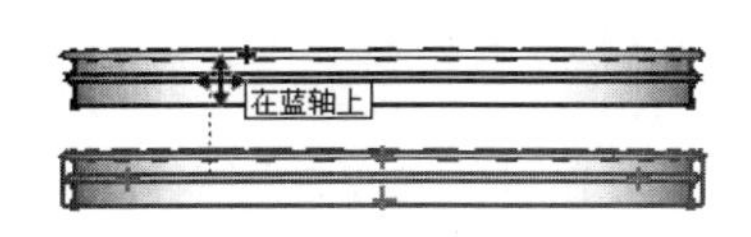

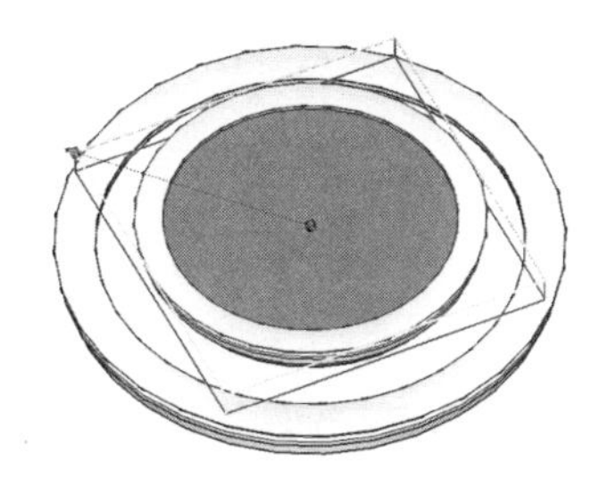
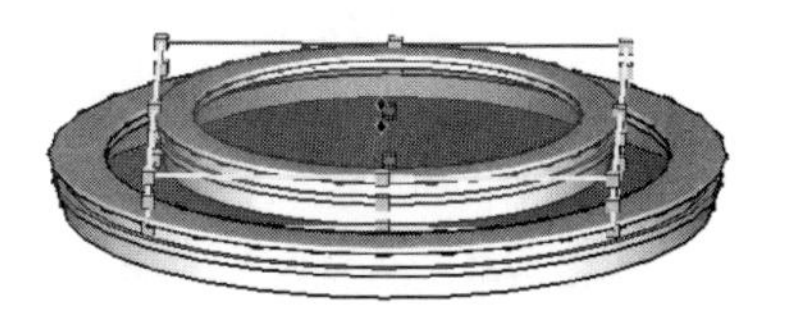

图 7-53　整体复制　　图 7-54　通过缩放调整半径大小　　图 7-55　通过缩放调整高度

步骤 05 重复复制与缩放操作，制作好水池基本结构，如图 7-56 所示。

步骤 06 结合使用【矩形】与【推 / 拉】工具，制作出立柱轮廓模型，然后使用【缩放】工具制作出顶部倒角细节，如图 7-57 与图 7-58 所示。

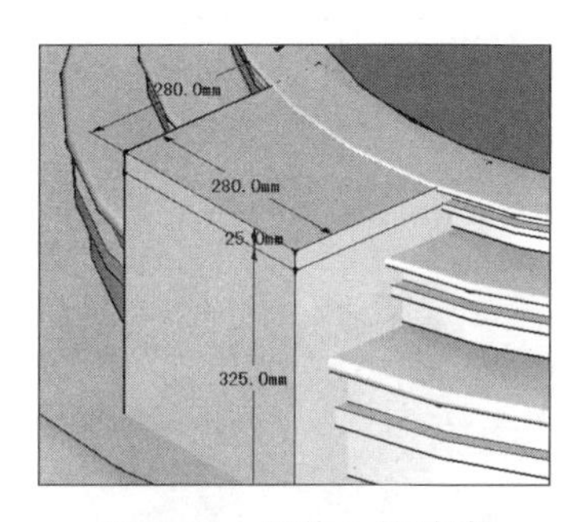

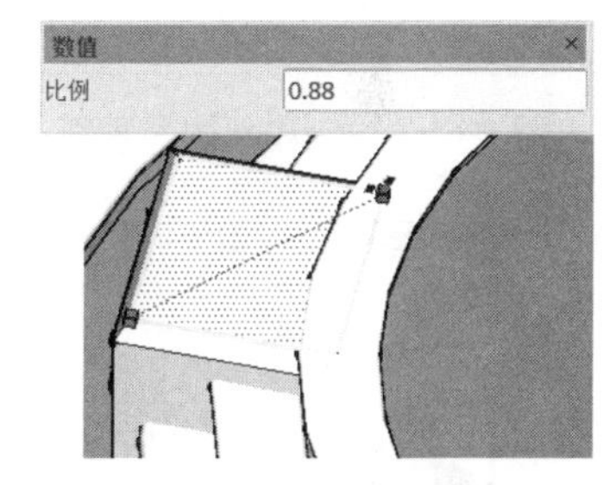

图 7-56　重复操作制作水池基本结构　　图 7-57　制作立柱轮廓　　图 7-58　通过缩放制作倒角细节

步骤 07 结合使用【直线】与【圆弧】工具，绘制立柱角线截面，如图 7-59 所示。启用【路径跟随】工具制作出角线细节模型，如图 7-60 所示。

步骤 08 结合使用【偏移】与【推 / 拉】工具，制作出侧面角线细节，如图 7-61 所示。

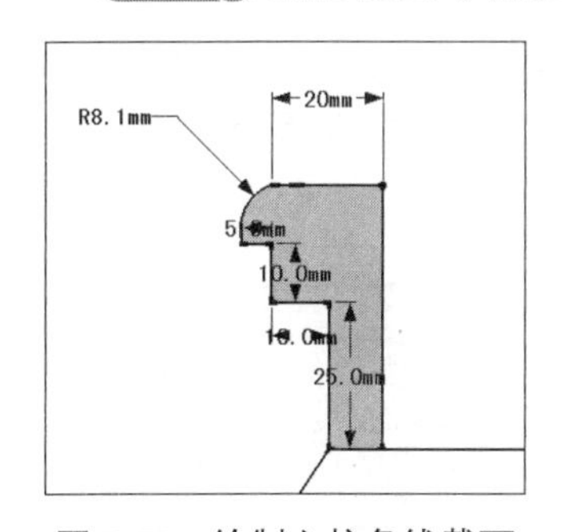

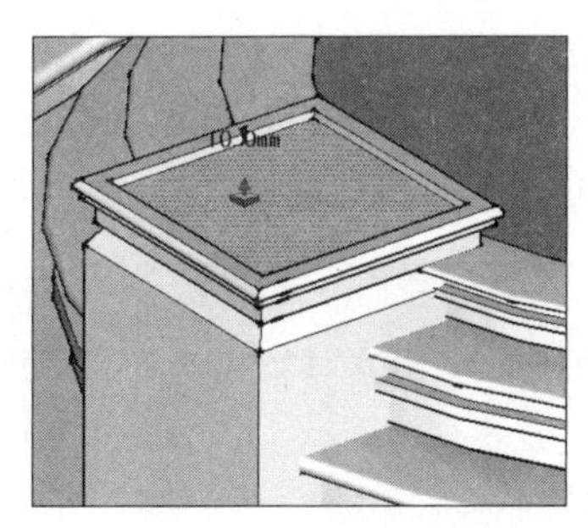
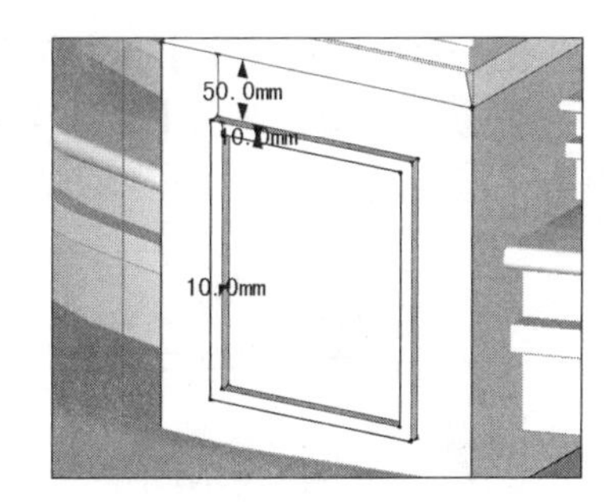

图 7-59　绘制立柱角线截面　　图 7-60　制作角线细节　　图 7-61　制作侧面角线细节

步骤 09 结合使用【圆】与【旋转】工具，制作立柱装饰件轮廓，如图 7-62 ~ 图 7-64 所示。

步骤 10 启用【偏移】工具细分装饰件内部结构，然后启用【推 / 拉】工具制作出厚度细节，如图 7-65~ 图 7-67 所示。

步骤 11 打开【组件】面板，导入雕塑模型组件，放置到立柱上方，并进行多重旋转复制，如图 7-68~ 图 7-71 所示。

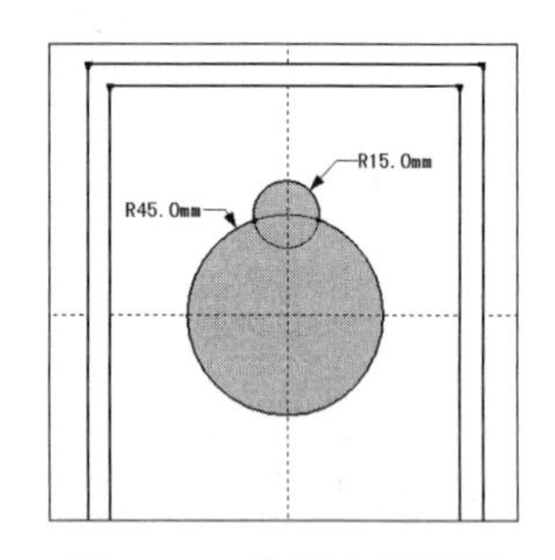

图 7-62　分割内部圆形

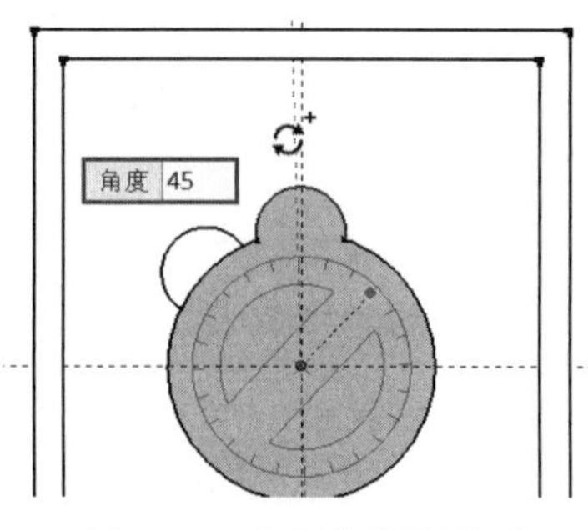

图 7-63　旋转复制弧线段

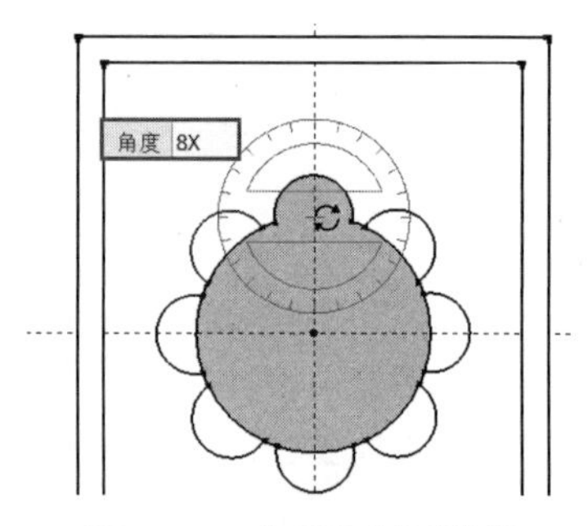

图 7-64　多重复制弧线段

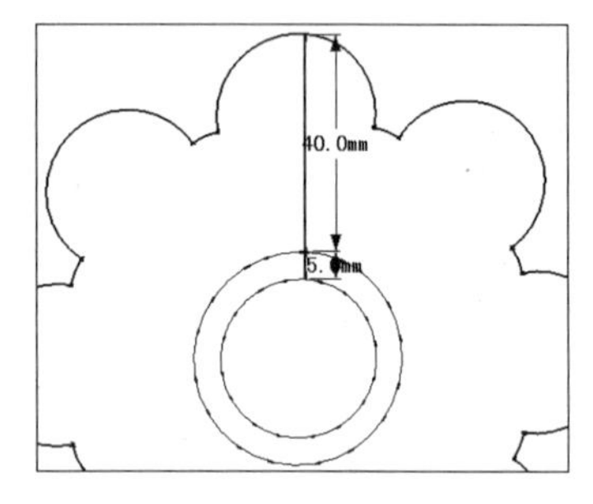

图 7-65　绘制内部圆环截面

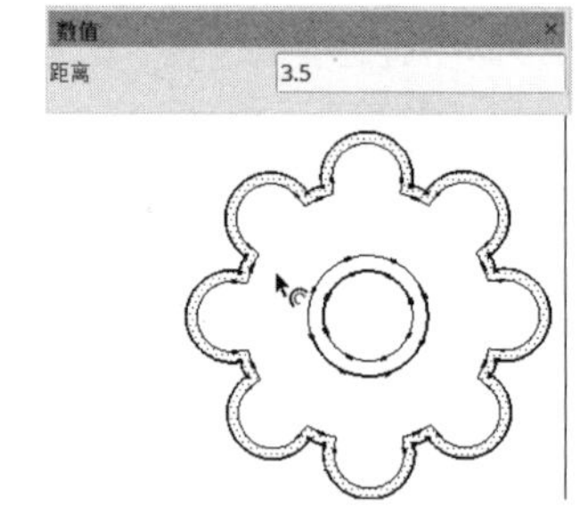

图 7-66　偏移复制弧线面

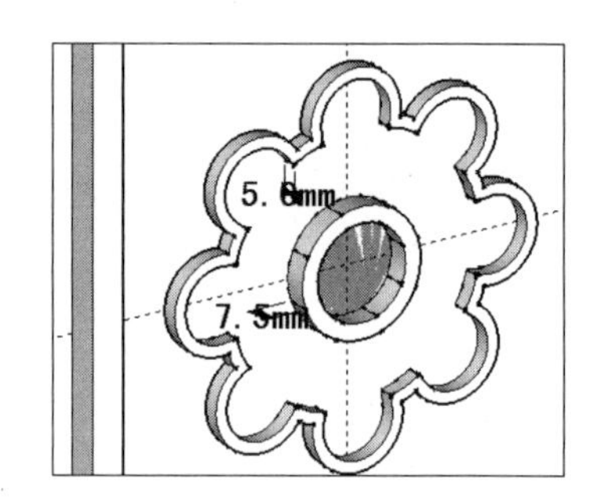

图 7-67　制作装饰件细节

图 7-68　合并雕塑模型组件

图 7-69　放置雕塑模型

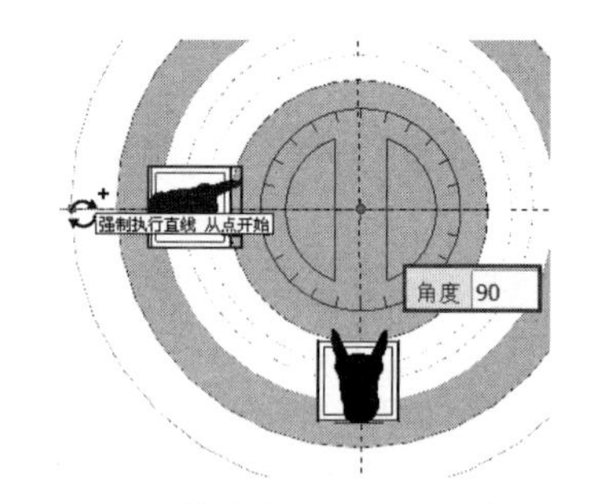

图 7-70　整体旋转复制立柱与雕塑

步骤 12 结合使用【圆】与【缩放】等工具，制作出水池中央连接柱，如图 7-72 所示。

步骤 13 结合使用【直线】与【圆弧】工具，创建水盆截面，启用【路径跟随】工具制作出水盆轮廓，如图 7-73 与图 7-74 所示。

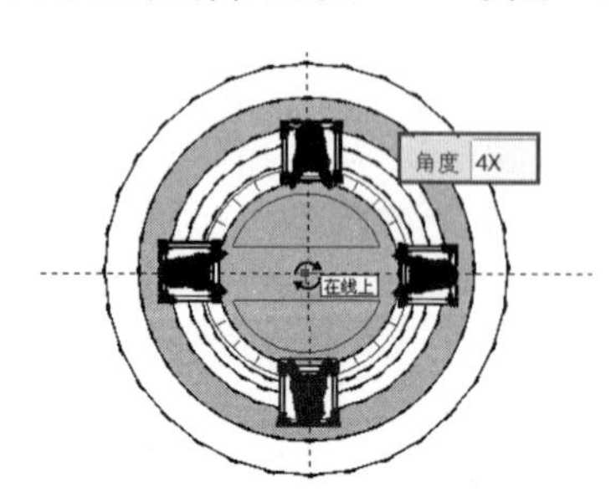

图 7-71　进行多重旋转复制

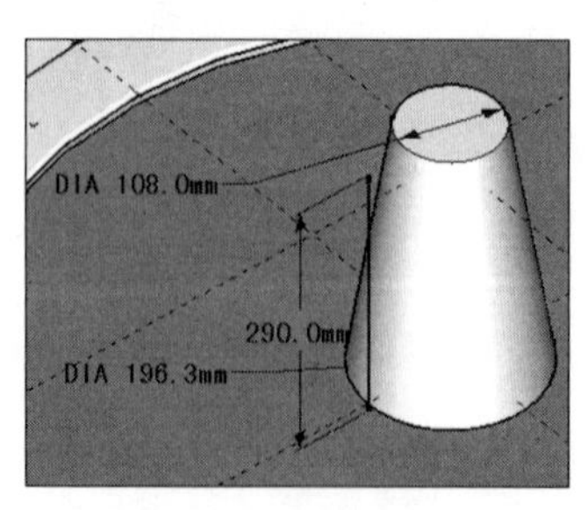

图 7-72　制作连接柱

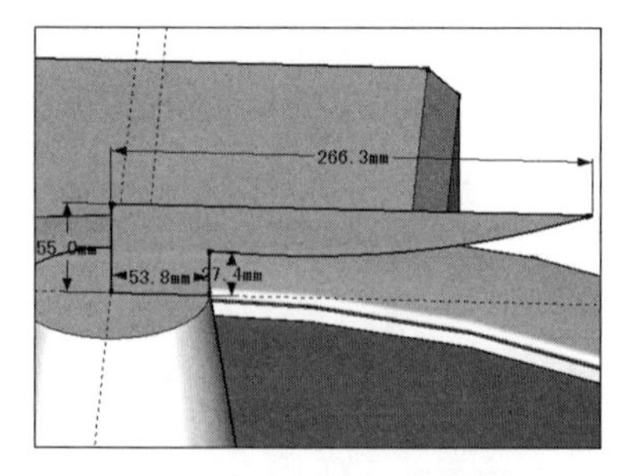

图 7-73　绘制水盆截面

步骤 14 结合使用【偏移】、【推/拉】以及【直线】工具，制作出水盆细节造型，如图 7-75 ~ 图 7-77 所示。

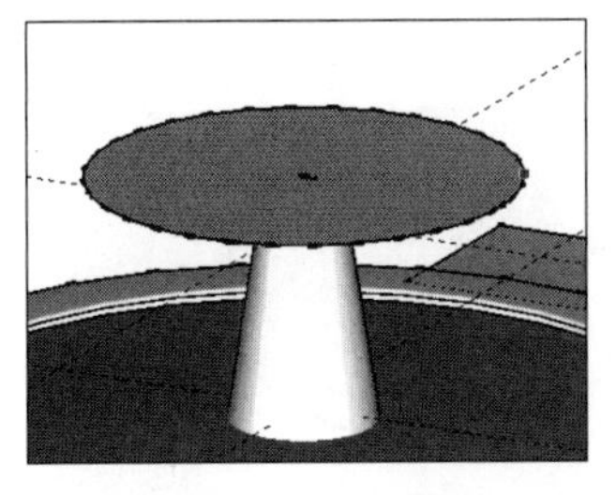

图 7-74　通过路径跟随制作水盆轮廓

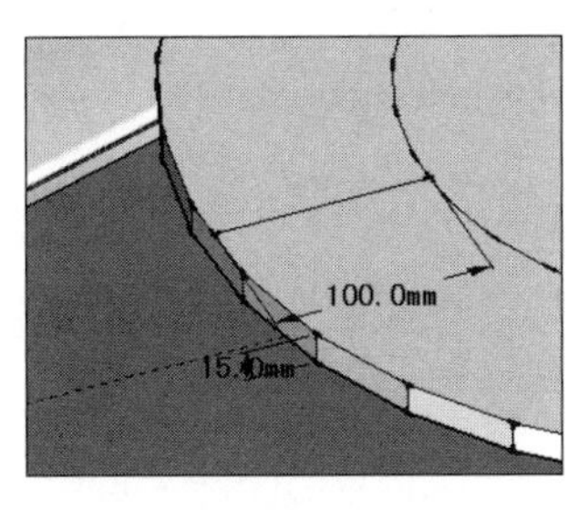

图 7-75　制作水盆边沿细节

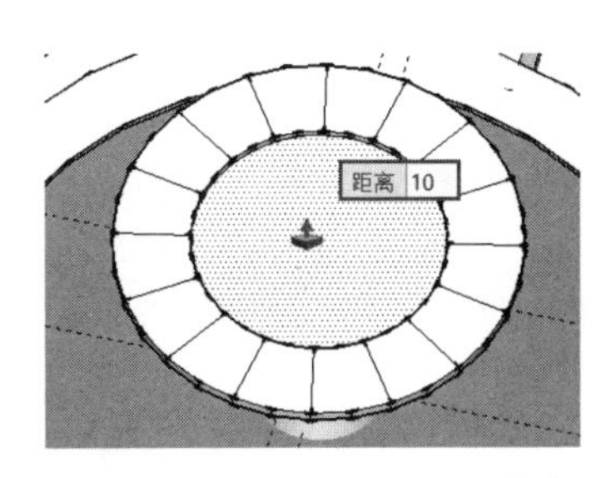

图 7-76　制作水面并细分边缘

步骤 15 打开【材料】面板，分别为水面与结构赋予对应材质，如图 7-78 与图 7-79 所示。

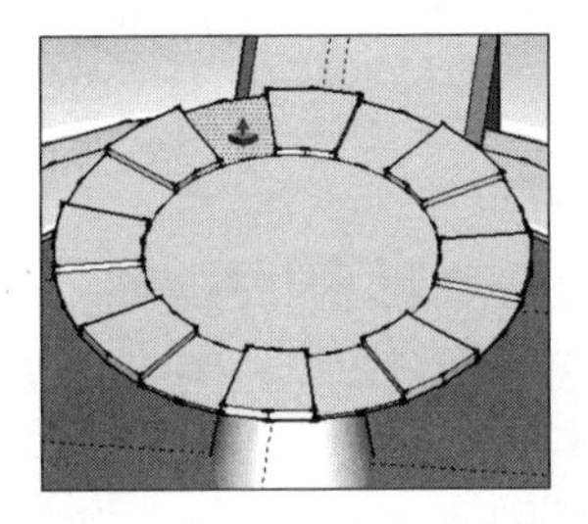

图 7-77　间隔推拉边沿细节

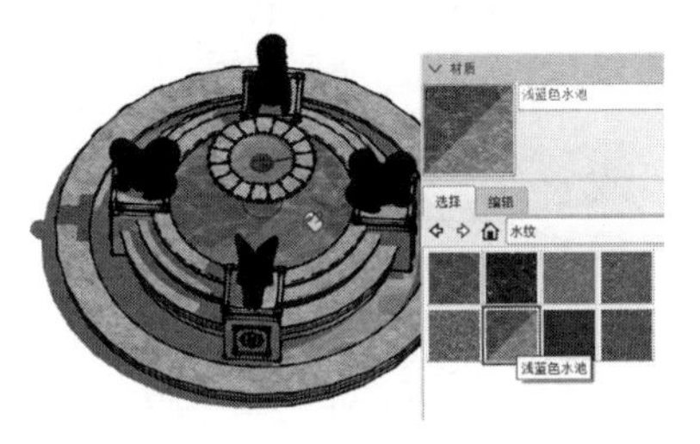

图 7-78　赋予浅水池材质

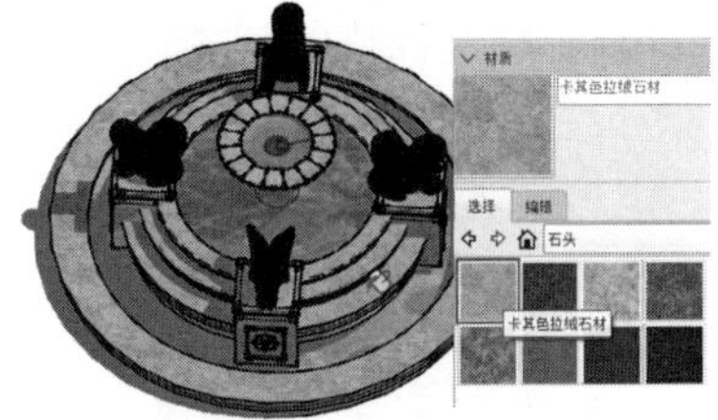

图 7-79　赋予石头材质

步骤 16 打开【组件】面板，调入水幕模型组件，如图 7-80 所示。调整水幕大小，以匹配喷水池尺寸，如图 7-81 所示。

步骤 17 最终完成的圆形喷泉模型如图 7-82 所示。

图 7-80　合并水幕模型组件

图 7-81　调整水幕大小

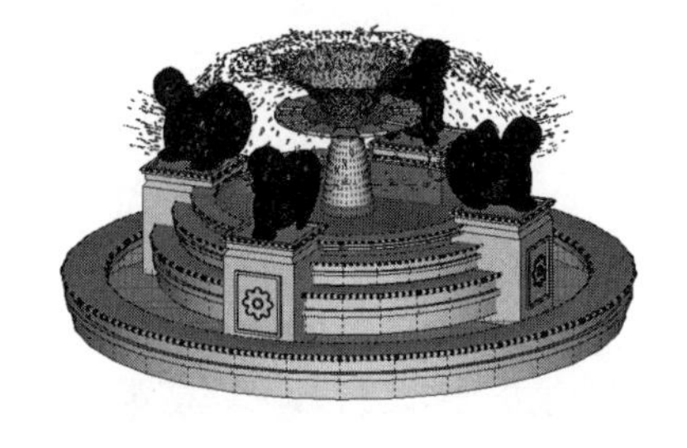

图 7-82　圆形喷泉模型最终效果

100 圆形休息廊架

文件路径：配套资源 \ 第 07 章 \100	视频文件：视频 \ 第 07 章 \100.MP4

本例学习圆形休息廊架模型的制作，主要使用【圆】、【圆弧】、【推 / 拉】、【旋转】以及【缩放】等工具。在模型的创建过程中，重点掌握多重旋转复制与缩放工具的使用技巧。

步骤 01 启用【圆】工具，绘制一个直径为 4200mm 的圆形，如图 7-83 所示，然后使用【推 / 拉】工具制作 150mm 的厚度，如图 7-84 所示。

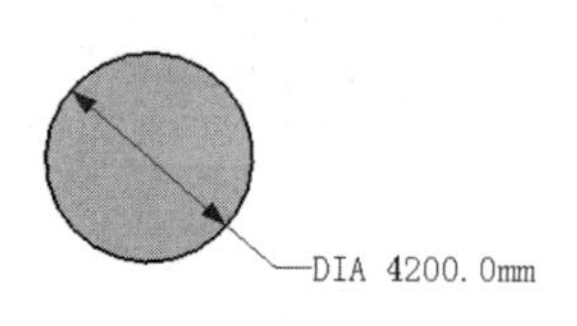

图 7-83　创建直径为 4200mm 圆形

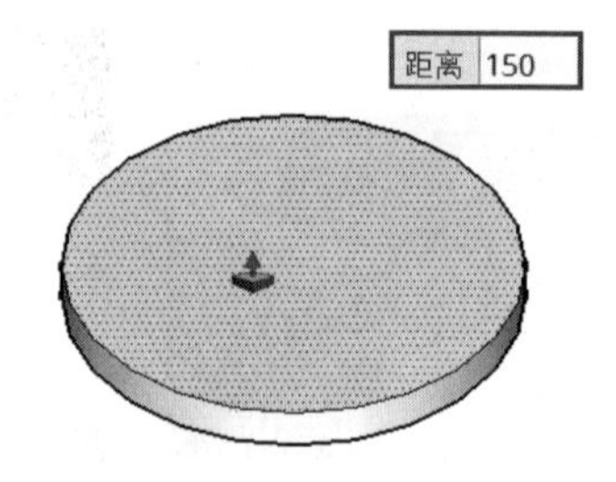

图 7-84　推拉 150mm 的高度

步骤 02 结合使用【偏移】与【推 / 拉】工具，制作平台台阶细节，如图 7-85 所示。

步骤 03 结合使用【偏移】与【推 / 拉】工具，制作内部花坛细节，如图 7-86 所示，然后选择顶部模型面进行缩放，形成倒角效果，如图 7-87 所示。

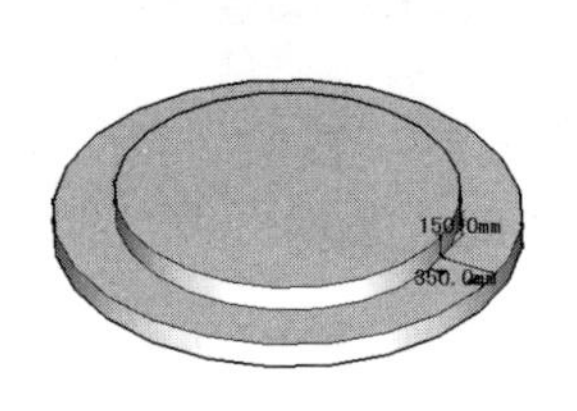

图 7-85　制作平台台阶细节

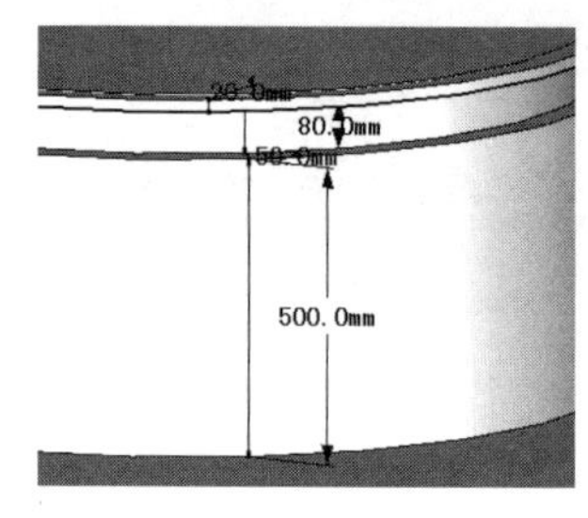

图 7-86　制作内部花坛细节

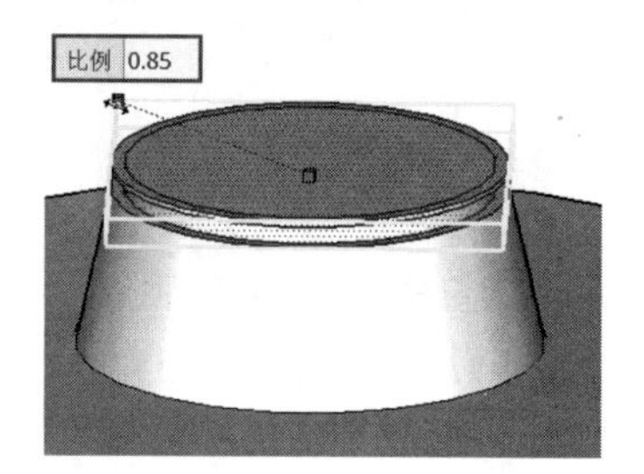

图 7-87　通过缩放形成倒角效果

步骤 04 结合使用【偏移】与【推 / 拉】工具，制作花坛内部细节，如图 7-88 所示。

步骤 05 结合使用【圆】与【推 / 拉】工具，制作圆形石墩轮廓，如图 7-89 与图 7-90 所示。

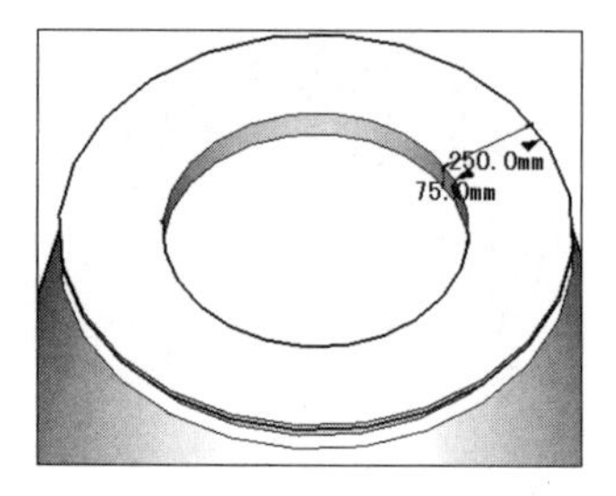

图 7-88　制作花坛内部细节

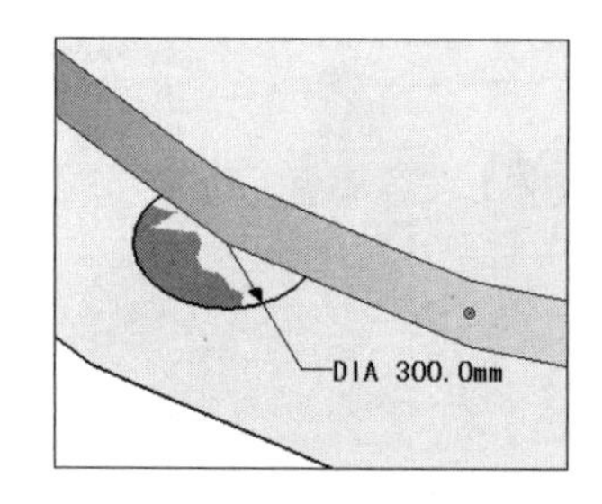

图 7-89　绘制圆形石墩截面

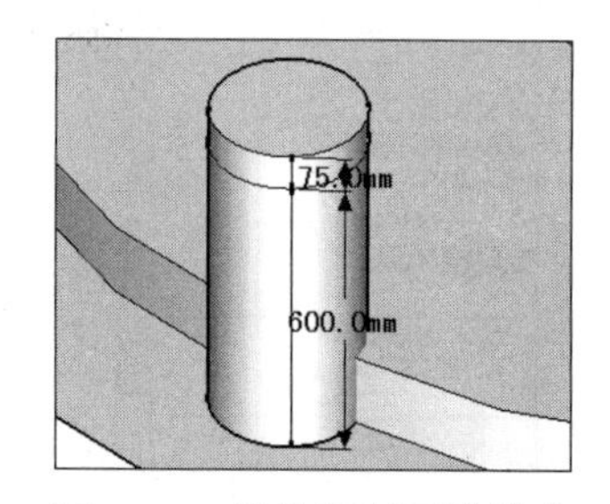

图 7-90　推拉复制石墩轮廓

步骤 06 选择石墩顶部模型面，启用【缩放】工具制作出倒角效果，如图 7-91 所示。

步骤 07 结合使用【偏移】与【推 / 拉】工具，制作支柱轮廓与连接细节，如图 7-92 与图 7-93 所示。

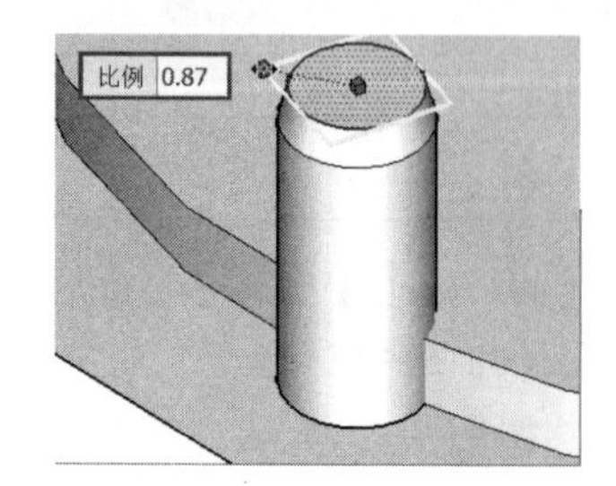

图 7-91　通过缩放制作倒角效果

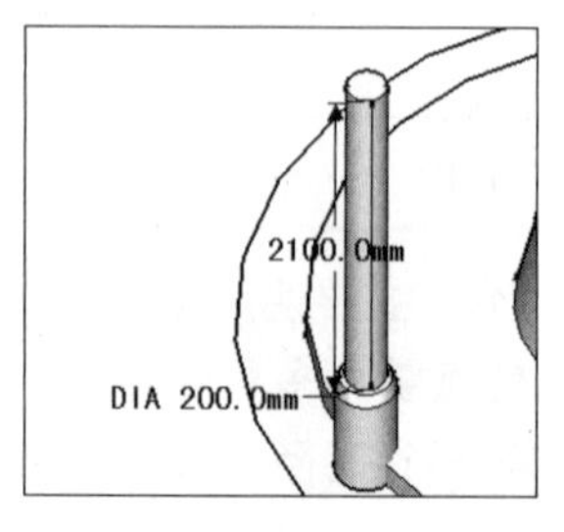

图 7-92　推拉复制支柱轮廓

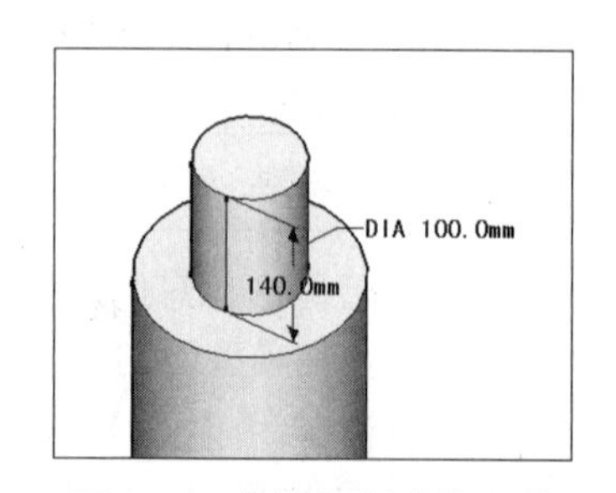

图 7-93　推拉复制连接细节

步骤 08 结合使用【矩形】与【圆弧】工具，绘制顶棚骨架截面，如图 7-94 所示，然后使用【推 / 拉】工具制作 150mm 的厚度，如图 7-95 所示。

步骤 09 打开【材质】面板，为柱体与骨架赋予木纹材质，如图 7-96 所示，然后将其整体创建为组，如图 7-97 所示。

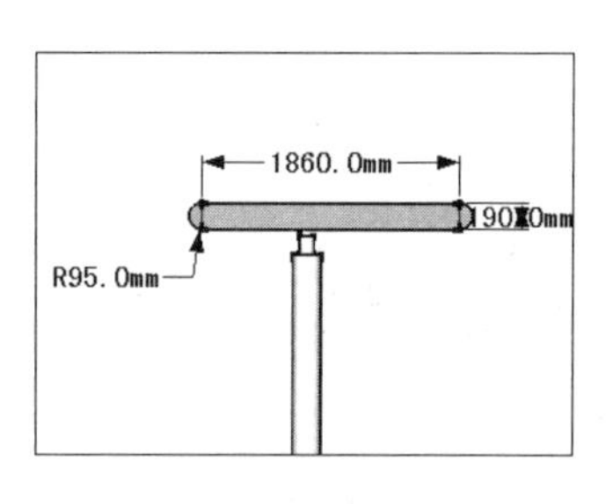

图 7-94　创建顶棚骨架截面

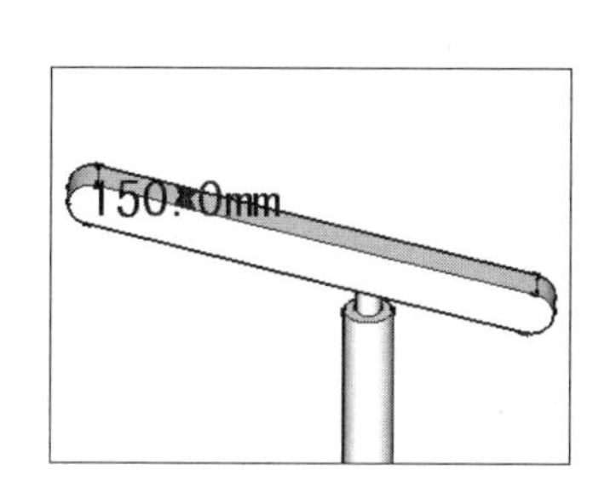

图 7-95　推拉 150mm 厚度

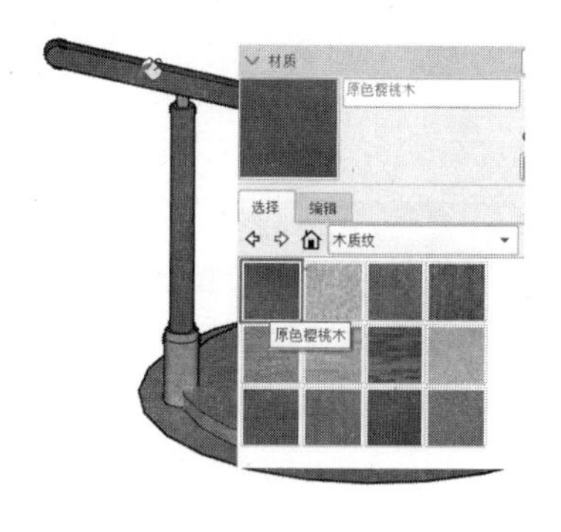

图 7-96　赋予木纹材质

步骤 10 选择创建的组，通过多重旋转复制，制作另外五处相同模型，如图 7-98 与图 7-99 所示。

图 7-97　创建组

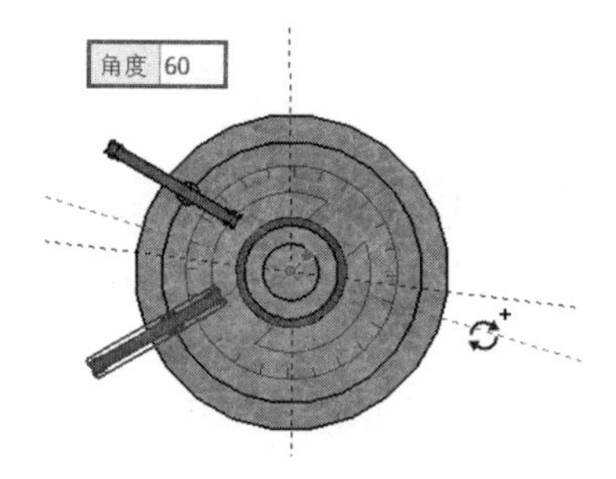

图 7-98　旋转复制

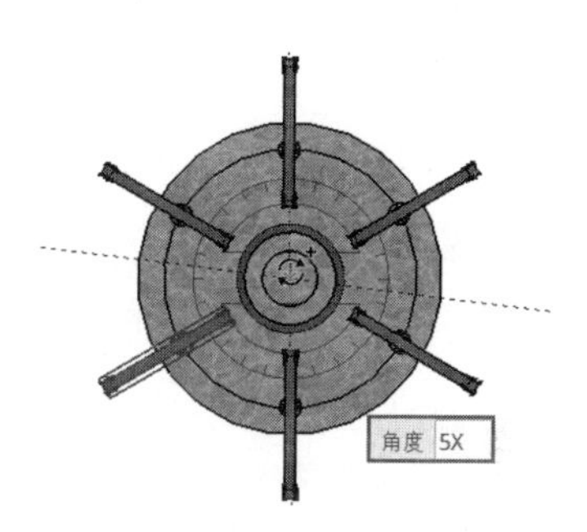

图 7-99　多重旋转复制

步骤 11 结合使用【圆弧】与【推 / 拉】工具，制作柱体之间的休息平台，如图 7-100 所示，然后多重旋转复制，得到其他位置的休息平台，如图 7-101 与图 7-102 所示。

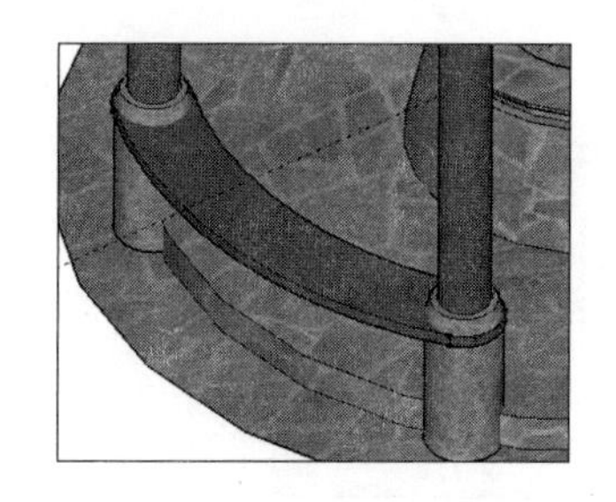
图 7-100　绘制休息平台

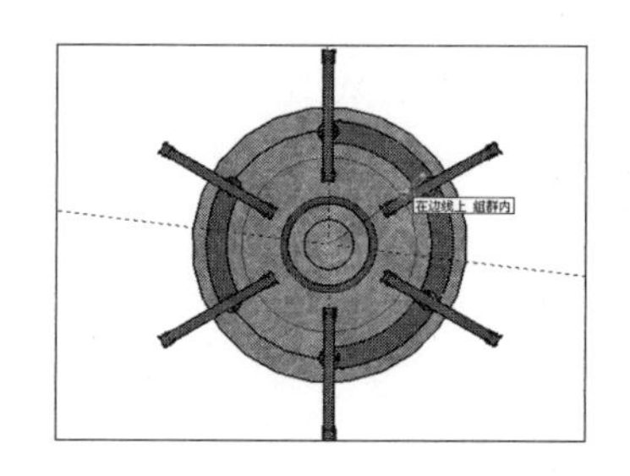
图 7-101　多重旋转复制休息平台

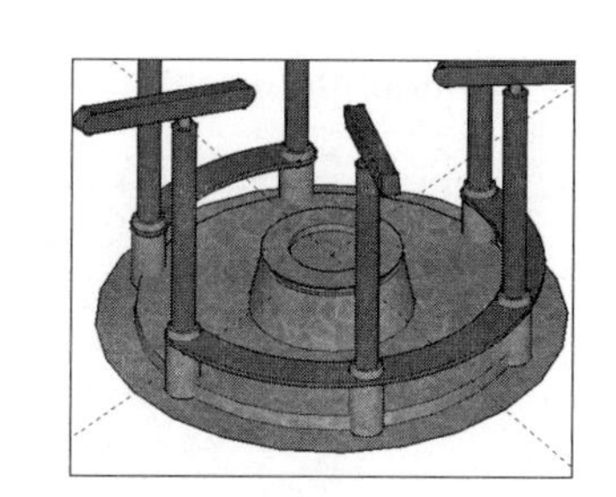
图 7-102　休息平台完成效果

步骤 12 结合使用【圆】、【偏移】以及【推 / 拉】工具，制作顶部圆形骨架，如图 7-103 所示，然后通过复制与缩放，完成其他骨架，如图 7-104 与图 7-105 所示。

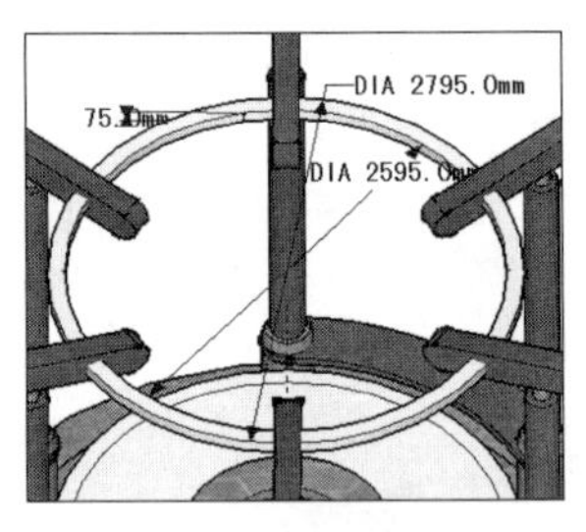

图 7-103　制作顶部圆形骨架

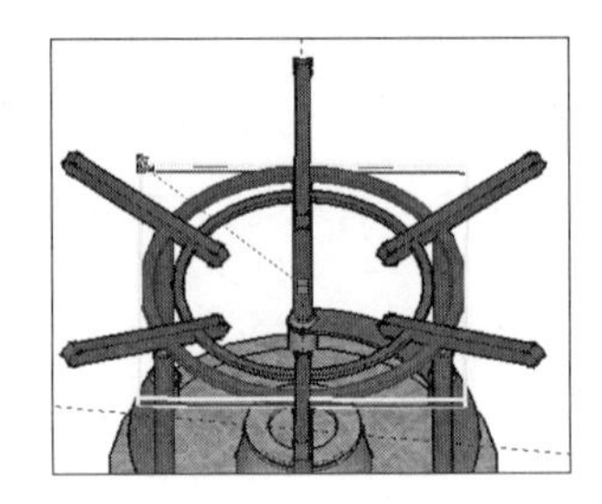
图 7-104　复制并缩放制作骨架

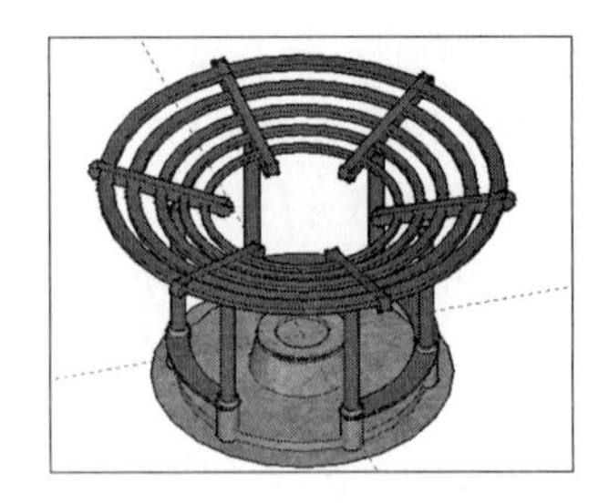
图 7-105　顶部骨架完成效果

步骤 13 打开【组件】面板，合并“花草”模型组件，如图 7-106 所示，调整好位置与造型大小，完成最终效果如图 7-107 所示。

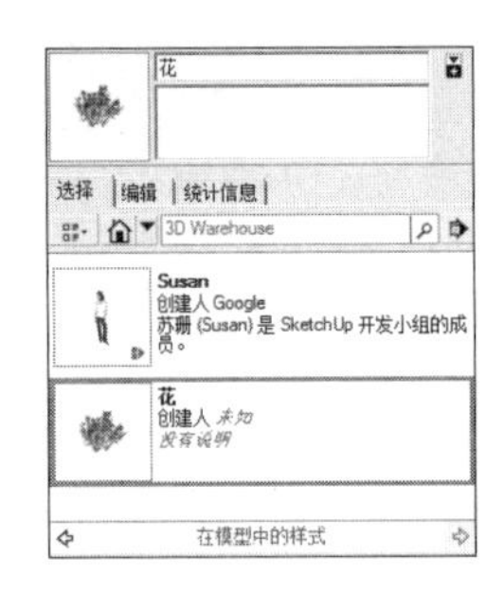

图 7-106　通过【组件】面板合并花草

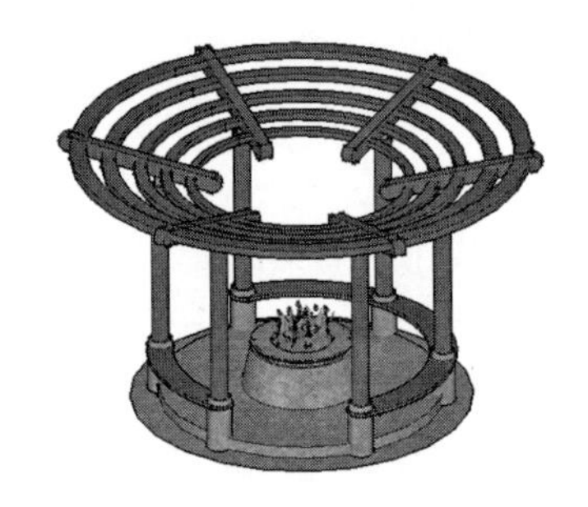
图 7-107　圆形休息廊架最终效果

101 游泳池

文件路径：配套资源 \ 第 07 章 \101	视频文件：视频 \ 第 07 章 \101.MP4

本例学习游泳池模型的制作，主要使用【矩形】、【圆弧】、【圆】、【偏移】以及【推 / 拉】等工具，在模型的制作过程中，重点掌握逐步细化模型的技巧。

步骤 01 启用【矩形】工具，绘制一个辅助矩形，然后将其细化用于捕捉定位，如图 7-108 与图 7-109 所示。

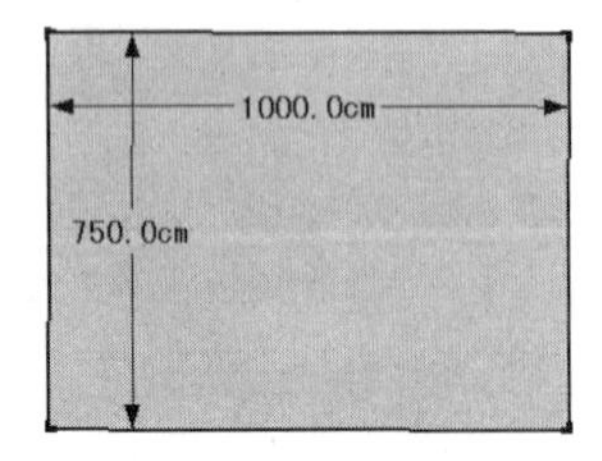

图 7-108　绘制矩形

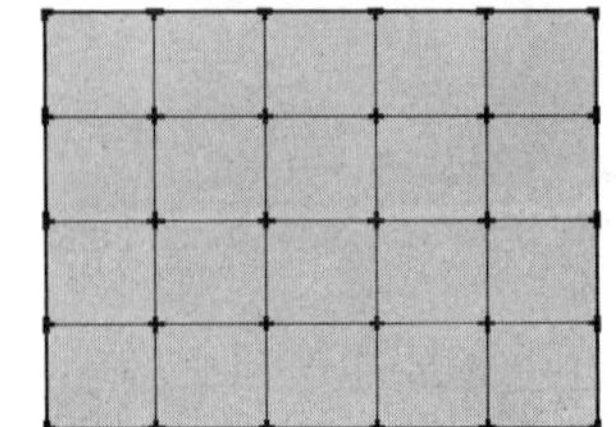

图 7-109　细分割矩形

步骤 02 结合使用【圆弧】与【圆】工具，细分出中心泳池与圆形休息池轮廓，如图 7-110 与图 7-111 所示。

步骤 03 结合使用【偏移】、【直线】以及【推/拉】工具，制作游泳池边沿细节，如图 7-112 与图 7-113 所示。

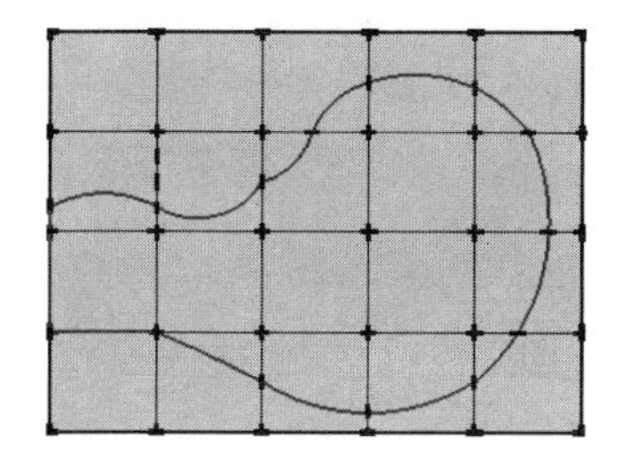
图 7-110　分割中心泳池细节

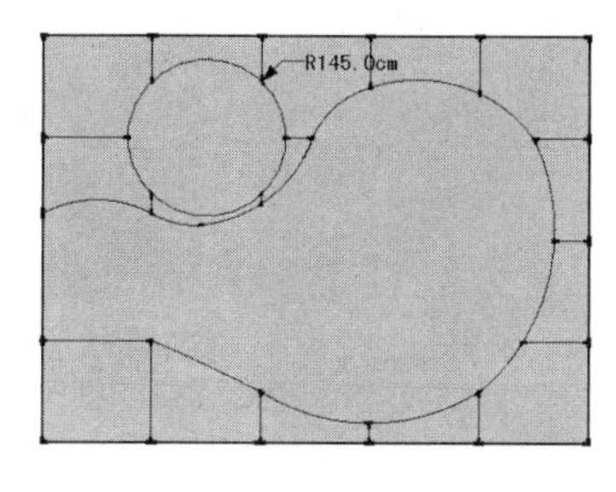

图 7-111　分割圆形休息池细节

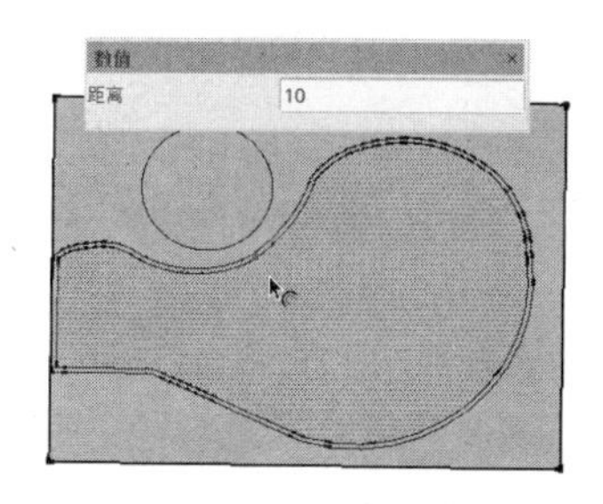

图 7-112　向内偏移复制 10mm

步骤 04 启用【推/拉】工具，制作出泳池深度，向上推拉复制出水面，并赋予池水材质，如图 7-114 ~ 图 7-116 所示。

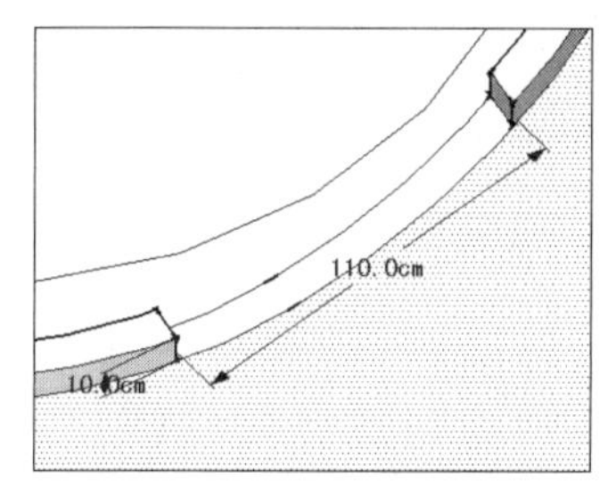

图 7-113　制作边沿细节

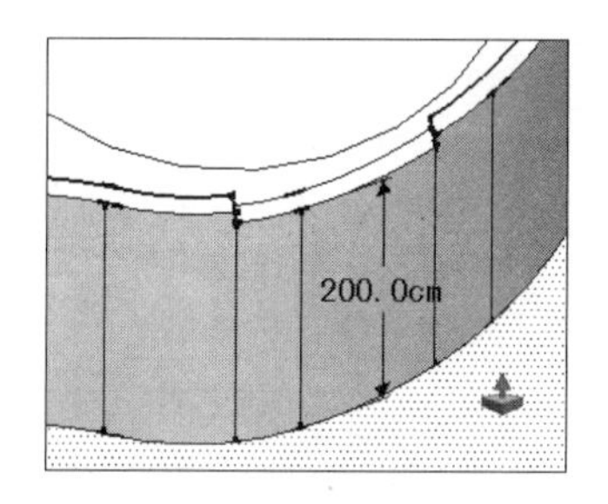

图 7-114　向下制作 200cm 深度

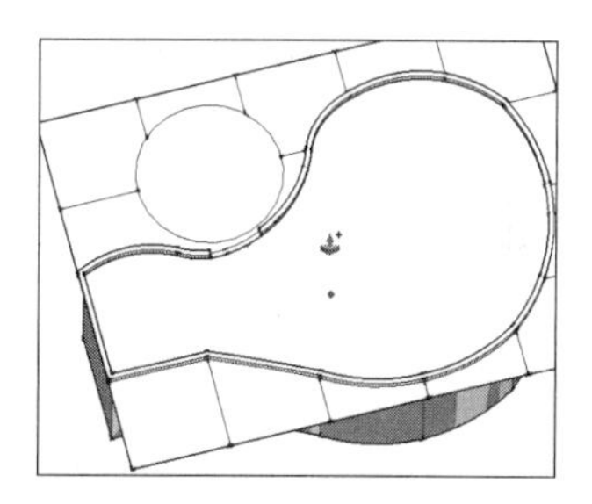
图 7-115　向上推拉复制出水面

步骤 05 隐藏水面模型，使用【圆弧】与【推/拉】工具，制作出池底入水平台，如图 7-117 与图 7-118 所示。

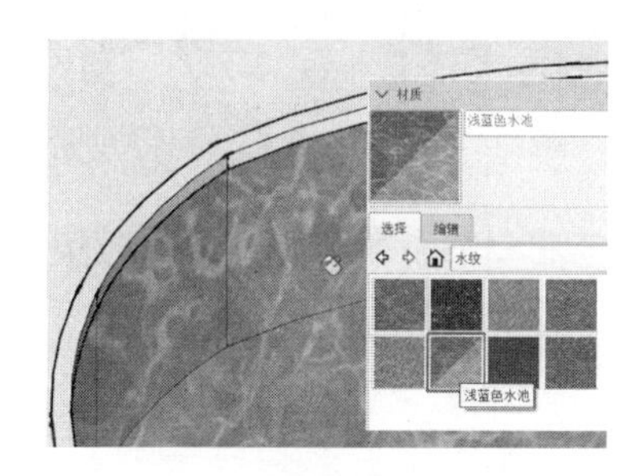

图 7-116　赋予浅水池材质

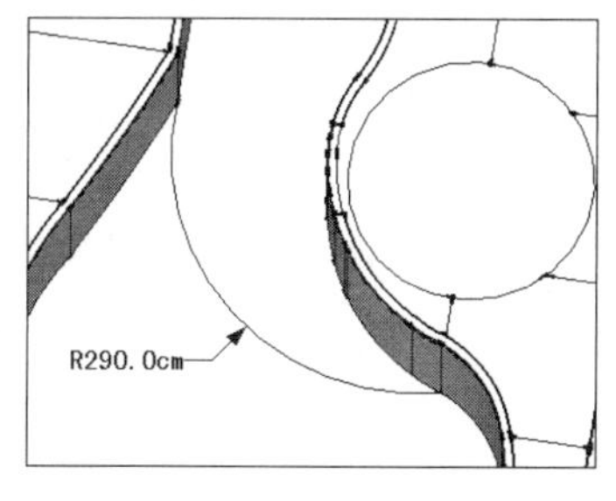

图 7-117　细分割泳池池底

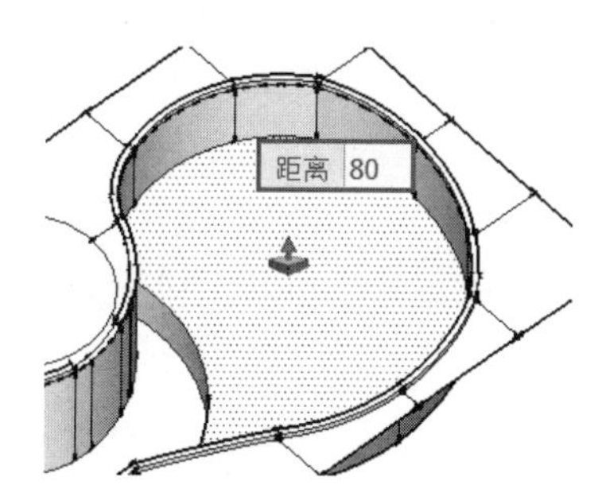

图 7-118　向上推拉创建浅水区

步骤 06 结合使用【圆】、【偏移】以及【推/拉】工具，制作游泳池台阶造型，如图 7-119 与图 7-120 所示。

步骤 07 结合使用【偏移】、【直线】以及【推/拉】工具，制作出圆形休息水池边沿细节，如图 7-121 ~ 图 7-124 所示。

步骤 08 结合使用【偏移】以及【推/拉】工具，制作出圆形休息池池底与水面，然后赋予水面材质，如图 7-125 与图 7-126 所示。

步骤 09 结合使用【偏移】以及【推/拉】工具，制作出圆形水池台阶细节，如图 7-127 所示。

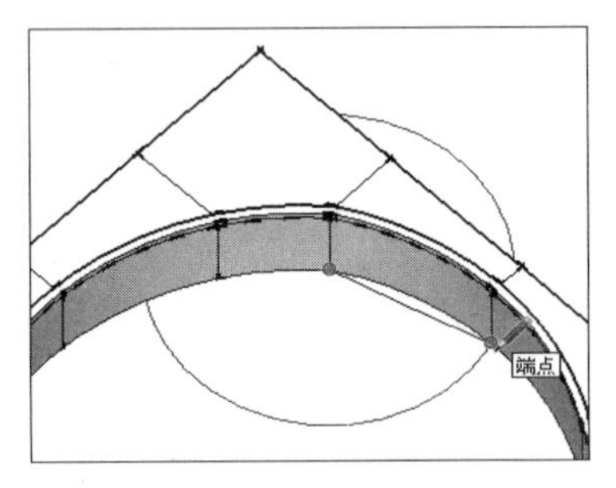

图 7-119　分割台阶截面

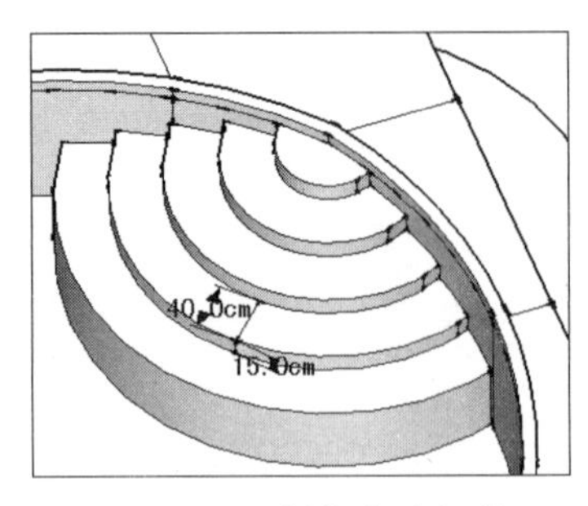

图 7-120　制作台阶细节

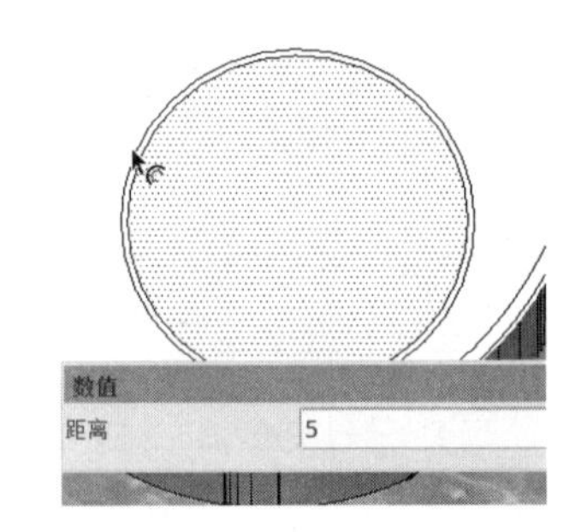

图 7-121　分割圆形泳池边沿

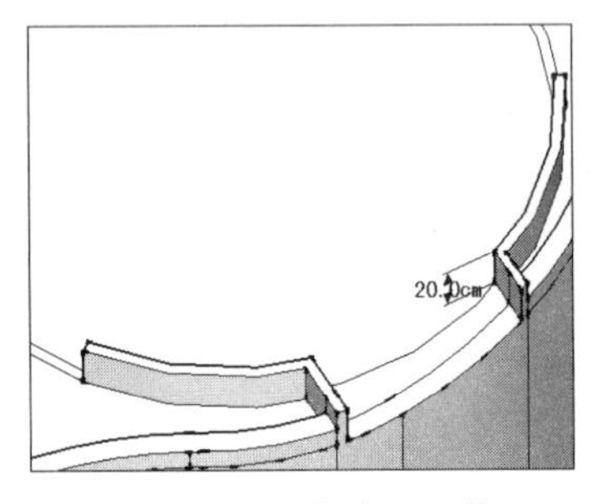

图 7-122　制作边沿细节 1

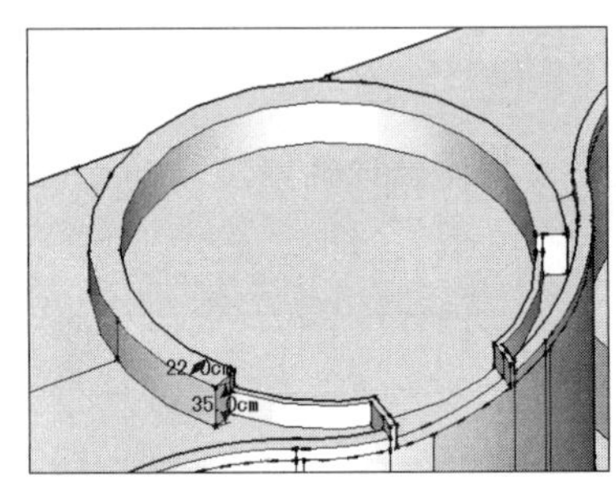

图 7-123　制作边沿细节 2

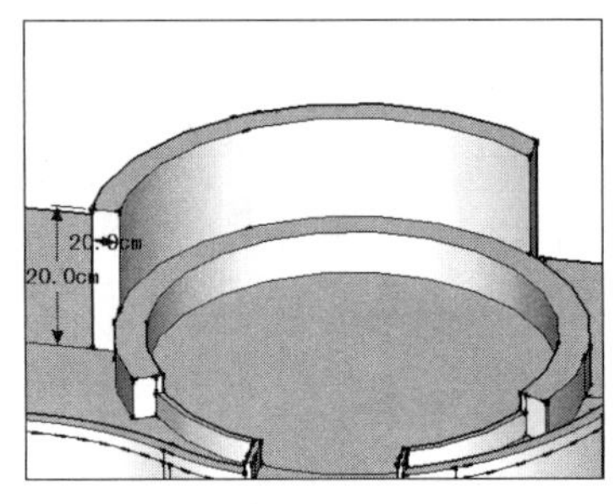

图 7-124　制作边沿细节 3

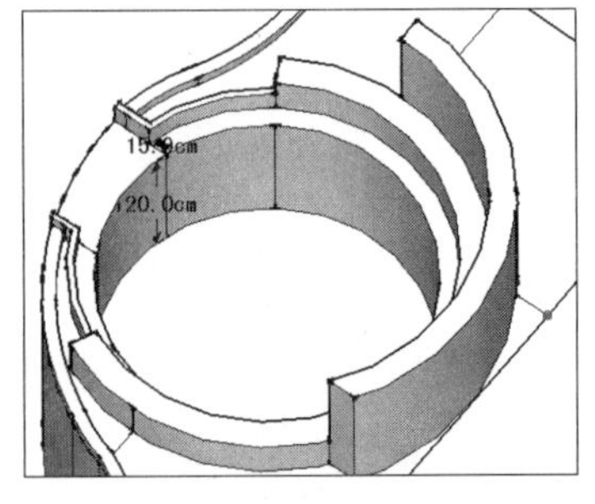

图 7-125　制作圆形休息池深度

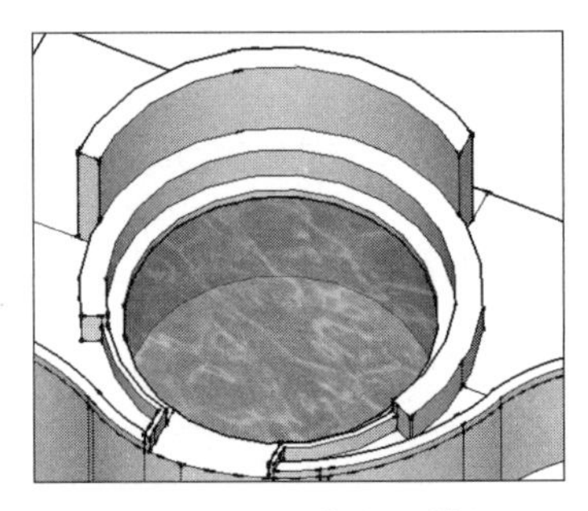

图 7-126　制作水面效果

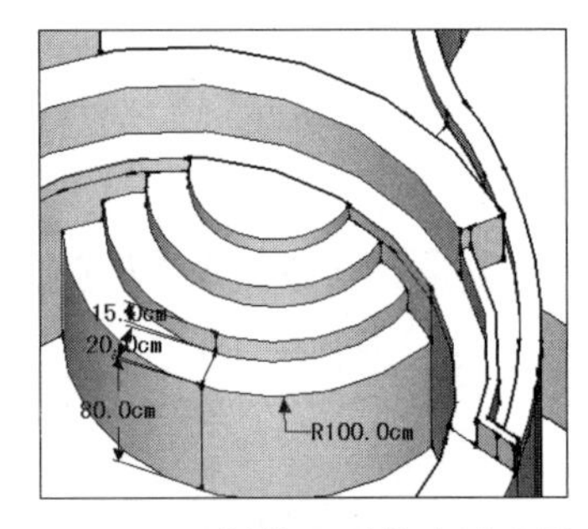

图 7-127　制作圆形休息池台阶

步骤 10 打开【材料】面板，分别赋予水池与平台马赛克与毛石材质，制作完成最终效果，如图 7-128 ~ 图 7-130 所示。

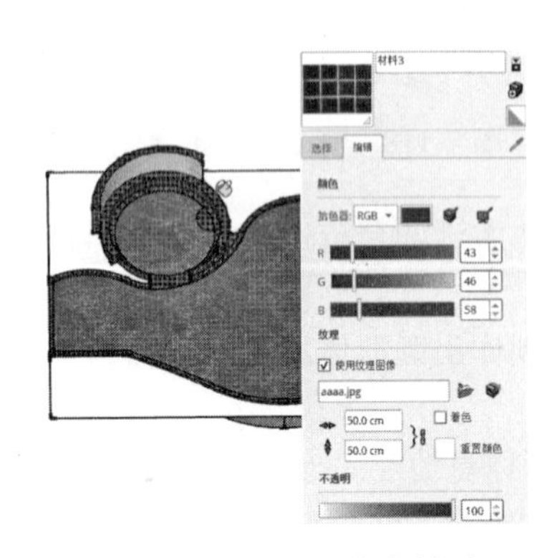

图 7-128　赋予马赛克材质

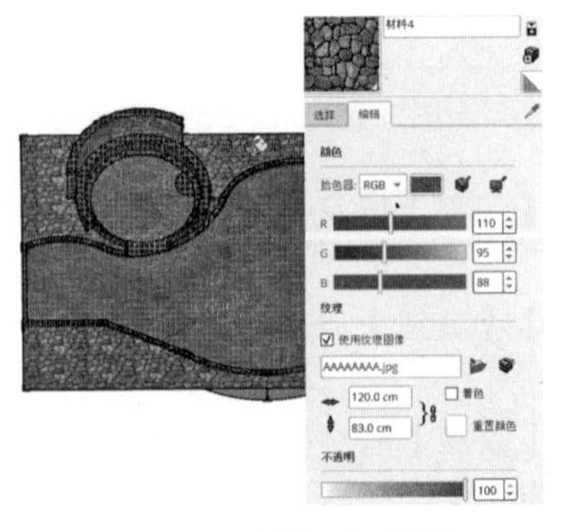

图 7-129　赋予毛石材质

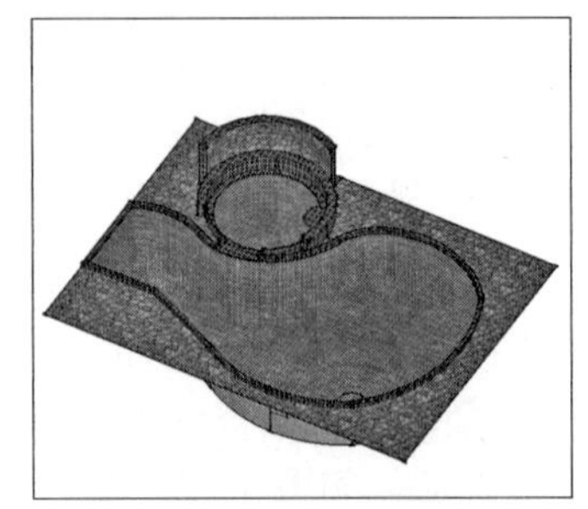

图 7-130　游泳池最终效果

102 休闲木平台

文件路径：配套资源 \ 第 07 章 \102	视频文件：视频 \ 第 07 章 \102.MP4

本例制作休闲木平台模型，主要使用【矩形】、【直线】、【推 / 拉】以及【卷尺】等工具，在模型的制作过程中，重点掌握逐步细化模型的建模技巧。

步骤 01 启用【矩形】命令，绘制一个 1100cm×720cm 的矩形，如图 7-131 所示，在矩形的右下角绘制一个边长为 365cm 的正方形分割面，如图 7-132 所示。

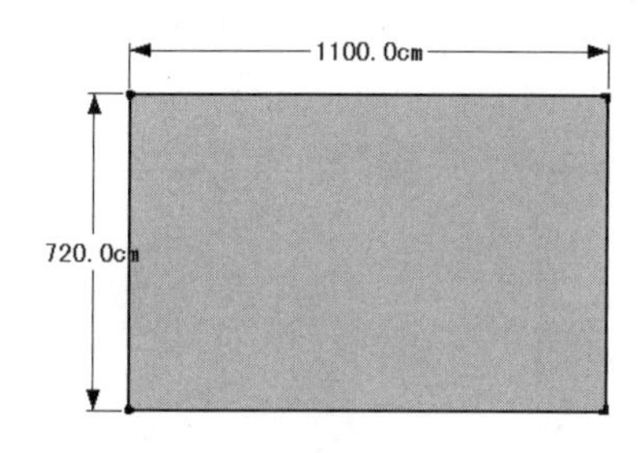

图 7-131　绘制矩形辅助面

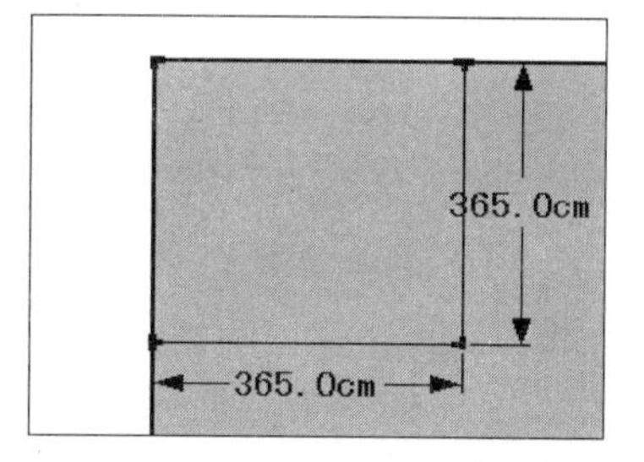

图 7-132　绘制正方形分割面

步骤 02 启用【推 / 拉】工具，创建好该处平台轮廓，如图 7-133 所示，启用【直线】工具，分割该处右下角的台阶平面，如图 7-134 所示。

步骤 03 启用【推 / 拉】工具制作台阶轮廓，如图 7-135 所示，然后结合使用【拆分】与【直线】工具，分割好台阶木板细节，如图 7-136 与图 7-137 所示。

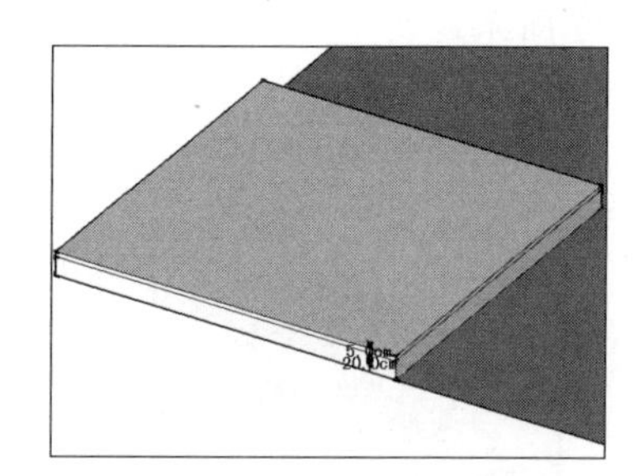
图 7-133　推拉复制平台轮廓

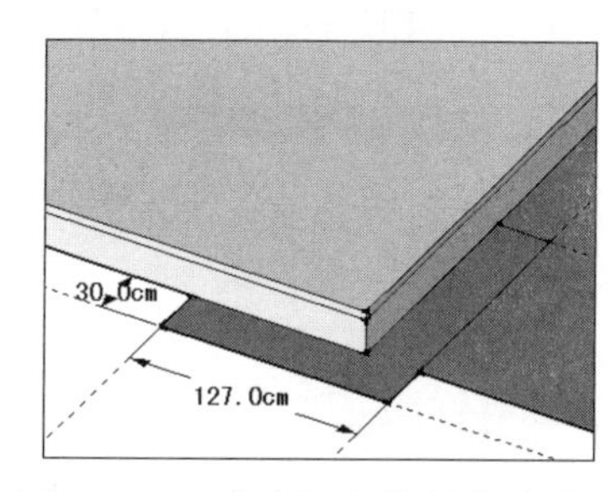

图 7-134　在右下角分割台阶平面

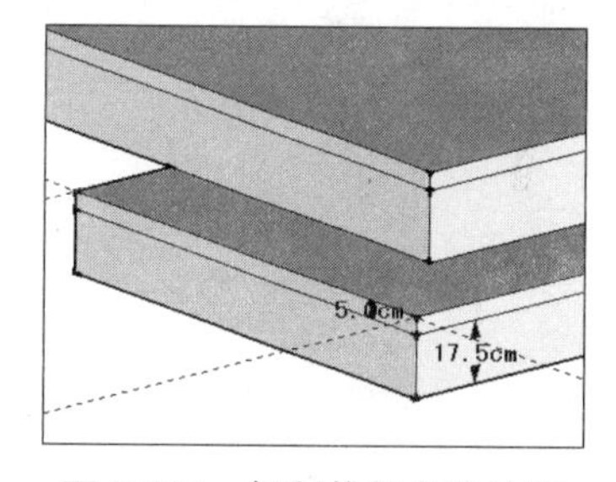

图 7-135　复制推拉台阶轮廓

步骤 04 结合使用【拆分】与【直线】工具，分割好左上角平台木板细节，如图 7-138 与图 7-139 所示，然后通过复制完成整体效果，如图 7-140 与图 7-141 所示。

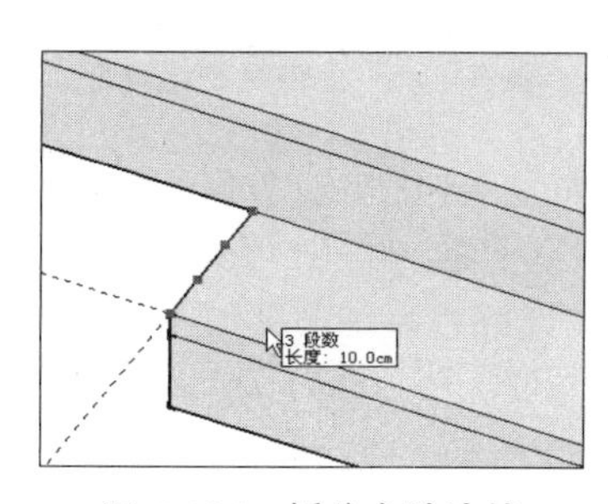

图 7-136　拆分台阶边线

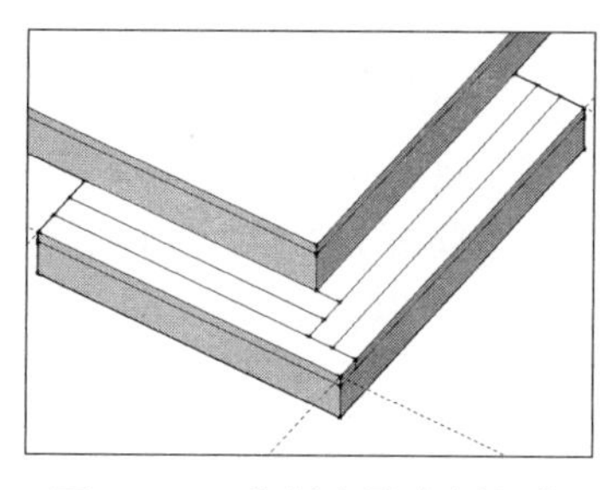
图 7-137　分割台阶木板细节

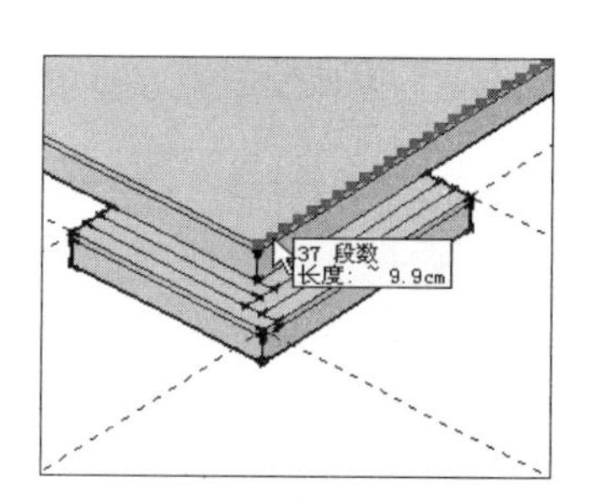

图 7-138　拆分右边线

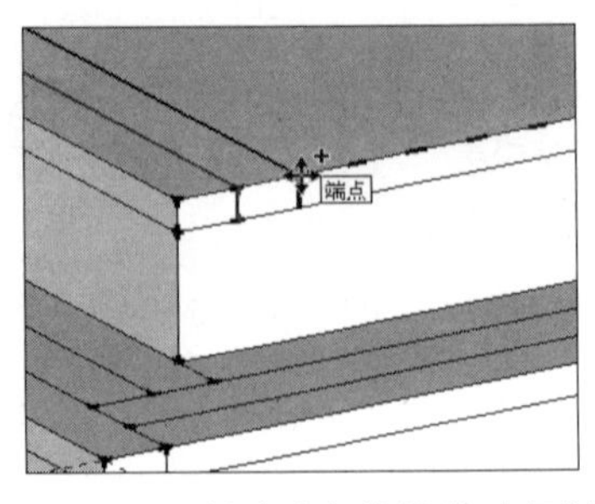

图 7-139　创建分割线并移动复制

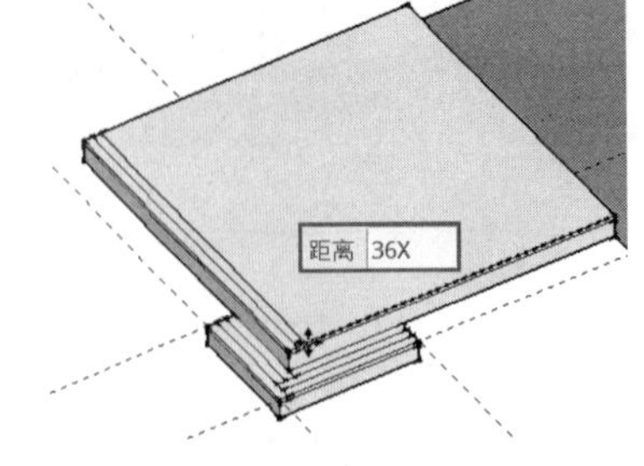

图 7-140　多重移动复制分割线

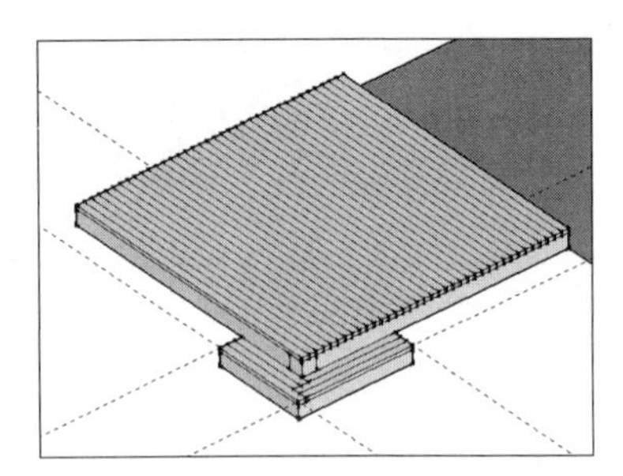
图 7-141　左上角平台初步效果

步骤 05 结合使用【矩形】与【推/拉】工具，创建好立柱轮廓与顶部细分面，如图 7-142 与图 7-143 所示，结合使用【卷尺】、【直线】以及【推/拉】工具，创建好柱头细节，如图 7-144 所示。

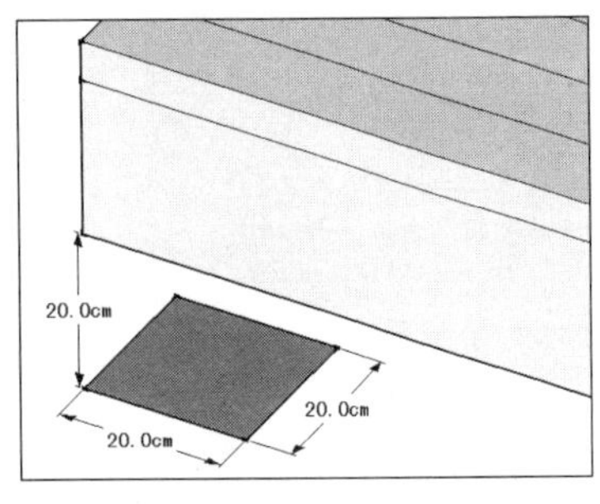

图 7-142　绘制立柱截面

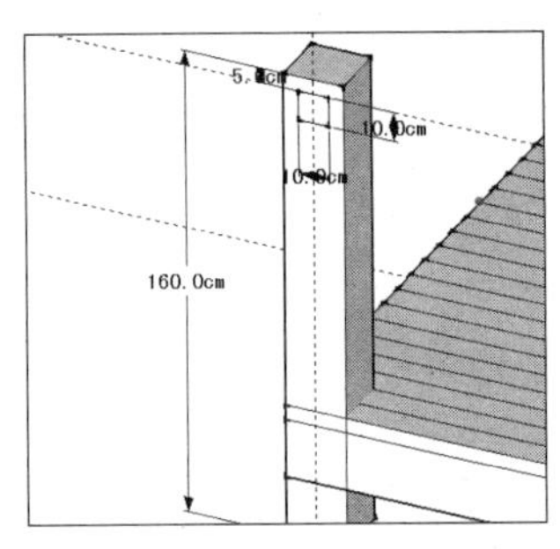

图 7-143　创建立柱并细分

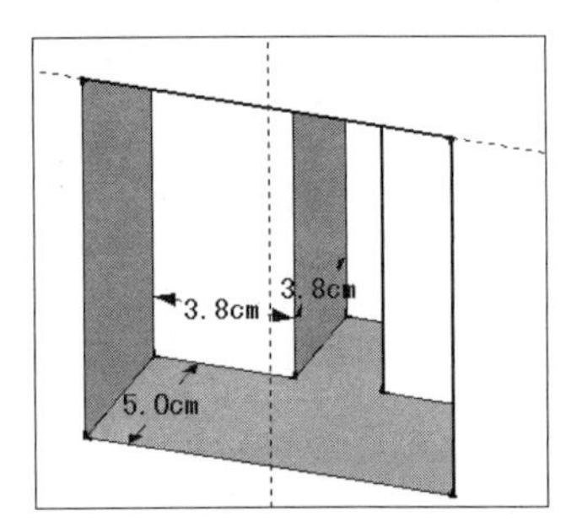

图 7-144　制作柱头细节

步骤 06 将创建柱头细节创建为组，并选择【所有】粘合，如图 7-145 与图 7-146 所示，然后通过多重旋转复制，快速制作好其他方向的柱头细节，如图 7-147 所示。

图 7-145　将凹凸细节创建为组件

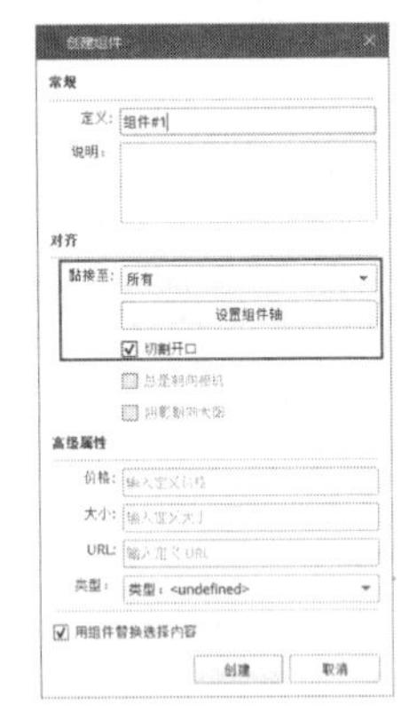

图 7-146　选择切割开口参数

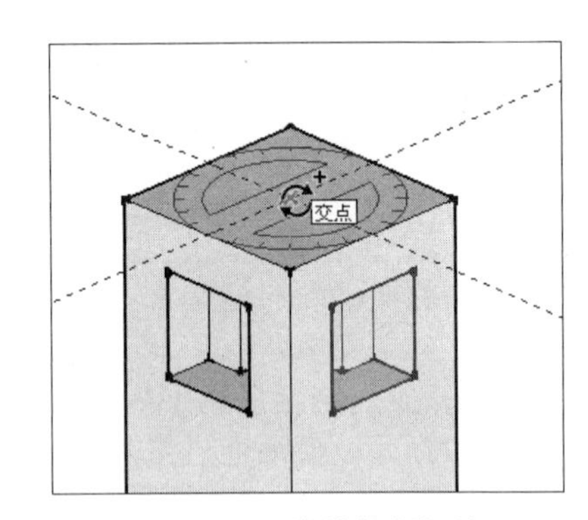

图 7-147　旋转复制组件

步骤 07 将制作好的立柱创建为【组】，然后进行移动复制，如图 7-148 与图 7-149 所示。

步骤 08 结合使用【卷尺】以及【直线】工具，创建好栏杆轮廓平面，如图 7-150 所示。

步骤 09 结合使用【卷尺】、【直线】以及【推/拉】工具，创建好栏杆细节，如图 7-151 ~ 图 7-153 所示。

步骤 10 通过类似方法，制作该处平台的其他栏杆，如图 7-154 所示。然后制作右侧的平台与栏杆，如图 7-155 与图 7-156 所示。接下来制作平台间的木桥。

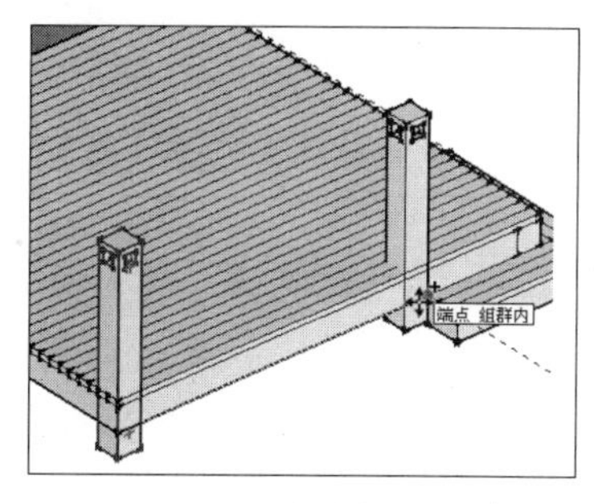

图 7-148　移动复制立柱

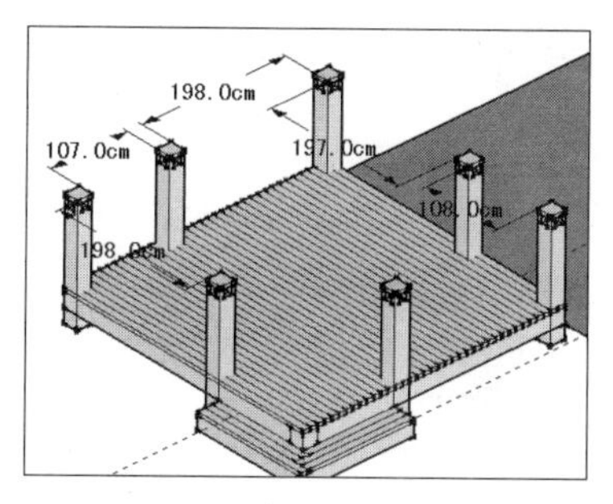

图 7-149　左上角立柱复制完成效果

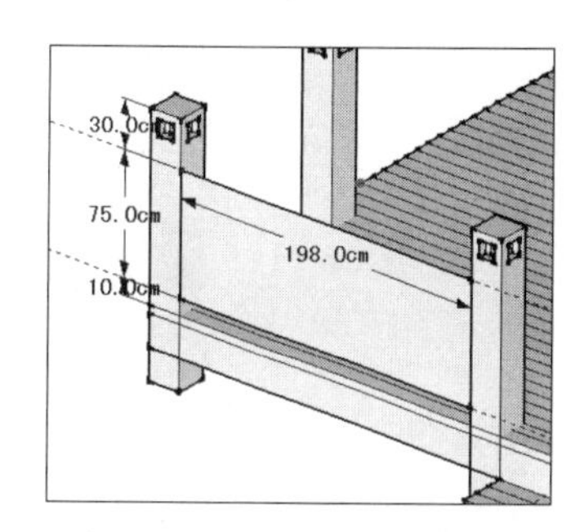

图 7-150　创建栏杆轮廓平面

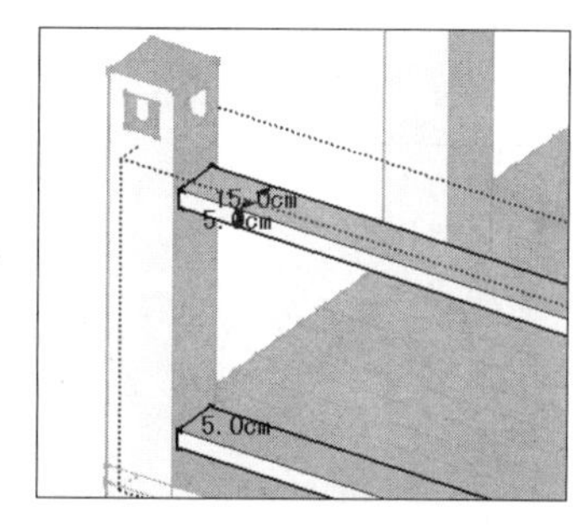

图 7-151　制作栏杆平台

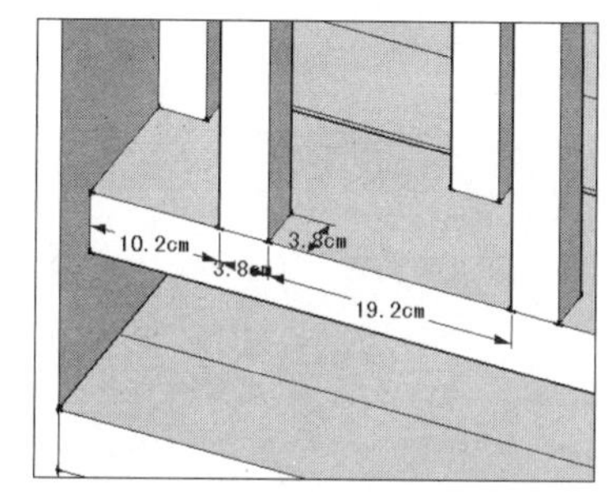

图 7-152　制作栏杆细节

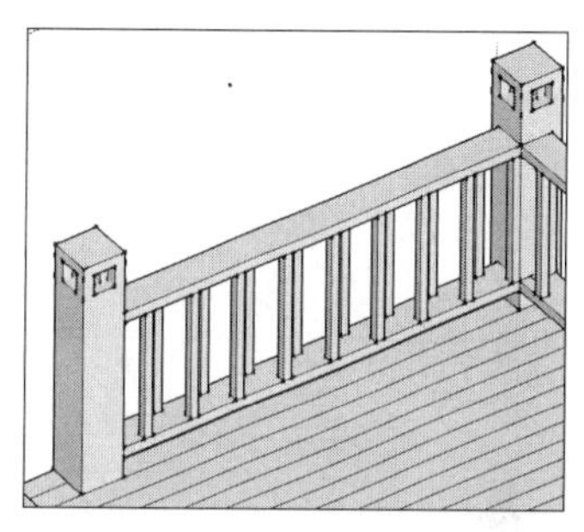

图 7-153　部分栏杆完成效果

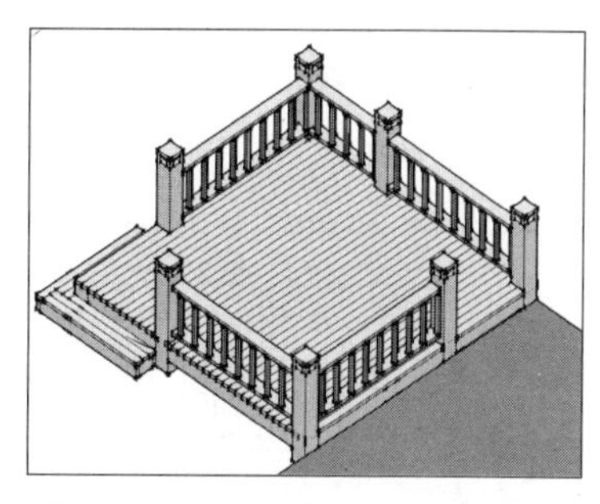

图 7-154　左上角平台完成效果

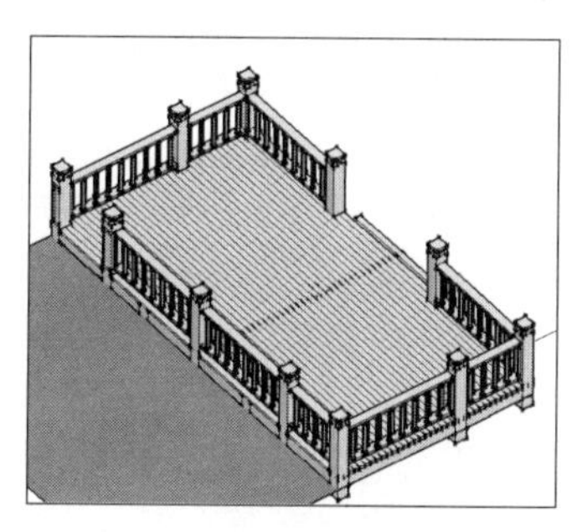

图 7-155　右侧平台完成效果

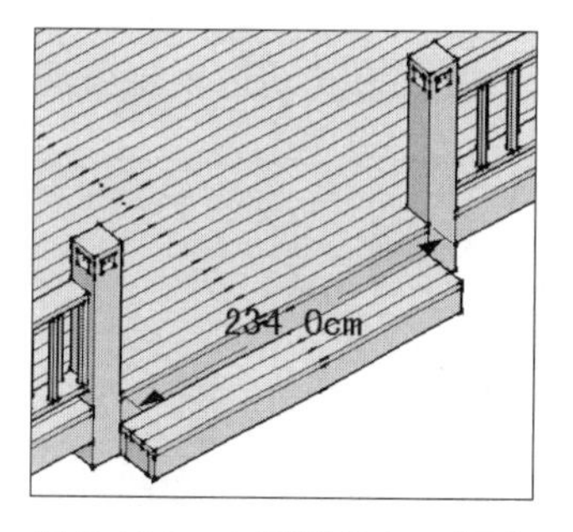

图 7-156　右侧平台入口细节

步骤 11 结合使用【卷尺】、【矩形】以及【翻转方向】等工具创建好台阶线形，如图 7-157 ~ 图 7-159 所示。

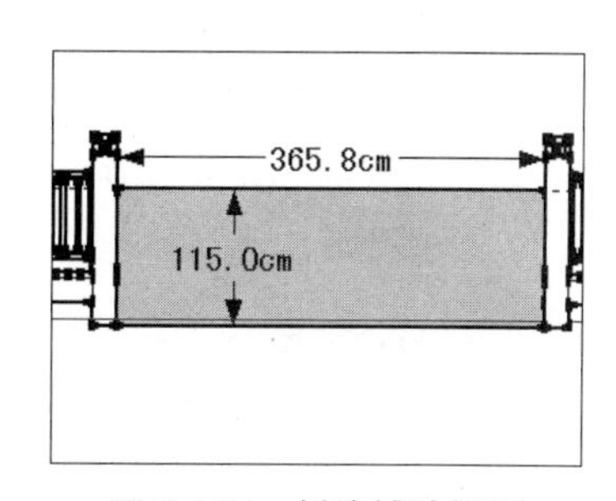

图 7-157　创建辅助矩形

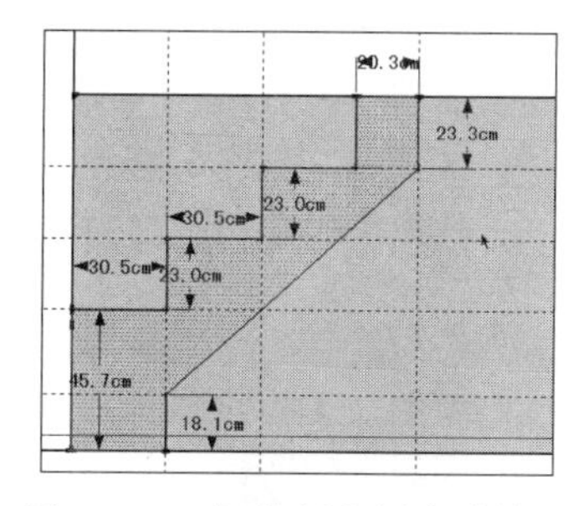

图 7-158　细分割左侧台阶线形

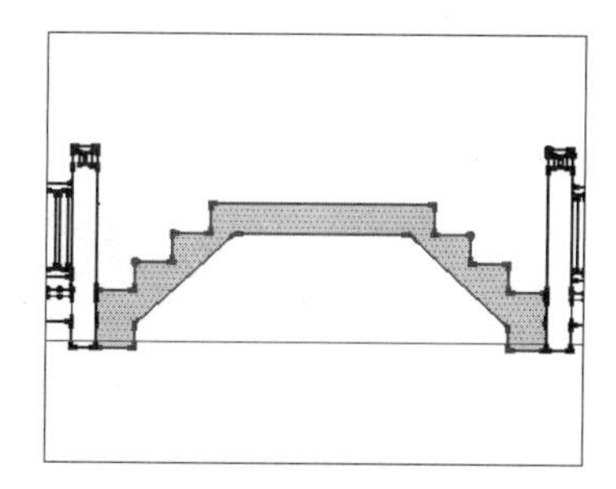

图 7-159　复制并镜像台阶线形

步骤 12 使用【推 / 拉】工具制作木桥宽度，如图 7-160 所示，然后结合使用【偏移】、【直线】以及【翻转方向】等工具创建好单侧木桥细节，如图 7-161 与图 7-162 所示。

步骤⑬ 删除未进行细化的右侧木桥，通过【移动】与【翻转方向】制作好整体效果，如图 7-163 ~ 图 7-165 所示。

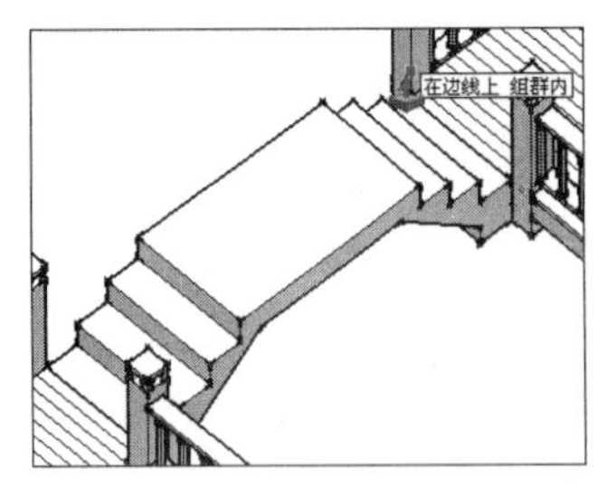

图 7-160　制作木桥宽度

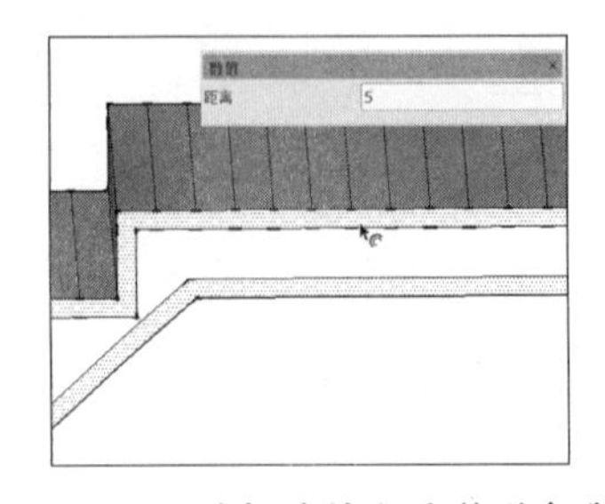

图 7-161　选择边线向内偏移复制

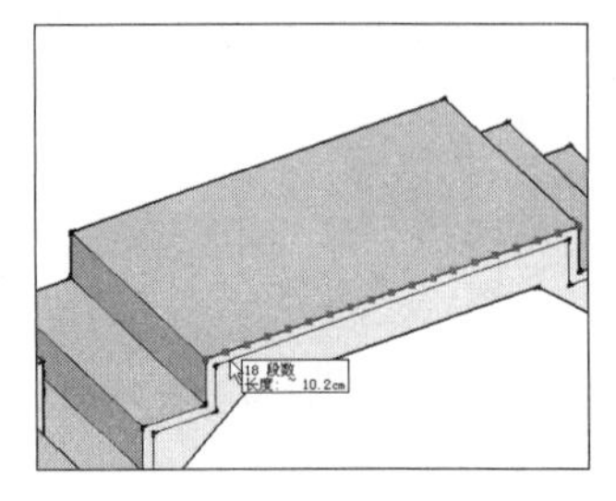
图 7-162　拆分桥面边线

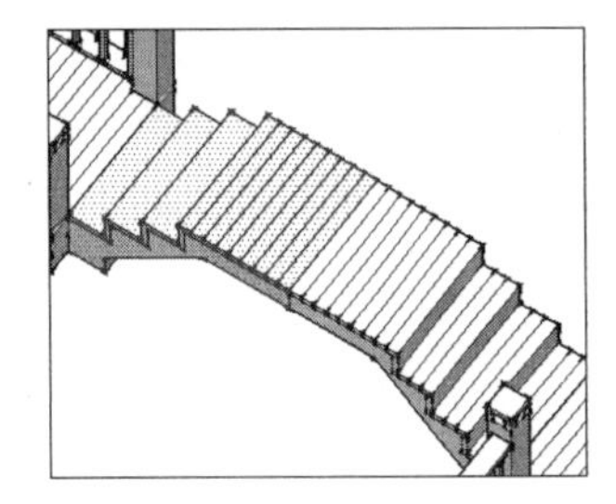
图 7-163　绘制单侧木板细节

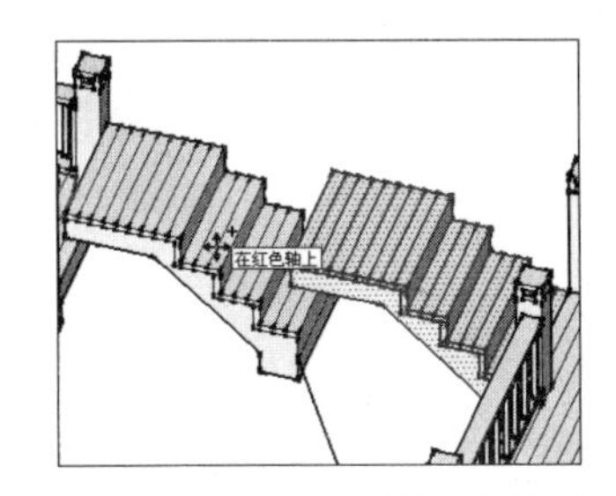

图 7-164　移动复制细节模型

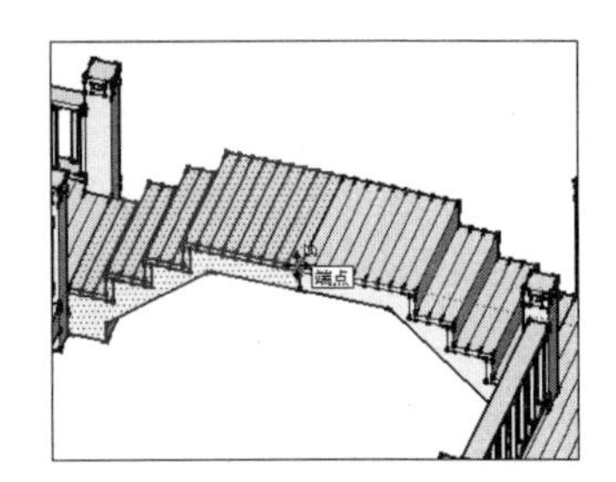

图 7-165　镜像完成整体效果

步骤⑭ 通过复制与调整，制作好木桥单侧立柱与栏杆，如图 7-166 ~ 图 7-168 所示。

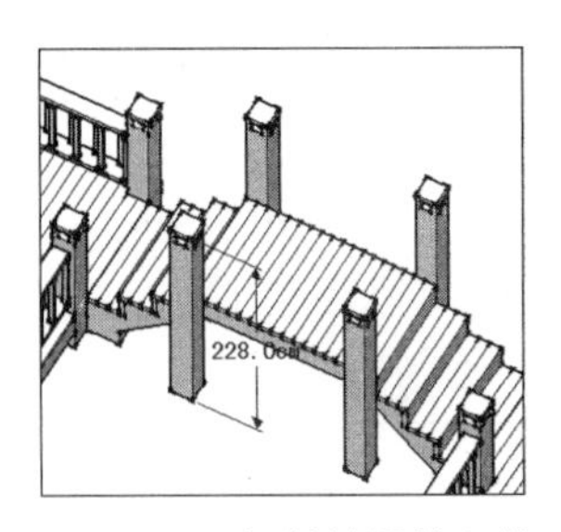
图 7-166　复制并调整立柱

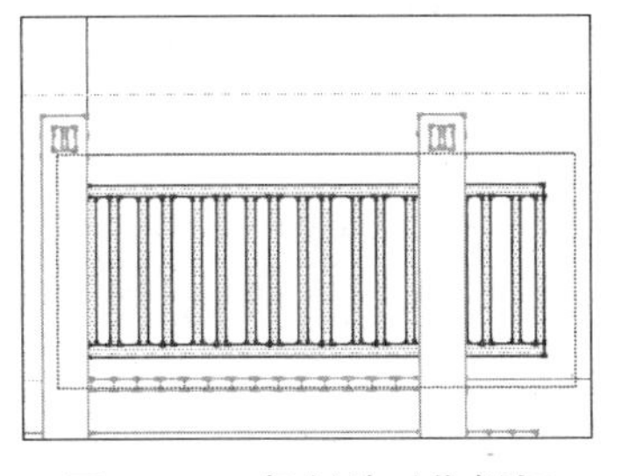
图 7-167　复制并对位栏杆

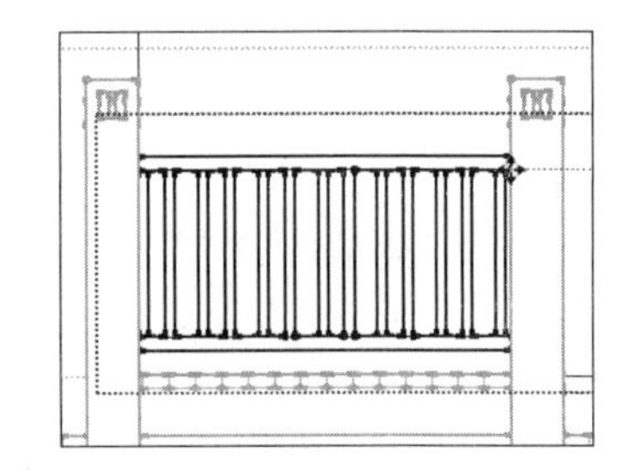
图 7-168　调整栏杆整体长度

步骤⑮ 将制作好的单侧立柱与栏杆复制至对侧，如图 7-169 所示，然后打开【材质】面板，赋予木材质，完成最终效果，如图 7-170 与图 7-171 所示。

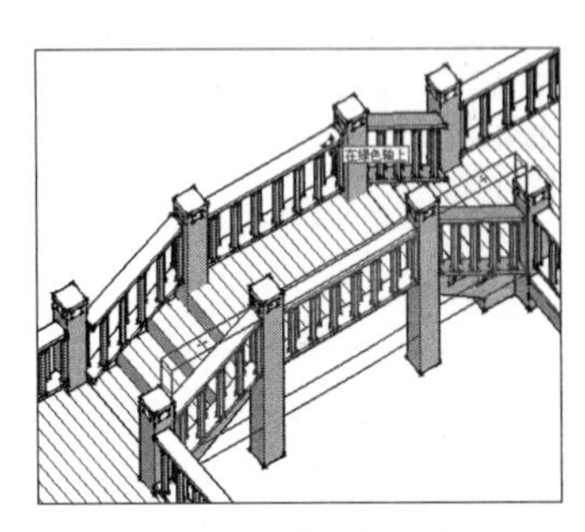
图 7-169　整体复制栏杆

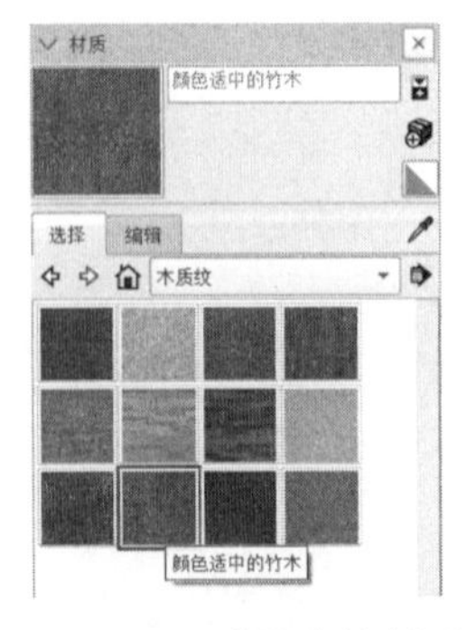

图 7-170　赋予木纹材质

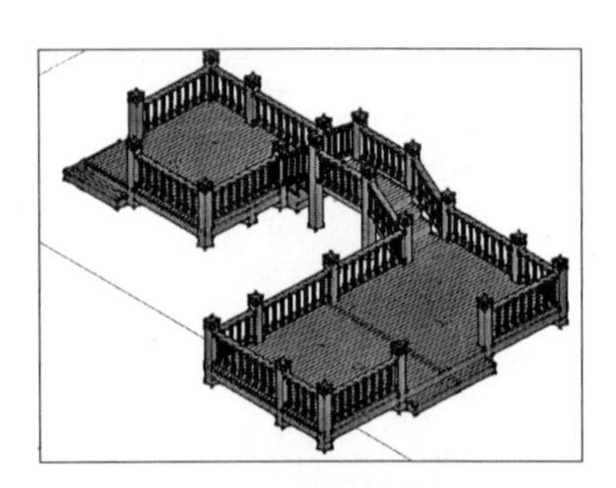
图 7-171　休闲木平台最终效果

103 欧式凉亭

文件路径：配套资源 \ 第 07 章 \103	视频文件：视频 \ 第 07 章 \103.MP4

本例学习欧式凉亭模型的制作，主要使用【圆】、【圆弧】、【直线】、【推 / 拉】以及【路径跟随】等工具。

步骤 01 结合使用【圆】与【推 / 拉】工具，制作出圆形底部轮廓，如图 7-172 与图 7-173 所示。

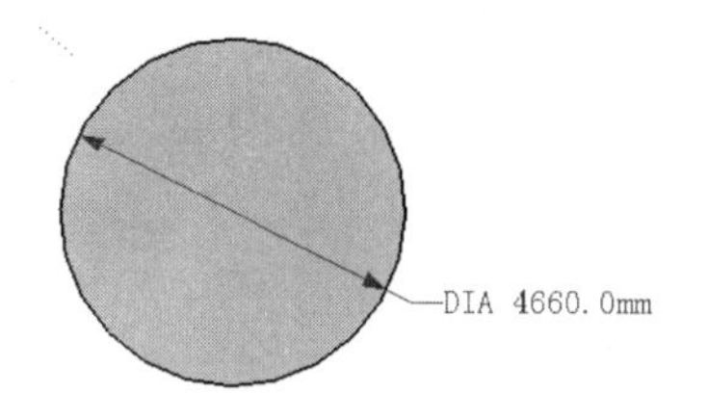

图 7-172 绘制圆形

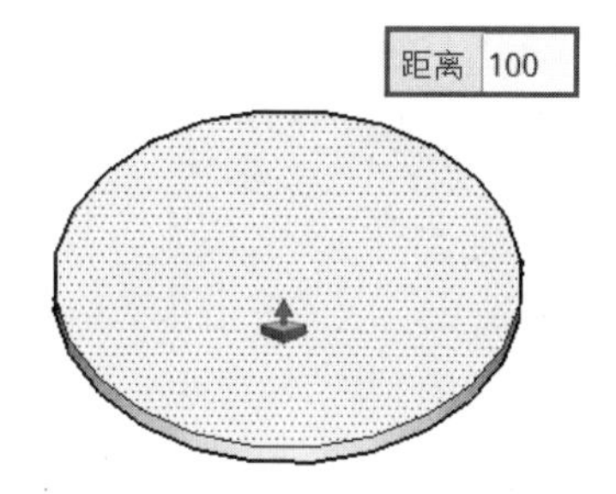

图 7-173 推拉厚度

步骤 02 结合使用【偏移】与【推 / 拉】工具，制作出底部边沿细节，如图 7-174 所示。

步骤 03 结合使用【矩形】、【推 / 拉】以及【偏移】工具，制作石柱轮廓细节，如图 7-175 与图 7-176 所示。

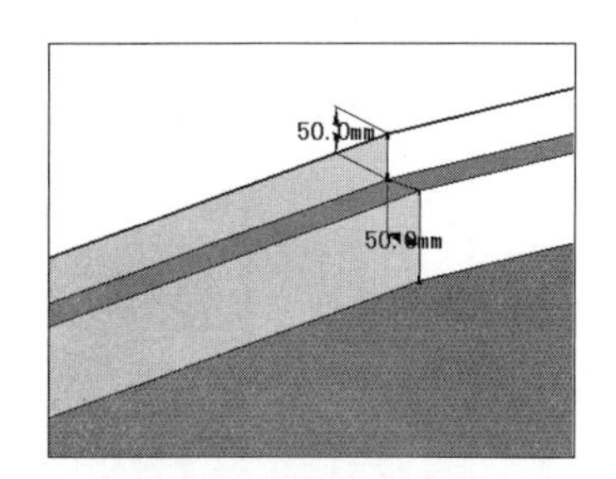

图 7-174 制作底部边沿细节

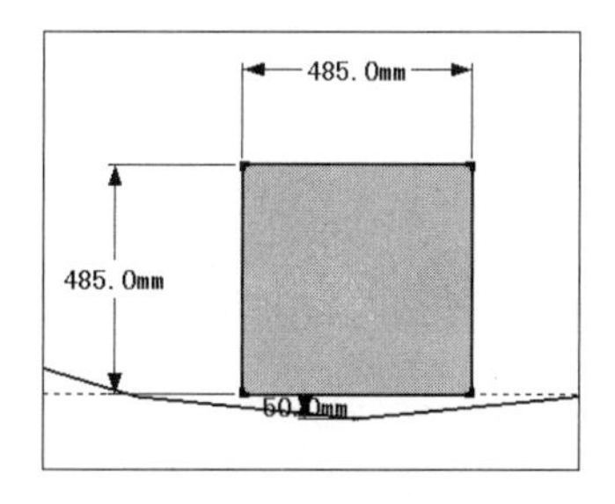

图 7-175 创建矩形

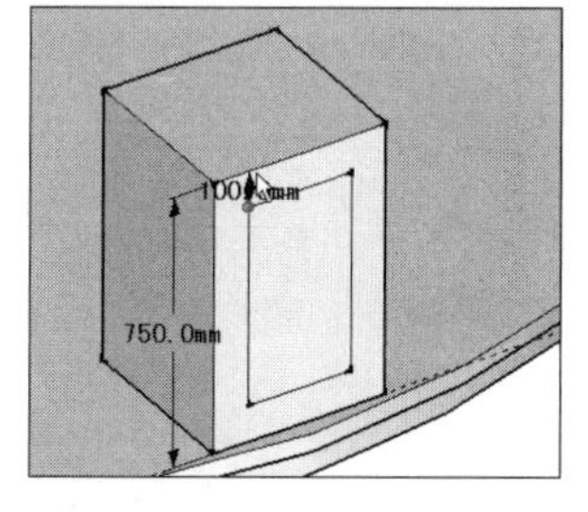

图 7-176 制作石柱轮廓

步骤 04 结合使用【偏移】与【推 / 拉】工具，制作正面线条细节，然后旋转复制至其他侧面，如图 7-177 与图 7-178 所示。

步骤 05 结合使用【圆弧】与【直线】工具，绘制石墩上部角线截面，然后使用【路径跟随】工具制作出边沿细节，如图 7-179 与图 7-180 所示。

步骤 06 结合使用【直线】与【圆弧】工具，绘制石柱底部角线截面与路径，然后使用【路径跟随】工具制作出三维造型，如图 7-181 与图 7-182 所示。

步骤 07 结合使用【推 / 拉】、【移动】以及【缩放】工具，制作圆形石柱与顶部角线效果，如图 7-183 ~ 图 7-185 所示。

步骤 08 整体选择石墩与石柱，通过多重旋转复制，制作出其他位置的造型，如图 7-186 与图 7-187 所示。

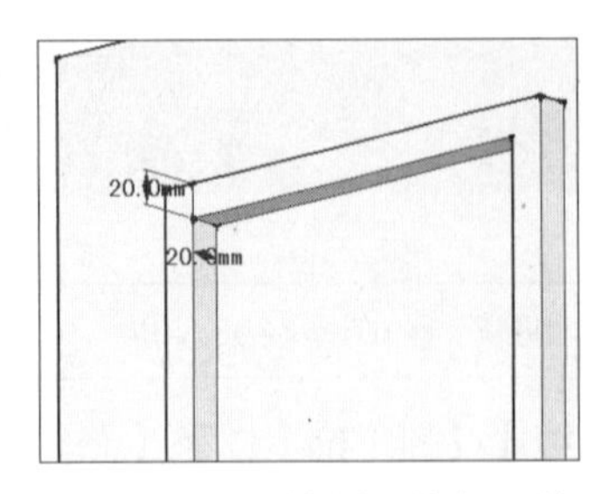
图 7-177　制作侧面线条细节

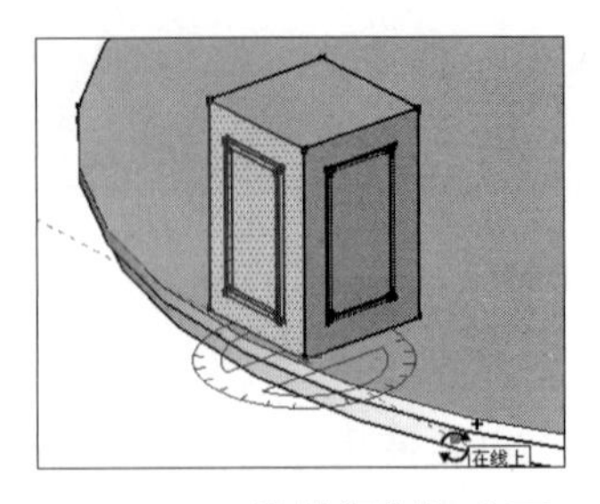

图 7-178　旋转复制细节面

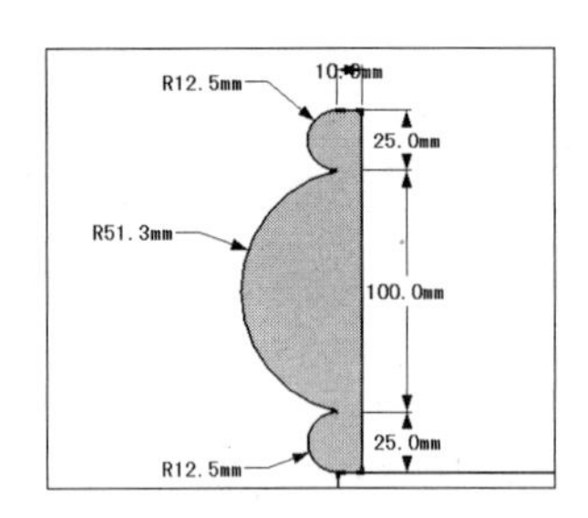

图 7-179　创建角线截面

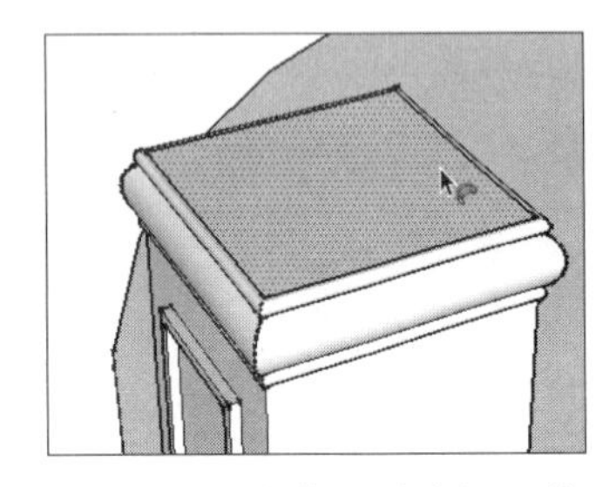
图 7-180　制作石墩边沿细节

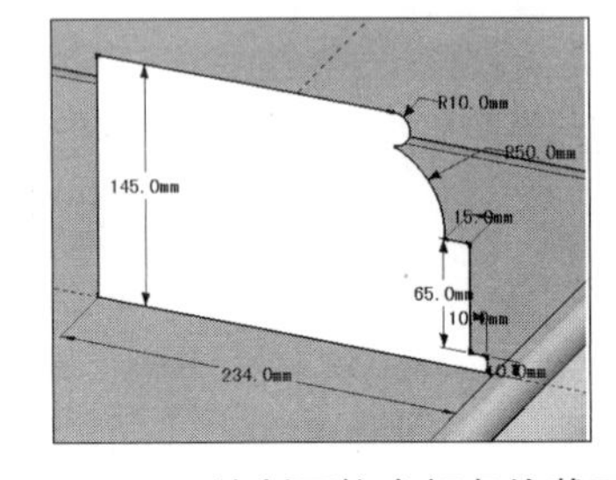

图 7-181　绘制石柱底部角线截面

图 7-182　使用【路径跟随】工具

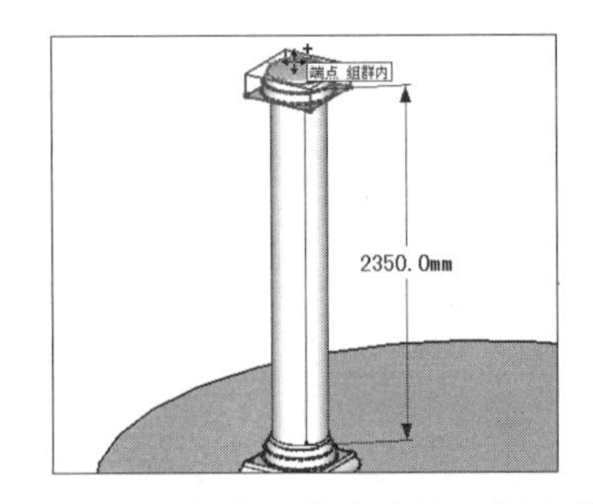

图 7-183　制作石柱高度并复制角线

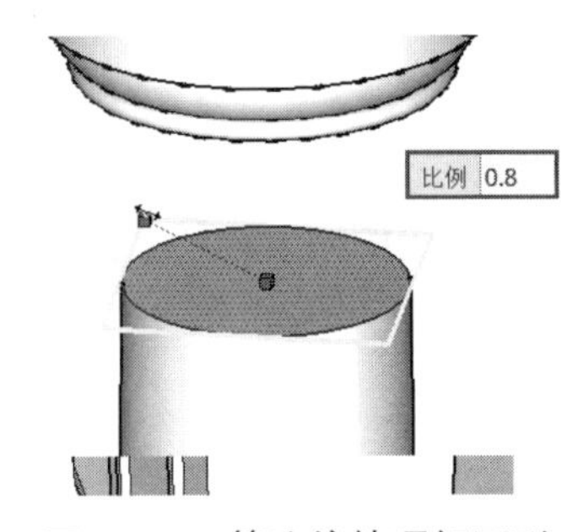

图 7-184　等比缩放顶部圆形

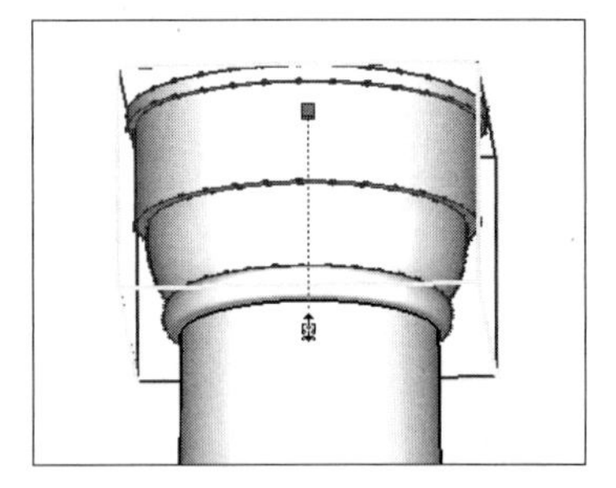
图 7-185　缩放调整角线造型

步骤 09 启用【圆弧】与【直线】工具，捕捉石墩顶点绘制出休息平台截面，如图 7-188 与图 7-189 所示。

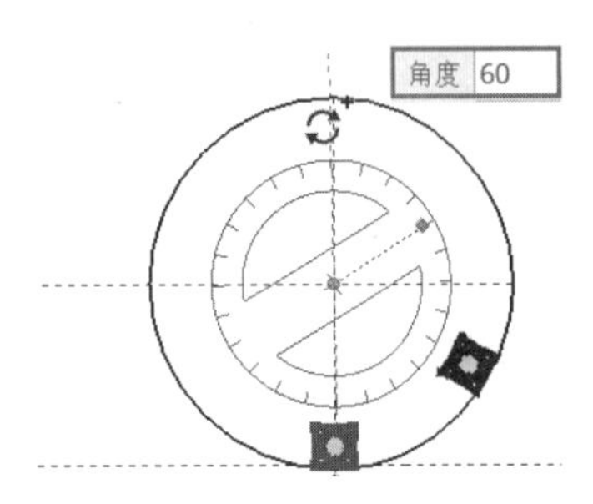

图 7-186　整体旋转复制立柱

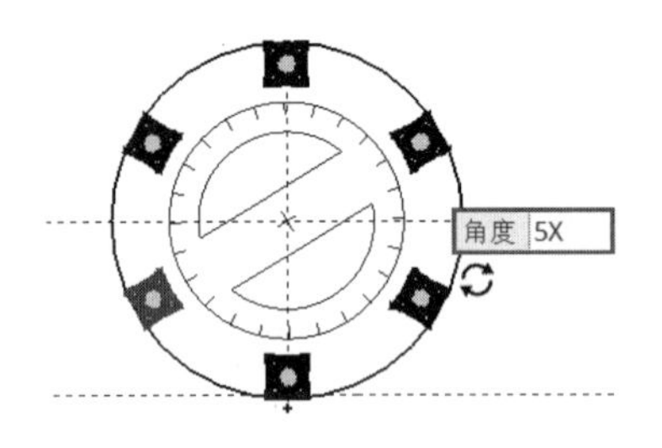

图 7-187　多重旋转复制

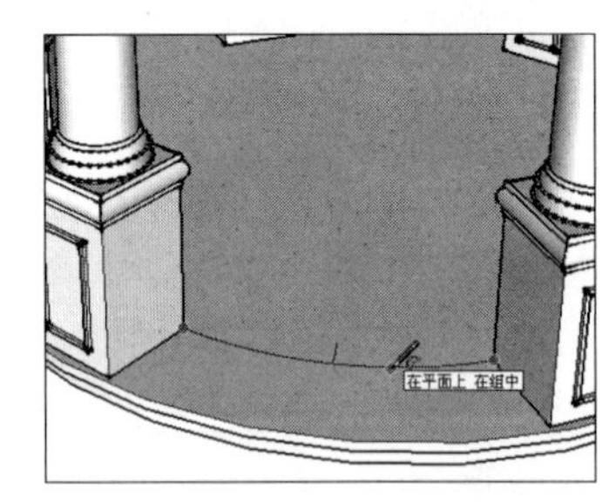

图 7-188　捕捉端点绘制弧线

步骤 10 结合使用【推 / 拉】与【偏移】工具，制作出单个休息平台，如图 7-190 与图 7-191 所示。

步骤 11 启用【旋转】工具，选择制作好的休息平台进行旋转复制，完成效果如图 7-192 所示。

步骤⑫ 结合使用【圆】与【偏移】工具，制作出顶部圆环平面，如图 7-193 与图 7-194 所示。

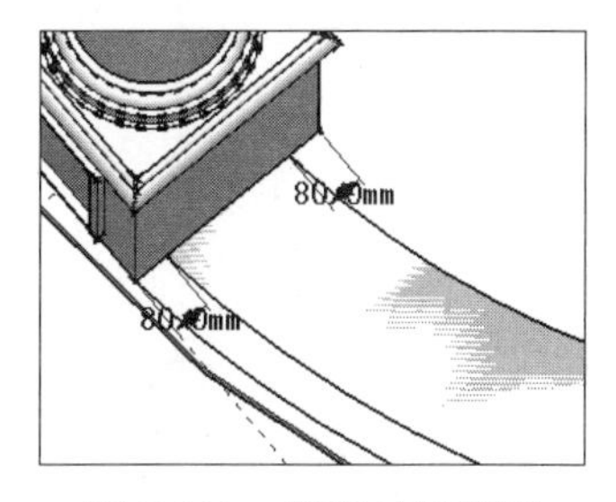

图 7-189　创建封闭平面

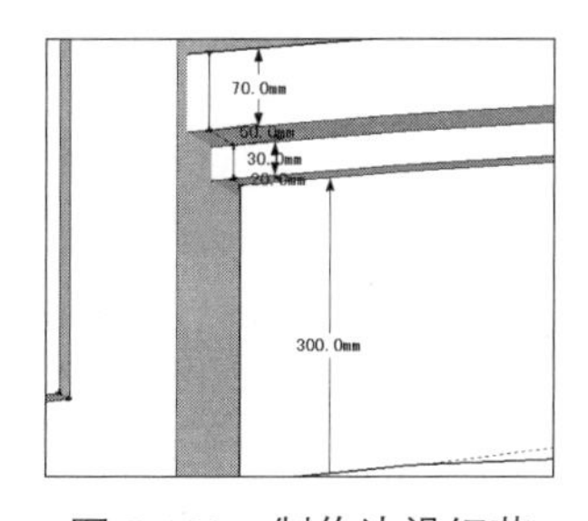

图 7-190　制作边沿细节

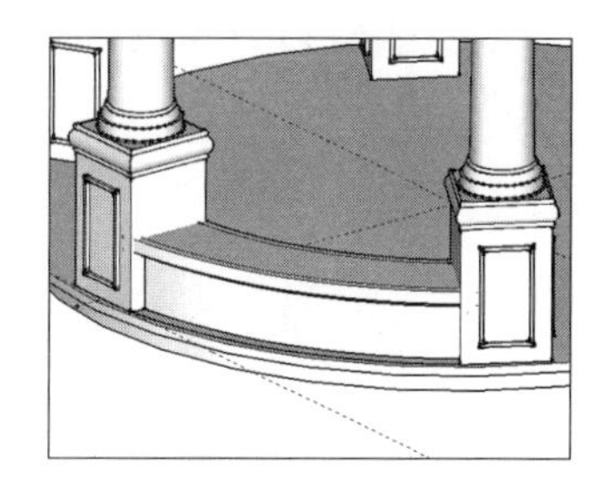
图 7-191　单个休息平台完成效果

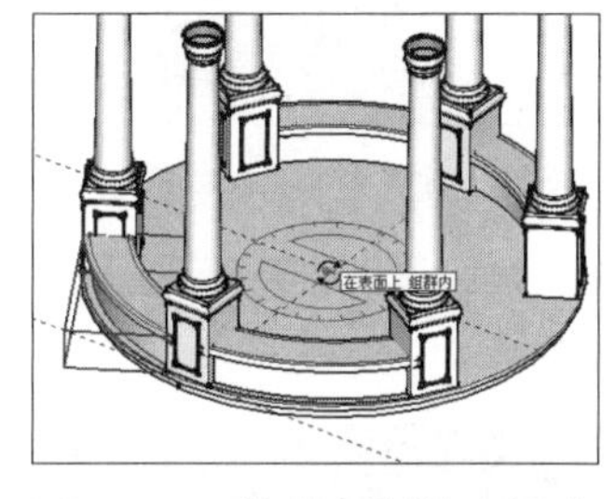
图 7-192　旋转复制休息平台

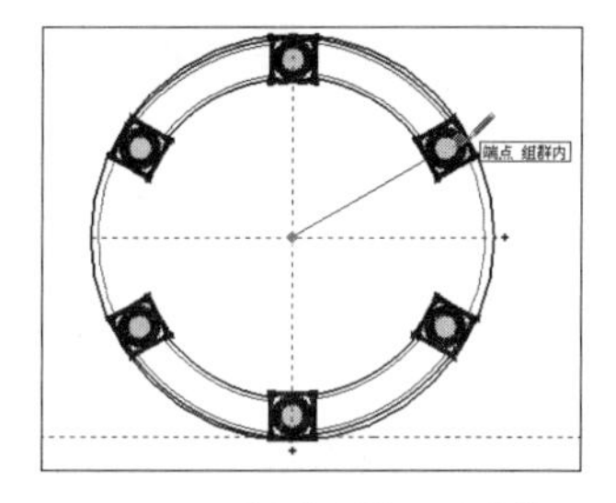
图 7-193　创建顶部圆形截面

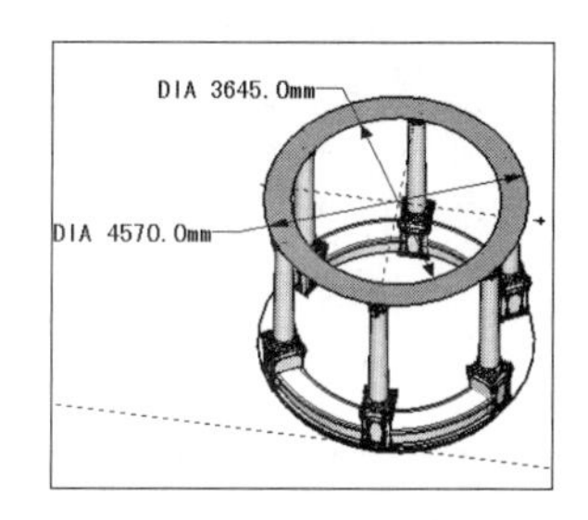

图 7-194　细分出顶部圆环

步骤⑬ 结合使用【偏移】与【推 / 拉】工具，制作顶部圆环边沿细节，如图 7-195 与图 7-196 所示。

步骤⑭ 结合使用【直线】、【圆弧】、【圆】以及【偏移】工具，制作出顶部角线细节，如图 7-197 与图 7-198 所示。

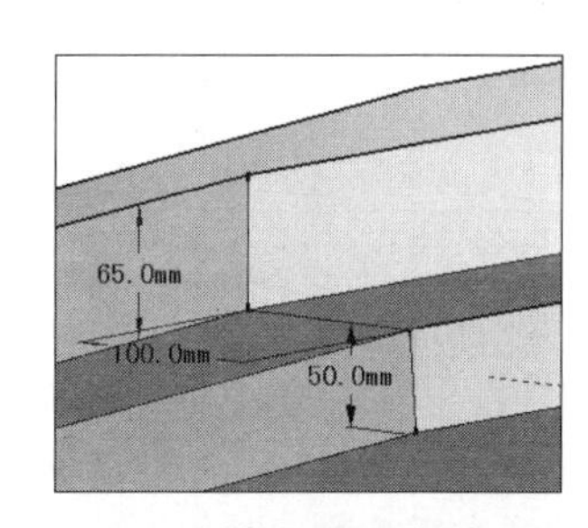

图 7-195　制作圆环下部边沿细节

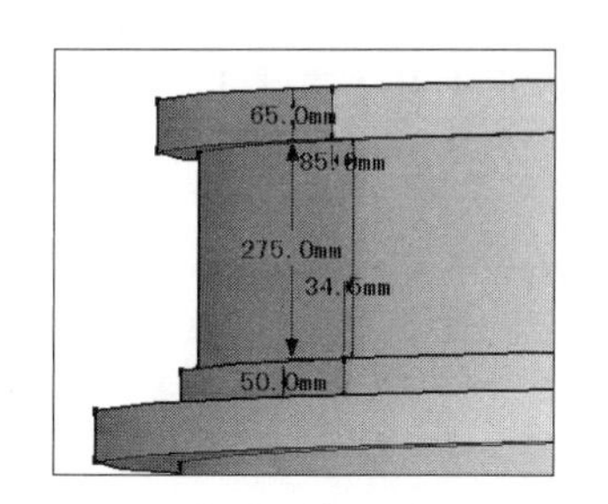

图 7-196　制作圆环上部边沿细节

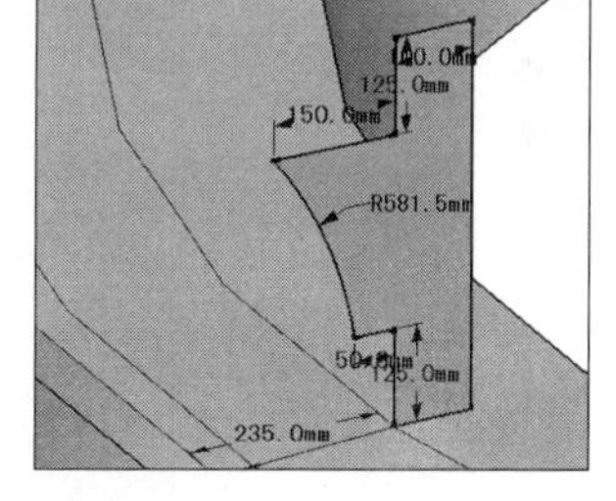

图 7-197　绘制角线截面

步骤⑮ 结合使用【直线】、【圆弧】、【圆】及【偏移】工具，制作出屋顶模型，如图 7-199 与图 7-200 所示。

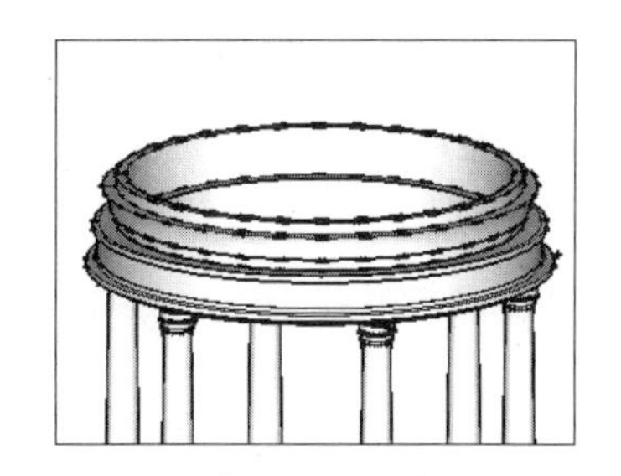
图 7-198　【路径跟随】制作角线

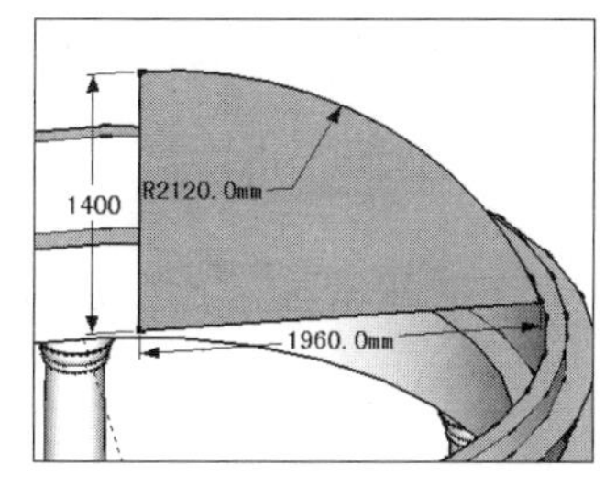

图 7-199　绘制屋顶截面

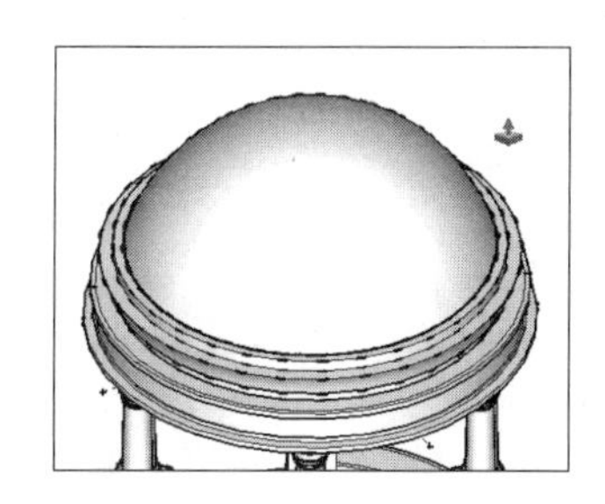
图 7-200　通过【路径跟随】制作屋顶

步骤16 选择整体制作的模型，向上移动复制，然后通过【缩放】工具制作出顶部装饰细节，如图 7-201 所示。

步骤17 打开【材质】面板，赋予整体石材材质，完成最终模型效果，如图 7-202 与图 7-203 所示。

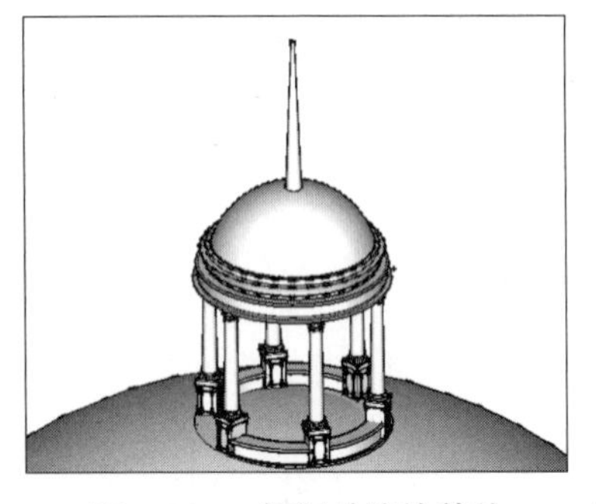

图 7-201　复制并缩放整体模型至屋顶

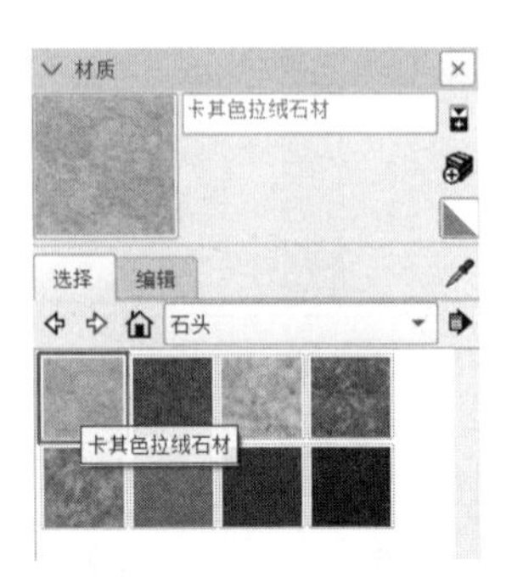

图 7-202　赋予整体模型大理石材质

图 7-203　欧式凉亭完成效果

104 中式牌坊

文件路径：配套资源 \ 第 07 章 \104	视频文件：视频 \ 第 07 章 \104.MP4

本例学习中式牌坊的制作，主要使用【圆】、【圆弧】、【直线】以及【路径跟随】等工具。在模型的制作过程中，应重点掌握双击重复操作以及移动复制的技巧。

步骤01 结合使用【矩形】、【卷尺】及【直线】工具，绘制立柱截面，如图 7-204 与图 7-205 所示。

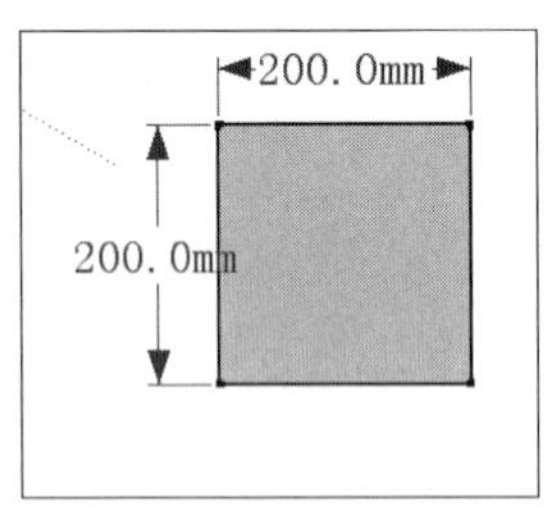

图 7-204　创建矩形截面

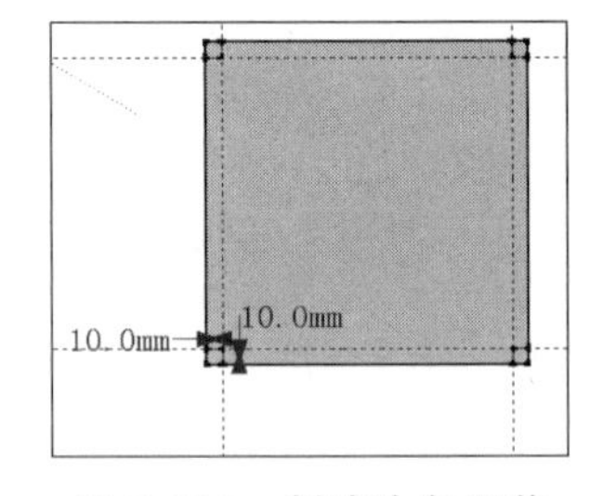

图 7-205　创建边角细节

步骤02 结合使用【推 / 拉】与【缩放】工具，制作石柱与柱头细节，如图 7-206 与图 7-207 所示。

步骤03 启用【矩形】工具创建一个辅助矩形，然后进行拆分与细分割，如图 7-208 与图 7-209 所示。

步骤04 结合使用【圆】与【圆弧】工具，细分出石墩截面线形，然后制作 100mm 厚度，如图 7-210 与图 7-211 所示。

步骤05 结合使用【偏移】与【推 / 拉】工具，制作石墩边沿细节，如图 7-212 与图 7-213 所示。

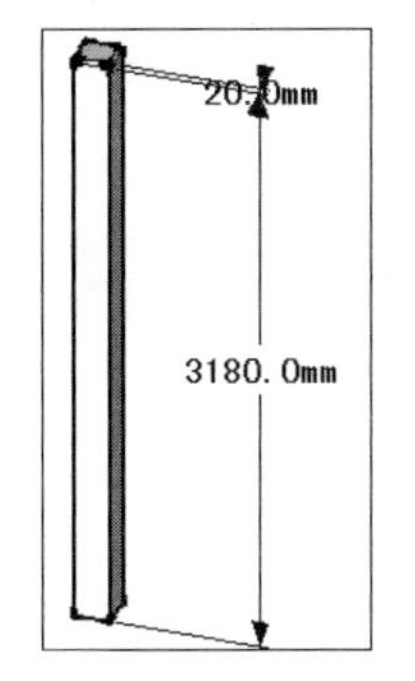

图 7-206　复制推拉出立柱轮廓

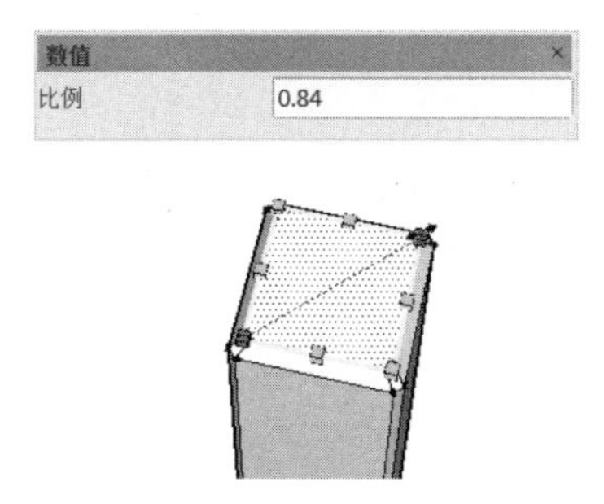

图 7-207　缩放制作倒角细节

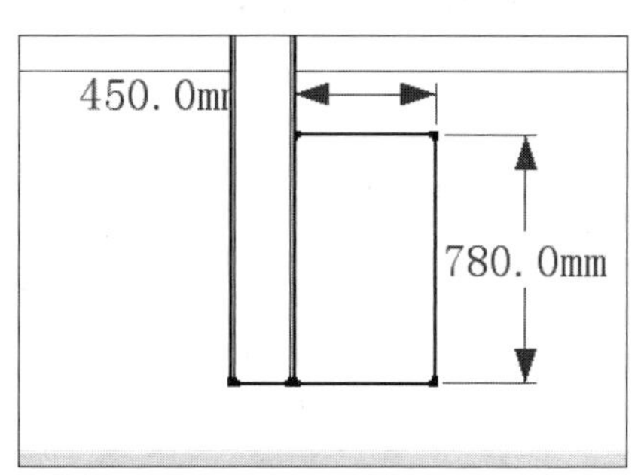

图 7-208　创建辅助矩形

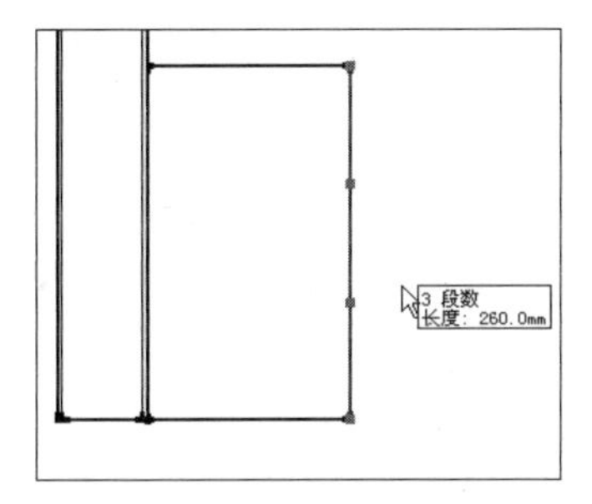

图 7-209　使用拆分命令

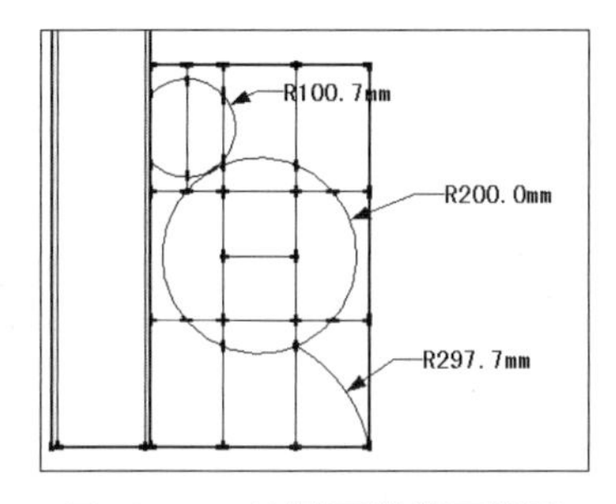

图 7-210　绘制石墩截面线形

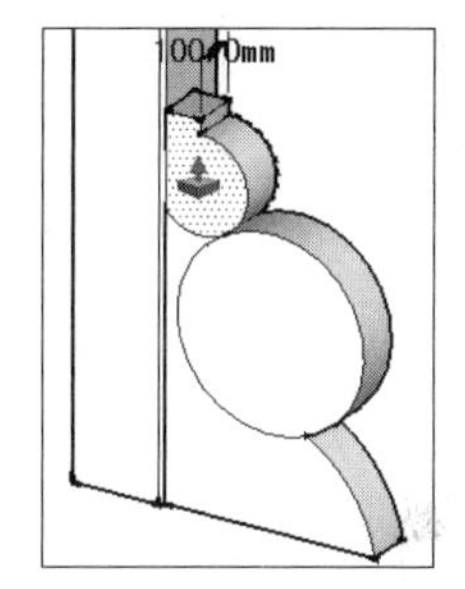

图 7-211　推拉 100mm 厚度

步骤 06 结合使用【推 / 拉】与【缩放】工具，制作中间石鼓倒角效果，如图 7-214 与图 7-215 所示。

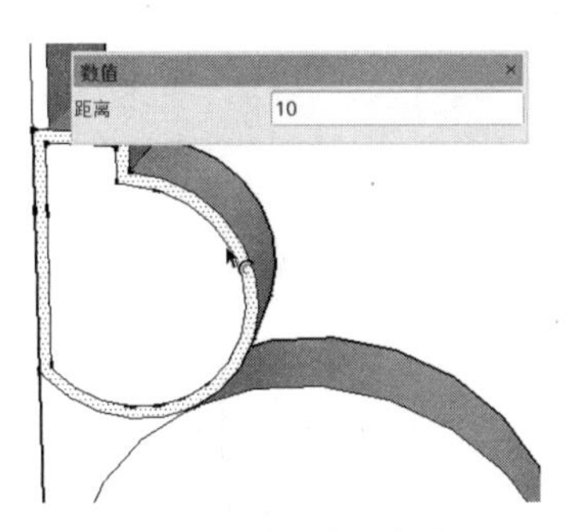

图 7-212　向内偏移复制

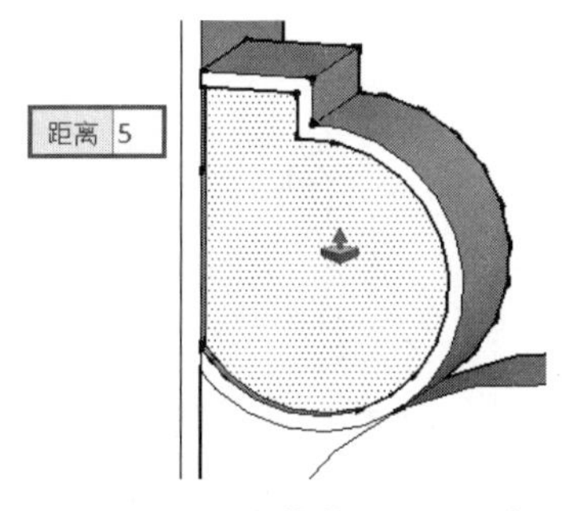

图 7-213　向内推拉 5mm 深度

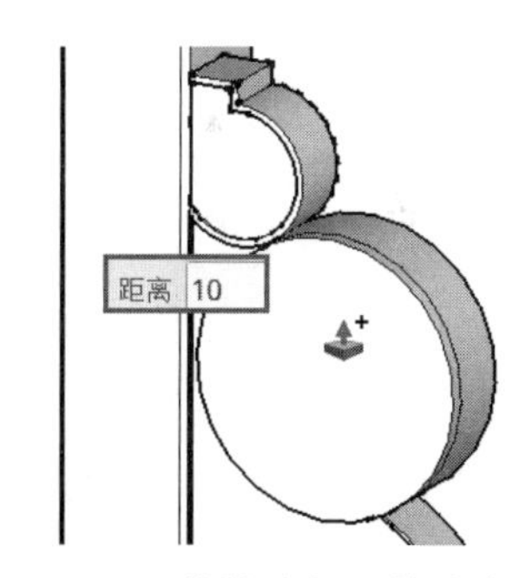

图 7-214　推拉中间石鼓轮廓

步骤 07 结合使用【偏移】与【推 / 拉】工具制作石鼓细节，如图 7-216 所示。

步骤 08 启用【三维文本】工具，制作输入“福”字，然后调整好高度与挤压厚度，如图 7-217 所示。

步骤 09 单击【放置】按钮，旋转文字至石鼓中央，将其与石墩整体创建为组，如图 7-218 与图 7-219 所示。

步骤 10 整体复制组，然后通过【翻转方向】命令调整好朝向，如图 7-220 所示。

步骤 11 通过【复制】与【旋转】工具，制作好单边立柱与石墩效果，如图 7-221 ~ 图 7-223 所示。

步骤 12 启用【移动】工具，选择石柱与石墩，以 1600mm 的距离进行复制，如图 7-224 所示。

步骤⑬ 启用【矩形】工具，在距离石墩 1000mm 处创建一个矩形，然后对其进行细分割，如图 7-225 与图 7-226 所示。

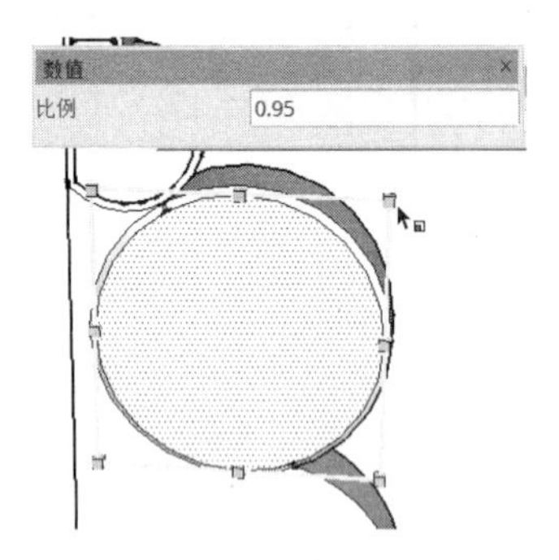

图 7-215　通过缩放制作倒角细节

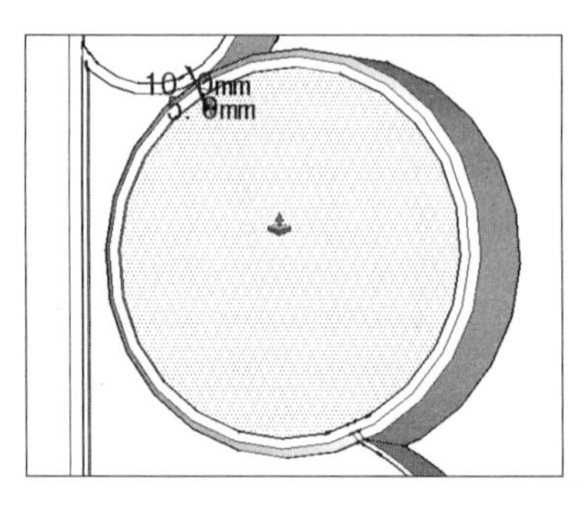

图 7-216　制作石鼓细节

图 7-217　创建三维文本

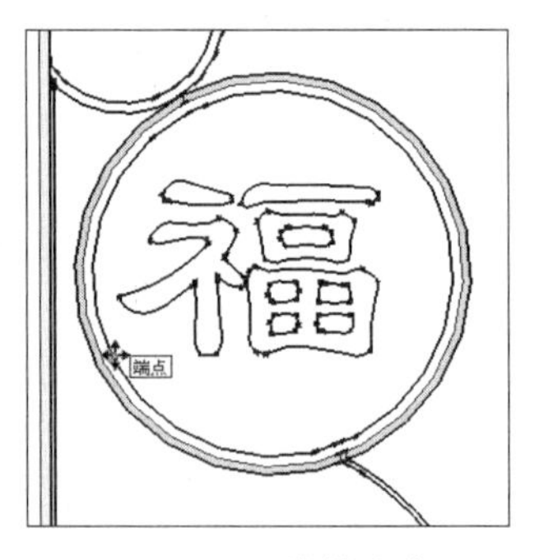

图 7-218　旋转文字

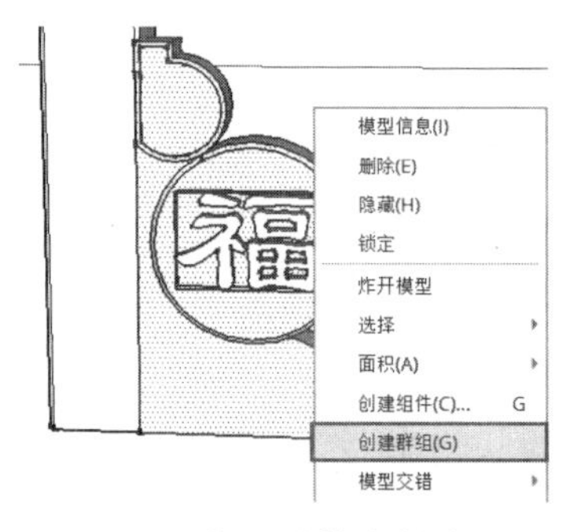

图 7-219　将石墩整体创建为组

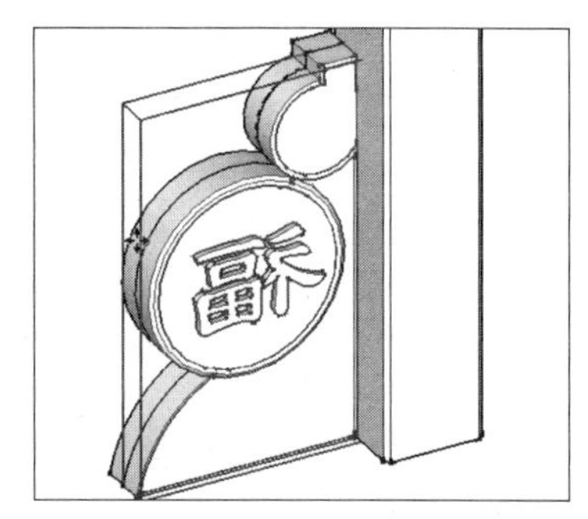

图 7-220　调整“福”朝向

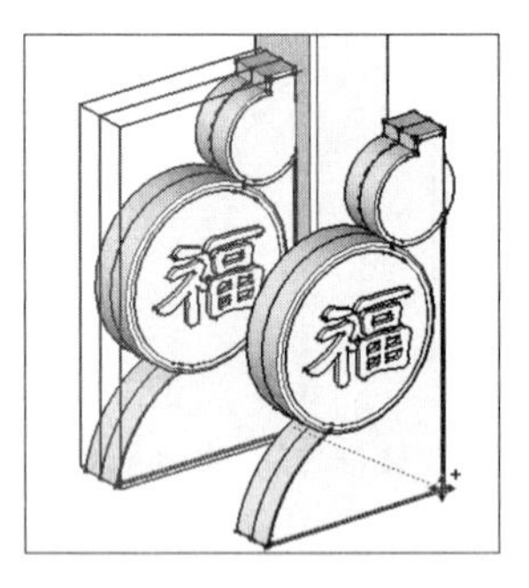

图 7-221　整体复制石墩

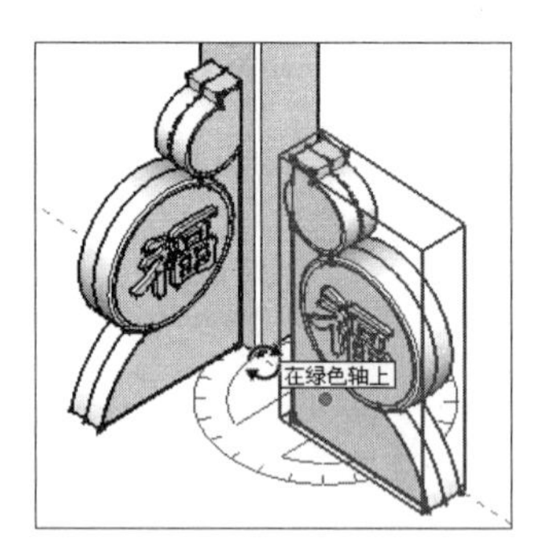

图 7-222　调整石墩朝向

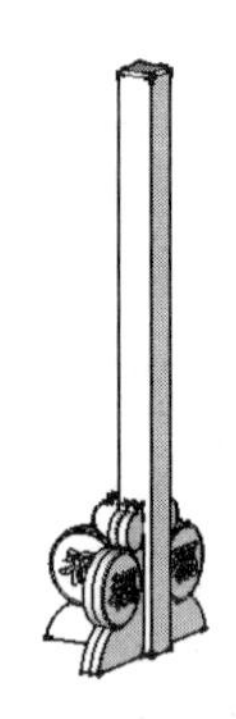

图 7-223　单边立柱与石墩效果

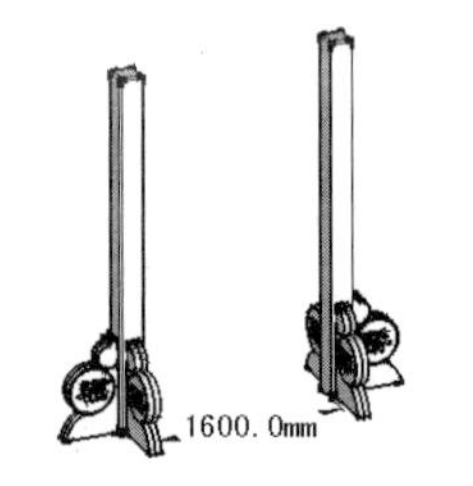

图 7-224　整体复制石柱与石墩

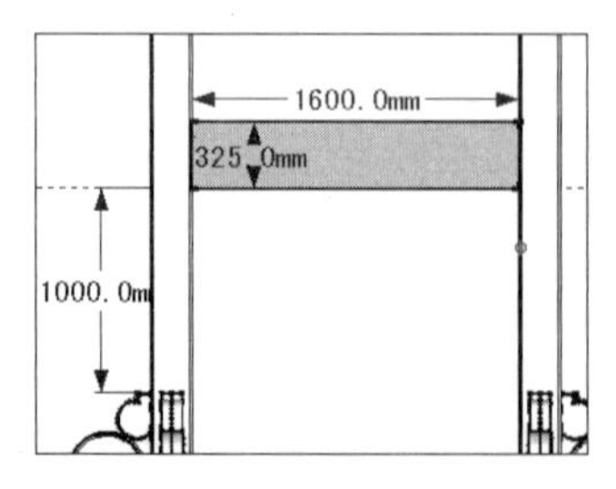

图 7-225　创建横梁矩形

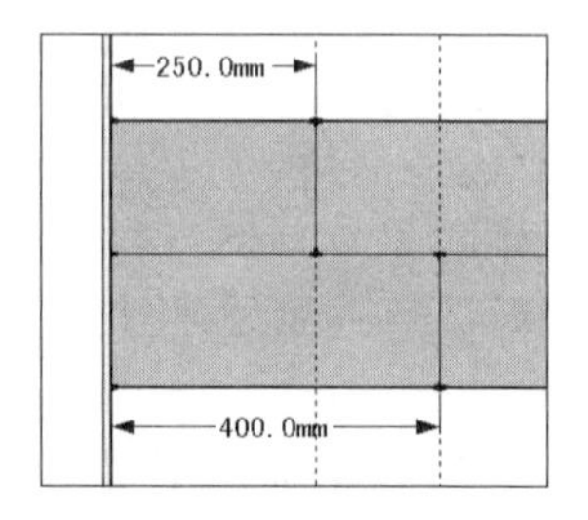

图 7-226　细分割矩形

步骤⑭ 启用【圆弧】工具，捕捉分割矩形创建装饰线形，然后复制一份备用，如图 7-227 与图 7-228 所示。

步骤⑮ 结合使用【偏移】与【推 / 拉】工具，制作装饰构件边沿细节，然后移动复制出对称效果，如图 7-229 ~ 图 7-231 所示。

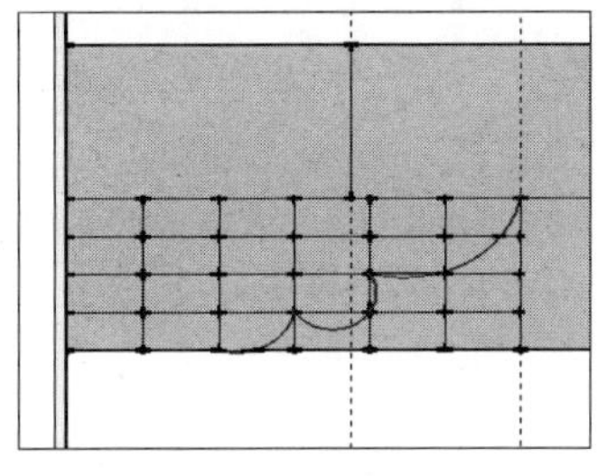

图 7-227　绘制弧形分割面

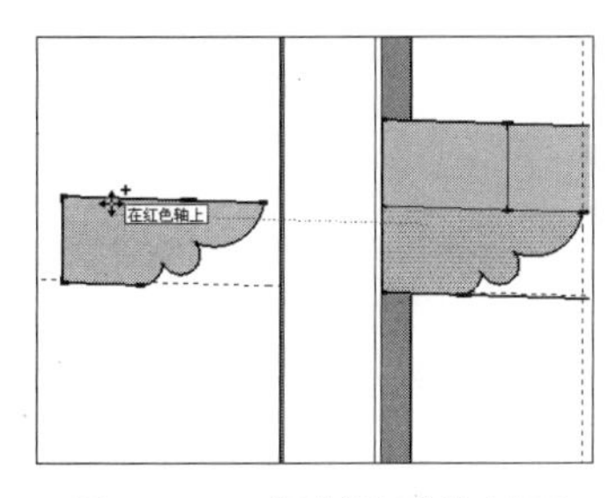

图 7-228　复制弧形分割面

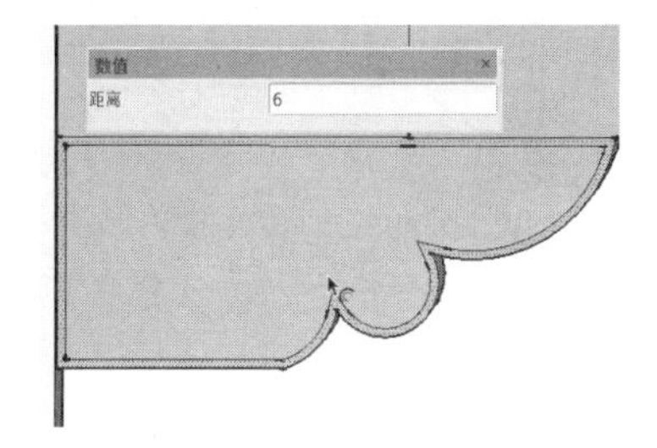

图 7-229　向内以 6mm 偏移复制

步骤⑯ 结合使用【卷尺】与【圆弧】工具，细分割中部矩形，如图 7-232 所示。

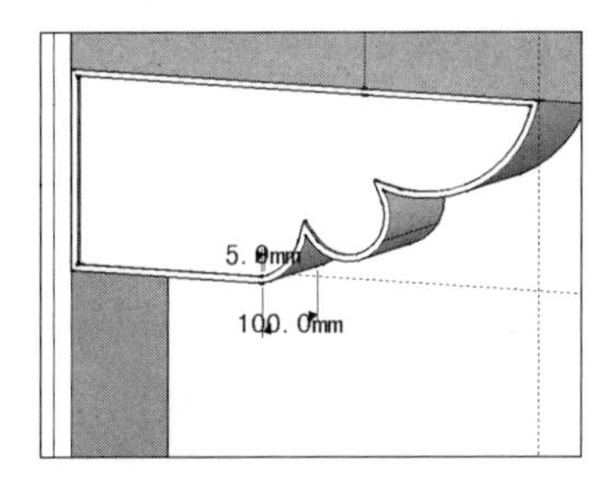

图 7-230　制作装饰细节

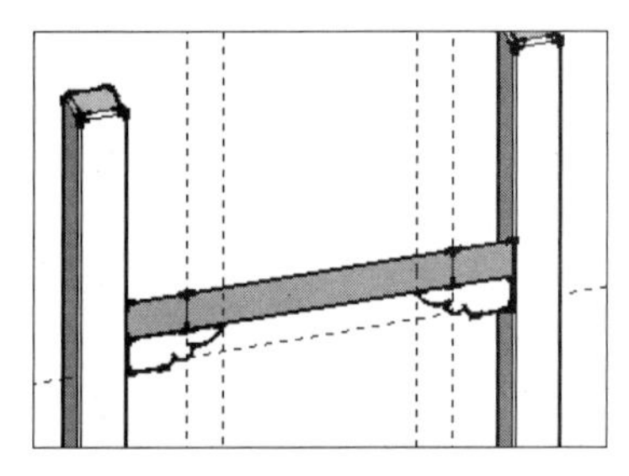

图 7-231　复制出对称装饰细节

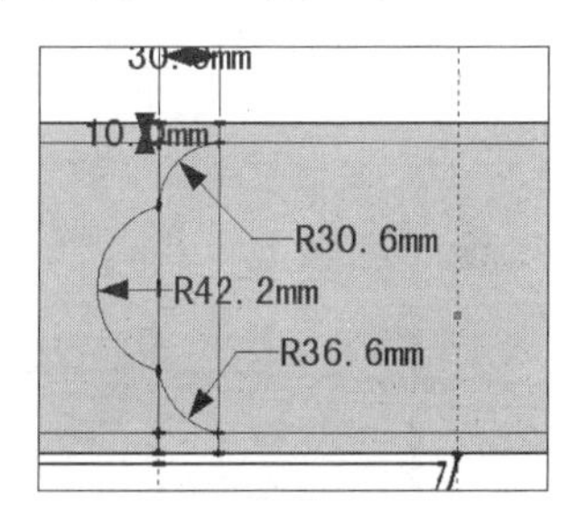

图 7-232　细分割中部矩形

步骤⑰ 结合使用【偏移】与【推 / 拉】工具，制作中部矩形造型细节，完成横梁效果，如图 7-233 ~ 图 7-235 所示。

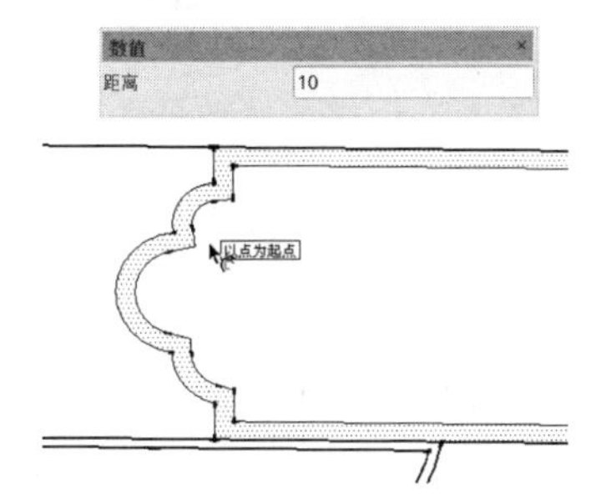

图 7-233　向内偏移复制 10mm

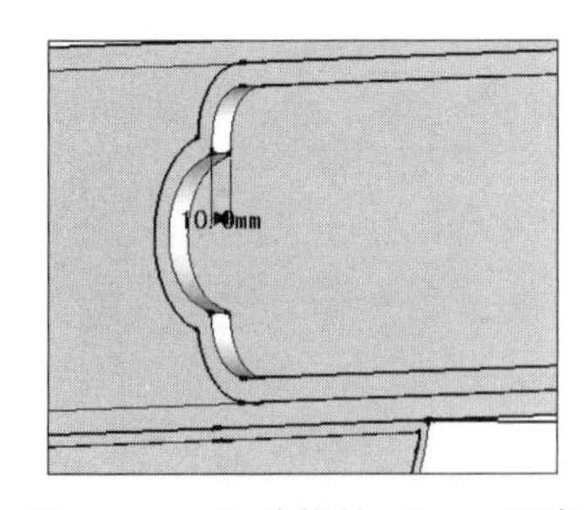

图 7-234　向外推拉 10mm 厚度

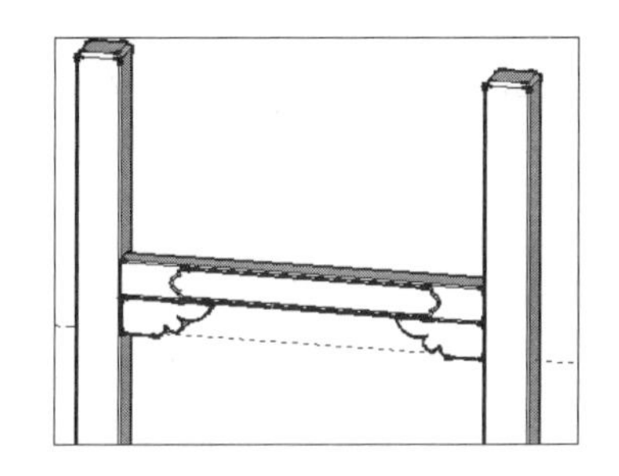

图 7-235　横梁完成效果

步骤⑱ 结合使用【矩形】与【推/拉】工具，制作中部牌匾造型细节，如图 7-236 与图 7-237 所示。

步骤⑲ 选择之前复制备份的截面，使用【推 / 拉】工具制作顶部装饰细节，然后复制出对侧效果，如图 7-238 与图 7-239 所示。

步骤⑳ 选择制作好的顶部装饰件进行复制，调整出上梁的造型效果，如图 7-240 ~ 图 7-242 所示。

步骤㉑ 打开【材质】面板，赋予模型石头材质，完成整体效果，如图 7-243 与图 7-244 所示。

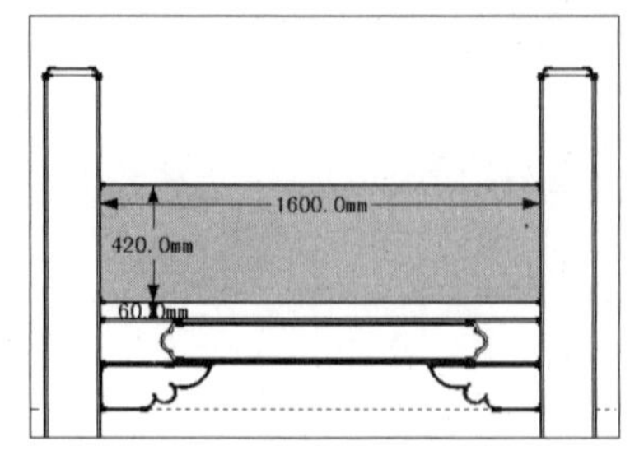

图 7-236　创建牌匾矩形

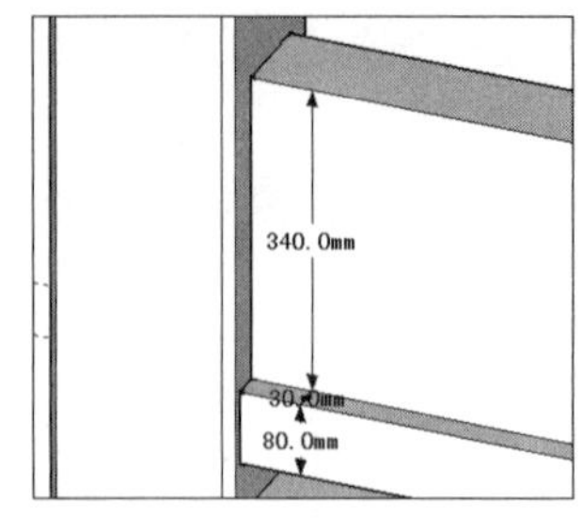

图 7-237　制作牌匾细节

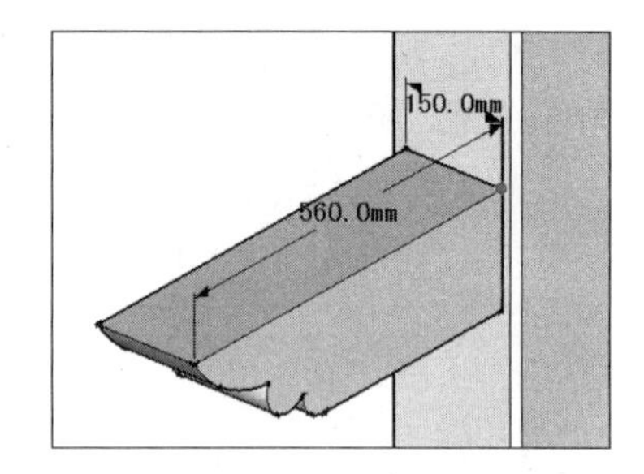

图 7-238　制作顶部装饰细节

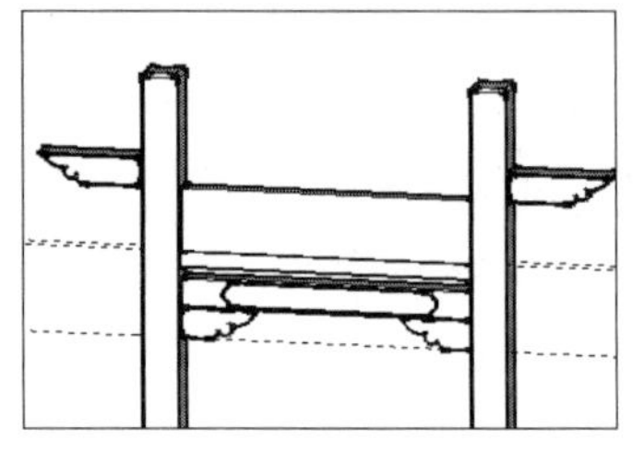

图 7-239　复制顶部装饰细节

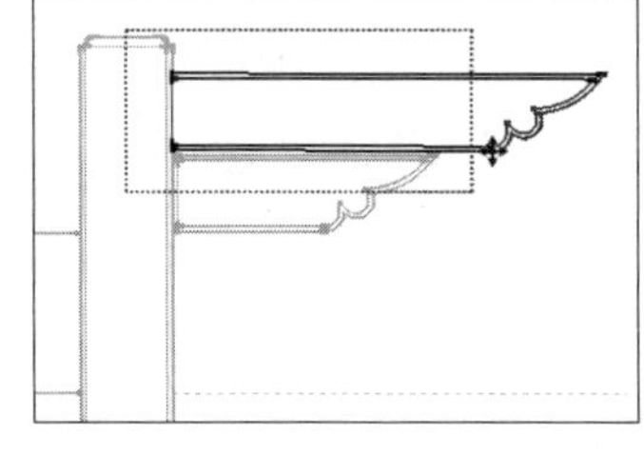

图 7-240　复制并调整上梁模型

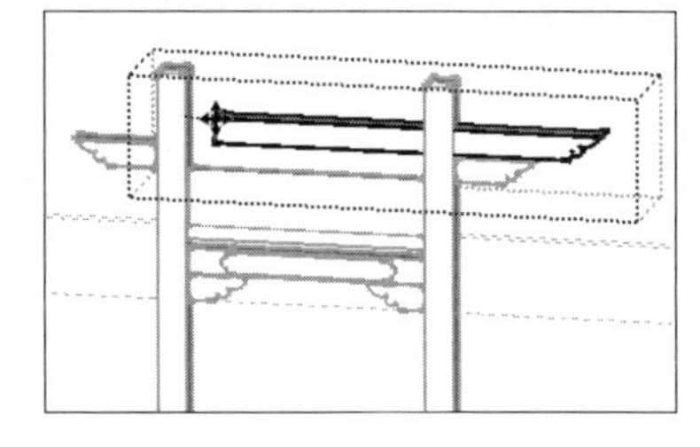

图 7-241　调整上梁长度

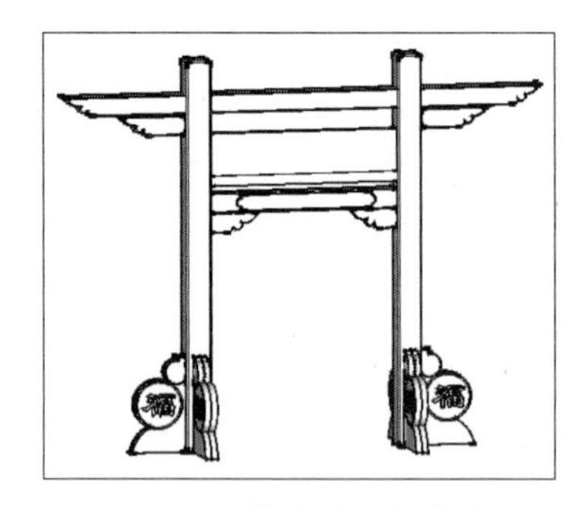

图 7-242　牌坊模型完成效果

图 7-243　赋予石头材质

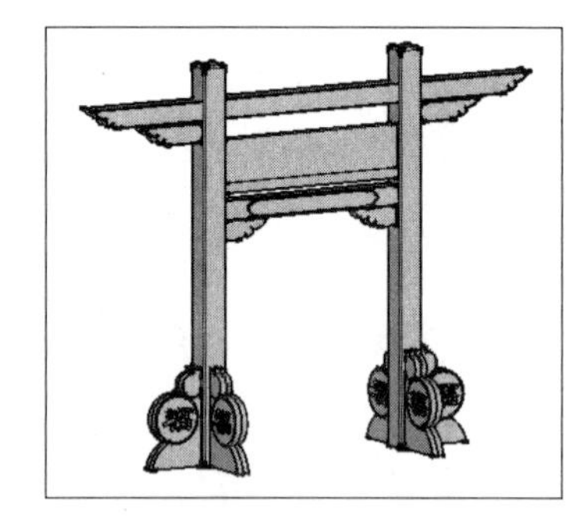

图 7-244　中式牌坊最终效果

第8章 SketchUp 插件建模

本章将讲解 SketchUp 常用的模型插件的使用方法，使用这些插件，可以快速创建复杂的模型效果，成倍提高工作效率。SketchUp 常用的建模插件有 Suapp、超级推拉、贝兹曲线、线倒圆角、生成栅格以及形体弯曲等。

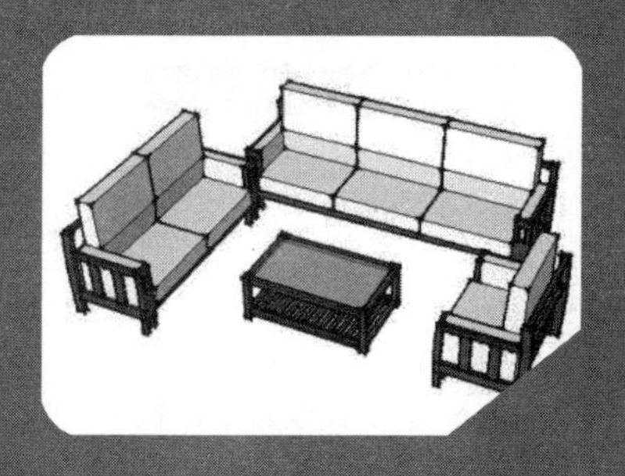

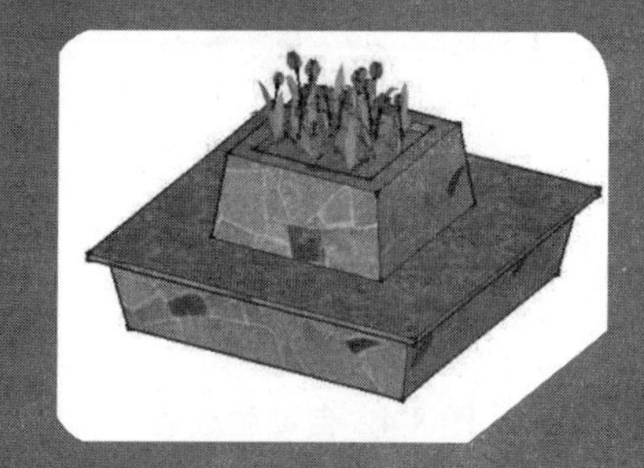

8.1　Suapp 插件建模

105　轴网墙体

文件路径：无	视频文件：视频\第 08 章\105.MP4

通过 Suapp 扩展程序中的【轴网墙体】菜单，可以快速创建实心墙面，以及常用的立柱、圆柱、网格等模型，本例主要讲解【绘制墙体】与【线转墙体】两个命令的使用。

步骤 01 执行【扩展程序】/【轴网墙体】/【绘制墙体】菜单命令，如图 8-1 所示。指定第一点，按下 Tab 键弹出【参数设置】面板，设置墙体宽度与高度，如图 8-2 所示。

步骤 02 单击【好】按钮关闭【参数设置】面板，拖动并单击，确定墙体长度，如图 8-3 所示。

图 8-1　选择【绘制墙体】命令

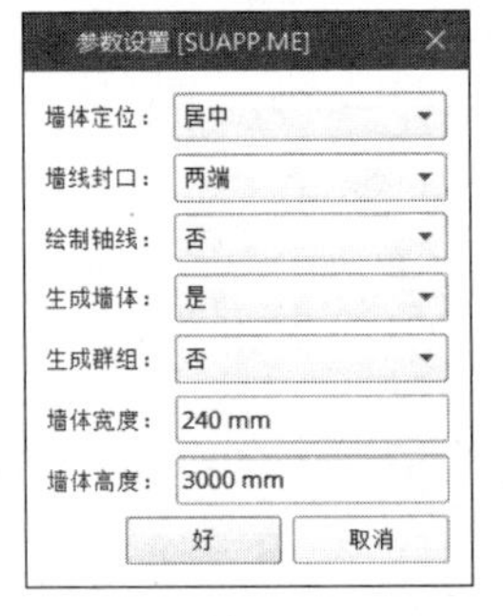

图 8-2　【参数设置】面板

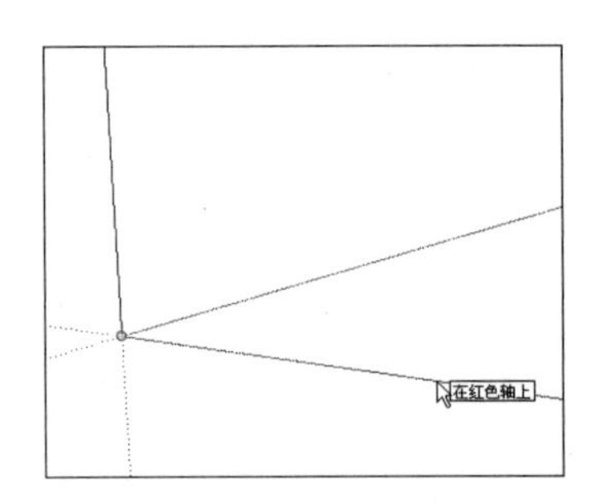

图 8-3　确定墙体长度

步骤 03 松开鼠标自动生成对应墙体，如图 8-4 所示。

步骤 04 在绘图区根据墙体走向绘制线段，执行【扩展程序】/【轴网墙体】/【线转墙体】菜单命令，如图 8-5 所示。

步骤 05 在弹出的面板中设置相关参数，如图 8-6 所示，单击【好】按钮，即可在绘图区生成对应墙体，如图 8-7 所示。

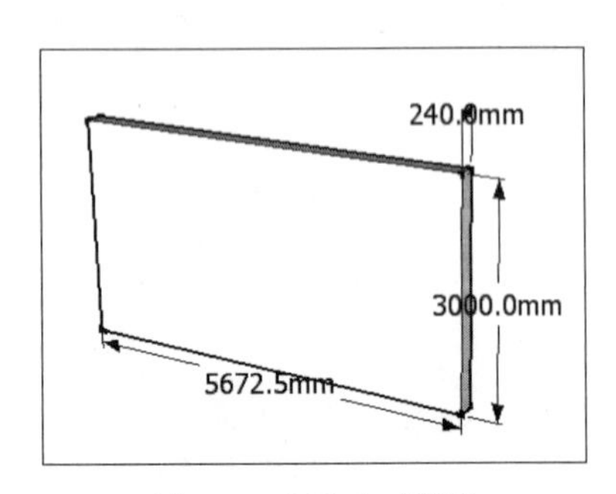

图 8-4　自动生成墙体

图 8-5　执行【线转墙体】命令

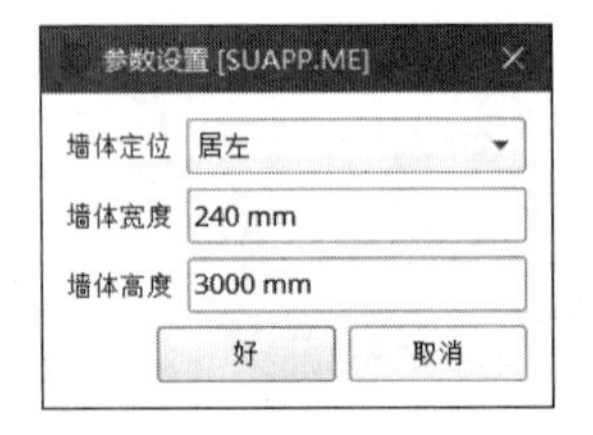

图 8-6　【参数设置】面板

步骤 06 使用【轴网墙体】子菜单，还可以创建立柱、圆柱、托梁等构件，以及轴网等辅助对象，如图 8-8 与图 8-9 所示。

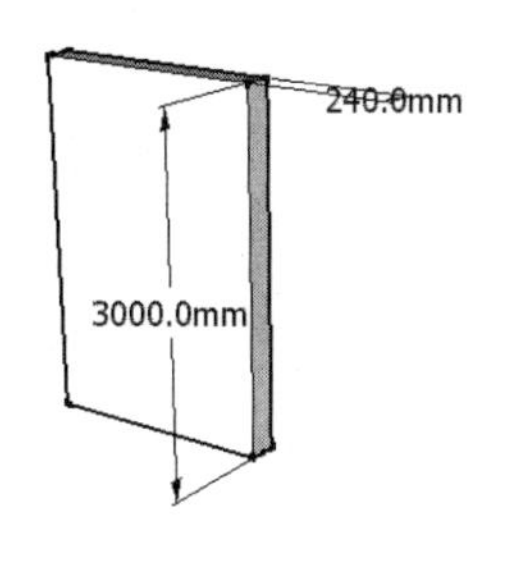

图 8-7　生成墙体

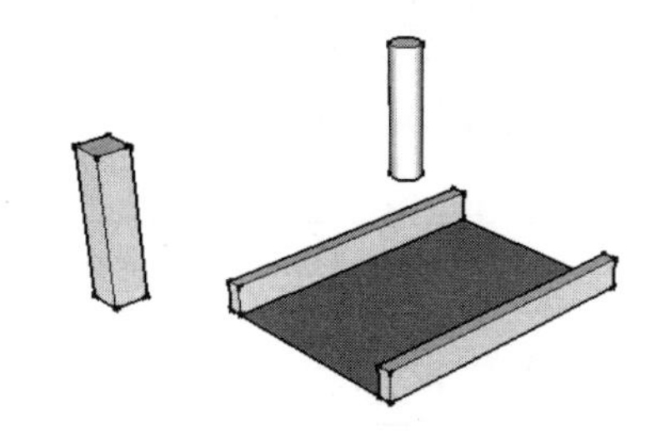

图 8-8　创建立柱、圆柱、托梁等构件

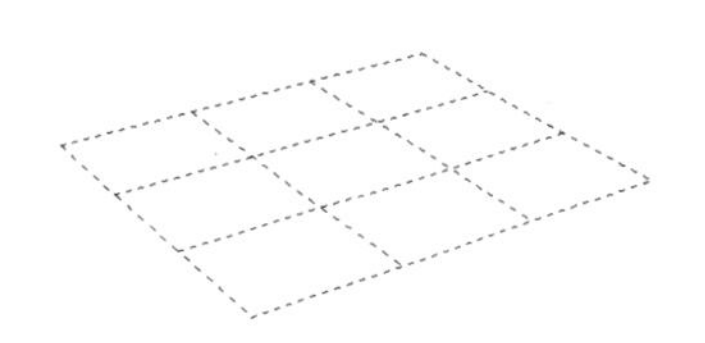

图 8-9　创建轴网

106 门窗构件

文件路径：无	视频文件：视频 \ 第 08 章 \106.MP4

通过 Suapp 扩展程序中的【门窗构件】菜单，可以快速创建门窗以及普通的玻璃幕墙结构模型，本例主要讲解【墙体开门】命令的使用。

步骤 01 执行【扩展程序】/【门窗构件】/【墙体开门】菜单命令，如图 8-10 所示，弹出【参数设置】面板，如图 8-11 所示，在墙体的目标位置单击，生成门模型，如图 8-12 所示。

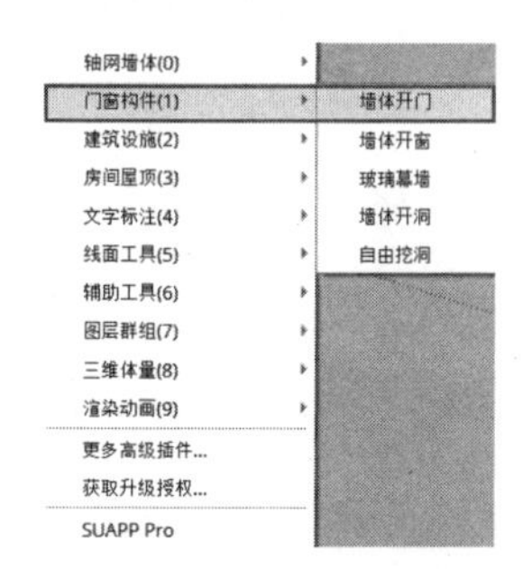

图 8-10　创建墙体并选择【墙体开门】命令

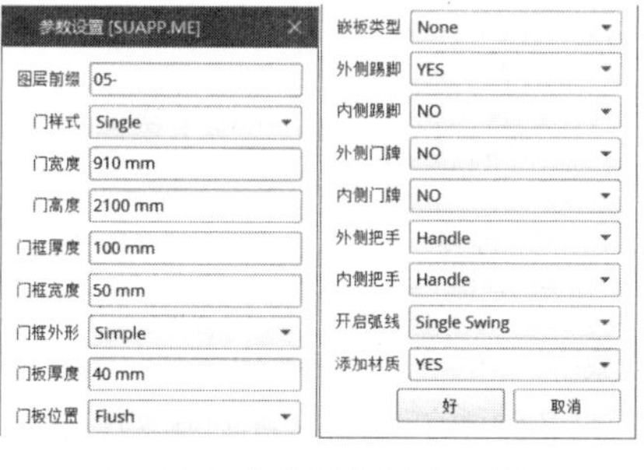

图 8-11　【参数设置】面板

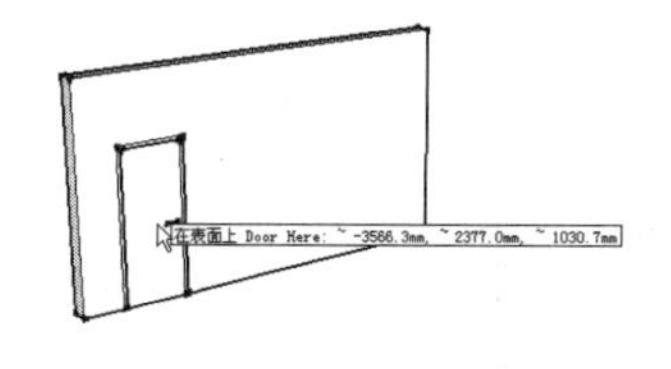

图 8-12　单击鼠标生成门模型

步骤 02 执行【墙体开窗】命令，还可以快速在墙体上制作窗户模型，如图 8-13 所示。

步骤 03 执行【玻璃幕墙】命令，如图 8-14 所示，还可快速制作玻璃幕墙等模型，如图 8-15 所示。

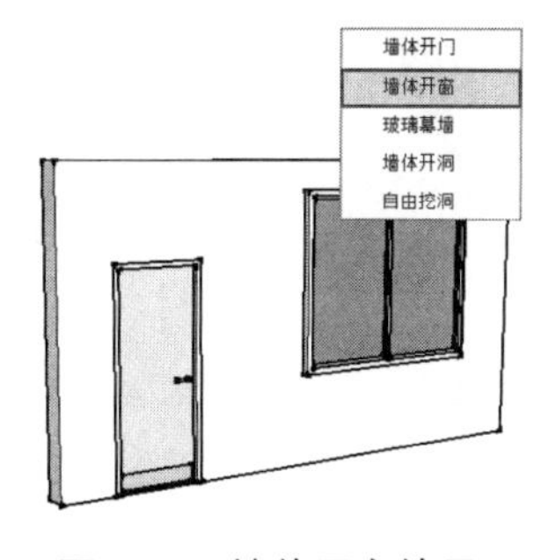

图 8-13　墙体开窗效果

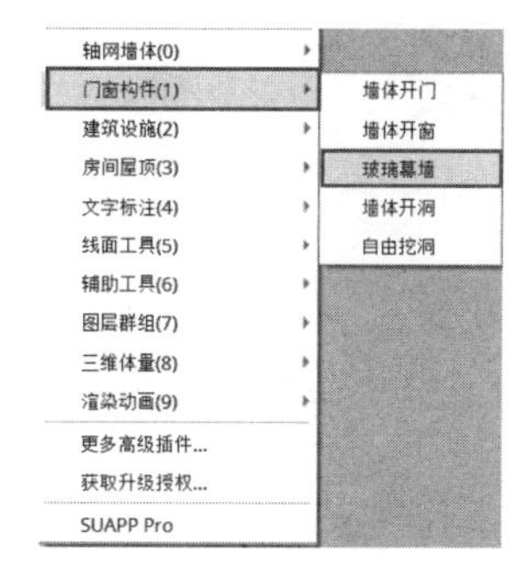

图 8-14　执行【玻璃幕墙】命令

图 8-15　玻璃幕墙效果

107 建筑设施

文件路径：无	视频文件：视频 \ 第 08 章 \107.MP4

通过 Suapp 插件中的【建筑设施】菜单，可以快速生成栏杆及各种楼梯模型，本例主要讲解【线转栏杆】与【双跑楼梯】命令的使用。

步骤 01 在绘图区创建一条线段，执行【扩展程序】/【建筑设施】/【线转栏杆】菜单命令，如图 8-16 所示。

步骤 02 弹出【参数设置】面板，如图 8-17 所示，设置相关参数，单击【好】按钮即可生成对应栏杆模型，如图 8-18 所示。

建筑设施(2) 线转栏杆
房间屋顶(3) 梯步拉伸
文字标注(4) 直跑楼梯
线面工具(5) 双跑楼梯
辅助工具(6) 转角楼梯
图层群组(7) 参数楼梯
三维体量(8) 参数旋梯
渲染动画(9) 水泥踏步
更多高级插件... 金属踏步
获取升级授权... 木质踏步
SUAPP Pro

图 8-16 选择【线转栏杆】命令

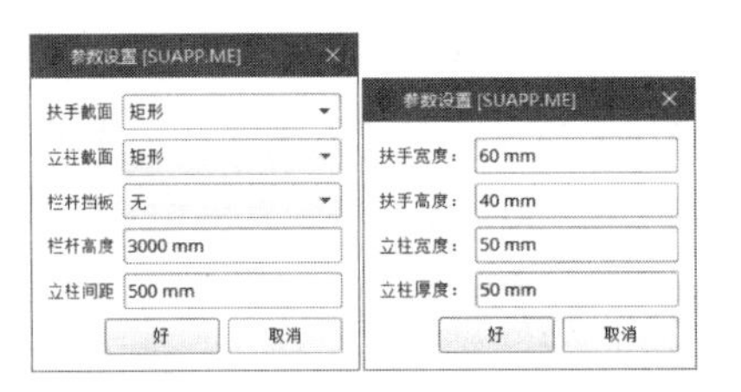

图 8-17 【参数设置】面板

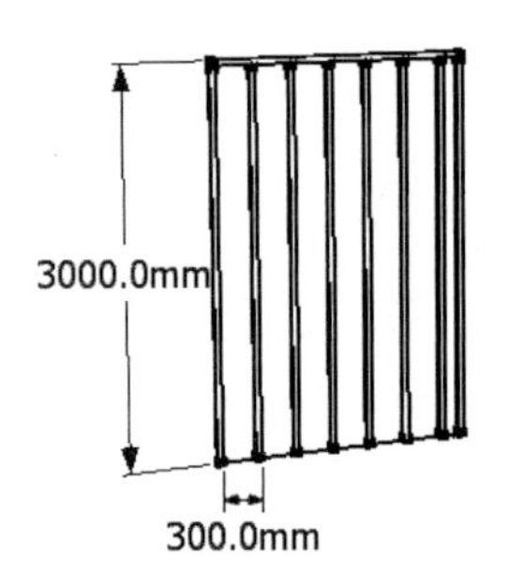

图 8-18 生成栏杆模型

步骤 03 执行【扩展程序】/【建筑设施】/【双跑楼梯】菜单命令，如图 8-19 所示，在弹出的【参数设置】面板中设置相关参数。

步骤 04 单击【参数设置】面板【确定】按钮，即可生成楼梯，如图 8-20 所示。

步骤 05 通过【建筑设施】菜单内的命令，还可制作出其他常用楼梯类型，如图 8-21 所示。

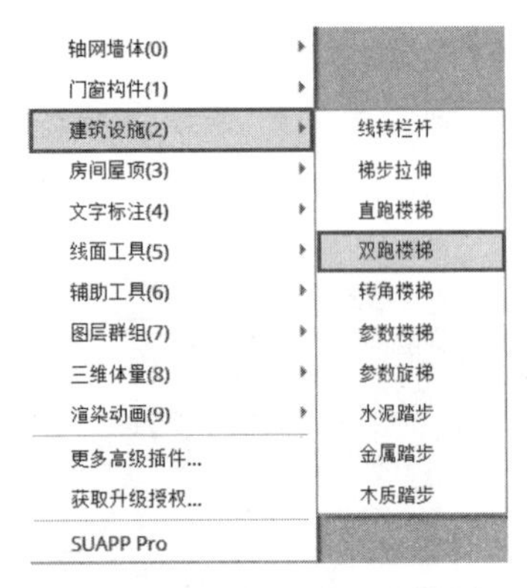

图 8-19 选择创建双跑楼梯

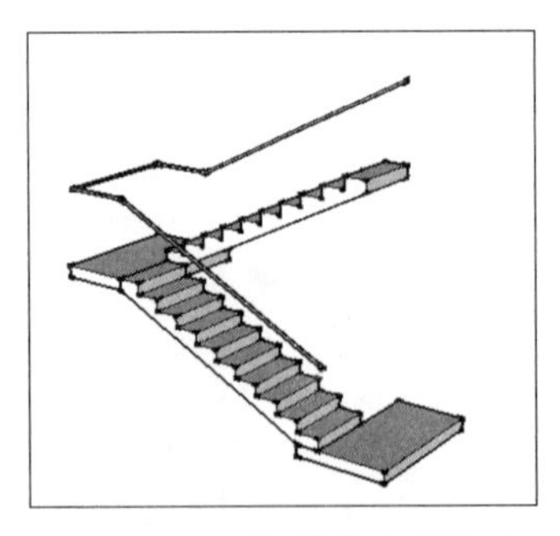

图 8-20 双跑楼梯生成效果

图 8-21 其他常用楼梯模型

108 房间屋顶

文件路径：无	视频文件：视频 \ 第 08 章 \108.MP4

通过 Suapp 插件中的【房间屋顶】菜单，可以快速创建各种常用柜子模型以及屋顶结构，本例主要讲解【房间布置】中【橱柜】命令的使用。

步骤 01 打开【扩展程序】/【房间屋顶】/【房间布置】子菜单，可以发现其有【橱柜】、【地柜】以及【吊柜】三个命令，如图 8-22 所示。

步骤 02 选择其中的【橱柜】命令，弹出对应的参数面板，如图 8-23 所示，设置参数后单击【好】按钮，即可生成相应的橱柜模型，如图 8-24 所示。

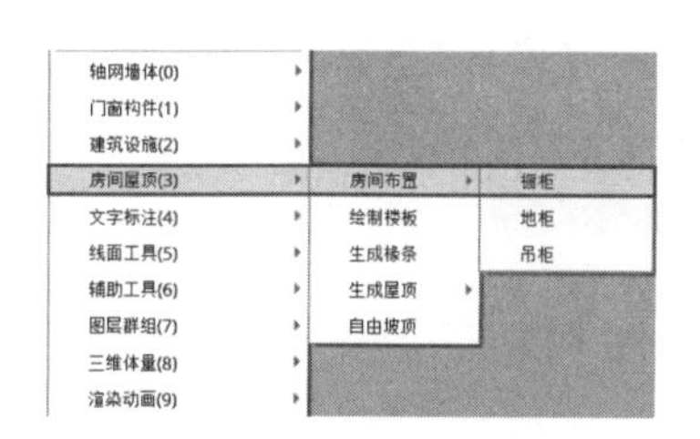

图 8-22 【房间布置】子菜单

图 8-23 设置橱柜 / 柜门 / 台面参数

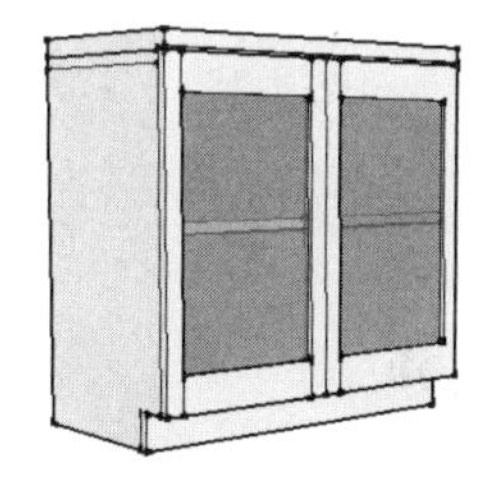

图 8-24 生成橱柜模型

步骤 03 选择【地柜】和【吊柜】命令，执行类似的操作，即可生成对应的三维模型，如图 8-25 所示。

步骤 04 此外，通过【生成屋顶】子菜单其他命令，如图 8-26 所示，可以快速生成各种屋顶，如图 8-27 所示。

图 8-25 生成地柜与吊柜模型

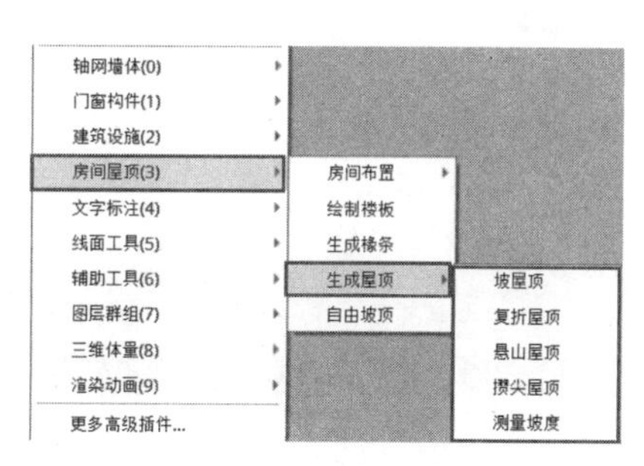

图 8-26 【生成屋顶】子菜单

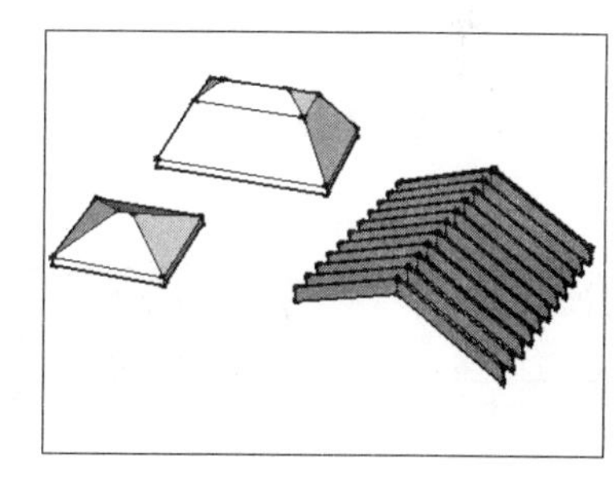

图 8-27 各类型屋顶生成效果

109 文字标注

文件路径：无	视频文件：视频 \ 第 08 章 \109.MP4

通过 Suapp 插件中的【文字标注】菜单，可以进行角度等标注及文本的导入，本例主要讲解【导入文本】命令的使用。

步骤 01 打开【扩展程序】/【文字标注】子菜单，如图 8-28 所示，选择其下的【高度标注】/【角度标注】命令，可以完成模型对角相关数据的标识，如图 8-29 所示。

步骤 02【文字标注】子菜单中另一个比较实用的命令为【导入文本】，执行该命令后，选择已经编辑好的 TXT 文件，可以快速导入大量文字叙述，如图 8-30 ~ 图 8-32 所示。

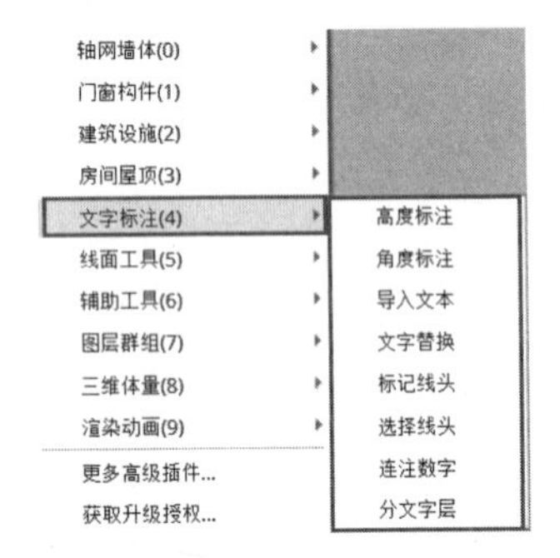

图 8-28 【文字标注】子菜单

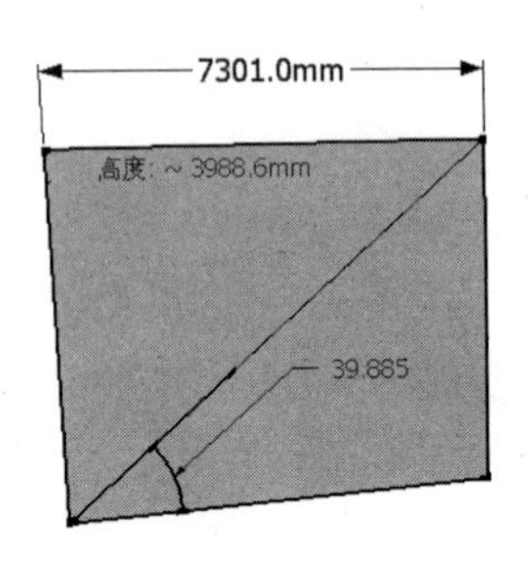

图 8-29 角度与高度标注效果

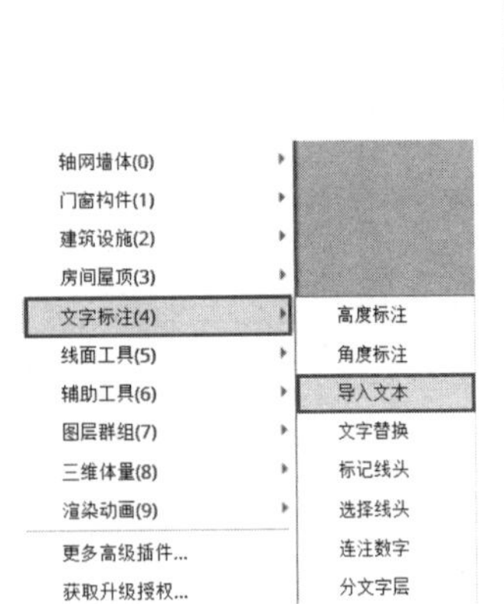

图 8-30 选择【导入文本】命令

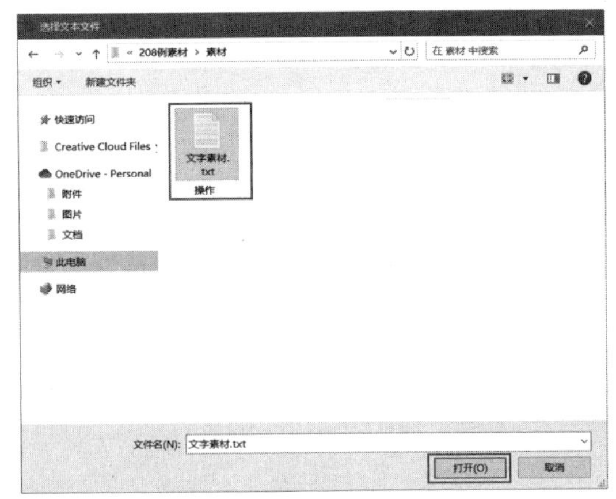

图 8-31 选择目标导入文本

SketchUp 常用插件建模

图 8-32 文本导入效果

110 自动封面工具

文件路径：无	视频文件：视频 \ 第 08 章 \110.MP4

通过 Suapp 插件的【自动封面】菜单，能够将选中的线段闭合为一个面。本例讲解【自动封面】命令的使用。

步骤 01 在 SketchUp 中，在封面的时候常常出现错误导致无法闭合的情况，如图 8-33 所示。

步骤 02 选择线，执行【扩展程序】/【线面工具】/【自动封面】菜单命令，如图 8-34 所示。

步骤 03 打开【自动封面】面板，设置参数，单击【自动封面】按钮，如图 8-35 所示。

步骤 04 自动封面的效果如图 8-36 所示。

步骤 05 通过执行【扩展程序】/【线面工具】/【绘制螺旋线】菜单命令，还可以制作螺旋曲线，如图 8-37 所示。

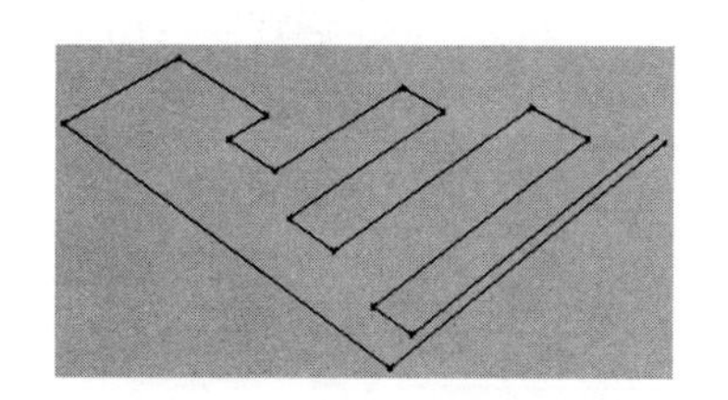

图 8-33　无法闭合的情况

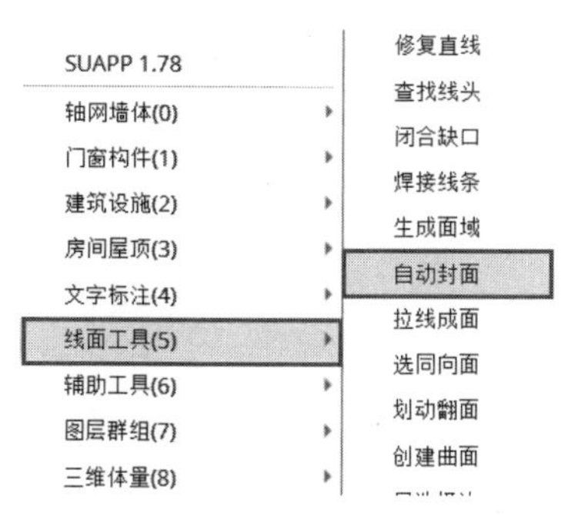

图 8-34　选择命令

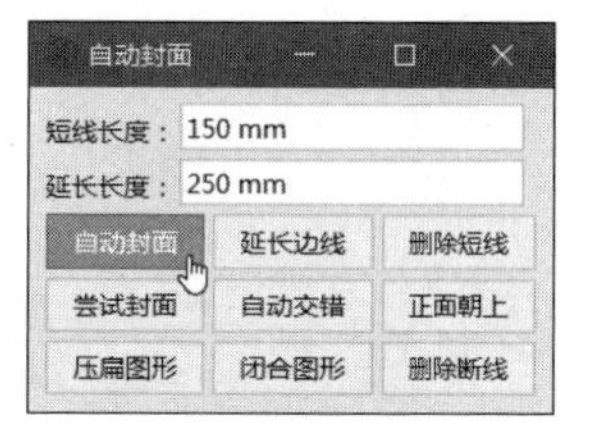

图 8-35　设置参数

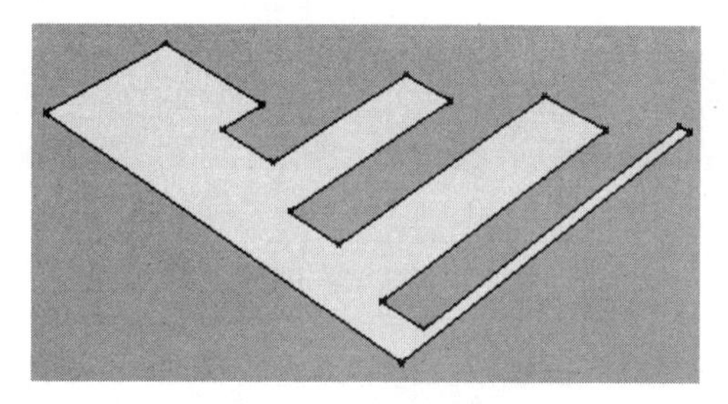

图 8-36　自动封面的效果

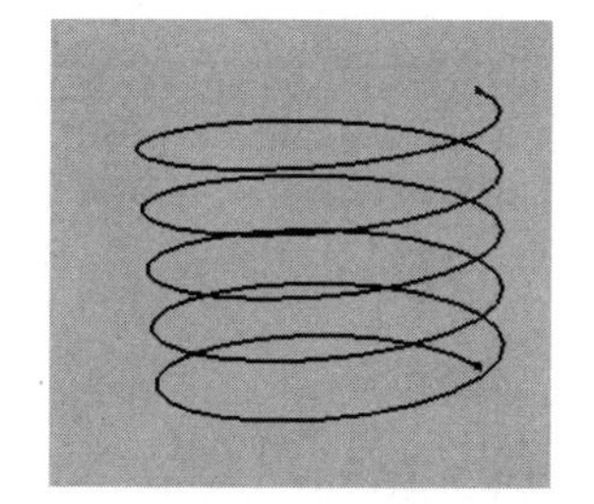

图 8-37　绘制螺旋线

111 辅助工具

文件路径：无	视频文件：视频 \ 第 08 章 \111.MP4

通过 Suapp 插件中的【辅助工具】菜单，可以进行镜像、阵列以及其他复杂的复制操作，本例主要讲解【镜像物体】与【多重复制】命令的使用。

步骤 01 选择需要镜像的对象，执行【扩展程序】/【辅助工具】/【镜像物体】菜单命令，如图 8-38 所示。

步骤 02 单击确定两点构成镜像轴线，然后单击【否】即可完成镜像，如图 8-39 与图 8-40 所示。

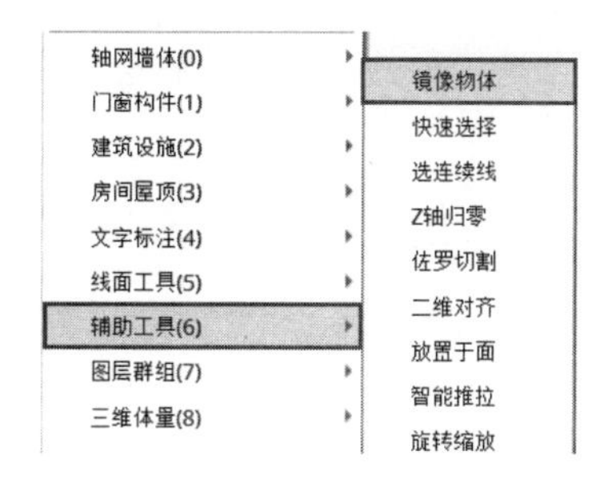

图 8-38　选择【镜像物体】命令

图 8-39　指定镜像轴

图 8-40　确定镜像效果

步骤 03 选择目标对象，执行【扩展程序】/【辅助工具】/【多重复制】菜单命令，可以快速完成对象的多重复制，如图 8-41 ~ 图 8-43 所示。

图 8-41 选择【多重复制】命令

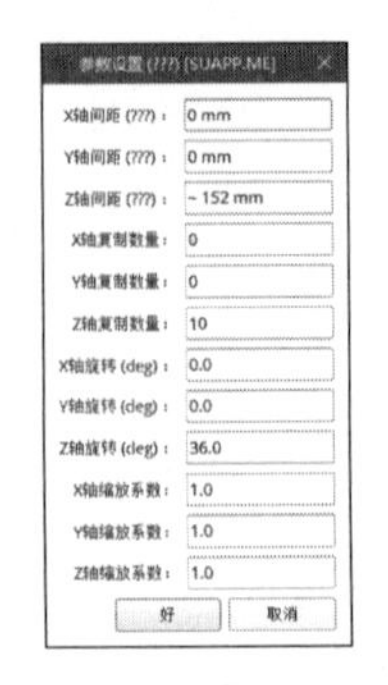

图 8-42 多重复制【参数设置】面板

图 8-43 多重复制完成效果

112 图层群组

文件路径：无	视频文件：视频 \ 第 08 章 \112.MP4

通过 Suapp 插件的【图层群组】菜单，可以进行图层、群组以及材质方面的管理，本例主要讲解【隐藏选中图层】与【自动分层】命令的使用。

步骤 01 打开【图层群组】/【图层管理】子菜单，可以发现其中包含了诸多图层管理命令，如图 8-44 所示。接下来主要讲解【隐藏选中图层】命令的使用。

步骤 02 在场景中选择目标图层中任意一个模型对象，执行【图层群组】/【图层管理】/【隐藏选中图层】命令，即可快速将该图层所有对象隐藏，如图 8-45 与图 8-46 所示。

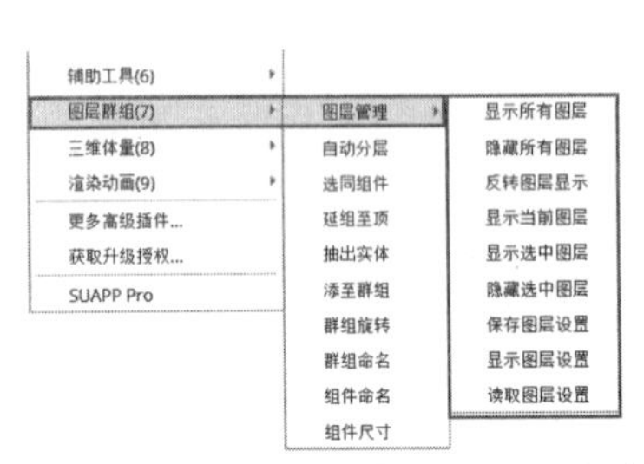

图 8-44 【图层群组】子菜单与命令

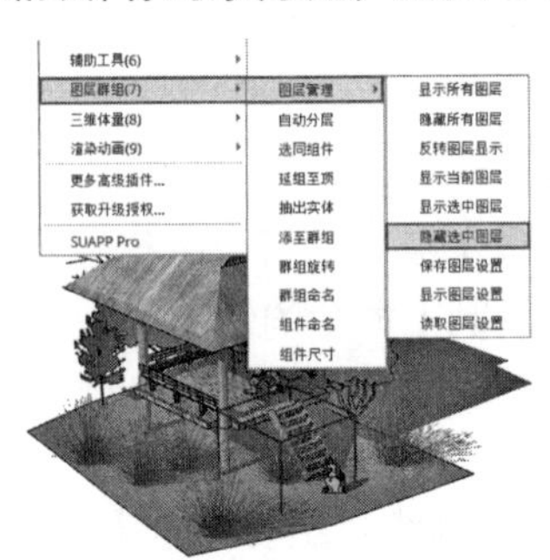

图 8-45 隐藏选中图层

图 8-46 所在图层全部隐藏

步骤 03 此外，当场景中存在标注、文字、剖切线等对象时，全选模型并执行【扩展程序】/【图层管理】/【自动分层】菜单命令，可以自动将其分组，如图 8-47 ~ 图 8-49 所示。

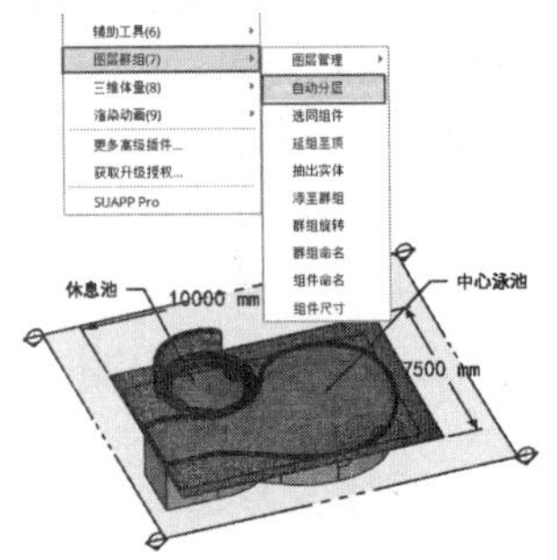

图 8-47 选择模型进行自动分层

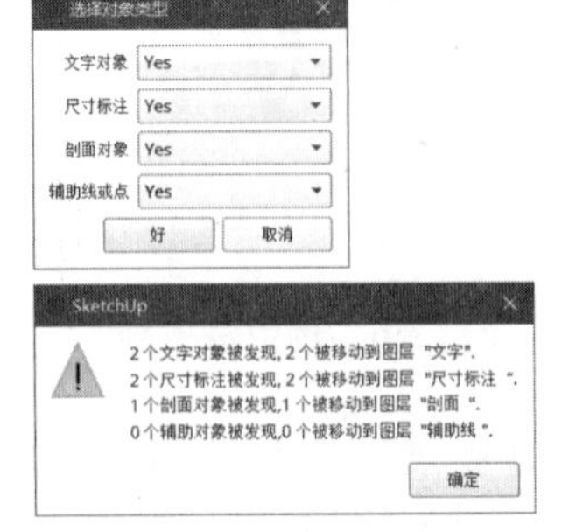

图 8-48 弹出自动分层对象过滤面板

图 8-49 自动分层完成效果

113 三维体量

文件路径：无	视频文件：视频 \ 第 08 章 \113.MP4

通过 Suapp 插件的【三维体量】菜单，可以快速绘制常见的立方体、圆柱体、球体几何体以及房屋简模，此外还能制作网格、地形等高线等常用物体，本例主要讲解【绘几何体】命令的使用。

步骤 01 执行【扩展程序】/【三维体量】/【绘几何体】/【立方体】菜单命令，如图 8-50 所示，在弹出的面板中设置宽、厚、高参数，如图 8-51 所示，单击【好】按钮，即可生成对应参数的立方体，如图 8-52 所示。

图 8-50 【三维体量】子菜单

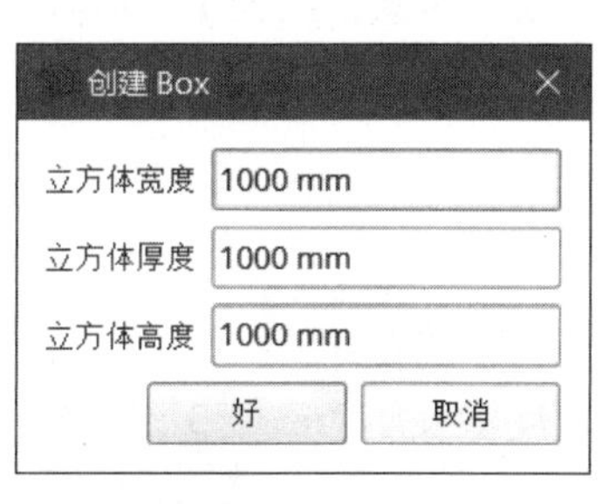

图 8-51　设置立方体创建参数

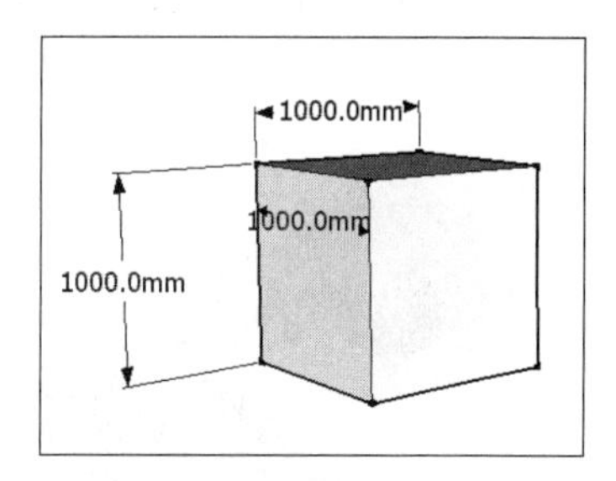

图 8-52　立方体创建完成效果

步骤 02 执行【扩展程序】/【三维体量】/【绘几何体】子菜单其他命令，还可以生成圆环、半球、圆柱等常用几何体，如图 8-53 所示。

步骤 03 执行【扩展程序】/【三维体量】子菜单其他命令，还可以快速绘制网格及创建等高线等对象，如图 8-54 所示。

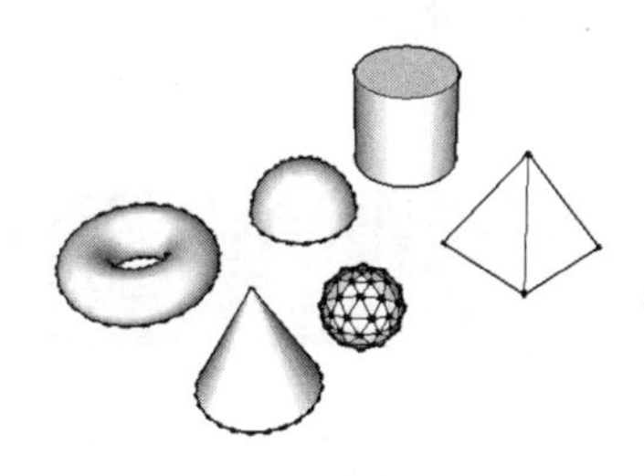

图 8-53　常用几何体创建效果

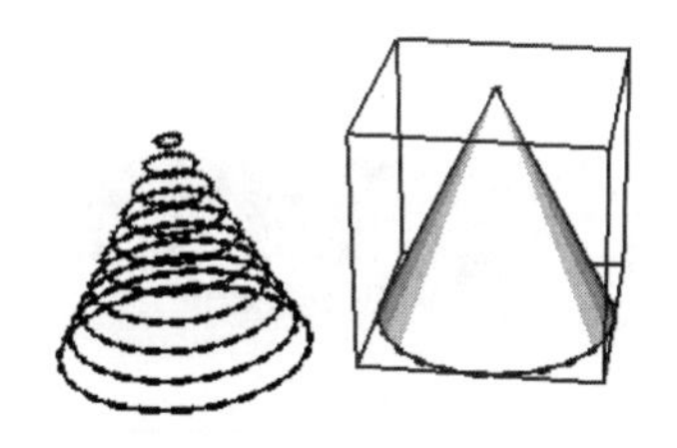

图 8-54　通过模型创建等高线

114 渲染动画

文件路径：无	视频文件：视频 \ 第 08 章 \114.MP4

通过 Suapp 插件的【渲染动画】菜单，可以快速查看并调整当前相机参数和设置材质，本例主要讲解【相机参数】与【去除材质】命令的使用。

步骤 01 执行【扩展程序】/【渲染动画】/【相机参数】菜单命令，如图 8-55 所示，在弹出的面板中可以快速查看及修改当前相机位置、角度等数据，如图 8-56 所示。

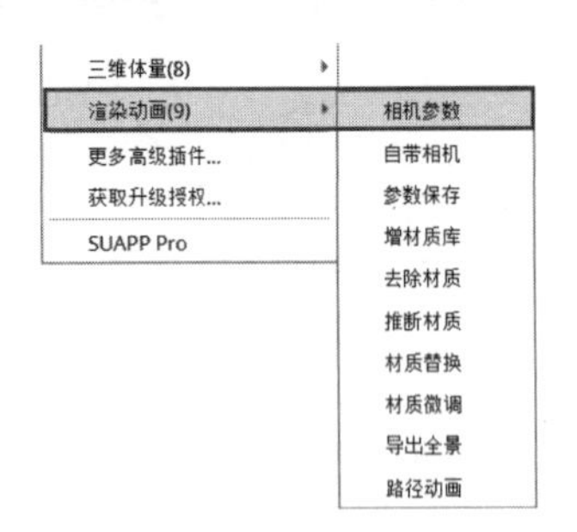

图 8-55　选择【相机参数】命令

图 8-56　相机【参数设置】面板

步骤 02 选择已经赋予材质的模型对象，执行【扩展程序】/【渲染动画】/【去除材质】菜单命令，可以将模型还原成白模，如图 8-57 ~ 图 8-59 所示。

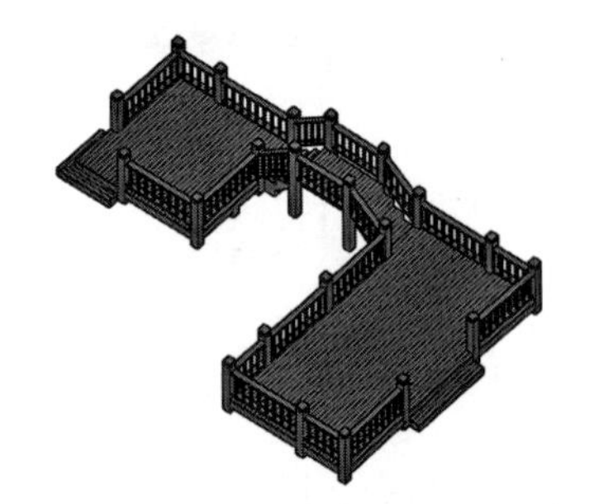
图 8-57　模型材质效果

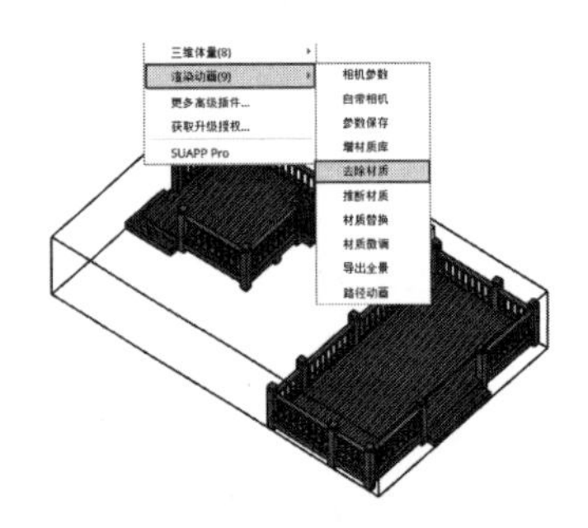
图 8-58　选择【去除材质】命令

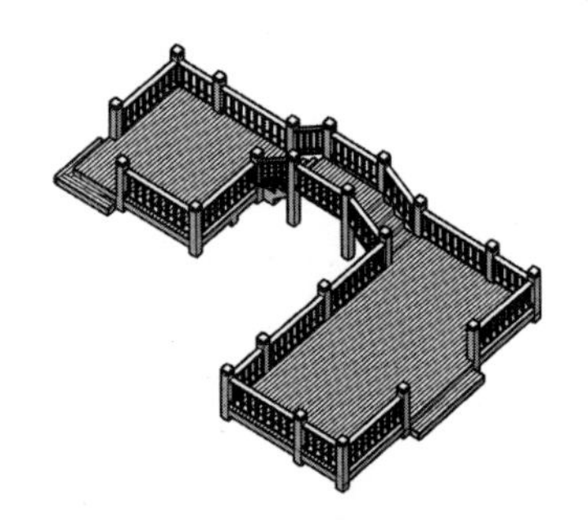
图 8-59　空白模型效果

8.2　SketchUp 其他常用插件

115　超级推拉

文件路径：无	视频文件：视频 \ 第 08 章 \115.MP4

通过【超级推拉】插件，可以弥补 SketchUp 默认【推 / 拉】工具的诸多限制，轻松实现多面同时推拉、任意方向推拉等操作，在此介绍常用的几种超级推拉工具。

1. 联合推拉

步骤 01 SketchUp 默认的【推 / 拉】工具每次只能进行单面推拉，如图 8-60 所示，在曲面上分多次推拉相邻的面，则会由于保持法线方向而形成分叉的效果，如图 8-61 所示。

步骤 02 执行【扩展程序】\【三维体量】\【超级推拉】\【联合推拉】菜单命令，如图 8-62 所示。

步骤 03 使用【联合推拉】工具，可以同时选择相邻以及间隔面进行推拉，同时相邻面将产生合并的推拉效果，如图 8-63 ~ 图 8-66 所示。

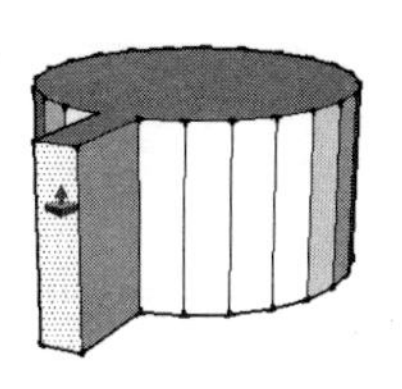

图 8-60　默认推拉只可进行单面推拉

图 8-61　相邻面默认推拉效果

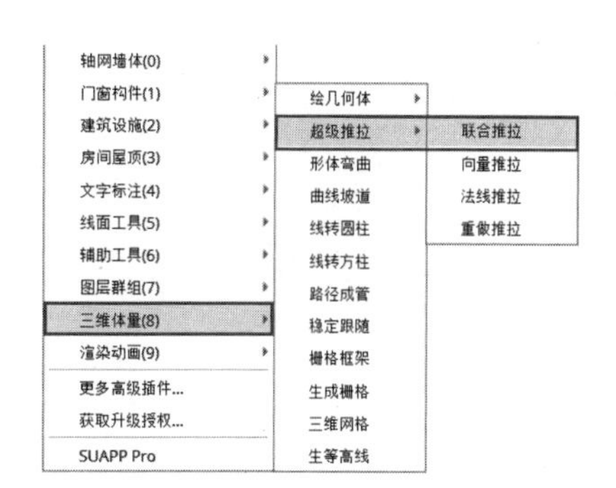

图 8-62　执行命令

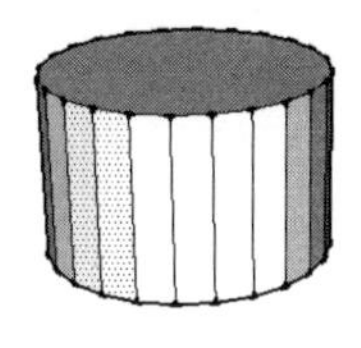

图 8-63　同时选择相邻面

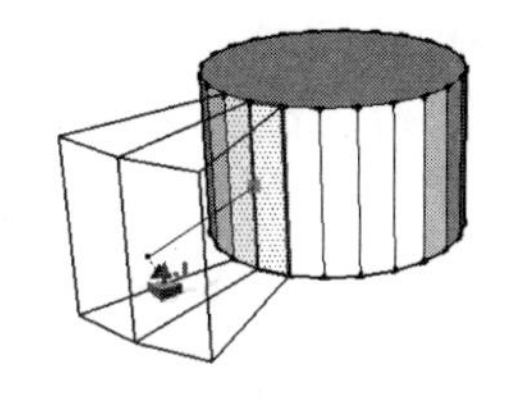

图 8-64　执行联合推拉

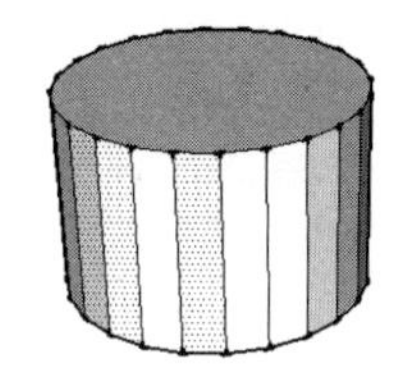

图 8-65　同时选择相邻及间隔面

步骤 04 进行【联合推拉】时按下 Tab 键，打开【自由推拉】面板，设置相应的参数，如图 8-67 所示。确定后的推拉效果如图 8-68 所示。

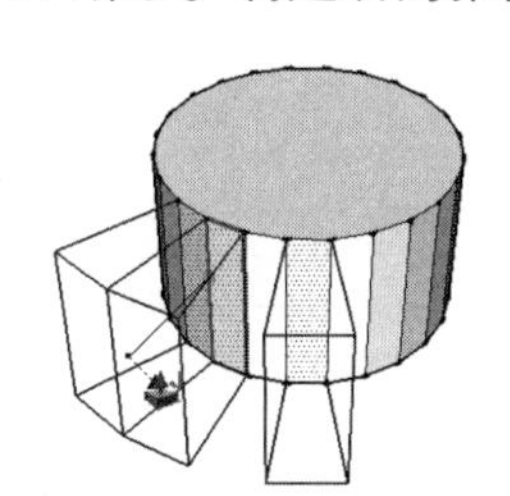

图 8-66　执行联合推拉

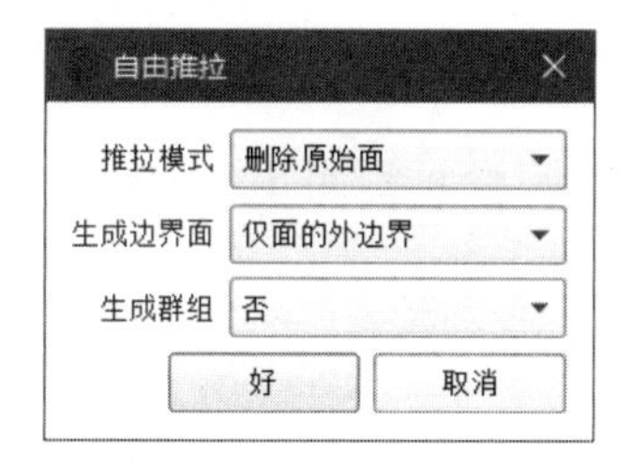

图 8-67　【自由推拉】面板

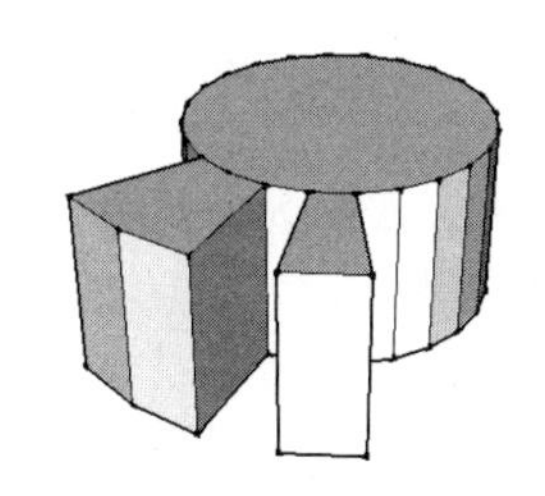

图 8-68　联合推拉完成效果

2. 向量推拉

步骤 01 默认【推 / 拉】工具只能选择单个平面在法线方向上进行延伸，如图 8-69 所示。

步骤 02 选择多个平面，启用【向量推拉】工具则可进行任意方向的推拉，如图 8-70 ~ 图 8-72 所示。

步骤 03 按下 Tab 键，在【向量推拉】面板中设置相应的参数，完成效果如图 8-73 与图 8-74 所示。

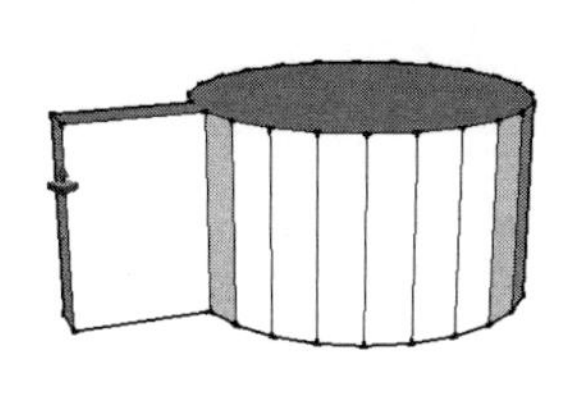

图 8-69　默认推拉效果

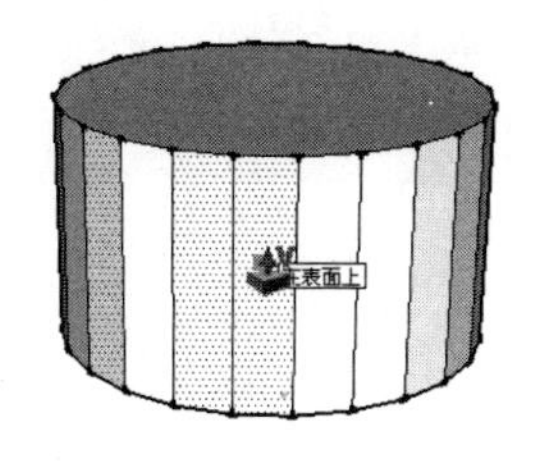

图 8-70　选择多面进行向量推拉

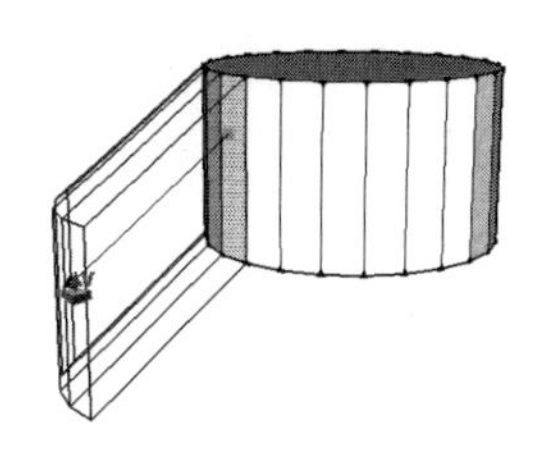

图 8-71　上下进行推拉效果

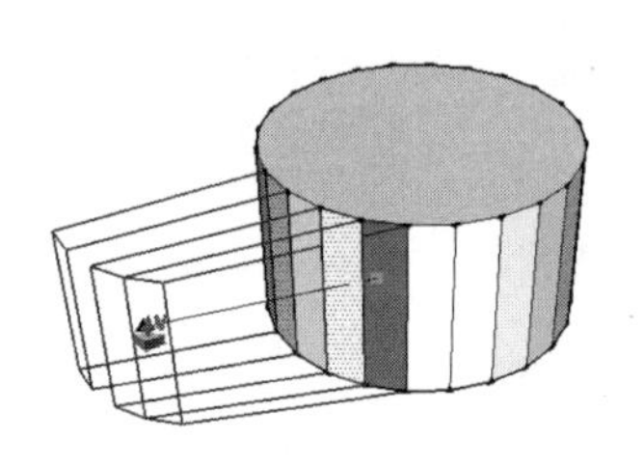
图 8-72　左右进行推拉效果

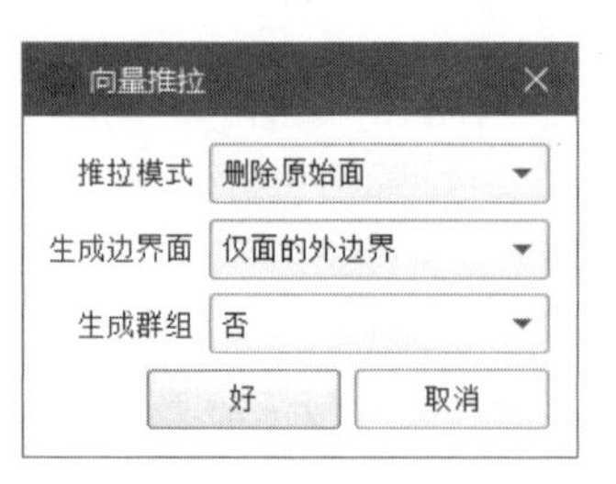

图 8-73 【向量推拉】面板

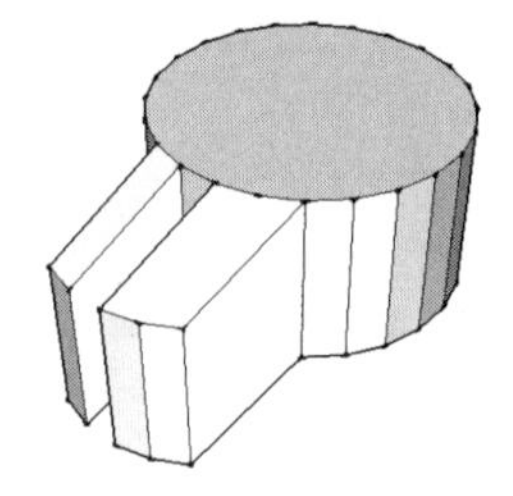
图 8-74　向量推拉完成效果

3. 法线推拉

步骤 01 默认的【推 / 拉】工具向前推拉时，是沿法线方向进行单面延伸，如图 8-75 所示。

步骤 02 启用【法线推拉】工具，可以同时对多个面进行法线方向的延伸，如图 8-76 与图 8-77 所示。

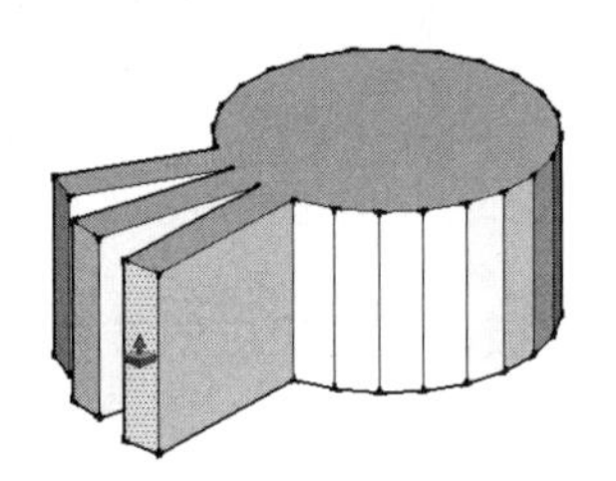
图 8-75　默认推拉多次效果

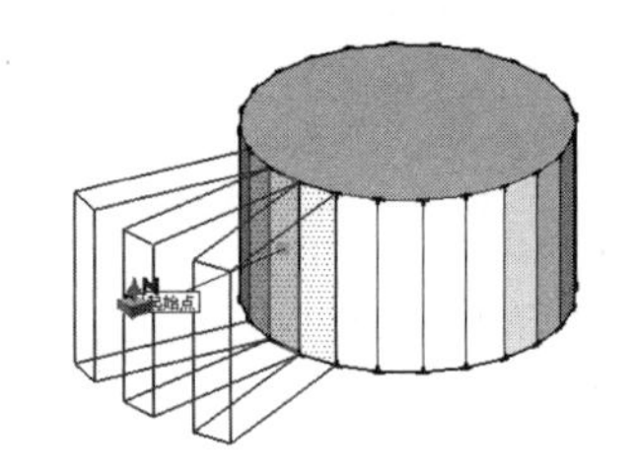
图 8-76　选择多面执行法线推拉

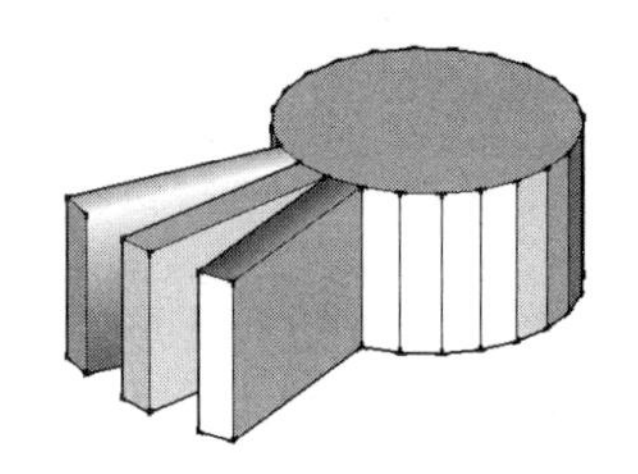
图 8-77　多面法线推拉完成效果

步骤 03 SketchUp 默认【推 / 拉】工具向内推拉时，为沿法线方向进行推空效果，如图 8-78 所示。

步骤 04 启用【法线推拉】工具向内推拉，将不产生推空效果，而产生反向的延长效果，如图 8-79 与图 8-80 所示。

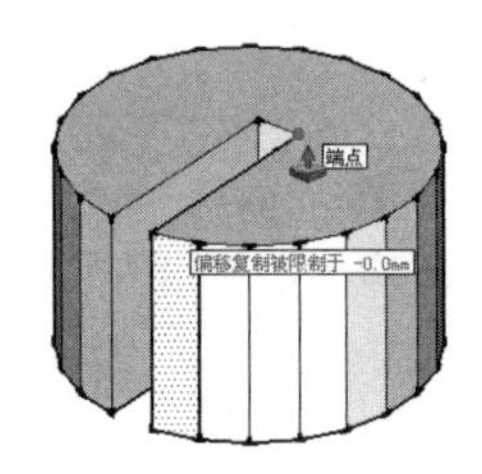

图 8-78　默认向内推拉效果

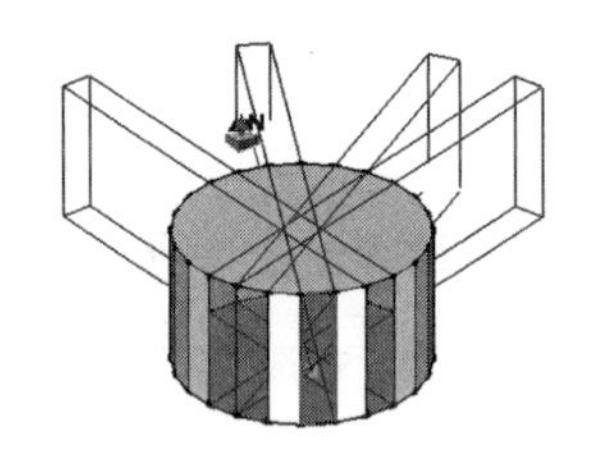
图 8-79　法线推拉向内推拉

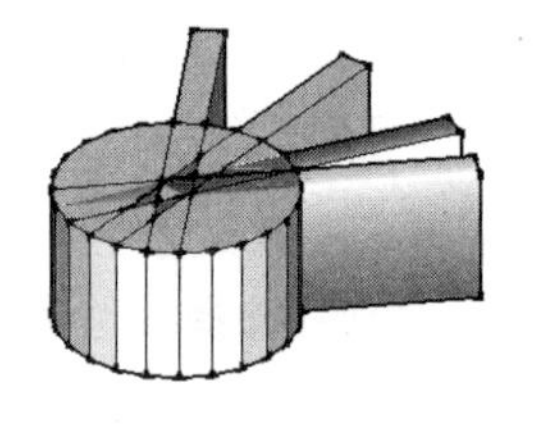
图 8-80　法线向内推拉完成效果

116 贝兹曲线

文件路径：无	视频文件：视频 \ 第 08 章 \116.MP4

启用【贝兹曲线】插件，可以绘制多种曲线效果，加强 SketchUp 曲线造型的绘制能力。

步骤 01 执行【扩展程序】/【线面工具】/【贝兹曲线】菜单命令，如图 8-81 所示。

步骤 02 在绘图区单击，指定曲线起点与结束点，移动光标指定第二点，如图 8-82 所示。

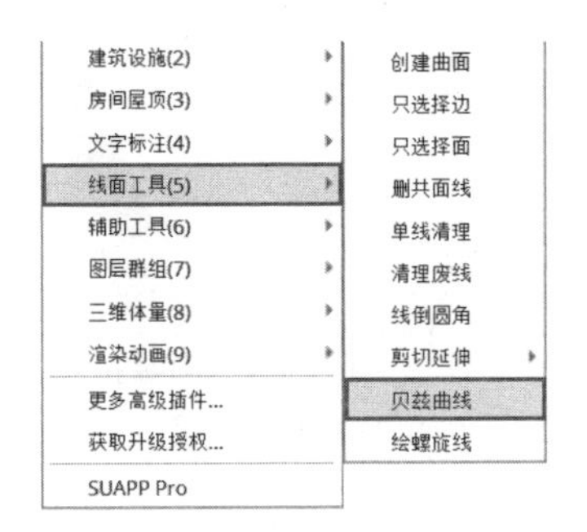

图 8-81　选择命令

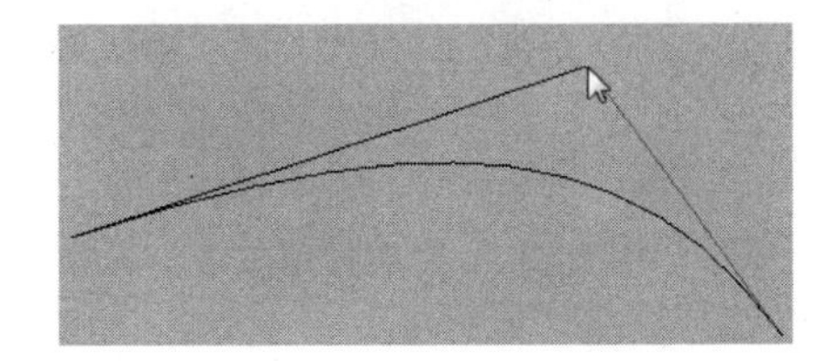

图 8-82　指定起点与第二点

步骤 03 光标拖动控制点，指定曲线的第三点，创建曲线的效果，如图 8-83 与图 8-84 所示。

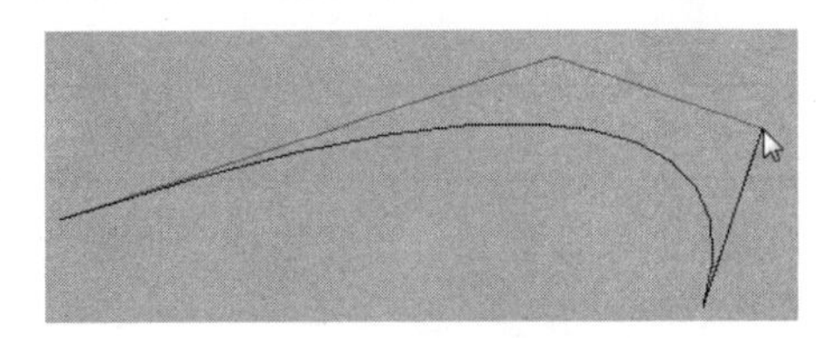

图 8-83　指定第三点

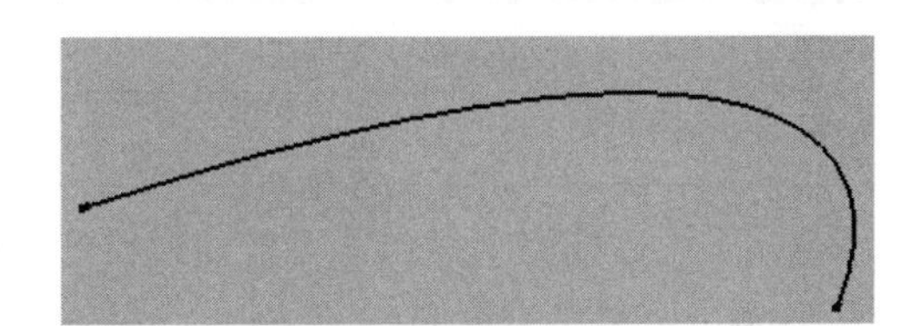

图 8-84　绘制贝兹曲线

117　线倒圆角工具

文件路径：无	视频文件：视频 \ 第 08 章 \117.MP4

使用【线倒圆角】插件，可以快速制作圆角效果，从而加强模型细节的表现。

步骤 01 使用【矩形】工具，在场景中创建一个长方体，如图 8-85 所示。

步骤 02 执行【扩展程序】/【线面工具】/【线倒圆角】菜单命令，如图 8-86 所示。

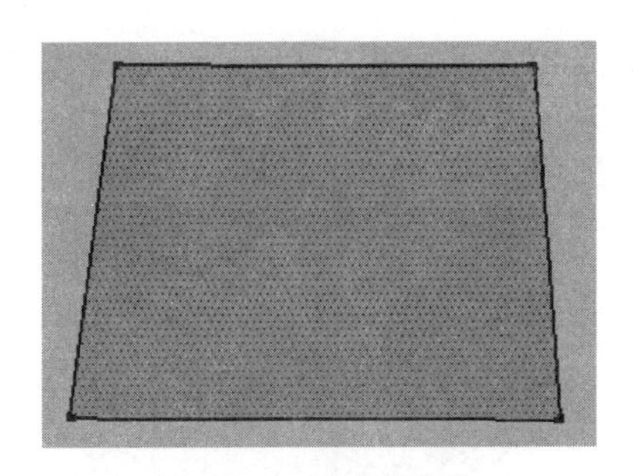

图 8-85　创建长方体

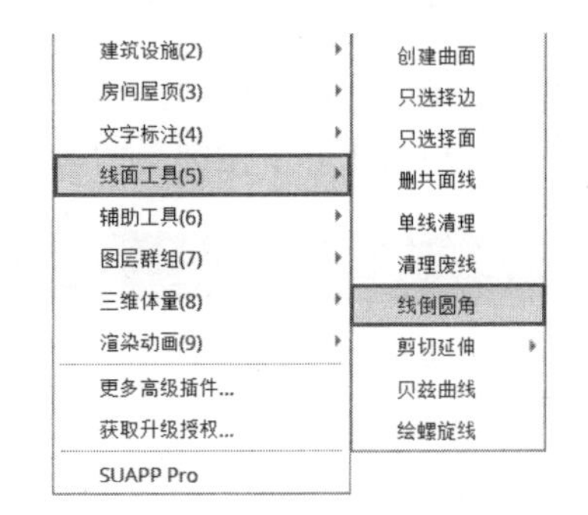

图 8-86　选择命令

步骤 03 在右下角输入【倒角半径】值，线倒圆角的效果如图 8-87 所示。

步骤 04 启用【推拉】工具，选择圆角矩形向上推拉，创建三维样式的圆角矩形，效果如图 8-88 所示。

图 8-87　线倒圆角效果

图 8-88　创建圆角矩形

118 生成栅格工具

文件路径：无	视频文件：视频\第 08 章\118.MP4

启用【生成栅格】插件，可以通过设置高度、宽度以及进深等参数创建栅格模型，极大地加强了 SketchUp 的造型能力。

步骤 01 执行【扩展程序】/【三维体量】/【生成栅格】菜单命令，如图 8-89 所示。

步骤 02 弹出【参数设置】面板，设置参数，如图 8-90 所示。

图 8-89　执行命令

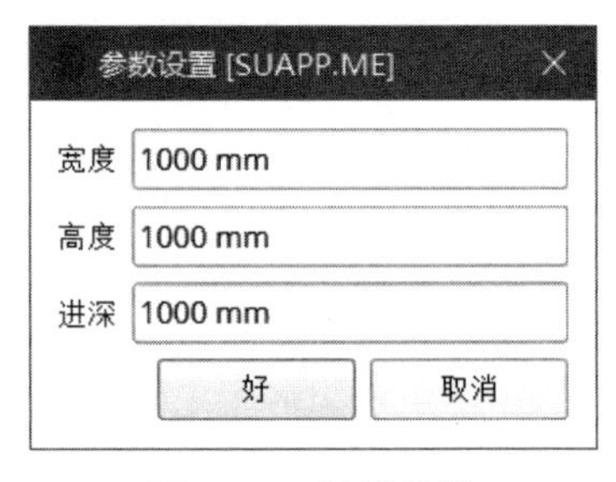

图 8-90　设置参数

步骤 03 单击【好】按钮，继续设置栅格参数，如图 8-91 所示。

步骤 04 单击【好】按钮，创建栅格，如图 8-92 所示。

参数设置 [SUAPP.ME]

X轴方向栅格数	5
Y轴方向栅格数	5
栅格间壁厚	100 mm
栅格与地面距离	0 mm

好　取消

图 8-91　继续设置栅格参数

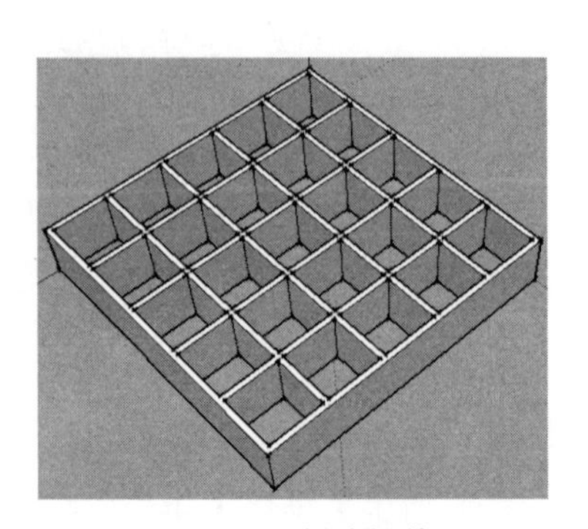

图 8-92　创建栅格

119 形体弯曲工具

文件路径：无	视频文件：视频 \ 第 08 章 \119.MP4

通过【形体弯曲】插件，可以快速实现文字、几何体等模型的造型改变。

步骤 01 激活【三维文本】工具，进入相关面板输入一行文字，如图 8-93 所示。

步骤 02 单击【放置三维文本】面板中的【放置】按钮，在视图中单击，创建文字，如图 8-94 所示。

图 8-93 输入三维文本

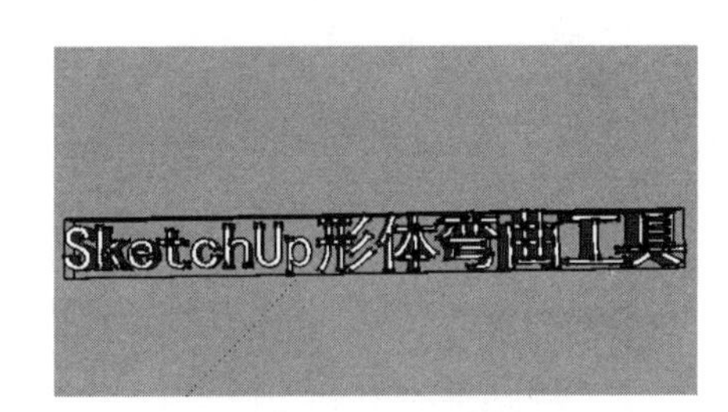

图 8-94 放置三维文本

步骤 03 启用【直线】与【圆弧】工具，创建线段与圆弧，如图 8-95 所示。

步骤 04 选择创建的文字，执行【扩展程序】/【三维体量】/【形体弯曲】菜单命令，如图 8-96 所示。

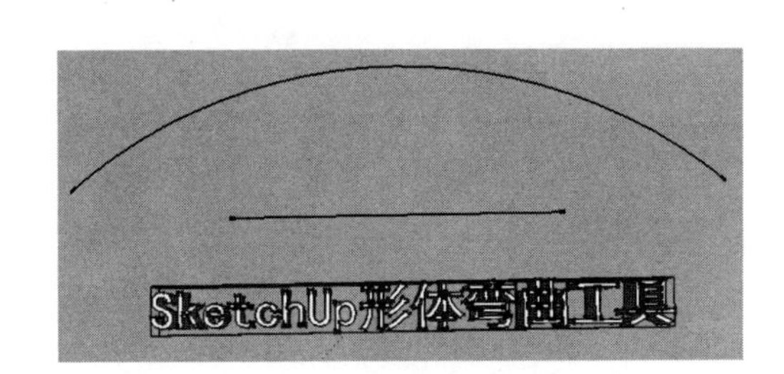

图 8-95 绘制线段与圆弧

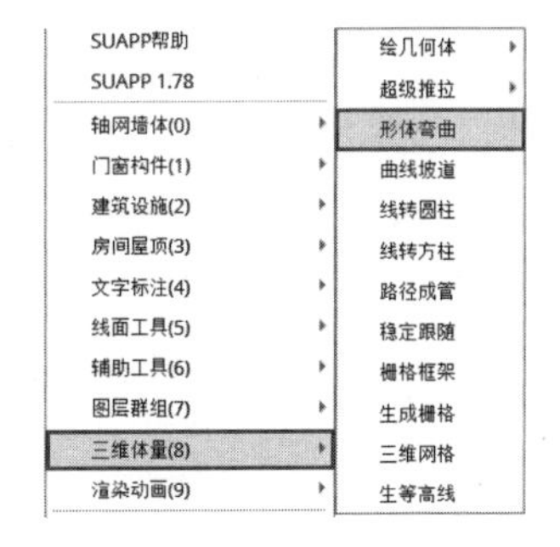

图 8-96 执行命令

步骤 05 启用命令后选择直线，在直线的两端出现“起点”与“终点”，如图 8-97 所示。

步骤 06 再选择创建好的弧形进行变形，稍等片刻后即能自动生成对应的变形效果，如图 8-98 与图 8-99 所示。

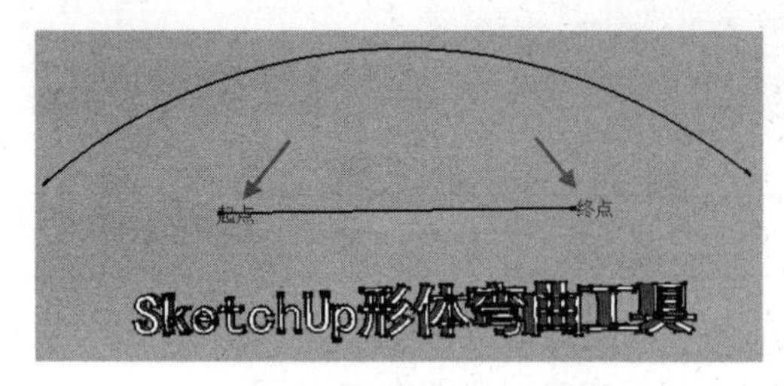

图 8-97　显示提示文字

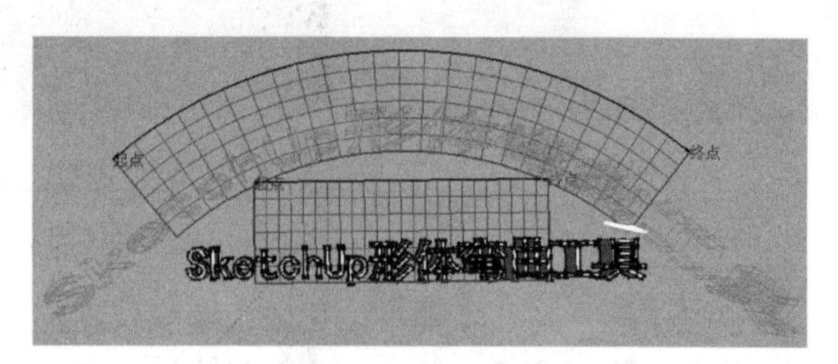

图 8-98　弯曲效果

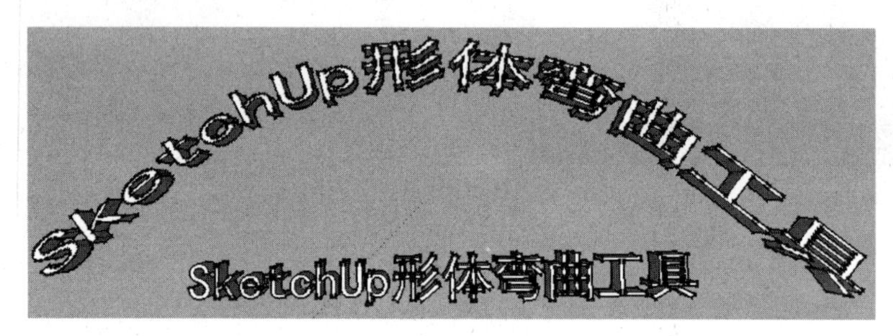

图 8-99　最终效果

第3篇　灯光和材质篇

第9章 SketchUp/V-Ray灯光与阴影

本章首先介绍SketchUp自身灯光与阴影的调整与控制方法，然后介绍V-Ray渲染器简单的参数设置与相关灯光的使用方法。

9.1 SketchUp 灯光与阴影

120 设置地理参照

文件路径：素材 \ 第 09 章 \120	视频文件：视频 \ 第 09 章 \120.MP4

在 SketchUp 中根据模型的位置，准确定位地理参照后，再通过时间的调整，可以模拟出十分准确的阳光光影效果，本例学习设置地理参照的方法。

步骤 01 打开配套资源“第 09 章 |120 SketchUp 灯光与阴影 .skp”模型，如图 9-1 所示。执行【窗口】/【模型信息】菜单命令，打开【模型信息】面板。

步骤 02 选择【地理位置】选项卡，可以看到当前场景并没有进行地理参照位置定位，如图 9-2 所示。

图 9-1 打开场景模型

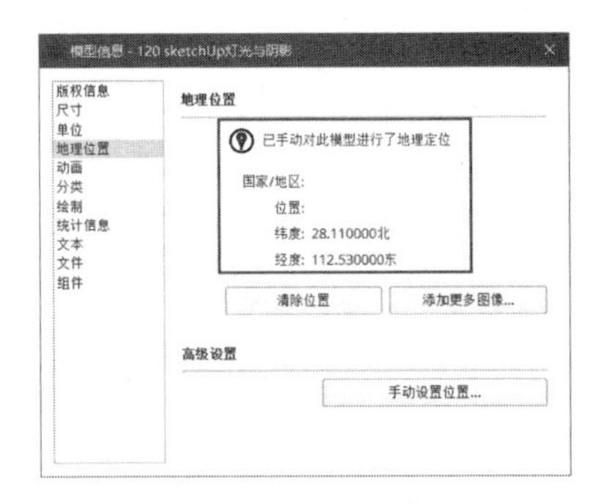

图 9-2 【模型信息】面板

提 示

如果从 Google 模型库中下载一些标志性建筑模型，进入【地理位置】选项卡，通常都可以看到十分精确的地理位置信息，如图 9-3 所示。

步骤 03 对于未曾进行地理定位的模型，如果直接单击【地理位置】选项卡【添加更多图像】按钮，将出现世界地图用于定位，这种方式通常不太适用，如图 9-4 所示。

图 9-3 标志性建筑的地理位置信息

图 9-4 通过地图进行位置添加

步骤04 在实际工作中，通常单击【高级设置】参数栏【手动设置位置】按钮，如图 9-5 所示，在弹出的【手动设置地理位置】面板中手动输入经度、纬度坐标，如图 9-6 所示。

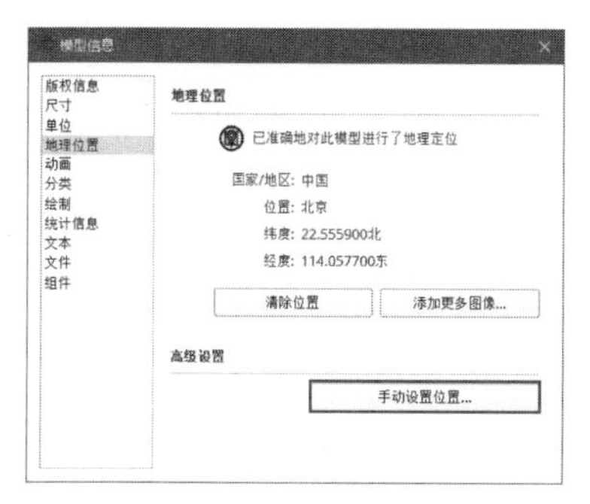

图 9-5　单击自定义位置按钮

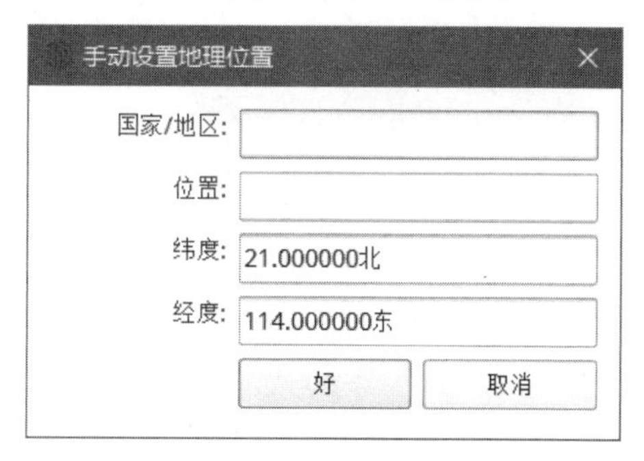

图 9-6 【手动设置地理位置】面板

步骤05 这里以北京市为参考，在【纬度】、【经度】框中输入对应坐标值，如图 9-7 与图 9-8 所示。

步骤06 输入完成后，单击【确定】按钮退出，即可发现阴影效果得到了校正，如图 9-9 所示。

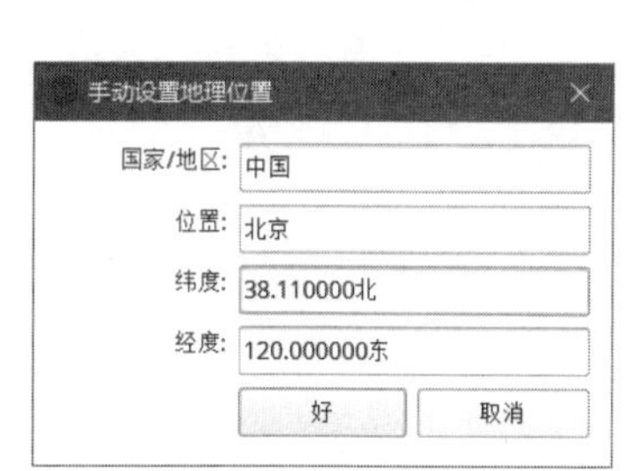

图 9-7　输入北京所在经纬度

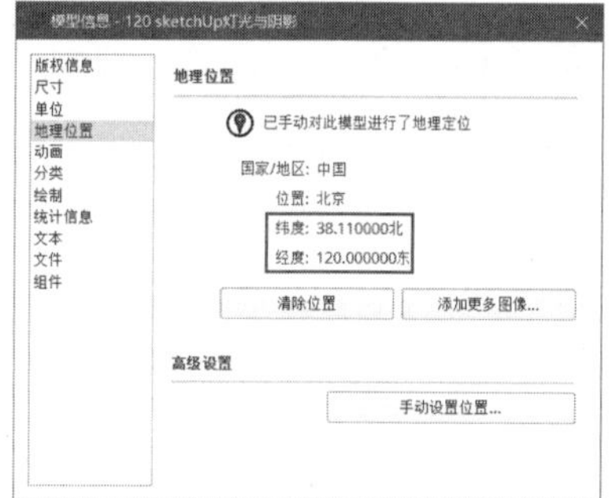

图 9-8　地理参照添加成功

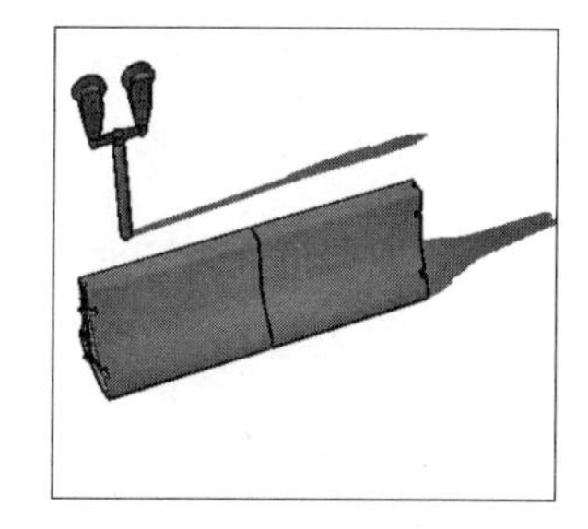

图 9-9　地理参照添加后的阴影变化

→ 提 示

经度、纬度不但要输入准确的数值，还要以准确的后缀字母表明处于南北半球以及东西经度，其中 N 代表北半球，S 代表南半球，W 代表西经、E 代表东经。在有了精确的经纬度后，【手动设置地理位置】面板的【国家】与【位置】可以不予设置。

121 阴影工具栏

文件路径：素材 \ 第 09 章 \121	视频文件：视频 \ 第 09 章 \121.MP4

通过 SketchUp 阴影工具栏，可以对时区、日期、时间等参数进行十分细致地调整，从而模拟出十分精确的阳光光影效果。

步骤01 执行【视图】/【工具栏】菜单命令，在弹出的工具栏选项板中调出【阴影】工具栏，如图 9-10 所示，【阴影】工具栏中各个按钮功能如图 9-11 所示。

步骤02 展开【默认面板】中的【阴影】设置面板，从中可以对时间以及日期等参数进行调整，如图 9-12 所示。

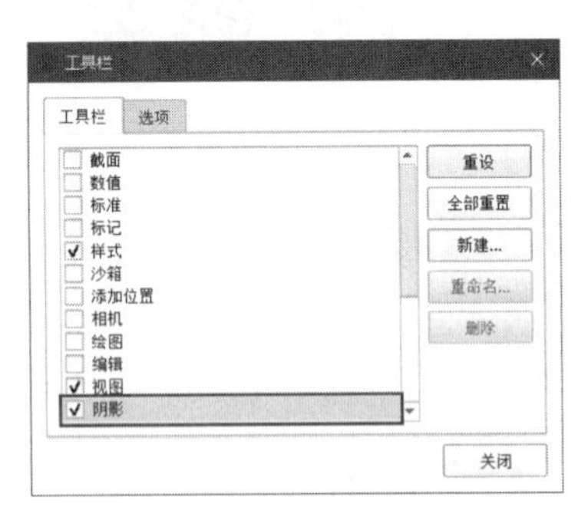

图 9-10　工具栏选项面板

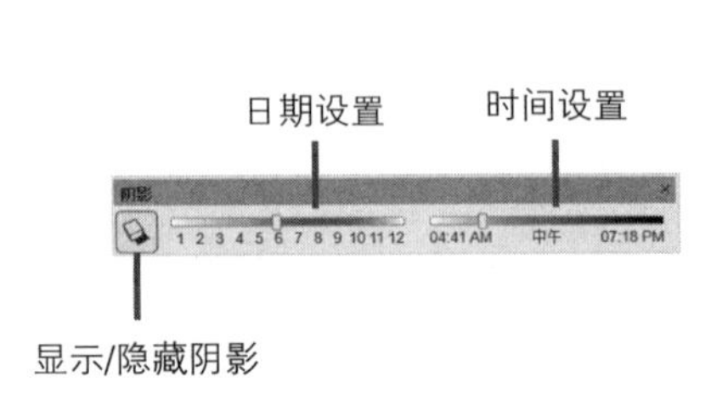

图 9-11　【阴影】工具栏功能

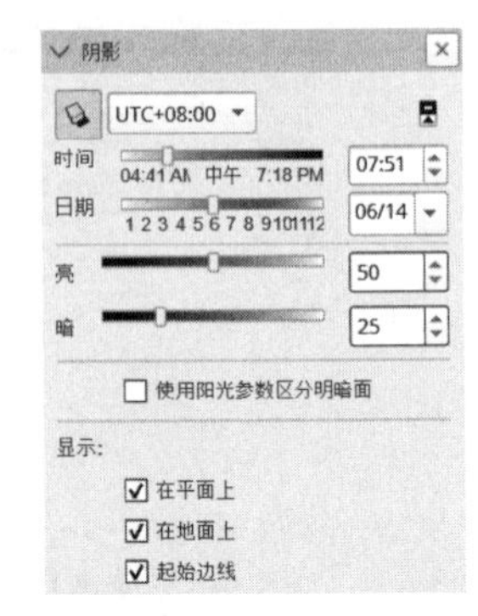

图 9-12　【阴影】设置面板

步骤03 以 UTC 参照标准，北京时间先于 UTC 8h，在 SketchUp 中对应调整其为 UTC+8:00，如图 9-13 所示。

提示

UTC 是协调世界时（Universal Time Coordinated) 英文缩写。UTC 以本初子午线（即经度 0°）上的平均太阳时为统一参考标准，各个地区根据所处的经度差异进行调整以设置本地时间。在中国统一使用北京时间（东八区）为本地时间，因此这里设定为 UTC+8:00。

步骤04 设置 UTC 时间后，拖动【阴影】设置面板中的【时间】滑块，即可产生不同的阴影效果，如图 9-14 ~ 图 9-16 所示。

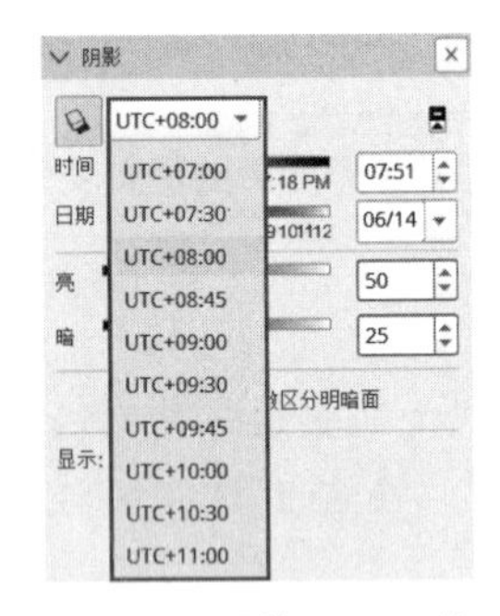

图 9-13　调整 UTC 时间

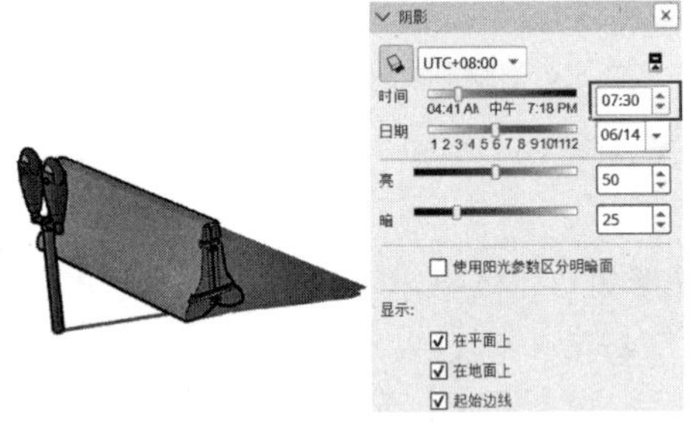

图 9-14　早上 7:30 的阴影

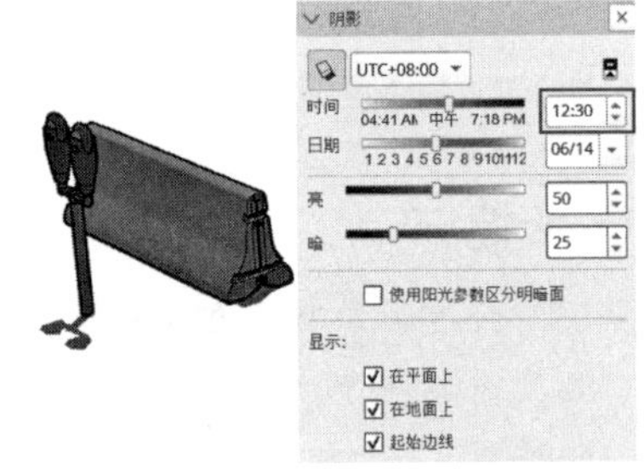

图 9-15　中午 12:30 的阴影

提示

在【地理参照】中设置准确的经纬度后，必须设置对应的 UTC 时间，调整【时间】滑块才能产生正确的阴影效果。通常将时间调整至 12 点整，然后通过观察阴影是否位于模型正下方进行判断。

步骤05 在保持【时间】参数恒定的前提下，拖动【日期】滑块也能产生阴影效果细节的变化，如图 9-17 ~ 图 9-19 所示。

步骤06 在其他参数相同的前提下，调整【亮】参数的滑块，可以对场景整体的亮度进行调整，数值越小场景整体越暗，如图 9-20 ~ 图 9-22 所示。

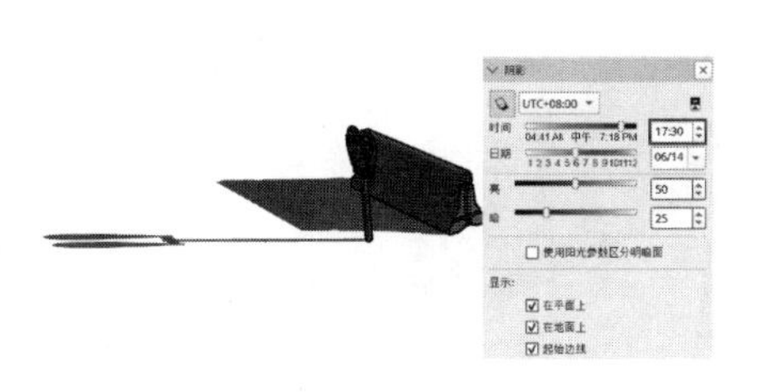

图 9-16　下午 17:30 的阴影

图 9-17　2 月 21 日的阴影

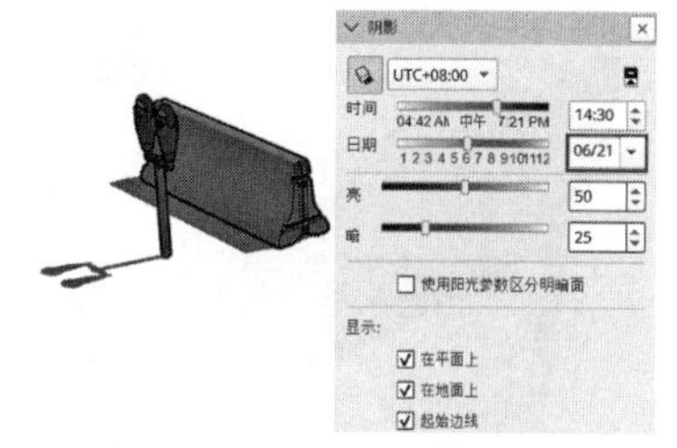

图 9-18　6 月 21 日的阴影

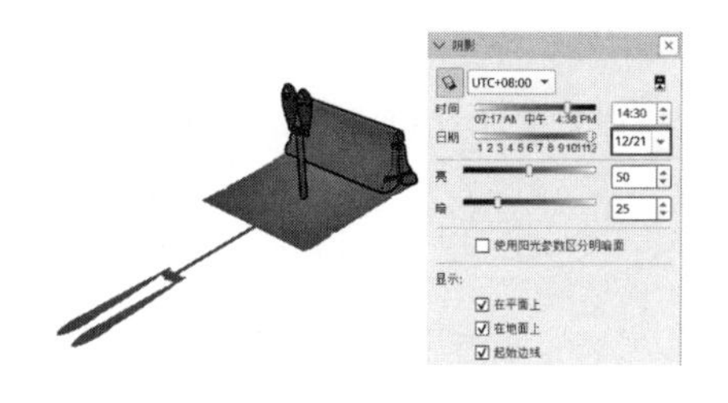

图 9-19　12 月 21 日的阴影

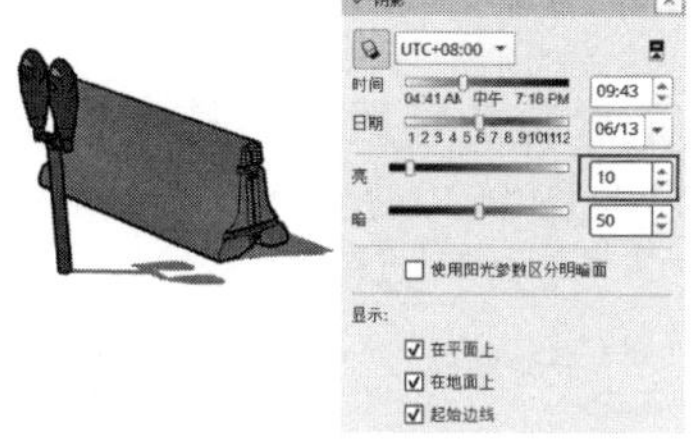

图 9-20 【亮】参数为 10 的场景亮度

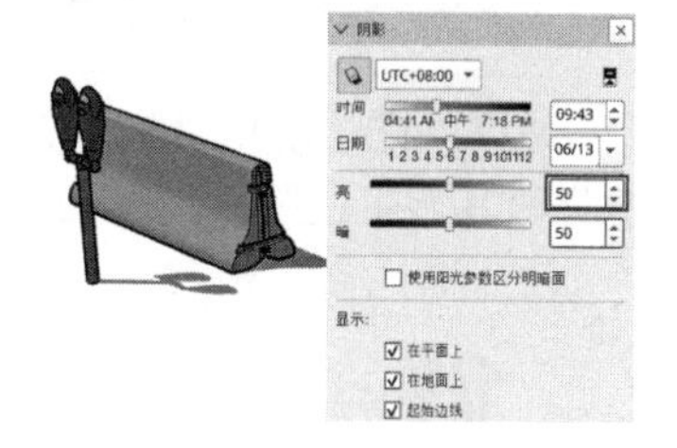

图 9-21 【亮】参数为 50 的场景亮度

步骤 07 在其他参数相同的前提下，调整【暗】参数的滑块，可以对场景阴影的亮度进行调整，数值越小阴影越暗，如图 9-23 ~ 图 9-25 所示。

步骤 08 通过【显示】参数下的【在平面上】及【在地面上】参数，可以控制模型表面与地面是否接收阴影，如图 9-26 ~ 图 9-28 所示。

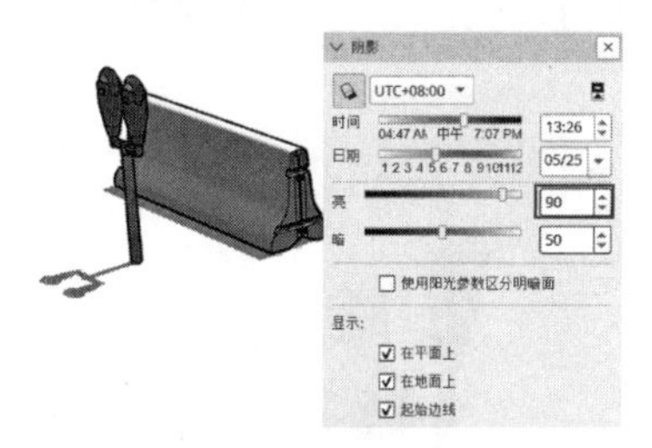

图 9-22 【亮】参数为 90 的场景亮度

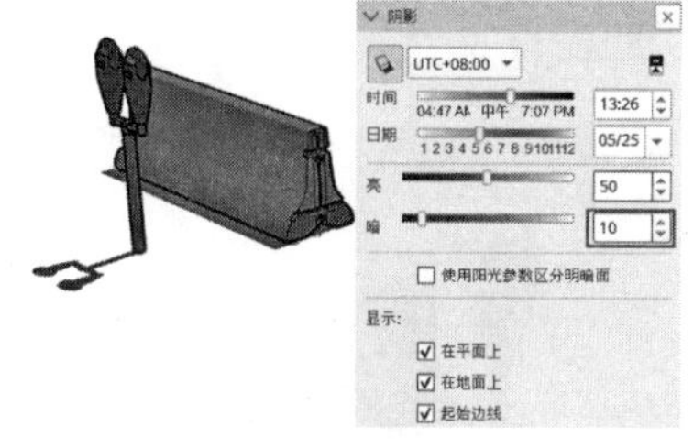

图 9-23 【暗】参数为 10 时的对比度

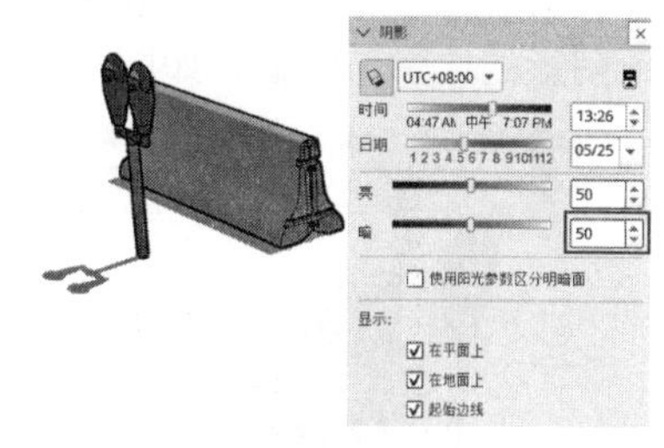

图 9-24 【暗】参数为 50 时的对比度

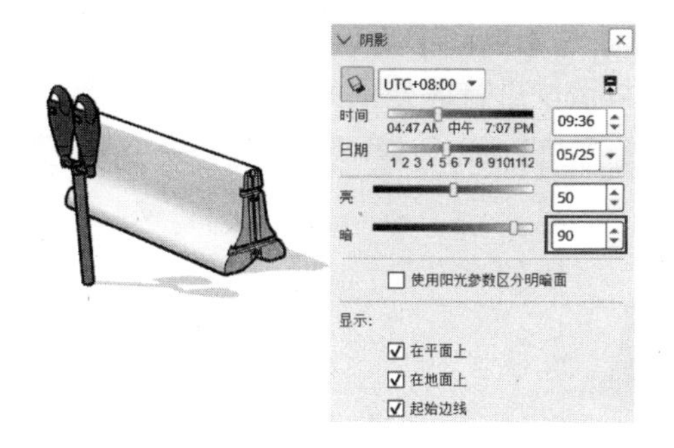

图 9-25 【暗】参数为 90 时的对比度

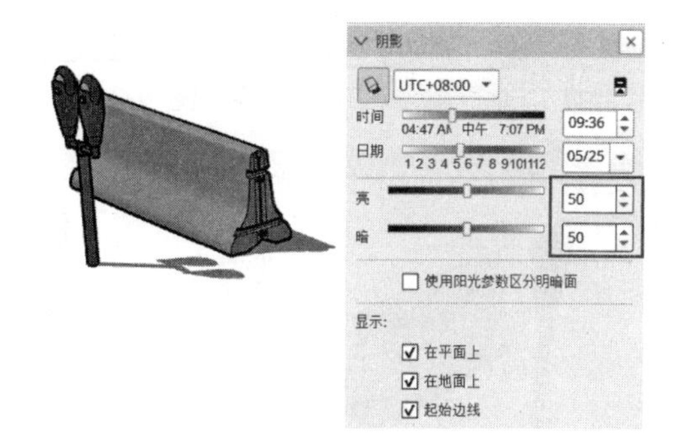

图 9-26　默认的阴影效果

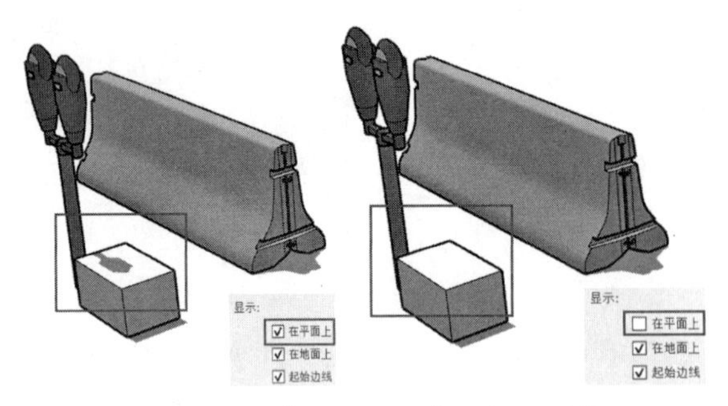

图 9-27　取消【在平面上】后的阴影效果

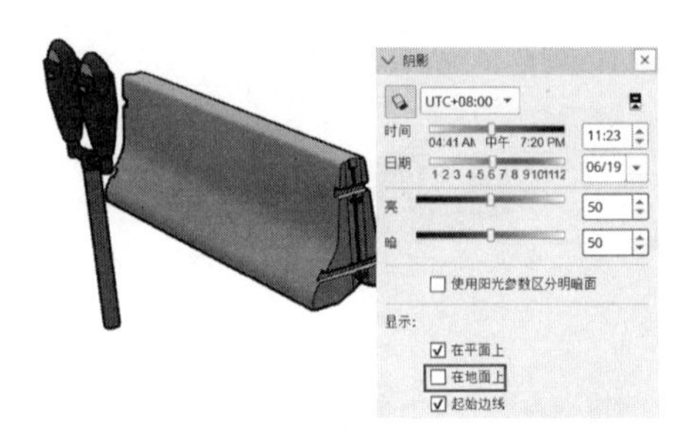

图 9-28　取消【在地面上】后的阴影效果

步骤 09 此外，默认设置下单独的线段也能产生影响，取消【起始边线】复选框的勾选，将隐藏其产生的阴影，如图 9-29 与图 9-30 所示。

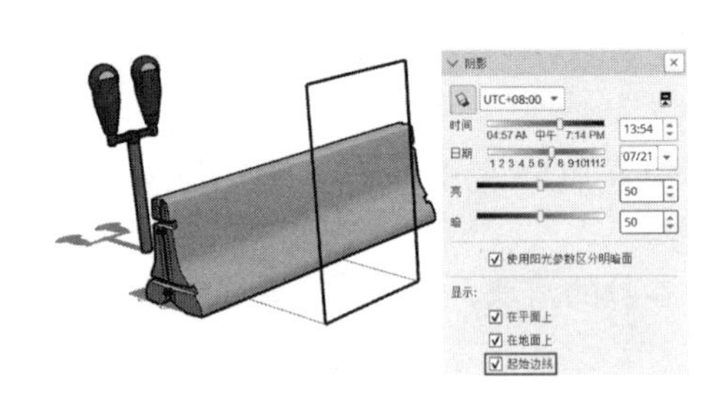

图 9-29　默认【起始边线】产生的阴影

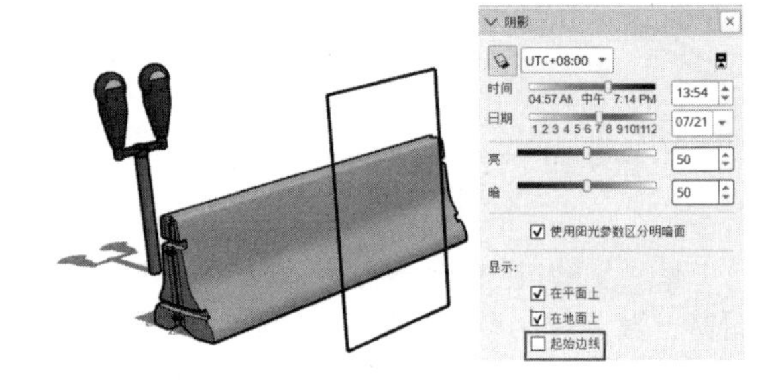

图 9-30　取消【起始边线】参数后不可产生阴影

步骤 10 阴影显示切换。单击【阴影】工具栏【显示 / 隐藏阴影】按钮，可以快速切换场景阴影的显示与隐藏，如图 9-31 ~ 图 9-33 所示。

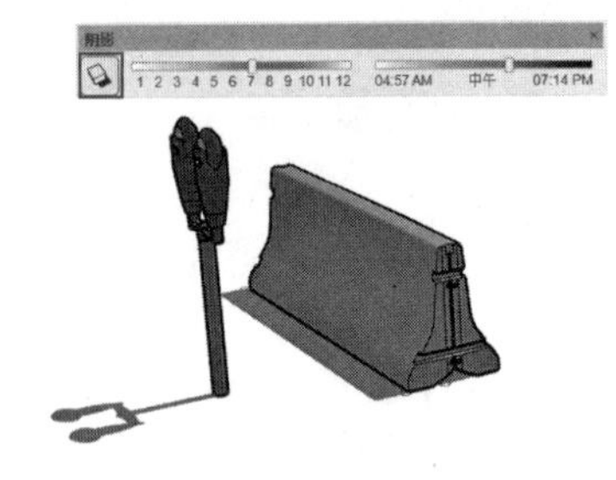

图 9-31　默认为显示阴影

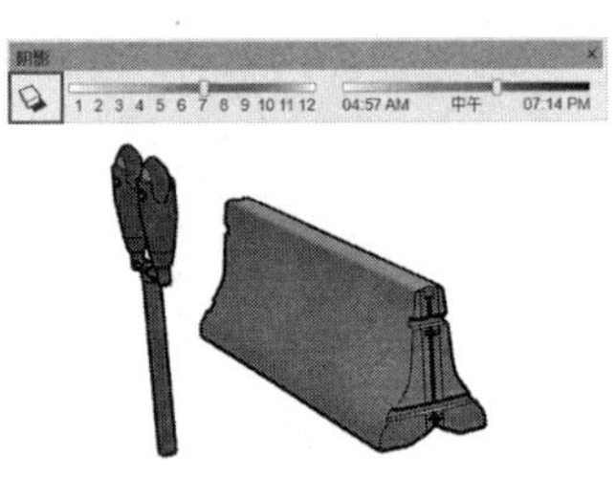

图 9-32　单击按钮隐藏阴影

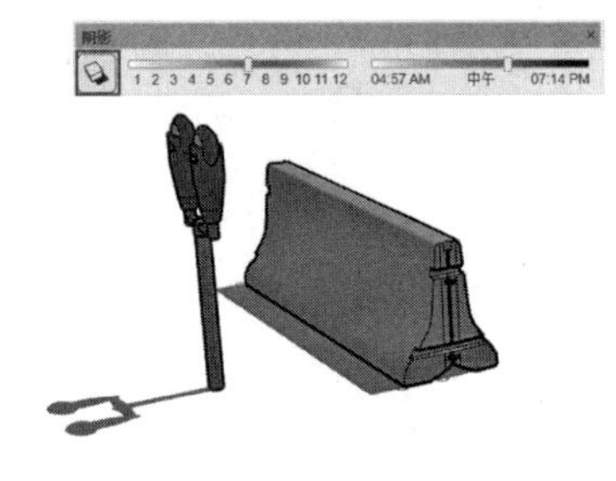

图 9-33　再次单击恢复阴影

步骤 11 日期与时间。【阴影】工具栏中的【日期】与【时间】滑块与【阴影】对话框中的同名滑块功能一致，如图 9-34 ~ 图 9-36 所示，通过工具滑块进行调整更为方便、快捷。

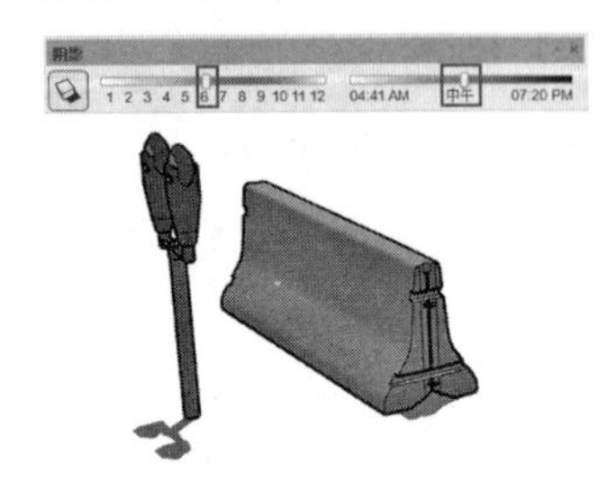

图 9-34　日期与时间调整滑块

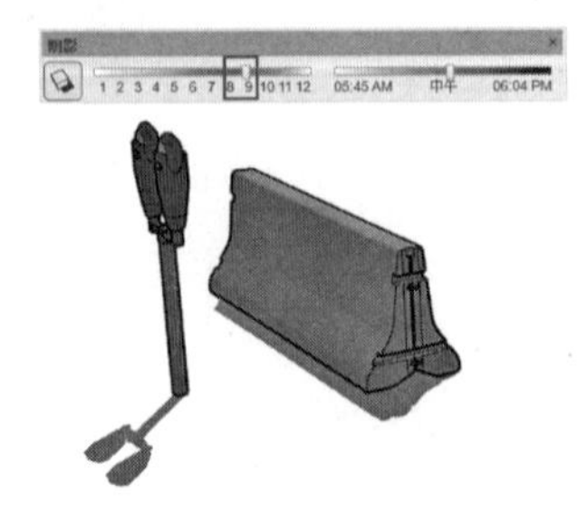

图 9-35　调整日期后的阴影效果

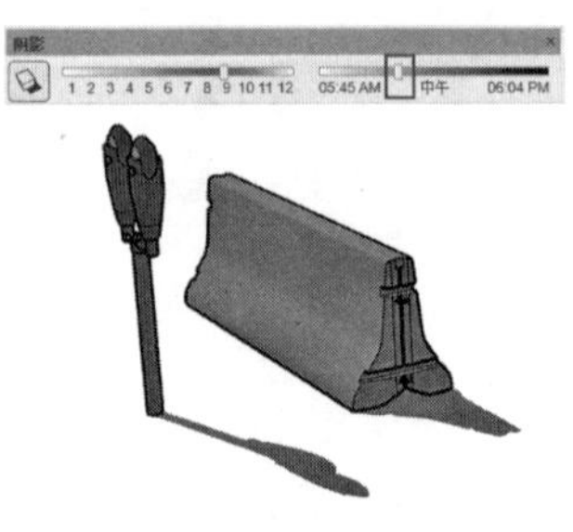

图 9-36　调整时间后的阴影效果

122 物体的投影与受影

文件路径：素材 \ 第 09 章 \122	视频文件：视频 \ 第 09 章 \122.MP4

在 SketchUp 中，有时为了美化图像，保持整洁感与鲜明的明暗对比效果，可以人为地取消一些附属模型的投影与受影。

步骤 01 选择计时器模型，通过右键菜单进入【图元信息】面板，取消其【投射阴影】复选框勾选，可以使其失去投影能力，如图 9-37 ~ 图 9-39 所示。

图 9-37　默认阴影效果

图 9-38　选择【模型信息】命令

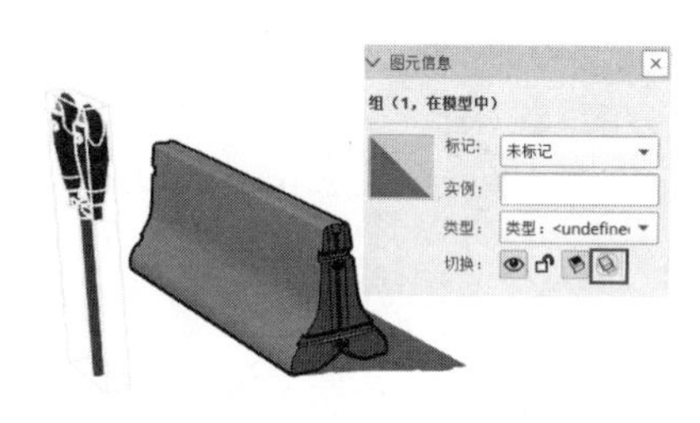

图 9-39　取消投影后的效果

步骤 02 选择路基模型，通过右键菜单进入【模型信息】面板，取消其【接收阴影】复选框勾选，可以使其失去接受阴影的能力，如图 9-40 ~ 图 9-42 所示。

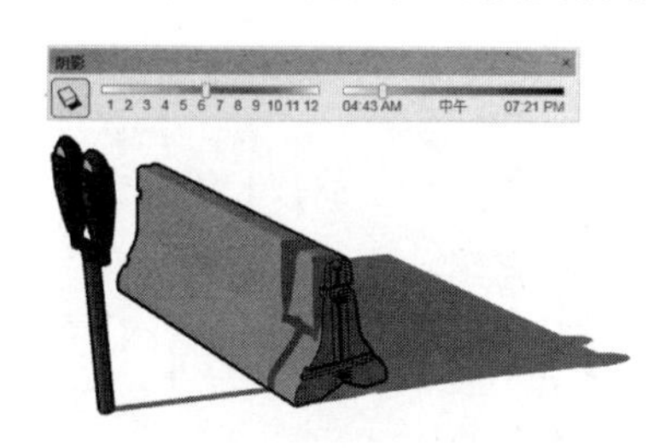

图 9-40　默认阴影效果

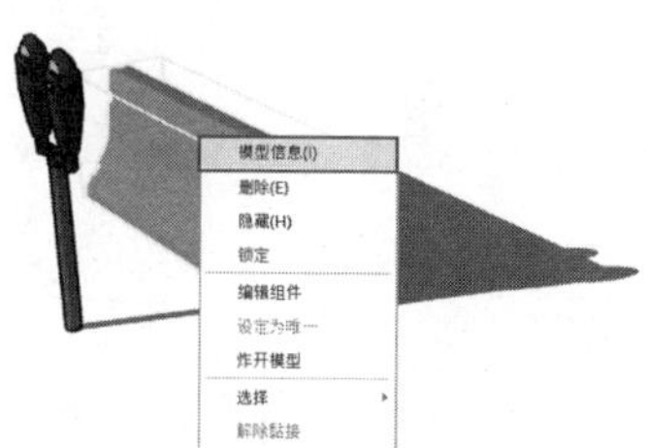

图 9-41　选择【模型信息】命令

图 9-42　取消【接收阴影】后的效果

9.2　V-Ray 灯光与阴影

123 设置 V-Ray 渲染场景

文件路径：素材 \ 第 09 章 \123	视频文件：视频 \ 第 09 章 \123.MP4

V-Ray 渲染器是一款强大的间接光照渲染软件，在利用其进行渲染前，需要对参数进行一定的调整，本例简单介绍相关的操作流程。

步骤 01 成功安装 V-Ray 渲染器后，打开配套资源“第 09 章 |123 V-Ray 渲染场景 .skp”，然后对场景进行全景观察，如图 9-43 与图 9-44 所示。

步骤 02 执行【视图】/【工具栏】菜单命令，在弹出的工具栏选项板中调出 V-Ray 主工具栏，如图 9-45 所示。

图 9-43 打开场景

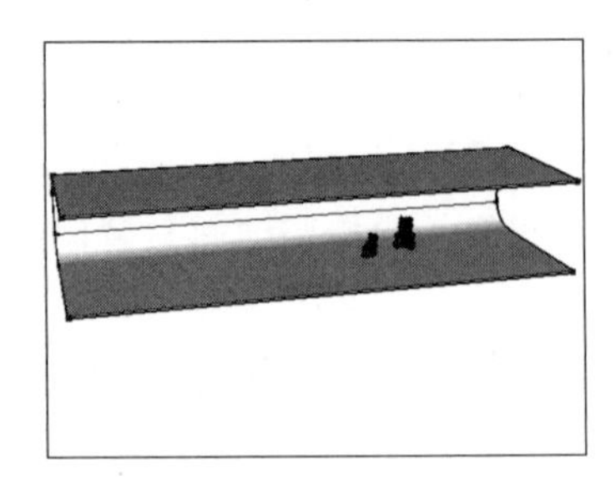
图 9-44 观察场景效果

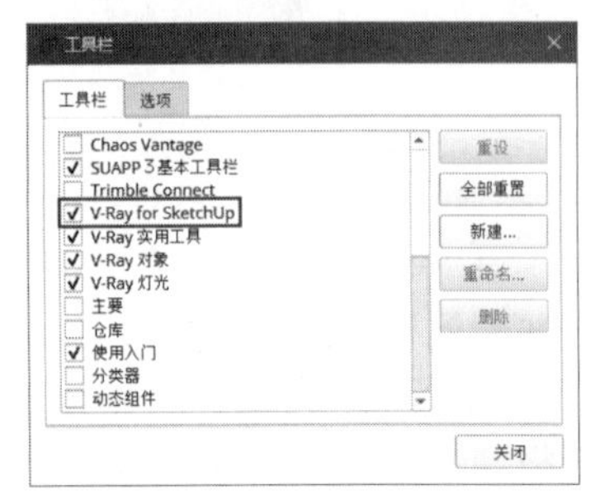

图 9-45 调出 V-Ray 主工具栏

⟶技巧

由于 V-Ray 渲染器是一款全局光渲染软件，在灯光的测试中，为了模拟出室内光线反弹的效果，这里制作了一个 U 形的渲染场景，如图 9-44 所示。

步骤 03 单击 V-Ray 主工具栏【打开 V-Ray 渲染设置面板】按钮，弹出【V-Ray 资源管理器】，如图 9-46 与图 9-47 所示。

步骤 04 单击进入【设置】选项卡，设置渲染输出图像的宽、高尺寸，如图 9-48 所示。

图 9-46 单击【渲染设置】按钮

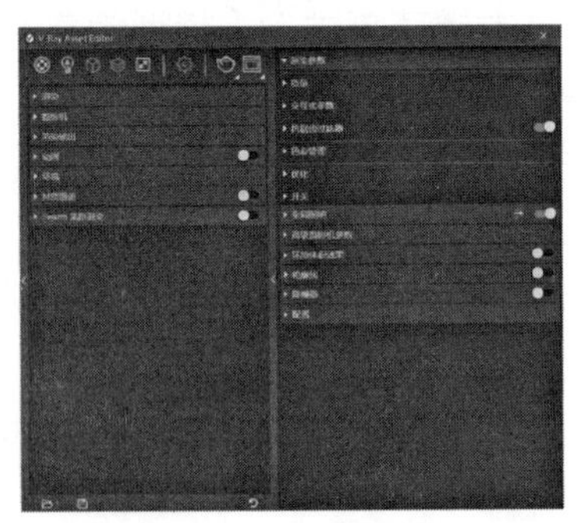
图 9-47 进入【设置】选项卡

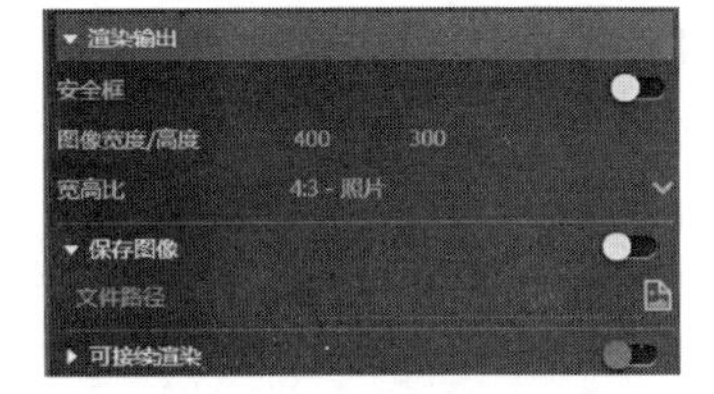

图 9-48 设置尺寸

步骤 05 单击进入【发光贴图】选项卡，设置【最小比率】、【最大比率】与【细分】数值，如图 9-49 所示。

步骤 06 单击进入【灯光缓存】选项卡，设置【细分】数值，如图 9-50 所示。

步骤 07 参数设置完成之后，单击【开始渲染】按钮进行渲染，即可得到默认灯光下的场景效果，如图 9-51 所示。

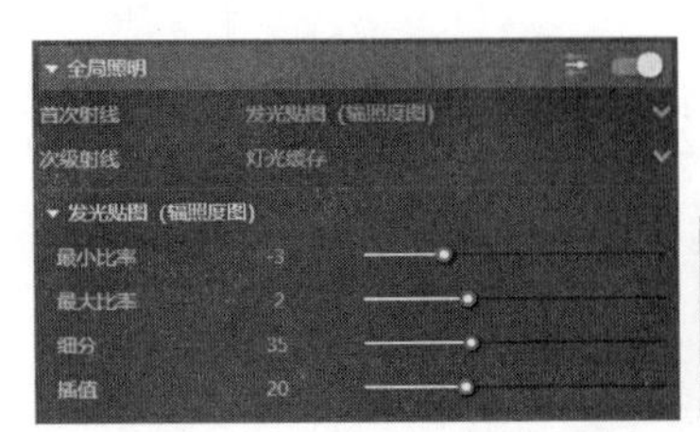

图 9-49 设置发光贴图参数

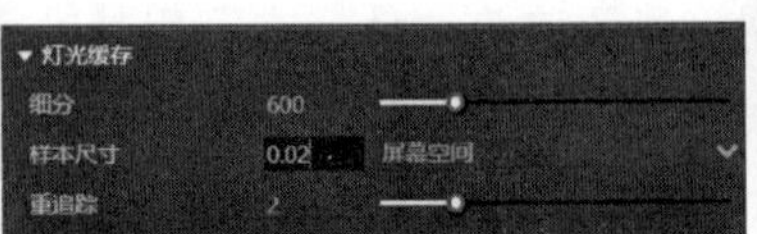

图 9-50 设置灯光缓存细分值

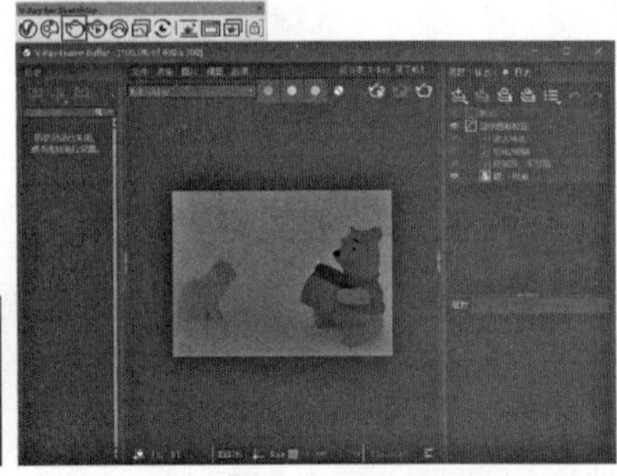
图 9-51 场景默认灯光渲染效果

技巧

安装扩展程序后，启动 SketchUp，在软件界面的右下角弹出如图 9-52 所示的提示框，提醒用户扩展程序的应用情况。假如扩展程序出现错误，也会在提示框中显示。单击【忽略】按钮关闭提示框，单击【打开】按钮，打开如图 9-53 所示的对话框，显示扩展程序的当前情况。

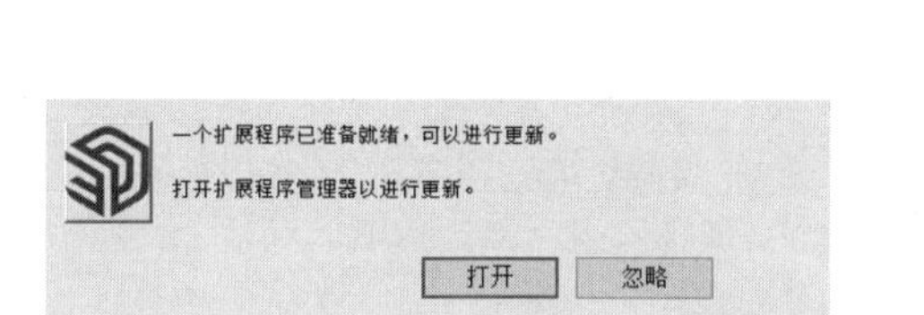

图 9-52　提示框

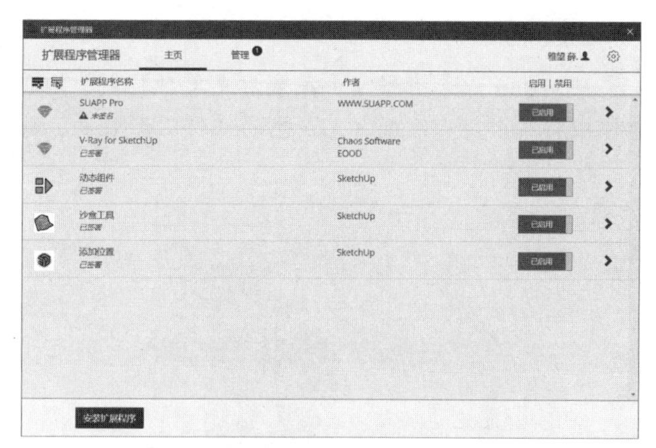

图 9-53　显示扩展程序的当前情况

124 V-Ray 矩形灯光

文件路径：素材 \ 第 09 章 \124	视频文件：视频 \ 第 09 章 \124.MP4

V-Ray 矩形灯光是工作中最为常用的灯光之一，可以使用其进行区域照明，也可以通过形状的调整进行线形光照明，本例讲解其基本使用方法。

步骤 01 打开配套资源“第 09 章 |124 V-Ray 矩形灯光 .skp”场景，执行【视图】/【工具栏】菜单命令，在弹出的工具栏选项板中调出 V-Ray 光源工具栏，然后单击【矩形灯光】创建按钮，如图 9-54 所示。

步骤 02 切换至【顶视图】，参考照明对象位置拖动光标，创建矩形灯光，如图 9-55 所示。

步骤 03 切换至侧面视图，参考场景调整好灯光高度，如图 9-56 所示。

图 9-54　单击【矩形灯光】创建按钮

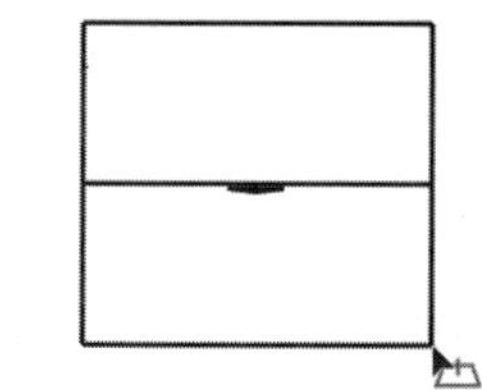

图 9-55　在顶视中创建矩形灯光

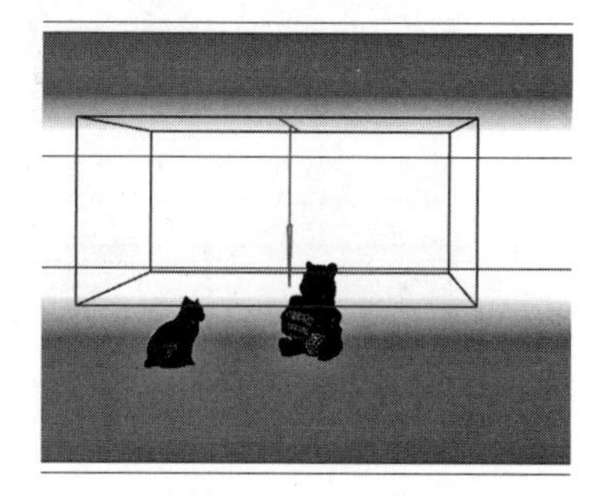

图 9-56　调整矩形灯光高度

步骤04 灯光创建完成后直接进行渲染，可以发现灯光没有发生任何照明效果，同时灯光的形状也被渲染，如图 9-57 所示。

步骤05 单击主工具栏上的【打开 V-Ray 渲染设置面板】按钮，打开【V-Ray 光源编辑器】如图 9-58 与图 9-59 所示。

步骤06 设置灯光【颜色】与【亮度】，然后勾选【隐藏】复选框，再次渲染即可得到理想的区域照明效果，如图 9-60 与图 9-61 所示。

—→ 技巧

V-Ray 灯光阴影可由每盏灯光单独控制，取消灯光参数【阴影】复选框的勾选，渲染图像中将不出现由该盏灯光产生的任何阴影效果，如图 9-62 所示。

图 9-57　矩形灯光默认渲染效果

图 9-58　单击按钮

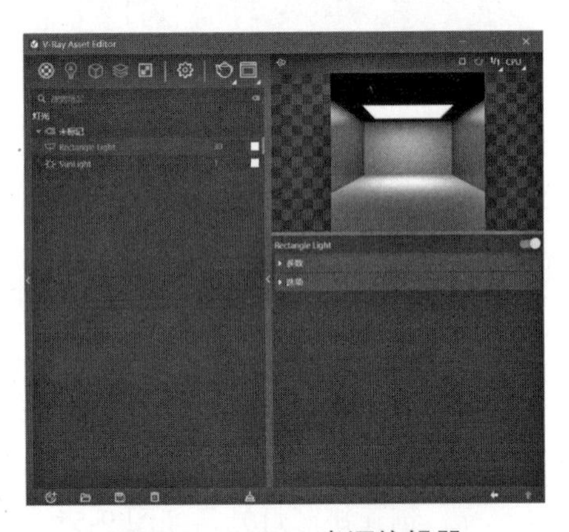

图 9-59　V-Ray 光源编辑器

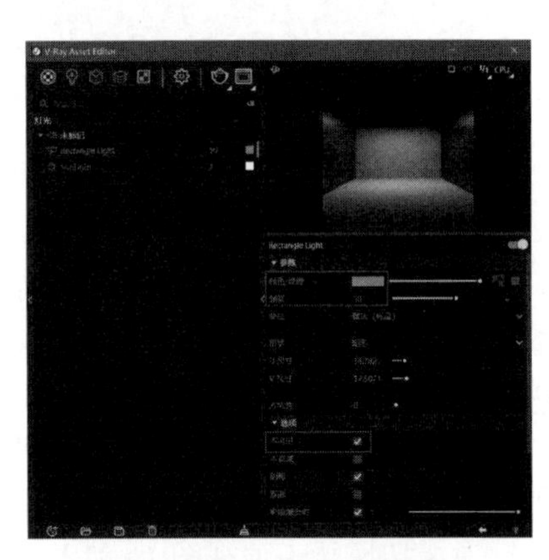

图 9-60　设置灯光参数

图 9-61　调整参数后的渲染效果

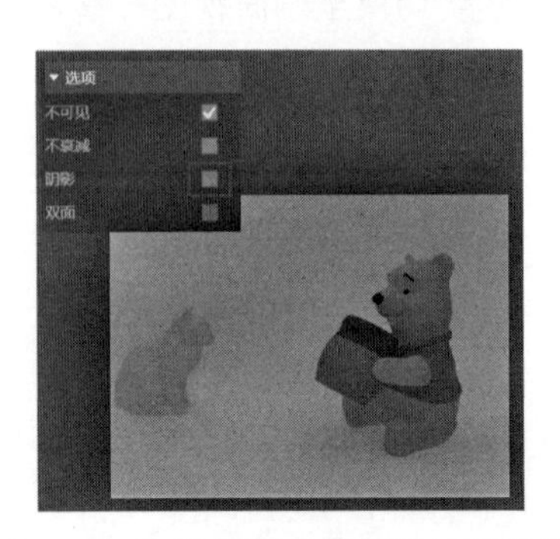

图 9-62　取消阴影参数后的渲染效果

125 球体灯光

文件路径：素材 \ 第 09 章 \125	视频文件：视频 \ 第 09 章 \125.MP4

球体灯光常用于模拟台灯、落地灯以及太阳的照明效果，本例以其制作落地灯灯光效果为例，讲解其使用方法。

步骤 01 打开配套资源“第 09 章 |125 球体灯光 .skp”场景，单击【球体灯光】创建按钮，如图 9-63 所示。

步骤 02 参考灯罩位置，单击，创建球体灯光，调整其位置至灯罩内部中心处，如图 9-64 与图 9-65 所示。

步骤 03 单击主工具栏上的【打开 V-Ray 渲染设置面板】按钮，打开【V-Ray 资源管理器】，设置灯光【颜色】与【亮度】，如图 9-66 与图 9-67 所示。

步骤 04 灯光参数设置完成后单击【开始渲染】按钮，结果如图 9-68 所示，模拟出了理想的落地灯发光效果。

图 9-63　单击【球体灯光】创建按钮

图 9-64　创建球体灯光

图 9-65　调整灯光位置

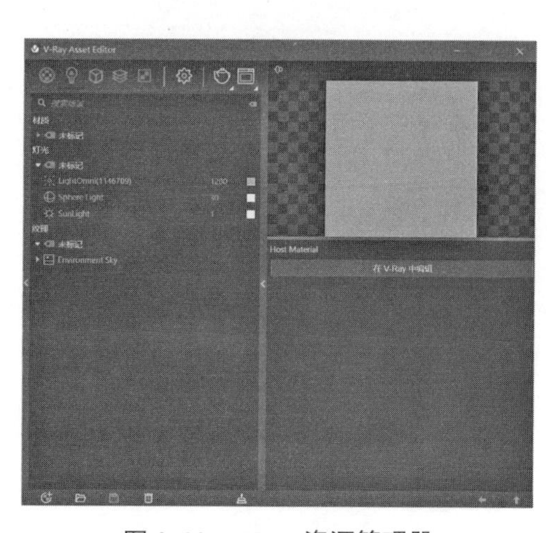

图 9-66　V-Ray 资源管理器

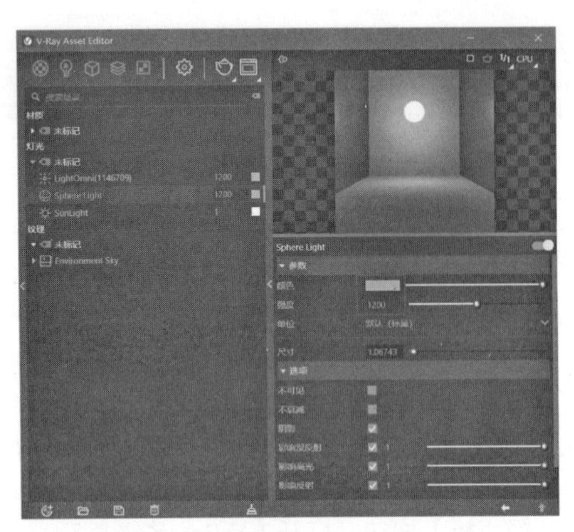
图 9-67 设置灯光颜色与亮度

图 9-68 球体灯光渲染效果

126 聚光灯

文件路径：素材 \ 第 09 章 \126	视频文件：视频 \ 第 09 章 \126.MP4

聚光灯有着良好的方向性，因此常用于制作一般的筒灯或射灯效果，本例以使用其模拟地面射灯效果的过程，讲解其功能与使用方法。

步骤 01 打开配套资源“第 09 章 |126 聚光灯 .skp”场景，单击【聚光灯】创建按钮，如图 9-69 所示。

步骤 02 单击，在灯孔附近创建聚光灯，然后调整灯光大小与照射角度，如图 9-70 与图 9-71 所示。

图 9-69 单击【聚光灯】创建按钮

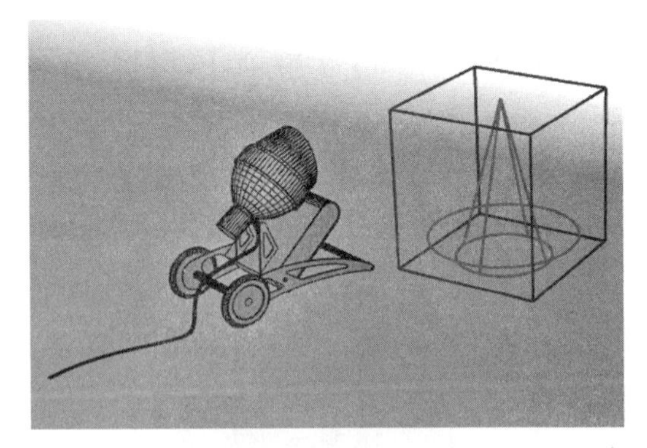
图 9-70 创建聚光灯

步骤 03 单击主工具栏上的【打开 V-Ray 渲染设置面板】按钮，打开【V-Ray 资源管理器】，并设置灯光【颜色】与【亮度】，如图 9-72 与图 9-73 所示。

步骤 04 灯光参数设置完成后单击【开始渲染】按钮，模拟出的灯光直射效果，如图 9-74 所示。

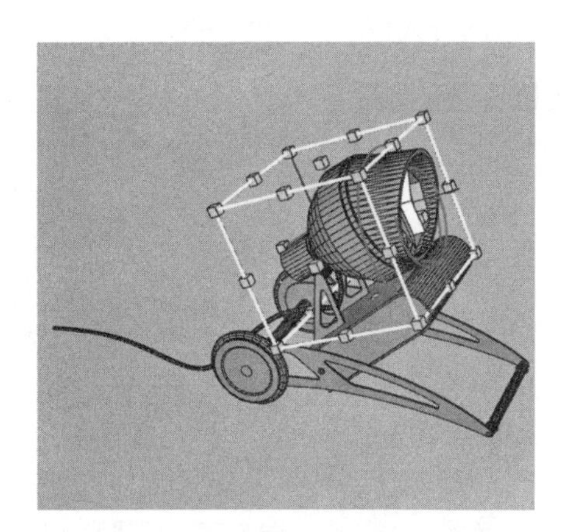

图 9-71　调整灯光位置与角度

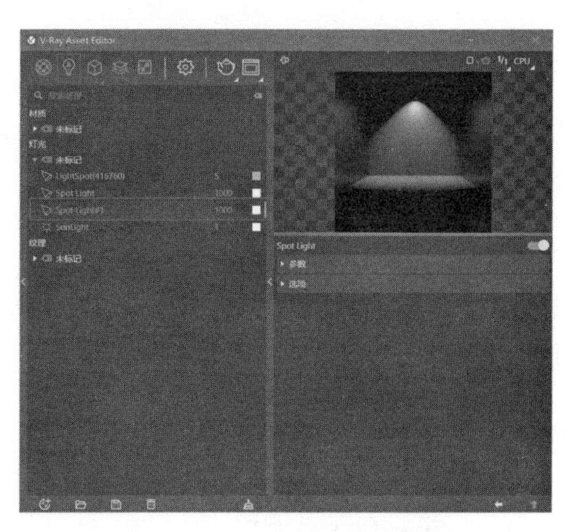

图 9-72　V-Ray 资源管理器

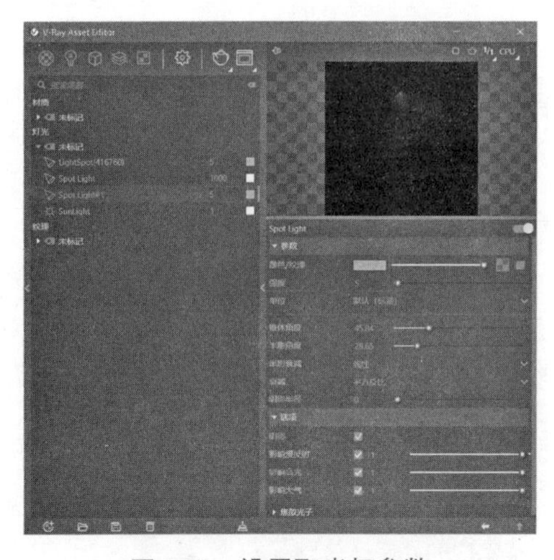

图 9-73　设置聚光灯参数

图 9-74　聚光灯渲染效果

127 IES 灯光

文件路径：素材 \ 第 09 章 \127	视频文件：视频 \ 第 09 章 \127.MP4

光域网光源可以加载多种光域网文件，从而模拟出丰富的灯光效果，本例以使用其模拟射灯灯光为例，介绍其功能与使用方法。

步骤 01 打开配套资源“ 第 09 章 |127 IES 灯光 .skp”场景，单击【IES 灯光】创建按钮，如图 9-75 所示。

步骤 02 在对话框中选择以 IES 为后缀名的光域网文件，如图 9-76 所示。在灯孔附近创建 IES 灯光，如图 9-77 所示，然后调整好灯光大小与位置，如图 9-78 所示。

步骤 03 单击主工具栏上的【打开 V-Ray 渲染设置面板】按钮，打开【V-Ray 资源管理器】，如图 9-79 所示。

步骤 04 加载完成光域网文件后，设置灯光【过滤颜色】与【强度】，如图 9-80 所示。

步骤 05 单击【开始渲染】按钮，在墙体上出现亮丽的灯光效果，如图 9-81 所示。

图 9-75 单击【IES 灯光】创建按钮

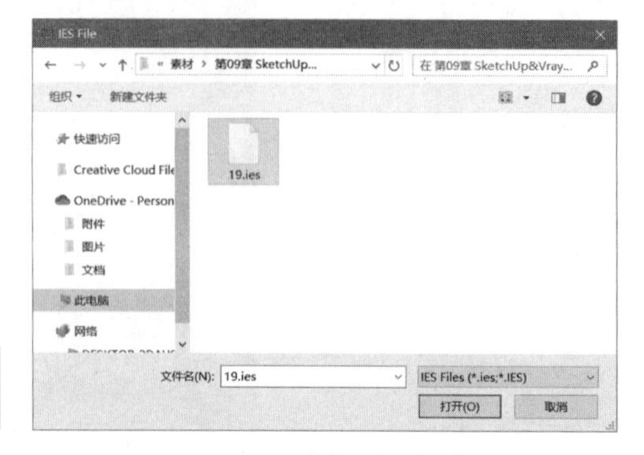

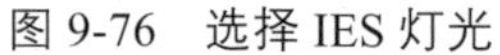

图 9-76 选择 IES 灯光

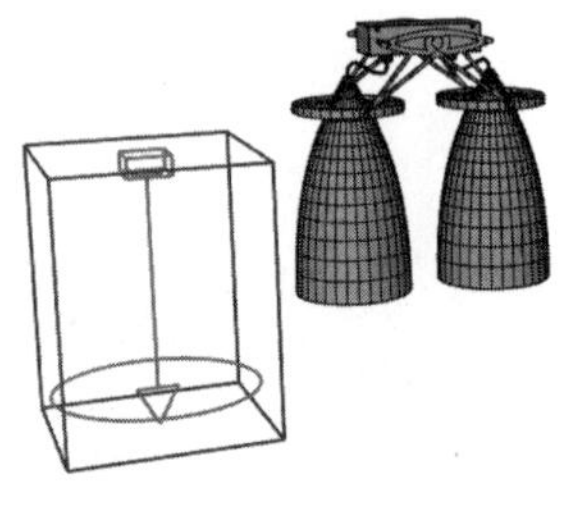

图 9-77 创建光域网光源

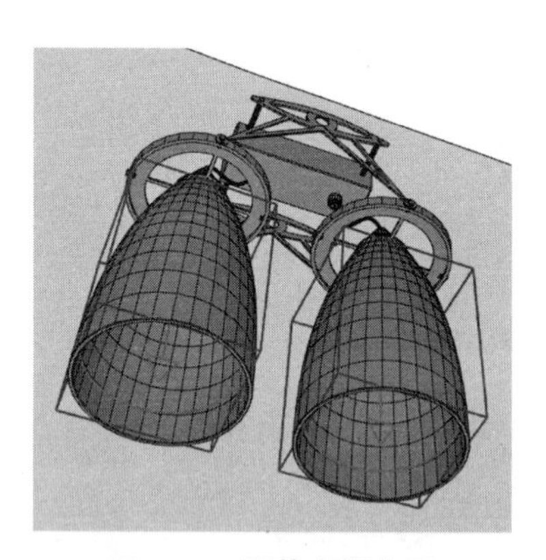

图 9-78 调整光源位置

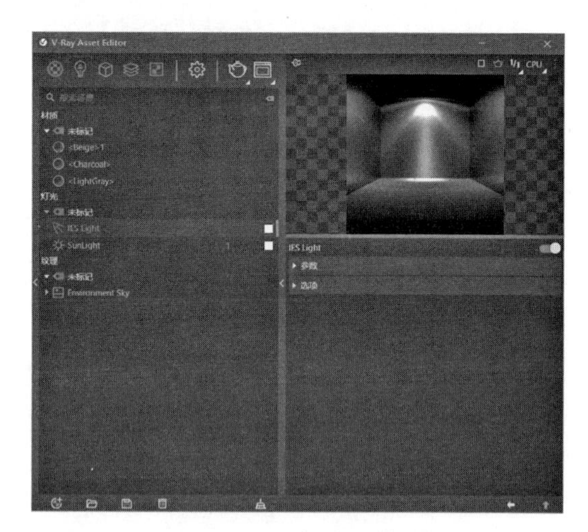

图 9-79 V-Ray 资源管理器

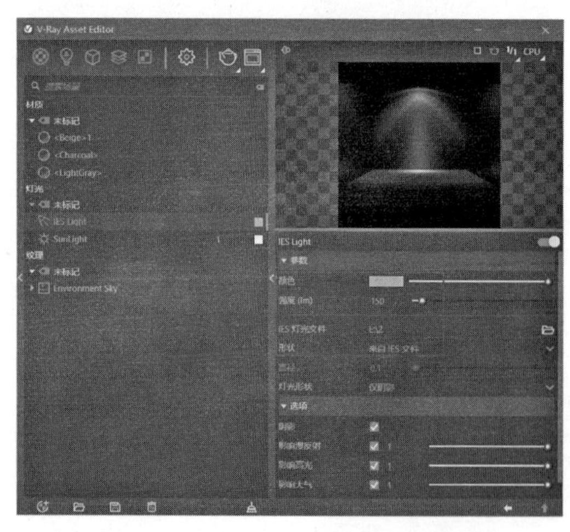

图 9-80 设置灯光过滤颜色与强度

图 9-81 灯光渲染效果

第10章 SketchUp/V-Ray 材质解析

本章首先讲解 SketchUp 材质面板与 V-Ray 材质面板各主要参数的功能和含义，从而熟悉这两种材质的主要特点和用法，然后通过常用材质制作实例，深入掌握各类材质的调整技巧。

10.1 SketchUp 材质

128 SketchUp 材质创建面板

文件路径：无	视频文件：视频 \ 第 09 章 \128.MP4

本例将详细介绍 SketchUp 材质创建面板中各个参数的功能与使用方法，从而掌握该类材质的制作技巧。

步骤 01 在【材料】面板中单击【创建材质】按钮，即可打开【创建材质】面板，如图 10-1 所示。

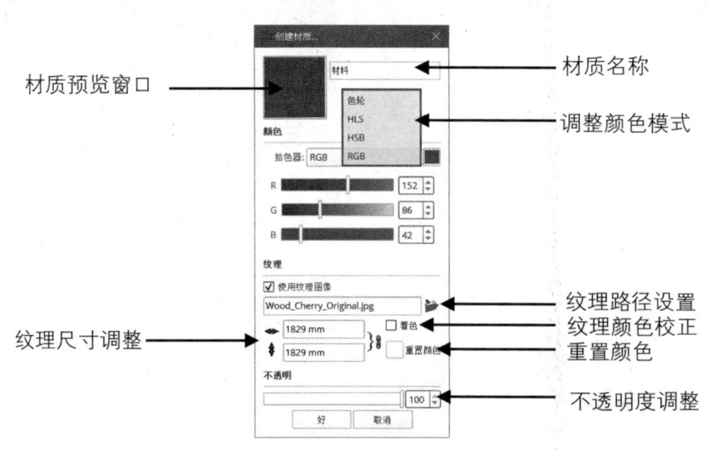

图 10-1　SketchUp【创建材质】面板

步骤 02 材质名称。进入【创建材质】面板后单击，进入其后的文本框，可以进行新建材质的命名，材质命名应该简明、准确。

步骤 03 材质预览。在材质预览窗口内，可以快速查看当前新建的材质效果，如颜色、纹理以及透明度等特性，如图 10-2 ~ 图 10-4 所示。

图 10-2　颜色预览

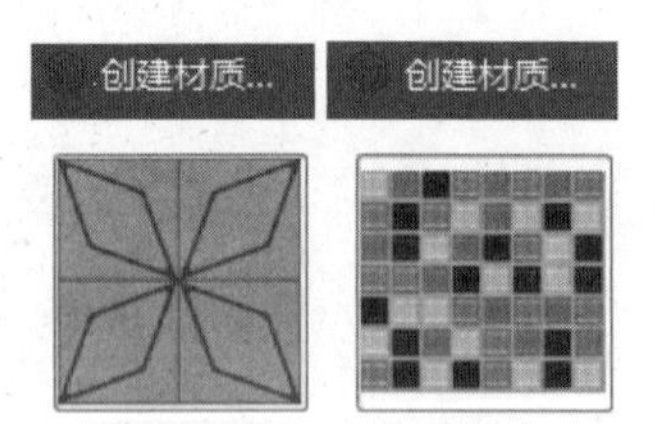

图 10-3　纹理预览

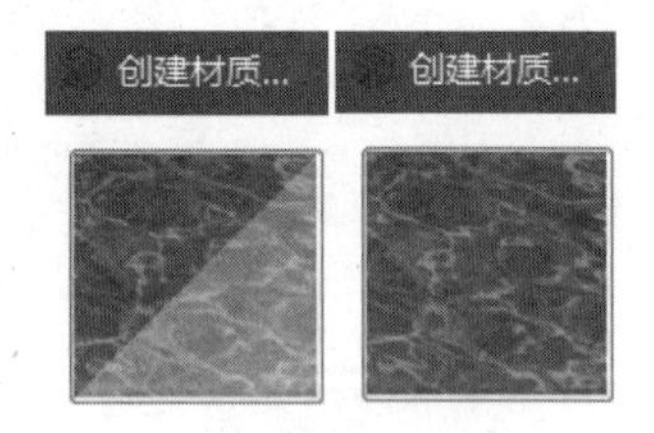

图 10-4　透明度预览

步骤 04 材质颜色。通过【颜色】选项组，可以设置材质的颜色，首先在【拾色器】下拉列表框选择颜色模式，然后通过相应的颜色模式滑块设置颜色，如图 10-5 ~ 图 10-7 所示。

步骤 05 重置颜色。按下【重置颜色】色块，系统将恢复默认的颜色。

步骤 06 纹理。按下【纹理路径】后的【浏览材质图像文件】按钮，将打开【选择图像】面板进行纹理的加载，如图 10-8 与图 10-9 所示。

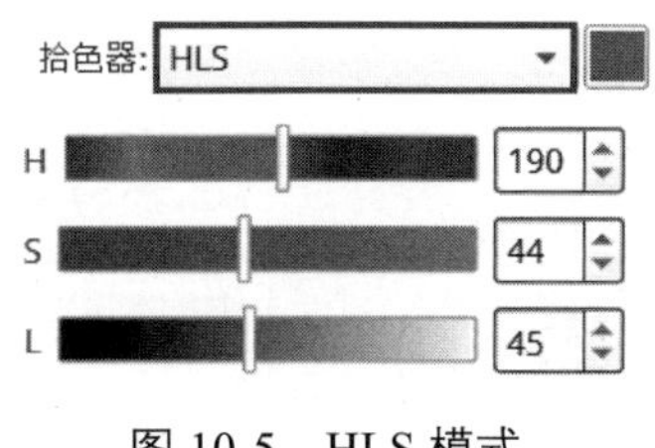

图 10-5　HLS 模式

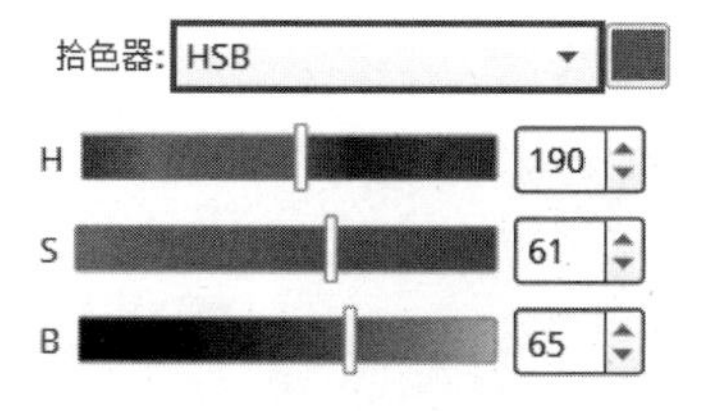

图 10-6　HSB 模式

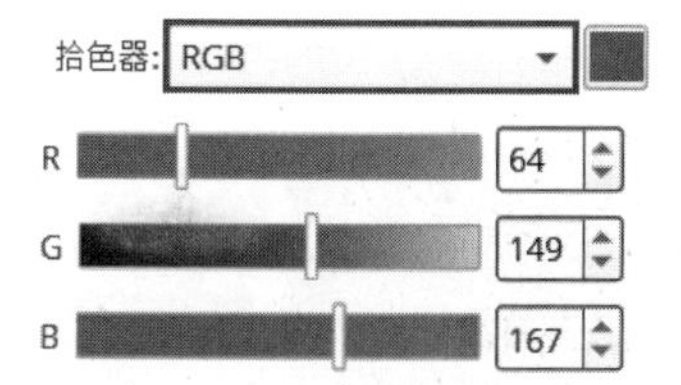

图 10-7　RGB 模式

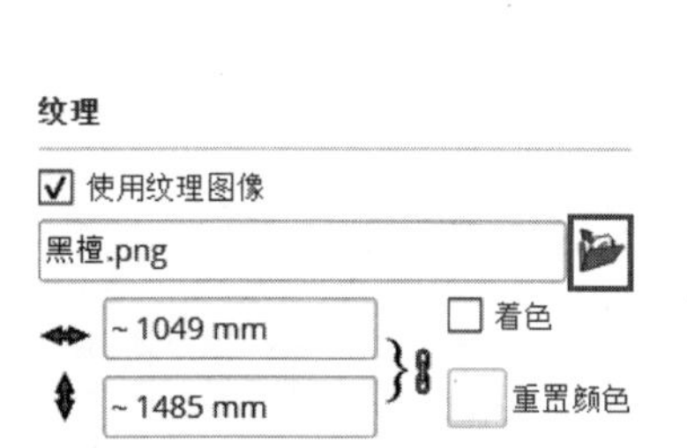

图 10-8　单击【浏览材质图像文件】按钮

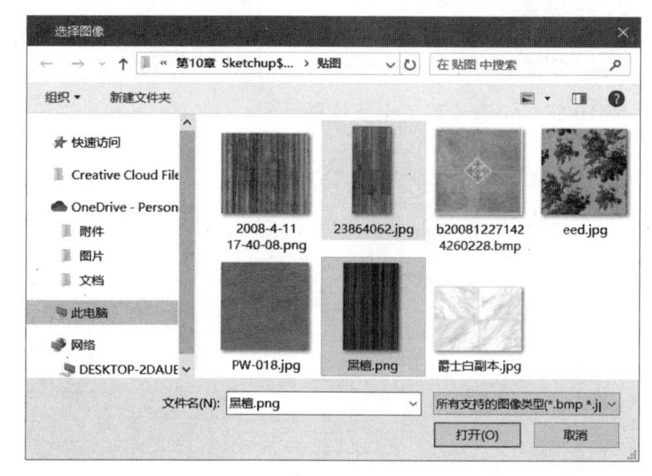

图 10-9　添加材质纹理图片

步骤 07 纹理坐标。外部加载贴图尺寸大小通常不理想，此时通过【纹理坐标】数值可以调整出理想的贴图效果，如图 10-10 与图 10-11 所示。

提 示

在默认的设置下，贴图长宽的比例并不能修改，单击其后的【解锁】按钮，则可以进行不等比的调整，如图 10-12 所示。

图 10-10　贴图原始尺寸效果

图 10-11　调整尺寸后的效果

图 10-12　调整贴图尺寸比例

步骤 08 纹理色彩校正。勾选【着色】复选框，调整【颜色】参数可以改变贴图颜色，如图 10-13 与图 10-14 所示。单击【重置颜色】色块，将还原至贴图原有色彩，如图 10-15 所示。

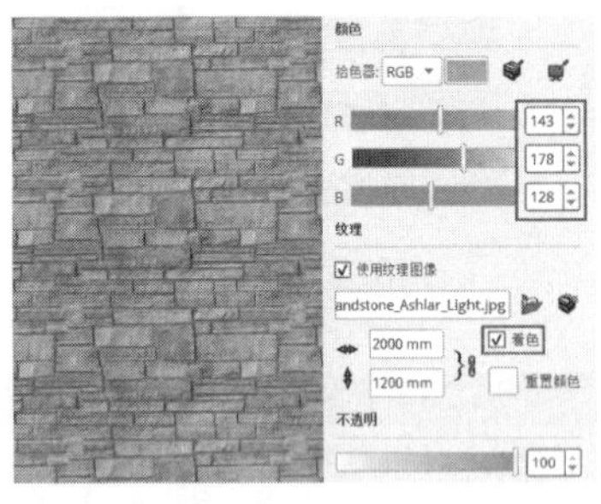

图 10-13　勾选【着色】复选框

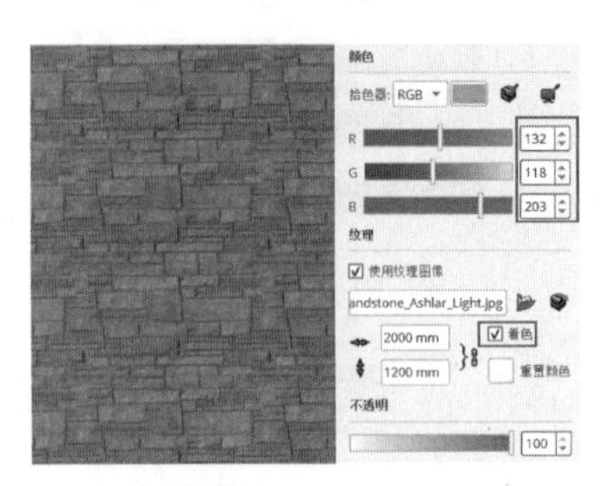

图 10-14　调整颜色

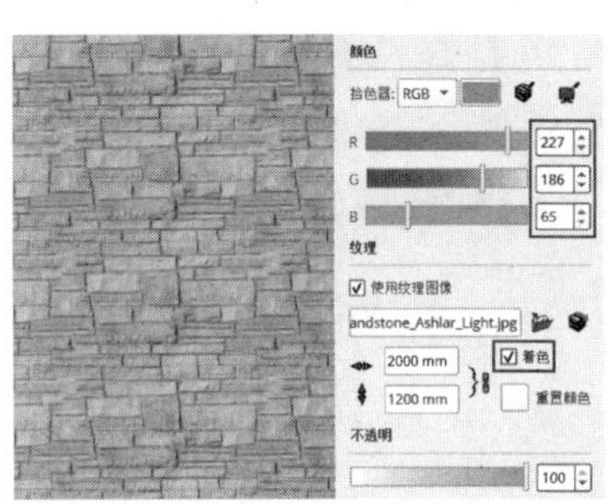

图 10-15　还原颜色

步骤 09 不透明度。向左拖动【不透明】滑块，材质的透明度将越来越高，如图 10-16 ~ 图 10-18 所示。

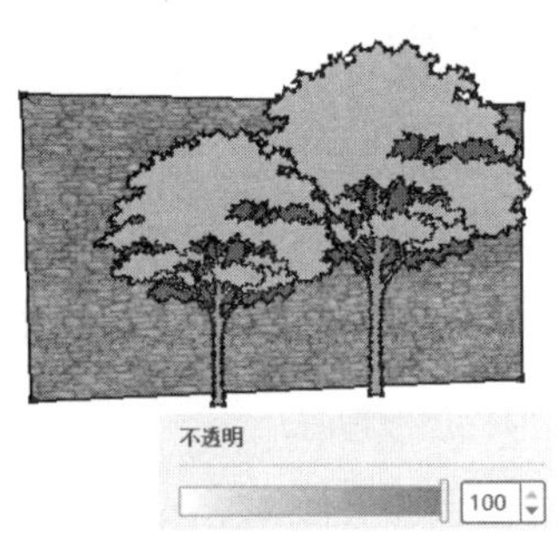

图 10-16　不透明度 =100

图 10-17　不透明度 =75

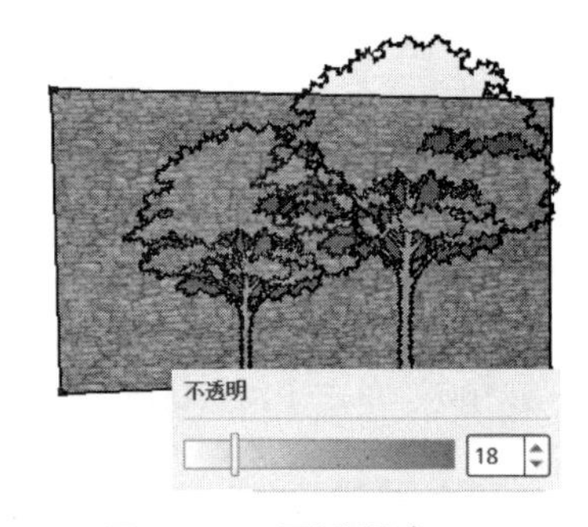

图 10-18　不透明度 =18

→ 提 示

SketchUp 材质无法控制材质的反射、折射等特性，因此其制作的材质不具写实性，使用 V-Ray 渲染器的材质，可以弥补 SketchUp 在材质细节效果制作上的不足。

10.2　V-Ray 材质

129　关联 SU 材质与 V-Ray 材质

文件路径：素材 \ 第 10 章 \129	视频文件：视频 \ 第 10 章 \129.MP4

SketchUp 要转变为 V-Ray 材质，通常通过添加对应的属性层实现，本例介绍添加的方法。

步骤 01 打开 SketchUp【材质】面板，选择任意一个材质赋予场景中对象，然后单击 V-Ray 主工具栏上设置按钮，如图 10-19 与图 10-20 所示。

步骤 02 此时在【V-Ray 材质编辑器】中会对应选择到材质，根据材质表现需要，在右侧设置选项参数，将其关联为 V-Ray 材质，如图 10-21 所示。

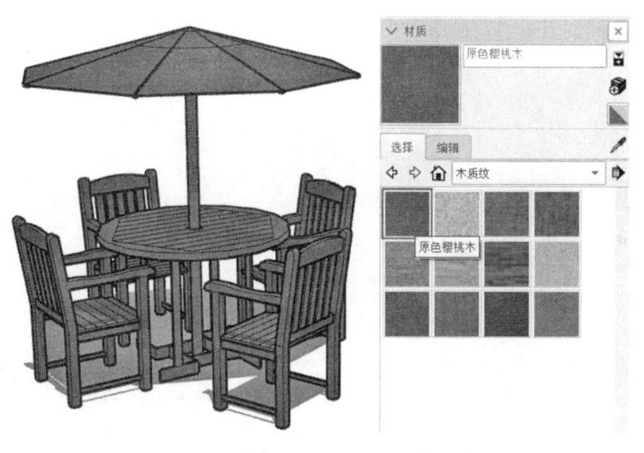

图 10-19　赋予 SketchUp 木纹材质

图 10-20　单击按钮

130 【漫反射】卷展栏

文件路径：无	视频文件：无

通过【漫反射】卷展栏，可以设定材质的颜色、纹理以及透明度。

步骤 01 单击展开【漫反射】卷展栏，可以看到其参数设置如图 10-22 所示。

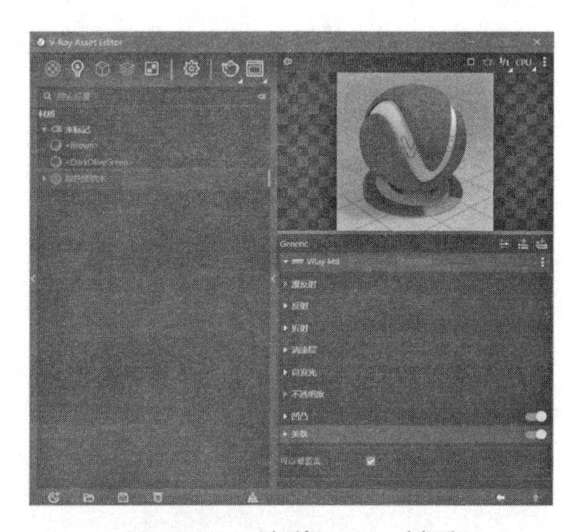

图 10-21　关联 V-Ray 材质

图 10-22 【漫反射】卷展栏参数设置

步骤 02 单击颜色色块，可以任意设置材质表面的颜色，如图 10-23 ~ 图 10-25 所示。

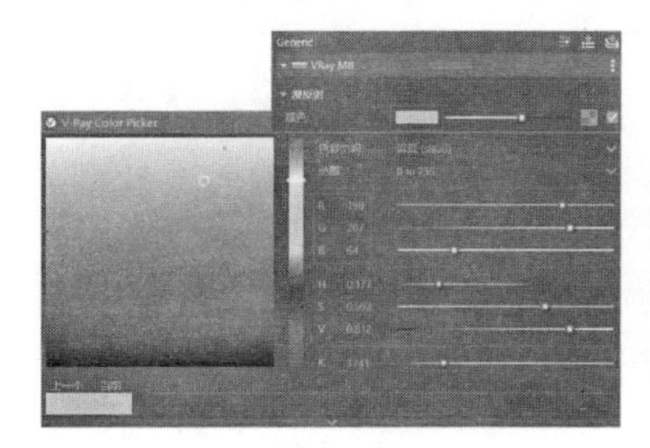

图 10-23　绿色漫反射效果

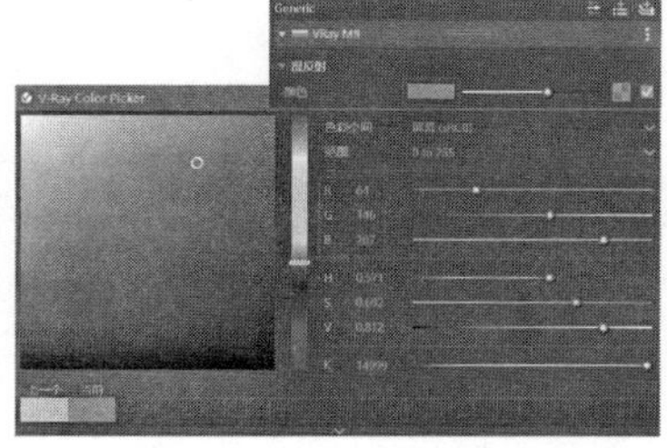

图 10-24　蓝色漫反射效果

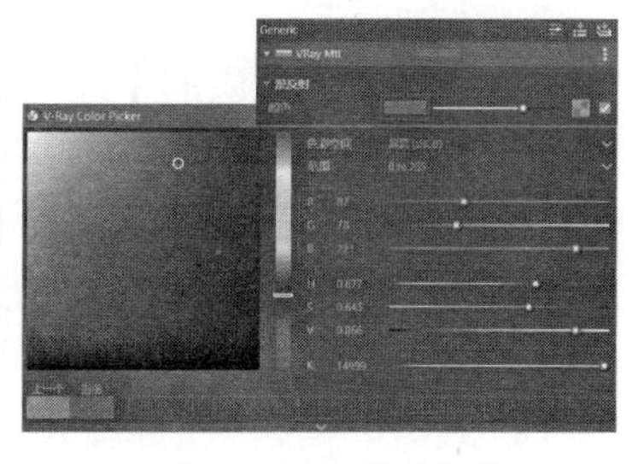

图 10-25　红色漫反射效果

步骤 03 单击【漫反射】后的按钮，可以查看贴图的纹理效果，如图 10-26 ~ 图 10-28 所示。

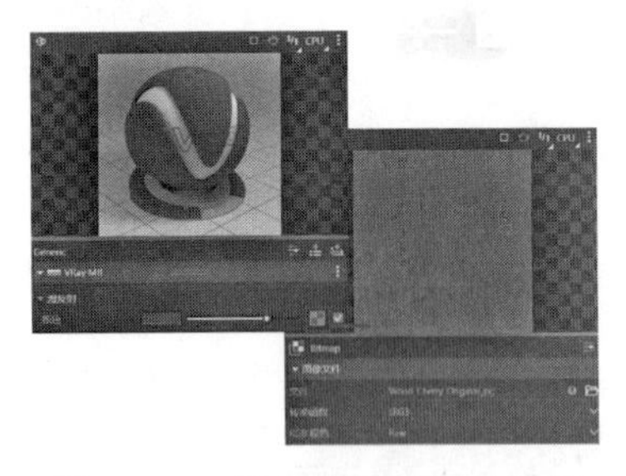

图 10-26　添加木纹贴图的效果

图 10-27　添加石材贴图的效果

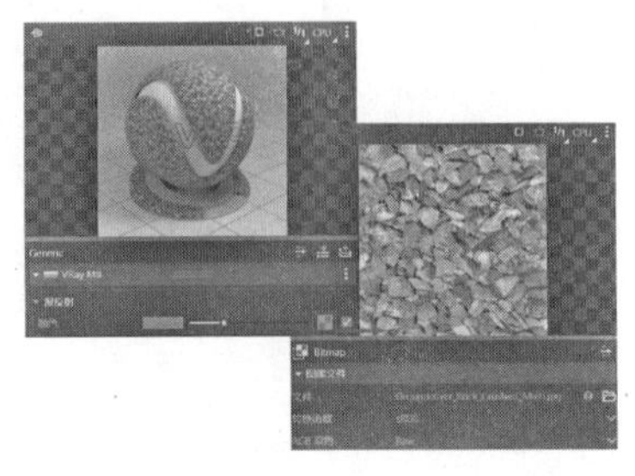

图 10-28　添加水纹贴图的效果

131 【不透明度】卷展栏

文件路径：无	视频文件：无

在【不透明度】卷展栏中设置参数，可以影响材质的最终外观。

步骤 01【不透明度】卷展栏如图 10-29 所示。

步骤 02 设置【不透明度】值，滑动滑块或者直接输入参数。

步骤 03 在【自定义源】列表中选择选项，设置纹理的样式，默认选择“漫反射纹理 Alpha”选项，如图 10-30 所示。

图 10-29 【不透明度】卷展栏

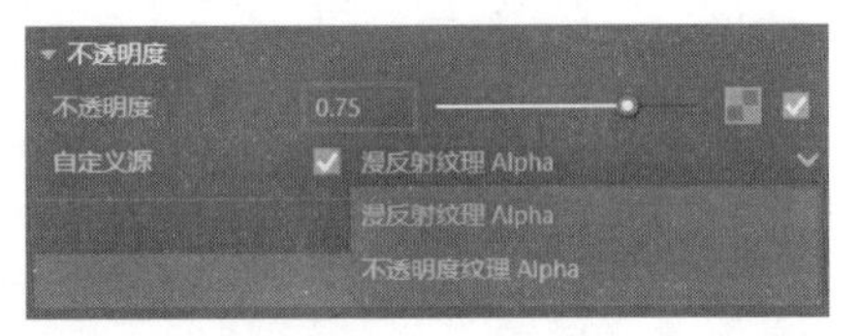

图 10-30　选择选项

132 【反射】卷展栏

文件路径：无	视频文件：无

通过 V-Ray 材质的【反射】卷展栏，可以设置材质的反射效果，本例对该卷展栏主要参数进行讲解。

步骤 01【反射】卷展栏如图 10-31 所示。

步骤 02 单击【颜色】色块，在对话框中设置参数，如图 10-32 所示。

步骤 03 关闭对话框，查看设置材质反射颜色的效果，如图 10-33 所示。

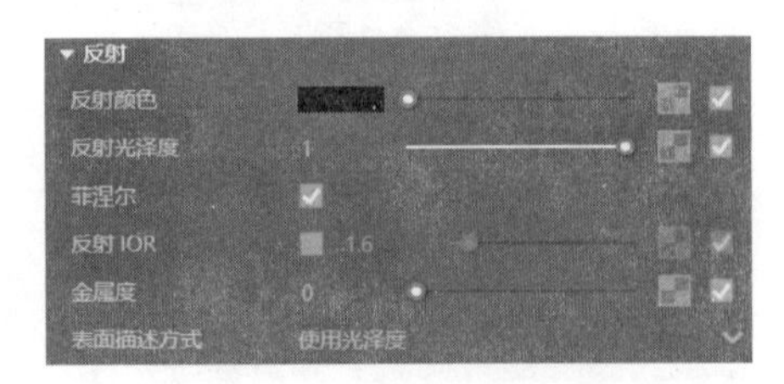

图 10-31 【反射】卷展栏

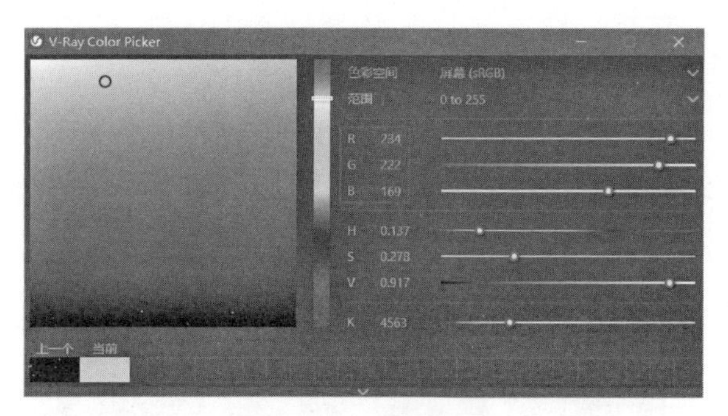

图 10-32　设置参数

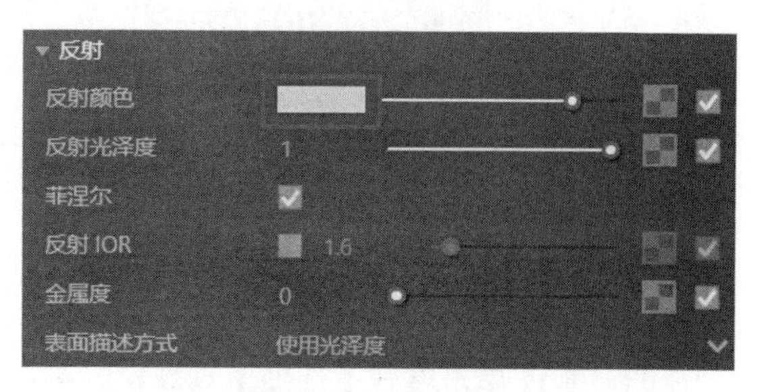

图 10-33　设置颜色

133【折射】卷展栏

文件路径：无	视频文件：无

通过 V-Ray 材质【折射】卷展栏，可以设置材质的折射效果，本例对该卷展栏主要参数进行讲解。

步骤 01 添加【折射】属性层后，其参数卷展栏如图 10-34 所示。

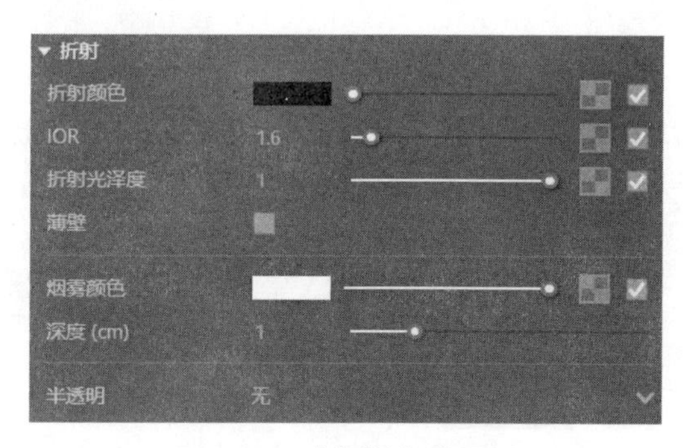

图 10-34 【折射】卷展栏

步骤 02 单击【颜色】色块，在对话框中设置颜色参数，如图 10-35 所示。

设置折射颜色的结果如图 10-36 所示。修改【折射】颜色后，【反射】颜色也同步更新与之相一致。

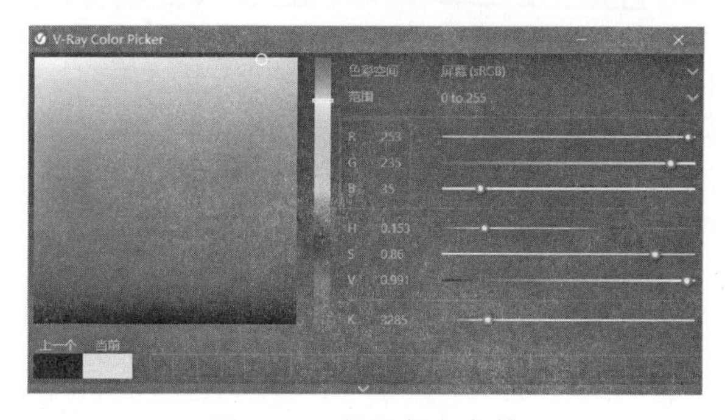

图 10-35　设置颜色参数

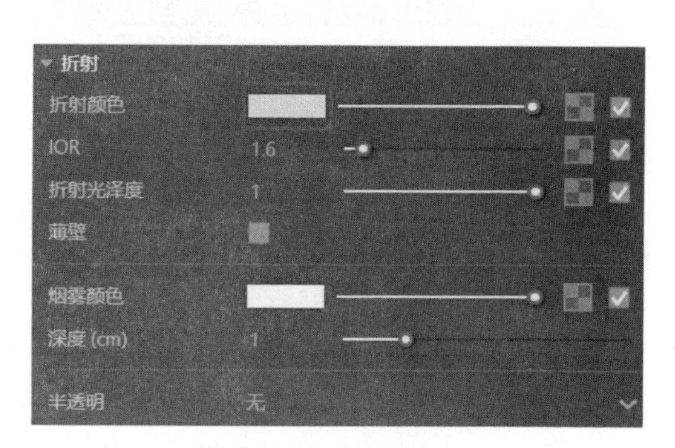

图 10-36　设置折射颜色

134 【选项】卷展栏

文件路径：无 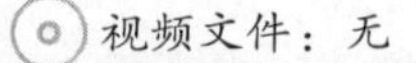 视频文件：无

V-Ray 材质中的【选项】卷展栏可以控制材质反射与折射是否有效。

步骤 01 单击展开【选项】卷展栏，可以看到其参数设置如图 10-37 所示。

步骤 02 打开阴影。选择选项，渲染后显示物体的投影，但是也会增加渲染的时间。默认情况下选择打开阴影，如图 10-38 所示。

步骤 03 关闭阴影。在进行渲染测试时，可以先关闭阴影，提高渲染速度。关闭阴影如图 10-39 所示。

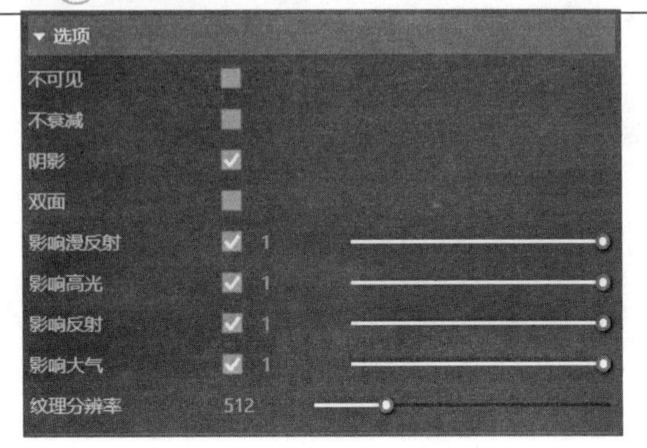

图 10-37 【选项】卷展栏

图 10-38 打开阴影

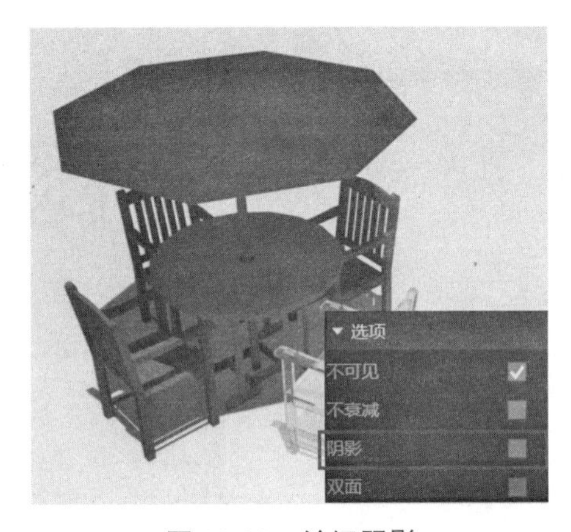

图 10-39 关闭阴影

135 【自发光】卷展栏

文件路径：无 视频文件：无

凸凹贴图用于模拟比较细致的表面效果，如果模拟起伏较大的表面，则需要使用到置换贴图通道。

步骤 01 展开【自发光】卷展栏，参数设置如图 10-40 所示。

步骤 02 单击【颜色】色块，在打开的对话框中设置颜色参数，如图 10-41 所示。

步骤 03 设置【自发光】颜色的结果如图 10-42 所示。

步骤 04 在窗口中预览设置参数的效果，如图 10-43 所示。

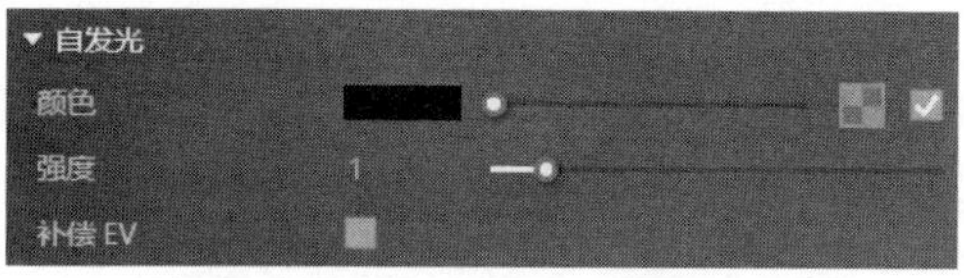

图 10-40 【自发光】卷展栏

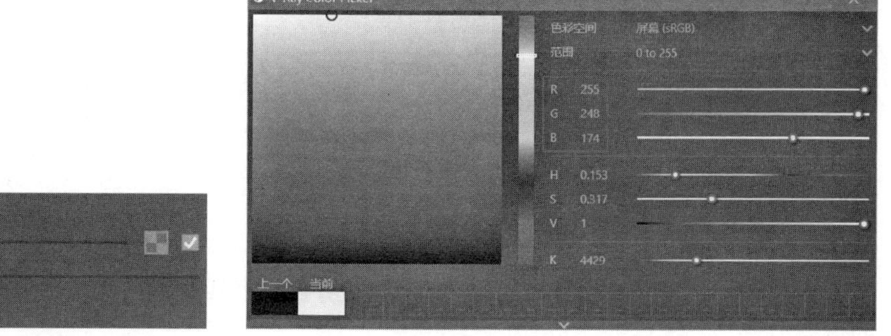

图 10-41　设置颜色参数

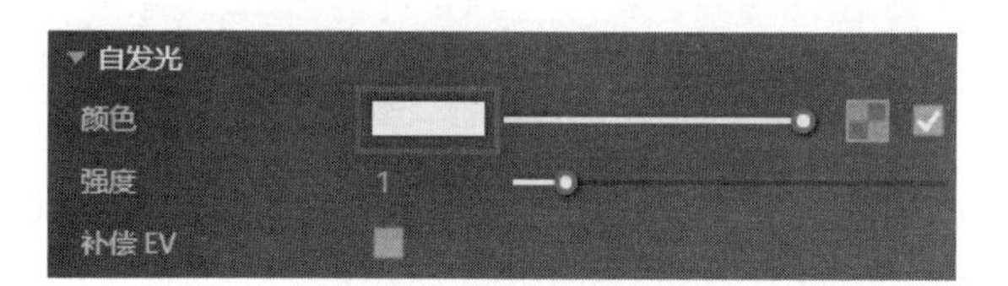

图 10-42　设置结果

图 10-43　预览效果

136 凸凹贴图

文件路径：无	视频文件：无

除了发光、反射与折射细节，通过 V-Ray 材质的【凹凸】卷展栏，还可以模拟出材质表面的凸凹效果，本例介绍相关的调整方法。

步骤 01 单击展开【凹凸】卷展栏，如图 10-44 所示。

步骤 02 选择【开启】选项，如图 10-45 所示，可以为材质添加凹凸效果。

图 10-44 【凹凸】卷展栏

图 10-45　选择【开启】选项

10.3　常用材质制作

137　玻化砖材质

文件路径：素材\第 10 章\137	视频文件：视频\第 10 章\137.MP4

玻化砖材质的表面具有一定的纹理，光滑且具有较强的反射与衰减细节，本例介绍该种材质的调整方法。

步骤 01 打开配套资源“第 10 章|137 玻化砖材质 .skp”场景，如图 10-46 所示。

步骤 02 在 SketchUp 材质编辑器中新建一个材质，然后进入【V-Ray 材质编辑器】，设置【漫反射】参数，如图 10-47 所示。

图 10-46　打开场景

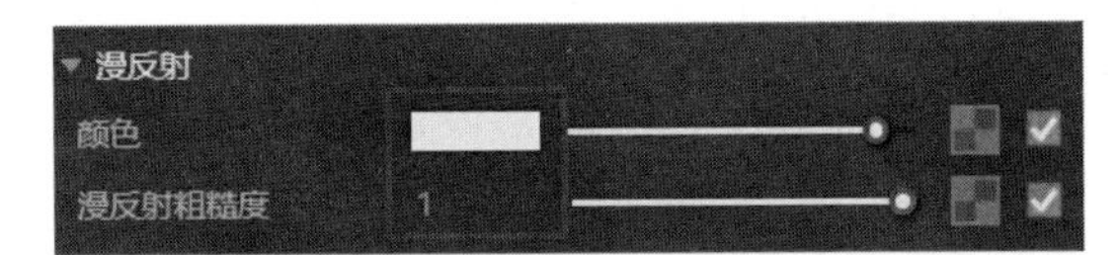

图 10-47　设置【漫反射】参数

步骤 03 展开【折射】卷展栏，设置颜色参数，如图 10-48 与图 10-49 所示。

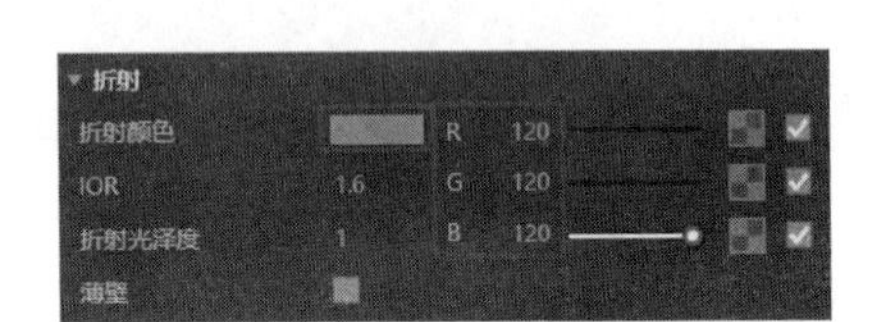

图 10-48　设置颜色参数

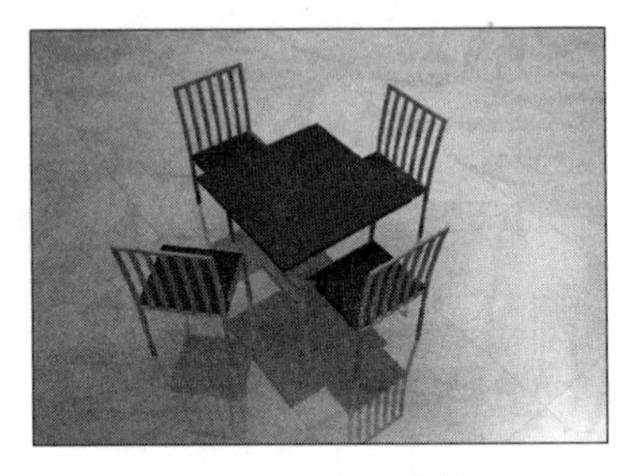

图 10-49　玻化砖效果

138　仿古地砖材质

文件路径：素材\第 10 章\138	视频文件：视频\第 10 章\138.MP4

仿古地砖除了特色的纹理外，表面通常有凹凸细节，因此反射十分微弱，本例介绍该材质的调整方法。

步骤 01 打开配套资源“第 10 章|138 仿古地砖材质 .skp”场景，如图 10-50 所示。

步骤 02 进入【V-Ray 材质编辑器】，设置【凸凹】选项组下的【强度】参数，如图 10-51 所示。

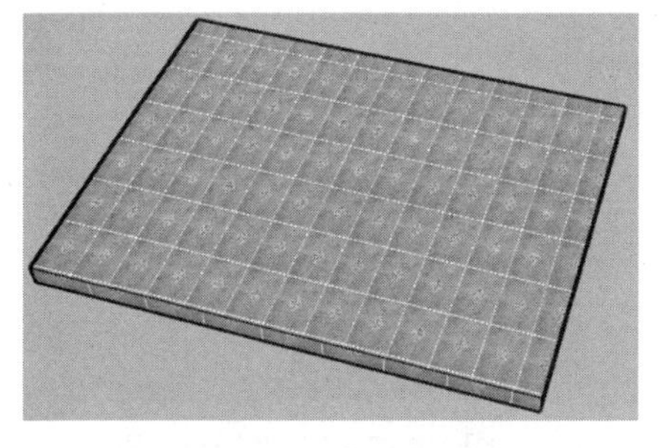

图 10-50　打开场景

图 10-51　设置【强度】参数

步骤 03 展开【反射】卷展栏，设置反射颜色，如图 10-52 与图 10-53 所示。

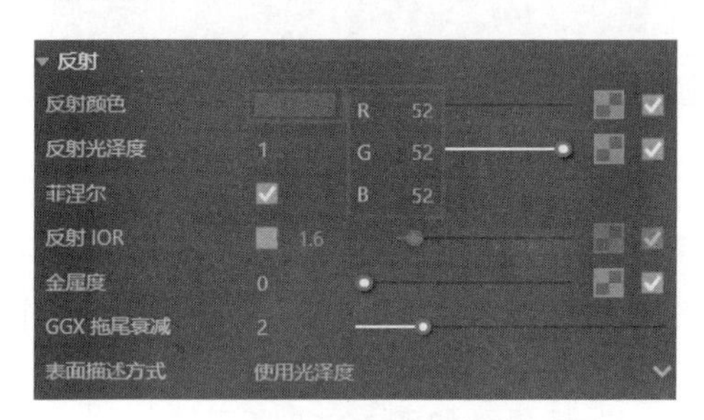

图 10-52　设置反射颜色

图 10-53　仿古砖效果

139 实木地板材质

文件路径：素材 \ 第 10 章 \139	视频文件：无

实木地板不但具有独特的纹理效果，光滑表面，且具有较为明显的反射细节。本例介绍该材质的调整方法。

步骤 01 打开配套资源“第 10 章 |139 实木地板 .skp”场景，如图 10-54 所示。

步骤 02 进入【V-Ray 材质编辑器】，设置【漫反射】参数，如图 10-55 所示。

图 10-54　打开场景

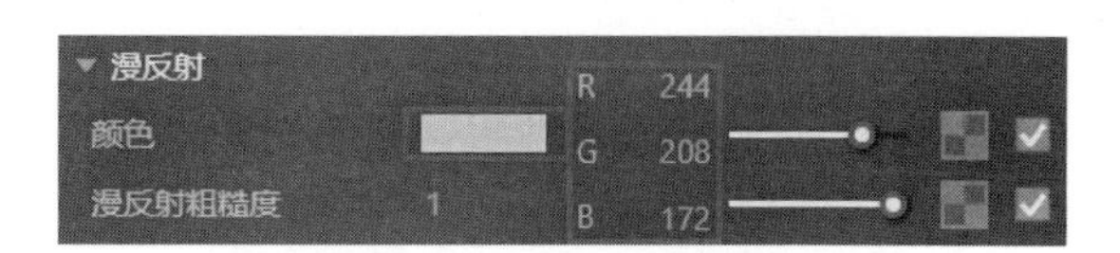

图 10-55　设置【漫反射】参数

步骤 03 展开【反射】卷展栏，单击【颜色】色块，在对话框中设置反射颜色，如图 10-56 与图 10-57 所示。

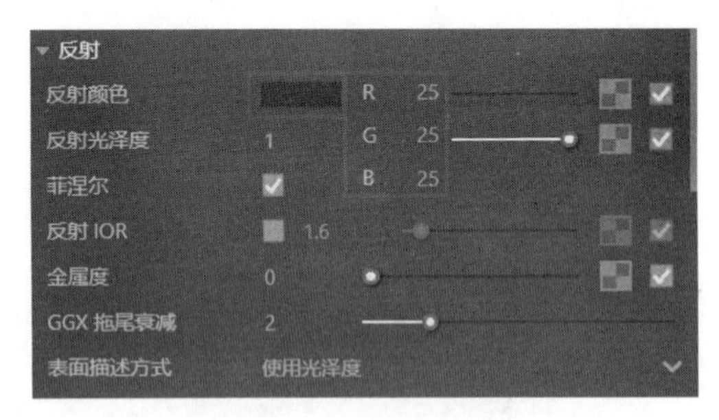

图 10-56 设置反射颜色

图 10-57 实木地板效果

140 亮光金属

文件路径：素材 \ 第 10 章 \140	视频文件：视频 \ 第 10 章 \140.MP4

亮光金属材质的特点在于表面强烈的反射能力，通过添加【反射层】可以轻松模拟。本例介绍该材质的调整方法。

步骤 01 打开配套资源“第 10 章 |140 亮光金属 .skp”场景，如图 10-58 所示。

步骤 02 进入【V-Ray 材质编辑器】，展开【反射】卷展栏，设置参数，如图 10-59 所示。

步骤 03 渲染效果如图 10-60 所示。

图 10-58 打开场景

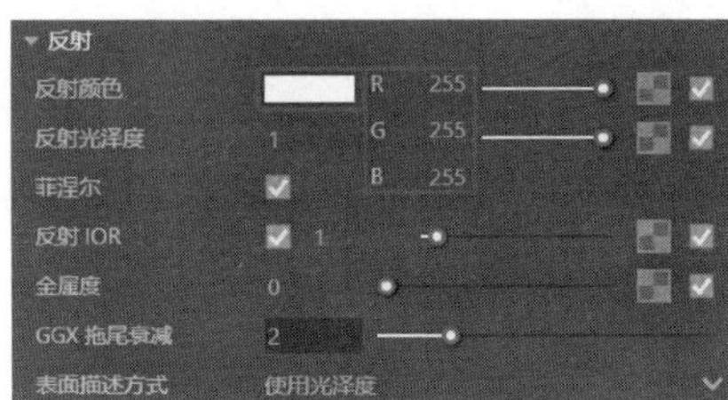

图 10-59 设置参数

图 10-60 亮光不锈钢效果

141 磨砂金属

文件路径：素材 \ 第 10 章 \141	视频文件：视频 \ 第 10 章 \141.MP4

磨砂金属表面具有明显的模糊反射细节，通过降低【光泽度】参数组中的【反射】数值，可以对应地产生该种细节效果，本例介绍该材质的调整方法。

步骤 01 打开配套资源“第 10 章 |141 磨砂金属 .skp”模型文件，如图 10-61 所示。

步骤 02 进入【V-Ray 材质编辑器】，设置【反射颜色】，如图 10-62 所示。

步骤 03 设置【反射粗糙度】与【反射 IOR】值，选择【表面描述方式】为【使用粗糙度】选项，产生模糊反射细节，如图 10-63 所示。

图 10-61　打开场景

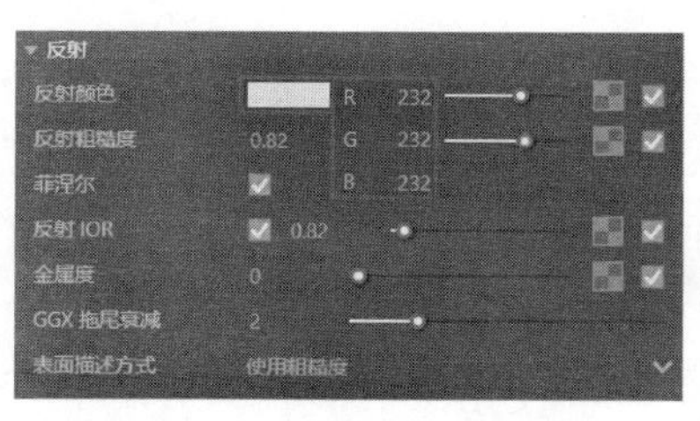

图 10-62　设置【反射颜色】

图 10-63　磨砂不锈钢效果

142 漆面金属

文件路径：素材 \ 第 10 章 \142	视频文件：无

漆面金属表面具有不同的颜色细节，此外还保留了一定的反射能力，本例介绍该材质的调整方法。

步骤 01 打开配套资源“第 10 章 |142 漆面金属 .skp”模型文件，如图 10-64 所示。

步骤 02 进入【V-Ray 材质编辑器】，调整【漫反射】颜色，模拟漆面颜色细节，如图 10-65 所示。

图 10-64　打开场景

图 10-65　调整【漫反射】颜色

步骤 03 调整【反射】颜色，模拟表面较弱的反射能力，如图 10-66 与图 10-67 所示。

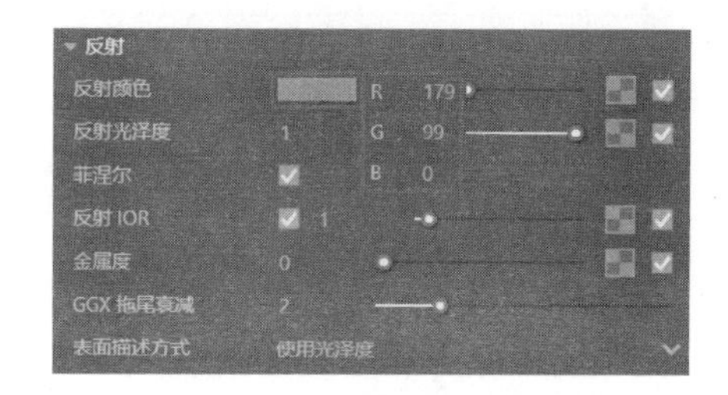

图 10-66　调整反射细节

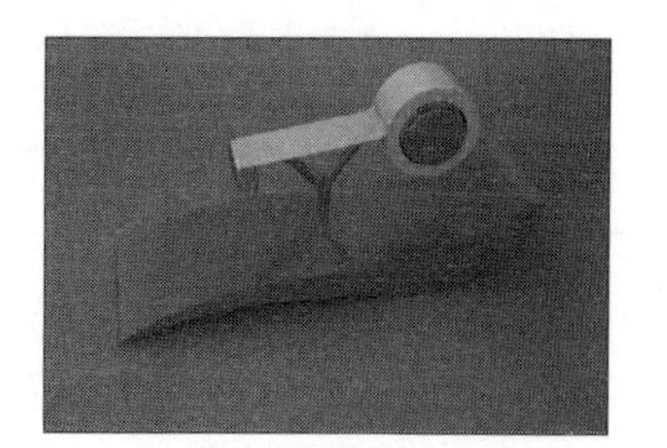

图 10-67　漆面金属效果

143 无漆原木材质

文件路径：素材 \ 第 10 章 \143	视频文件：视频 \ 第 10 章 \143.MP4

无漆原木材质表面通常比较粗糙，通过【凸凹】贴图通道可以实现该种效果，本例介绍该材质的调整方法。

步骤 01 打开配套资源“第 10 章 |143 无漆原木材质 .skp”模型文件，如图 10-68 所示。

步骤 02 进入【V-Ray 材质编辑器】，设置【漫反射】颜色，如图 10-69 所示。

图 10-68　打开场景

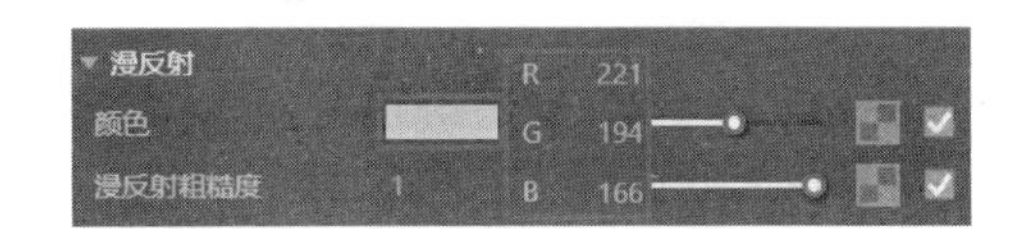

图 10-69　设置【漫反射】颜色

步骤 03 展开【凹凸】卷展栏，设置【强度】参数，如图 10-70 与图 10-71 所示。

图 10-70　设置【强度】参数

图 10-71　无漆原木效果

144 清漆木纹材质

文件路径：素材 \ 第 10 章 \144	视频文件：视频 \ 第 10 章 \144.MP4

清漆木纹表面不但具有明显的木质纹理，而且光滑，具有明显的反射细节，本例介绍该材质的调整方法。

步骤 01 打开配套资源“ 第 10 章 |144 清漆木纹材质 .skp”模型文件，如图 10-72 所示。

步骤 02 进入【V-Ray 材质编辑器】，在【反射】卷展栏下设置【反射光泽度】及【反射 IOR】参数，然后设置【漫反射】的颜色，如图 10-73 ~ 图 10-75 所示。

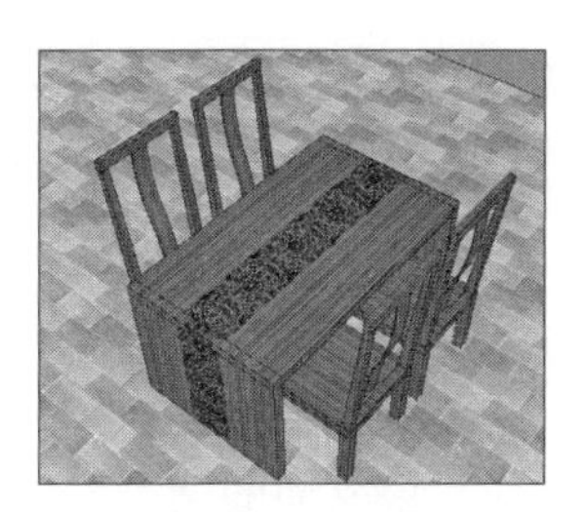

图 10-72　打开场景

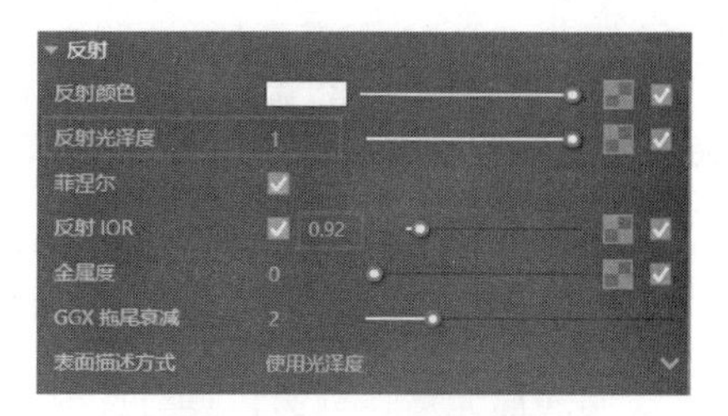

图 10-73　设置参数

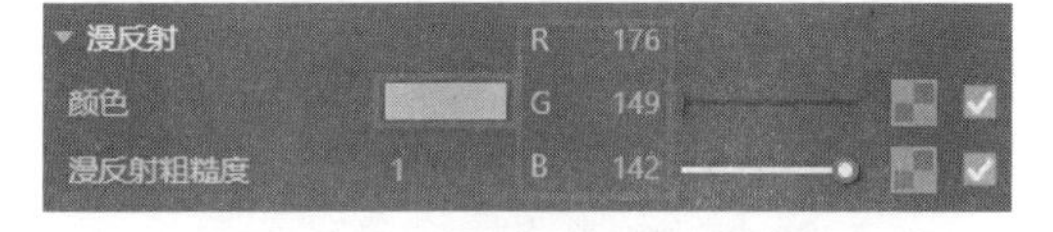

图 10-74　设置【漫反射】颜色

图 10-75　清漆木纹效果

145 大理石材质

文件路径：素材\第 10 章\145	视频文件：无

光滑的大理石材质表面具有明衰减反射细节，本例介绍该材质的调整方法。

步骤 01 打开配套资源“第 10 章 |145 大理石材质 .skp”模型文件，如图 10-76 所示。

步骤 02 进入【V-Ray 材质编辑器】，设置【反射】颜色及参数，然后调整【漫反射】的颜色，如图 10-77 ~ 图 10-79 所示。

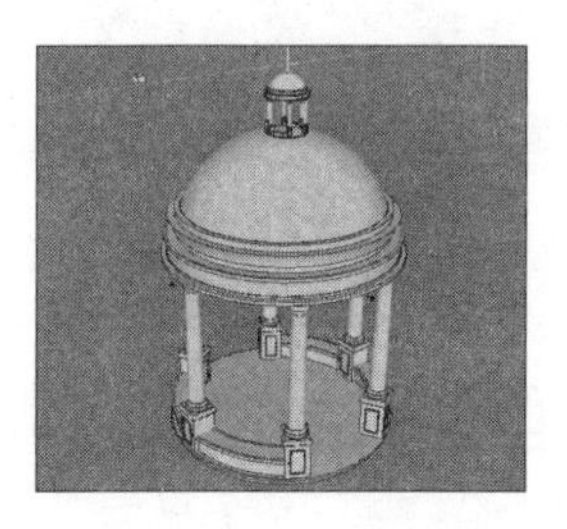

图 10-76　打开场景

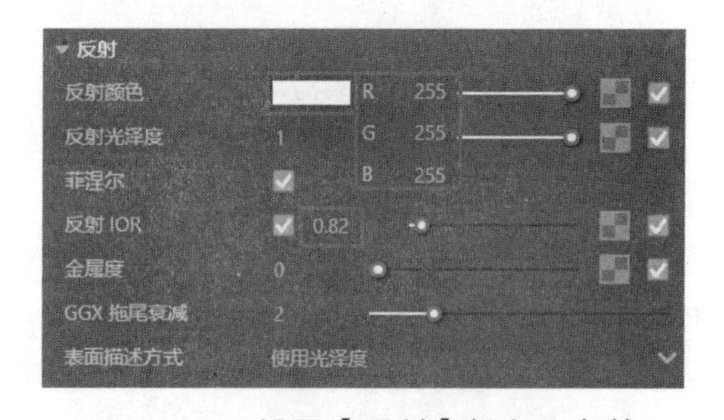

图 10-77　设置【反射】颜色及参数

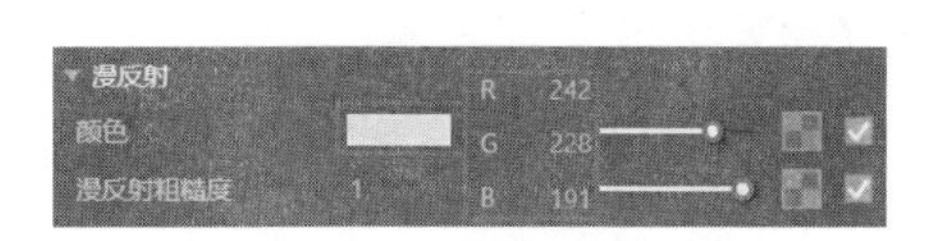

图 10-78　设置【漫反射】颜色

图 10-79　大理石效果

146 清玻璃材质

文件路径：素材 \ 第 10 章 \146	视频文件：无

清玻璃表面光滑、剔透，具有反射与折射双重细节，本例介绍该材质的调整方法。

步骤 01 打开配套资源“第 10 章 |146 清玻璃材质 .skp”模型文件，如图 10-80 所示。

步骤 02 进入【V-Ray 材质编辑器】，设置【反射】颜色，如图 10-81 所示。

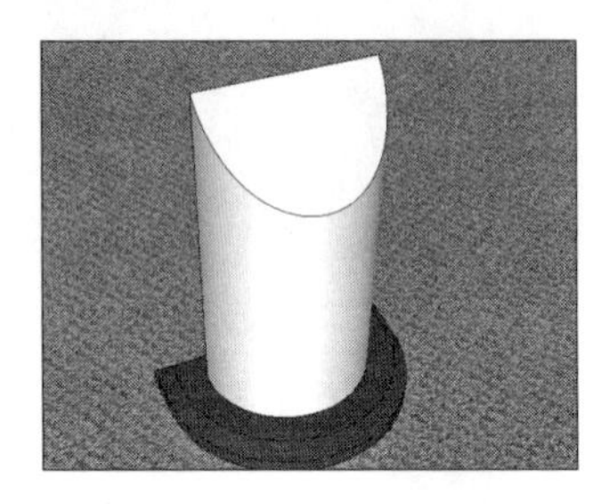

图 10-80　打开场景

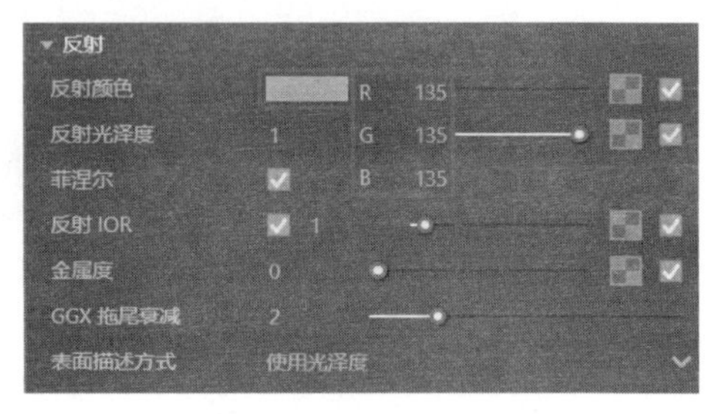

图 10-81　设置【反射】颜色

步骤 03 设置【折射颜色】与【折射光泽度】参数，制作透明细节，如图 10-82 与图 10-83 所示。

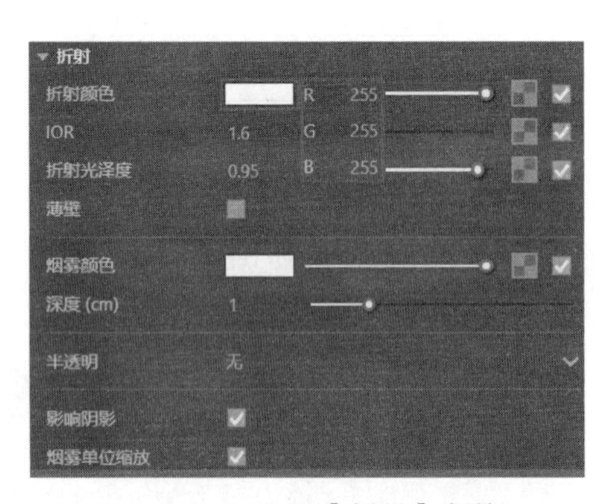

图 10-82　设置【折射】参数

图 10-83　清玻璃效果

147 磨砂玻璃材质

文件路径：素材 \ 第 10 章 \147	视频文件：视频 \ 第 10 章 \147.MP4

磨砂玻璃与清玻璃的最大区别在于透明度与表面质感的改变，通过【折射】参数下的【光泽度】数值，可以调整出对应的效果，本例介绍该材质的调整方法。

步骤 01 打开配套资源“第 10 章 |147 磨砂玻璃材质 .skp”模型文件，如图 10-84 所示。

步骤 02 进入【V-Ray 材质编辑器】，设置【反射】颜色，模拟表面反射效果，如图 10-85 所示。

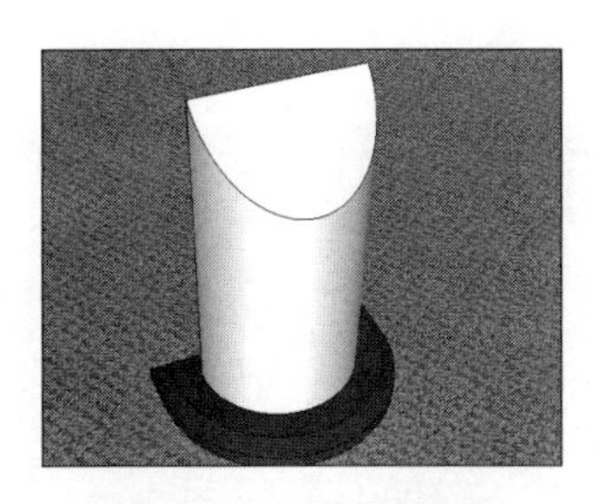

图 10-84　打开场景

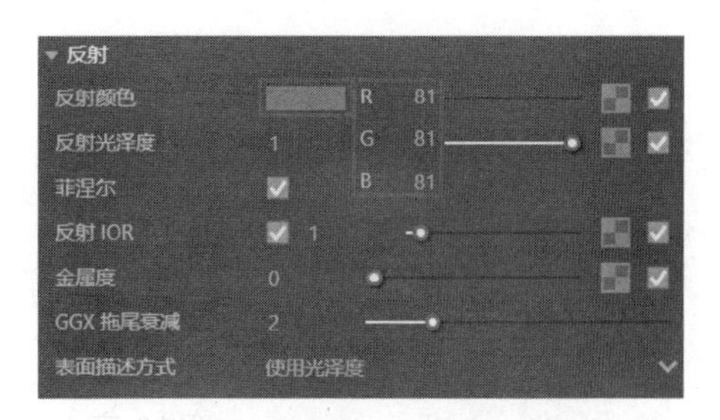

图 10-85　设置【反射】颜色

步骤 03 设置【折射】颜色，然后降低【光泽度】参数，制作出模糊折射细节，如图 10-86 与图 10-87 所示。

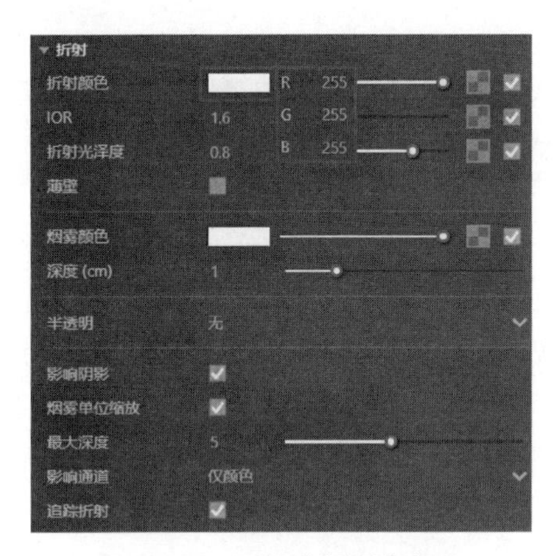

图 10-86　设置【折射】颜色

图 10-87　磨砂玻璃效果

148 陶瓷材质

文件路径：素材 \ 第 10 章 \148	视频文件：视频 \ 第 10 章 \148.MP4

陶瓷材质表面光滑圆润，具有较明显的衰减反射效果，本例介绍该材质的调整方法。

步骤 01 打开配套资源“第 10 章 |148 陶瓷材质 .skp”模型文件，如图 10-88 所示。

步骤 02 进入【V-Ray 材质编辑器】，设置【反射】颜色，然后继续调整其他参数，如图 10-89 ~ 图 10-91 所示。

图 10-88　打开场景

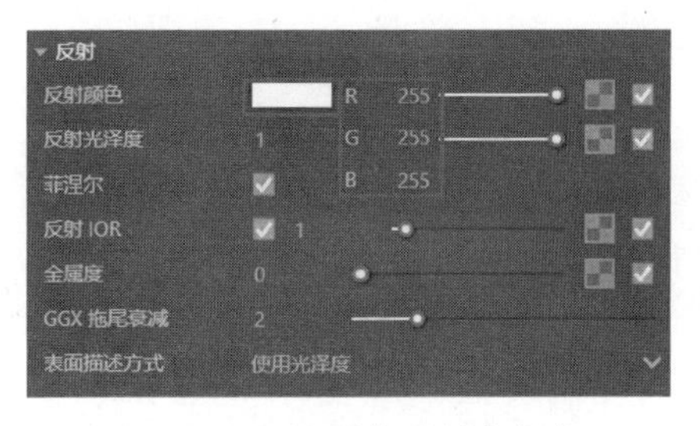

图 10-89　设置【反射】颜色

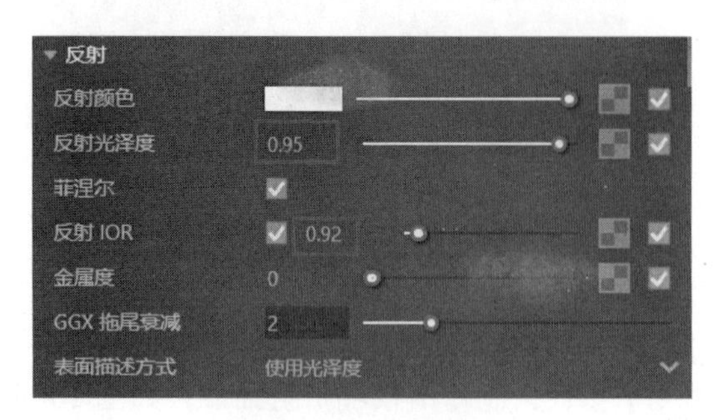

图 10-90 调整参数

图 10-91 陶瓷效果

149 皮纹材质

文件路径：素材 \ 第 10 章 \149	视频文件：无

皮纹材质有着独特的凸凹纹理，表面反射效果通常比较微弱，本例介绍该材质的调整方法。

步骤 01 打开配套资源“第 10 章 |149 皮纹材质”模型文件，如图 10-92 所示。

步骤 02 进入【V-Ray 材质编辑器】，设置【反射】颜色，修改【反射光泽度】与【反射 IOR】参数，调整出表面微弱的反射效果，如图 10-93 所示。

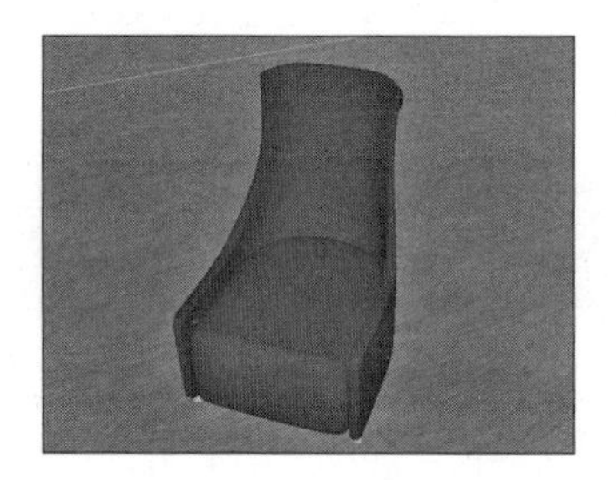

图 10-92 打开场景

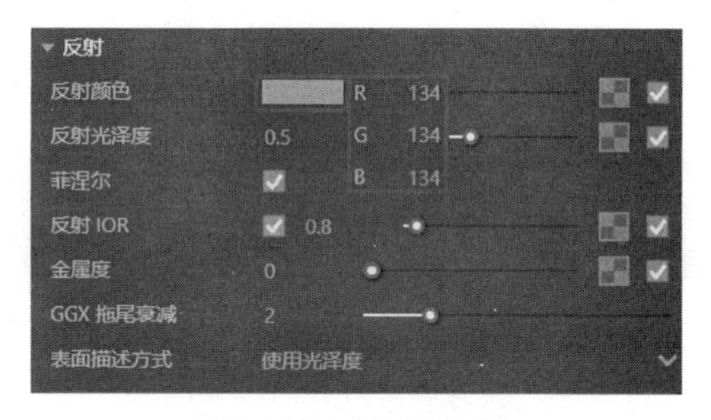

图 10-93 设置参数

步骤 03 启用【凹凸】卷展栏，添加皮纹纹理，模拟表面凸凹细节，如图 10-94 与图 10-95 所示。

图 10-94 设置参数

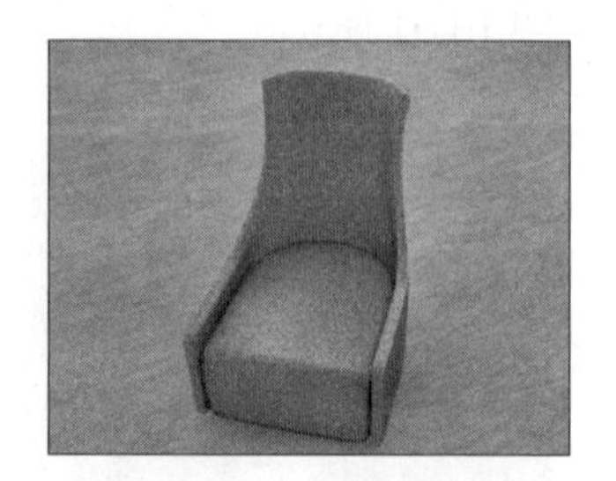

图 10-95 皮纹效果

150 布纹材质

文件路径：素材 \ 第 10 章 \150	视频文件：视频 \ 第 10 章 \150.MP4

布纹材质重点在于突出表面的纹理与绒毛细节，通常在【漫反射】贴图通道内添加【布料】贴图，可以模拟对应质感，本例介绍该材质的调整方法。

步骤 01 打开配套资源“第 10 章 |150 布纹材质 .skp”模型文件，如图 10-96 所示。

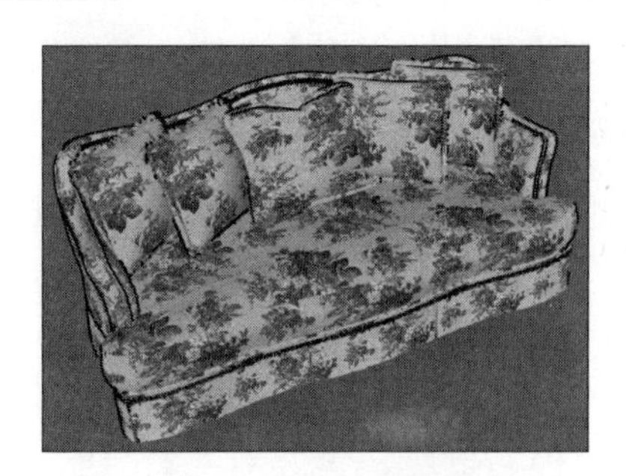

图 10-96　打开场景

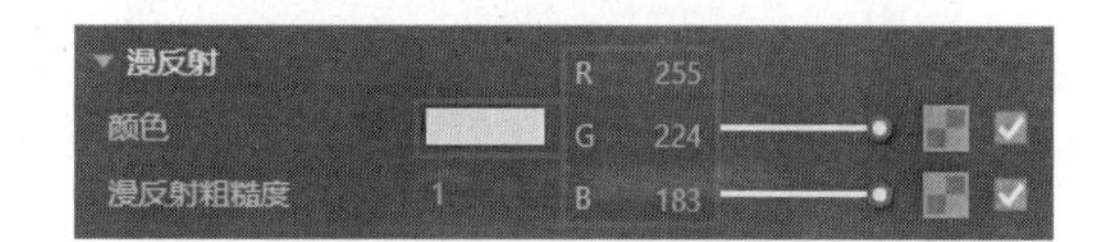

图 10-97　单击【贴图】按钮

步骤 02 进入【V-Ray 材质编辑器】，单击【漫反射】选项右侧的【贴图】按钮，添加【布纹】贴图，如图 10-97 所示。

步骤 03 在【布料光泽层】卷展栏下设置颜色值，调整【布料光泽度】参数，如图 10-98 与图 10-99 所示。

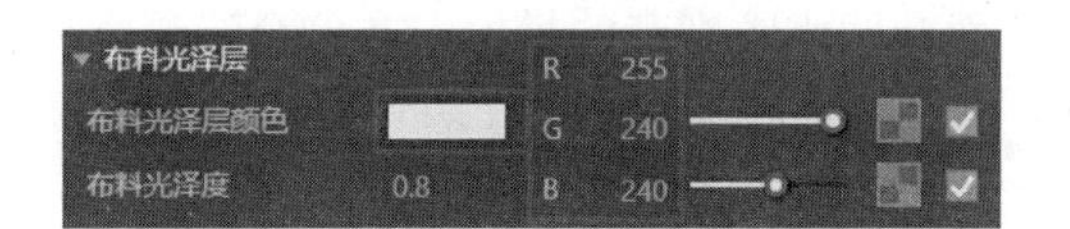

图 10-98　设置参数

图 10-99　布纹效果

151 透明窗纱

文件路径：素材 \ 第 10 章 \151	视频文件：无

通过【折射层】的调整可以模拟出透明窗纱若有若无的质感，本例介绍该材质的调整方法。

步骤 01 打开配套资源“第 10 章 |151 透明窗纱 .skp”模型文件，如图 10-100 所示。

步骤 02 进入【V-Ray 材质编辑器】，在【漫反射】颜色通道内调整出窗纱的颜色，如图 10-101 所示。

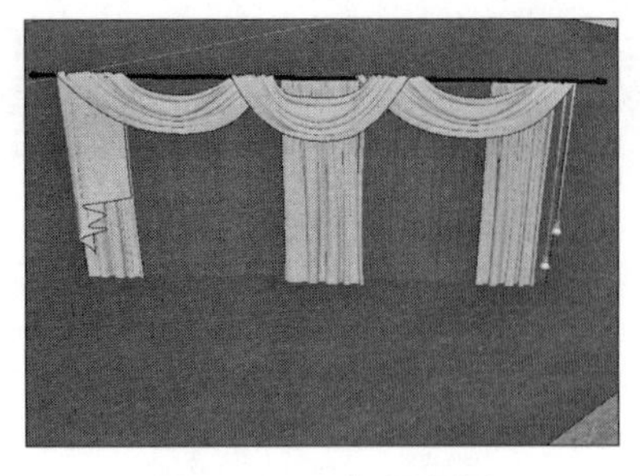

图 10-100　打开场景

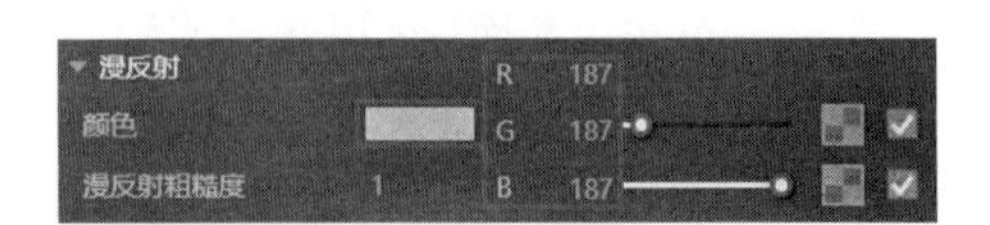

图 10-101　调整【漫反射】颜色

步骤 03 设置【折射】层，并调整好【折射颜色】与【折射光泽度】数值，模拟出窗纱的质感，如图 10-102 与图 10-103 所示。

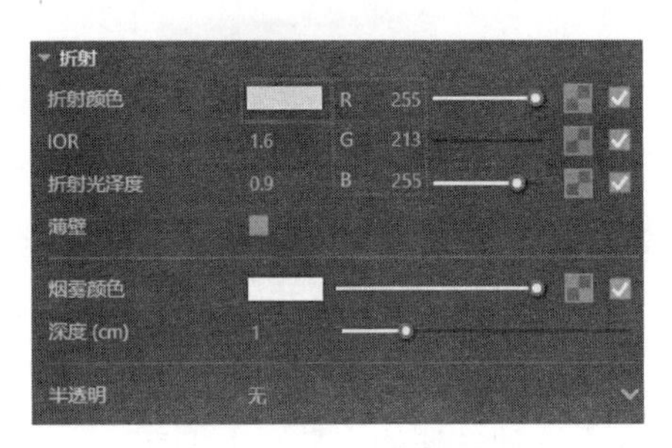

图 10-102　设置【折射】层

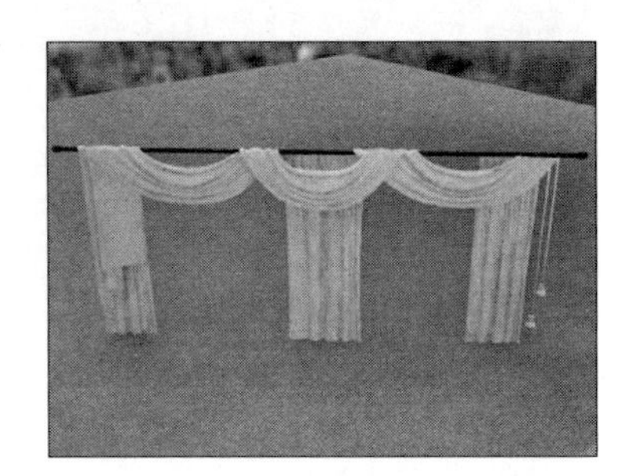

图 10-103　透明窗纱效果

152 清水材质

文件路径：素材 \ 第 10 章 \152	视频文件：视频 \ 第 10 章 \152.MP4

清水材质与清玻璃材质类似，最大的区别在于表面凸凹水纹细节的模拟，本例介绍该类材质的调整方法。

步骤 01 打开配套资源“第 10 章 |152 清水材质 .skp”模型文件，如图 10-104 所示。

步骤 02 进入【V-Ray 材质编辑器】，设置【反射】参数，制作较弱的反射细节，如图 10-105 所示。

步骤 03 添加【折射层】并调整【折射颜色】、【折射光泽度】以及【IOR】，制作水的透明细节，如图 10-106 与图 10-107 所示。

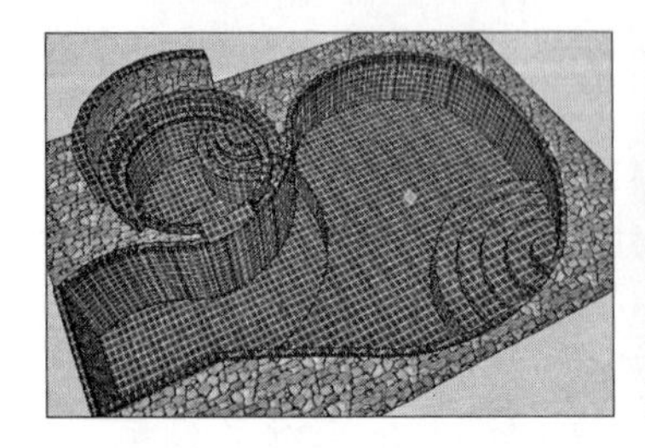

图 10-104　打开场景

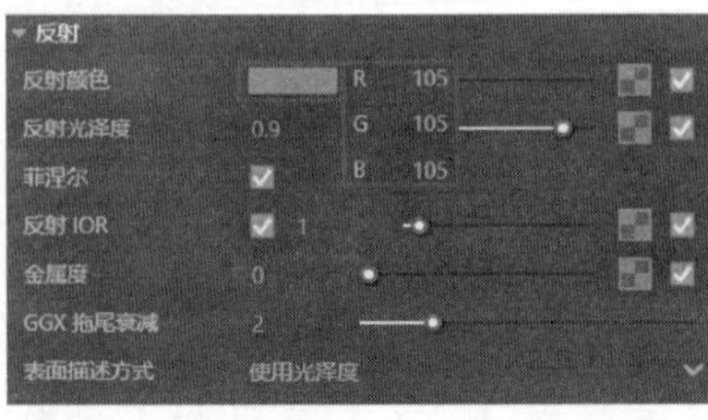

图 10-105　设置【反射】参数

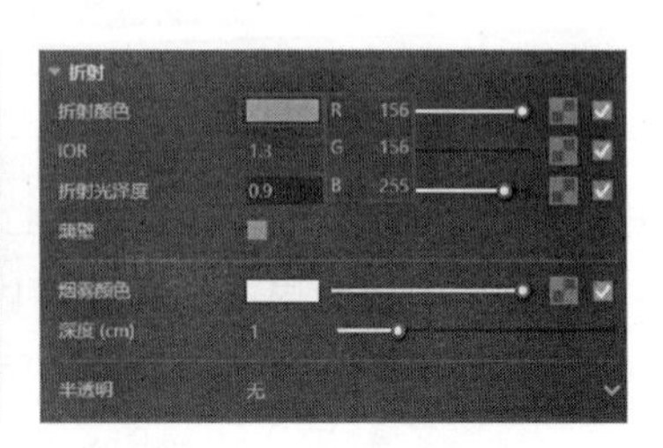

图 10-106　添加【折射层】

153 自发光材质

文件路径：素材\第 10 章\153	视频文件：视频\第 10 章\153.MP4

通过添加【自发光】属性层，可以使材质自身具备灯光发光效果，本例介绍该类材质的调整方法。

步骤 01 打开配套资源“第 10 章|153 自发光材质 .skp”模型文件，如图 10-108 所示。

图 10-107　清水材质效果

图 10-108　打开场景

步骤 02 进入【V-Ray 材质编辑器】，在【自发光】卷展栏下设置【颜色】与【强度】参数，模拟发光效果，如图 10-109 与图 10-110 所示。

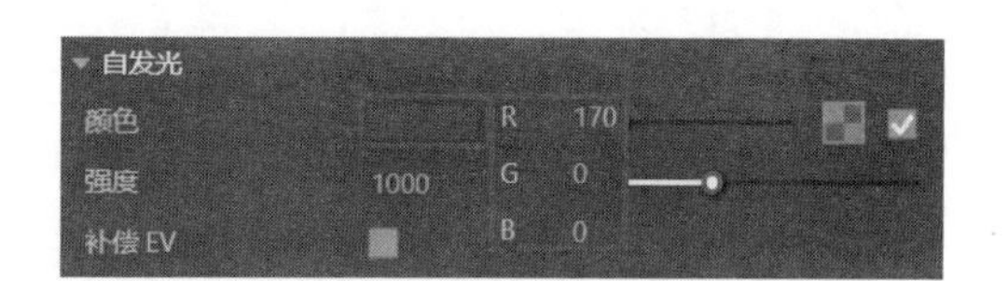

图 10-109　添加并调整【自发光】参数

图 10-110　自发光效果

第4篇　综合案例篇

第11章

室内设计

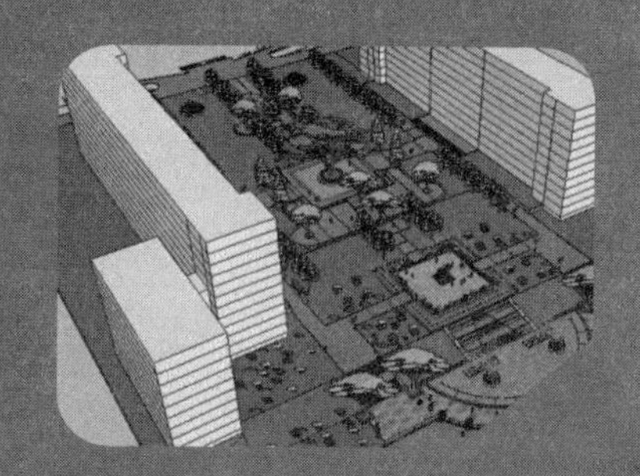

本章将全面学习使用 SketchUp 完成室内方案表现的方法，包括整体的户型图设计展示、室内空间细化、渲染以及室内行走效果，如图 11-1 ~ 图 11-7 所示。

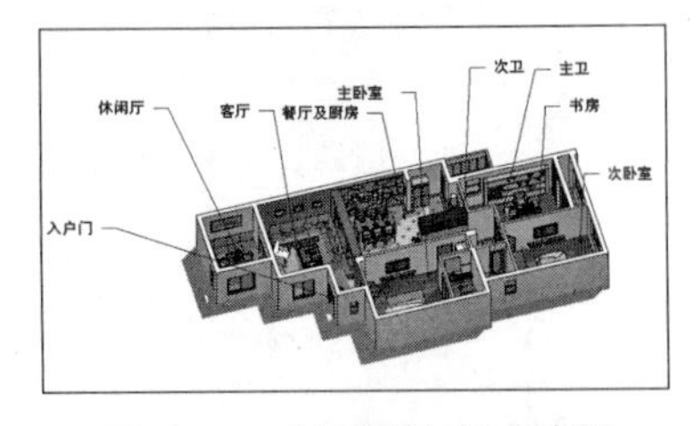

图 11-1　户型设计完成效果

图 11-2　客厅细化方案完成效果

图 11-3　客厅 V-Ray 渲染效果

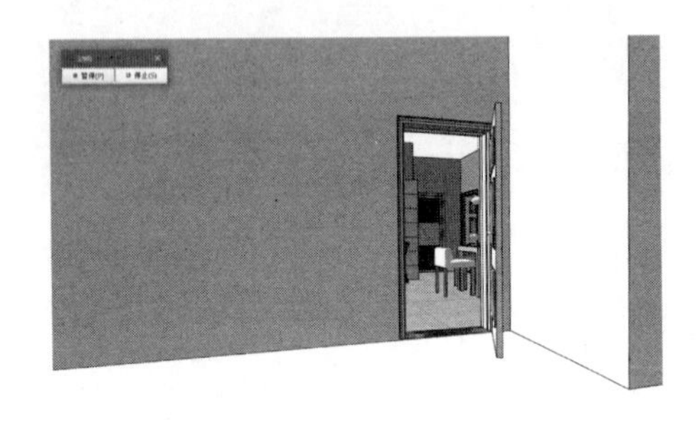
图 11-4　行走过程 1

图 11-5　行走过程 2

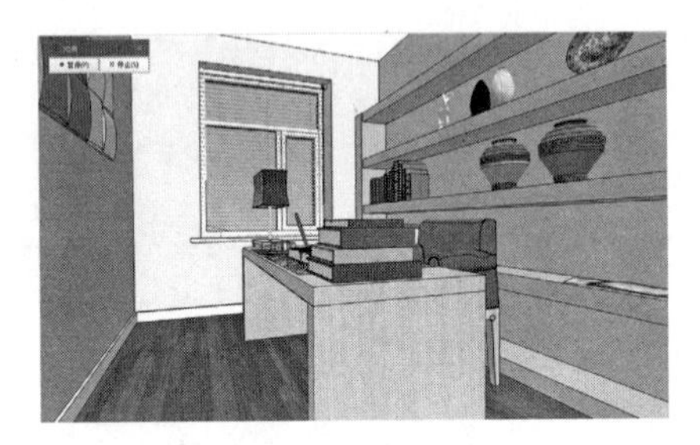
图 11-6　行走过程 3

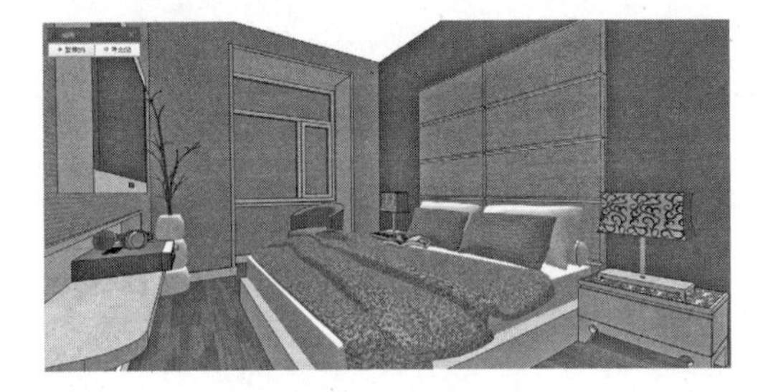
图 11-7　行走过程 4

11.1　SketchUp 户型设计

户型设计是室内常用的一种表现手法，通过加工前期简单的 AutoCAD 平面布置图纸，形成初步方案的三维效果，其大致的制作过程如图 11-8 ~ 图 11-11 所示。

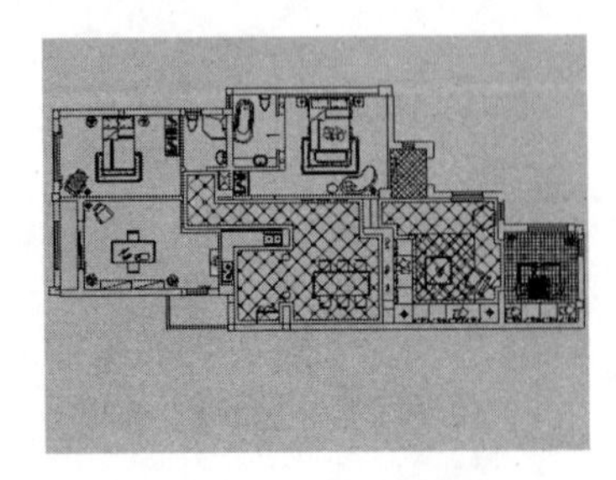
图 11-8　导入图纸

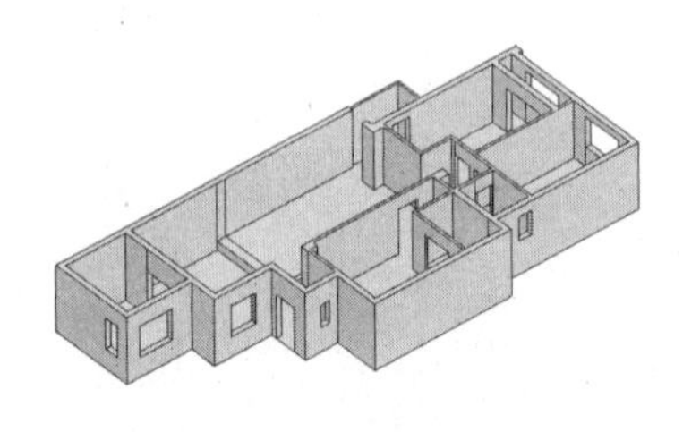
图 11-9　建立轮廓

图 11-10　细化空间

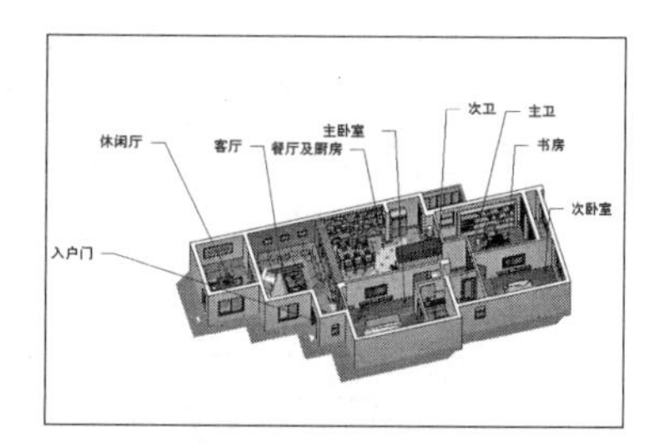

图 11-11　完成效果

154 导入 CAD 图纸并设置绘图环境

文件路径：配套资源 \ 第 11 章 \154	视频文件：视频 \ 第 11 章 \154.MP4

通过导入户型的 CAD 平面布置图纸，可以建立准确的布局效果。设置好绘图环境则便于图纸的观察与捕捉。

步骤 01 打开 SketchUp，进入【模型信息】面板，设置单位为“毫米”，如图 11-12 所示。

步骤 02 执行【文件】/【导入】菜单命令，在弹出的面板中导入配套资源“户型平面布置图 .dwg”文件，导入单位同样设置为“毫米”，如图 11-13 所示。

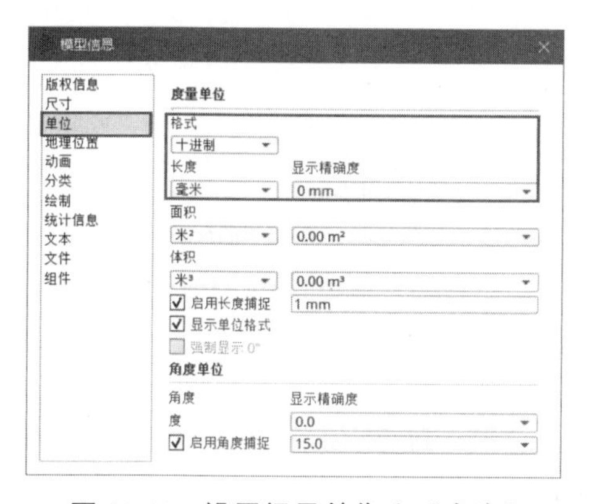

图 11-12　设置场景单位为“毫米”

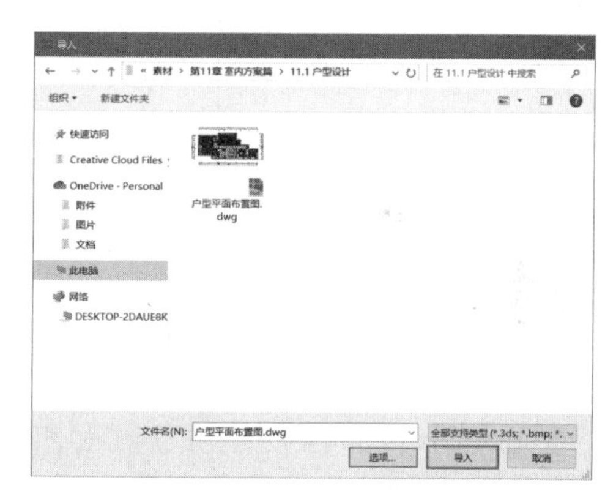

图 11-13　导入平面布置图文件

步骤 03 图纸成功导入场景后，在【风格】面板中，设置直线的显示效果，以便于观察，如图 11-14 ~ 图 11-16 所示。

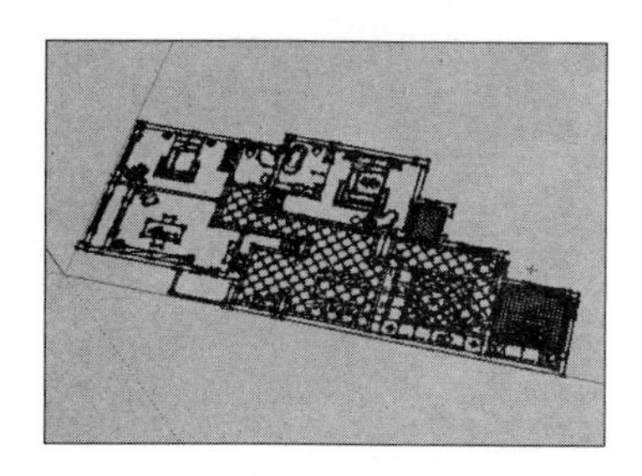

图 11-14　平面布置图导入效果

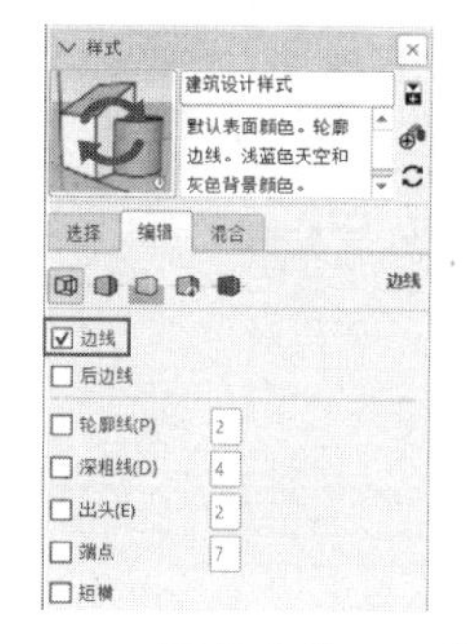

图 11-15　调整边线显示效果

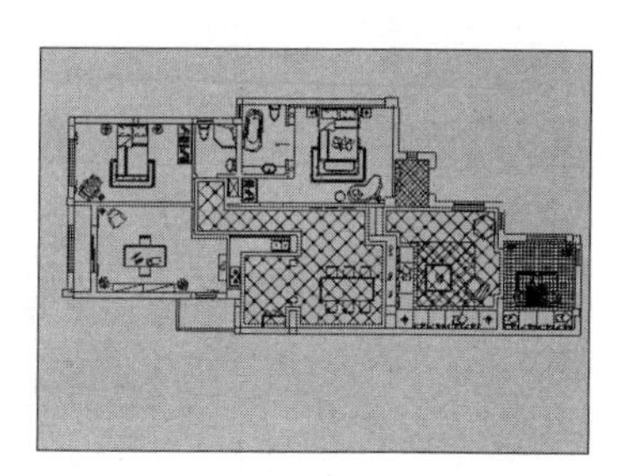

图 11-16　调整后的显示效果

155 建立房屋框架

文件路径：无	视频文件：视频\第 11 章\155.MP4

成功导入 CAD 平面布置图纸后，首先将确认图纸的尺寸是否存在误差，然后再建立墙体、门洞以及窗洞框架。

1. 制作墙体轮廓

步骤 01 启用【卷尺】工具，测量入户门门洞，可以发现其宽度为 1000.0mm，如图 11-17 所示。因此可以判断当前图纸尺寸没有产生误差，可以进行模型的创建。

步骤 02 启用【直线】工具，捕捉墙线绘制外墙轮廓，如图 11-18 所示。在绘制的过程中注意在门窗位置加点，以便于拉伸后自动生成参考线。

步骤 03 外墙轮廓创建完成，启用【偏移】工具，选择外墙轮廓向内偏移 240mm，形成外墙平面，如图 11-19 所示。

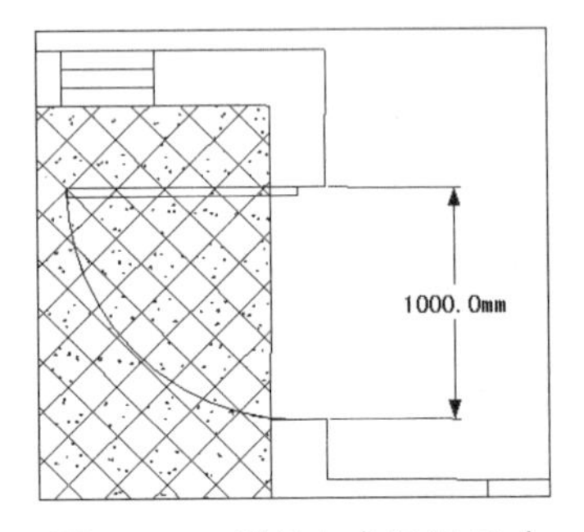

图 11-17 测量入户门洞尺寸

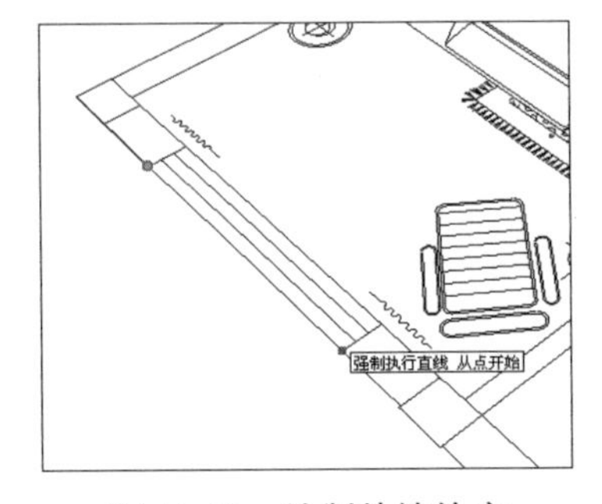

图 11-18 绘制外墙轮廓

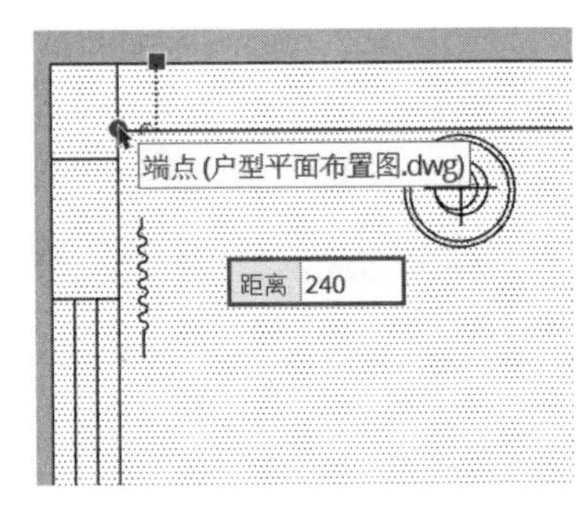

图 11-19 向内偏移墙线

步骤 04 赋予一个淡蓝色材质，以便于区分场景模型，如图 11-20 所示。启用【直线】工具，捕捉图纸绘制出内墙，如图 11-21 所示。

步骤 05 墙体平面分割完成后，如图 11-22 所示。启用【推/拉】工具，向上拉伸 2620mm 形成墙体，如图 11-23 所示。

步骤 06 启用【直线】工具，分割出右侧的玄关以及客厅等空间的地板，如图 11-24 所示。使用【推/拉】工具向下拉伸，制作出 400mm 的下沉空间，如图 11-25 所示。

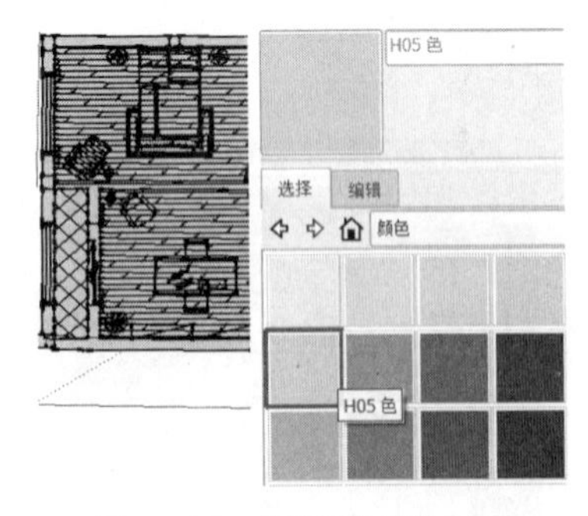

图 11-20 赋予淡蓝色材质

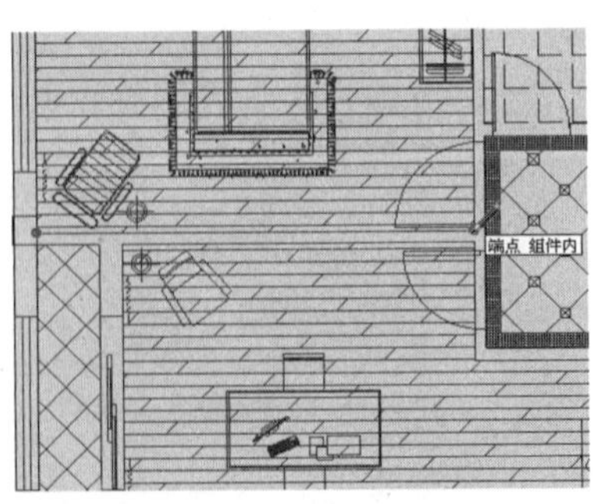

图 11-21 绘制内墙

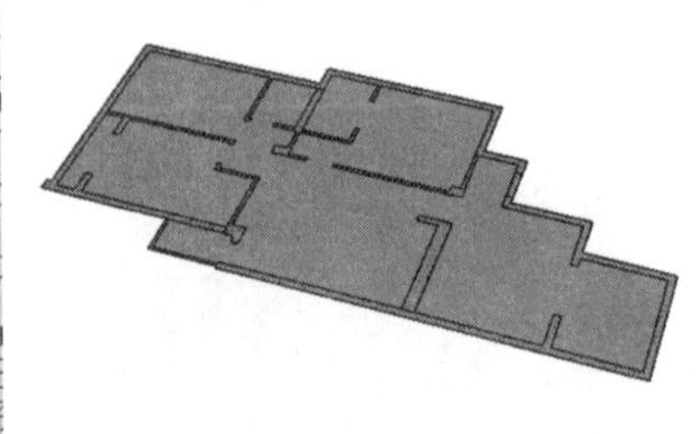
图 11-22 墙线完成效果

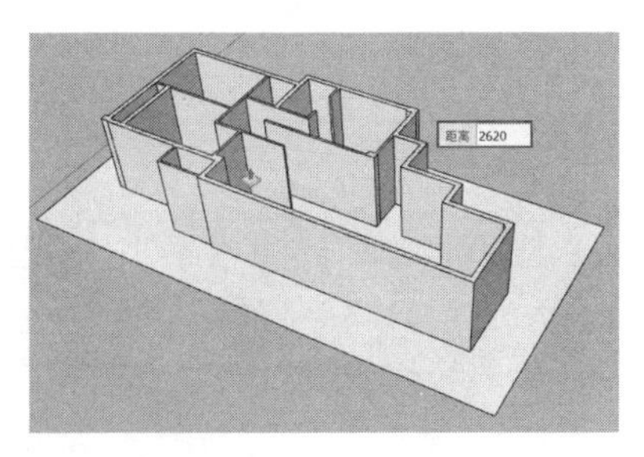

图 11-23　拉伸墙体

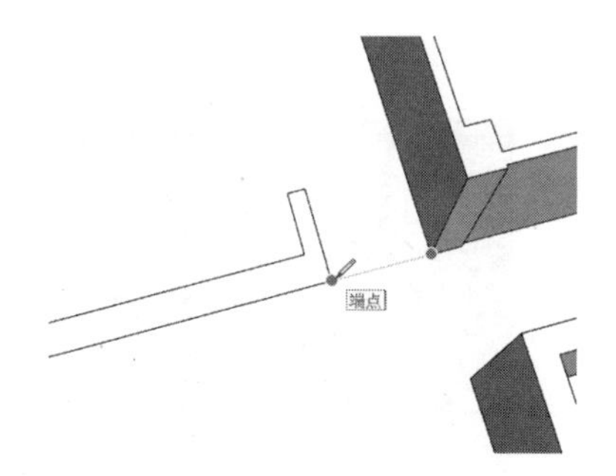

图 11-24　分割地板空间

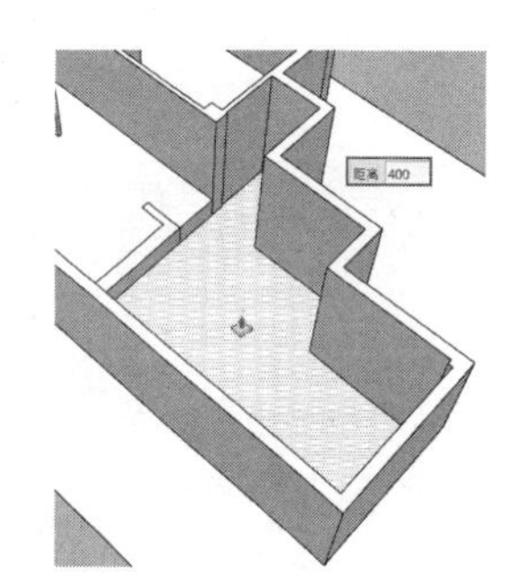

图 11-25　制作下沉空间

2. 创建窗洞与门洞

步骤 01 全选所有模型，将其创建为组，如图 11-26 所示。然后在其上方绘制一个矩形平面，如图 11-27 所示。

步骤 02 以左侧地面为参考，将其向上移动 900mm，如图 11-28 所示。进入墙体组，捕捉交点创建参考线，如图 11-29 所示。

步骤 03 创建下方的参考线后，启用【移动】工具，将其向上以 1400mm 的距离进行复制，如图 11-30 所示。

步骤 04 选择分割形成的内部平面，启用【推 / 拉】工具打空，形成窗洞效果，如图 11-31 所示。

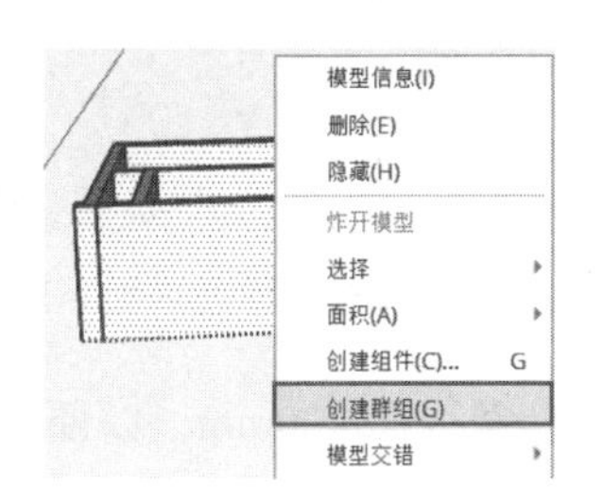

图 11-26　创建组

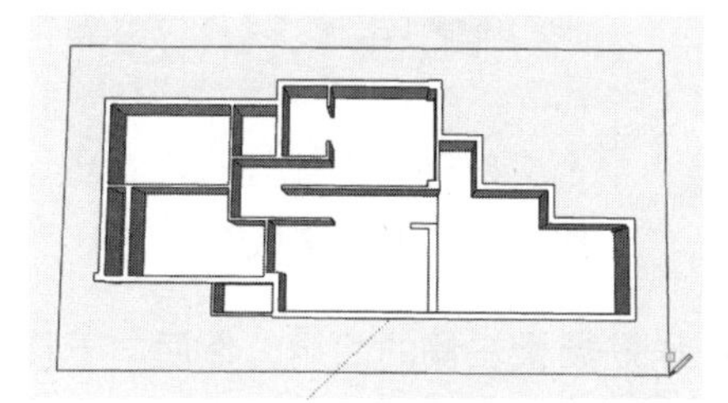
图 11-27　绘制矩形平面

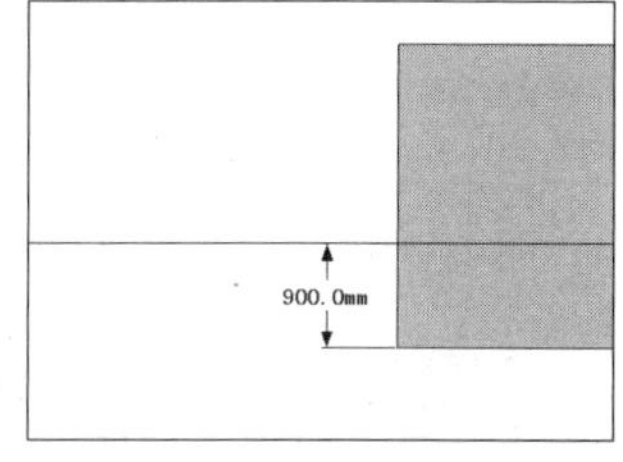

图 11-28　向上移动 900mm

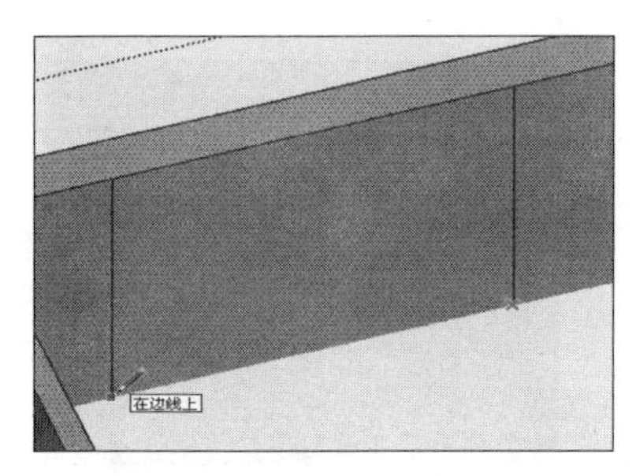

图 11-29　捕捉平面与墙体交点

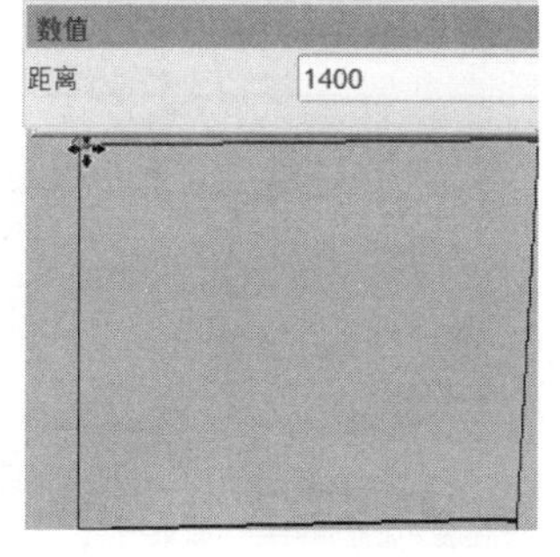

图 11-30　向上复制分割线

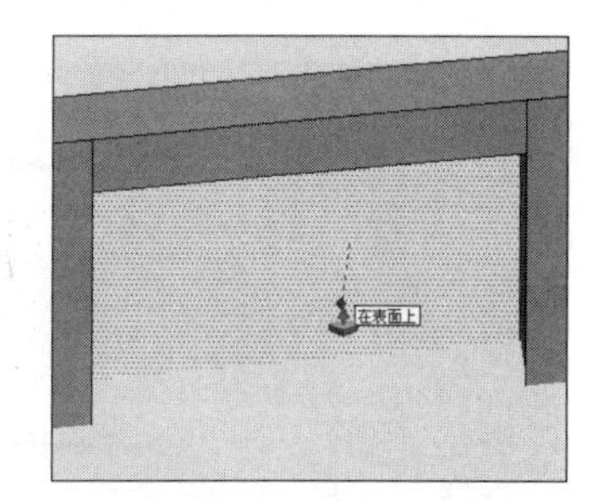

图 11-31　推空形成窗洞

步骤 05 使用该种方法制作左侧的所有窗洞，然后将参考平面向下移动 400mm，以便于下沉空间窗洞的制作，如图 11-32 所示。

步骤 06 使用之前类似的方法制作下沉空间的窗洞，如图 11-33 所示，并注意玄关处的小窗尺寸变化，如图 11-34 所示。

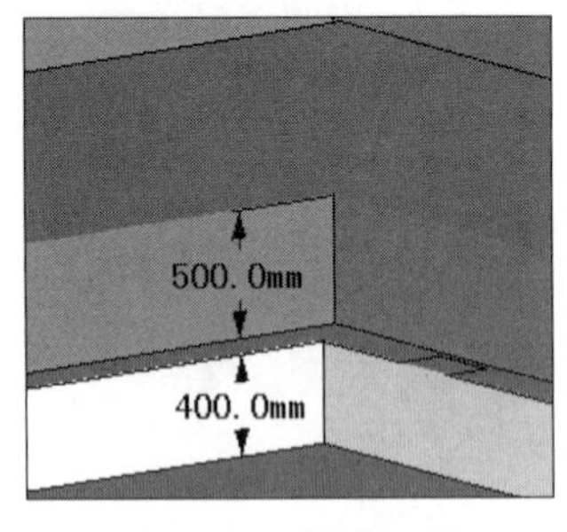

图 11-32 调整下沉

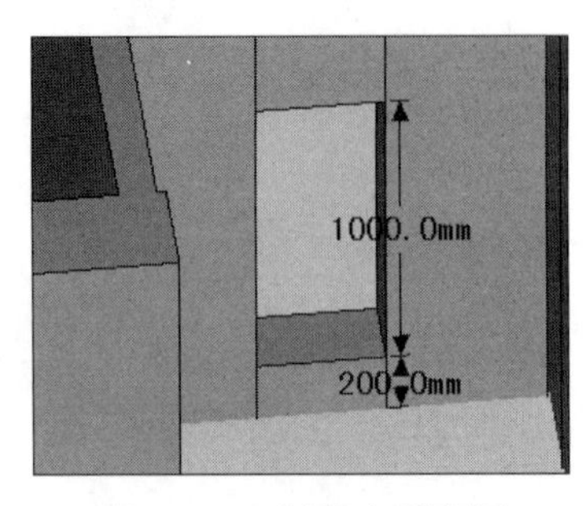

图 11-33 制作小型窗洞

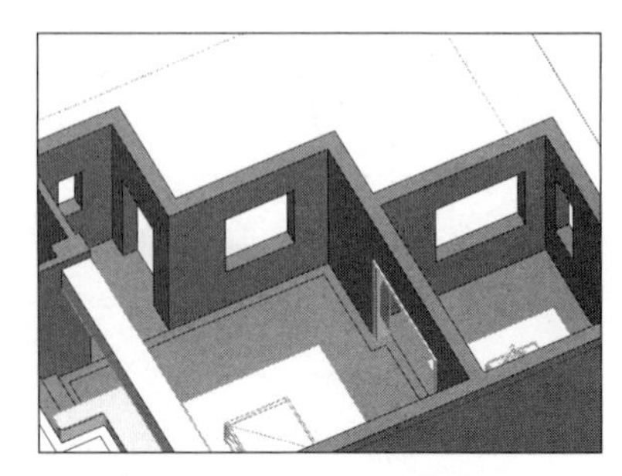
图 11-34 窗洞完成效果

步骤 07 制作门洞。首先调整平面高度，距左侧地面高度为 2000mm，如图 11-35 所示。然后参考其形成的交点，分割门洞处的平面，如图 11-36 所示。

步骤 08 启用【推 / 拉】工具，拉伸分割的平面至对侧，然后删除多余边形形成门洞效果，如图 11-37 与图 11-38 所示。

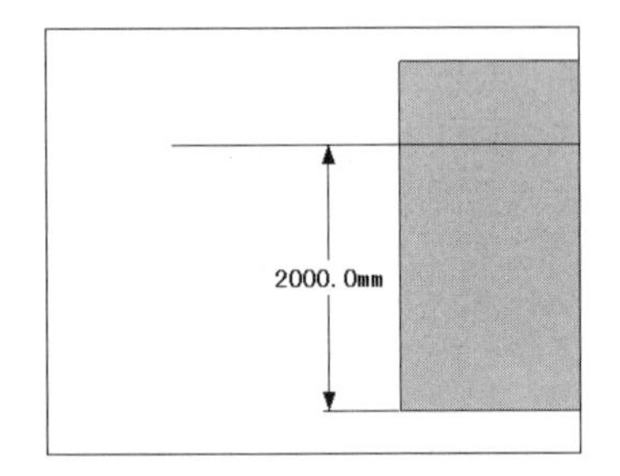

图 11-35 调整平面高度

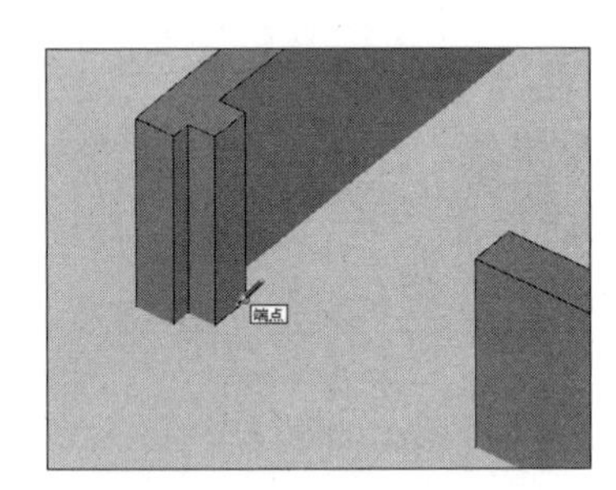

图 11-36 捕捉交点进行分割

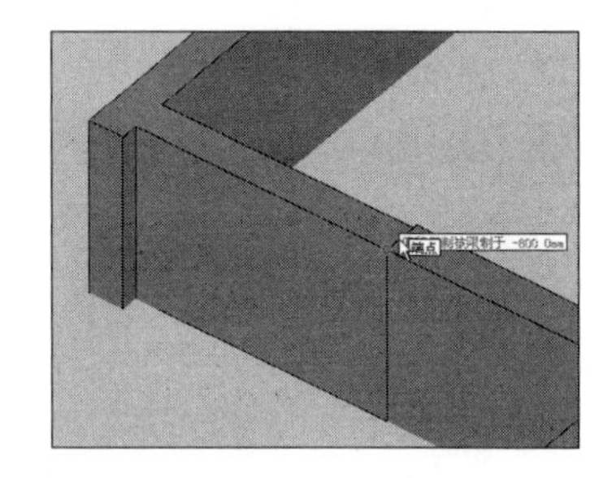
图 11-37 拉伸模型平面至对侧

步骤 09 使用类似方法制作好场景左侧的门洞，然后向下移动参考平面 400mm，以便于下沉空间门洞的制作，如图 11-39 所示。

步骤 10 捕捉交点分割入户门门洞，如图 11-40 所示，然后启用【推 / 拉】工具制作出门洞效果，如图 11-41 所示。

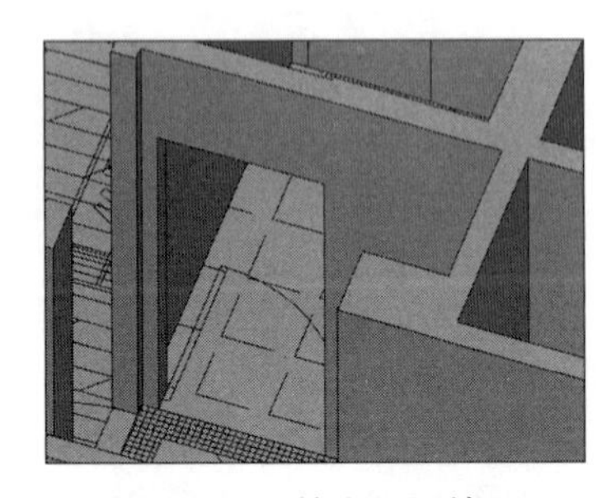
图 11-38 单个门洞效果

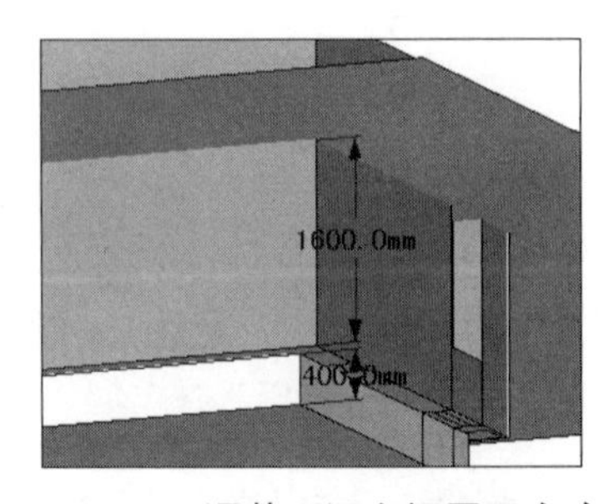

图 11-39 调整下沉空间平面高度

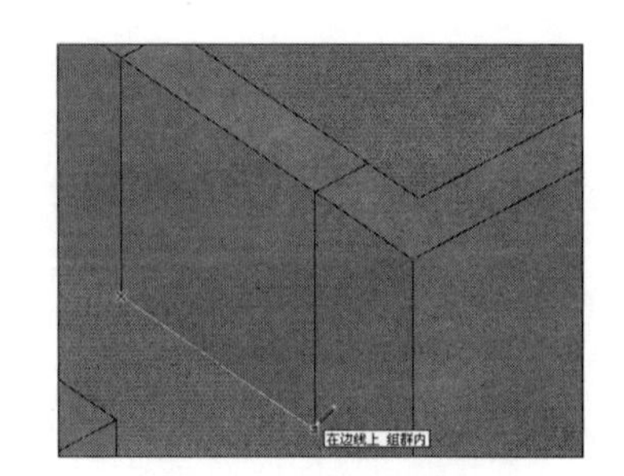
图 11-40 捕捉交点进行分割

步骤 11 使用类似方法制作下沉空间其他门洞效果。然后对齐下沉空间外侧边线，如图 11-42 所示，制作好场景框架模型，如图 11-43 所示。

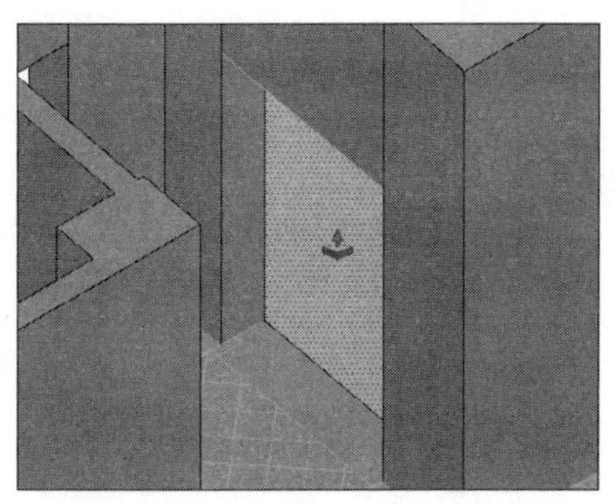
图 11-41　推空形成门洞效果

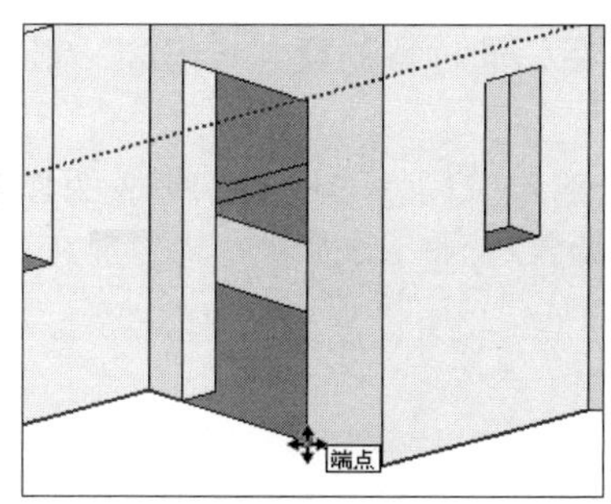

图 11-42　调整外侧边线

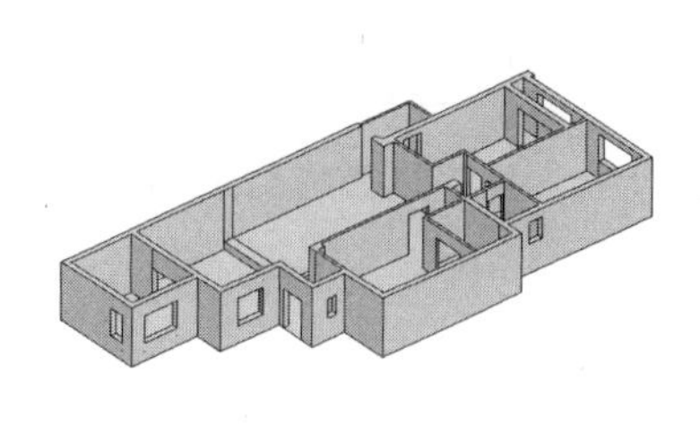
图 11-43　框架完成效果

156 创建门窗

文件路径：无	视频文件：视频 \ 第 11 章 \156.MP4

场景框架建立完成后，接下来制作门窗效果，在制作的过程中注意插件与组件模型的使用。

步骤 01 执行【窗口】/【默认面板】/【组件】菜单命令，如图 11-44 所示，调入门模型组件，如图 11-45 所示，并进行放置与对位，如图 11-46 所示。

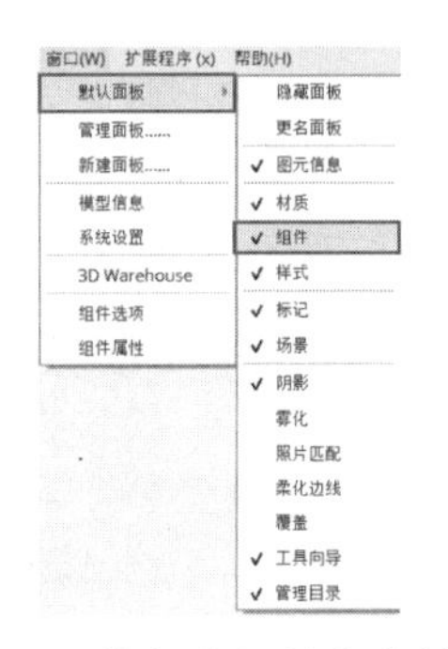

图 11-44　执行【组件】菜单命令

图 11-45　调整入门组件

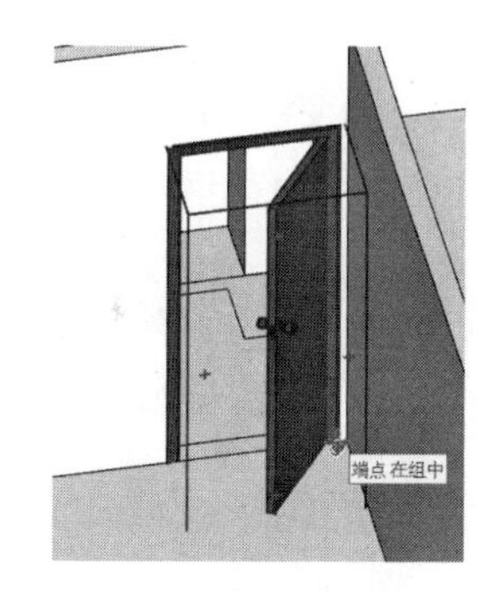

图 11-46　放置门组件模型

提示

如果不追求门造型的细致，可以使用 Suapp 插件中的【墙体开门】菜单命令进行快速的制作，如图 11-47 ~ 图 11-49 所示。

轴网墙体(0)
门窗构件(1)
建筑设施(2)
房间屋顶(3)
文字标注(4)
线面工具(5)
辅助工具(6)
图层群组(7)
墙体开门
墙体开窗
玻璃幕墙
墙体开洞
自由挖洞

图 11-47　执行【墙体开门】菜单命令

参数设置 [SUAPP.ME]
图层前缀 05-
门样式 Single
门宽度 1000
门高度 2000
门框厚度 100 mm
门框宽度 50 mm

图 11-48　设置门参数

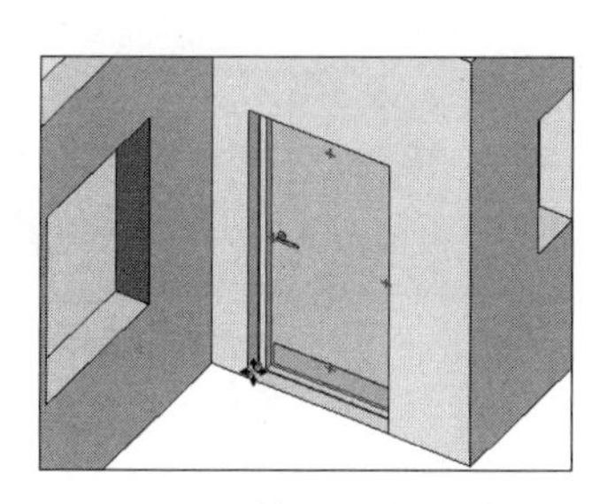
图 11-49　放置插件门效果

步骤 02 制作好入户门模型后，通过移动复制与缩放，制作其他卧室门模型，如图 11-50 与图 11-51 所示。

步骤 03 卫生间及浴室等处的推拉门，对应调入相关组件模型即可，如图 11-52 ~ 图 11-54 所示。通过以上介绍的方法制作场景所有的门模型。

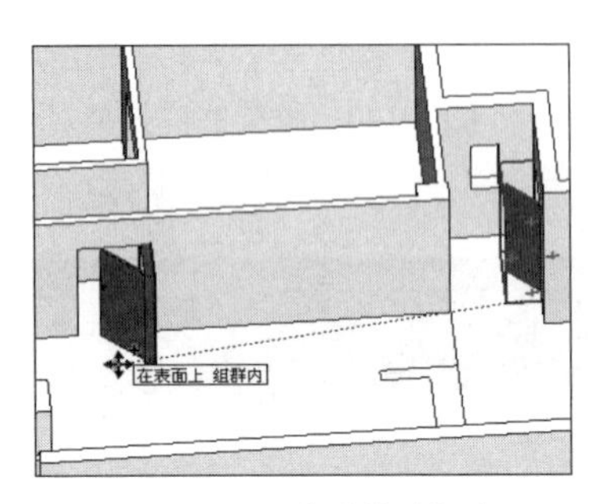

图 11-50 复制门模型

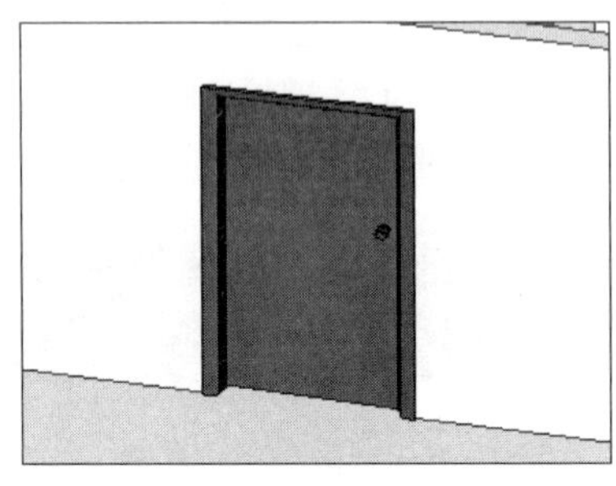
图 11-51 调整门页造型

图 11-52 调入卫生间门模型

步骤 04 门模型制作完成后，执行【扩展程序】/【门窗构件】/【墙体开窗】菜单命令，制作窗户框架，然后制作玻璃细节并赋予半透明材质，如图 11-55 ~ 图 11-57 所示。

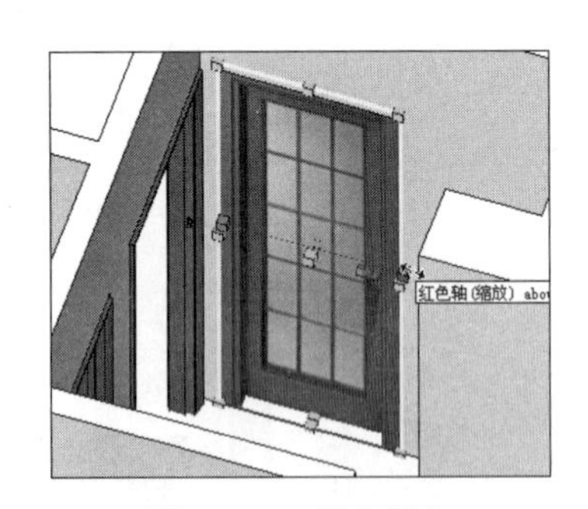
图 11-53 卫生间门

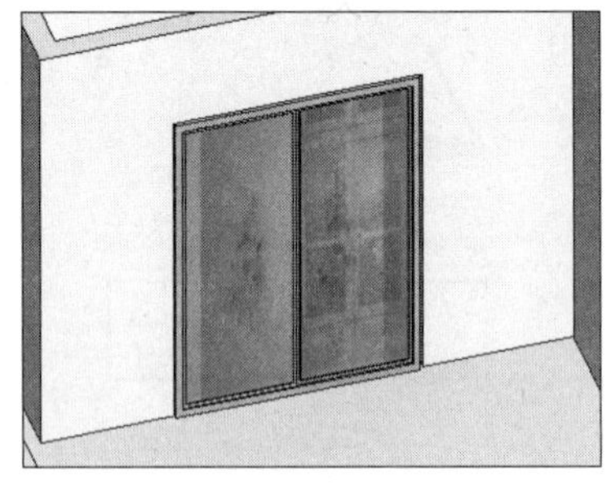
图 11-54 推拉门

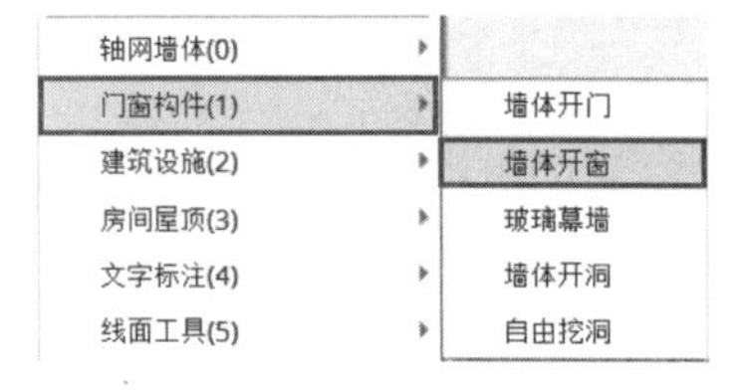

图 11-55 执行【墙体开窗】命令

步骤 05 该处窗户制作完成后，通过移动复制与缩放，制作竖向推拉窗户模型，如图 11-58 ~ 图 11-60 所示。

步骤 06 重复类似的操作，制作场景其他位置的窗户，如图 11-61 所示。

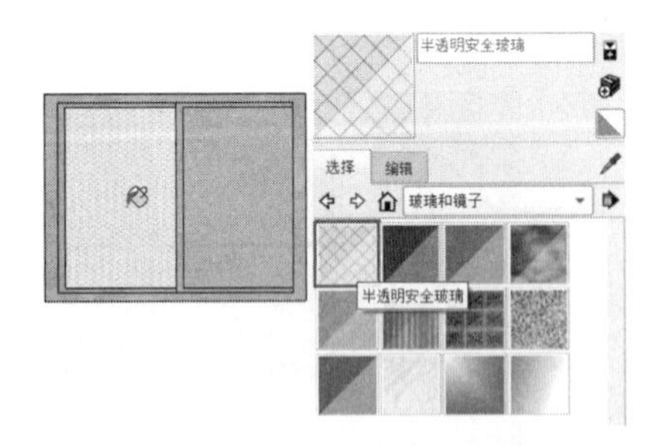

图 11-56 创建窗户并赋予玻璃材质

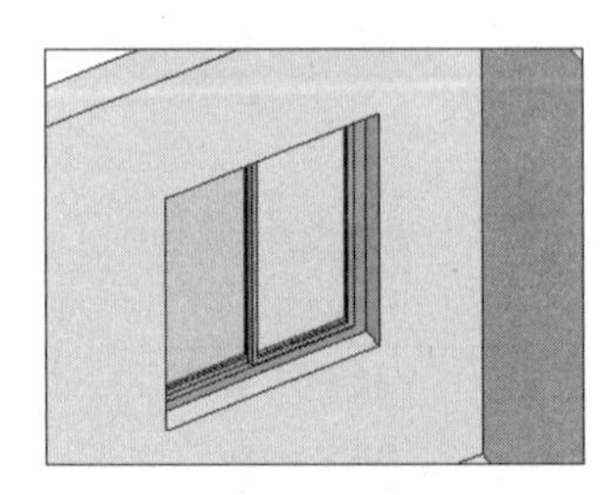
图 11-57 推拉窗效果

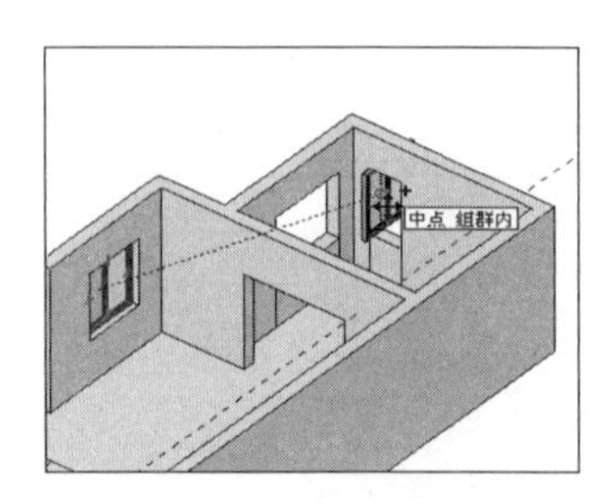

图 11-58 移动复制窗户

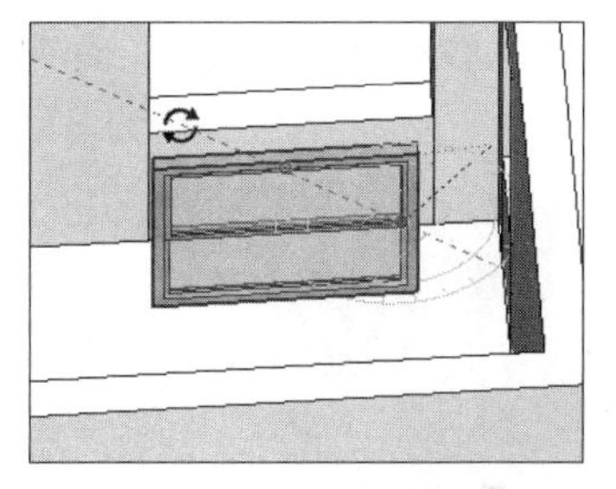

图 11-59　调整窗户角度

图 11-60　通过缩放调整造型

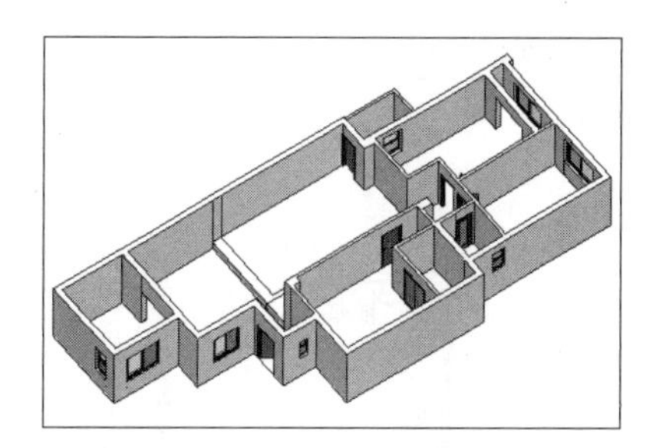

图 11-61　场景门窗完成效果

157 细化空间效果

文件路径：无	视频文件：视频 \ 第 11 章 \157.MP4

完成场景门窗的建立后，接下来将逐步细化出场景内各个空间设计的细节。

1. 细化客厅及休闲厅

步骤 01 结合使用【直线】与【偏移】工具，参考平面布置图纸对地面进行细化，分割出玄关与客厅地面细节，如图 11-62 与图 11-63 所示。

步骤 02 打开【材料】面板，分别为玄关与客厅地面赋予对应石材，如图 11-64 ~ 图 11-66 所示。

步骤 03 结合使用【推 / 拉】与【偏移】工具，参考平面布置图纸，制作台阶左侧的平台模型，如图 11-67 与图 11-68 所示。

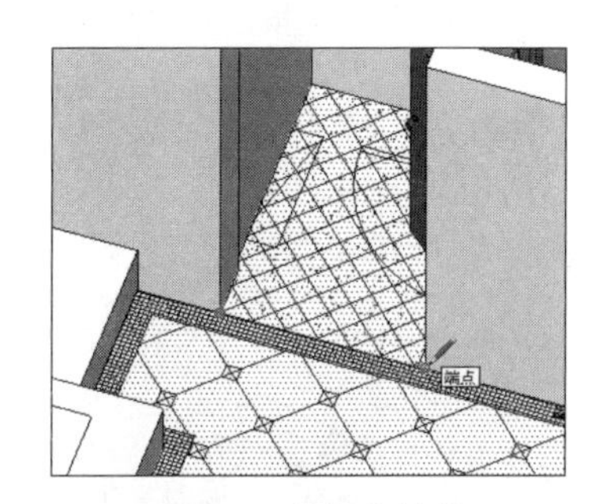

图 11-62　分割玄关地面

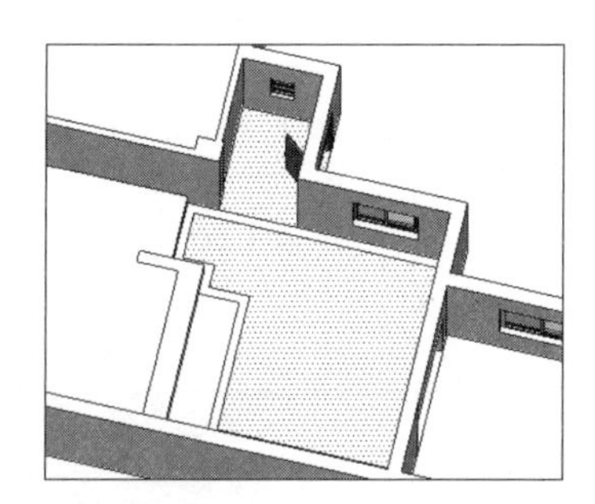

图 11-63　分割客厅地面

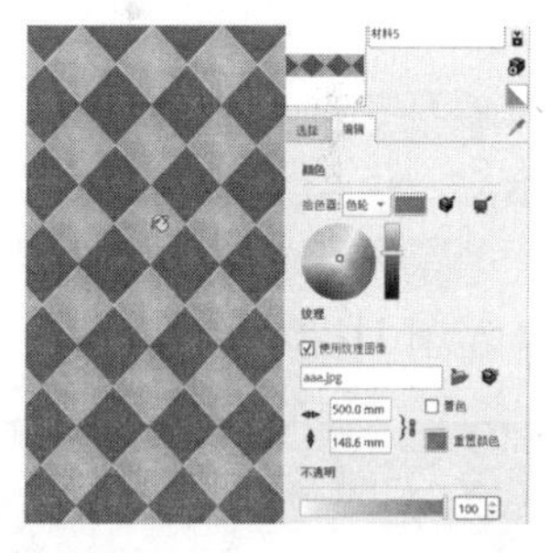

图 11-64　赋予玄关地面石材

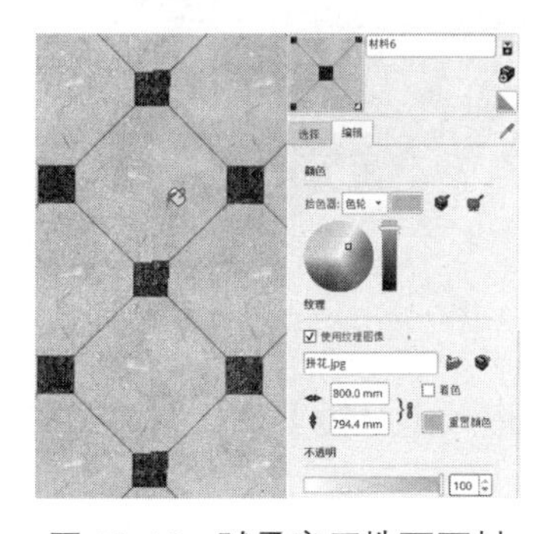

图 11-65　赋予客厅地面石材

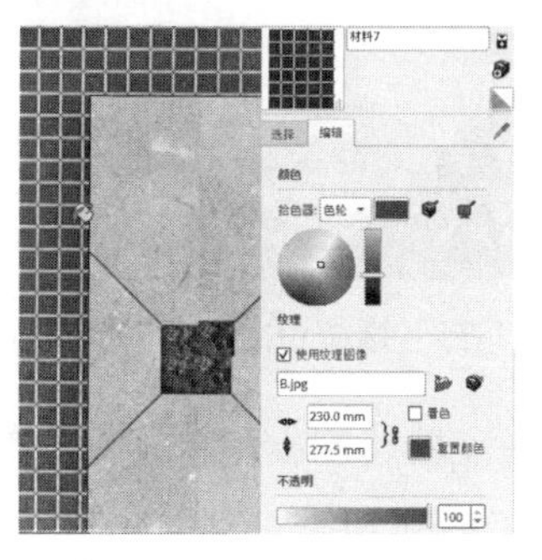

图 11-66　赋予收边石材

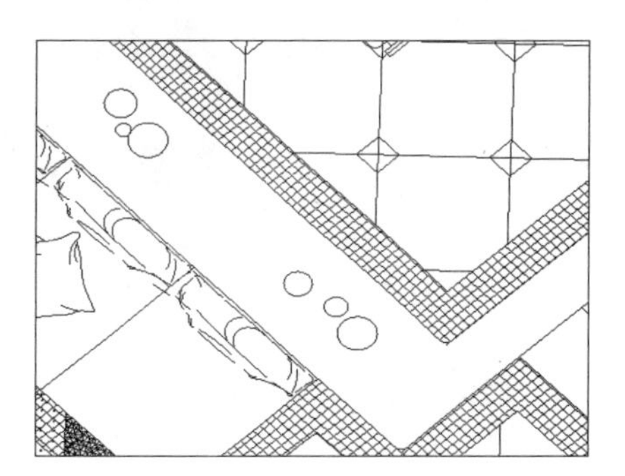

图 11-67　参考图纸进行分割

步骤 04 使用类似方法制作沙发平台，打开【材料】面板赋予木纹材质，如图 11-69 与图 11-70 所示。

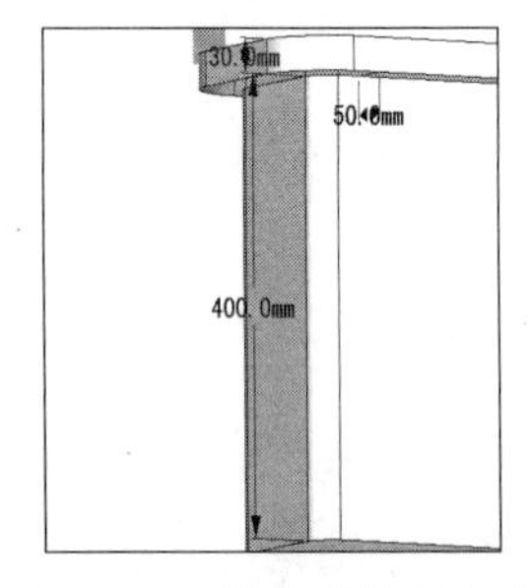

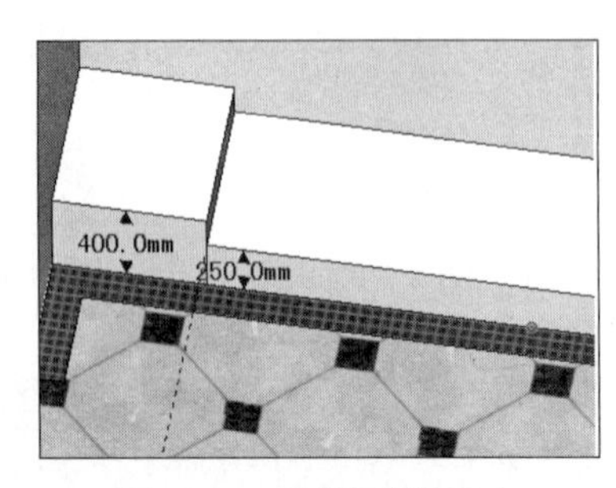

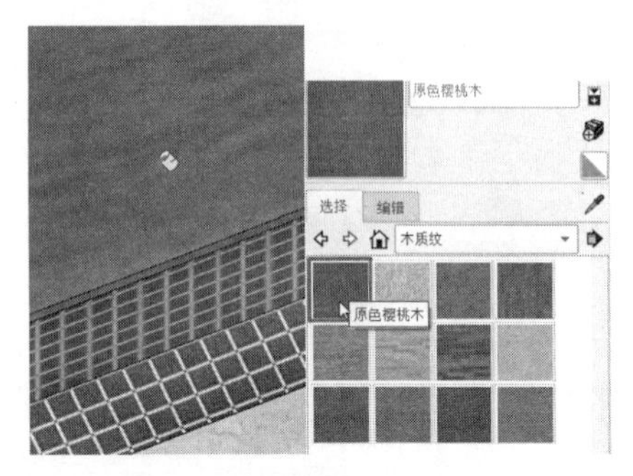

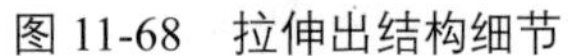

图 11-68 拉伸出结构细节　　图 11-69 制作沙发平台　　图 11-70 赋予木纹材质

步骤 05 进入【组件】面板，合并座垫、抱枕等模型组件，然后参考图纸进行复制与调整，如图 11-71 ~ 图 11-73 所示。

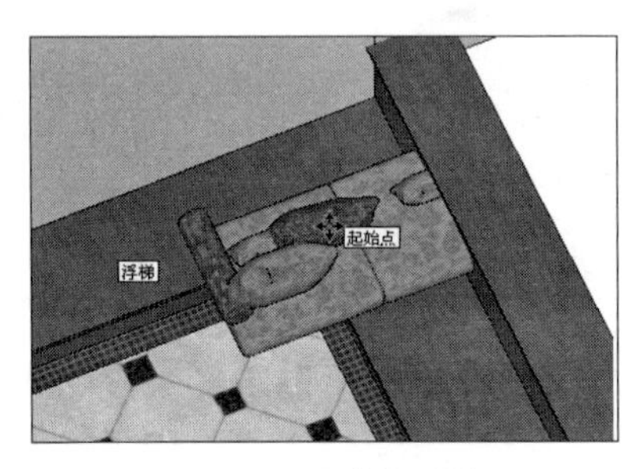

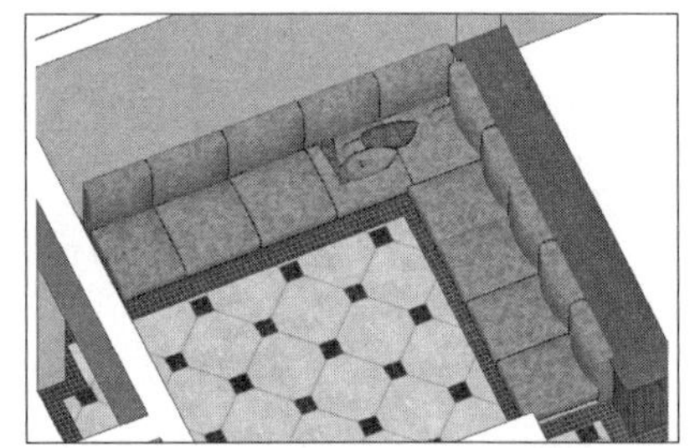

图 11-71 合并沙发垫与抱枕　　图 11-72 调整模型位置　　图 11-73 沙发垫模型完成效果

步骤 06 结合使用【直线】与【推 / 拉】工具，制作出台阶模型，如图 11-74 与图 11-75 所示。

步骤 07 台阶模型制作完成后，进入【组件】面板，合并玄关与客厅中央的柜子与沙发模型，如图 11-76 所示。

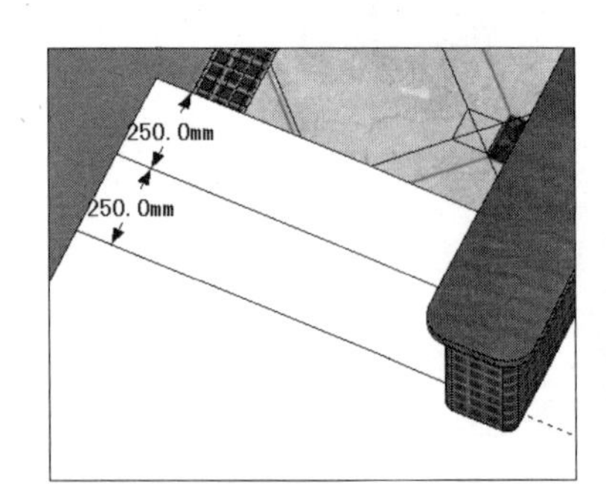

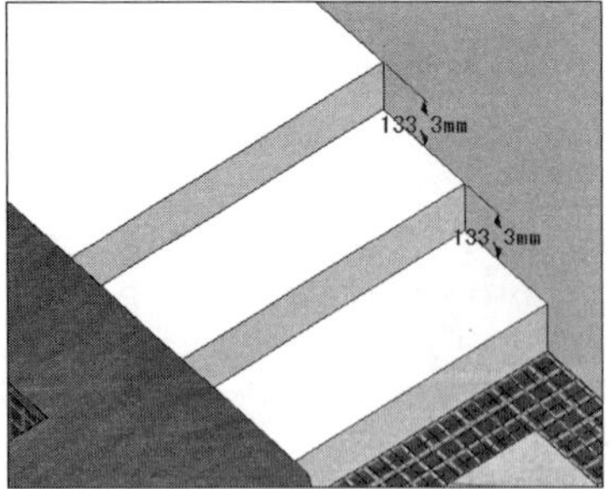

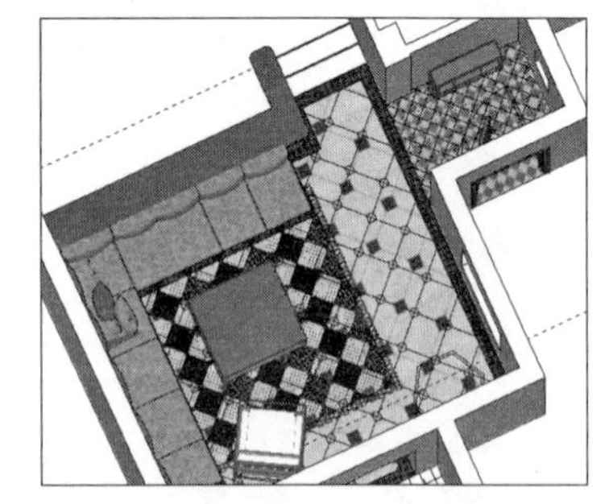

图 11-74 分割台阶　　图 11-75 推拉台阶细节效果　　图 11-76 合并常用家具

步骤 08 启用【矩形】工具，参考底图绘制出地毯平面，然后进入【材料】面板，赋予布纹材质，如图 11-77 与图 11-78 所示。

步骤 09 通过类似方法，制作客厅后方的休闲厅相关模型细节，如图 11-79 所示。

图 11-77　绘制地毯平面

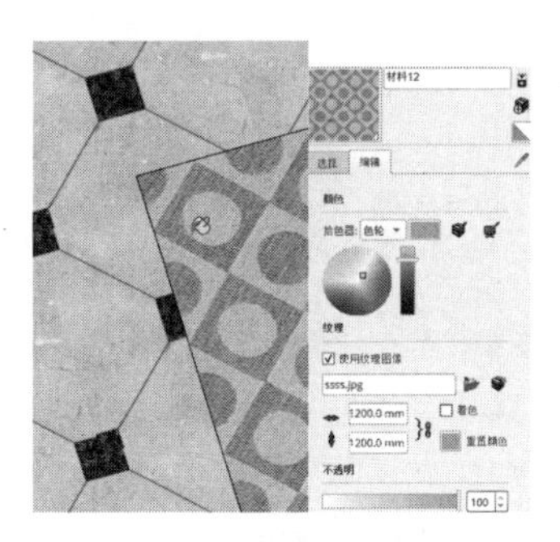
图 11-78　赋予地毯布纹材质

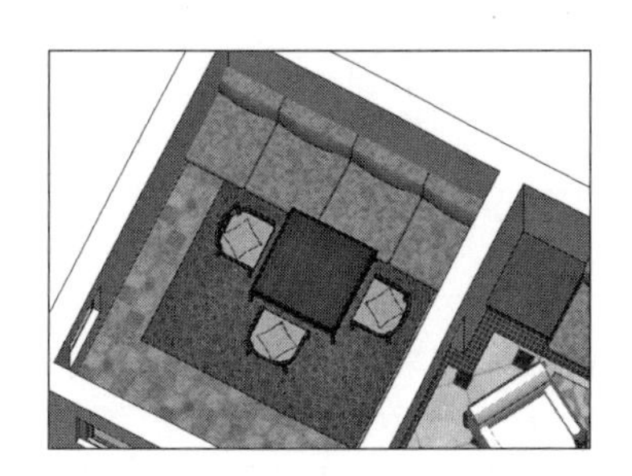
图 11-79　制作休闲厅效果

2. 细化餐厅

步骤 01 结合使用【推 / 拉】以及【偏移】工具，制作出酒柜细节效果，如图 11-80～图 11-82 所示。

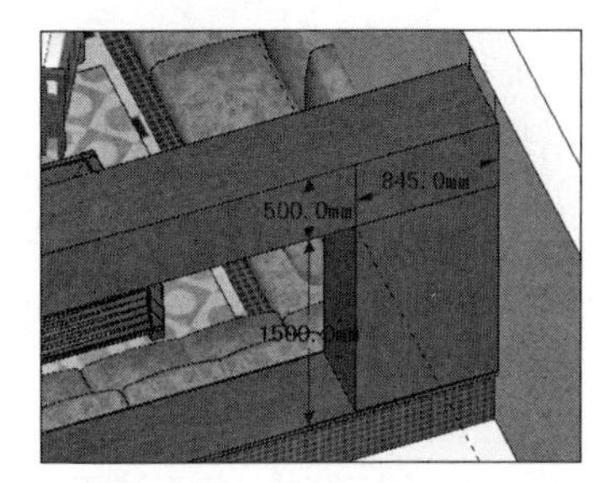

图 11-80　初步分割酒柜

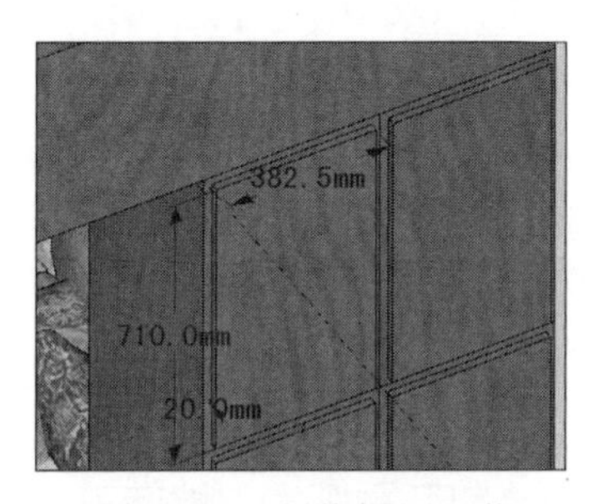

图 11-81　制作柜门细节

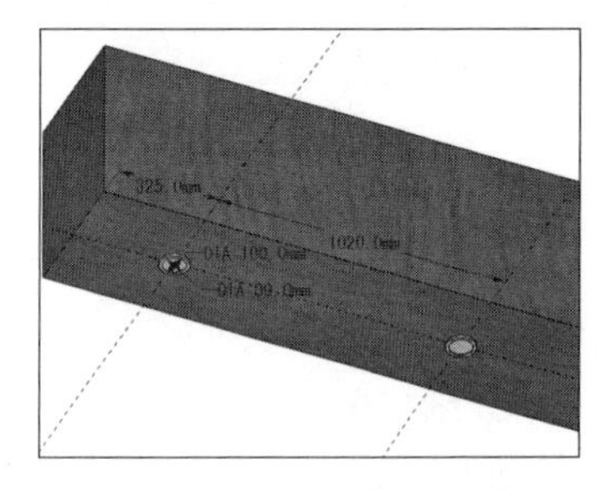
图 11-82　制作筒灯细节

步骤 02 调整底图高度，结合【直线】以及【偏移】工具，分割出餐厅地面细节并赋予对应材质，如图 11-83～图 11-85 所示。

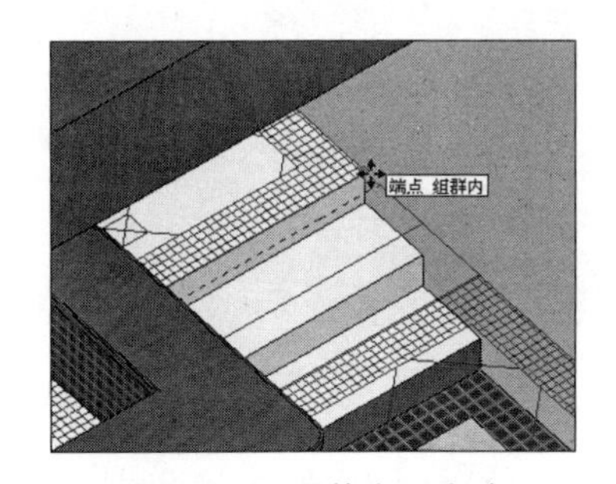

图 11-83　调整底图高度

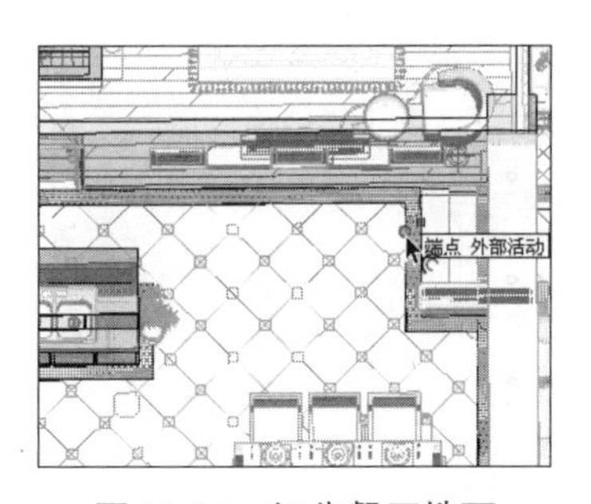

图 11-84　细分餐厅地面

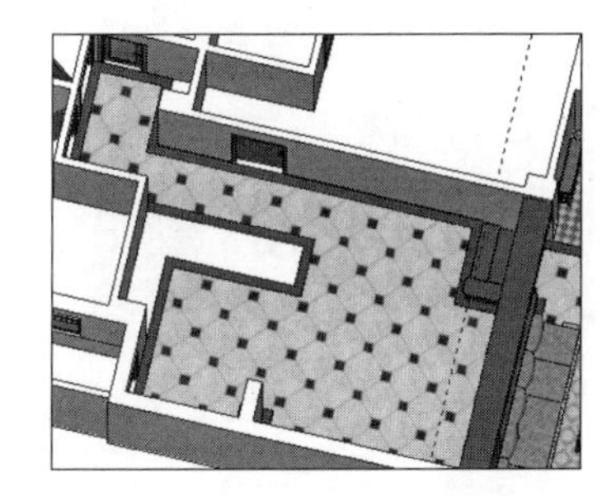
图 11-85　赋予地面对应材质

步骤 03 结合【推 / 拉】以及【偏移】工具，制作出厨柜底部平台效果，然后赋予黑色木纹材质，如图 11-86～图 11-88 所示。

步骤 04 使用类似的方法制作上方的吊柜模型，然后为吊柜与厨房空间墙壁赋予对应材质，如图 11-89 与图 11-90 所示。

步骤 05 打开【组件】面板，合并入洗菜盆、炉灶以及抽油烟机模型组件，完成厨房操作平台效果，如图 11-91 所示。

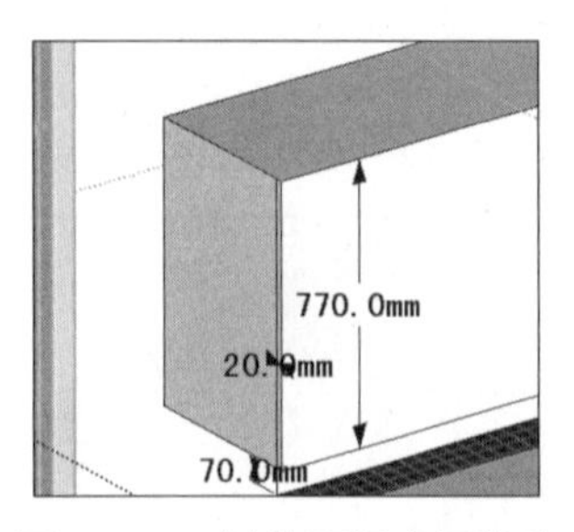

图 11-86　制作厨柜底层轮廓

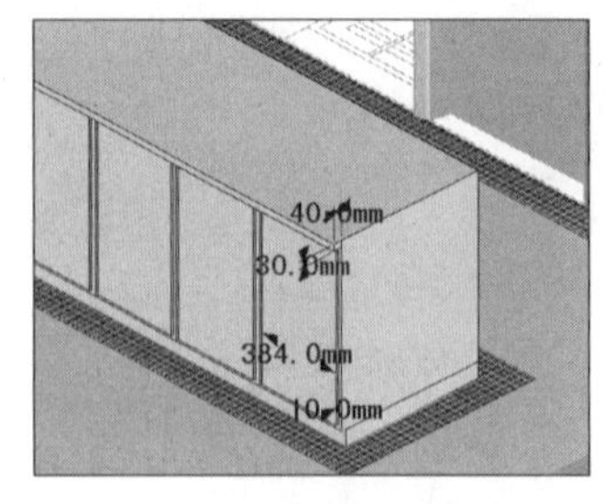
图 11-87　分割厨柜底部细节

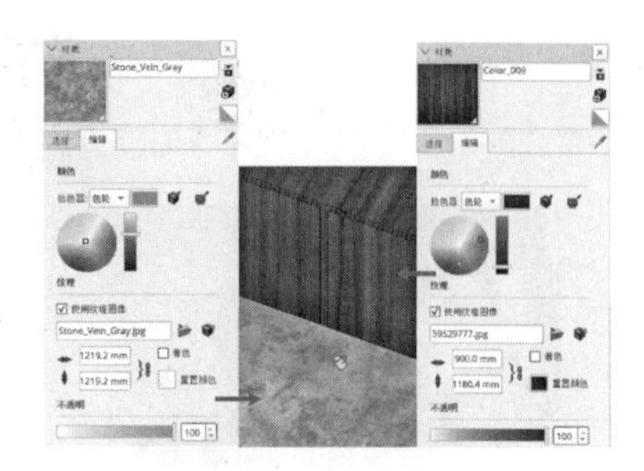
图 11-88　赋予厨柜材质

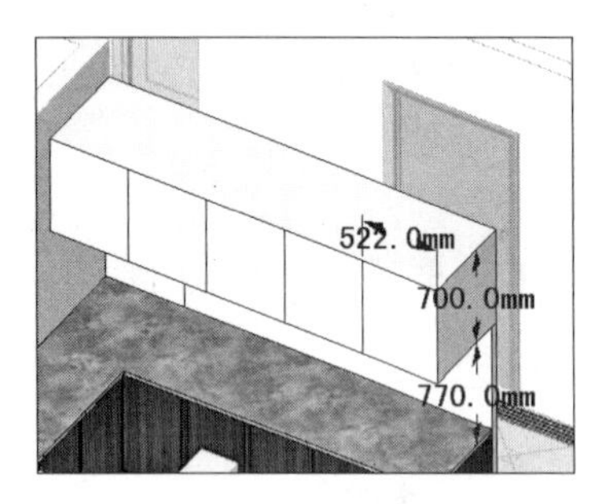

图 11-89　制作吊柜

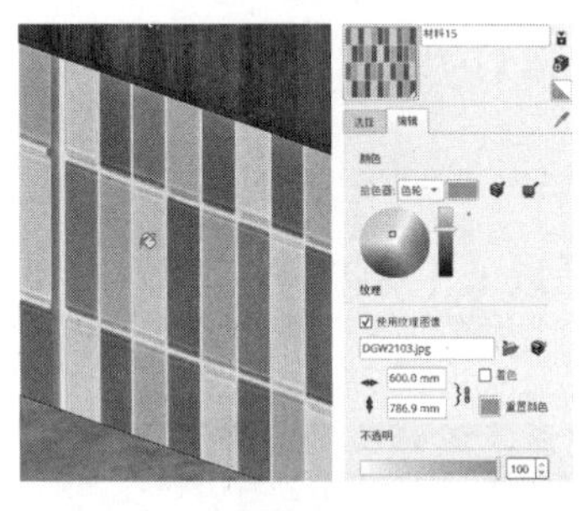
图 11-90　赋予墙面以及吊柜材质

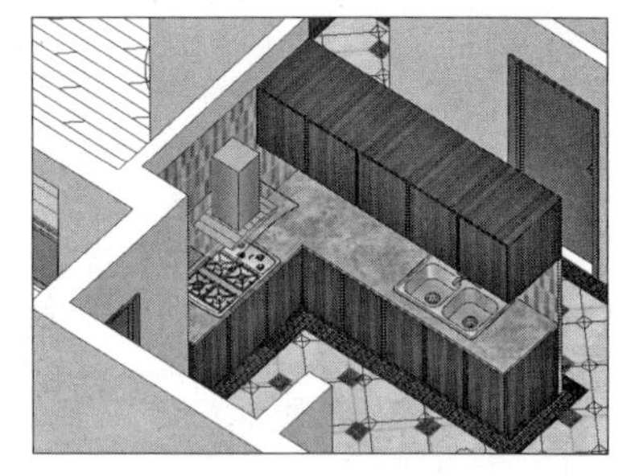
图 11-91　合并炊具等模型

步骤 06 打开【组件】面板，合并入餐桌以及冰箱模型，完成厨房空间的布置，如图 11-92 所示。

3. 细化主卧室

步骤 01 启用【直线】工具，分割开主卧室与配套卫生间地板，然后打开【材料】面板，赋予木纹材质，如图 11-93 与图 11-94 所示。

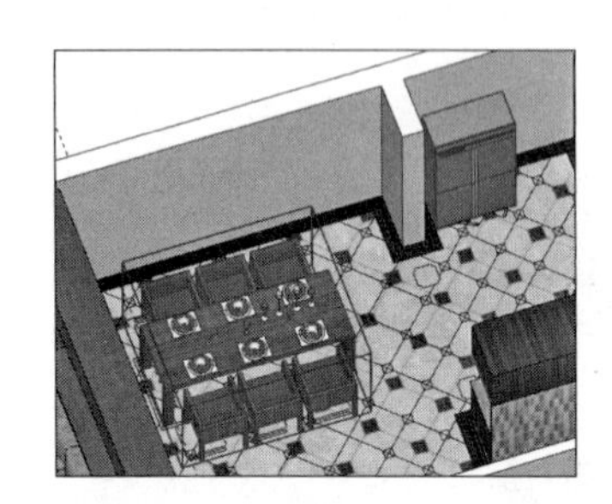
图 11-92　合并餐桌与冰箱

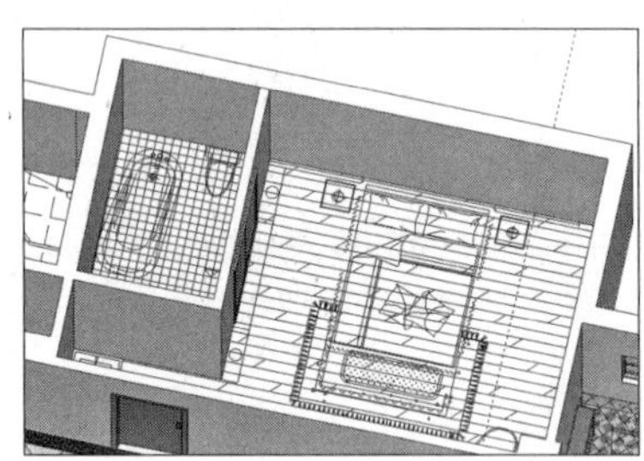
图 11-93　分割主卧室地面

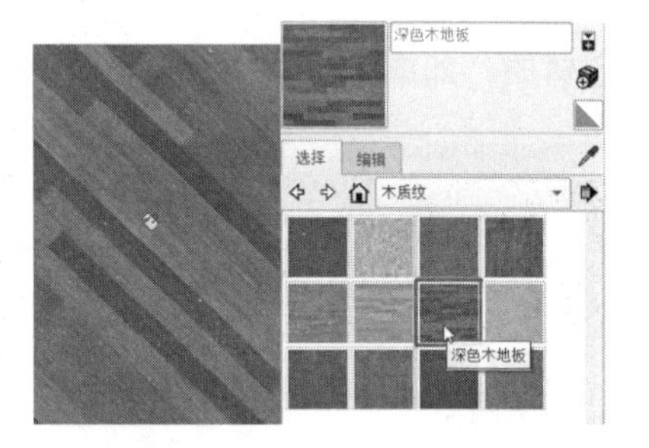

图 11-94　赋予地板木纹

步骤 02 打开【组件】面板，合并入床体、电视以及衣柜模型，如图 11-95 与图 11-96 所示。

步骤 03 打开【材料】面板，赋予卫生间地板防滑地砖，然后分割出门口波打线并赋予黑色石材，如图 11-97 与图 11-98 所示。

步骤 04 打开【组件】面板，合并入浴缸、座便器以及洗手盆等模型，完成主卧室与配套卫生间效果的制作，如图 11-99 与图 11-100 所示。

4. 细化其他空间

制作好客厅、厨房以及主卧室后，通过类似的方法完成次卧室，次卫、书房以及阳台空间的效果，如图 11-101 ~ 图 11-104 所示。

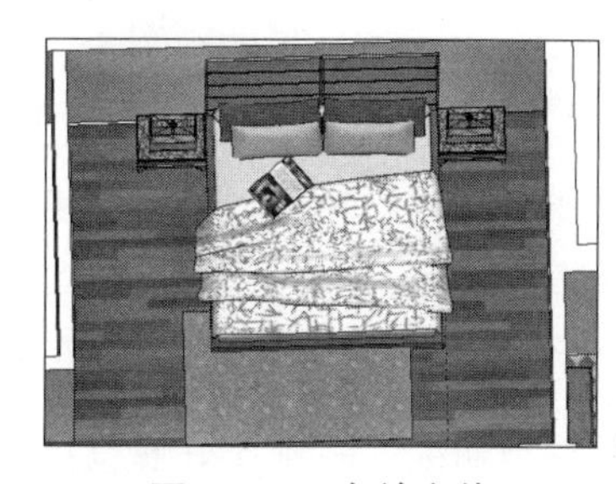

图 11-95　合并床体

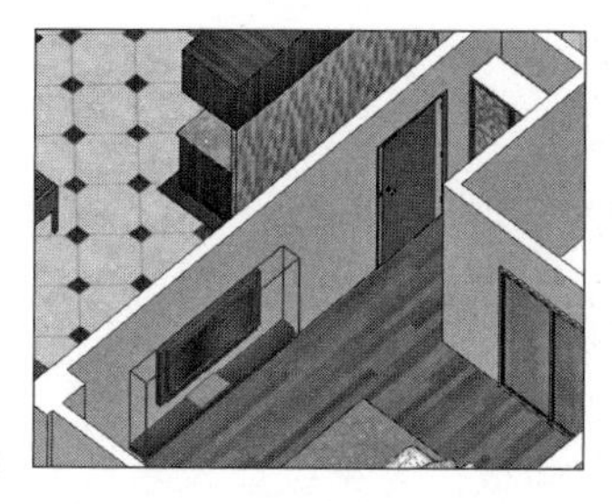

图 11-96　合并电视与衣柜

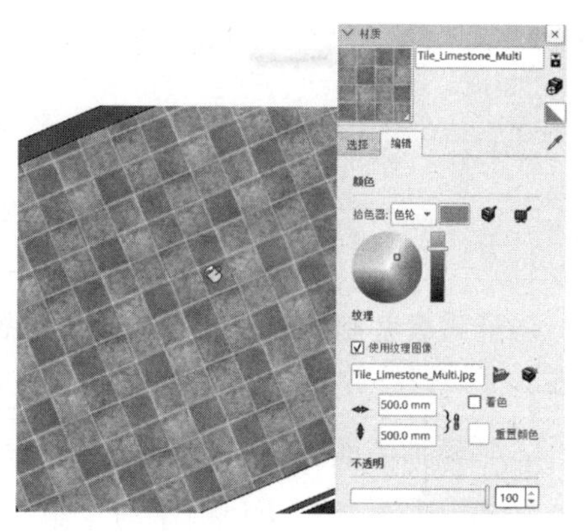

图 11-97　赋予卫生间防滑地砖

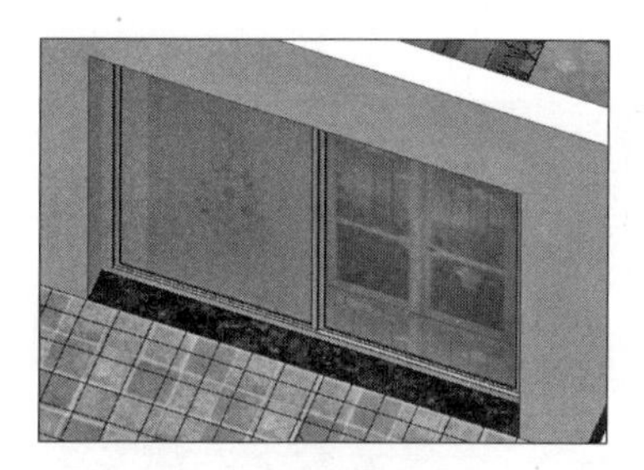

图 11-98　制作波打线分隔细节

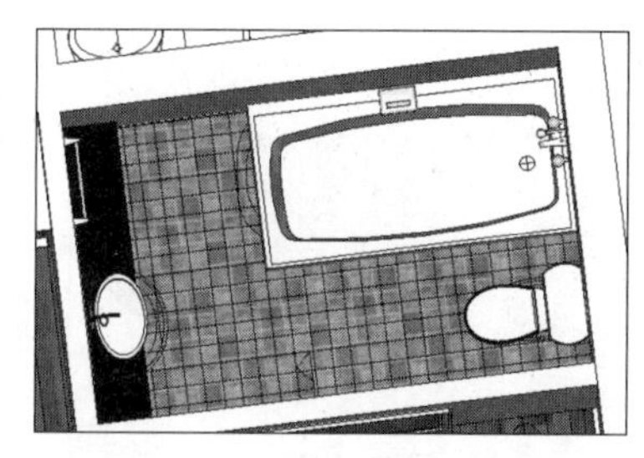

图 11-99　合并卫浴相关模型

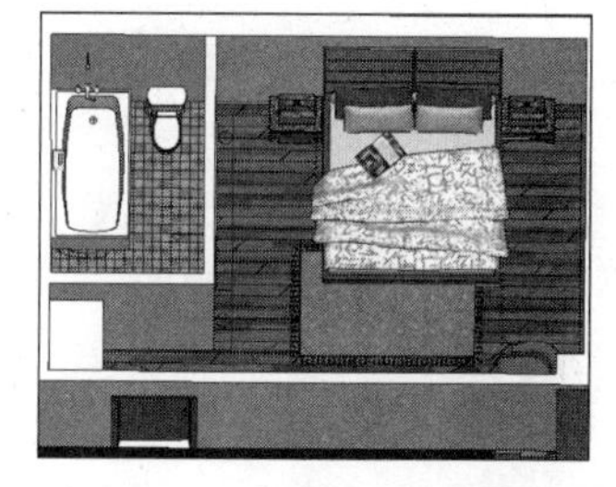

图 11-100　主卧室及主卫完成效果

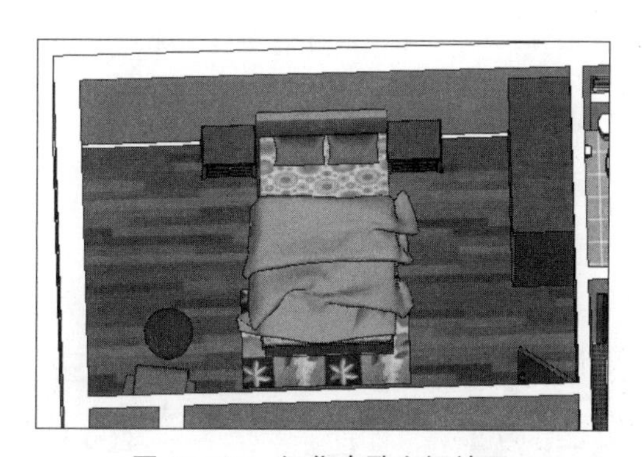

图 11-101　细化次卧空间效果

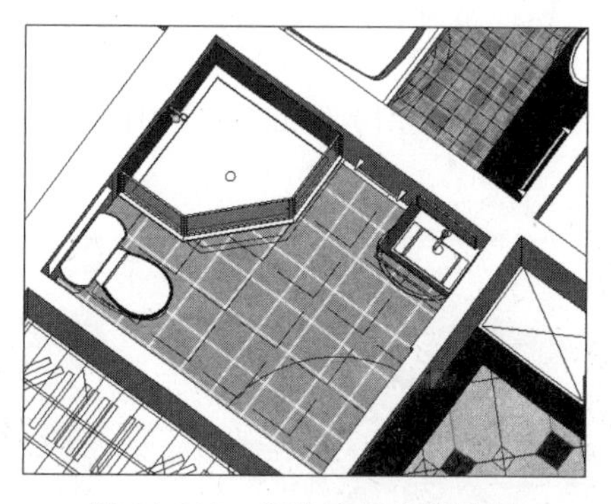

图 11-102　细化次卫生间效果

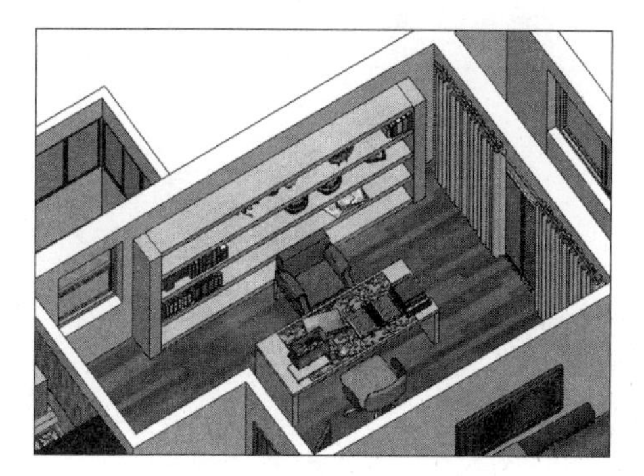

图 11-103　细化书房效果

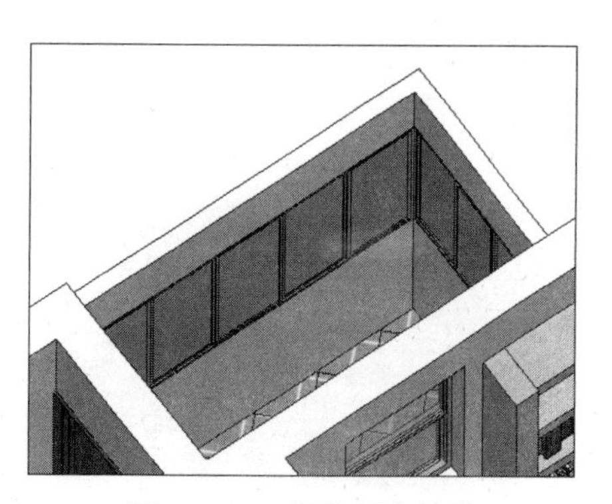

图 11-104　细化阳台效果

158 完成最终细节

文件路径：无	视频文件：视频 \ 第 11 章 \158.MP4

通过模型制作以及合并，体现出各个空间的功能后，接下来制作装饰细节、阴影以及文字标注，完成最终效果。

1. 添加墙面装饰

步骤 01 通过【材料】与【组件】面板，为玄关以及客厅墙面赋予墙纸，并制作好墙壁挂画等细节，如图 11-105 ~ 图 11-107 所示。

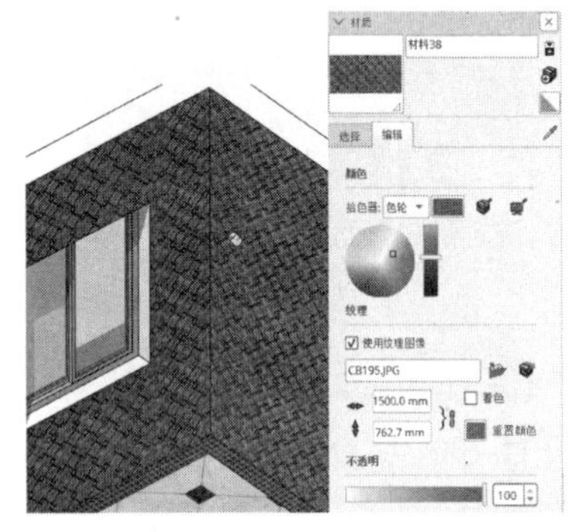

图 11-105　赋予玄关墙面墙纸

图 11-106　合并花瓶与装饰画

图 11-107　客厅处理完成效果

步骤 02 使用类似的方法制作出餐厅、卧室等空间的装饰细节效果，如图 11-108 ~ 图 11-112 所示。

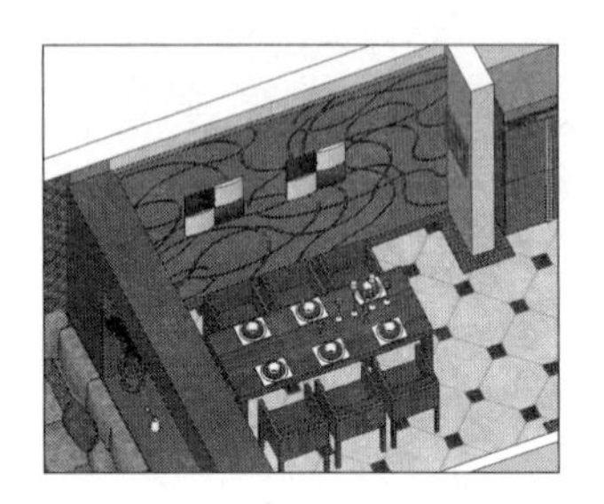

图 11-108　餐厅处理完成效果

图 11-109　橱柜及过道细节效果

图 11-110　主卧室处理完成效果

图 11-111　书房及次卧处理完成效果

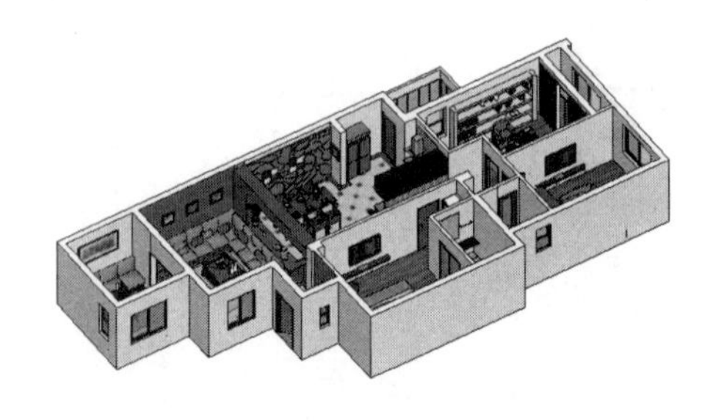

图 11-112　装饰细节整体完成效果

2. 制作标注

步骤 01 执行【视图】/【显示模式】/【单色显示】菜单命令，将模型简化显示，然后通过【阴影】工具栏制作好阴影细节效果，如图 11-113 与图 11-114 所示。

步骤 02 将当前制作好效果保存为【场景】，如图 11-115 所示，以便于以后效果的观察。

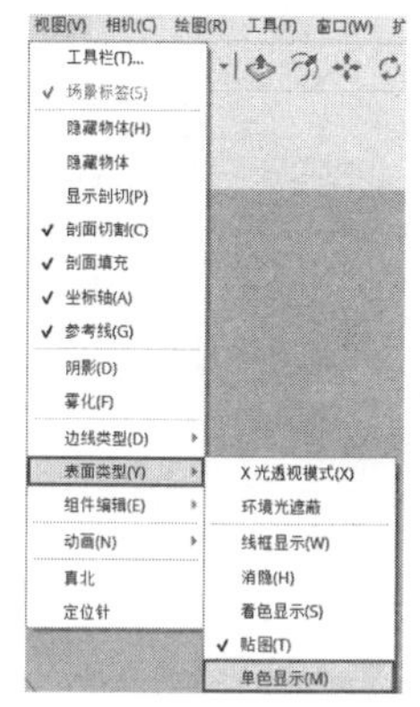

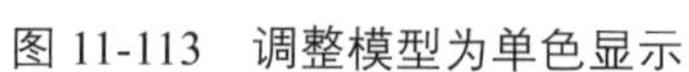

图 11-113　调整模型为单色显示

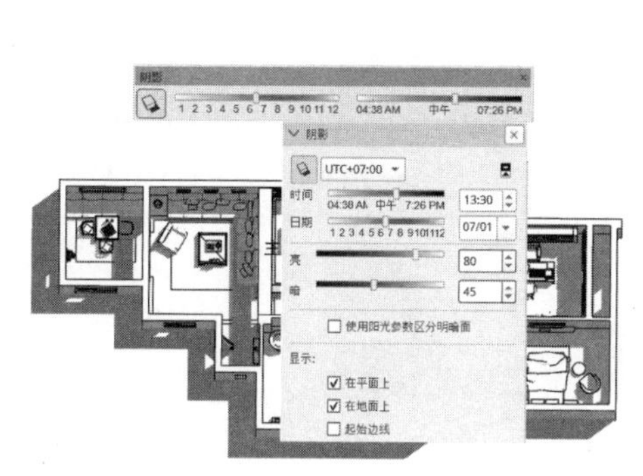

图 11-114　调整阴影效果

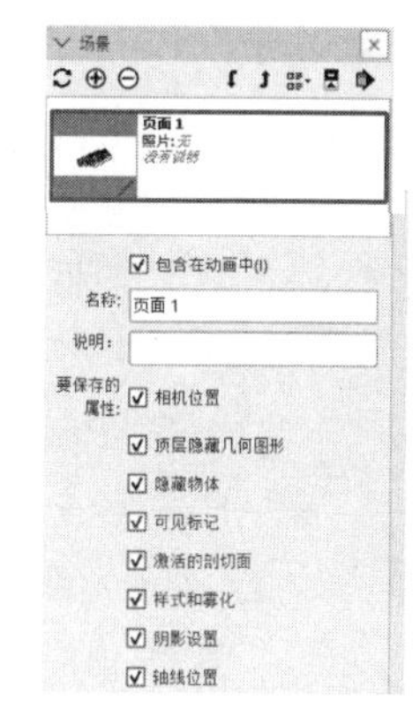

图 11-115　保存为【场景】

3. 制作标识

步骤 01 单击【文字】工具按钮，在主卧室空间单击拖出引线，调整其名称为“主卧室”即可，如图 11-116 与图 11-117 所示。

步骤 02 通过相同的方法制作好其他空间的标识，如图 11-118 所示。

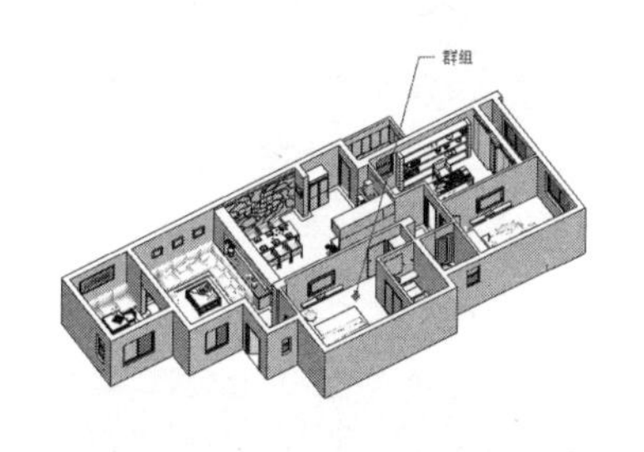

图 11-116　拖移出文字引线

图 11-117　调整文字内容

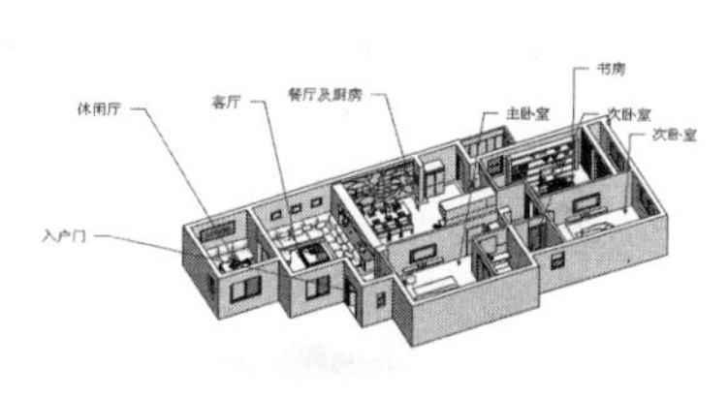

图 11-118　默认标注完成效果

步骤 03 进入【选择字体】面板，调整好标注字体与大小，然后进行全部更新，完成最终效果，如图 11-119 与图 11-120 所示。

图 11-119　调整标注文字

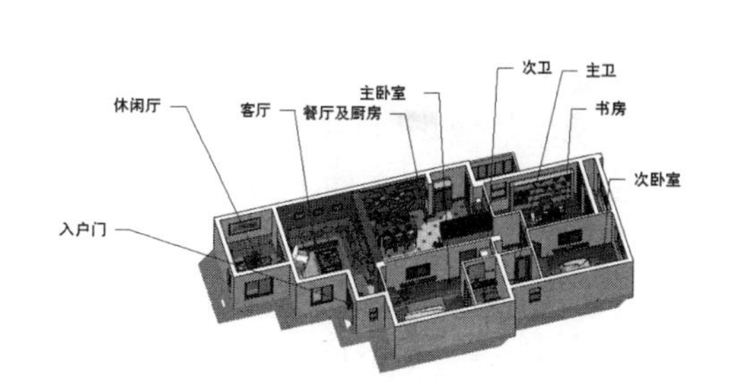

图 11-120　最终完成效果

11.2 室内空间方案细化

本节学习室内空间细化方案制作的方法，区别于户型图对功能区域的大致区分，空间细化方案将制作出详细的立面方案效果，大致制作过程如图 11-121 ~ 图 11-124 所示。

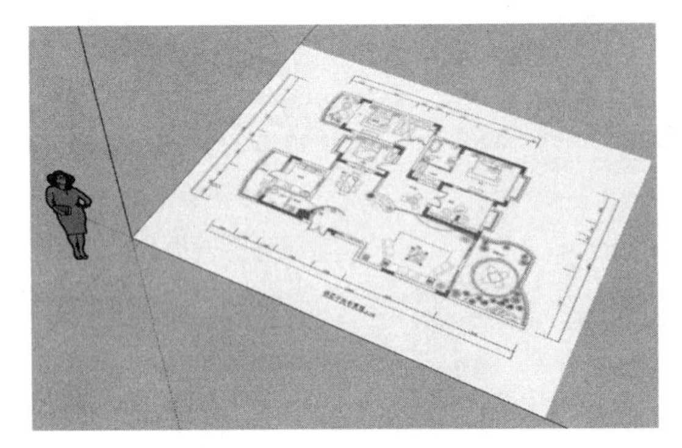

图 11-121 导入方案底图

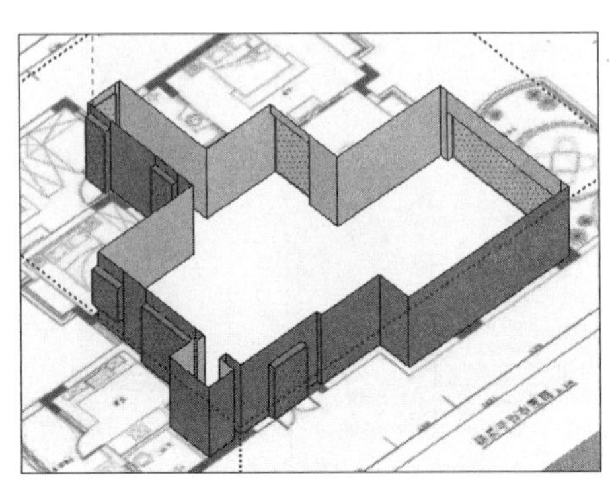

图 11-122 建立空间轮廓

图 11-123 细化空间效果

图 11-124 完成效果

159 导入方案底图

文件路径：配套资源\第 11 章\159	视频文件：无

在 11.1 节中，通过 AutoCAD 图纸建立了户型图模型，在本节中将导入方案图纸的 JPG 文件进行参考。

步骤 01 打开 SketchUp，执行【窗口】/【模型信息】命令，在【单位】选项卡内设置场景单位为“毫米”，如图 11-125 所示。

步骤 02 执行【文件】/【导入】菜单命令，在【导入】面板中选择“平面布置图纸 .jpg”文件，如图 11-126 与图 11-127 所示。

步骤 03 放置好图纸文件后，启用【卷尺】对卧室门进行测量，然后输入 900 并按 Enter 键重置图纸大小，如图 11-128 ~ 图 11-130 所示。

步骤 04 导入并调整图纸后，接下来将建立客厅与餐厅区域的细节模型，如图 11-131 所示。

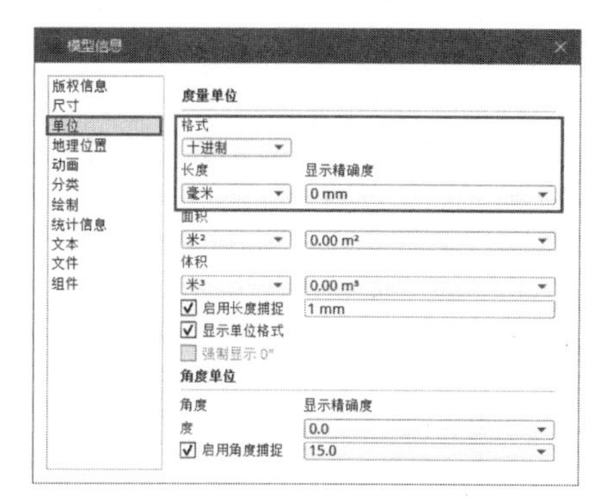

图 11-125　设置场景单位

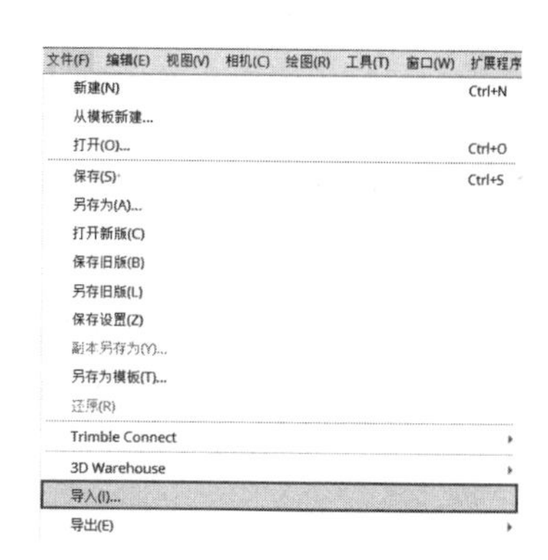

图 11-126　执行【文件】/【导入】命令

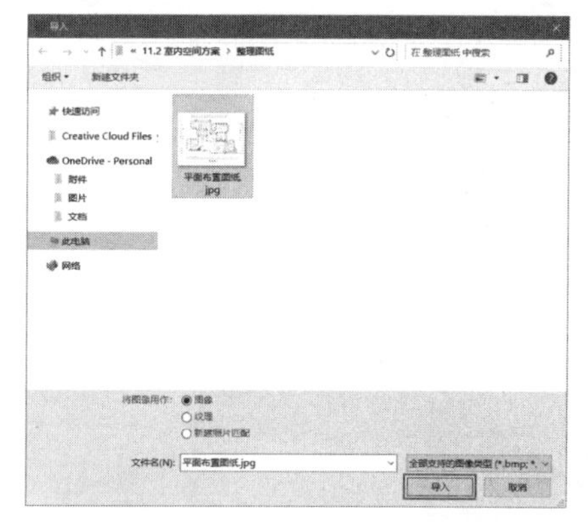

图 11-127　导入平面布置图片

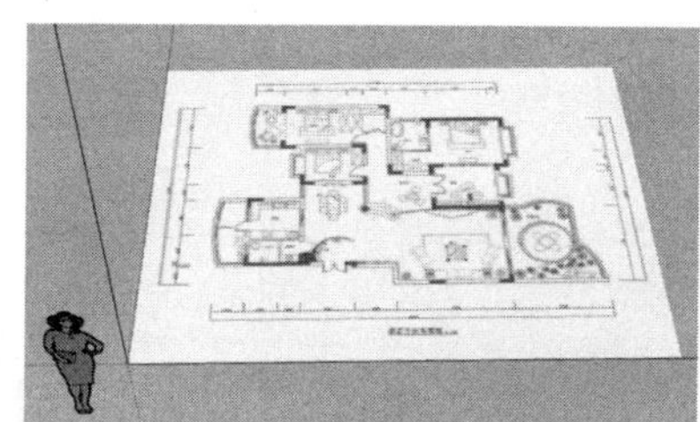

图 11-128　放置底图

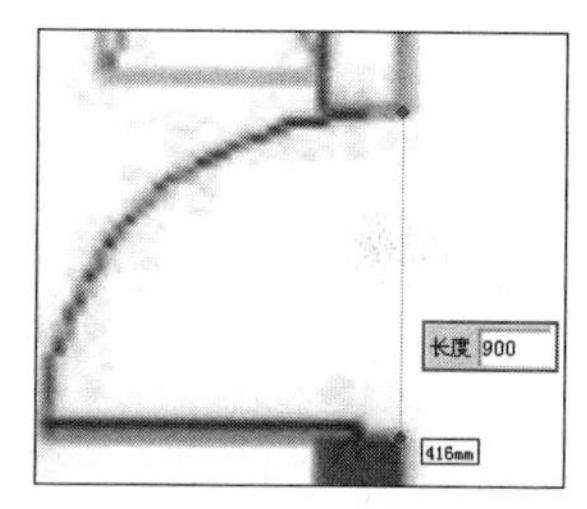

图 11-129　测量并调整卧室门宽度

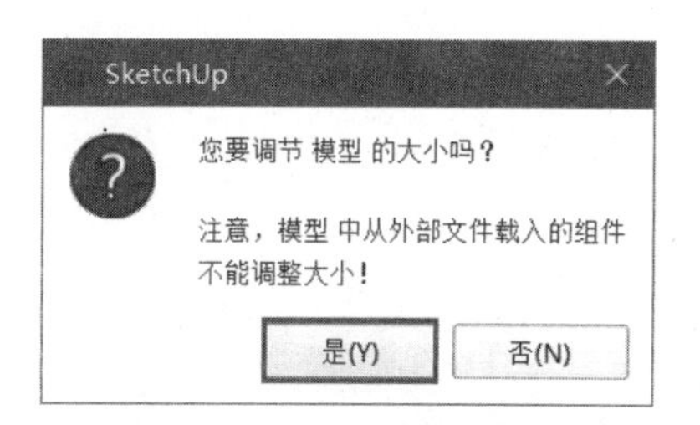

图 11-130　确认重置大小

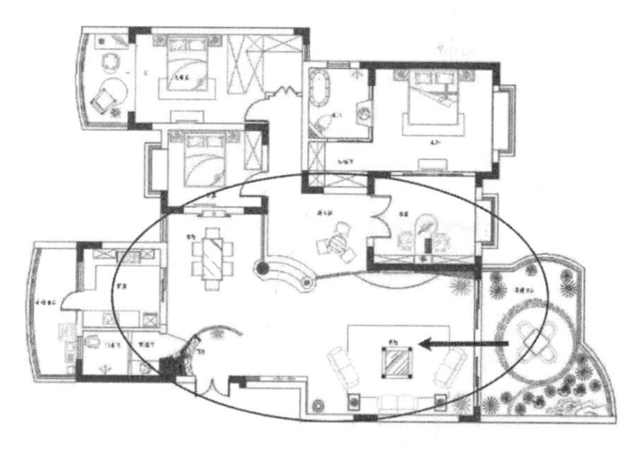

图 11-131　空间细化区域与观察方向

160 建立空间轮廓

文件路径：无	视频文件：无

放置并调整好平面参考图纸大小后，接下来将利用其制作细化空间的轮廓，在制作过程中注意预留门窗线以及辅助平面的使用。

步骤01 结合使用【直线】与【推/拉】工具，制作出对应空间的外部轮廓，然后将顶面单独创建为组，如图 11-132～图 11-134 所示。

步骤02 隐藏屋顶后，全选墙面与地板进行反转，然后创建一个参考平面，通过 11.1 节中类似的方法，制作好门洞与窗洞，如图 11-135～图 11-137 所示。

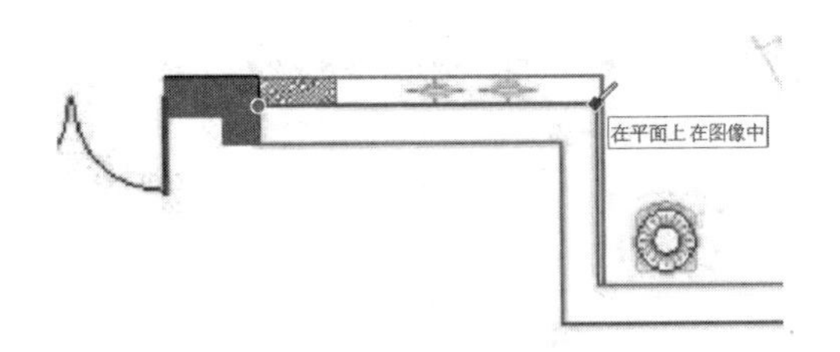

图 11-132 捕捉内侧墙线

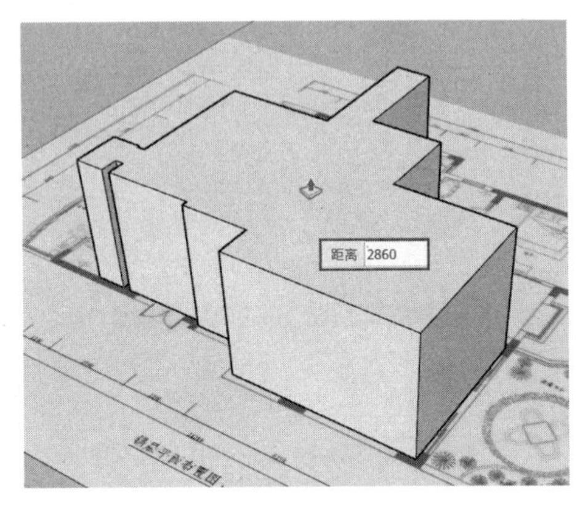

图 11-133 推拉一层空间高度

图 11-134 将屋顶单独创建为组

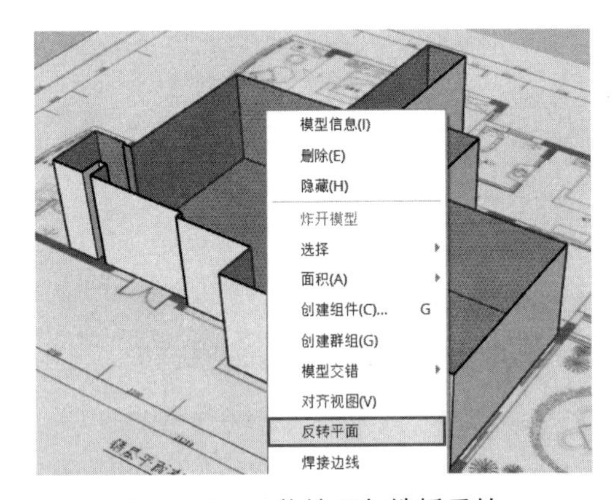

图 11-135 将墙面与地板反转

图 11-136 创建参考平面

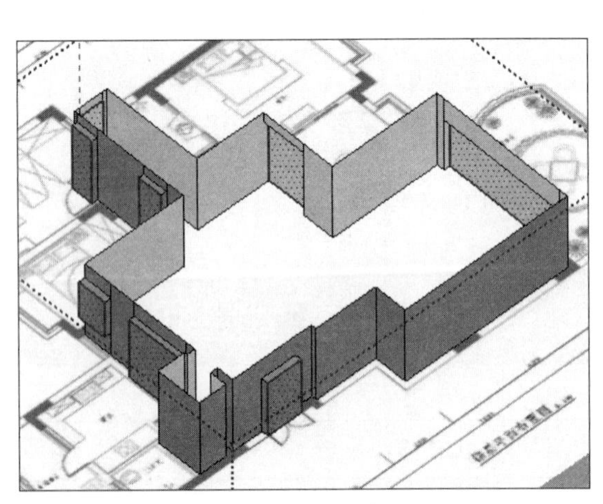

图 11-137 制作好窗洞与门洞

161 细化室内空间

文件路径：无	视频文件：无

制作好空间轮廓后，接下来逐个制作空间的立面细节，并合并对应的家具配饰，在制作的过程中要注意把握细化的顺序，并根据表现的角度适当删减模型细节，以提高工作效率。

1. 细化玄关

步骤 01 调整视图至入户门处，通过【组件】面板调入子母门模型，并调整好大小，如图 11-138 ~ 图 11-140 所示。

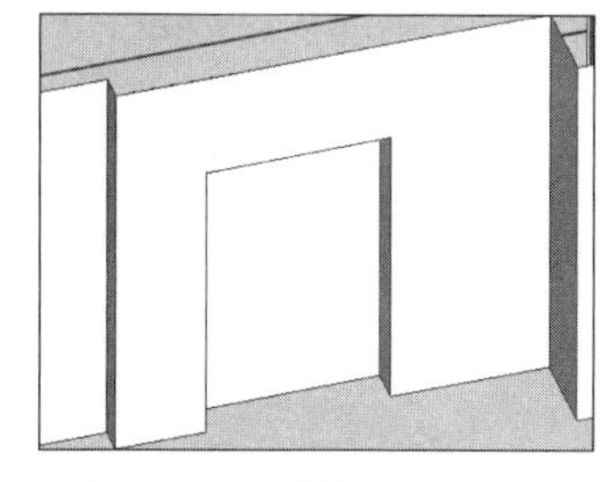

图 11-138　调整视角至门洞

图 11-139　合并子母门组件

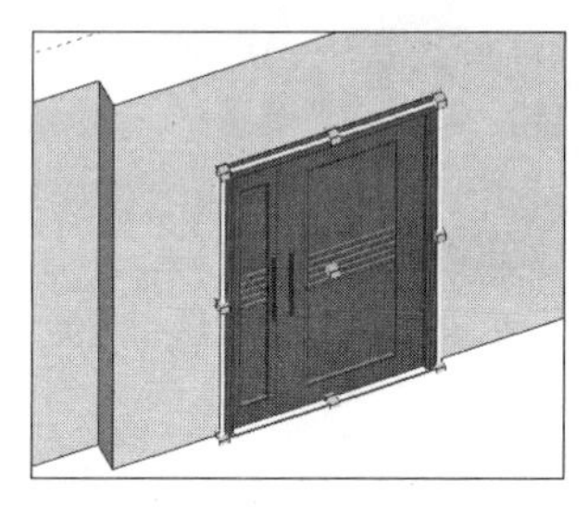

图 11-140　放置子母门组件

步骤 02 参考图纸，结合使用【圆弧】、【直线】以及【推 / 拉】工具制作好鞋柜轮廓，如图 11-141 与图 11-142 所示。

步骤 03 使用【超级推拉】插件工具制作出鞋柜底部弧形空洞，如图 11-143 所示。

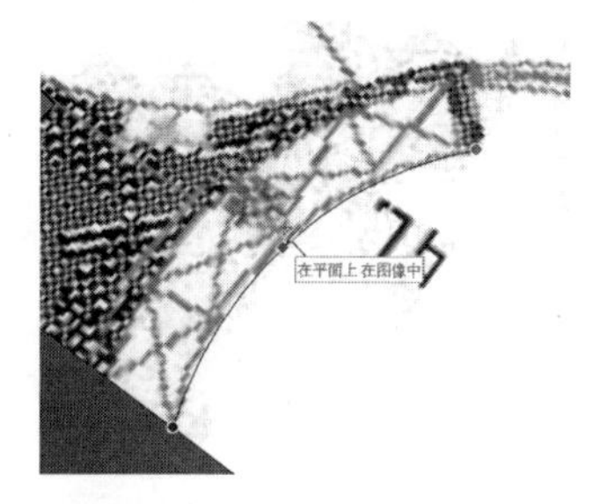

图 11-141　参考图纸绘制弧形

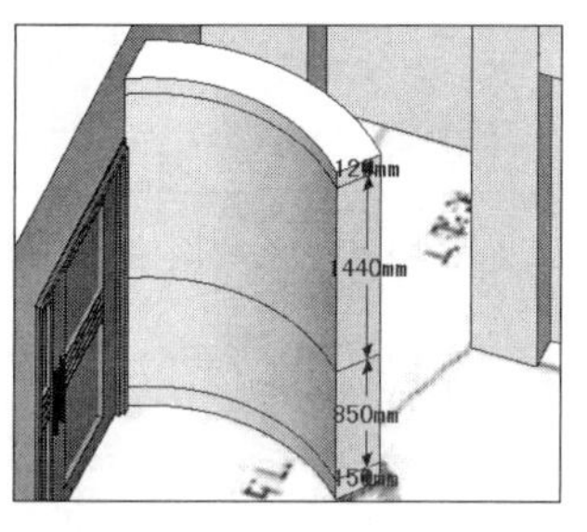

图 11-142　制作鞋柜轮廓

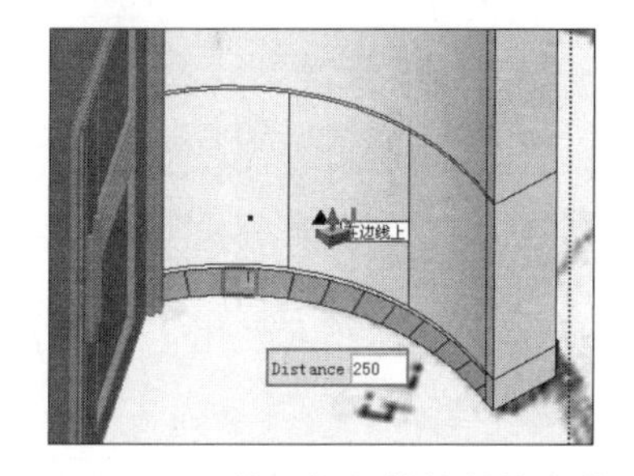

图 11-143　使用超级推拉制作细节

步骤 04 结合使用【曲面分割】与【超级推拉】插件工具，制作出鞋柜细节，如图 11-144 ~ 图 11-146 所示。

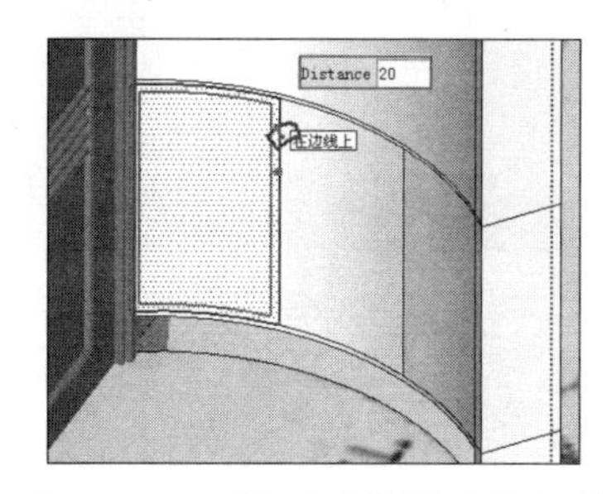

图 11-144　曲面分割制作柜门细节

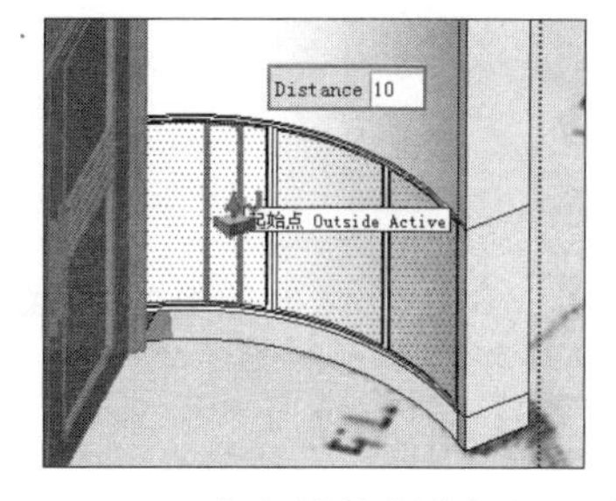

图 11-145　超级推拉制作柜门厚度

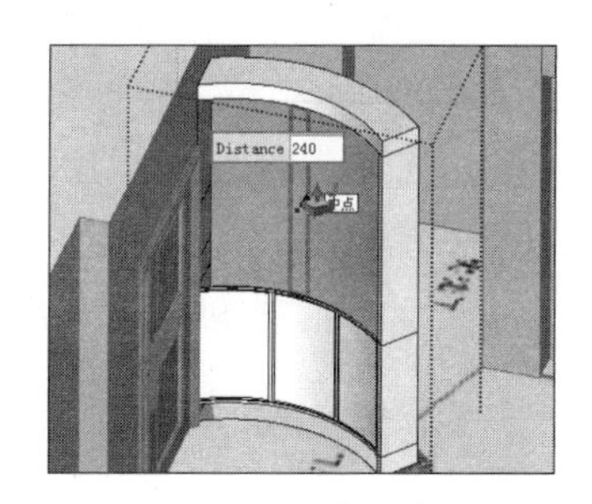

图 11-146　制作上方细节

步骤05 鞋柜模型制作完成后，打开【材料】面板，赋予“原色樱桃木质纹”材质，如图 11-147 所示。

步骤06 通过类似的方法，制作后方的装饰墙细节模型，如图 11-148 ~ 图 11-150 所示。

2. 细化客厅

步骤01 结合使用【卷尺】、【直线】以及【推 / 拉】工具，制作外侧的斜墙造型，如图 11-151 与图 11-152 所示。

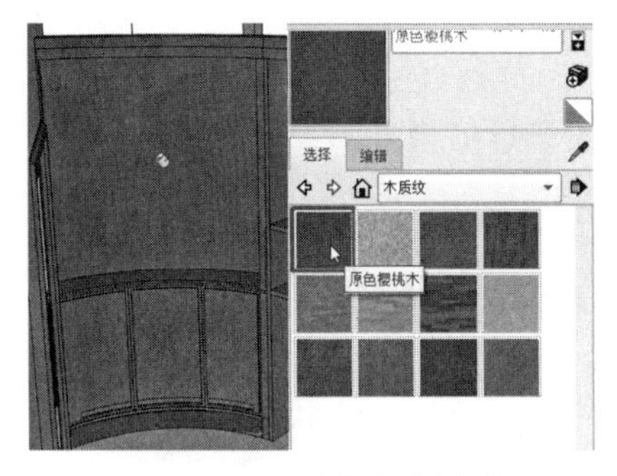

图 11-147　赋予木纹材质

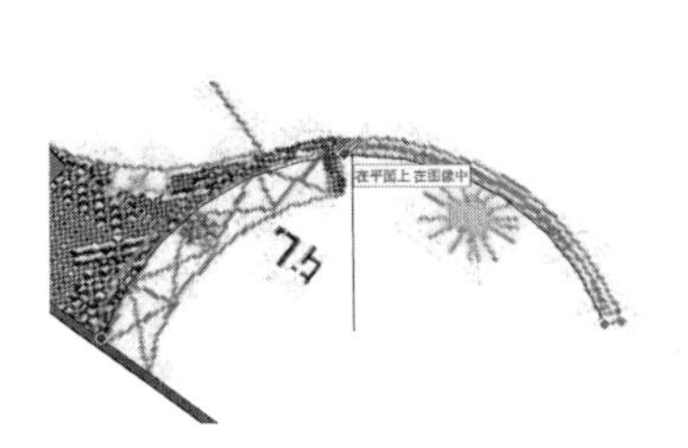
图 11-148　绘制装饰墙弧线

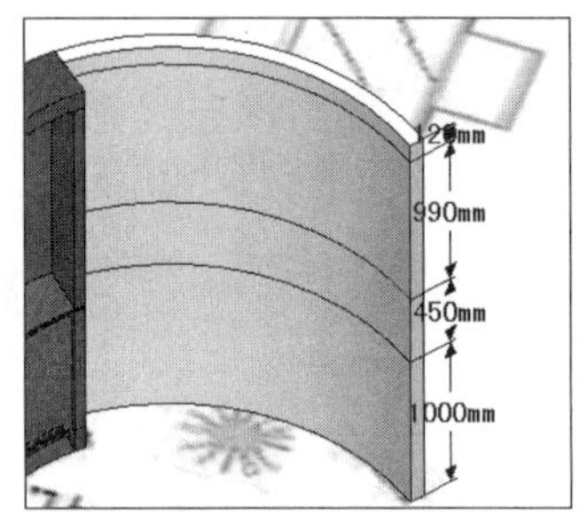

图 11-149　弧形装饰墙轮廓

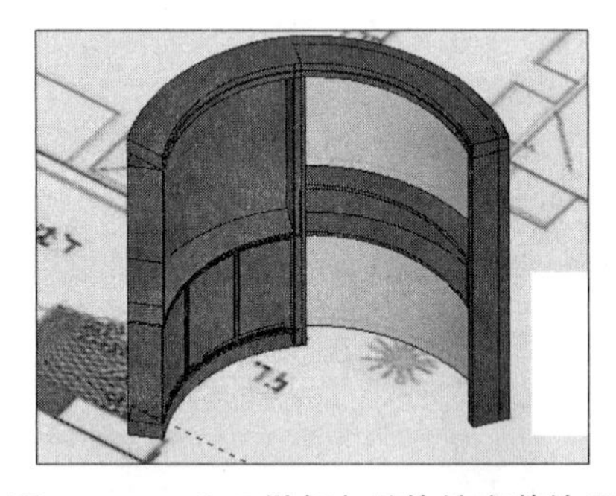
图 11-150　入口鞋柜与装饰墙完整效果

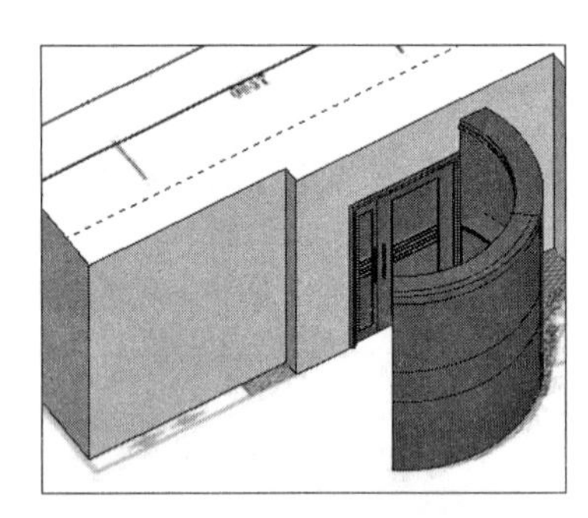
图 11-151　墙面当前效果

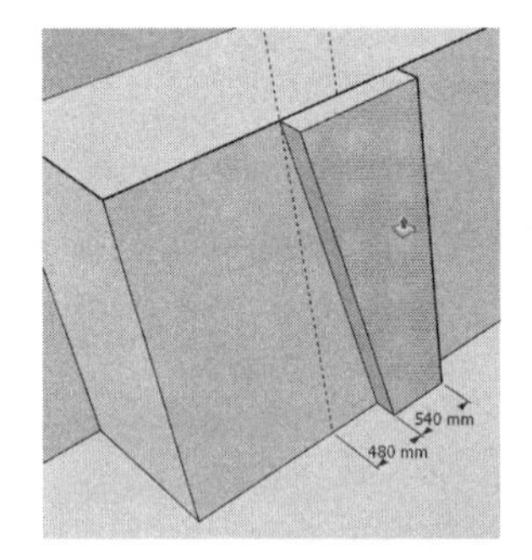

图 11-152　分割并推拉出斜面

步骤02 结合使用【卷尺】、【直线】以及【推 / 拉】工具，制作展示柜轮廓，如图 11-153 ~ 图 11-155 所示。

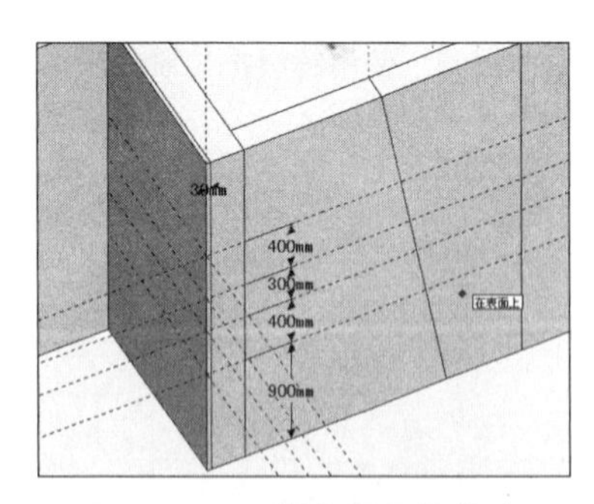

图 11-153　制作展示柜轮廓

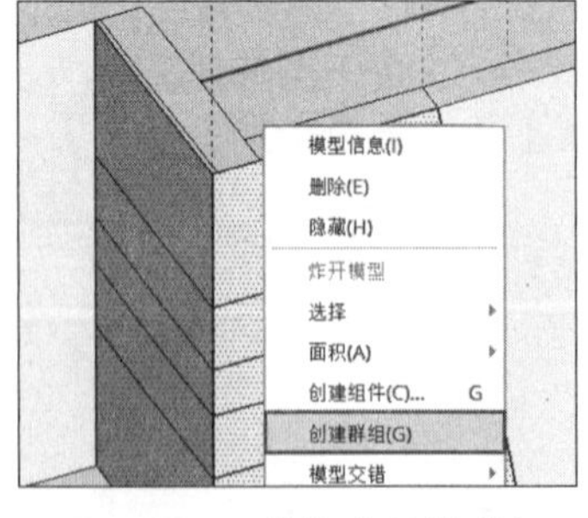

图 11-154　将轮廓单独成组

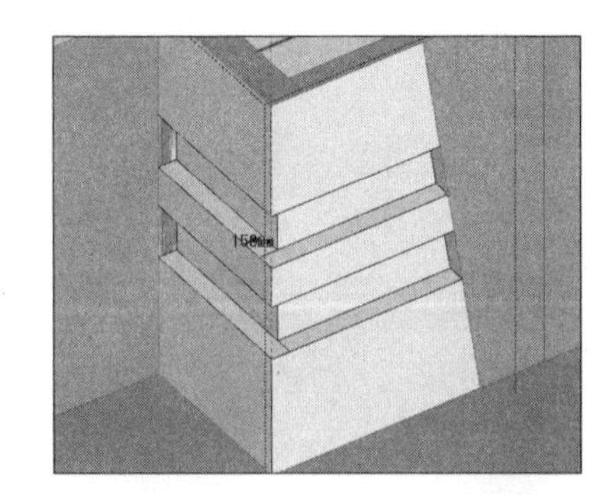
图 11-155　制作中部细节

步骤03 结合使用【偏移】与【推 / 拉】工具，制作出 30mm 厚的玻璃效果，如图 11-156 与图 11-157 所示。

步骤04 结合使用【圆】、【偏移】以及【推 / 拉】工具，制作出筒灯模型，然后复制得到其他位置的筒灯，如图 11-158 与图 11-159 所示。

步骤05 展示柜制作完成后，打开【材料】面板，为沙发背景墙赋予白色花纹墙纸，如图 11-160 与图 11-161 所示。

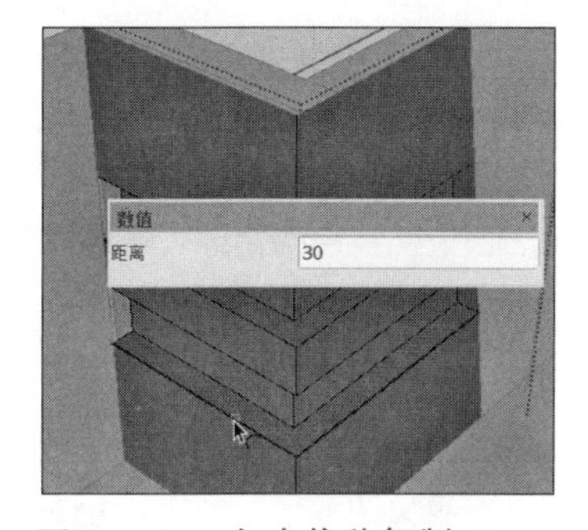

图 11-156　向内偏移复制 30mm

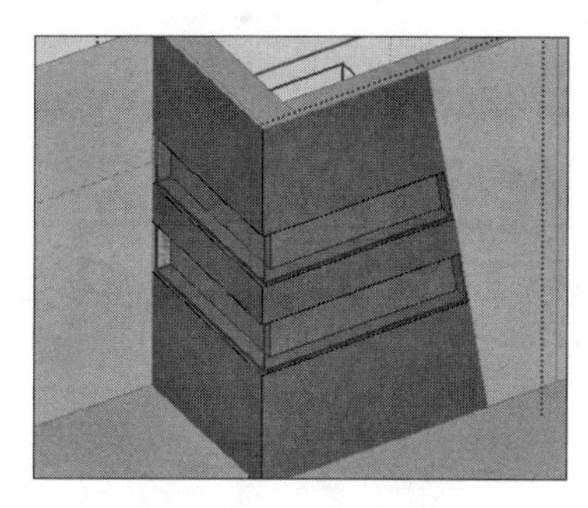

图 11-157　制作玻璃

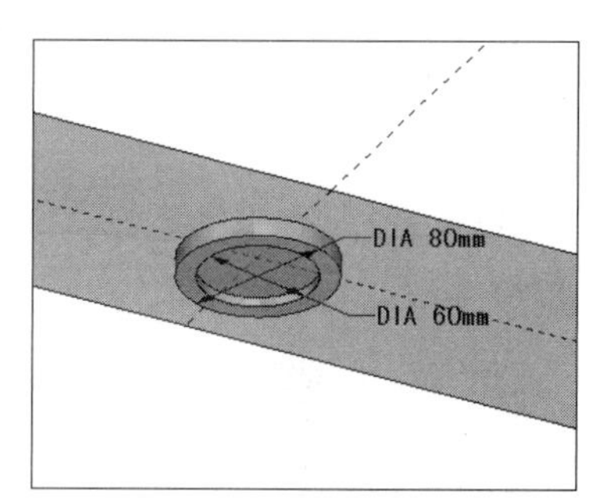

图 11-158　制作筒灯

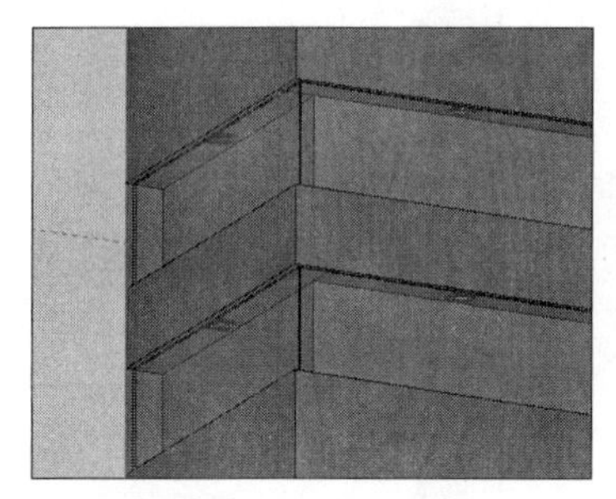

图 11-159　复制筒灯

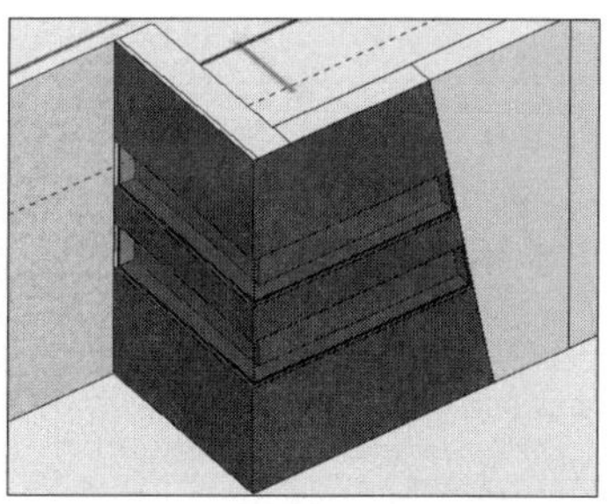

图 11-160　展示柜完成效果

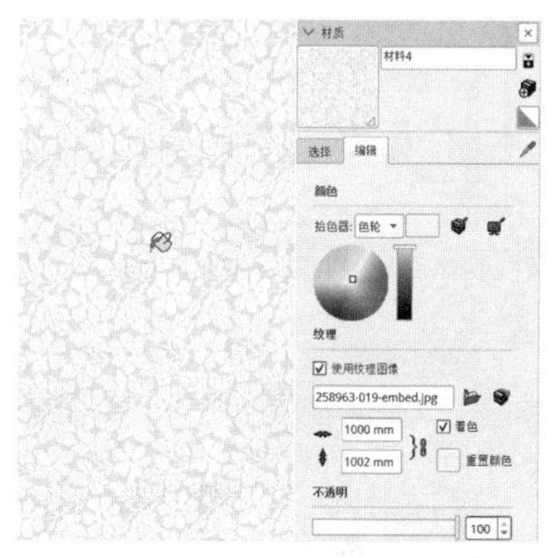

图 11-161　赋予墙面白色花纹墙纸

步骤06 打开【组件】面板，合并入挂画与推拉门模型，并调整好位置与造型大小，如图 11-162 ~ 图 11-164 所示。接下来制作电视背景墙。

图 11-162　打开【组件】面板

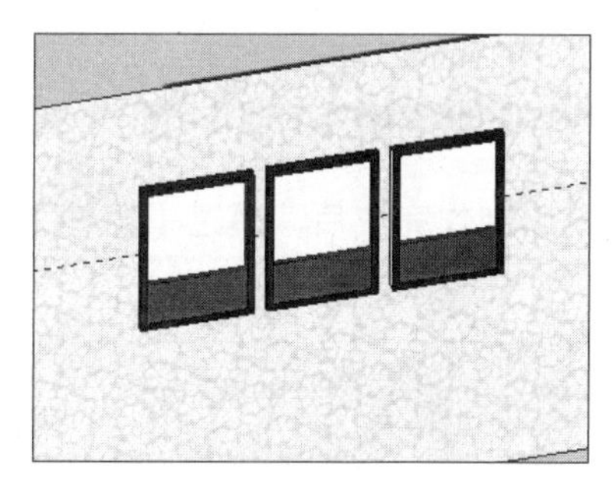

图 11-163　合并挂画

图 11-164　合并推拉门

步骤07 参考图纸，结合使用【圆弧】与【推 / 拉】工具制作背景墙轮廓，如图 11-165 与图 11-166 所示。

步骤08 切换至【X 光透视模式】模式，启用【直线】工具进行初步分割，如图 11-167 所示。

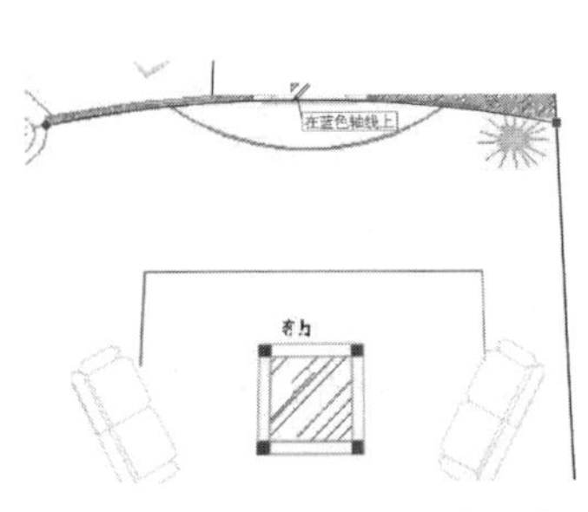

图 11-165　绘制电视墙弧线

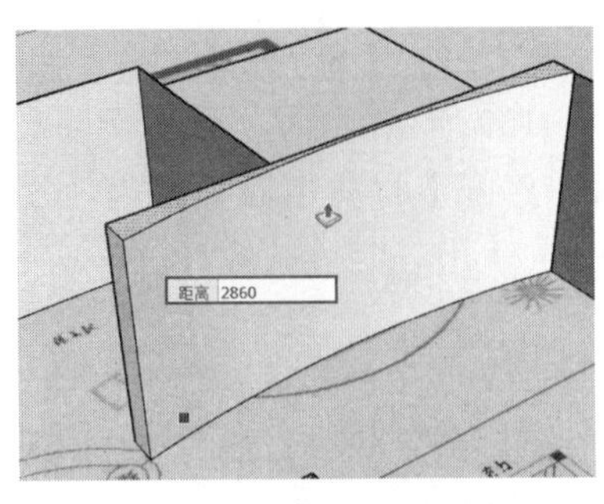

图 11-166　推拉电视墙高度

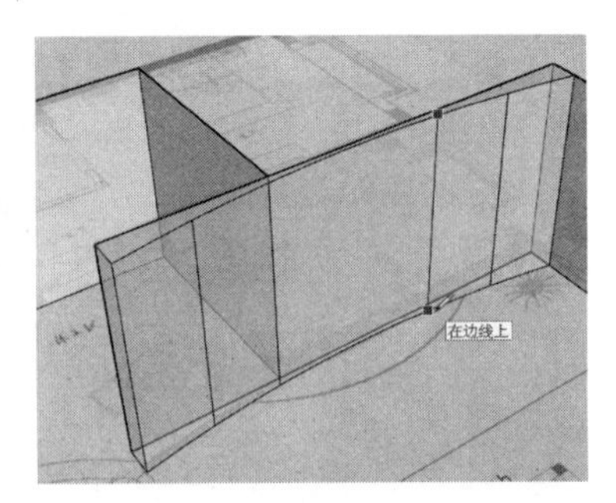

图 11-167　在透明模型下分割墙面

步骤 09 结合使用【曲面分割】与【超级推拉】插件工具，制作出背景墙细节，然后赋予“原色樱桃木质纹”材质，如图 11-168 ~ 图 11-170 所示。

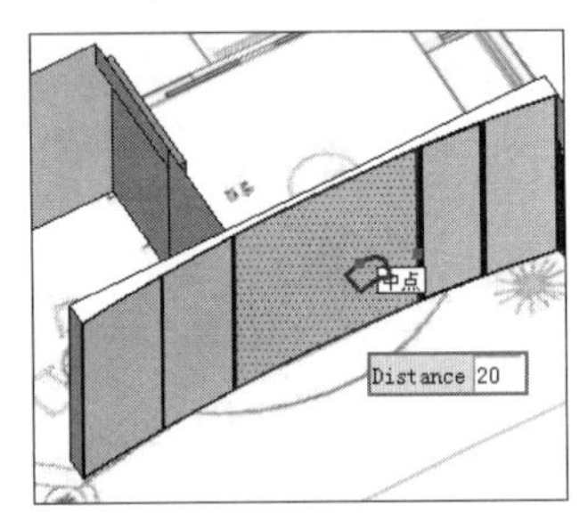

图 11-168　通过曲面分割制作细节

图 11-169　通过超级推拉制作细节

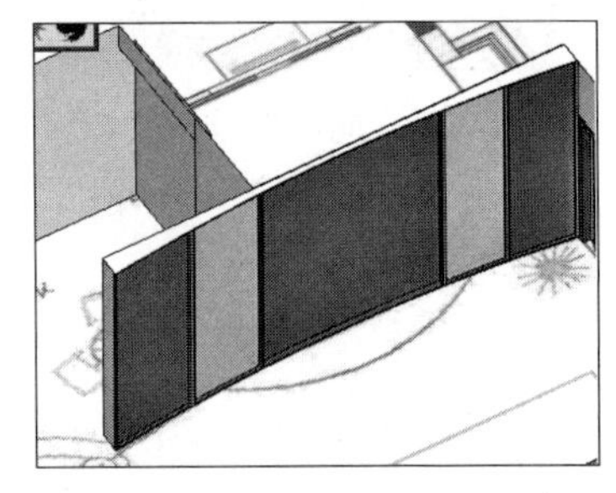

图 11-170　电视墙初步完成效果

步骤 10 使用类似的方法制作出电视墙下方的平台，然后同样赋予“原色樱桃木质纹”材质，完成整体效果的制作，如图 11-171 ~ 图 11-173 所示。

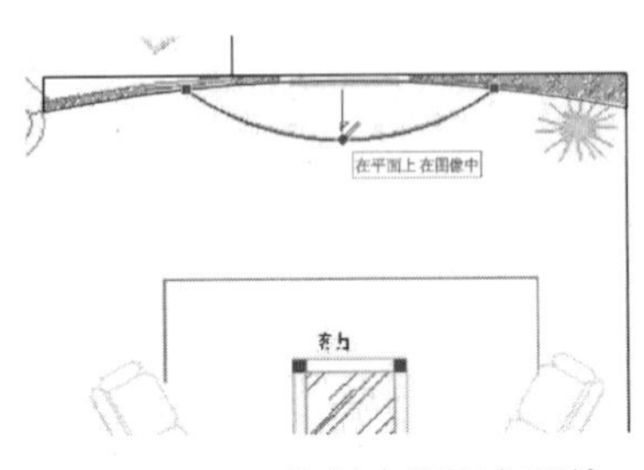

图 11-171　绘制底部平台弧线

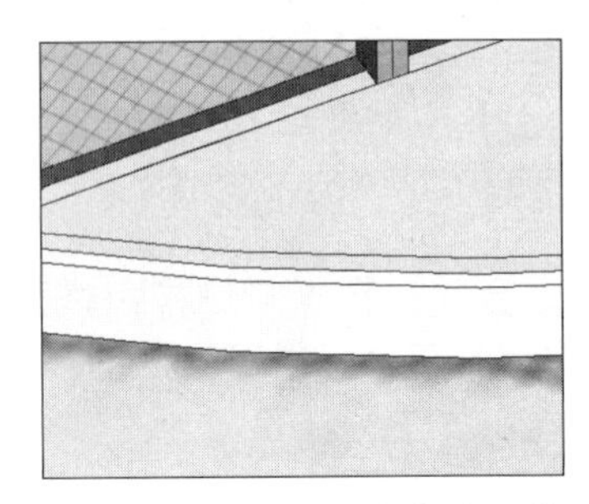

图 11-172　制作平台收边细节

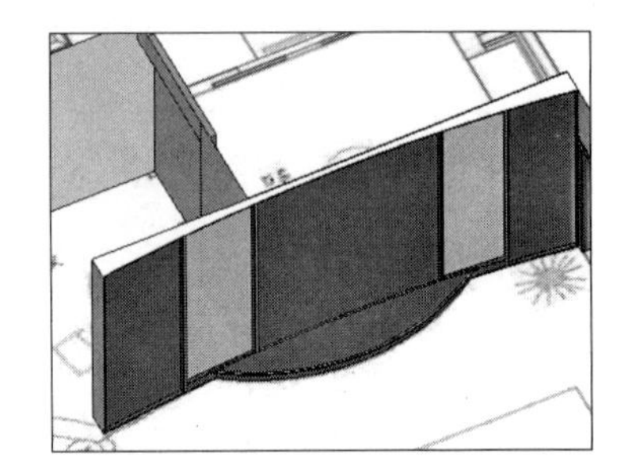

图 11-173　电视墙完成效果

步骤 11 沙发背景墙与电视背景墙制作完成后，通过【组件】面板合并配套的一些家具与配饰，如图 11-174 ~ 图 11-176 所示。

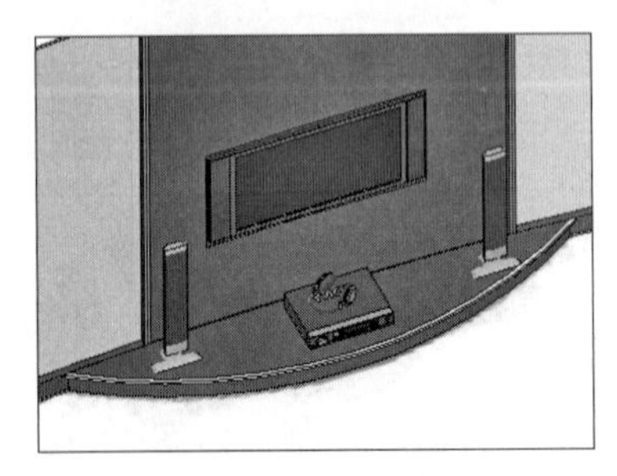

图 11-174　合并电器

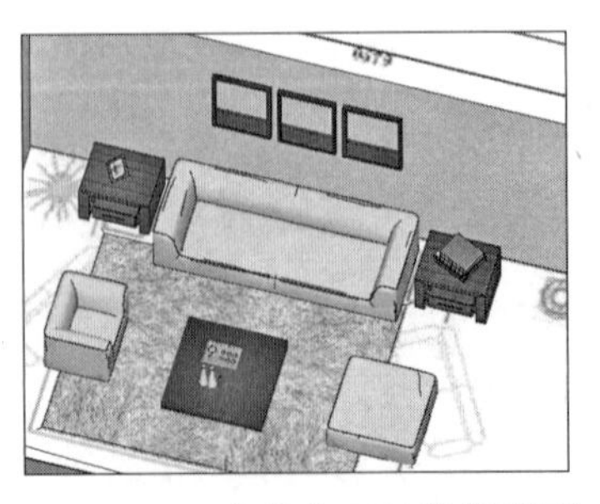

图 11-175　合并客厅沙发等模型

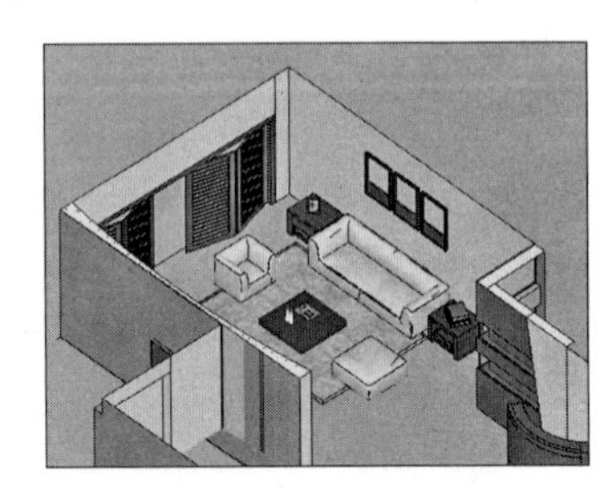

图 11-176　客厅完成效果

3. 细化过道台阶

步骤 01 参考图纸，结合使用【直线】、【圆弧】以及【推 / 拉】工具，制作出过道抬高平台，如图 11-177 与图 11-178 所示。

步骤 02 结合使用【圆】、【圆弧】以及【推 / 拉】等工具，逐步制作台阶造型细节，如图 11-179 与图 11-180 所示。

步骤 03 结合使用【矩形】以及【推 / 拉】工具，制作左侧护栏模型，然后合并右侧的花坛模型，如图 11-181 与图 11-182 所示。

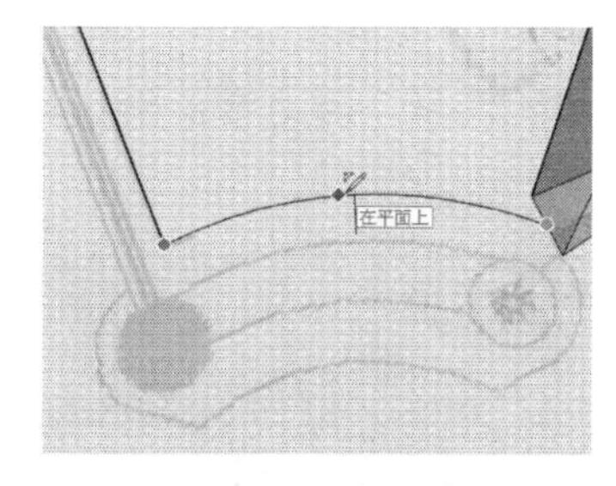

图 11-177　分割过道

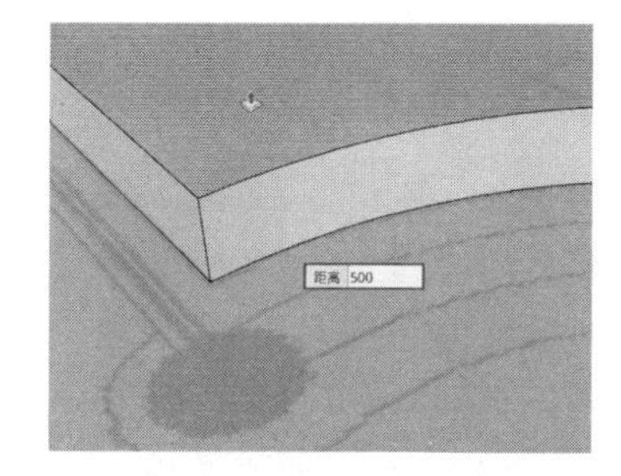

图 11-178　推拉出上升空间

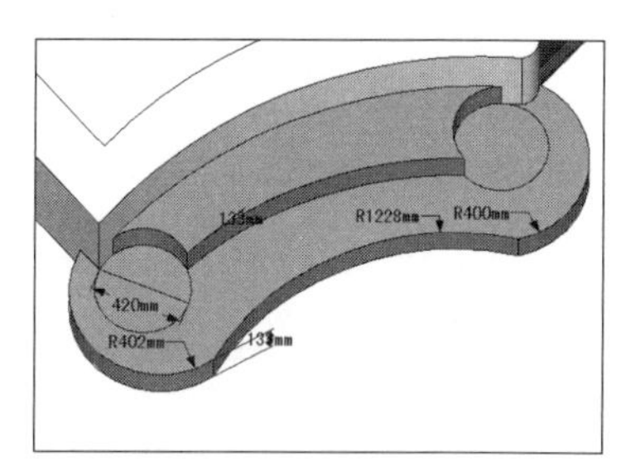

图 11-179　制作台阶轮廓

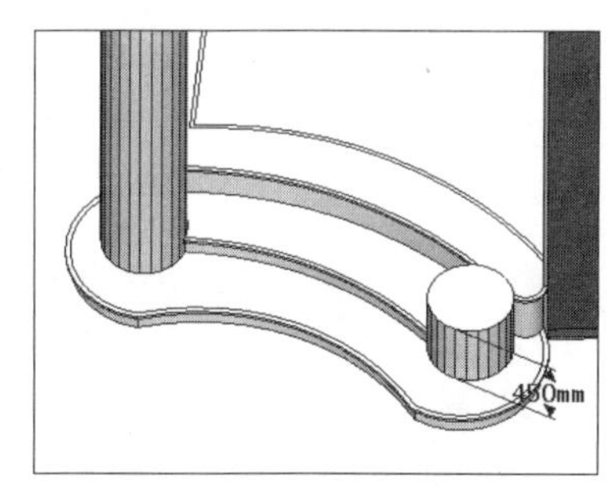

图 11-180　制作台阶细节

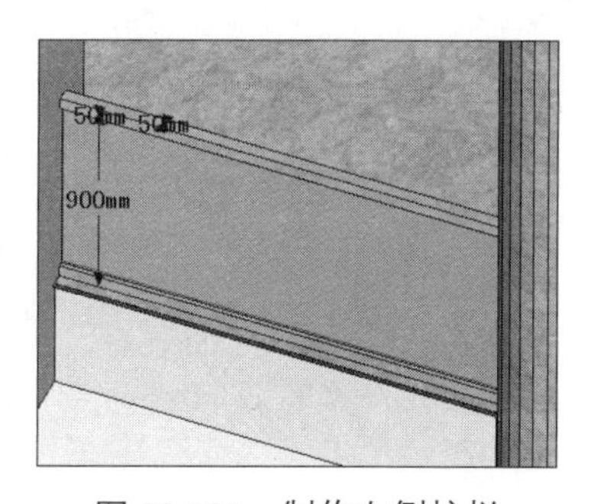

图 11-181　制作左侧护栏

图 11-182　合并花坛

步骤 04 台阶模型细化完成后，通过【组件】面板合并入厨房推拉门与餐桌，然后赋予客厅与餐厅地面白色大理石材质即可，如图 11-183～图 11-185 所示。

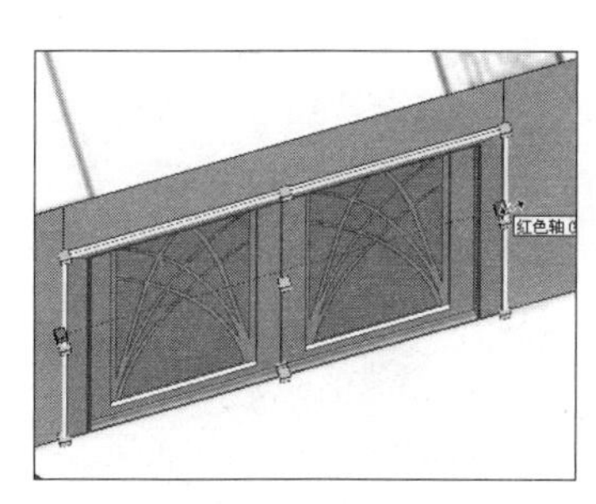

图 11-183　合并卫生间推拉门

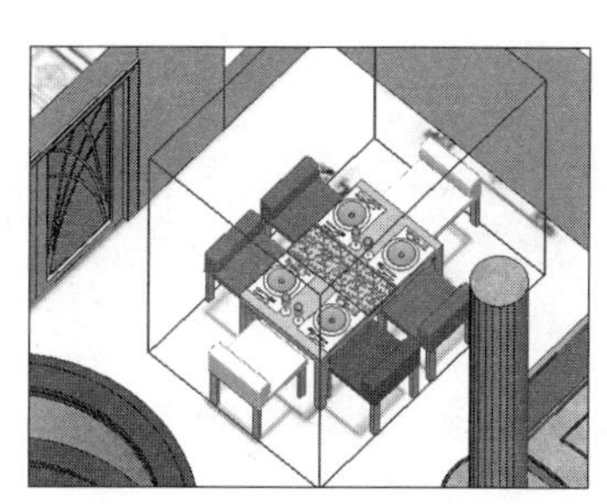

图 11-184　合并餐桌模型

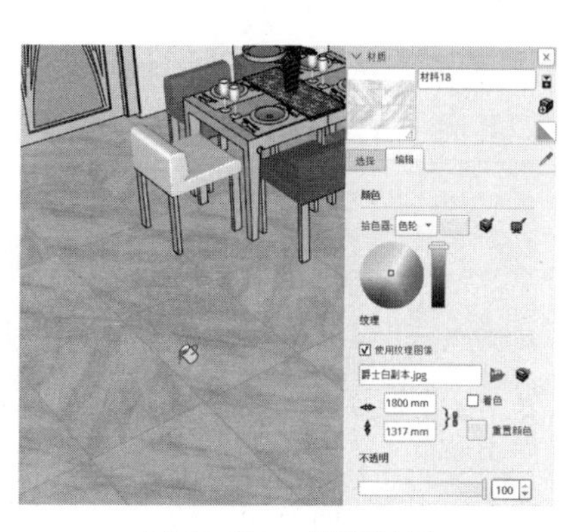

图 11-185　指定材质

162 制作天花板

文件路径：无	视频文件：无

空间的立面与配套家具效果完成后，接下来进行天花板造型的制作，主要有天花板的凹槽制作与各种灯具模型的布置。

步骤01 结合使用【卷尺】、【圆弧】以及【推 / 拉】等工具，制作好客厅的天花层级，如图 11-186 与图 11-187 所示。

步骤02 由于本场景大部分的天花板高度为 2760mm，因此对应的整体向下推拉 100mm，如图 11-188 所示。

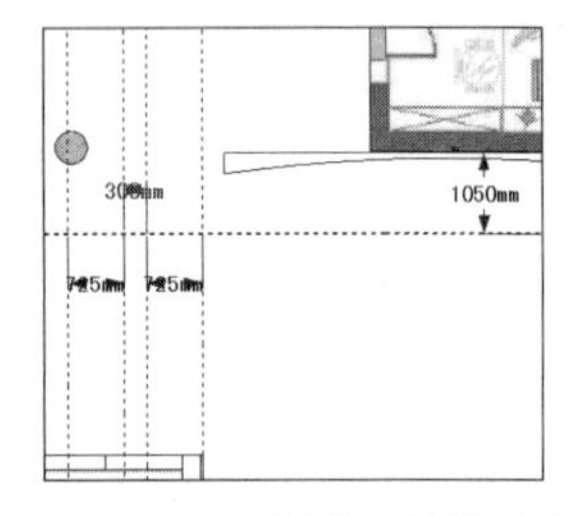

图 11-186 绘制天花辅助线

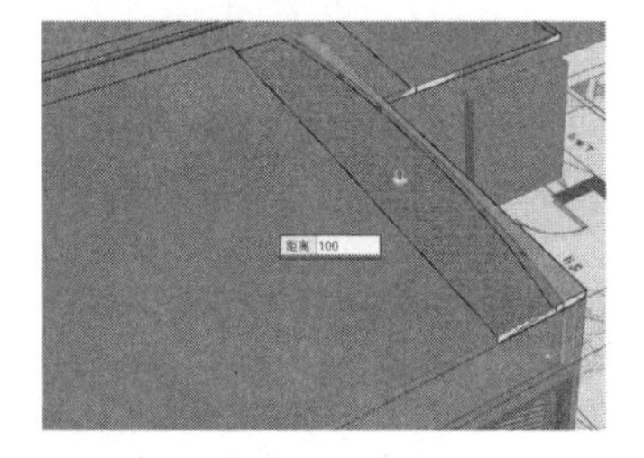
图 11-187 向下推出客厅天花层级

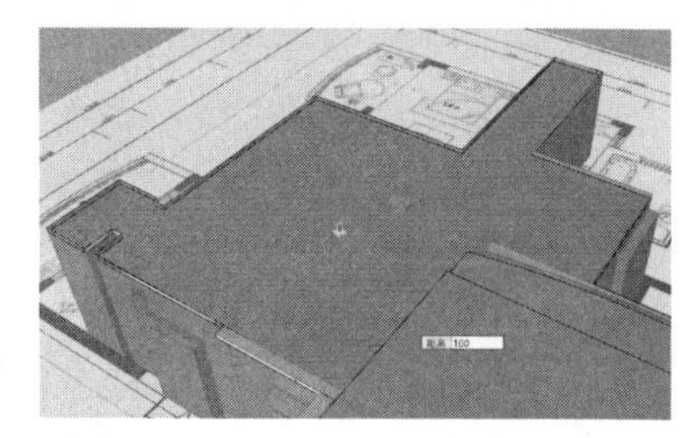
图 11-188 整体向下推拉 100mm

步骤03 使用类似方法制作好过道以及餐厅处的天花层级，如图 11-189 ~ 图 11-191 所示。

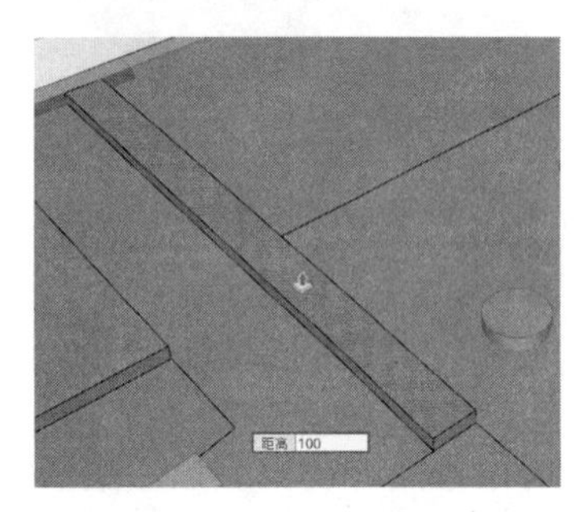
图 11-189 制作出风口凹槽

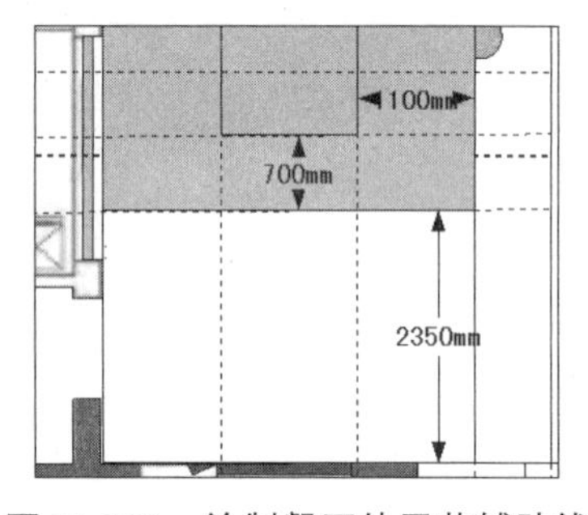

图 11-190 绘制餐厅处天花辅助线

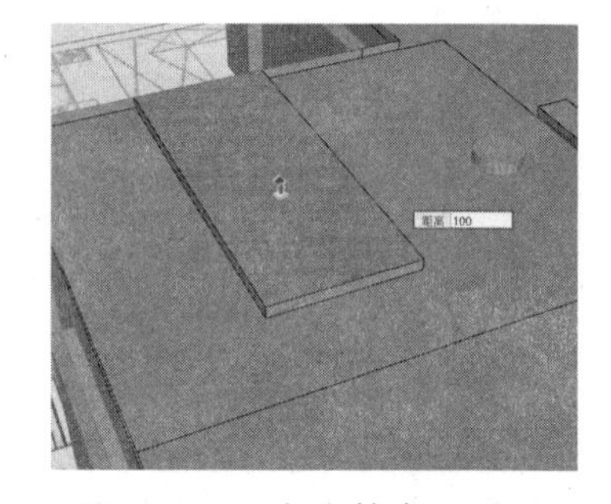
图 11-191 向上拉高 100mm

步骤04 天花层级完成后，通过【组件】面板，制作好各个空间对应的灯具效果，如图 11-192 ~ 图 11-194 所示。

图 11-192 合并客厅灯具

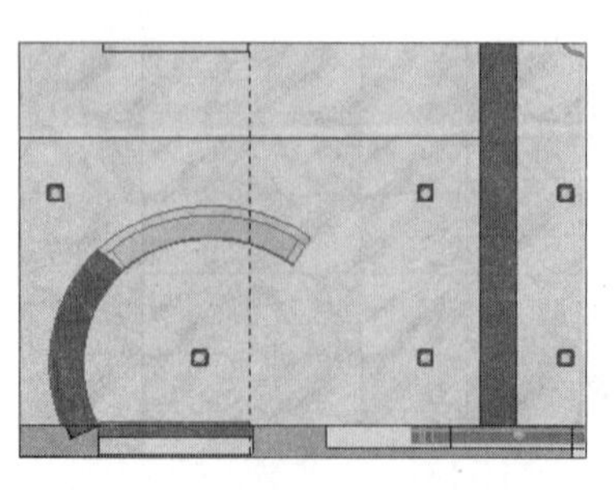
图 11-193 复制过道处筒灯

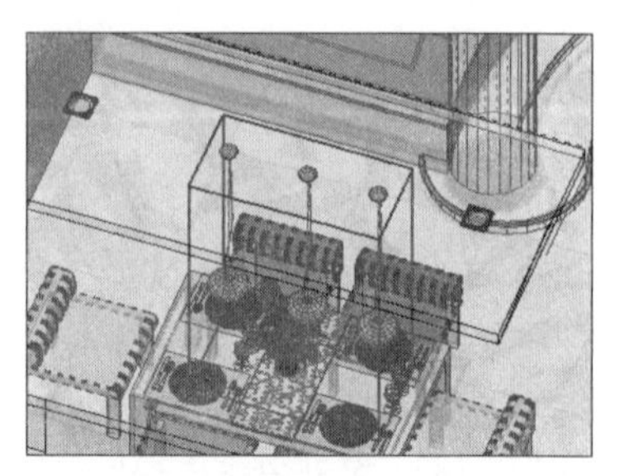
图 11-194 合并餐厅处灯具

163 完成最终效果

文件路径：无	视频文件：无

空间的天花造型与灯具效果完成后，接下来设定观察角度，然后根据具体的观察效果制作相关细节，完成最终效果。

1. 创建观察角度

步骤 01 执行【相机】/【透视显示】菜单命令，如图 11-195 所示。

步骤 02 通过视图【平移】与【缩放】，调整到合适的观察视角，如图 11-196 所示。

步骤 03 新建【场景】，保存当前的视图为“客厅视角”，如图 11-197 所示。接下来根据该视图观察效果，制作添加相关细节。

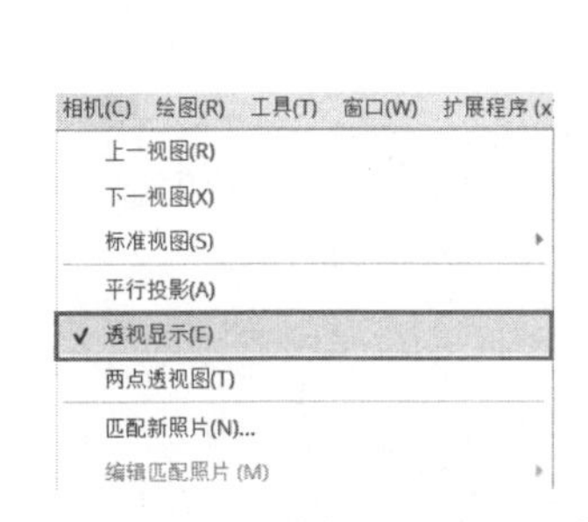

图 11-195　调整为【透视显示】

图 11-196　调整好观察视角

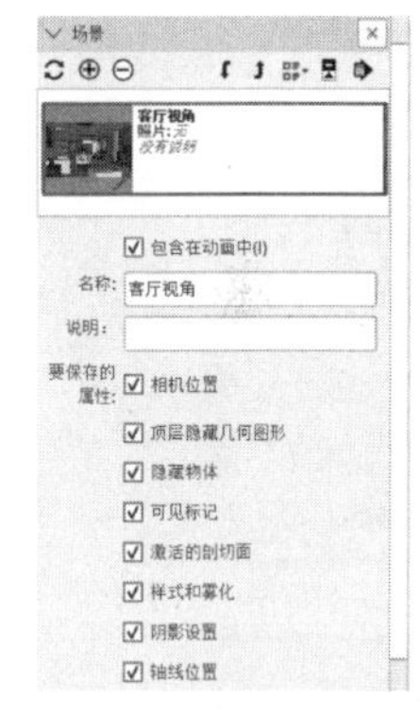

图 11-197　新建场景保存视角

2. 布置细节装饰

步骤 01 在确定了观察视角后，对观察到的贴图、模型以及结构细节进行补充，如图 11-198 ~ 图 11-200 所示。

图 11-198　调整贴图效果

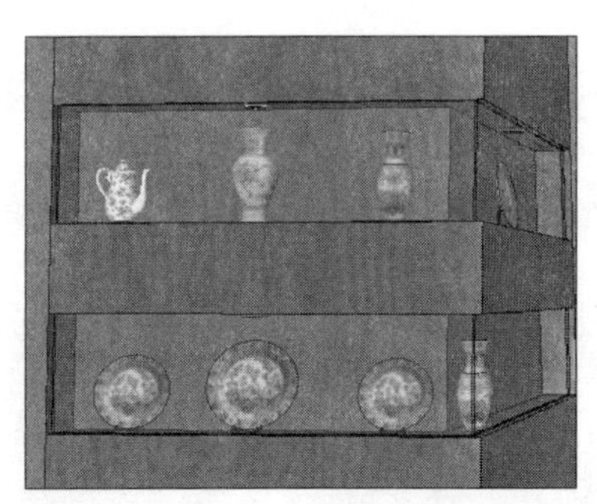

图 11-199　添加装饰模型组件

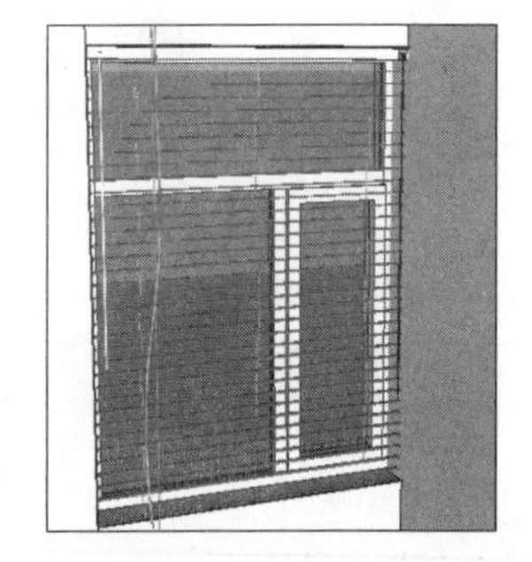

图 11-200　添加可见结构细节

步骤 02 通过以上方法制作好相关的细节效果后，场景的整体效果如图 11-201 所示。

步骤 03 在【样式】面板中选择【编辑】选项卡，在【平面设置】下选择【环境光遮蔽】选项，显示环境光对场景物体所产生的影响，如图 11-202 所示。

步骤 04 物体因为位置的关系产生光影交错的效果，在 SkecthUp 旧版本中无法体现，在 SkecthUp 2024 中新增【环境光遮蔽】功能，帮助用户更好地利用环境光观察建模效果，如图 11-203 所示。

步骤05 通过移动【距离】滑块，可以调整光影与物体的距离，调整结果可以实时预览，用户可以根据实际情况确定【距离】参数。

步骤06【强度】滑块用来控制光影的浓淡效果，向右移动滑块，光影的颜色逐渐加深。

图 11-201 客厅模型完成效果

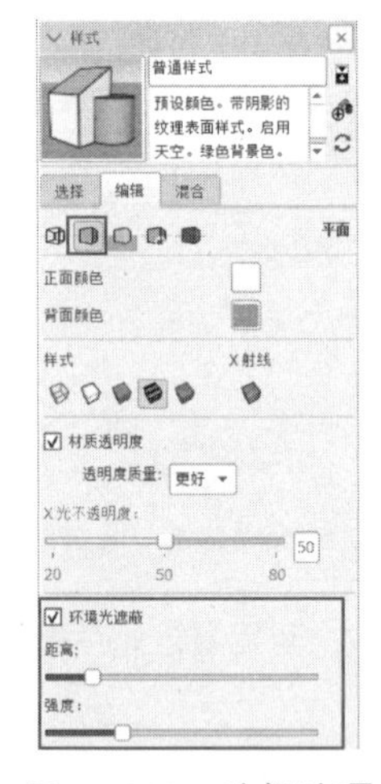

图 11-202 选择选项

图 11-203 环境光遮蔽效果

11.3 SketchUp 方案 V-Ray 渲染

在本节中将学习使用 V-Ray 渲染器进行场景渲染的方法，案例的制作流程大致如图 11-204 ~ 图 11-206 所示。

图 11-204 匹配相机

图 11-205 布置场景灯光

图 11-206　最终渲染效果

164 匹配相机

文件路径：配套资源 \ 第 11 章 \164	视频文件：无

如果 SketchUp 场景的显示比例不谐调，渲染出的图像构图也不会理想，本例学习调整场景显示，并匹配一个理想图像构图的方法。

步骤 01 打开 11.2 节创建的室内模型，正确加载 V-Ray 渲染器，单击【开始渲染】按钮测试当前图像构图，如图 11-207 与图 11-208 所示。

图 11-207　场景打开视角效果

图 11-208　默认视角渲染效果

步骤 02 根据当前测试渲染图像，调整 SketchUp 的界面，如图 11-209 所示。

步骤 03 再次进行测试渲染，可以看到调整后的图像构图比较理想，如图 11-210 所示。

图 11-209　调整 SketchUp 界面

图 11-210　测试渲染效果

步骤 04 参考渲染窗口显示的像素，在【渲染输出】卷展栏中设定【图像宽度】、【图像高度】参数，如图 11-211 所示。

步骤 05 设置好测试渲染图像尺寸后，再次渲染以确定调整效果，如图 11-212 所示。

图 11-211　输入数值

图 11-212　测试渲染效果

165 布置场景灯光

文件路径：无	视频文件：无

匹配好相机，并设置好测试渲染尺寸后，接下来即可布置场景灯光。

1. 设置测试渲染参数

步骤 01 为了快速得到灯光的测试渲染效果，进入【V-Ray 资源管理器】设置测试渲染参数，首先进入【环境】卷展栏，设置参数如图 11-213 所示。

步骤 02 进入【全局照明】卷展栏，设置参数如图 11-214 所示。

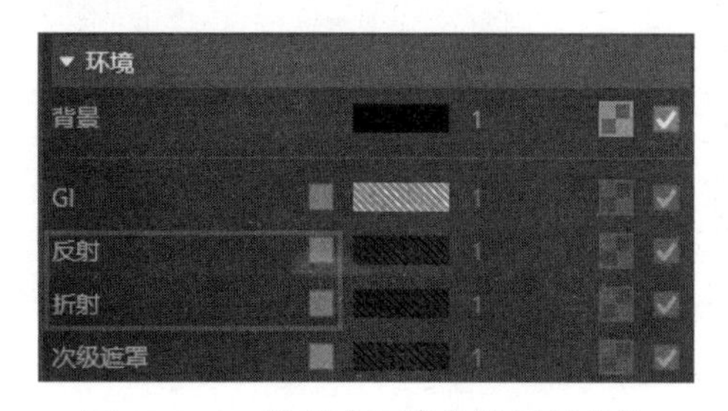

图 11-213　设置【环境】卷展栏参数

图 11-214　设置【全局照明】卷展栏参数

步骤 03 进入【发光贴图】卷展栏，设置【最大比率】、【最小比率】以及【细分】等选项的参数值，如图 11-215 所示。

步骤 04 进入【灯光缓存】卷展栏，设置参数如图 11-216 所示。

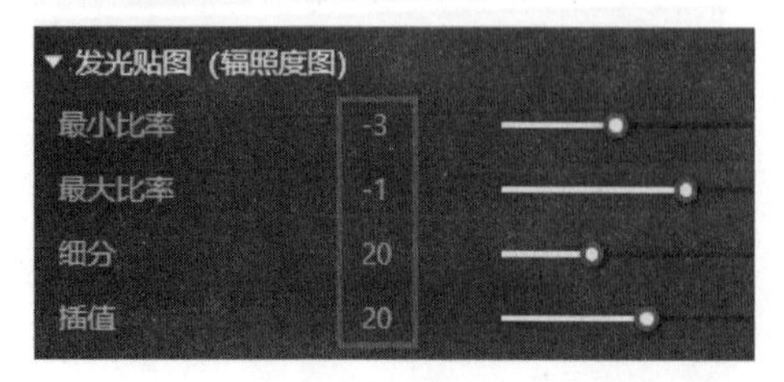

图 11-215　设置【发光贴图】卷展栏参数

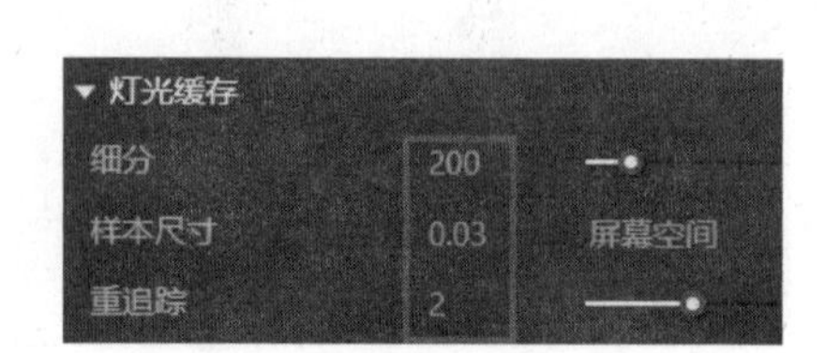

图 11-216　设置【灯光缓存】卷展栏参数

2. 关联 SketchUp 阴影与 V-Ray 阳光

步骤 01 进入【阴影】面板，参考视图调整场景的显示光影，然后单击【开始渲染】按钮进行效果的测试，如图 11-217 ~ 图 11-219 所示。

图 11-217　参考视图调整阴影

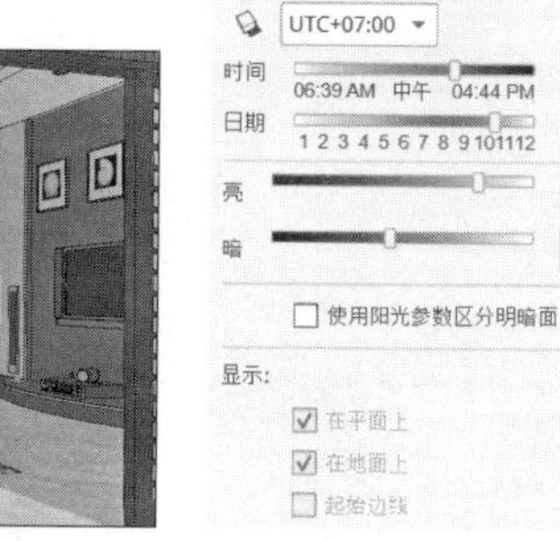

图 11-218　调整阴影参数

图 11-219　测试渲染效果

步骤 02 观察渲染结果，可以发现阳光在场景中产生了理想的投影效果，但光线的亮度过强，接下来设置太阳光来调整亮度。

步骤 03 进入【环境】卷展栏，选择【GI】、【反射】与【折射】选项，如图 11-220 所示。

步骤 04 再次单击【开始渲染】按钮，进行测试渲染，可以看到阳光的强度弱化了一些，如图 11-221 所示。

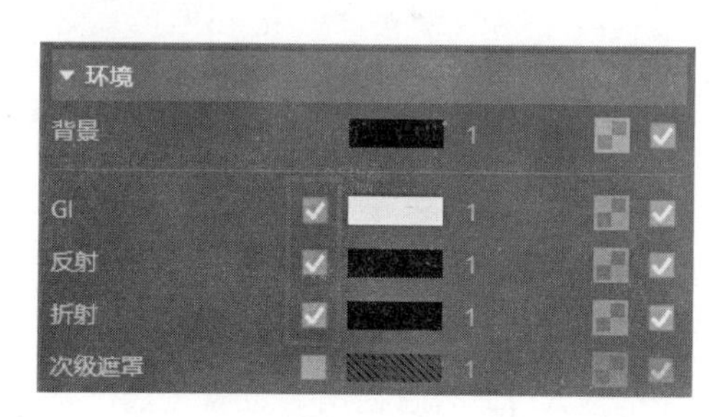

图 11-220　设置参数

图 11-221　调整后的测试渲染效果

3. 布置室外环境光

步骤 01 将视图切换至【右视图】，并调整为【平行投影】显示，如图 11-222 所示。

步骤 02 单击【矩形灯光】按钮，参考门洞大小创建面光源，如图 11-223 所示。

步骤 03 进入【V-Ray 资源管理器】，设置灯光颜色与亮度，如图 11-224 与图 11-225 所示。

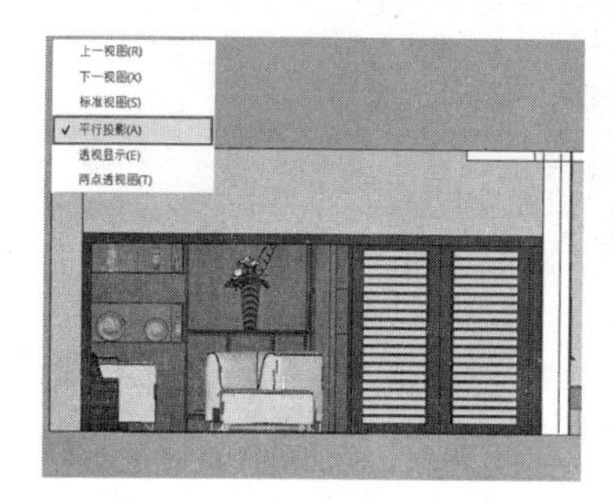

图 11-222　调整右视图

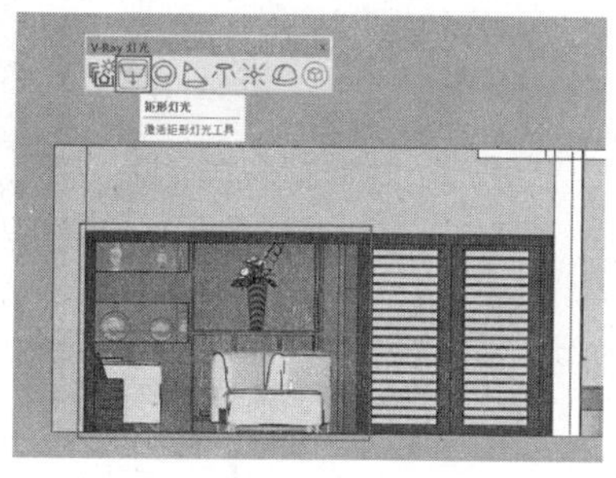

图 11-223　创建面光源

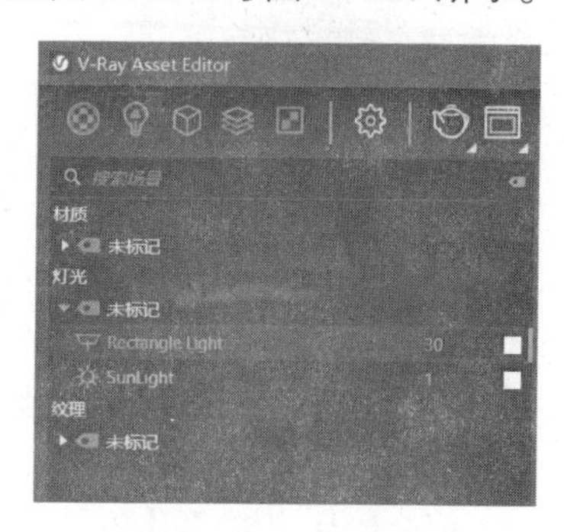

图 11-224　单击按钮

步骤 04 为了避免创建的光源对室外阳光投影产生影响，进入【图元信息】面板取消选择【投射阴影】，如图 11-226 所示。

步骤 05 单击【开始渲染】按钮进行测试渲染，效果如图 11-227 所示。

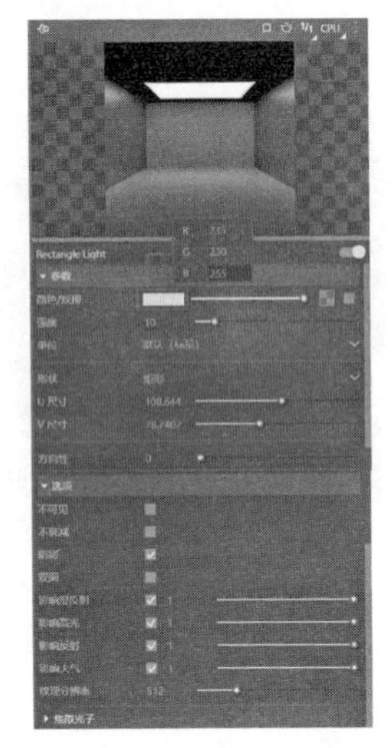
图 11-225　调整灯光颜色与亮度

图 11-226　取消投射阴影

图 11-227　测试渲染结果

166 布置室内灯光

文件路径：无	视频文件：无

1. 布置客厅灯光

步骤 01 将视图切换至【顶视图】，并调整为【线框显示】，然后在吊灯位置创建一盏【矩形灯光】，如图 11-228 所示。

步骤 02 在【前视图】中调整好灯光高度，然后进入【V-Ray 资源管理器】面板，设置好颜色与亮度，如图 11-229 与图 11-230 所示。

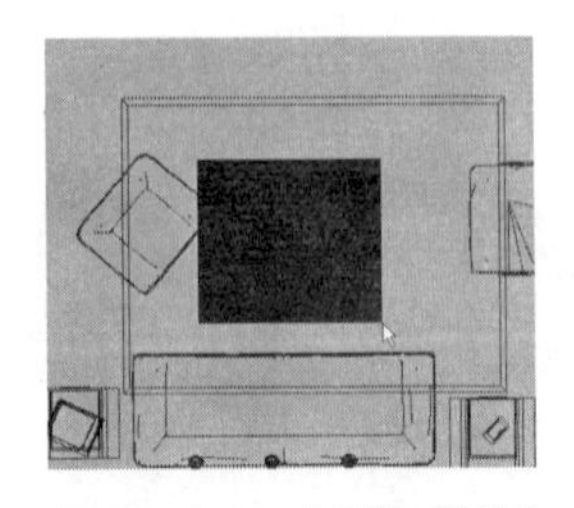
图 11-228　创建面光源

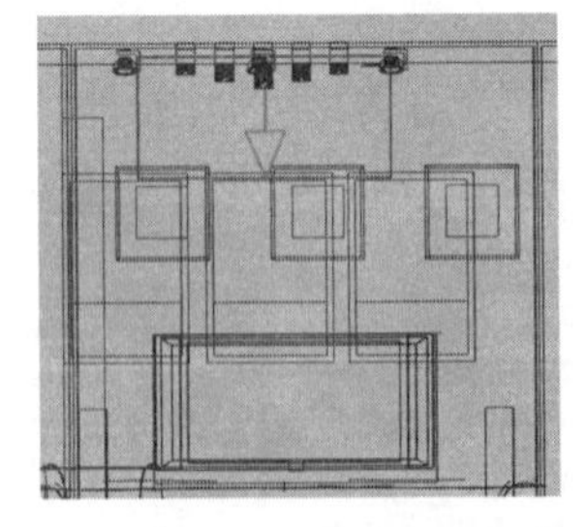
图 11-229　调整灯光高度

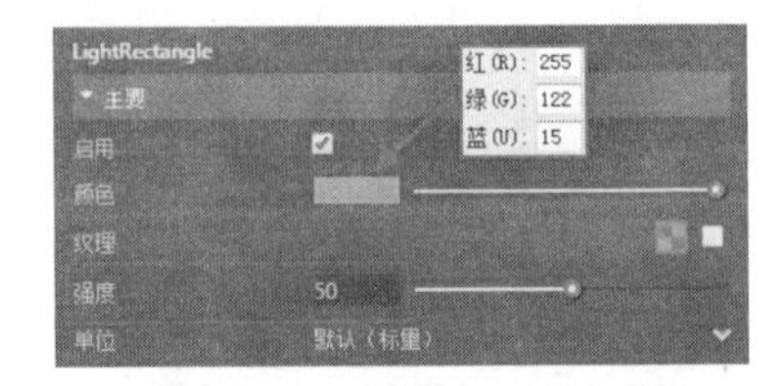

图 11-230　设置灯光参数

步骤 03 返回匹配好的视图进行测试渲染，渲染效果如图 11-231 所示。接下来进行光域网（IES）光源的布置。

步骤 04 切换至【右视图】，单击按钮创建【光域网（IES）光源】，加载光域网文件，在灯具附近创建一盏灯光，然后进入【顶视图】调整好灯光位置，如图 11-232 与图 11-233 所示。

图 11-231　测试渲染结果

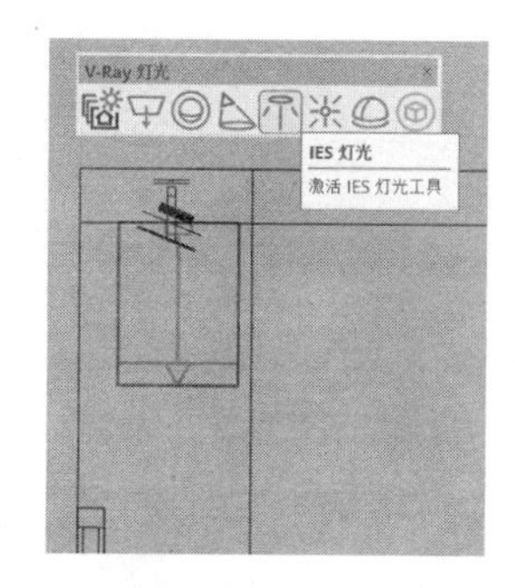

图 11-232　创建【光域网（IES）光源】

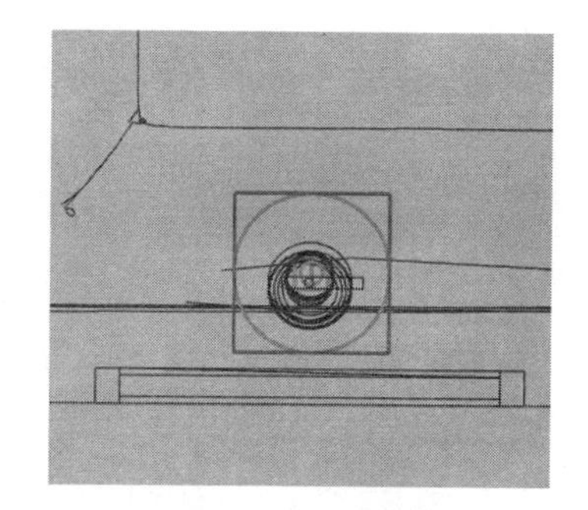

图 11-233　调整位置

步骤 05 设置灯光颜色与强度，如图 11-234 所示。

步骤 06 复制光域网（IES）光源至另外两盏灯具处，然后返回匹配视图进行测试渲染，如图 11-235 与图 11-236 所示。

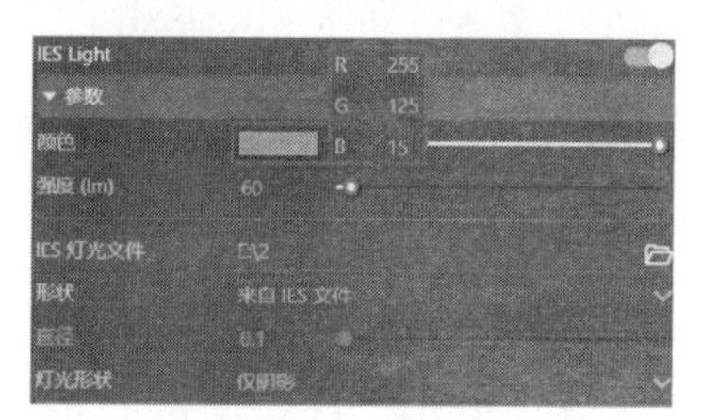

图 11-234　参数设置

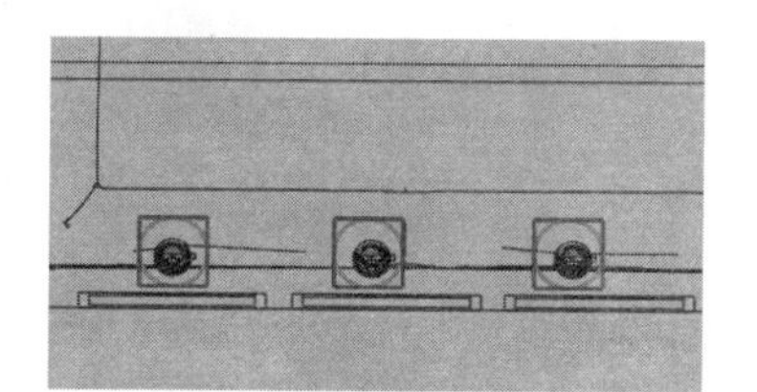

图 11-235　复制 IES 光源

图 11-236　测试渲染结果

步骤 07 通过测试渲染，确定光域网（IES）光源产生的效果，再进入【顶视图】，复制客厅其他位置的灯光，如图 11-237 所示。

步骤 08 复制完成后返回匹配视图测试渲染，渲染结果如图 11-238 所示。

2. 布置餐厅灯光

步骤 01 在【透视图】中调整至餐厅灯槽位置，捕捉边界创建【面光源】，创建灯带如图 11-239 所示。

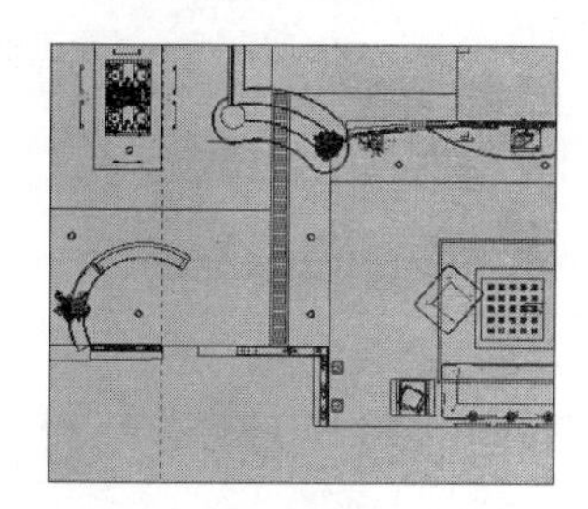

图 11-237　复制光域网（IES）光源

图 11-238　测试渲染结果

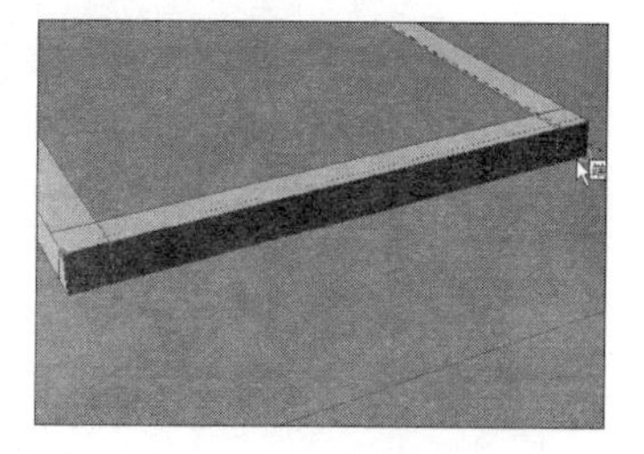

图 11-239　创建灯带

步骤 02 设置灯光颜色与强度，然后旋转角度，如图 11-240 与图 11-241 所示。

步骤 03 通过旋转复制，制作另外两侧灯光，然后通过缩放，调整灯光长度，如图 11-242 与图 11-243 所示。

步骤 04 返回匹配视图进行测试渲染，渲染结果如图 11-244 所示。

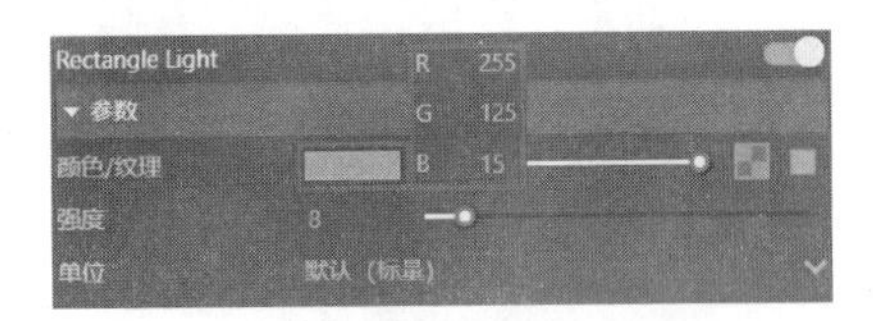

图 11-240　餐厅灯带参数设置

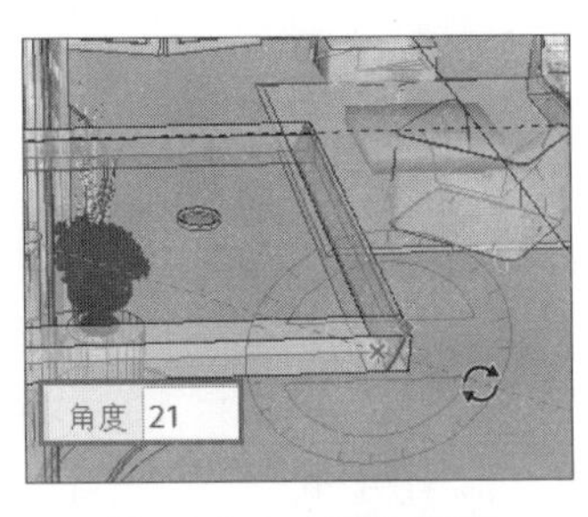

图 11-241　旋转灯带

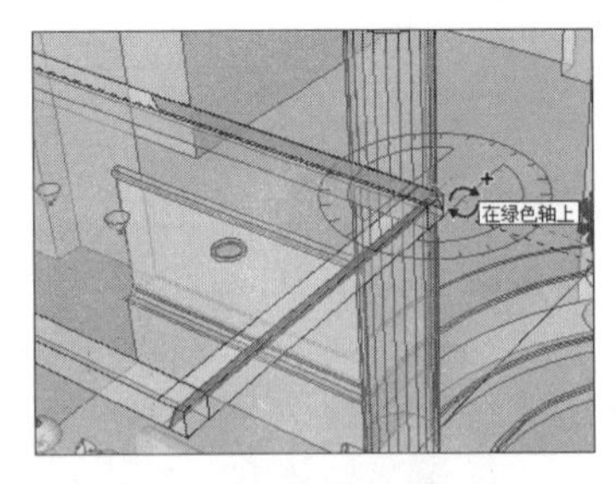

图 11-242　复制灯带

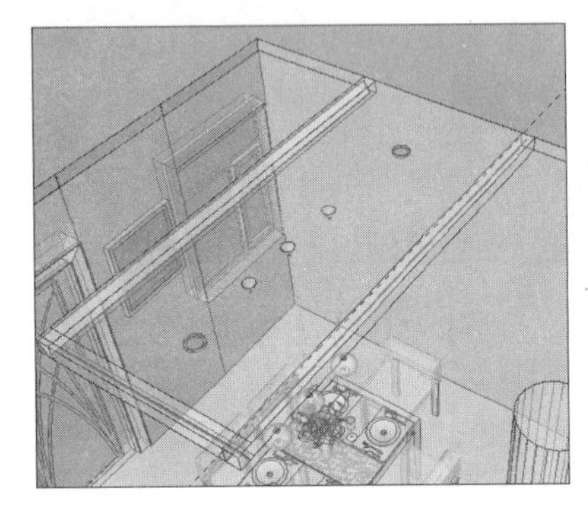

图 11-243　餐厅灯槽完成效果

图 11-244　测试渲染效果

步骤05 复制客厅中布置的光域网（IES）光源至餐厅空间内，如图 11-245 所示。

步骤06 返回匹配视图进行测试渲染，渲染结果如图 11-246 所示。至此，场景的灯光布置完成。

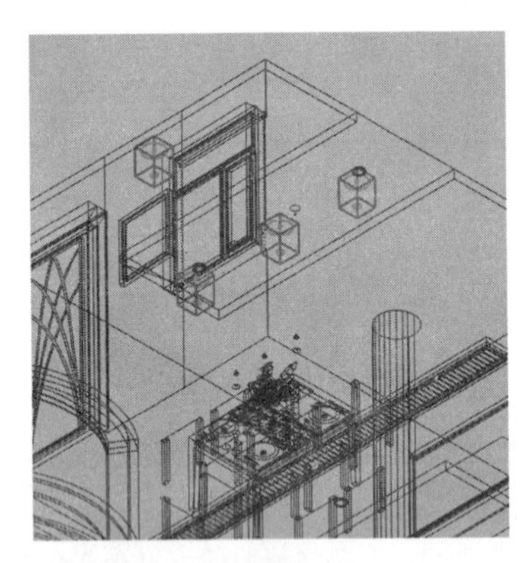

图 11-245　复制餐厅光域网（IES）光源

图 11-246　测试渲染效果

167 最终渲染

文件路径：无	视频文件：无

场景材质细节调整完成后，接下来将根据场景的渲染效果调整细节，最后设置最终渲染参数，渲染出最终图像。

1. 调整灯光细节

步骤 01 由于场景的反射与折射细节都将影响灯光效果，因此首先开启材质的反射 / 折射效果，如图 11-247 所示。

步骤 02 单击【开始渲染】按钮进行测试渲染，渲染结果如图 11-248 所示。

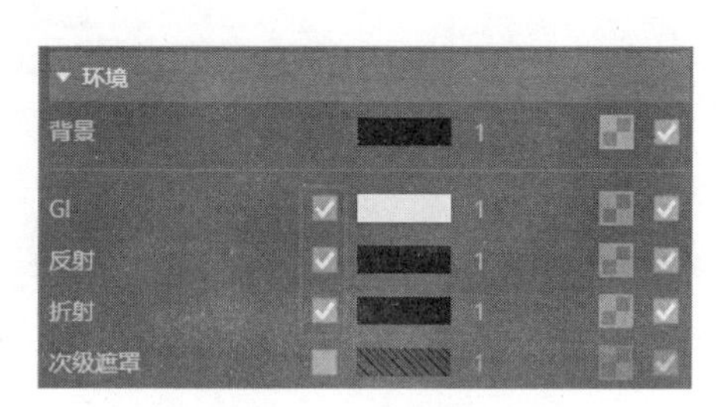

图 11-247　开启折射 / 反射

图 11-248　测试渲染效果

步骤 03 观察此时的图像，可以发现场景室内外灯光对比不够，因此增大矩形光源的强度，如图 11-249 与图 11-250 所示。

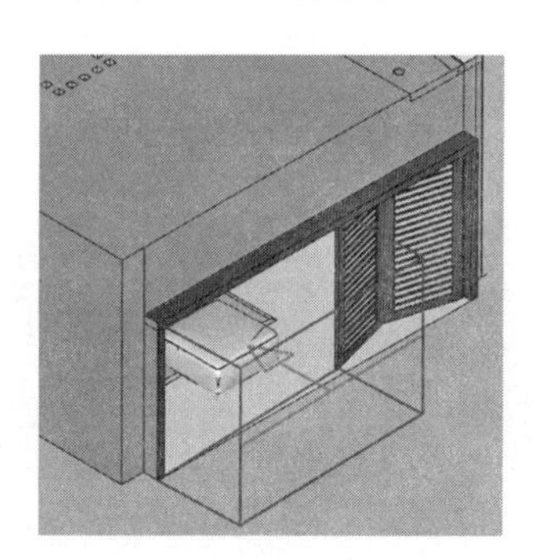

图 11-249　选矩形光源

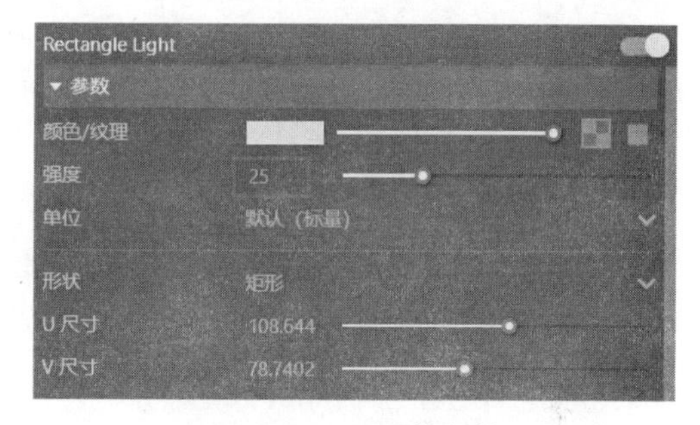

图 11-250　调整参数

步骤 04 灯光参数调整完成后，再次进行测试渲染，渲染结果如图 11-251 所示。

图 11-251　调整后的测试渲染效果

2. 调整灯光细分

步骤 01 灯光的细分同样将影响效果与耗时，细分越高灯光效果越细致，所耗费的计算时间也越多。

步骤 02 根据各灯光的作用和照射范围，分辨设置太阳光、矩形灯光以及 IES 灯光的细分值，如图 11-252 ~ 图 11-254 所示。

3. 调整最终渲染参数

步骤 01 进入【渲染输出】卷展栏，调整最终图像尺寸，如图 11-255 所示。

步骤 02 进入【质量】卷展栏，设置【噪点上限】参数，如图 11-256 所示。

步骤 03 进入【发光贴图】卷展栏，设置【最大比率】以及其他参数，如图 11-257 所示。

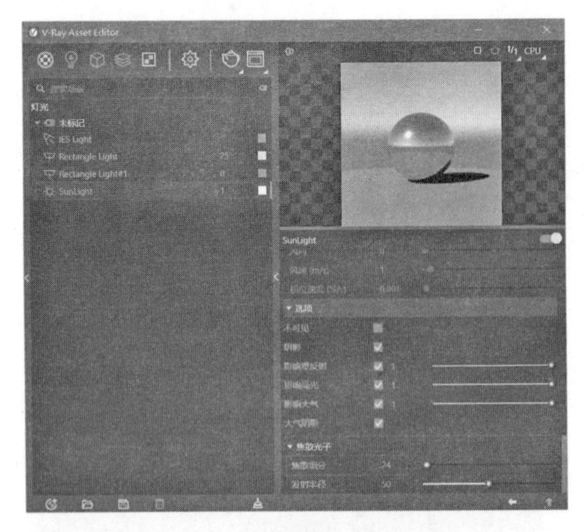

图 11-252 调整太阳光细分

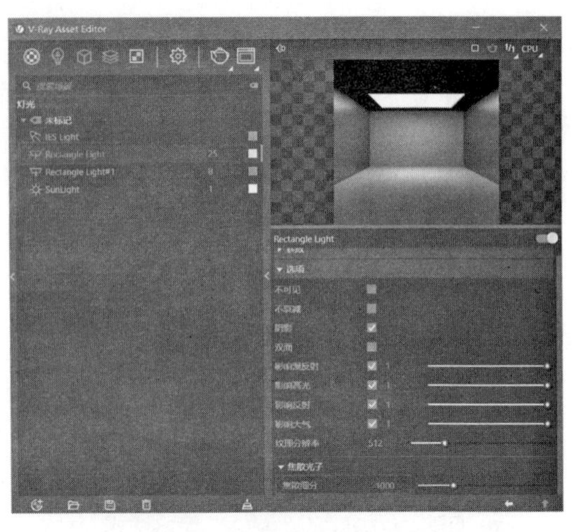

图 11-253 调整矩形灯光细分

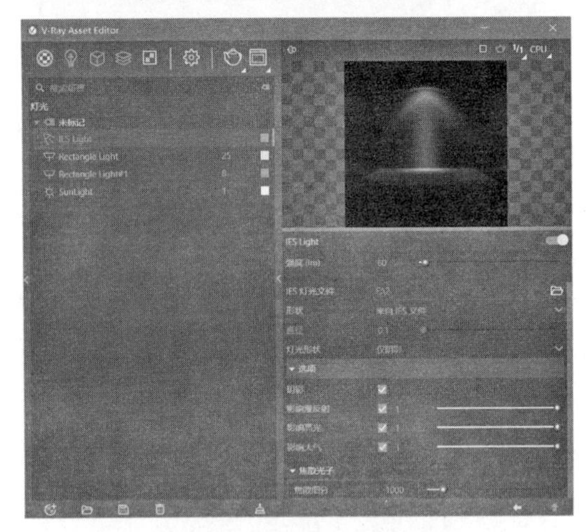

图 11-254 调整 IES 灯光细分

图 11-255 设定最终渲染图像尺寸

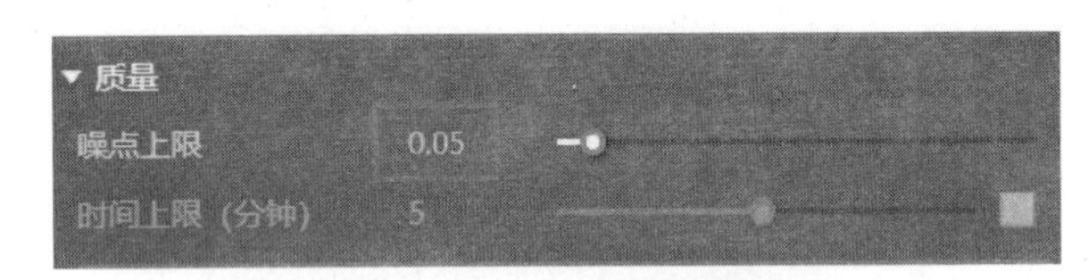

图 11-256 设置参数

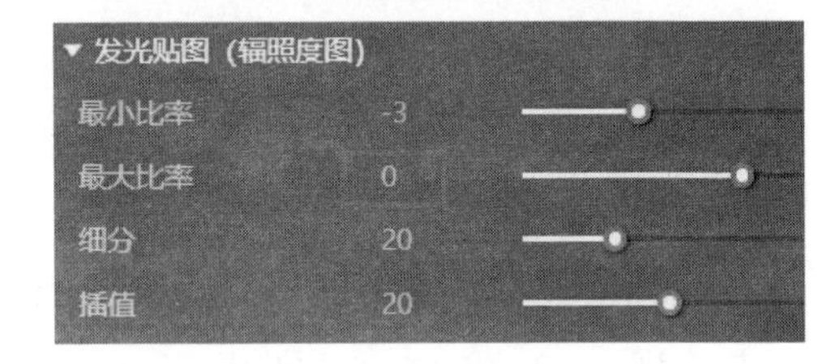

图 11-257 调整比率

步骤 04 进入【灯光缓存】卷展栏，设置【细分】参数，如图 11-258 所示。

步骤 05 进入【开关】卷展栏，选择【阴影】选项，如图 11-259 所示。

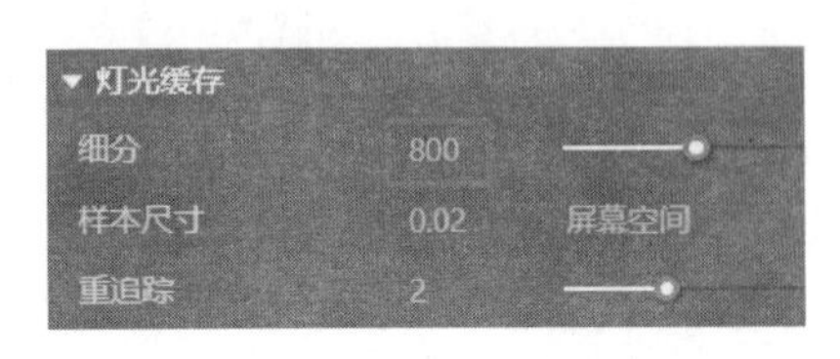

图 11-258 设置【细分】参数

图 11-259 选择【阴影】选项

步骤 06 最终渲染参数设置完成后，单击【开始渲染】按钮进行最终渲染，经过较长时间的计算，最终渲染效果如图 11-260 所示。

图 11-260 最终渲染效果

11.4 制作室内行走动画

在 SketchUp 中，通过【行走】工具以及【场景】面板的分段保存，可以快速制作出行走动画，渲染输出后，可以通过播放器直接进行浏览，省去与客户交流的诸多限制，其大致制作过程如图 11-261 ~ 图 11-264 所示。

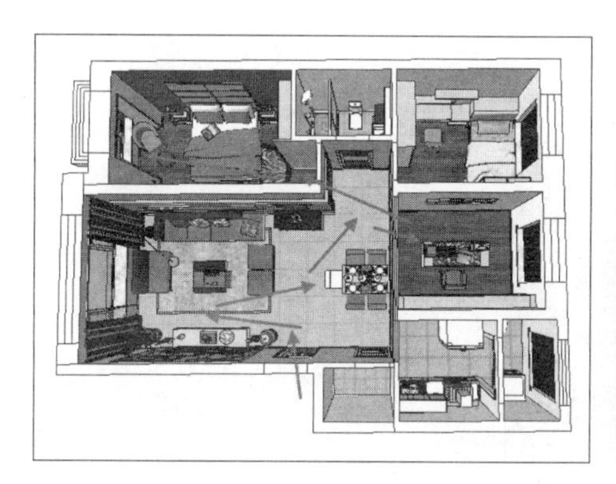

图 11-261 拟定路径

图 11-262 创建行走效果

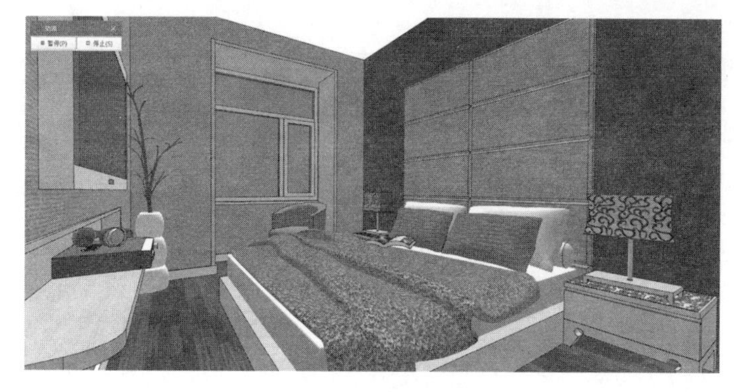

图 11-263 预览效果

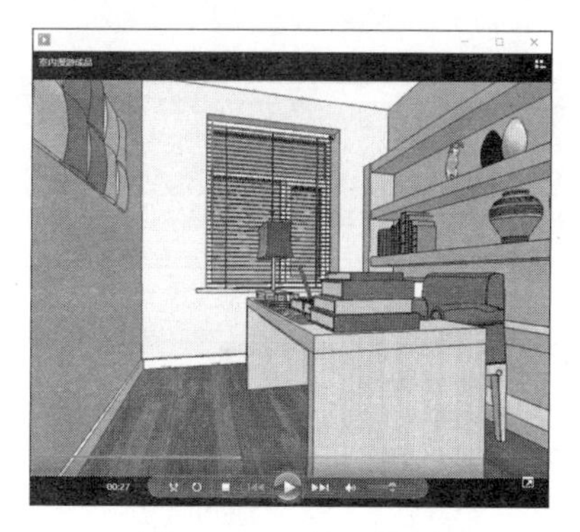

图 11-264 输出效果

168 拟定行走路线

文件路径：配套资源 \ 第 11 章 \168	视频文件：视频 \ 第 11 章 \168.MP4

制作室内行走动画，应首先根据场景布局与特点，拟定行走路径，将使后面的工作变得有的放矢，以起到事半功倍的效果。

步骤 01 打开配套资源“第 11 章 | 行走场景 .skp”文件，选择隐藏屋顶，以观察其内部布局，如图 11-265 ~ 图 11-267 所示。

步骤 02 平移至空间的客厅、餐厅以及卧室等处，可以看到其制作了相当精细的模型细节，如图 11-268 与图 11-269 所示。

步骤 03 根据场景模型的特点，本例拟定了从入户门开始，经过客厅、餐厅、书房以及主卧室的行走路径，如图 11-270 中红色箭头所示，接下来创建行走动画。

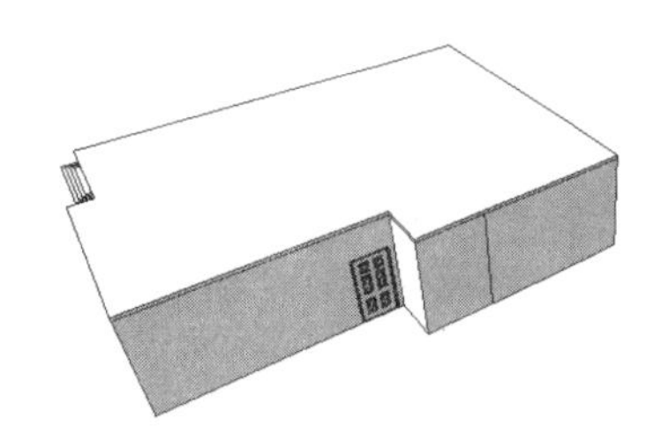

图 11-265　打开场景

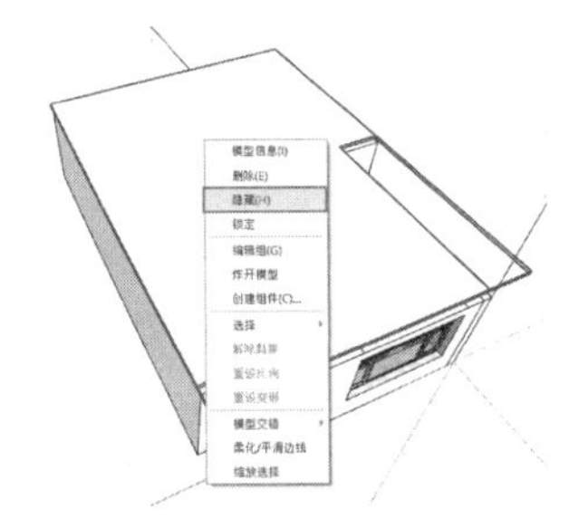

图 11-266　隐藏屋顶

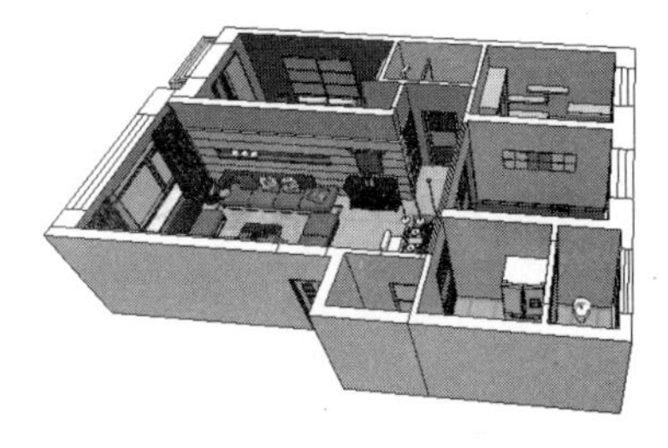

图 11-267　空间整体效果

图 11-268　客厅细节效果

图 11-269　餐厅细节效果

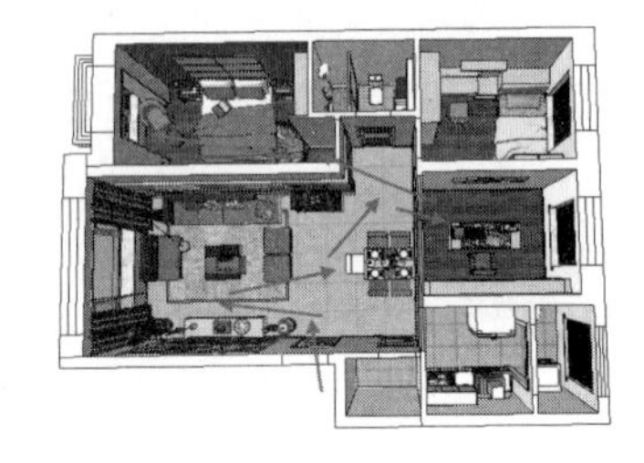

图 11-270　行走路线

169 创建行走效果

文件路径：无	视频文件：视频 \ 第 11 章 \169.MP4

拟定好行走路线后，在 SketchUp 中只需要通过【行走】工具与【场景管理】即可设定出行走动画效果。

步骤 01 首先通过【旋转】与【推 / 拉】工具，处理好行走路线上门页的状态，如图 11-271 ~ 图 11-273 所示。

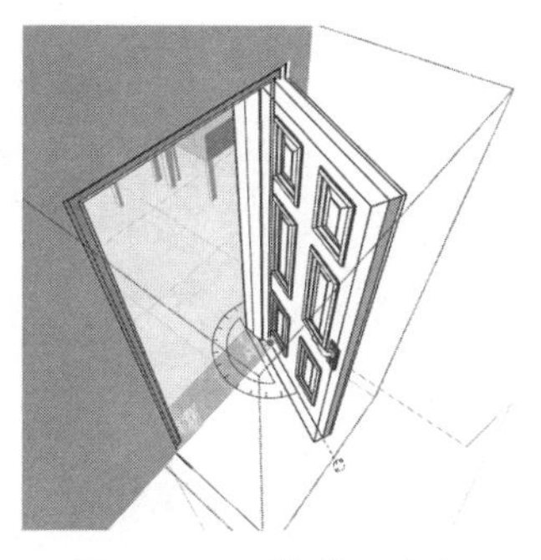

图 11-271　旋转入户门

图 11-272　打开推拉门

图 11-273　旋转卧室门

步骤 02 在【透视图】中调整好行走起始位置，再通过【场景】面板将新建【初始位置】场景将效果进行保存，如图 11-274 与图 11-275 所示。

步骤 03 单击【行走】工具按钮，待光标变成状后，按住鼠标左键推动使其前进，如图 11-276 所示。

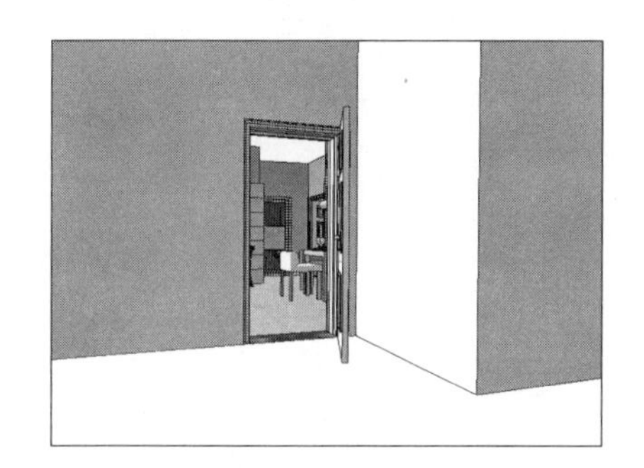

图 11-274　调整行走起点

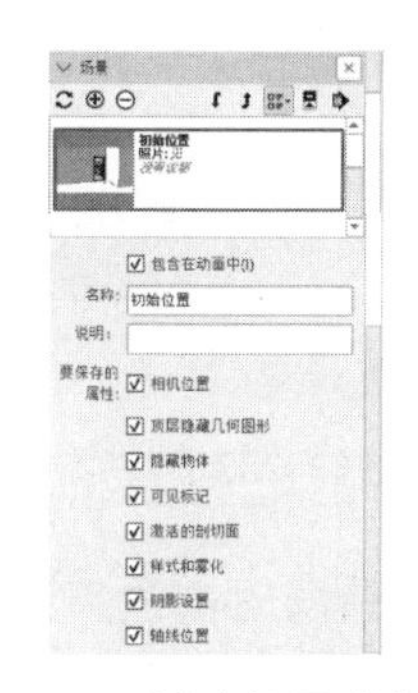

图 11-275　新建场景进行保存

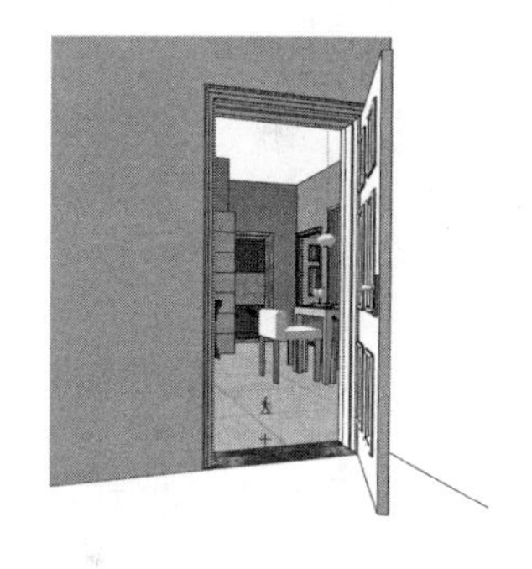

图 11-276　向室内前进

步骤 04 通过入户门后向左拖动鼠标进行转向，当观察到客厅空间后，松开鼠标新建【客厅位置】场景进行保存，如图 11-277 ~ 图 11-279 所示。

图 11-277　进入室内

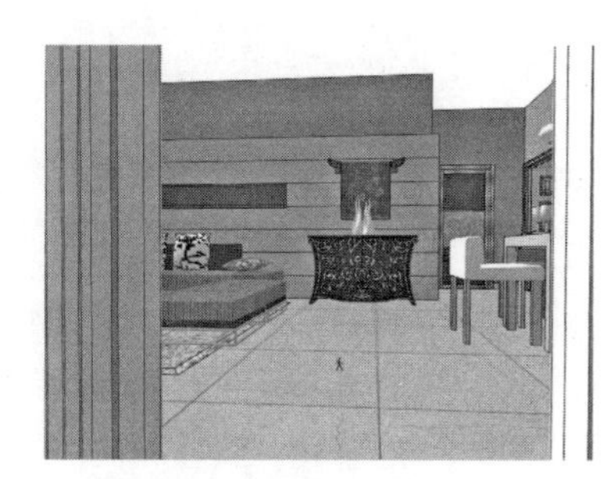

图 11-278　在室内前进

图 11-279　向左观察客厅并新建场景

步骤 05 按住鼠标左键继续推动鼠标，行走至客厅窗户位置，松开鼠标新建【客厅细节】场景，保存该段行走效果，如图 11-280 所示。

步骤 06 按住鼠标左键向右推动鼠标进行转向，转向完成后，推动鼠标行走至书房入口处后，松开鼠标新建【书房位置】场景，保存该段行走效果，如图 11-281 与图 11-282 所示。

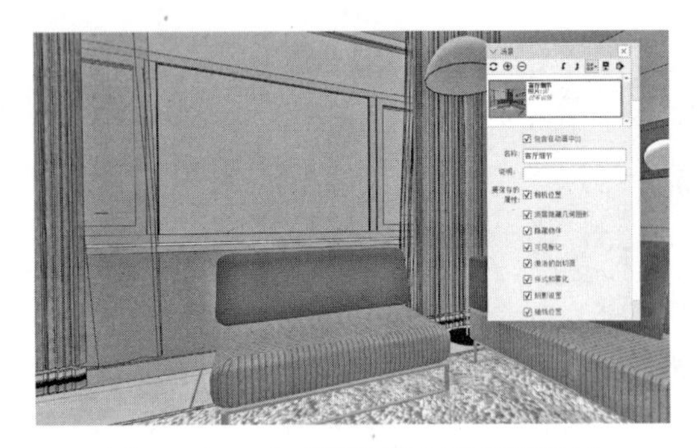

图 11-280　向前观察客厅并新建场景

图 11-281　向后转向观察餐厅

步骤 07 按住鼠标左键向前推动鼠标，直到观察到书架细节，然后新建【书房细节】场景保存该段动画，如图 11-283 所示。

步骤 08 按住鼠标左键向后推动退出书房，向左旋转直到观察至卫生间门，新建【过道位置】场景保存该段动画，如图 11-284 所示。

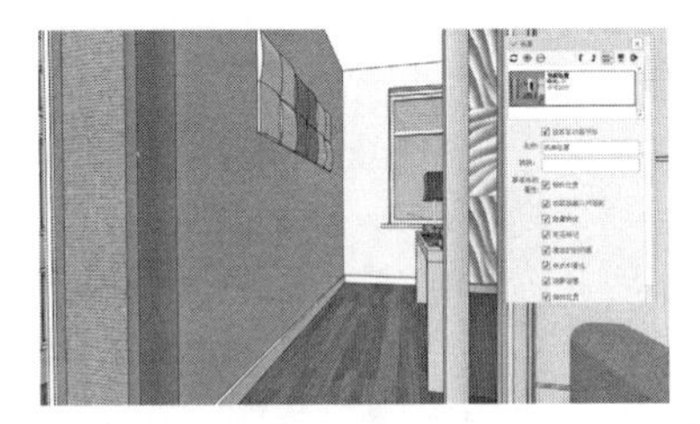

图 11-282　行走至书房并新建场景

图 11-283　观察书架并新建场景

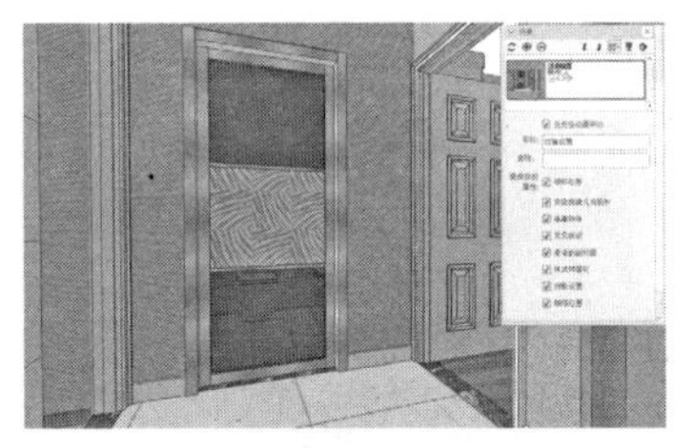

图 11-284　退出书房并新建场景

步骤 09 按住鼠标继续向左旋转同时前进，通过卧室门后新建【卧室位置】场景，保存该段动画，如图 11-285 所示。

步骤 10 按住鼠标前进至卧室飘窗前，新建【卧室细节】场景保存该段动画，如图 11-286 所示。

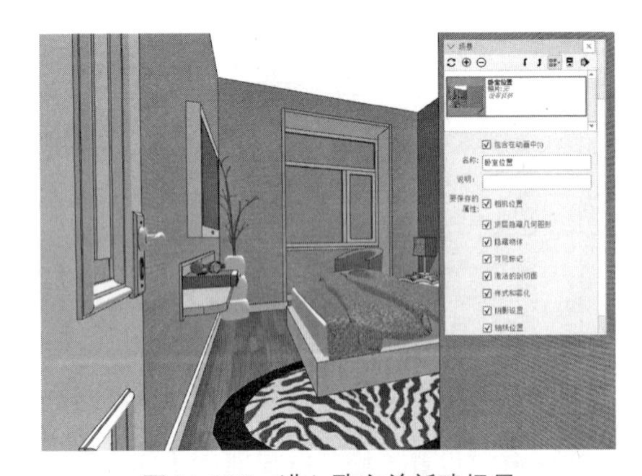

图 11-285　进入卧室并新建场景

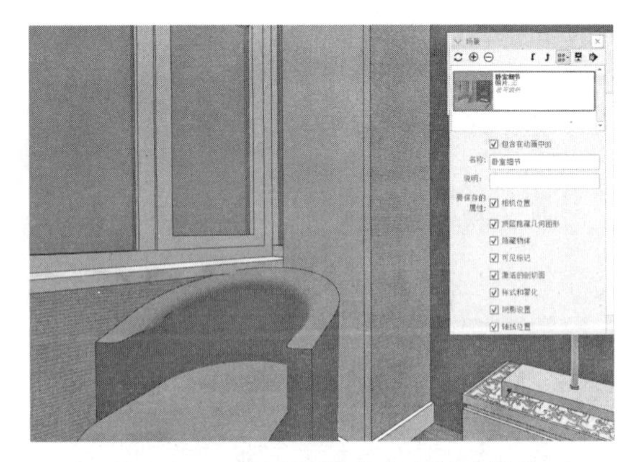

图 11-286　行走至卧室窗户新建场景

步骤 11 按住鼠标继续向右旋转，直到观察到后方的衣柜，新建【最终位置】场景保存该段动画，如图 11-287 与图 11-288 所示。

图 11-287　向后转向

图 11-288　完成行走并新建场景

170 预览并输出行走动画

文件路径：无	视频文件：视频 \ 第 11 章 \170.MP4

行走设置完成后，首先可以通过预览确定其效果，然后通过【导出】菜单命令，生成 AVI 格式的动画，以便于效果的观察。

步骤 01 执行【窗口】/【模型信息】菜单命令，调整【模型信息】面板中【动画】选项卡参数，如图 11-289 与图 11-290 所示。

步骤 02 在场景名称上单击鼠标右键，选择【播放动画】菜单命令，直接在 SketchUp 中进行效果的预览，如图 11-291 所示。

图 11-289　执行【模型信息】命令

图 11-290　设定【动画】选项卡

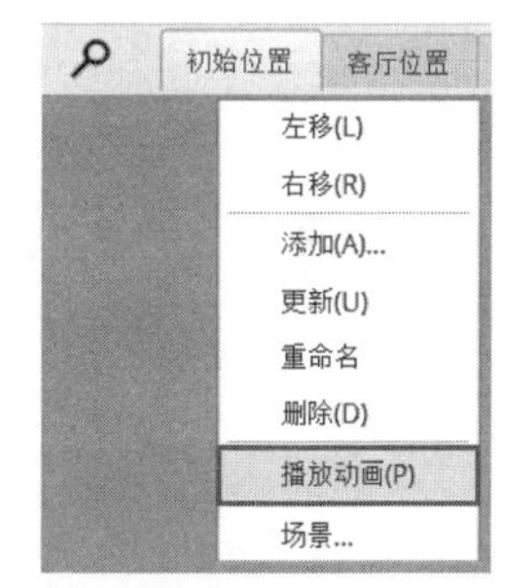

图 11-291　播放动画预览

步骤 03 单击【播放】按钮，经过数秒等待即可播放预览动画，如图 11-292 ~ 图 11-295 所示。

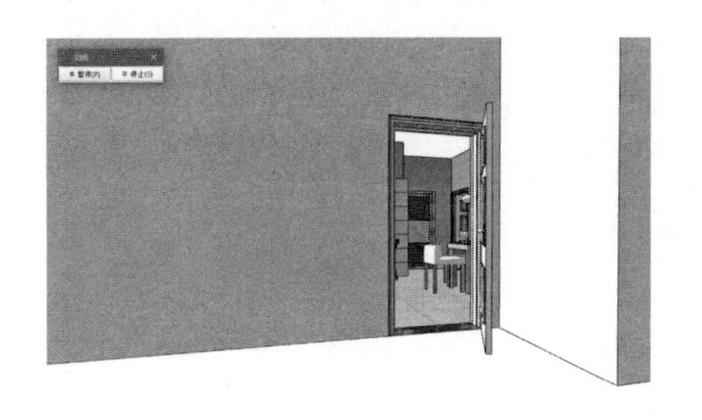

图 11-292　预览过程 1

图 11-293　预览过程 2

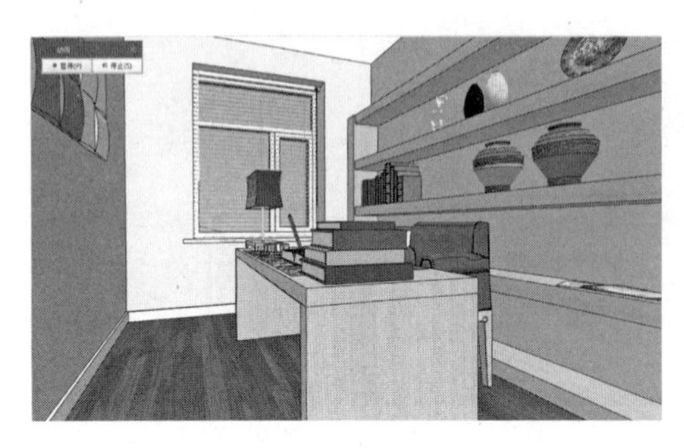

图 11-294　预览过程 3

图 11-295　预览过程 4

步骤 04 确定好预览效果后，执行【文件】/【导出】/【动画】/ 菜单命令，在弹出的【输出动画】面板设置选项参数，如图 11-296 所示。

图 11-296　设置动画导出选项

步骤 05 最后单击【导出】按钮输出动画视频，如图 11-297 所示。

步骤 06 输出完成后，通过播放器即可进行动画效果的观赏，如图 11-298 所示。

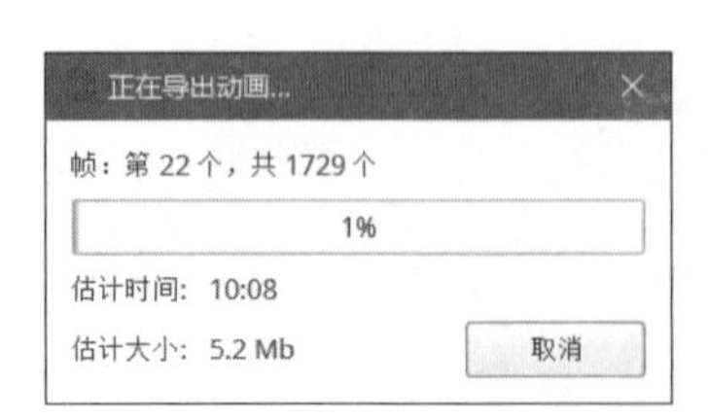

图 11-297　动画导出进程面板

图 11-298　行走动画播放效果

—→提示

【分辨率设置】：视频的分辨率数值越高，输入的动画图像越清晰，所需要的输出时间与占用的储存空间也越多。

【图像长宽比】：常用的分辨率比例 4:3 与 16:9，其中 16:9 是现代宽屏比例，有着更好的视觉观赏效果。

【帧速率】：常用的帧数设置为 25 帧 / 秒与 30 帧 / 秒，前者为国内 PAL 制式标准，后者则为美制 NTSC 标注。

【抗锯齿渲染】：勾选该参数后视频图像更为光滑，可以减少图像中的锯齿、闪烁、虚化等品质问题。

第12章 景观园林设计

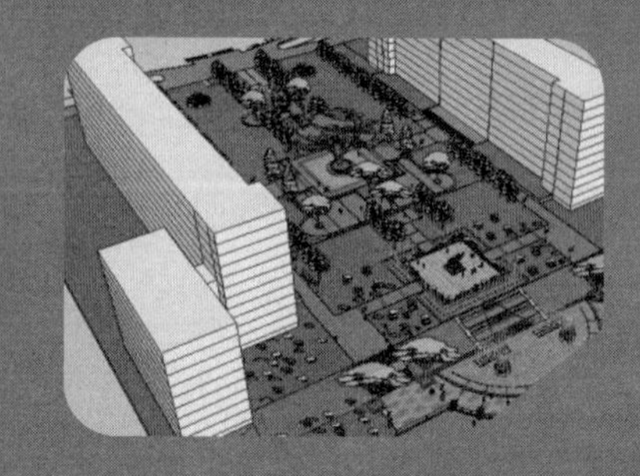

本章通过屋顶花园与校园中心广场两个园林设计案例，学习景观园林模型的创建方法与技巧，案例完成的效果如图 12-1 ~ 图 12-5 所示。

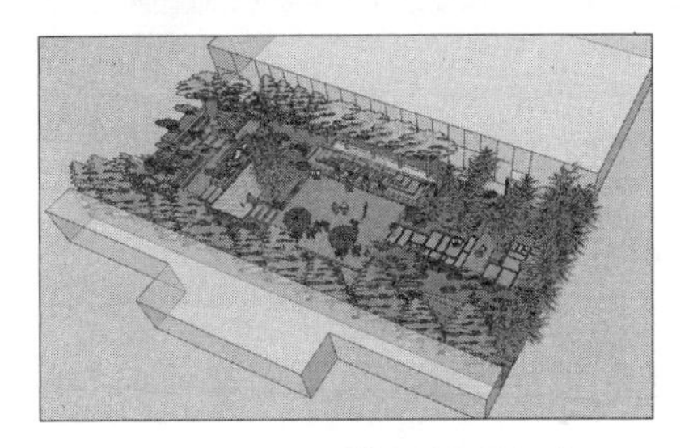

图 12-1　屋顶花园景观方案

图 12-2　校园中心广场方案

图 12-3　广场入口节点效果

图 12-4　休闲广场节点效果

图 12-5　廊桥水景节点效果

12.1　屋顶花园景观设计

本节学习屋顶花园景观方案的制作方法，主要通过参考平面布置彩图，制作出详细的方案效果，制作流程如图 12-6 ~ 图 12-9 所示。

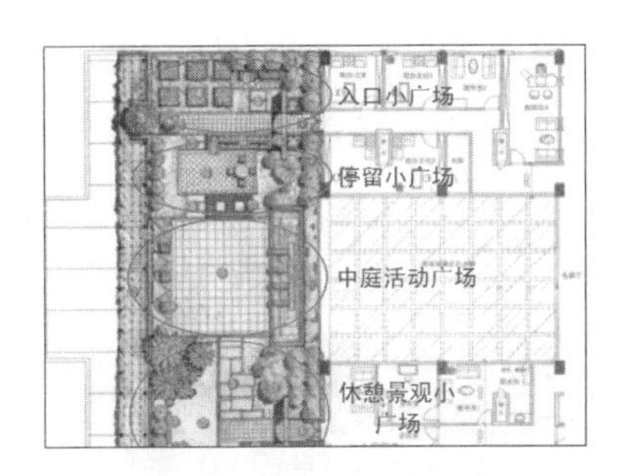

图 12-6　导入匹配图片

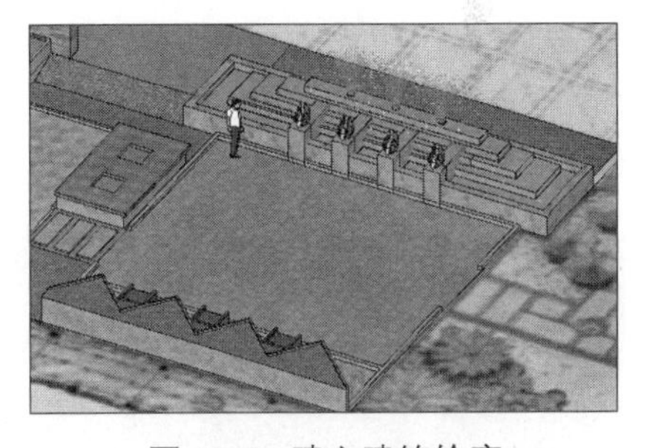

图 12-7　建立建筑轮廓

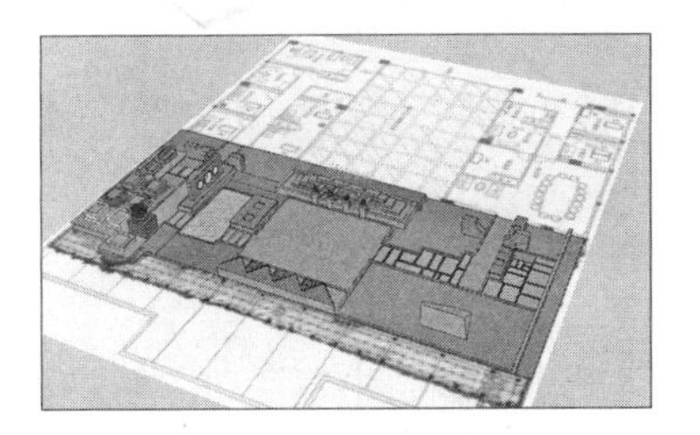

图 12-8　建筑细节

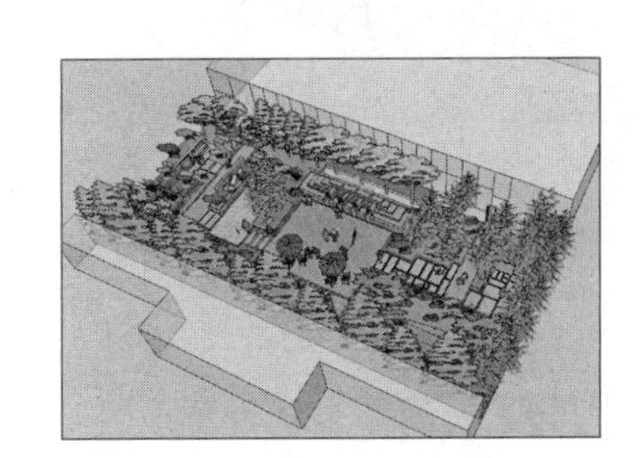

图 12-9　完成环境效果

171 导入图纸并分析建模思路

文件路径：配套资源 \ 第 12 章 \171	视频文件：视频 \ 第 12 章 \171.MP4

本例首先导入 JPG 格式的平面彩图，作为建模参考，然后根据图纸的特点确立完整的建模思路。

步骤 01 打开 SketchUp，执行【窗口】/【模型信息】命令，在【单位】选项卡内设置模型单位为“毫米”，如图 12-10 所示。

步骤 02 执行【文件】/【导入】菜单命令，在【导入】面板中选择配套资源的“屋顶花园底图 .jpg”文件，以图片导入，如图 12-11 所示。

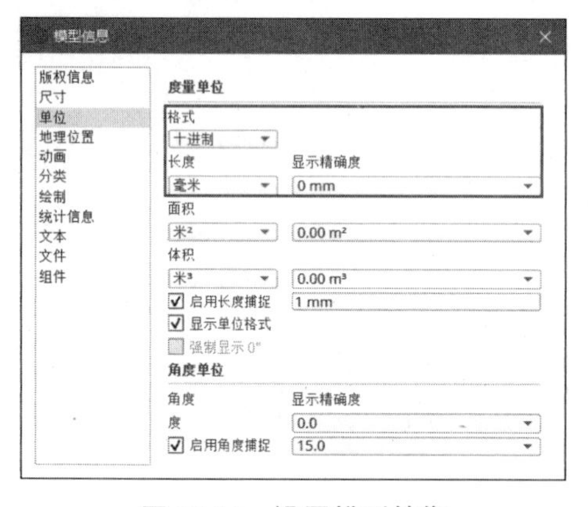

图 12-10 设置模型单位

图 12-11 导入图片文件

步骤 03 导入图片后，将图片左下角与原点对齐，如图 12-12 所示。接下来调整图片尺寸。

步骤 04 启用【卷尺】工具，测量图纸中花园入口处双开门的宽度，然后输入 1600mm 的标准长度并确定重置，如图 12-13 和图 12-14 所示。

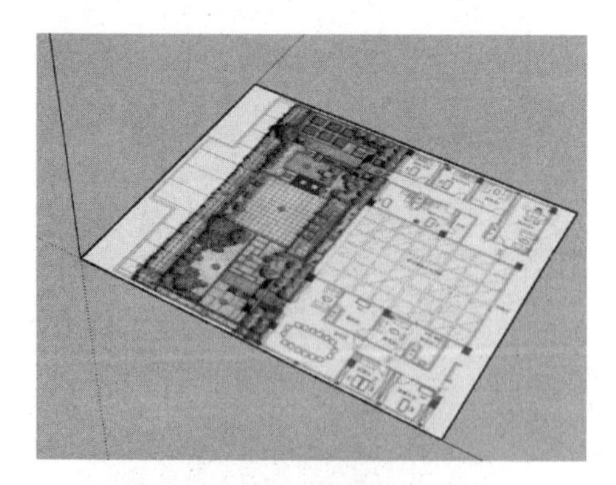

图 12-12 导入屋顶花园底图

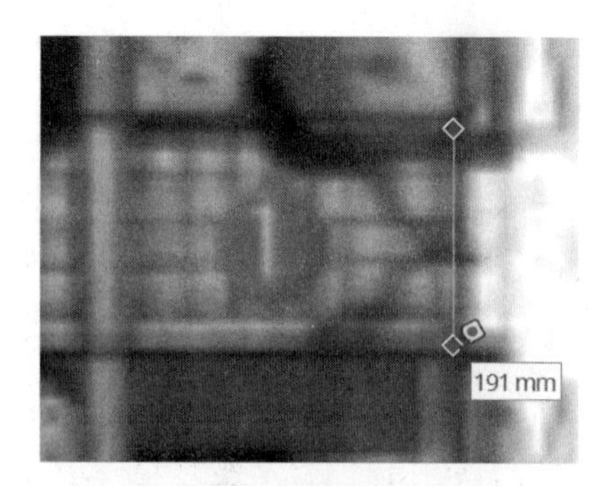

图 12-13 测量双开门宽度

步骤 05 屋顶花园从上至下可分为：入口小广场、停留小广场、中庭活动广场以及休憩景观小广场四个部分，如图 12-15 所示。根据该屋顶花园布局特点，确立模型的创建思路如下：

- 参考图纸逐步建立入口小广场、停留小广场、中庭活动广场以及休憩景观小广场四个部分的景观细节。
- 屋顶花园整体模型建立完成后，再创建出周边楼层的简模，然后合并入植物、人物等模型，完成最终效果。

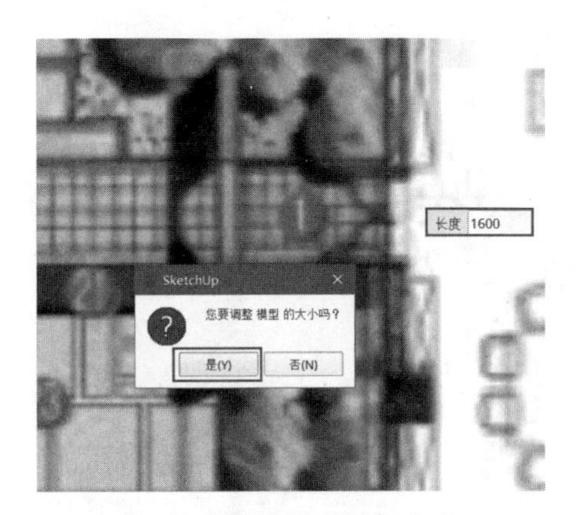

图 12-14　重置双开门宽度

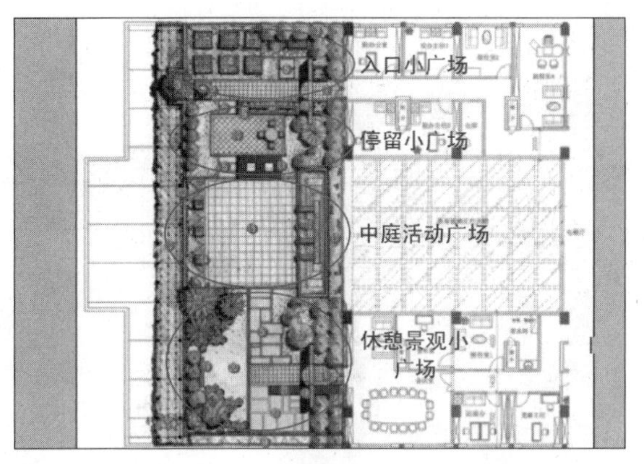

图 12-15　屋顶花园竖向区域分布

172 建立入口小广场

文件路径：无	视频文件：视频 \ 第 12 章 \172.MP4

入口小广场主要有入口小片墙、树池列阵以及端点小雕塑等景观，本例将详细介绍相关模型的创建方法。

步骤 01 切换至【俯视图】，参考图纸结合使用【直线】工具，创建小广场平面轮廓，如图 12-16 所示。

步骤 02 切换至 X 光透视模式显示，使用【矩形】工具参考图纸分割小广场各处细节，如图 12-17 所示。

步骤 03 结合使用【偏移】与【推 / 拉】工具，制作好路沿细节并赋予对应材质，如图 12-18 与图 12-19 所示。

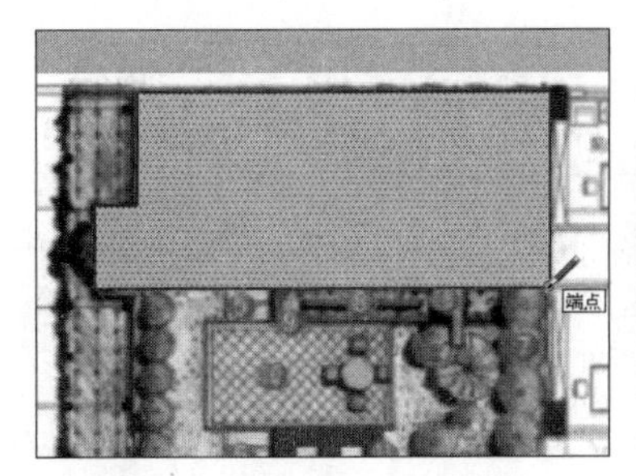

图 12-16　创建入口小广场平面

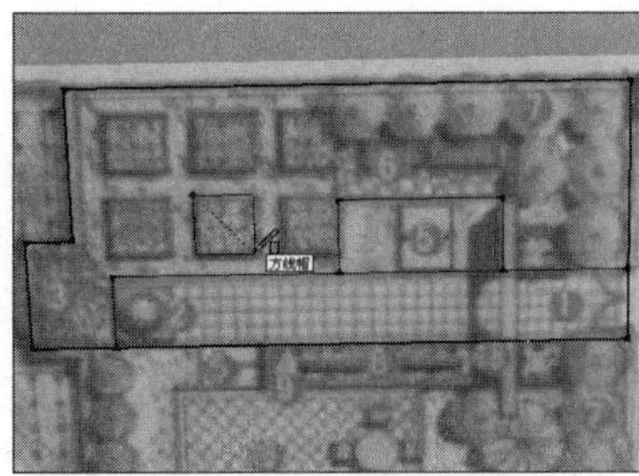
图 12-17　细分入口小广场

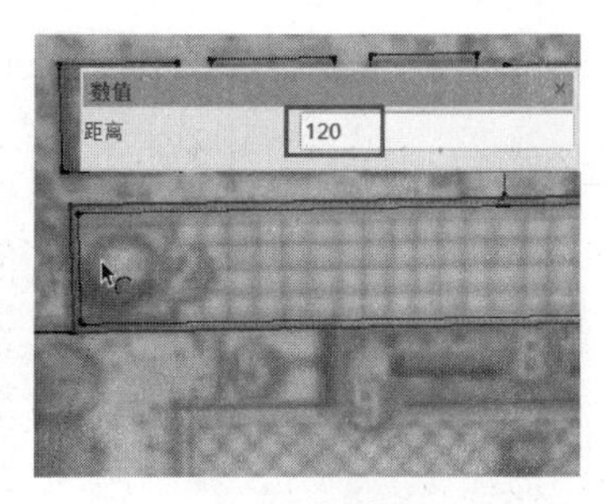

图 12-18　制作路沿细节

提示

在只有平面图纸参考的条件下，可以利用 SketchUp 中的人物模型进行比例的参考。

步骤 04 参考图纸，结合使用【推 / 拉】与【偏移】工具，制作入口处的树池模型，如图 12-20 与图 12-21 所示。

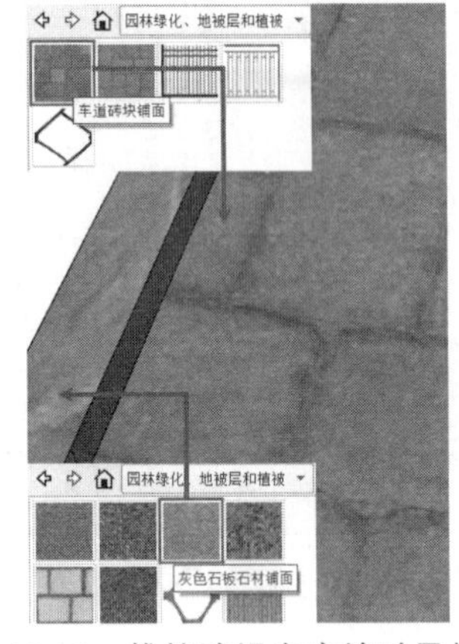

图 12-19　推拉路沿高度并赋予材质

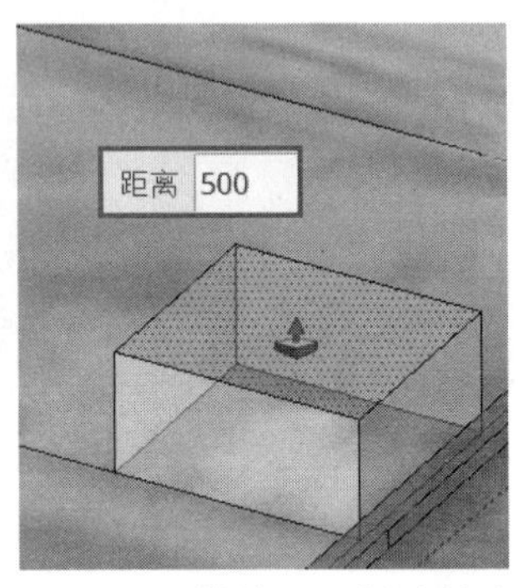

图 12-20　推拉入口树池轮廓

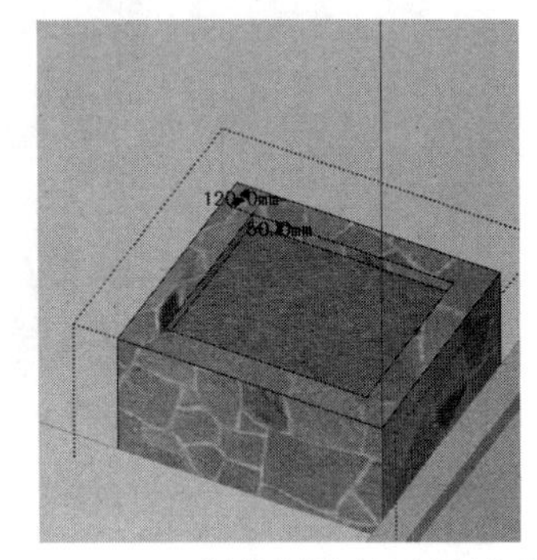

图 12-21　制作树池并赋予材质

步骤 05 参考图纸，结合使用【推 / 拉】、【矩形】、【圆弧】及【偏移】工具，制作入口处片墙模型并赋予对应材质，如图 12-22 与图 12-23 所示。

步骤 06 参考图纸，使用【推 / 拉】工具制作汀步与相关草地细节，并赋予对应材质，如图 12-24 所示。

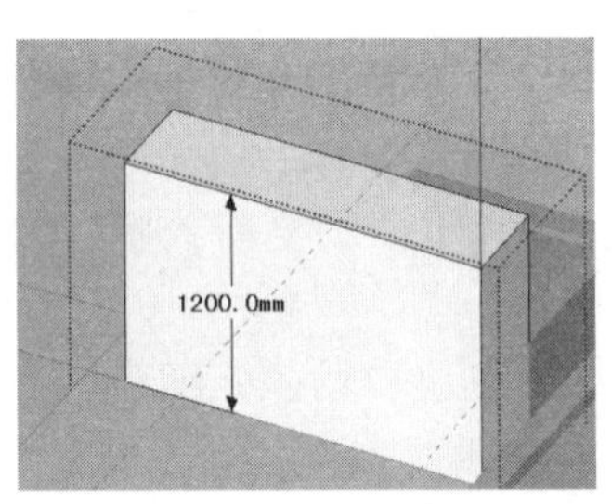

图 12-22　推拉片墙轮廓

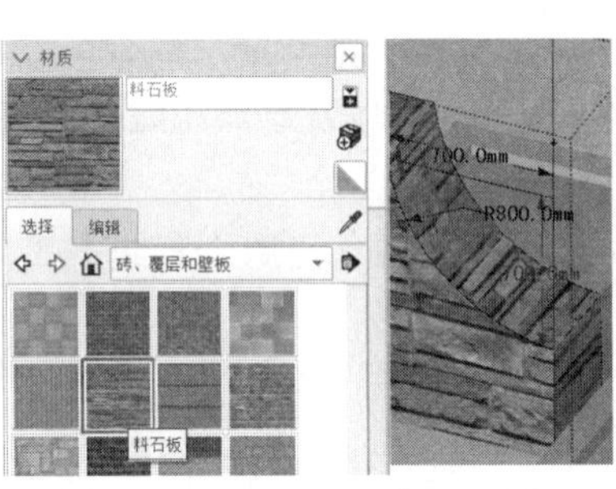

图 12-23　制作片墙并赋予材质

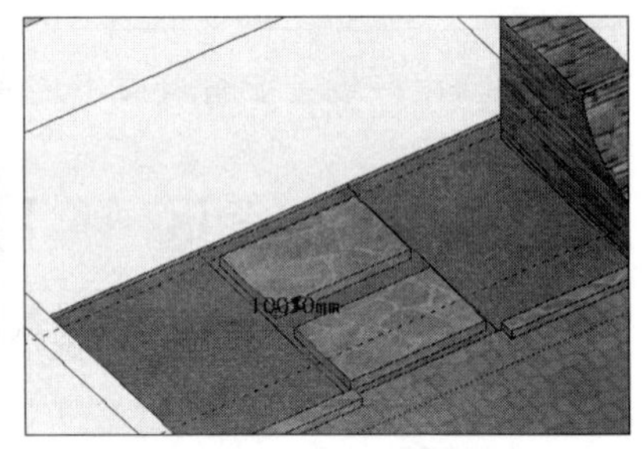

图 12-24　制作汀步细节

步骤 07 参考图纸，结合使用【推 / 拉】与【偏移】工具，制作出休息凳模型并赋予材质，如图 12-25 ~ 图 12-27 所示。

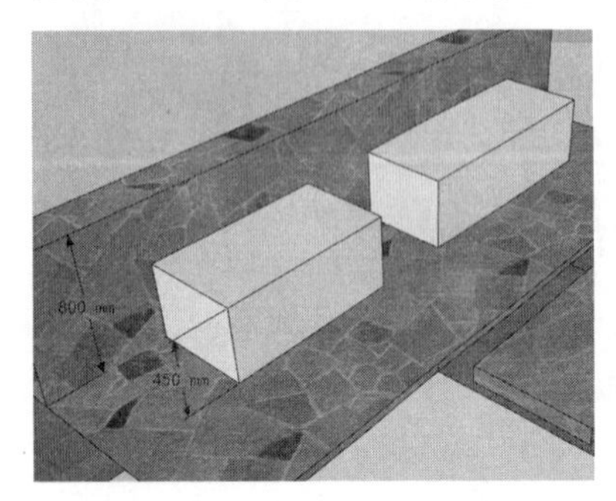

图 12-25　制作休息凳轮廓

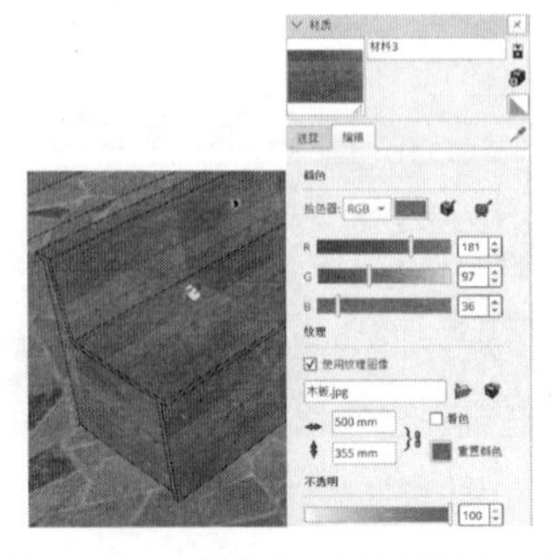

图 12-26　制作细节并赋予材质

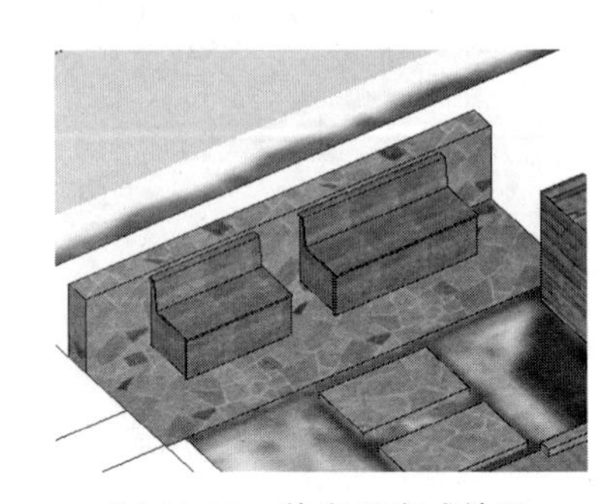

图 12-27　休息凳完成效果

步骤 08 通过类似操作，制作小广场端点树池、雕塑以及彩色树池等模型，如图 12-28 和图 12-29 所示，制作完成的入口小广场模型效果如图 12-30 所示。

图 12-28　制作树池

图 12-29　制作雕塑

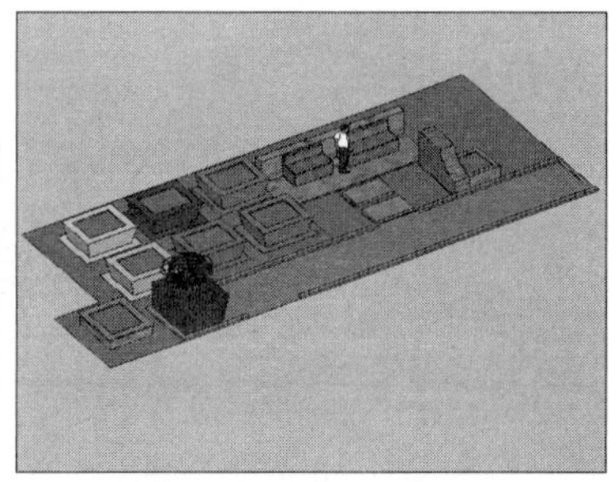

图 12-30　入口小广场模型完成效果

173 细化停留小广场

文件路径：无	视频文件：视频 \ 第 12 章 \173.MP4

入口小广场制作完成后，接下来制作停留小广场，该区域主要有文化墙以及花池等细节，在制作的过程中，注意与入口小广场衔接效果的处理。

步骤 01 参考图片，结合使用【直线】与【矩形】工具，细化制作出停留小广场内模型的平面细节，如图 12-31 ~ 图 12-33 所示。

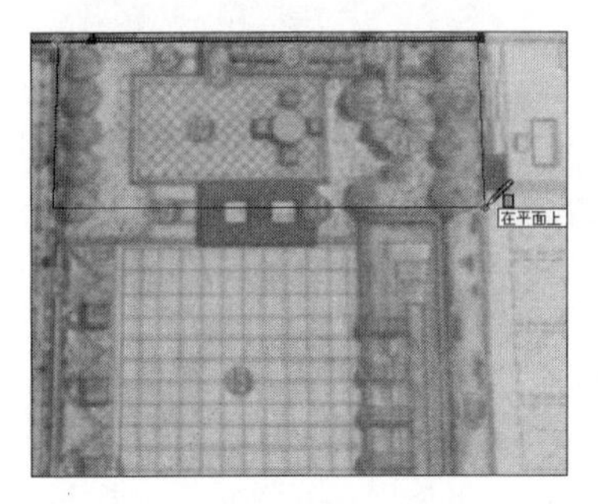

图 12-31　绘制停留小广场矩形

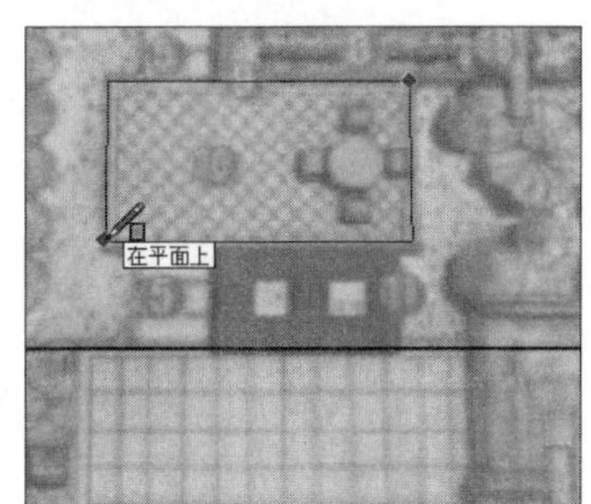

图 12-32　分割内部平面

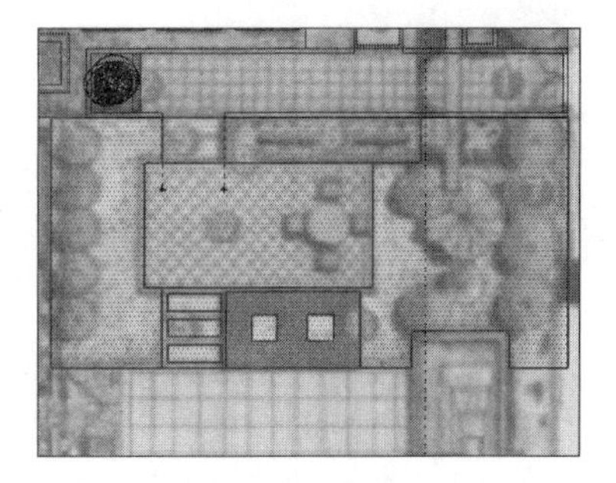

图 12-33　分割细部面

步骤 02 复制过道左侧，制作树池与小片墙，然后通过镜像调整朝向并对位，如图 12-34 所示。

步骤 03 参考图片，结合使用【偏移】与【推 / 拉】工具，制作花坛模型，如图 12-35 所示。

步骤 04 参考图片，结合使用【推 / 拉】、【卷尺】及【偏移】工具，制作文化墙模型，如图 12-36 ~ 图 12-38 所示。

步骤 05 启用【推 / 拉】工具，将停留小广场整体向下推入 300mm，制作出高低落差，如图 12-39 所示。

步骤 06 参考图片，结合使用【直线】与【推 / 拉】工具，分割制作左右两侧的斜坡并赋予花丛材质，如图 12-40 与图 12-41 所示。

步骤 07 参考图纸，使用【推 / 拉】工具制作入口小广场与停留小广场衔接处的台阶模型，如图 12-42 所示。

图 12-34　复制并镜像入口小片墙

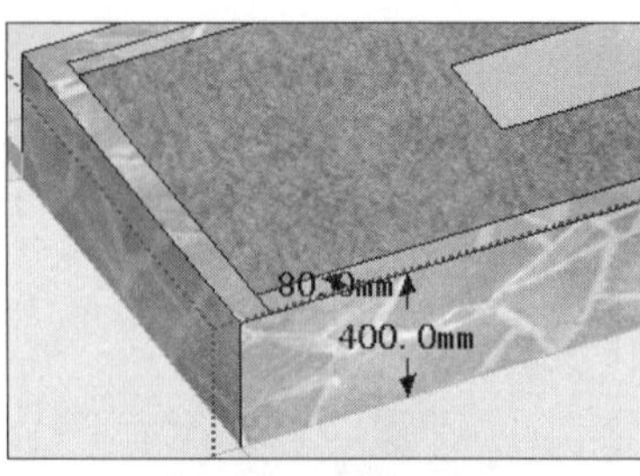

图 12-35　制作花坛

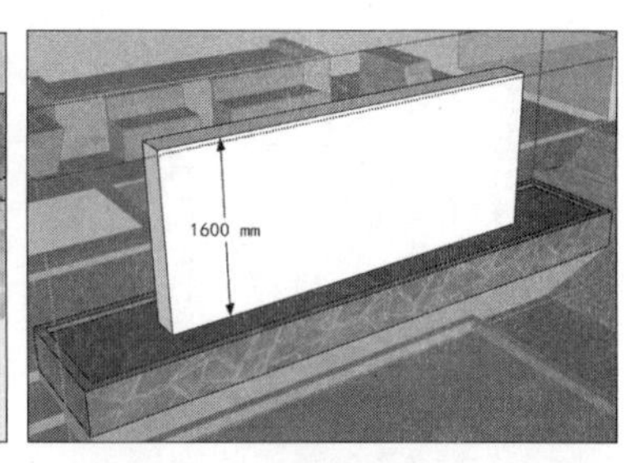

图 12-36　制作文化墙轮廓

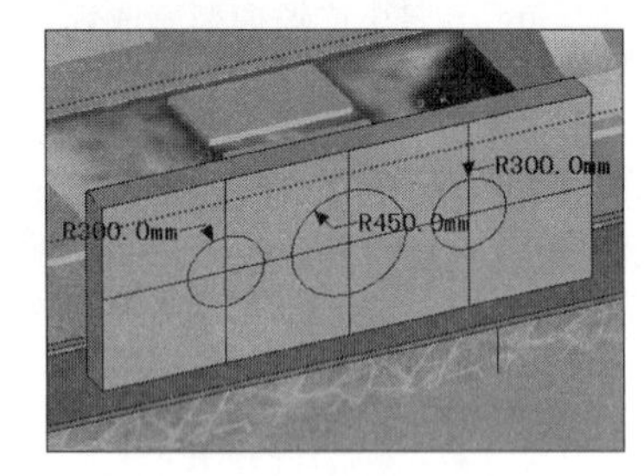

图 12-37　分割文化墙平面

图 12-38　文化墙完成效果

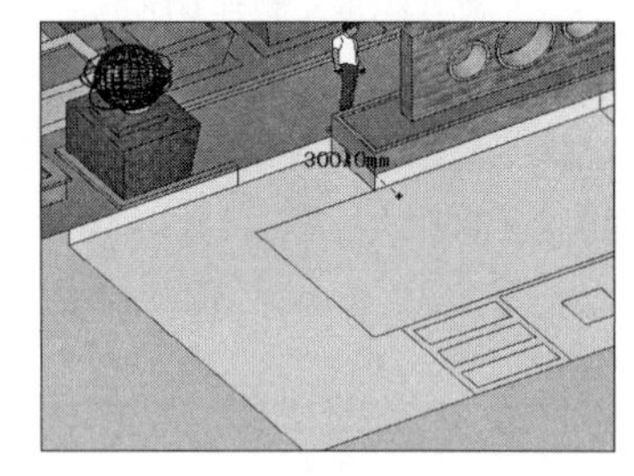
图 12-39　向下推拉 300mm 厚度

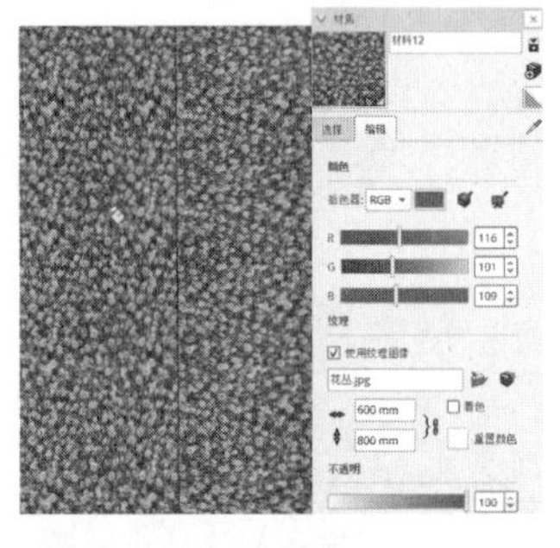
图 12-40　制作斜坡处花丛

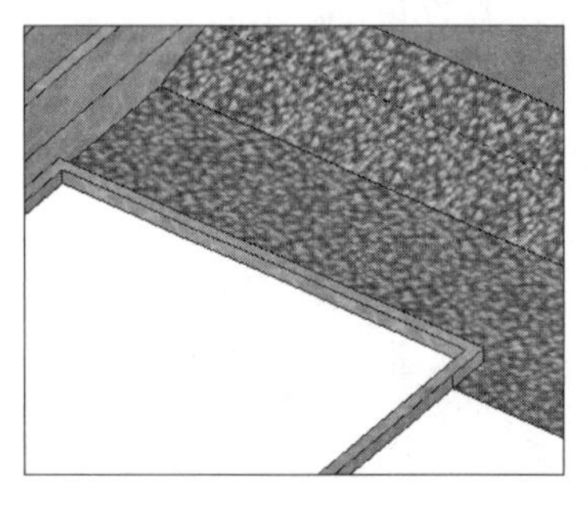
图 12-41　制作右侧斜坡及花丛

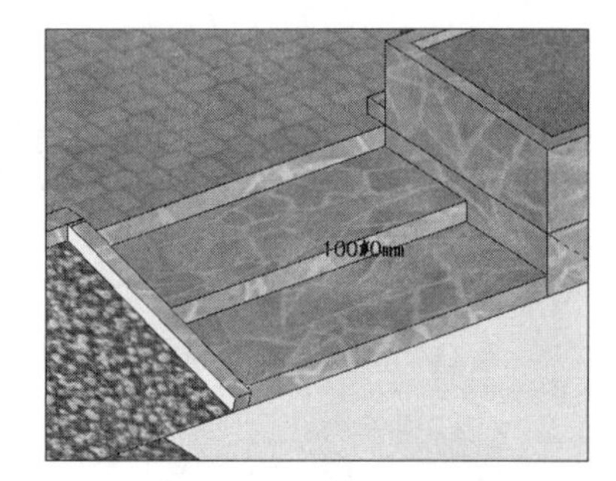
图 12-42　制作衔接台阶

步骤 08 赋予中心平面石材，并调整 45° 拼贴效果，如图 12-43 所示。

步骤 09 参考图纸，结合使用【偏移】与【推 / 拉】工具，制作下方的木座凳与汀步模型，完成停留小广场模型效果，如图 12-44 所示。

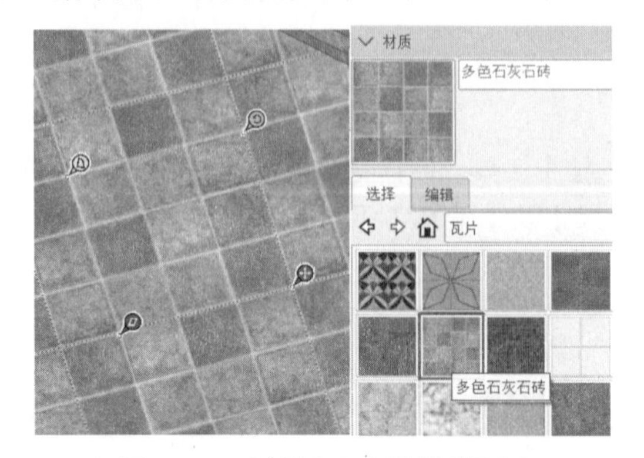

图 12-43　赋予中心广场斜拼石材

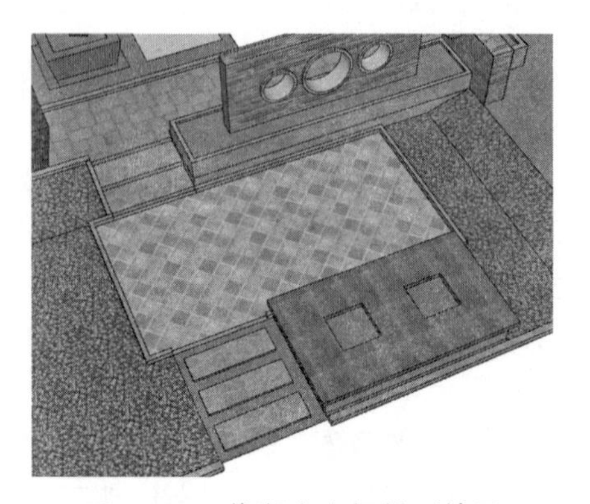
图 12-44　停留小广场模型效果

174 细化中庭活动广场

文件路径：无	视频文件：视频 \ 第 12 章 \174.MP4

本例制作中庭活动广场，该区域主要有右侧的花钵与左侧的跌级水景，接下来学习其具体的制作方法。

步骤 01 选择参考底图，对齐至最低平面，以便于观察与捕捉，然后结合使用【直线】与【矩形】工具分割出区域平面，如图 12-45 ~ 图 12-47 所示。

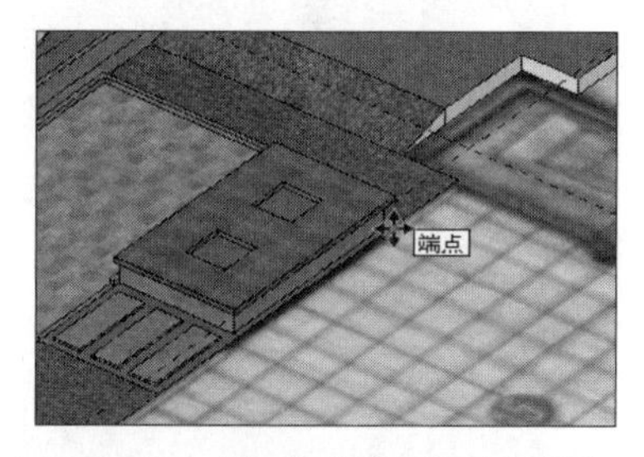

图 12-45　对齐参考底图至最低平面

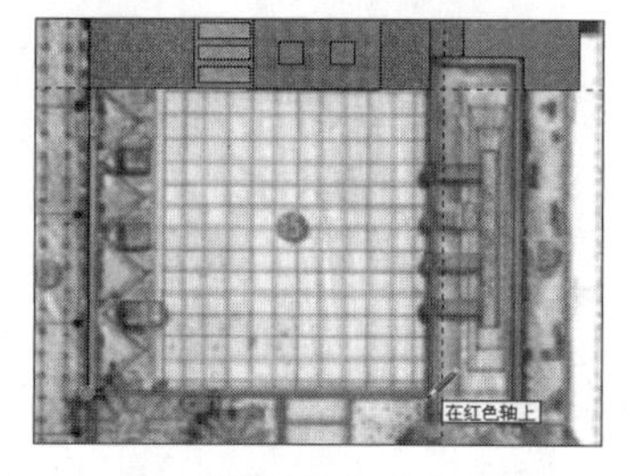

图 12-46　创建中庭活动广场平面

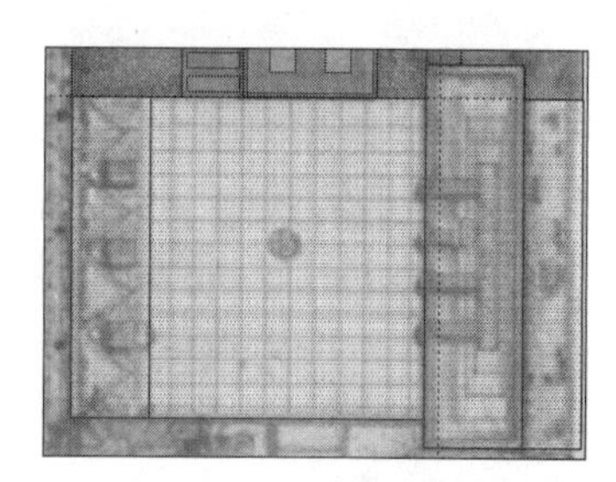

图 12-47　分割区域平面

步骤 02 参考图纸，使用【直线】与【推 / 拉】工具，制作右侧花坛细节并赋予花丛材质，如图 12-48 与图 12-49 所示。

步骤 03 打开【组件】面板，合并花钵模型组件，然后赋予其下方的地面鹅卵石材质，如图 12-50 与图 12-51 所示。

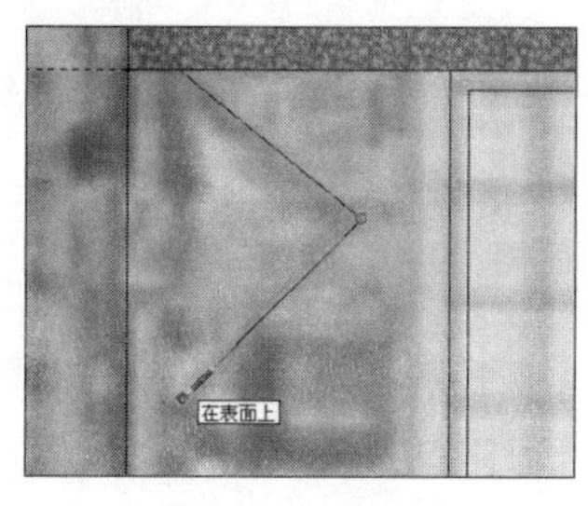

图 12-48　分割花丛平面

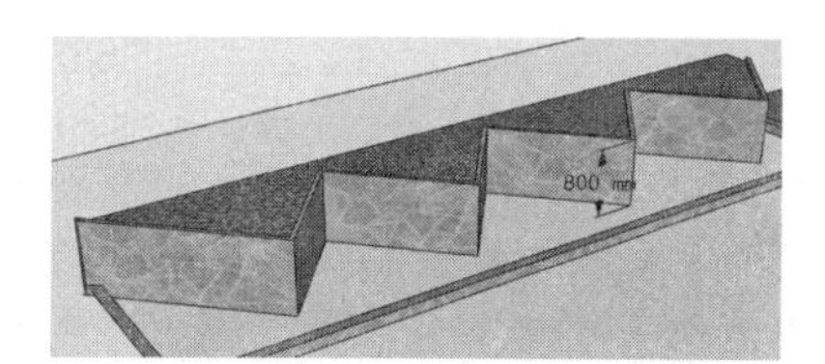

图 12-49　制作花坛细节

图 12-50　合并花钵模型

步骤 04 赋予中庭广场地砖材质，如图 12-52 所示。接下来制作右侧的跌级水景细节，首先分割跌级水景细节面，如图 12-53 所示。

步骤 05 使用【推 / 拉】工具制作出跌级模型，并赋予瓷砖材质，然后制作好喷水孔等细节，如图 12-54 与图 12-55 所示。

步骤 06 结合使用【直线】、【圆弧】以及【偏移】工具，制作出跌级处的水流细节，然后通过复制与缩放完成整体效果，如图 12-56 与图 12-57 所示。

步骤 07 打开【组件】面板，合并喷泉水柱及雕塑模型，复制并对位后完成中庭广场效果，如图 12-58 与图 12-59 所示。

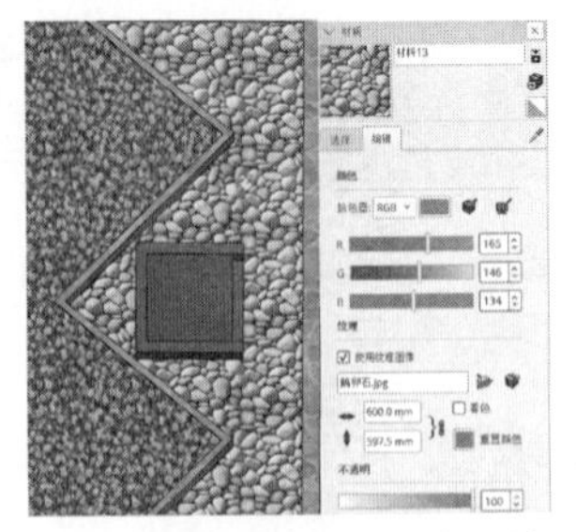
图 12-51 制作鹅卵石地面效果

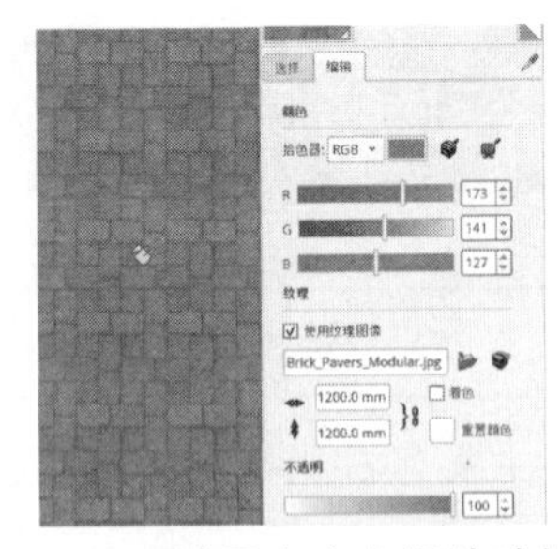
图 12-52 赋予中庭广场地砖材质

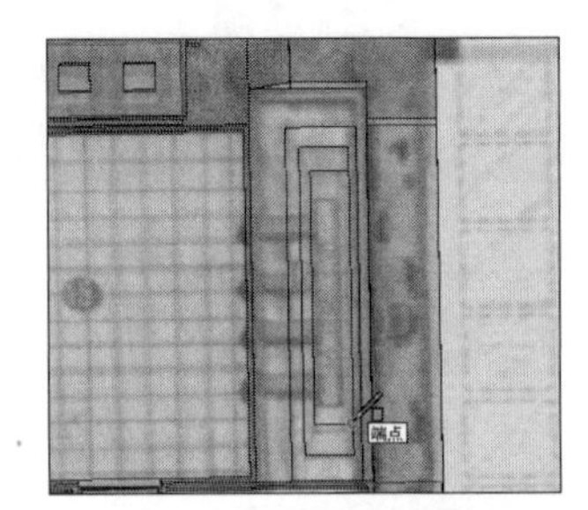

图 12-53 分割跌级水景细节面

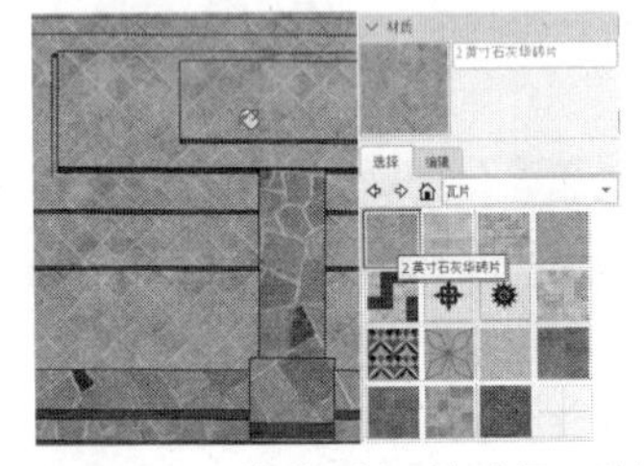
图 12-54 推拉跌级并赋予石材

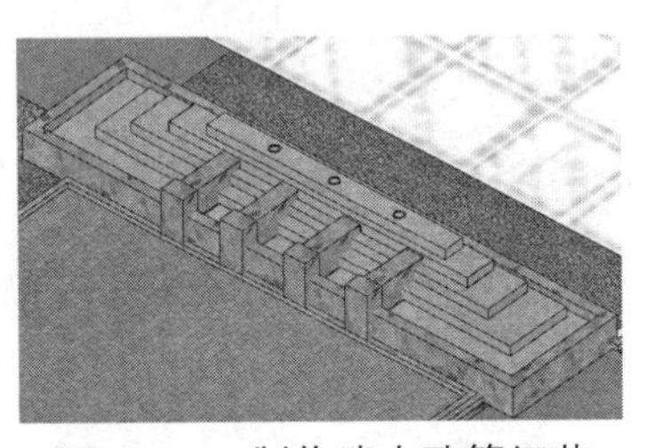
图 12-55 制作喷水孔等细节

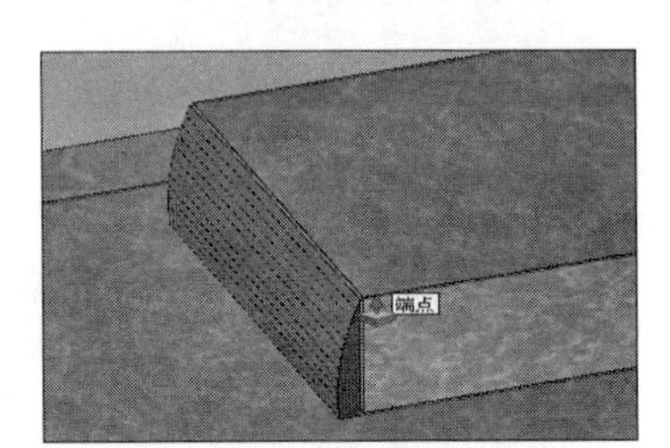

图 12-56 制作水流

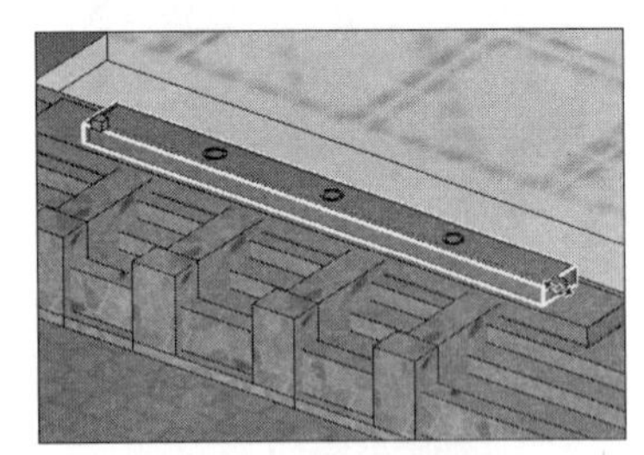
图 12-57 复制并调整水流

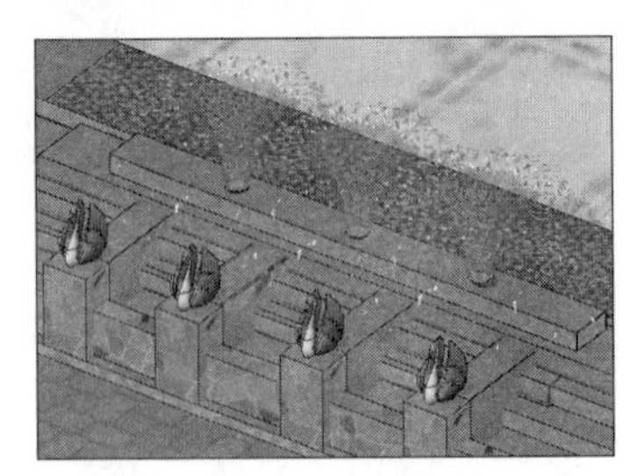
图 12-58 合并水柱及雕塑

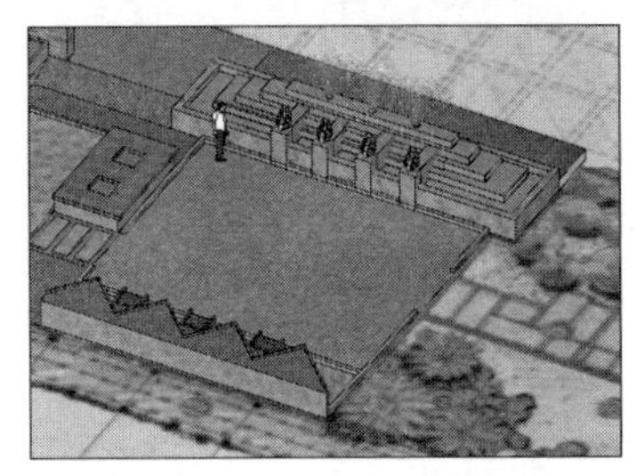
图 12-59 中庭广场完成效果

175 细化休憩景观小广场

文件路径：无	视频文件：视频 \ 第 12 章 \175.MP4

本例制作休憩小广场模型，主要有较为复杂的汀步及石块景观，接下来学习其制作方法。

步骤 01 参考图片，启用【直线】工具，分割出休憩小广场的平面区域，如图 12-60 所示。

步骤 02 参考图片，启用【矩形】工具，分割出入口处的汀步平面，如图 12-61 所示。

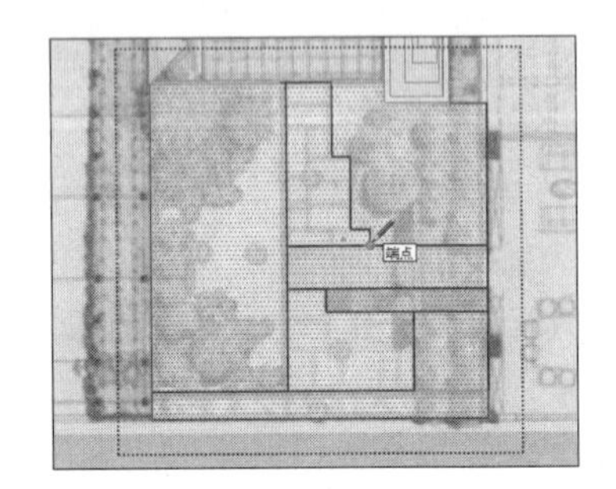

图 12-60 分割休憩小广场平面区域

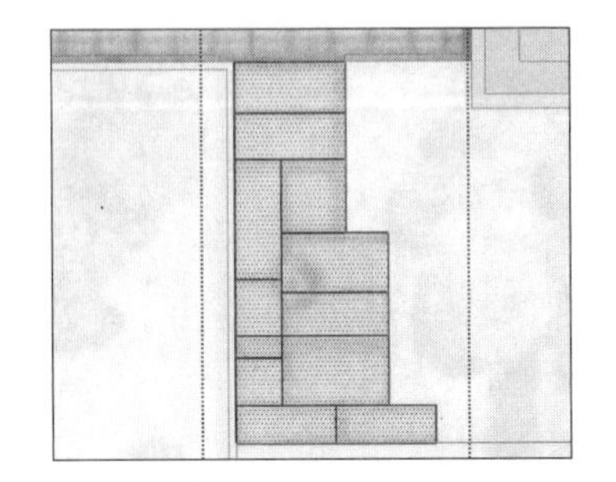
图 12-61 分割汀步平面

步骤 03 结合使用【偏移】与【推 / 拉】工具，制作出汀步细节，然后赋予石料与草皮材质，如图 12-62 所示。

步骤 04 参考图片，制作汀步两侧的草地与路沿，如图 12-63 所示。

步骤 05 结合使用【直线】与【推 / 拉】工具，制作石块造型并赋予材质，如图 12-64 与图 12-65 所示。

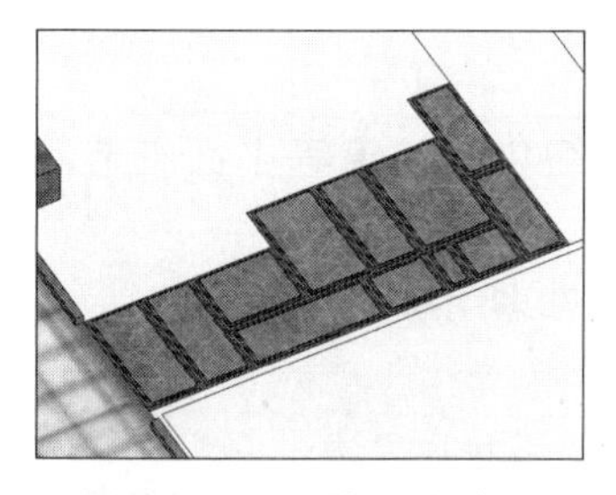
图 12-62　制作汀步效果

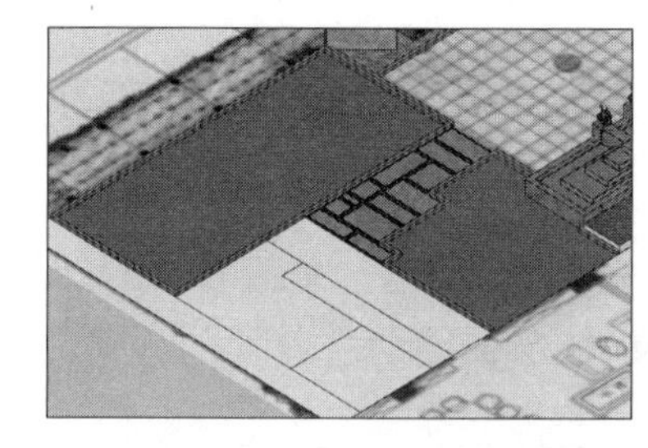
图 12-63　制作草地效果

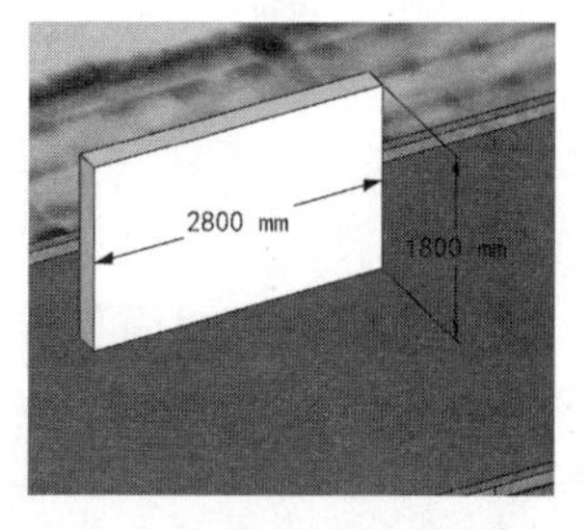

图 12-64　推拉出石块轮廓

步骤 06 参考图片，使用同样的方法，制作过道、汀步以及休息长凳等模型，如图 12-66 ~ 图 12-68 所示。

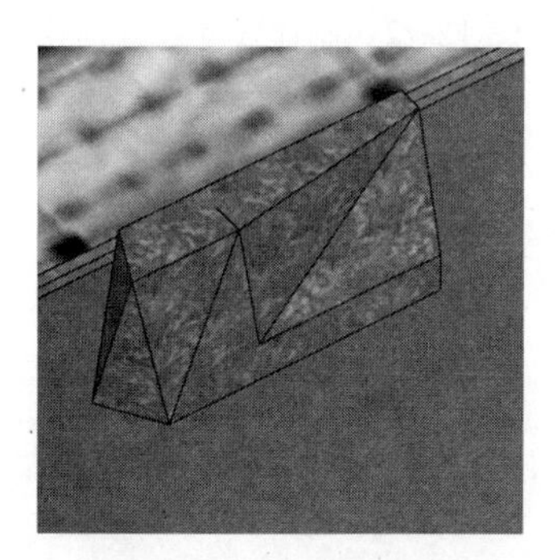
图 12-65　细化石块造型

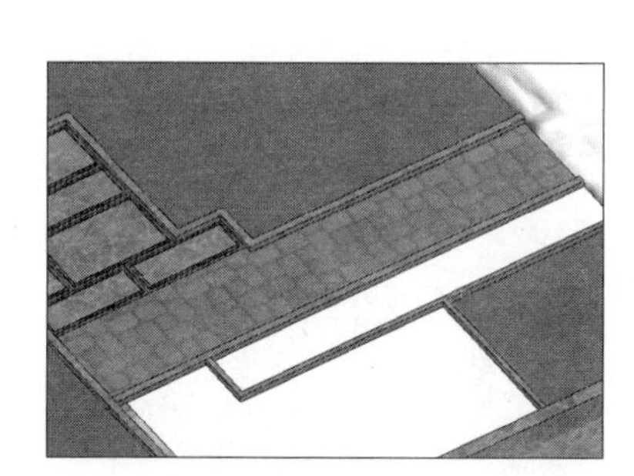
图 12-66　制作过道

图 12-67　制作汀步

步骤 07 屋顶花园景观模型制作完成，当前的效果如图 12-69 所示。接下来制作周边建筑，并合并树木、人物等组合，完成最终效果。

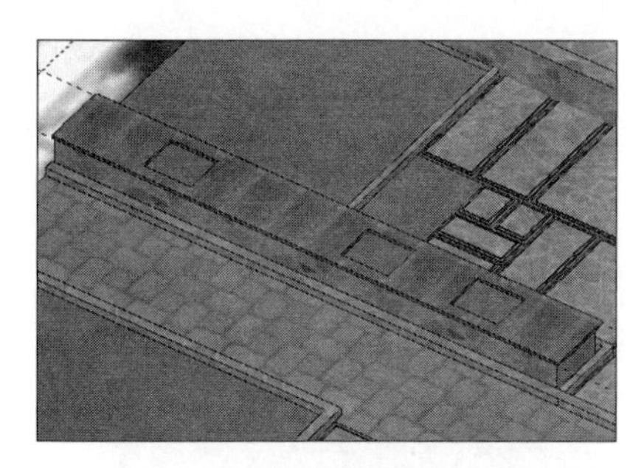
图 12-68　制作休息长凳

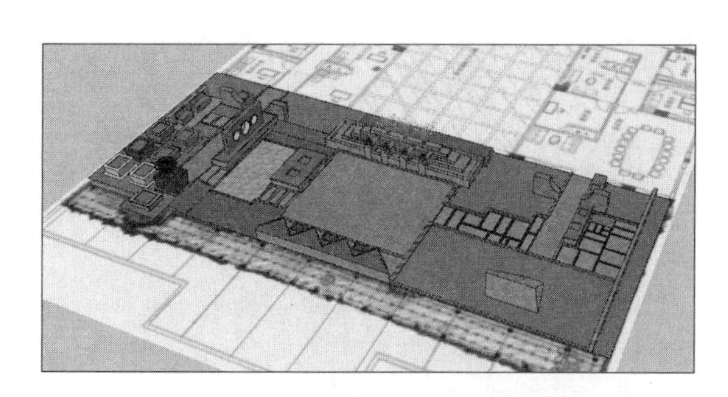
图 12-69　屋顶花园景观完成效果

176 完成最终细节

文件路径：无	视频文件：视频\第 12 章\176.MP4

本例首先创建周边楼层简化模型，然后合并植物、人物等模型，丰富场景层次。

1. 创建周边楼层简模

步骤01 参考图片，使用【直线】工具绘制周边建筑平面，细化出门窗等平面细节，如图 12-70 所示。

步骤02 进行封面与推拉，完成三维造型，如图 12-71 与图 12-72 所示。

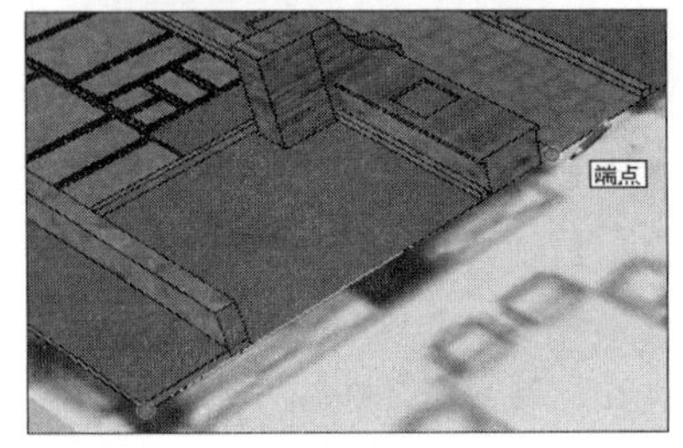

图 12-70　绘制建筑平面

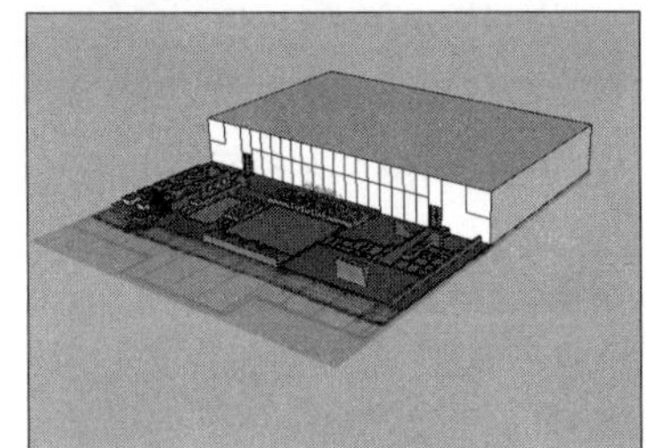
图 12-71　制作右侧建筑简模

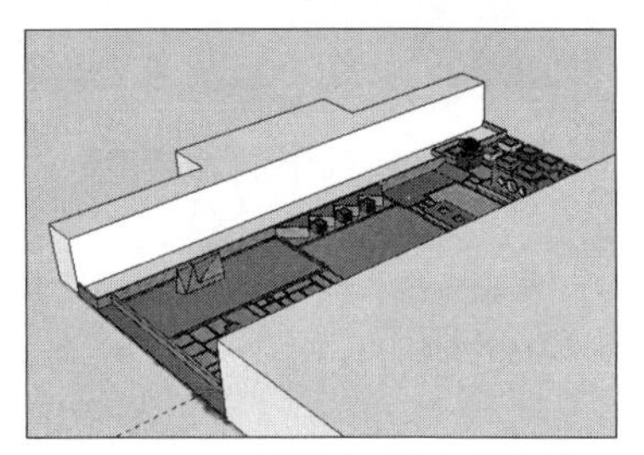
图 12-72　制作左侧建筑简模

2. 添加植物与人物

步骤01 打开【组件】面板，参考底图植被的分布，合并入树木以及灌木等组件模型，如图 12-73 ~ 图 12-75 所示。

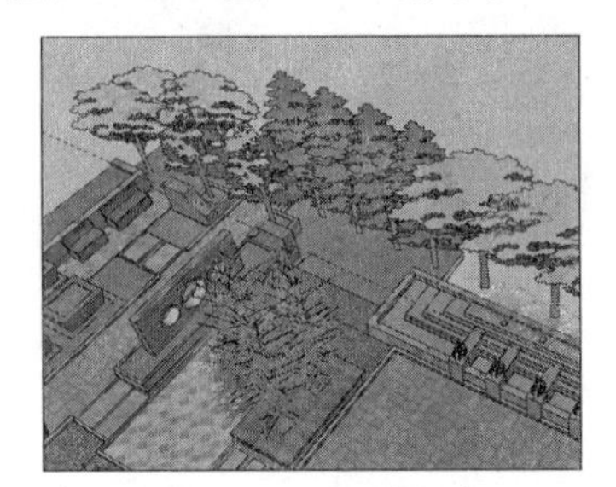
图 12-73　合并树木

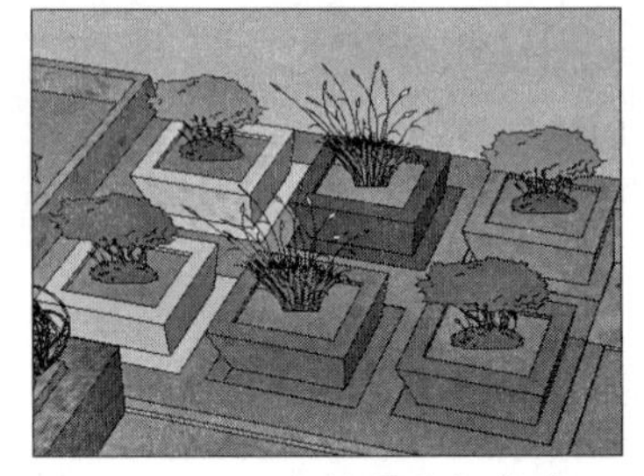
图 12-74　合并灌木与花草

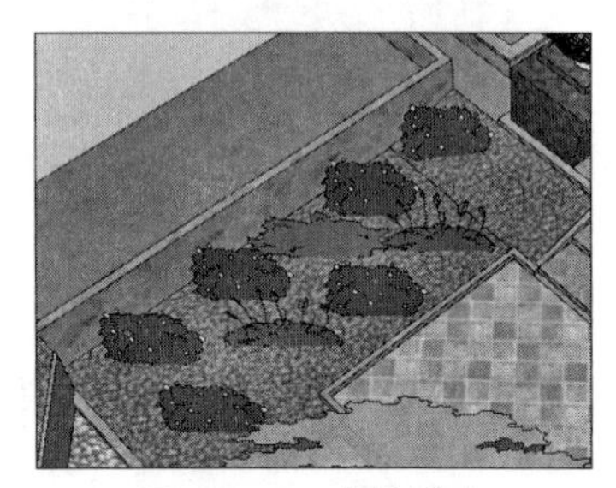
图 12-75　合并灌木

步骤02 整体植被效果如图 12-76 所示，继续合并休闲桌椅以及人物等细节模型，如图 12-77 与图 12-78 所示。

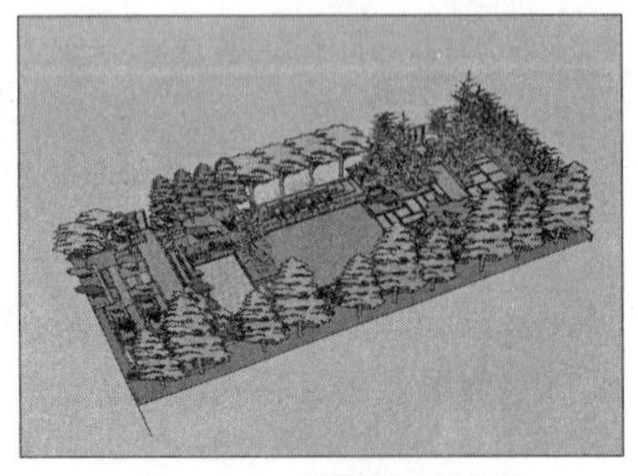
图 12-76　植被完成效果

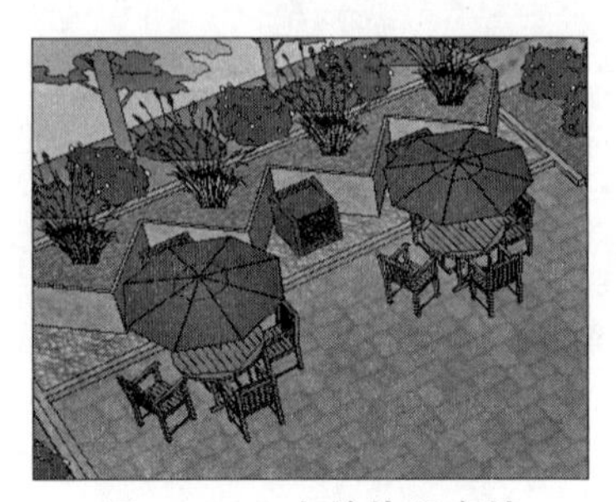
图 12-77　合并休闲桌椅

步骤 03 参考整体效果，调整植被及人物位置细节，完成最终效果如图 12-79 所示。

图 12-78　合并人物

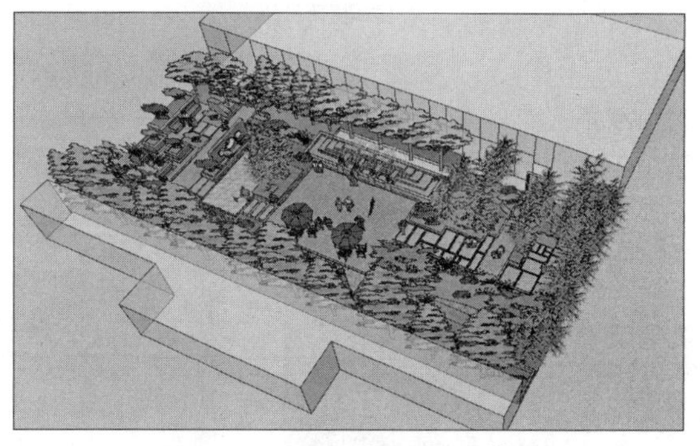
图 12-79　屋顶花园最终效果

12.2　校园中心广场方案

校园中心广场制作过程如图 12-80 ~ 图 12-85 所示。

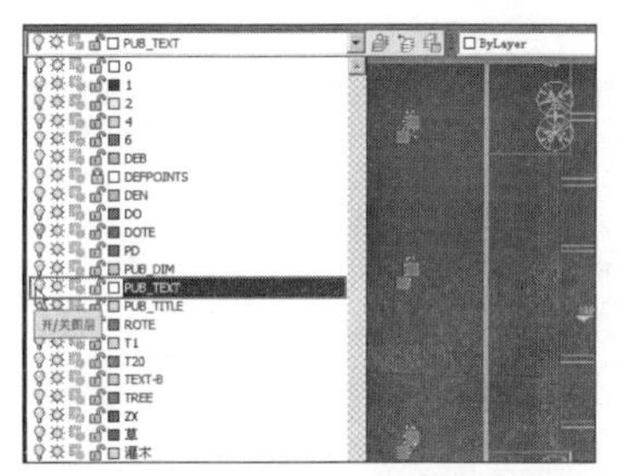

图 12-80　整理 AutoCAD 图纸

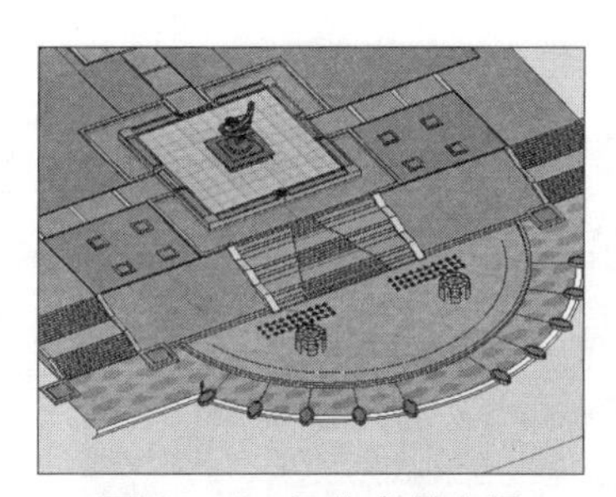
图 12-81　细化水景广场

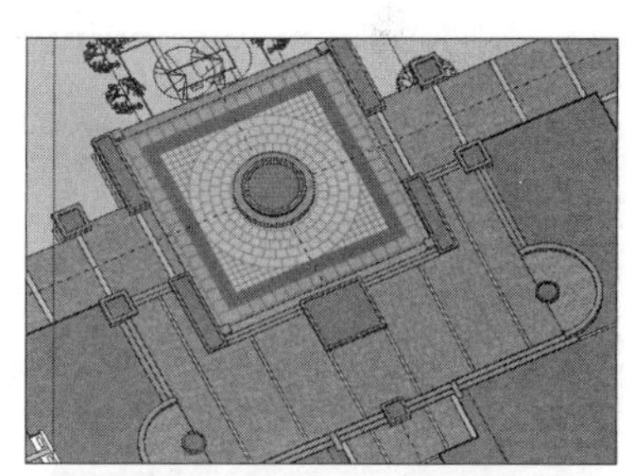
图 12-82　细化休闲广场

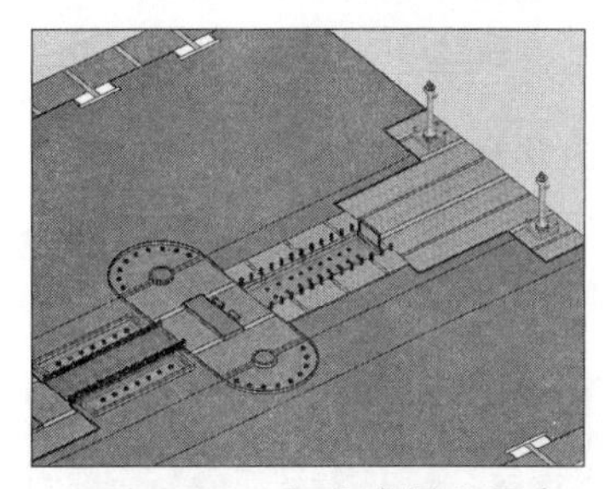
图 12-83　细化廊桥水景

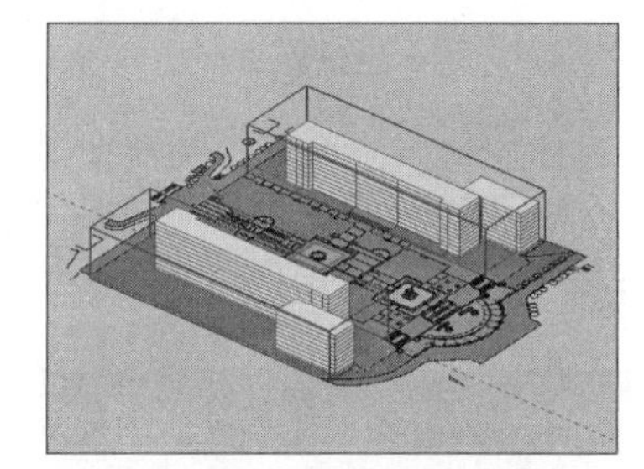
图 12-84　完善地形与建筑

图 12-85　整体鸟瞰效果

177　整理 CAD 图纸并分析建模思路

文件路径：配套资源 \ 第 12 章 \177	视频文件：无

本例简化用于建模参考的 AutoCAD 图纸，同时根据图纸特点分析建模思路。

启动 AutoCAD，打开配套资源“第 12 章 | 中心广场方案 .dwg”图形，删除右侧灌木布置图

纸，保留左侧图形，如图 12-86 与图 12-87 所示。

分别选择轴线、文字等图层，进入【图层管理器】，关闭这些与建模无关的图层，如图 12-88 所示。由于中心广场呈左右对称，因此可以选择删除左侧或右侧重复的植物图形元素，如图 12-89 所示。

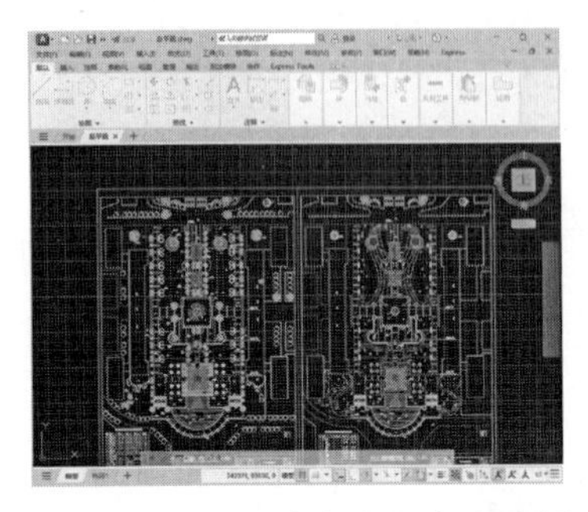

图 12-86 打开中心广场方案图纸

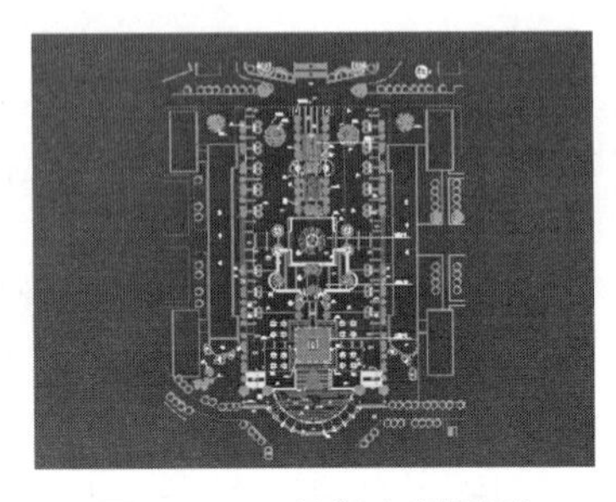

图 12-87 保留左侧图形

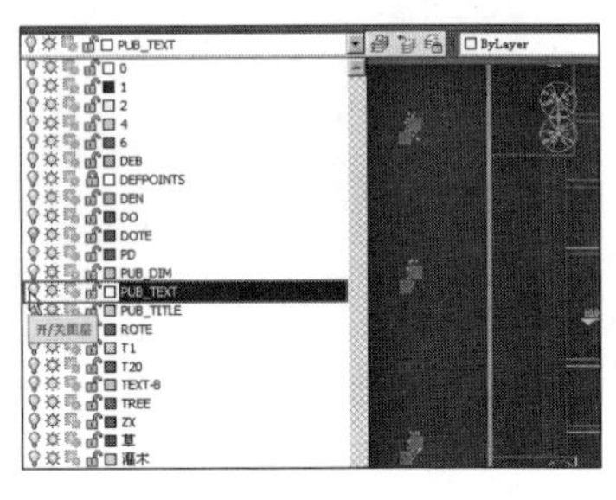

图 12-88 关闭多余图层

图纸简化完成后，按下 Ctlr+Shift+S 组合键将其另存，如图 12-90 与图 12-91 所示。

图 12-89 删除左侧重复图形元素

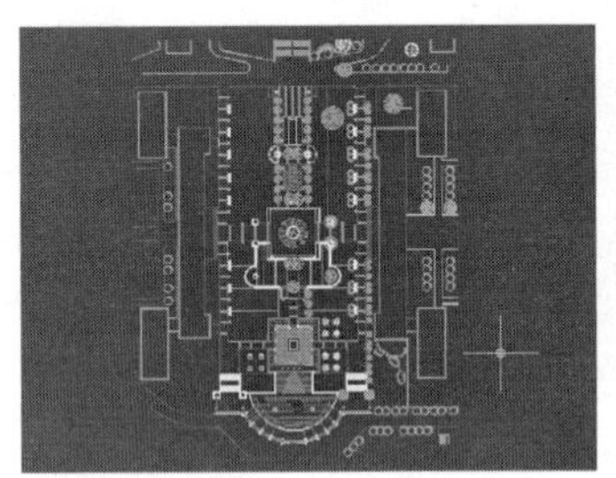

图 12-90 图纸简化效果

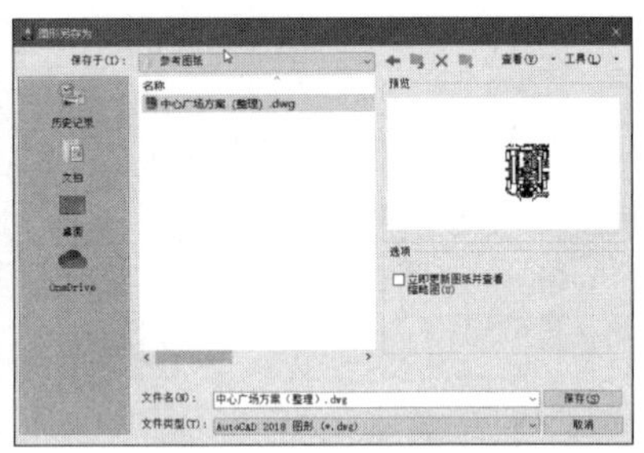

图 12-91 另存图纸

根据该方案竖向布局以及左右对称的特点，确立本例模型建立思路如下：

📖 参考图纸，逐步建立入口及水景广场、休闲广场以及廊桥水景广场，如图 12-92 ~ 图 12-94 所示。

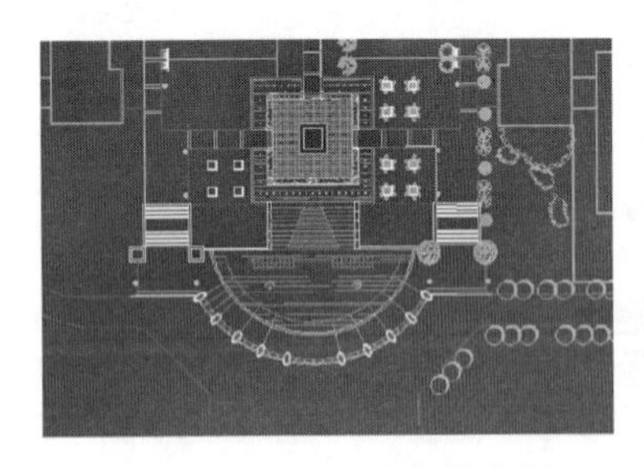

图 12-92 入口及水景广场

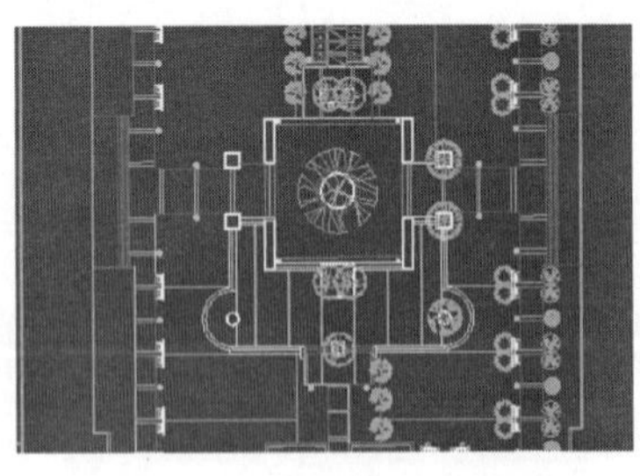

图 12-93 休闲广场

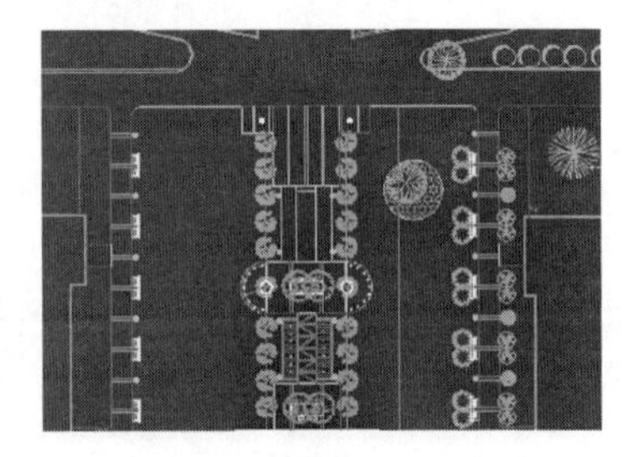

图 12-94 廊桥水景广场

📖 由于图纸左右对称，在建模的过程中注意使用复制与镜像功能，加快建模效率。

📖 中心景观模型完成后，参考图纸完善地形与建筑效果，然后仔细处理好主要景观节点的效果，如图 12-95 ~ 图 12-97 所示。

图 12-95　入口及水景广场节点效果

图 12-96　休闲广场节点效果

图 12-97　廊桥水景广场节点效果

178 建立水景广场

文件路径：无	视频文件：无

本例建立中心广场入口与水景广场模型，在模型的建立过程中，注意复制与镜像功能的灵活使用。

1. 建立广场主入口

步骤 01 打开 SketchUp，进入【模型信息】面板，设置模型单位为“毫米”，导入上一节整理并保存的 CAD 图纸，如图 12-98 与图 12-99 所示。

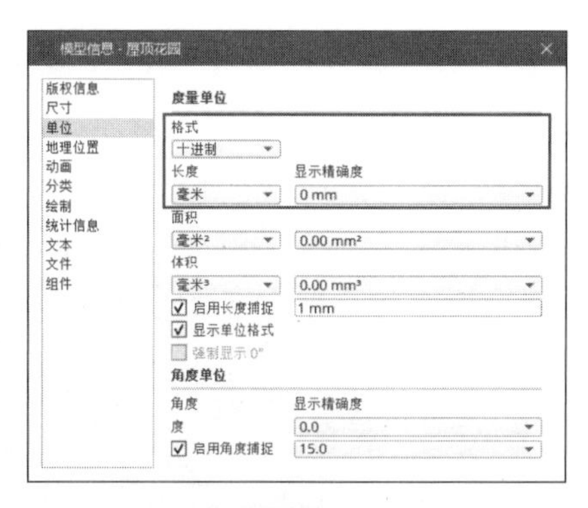

图 12-98　设置模型单位为“毫米”

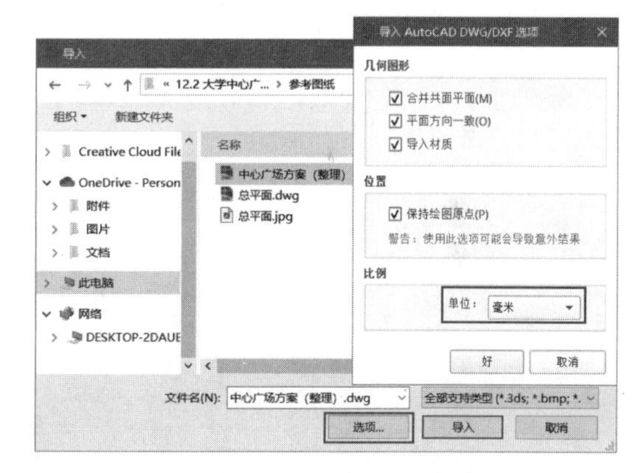

图 12-99　设置并导入图纸

步骤 02 图纸导入完成后，使用【尺寸】工具测量台阶的宽度，并对比原始 CAD 图纸，确认图纸尺寸正确，如图 12-100 ~ 图 12-102 所示。

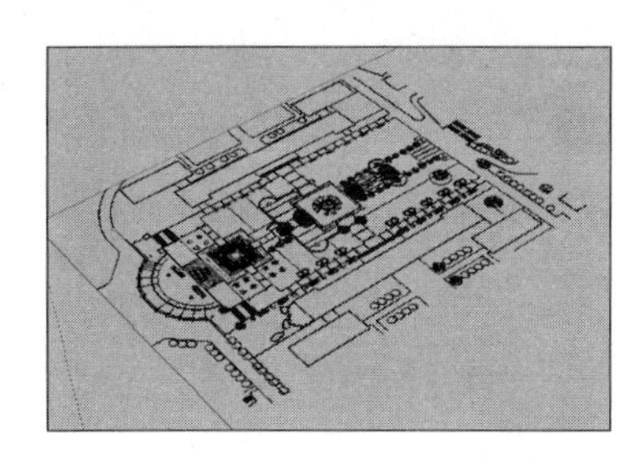

图 12-100　图纸导入完成效果

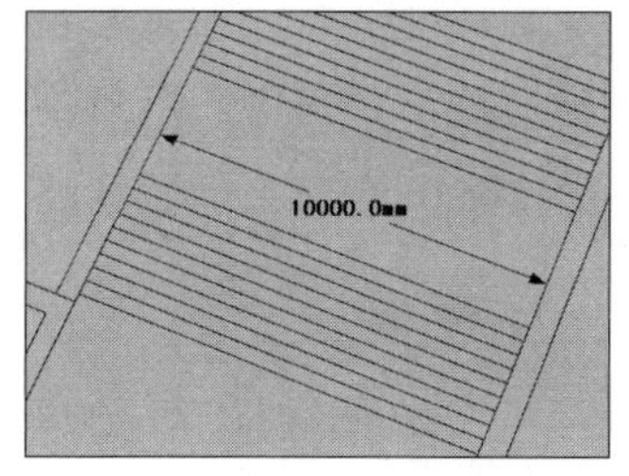

图 12-101　测量导入图纸台阶宽度

图 12-102　对比原 AutoCAD 图纸

步骤03 参考图纸，结合使用【直线】、【圆弧】工具创建入口处左侧的封闭平面，然后通过复制与镜像，制作整个入口平面，如图 12-103 ~ 图 12-105 所示。

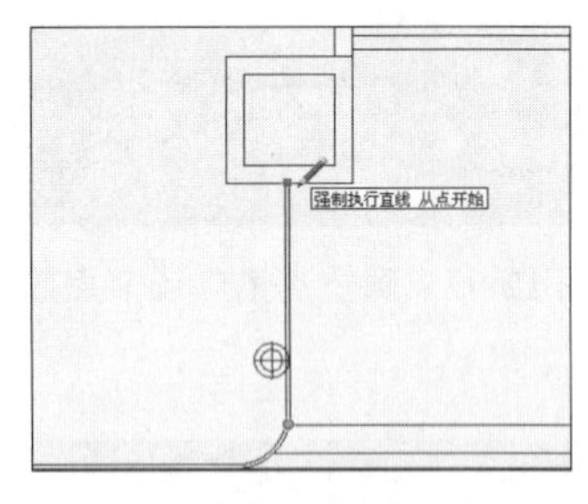

图 12-103 捕捉绘制入口封闭平面

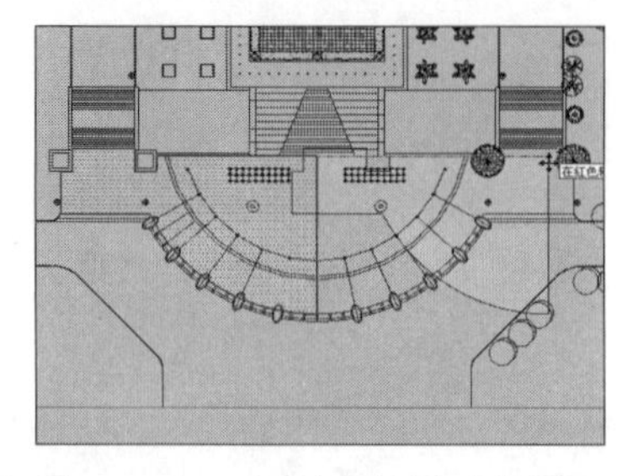
图 12-104 复制出右侧对称平面

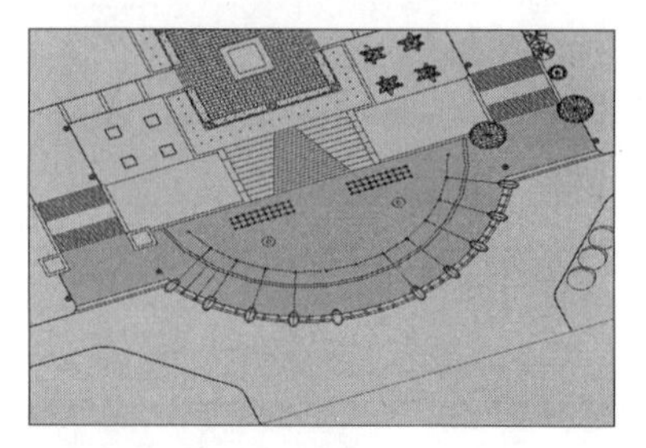
图 12-105 镜像并对位右侧平面

步骤04 参考图纸细分割入口平面，然后根据 AutoCAD 图纸中水池周围的标高，创建半圆形水面等细节，如图 12-106 ~ 图 12-108 所示。

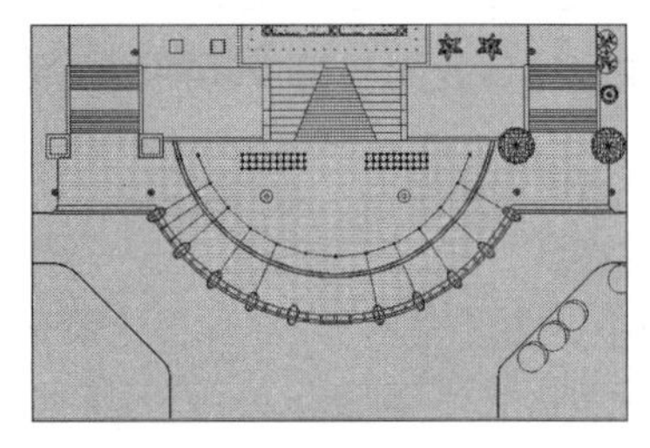
图 12-106 细分割入口平面

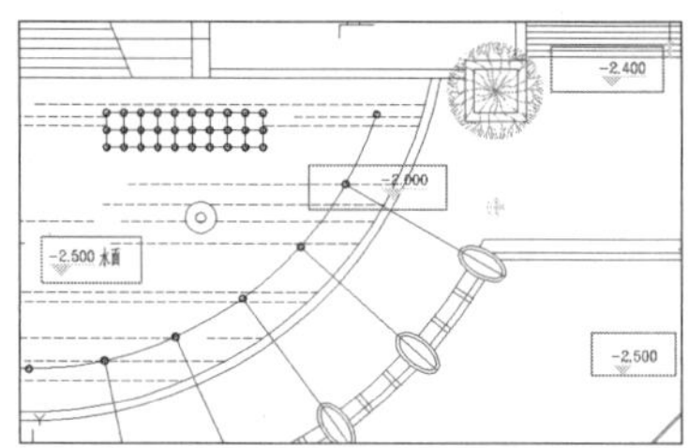

图 12-107 CAD 图纸水池标高

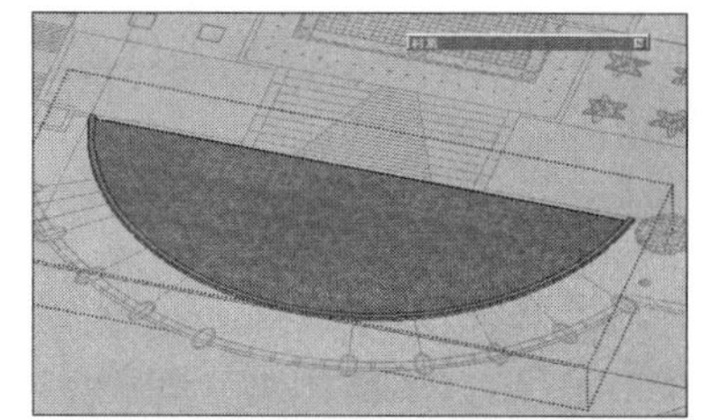
图 12-108 建立半圆形水面

步骤05 参考图纸，结合使用【圆】与【推 / 拉】工具，制作水池中的喷泉陈列，如图 12-109 ~ 图 12-111 所示。

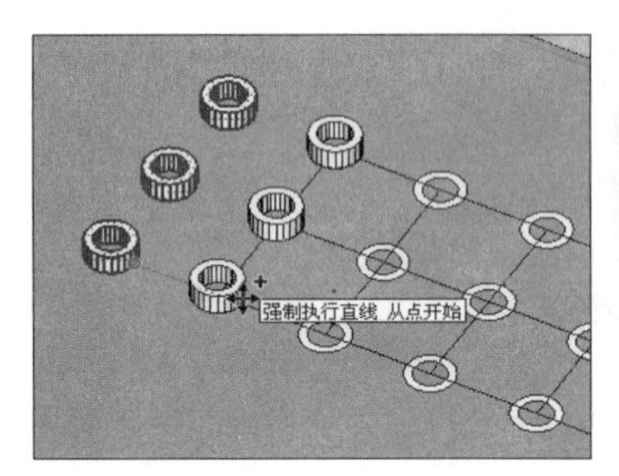

图 12-109 建立喷头

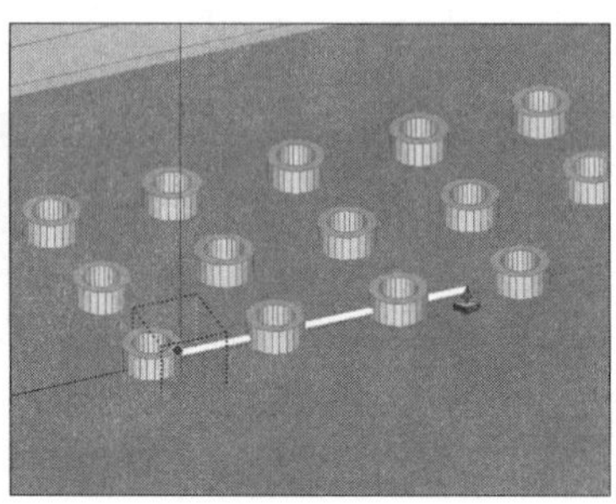
图 12-110 移动复制喷头

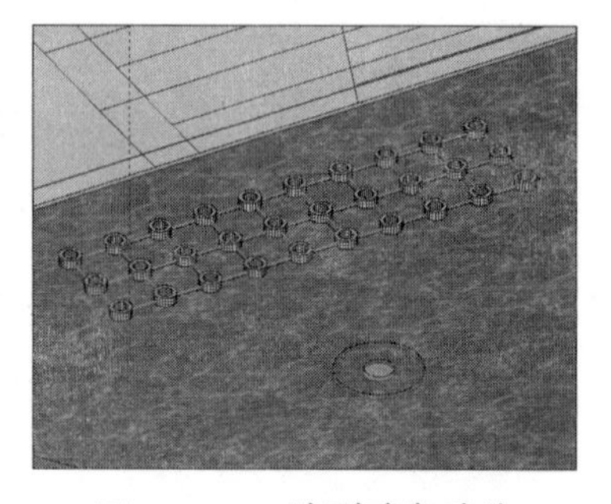
图 12-111 阵列喷泉喷头

步骤06 打开【组件】面板，合并“造型喷泉”模型，根据图纸调整造型大小并复制，如图 12-112 所示。

步骤07 半圆形水池与喷泉制作完成后，参考图纸分割环境地面细节，然后赋予左侧路面与环状地面对应石材，如图 12-113 ~ 图 12-115 所示。

步骤08 进入 AutoCAD 图纸【组】，直接通过椭圆花坛线形创建封闭平面，制作出造型细节并赋予材质，如图 12-116 与图 12-117 所示。

步骤09 选择创建的椭圆形花坛，通过多重旋转复制，制作其他花坛造型，如图 12-118 所示。

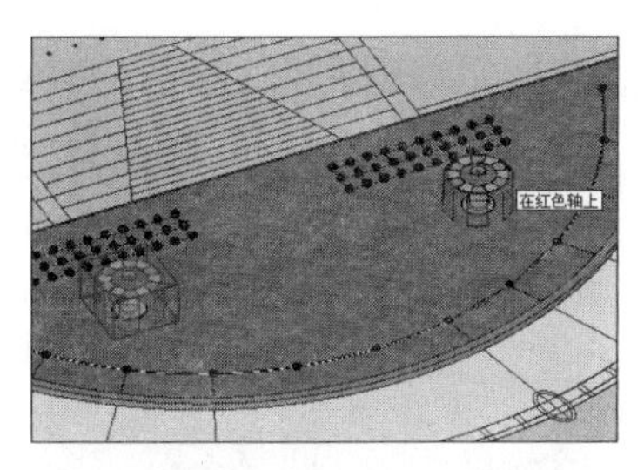

图 12-112　合并造型喷泉模型

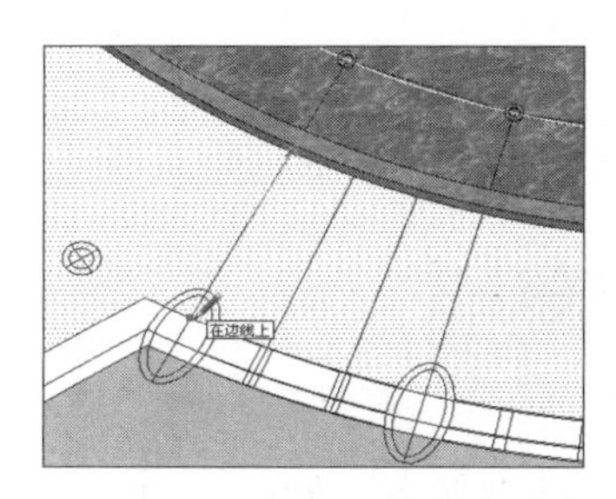

图 12-113　分割环状地面细节

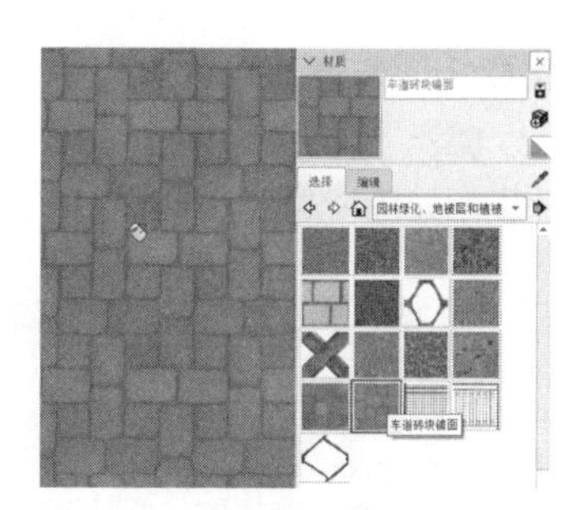

图 12-114　赋予左侧路面石材

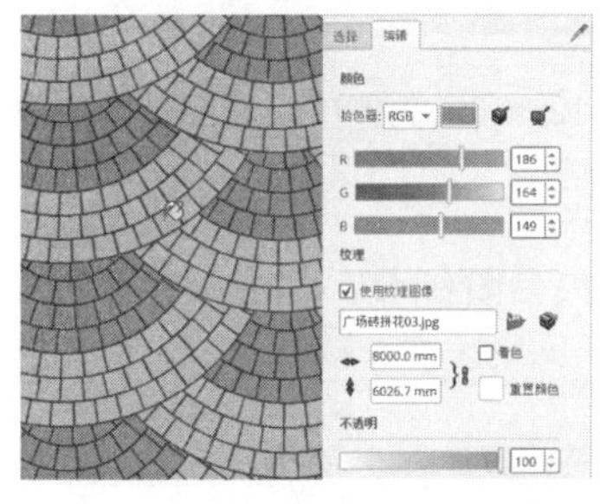

图 12-115　赋予环状地面材质

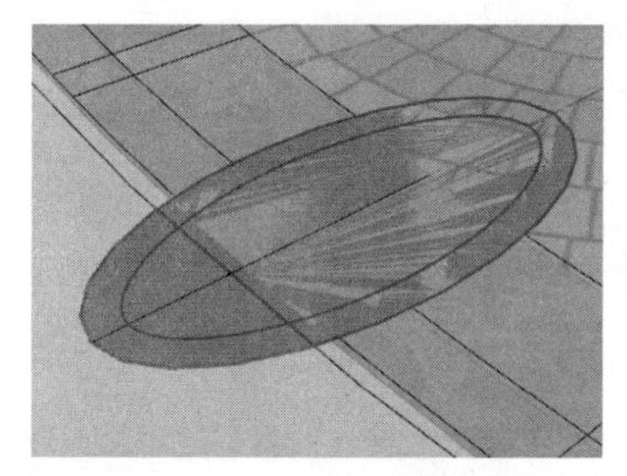

图 12-116　创建椭圆花坛平面

图 12-117　完成花坛细节与材质

步骤⑩ 参考图纸，结合使用【矩形】与【推 / 拉】工具，制作入口处树池并赋予材质，然后进行复制，如图 12-119 与图 12-120 所示。

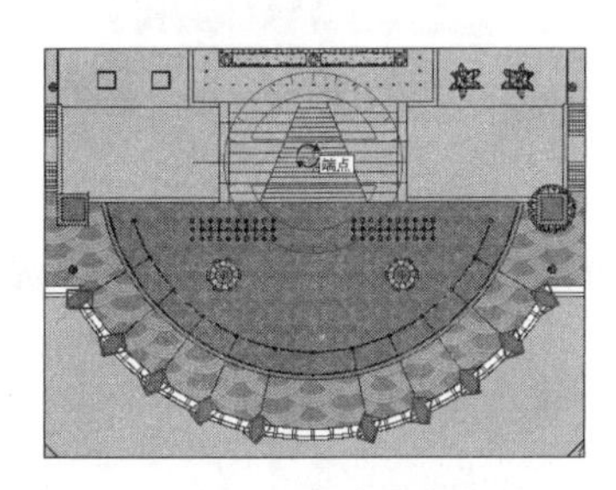

图 12-118　多重旋转复制花坛

图 12-119　制作入口树池

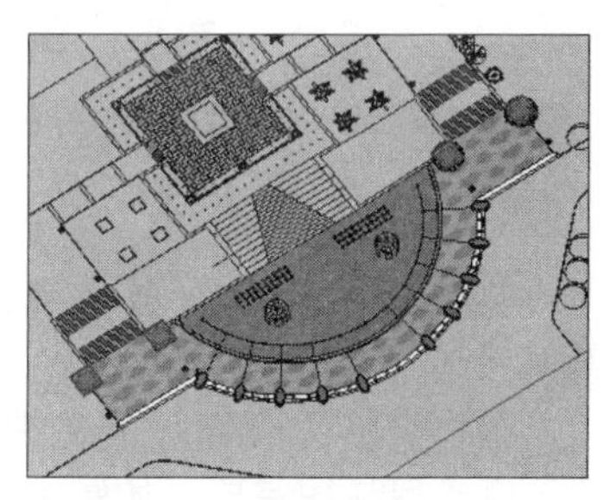

图 12-120　参考图纸复制树池

步骤⑪ 参考 AutoCAD 图纸中台阶标高，使用【直线】与【推 / 拉】工具制作台阶整体轮廓，如图 12-121 ~ 图 12-123 所示。

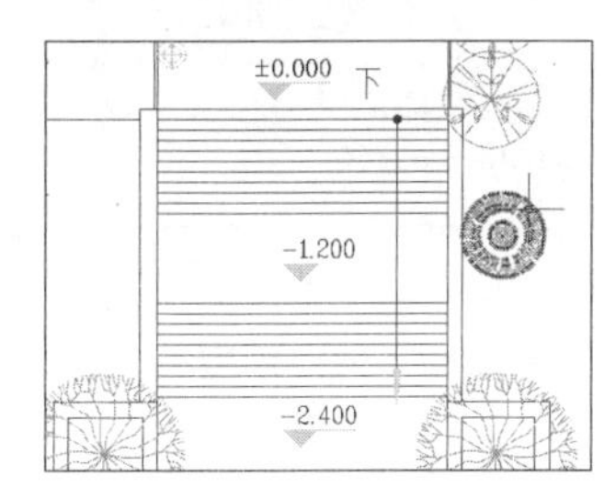

图 12-121　观察台阶标高

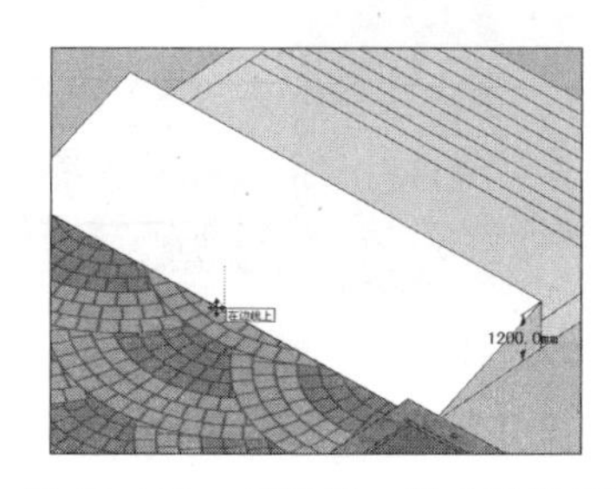

图 12-122　创建第一级台阶轮廓

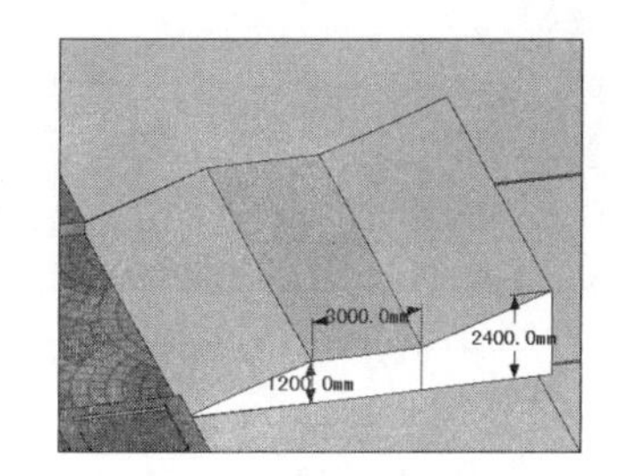

图 12-123　创建台阶整体轮廓

步骤⑫ 参考图纸分割出踏步与台阶细节，然后赋予石材材质，完成左侧台阶的制作，如

图 12-124 与图 12-125 所示。

步骤⑬ 参考图纸，制作中央叠水瀑布轮廓造型，使用模型交错制作出中间八字形的斜线细节，如图 12-126 与图 12-127 所示。

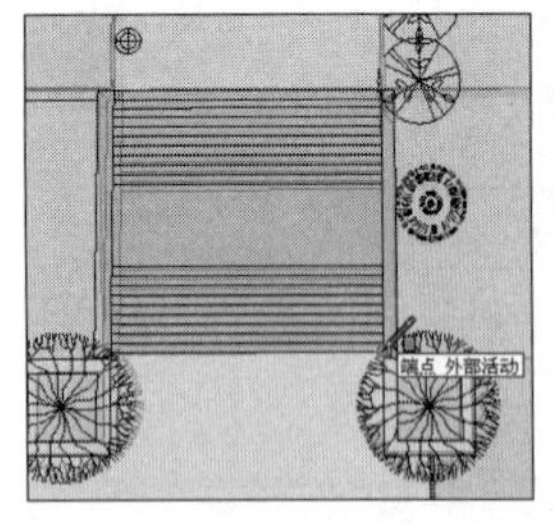

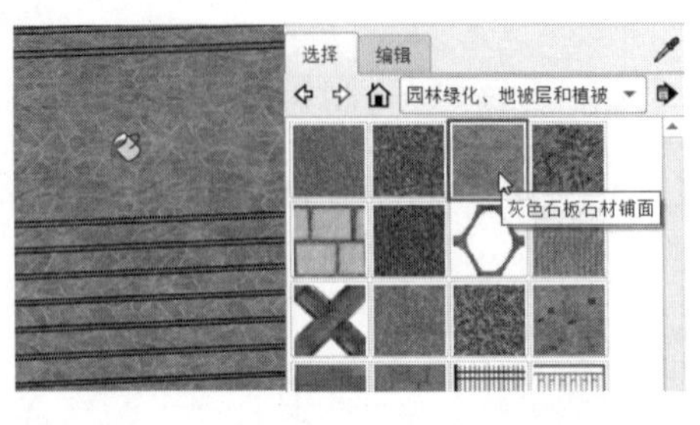

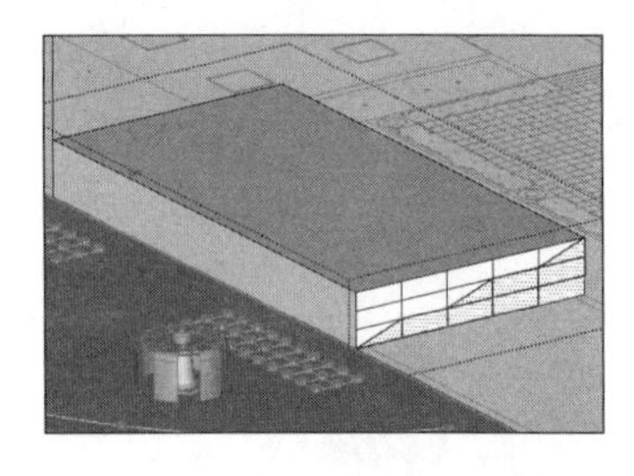

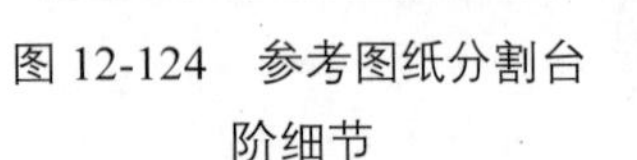

图 12-124 参考图纸分割台阶细节

图 12-125 制作细节并赋予材质

图 12-126 制作中央叠水瀑布轮廓

步骤⑭ 启用【直线】与【推 / 拉】工具，分别制作两侧与中央台阶细节，然后赋予石材材质，如图 12-128 与图 12-129 所示。

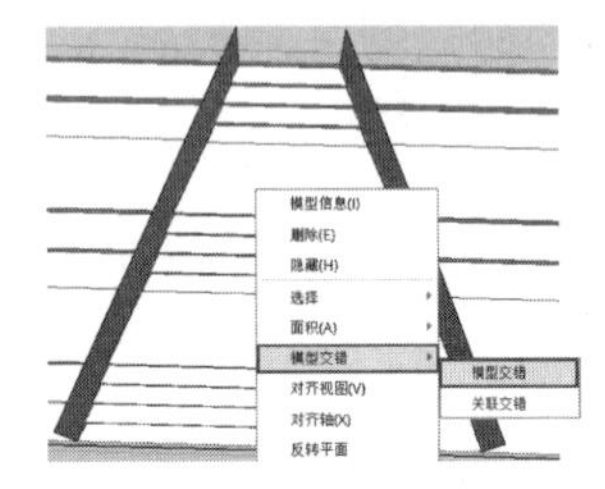

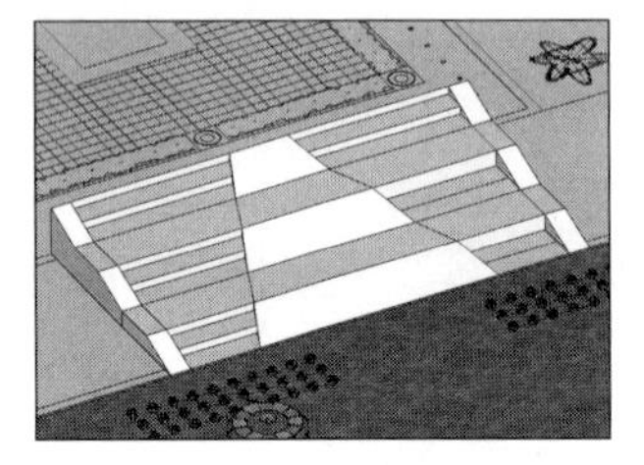

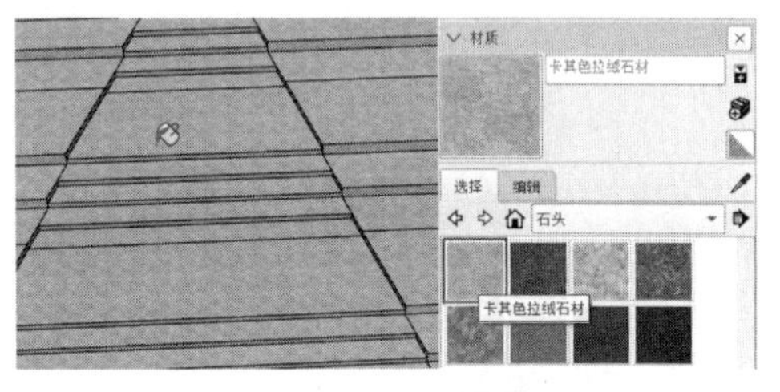

图 12-127 使用模型交错制作斜线

图 12-128 制作两侧细节

图 12-129 完成中央台阶细节并赋予材质

步骤⑮ 结合图纸与当前的台阶造型，制作好中间衔接的草坡模型并赋予材质，如图 12-130 与图 12-131 所示。

步骤⑯ 左侧草坡制作完成后，通过复制与镜像，完成右侧台阶与草坡的制作，至此，广场入口模型制作完成，如图 12-132 所示。

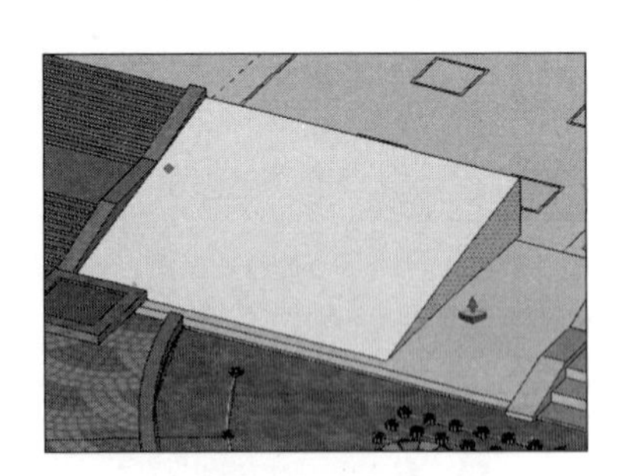

图 12-130 制作草坡

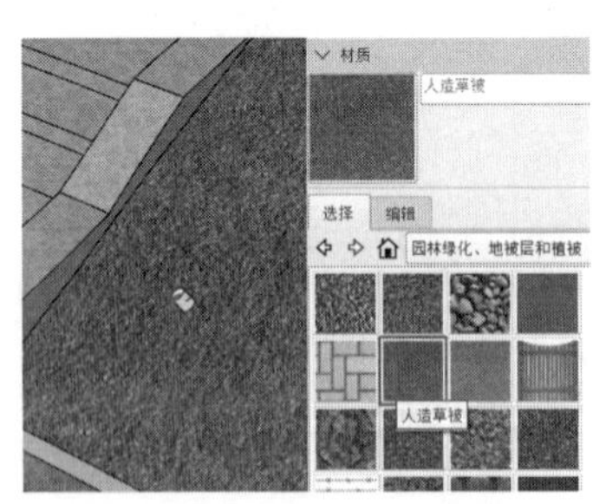

图 12-131 赋予草地材质

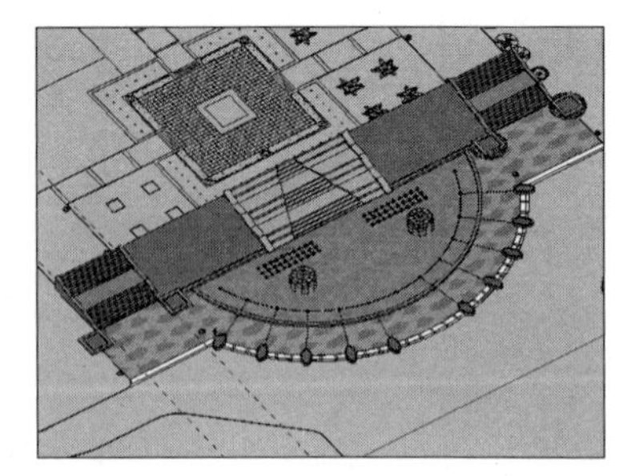

图 12-132 入口模型完成效果

2. 建立水景广场

步骤01 参考图纸，结合使用【直线】与【矩形】工具，制作水景广场的细分割平面，如图 12-133 与图 12-134 所示。

步骤 02 启用【推 / 拉】工具，制作外侧路沿后赋予材质，如图 12-135 所示。

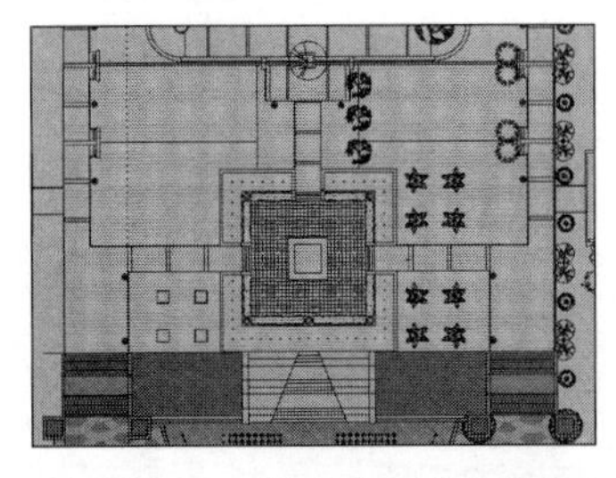
图 12-133　创建水景广场平面

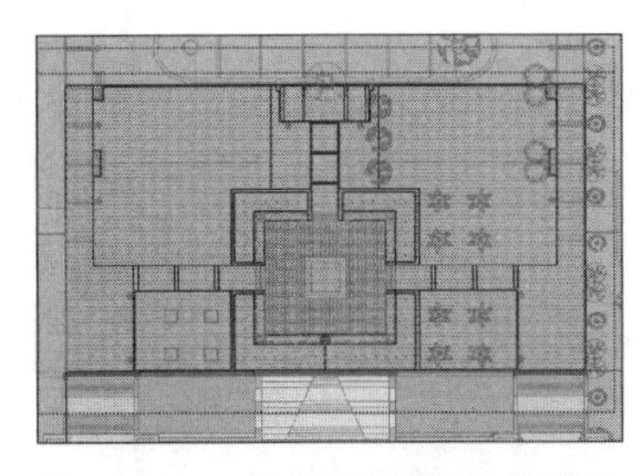
图 12-134　细分割水景广场平面

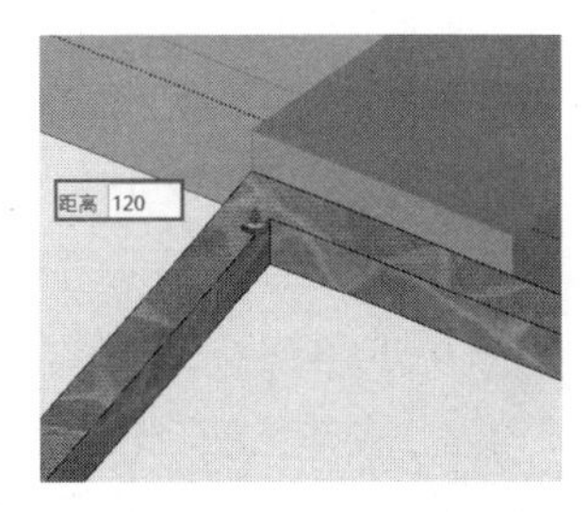

图 12-135　制作外侧路沿细节

步骤 03 复制入口处创建的树池，参考图纸调整其大小，再复制得到水景广场其他位置的树池，如图 12-136 与图 12-137 所示。

步骤 04 参考图纸赋予地面与草坪材质，如图 12-138 所示。

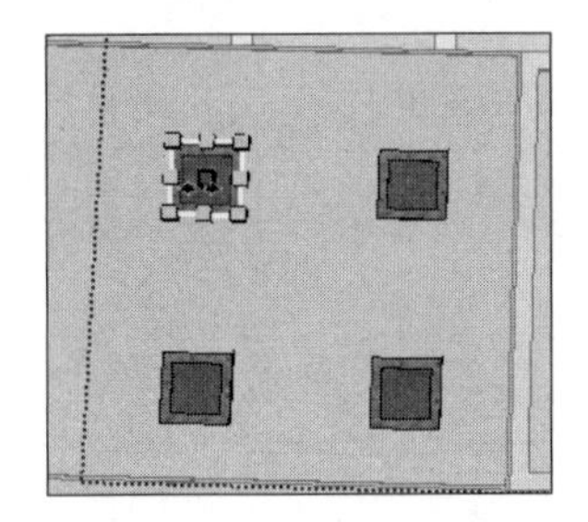
图 12-136　复制并拉伸树池

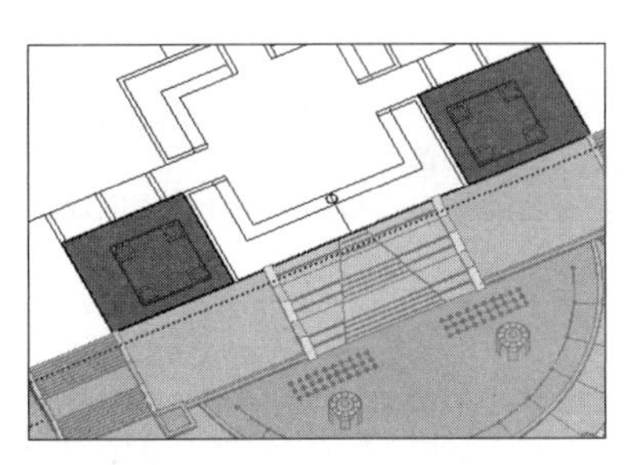
图 12-137　参考图纸复制树池

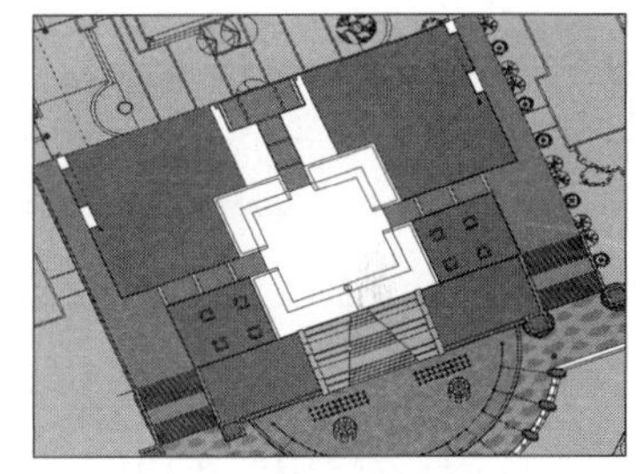
图 12-138　赋予地面与草坪材质

步骤 05 参考 AutoCAD 图纸中的标高，使用推拉工具向上推出广场地面对应的高度，如图 12-139 与图 12-140 所示。

步骤 06 参考图纸，细化出广场外围的路沿、台阶、花坛以及水面与喷泉，如图 12-141 ~ 图 12-144 所示。

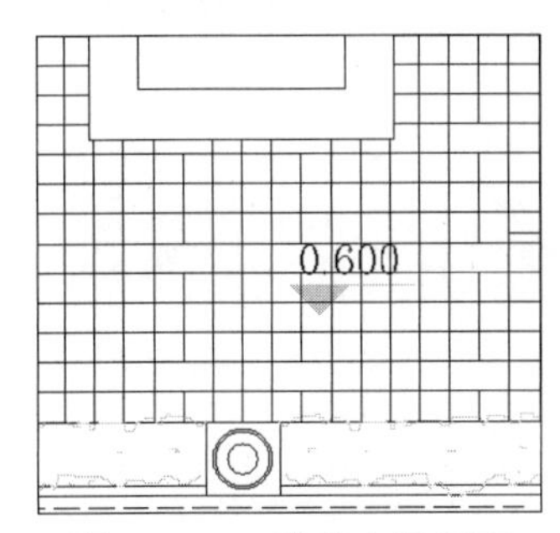

图 12-139　观察广场标高

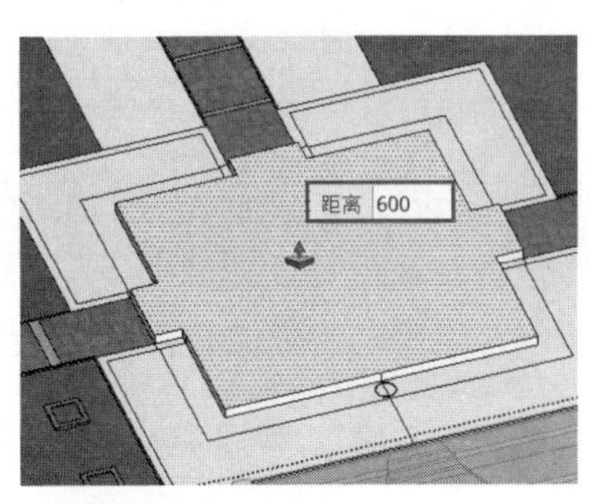

图 12-140　向上推出对应高度

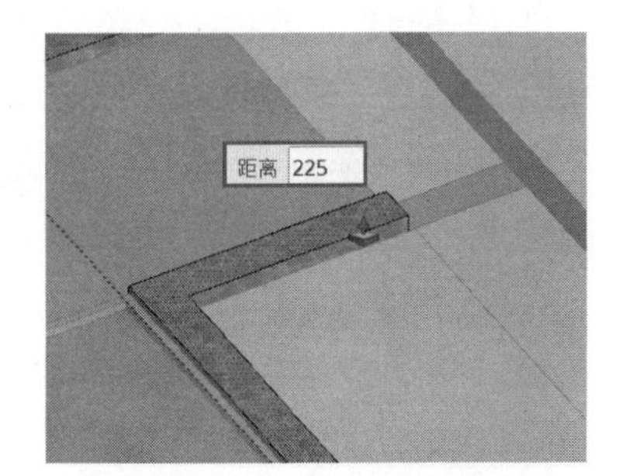

图 12-141　制作内部路沿细节

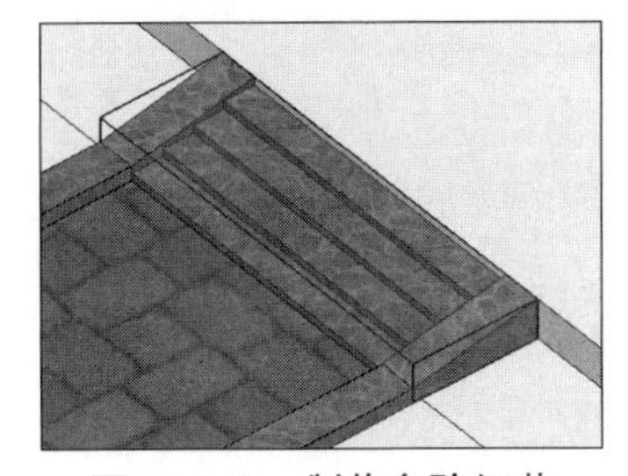
图 12-142　制作台阶细节

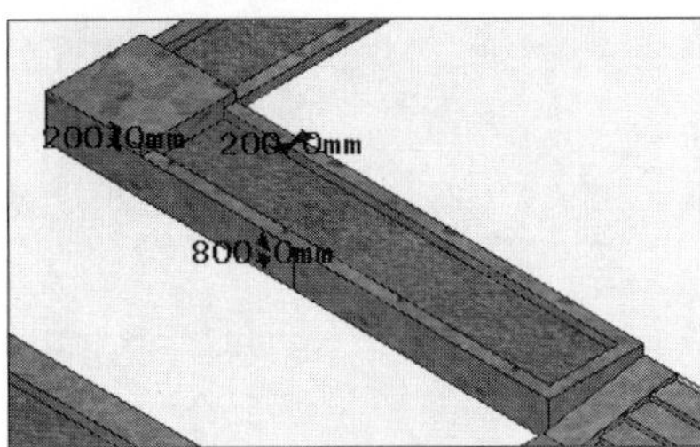
图 12-143　制作花坛细节

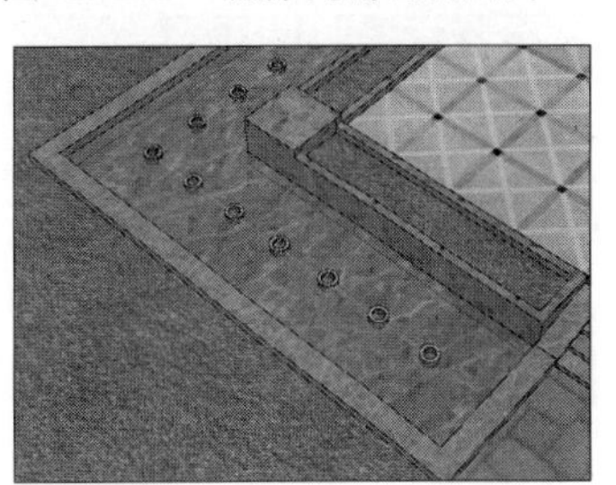
图 12-144　制作水面与喷头

步骤 07 参考图纸，分割出雕塑底座平面，然后结合【偏移】与【推 / 拉】工具，制作底座细节，如图 12-145 与图 12-146 所示。

步骤 08 打开【组件】面板，合并雕塑模型，参考整体大小调整模型比例，完成水景广场模型的创建，如图 12-147 所示。

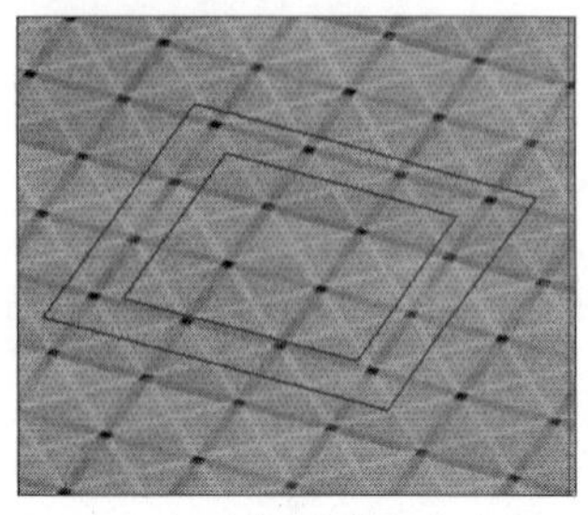

图 12-145　分割雕塑底座平面

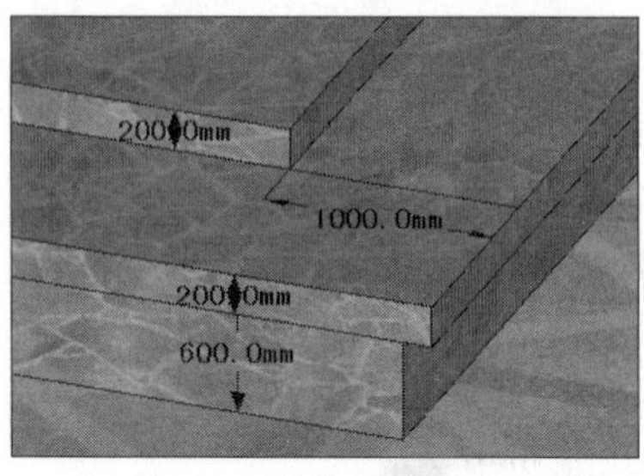

图 12-146　制作雕塑底座细节

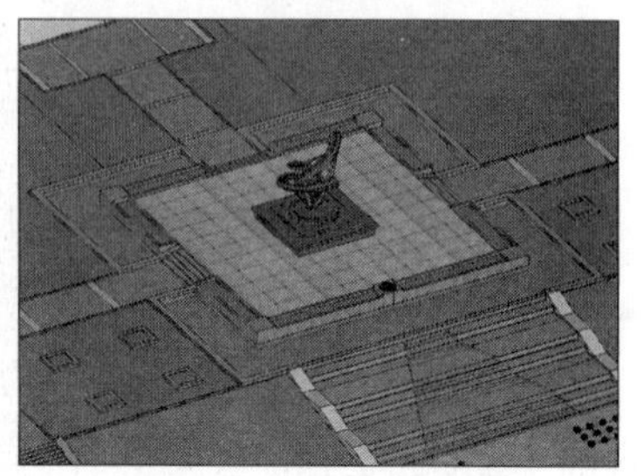

图 12-147　合并雕塑

179 建立休闲广场

文件路径：无	视频文件：无

本例创建休闲广场模型，在模型的创建过程中，注意前后模型的衔接处理以及从外向里逐步细化的方法与技巧。

步骤 01 参考图纸，创建休闲广场平面，细分割左侧平面后，通过复制与镜像，完成整体平面的细分割，如图 12-148 ~ 图 12-150 所示。

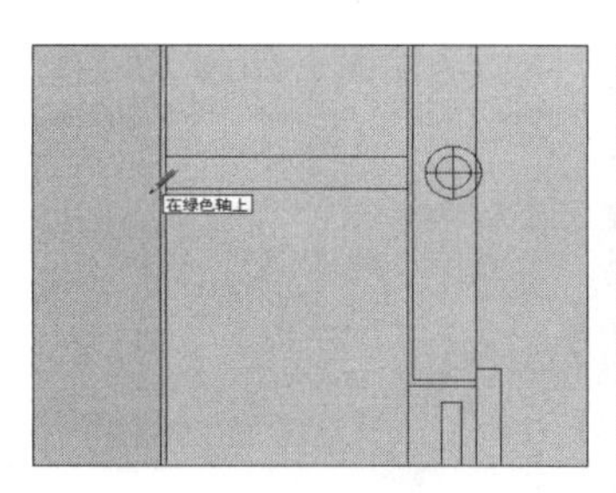

图 12-148　创建左侧细化平面

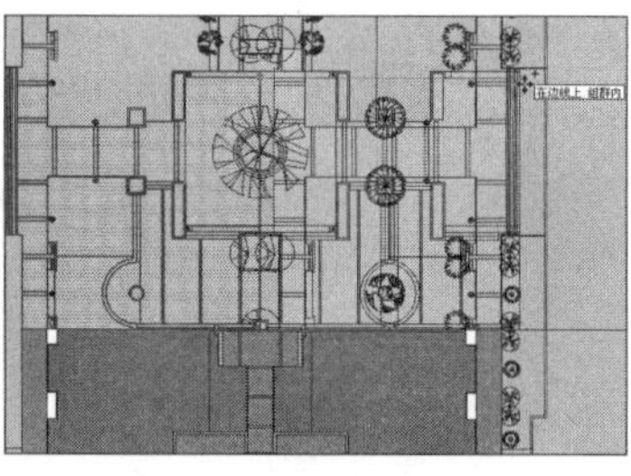

图 12-149　复制出右侧细化平面

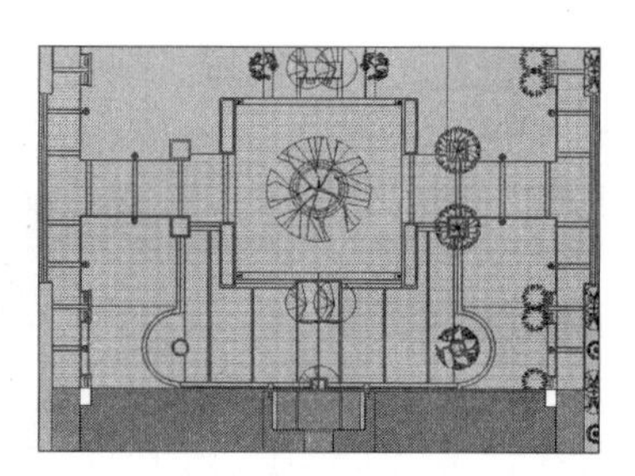

图 12-150　镜像并对位右侧细化平面

步骤 02 逐步赋予草坪与路面对应材质，然后参考图纸复制树池模型，如图 12-151 ~ 图 12-153 所示。

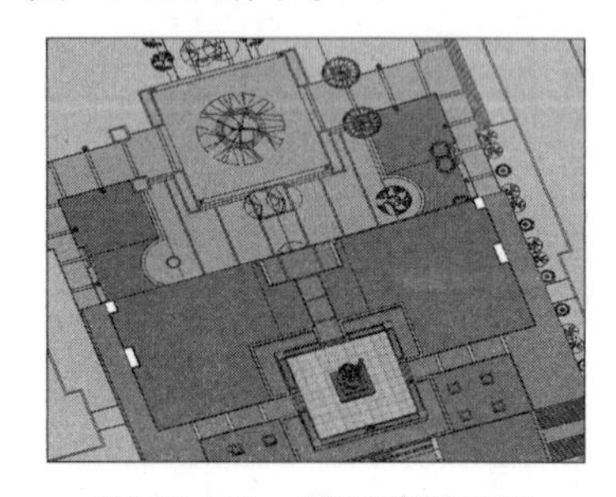

图 12-151　赋予草坪材质

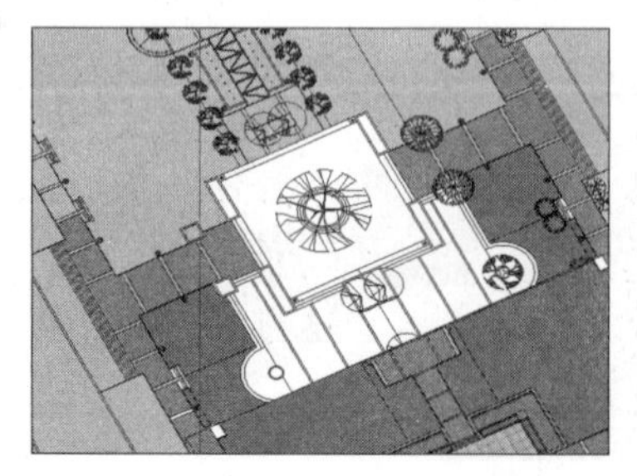

图 12-152　赋予地面材质

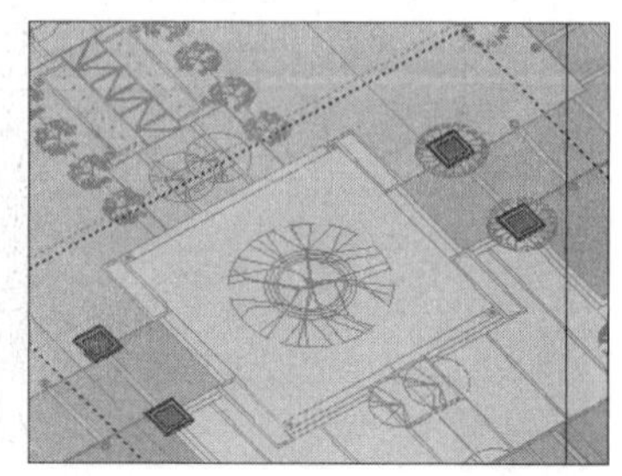

图 12-153　复制树池模型

步骤 03 参考图纸，处理好休闲广场与水景广场处衔接的细节，然后根据 CAD 图纸中的标高，制作台阶等模型细节，如图 12-154 ~ 图 12-156 所示。

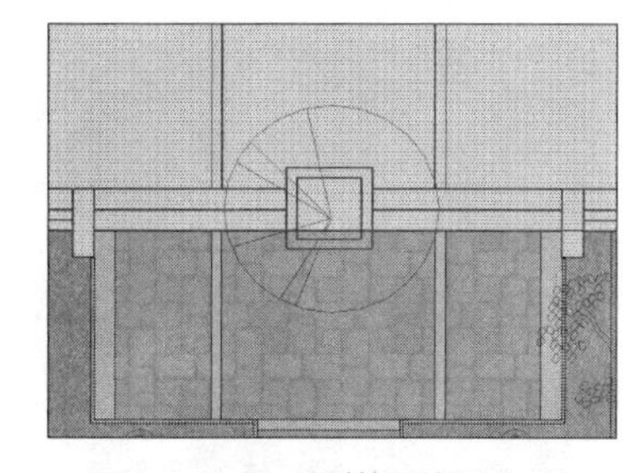

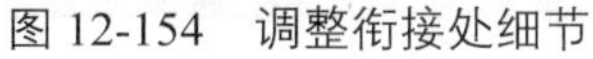

图 12-154 调整衔接处细节

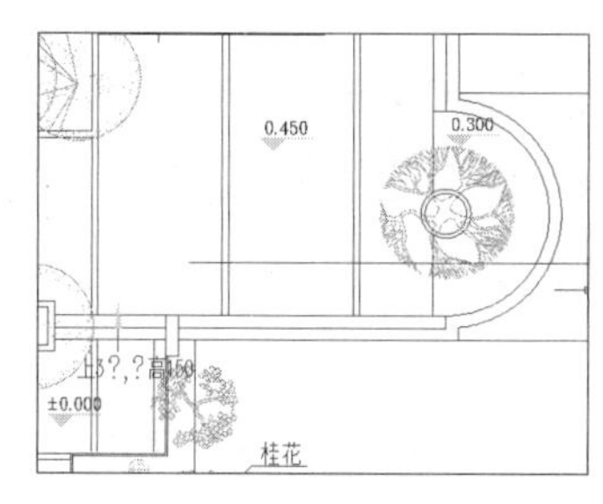

图 12-155 观察图纸标高

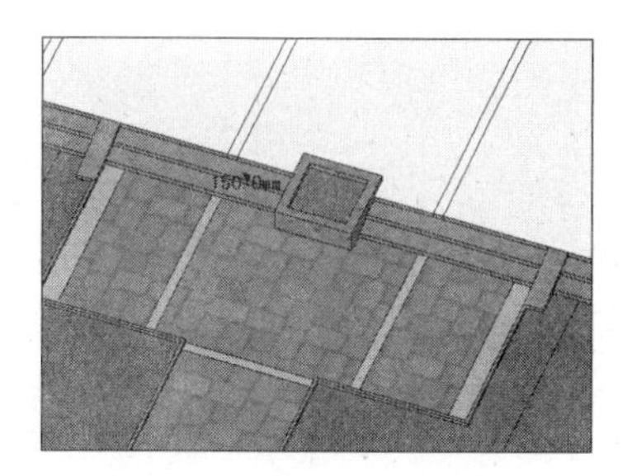

图 12-156 细化衔接处台阶

步骤 04 参考图纸制作左右两侧以及中心的树池模型，并赋予对应材质，如图 12-157 与图 12-158 所示。

步骤 05 根据 CAD 图纸中标高，参考合并图纸，制作休闲广场下行台阶以及花坛，如图 12-159 与图 12-160 所示。

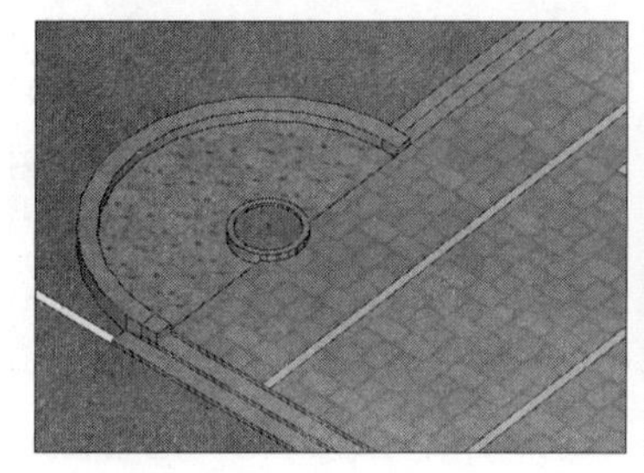

图 12-157 细化左侧树池细节

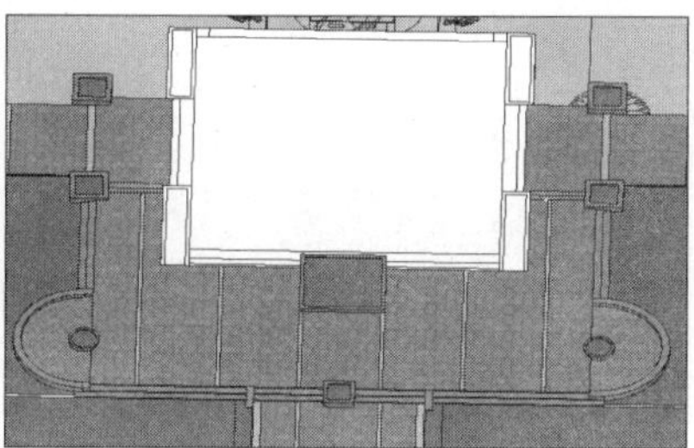

图 12-158 细化中间及右侧树池

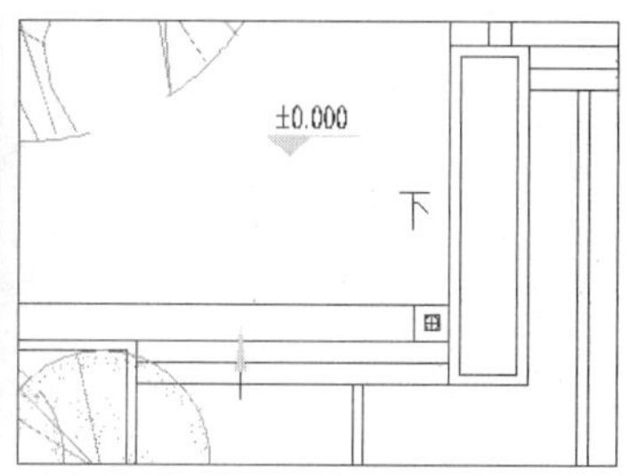

图 12-159 观察休闲广场标高

步骤 06 赋予休闲广场地花材质，并制作中心的圆形树池，如图 12-161 与图 12-162 所示。

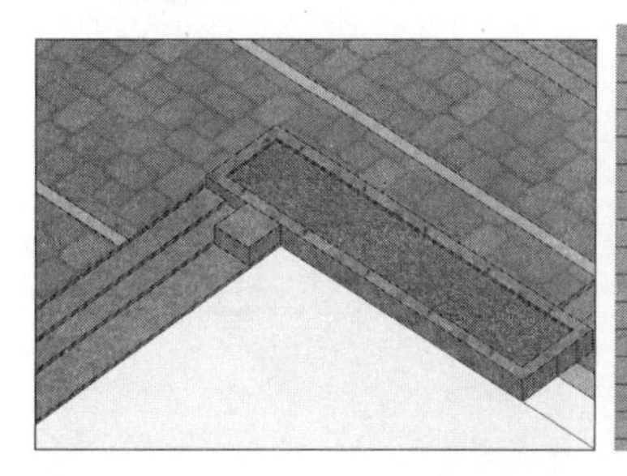

图 12-160 制作好下行台阶与花坛

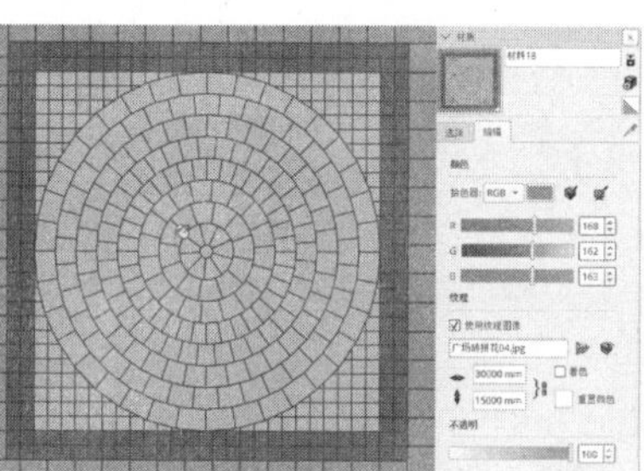

图 12-161 赋予广场地花材质

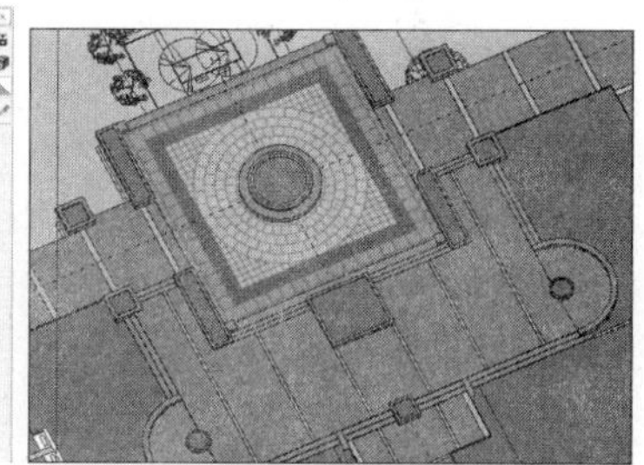

图 12-162 休闲广场完成效果

180 建立廊桥水景

文件路径：无	视频文件：无

本例将建立廊桥水景，以及后方入口广场区域的模型，在创建的过程中，注意现有模型的复制调整与组件模型的调用，提高建模效率。

步骤 01 参考图纸，创建左侧细化的封闭平面，通过复制与镜像，制作整体的细分平面，如图 12-163 ~ 图 12-165 所示。

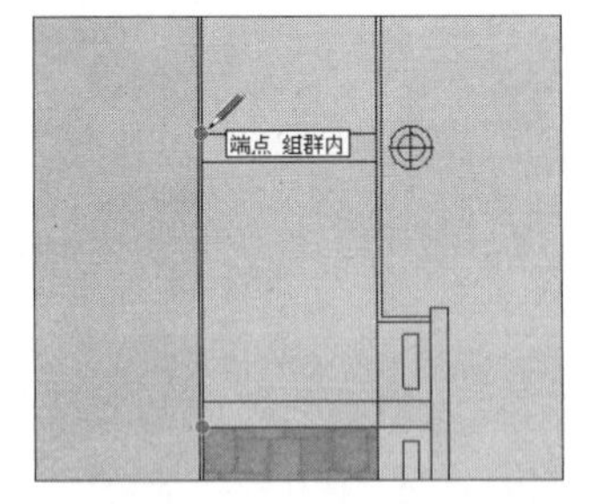

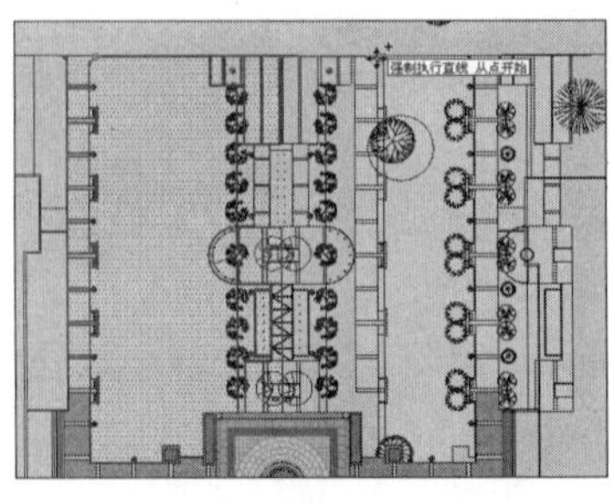

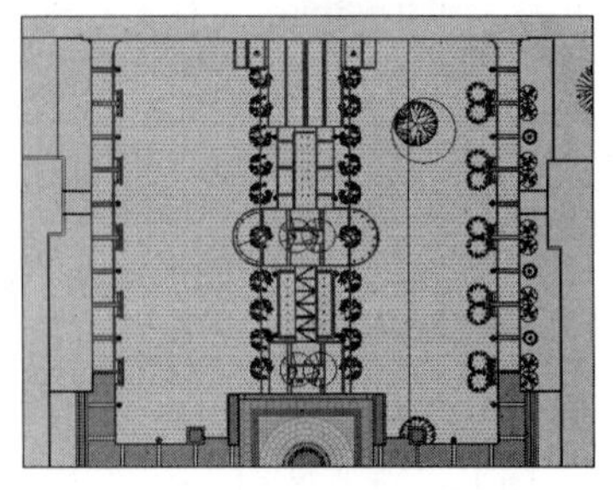

图 12-163　创建左侧细化封闭平面　　图 12-164　复制制作右侧平面　　图 12-165　镜像并对位右侧平面

步骤 02 参考图纸，赋予地面与草坪对应材质，如图 12-166 与图 12-167 所示。

步骤 03 参考图纸制作中心树池与石凳，如图 12-168 所示。接下来细化廊桥水景。

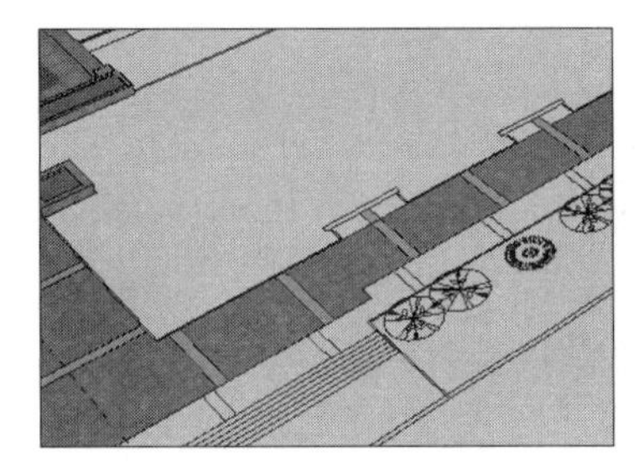

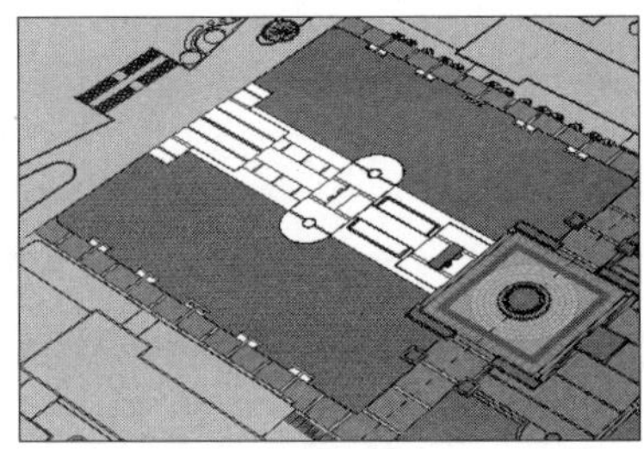

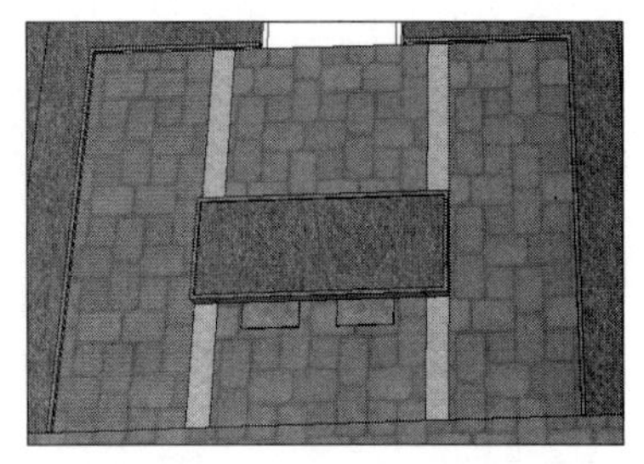

图 12-166　赋予地面材质　　图 12-167　赋予草坪材质　　图 12-168　细化中心树池与石凳

步骤 04 参考图纸，结合使用【推 / 拉】与【偏移】工具，制作左侧水池、水面细节并赋予对应材质，如图 12-169 ~ 图 12-171 所示。

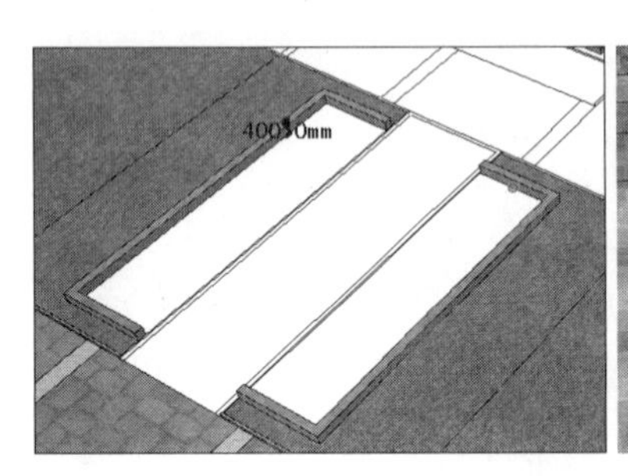

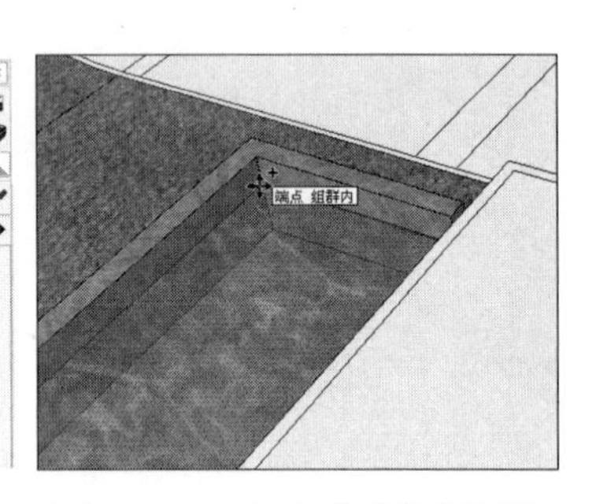

图 12-169　制作木桥左侧水池轮廓　　图 12-170　制作水池深度并赋予材质　　图 12-171　向上移动复制制作水面

步骤 05 使用相同的方法细化右侧水池，然后复制水面中央的喷头模型，如图 12-172 所示。

步骤 06 参考图纸，结合使用【推 / 拉】与【偏移】工具制作木桥轮廓，然后赋予原木材质，如图 12-173 与图 12-174 所示。

步骤 07 使用【卷尺】、【直线】及【推 / 拉】工具，制作单个木桥栏杆，如图 12-175 与图 12-176 所示。

步骤 08 通过移动复制，完成两侧整体栏杆效果，如图 12-177 与图 12-178 所示。

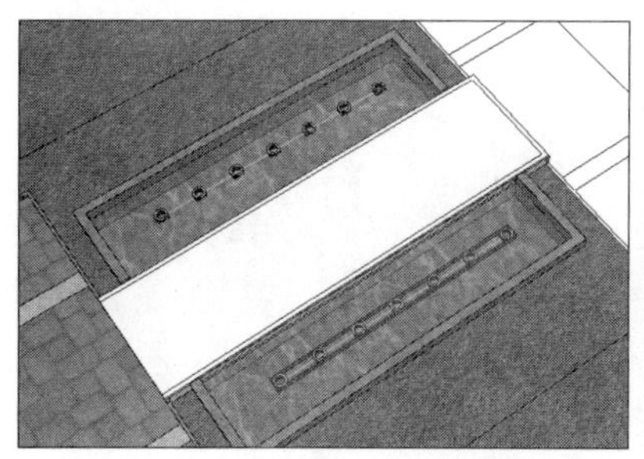
图 12-172　制作右侧水池并合并喷头

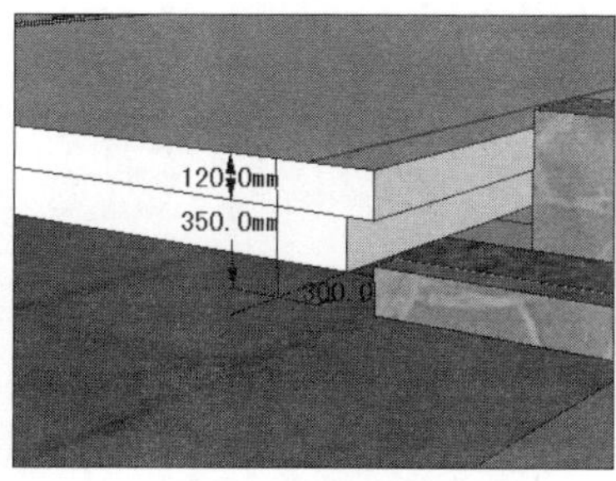

图 12-173　制作木桥轮廓

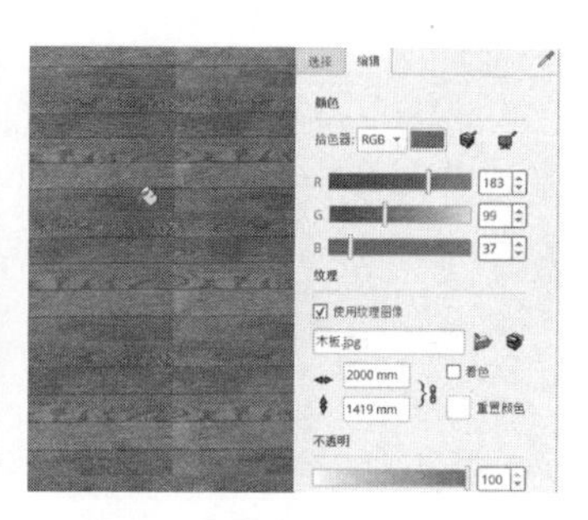

图 12-174　赋予原木材质

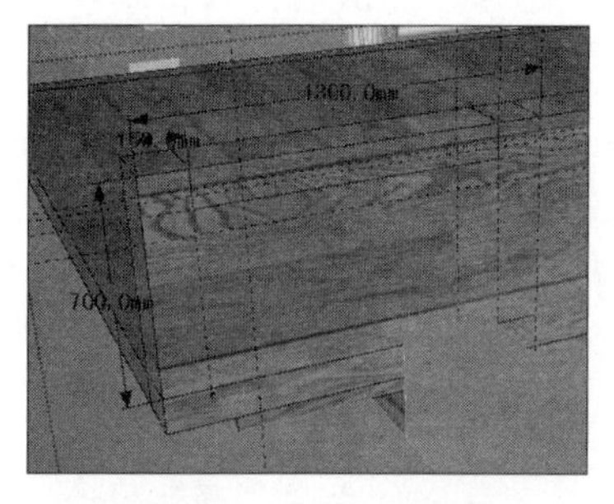

图 12-175　制作栏杆轮廓

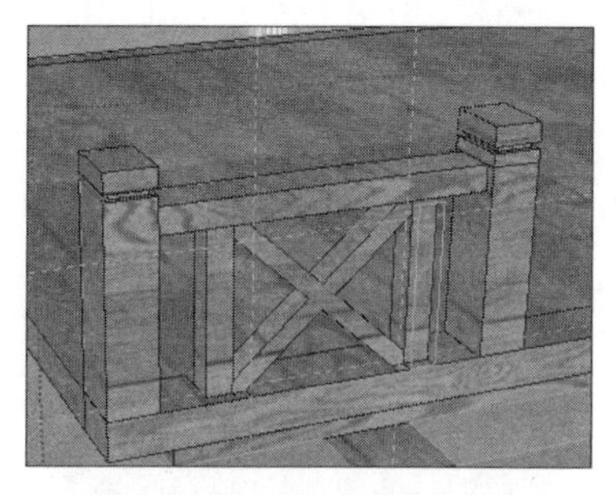
图 12-176　细化栏杆造型

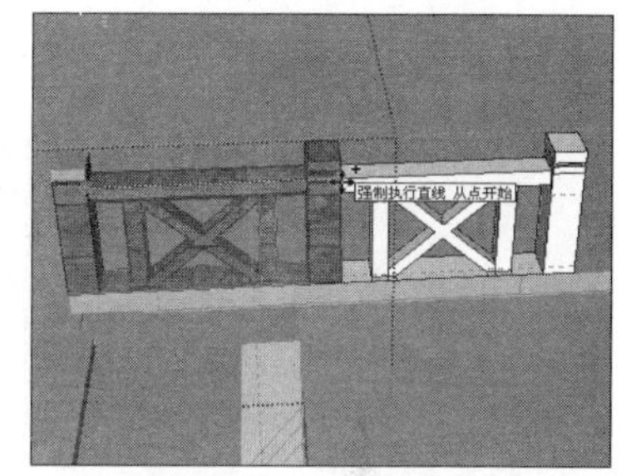
图 12-177　复制栏杆

步骤 09 参考图纸，使用同样的方法，制作木桥后方的树池、路面以及半圆形水池，如图 12-179 与图 12-180 所示。

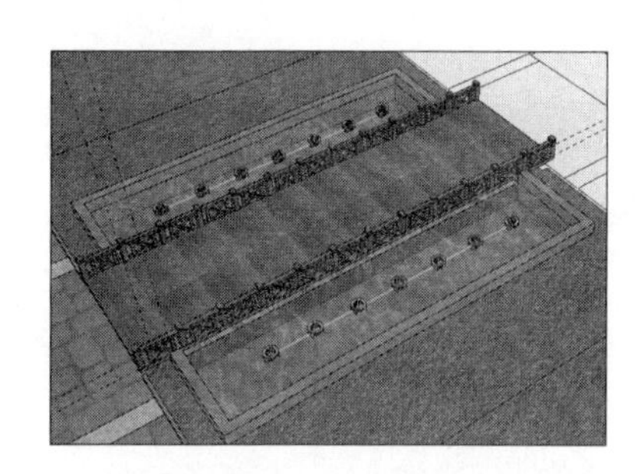
图 12-178　木桥完成效果

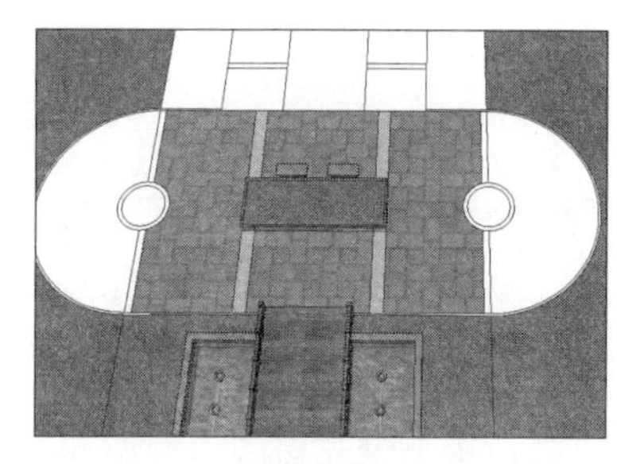
图 12-179　制作木桥后方树池与路面

图 12-180　制作半圆形水池

步骤 10 参考图纸制作双桥水池并复制喷头，如图 12-181 ~ 图 12-183 所示。

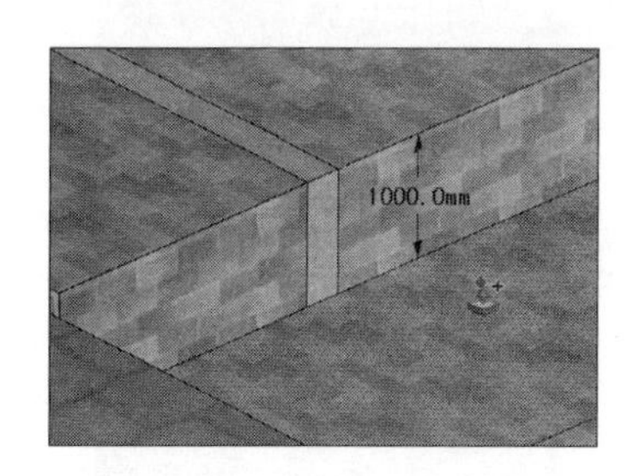

图 12-181　制作双桥处池底

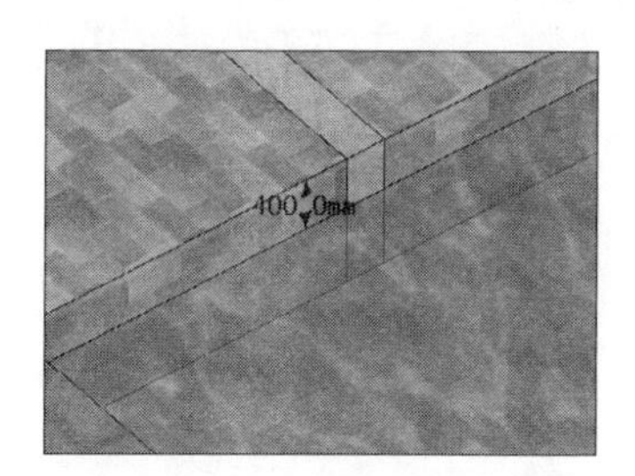

图 12-182　制作双桥处水面

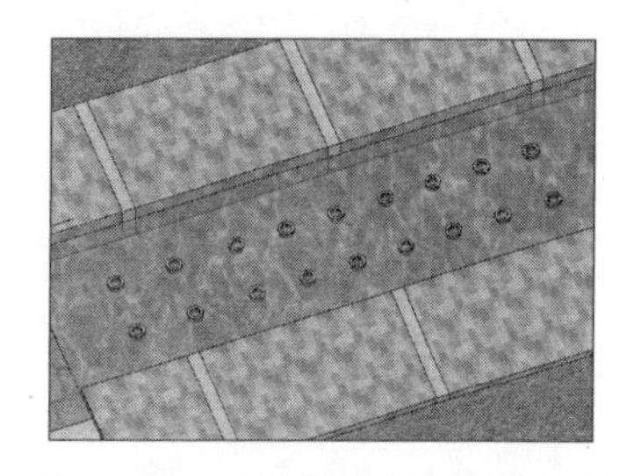
图 12-183　双桥池水面完成效果

步骤 11 进入【组件】面板，合并栏杆模型并复制出整体效果，然后制作末端的文化墙模型，完成双桥的整体效果，如图 12-184 ~ 图 12-186 所示。

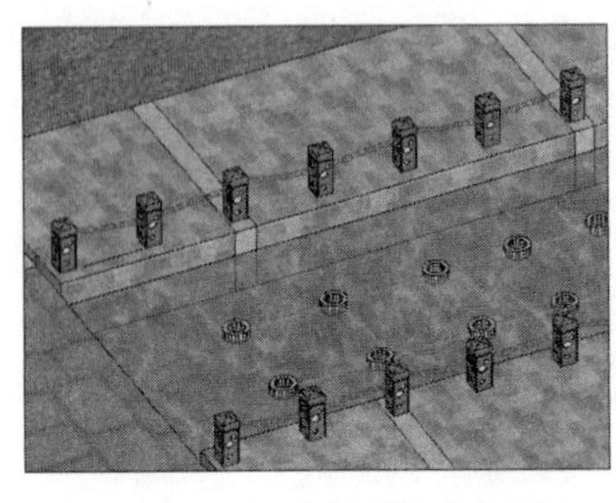

图 12-184　合并并复制栏杆

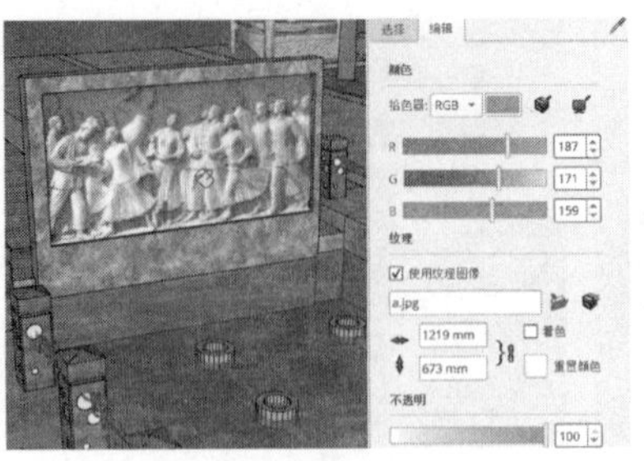

图 12-185　制作末端文化墙

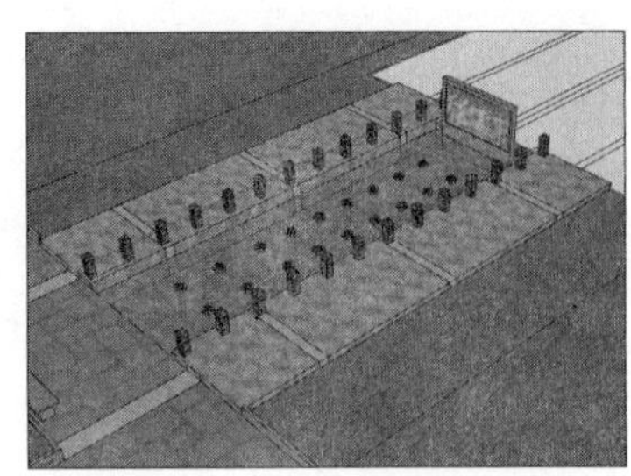

图 12-186　双桥整体完成效果

步骤 12 参考图纸制作后方入口小广场路面，然后合并装饰柱组件，完成后方入口小广场效果，如图 12-187 ~ 图 12-189 所示。

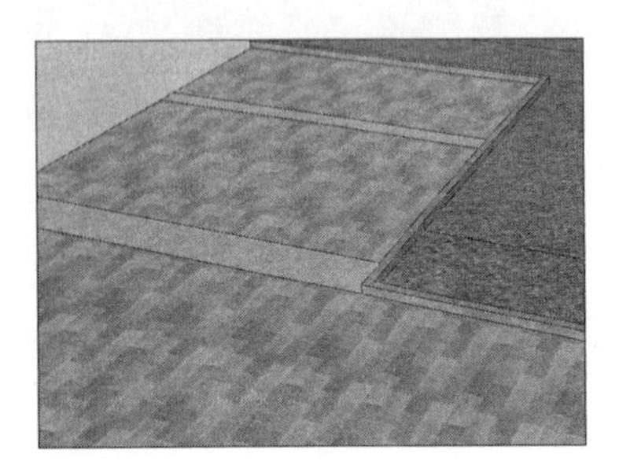

图 12-187　制作后方广场细节

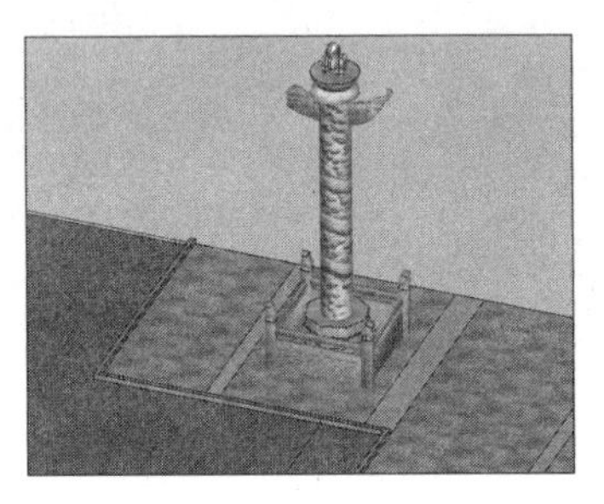

图 12-188　合并装饰柱组件

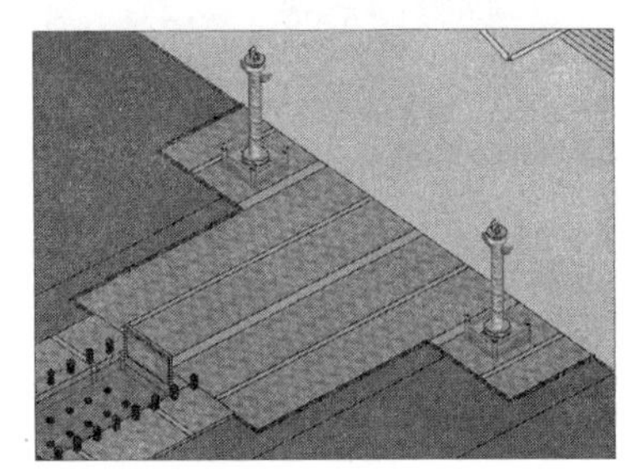

图 12-189　后方入口小广场完成效果

181 完善地形与建筑

文件路径：无	视频文件：无

中心广场主体景观制作完成后，接下来完善周边地形并制作建筑简模。

步骤 01 参考图纸，创建入口处路面封闭平面，细化出路沿细节后赋予混凝土材质，如图 12-190 与图 12-191 所示。

步骤 02 根据当前的台阶效果，结合【直线】与【推 / 拉】工具，制作左侧衔接草坡，如图 12-192 所示。

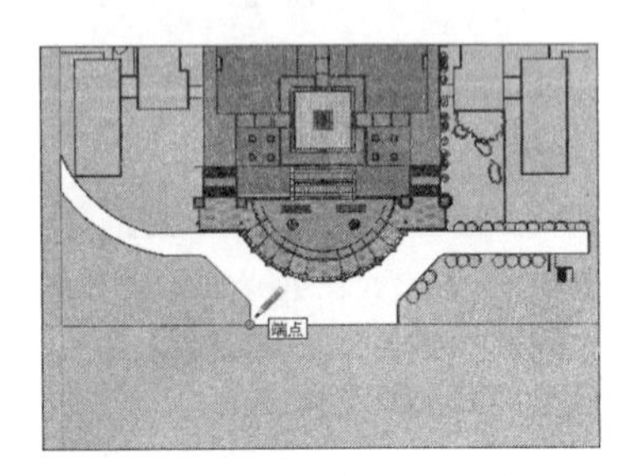

图 12-190　绘制入口处路面

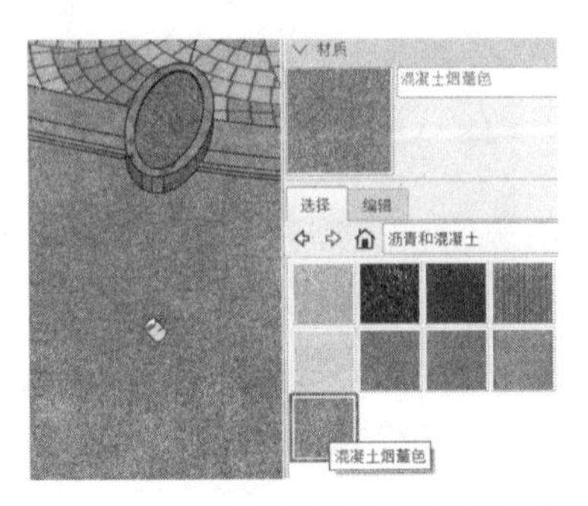

图 12-191　制作路沿并赋予材质

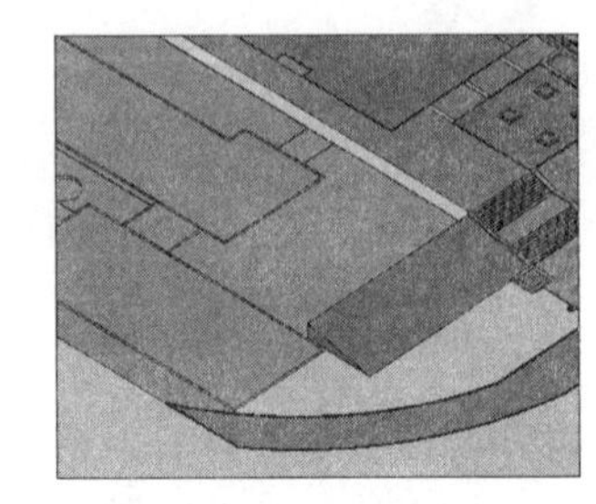

图 12-192　制作左侧衔接草坡

步骤 03 参考图纸制作左侧地形与建筑平面，然后细化左侧台阶模型并赋予材质，如图 12-193 ~ 图 12-195 所示。

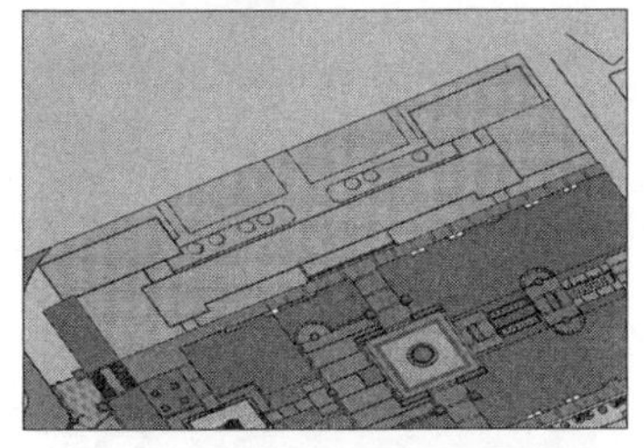

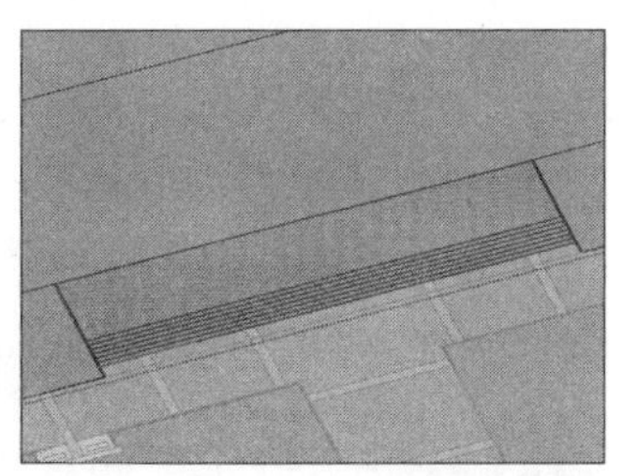

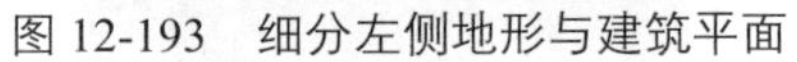

图 12-193　细分左侧地形与建筑平面　图 12-194　细化左侧台阶平面　图 12-195　制作台阶细节模型

步骤 04 参考图纸，制作楼梯左右两侧的花坛模型，如图 12-196 所示。

步骤 05 使用【推 / 拉】工具制作出 3000mm 高度的建筑首层模型，然后使用复制推拉，完成建筑整体简模效果，如图 12-197 与图 12-198 所示。

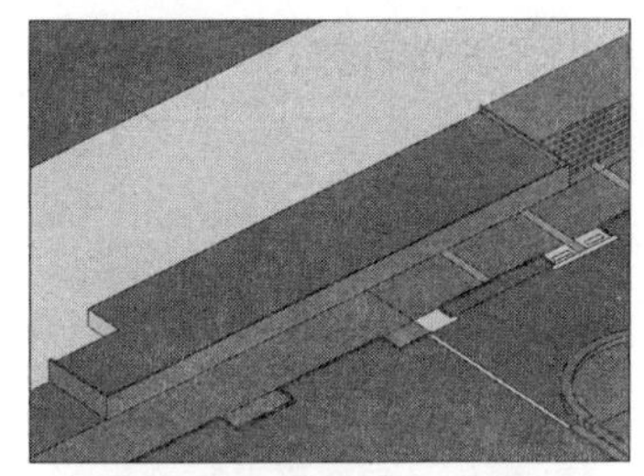

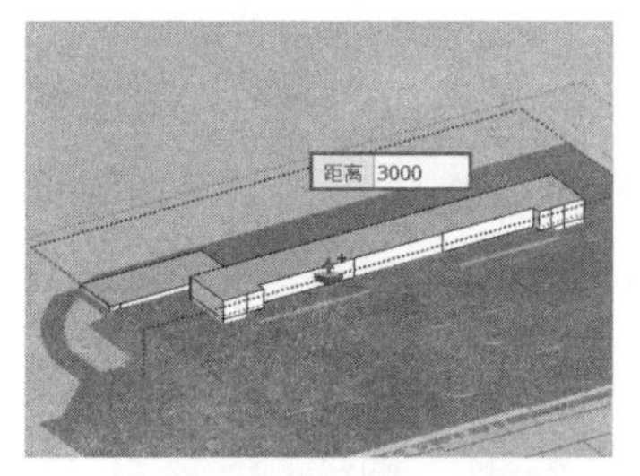

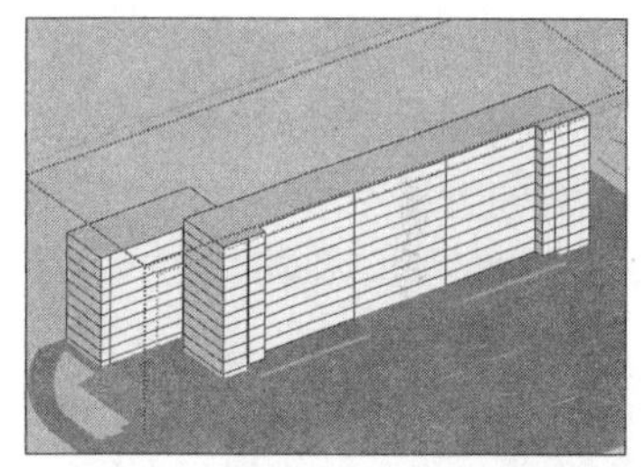

图 12-196　制作花坛模型　图 12-197　推拉建筑首层简模型　图 12-198　复制推拉建筑整体简模

步骤 06 左侧地形与建筑简模完成后，整体复制出右侧对应模型，并通过镜像对位，如图 12-199 所示。

步骤 07 参考图纸，制作后方的路面模型并赋予材质，如图 12-200 所示。

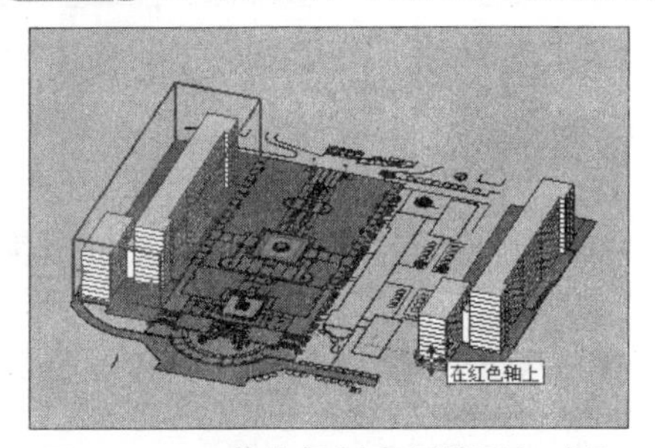

图 12-199　整体复制右侧地形与建筑

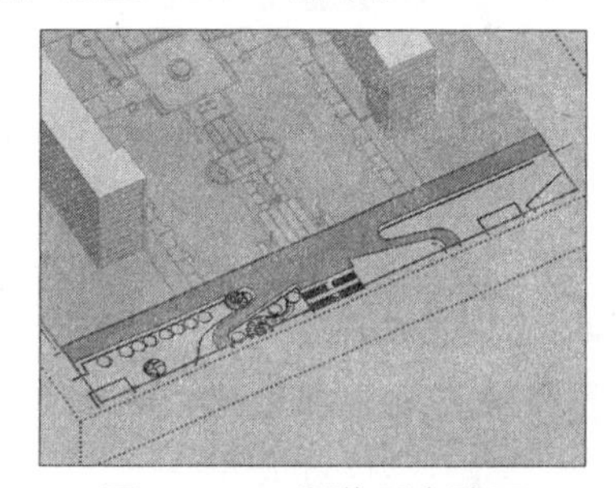

图 12-200　制作后方路面

182 完成最终细节

文件路径：无	视频文件：无

完善地形与建筑后，将通过组件的合并与复制，完成场景中灯具、植物以及人物细节的添加，制作整体景观以及主要节点的效果。

1. 添加灯具等细节

步骤01 参考图纸，打开【组件】面板，合并入各处庭院灯模型，然后复制出其他位置的灯具效果，如图 12-201 ~ 图 12-203 所示。

图 12-201　合并并复制高杆庭院灯

图 12-202　合并并复制庭院灯

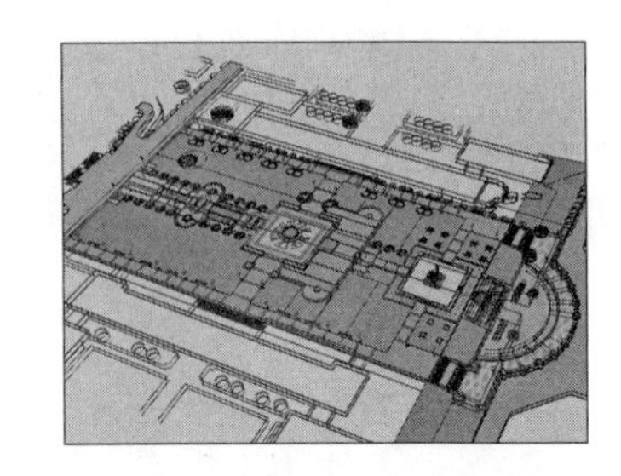

图 12-203　灯具制作完成效果

步骤02 参考图纸合并入休闲椅模型，然后通过复制制作好所有的相关模型，如图 12-204 与图 12-205 所示。

步骤03 合并入水景广场处的造型花盆模型，然后复制出其他三角落的花盆效果，如图 12-206 与图 12-207 所示。

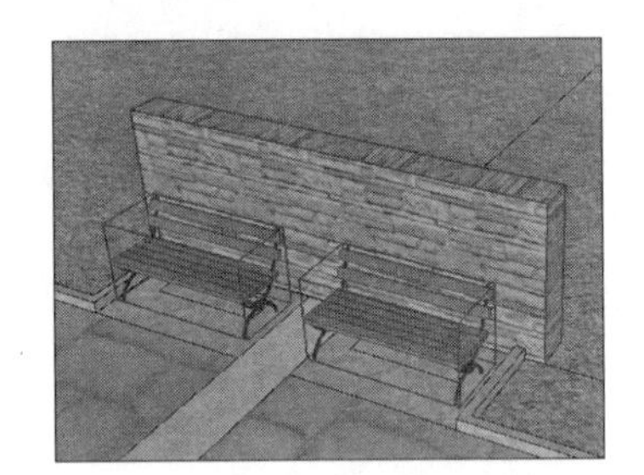

图 12-204　合并座椅组件

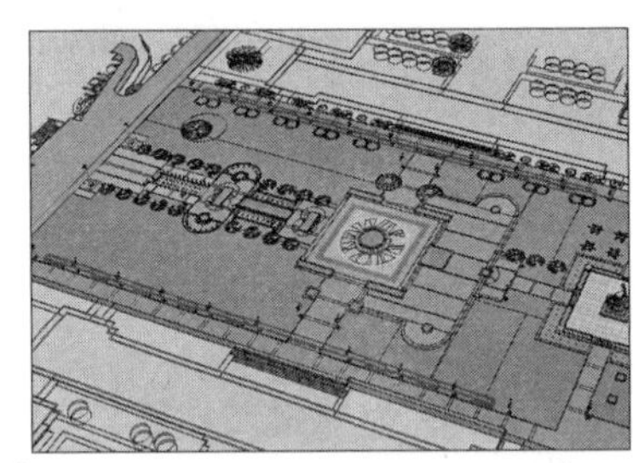

图 12-205　复制其他位置座椅

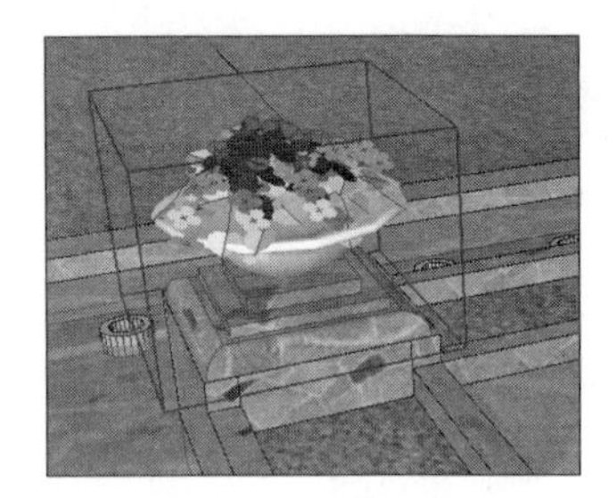

图 12-206　合并造型花盆

2. 细化喷泉

步骤01 打开【组件】面板，参考图纸位置，合并入左侧造型喷泉水柱，然后复制完成右侧，如图 12-208 所示。

步骤02 参考图纸合并入涌泉与阵列喷泉水柱，通过复制与镜像完成入口喷泉效果，如图 12-209 ~ 图 12-212 所示。

图 12-207　复制其他位置造型花坛

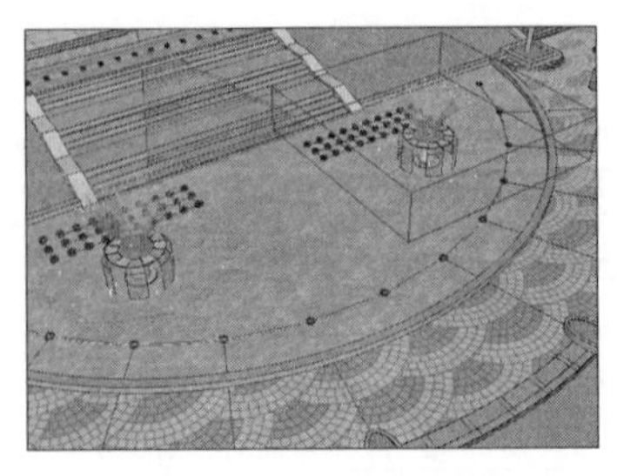

图 12-208　合并并复制造型喷泉水柱

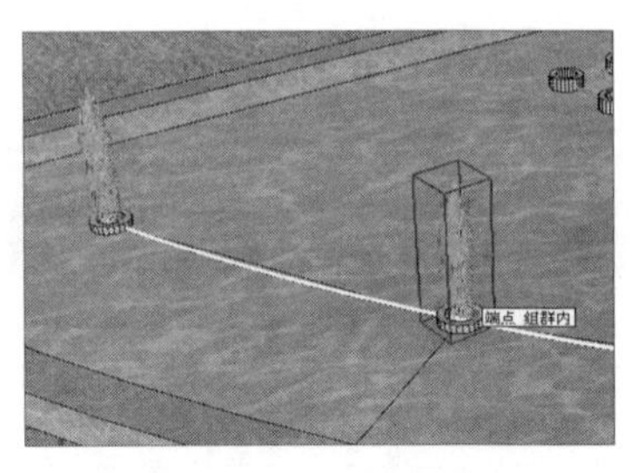

图 12-209　合并并复制涌泉水柱

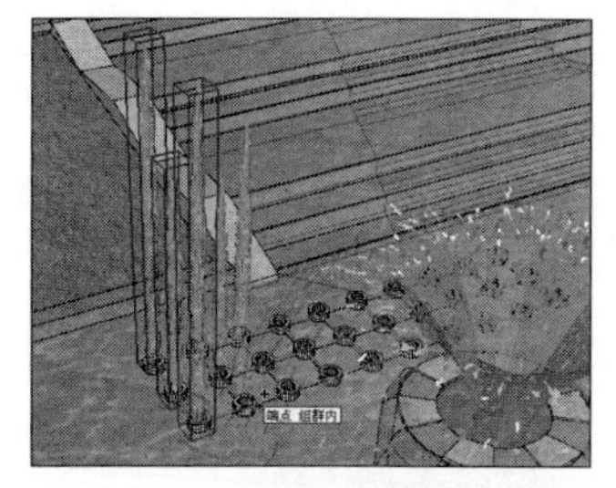

图 12-210　制作阵列喷泉水柱

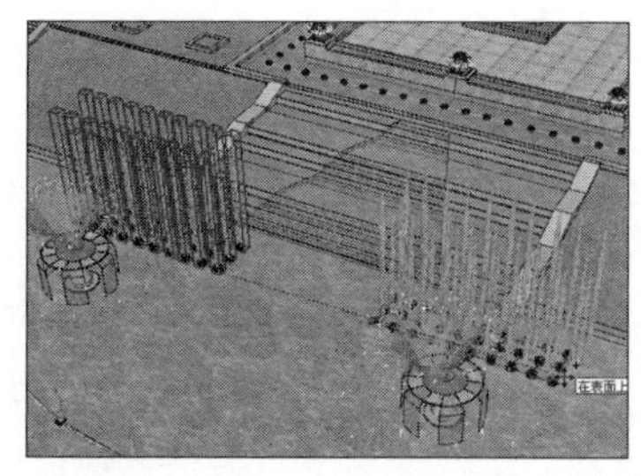

图 12-211　整体复制阵列喷泉水柱

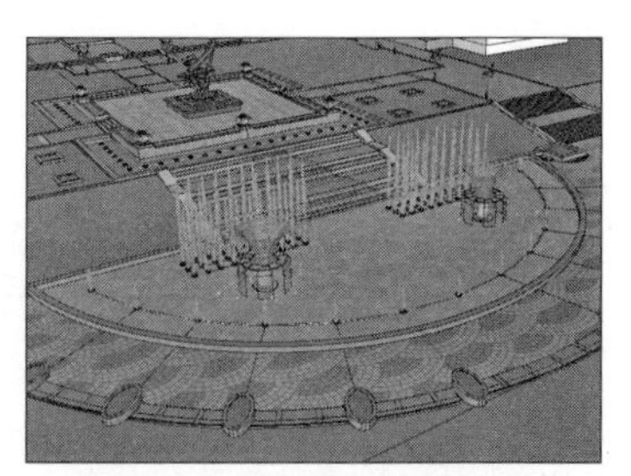

图 12-212　入口喷泉完成效果

步骤 03 重复类似的操作，制作水景广场以及廊桥水景处的喷泉水柱效果，如图 12-213 与图 12-214 所示。

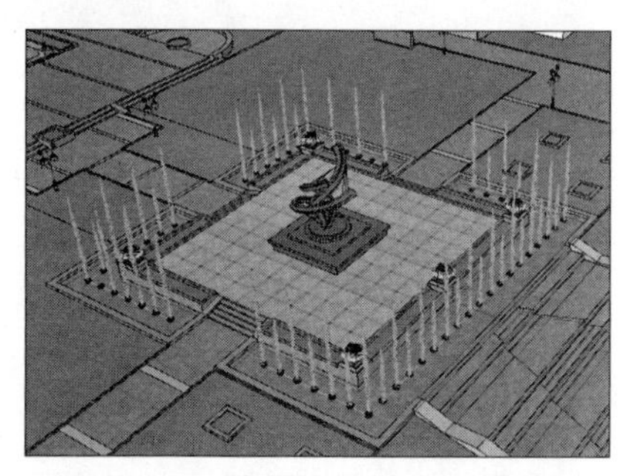

图 12-213　水景广场喷泉完成效果

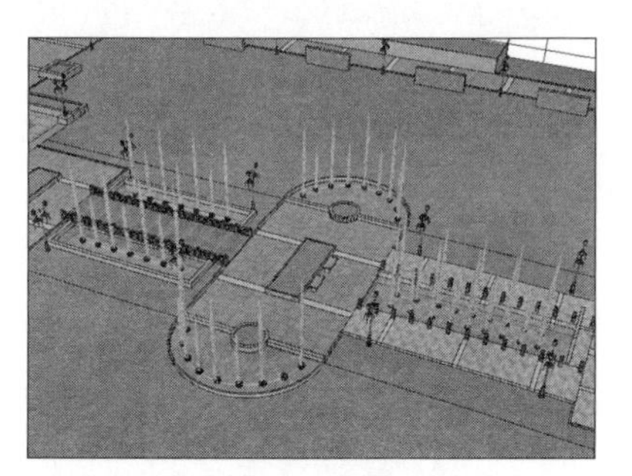

图 12-214　廊桥水景喷泉完成效果

3. 添加树木与人物

步骤 01 参考图纸，通过【组件】面板逐步合并树木与灌木模型，如图 12-215 ~ 图 12-217 所示。

图 12-215　合并树木组件

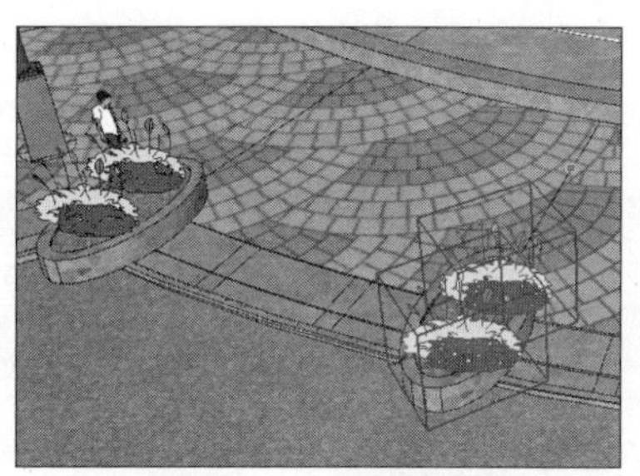

图 12-216　合并灌木效果 1

图 12-217　合并灌木效果 2

步骤 02 场景中主要景观节点的树木与灌木完成效果如图 12-218 ~ 图 12-220 所示。接下来合并人物等细节。

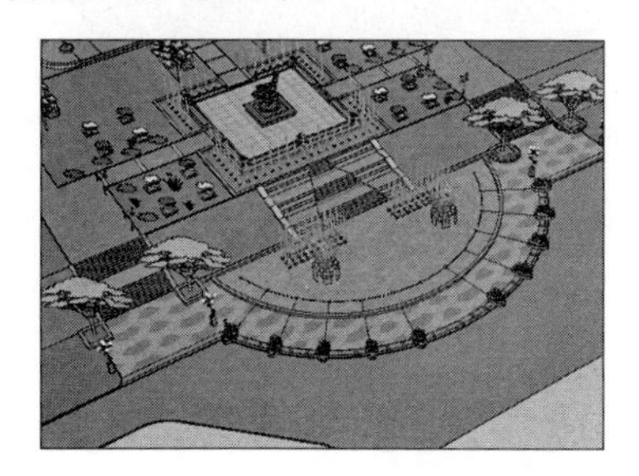

图 12-218　入口及水景广场植被效果

图 12-219　休闲广场植被效果

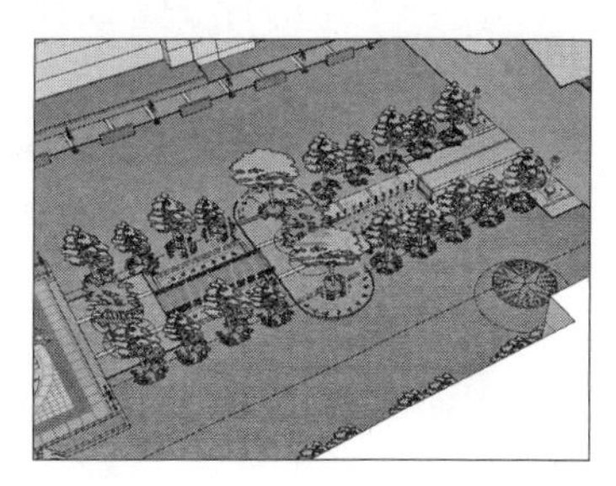

图 12-220　廊桥水景植被效果

步骤03 直接以鸟瞰的角度合并人物难以取得理想的效果，首先调整到主要景观节点处，以【场景】单独保存观察效果，如图 12-221 ~ 图 12-223 所示。

图 12-221　创建入口视角场景

图 12-222　创建休闲广场视角场景

步骤04 以远、中、近三个层次逐步合并入人物组件，形成生动的画面语言，如图 12-224 ~ 图 12-226 所示。

图 12-223　创建廊桥水景视角场景

图 12-224　合并入口视角远景人物

图 12-225　合并入口视角中景人物

图 12-226　合并入口视角近景人物

步骤05 合并入车辆细节模型，完成入口处的最终效果如图 12-227 所示。

步骤06 通过类似的方法，完成其他两处景观节点的最终效果，如图 12-228 与图 12-229 所示。

图 12-227　入口视角最终效果

图 12-228　入口处最终效果

图 12-229　廊桥水景最终效果

第13章

规划设计

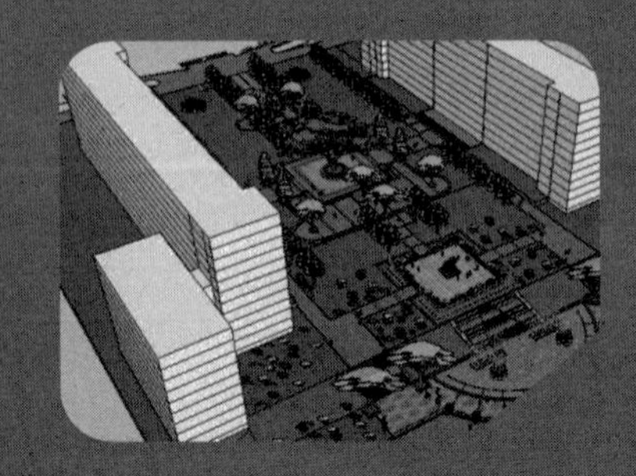

本章通过一个小区规划方案的制作，了解并掌握规划方案的制作流程，案例完成效果如图 13-1 所示。

183 导入图纸并分析建模思路

文件路径：配套资源 \ 第 13 章 \183	视频文件：视频 \ 第 13 章 \183.MP4

本例首先导入 JPG 格式的平面彩图作为建模参考，然后根据图纸的特点形成完整的建模思路。

步骤 01 打开 SketchUp，执行【窗口】/【模型信息】命令，在【单位】选项卡设置模型单位为“毫米”，如图 13-2 所示。

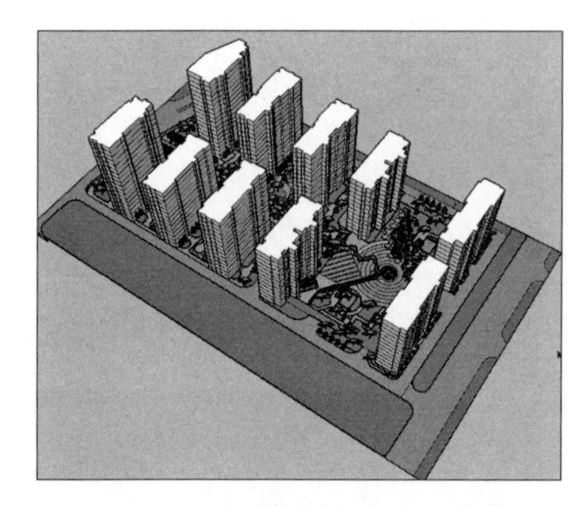

图 13-1　小区规划方案完成效果

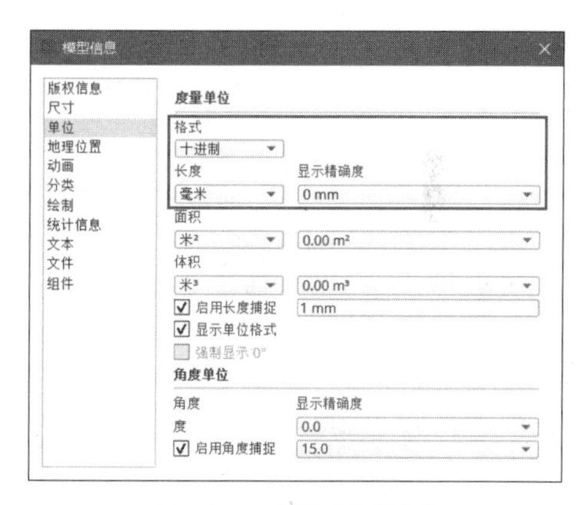

图 13-2　设置模型单位

步骤 02 执行【文件】/【导入】菜单命令，在【导入】面板中选择配套资源“小区规划底图 .jpg”文件，以图片形式导入，如图 13-3 所示。

步骤 03 导入图片后，将图片左下角与原点对齐，如图 13-4 所示。

图 13-3　选择底图并导入

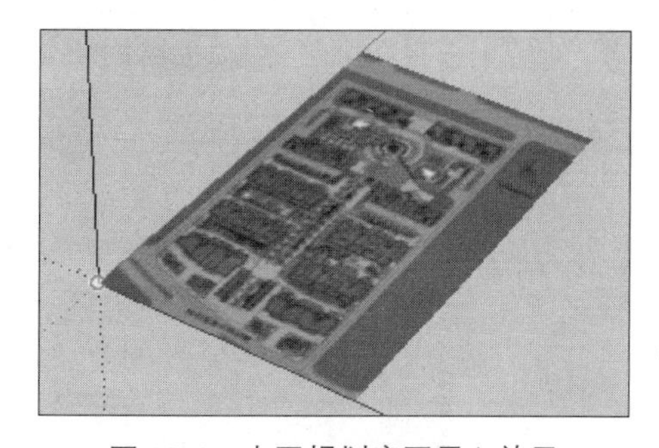

图 13-4　小区规划底图导入效果

步骤 04 启用【卷尺】工具，测量图纸中双车道宽度，然后输入 12400mm 的大致长度，重置图片尺寸，如图 13-5 与图 13-6 所示。

步骤05 为了确认尺寸的合理性，可以测量图纸中楼梯的宽度是否达到标准宽度，如图 13-7 所示。

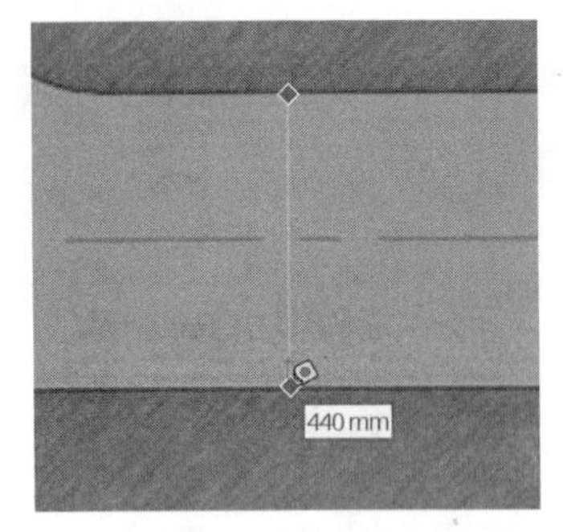

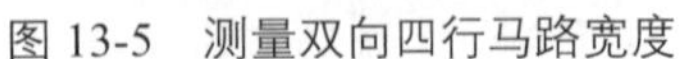

图 13-5　测量双向四行马路宽度

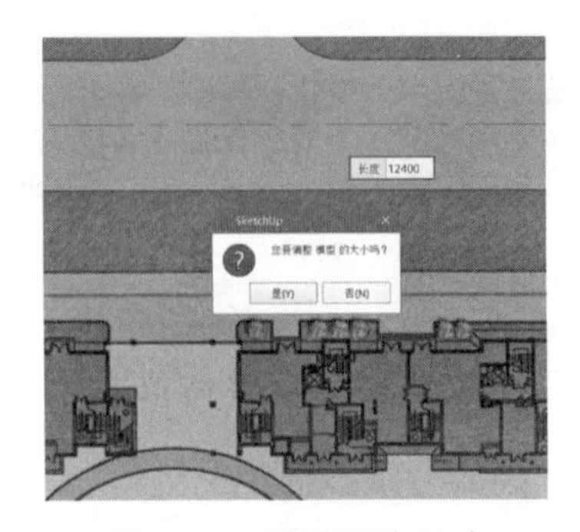

图 13-6　重置图片尺寸

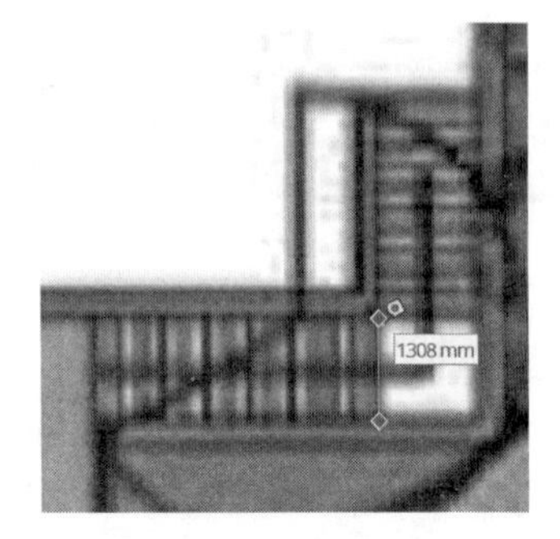

图 13-7　测量楼梯宽度

步骤06 调整底图尺寸大小后，根据如图 13-8 ~ 图 13-10 所示的住宅小区建筑与景观分布特点，确立创建思路如下：

- 首先建立小区边沿的公路以及绿地环境，并分割好小区内部大致轮廓。
- 细化小区内部景观的细节，完成小区景观规划的制作。
- 制作建筑的简模，调入并布置树木组件，完成整个小区规划效果的制作。

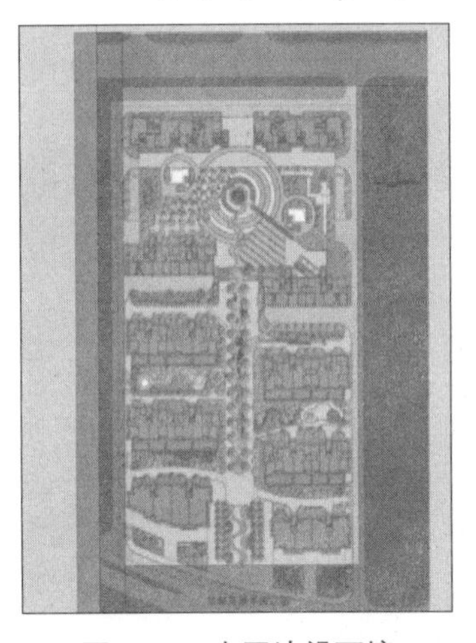

图 13-8　小区边沿环境

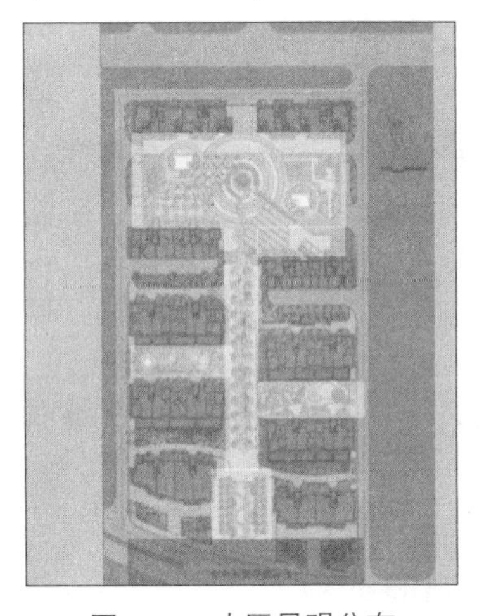

图 13-9　小区景观分布

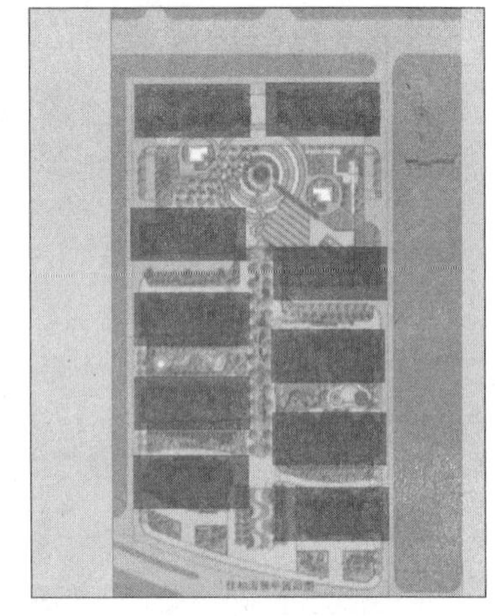

图 13-10　小区建筑分布

步骤07 根据以上创建思路，本例制作流程如图 13-11 ~ 图 13-14 所示。

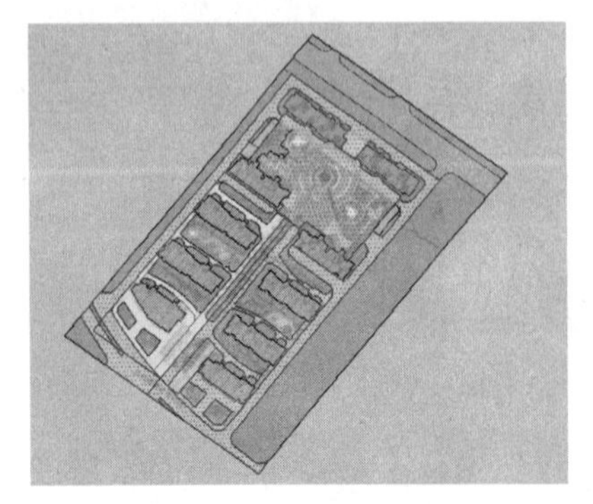

图 13-11　导入匹配图片

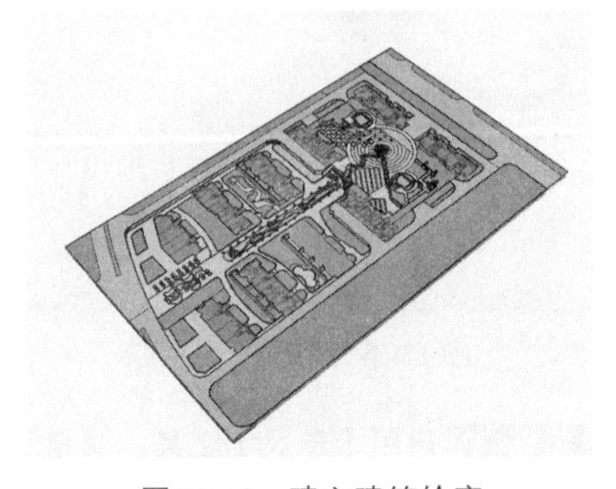

图 13-12　建立建筑轮廓

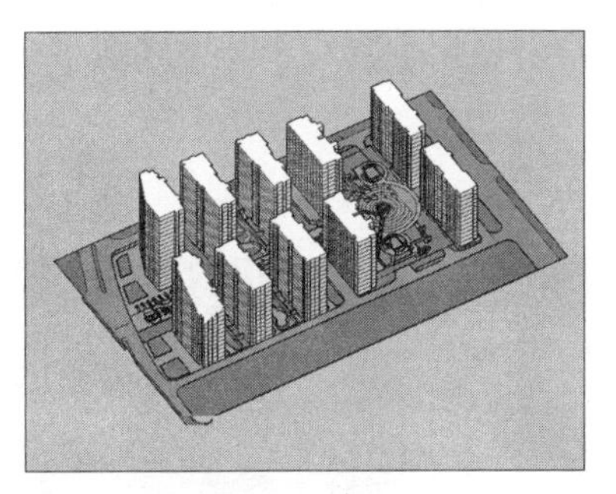

图 13-13　建筑细节

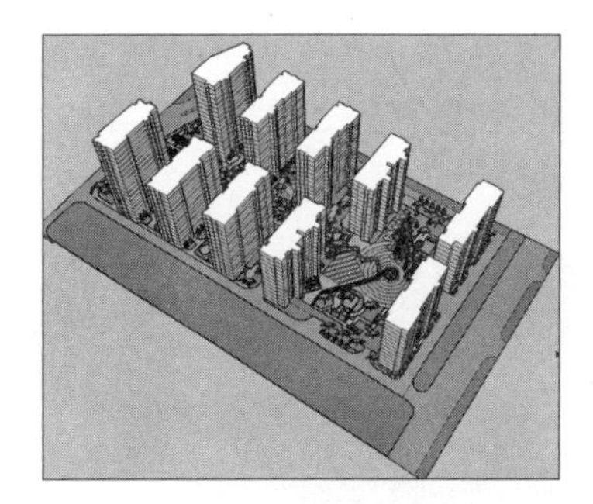

图 13-14　添加环境效果

184 建立整体地形

文件路径：无	视频文件：视频 \ 第 13 章 \184.MP4

规划方案的地形不但包括外部环境的公路与绿地，而且需要制作出内部的道路网络。

步骤 01 切换至【俯视图】，结合使用【矩形】工具，快速分割出周边公路以及小区整体轮廓，如图 13-15 与图 13-16 所示。

步骤 02 参考图片，使用【圆弧】工具制作路面转角的圆弧细节，如图 13-17 与图 13-18 所示。

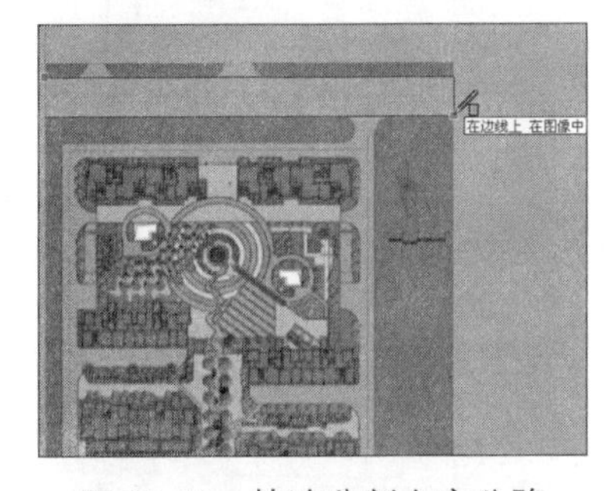

图 13-15　快速分割上方公路

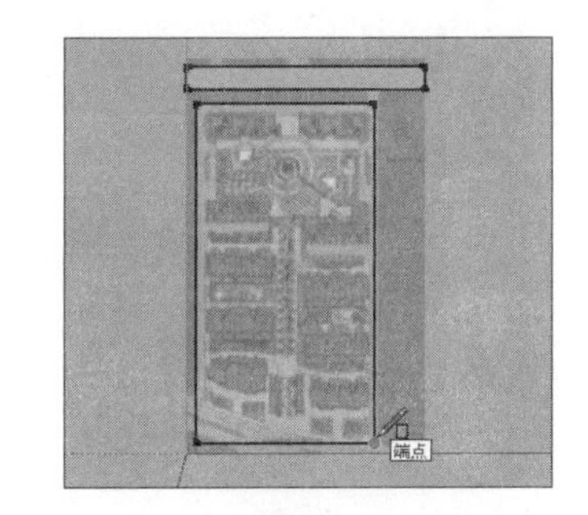

图 13-16　快速分割小区整体轮廓

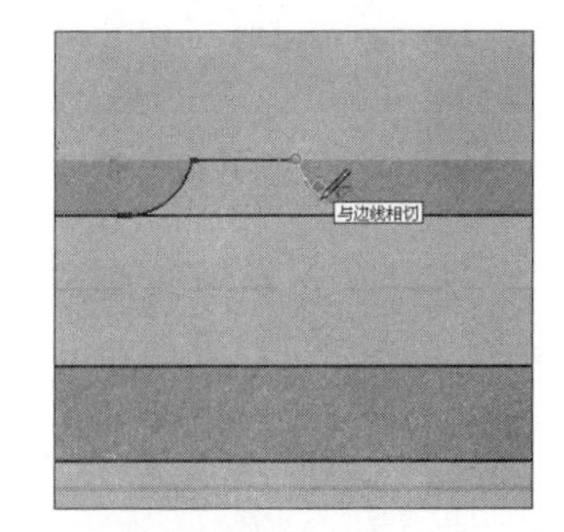

图 13-17　制作圆弧转角细节

步骤 03 重复类似操作，制作公路与绿地的轮廓细节，如图 13-19 与图 13-20 所示。

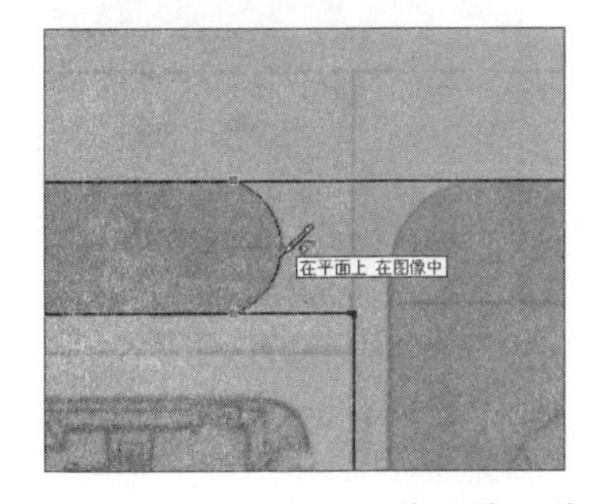

图 13-18　通过圆弧制作连接细节

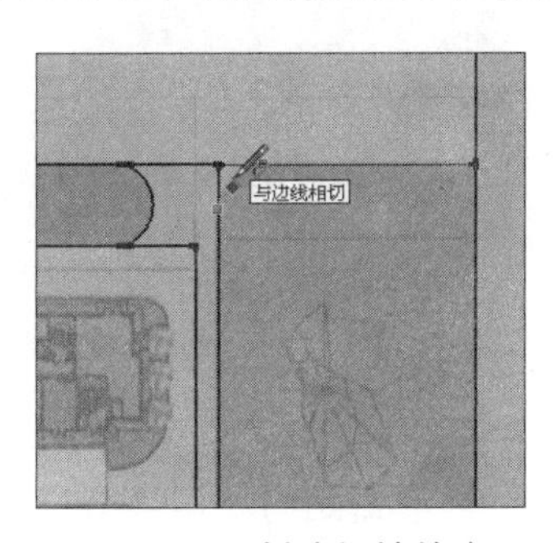

图 13-19　创建绿地轮廓

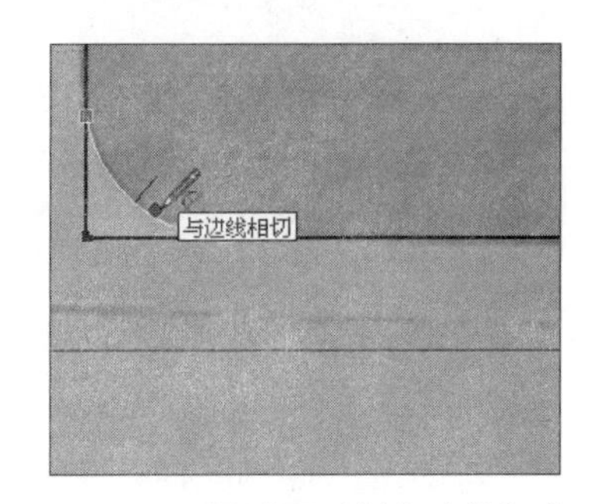

图 13-20　通过圆弧制作连接细节

步骤 04 完成小区外部环境与内部整体的轮廓后，结合使用【直线】与【圆弧】工具，分割出小区左侧道路与建筑轮廓，如图 13-21 ~ 图 13-23 所示。

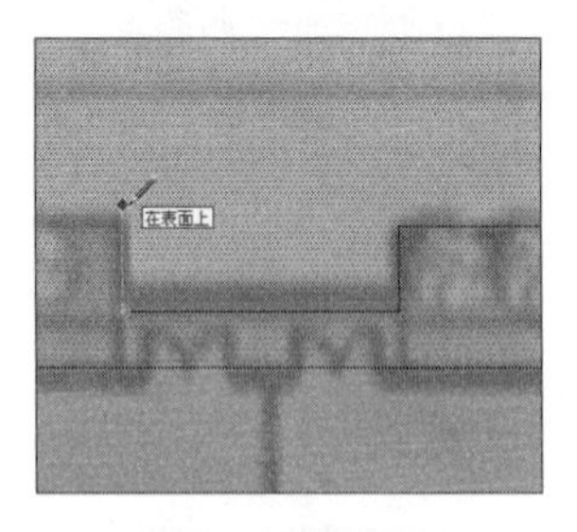

图 13-21 分割左侧道路与建筑轮廓

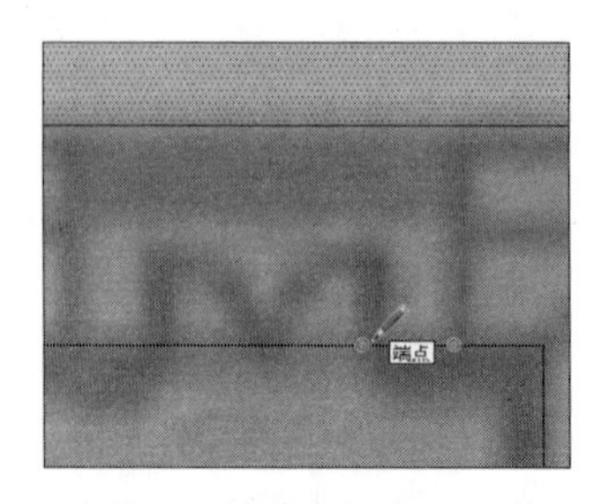

图 13-22 预留门窗参考点

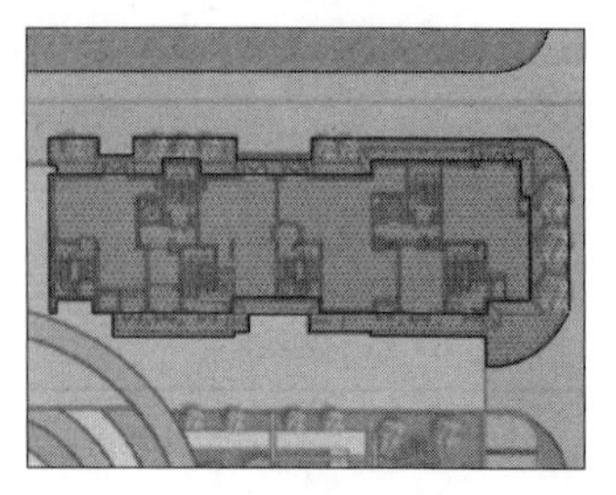

图 13-23 局部道路与建筑分割完成

步骤 05 对于相同造型的建筑与道路轮廓，可以通过直接复制以及镜像快速进行制作，如图 13-24 ~ 图 13-26 所示。

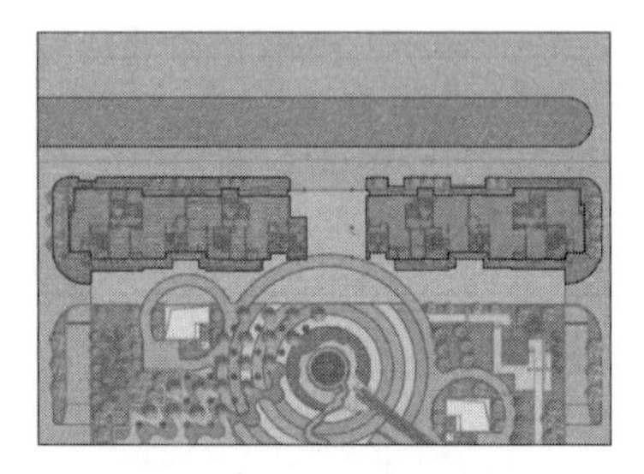

图 13-24 复制并镜像分割细节

图 13-25 分割其他建筑轮廓

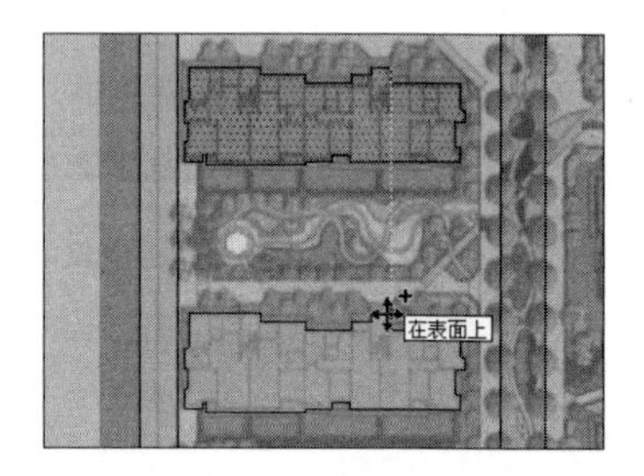

图 13-26 复制相同建筑轮廓

步骤 06 建筑轮廓与大致的内部道路分割完成后，细化出边沿的道路与树池等细节，如图 13-27 ~ 图 13-29 所示。

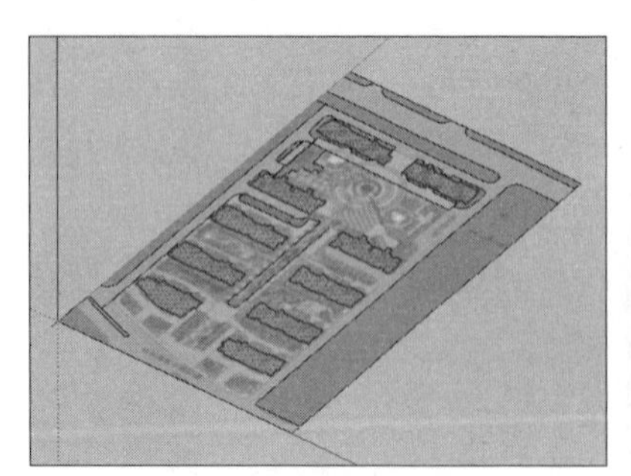

图 13-27 建筑轮廓分割完成

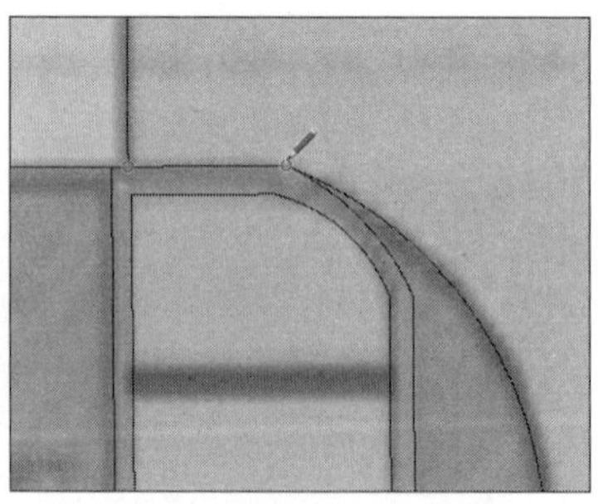

图 13-28 分割边沿道路与树池

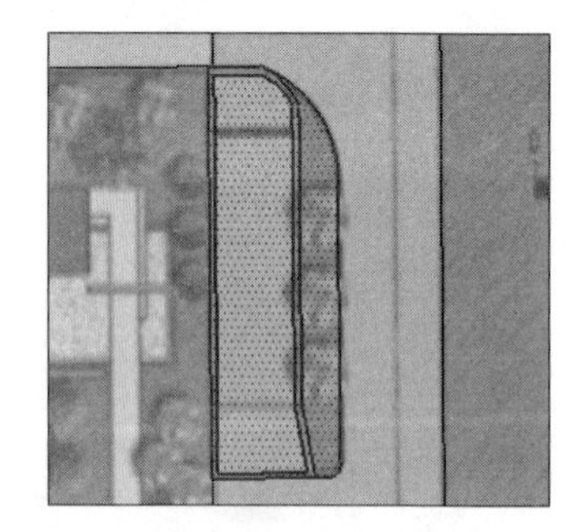

图 13-29 分割完成边沿道路与树池

步骤 07 通过同样的操作，制作中心道路与花坛细节，完成整体地形的制作，如图 13-30 ~ 图 13-32 所示。

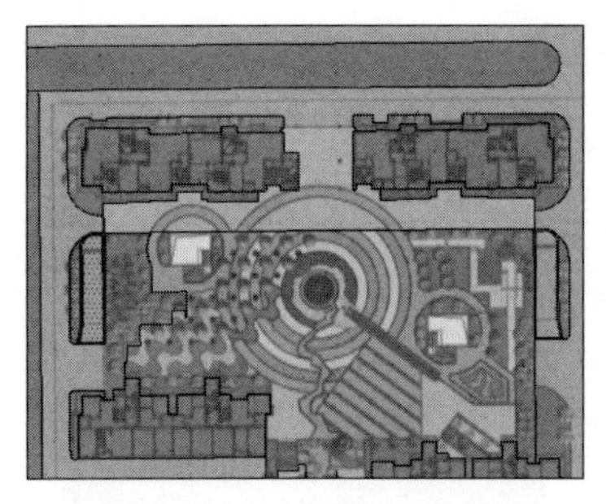

图 13-30　复制并镜像花坛

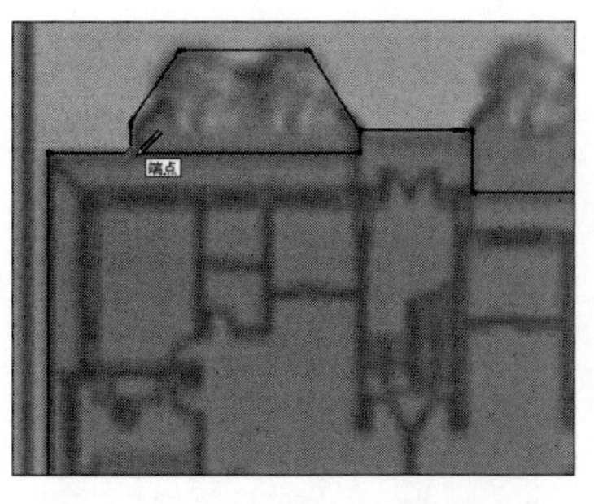

图 13-31　分割中心道路与花坛

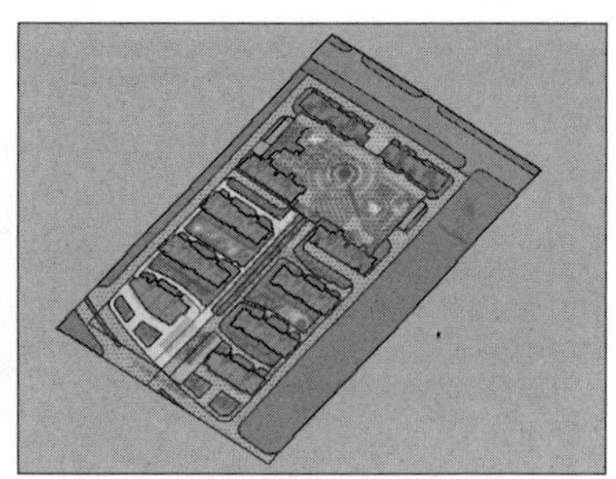

图 13-32　整体地形制作完成

185 制作景观简模

文件路径：无	视频文件：视频 \ 第 13 章 \185.MP4

制作整体地形后，本例将制作小区内部的景观模型，区别于景观方案的表现，规划类项目只需要建立大致的景观轮廓即可。

1. 制作圆形广场

步骤 01 参考图片，结合使用【圆弧】与【直线】等工具，分割圆形广场的初步轮廓，如图 13-33 ~ 图 13-35 所示。

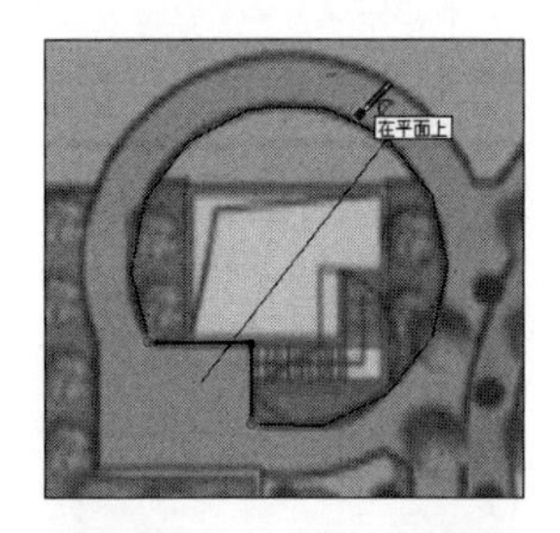

图 13-33　分割右侧圆形

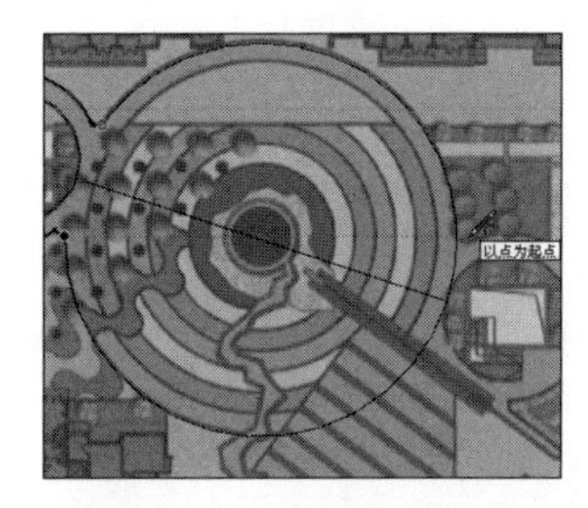

图 13-34　分割中部圆形

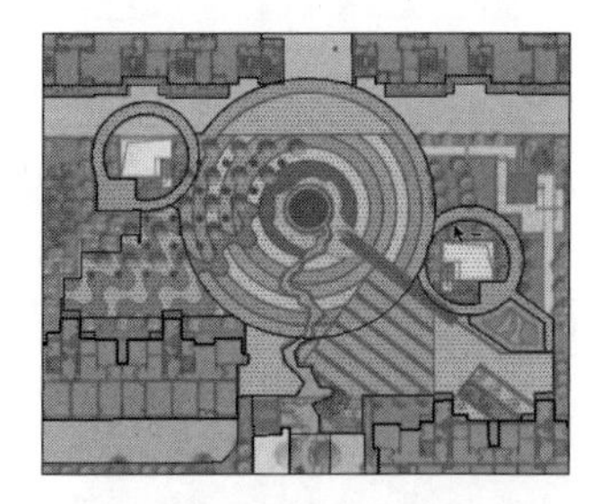

图 13-35　圆形广场轮廓完成

步骤 02 参考图片，结合使用【圆】、【直线】以及【推 / 拉】等工具，制作中心喷泉造型，如图 13-36 ~ 图 13-38 所示。

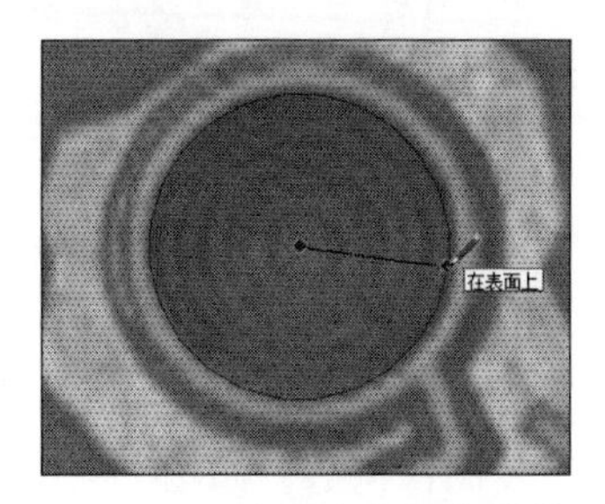

图 13-36　分割中心喷泉轮廓

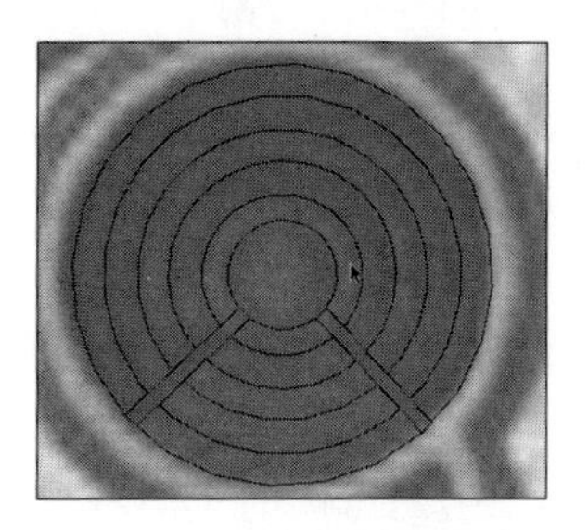

图 13-37　分割轮廓细节

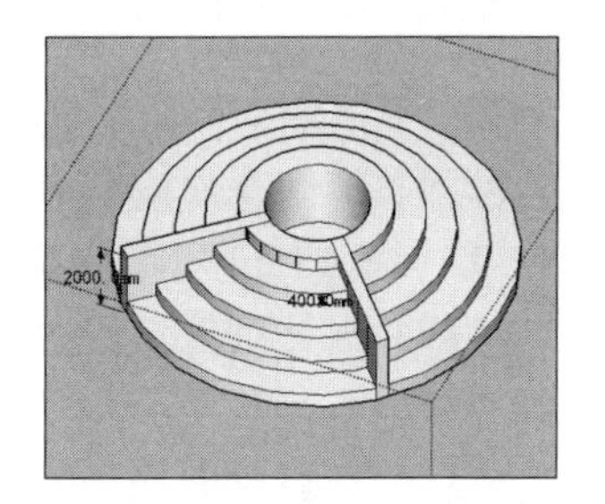

图 13-38　推拉造型细节

步骤 03 赋予喷泉对应材质，参考图片分割出河道并赋予对应材质，如图 13-39 ~ 图 13-41 所示。

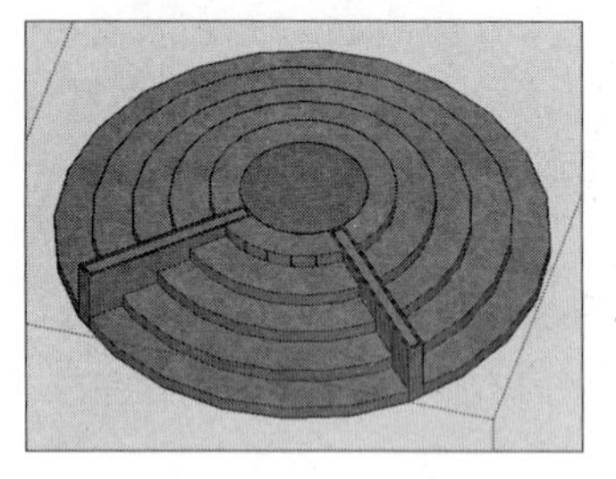

图 13-39　赋予材质

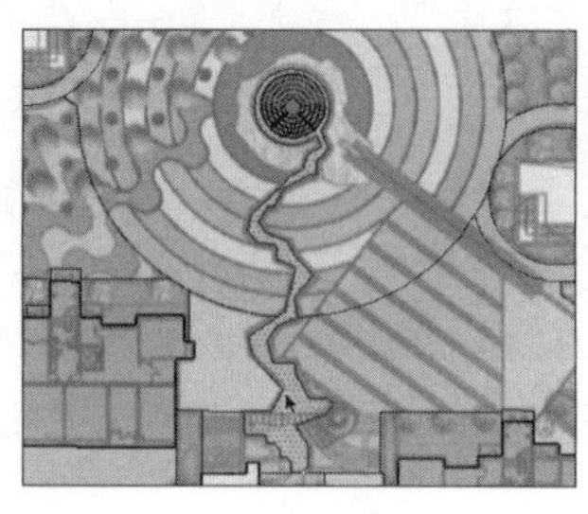

图 13-40　分割河道细节

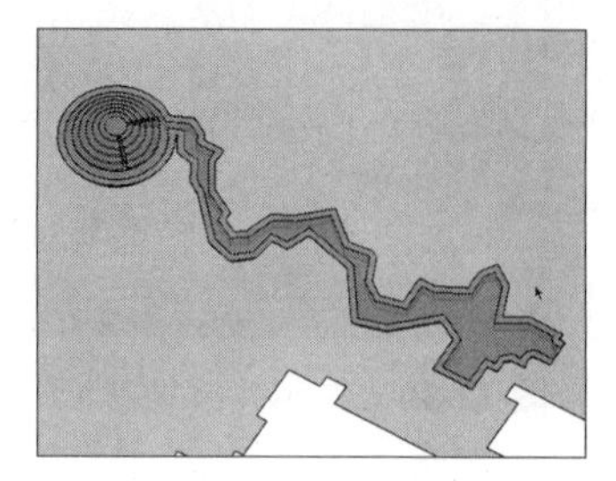

图 13-41　赋予河道材质

步骤 04 参考图片，使用【圆弧】以及【直线】工具，制作圆形广场的分割细节，如图 13-42 与图 13-43 所示。

步骤 05 参考图片，使用【直线】工具制作右侧广场的分割细节并赋予对应材质，如图 13-44 与图 13-45 所示。

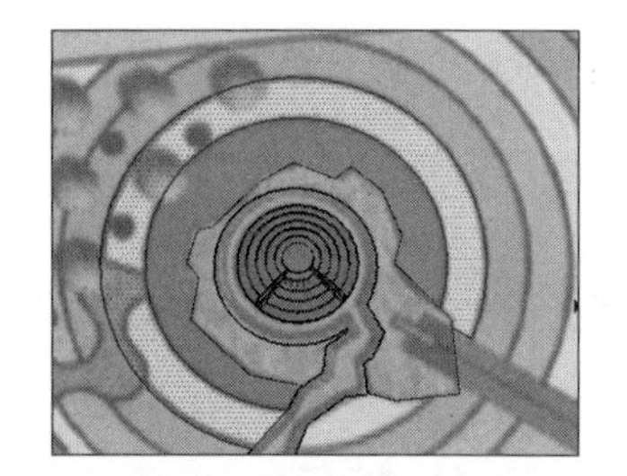

图 13-42　分割中心圆形

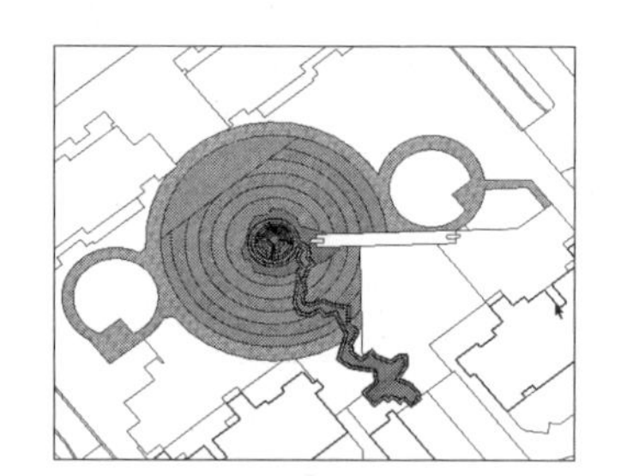

图 13-43　中心圆形分割完成效果

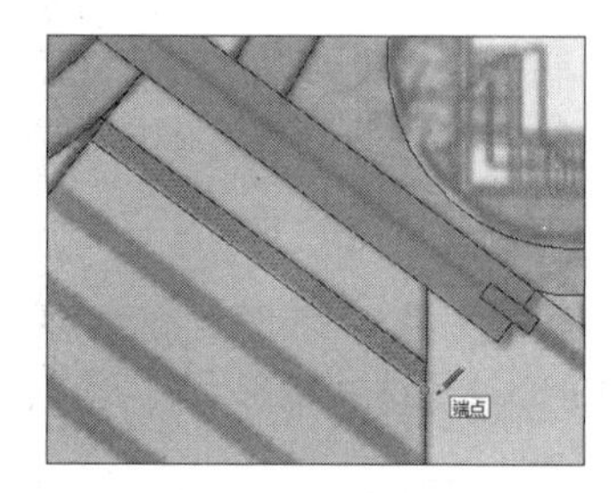

图 13-44　制作右侧广场分割细节

步骤 06 参考图片，分割出车库入口区域，如图 13-46 与图 13-47 所示。

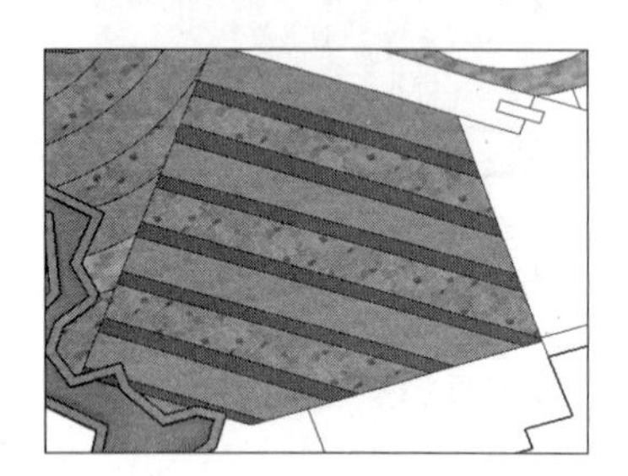

图 13-45　赋予材质效果

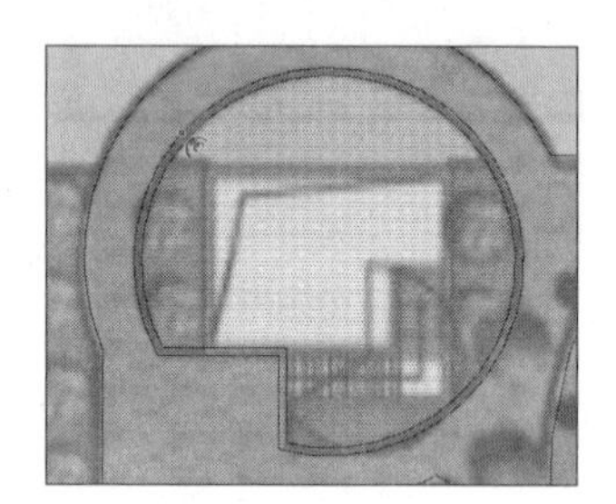

图 13-46　分割车库入口

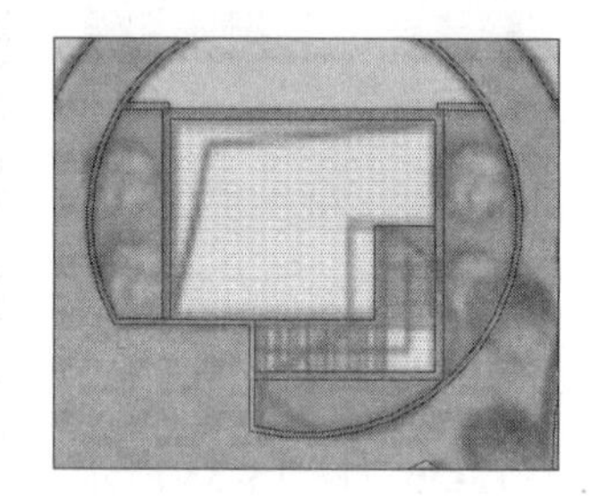

图 13-47　车库入口分割完成

步骤 07 结合使用【直线】与【推 / 拉】工具，制作楼梯细节，如图 13-48 ~ 图 13-51 所示。

步骤 08 结合使用【矩形】、【偏移】以及【推 / 拉】工具，制作入口处的玻璃护栏造型，如图 13-52 ~ 图 13-54 所示。

步骤 09 处理入口周边的草地效果，然后将入口整体复制至右侧，并旋转调整好位置，如图 13-55 所示。

步骤 10 参考图片，结合使用【圆】、【偏移】以及【推 / 拉】工具制作树池，如图 13-56 与图 13-57 所示。

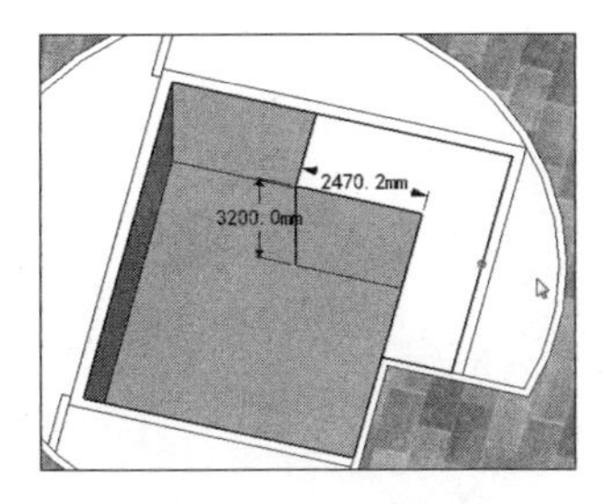

图 13-48　制作楼梯轮廓

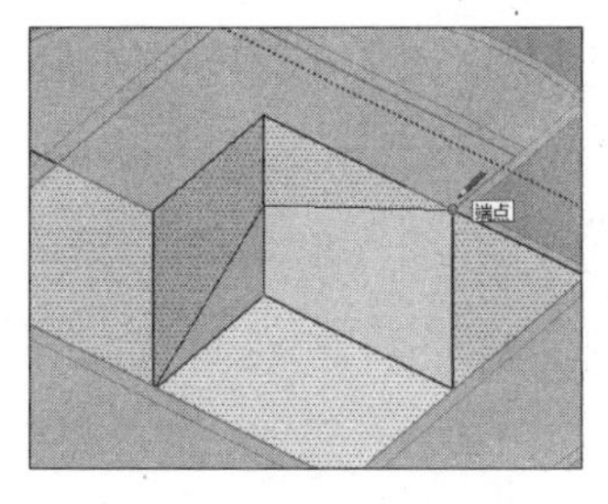

图 13-49　分割楼梯斜面

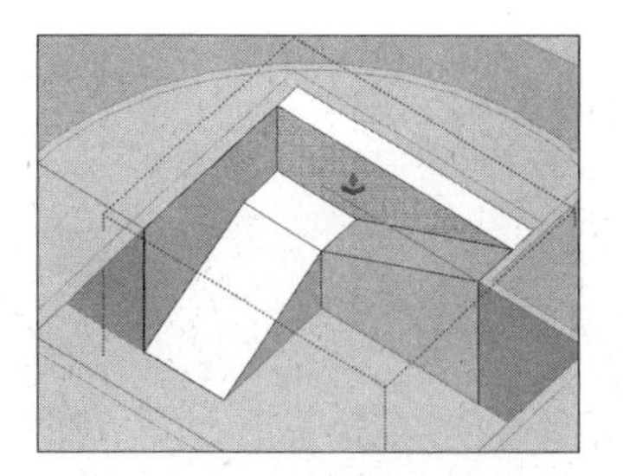

图 13-50　推拉楼梯斜面

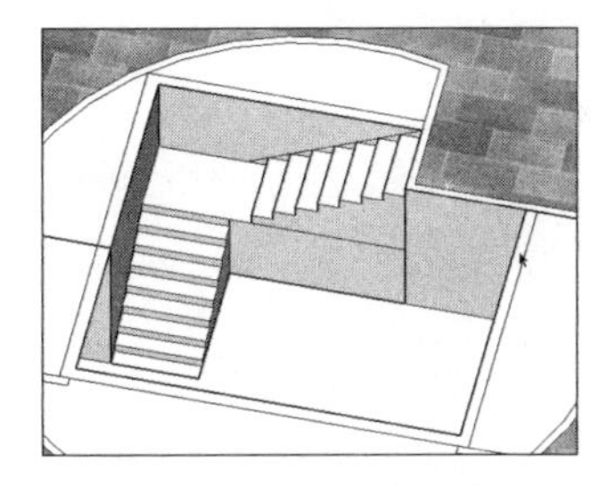

图 13-51　细化踏步效果

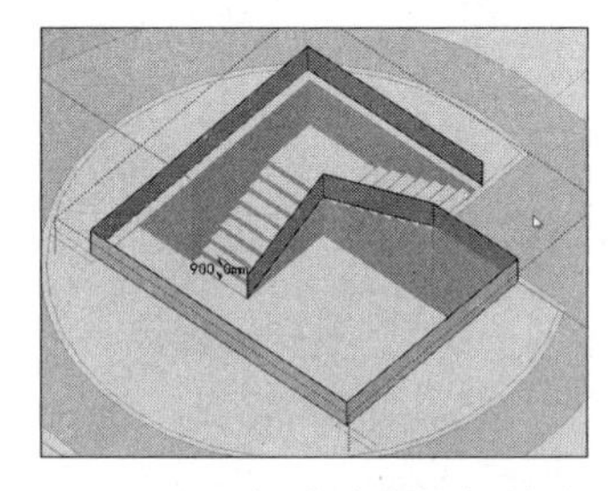

图 13-52　创建玻璃护栏轮廓

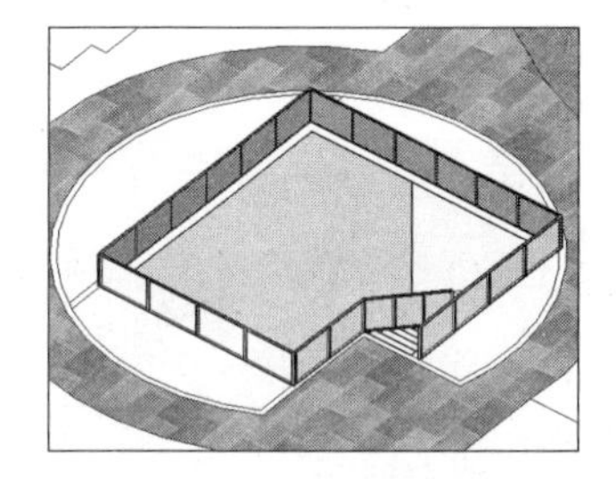

图 13-53　推拉玻璃护栏细节

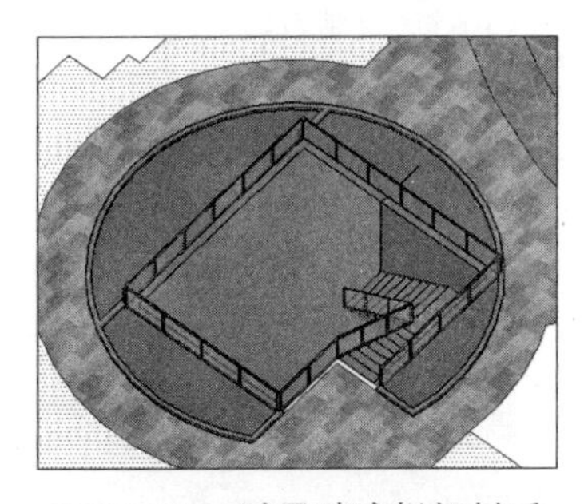

图 13-54　赋予玻璃栏杆材质

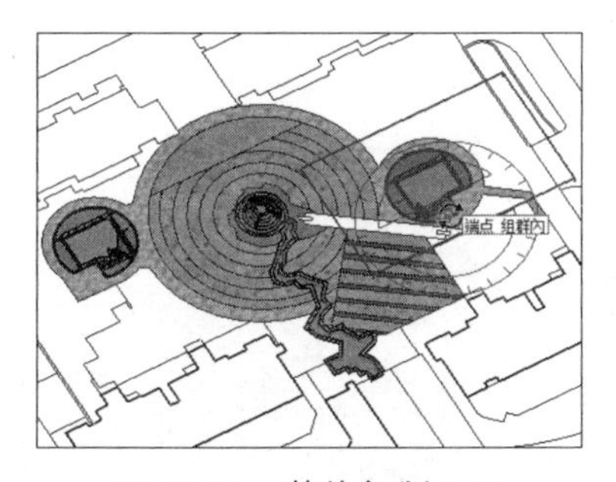

图 13-55　整体复制入口

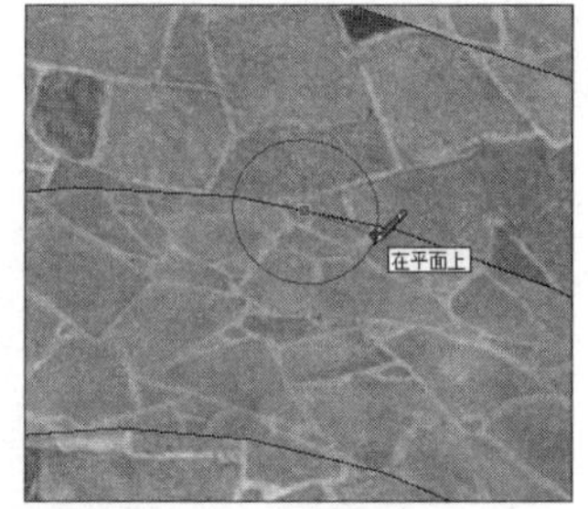

图 13-56　制作树池轮廓平面

步骤⑪ 参考图片，复制圆形广场其他位置的树池，如图 13-58 与图 13-59 所示。

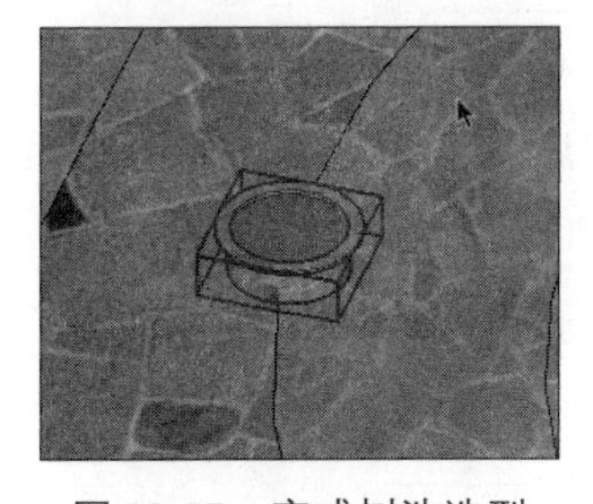

图 13-57　完成树池造型

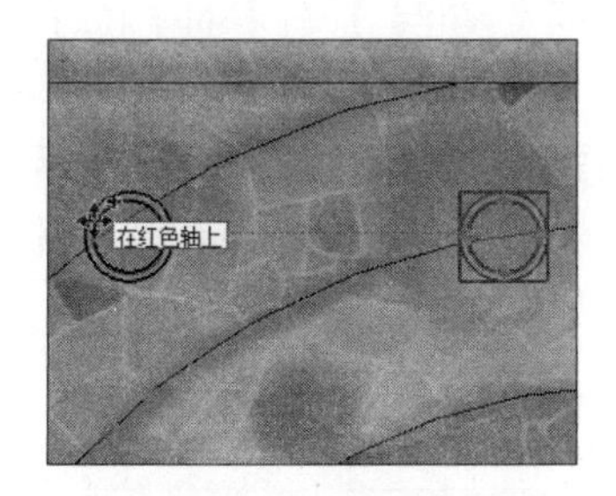

图 13-58　复制树池

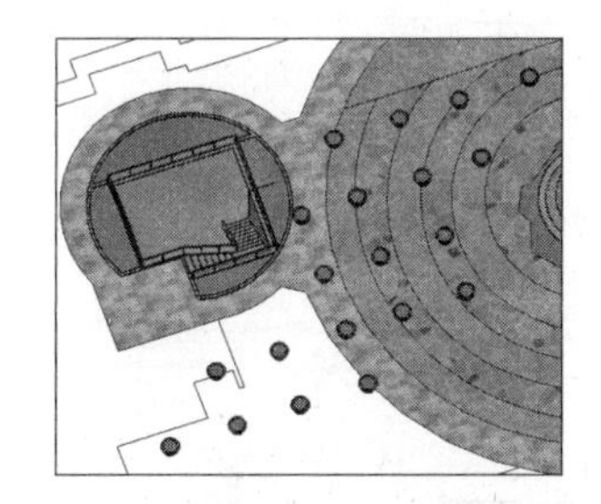

图 13-59　圆形广场树池完成效果

步骤⑫ 参考图片，结合使用【矩形】、【偏移】以及【推 / 拉】工具制作花坛以及景观墙造型，如图 13-60 ~ 图 13-62 所示。

步骤⑬ 参考图片，结合使用【矩形】、【推 / 拉】及【偏移】工具，制作广场右侧小道，如图 13-63 与图 13-64 所示。

步骤⑭ 参考图片中的位置，结合使用【矩形】与【推 / 拉】工具，制作小道周边的景观墙，如图 13-65 ~ 图 13-68 所示。

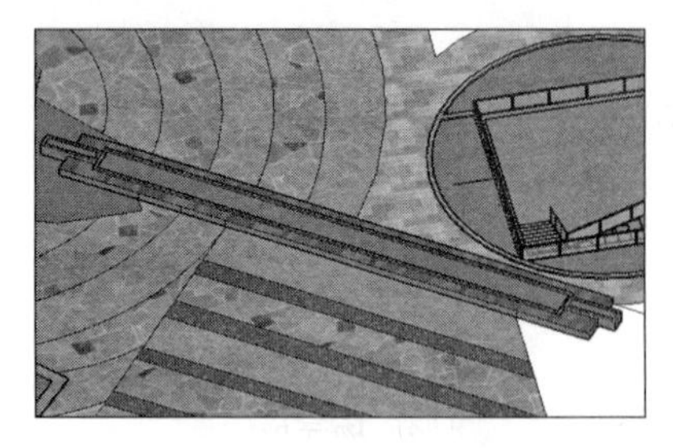

图 13-60　制作花坛

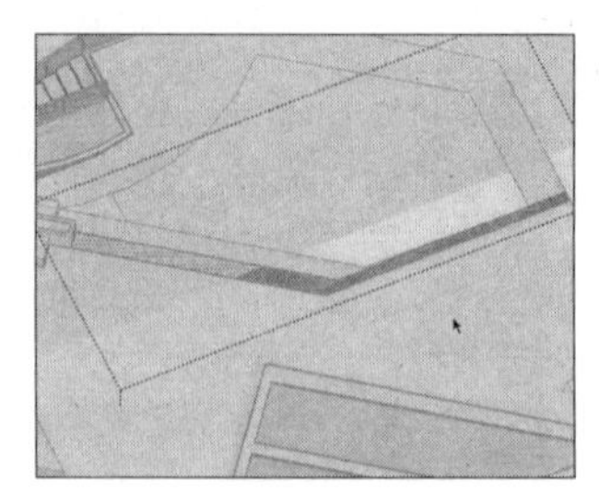

图 13-61　分割景观墙轮廓

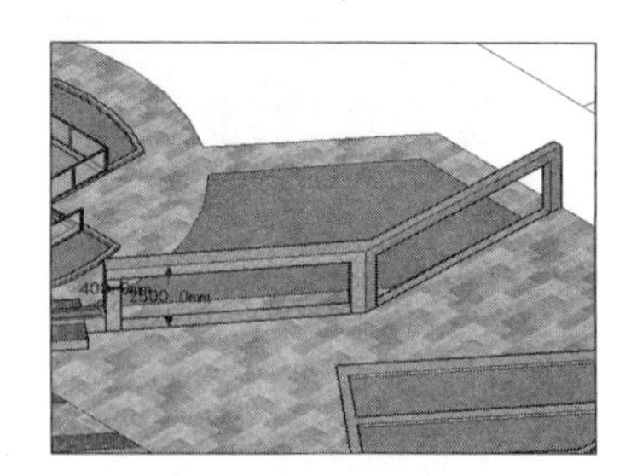

图 13-62　景观墙完成效果

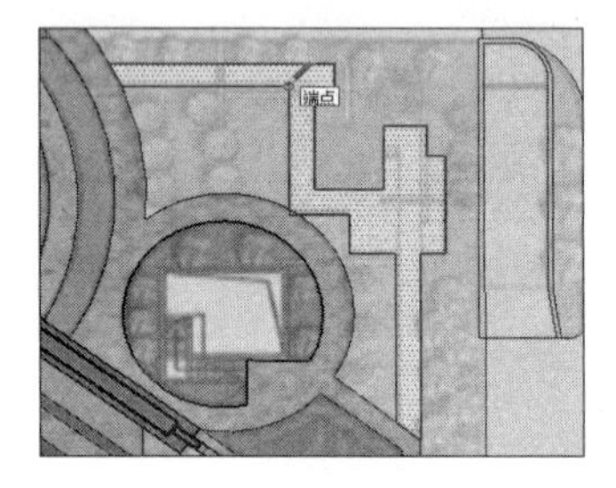

图 13-63　制作小道轮廓

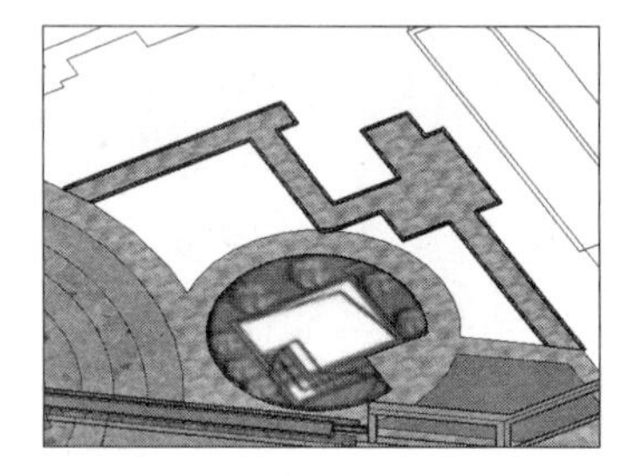

图 13-64　小道完成效果

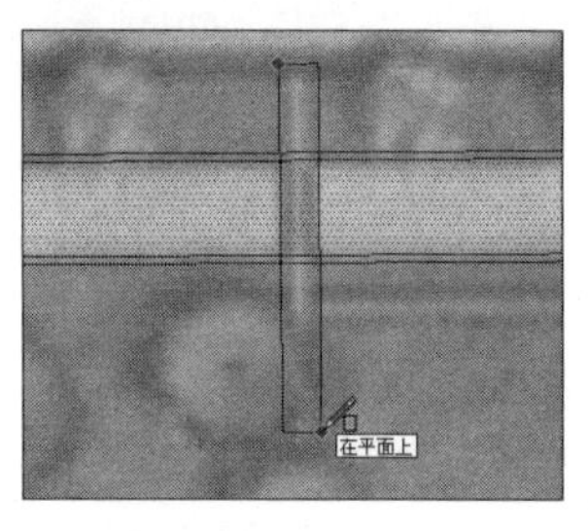

图 13-65　绘制入口处景观墙轮廓

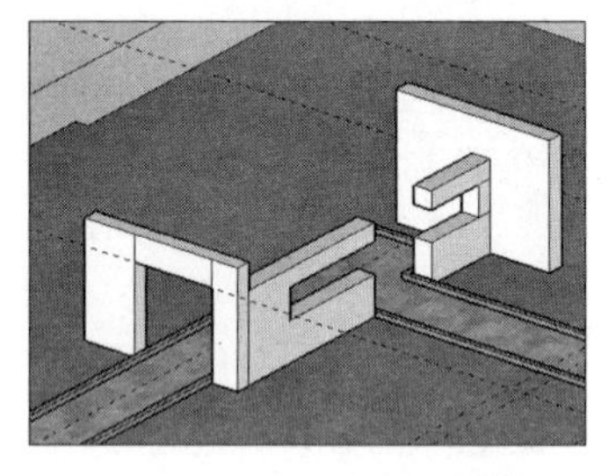

图 13-66　入口处景观墙效果

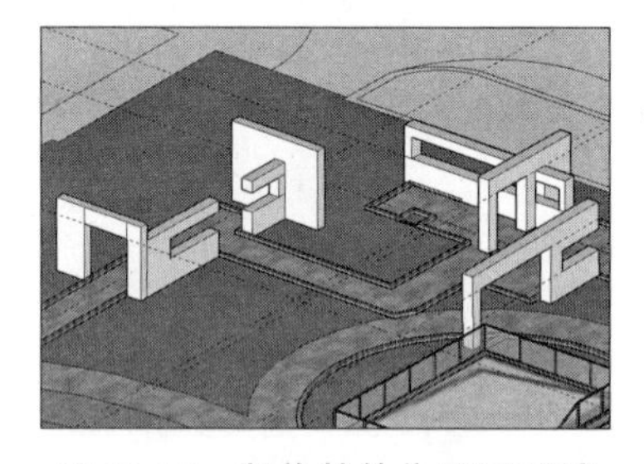

图 13-67　制作其他位置景观墙

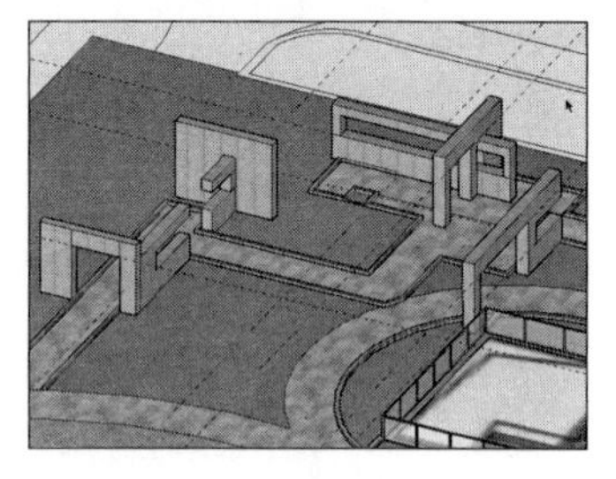

图 13-68　赋予景观墙材质

步骤⑮ 参考图片，结合使用【直线】与【推/拉】工具制作右侧的石墙模型，如图 13-69 所示。

步骤⑯ 参考图片，使用【圆弧】工具制作曲线分割细节，然后通过复制完成其他区域的类似效果，如图 13-70 ~ 图 13-72 所示。

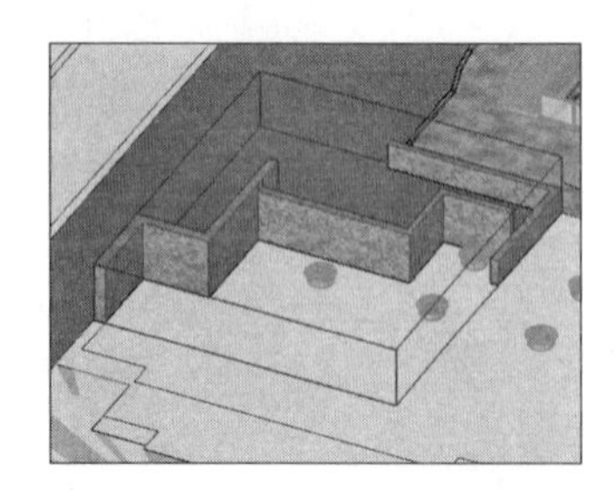

图 13-69　制作石墙造型

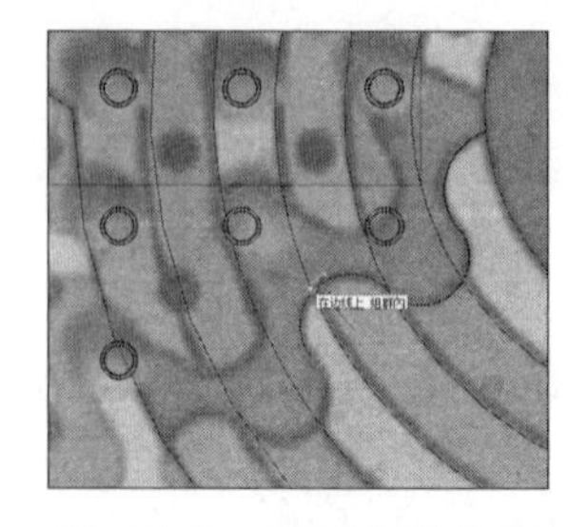

图 13-70　绘制曲线分割

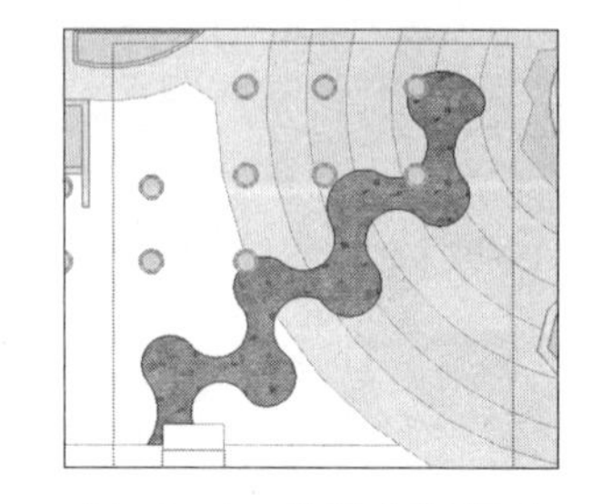

图 13-71　曲线分割完成

步骤⑰ 圆形广场景观细节制作完成，效果如图 13-73 所示。

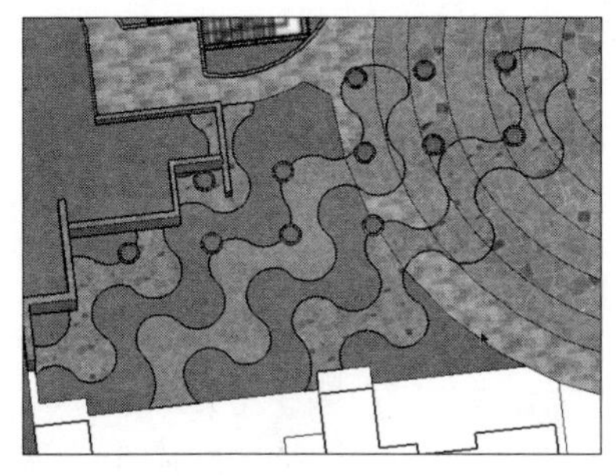

图 13-72　复制曲线造型

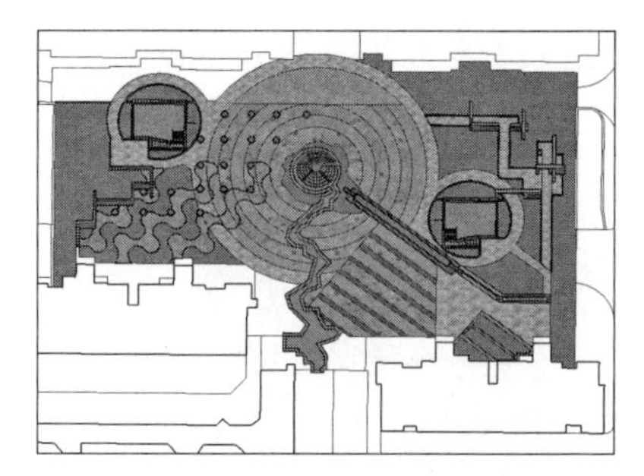

图 13-73　圆形广场完成效果

2. 制作水景

步骤 01 选择下方地形，整体向下推拉 3000mm，然后调整之前制作好的河道，如图 13-74 ~ 图 13-76 所示。

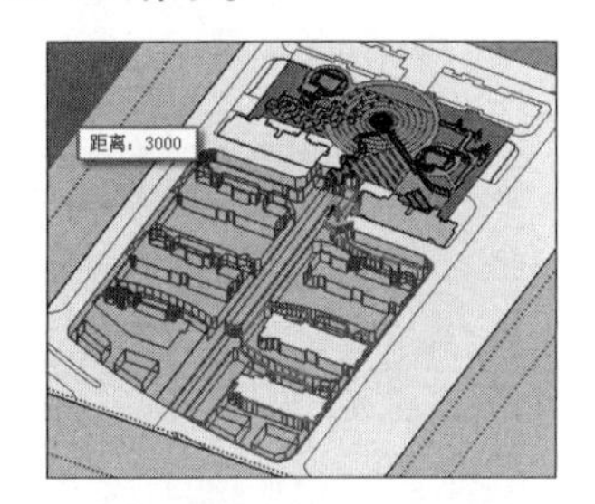

图 13-74　整体向下推拉 3000mm

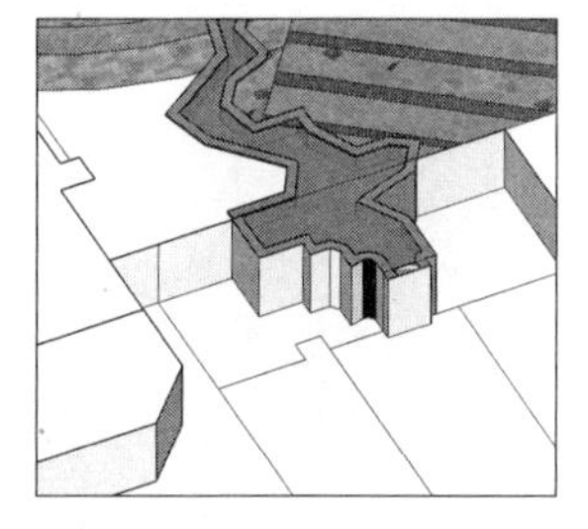

图 13-75　推拉后的河道效果

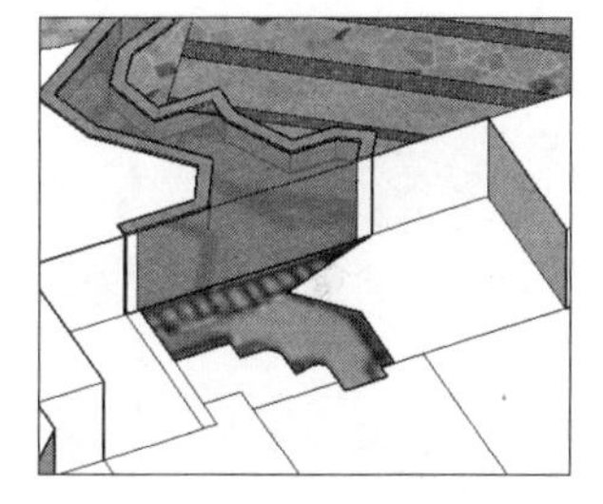

图 13-76　调整河道

步骤 02 参考图片，结合使用【矩形】与【推 / 拉】工具，制作好右侧的楼梯模型，如图 13-77 ~ 图 13-79 所示。

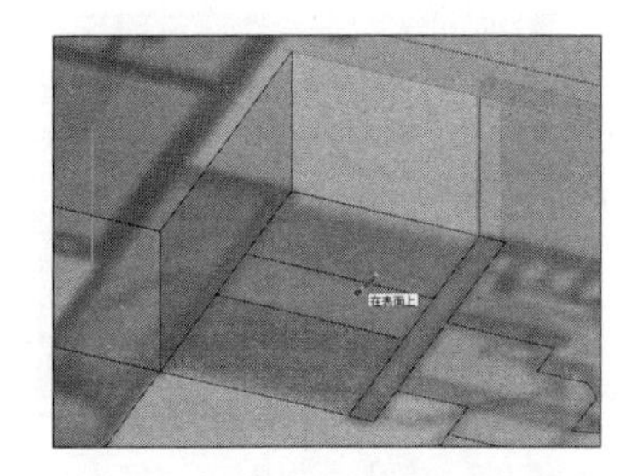

图 13-77　绘制右侧楼梯平面轮廓

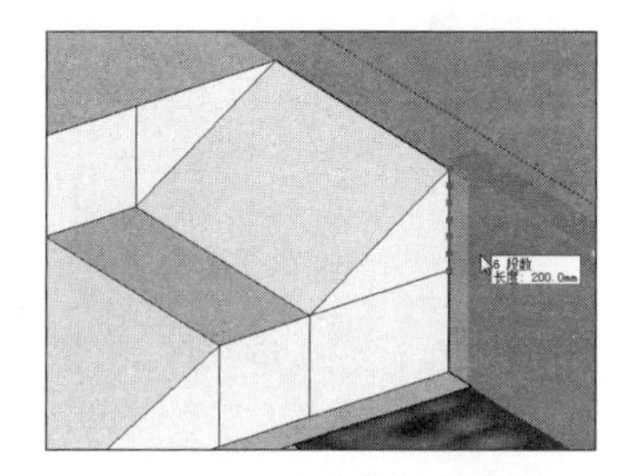

图 13-78　制作楼梯轮廓

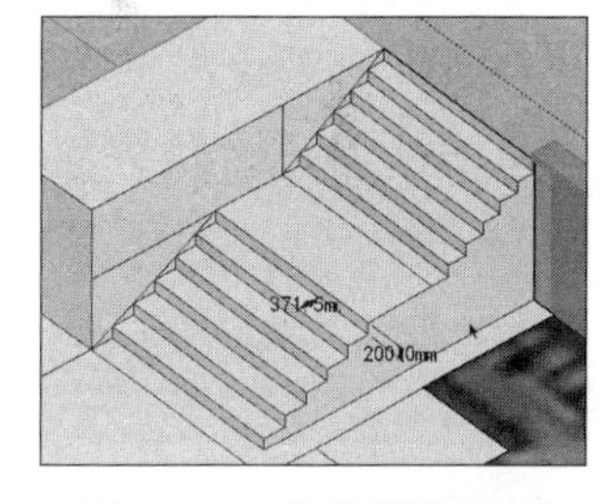

图 13-79　细化踏步造型

步骤 03 参考图片，结合使用【直线】与【推 / 拉】工具，制作中部的河堤造型，如图 13-80 ~ 图 13-82 所示。

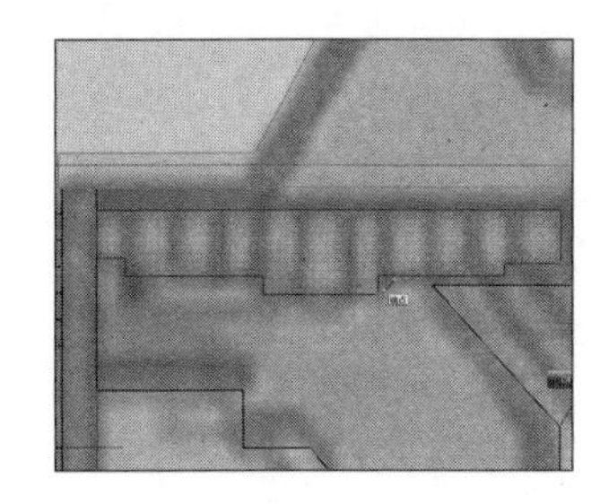

图 13-80　绘制中部河堤平面轮廓

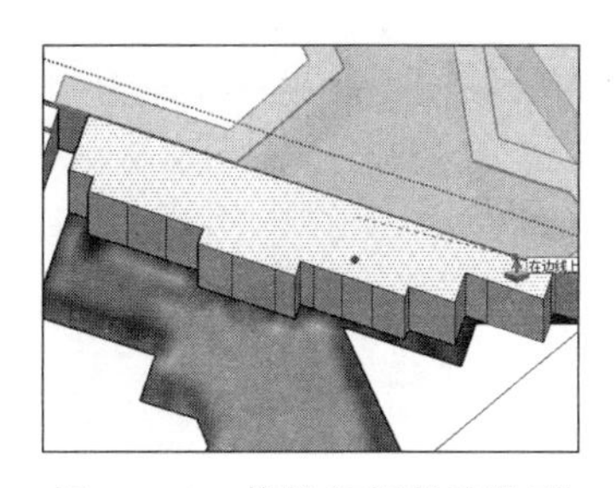

图 13-81　推拉河堤轮廓造型

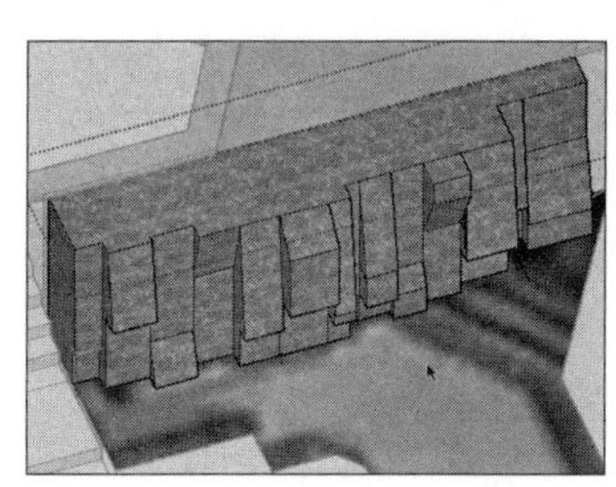

图 13-82　河堤造型完成效果

步骤04 参考图片，结合使用【圆】、【圆弧】以及【推 / 拉】等工具，制作右侧的树池以及楼梯造型，如图 13-83 ~ 图 13-85 所示。

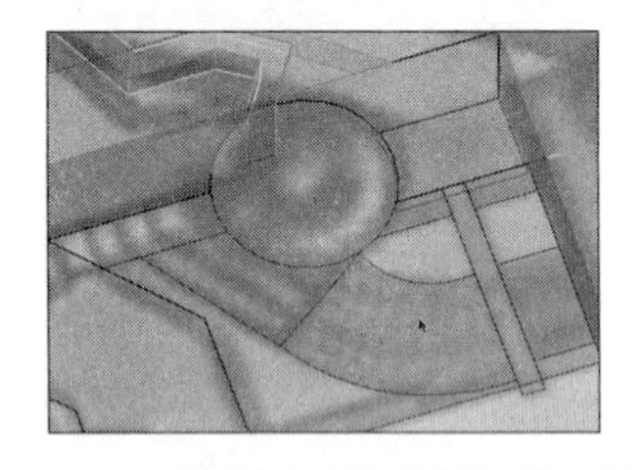

图 13-83　绘制右侧树池等平面轮廓

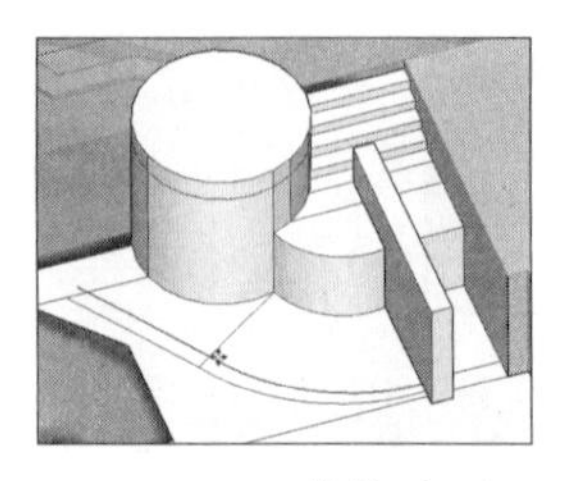

图 13-84　推拉造型

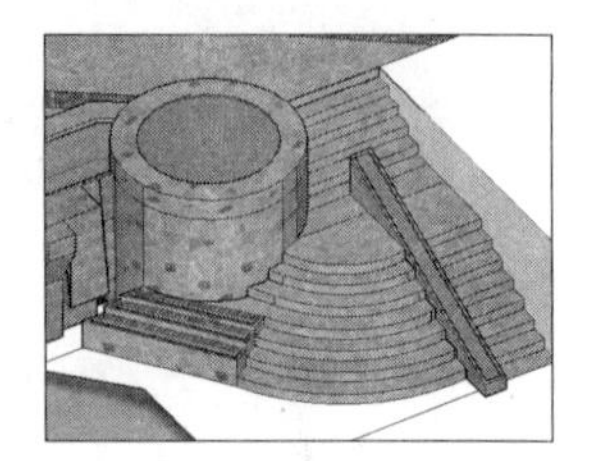

图 13-85　赋予造型材质

步骤05 参考图纸分割出下方河道的轮廓，如图 13-86 ~ 图 13-88 所示。

步骤06 重复类似的操作，制作好河道两侧的层次细节，如图 13-89 ~ 图 13-91 所示。

图 13-86　分割下方河道整体轮廓

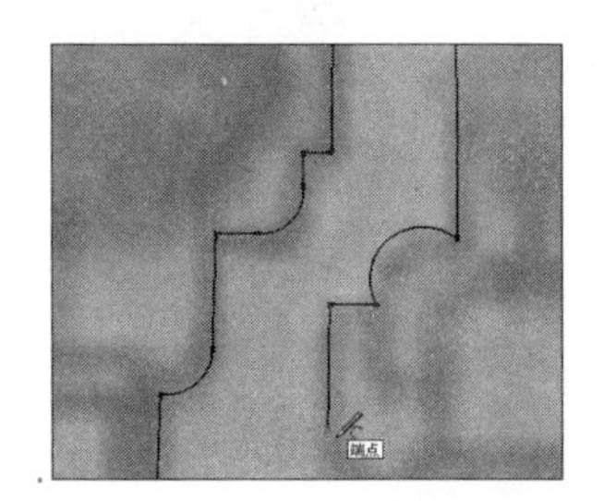

图 13-87　分割河道内部细节

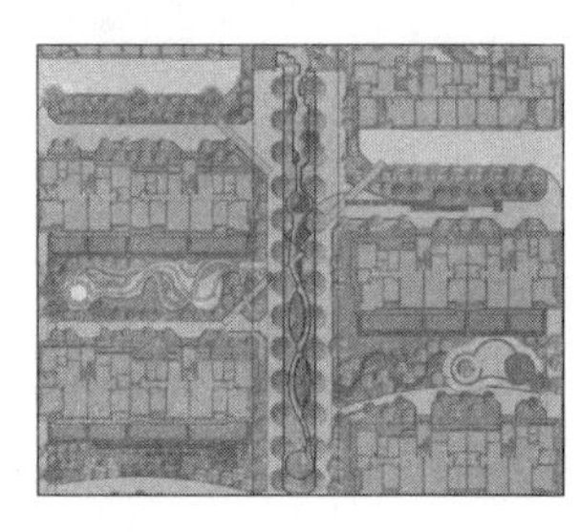

图 13-88　河道内部分割完成效果

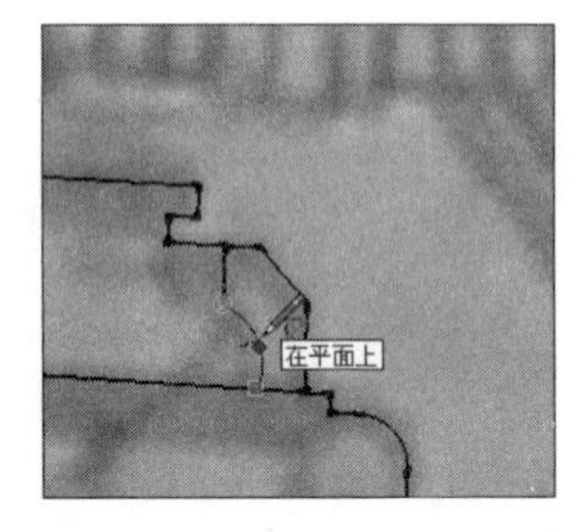

图 13-89　分割层级细节

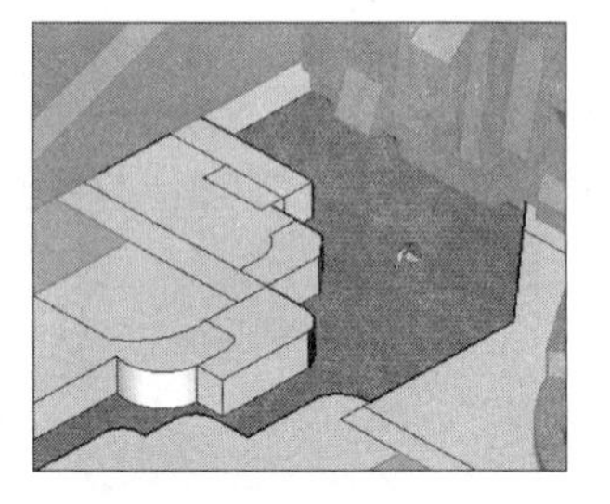

图 13-90　向下推拉出水面

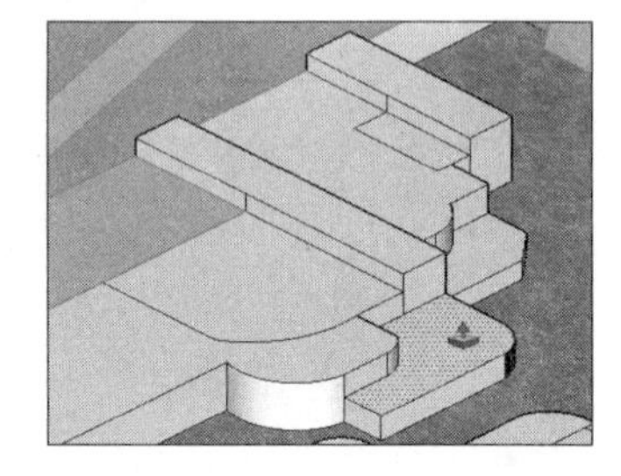

图 13-91　制作河堤层次

步骤07 参考图纸制作河道两侧的景观细节，如图 13-92 ~ 图 13-100 所示。

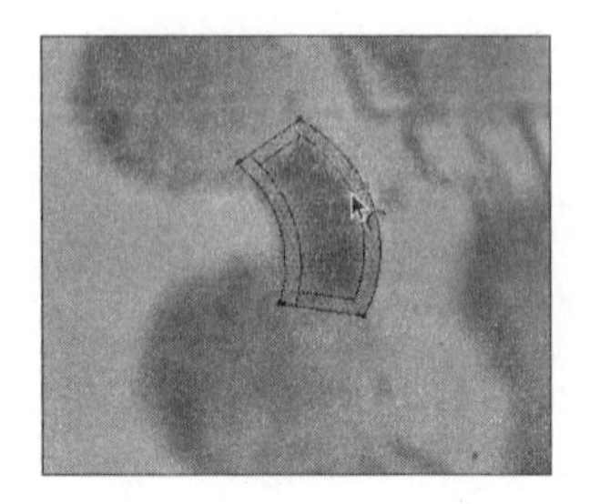

图 13-92　绘制树池轮廓

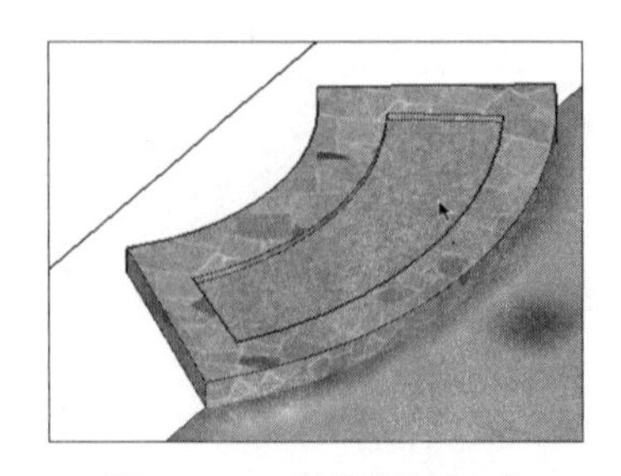

图 13-93　制作树池细节

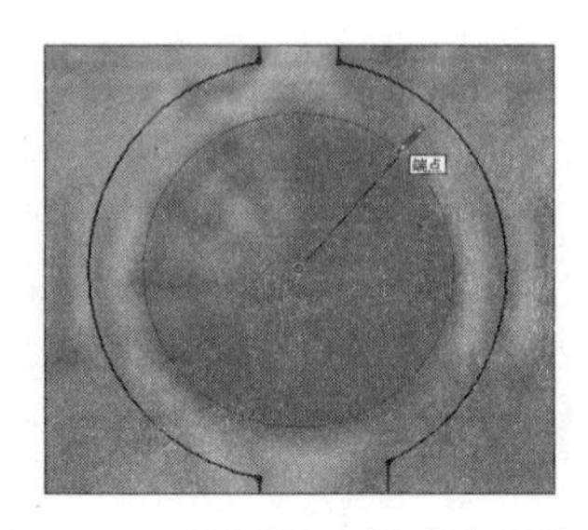

图 13-94　绘制圆形景观小品轮廓

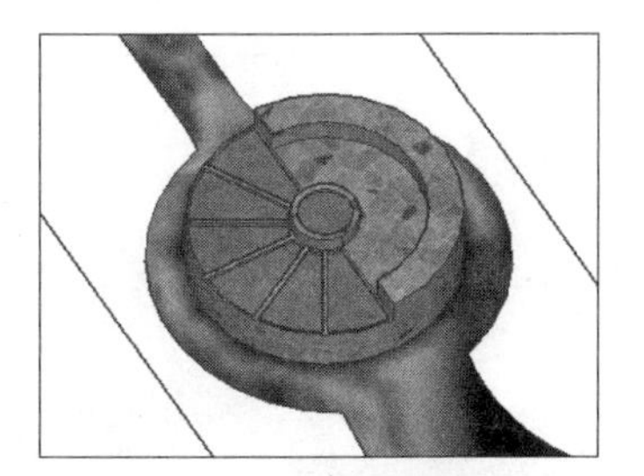

图 13-95　完成小品造型

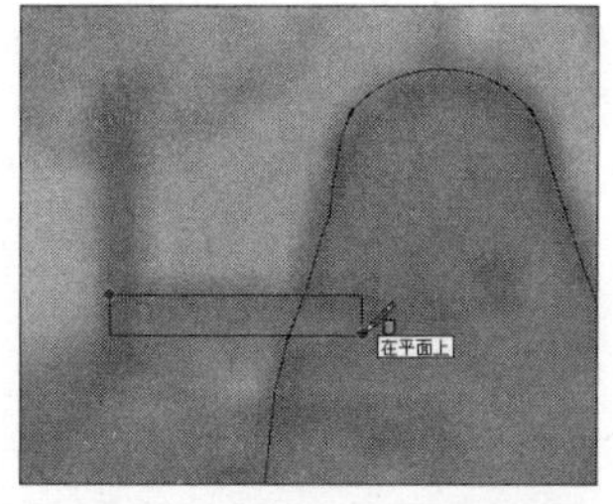

图 13-96　绘制亲水平台轮廓

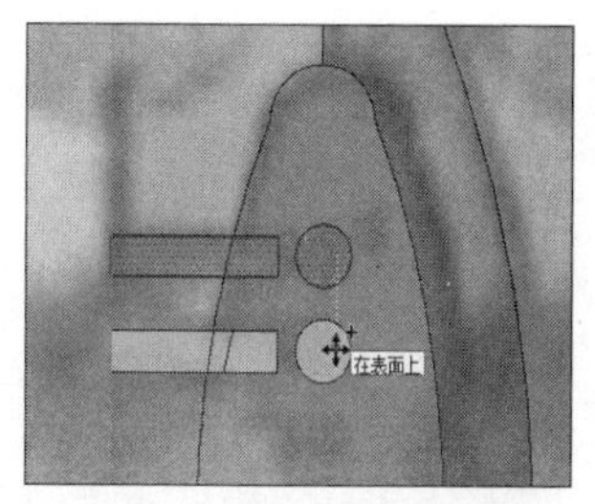

图 13-97　绘制亲水平台细节

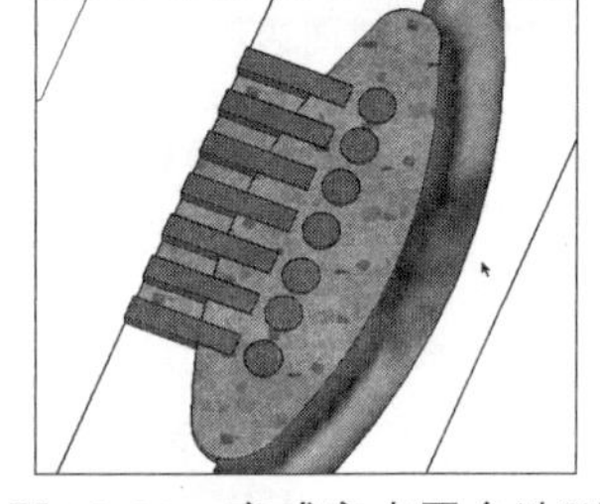

图 13-98　完成亲水平台造型

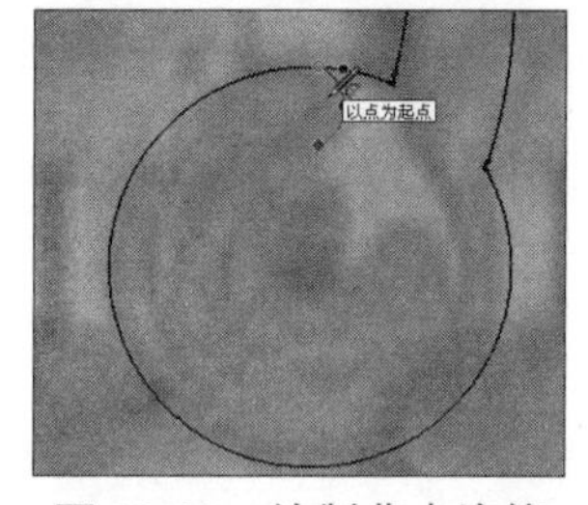

图 13-99　绘制曲水流觞

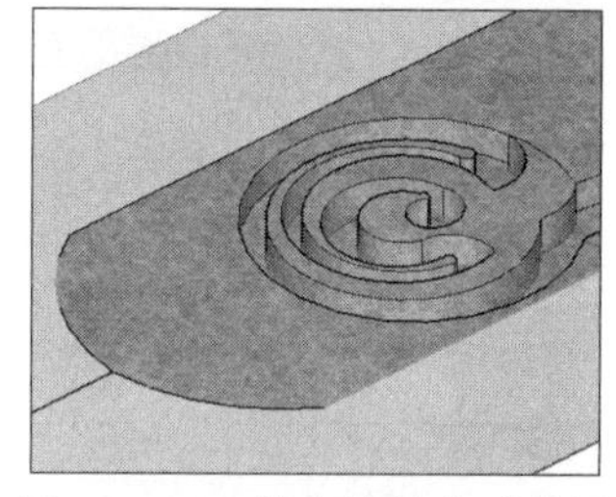

图 13-100　曲水流觞完成效果

步骤 08 参考图片复制出河道两侧的树池模型，完成中心水景的制作，如图 13-101 与图 13-102 所示。

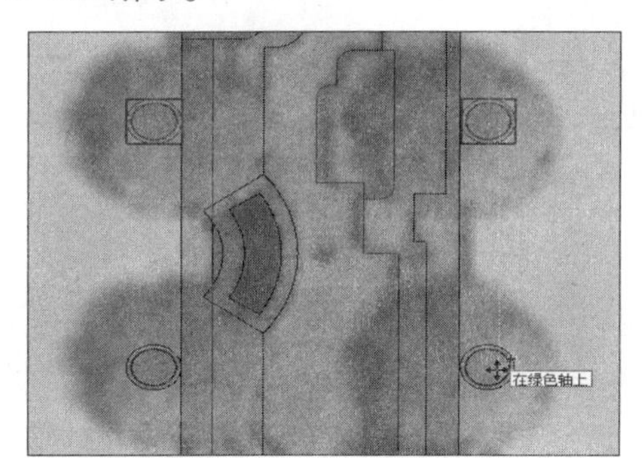

图 13-101　参考图片复制树池

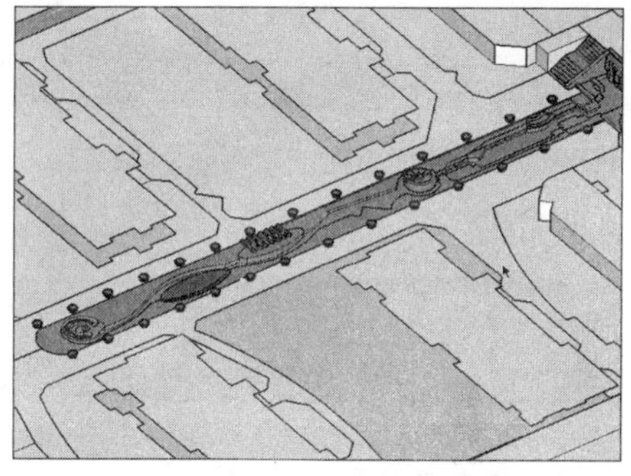

图 13-102　河道景观完成效果

3. 制作环境细节

步骤 01 参考图片，结合使用【偏移】及【推 / 拉】等工具，制作连接斜坡，如图 13-103 与图 13-104 所示。

步骤 02 参考图片，结合使用【多边形】、【圆】及【手绘线】等工具，处理好下方第一幢建筑周边的相关环境细节，如图 13-105 ~ 图 13-108 所示。

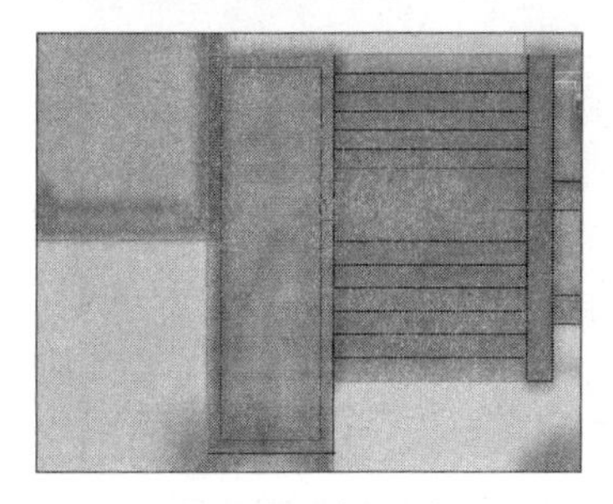

图 13-103　偏移复制边沿细节

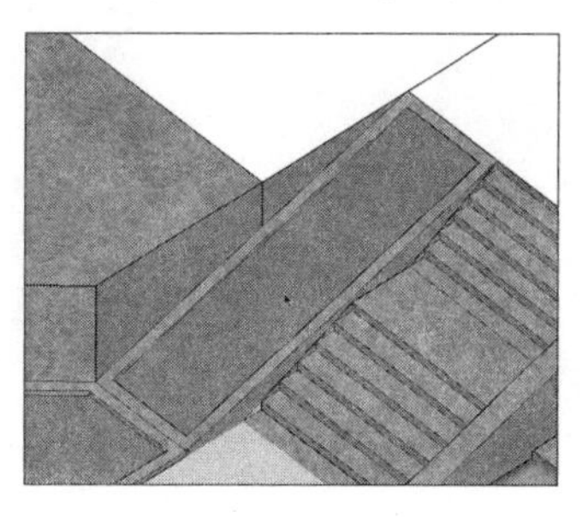

图 13-104　斜坡完成效果

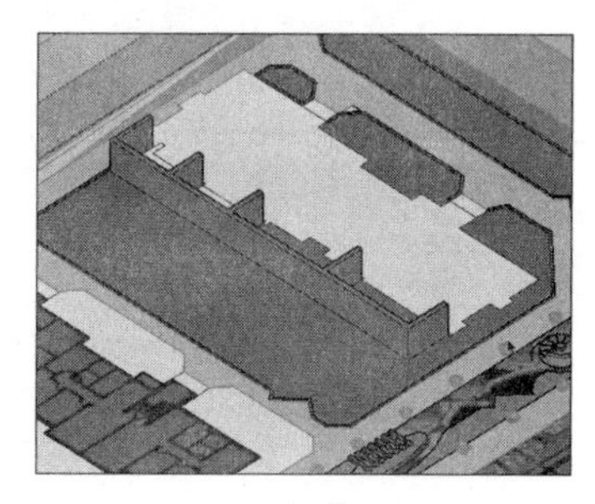

图 13-105　制作建筑周边细节

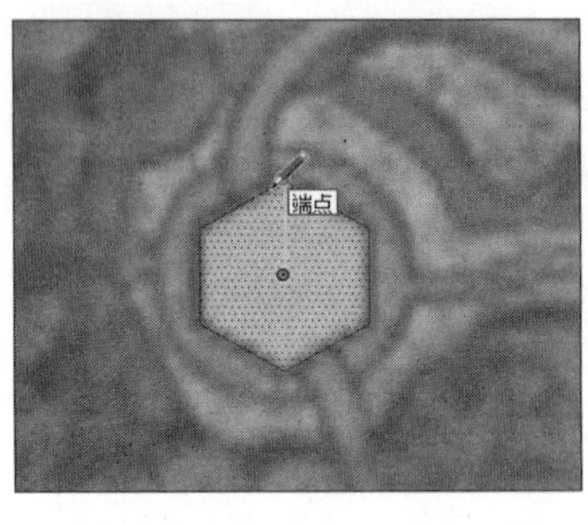

图 13-106　绘制多边形平面

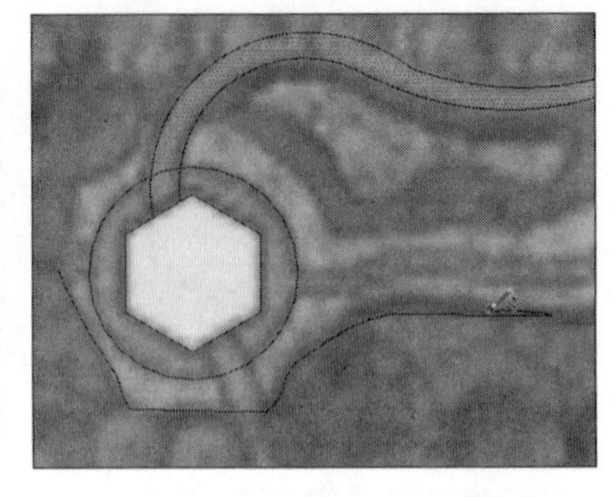
图 13-107　使用手绘线分割轮廓

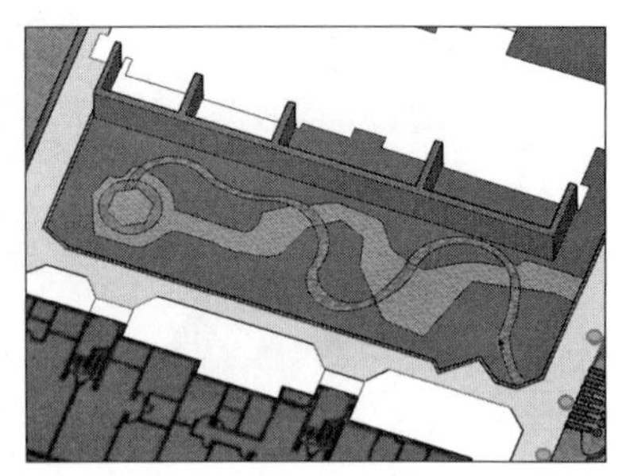
图 13-108　区域周边细节完成效果

步骤03 参考图片，通过类似方式制作其他建筑周边的环境细节，完成景观简模的制作，如图 13-109 ~ 图 13-111 所示。

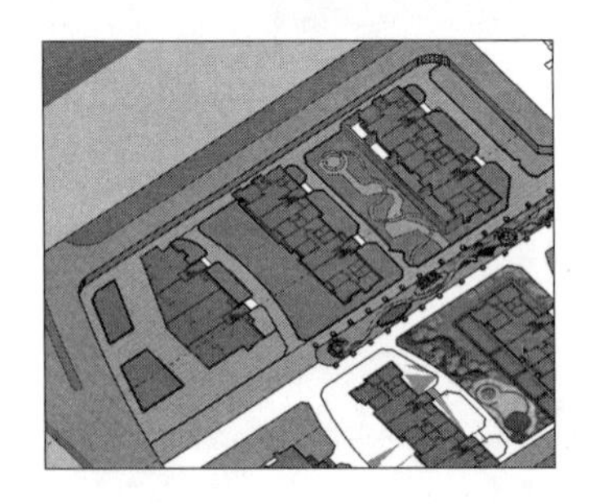
图 13-109　左侧细节完成效果

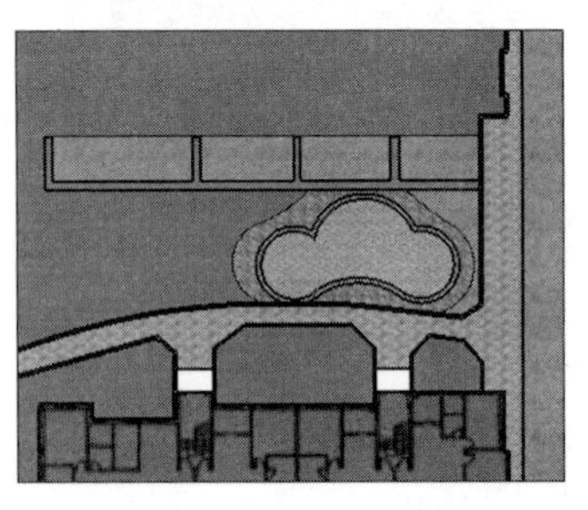
图 13-110　右侧细节完成效果

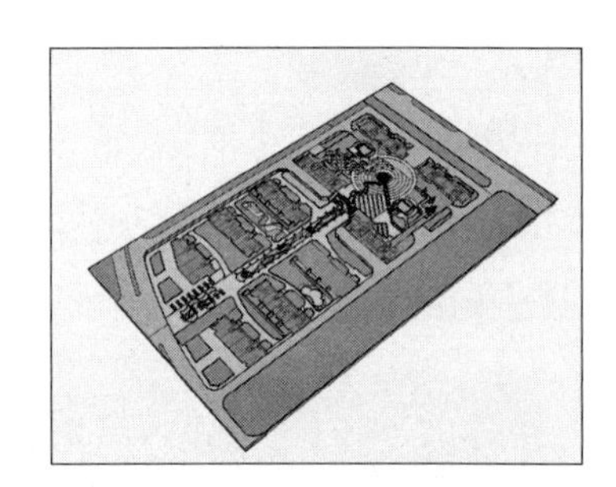
图 13-111　景观简模整体完成效果

186 制作建筑简模

文件路径：无	视频文件：视频 \ 第 13 章 \186.MP4

完成景观简模的制作后，本例将根据参考图片制作建筑简模。

步骤01 选择之前划分好的建筑平面轮廓，使用【推 / 拉】工具，同时按下 Ctrl 键，制作前方建筑的简模，如图 13-112 与图 13-113 所示。

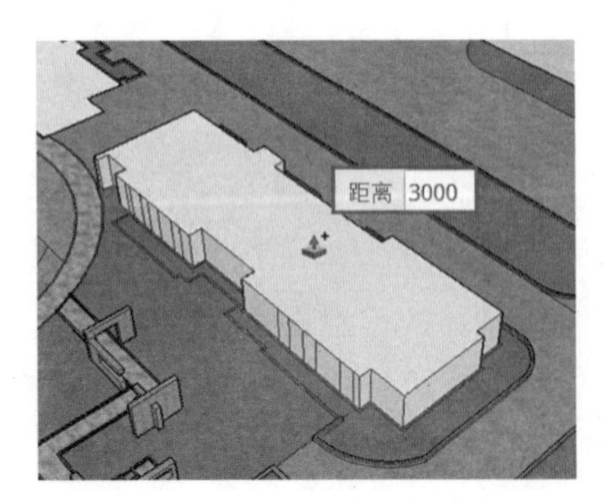

图 13-112　推拉出建筑底层

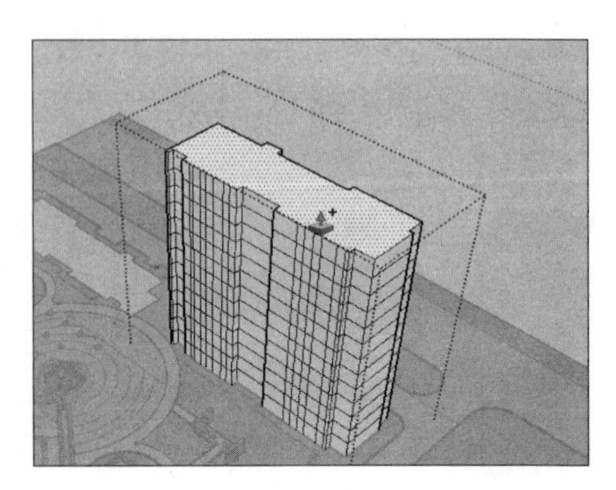
图 13-113　复制推拉其他楼层

步骤 02 重复类似操作，完成其他建筑简模的制作，如图 13-114 与图 13-115 所示。

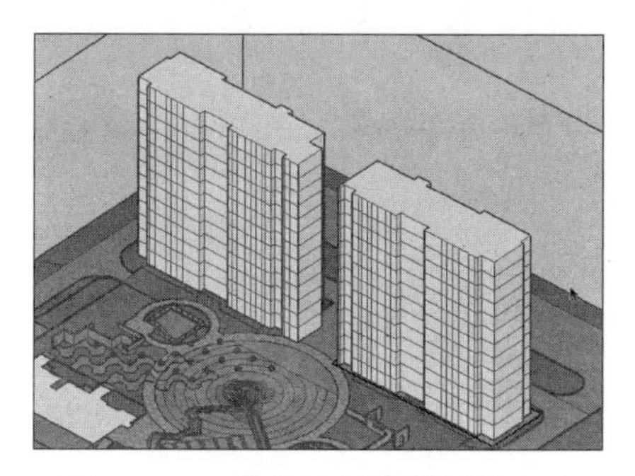

图 13-114　前方建筑简模制作完成

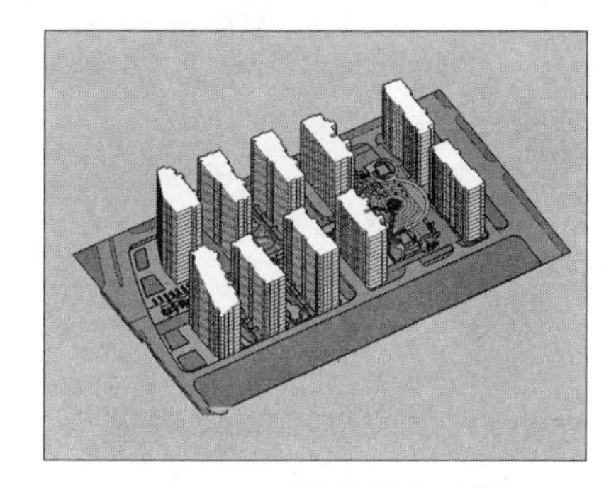

图 13-115　建筑简模完成效果

187 完成最终细节

文件路径：无	视频文件：视频 \ 第 13 章 \187.MP4

本例主要参考底图，布置场景中树木等植被，完成最终的细节效果。

步骤 01 进入【组件】面板，参考当前场景中现有的树池，进行树木的布置，如图 13-116 ~ 图 13-119 所示。

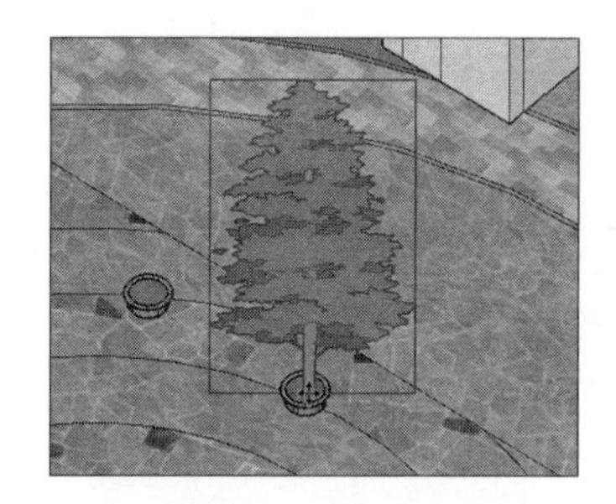

图 13-116　合并树木

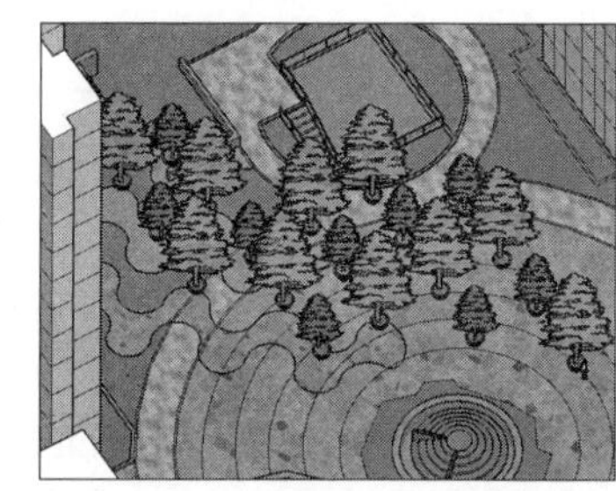

图 13-117　参考广场树池复制树木

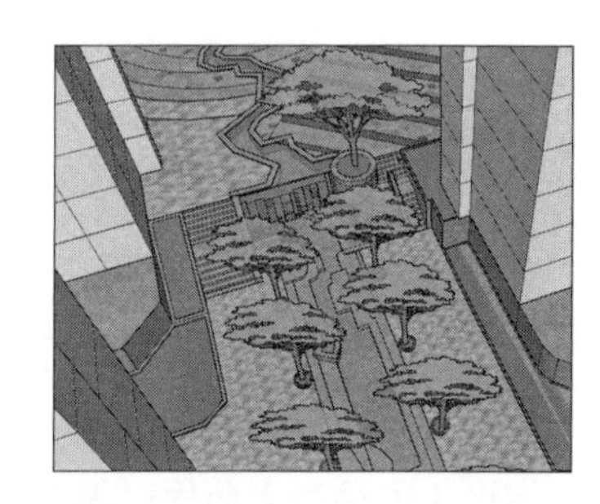

图 13-118　参考河道树池布置树木

步骤 02 布置场景中的灌木，如图 13-120 所示。

步骤 03 隐藏建筑简模，并参考图片中植物的分布，随机布置一些植物完成最终效果，如图 13-121 ~ 图 13-123 所示。

图 13-119　参考尾部树池布置树木

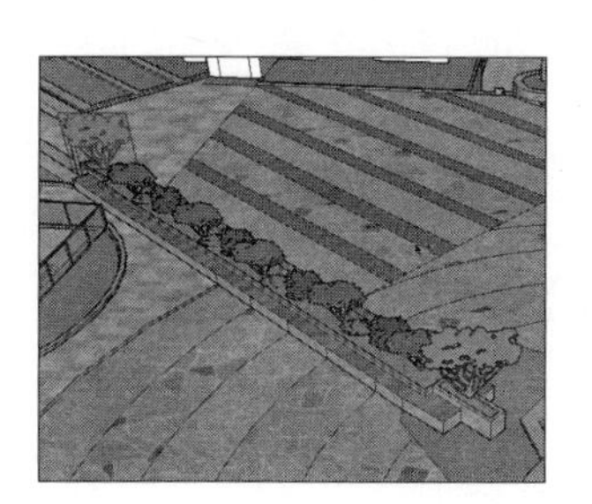

图 13-120　布置灌木

图 13-121　随机布置植物

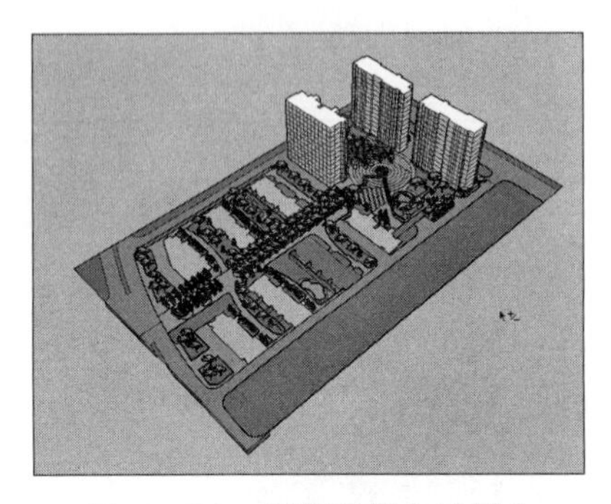

图 13-122　隐藏建筑布置树木

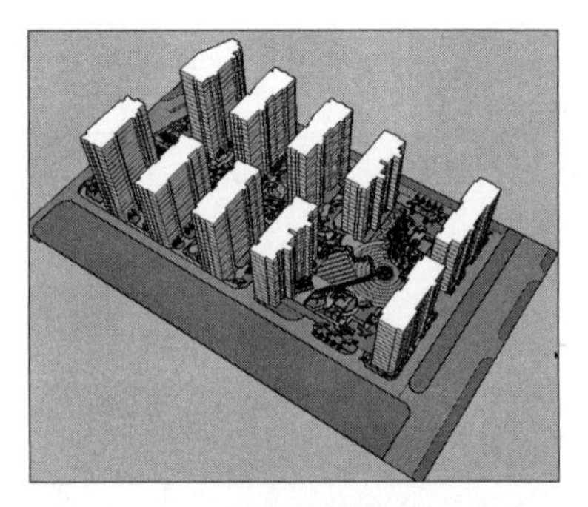

图 13-123　小区规划最终完成效果

步骤 04 执行【窗口】/【系统设置】命令，如图 13-124 所示。

步骤 05 在打开的对话框中切换至【图形】选项卡，如图 13-125 所示。在【图形引擎】选项组中显示两种引擎类型，这是 SketchUp 2024 新增加的功能，能提高打开大型场景的速度。在【GPU 选择】列表中，默认选择【使用系统默认值】选项，也可以选择计算机的 GPU。通常情况下保持默认值即可，与旧版本相比，SketchUp 2024 使得操作过程更加顺畅。

图 13-124　执行命令

图 13-125　选择【图形】选项卡

步骤 06 执行【文件】/【Trimble Connect】/【保存至 Trimble Connect】命令，如图 13-126 所示，弹出【另存为】面板，单击【新建】按钮，如图 13-127 所示。

图 13-126　执行命令

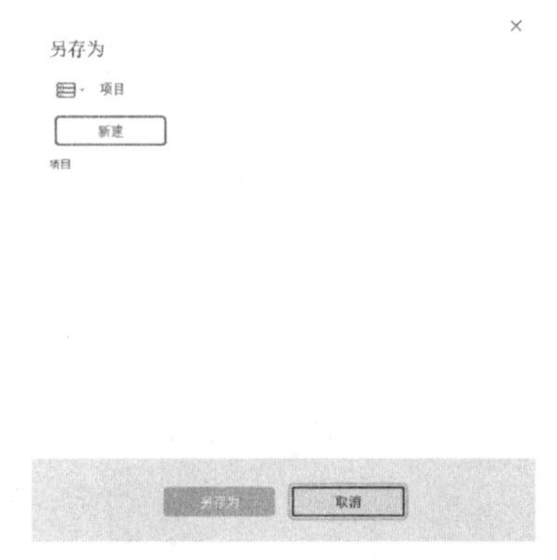

图 13-127　单击【新建】按钮

步骤 07 自定义【项目名称】，选择【服务器位置】为【亚洲】，单击【创建项目】按钮，如图 13-128 所示。

步骤 08 新建项目如图 13-129 所示。

图 13-128　自定义名称

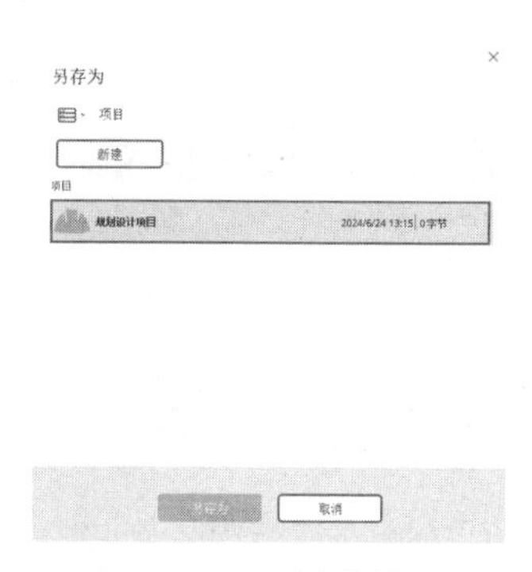

图 13-129　新建项目

步骤 09 双击项目名称，在【另存为】面板中设置文件名，单击【另存为】按钮，如图 13-130 所示，将当前项目保存至 Trimble Connect。

步骤 10 执行【文件】/【Trimble Connect】/【从 Trimble Connect 打开】命令，在面板中选择项目，单击【打开】按钮，如图 13-131 所示，进入【打开】面板，选择项目文件，单击【打开】按钮即可，如图 13-132 所示。

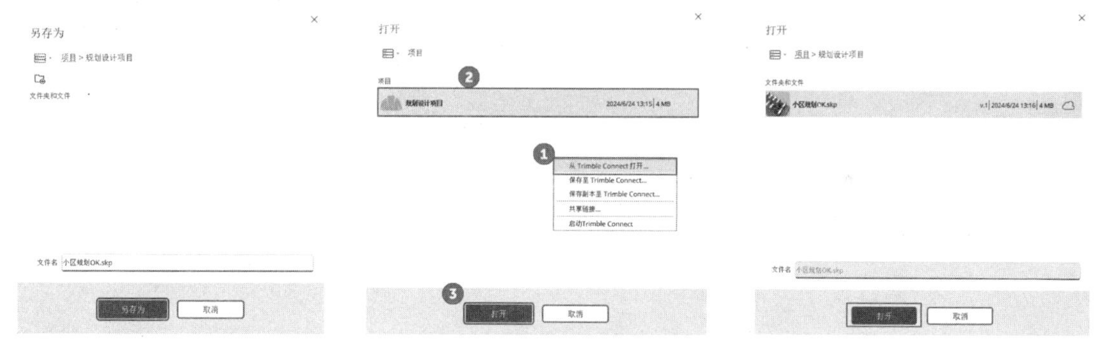

图 13-130　设置文件名　　图 13-131　选择项目　　图 13-132　打开项目

步骤 11 执行【文件】/【共享链接】命令，如图 13-133 所示。

步骤 12 在打开的提示框中单击右上角的滑块，如图 13-134 所示。

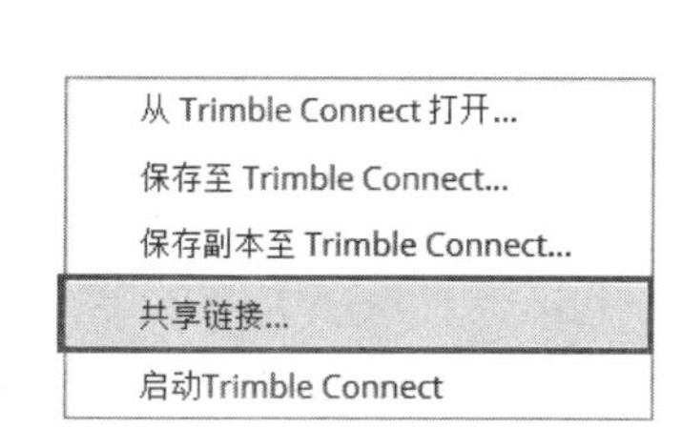

图 13-133　执行命令

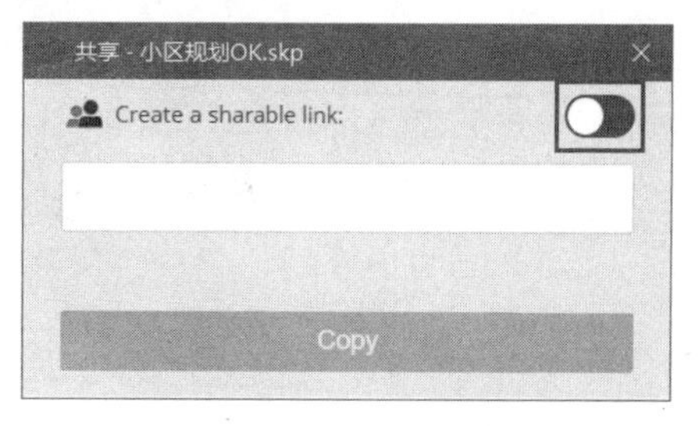

图 13-134　单击滑块

步骤 13 此时在空白的文本框中显示当前项目的共享链接，单击【Copy】按钮，如图 13-135 所示。

步骤⑭ 打开链接，即可以在网页端查看项目模型，如图 13-136 所示。

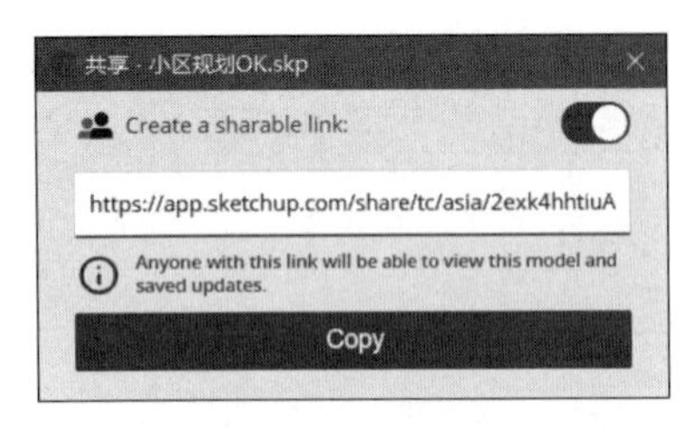

图 13-135　复制链接

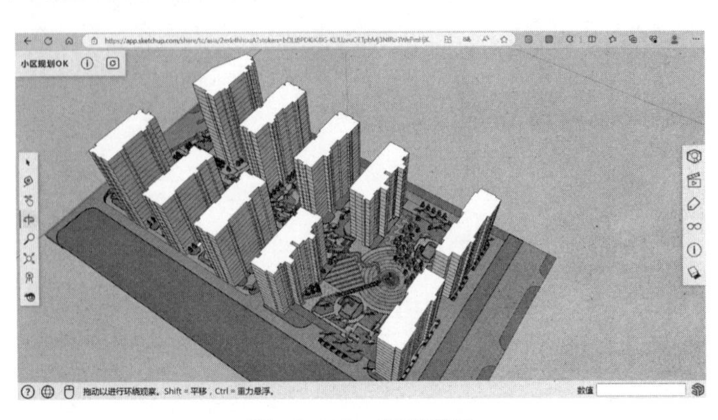

图 13-136　查看项目

这是 SketchUp 2024 版本新增的功能，方便用户随时将工作成果与他人分享。利用链接打开模型，只能查看，不能编辑，但是起到了交流信息的目的，是非常实用的工具。

第14章 建筑设计

本章将分门别类地讲述现代别墅、中式古建、欧式别墅以及高层住宅模型创建的方法与技巧，模型完成的效果如图 14-1 ~ 图 14-4 所示。

图 14-1　现代别墅照片建模

图 14-2　中式古建建模

图 14-3　欧式别墅建模

图 14-4　高层住宅建模

14.1　现代别墅照片建模

本节学习使用照片匹配建立现代别墅模型的方法，制作过程如图 14-5 ~ 图 14-8 所示。首先导入并匹配图片。

图 14-5　导入并匹配图片

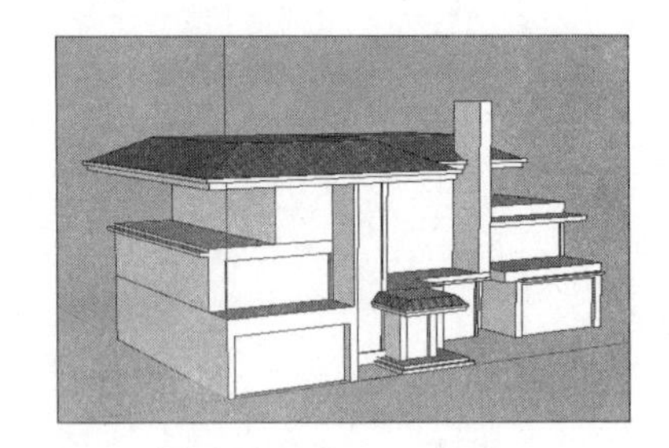

图 14-6　建立建筑轮廓

图 14-7　制作建筑细节

图 14-8　完成环境效果

188 导入并匹配图片

文件路径：素材 \ 第 14 章 \188	视频文件：视频 \ 第 14 章 \188.MP4

在 SketchUp 中以“照片匹配”的方法导入图片，通过轴向控制线的调整可以使场景的坐标、比例与照片中的建筑相匹配，从而可以直接参考图片建立模型。

步骤 01 打开 SketchUp，执行【窗口】/【模型信息】命令，在【单位】选项卡内设置模型单位为“毫米”，如图 14-9 所示。

步骤 02 执行【文件】/【导入】菜单命令，在【导入】面板中选择打开配套资源中的“现代别墅图片 .jpg”文件，如图 14-10 所示。

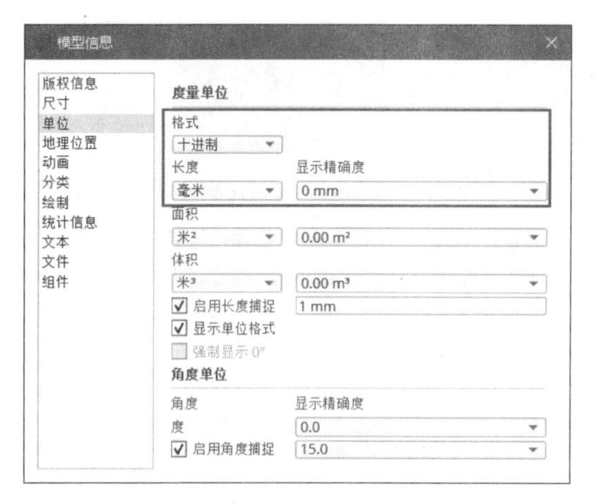

图 14-9　设置模型单位

图 14-10　导入图片文件

步骤 03 导入图片后，将出现如图 14-11 所示的匹配界面，首先选择坐标原点，将其调整至车库门左下角，如图 14-12 所示。

图 14-11　照片匹配界面

图 14-12　调整坐标原点

步骤 04 选择界面中用于定位的轴线，将其与建筑中对应走向的直线对齐，以确定场景坐标，如图 14-13 ~ 图 14-15 所示。

步骤 05 坐标匹配完成后，按住 Z 轴进行缩放，通过调整人物与车库门的比例，确定好场景尺寸比例，如图 14-16 所示。

图 14-13　调整红轴

图 14-14　调整绿轴

步骤 06 比例调整完成后，单击【照片匹配】面板【完成】按钮完成匹配，如图 14-17 所示。

图 14-15　调整完成效果

图 14-16　缩放人物比例

图 14-17　确认匹配效果

189 建立建筑轮廓

文件路径：无	视频文件：视频\第 14 章\189.MP4

匹配好图像的坐标与比例后，接下来通过图纸的参考建立建筑的轮廓模型，在本例中将以左、中、右的顺序逐步建立出对应的建筑轮廓模型。

1. 制作左侧楼层

步骤 01 启用【直线】工具，参考图纸对车库墙体进行封面，然后使用【推 / 拉】工具制作别墅一层墙体与车库门门洞，如图 14-18 ~ 图 14-20 所示。

图 14-18　参考图片封闭平面

图 14-19　向后推拉整体轮廓

图 14-20　制作车库门门洞

步骤 02 启用【推 / 拉】工具，在透视图中制作上方楼层高度，然后参考图片进行整体高度调整与楼层的分割，如图 14-21 ~ 图 14-23 所示。

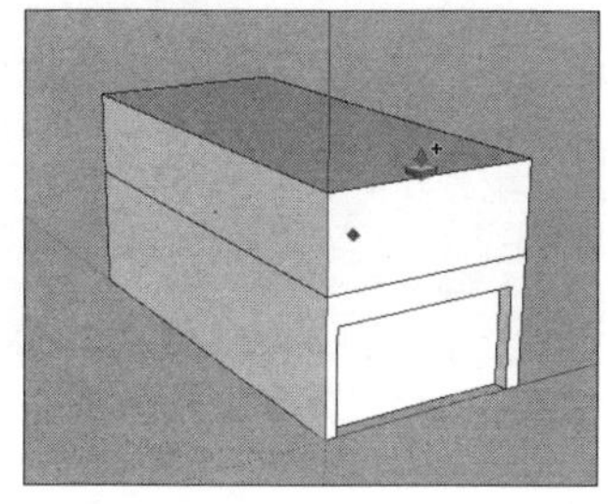

图 14-21　在透视图向上推拉高度　图 14-22　参考图片调整整体高度　图 14-23　参考图片分割楼层

步骤 03 参考图片调整二、三层之间的分割线，分割出二层门洞并在透视图中进行调整，如图 14-24 ~ 图 14-26 所示。

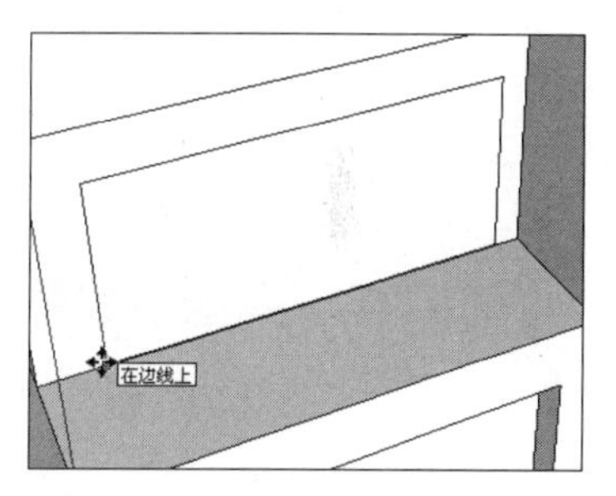

图 14-24　参考图片调整楼层高度　图 14-25　参考图片分割二层门洞　图 14-26　在透视图中底部线段

步骤 04 参考图纸制作出侧面细节，并推拉出第三层的阳台空间，至此，左侧楼层轮廓创建完成，如图 14-27 ~ 图 14-29 所示。

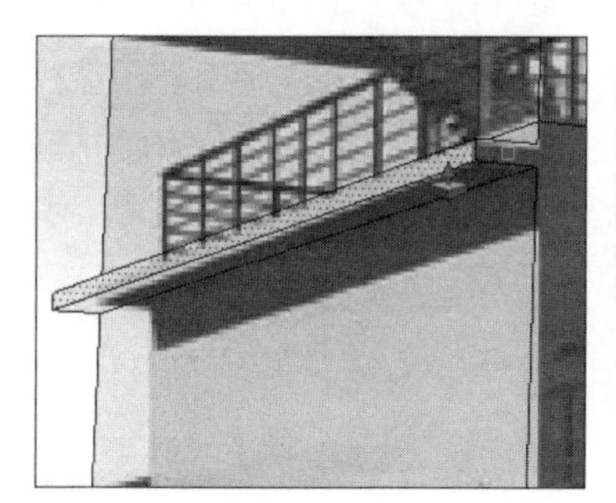

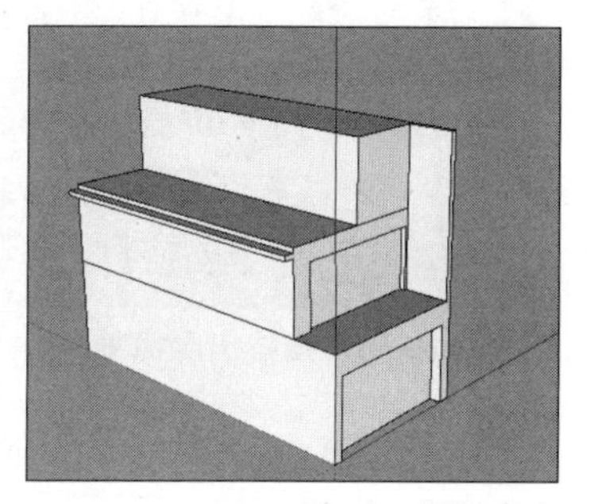

图 14-27　制作侧面细节　图 14-28　向内推拉第三层轮廓　图 14-29　左侧楼体轮廓完成效果

2. 制作中部楼层

步骤 01 参考图片，使用【直线】工具创建入口台阶定位线，然后在透视图中封面，如图 14-30 与图 14-31 所示。

步骤 02 参考图片，结合使用【偏移】与【推 / 拉】工具，制作出台阶细节，如图 14-32 所示。

步骤 03 参考图片，捕捉台阶边线，结合使用【直线】与【推 / 拉】工具，制作出入口墙体与门洞，如图 14-33 与图 14-34 所示。

图 14-30　参考图片绘制位置线

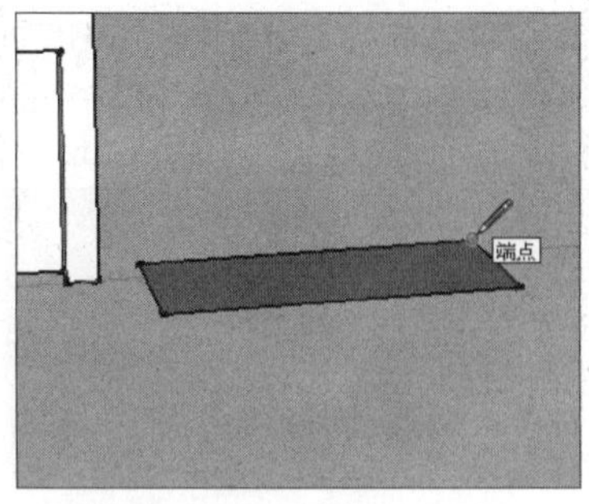

图 14-31　在透视图中封面

图 14-32　推拉出台阶细节

步骤 04 参考图片，捕捉入口墙体边线，结合使用【直线】、【推 / 拉】及【偏移】工具，制作入口屋檐细节，如图 14-35 与图 14-36 所示。

图 14-33　参考图片绘制入口墙面

图 14-34　推拉出入口门洞

图 14-35　参考图片封闭屋顶线段

步骤 05 参考图片，结合使用【直线】、【推 / 拉】及【缩放】工具，制作出屋顶斜坡，然后赋予瓦片材质，如图 14-37 与图 14-38 所示。

图 14-36　推拉出屋檐细节

图 14-37　缩放生成屋顶斜面

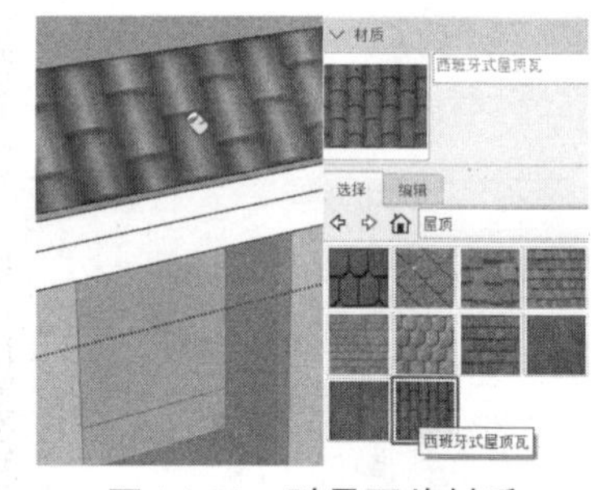

图 14-38　赋予瓦片材质

步骤 06 参考图片，结合使用【直线】与【推 / 拉】工具，制作出中部后方楼层轮廓，如图 14-39 ~ 如图 14-41 所示。

图 14-39　参考图片定位右侧墙线

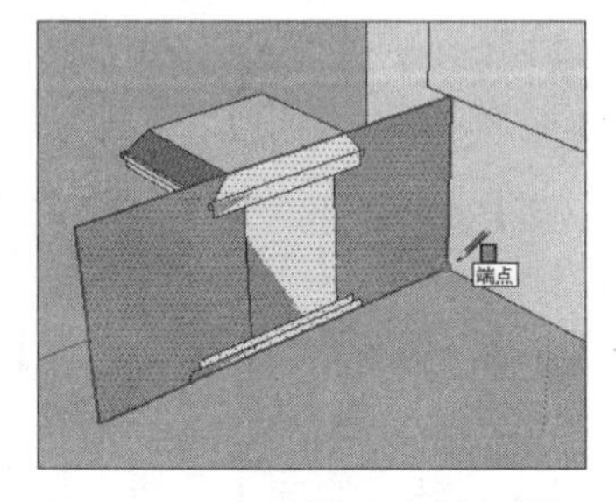

图 14-40　在透视图中封闭平面

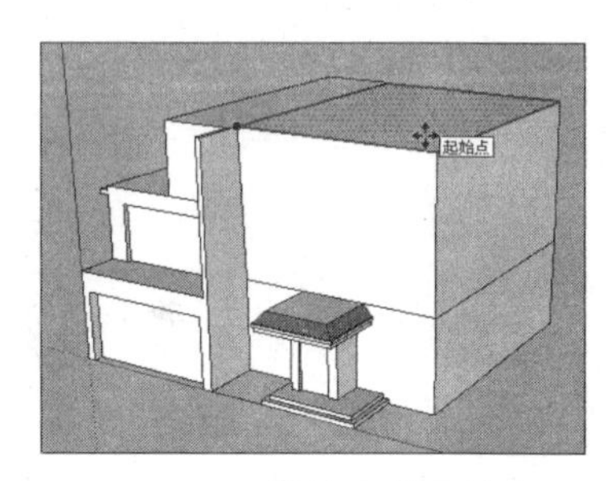

图 14-41　推拉出楼层轮廓

步骤 07 参考图片，使用【直线】工具分割墙体，然后使用【推 / 拉】工具制作楼层前后层次与宽度，如图 14-42 ~ 图 14-44 所示。

图 14-42　分割墙面细节

图 14-43　推拉楼层层次

图 14-44　参考图片调整楼层宽度

步骤 08 在透视图中分割底部墙面，并参考图片调整好宽度。至此，中部楼层轮廓创建完成，如图 14-45 ~ 图 14-47 所示。

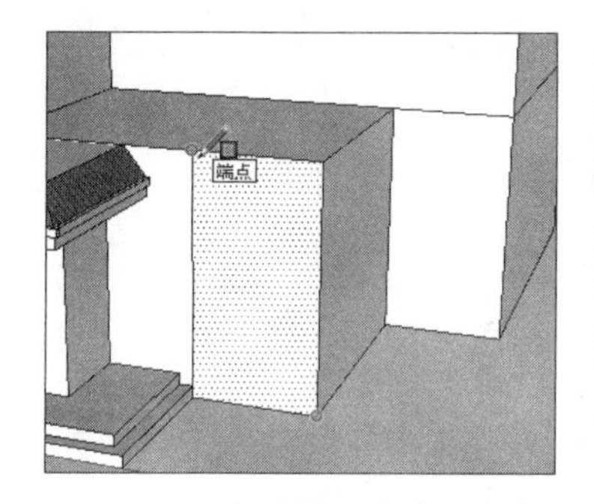

图 14-45　在透视图中分割底部墙面

图 14-46　参考图片调整底部空间宽度

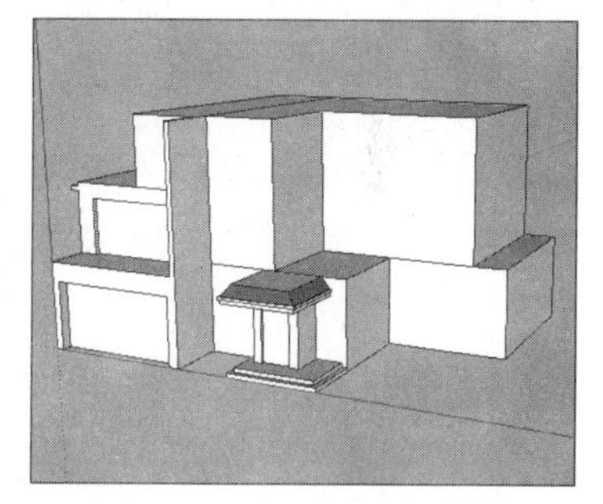

图 14-47　中部楼层完成效果

3. 细化右侧楼层

步骤 01 参考图片，使用【直线】工具定位右侧台阶线段，然后使用【直线】工具制作底层墙体与门洞，如图 14-48 ~ 图 14-50 所示。

图 14-48　绘制台阶定位线段

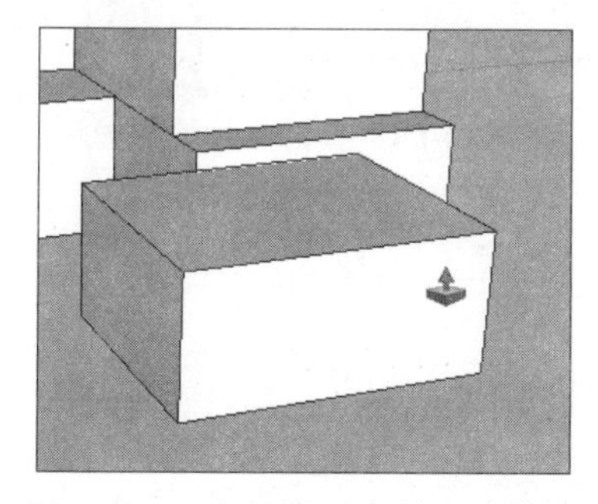

图 14-49　在透视图中封闭并推拉

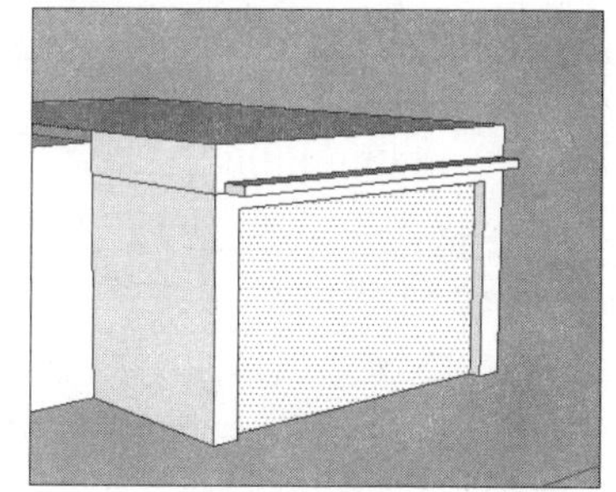

图 14-50　制作门洞等细节

步骤 02 参考图纸，使用【直线】与【推 / 拉】工具，制作隔墙与右侧整体楼层轮廓，如图 14-51 ~ 图 14-53 所示。

步骤 03 参考图片调整好楼层分割线位置，然后使用【推 / 拉】工具完成右侧上层楼层轮廓，如图 14-54 ~ 图 14-56 所示。

图 14-51　绘制隔墙

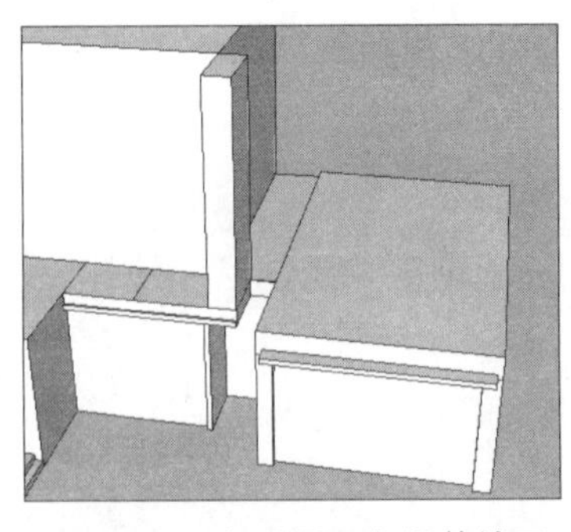

图 14-52　在透视图中调整效果

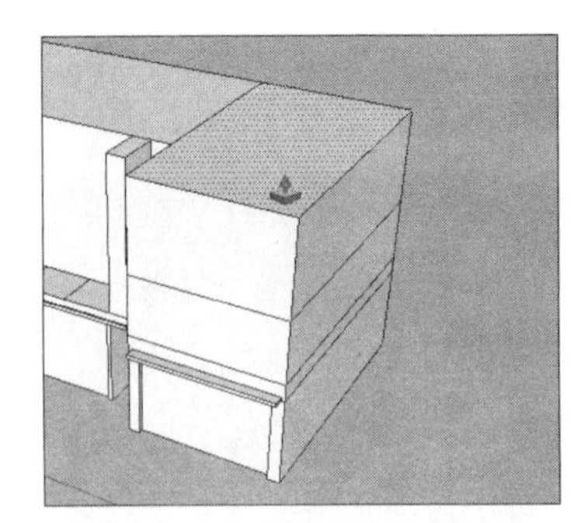

图 14-53　推拉楼层轮廓

图 14-54　参考图片调整楼层高度

图 14-55　向后推拉形成楼层层次

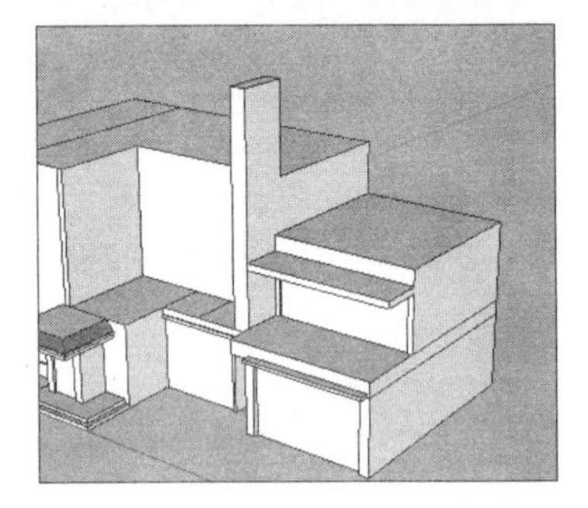

图 14-56　右侧楼层完成效果

4. 制作屋顶

步骤 01 选择创建好的模型整体，创建为组，然后参考图片，并结合透视图对屋顶平面封面，如图 14-57 ~ 图 14-59 所示。

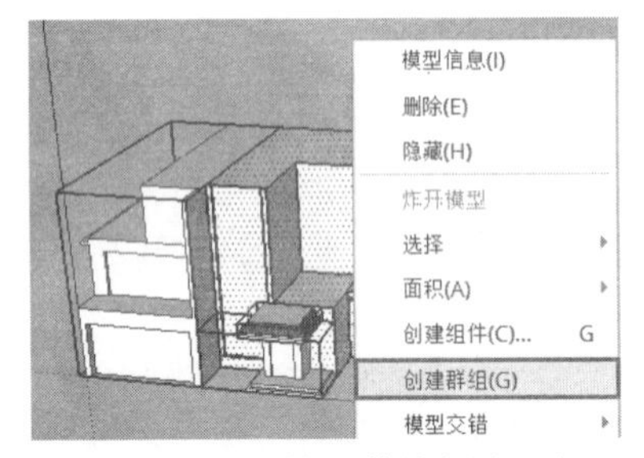

图 14-57　将楼层整体创建为组

图 14-58　参考图片绘制屋顶线段

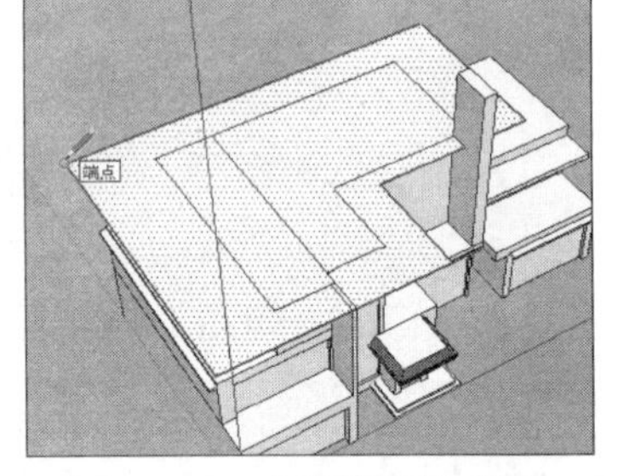

图 14-59　在透视图中封面

步骤 02 参考图片，结合【推 / 拉】与【缩放】工具，制作出屋檐与斜坡细节，如图 14-60 ~ 图 14-62 所示。

图 14-60　推拉出屋檐细节

图 14-61　推拉出屋顶斜坡高度

图 14-62　通过缩放形成斜坡

步骤 03 赋予屋顶对应材质，完成建筑轮廓的模型效果，如图 14-63 与图 14-64 所示。接下来进行门窗、栏杆等细节的制作。

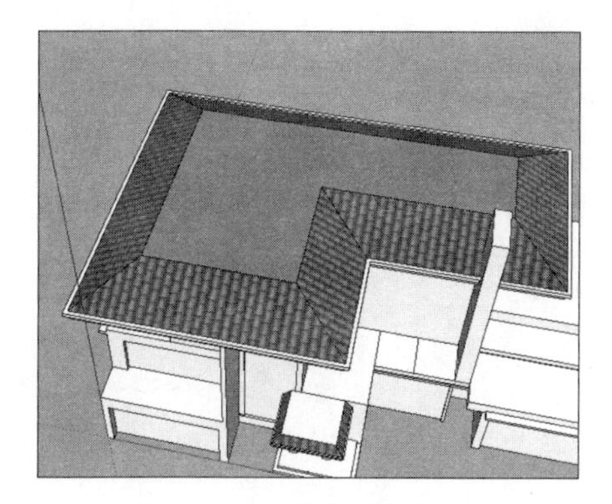

图 14-63　赋予屋顶材质

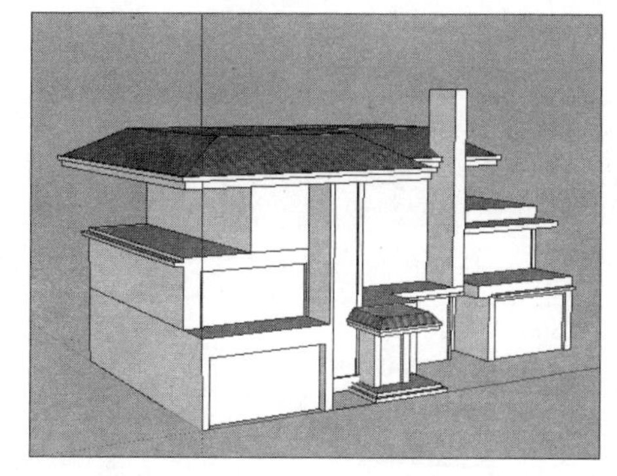

图 14-64　建筑轮廓完成效果

190 细化造型

文件路径：无	视频文件：视频 \ 第 14 章 \190.MP4

建筑的整体轮廓创建完成后，即可细化门窗以及栏杆等细节。由于建筑的门窗造型类似，因此在制作好左侧楼层的相关细节后，其他楼层通常可以通过复制与调整快速制作完成。

1. 细化左侧楼层

步骤 01 参考图片对内侧门洞线进行 15 段拆分，使用【推 / 拉】工具间隔推拉，制作好车库门模型，如图 14-65 与图 14-66 所示。

步骤 02 参考图纸，使用【偏移】工具制作出左侧二层门框平面，如图 14-67 所示。

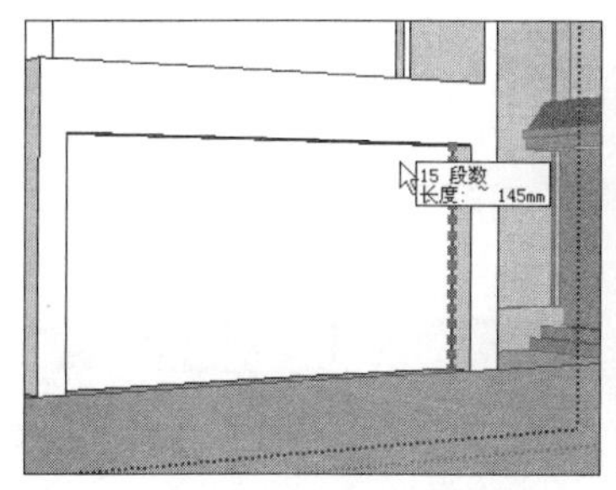

图 14-65　拆分车库门洞边线

图 14-66　推拉凹凸效果并赋予材质

图 14-67　通过偏移形成门框平面

步骤 03 参考图片，结合使用【直线】与【推 / 拉】工具，制作出门框细节，如图 14-68 ~ 图 14-70 所示。

步骤 04 结合使用【矩形】与【推 / 拉】工具，制作出木栅格细节，然后赋予对应模型木纹，以及半透明玻璃材质，如图 14-71 与图 14-72 所示。

步骤 05 参考图片，使用【直线】工具绘制出栏杆线段，然后进行封面与推拉，完成三维造型制作，如图 14-73 与图 14-74 所示。

图 14-68　分割出推拉门门页

图 14-69　分割中部细节

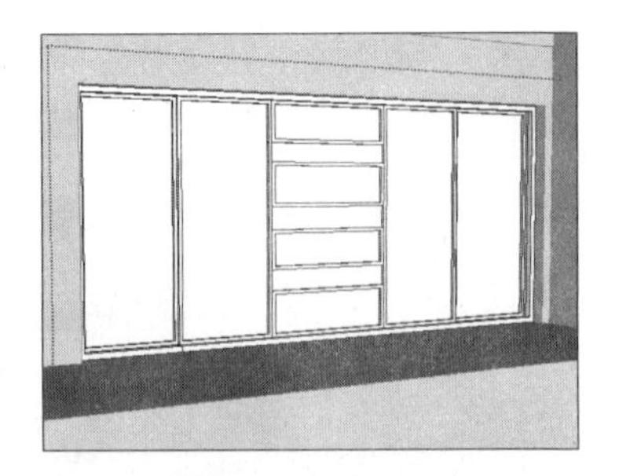
图 14-70　推拉制作细节效果

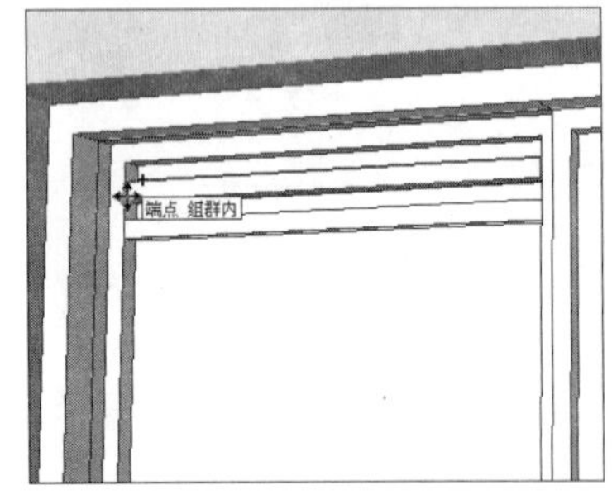

图 14-71　制作木栅格

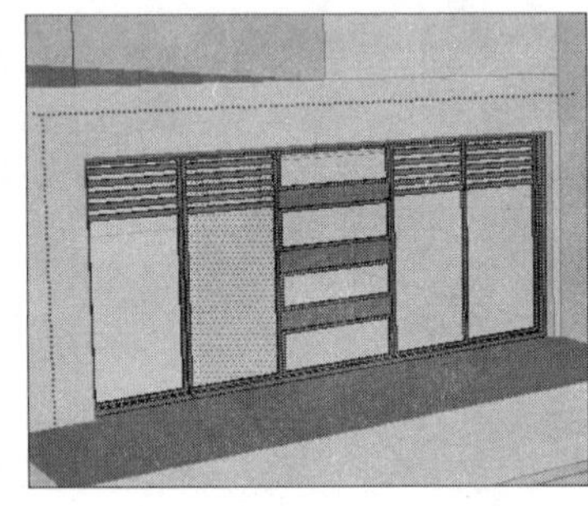
图 14-72　推拉门完成效果

图 14-73　参考图片定位栏杆线段

步骤 06 参考图片，复制栏杆模型，如图 14-75 所示，制作完成的栏杆整体效果如图 14-76 所示。

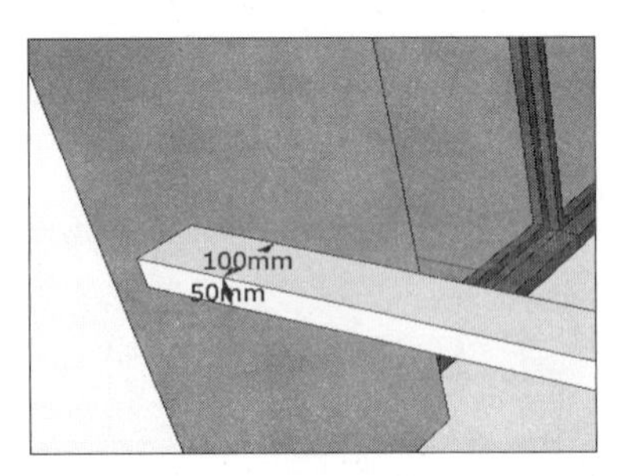

图 14-74　制作栏杆造型

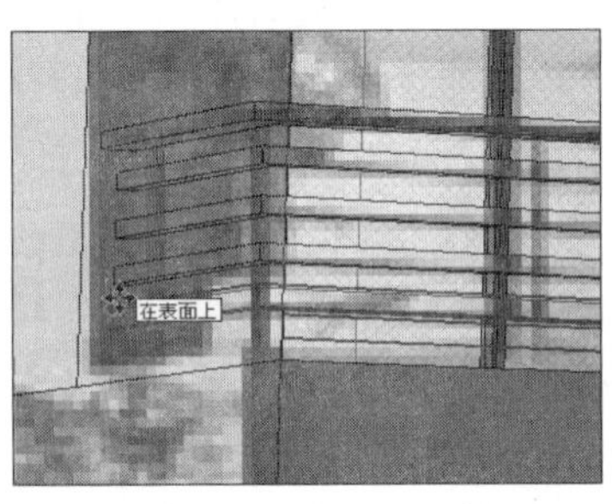

图 14-75　参考图片复制栏杆

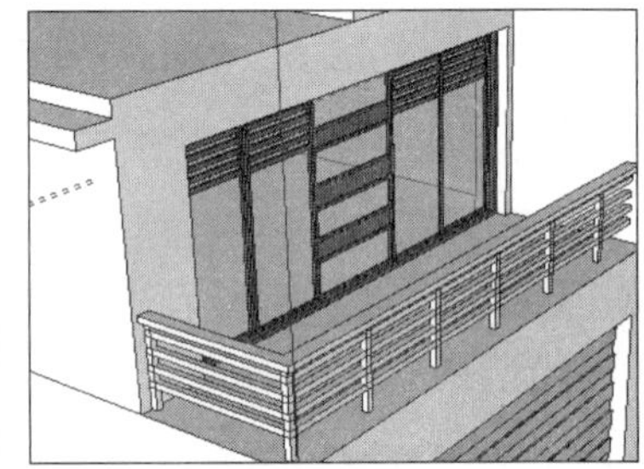
图 14-76　左侧二层栏杆完成效果

步骤 07 通过类似的方法，制作好左侧后方与二层的门窗细节，如图 14-77 ~ 图 14-79 所示。接下来制作楼梯模型。

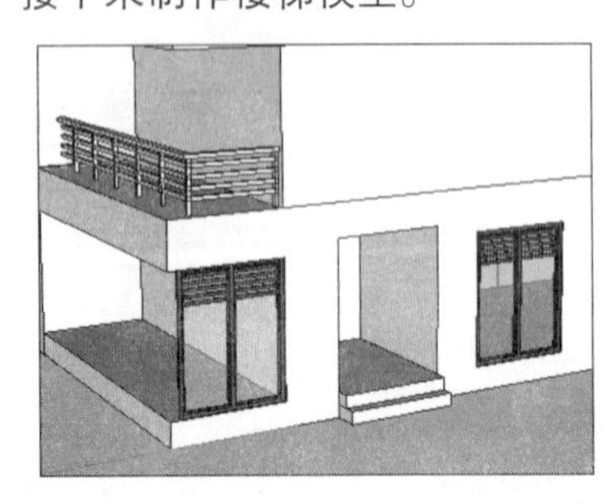
图 14-77　制作左侧后方门窗细节

图 14-78　制作二层门窗细节

图 14-79　复制并调整栏杆

步骤 08 参考图片，使用【直线】工具在屋顶底面开洞，然后结合【偏移】与【推/拉】工具，制作出楼梯入口，如图 14-80 与图 14-81 所示。

步骤 09 参考图片，使用【直线】工具绘制出如图 14-82 所示的楼梯平面轮廓，然后结合【偏移】与【推 / 拉】工具制作出护栏细节，如图 14-83 所示。

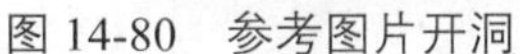
图 14-80　参考图片开洞

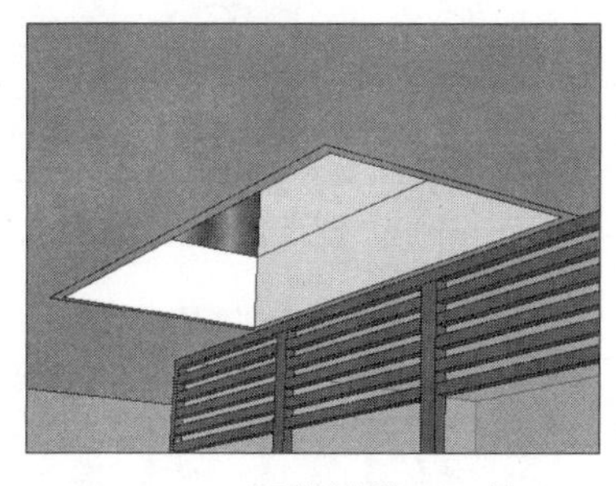
图 14-81　调整楼梯入口效果

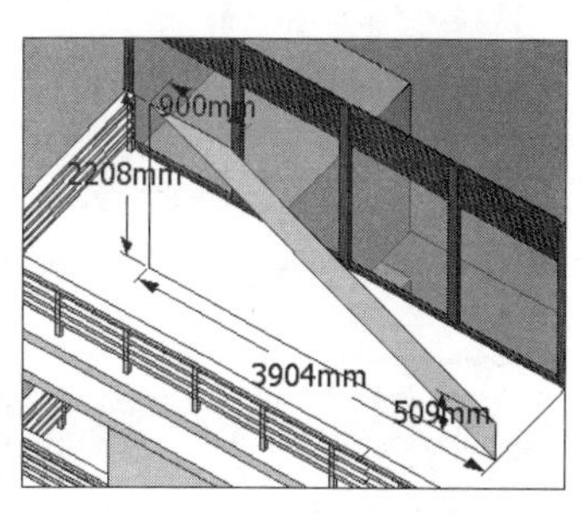

图 14-82　绘制楼梯平面轮廓

步骤 10 捕捉两侧护栏，创建楼梯踏步模型，然后进行多重复制，完成楼梯模型效果，如图 14-84 ~ 图 14-86 所示。

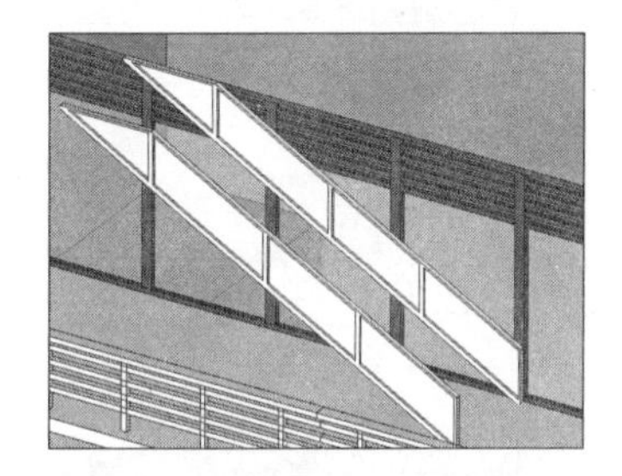
图 14-83　制作楼梯两侧护栏

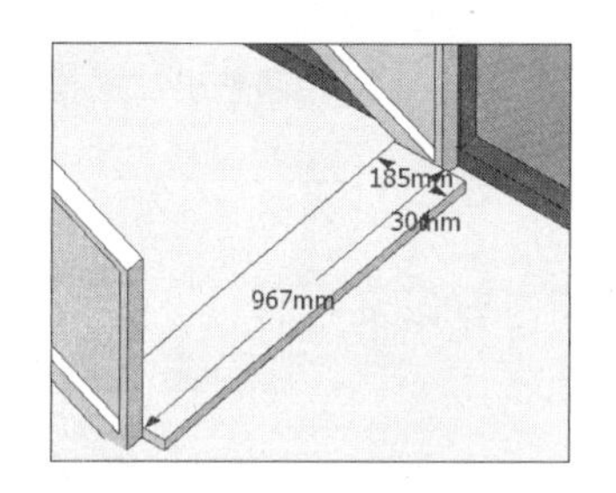

图 14-84　制作楼梯踏步

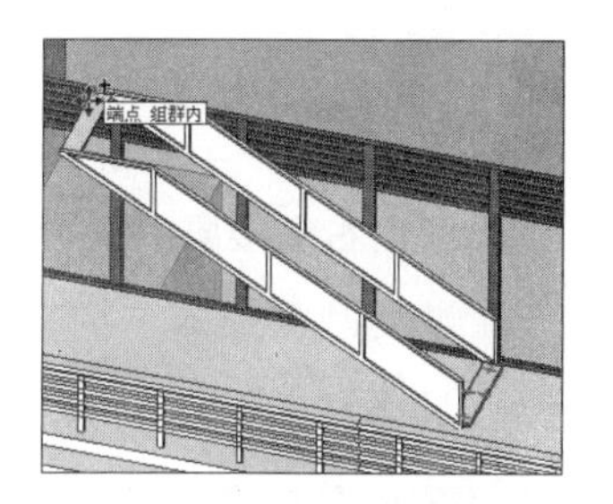
图 14-85　复制楼梯踏步

步骤 11 赋予楼梯对应模型金属与半透明材质，完成左侧楼层的细化，如图 14-87 与图 14-88 所示。

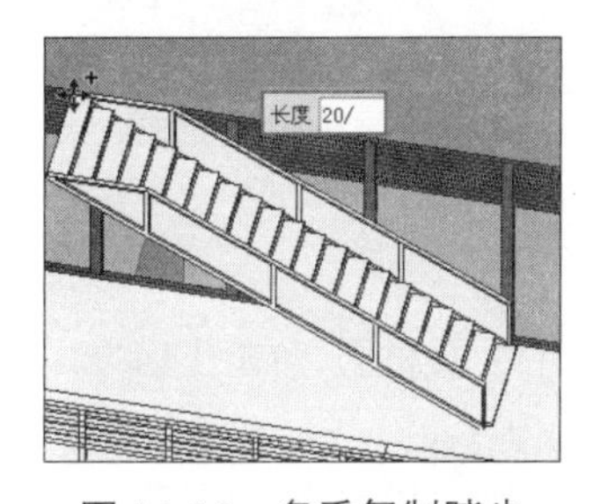

图 14-86　多重复制踏步

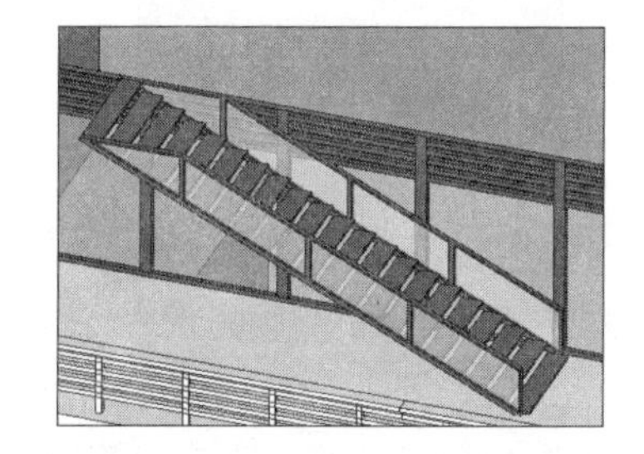
图 14-87　赋予金属以及半透明材质

图 14-88　左层楼层细化完成效果

2. 细化中部楼层

步骤 01 参考图纸，结合使用【直线】、【偏移】及【推 / 拉】工具，制作出中部楼层入口门以及楼梯间玻璃墙模型，如图 14-89 ~ 图 14-91 所示。

步骤 02 参考图纸结合使用【直线】、【偏移】以及【推 / 拉】工具，制作中部顶层门窗，然后复制至第二层，并通过缩放调整好造型，如图 14-92 与图 14-93 所示。

步骤 03 通过复制与调整，制作好中部栏杆与底部门窗模型，完成中部楼层细化效果，如图 14-94 所示。

图 14-89　分割入口门平面细节

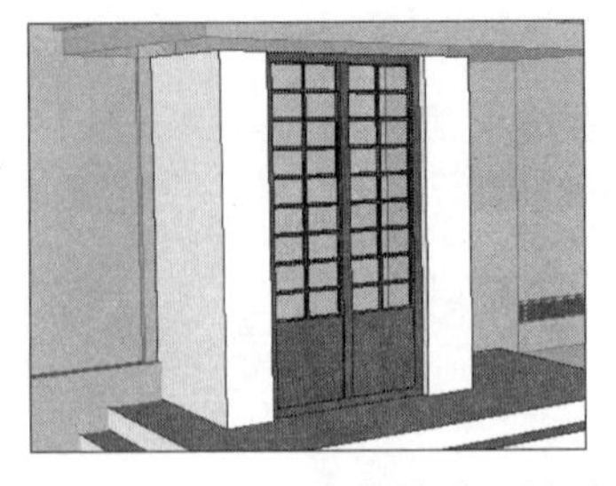
图 14-90　制作细节并赋予材质

图 14-91　制作楼梯间玻璃墙

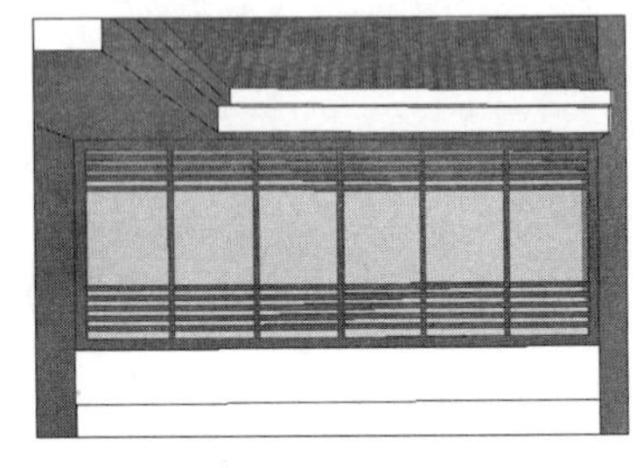
图 14-92　制作二层推拉门

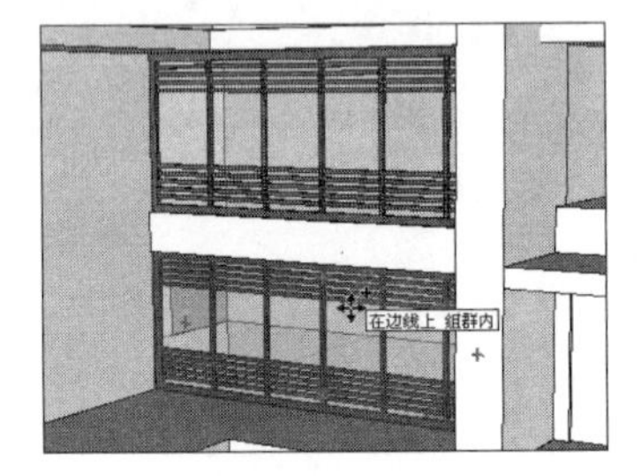

图 14-93　复制并调整出二层推拉门

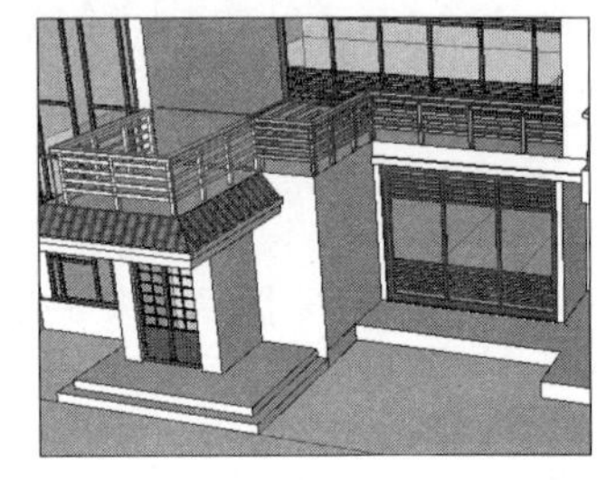
图 14-94　制作底部门窗与栏杆

3. 细化右侧楼层

通过复制与缩放，制作好右侧门窗以及栏杆，至此，楼层的门窗以及栏杆细化完成，如图 14-95 ~ 图 14-97 所示。

图 14-95　复制推拉门至底部

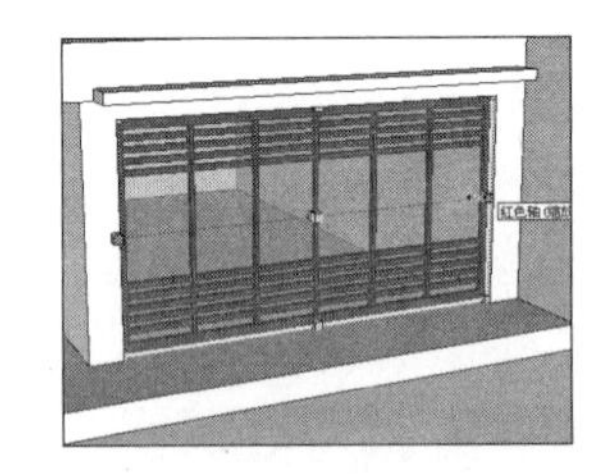
图 14-96　通过缩放调整效果

图 14-97　右侧楼层完成效果

4. 完成建筑细节

步骤 01 参考图纸，使用【直线】工具分割出底部护墙，然后赋予毛石材质，如图 14-98 与图 14-99 所示。

步骤 02 打开【组件】面板，合并入壁灯模型，完成建筑细节的制作，如图 14-100 所示。

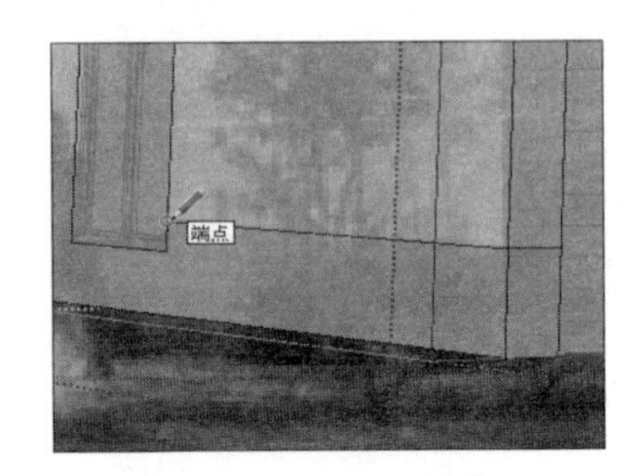

图 14-98　分割护墙平面

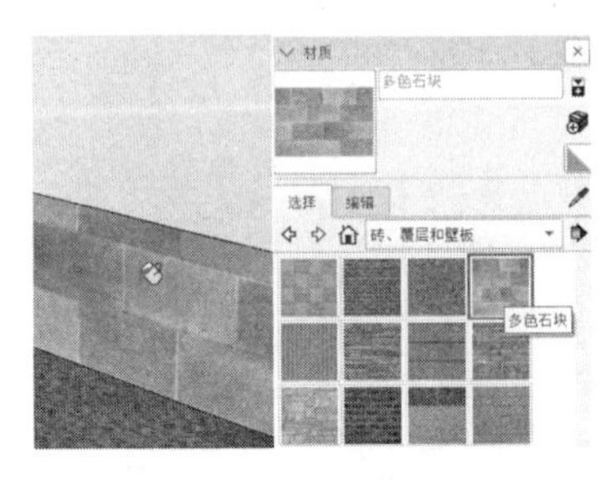

图 14-99　赋予毛石材质

图 14-100　添加壁灯模型组件

191 制作配套环境

文件路径：无	视频文件：视频\第 14 章\191.MP4

通过照片匹配制作建筑模型后，接下来制作出配套环境效果，增加场景层次与色彩对比。

步骤 01 单独的建筑观察效果并不理想，接下来参考匹配图片，制作出配套的环境效果，如图 14-101 与图 14-102 所示。

步骤 02 在【俯视图】中创建一个矩形平面，作为整体地面，参考图纸进行分割并赋予材质，如图 14-103 ~ 图 14-105 所示。

图 14-101　单独的建筑模型效果

图 14-102　匹配图片中的环境效果

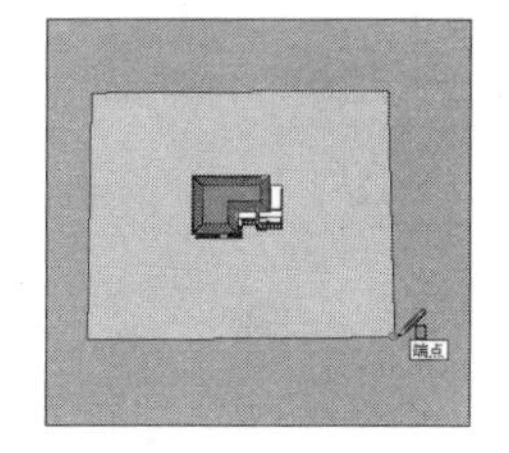

图 14-103　绘制地面平面

步骤 03 打开【组件】面板，参考匹配图片合并草地灯、树木以及人物模型组件，然后调整出最终的透视效果，如图 14-106 ~ 图 14-108 所示。

图 14-104　参考图片分割地形

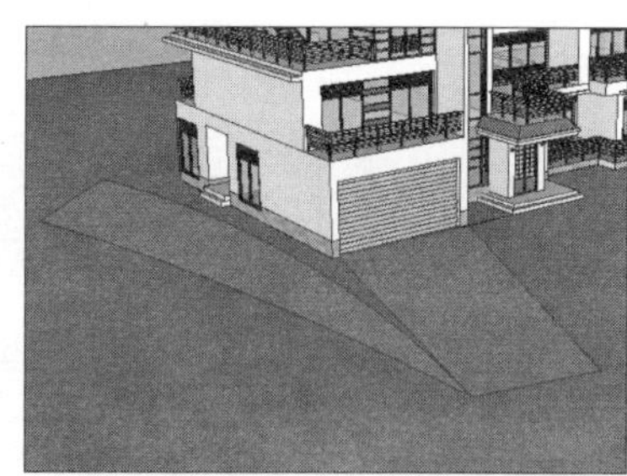

图 14-105　赋予地形对应材质

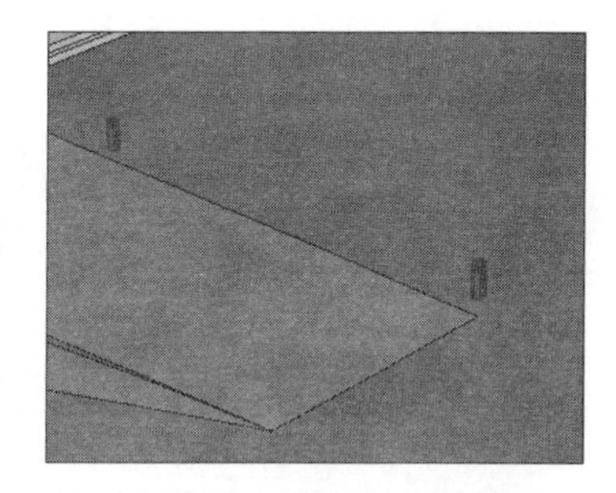

图 14-106　合并草地灯模型组件

图 14-107　添加人物与树木

图 14-108　调整最终效果

14.2 中式庭院建模

中式建筑有着独特的外观与格局，本例通过一个典型的中式庭院，介绍该类建筑模型的特点，以及相应的建模方法与技巧，中式庭院建模过程如图 14-109 ~ 图 14-112 所示。

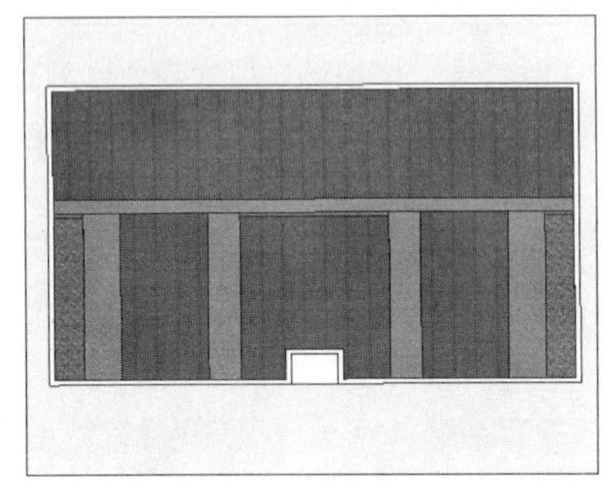

图 14-109　建立地坪

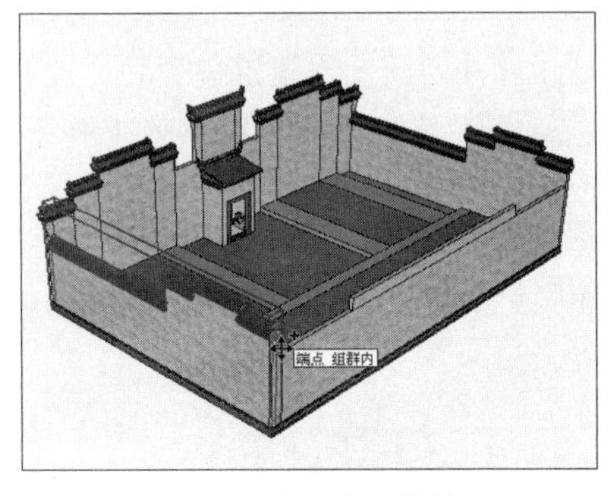

图 14-110　建立外墙

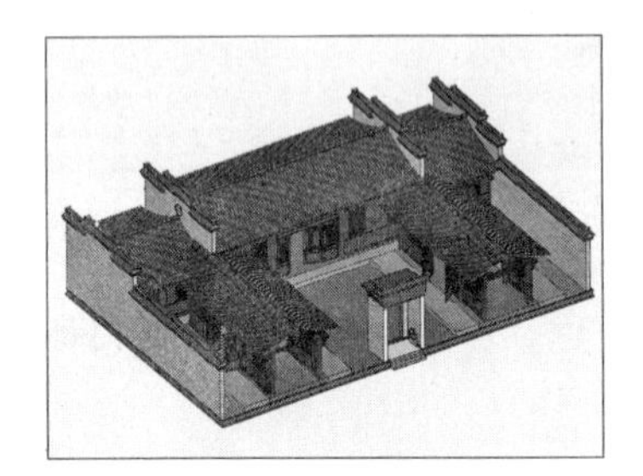

图 14-111　创建建筑

图 14-112　最终效果

192 建立地坪

文件路径：配套资源 \ 第 14 章 \192	视频文件：无

本例将创建出建筑的地坪，规划出建筑的布局，为墙体以及建筑的逐步创建提供依据。

步骤 01 启动 SketchUp，通过【模型信息】面板设置单位为“毫米”，如图 14-113 所示。

步骤 02 启用【矩形】工具，创建一个长宽为 23000mm × 15000mm 的矩形，然后分割出入口平面，如图 14-114 与图 14-115 所示。

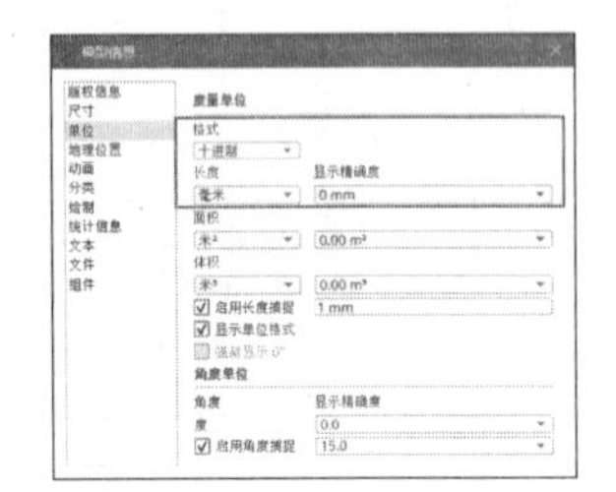

图 14-113　设置模型单位为“毫米”

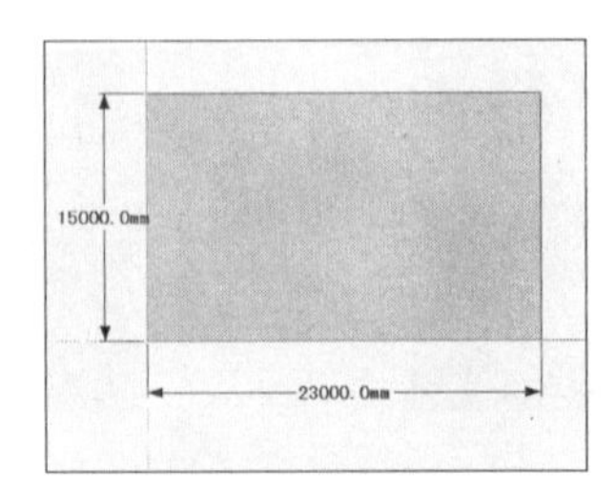

图 14-114　创建地坪矩形

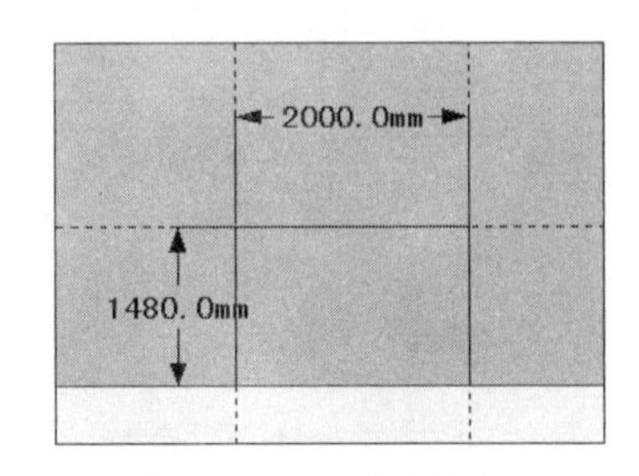

图 14-115　分割入口

步骤 03 启用【偏移】工具，向内偏移复制出 240mm 厚的墙体平面，如图 14-116 所示。

步骤 04 结合使用【卷尺】与【偏移】工具，分割左侧的细节平面，然后通过复制与镜像，制作好右侧分割平面并对位，如图 14-117 与图 14-118 所示。

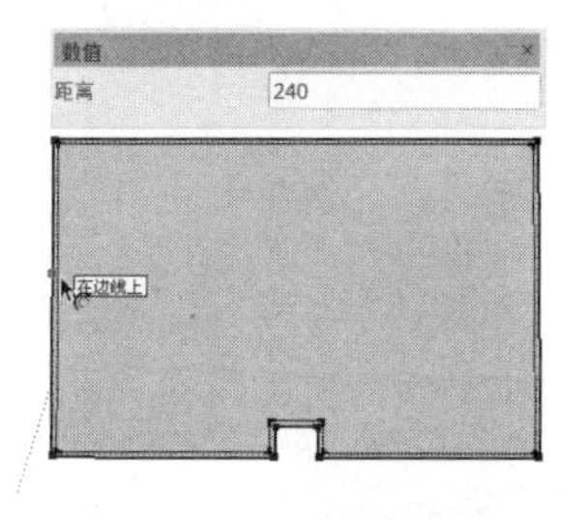

图 14-116　向内偏移复制

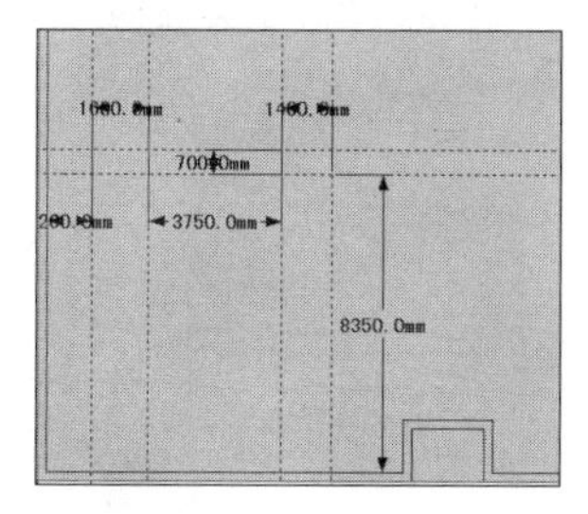

图 14-117　细分割地坪

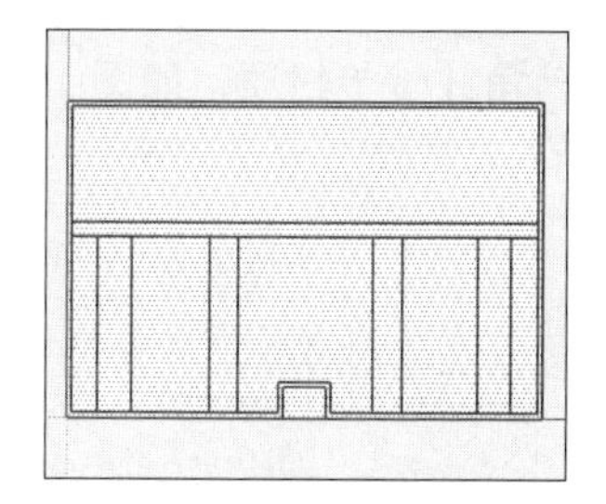
图 14-118　地坪分割完成效果

步骤 05 使用【推 / 拉】，制作好左侧花池，分别赋予池壁与池底石材，以及鹅卵石铺地材质，如图 14-119 ~ 图 14-121 所示。

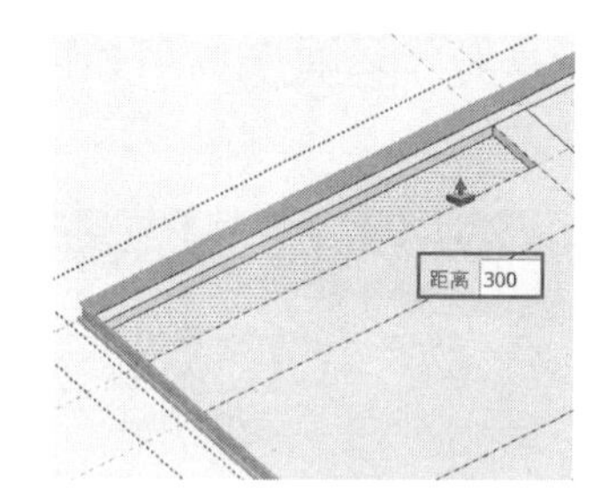

图 14-119　制作 300mm 深度花池

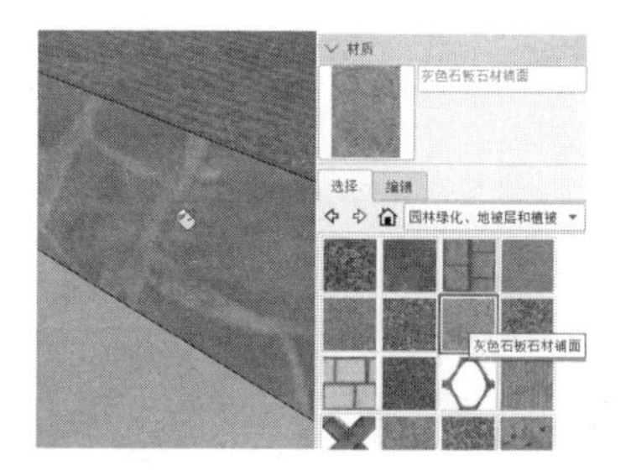
图 14-120　赋予石材

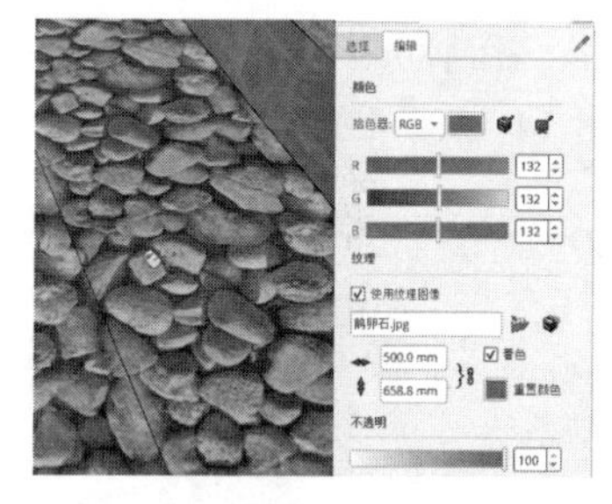
图 14-121　制作鹅卵石铺地效果

步骤 06 通过类似的操作，制作中部庭院以及右侧花池，然后赋予对应石材，制作好建筑地坪，如图 14-122 ~ 图 14-124 所示。

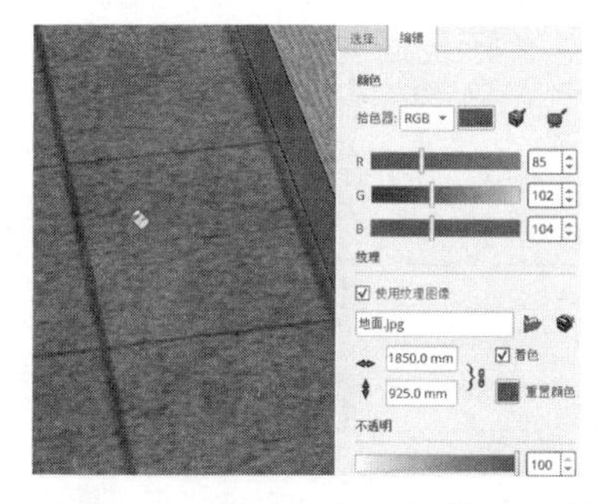

图 14-122　赋予下沉空间拼贴石材

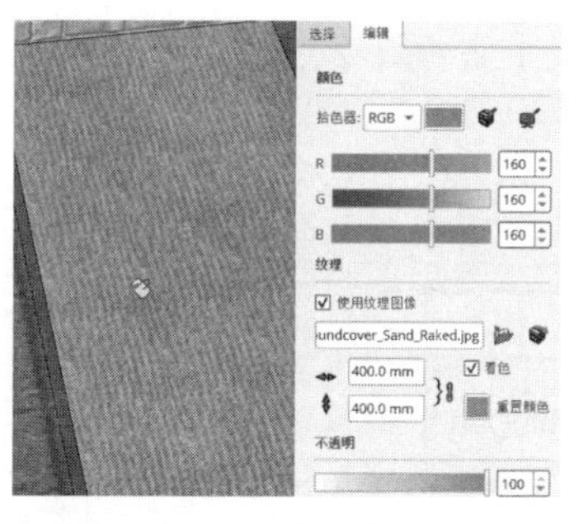

图 14-123　赋予路面石材

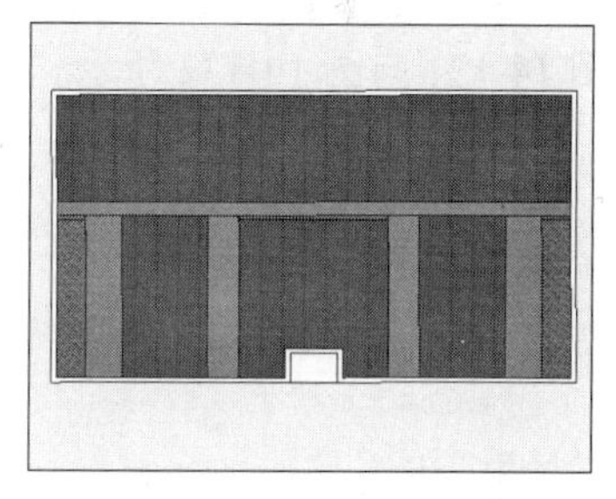
图 14-124　地坪材质完成效果

193 建立外围墙体

文件路径：无	视频文件：无

完成地坪的制作后，本例将逐步制作庭院的四侧墙体，在制作的过程中，重点掌握中式门头

的制作方法，以及模型复制与调整的技巧。

1. 创建墙角与正面墙体

步骤01 在底部转角处创建墙角截面，然后以墙体平面为路径，使用【路径跟随】工具制作墙角并赋予材质，如图 14-125 ~ 图 14-127 所示。

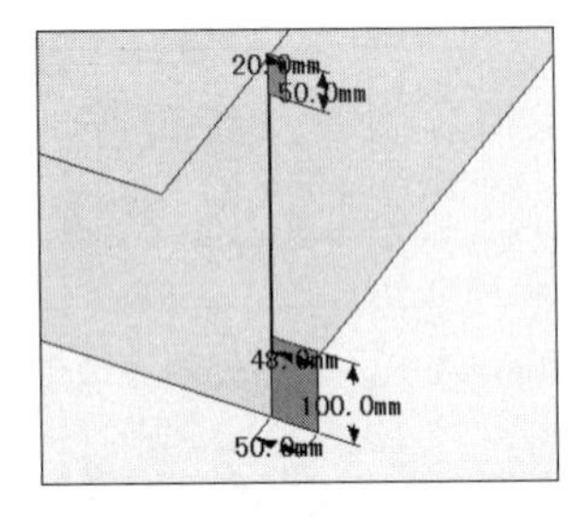

图 14-125 创建墙角截面图形

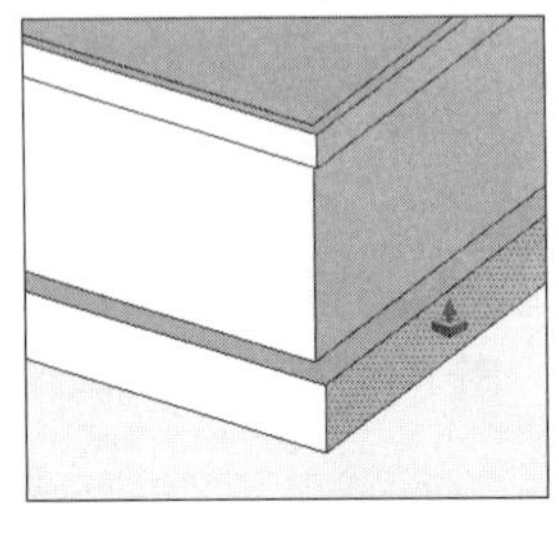
图 14-126 使用路径跟随

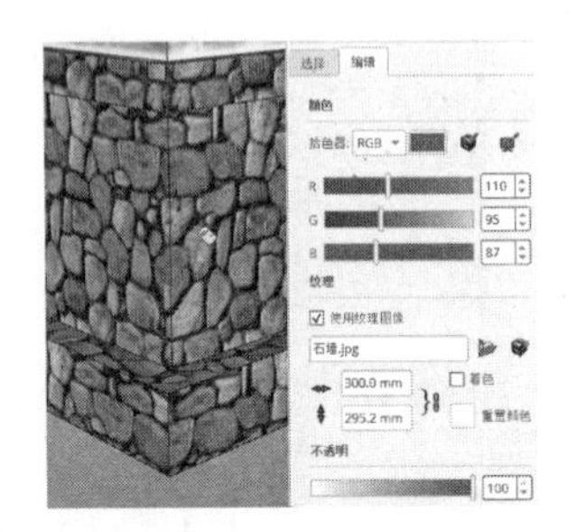
图 14-127 赋予石块材质

步骤02 分割左侧以及入口处端点，然后使用【推/拉】工具制作正面左侧墙体，如图 14-128 ~ 图 14-130 所示。

图 14-128 分割左侧端点

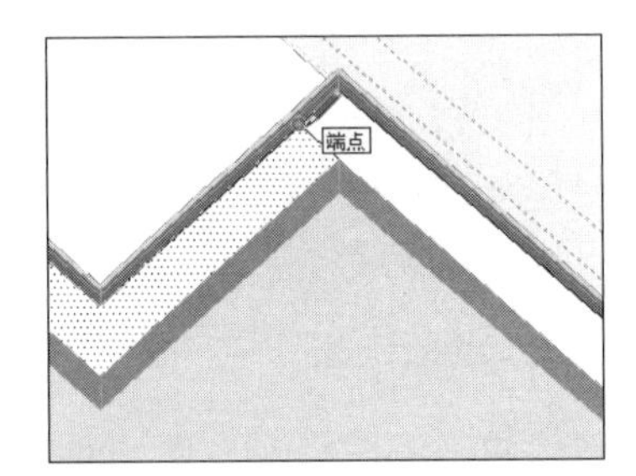

图 14-129 分割入口处端点

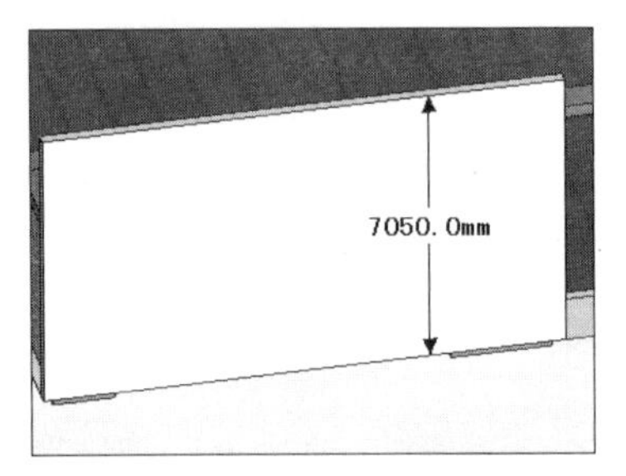

图 14-130 建立正面左侧墙体

步骤03 结合使用【卷尺】、【直线】及【推/拉】工具，制作好正面左侧墙体轮廓，如图 14-131 与图 14-132 所示。

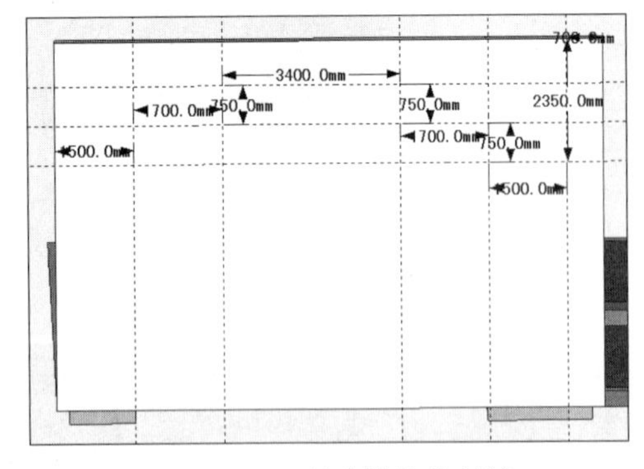

图 14-131 创建墙体分割线

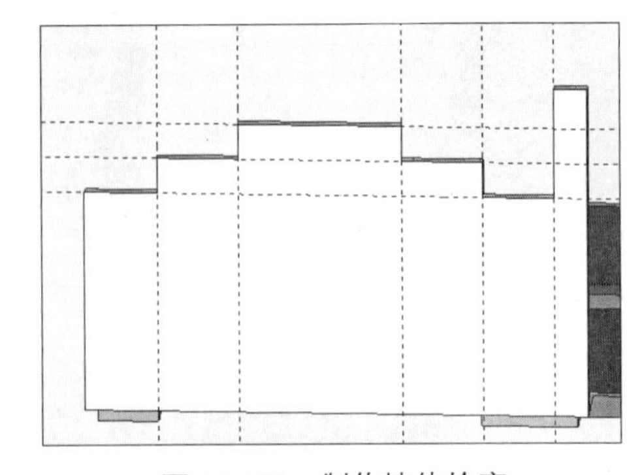
图 14-132 制作墙体轮廓

步骤04 使用类似方法，制作墙体左右两侧的细节造型，然后通过复制与镜像，制作并对位右侧墙体，如图 14-133 ~ 图 14-135 所示。

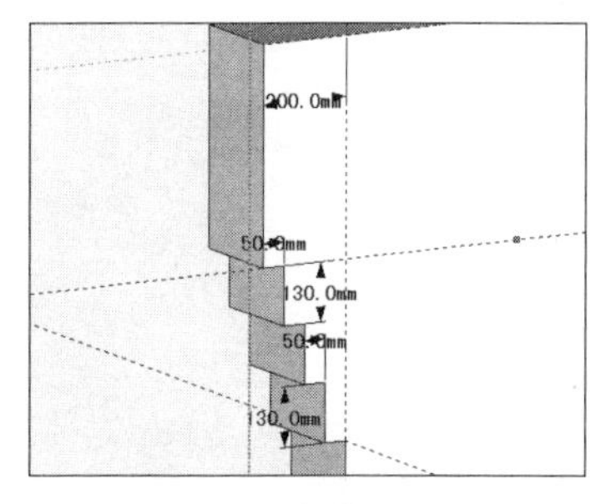

图 14-133 制作左侧细节

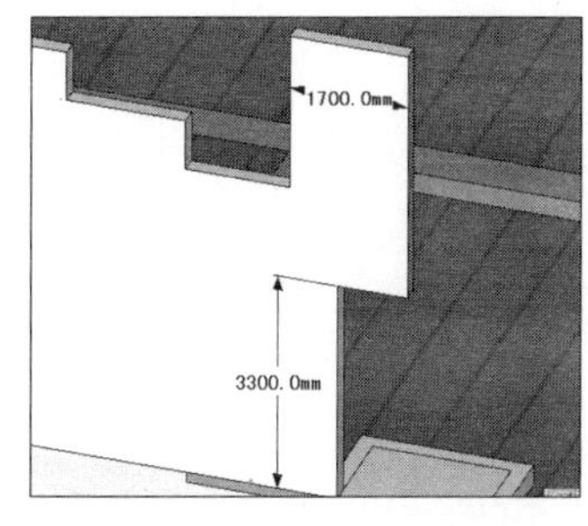

图 14-134 制作右侧细节

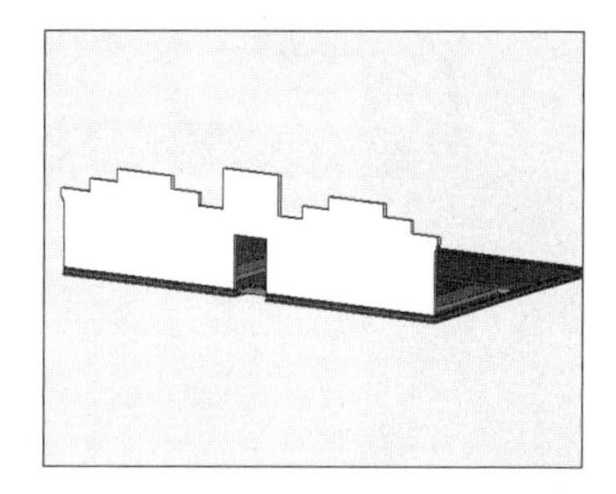

图 14-135 复制并镜像对位右侧墙体

2. 细化入口通道与门头

步骤01 结合使用【矩形】与【推 / 拉】工具，制作入口台阶细节，如图 14-136 所示。接下来制作细化入口通道。

步骤02 使用【推 / 拉】工具制作通道轮廓，然后细化分割出通道入口，如图 14-137 与图 14-138 所示。

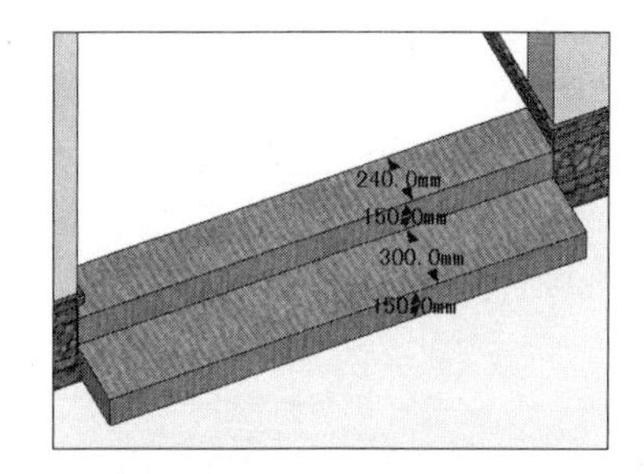

图 14-136 制作入口台阶细节

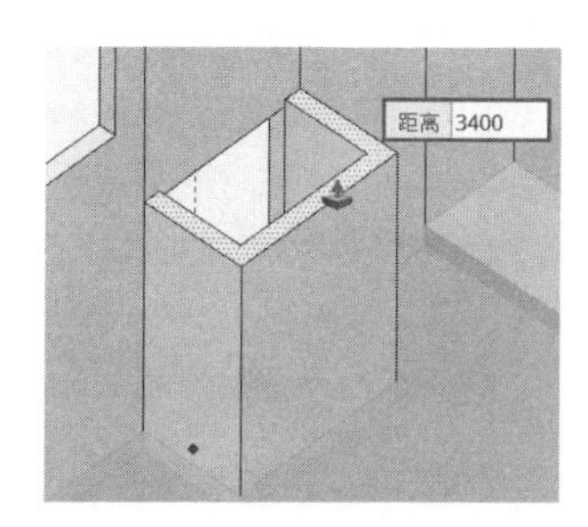

图 14-137 推拉入口通道

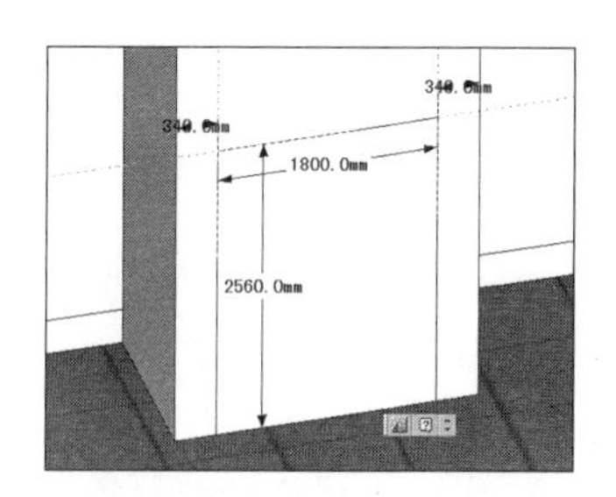

图 14-138 分割通道门洞

步骤03 赋予墙体白色砖纹，然后制作通道内外门框细节效果，并赋予黑色砖纹，如图 14-139 ~ 图 14-141 所示。

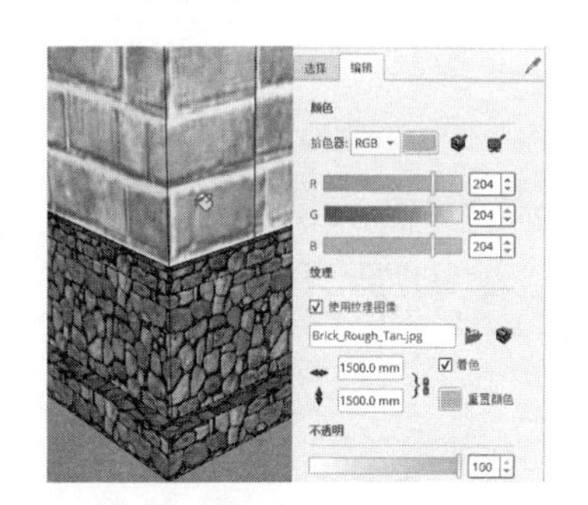

图 14-139 赋予墙体白色砖纹

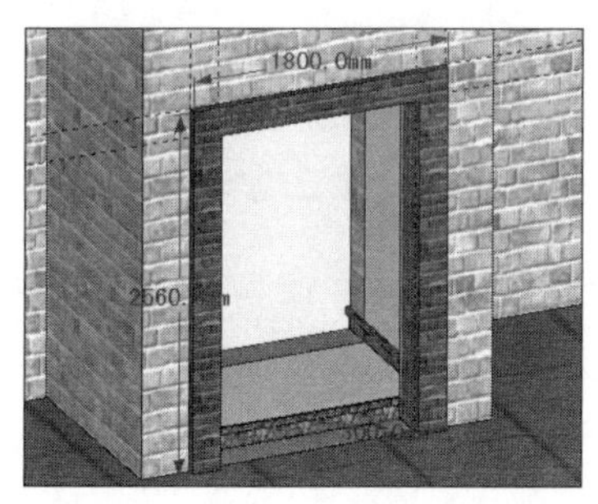

图 14-140 赋予内门框灰色砖纹

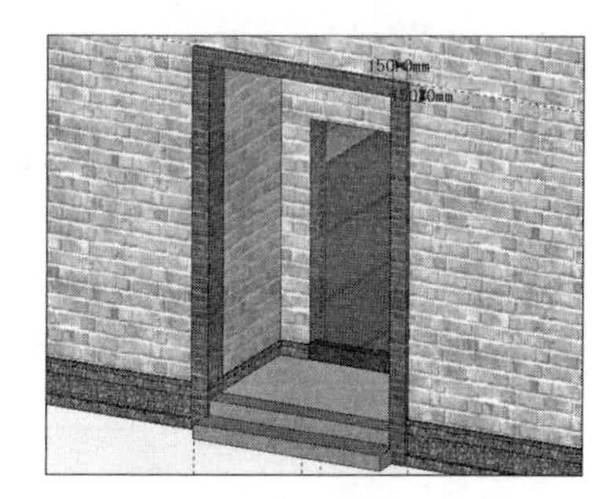

图 14-141 制作外门框细节

步骤04 通道以及门框制作完成后，制作门槛以及装饰石雕，如图 14-142 与图 14-143 所示。接下来制作门头细节。

步骤05 结合使用【矩形】与【推 / 拉】工具，制作门匾造型并赋予材质，通过【三维文字】工具制作匾牌文字，如图 14-144 ~ 图 14-147 所示。

步骤06 通过类似的操作制作细节装饰，然后进行多重移动复制，如图 14-148 与图 14-149 所示。

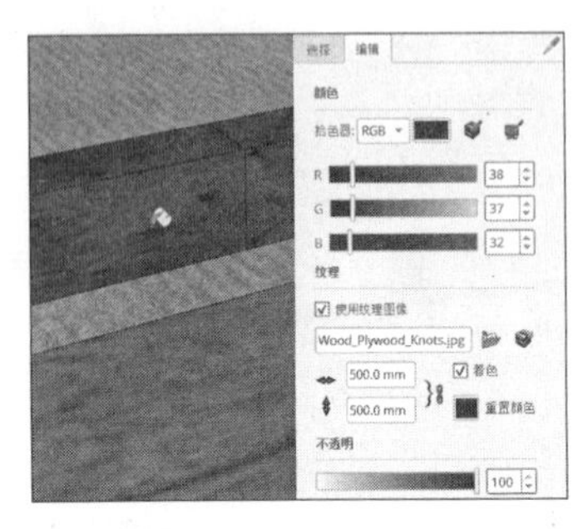

图 14-142　制作门槛

图 14-143　合并装饰石雕

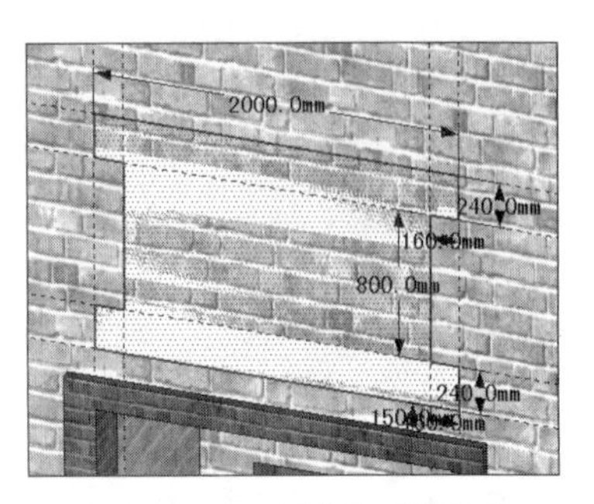

图 14-144　绘制门匾平面

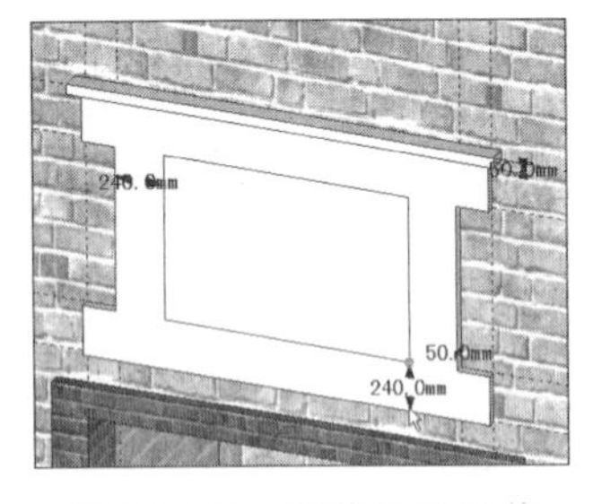

图 14-145　制作门匾细节

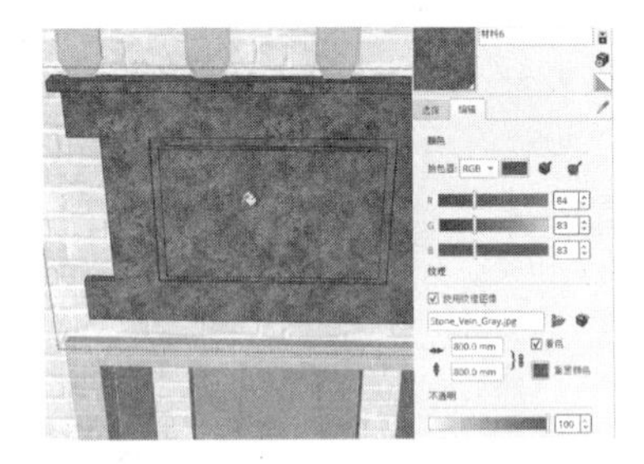

图 14-146　赋予门匾材质

图 14-147　创建三维文字

步骤 07 结合使用【直线】与【圆弧】工具，制作门头角线截面与路径，如图 14-150 与图 14-151 所示。

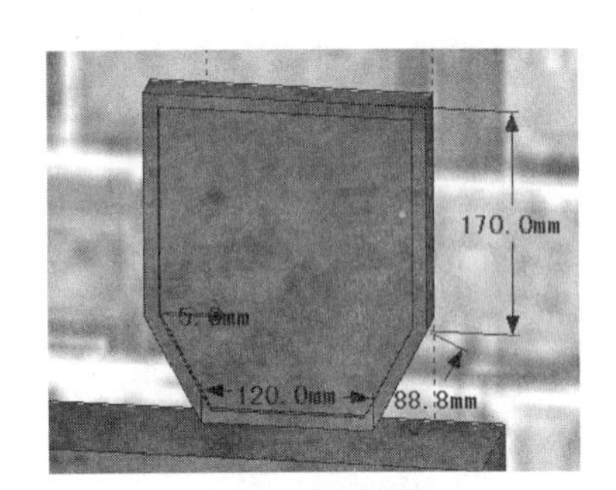

图 14-148　制作细节装饰

图 14-149　多重复制细节装饰

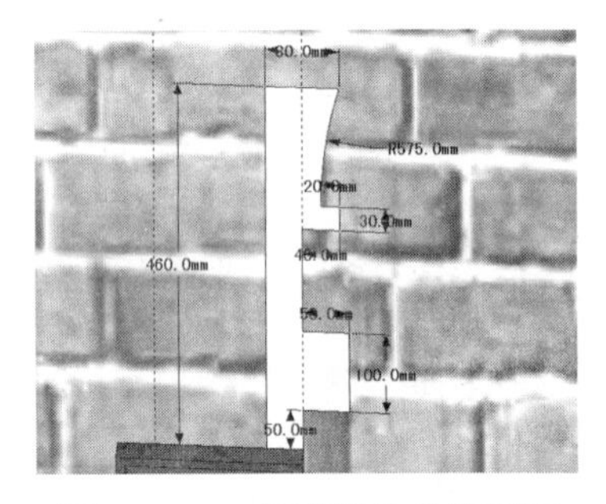

图 14-150　创建门头角线截面

步骤 08 通过【路径跟随】工具，制作出三维造型并赋予石材纹理，如图 14-152 所示。

步骤 09 结合使用【直线】与【推 / 拉】工具，制作门头斜坡轮廓，如图 14-153 所示。

图 14-151　创建角线路径

图 14-152　门头角线完成效果

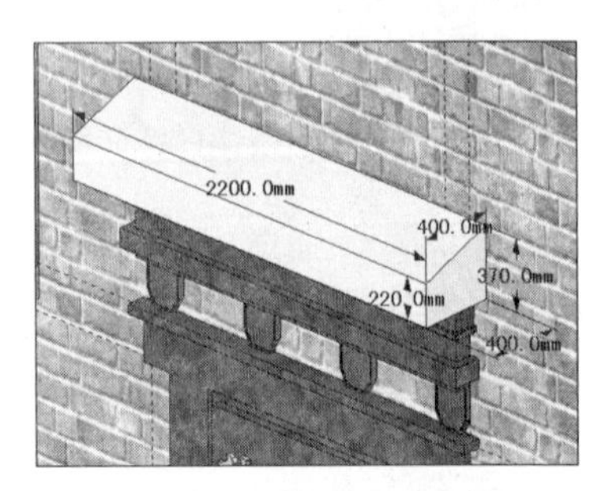

图 14-153　制作门头斜坡轮廓

步骤 10 结合使用【拆分】、【直线】以及【推 / 拉】工具，制作好斜坡细节，如图 14-154 与图 14-155 所示。

步骤 11 结合使用【直线】与【推 / 拉】工具，制作门头屋顶造型，然后赋予瓦片材质，如图 14-156 与图 14-157 所示。

步骤 12 结合使用【直线】、【圆弧】及【推 / 拉】工具，制作好中部屋脊造型，如图 14-158 与图 14-159 所示。

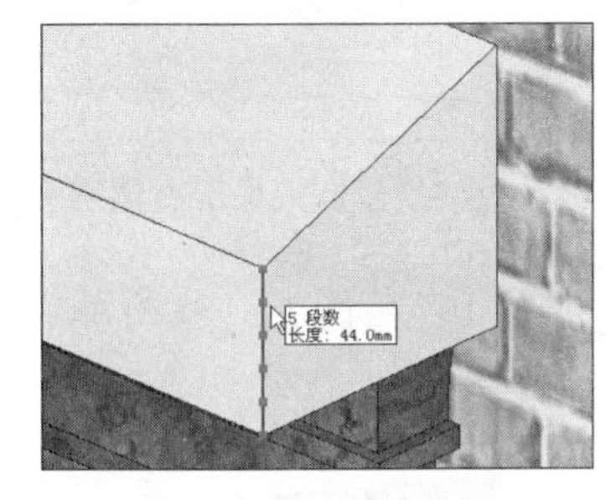

图 14-154　拆分线段

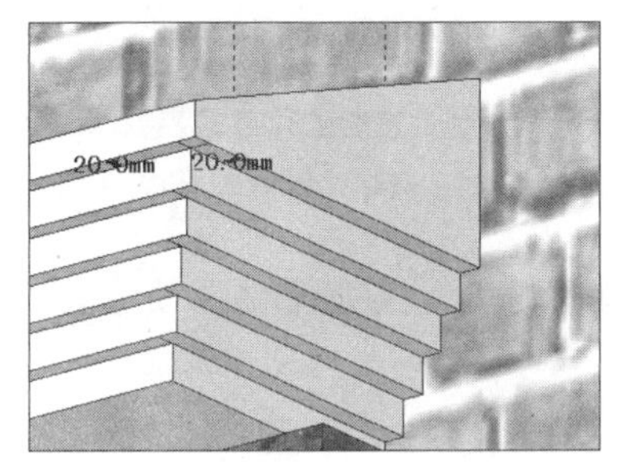

图 14-155　推拉细节

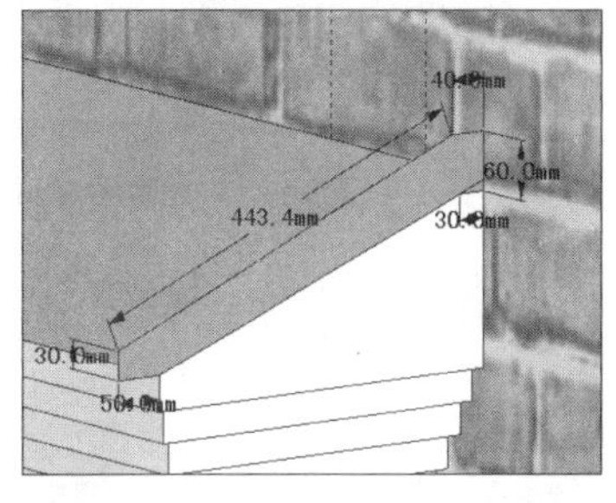

图 14-156　创建门头屋顶部平面

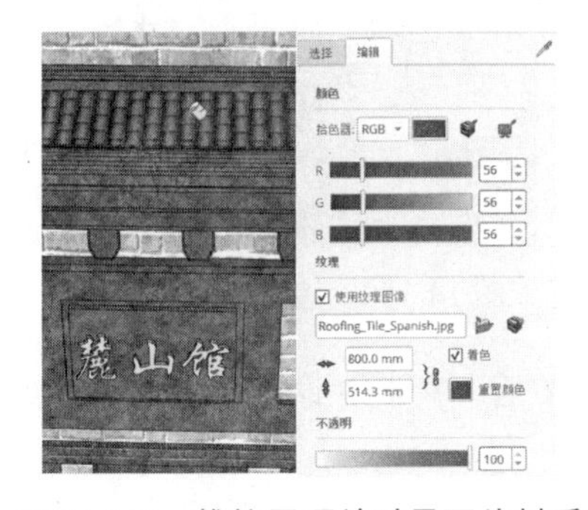

图 14-157　推拉屋顶并赋予瓦片材质

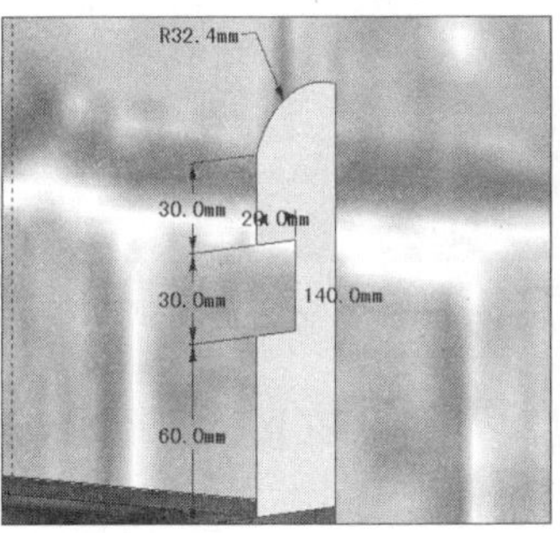

图 14-158　绘制门头屋脊截面

图 14-159　推拉出门头屋脊

步骤 13 结合使用【圆弧】以及【推 / 拉】工具，制作右侧挑尖造型，然后通过复制与镜像，制作好左侧效果。至此，入口整体效果完成，如图 14-160 ~ 图 14-162 所示。

图 14-160　制作右侧挑尖细节

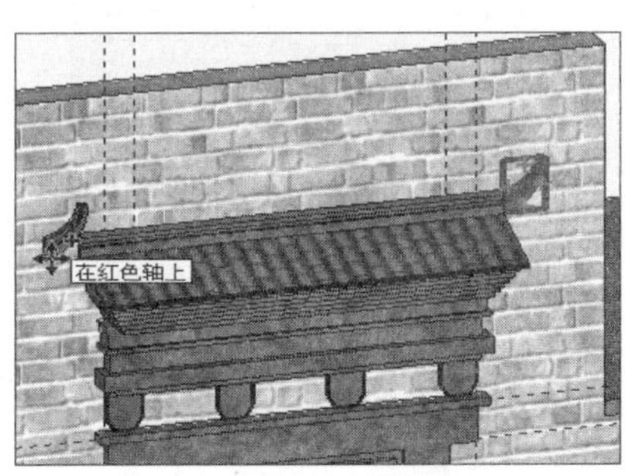

图 14-161　复制并镜像左侧挑尖

图 14-162　入口完成整体效果

步骤 14 通过复制与缩放，调整出背面通道上方的屋顶效果，如图 14-163 所示。

3. 制作正面墙头细节

步骤 01 通过复制与镜像，制作出墙头屋顶造型，然后分解组，进行宽度的自由调整，如

图 14-164 ~ 图 14-166 所示。

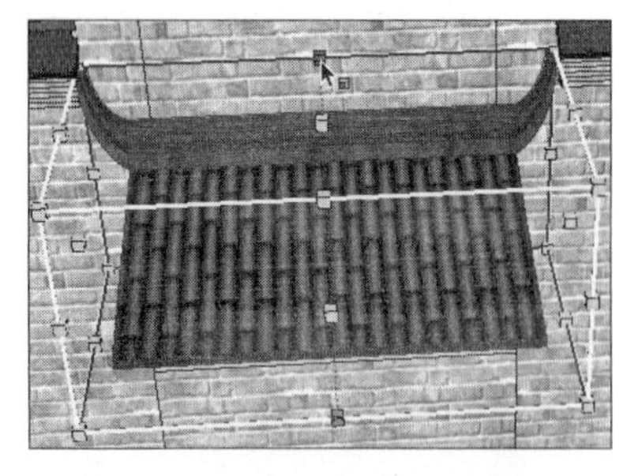

图 14-163　复制并调整背面屋顶

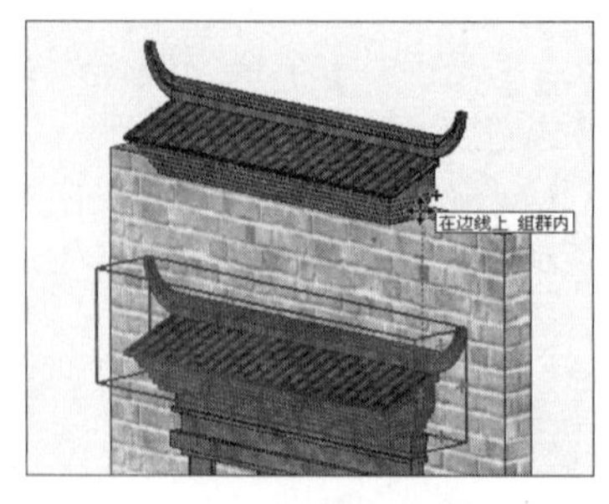

图 14-164　复制屋顶至墙头

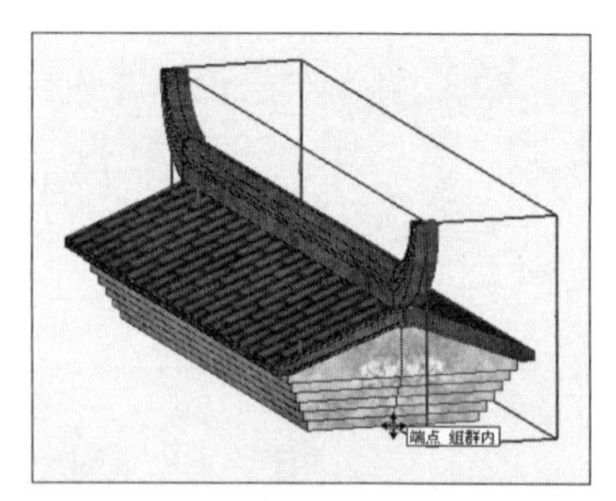

图 14-165　复制镜像出右侧细节

步骤 02 对位至墙头，捕捉其宽度，调整好墙头屋顶造型，如图 14-167 与图 14-168 所示。

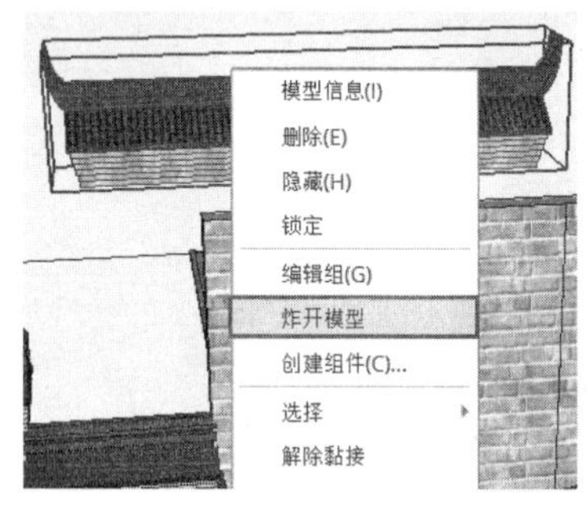

图 14-166　分解组形成单个模型

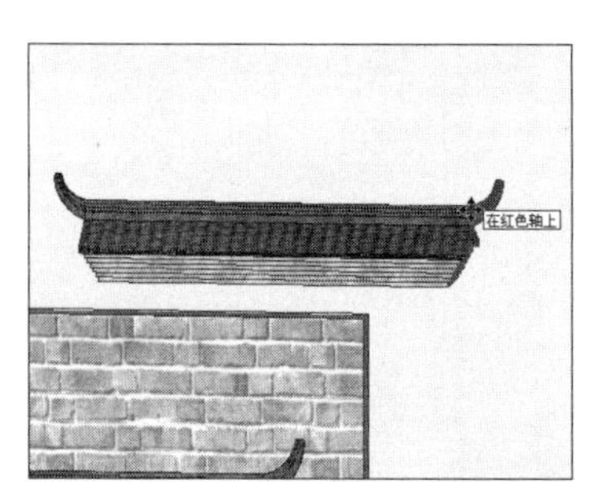

图 14-167　参考墙体调整宽度

图 14-168　墙头屋顶调整效果

步骤 03 其他位置的墙头造型，只需要在修改屋顶端点细节后，复制并调整长度即可，如图 14-169 ~ 图 14-171 所示。

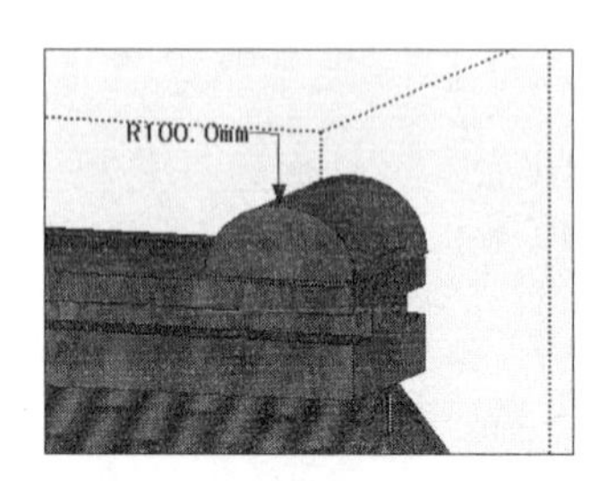

图 14-169　修改屋顶端点细节

图 14-170　墙头屋顶调整效果

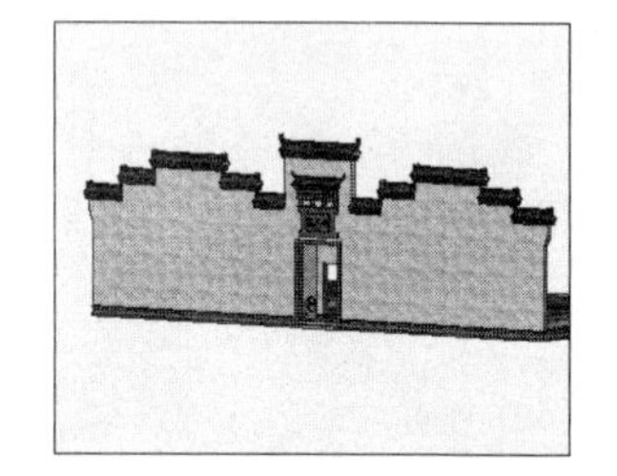

图 14-171　正面墙体完成效果

4. 制作其他墙体

步骤 01 正面墙体制作完成后，结合使用【卷尺】以及【推 / 拉】工具，制作好右侧墙轮廓，如图 14-172 与图 14-173 所示。

步骤 02 复制并调整各处墙头造型细节，如图 14-174 ~ 图 14-177 所示。接下来制作背面墙体。

步骤 03 结合【推 / 拉】以及【卷尺】工具，制作出背部墙体及细节，如图 14-178 与图 14-179 所示。复制出左侧墙体，完成外围墙体整体效果的制作，如图 14-180 所示。

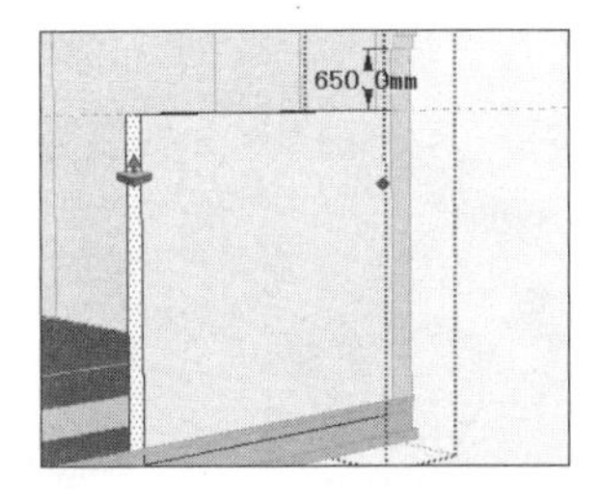

图 14-172　推拉右侧墙体

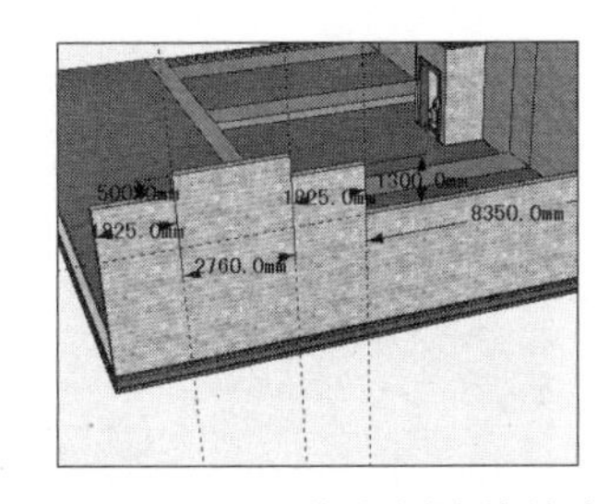

图 14-173　制作右侧墙体轮廓

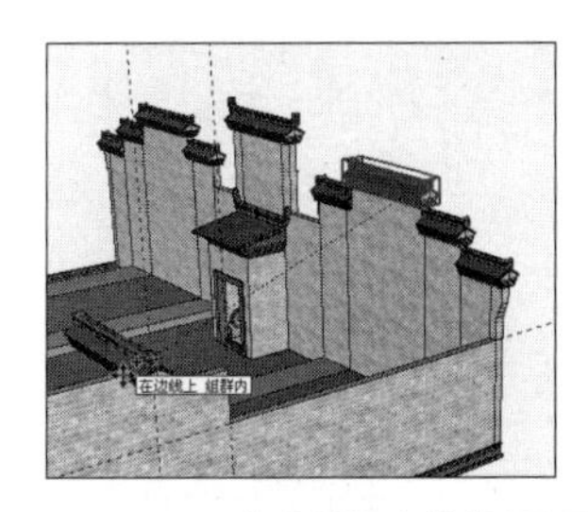

图 14-174　复制墙头装饰屋顶

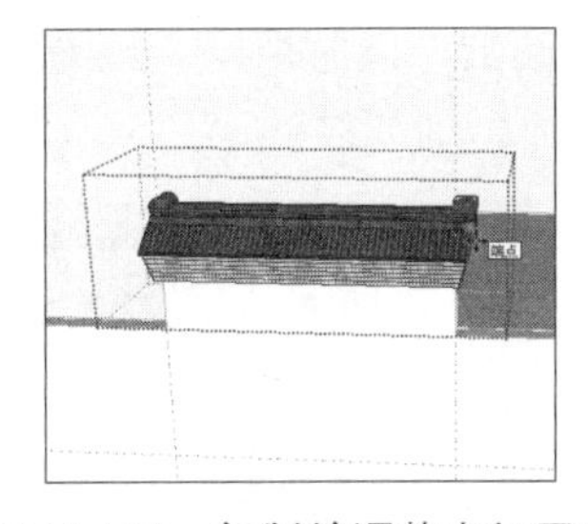

图 14-175　复制并调整中部屋顶

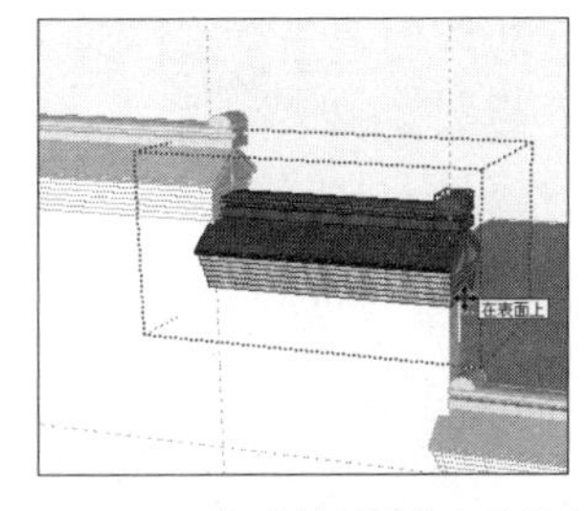

图 14-176　复制并调整两侧屋顶

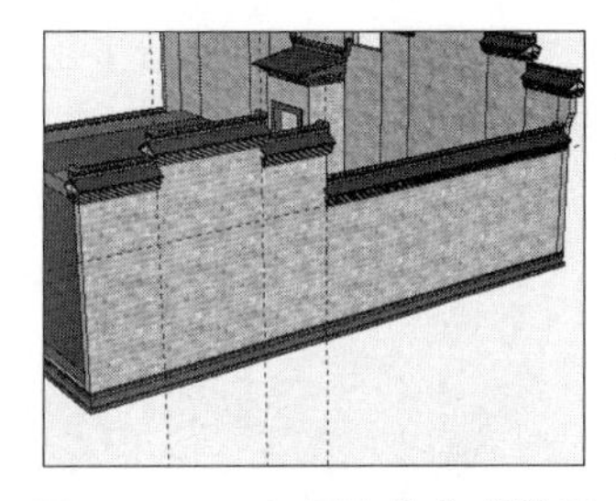

图 14-177　右侧墙体完成效果

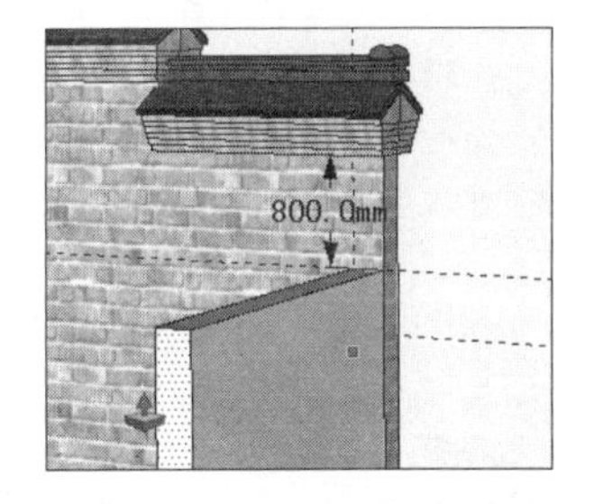

图 14-178　推拉背部墙体

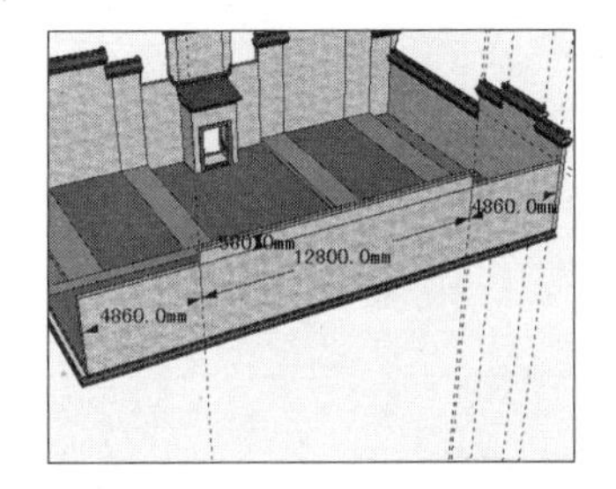

图 14-179　制作背部墙体细节

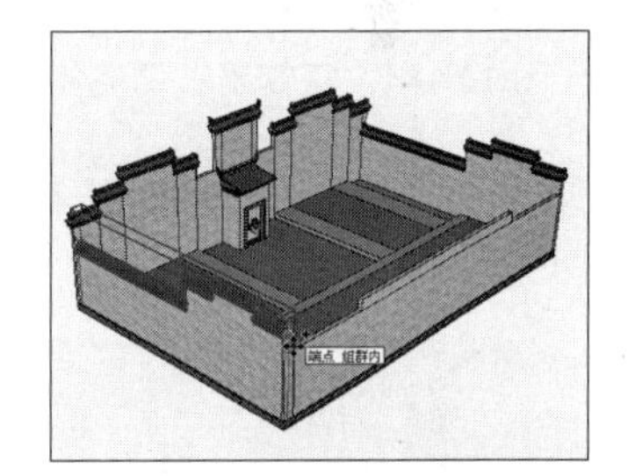

图 14-180　复制出左侧墙体

194 创建内部建筑

文件路径：无	视频文件：无

完成外围墙体的制作后，接下来即可根据划分好的地坪，逐步创建内部建筑，在建模的过程中注意复制与镜像的技巧。

1. 建立建筑墙体

步骤 01 结合使用【卷尺】以及【直线】工具，制作好内墙体轮廓，推拉出 240mm 厚度后对齐位置，如图 14-181 与图 14-182 所示。

步骤 02 复制并调整内部左侧墙体屋顶细节，然后整体复制出右侧墙体效果，如图 14-183 与图 14-184 所示。

2. 创建建筑木结构

步骤 01 隐藏创建好的外围墙体模型，以便于建筑的创建，如图 14-185 所示。

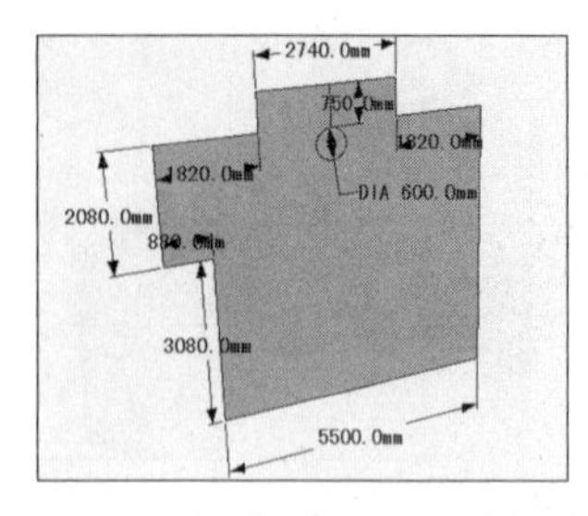

图 14-181　创建内部墙体轮廓

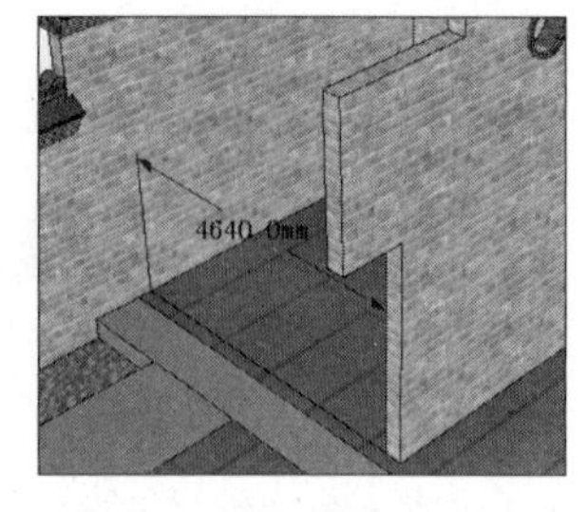

图 14-182　推拉厚度并对齐位置

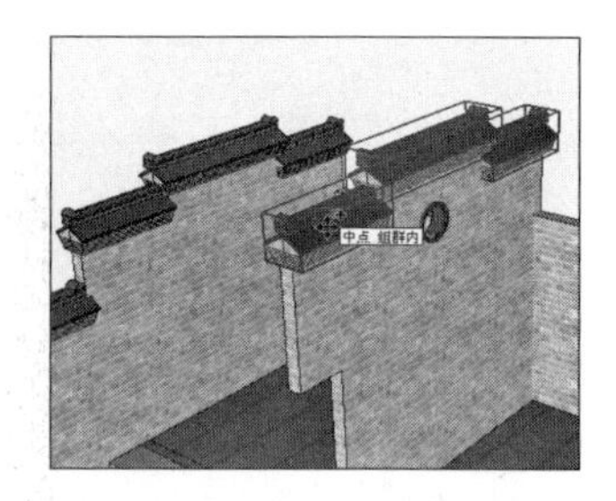

图 14-183　复制并调整屋顶细节

步骤 02 启用【圆】工具，捕捉墙角创建一个直径为 300mm 的圆形，然后推拉 3780mm 的高度，并赋予木纹材质，如图 14-186 与图 14-187 所示。

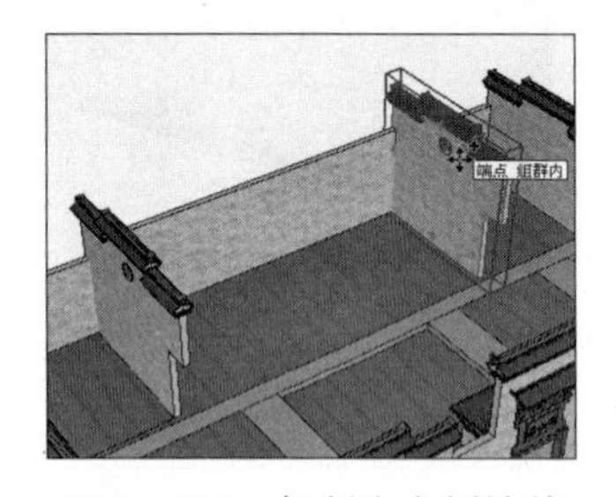

图 14-184　复制出右侧墙体

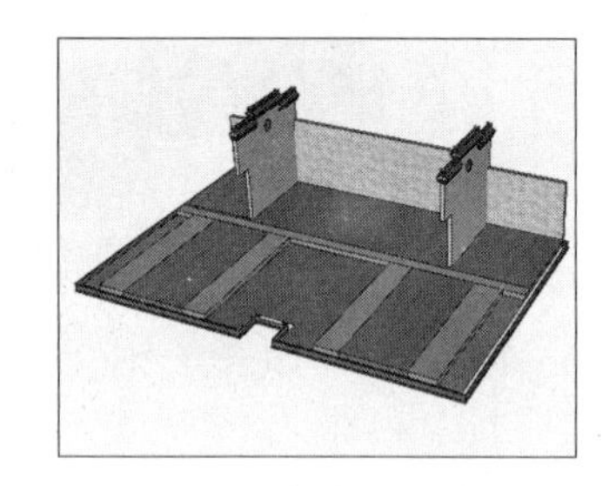
图 14-185　隐藏外围墙体

图 14-186　创建圆柱平面

步骤 03 通过多重复制，制作出前方其他圆柱，然后整体复制至后侧，如图 14-188 ~ 图 14-190 所示。

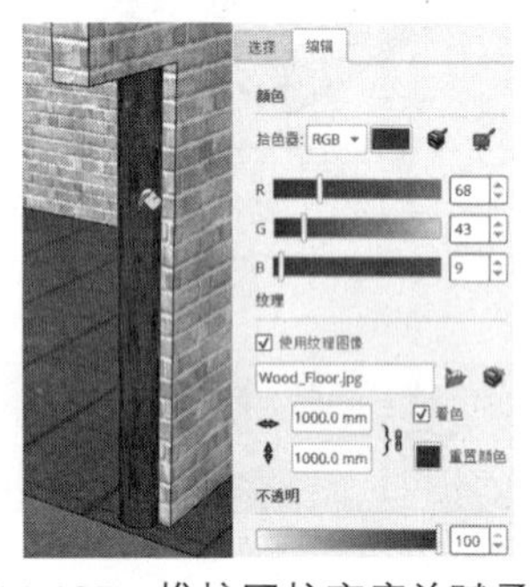

图 14-187　推拉圆柱高度并赋予材质

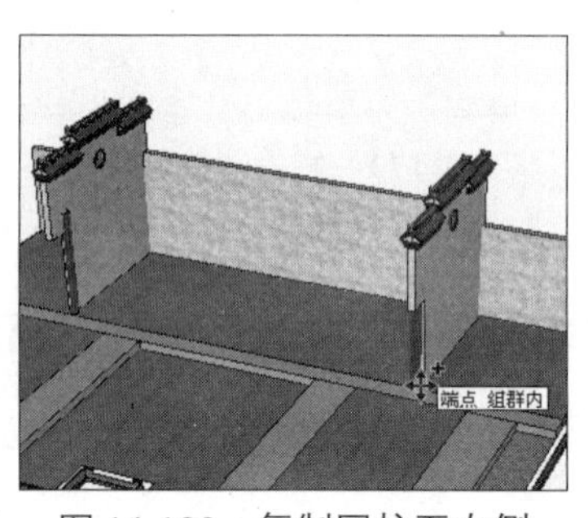

图 14-188　复制圆柱至右侧

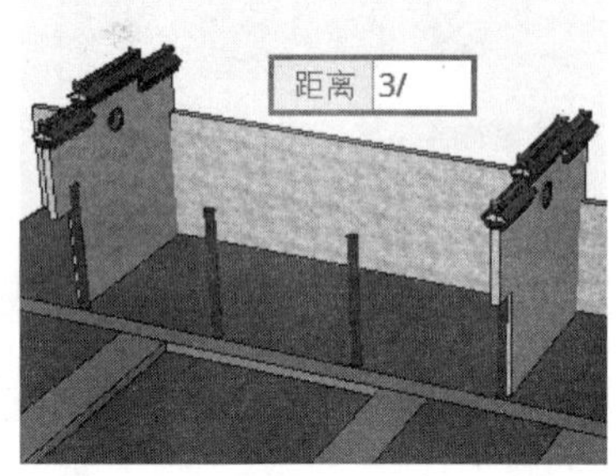

图 14-189　多重复制出中部圆柱

步骤 04 结合【直线】与【推 / 拉】工具，制作上方的过梁，赋予木纹材质后移动复制至后侧，如图 14-191 ~ 图 14-193 所示。

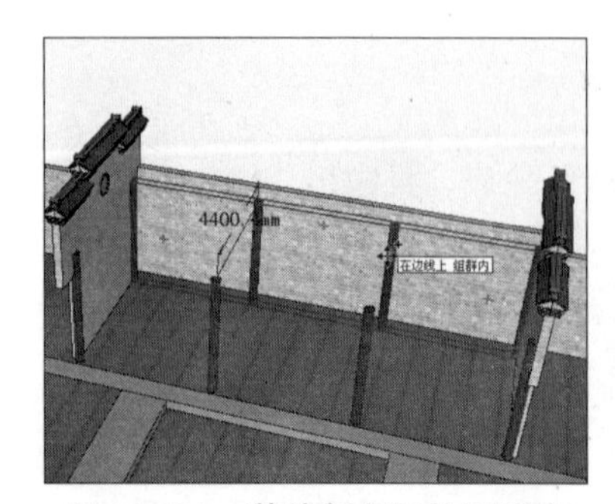

图 14-190　整体复制圆柱至后方

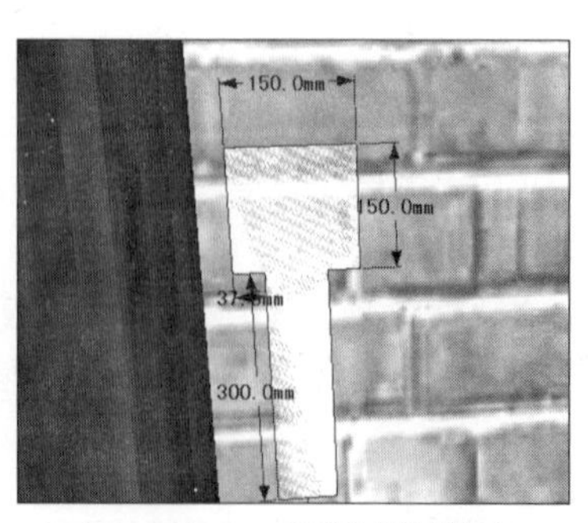

图 14-191　创建过梁截面

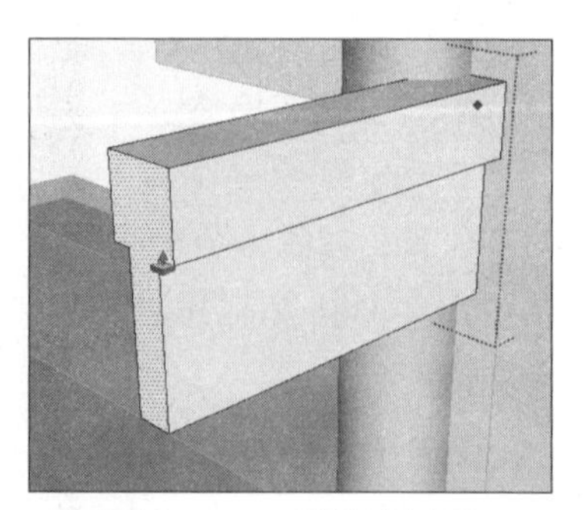
图 14-192　推拉出过梁

步骤 05 以 90° 旋转复制过梁，并对位至侧墙，然后修改前端造型细节，并进行多重复制，如图 14-194 ~ 图 14-196 所示。

图 14-193 复制过梁至后方圆柱

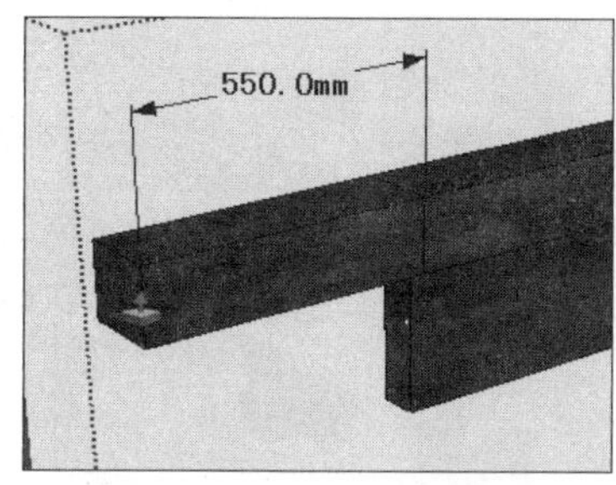

图 14-194 旋转复制并调整过梁细节

图 14-195 对位梁柱位置

步骤 06 捕捉左侧圆柱之间的交点，创建木板墙平面，然后结合【卷尺】与【直线】工具分割平面，如图 14-197 与图 14-198 所示。

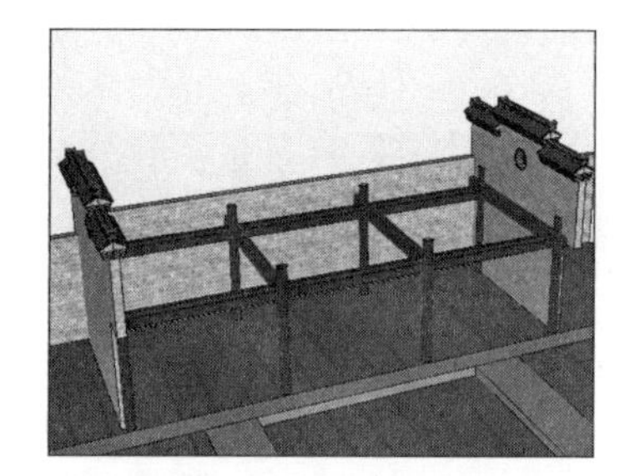
图 14-196 复制其他位置横梁

图 14-197 创建木板墙平面

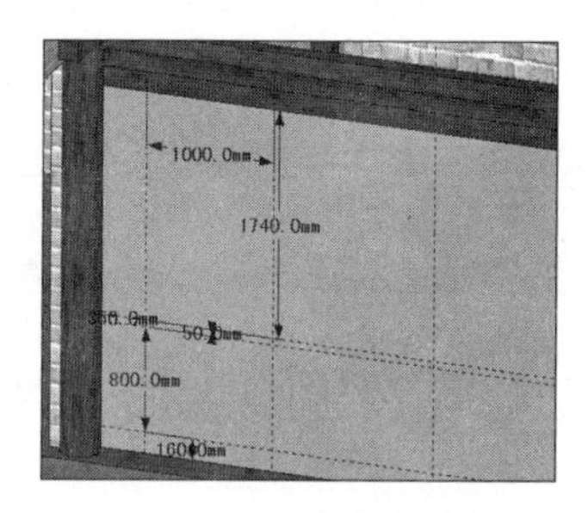

图 14-198 细分木板墙轮廓

步骤 07 结合【偏移】与【推 / 拉】工具，制作好木板墙造型细节，如图 14-199 所示。

步骤 08 打开【组件】面板，合并门窗模型组件，然后进行复制与对位，如图 14-200 ~ 图 14-202 所示。

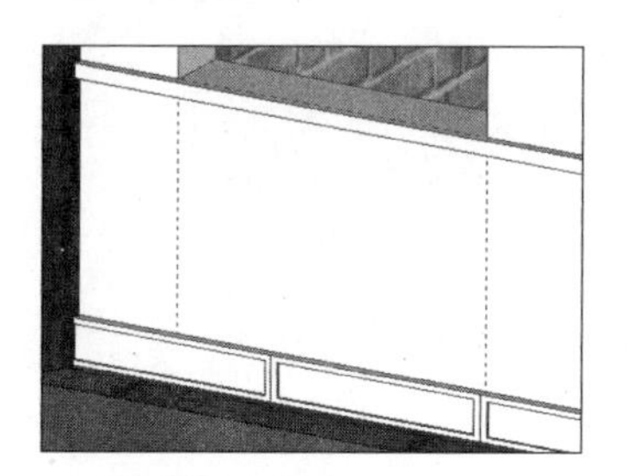
图 14-199 制作木板墙细节

图 14-200 合并并复制左侧窗户

图 14-201 整体复制右侧窗户

步骤 09 结合使用【直线】与【圆】工具，制作好屋檐横梁平面，然后【推 / 拉】出长度并向下进行复制，如图 14-203 ~ 图 14-205 所示。

步骤 10 打开【组件】面板，合并中式建筑常用的斗拱模型，然后捕捉横梁进行复制与排放，如图 14-206 与图 14-207 所示。

步骤 11 斗拱制作完成后，建筑的木结构即创建完成，效果如图 14-208 所示。

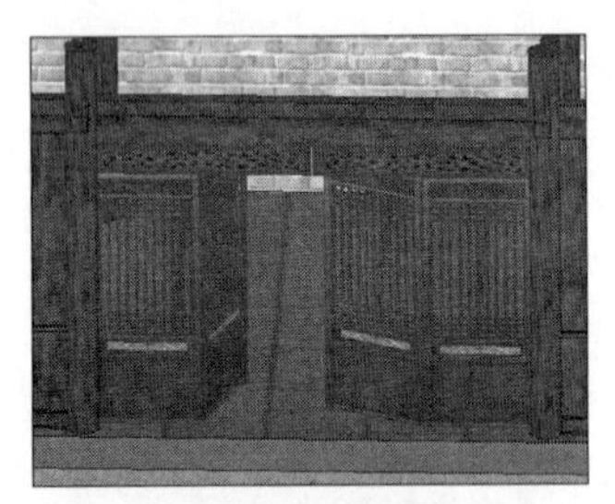

图 14-202　合并并调整门组件

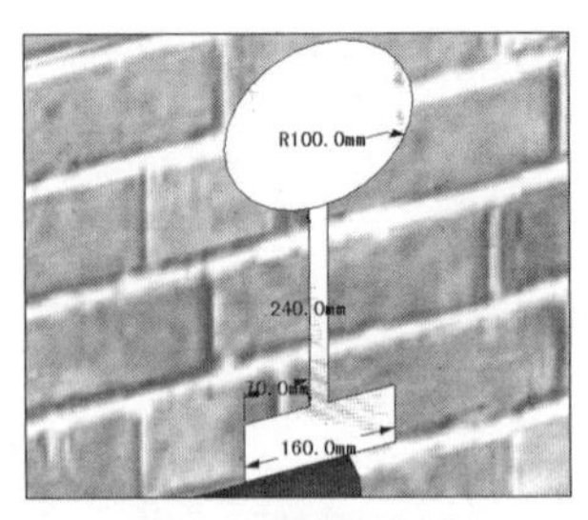

图 14-203　创建屋檐横梁平面

图 14-204　缩放出屋檐横梁

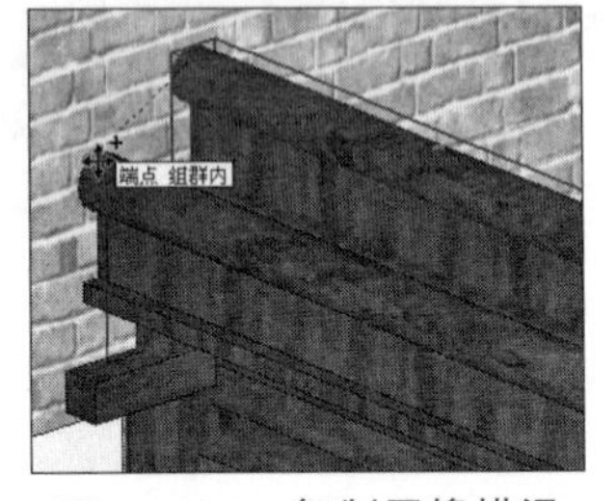

图 14-205　复制屋檐横梁

图 14-206　合并屋檐斗拱组件

图 14-207　排列斗拱位置

195 创建建筑屋顶

文件路径：无	视频文件：无

步骤 01 复制屋脊模型，旋转对位后调整其长度，如图 14-209 与图 14-210 所示。

图 14-208　房屋木结构完成效果

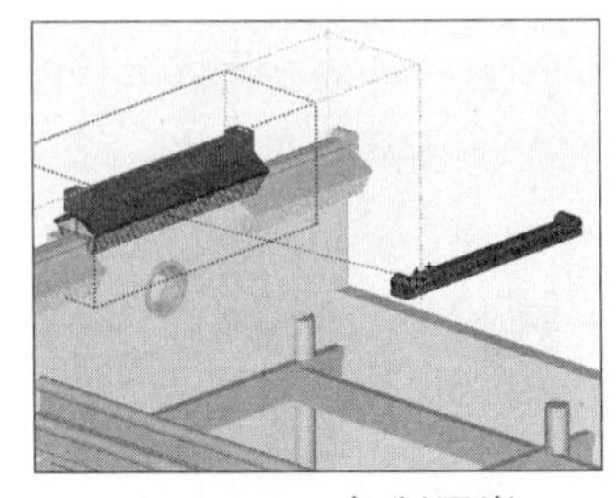

图 14-209　复制屋脊

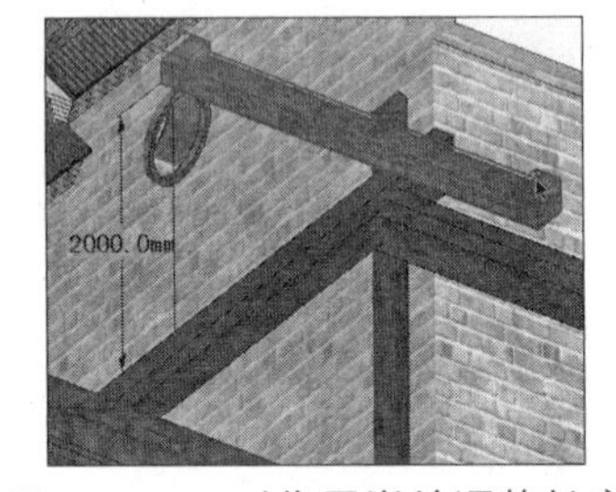

图 14-210　对位屋脊并调整长度

步骤 02 结合使用【直线】、【圆弧】及【圆】工具，制作屋顶圆柱路径与截面，然后使用【路径跟随】制作三维造型，如图 14-211 ~ 图 14-213 所示。

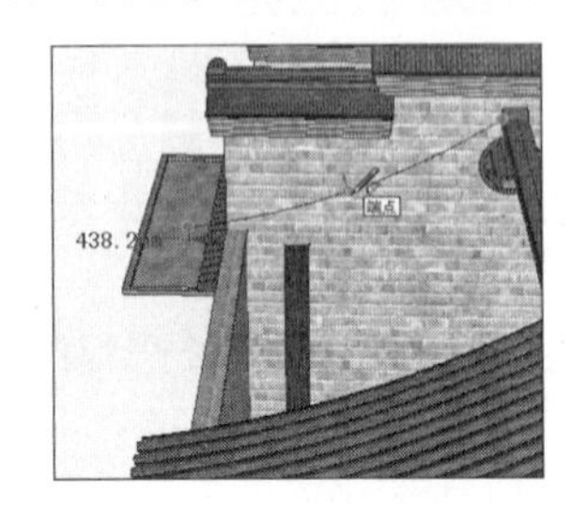

图 14-211　创建屋顶圆柱路径

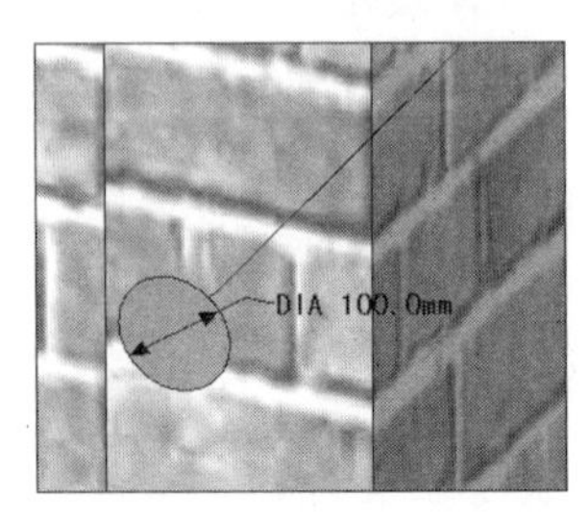

图 14-212　创建圆柱截面

图 14-213　通过【路径跟随】制作圆柱

步骤03 通过相同的方法制作好瓦片造型，然后以投影方式制作好瓦片贴图，如图 14-214 ~ 图 14-216 所示。

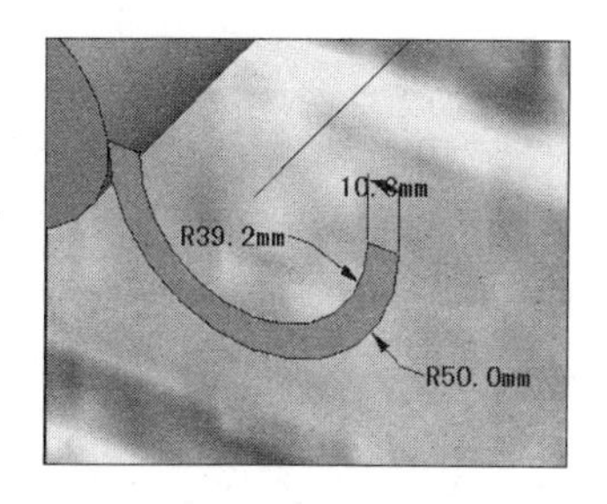

图 14-214　创建瓦片截面与路径

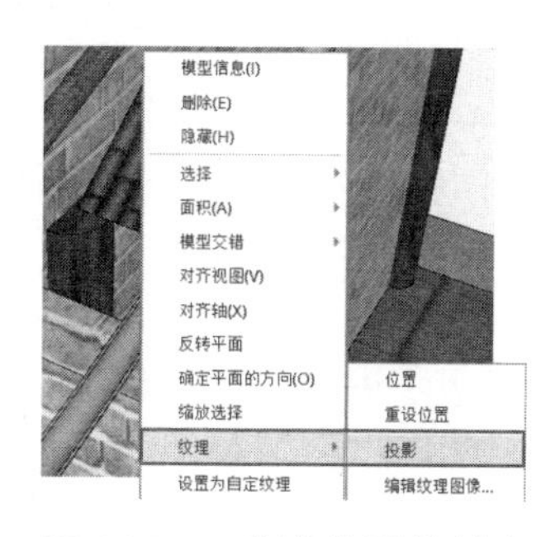

图 14-215　制作造型并创建投影片面

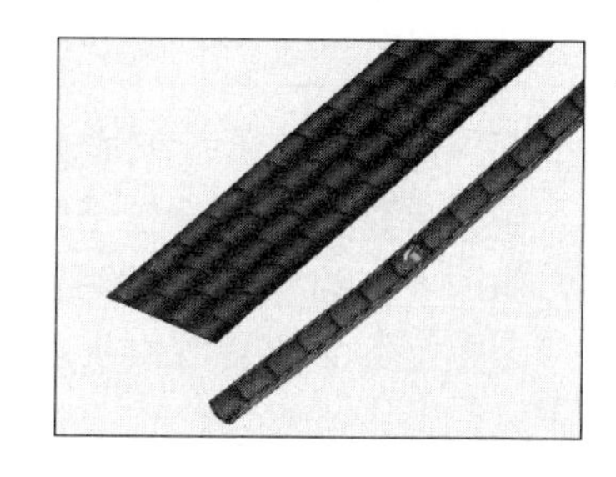
图 14-216　通过投影赋予瓦片材质

步骤04 选择圆柱与瓦片整体，通过多重复制，制作好前檐瓦顶造型，如图 14-217 与图 14-218 所示。

步骤05 向后整体复制前檐瓦顶造型，然后通过镜像工具对位，至此，主建筑中部效果制作完成，如图 14-219 与图 14-220 所示。

图 14-217　整体复制圆柱与瓦片

图 14-218　前檐瓦顶完成效果

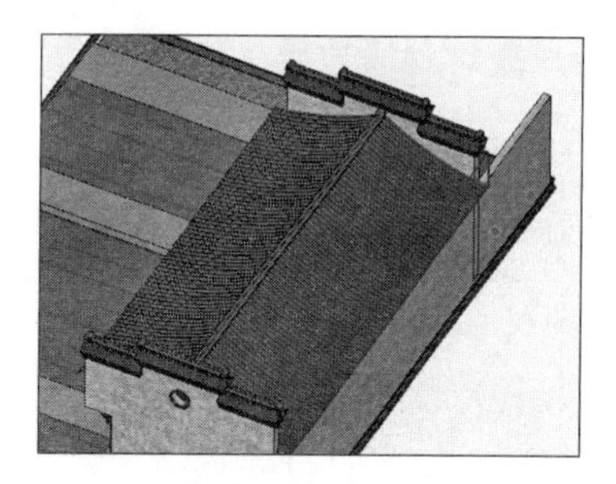
图 14-219　复制并镜像对位后方瓦顶

步骤06 通过相同方式，制作主建筑以及庭院两侧房屋，完成场景建筑效果的制作，如图 14-221 与图 14-222 所示。

图 14-220　主建筑中部完成效果

图 14-221　主建筑整体完成效果

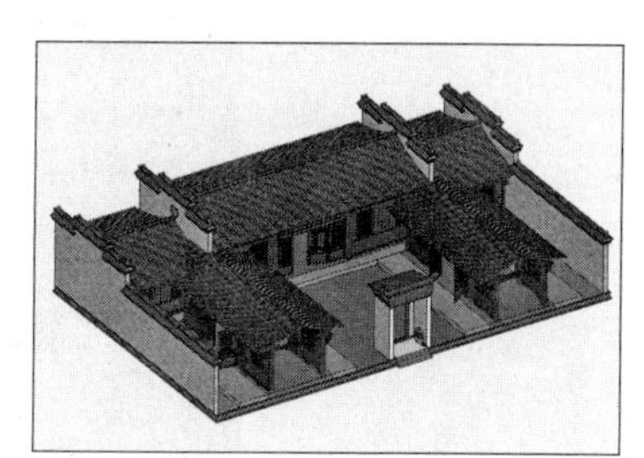
图 14-222　两侧建筑完成效果

196 完成最终效果

文件路径：无	视频文件：无

整体的建筑效果制作完成后，本例中将为其制作简单的环境与人流效果。

步骤 01 独立的建筑十分单调，首先在【俯视图】中创建一个【矩形】平面，作为地形平面，如图 14-223 与图 14-224 所示。

步骤 02 调整好观察视角以【场景】进行保存，如图 14-225 所示，接下来以该视角的观察效果进行细化。

图 14-223 单独的建筑效果

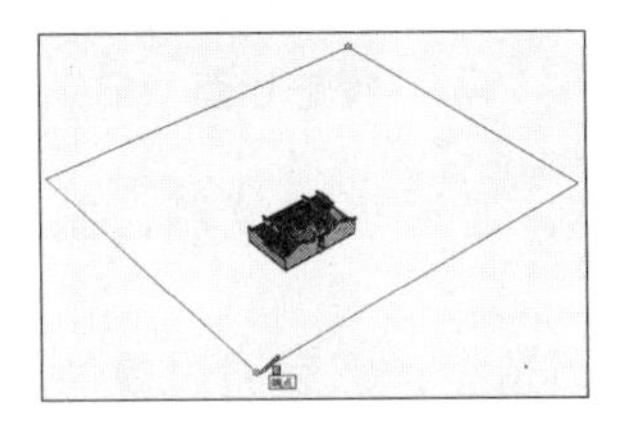

图 14-224 创建地形平面

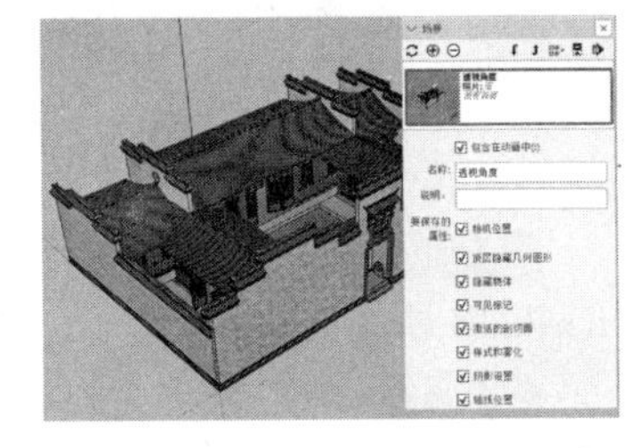

图 14-225 创建场景保存视角

步骤 03 结合【直线】以及【推 / 拉】工具，制作简单的路面与草地效果，然后分别赋予石材与草坪材质效果，如图 14-226 ~ 图 14-228 所示。

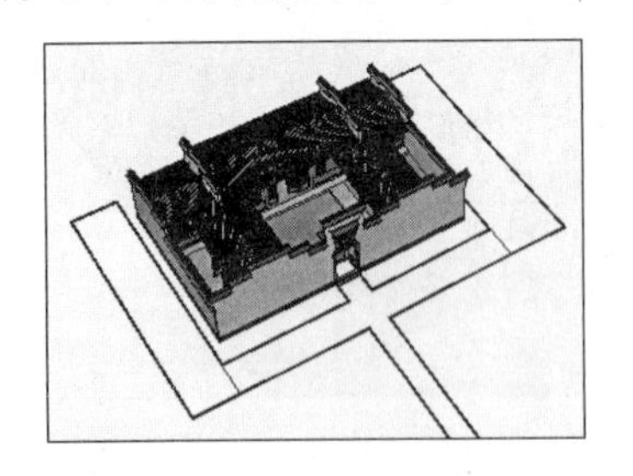

图 14-226 分割出路面

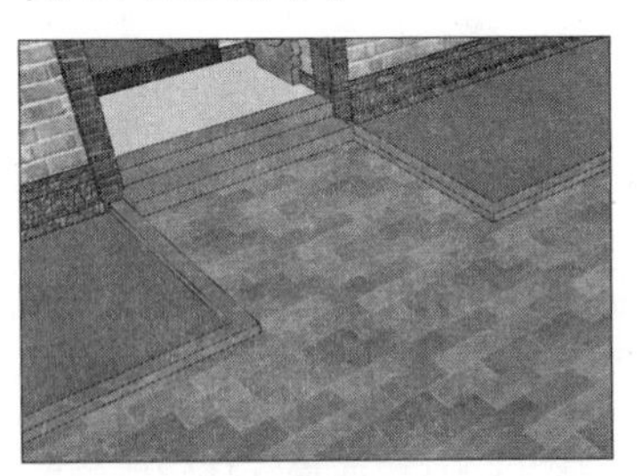

图 14-227 制作路沿与路面细节

图 14-228 路面完成效果

步骤 04 在保存的透视图中，合并树木与人物，完成最终效果如图 14-229 所示。

图 14-229 合并树木与人物

14.3　欧式别墅建模

欧式别墅通常具有精巧的立面设计，本例将讲解如何结合 AutoCAD 图纸，创建细节的欧式别墅外观的方法与技巧，其大致的制作过程如图 14-230 ~ 图 14-233 所示。

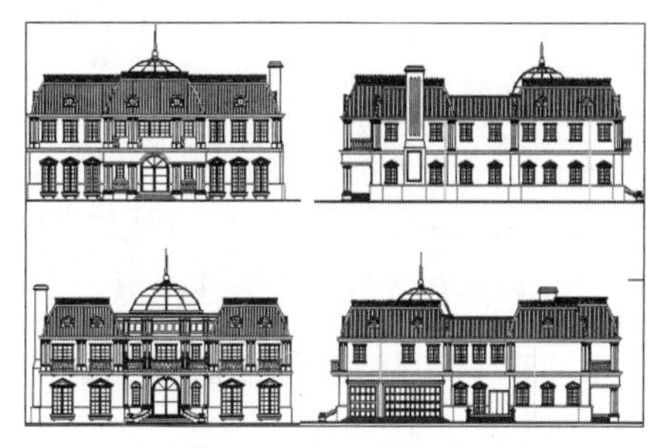

图 14-230　简化并分析图纸

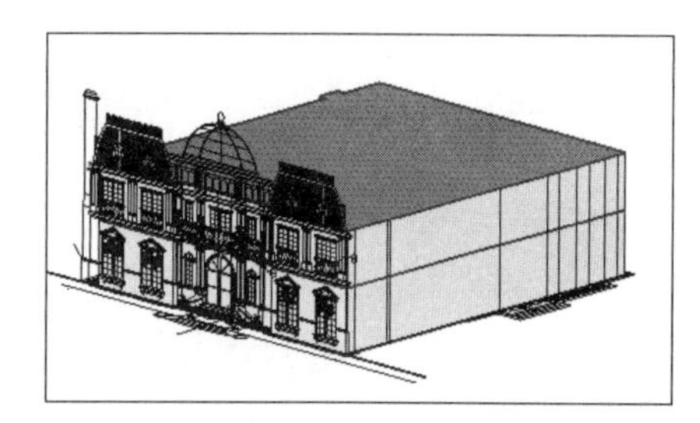

图 14-231　建立轮廓

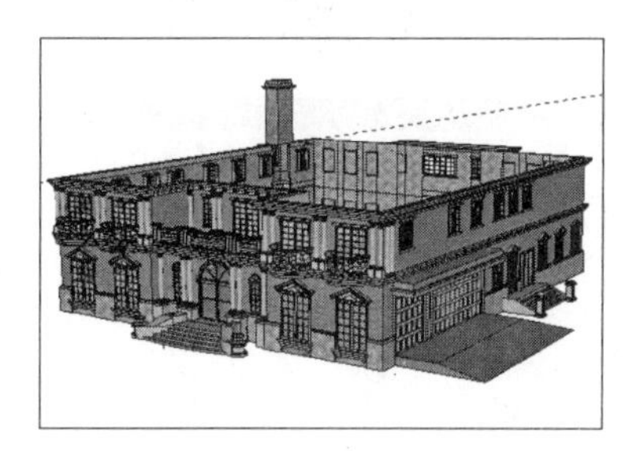

图 14-232　细化立面

图 14-233　完成效果

197　整理 CAD 图纸并分析建模思路

文件路径：配套资源 \ 第 14 章 \197	视频文件：视频 \ 第 14 章 \197.MP4

建筑施工图通常有繁杂的轴线、尺寸标注以及重复的图形等内容，在模型的建立过程中并不需要，因此在导入 SketchUp 前，应将图纸简化以减少文件量，同时有利于图纸的观察。

1. 整理图纸

启动 AutoCAD，打开配套资源“第 14 章 | 东西立面 .dwg”文件，如图 14-234 所示。选择多余的轴线，进入【图层管理器】，将轴线图层关闭，如图 14-235 所示。

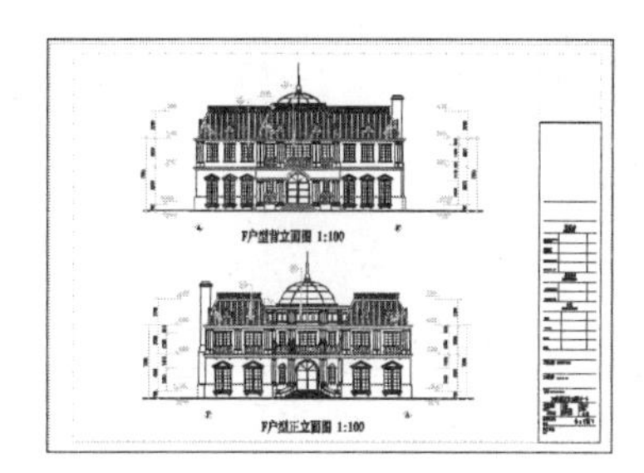

图 14-234　打开 CAD 图纸

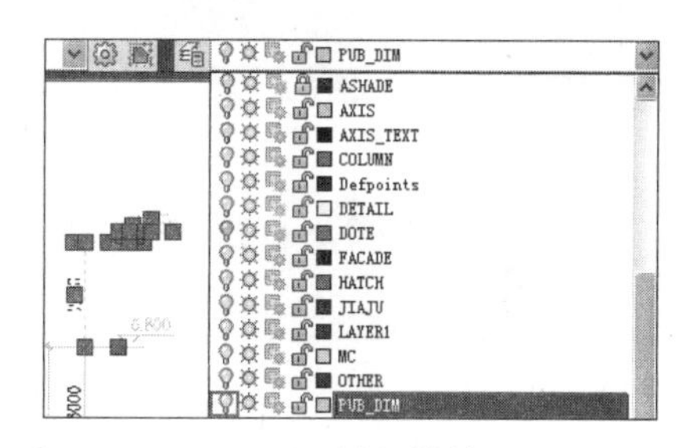

图 14-235　关闭轴线图层

通过同样方法隐藏其他多余图层，然后删除图纸中栏杆等重复元素，如图 14-236 所示。按 Ctrl+A 键全选所有图形，按下 Ctrl+C 快捷键进行复制，如图 14-237 所示。

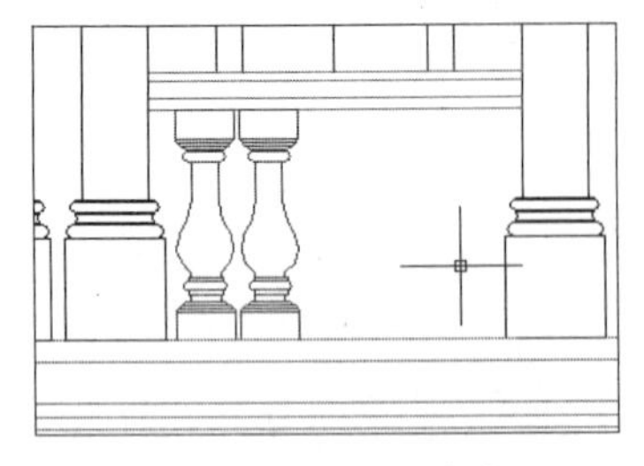

图 14-236　删除重复栏杆

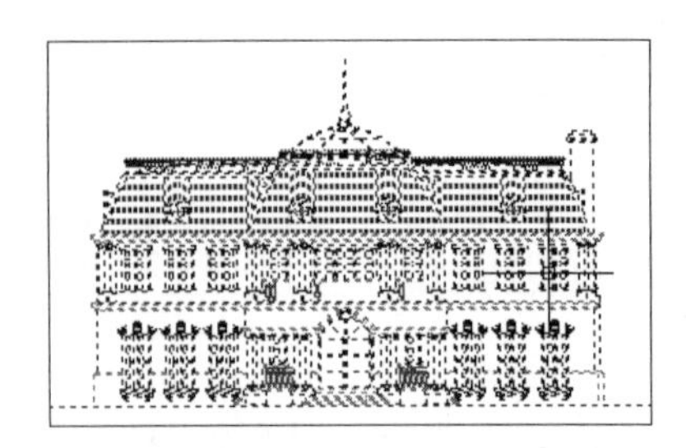

图 14-237　复制简化后的图纸

按下 Ctrl+N 键新建空白 DWG 文件，按 Ctrl+V 键粘贴图形，如图 14-238 所示，按下 Ctrl+S 键保存图形，如图 14-239 所示。通过以上方法，将其他图纸简化后单独保存。

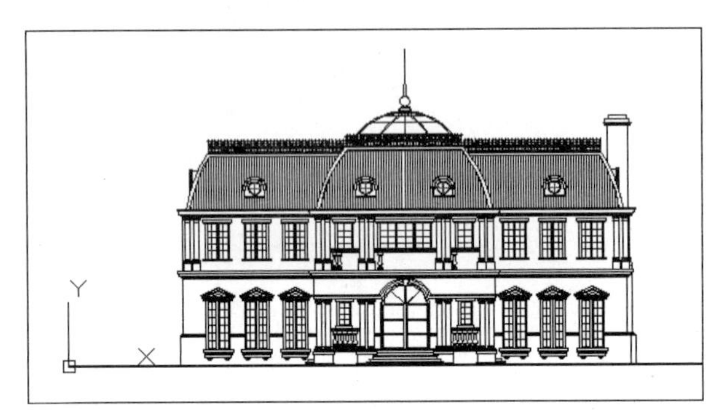

图 14-238　粘贴至新 DWG 文件

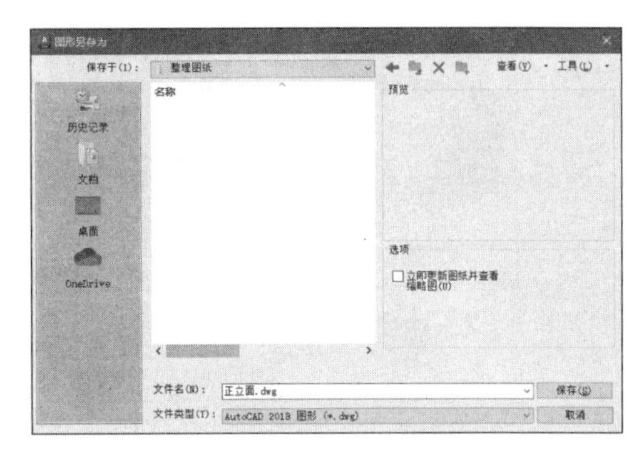

图 14-239　单独进行保存

2. 分析建模思路

图纸整理好后，综合观察各立面图可以发现，各个立面上存在类似的门、栏杆等建筑构件，如图 14-240 ~ 图 14-242 所示，通过这个特点确立本例模型的建立思路如下：

- 首先建立楼层主体轮廓，然后细化出正立面细节。
- 通过复制与调整正立面上建立的门窗、石柱等细节，快速制作好其他立面。
- 制作好屋顶并完成环境配套细节。

图 14-240　四个立面图纸对比

图 14-241　正立面门窗等细节

图 14-242　侧立面门窗等细节

198 导入 SketchUp 并建立基本轮廓

文件路径：无	视频文件：视频 \ 第 14 章 \198.MP4

在 AutoCAD 中简化图纸并分别保存为单独的文件后，接下来将图纸导入 SketchUp，并调整好位置与朝向，然后建立出楼层的主体轮廓。

1. 导入图纸

步骤 01 打开 SketchUp，设置模型单位为“毫米”，如图 14-243 所示。

步骤 02 执行【文件】/【导入】菜单命令，设置导入单位为“毫米”，导入整理好的首层平面图，如图 14-244 与图 14-245 所示。

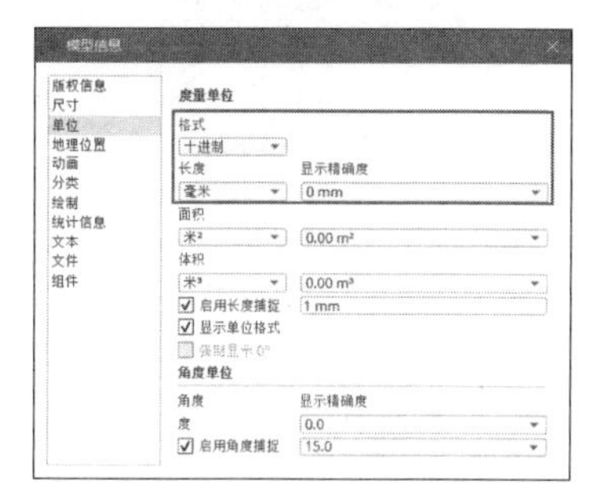

图 14-243　设置模型单位

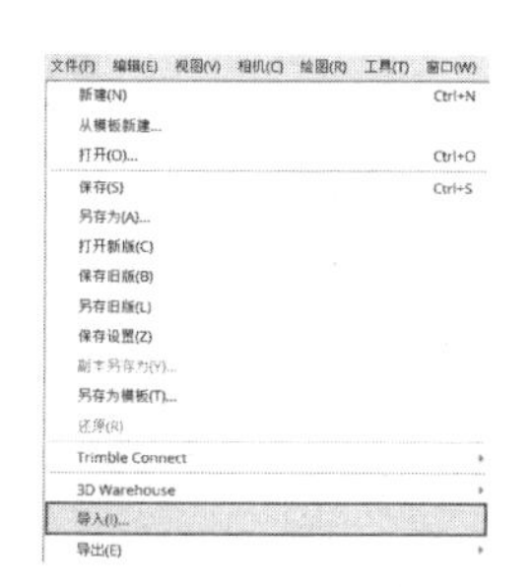

图 14-244　执行【导入】菜单命令

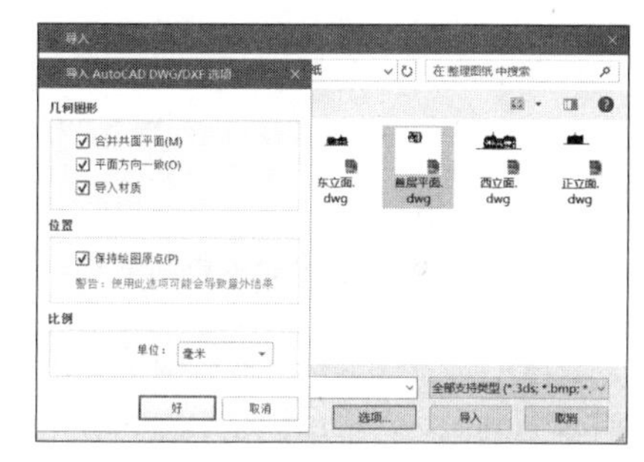

图 14-245　调整导入比例单位

步骤 03 首层平面图导入完成后，再导入立面图，使用【旋转】工具将其直立放置，并调整好朝向，如图 14-246 ~ 图 14-248 所示。

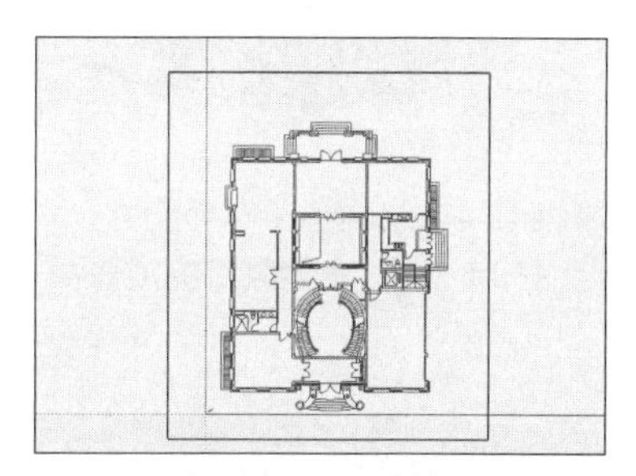

图 14-246　导入图纸底层平面

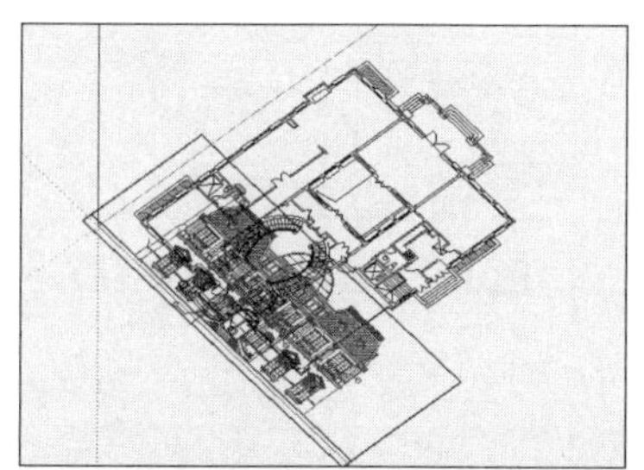

图 14-247　导入正立面

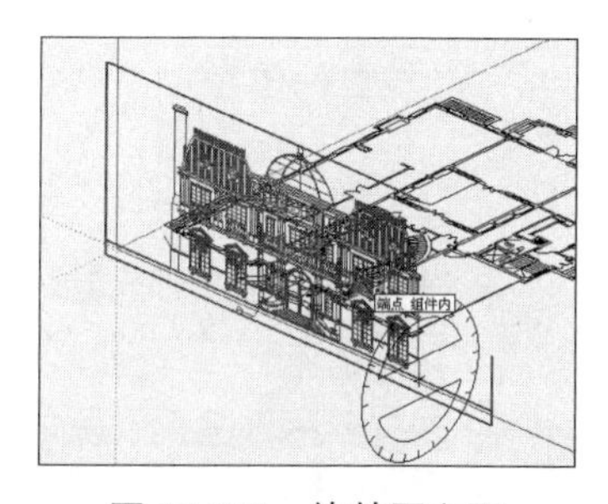

图 14-248　旋转正立面

步骤 04 启用【直线】工具，在首层平面图纸上创建一条对齐辅助线，然后对齐立面与平面图纸，如图 14-249 与图 14-250 所示。

步骤 05 通过类似方法导入其他图纸，并进行对位，完成效果如图 14-251 所示。

2. 建立主体轮廓

步骤 01 启用【直线】工具，捕捉首层平面内侧墙线，绘制出封闭平面，如图 14-252 与图 14-253 所示。

步骤 02 启用【推 / 拉】工具，按下 Ctrl 键制作出一、二层主体轮廓，如图 14-254 所示。

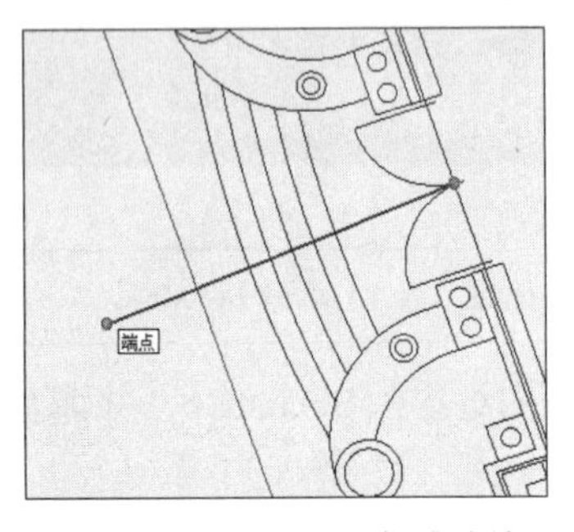

图 14-249　绘制对齐辅助线

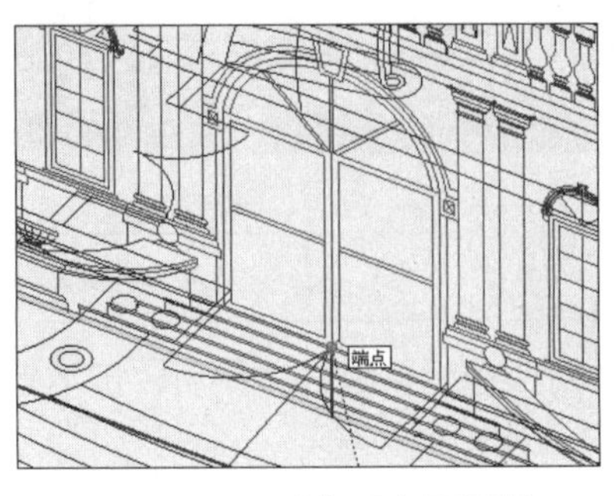

图 14-250　对齐正立面图纸

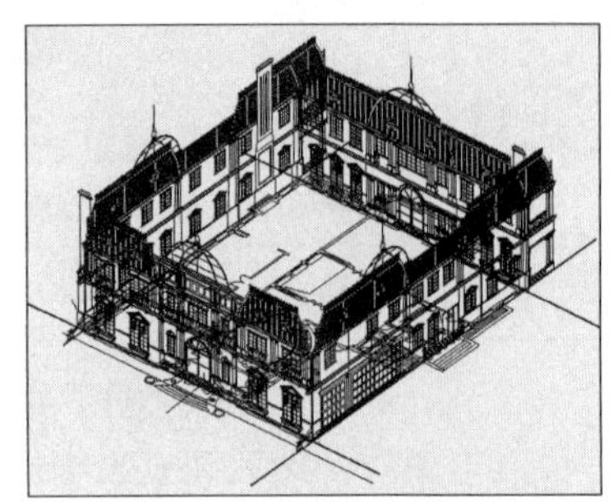

图 14-251　图纸导入并对齐效果

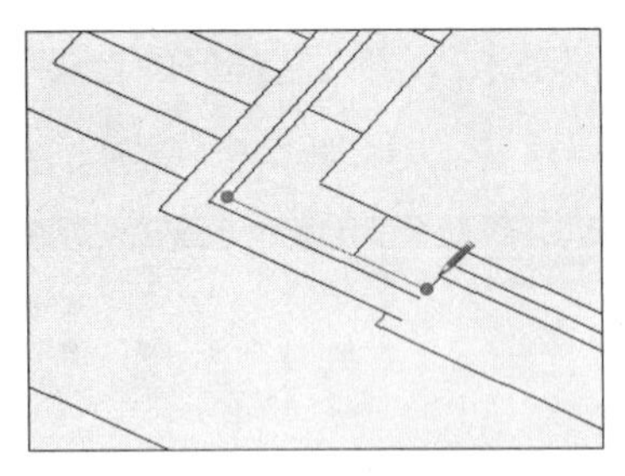

图 14-252　捕捉内侧墙线

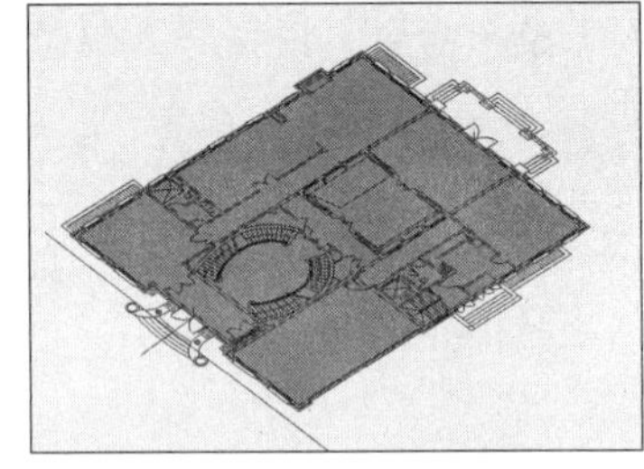

图 14-253　绘制封闭平面

图 14-254　推拉建筑轮廓

步骤 03 切换至【前视图】，逐步选择中部与顶部线段，参考图纸调整好位置，完成主体轮廓模型的制作，如图 14-255 ~ 图 14-257 所示。

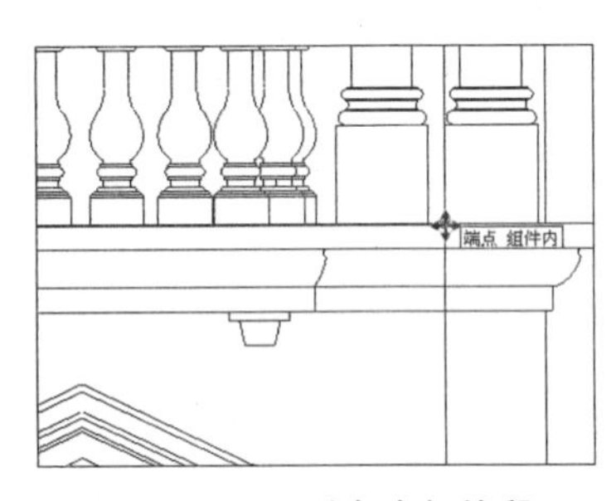

图 14-255　对齐中部线段

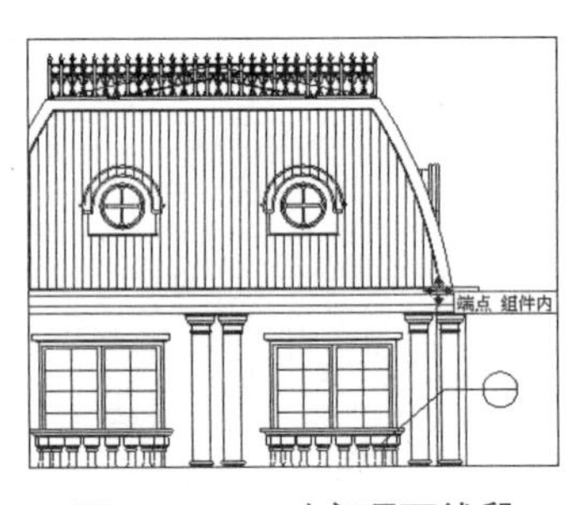

图 14-256　对齐顶面线段

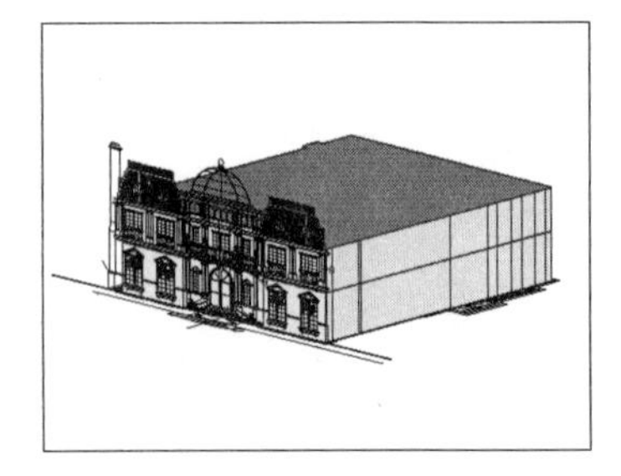

图 14-257　主体轮廓完成效果

199 细化正立面

文件路径：无	视频文件：视频 \ 第 14 章 \199.MP4

建筑主体轮廓创建完成后，接下来首先对正立面进行细化，制作出门窗等高细节的建筑构件。

1. 细化主入口

步骤 01 切换视图至正立面图位置，利用已有线形创建入口处圆柱截面，如图 14-258 与图 14-259 所示。

步骤 02 使用【路径跟随】工具制作三维模型与顶部细节，然后参考图纸调整大小，如图 14-260～图 14-262 所示。

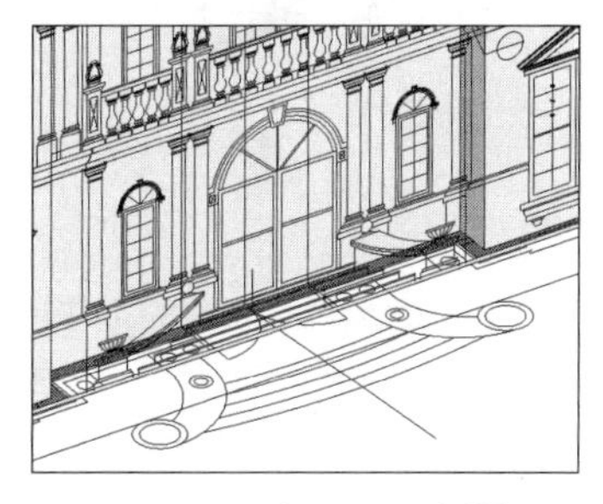

图 14-258　主入口图纸效果

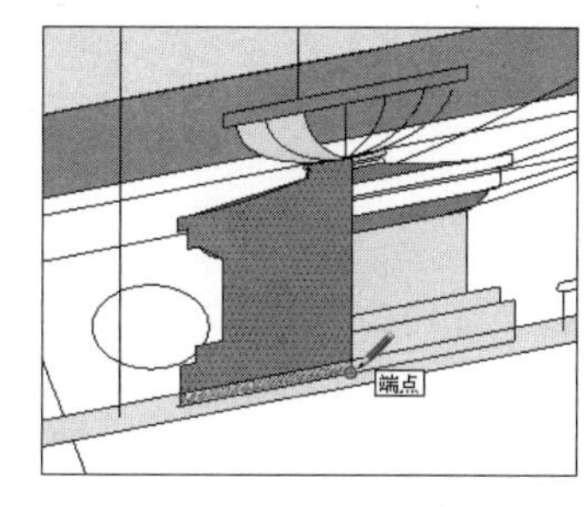

图 14-259　绘制截面

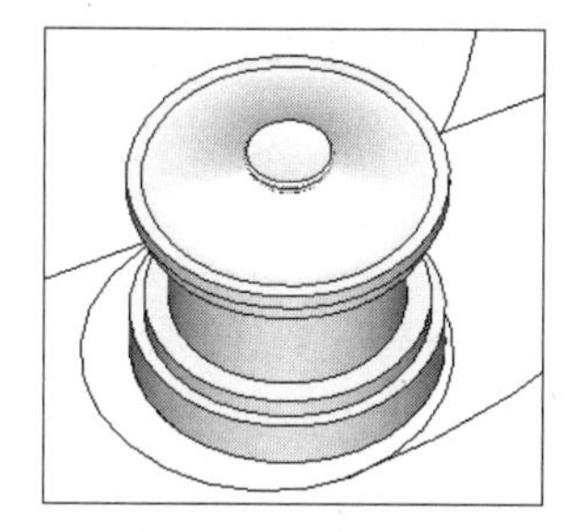

图 14-260　制作三维模型

步骤 03 参考图纸结合，使用【圆弧】与【推 / 拉】等工具，制作台阶护栏，如图 14-263 所示。

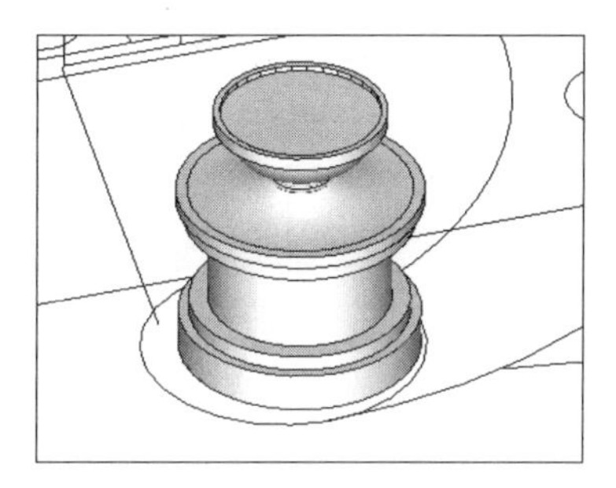

图 14-261　制作顶部细节

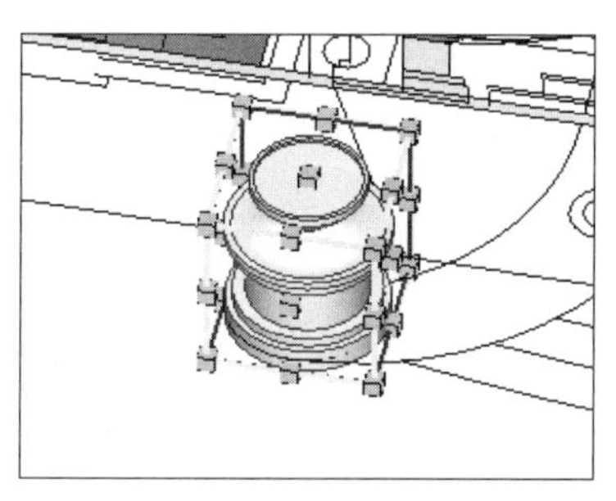

图 14-262　整体调整大小

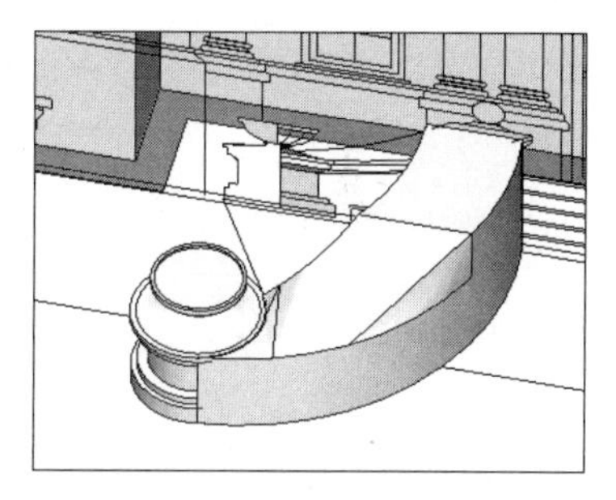

图 14-263　制作台阶护栏

步骤 04 选择复制制作好的石柱中部细节，粘贴至护栏内侧位置，如图 14-264 与图 14-265 所示。

步骤 05 整体复制制作好的护栏，通过 Suapp【镜像物体】插件工具调整朝向，如图 14-266 所示。接下来制作入口台阶。

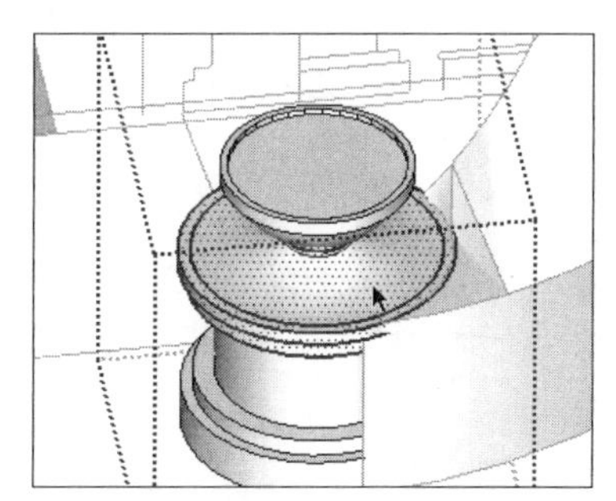

图 14-264　复制中部结构

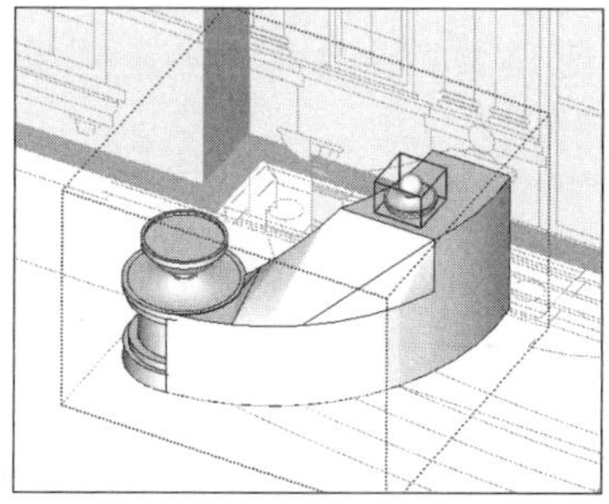

图 14-265　粘贴中部结构

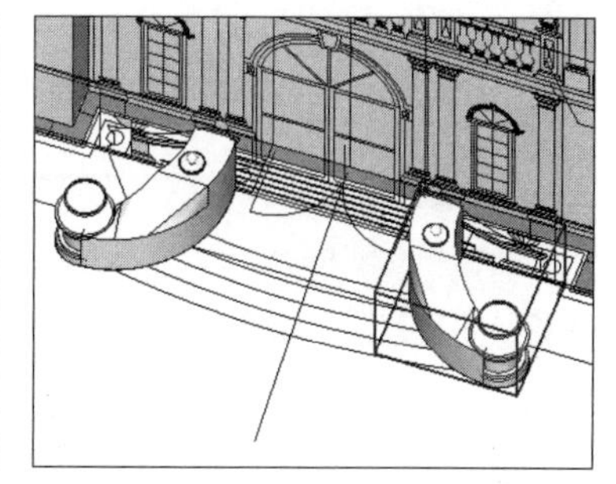

图 14-266　整体复制并镜像

步骤 06 参考图纸，使用【圆弧】与【直线】工具创建台阶封闭平面，如图 14-267 所示。

步骤 07 结合使用【直线】与【推 / 拉】工具，制作踏步与台阶细节，如图 14-268～图 14-270 所示。

步骤 08 打开【材料】面板，分别赋予模型黄色与黑色石材，如图 14-271 所示。

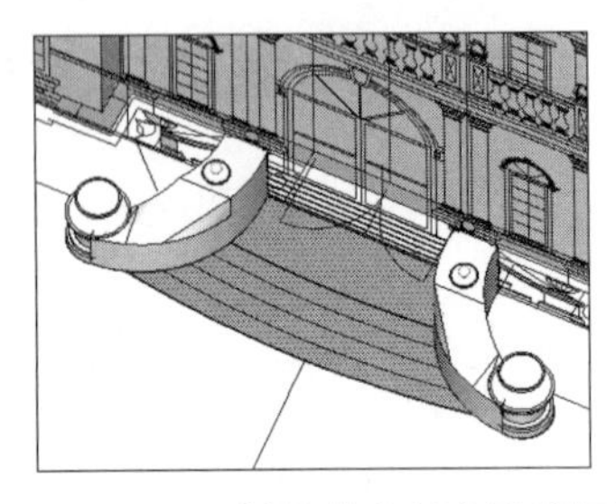
图 14-267　制作并分割台阶平面

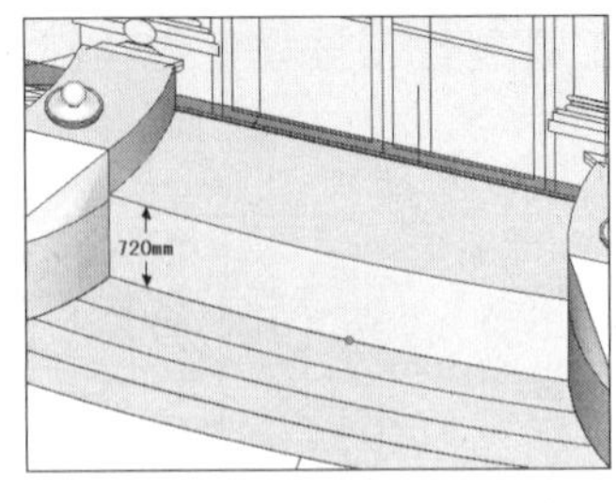

图 14-268　缩放台阶高度

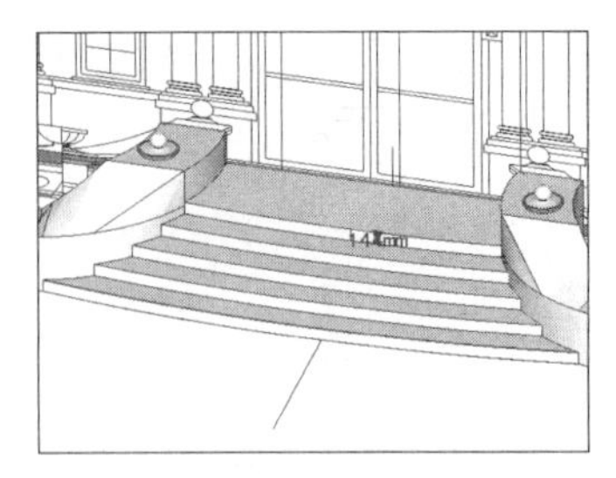
图 14-269　台阶初步完成效果

步骤 09 继续参考图纸，结合使用【推 / 拉】以及【路径跟随】工具制作石墩与石柱，通过复制与镜像后，完成主入口模型的制作，如图 14-272 ~ 图 14-275 所示。

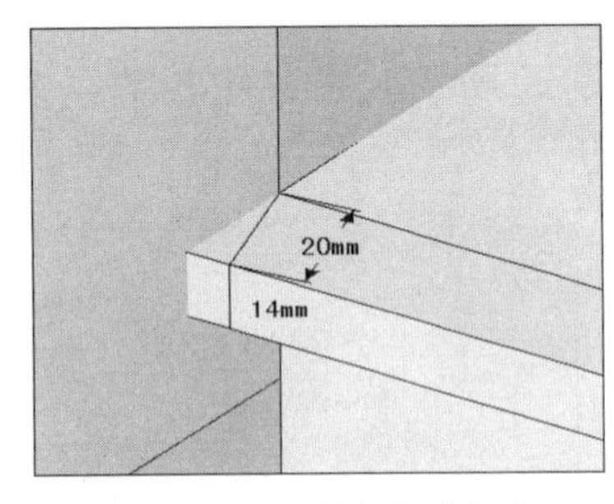

图 14-270　制作台阶细节

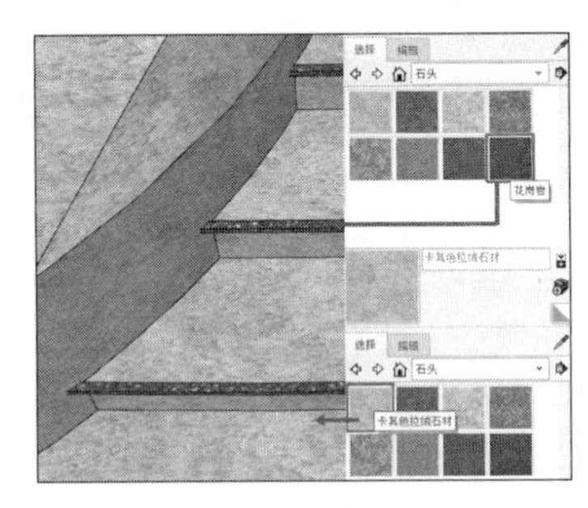
图 14-271　赋予台阶材质

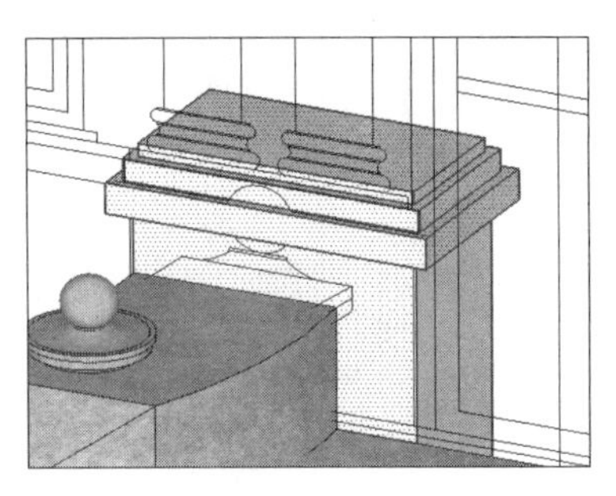
图 14-272　制作底部石墩

图 14-273　直接创建石柱截面

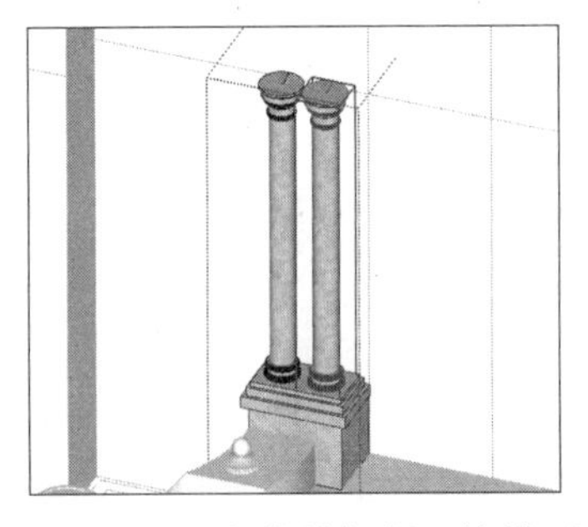
图 14-274　制作并复制石柱模型

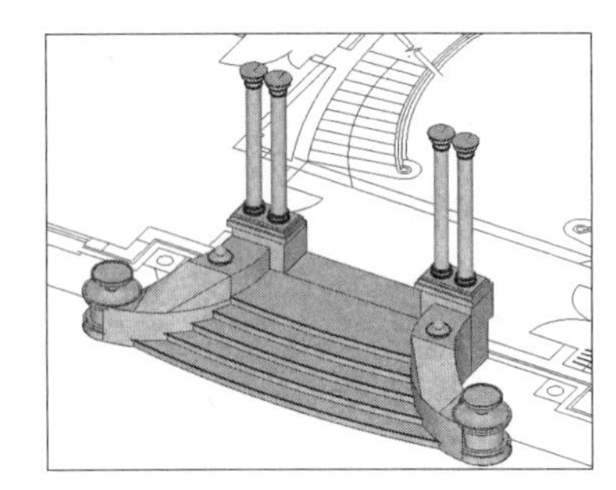
图 14-275　主入口完成效果

2. 细化正立面

步骤 01 选择正立面图纸对齐至墙面，结合使用【直线】、【圆弧】以及用【推 / 拉】工具制作好大门模型，如图 14-276 ~ 图 14-278 所示。

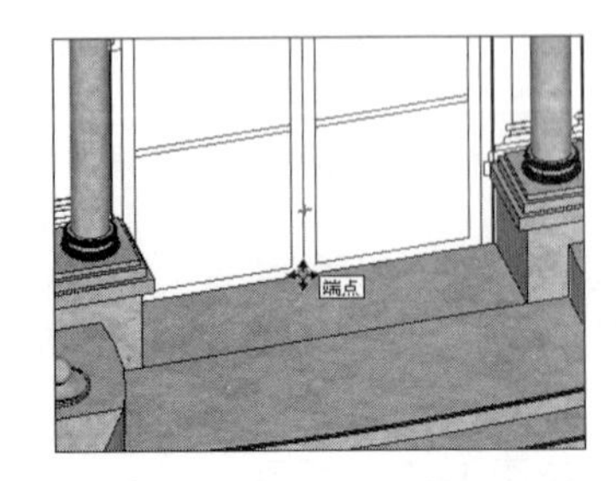

图 14-276　调整正立面图绘至墙面

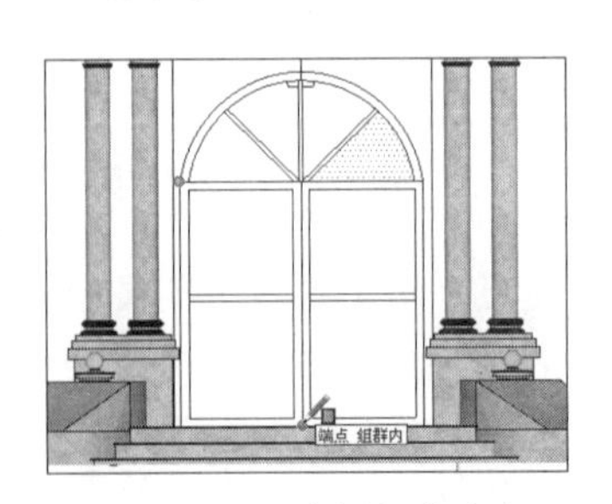

图 14-277　分割细化大门

图 14-278　赋予大门材质

步骤 02 结合使用【圆弧】及【推 / 拉】工具，参考图纸制作门头装饰，如图 14-279 与图 14-280 所示。

步骤 03 通过类似方法制作好左侧窗户模型，然后将其创建为组并复制至右侧，如图 14-281 ~ 图 14-284 所示。

图 14-279　分割门头装饰细节

图 14-280　门头装饰细节完成效果

图 14-281　分割左侧窗洞

图 14-282　制作窗户主体

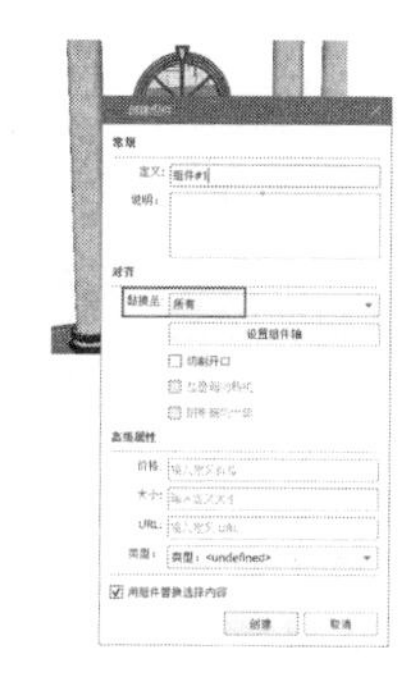

图 14-283　制作窗头并创建为组件

图 14-284　整体复制窗户模型

步骤 04 参考图纸复制并调整石柱至墙面，完成正立面底层中部的效果，如图 14-285 所示。

步骤 05 参考图纸，通过类似的方法制作底层左侧的窗户模型，然后将其复制至右侧对应位置，如图 14-286 与图 14-287 所示。

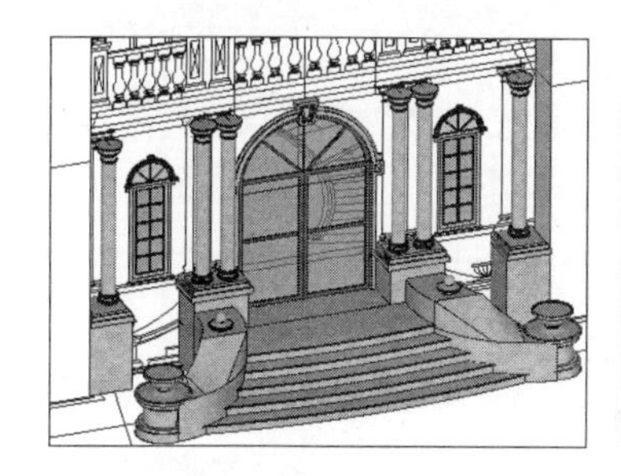

图 14-285　中部模型完成效果

图 14-286　制作两侧窗户模型

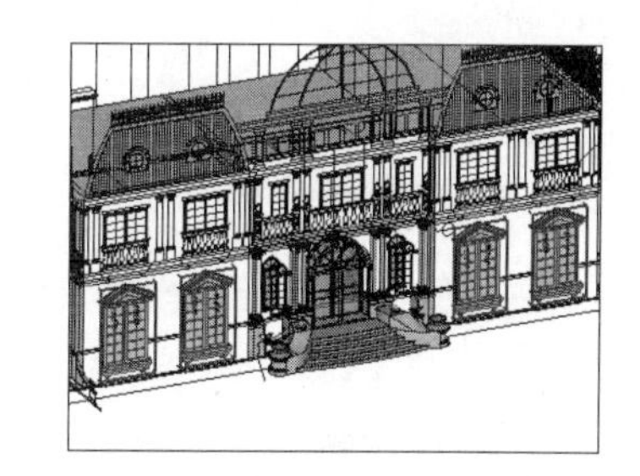

图 14-287　向右整体复制窗户模型

步骤 06 参考图纸，绘制中部左侧的角线截面与路径，然后通过【路径跟随】工具制作出三维模型，如图 14-288 与图 14-289 所示。

步骤 07 通过类似的方法，制作出瓶形栏杆与上部扶手，制作好弧形阳台如图 14-290 所示，复制制作好的弧形阳台模型至右侧，如图 14-291 所示。

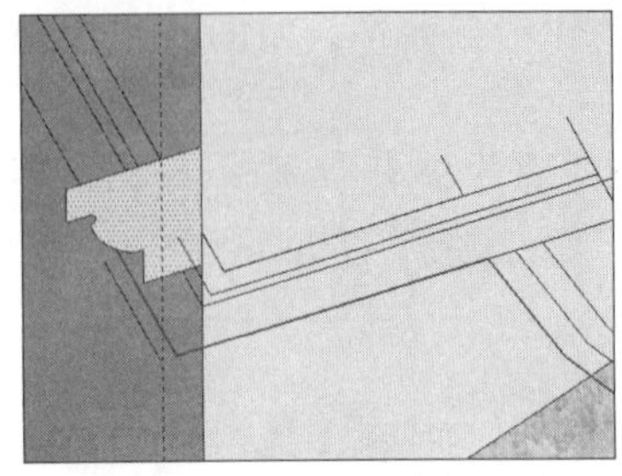
图 14-288　创建角线截面与路径

图 14-289　通过【路径跟随】制作角线

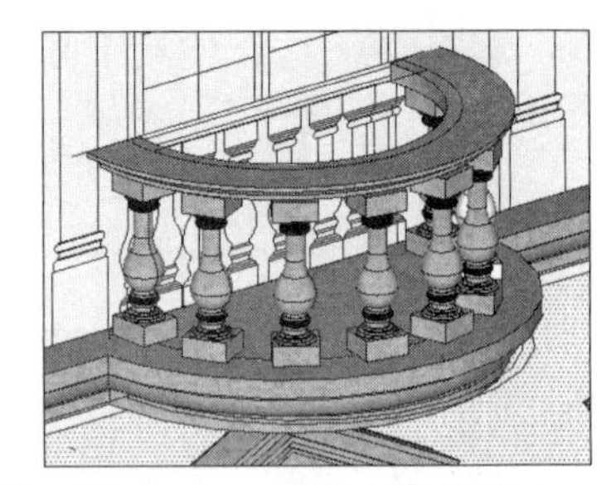
图 14-290　制作好弧形阳台

步骤 08 结合【矩形】与【推 / 拉】工具，制作好中部阳台的石柱，然后参考图纸复制瓶形栏杆并对位，如图 14-292 所示。

步骤 09 选择左侧整体制作好的阳台与角线模型，通过复制与镜像，得到右侧对应模型，如图 14-293 所示。

图 14-291　复制弧形阳台至右侧

图 14-292　制作中部阳台的石柱与栏杆

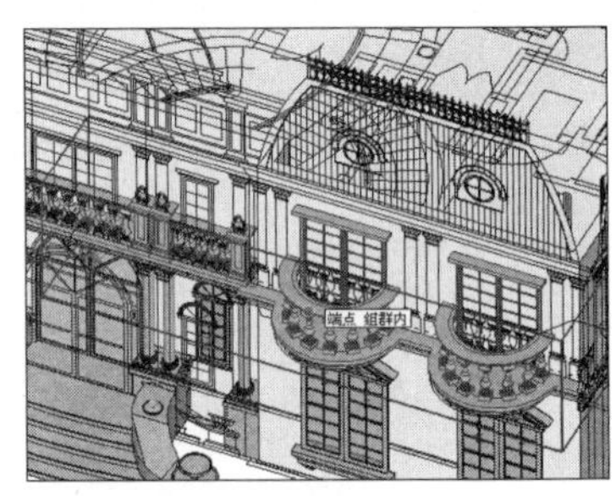
图 14-293　整体复制并镜像

步骤 10 导入二层平面图纸，使用【推 / 拉】工具制作出中部阳台空间，如图 14-294 所示。

步骤 11 参考图纸，复制阳台门窗与石柱，如图 14-295 与图 14-296 所示。

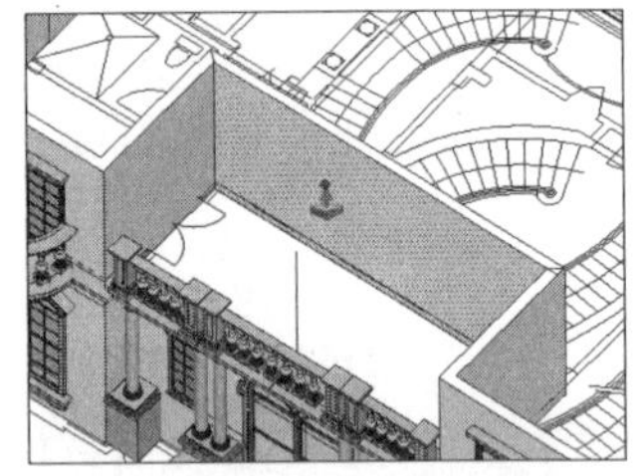
图 14-294　推拉出中部阳台空间

图 14-295　复制阳台门窗

图 14-296　复制石柱至阳台

步骤 12 参考图纸绘制截面，使用【路径跟随】工具制作好顶部角线与底部护墙，完成别墅正立面的制作，如图 14-297 ~ 图 14-299 所示。

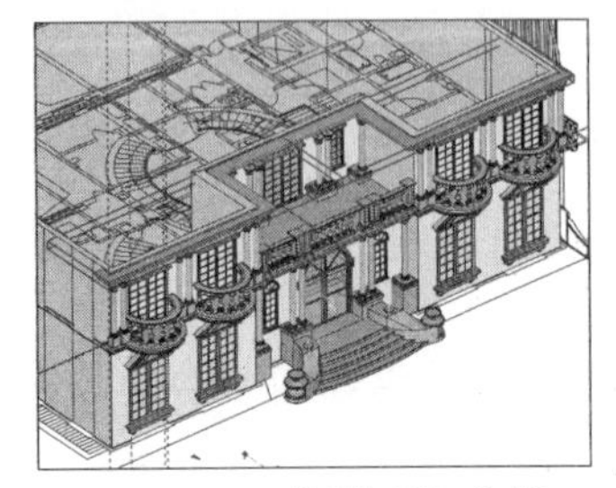
图 14-297　制作顶部角线

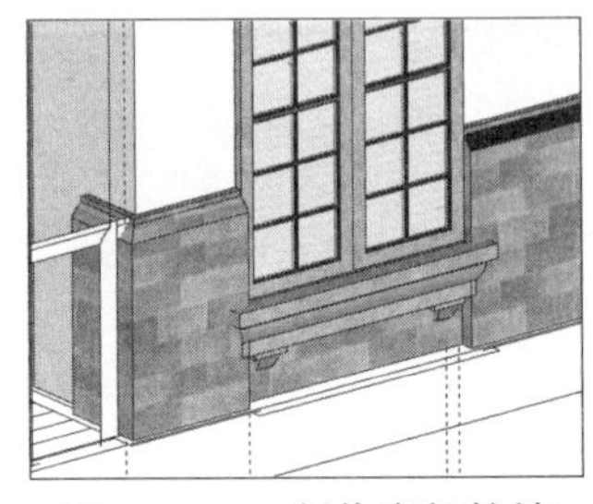
图 14-298　制作底部护墙

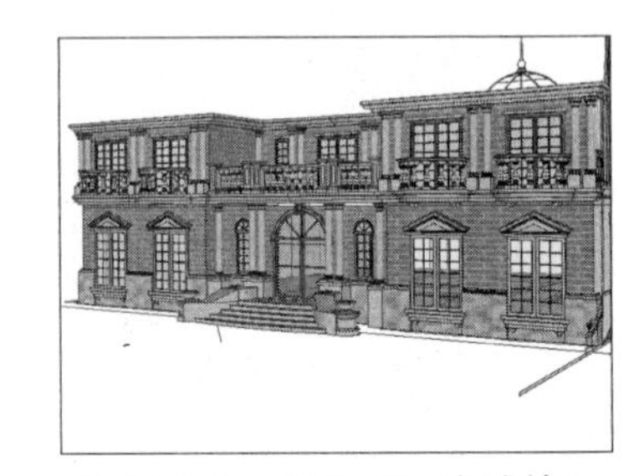
图 14-299　别墅正面完成效果

200 细化其他立面

文件路径：无	视频文件：视频 \ 第 14 章 \200.MP4

完成正立面的细化后，细化其他立面时，则只需创建少许不同的建筑构件，然后复制调整已经创建好的模型即可。

1. 细化左侧立面

步骤 01 参考左侧立面图纸，绘制底部护墙路径，使用【路径跟随】制作左侧护墙，如图 14-300 所示。

步骤 02 通过类似的方法，制作中部与顶部角线，如图 14-301 所示。

步骤 03 复制正立面中创建好的单个门窗，参考图纸对位后整体进行复制，如图 14-302 ~ 图 14-304 所示。

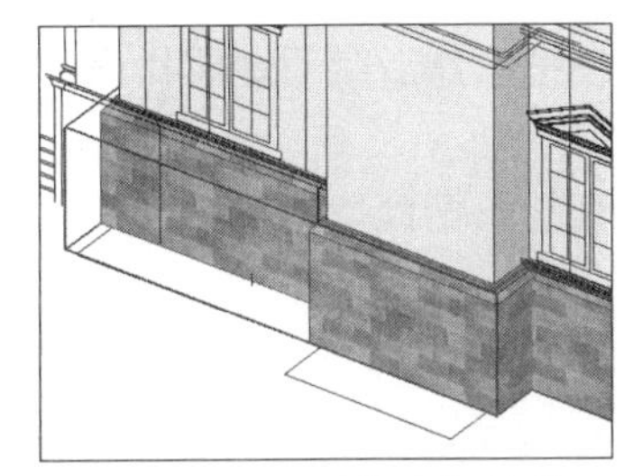
图 14-300　制作底部护墙

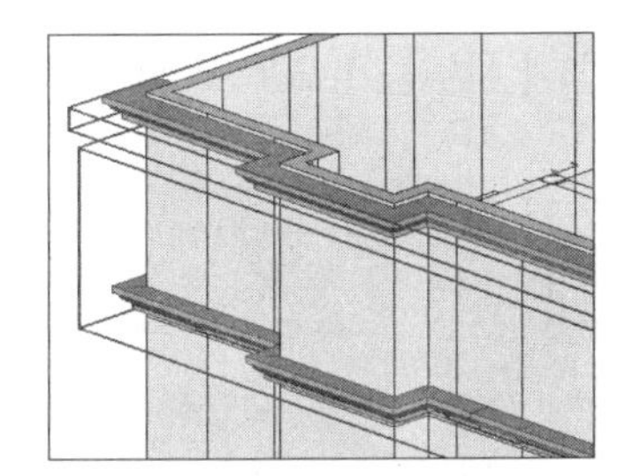
图 14-301　制作角线

图 14-302　底部窗户

步骤 04 参考图纸，复制墙体转角处的石柱模型，如图 14-305 所示。接下来制作烟囱模型。

图 14-303　复制二层窗户

图 14-304　整体复制窗户模型

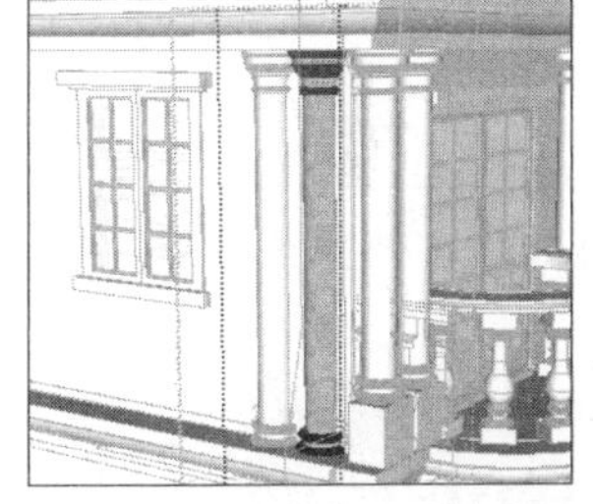
图 14-305　复制石柱模型

步骤 05 选择左侧立面图纸，将其对齐至烟囱处，推拉出整体轮廓后，逐步细化出整体造型并赋予石头材质，如图 14-306 ~ 图 14-308 所示。

图 14-306　对齐图纸至烟囱表面

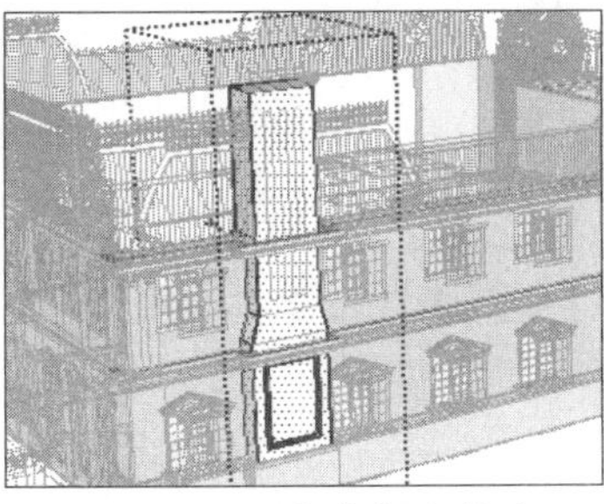
图 14-307　制作烟囱轮廓

图 14-308　制作烟囱细节并赋予材质

步骤 06 为墙面赋予石材，完成左侧立面效果如图 14-309 所示。接下来细化右侧立面。

2. 细化右侧立面

步骤 01 右侧立面主要有车库和次入口，首先启用【矩形】工具分割出车库平面，如图 14-310 与图 14-311 所示。

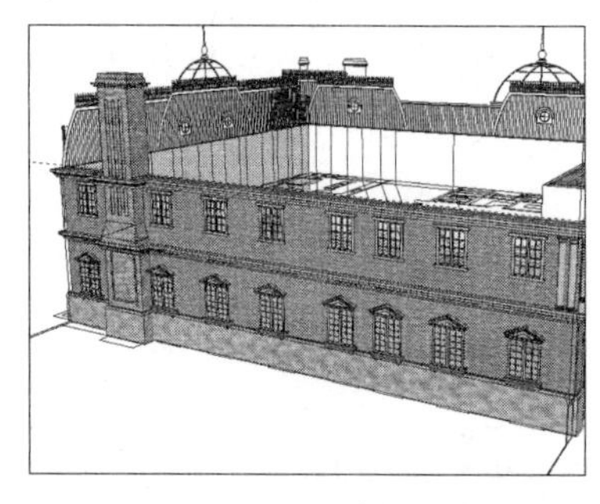

图 14-309　左侧墙面效果

图 14-310　右侧墙面图纸

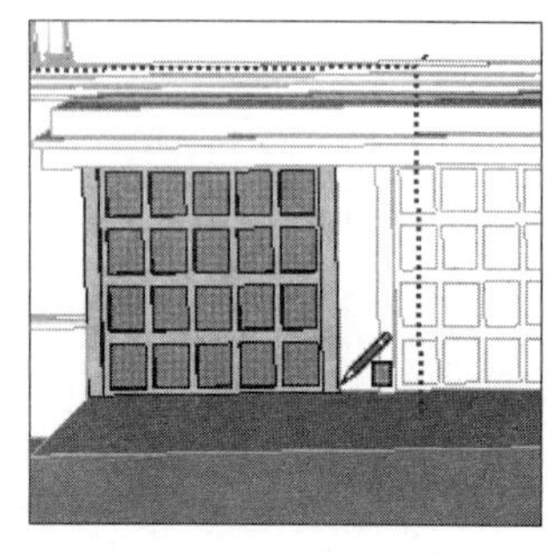

图 14-311　分割车库门平面

步骤 02 结合使用【矩形】与【推 / 拉】工具，制作出车库门模型，然后赋予金属材质，如图 14-312 与图 14-313 所示。

步骤 03 结合使用【矩形】与【推 / 拉】工具，制作出车库配套的雨棚模型与斜坡模型，然后赋予混凝土材质，如图 14-314 ~ 图 14-317 所示。

图 14-312　细化出车库门模型

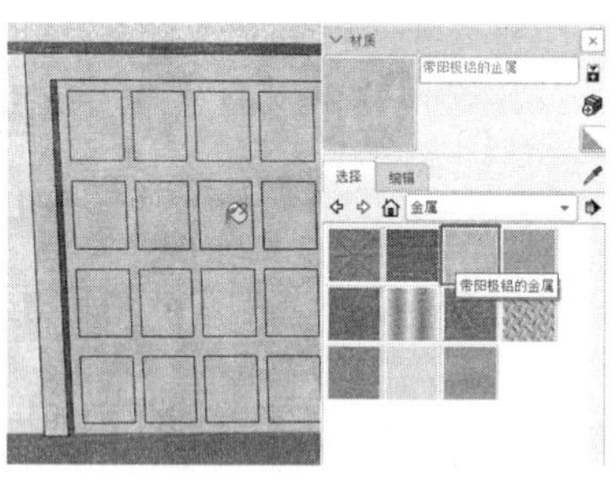

图 14-313　赋予金属材质

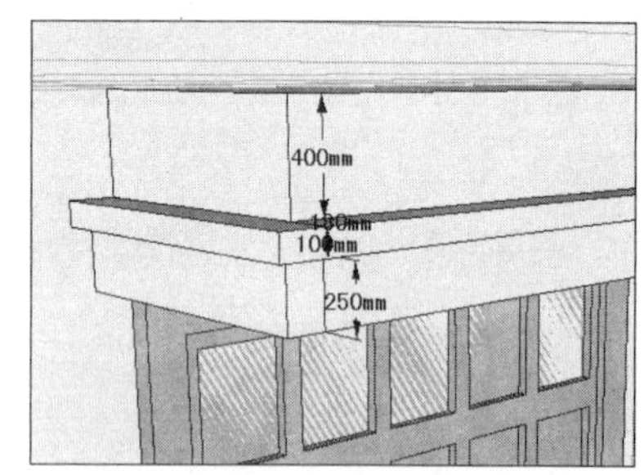

图 14-314　制作车库雨棚

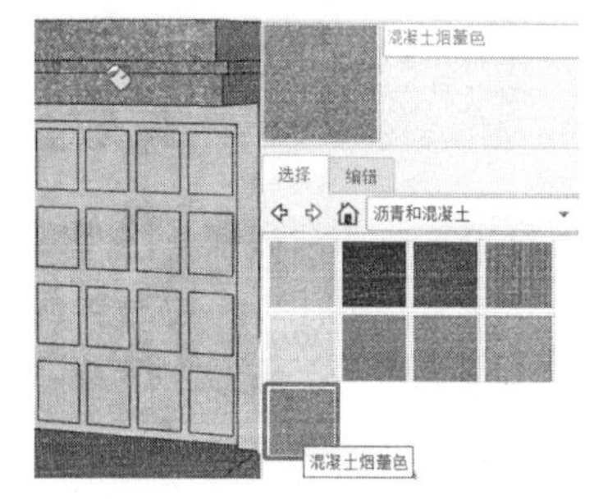

图 14-315　赋予混凝土材质

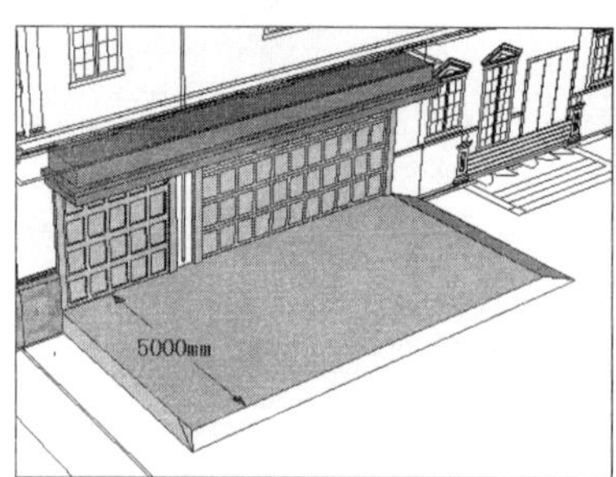

图 14-316　制作车库坡道

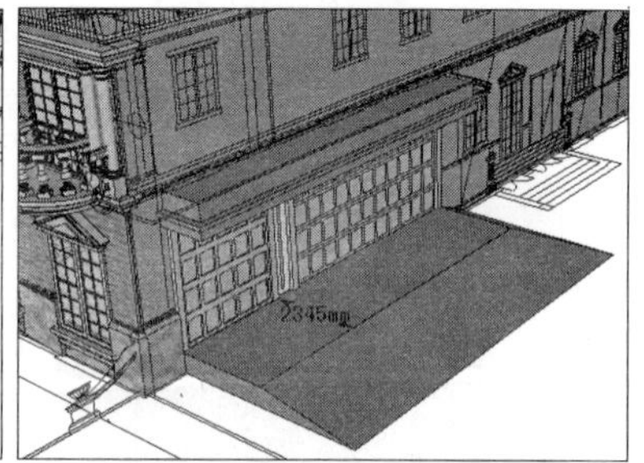

图 14-317　推拉出斜坡

步骤 04 参考图纸，结合使用【矩形】以及【推 / 拉】工具制作出次入口台阶与推拉门，如图 14-318 ~ 图 14-320 所示。

步骤 05 台阶与推拉门制作完成后，复制各处的窗户模型，然后处理好护墙、角线以及石柱细节，如图 14-321 ~ 图 14-323 所示。

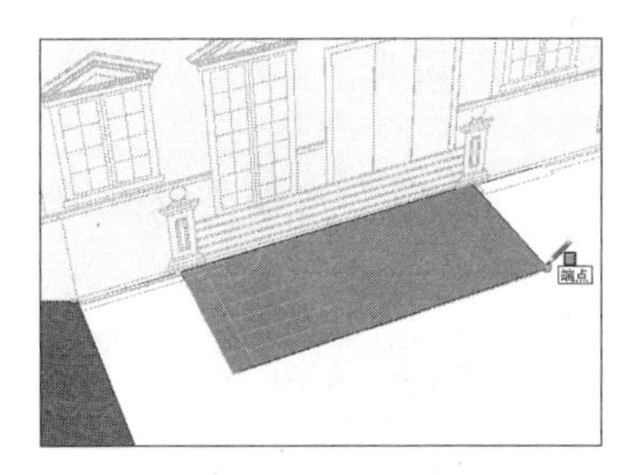

图 14-318　创建台阶平面

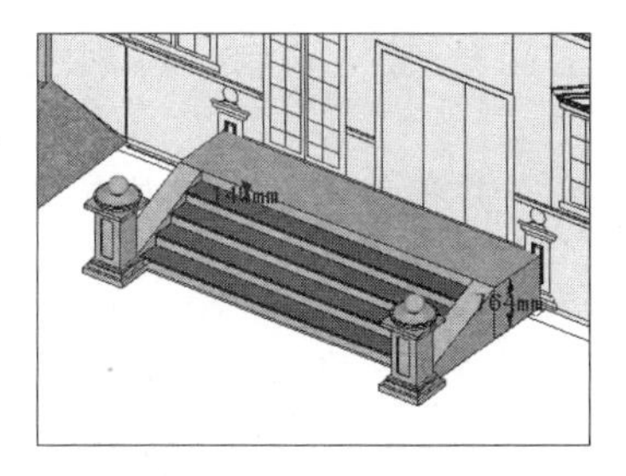

图 14-319　细化台阶效果

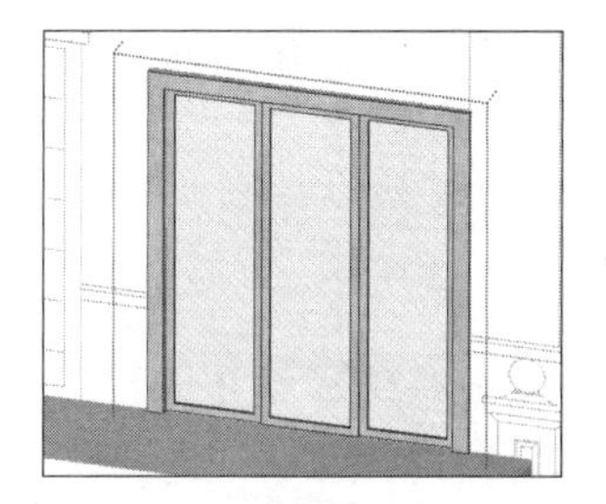

图 14-320　制作推拉门模型

图 14-321　复制门窗

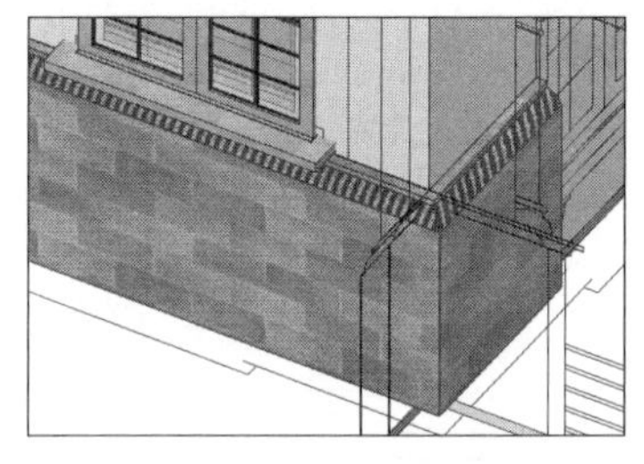

图 14-322　延长护墙

图 14-323　延长角线复制石柱

步骤 06 制作完成的右侧立面效果如图 14-324 所示。接下来细化背立面模型。

3. 细化背立面

步骤 01 参考图纸，结合使用【直线】以及【推 / 拉】工具制作好台阶模型，如图 14-325 ~ 图 14-327 所示。

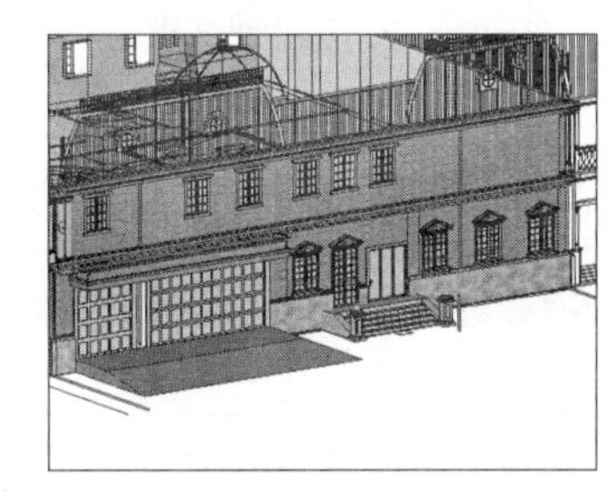

图 14-324　右侧立面完成效果

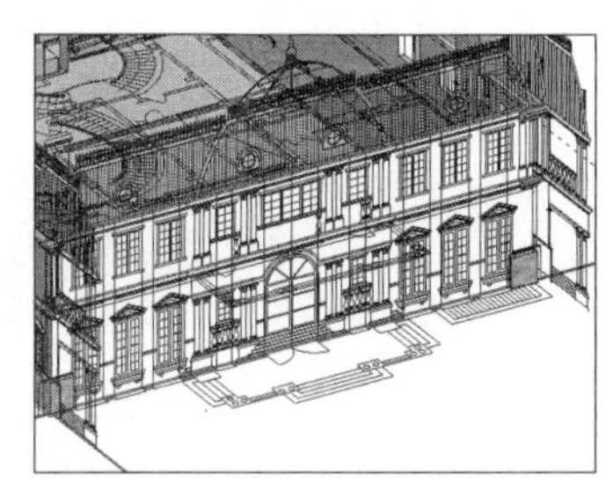

图 14-325　背立面图纸效果

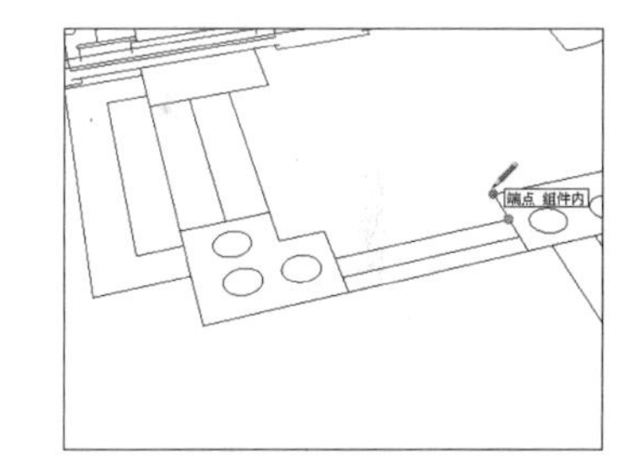

图 14-326　创建台阶平面

步骤 02 复制石柱与栏杆模型，参考图纸对齐位置并调整造型，如图 14-328 与图 14-329 所示。

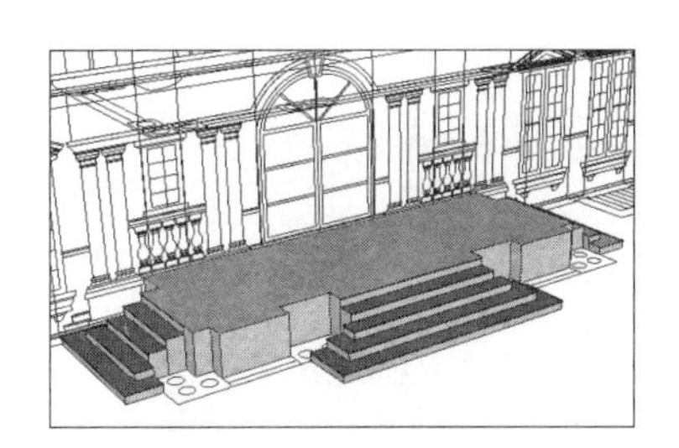

图 14-327　推拉出台阶细节

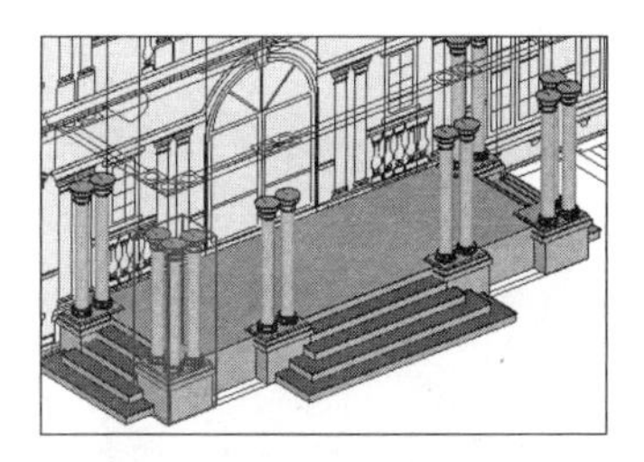

图 14-328　复制并调整石柱模型

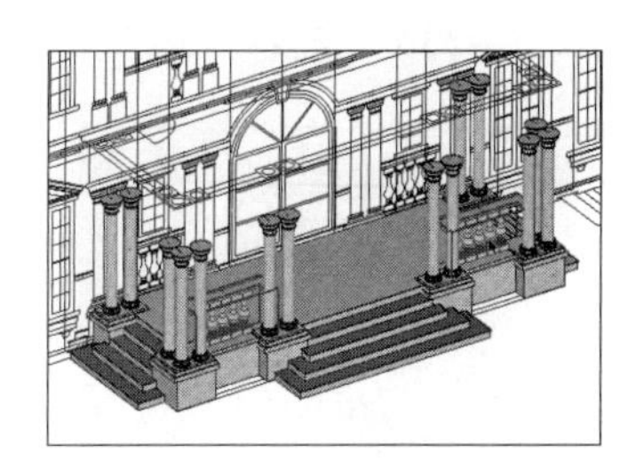

图 14-329　复制栏杆模型

步骤 03 参考图纸制作好左侧角线与阳台，然后整体复制并镜像，如图 14-330 与图 14-331 所示。

步骤 04 复制石柱模型至阳台，并参考图纸调整好位置与造型，完成阳台模型效果至如图 14-332 所示。

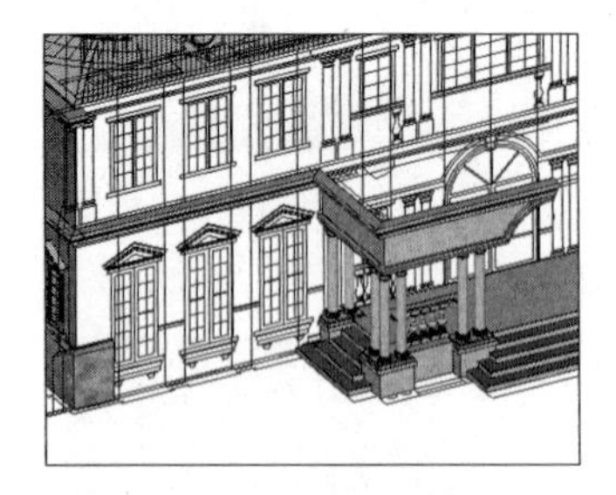
图 14-330　延长角线制作阳台

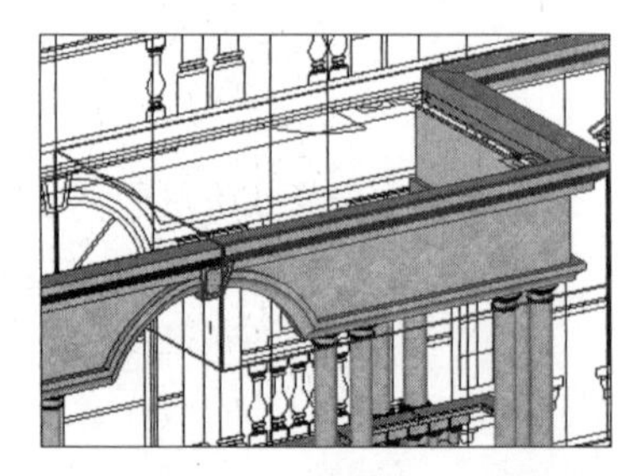
图 14-331　复制并镜像构件

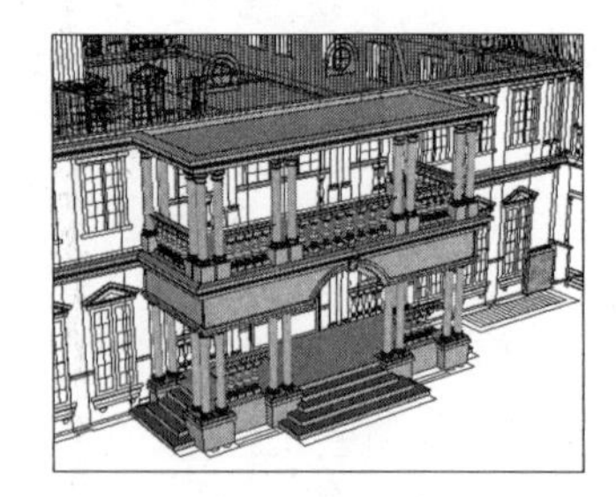
图 14-332　背立面阳台模型完成效果

步骤 05 参考图纸，复制窗户以及大门模型至背立面对应位置，完成整体效果，如图 14-333～图 14-335 所示。

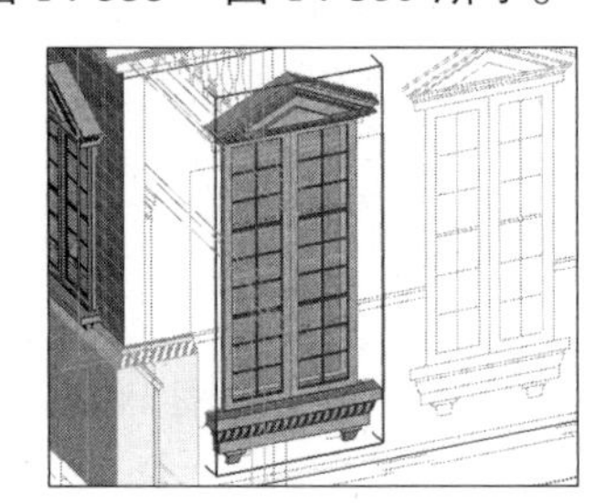
图 14-333　复制窗户

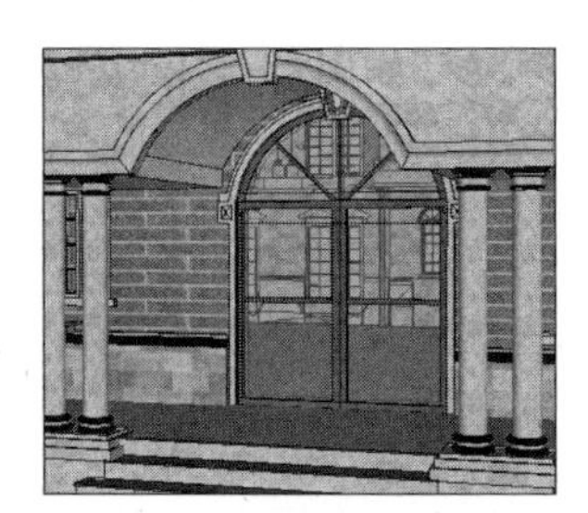
图 14-334　复制入口大门

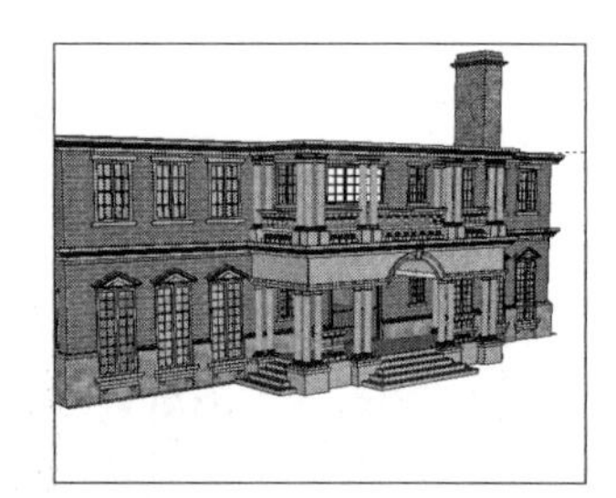
图 14-335　背立面完成效果

201 细化屋顶

文件路径：无	视频文件：视频 \ 第 14 章 \201.MP4

完成建筑各个立面的细化后，接下来制作屋顶造型，在制作的过程中注意【路径跟随】工具的灵活使用。

步骤 01 参考图纸，绘制好屋顶截面与路径，使用【路径跟随】工具制作出单个屋顶轮廓，如图 14-336～图 14-338 所示。

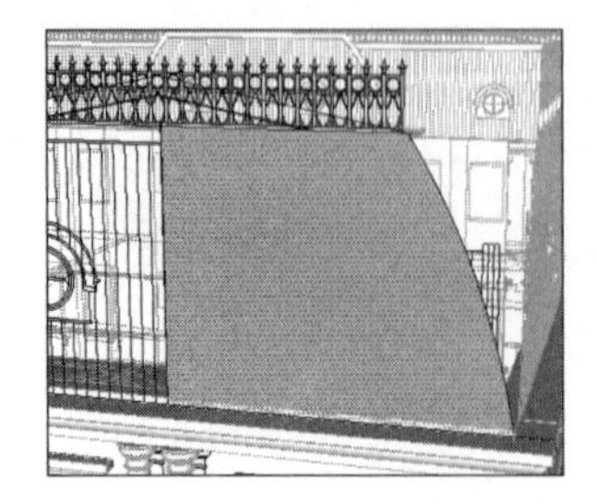
图 14-336　绘制屋顶截面

图 14-337　绘制屋顶路径

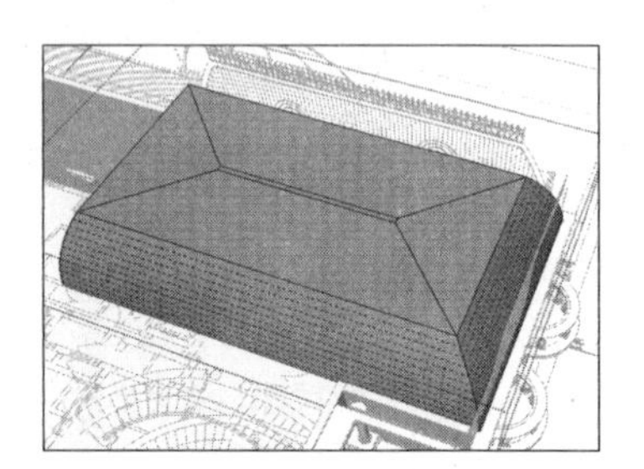
图 14-338　完成屋顶轮廓

步骤 02 结合使用【曲面分割】与【超级推拉】工具，制作出屋顶细节，然后赋予对应材质，如图 14-339 ~ 图 14-341 所示。

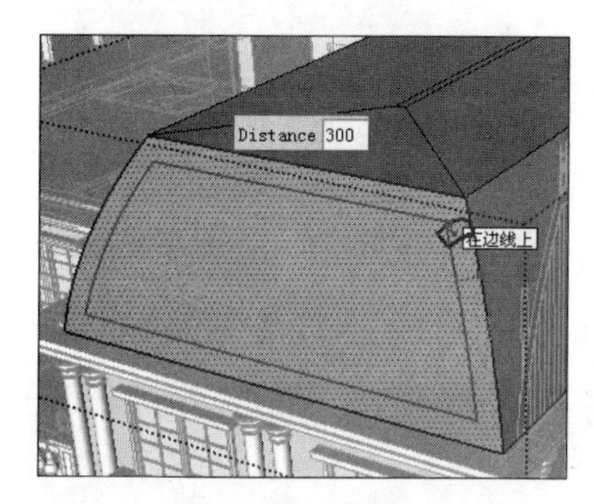

图 14-339　曲面分割制作细节

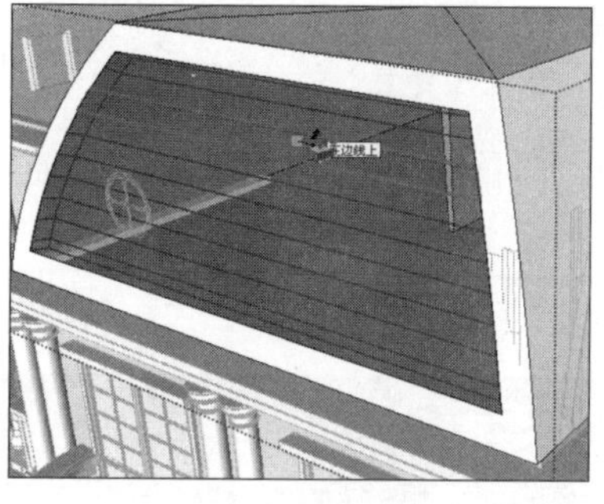
图 14-340　通过【超级推拉】制作细节

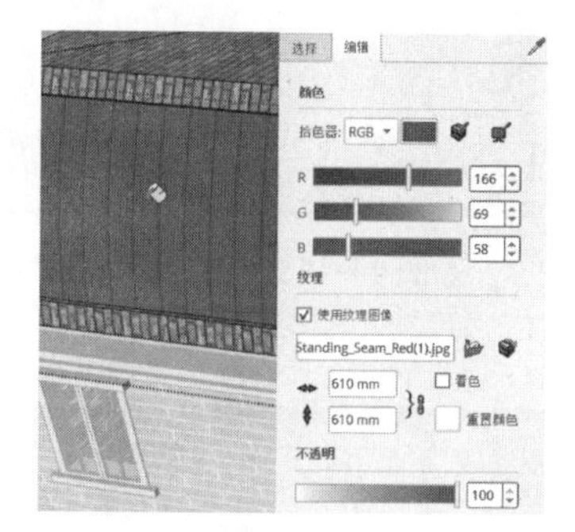

图 14-341　赋予材质

步骤 03 参考图纸，制作老虎窗模型并进行对应复制，如图 14-342 与图 14-343 所示。

步骤 04 选择制作好的屋顶，通过复制与缩放，制作后方的连接效果，然后通过类似的方式制作其他位置的屋顶效果，如图 14-344 与图 14-345 所示。

图 14-342　制作老虎窗细节

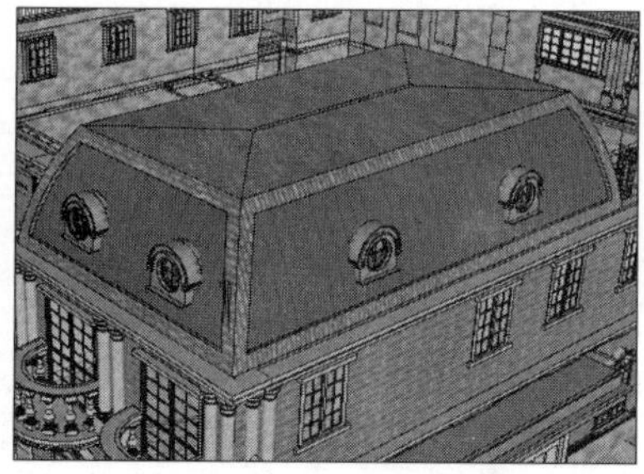
图 14-343　单个屋顶完成效果

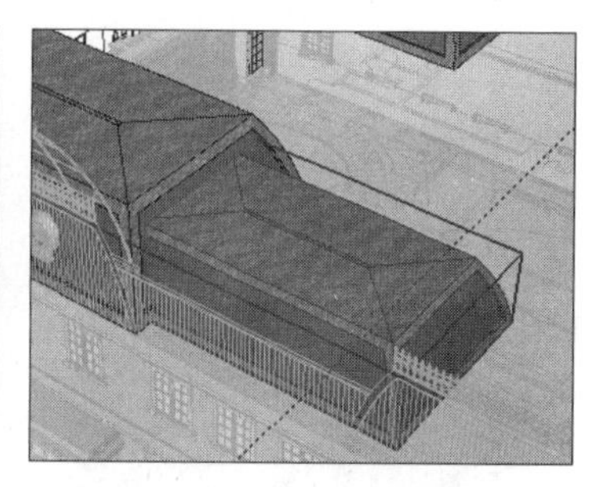
图 14-344　复制并缩放屋顶

步骤 05 参考图纸，结合使用【矩形】与【推 / 拉】工具，制作正前方屋顶细节，如图 14-346 与图 14-347 所示。

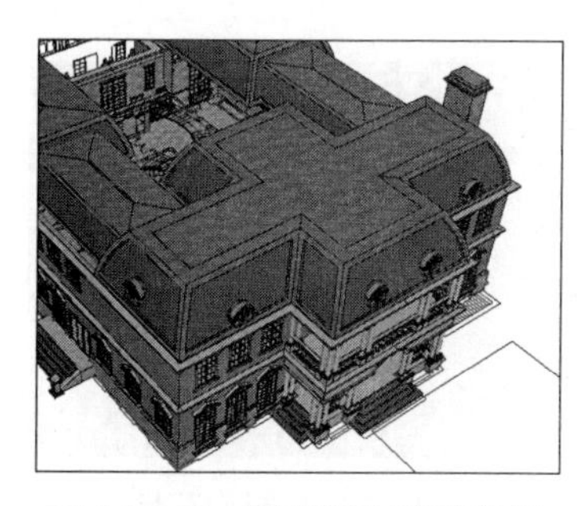
图 14-345　屋顶初步完成效果

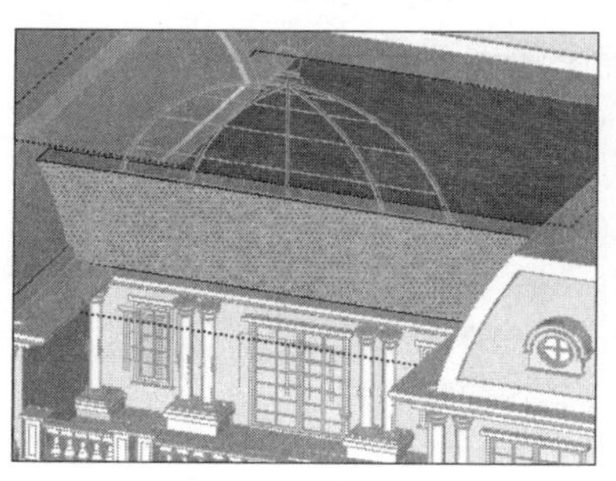
图 14-346　制作屋顶轮廓

图 14-347　制作屋顶细节

步骤 06 参考图纸，结合使用【圆】与【推 / 拉】等工具，制作好圆顶细节，如图 14-348 ~ 图 14-350 所示。

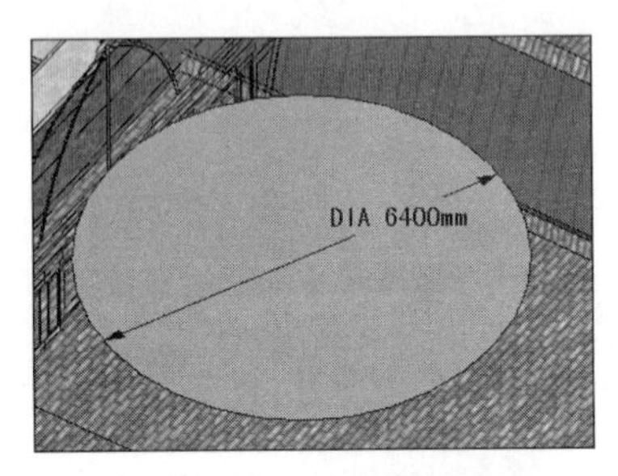

图 14-348　创建圆形

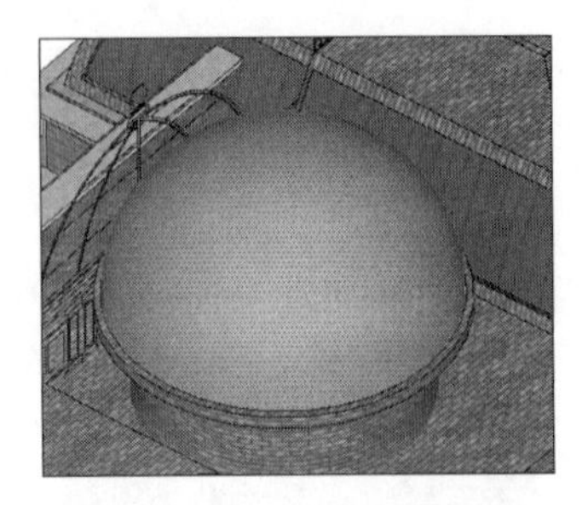
图 14-349　制作半球屋顶

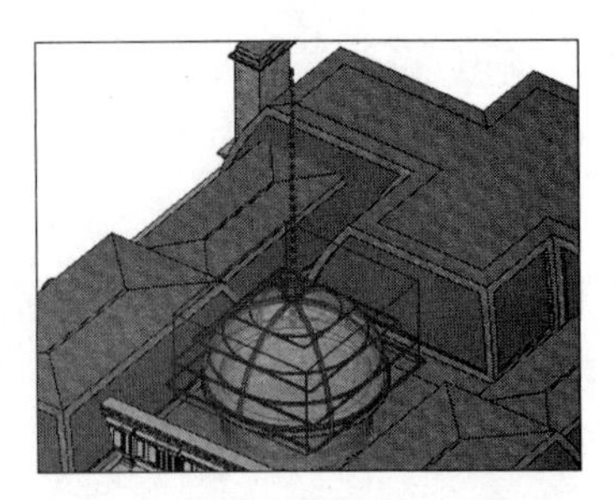
图 14-350　制作屋顶钢架等细节

202 制作配套环境

文件路径：无	视频文件：视频 \ 第 14 章 \202.MP4

单独的建筑模型效果显得十分单调，接下来制作简单的配套设施与环境，丰富场景层次。

步骤 01 在【俯视图】中创建一个地平面，然后通过【场景】面板保存好观察角度，如图 14-351 ~ 图 14-353 所示。

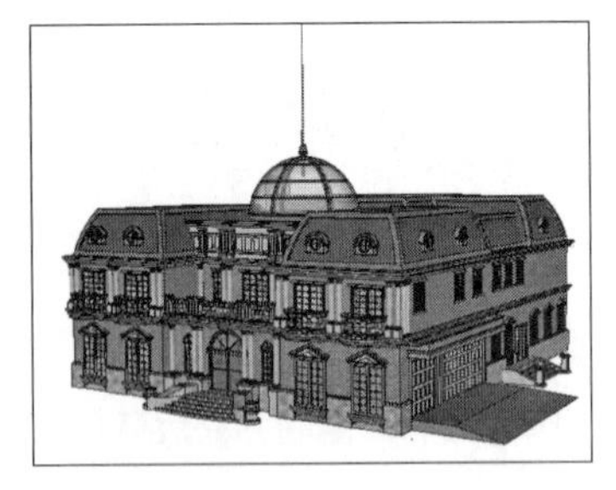
图 14-351　单独的建筑模型

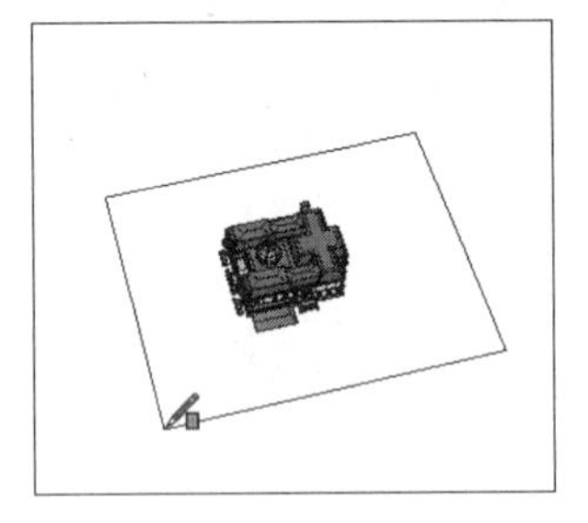
图 14-352　绘制平面

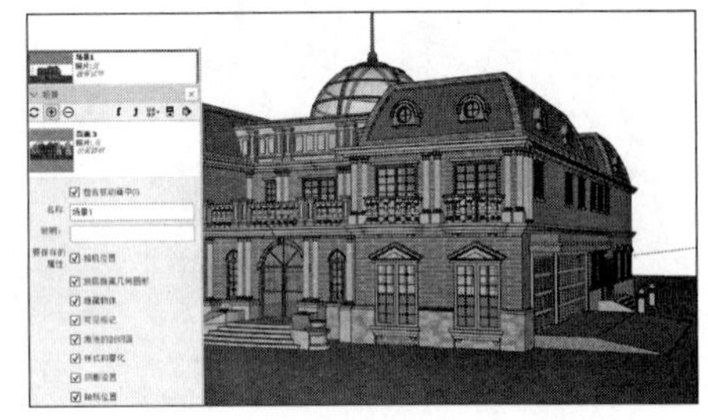
图 14-353　新建场景并保存

步骤 02 合并入喷泉并制作好花坛，然后以喷泉为中心开设道路与草坪，如图 14-354 ~ 图 14-356 所示。

图 14-354　合并喷泉并制作花坛

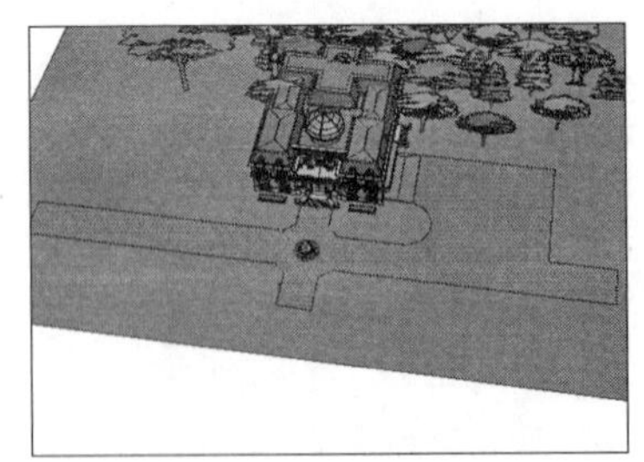
图 14-355　开设道路

图 14-356　制作草地

步骤 03 逐步合并进树木、人物以及车辆模型，丰富场景的层次与细节，如图 14-357 ~ 图 14-359 所示。

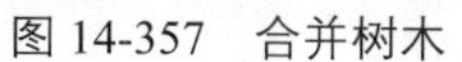

图 14-357　合并树木

图 14-358　合并人物

图 14-359　合并车辆

步骤 04 进入保存的视角场景，精细调整好树木以及人物的效果，整体结果如图 14-360 所示。

图 14-360　最终效果

步骤 05 执行【文件】/【添加位置】命令，如图 14-361 所示，打开【添加位置】对话框。

步骤 06 在对话框中，单击右上角的【显示模型】滑块，在对话框中显示模型。左侧的列表显示模型的地理位置信息，如图 14-362 所示。单击【继续】按钮，进入下一个页面。

图 14-361　执行命令

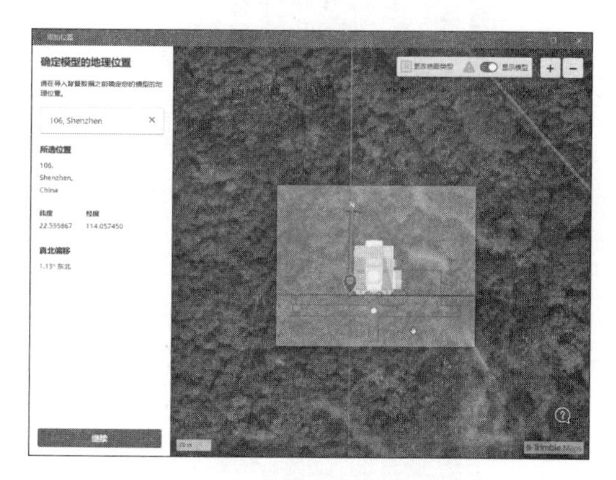

图 14-362 【添加位置】对话框

步骤 07 将光标放置在模型之上，按住鼠标左键不放拖动模型，将其放置在一个合适的位置，如图 14-363 所示。在拖动的过程中，地理样貌实时更新，方便用户确定放置模型的位置。

步骤 08 单击【继续】按钮，进入下一个页面。调整模型周围的定界框，确定平面范围，如图 14-364 所示。在左侧的列表中，显示【导入类型】、【地图纹理】等选项，用来设置导出项目地理数据的样式。单击【导入项目背景数据】按钮，就可以为项目添加地理样貌背景。

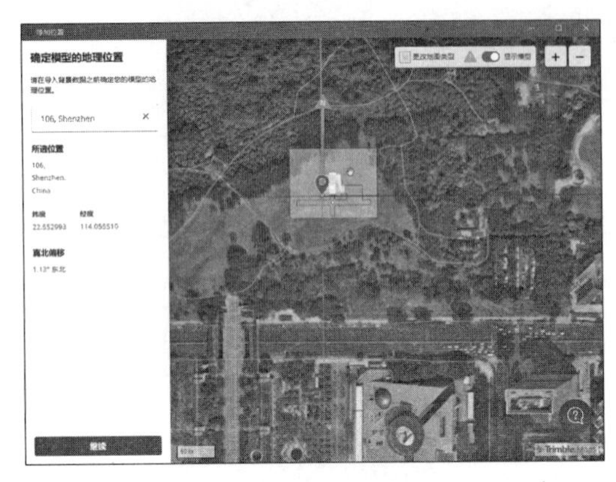

图 14-363　放置模型

图 14-364　调整平面范围

14.4　高层住宅建模

高层建筑在实际的工作比较常见，本例以一个高层住宅为例，介绍该类模型的特点以及建模方法与技巧，模型的制作过程如图 14-365 ~ 图 14-368 所示。

图 14-365　整理 CAD 图纸

图 14-366　建立轮廓

图 14-367　细化立面

图 14-368　完成效果

203 整理 CAD 图纸

文件路径：配套资源 \ 第 14 章 \203	视频文件：无

高层建筑有着繁杂的设计及复杂的施工图，在导入 SketchUp 用于模型创建之前，应对其进行简化，以利于捕捉时的观察，并能减少文件量。

启动 AutoCAD，按下 Ctrl+O 快捷键，打开配套资源“第 14 章 | 高层住宅 .dwg”文件，如图 14-369 所示。

分别选择轴线、文字等多余图元，进入【图层管理器】进行关闭，然后删除图框，如图 14-370 与图 14-371 所示。

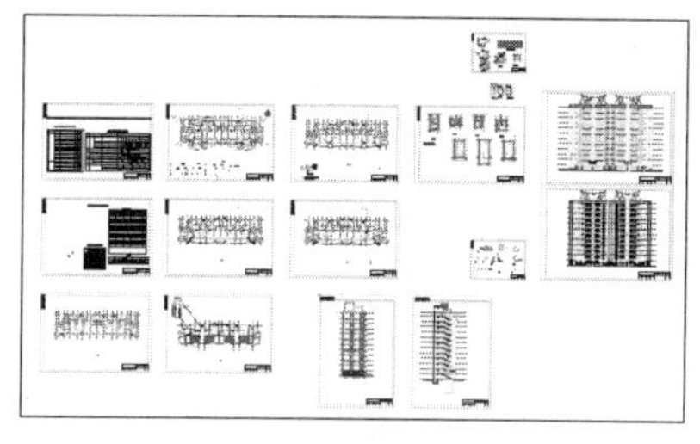

图 14-369　打开 CAD 图纸

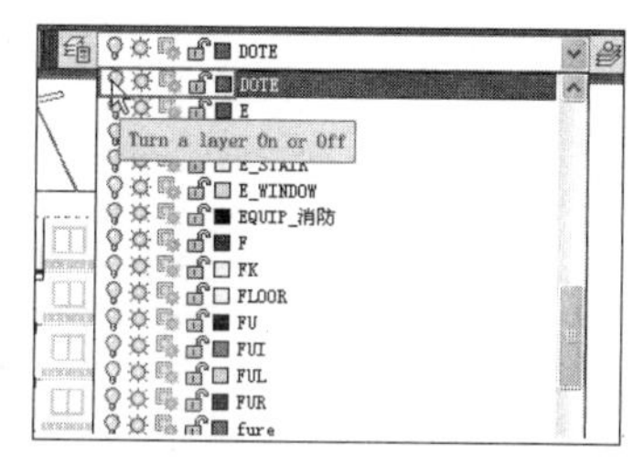

图 14-370　关闭轴线等图层显示

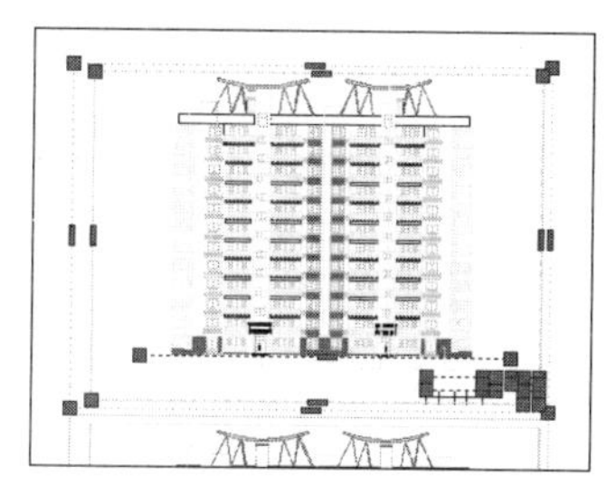

图 14-371　删除图框等信息

选择简化后的正立面，按下 Ctrl+C 快捷键复制，然后按下 Ctrl+N 快捷键新建空白 DWG 文件，按下 Ctrl+V 键粘贴，如图 14-372 与图 14-373 所示。

按下 Ctrl+S 快捷键，将正立面图形保存为“正立面 .dwg”文件，如图 14-374 所示。重复上述操作，将其他图纸简化并进行单独保存。

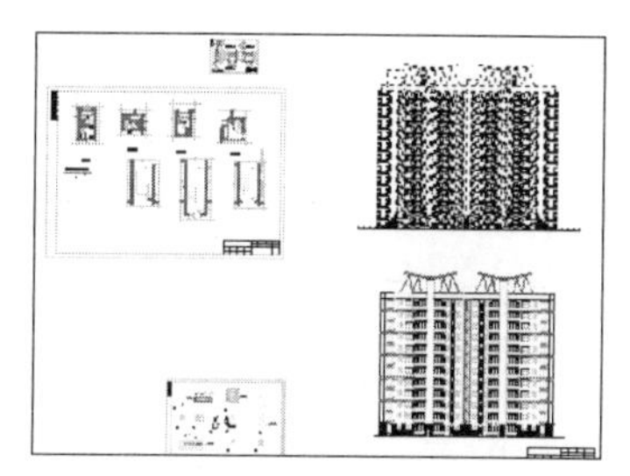

图 14-372　复制简化后的正立面

图 14-373　粘贴到新的 DWG 文件

图 14-374　另存为正立面图纸

204 导入 SketchUp 并分析建模思路

文件路径：无	视频文件：无

在 AutoCAD 中完成图形简化后，接下来将图纸导入 SketchUp，并调整位置与方向，然后根据高层建筑特点分析建模思路。

1. 导入图纸

步骤 01 打开 SketchUp，设置模型单位为“毫米”，如图 14-375 所示。

步骤 02 执行【文件】/【导入】菜单命令，在打开的选项面板中设置导入选项，如图 14-376 所示，首先导入整理好的底层平面图，如图 14-377 所示。

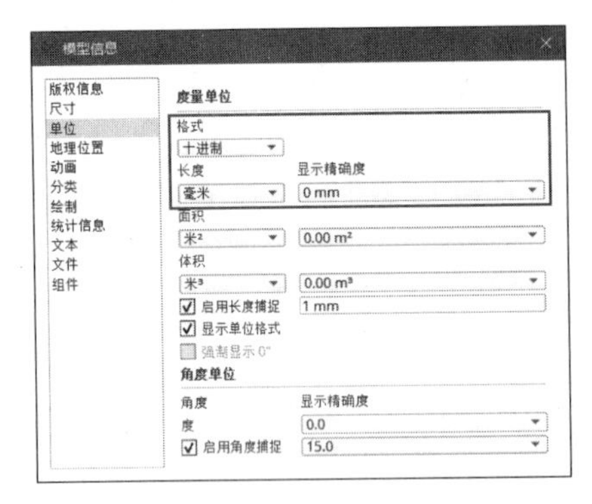

图 14-375　设置模型单位

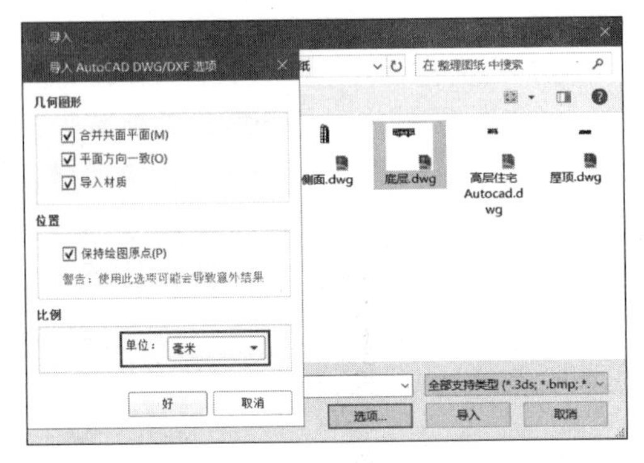

图 14-376　设置导入选项

步骤 03 重复上述操作，导入正立面图，使用【旋转】工具将其竖立，并调整好朝向，如图 14-378 与图 14-379 所示。

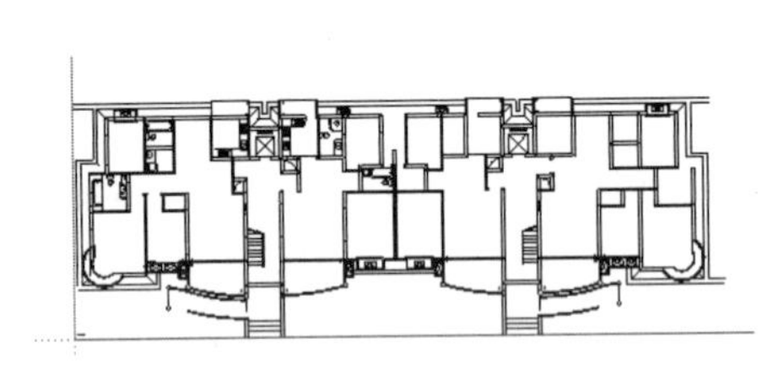

图 14-377　导入首层平面图

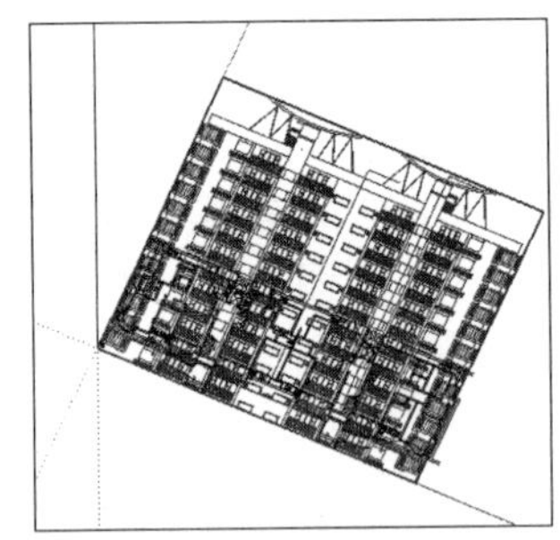

图 14-378　导入正立面图

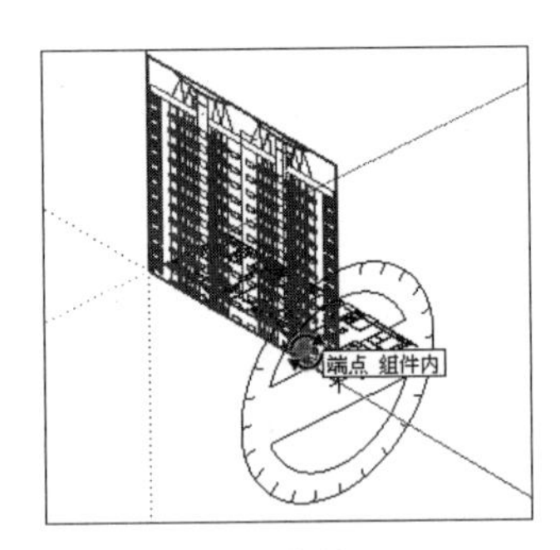

图 14-379　旋转正立面图

步骤 04 启用【直线】工具，在正立面图捕捉中点创建对齐辅助线，然后捕捉到平面图投影位置进行对齐，如图 14-380 与图 14-381 所示。

步骤 05 重复上述操作，导入其他图并进行对位，如图 14-382 所示。

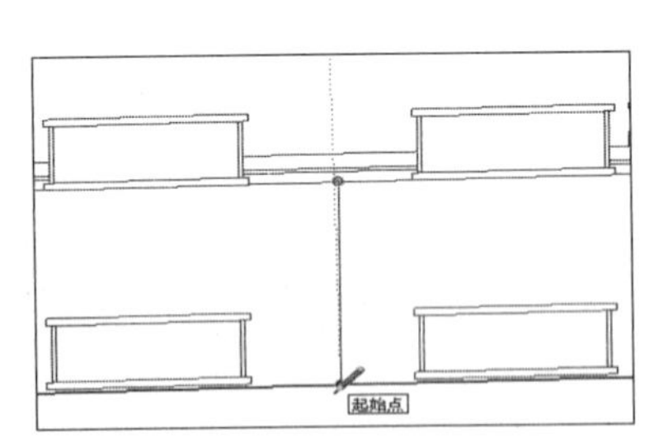

图 14-380　绘制对齐辅助线

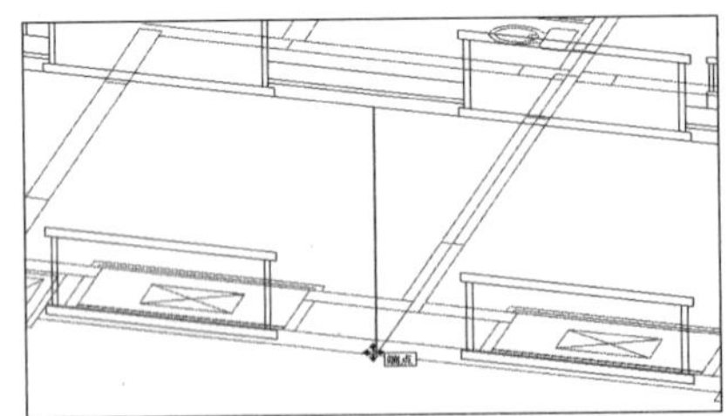

图 14-381　对齐图纸

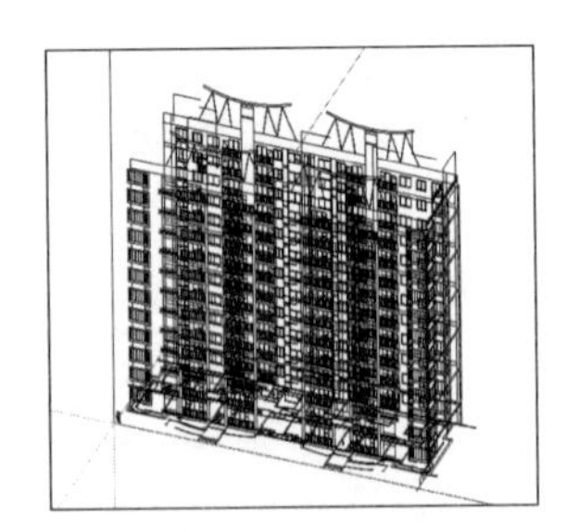

图 14-382　图纸导入完成效果

2. 分析建模思路

观察导入后的图，可以发现本高层住宅呈左右对称，而且在竖直方向上，大致可分为底层、标准层以及屋顶三个部分，其中楼层最多的标准层，每层的结构都是一样的，如图 14-383 ~ 图 14-385 所示，通过以上建筑结构分析，得出本例模型的建模思路如下：

- 首先创建建筑底层模型，考虑至左右对称的特点，可以只建立左侧细节，右侧则通过复制与镜像快速制作。
- 向上复制出二、三层模型，然后根据图纸调整二、三层的模型细节。
- 由于第三层至第十二层完全一致，因此可以通过多重移动复制快速制作。
- 最后制作左侧屋顶细节，然后通过复制与镜像，得到右侧屋顶，完成建筑的整体效果。

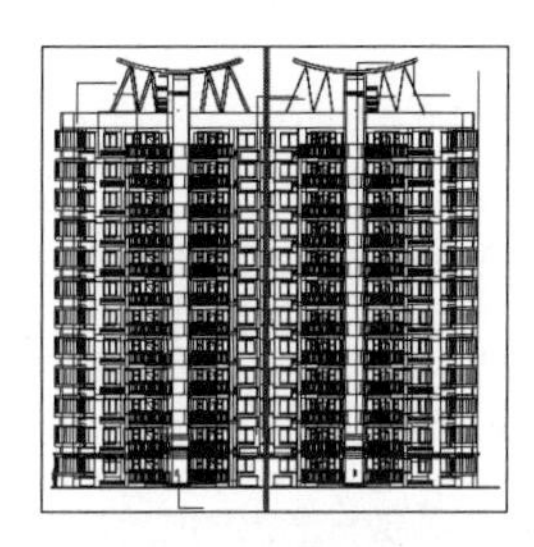

图 14-383　整体呈左右对称

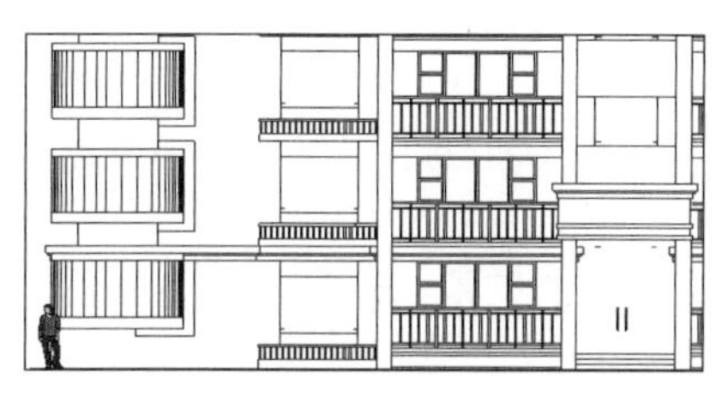

图 14-384　竖向门窗细节

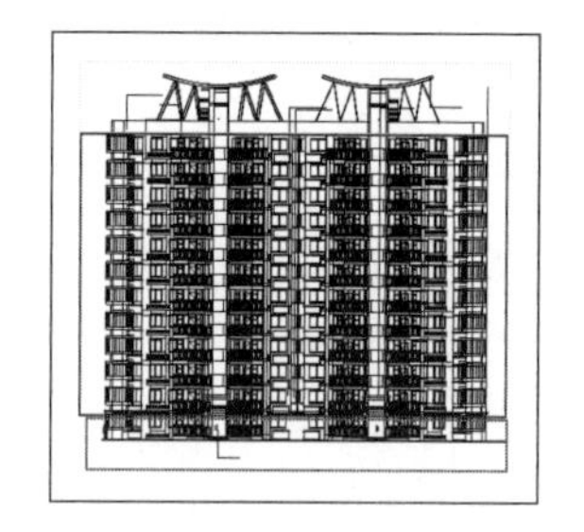

图 14-385　竖向结构分布

205 建立底部模型

文件路径：无	视频文件：无

高层住宅通常都具有相同或类似的门窗效果，因此在建立底部模型时，应注意将门窗等构件单独成组，以便于造型的调整。

1. 细化入口

步骤 01 参考首层平面图，启用【直线】工具绘制入口台阶封闭平面，如图 14-386 所示。

步骤 02 结合侧立面图，结合使用【直线】与【推 / 拉】工具制作台阶造型，如图 14-387 与图 14-388 所示。

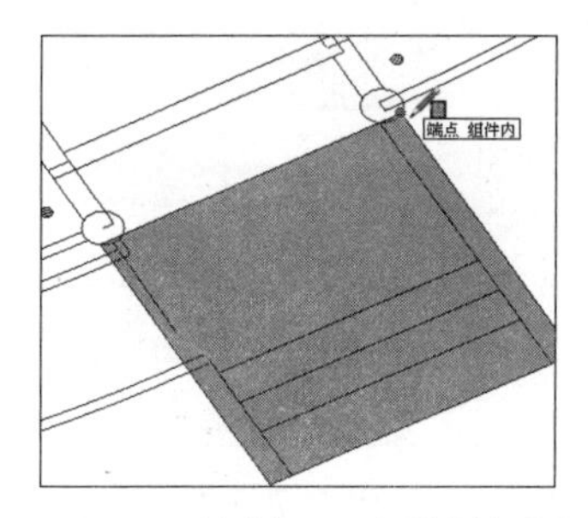

图 14-386　绘制入口台阶封闭平面

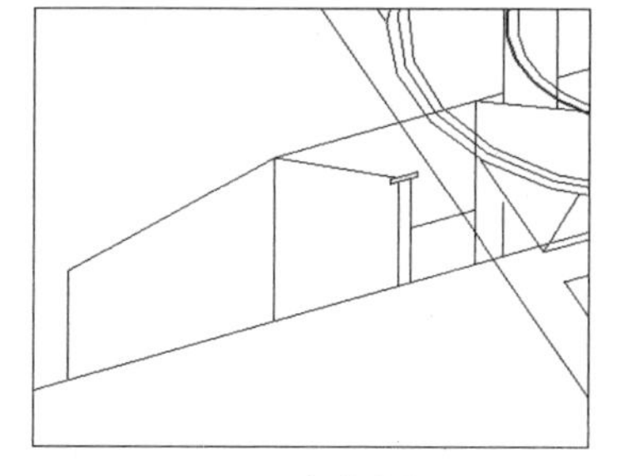

图 14-387　参考侧立面图

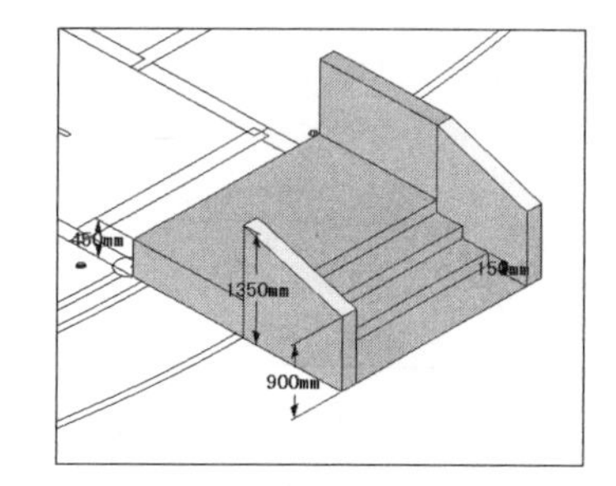

图 14-388　绘制入口台阶

步骤 03 综合参考底层与侧立面图，使用【圆弧】以及【推 / 拉】工具，制作残障通道护栏与走道，完成主入口模型的制作，如图 14-389 ~ 图 14-391 所示。

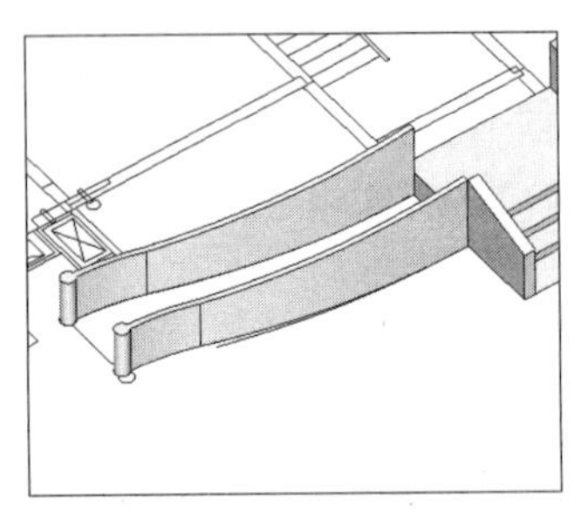

图 14-389 绘制残障通道护栏

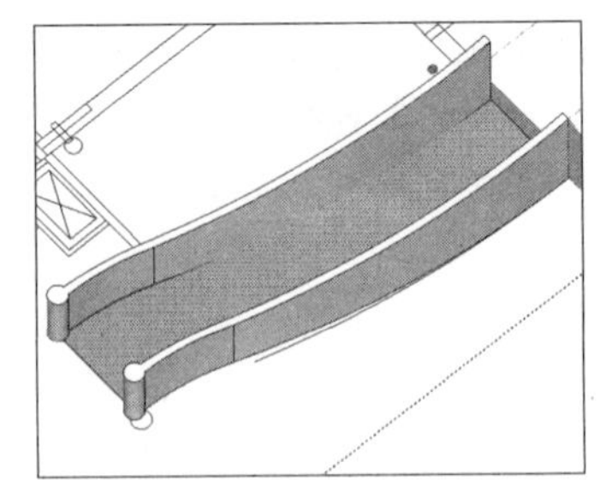

图 14-390 绘制残障通道坡道

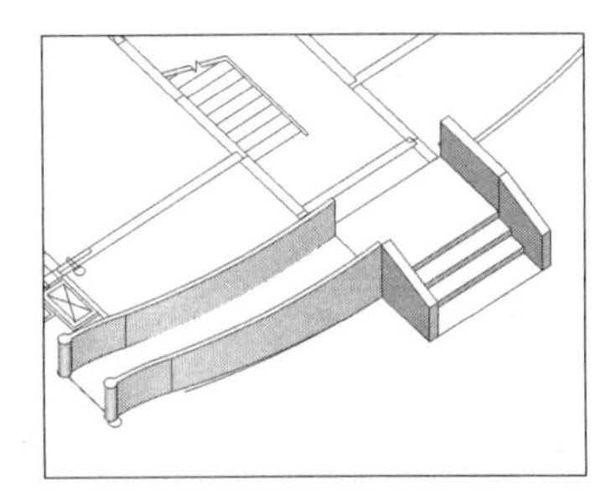

图 14-391 主入口完成效果

2. 制作首层轮廓

步骤01 参考首层平面图，启用【直线】工具捕捉墙线创建左侧封闭平面，如图 14-392 与图 14-393 所示。

步骤02 参考图纸，使用【圆弧】工具细分出圆窗及圆柱等平面细节，如图 14-394 所示。

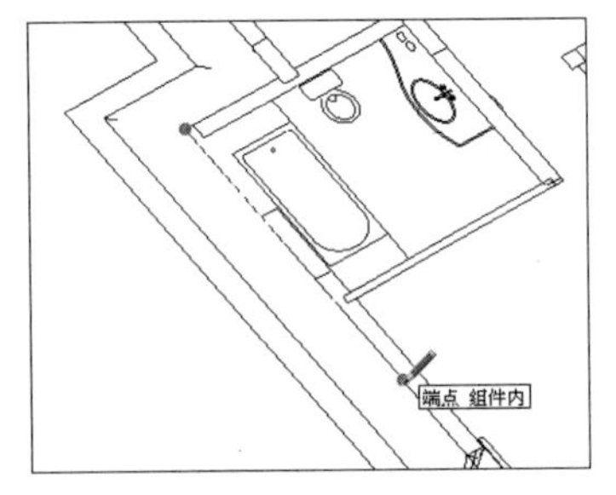

图 14-392 捕捉绘制墙线

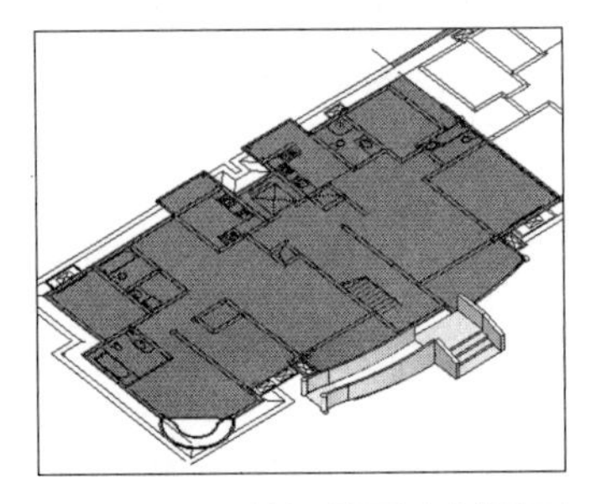

图 14-393 封闭首层左侧平面

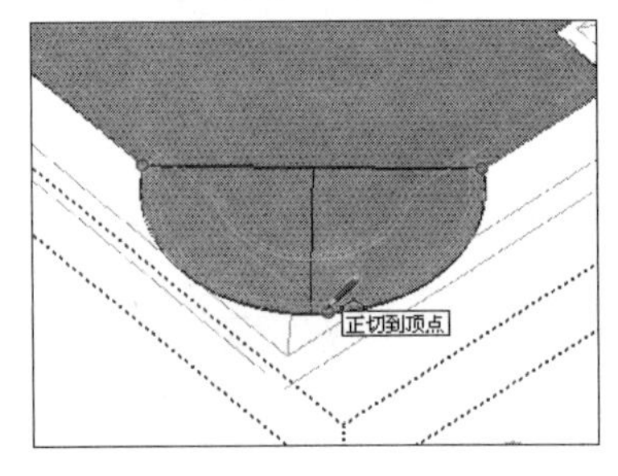

图 14-394 添加平面细节

步骤03 启用【推 / 拉】工具，向上制作出首层高度，如图 14-395 所示。接下来从左至右顺序细化正立面门帘等细节，首先制作弧形窗模型。

3. 细化首层正立面

步骤01 将正立面图对齐至墙面，使用【超级推拉】插件中的【联合推拉】工具，向内制作出弧形窗台细节，如图 14-396 与图 14-397 所示。

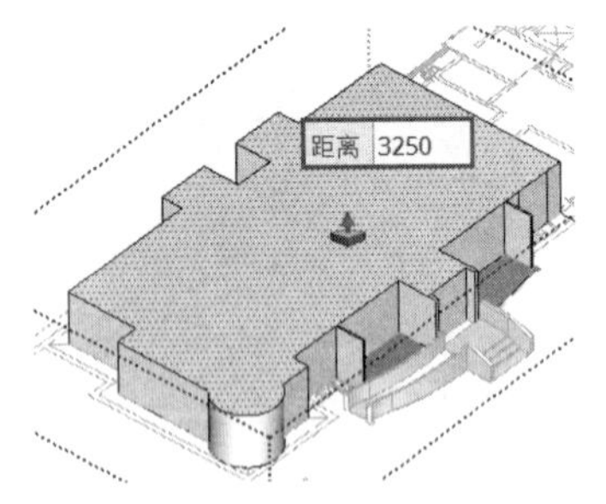

图 14-395 缩放首层高度

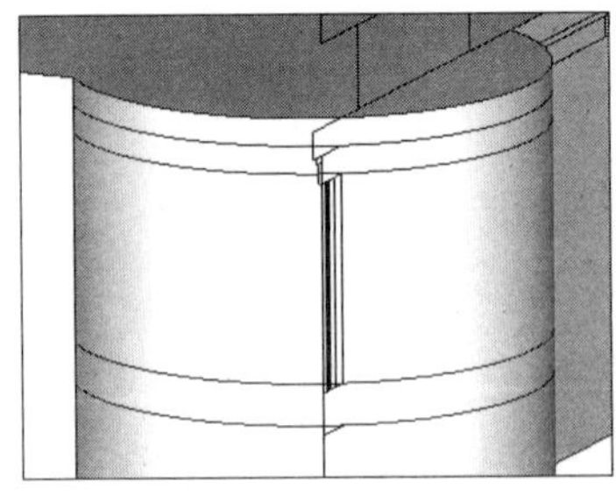

图 14-396 将图对齐模型

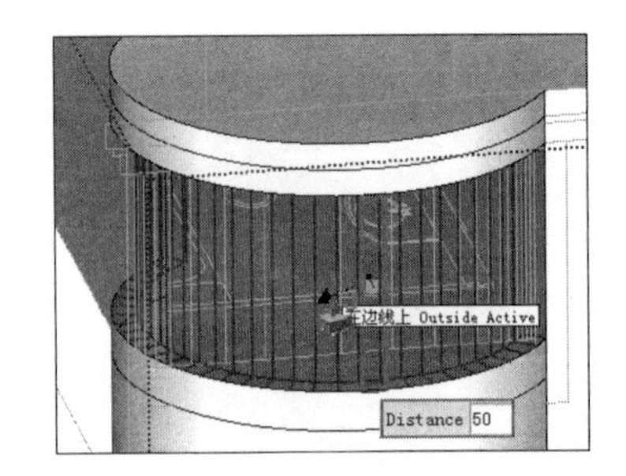

图 14-397 使用【超级推拉】制作弧形窗台

步骤02 为了精确分割六扇弧形窗窗页，首先捕捉两侧端点绘制一条六拆分的弧线，如图 14-398 所示。

步骤 03 启用【直线】工具，捕捉辅助弧线分割出弧形窗页，然后使用【曲面偏移】工具制作出窗框平面，如图 14-399 与图 14-400 所示。

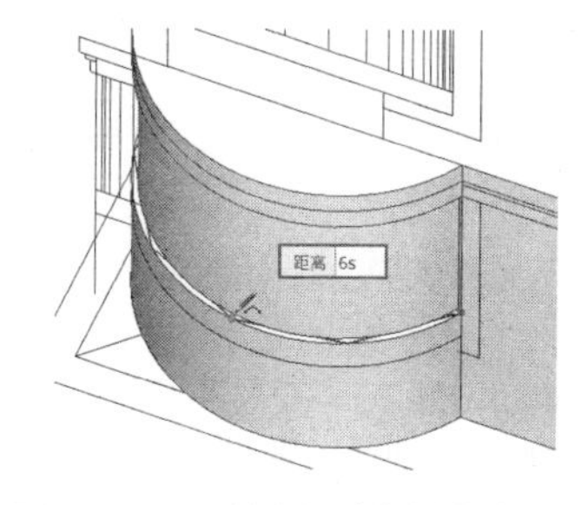

图 14-398　绘制六拆分辅助弧形

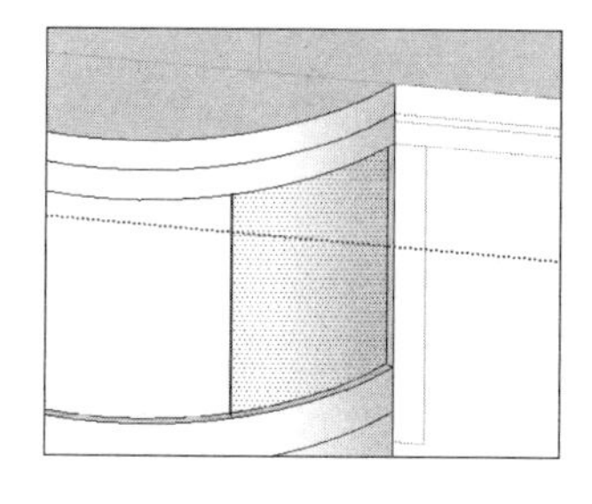
图 14-399　分割弧形窗页

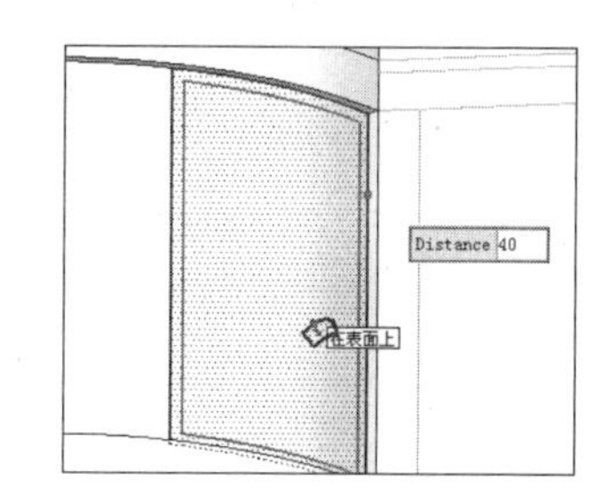

图 14-400　使用【曲面偏移】细化窗框

步骤 04 使用【推 / 拉】工具制作出窗框细节，然后打开【材质】面板，赋予金属与半透明材质，如图 14-401 所示。

步骤 05 调整视图至底部，参考图制作弧形窗沿细节，完成弧形窗台的制作，如图 14-402 与图 14-403 所示。

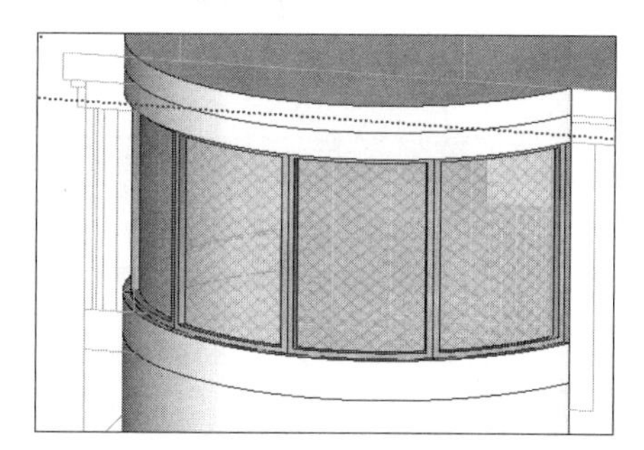
图 14-401　弧形窗细化完成

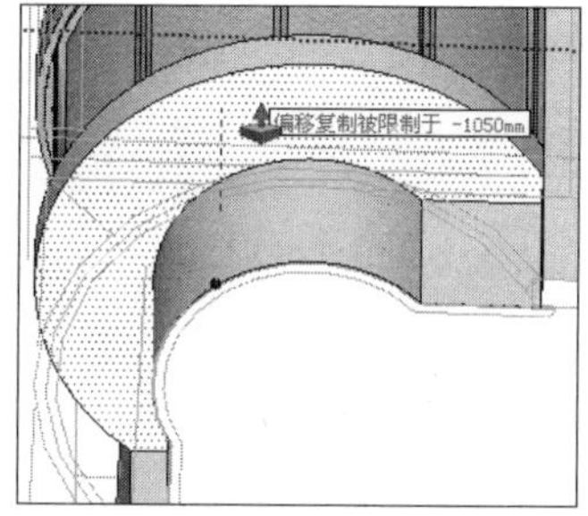
图 14-402　分割弧形窗沿

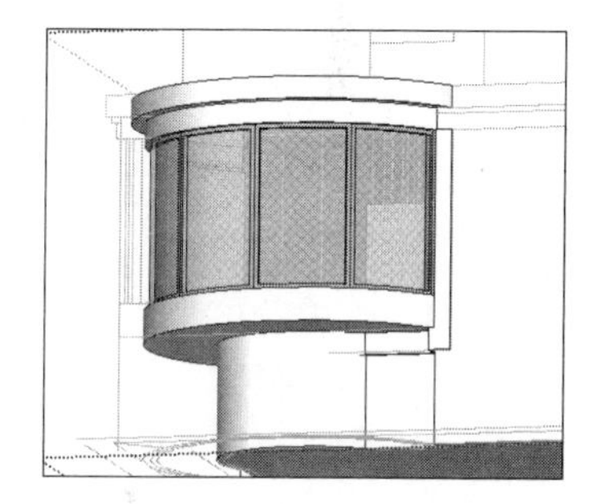
图 14-403　弧形窗台完成效果

步骤 06 参考正立面图，结合使用【矩形】、【偏移】及【推 / 拉】等工具，制作平开窗模型，如图 14-404 ~ 图 14-406 所示。

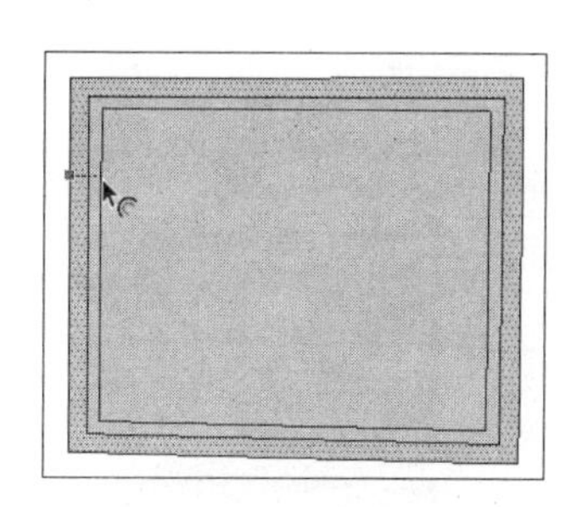
图 14-404　分割窗户平面

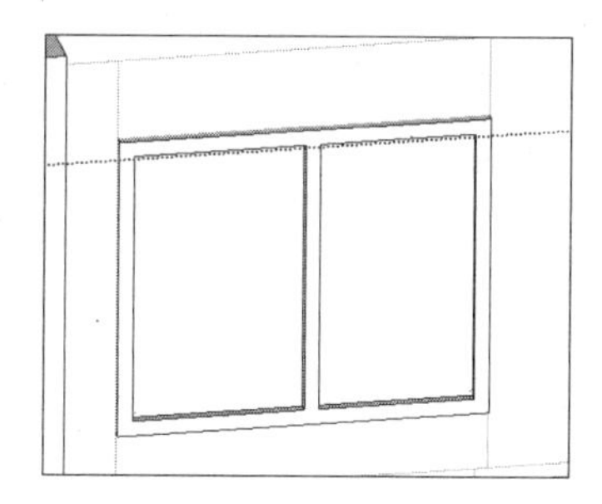
图 14-405　细化窗户造型

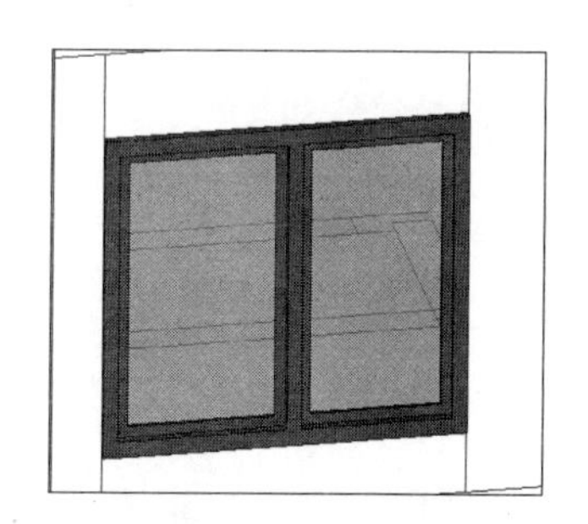
图 14-406　赋予窗户材质

步骤 07 结合正立面与底面图，使用【矩形】、【偏移】及【推 / 拉】等工具制作空调板与配套栏杆，如图 14-407 ~ 图 14-409 所示。

步骤 08 通过类似方法制作入户门左侧阳台门窗与栏杆模型，如图 14-410 与图 14-411 所示。

步骤 09 继续制作入户门模型，如图 14-412 所示，然后复制阳台的门窗与栏杆至右侧阳台，参考图纸通过缩放调整造型大小，如图 14-413 与图 14-414 所示。

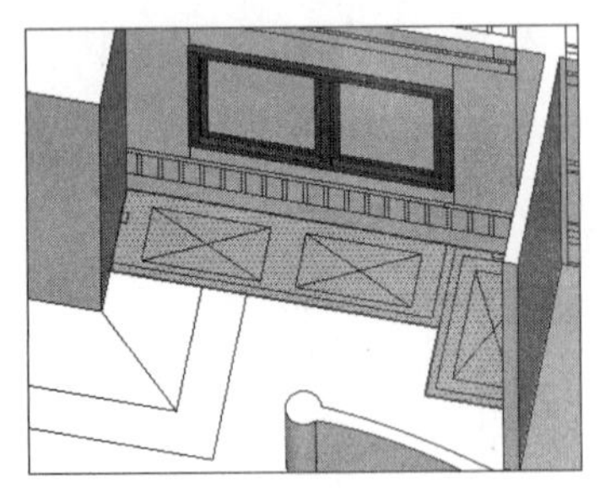

图 14-407　创建空调板平面

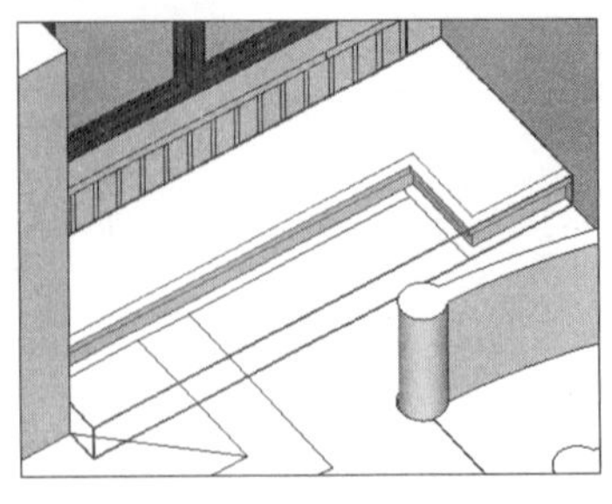

图 14-408　细化空调板造型

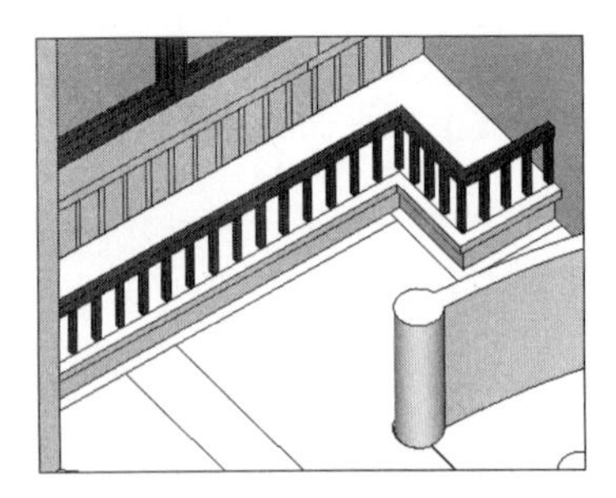

图 14-409　制作栏杆

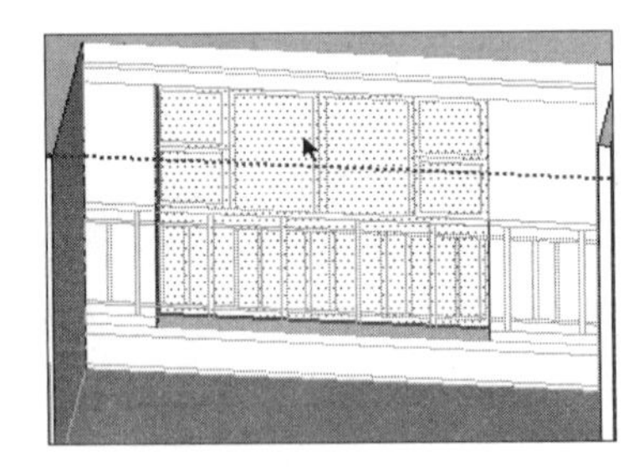

图 14-410　分割入户门左侧阳台推拉门

图 14-411　左侧阳台完成效果

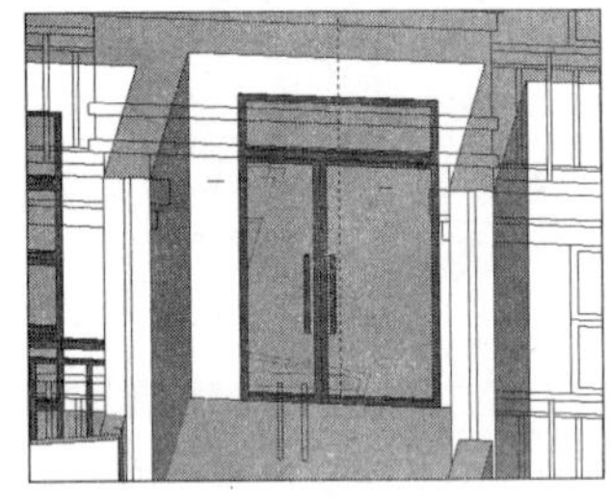

图 14-412　入户门完成效果

图 14-413　复制并调整右侧阳台推拉门

图 14-414　复制并调整右侧栏杆

步骤 10 参考图纸，结合使用【矩形】、【偏移】及【推 / 拉】等工具，制作右侧窗户与空调板造型，如图 14-415 ~ 图 14-417 所示。

步骤 11 首层正立面门窗等细节制作完成，接下来制作首层侧立面造型。

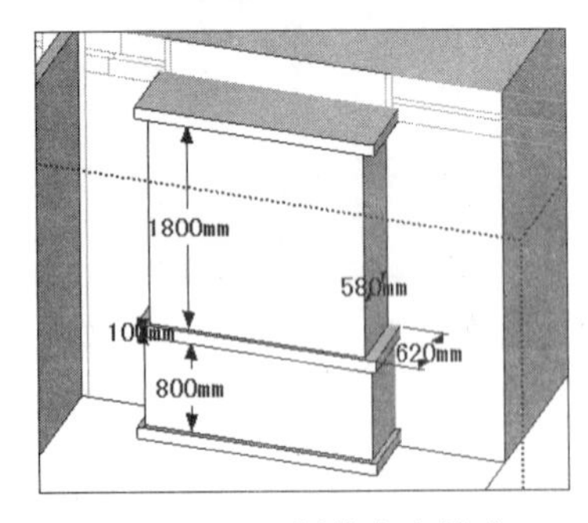

图 14-415　制作窗户轮廓

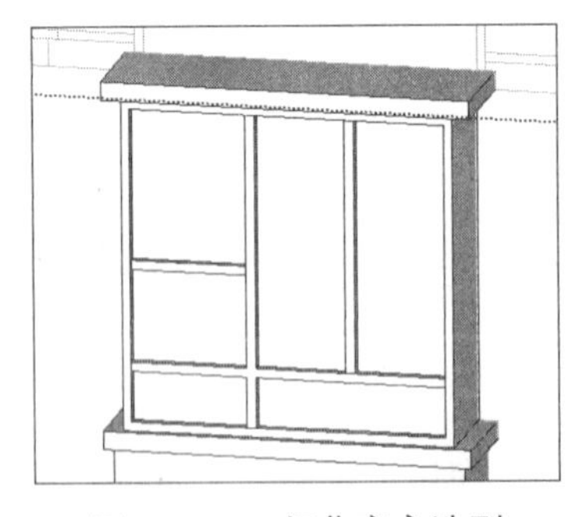

图 14-416　细化窗户造型

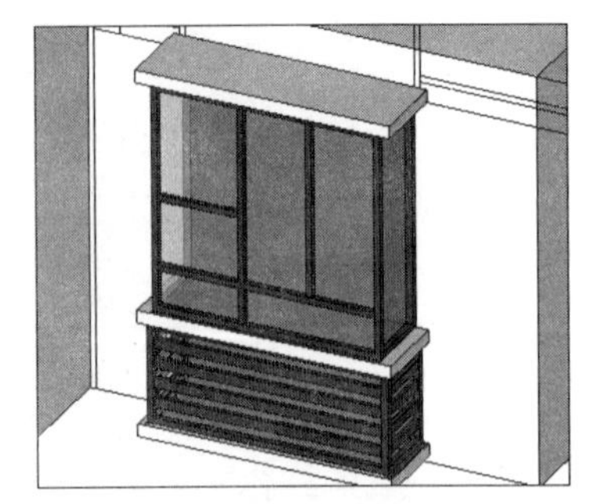

图 14-417　赋予窗户材质

4. 细化首层侧立面

步骤 01 选择侧立面图，将其对齐至侧墙表面，如图 14-418 所示。

步骤 02 参考侧立面图，结合使用【矩形】与【推 / 拉】工具，制作转角飘窗的轮廓，如图 14-419 与图 14-420 所示。

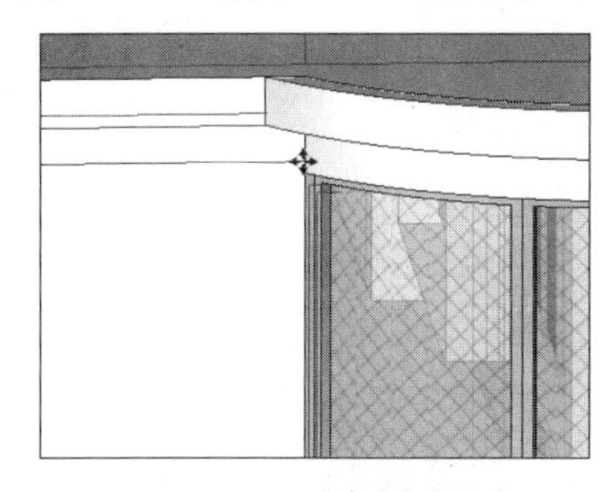

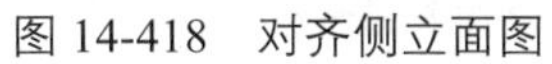

图 14-418　对齐侧立面图

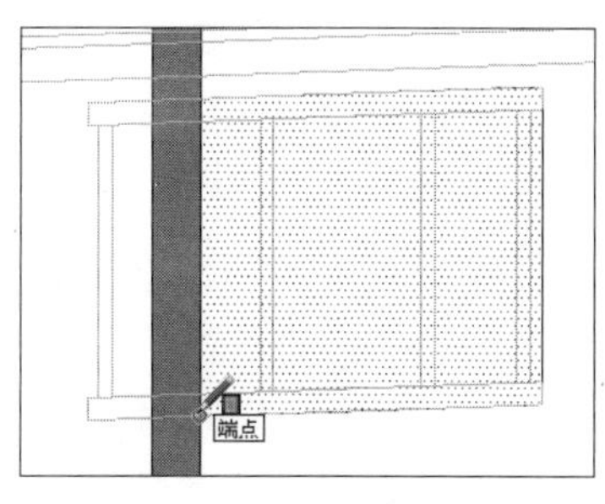

图 14-419　分割飘窗平面

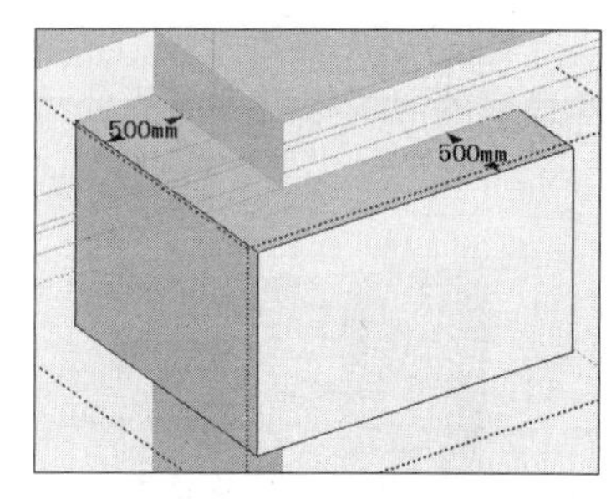

图 14-420　推拉飘窗轮廓

步骤 03 结合使用【偏移】与【推 / 拉】工具，制作飘窗细节并赋予对应材质，如图 14-421 所示，接下来制作首层背面的相关细节。

5. 细化首层背面

步骤 01 选择背立面图，将其对齐至墙面，参考该图，结合使用【矩形】与【推 / 拉】工具制作窗洞，如图 14-422 与图 14-423 所示。

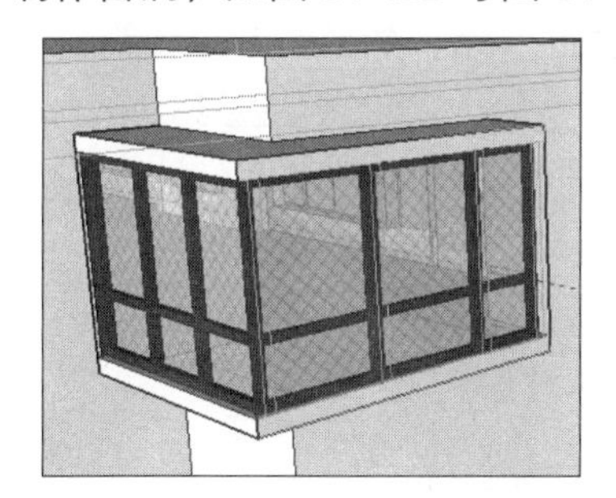

图 14-421　细化并赋予飘窗材质

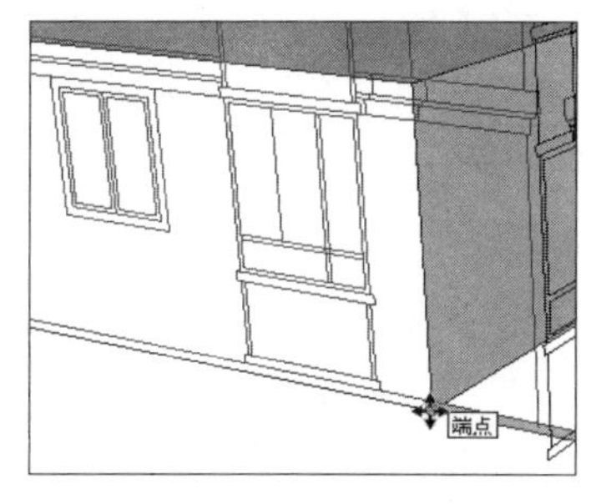

图 14-422　对齐背面图

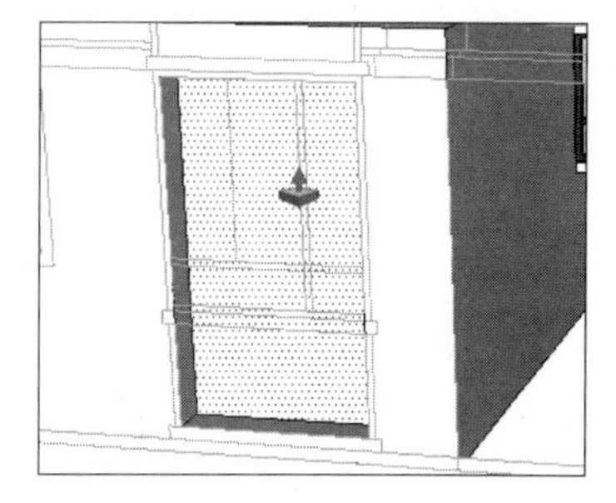

图 14-423　制作窗洞

步骤 02 复制创建的正立面窗户模型，并进行对位，然后通过缩放调整合适的大小，如图 14-424 所示。

步骤 03 重复上述操作，制作左侧的两个平开窗，如图 14-425 所示。接下来制作背面阳台细节。

步骤 04 参考背立面图，结合使用【矩形】与【推 / 拉】工具，制作阳台门洞与窗洞，然后细化出门窗造型并赋予材质，如图 14-426 与图 14-427 所示。

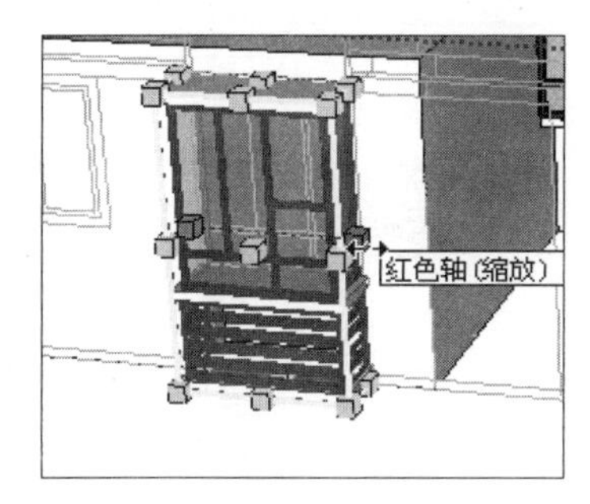

图 14-424　复制并调整窗户造型

图 14-425　制作平开窗

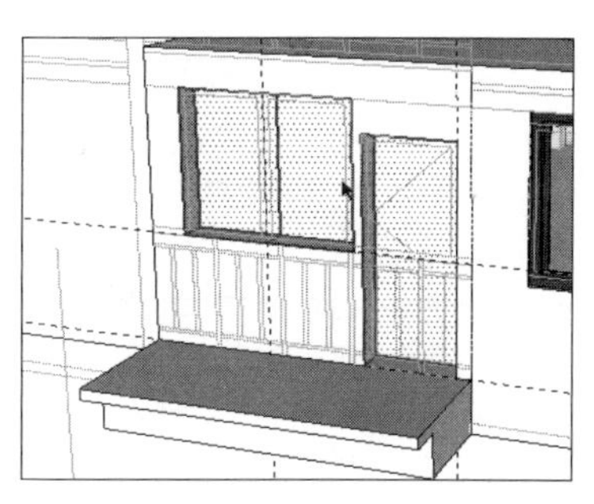

图 14-426　制作背立面阳台门洞与窗洞

步骤05 复制正立图创建好的栏杆模型至背立面阳台，参考图调整造型大小和位置，如图 14-428 所示。

步骤06 通过类似方法，制作背立面其他门窗模型，完成效果如图 14-429 所示。接下来制作首层的角线与门头细节。

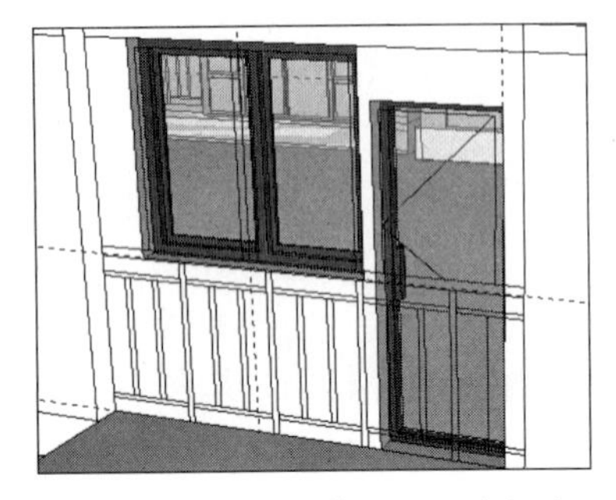

图 14-427　制作背立面阳台门窗

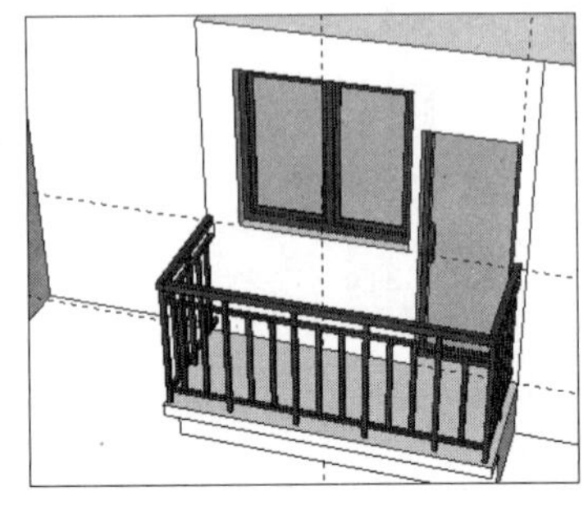

图 14-428　制作背立面阳台栏杆

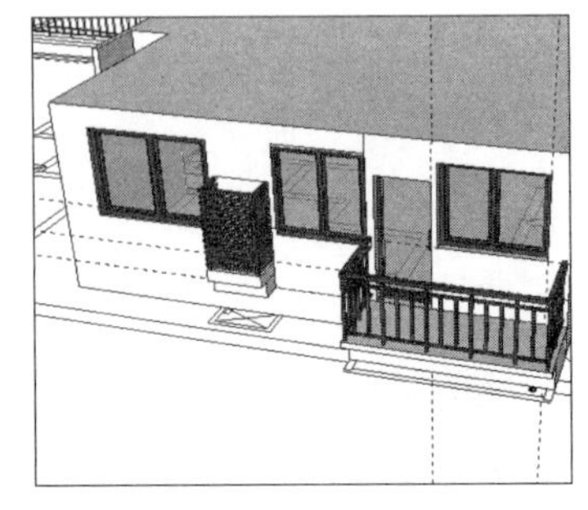

图 14-429　背立面其他模型

6. 处理首层细节

步骤01 切换至侧立面图，绘制墙面角线的截面，如图 14-430 所示，然后参考图纸绘制路径，使用【路径跟随】工具制作三维效果，如图 14-431 所示。

步骤02 通过相同方法，制作入户门门头造型，如图 14-432 与图 14-433 所示。

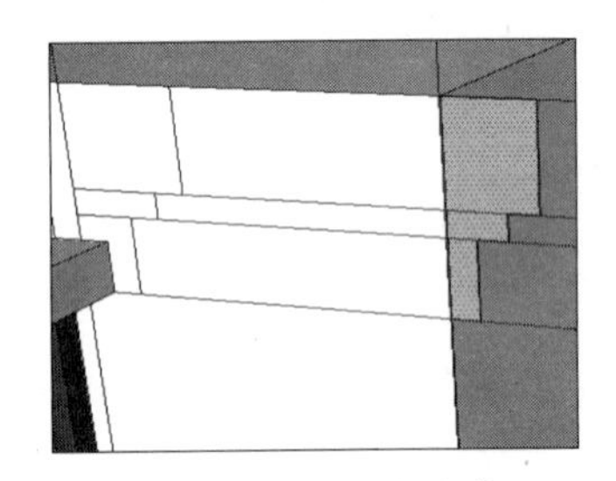

图 14-430　绘制角线截面

图 14-431　制作角线效果

图 14-432　绘制入口角线

步骤03 将角线与门头模型整体成组，然后通过复制与镜像，完成右侧相关模型的制作，如图 14-434 与图 14-435 所示。首层模型制作完成。

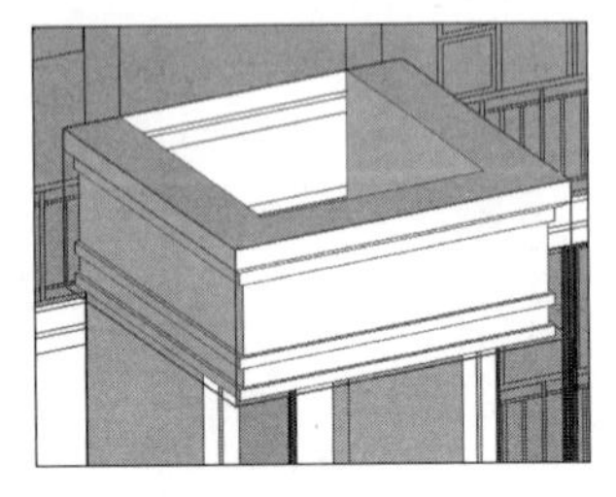

图 14-433　入户门头完成效果

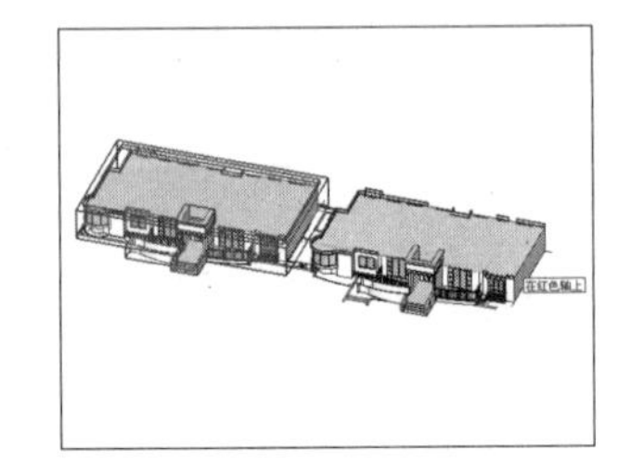

图 14-434　整体复制出右侧模型

图 14-435　镜像并对位

206 建立标准层模型

文件路径：无	视频文件：无

建筑首层模型创建完成后，接下来将其复制，得到中间层模型，然后参考图纸调整门窗等细节，最终通过多重移动复制，得到第三～十二层的标准层模型。

1. 调整第二层细节

步骤 01 选择底部建筑模型，启用【移动】工具，捕捉窗台上的交点做为复制参考点，如图 14-436 所示。

步骤 02 按住 Ctrl 键，捕捉蓝轴向上进行复制，然后捕捉至上层窗台完成复制，如图 14-437 所示。

步骤 03 参考正立面图，删除二层入户门，然后调整隔墙高度，如图 14-438 与图 14-439 所示。

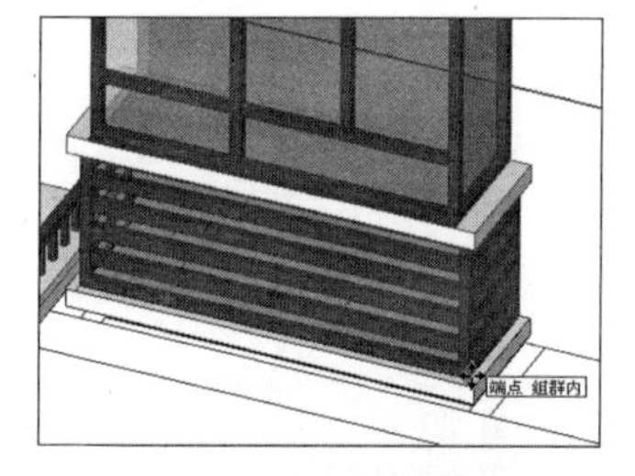

图 14-436　确定复制参考点

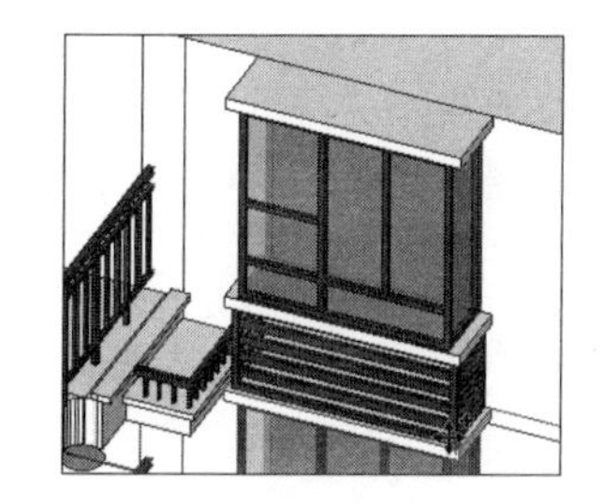

图 14-437　捕捉上层窗台完成复制

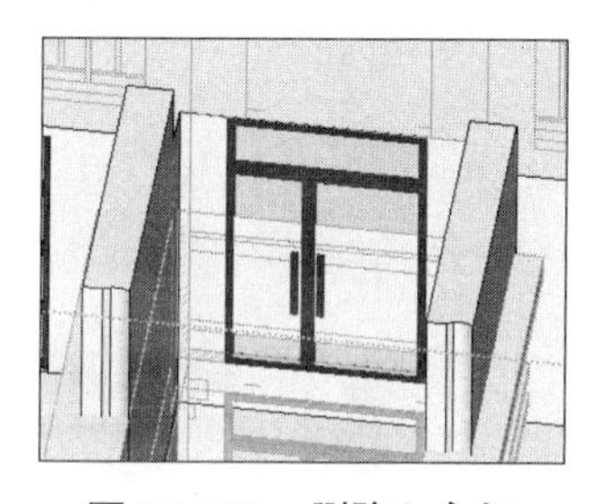

图 14-438　删除入户门

步骤 04 旋转视图至背立面底部，隐藏首层模型，参考图制作出内陷空间，然后创建楼梯门的窗户模型，如图 14-440 与图 14-441 所示。

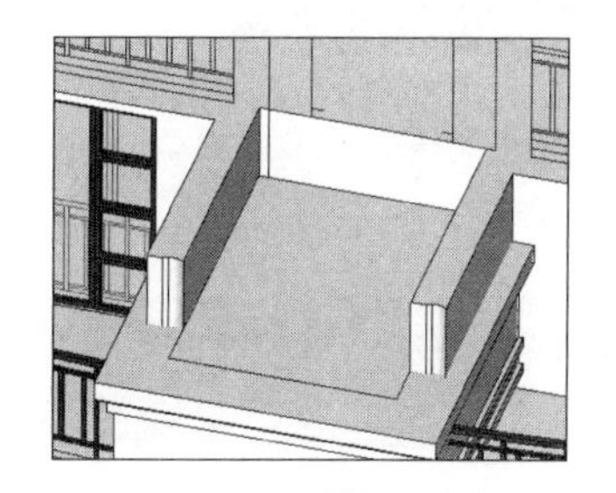

图 14-439　调整墙体高度

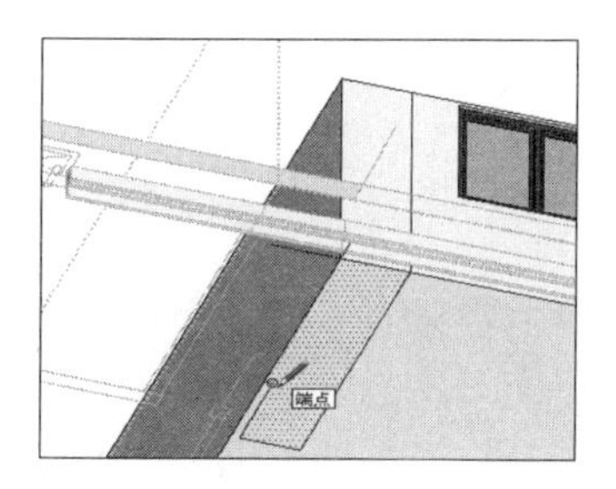

图 14-440　分割背立面空间

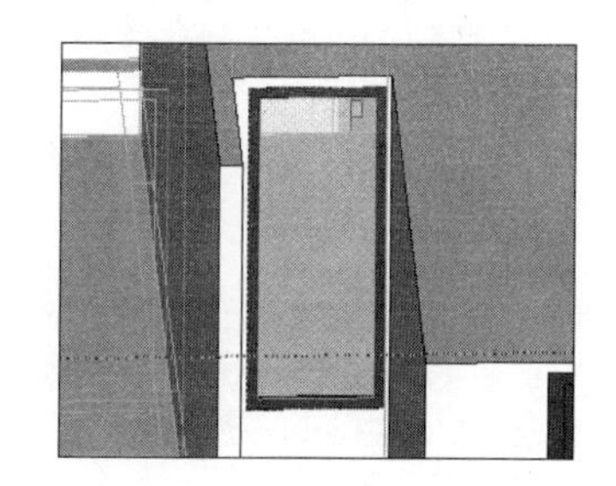

图 14-441　制作背立面楼梯门窗户

2. 调整第三层细节

重复复制操作，制作出第三层模型，然后参考图制作楼梯间的平开窗模型，如图 14-442～图 14-444 所示。

3. 整体复制标准楼层

步骤 01 左侧二、三层门窗等细节调整完成后，首先通过复制与镜像，制作好右侧同层模型，如图 14-445 与图 14-446 所示。

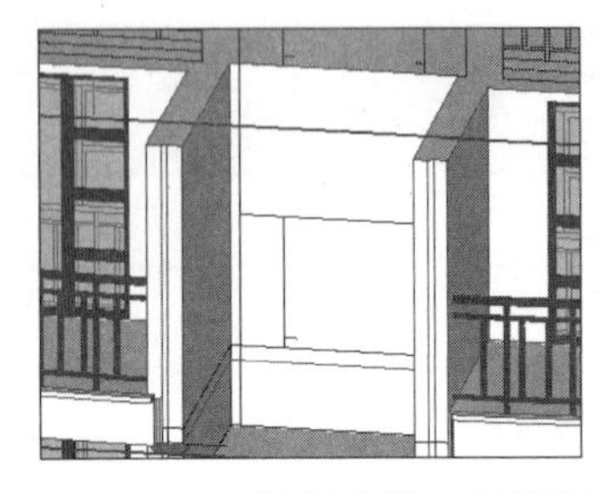
图 14-442　复制出第三层模型

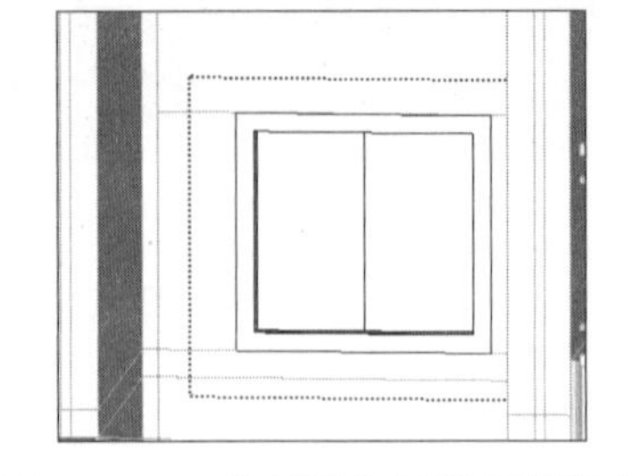
图 14-443　分割正立面楼梯间窗户

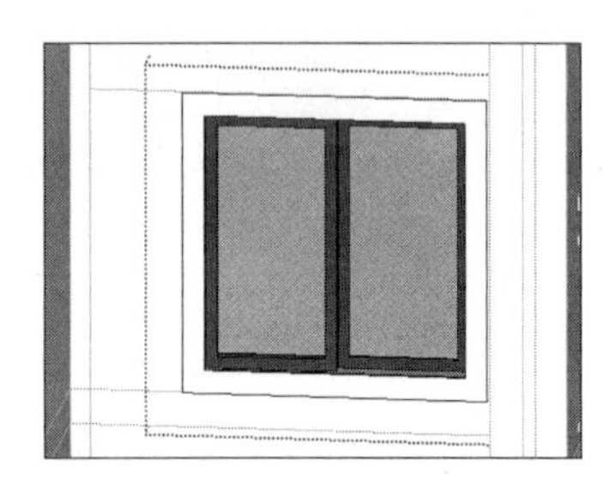
图 14-444　正立面楼梯间完成效果

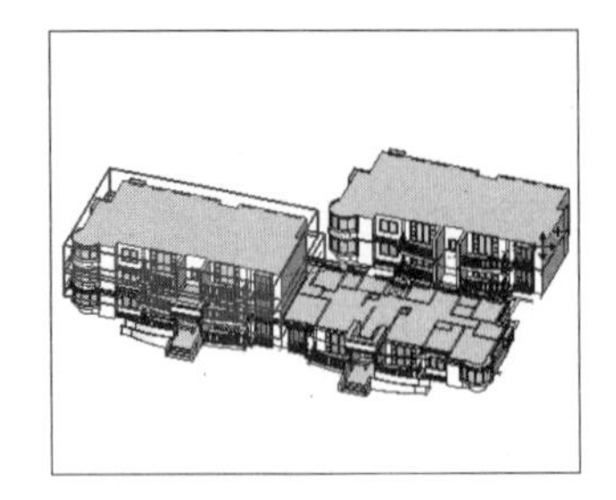
图 14-445　整体复制右侧模型

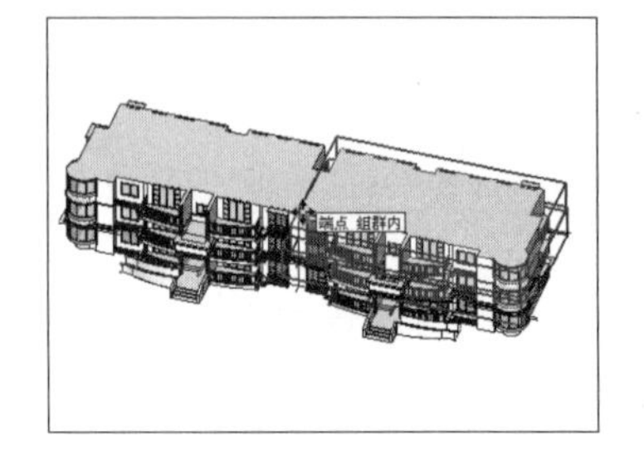
图 14-446　镜像并对位

步骤 02 选择第三层整体模型，通过多重移动复制，得到标准楼层模型，如图 14-447 与图 14-448 所示。

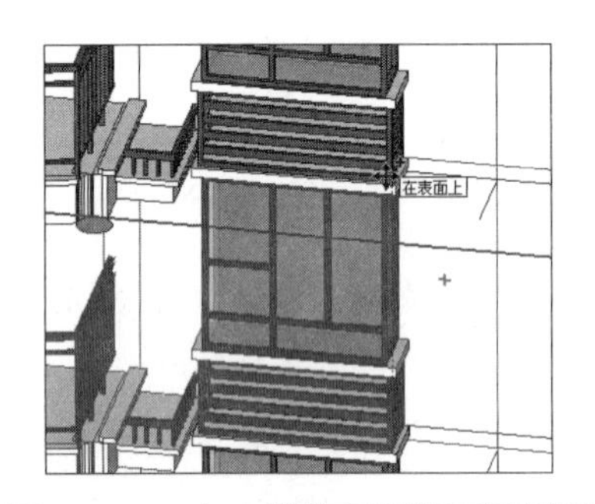

图 14-447　向上整体复制第三层模型

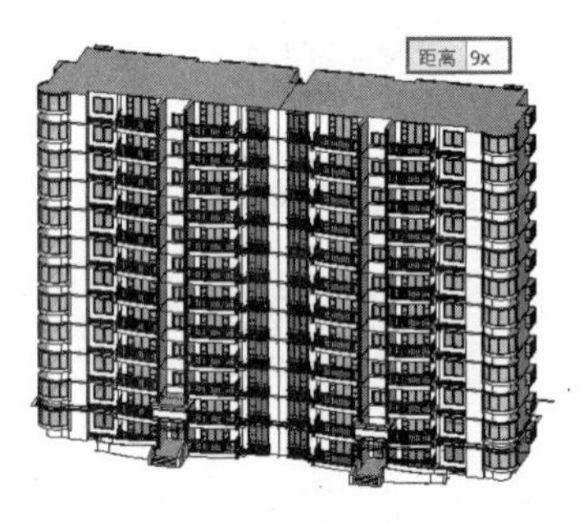

图 14-448　多重复制得到标准层模型

207 完成建筑模型

文件路径：无	视频文件：无

制作好标准层模型后，接下来首先制作屋顶模型，然后制作阳台圆柱以及材质等细节，完成建筑模型的制作。

1. 制作屋顶

步骤 01 结合使用【直线】与【推 / 拉】工具，制作出屋顶轮廓模型，如图 14-449 与图 14-450 所示。

步骤 02 导入屋顶图并对位，参考图制作顶层各处建筑与门窗细节，如图 14-451 ~ 图 14-454 所示。

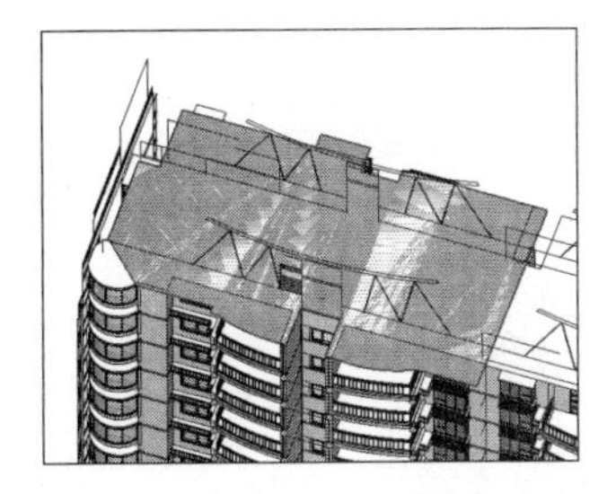

图 14-449 封闭左侧屋顶平面

图 14-450 推拉屋顶高度

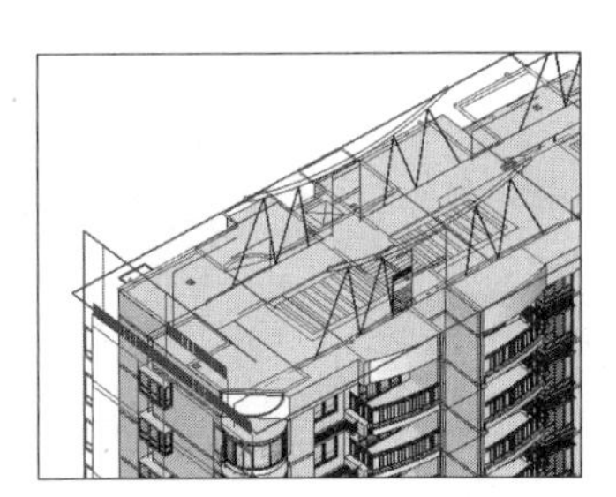

图 14-451 导入并对位屋顶图

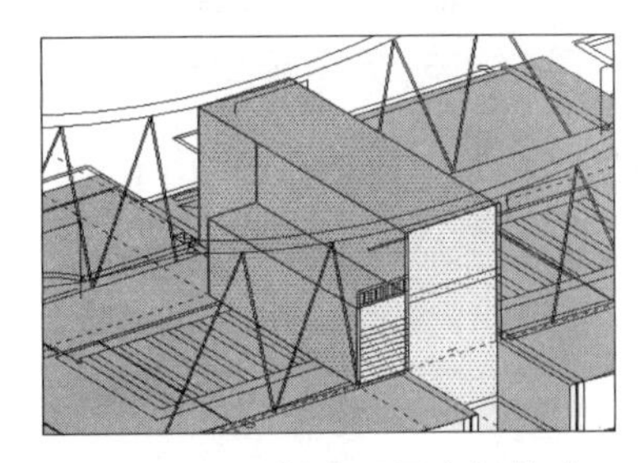

图 14-452 创建顶层空间轮廓

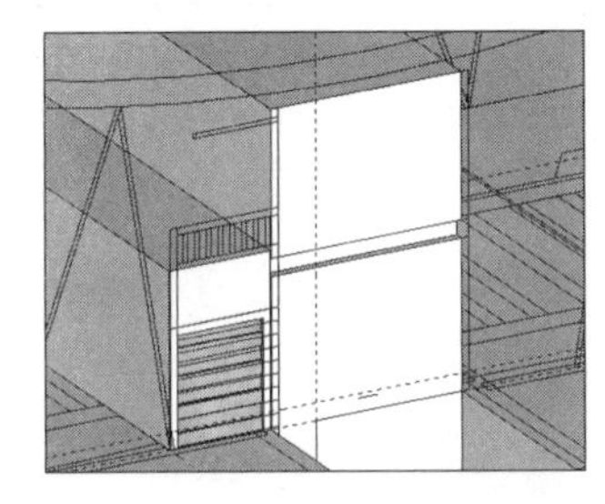

图 14-453 细化出口闸门

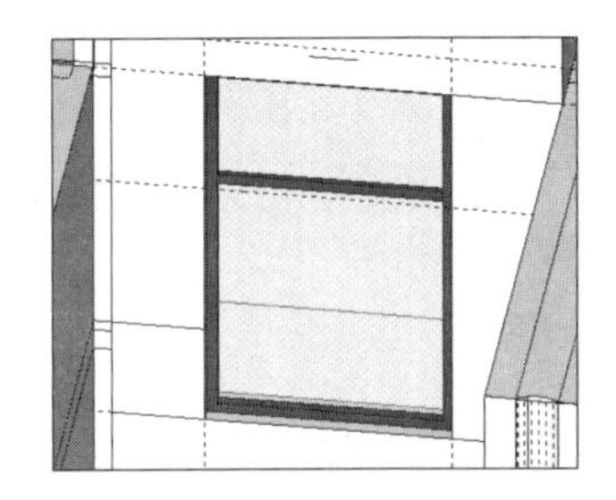

图 14-454 细化中部窗

步骤 03 结合正立面与屋顶图，结合使用【圆弧】、【曲面偏移】以及【推 / 拉】工具，制作顶部装饰构件，如图 14-455 ~ 图 14-458 所示。

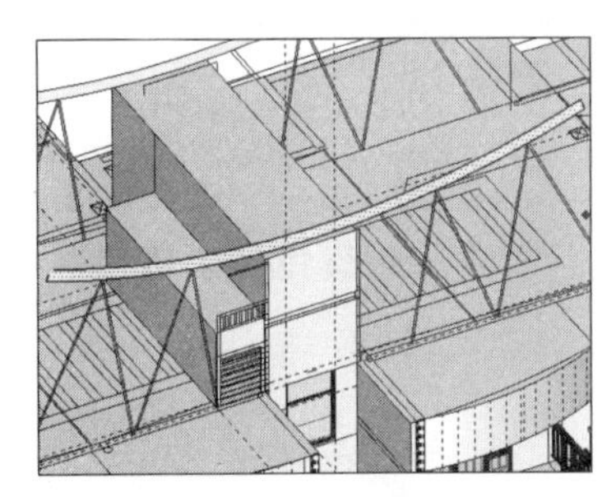

图 14-455 绘制装饰构件平面

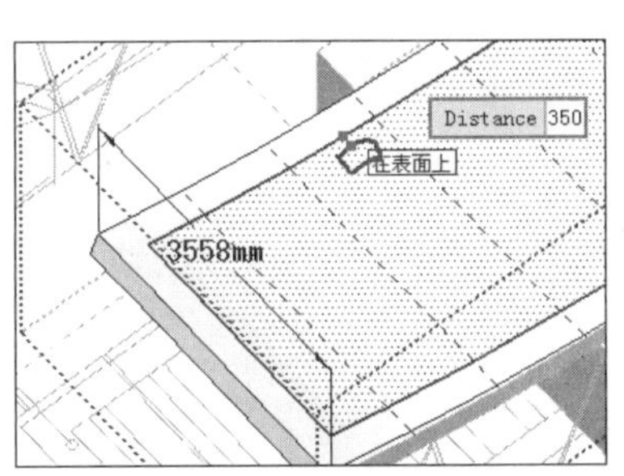

图 14-456 使用【曲面偏移】制作细节

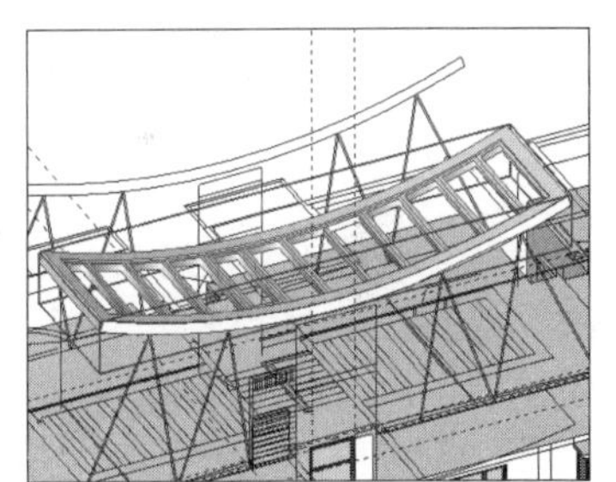

图 14-457 装饰构件细节完成效果

步骤 04 参考图制作屋顶栏杆等细节，然后通过复制与镜像，制作右侧屋顶模型效果，如图 14-459 与图 14-460 所示。

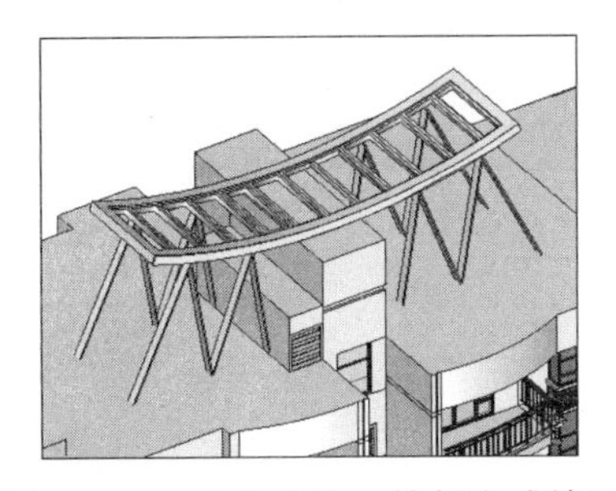

图 14-458 装饰构件支撑架完成效果

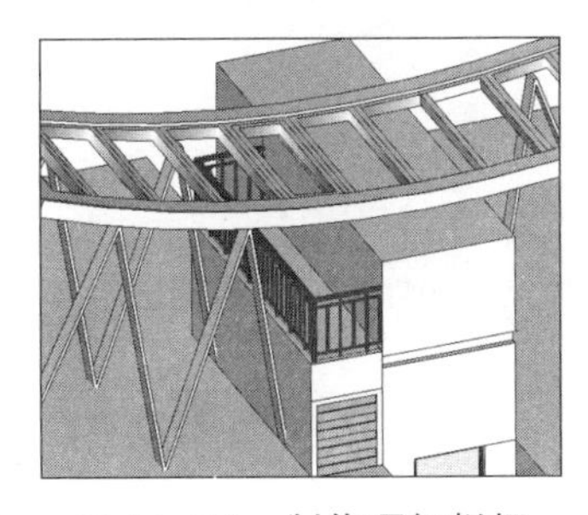

图 14-459 制作顶部栏杆

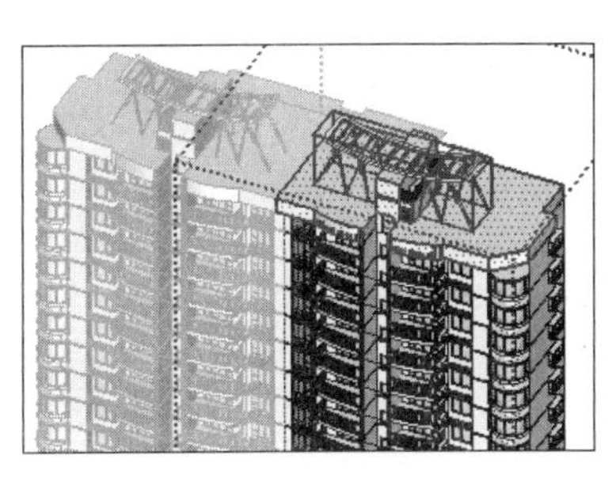

图 14-460 复制并对位右侧屋顶

2. 完成其他细节

步骤01 启用【推 / 拉】工具，制作阳台圆柱模型细节，如图 14-461 ~ 图 14-463 所示。

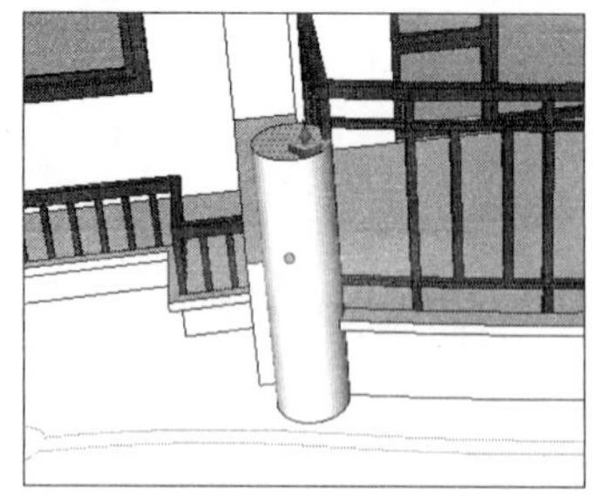
图 14-461　推拉阳台圆柱

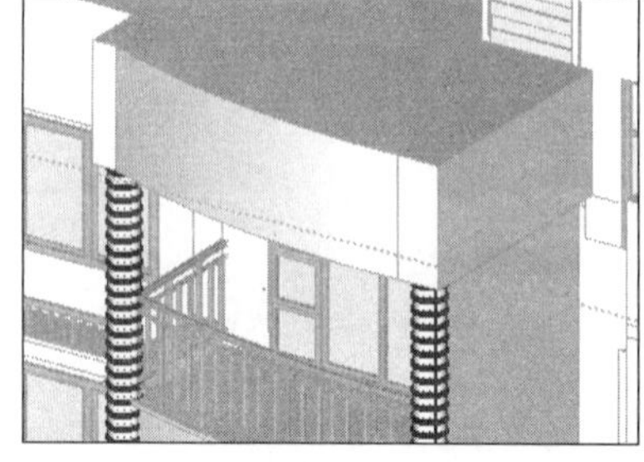
图 14-462　对齐至屋顶

图 14-463　阳台圆柱完成效果

步骤02 打开【材料】面板，赋予底层墙面、窗台以及墙面等结构对应材质，如图 14-464 ~ 图 14-466 所示。

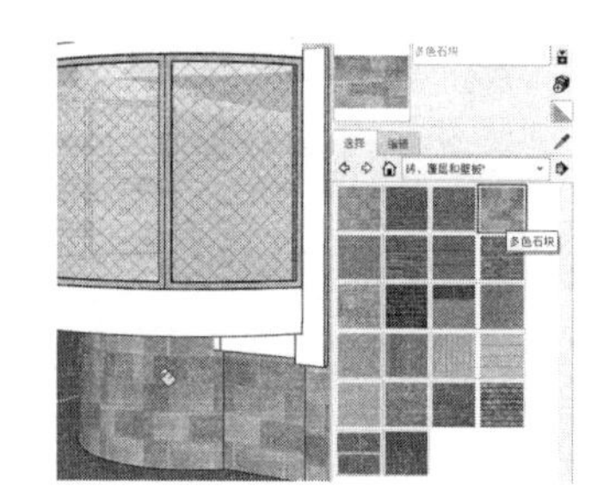
图 14-464　赋予底层墙面毛石

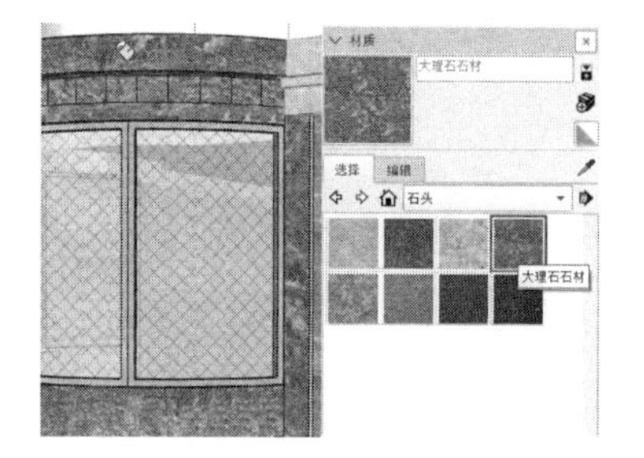

图 14-465　赋予窗台装饰石材

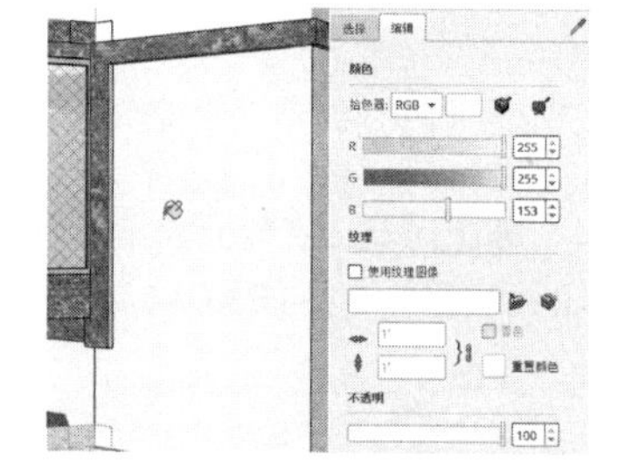
图 14-466　赋予墙面暖色涂料

步骤03 场景材质制作完成后，调整至合适的观察角度，然后新建【观察角度】场景进行保存，如图 14-467 所示。

图 14-467　以场景保存观察角度

208 制作配套环境

文件路径：无	视频文件：无

高层住宅通常会形成小区建筑群，并有配套的环境效果，因此接下来制作出简单的小区住宅群与环境效果。

步骤 01 选择创建的高层单体住宅建筑，在【俯视图】中复制，制作建筑群效果，如图 14-468 与图 14-469 所示。

图 14-468　单体建筑

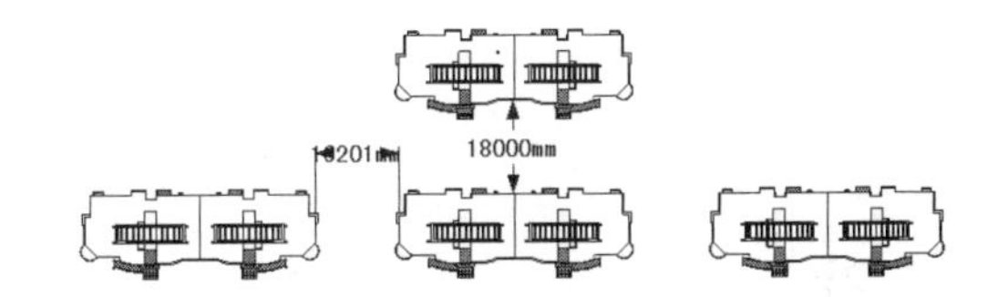

图 14-469　复制出建筑群

步骤 02 参考建筑群的大小，在【俯视图】中创建一个矩形作为地面，如图 14-470 所示。

步骤 03 启用【直线】工具，分割出小区道路，然后使用【圆弧】工具制作出道路圆角细节，如图 14-471 与图 14-472 所示。

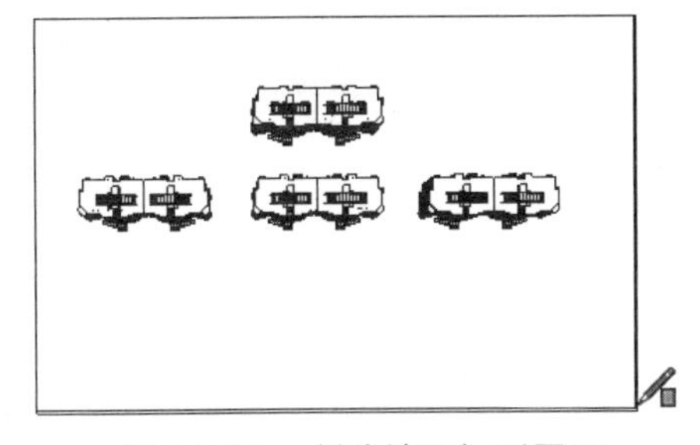

图 14-470　创建地面矩形平面

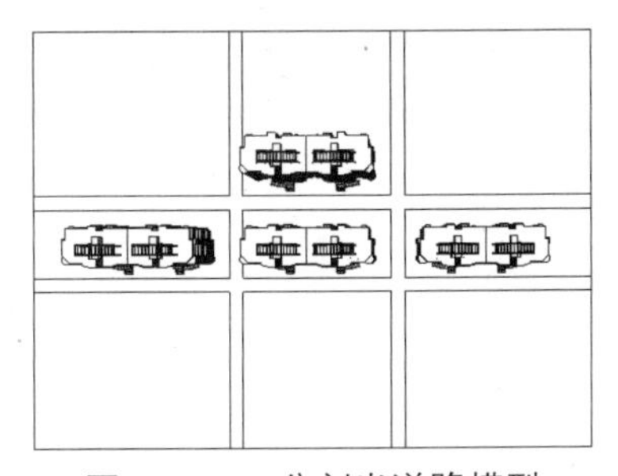

图 14-471　分割出道路模型

步骤 04 结合使用【偏移】与【推 / 拉】工具制作路沿细节，然后赋予地面与草地对应材质效果，如图 14-473 与图 14-474 所示。

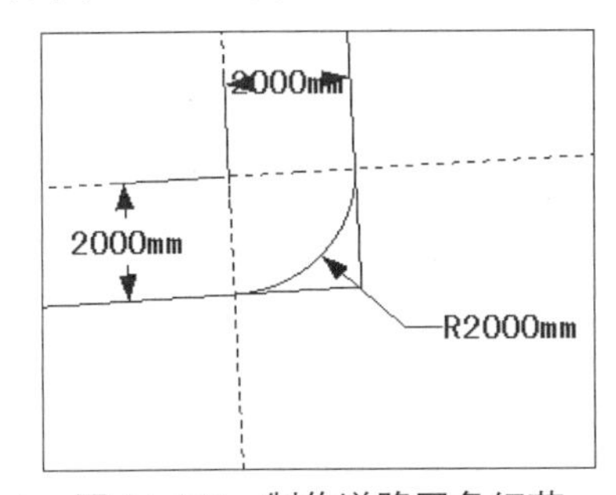

图 14-472　制作道路圆角细节

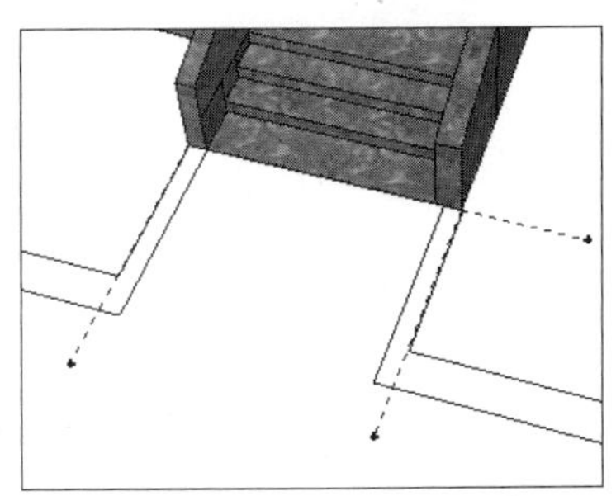

图 14-473　制作路沿细节

步骤 05 通过【组件】面板合并入树木、人物以及车辆模型，完成最终效果，如图 14-475 ~ 图 14-477 所示。

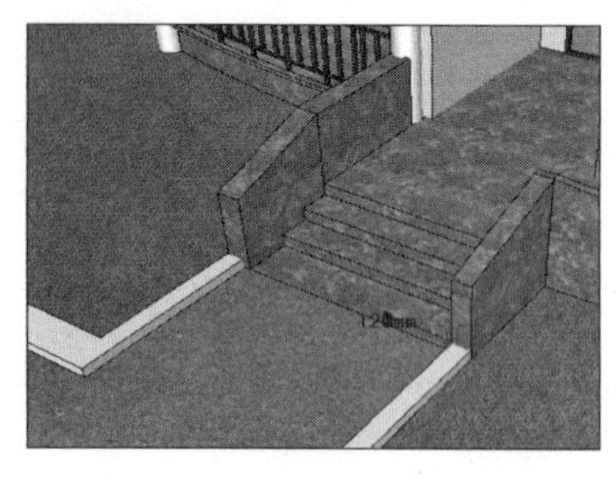
图 14-474　赋予路面以及草地材质

图 14-475　合并树木

图 14-476　合并人物

图 14-477　最终整体效果

步骤 06 进入保存的视角场景，仔细调整树木以及人物的效果。